한번에
합격하기

한번에
합격하는
소음진동

기사 · 산업기사 필기 + 실기 신은상 지음

BM (주)도서출판 성안당

■ 도서 A/S 안내

성안당에서 발행하는 모든 도서는 저자와 출판사, 그리고 독자가 함께 만들어 나갑니다.

좋은 책을 펴내기 위해 많은 노력을 기울이고 있습니다. 혹시라도 내용상의 오류나 오탈자 등이 발견되면 **"좋은 책은 나라의 보배"**로서 우리 모두가 함께 만들어 간다는 마음으로 연락주시기 바랍니다. 수정 보완하여 더 나은 책이 되도록 최선을 다하겠습니다.

성안당은 늘 독자 여러분들의 소중한 의견을 기다리고 있습니다. 좋은 의견을 보내 주시는 분께는 성안당 쇼핑몰의 포인트(3,000포인트)를 적립해 드립니다.

잘못 만들어진 책이나 부록 등이 파손된 경우에는 교환해 드립니다.

저자 문의 e-mail : sesang58@hanmail.net(신은상)

본서 기획자 e-mail : coh@cyber.co.kr(최옥현)

홈페이지 : http://www.cyber.co.kr   전화 : 031) 950-6300

이 책은 필기시험과 실기시험을 동시에 준비하여 소음진동 기사 및 산업기사 자격에 한번에 합격할 수 있도록 구성하였습니다.

소음진동기사(산업기사) 자격시험의 특징은 기존에 출제되었던 문제가 다른 환경 관련 자격증보다 자주 출제된다는 점이며, 현재는 소음진동기사(산업기사) 필기시험이 CBT(Computer Based Test) 방식으로 시행됨에 따라 기출문제 자료를 얻기가 어려워지고 있는 실정입니다. 특히, 2022년부터 소음진동기사의 출제기준이 전면 개정되면서, 기존 5과목(100문제)으로 시행되던 시험이 4과목(80문항)으로 변경되었고, 산업기사 시험은 격년제로 시행하게 되었습니다.

이전의 내용과 비교해 볼 때 주요 항목과 세부 항목에 과정형 능력단위의 항목이 많이 추가되어 기존의 문제형태로 출제되지 않았던 분야가 수험생들에게는 다소 생소한 부분이기도 하고 출제문항 수가 100문항에서 80문항으로 변경된다는 점에서 기사를 준비하는 수험생으로서는 유의하여야 할 것이라고 생각됩니다.

이 책은 이러한 경향에 대비하여 심화문제를 제시하여 두었고, 기본적인 문제부터 점차 난이도가 높은 문제를 짜임새 있고 체계적으로 정리하였습니다. 또한, 단원마다 학습할 내용을 요약하여 제시하고, 해설 부분에 자세하고 정확한 문제풀이 과정을 수록하여 이해도를 높이는 데 심혈을 기울였습니다.

그간의 소음·진동 관련 문제집은 그 종류도 많지 않고 내용도 이해하기에 어려운 서적들이 많았지만, 이 문제집은 소음·진동을 처음 접하는 수험생부터 전문기술인에게도 적합한 내용을 이해하기 쉽게 정리하여 소음·진동 관리 자격증을 취득하려고 하는 수험생들에게 좋은 교재임을 자부합니다.

앞으로 소음진동기사(산업기사) 자격증은 2020년 11월 27일부터 시행된「군용비행장·군사격장 소음 방지 및 피해보상에 관한 법률」에 따라 각 지자체들의 공무원 인력과 환경영향평가 사업체로의 취업 등 그 수요가 증가함에 따라 효용가치는 높다고 전망됩니다.

이 문제집으로 시험준비를 한 수험생들이 자격증 취득은 물론 취업까지 성공하기를 기원합니다.

아울러 수요가 많지 않은 이 문제집의 출간을 흔쾌히 허락해 주시고 심혈을 기울여 기획·제작·편집에 힘써주신 성안당 관계자분들께 진심어린 감사의 인사를 드립니다.

저자 신은상

1 자격 기본정보

- **자격명** : 소음진동기사(Engineer Noise & Vibration)
  소음진동산업기사(Industrial Engineer Noise & Vibration)
- **관련부처** : 환경부
- **시행기관** : 한국산업인력공단

(1) 개요

생활수준의 급격한 발전에 따라 항공기나 자동차와 같은 교통수단의 보편화, 도로와 대형 건축물의 건설 그리고 대형 산업설비의 사용에 따른 소음진동 발생이 증가하여 환경 문제를 일으키고 있다. 이에 따라 소음진동으로부터 자연환경 및 생활환경을 관리 · 보전하여 쾌적한 환경에서 생활할 수 있도록 소음진동에 관한 전문기술인 양성이 시급해짐에 따라 자격제도를 제정하였다.

(2) 직무

① **직무/중직무 분야** : 환경 · 에너지/환경
② **수행직무** : 공장, 공사장, 항공기, 철도, 사업장 등 지역의 쾌적한 생활환경을 보전하기 위해 소음진동 분야에서 측정망을 설치하고 그 지역의 소음진동 상태를 측정하여 다각적인 연구와 실험분석을 통해 소음진동에 대한 대책을 강구하는 업무를 수행한다. 또한 분석한 소음진동 원인을 제거 또는 감소시키기 위해 방지시설을 설계 · 시공 · 운영하는 업무까지 수행한다.
③ **직무내용** : 쾌적하고 정온한 자연환경과 생활환경을 보전하기 위하여 공장, 공사장, 사업장, 항공기, 철도, 도로 및 생활환경에서 발생하는 소음 · 진동을 조사, 측정, 예측, 분석 및 평가하여 현황 파악 및 개선대책을 제시하며, 관련 법규 등에서 규정된 소음 · 진동의 배출허용기준, 규제기준 및 관리기준 이내로 관리하고, 방음 · 방진 시설을 설계 · 시공 · 유지관리 및 개선하는 직무이다.

(3) 진로 및 전망

① 환경, 건설교통 관련 공무원, 한국환경공단 등 유관기관과 건축 또는 기계 업체, 소음이나 진동을 일으키는 업체, 소음진동 방지 설계시공업체 등으로 진출할 수 있다.
② 정온한 생활환경이 요구되는 주거지역을 대상으로 소음 규제지역을 확대하고, 도로교통소음을 저감하기 위하여 교통소음 규제지역에서의 통행속도 제한, 경음기 사용금지 등 저감대책을 추진하며, 방음벽 등 방음시설의 성능 및 설치기준을 개선할 계획으로 이에 대한 인력수요가 증가할 것이다.

(4) 관련학과

대학이나 전문대학의 환경공학, 환경시스템공학, 대기소음진동학 관련학과

(5) 연도별 검정현황

연도	소음진동기사						소음진동산업기사					
	필기			실기			필기			실기		
	응시	합격	합격률	응시	합격	합격률	응시	합격	합격률	응시	합격	합격률
2023년	369명	175명	47.4%	252명	118명	46.8%	31명	14명	45.2%	13명	5명	38.5%
2022년	365명	183명	50.1%	239명	113명	47.3%	–	–	–	3명	2명	66.7%
2021년	426명	201명	47.2%	261명	118명	45.2%	30명	19명	63.3%	21명	14명	66.7%
2020년	331명	143명	43.2%	194명	85명	43.8%	46명	23명	50%	29명	13명	44.8%
2019년	385명	168명	43.6%	234명	135명	57.7%	49명	24명	49%	19명	7명	36.8%
2018년	309명	127명	41.1%	196명	110명	56.1%	30명	8명	26.7%	8명	4명	50%

② 시험정보

(1) 시험일정

① 소음진동기사

구분	필기 원서접수	필기 시험	필기 합격 (예정자) 발표	실기 원서접수	실기 시험	최종합격자 발표일
정기 기사 2회	4월	5월	6월	6월	7월	9월
정기 기사 3회	7월	8월	9월	9월	11월	12월

1. 원서접수시간은 원서접수 첫날 10:00부터 마지막 날 18:00까지임.
2. 필기시험 합격예정자 및 최종합격자 발표시간은 해당 발표일 09:00임.

② 소음진동산업기사

2년에 1번, 격년제로 시행된다.

(2) 검정방법 및 합격기준

① 필기 검정방법(기사/산업기사 공통)

객관식(4지택일형), 80문제(과목당 20문항), 2시간(과목당 30분)

② 실기 검정방법

- 기사 : 필답형(3시간, 100점)
- 산업기사 : 필답형(2시간 30분, 100점)

③ 합격기준(기사/산업기사 공통)

- 필기 : 100점을 만점으로 하여 과목당 40점 이상, 전과목 평균 60점 이상
- 실기 : 100점을 만점으로 하여 60점 이상

③ CBT 안내

(1) CBT란?

CBT란 Computer Based Test의 약자로, 컴퓨터 기반 시험을 의미한다. 정보기기운용기능사, 정보처리기능사, 굴삭기운전기능사, 지게차운전기능사, 제과기능사, 제빵기능사, 한식조리기능사, 양식조리기능사, 일식조리기능사, 중식조리기능사, 미용사(일반), 미용사(피부) 등 12종목은 이미 오래 전부터 CBT 시험을 시행하고 있으며, 소음진동산업기사는 2020년 4회부터, 소음진동기사는 2022년 4회부터 CBT 시험이 시행되었다.

CBT 필기시험은 컴퓨터로 보는 만큼 수험자가 답안을 제출함과 동시에 합격여부를 확인할 수 있다.

(2) CBT 시험 과정

한국산업인력공단에서 운영하는 홈페이지 큐넷(Q-net)에서는 누구나 쉽게 CBT 시험을 볼 수 있도록 실제 자격시험 환경과 동일하게 구성한 **가상 웹 체험 서비스를 제공하고 있다.**

가상 웹 체험 서비스를 통해 CBT 시험을 연습하는 과정은 다음과 같다.

① 시험시작 전 신분 확인 절차

• 수험자가 자신에게 배정된 좌석에 앉아 있으면 신분 확인 절차가 진행된다.

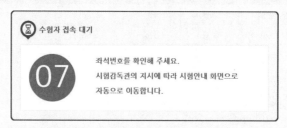

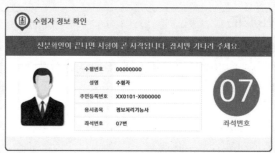

• 신분 확인이 끝난 후 시험시작 전 CBT 시험안내가 진행된다.

② 시험 [안내사항]을 확인한다.
- 시험은 총 5문제로 구성되어 있으며, 5분간 진행된다.
  자격종목별로 시험문제 수와 시험시간은 다를 수 있다.
- 시험 도중 수험자 PC 장애 발생 시 손을 들어 시험감독관에게 알리면 긴급장애조치 또는
  자리이동을 할 수 있다.
- 시험이 끝나면 합격여부를 바로 확인할 수 있다.

③ 시험 [유의사항]을 확인한다.
시험 중 금지되는 행위 및 저작권 보호에 관한 유의사항이 제시된다.

④ 문제풀이 [메뉴 설명]을 확인한다.
문제풀이 기능 설명을 유의해서 읽고 기능을 숙지해야 한다.

⑤ 자격검정 CBT [문제풀이 연습]을 진행한다.
실제 시험과 동일한 방식의 문제풀이 연습을 통해 CBT 시험을 준비한다.
- CBT 시험 문제 화면의 기본 글자크기는 150%이다. 글자가 크거나 작을 경우 크기를 변경
  할 수 있다.
- 화면배치는 '1단 배치'가 기본 설정이다. 더 많은 문제를 볼 수 있는 '2단 배치'와 '한 문제씩
  보기' 설정이 가능하다.

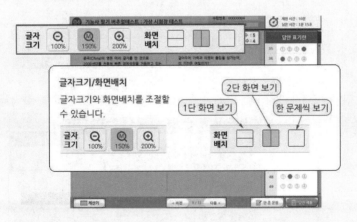

• 답안은 문제의 보기번호를 클릭하거나 답안표기 칸의 번호를 클릭하여 입력할 수 있다.
• 입력된 답안은 문제화면 또는 답안표기 칸의 보기번호를 클릭하여 변경할 수 있다.

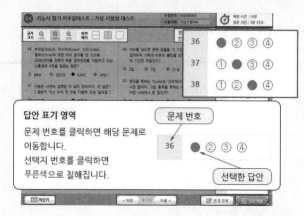

• 페이지 이동은 '페이지 이동' 버튼 또는 답안표기 칸의 문제번호를 클릭하여 이동할 수 있다.

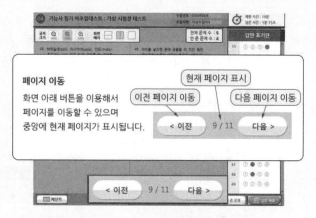

• 응시종목에 계산문제가 있을 경우 좌측 하단의 계산기 기능을 이용할 수 있다.

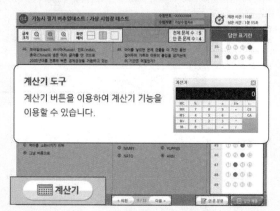

• 안 푼 문제 확인은 답안 표기란 좌측에 안 푼 문제 수를 확인하거나 답안 표기란 하단 '안 푼 문제' 버튼을 클릭하여 확인할 수 있다. 안 푼 문제번호 보기 팝업창에 안 푼 문제번호가 표시된다. 번호를 클릭하면 해당 문제로 이동한다.

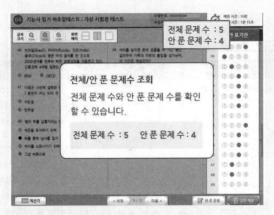

• 시험문제를 다 푼 후 답안 제출을 하거나 시험시간이 모두 경과되었을 경우 시험이 종료되며, 시험결과를 바로 확인할 수 있다.

• '답안 제출' 버튼을 클릭하면 답안 제출 승인 알림창이 나온다. 시험을 마치려면 '예'를, 시험을 계속 진행하려면 '아니오'를 클릭하면 된다. 답안 제출은 실수 방지를 위해 두 번의 확인 과정을 거친다. 이상이 없으면 '예' 버튼을 한 번 더 클릭한다.

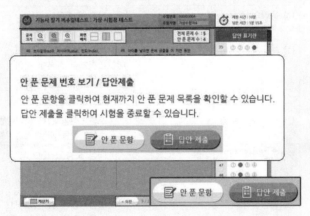

⑥ [시험준비 완료]를 한다.

시험 안내사항 및 문제풀이 연습까지 모두 마친 수험자는 '시험준비 완료' 버튼을 클릭한 후 잠시 대기한다.

⑦ 연습한 대로 CBT 시험을 시행한다.

⑧ 답안 제출 및 합격여부를 확인한다.

출제기준

1 소음진동기사

- 적용기간 : 2022.1.1. ~ 2026.12.31.

(1) 필기

[제1과목] 소음 · 진동 계획

주요 항목	세부 항목	세세 항목
1. 소음 · 진동 측정계획 수립	(1) 수행목적 파악	① 소음 · 진동 관련 용어 　– 소음과 관련된 용어 　– 진동과 관련된 용어 ② 소음 · 진동의 물리적 성질 　– 소음의 물리적 성질 　– 진동의 물리적 성질 　– 소음 및 진동 에너지의 친환경적 활용 ③ 소음 · 진동 측정대상
	(2) 대상 지역 현황조사 및 측정 계획	① 대상 지역 현황조사 ② 측정방법 계획
	(3) 영향범위 조사	① 소음 · 진동 피해지역 구분 　– 소음의 피해 　– 진동의 피해 ② 소음 · 진동 영향범위 　– 소음의 영향 　– 진동의 영향
	(4) 음장의 종류와 특성	① 음장의 종류 ② 음장의 특성
2. 소음 · 진동 예비조사 분석	(1) 측정자료 검토	① 측정 목적, 대상, 방법 ② 측정자료 항목의 적합성 ③ 소음 · 진동 측정 법적 기준
	(2) 측정자료 분석	발생원 특성에 따른 기여율
3. 소음 · 진동 예비조사 평가	(1) 평가계획 수립	① 소음 · 진동 자료 평가방법 ② 소음 · 진동 자료 평가계획
	(2) 측정자료 평가	① 대상 소음도 · 진동레벨 ② 보정치 적용 평가 ③ 원인 분석 · 평가
	(3) 측정결과서 작성	① 소음 · 진동 측정결과서 ② 소음 · 진동 측정자료 평가표

주요 항목	세부 항목	세세 항목
4. 현황조사 모니터링	(1) 영향 조사	① 소음 · 진동의 피해와 영향 ② 소음 · 진동 노출시간
	(2) 발생원 조사	① 발생원의 성상 및 특성 – 소음의 발생원과 특성 – 진동의 발생원과 특성 ② 발생원별 종류(유형) ③ 발생원별 분석 및 측정조건 ④ 실내음의 음향특성
	(3) 전파경로 조사	① 전파경로 형태 및 특성 ② 전파경로 유형 ③ 전파경로 분석 ④ 소음 · 진동 감쇠요인 – 소음원 형태에 따른 감쇠요인 – 진동원 형태에 따른 거리감쇠 – 기타 소음 · 진동 감쇠 ⑤ 비감쇠 및 감쇠 진동
	(4) 사전 예측	① 조사대상별 관련 자료 조사 ② 방음 · 방진 자재 조사
	(5) 음향생리와 감각평가	① 청각기관의 구조와 기능 ② 소음 · 진동의 평가척도
5. 소음 · 진동 측정	(1) 측정방법 파악	① 소음 · 진동 측정목적 ② 소음 · 진동 측정방법
	(2) 측정계획 수립	측정계획 수립
	(3) 배경 · 대상 소음 · 진동 측정	환경조건 확인 및 측정
	(4) 발생원 측정	발생원 소음 · 진동 측정

[제2과목] 소음 측정 및 분석

주요 항목	세부 항목	세세 항목
1. 소음 측정	(1) 주변 환경 조사	① 소음 피해 예상지점 ② 대상 소음 파악 ③ 대상 소음지역 파악 ④ 소음 영향 조사
	(2) 소음 측정장비 선정	① 소음 측정방법 ② 소음 측정장비
	(3) 소음 측정장비 교정	소음 측정장비 교정
2. 소음 분석	(1) 소음 분석계획 수립	소음 측정 목적, 대상, 기준별 계획
	(2) 소음 측정자료 분류	소음 측정 목적, 대상, 기준별 자료 분류
	(3) 소음 보정자료 파악	① 배경소음 보정 ② 소음 가동시간율 보정 ③ 소음 관련 시간대 보정 ④ 충격소음 보정 ⑤ 발파소음횟수 보정 ⑥ 잔향음 보정
3. 소음 정밀분석	(1) 소음 분석장비 운용	① 소음 분석장비 운용 ② 소음 분석기능 검토
	(2) 소음 분석 프로그램 운용	소음 분석 프로그램
	(3) 소음 측정결과 분석	소음 측정결과 분석
4. 소음 방지기술	소음 방지	① 방지계획 및 고려사항 ② 방음자재(종류, 기능, 친환경 등)
5. 소음 공정시험기준	(1) 측정 이론 및 원리	① 측정이론 ② 측정원리
	(2) 총칙	① 총칙 ② 목적, 적용범위 ③ 용어의 정의 등
	(3) 환경기준의 측정방법	① 측정점 및 측정조건 ② 측정기기의 사용 및 조작 ③ 측정시간 및 측정지점수 ④ 측정자료 분석 ⑤ 평가 및 측정자료의 기록 등
	(4) 배출허용기준의 측정방법	① 측정점 및 측정조건 ② 측정기기의 사용 및 조작 ③ 측정시간 및 측정지점수 ④ 측정자료 분석 ⑤ 평가 및 측정자료의 기록 등
	(5) 규제기준의 측정방법	① 생활 소음 ② 발파 소음 ③ 동일 건물 내 사업장 소음 등
	(6) 소음한도의 측정방법	① 도로교통 소음 ② 철도 소음 ③ 항공기 소음 등

[제3과목] 진동 측정 및 분석

주요 항목	세부 항목	세세 항목
1. 진동 측정	(1) 주변 환경 조사	① 진동 피해 예상지점 ② 대상 진동 파악 ③ 대상 진동지역 파악 ④ 진동 영향 조사
	(2) 진동 측정장비 선정	① 진동 측정장비 ② 진동 측정방법
	(3) 진동 측정장비 교정	진동 측정장비 교정
	(4) 진동 측정자료 기록	진동 발생원별 기록
2. 진동 분석	(1) 진동 분석계획 수립	진동 측정 목적, 대상, 기준별 계획
	(2) 진동 측정자료 분류	진동 측정 목적, 대상, 기준별 자료 분류
	(3) 진동 보정자료 파악	① 배경진동 보정 ② 진동 가동시간율 보정 ③ 진동 관련 시간대 보정 ④ 발파 진동횟수 보정
3. 진동 정밀분석	(1) 진동 분석장비 운용	① 진동 분석장비 운용 ② 진동 분석기능 검토
	(2) 진동 분석 프로그램 운용	진동 분석 프로그램
	(3) 진동 측정결과 분석	진동 측정결과 분석
4. 진동 방지기술	(1) 진동 방지	방진 원리 및 고려사항 – 방진 원리, 진동 방지계획 – 진동 방지 시 고려사항
	(2) 방진시설	방진시설의 설계(자재, 설계, 효과분석 등)
5. 진동 공정시험기준	(1) 총칙	① 총칙 ② 목적, 적용범위 ③ 용어의 정의 등
	(2) 배출허용기준의 측정방법	① 측정점 및 측정조건 ② 측정기기의 사용 및 조작 ③ 측정시간 및 측정지점수 ④ 측정자료 분석 ⑤ 평가 및 측정자료의 기록 등
	(3) 규제기준의 측정방법	① 생활 진동 ② 발파 진동 등
	(4) 진동한도의 측정방법	① 도로교통 진동 ② 철도 진동 등

[제4과목] 소음 · 진동 평가 및 대책

주요 항목	세부 항목	세세 항목
1. 소음 · 진동 관계법규	(1) 소음진동관리법	① 총칙 ② 공장 소음 · 진동의 관리 ③ 생활 소음 · 진동의 관리 ④ 교통 소음 · 진동의 관리 ⑤ 항공기 소음의 관리 ⑥ 방음시설의 설치기준 등 ⑦ 확인검사대행자 ⑧ 보칙 ⑨ 벌칙(부칙 포함)
	(2) 소음진동관리법 시행령	시행령 전문(부칙 및 별표 포함)
	(3) 소음진동관리법 시행규칙	시행규칙 전문(부칙 및 별표, 서식 포함)
	(4) 소음 · 진동 관련 법	소음 · 진동 관리와 관련된 기타 법규 내용(환경정책기본법, 학교보건법, 주택법, 건축법, 산업안전보건법, 소음 · 진동 관련 환경부 및 국토교통부 고시, KS 규격 등)
2. 소음 · 진동 방지대책	(1) 소음 방지대책	① 소음 방지대책(음원, 전파경로, 수음 측 대책) ② 소음 저감량 및 방지대책 수립
	(2) 차음 및 흡음 기술 등	① 차음 이론과 설계 ② 방음벽의 이론과 설계 ③ 흡음 이론과 설계 ④ 방음실 및 방음덮개 이론과 설계 ⑤ 소음기의 이론과 설계 ⑥ 흡음덕트 이론과 설계 ⑦ 방지시설의 설계 및 효과 분석 ⑧ 음향진동시험실 설계
	(3) 실내소음 저감기술	① 실내소음 저감 방법 및 대책 ② 건축음향 설계
	(4) 진동 방지대책	① 가진력의 발생과 대책 ② 완충 및 방진 지지 ③ 차진 및 제진 대책 ④ 손실계수와 감쇠계수
3. 소음 · 진동 예측평가	(1) 자료 입력	소음 · 진동 예측모델
	(2) 결과 산출 및 검토	① 해석결과 산출 ② 개선효과 예측 ③ 방음 · 방진 대책
	(3) 자료 분석	① 해석모델의 신뢰성 확인 ② 방음 · 방진 방안 선정
	(4) 종합평가	① 소음 · 진동 비교평가 ② 소음 · 진동 적합성 판정 ③ 예측모델 신뢰성 평가
4. 소음 정밀평가 보완	(1) 소음 측정 · 분석 자료 평가	소음 측정 · 분석 자료 평가
	(2) 소음 측정 · 분석 평가자료 적합성 검토	① 소음 평가결과 적합성 ② 소음원의 종류별 평가방법
5. 진동 정밀평가 보완	(1) 진동 측정 · 분석 자료 평가	진동 측정 · 분석 자료 평가
	(2) 진동 측정 · 분석 평가자료 적합성 검토	① 진동 평가결과 적합성 ② 진동원의 종류별 평가방법

(2) 실기

[수행준거]

① 위치, 피해현황, 발생원 및 전파경로 등을 사전 예측 및 조사할 수 있다.

② 소음 · 진동 측정자료를 검토하고, 자료를 분석한 후 측정결과서를 작성할 수 있다.

③ 소음 · 진동 측정자료를 분석 · 검토한 후, 관련 법 · 기준과 비교 · 평가하여, 측정결과서를 작성할 수 있다.

④ 소음 분석장비와 분석 프로그램 등을 이용하여 정밀분석할 수 있다.

⑤ 소음 측정목적에 따라 측정된 자료에 대하여 보정자료를 분석하고, 법적 기준과 선정된 기준에 적합한지 여부를 평가할 수 있다.

⑥ 분석장비와 분석 프로그램을 운용하며 그 결과를 분석 · 정리할 수 있다.

⑦ 진동 측정목적에 계획을 수립하고 측정된 자료에 대하여 법적 기준과 선정된 기준을 비교할 수 있다.

⑧ 진동 측정목적에 따라 측정된 자료에 대하여 보정자료를 분석하고, 적합성 여부를 검토할 수 있다.

⑨ 소음 측정자료와 보정자료를 검토하고, 소음 분석장비와 분석 프로그램 등을 이용하여 분석할 수 있다.

⑩ 분석계획을 수립, 측정자료 분류와 보정자료를 파악하고 정리할 수 있다.

⑪ 소음 · 진동 측정방법, 인원 투입, 측정일정, 소요예산 및 평가계획 등을 수립하고 배경 및 대상 소음 · 진동과 발생원을 측정할 수 있다.

⑫ 방음 · 방진 대책을 수립 · 예측, 해석 · 평가하고 설계하며, 설계도서를 작성 후 보고할 수 있다.

⑬ 자료를 입력하여 예측을 실시한 후 관련 법 · 기준과 최적 대책안을 비교 · 평가하여, 예측평가결과서를 작성할 수 있다.

[실기 과목명] 소음진동 방지 실무

주요 항목	세부 항목	세세 항목
1. 현황조사 모니터링	(1) 영향 조사하기	① 소음 · 진동이 신체기관에 미치는 영향정도를 확인할 수 있다. ② 소음 · 진동이 수면방해, 시끄러움, 청취방해, 학습방해 등(일상생활)에 끼치는 영향정도를 확인할 수 있다. ③ 소음 · 진동이 가축, 어류 등에 끼치는 영향정도를 확인할 수 있다. ④ 소음 · 진동이 기업활동 방해, 건물 균열 등 재산에 끼치는 영향정도를 확인할 수 있다. ⑤ 소음 · 진동으로 인한 상기 ①~④의 노출시간을 확인할 수 있다.
	(2) 발생원 조사하기	① 발생원의 성상(기류음, 고체음, 공명, 충격가진력, 불평형력 등)을 물리적 관점에서 파악할 수 있다. ② 소음 · 진동 발생원을 공장, 사업장, 교통(도로, 철도, 항공기, 선박), 공사장, 기타 발생원별로 구분할 수 있다. ③ 소음 · 진동 발생원의 가동(지속)시간, 발생형태, 운전조건, 위치도면 등을 확인할 수 있다. ④ 소음 · 진동 발생원 중 주거시설의 층간 충격소음, 급배수소음 등의 실내소음을 확인할 수 있다.

주요 항목	세부 항목	세세 항목
	(3) 전파경로 조사하기	① 물리적 · 구조적 · 음향학적 측면에서 전파경로 형태 및 특성을 파악할 수 있다. ② 흡음, 차음, 방음벽, 차진, 방진구 등 기술적인 분류 측면에서 전파경로를 구분할 수 있다. ③ 전파경로상 매질, 매질의 변경, 간섭물체의 형태, 종류, 규모 등을 조사할 수 있다.
	(4) 사전 예측하기	① 조사대상(건축음향시설, 연구실험실 등)의 시설에 대한 공사 및 운영 시 예상되는 소음 · 진동을 사전 예측하기 위해 해당 지역, 관련 법규를 파악하고 계획자료를 면밀히 조사할 수 있다. ② 방음 · 방진 대책 수립에 필요한 자재를 비교할 수 있다. ③ 대규모사업 시행(도로, 철도, 항만, 택지, 환경기초시설, 발전소 등) 시 발생하는 소음 · 진동 영향정도를 사전 예측할 수 있다. ④ 기타 소음 · 진동 민원 요인별 계획자료를 조사할 수 있다.
2. 소음 · 진동 예비조사 분석	(1) 측정자료 검토하기	① 소음 · 진동 관련 법규 및 기준에 따라 측정자료 항목의 적합성을 검토할 수 있다. ② 소음 · 진동 측정자료에 해당하는 법적 기준을 정리할 수 있다.
	(2) 측정자료 분석하기	① 저장된 자료를 출력할 수 있다. ② 측정자료를 이용하여 노출면적을 산출할 수 있다. ③ 출력자료를 이용하여 통계자료를 산출할 수 있다. ④ 측정지점과 측정대상별로 자료를 정리할 수 있다. ⑤ 발생원의 특성에 따라 기여율을 작성할 수 있다.
3. 소음 · 진동 예비조사 평가	(1) 평가계획 수립하기	① 소음 · 진동 관련 법규 및 기준에 따라 소음 · 진동 자료 평가방법을 파악할 수 있다. ② 소음 · 진동 관련 법규 및 기준에 따라 소음 · 진동 자료 평가계획을 수립할 수 있다.
	(2) 측정자료 평가하기	① 배경값과 측정값을 비교하여 대상소음도 · 진동레벨을 산출할 수 있다. ② 대상소음도 · 진동레벨을 관련 보정치를 적용하여 평가량을 산출할 수 있다. ③ 측정 · 분석 자료로부터 기준 초과 여부를 평가하여 기준 초과량에 대한 기여율 등 원인을 분석 · 평가할 수 있다.
	(3) 측정결과서 작성하기	① 보고서 작성지침에 따라 소음 · 진동 측정결과서를 작성할 수 있다. ② 보고서 작성지침이 없는 경우 각각의 측정유형에 적합한 소음 · 진동 측정결과서를 작성할 수 있다. ③ 관련 기준별 소음 · 진동 측정자료 평가표를 작성할 수 있다.
4. 소음 정밀분석	(1) 소음 분석장비 운용하기	① 소음 분석방법에 따라 분석장비를 교정할 수 있다. ② 소음 분석방법에 따라 분석장비를 운용할 수 있다. ③ 측정목적에 따라 적합한 분석기능을 검토할 수 있다.
	(2) 소음 분석 프로그램 운용하기	① 평가대상에 따라 적합한 분석 프로그램을 선택할 수 있다. ② 소음 분석 프로그램 매뉴얼에 따라 필요한 자료를 정리하여 입력할 수 있다. ③ 소음 분석목적에 따라 프로그램을 적합하게 운용할 수 있다. ④ 관련 규정에 따라 적합한 분석결과를 산출할 수 있다.
	(3) 소음 측정결과 분석하기	① 소음 · 진동 공정시험기준이나 KS 등 관련 시험규격에 따라 측정결과를 분석할 수 있다. ② 소음 · 진동 공정시험기준이나 KS 등 관련 시험규격에 적합하게 측정이 이루어졌는지를 분석할 수 있다. ③ 소음 · 진동 공정시험기준에 따라 이상값이 나왔을 때 원인을 분석하여 재측정할 수 있다. ④ 소음 측정목적에 따라 결과의 불확실성을 표현할 수 있는 측정불확도를 산출할 수 있다.

주요 항목	세부 항목	세세 항목
5. 소음 평가 모니터링	(1) 소음 평가계획 수립하기	① 소음 측정목적에 따라 소음 평가계획을 수립할 수 있다. ② 소음 측정대상에 따라 소음 평가계획을 수립할 수 있다. ③ 소음 측정기준에 따라 소음 평가계획을 수립할 수 있다. ④ 국내·외의 소음 관련 기준에 따라 소음 평가계획을 수립할 수 있다.
	(2) 소음 평가기준 선정하기	① 소음 관련 법규나 KS 등 관련 규격에 따라 대상별 소음 평가기준을 선정할 수 있다. ② 소음 관련 법규에 따라 소음 측정대상에 적합한 소음 평가기준을 선정할 수 있다. ③ 소음 관련 법규에 따라 소음 측정목적에 적합한 소음평가기준을 선정할 수 있다.
6. 소음 정밀평가 보완	(1) 소음 측정·분석 자료 평가하기	① 관련 법규나 KS 등 관련 시험규격에 따라 측정·분석 자료를 평가할 수 있다. ② 관련 법규나 KS 등 관련 시험규격에 적합하게 측정·분석이 이루어졌는지를 평가할 수 있다. ③ 관련 법규에 따라 이상값이 나왔을 때 원인을 분석·평가하여 재측정할 수 있다. ④ 소음 측정목적에 따라 결과의 불확실성을 표현할 수 있는 측정불확도를 산출·평가할 수 있다.
	(2) 소음 측정·분석 평가자료 적합성 검토하기	① 소음 측정목적에 따라 평가결과의 적합성 여부를 판단할 수 있다. ② 소음 측정목적에 따라 소음원의 종류별 평가방법을 정리할 수 있다. ③ 소음 측정목적에 따라 이상값이 나왔을 때 원인을 분석하여 재평가할 수 있다.
7. 진동 정밀분석	(1) 진동 분석장비 운용하기	① 진동 분석방법에 따라 분석장비를 교정할 수 있다. ② 진동 분석방법에 따라 분석장비를 운용할 수 있다. ③ 측정목적에 따라 적합한 분석기능을 검토할 수 있다.
	(2) 진동 분석 프로그램 운용하기	① 평가대상에 따라 적합한 분석 프로그램을 선택할 수 있다. ② 진동 분석 프로그램 매뉴얼에 따라 필요한 자료를 정리하여 입력할 수 있다. ③ 진동 분석목적에 따라 프로그램을 적합하게 운용할 수 있다. ④ 관련 규정에 따라 적합한 분석결과를 산출할 수 있다.
	(3) 진동 측정결과 분석하기	① 소음·진동 공정시험기준이나 KS 등 관련 시험규격에 따라 측정결과를 분석할 수 있다. ② 소음·진동 공정시험기준이나 KS 등 관련 시험규격에 따라 측정목적에 적합하게 측정이 이루어졌는지를 분석할 수 있다. ③ 소음·진동 공정시험기준에 따라 이상값이 나왔을 때 원인을 분석하여 재측정할 수 있다. ④ 소음 측정목적에 따라 결과의 불확실성을 표현할 수 있는 측정불확도를 산출할 수 있다.
8. 진동 평가 모니터링	(1) 진동 평가계획 수립하기	① 진동 측정목적에 따라 진동 평가계획을 수립할 수 있다. ② 진동 측정대상에 따라 진동 평가계획을 수립할 수 있다. ③ 진동 측정기준에 따라 진동 평가계획을 수립할 수 있다. ④ 국내·외의 진동 관련 기준에 따라 진동 평가계획을 수립할 수 있다.
	(2) 진동 평가기준 선정하기	① 진동 관련 법규나 KS 등 관련 규격에 따라 대상별 진동 평가기준을 선정할 수 있다. ② 진동 관련 법규에 따라 진동 측정대상에 적합한 진동 평가기준을 선정할 수 있다. ③ 진동 관련 법규에 다라 진동 측정목적에 적합한 진동 평가기준을 선정할 수 있다.

주요 항목	세부 항목	세세 항목
9. 진동 정밀평가 보완	(1) 진동 측정·분석 자료 평가하기	① 관련 법규나 KS 등 관련 시험규격에 따라 측정·분석 자료를 평가할 수 있다. ② 관련 법규나 KS 등 관련 시험규격에 따라 측정목적에 적합하게 측정·분석이 이루어졌는지를 평가할 수 있다. ③ 관련 법규에 따라 이상값이 나왔을 때 원인을 분석·평가하여 재측정할 수 있다. ④ 진동 측정목적에 따라 결과의 불확실성을 표현할 수 있는 측정불확도를 산출·평가할 수 있다.
	(2) 진동 측정·분석 평가자료 적합성 검토하기	① 진동 측정목적에 따라 평가결과의 적합성 여부를 판단할 수 있다. ② 진동 측정목적에 따라 진동원의 종류별 평가방법을 정리할 수 있다. ③ 진동 측정목적에 따라 이상값이 나왔을 때 원인을 분석하여 재평가할 수 있다.
10. 소음 분석	(1) 소음 분석계획 수립하기	① 소음 측정목적에 따라 소음 분석계획을 수립할 수 있다. ② 소음 측정대상에 따라 소음 분석계획을 수립할 수 있다. ③ 소음 측정기준에 따라 소음 분석계획을 수립할 수 있다. ④ 국내·외의 소음 관련 기준에 따라 소음 분석계획을 수립할 수 있다.
	(2) 소음 측정자료 분류하기	① 소음 측정목적에 따라 소음 측정자료를 분류할 수 있다. ② 소음 측정대상에 따라 소음 측정자료를 분류할 수 있다. ③ 소음 측정기준에 따라 소음 측정자료를 분류할 수 있다. ④ 국내·외의 소음 관련 기준에 따라 소음 측정자료를 분류할 수 있다.
	(3) 소음 보정자료 파악하기	① 관련 규정에서 정하는 보정방법에 따라 배경소음 보정을 할 수 있다. ② 관련 규정에서 정하는 보정방법에 따라 가동시간율을 보정할 수 있다. ③ 관련 규정에서 정하는 보정방법에 따라 관련 시간대를 보정할 수 있다. ④ 관련 규정에서 정하는 보정방법에 따라 충격소음을 보정할 수 있다. ⑤ 관련 규정에서 정하는 보정방법에 따라 발파횟수를 보정할 수 있다. ⑥ 관련 규정에 따라 바닥충격음 측정결과에는 잔향음 보정을 할 수 있다.
11. 진동 분석	(1) 진동 분석계획 수립하기	① 진동 측정목적에 따라 진동 분석계획을 수립할 수 있다. ② 진동 측정대상에 따라 진동 분석계획을 수립할 수 있다. ③ 진동 측정기준에 따라 진동 분석계획을 수립할 수 있다. ④ 국내·외의 진동 관련 기준에 따라 진동 분석계획을 수립할 수 있다.
	(2) 진동 측정자료 분류하기	① 진동 측정목적에 따라 진동 측정자료를 분류할 수 있다. ② 진동 측정대상에 따라 진동 측정자료를 분류할 수 있다. ③ 진동 측정기준에 따라 진동 측정자료를 분류할 수 있다. ④ 국내·외의 진동 관련 기준에 따라 진동 측정자료를 분류할 수 있다.
	(3) 진동 보정자료 파악하기	① 관련 규정에서 정하는 보정방법에 따라 배경진동 보정을 할 수 있다. ② 관련 규정에서 정하는 보정방법에 따라 가동시간율을 보정할 수 있다. ③ 관련 규정에서 정하는 보정방법에 따라 관련 시간대를 보정할 수 있다. ④ 관련 규정에서 정하는 보정방법에 따라 발파횟수를 보정할 수 있다.
12. 소음·진동 측정	(1) 측정방법 파악하기	① 소음·진동 측정대상과 측정목적을 확인할 수 있다. ② 소음·진동 측정대상이나 측정목적에 적합하게 측정방법을 검토할 수 있다.
	(2) 측정계획 수립하기	① 측정대상의 특성이나 조건을 파악하여 최적의 측정 절차와 방법 및 장비 운용계획, 시간계획, 인력 투입계획, 소요예산계획을 수립할 수 있다. ② 측정목적에 적합한 장비를 선정할 수 있으며, 대상 장비의 검·교정 여부를 확인할 수 있다.

주요 항목	세부 항목	세세 항목
	(3) 배경 · 대상 소음 · 진동 측정하기	① 배경 및 대상 소음 · 진동을 측정할 수 있는 환경조건을 확인할 수 있다. ② 소음 · 진동 관련 법 및 기준에 따라 배경 및 대상 소음 · 진동을 측정할 수 있다.
	(4) 발생원 측정하기	관련 법 및 기준에 따라 발생원의 소음 · 진동 크기정도를 측정할 수 있다.
13. 방음 · 방진 시설 설계	(1) 측정 및 예측결과 해석하기	① 측정 · 분석 또는 예측한 결과를 검토 후, 예측결과를 파악할 수 있다. ② 공인된 예측식을 활용하여, 소음 · 진동 관련의 기준 또는 요구수준을 충족하기 위한 저감량을 산출할 수 있다. ③ 소음 · 진동 분야에서 사용하고 있는 컴퓨터 해석 프로그램을 활용할 수 있다. ④ 소음 · 진동의 전파에 영향을 미치는 인자 및 재료의 음향특성을 고려할 수 있다.
	(2) 대책 수립 및 설계하기	① 발생원, 전파경로, 수음(진)원 대책 등 다양한 방안을 검토하여 적합한 대책을 수립할 수 있다. ② 목표 저감효과를 달성하기 위해 필요한 자재, 기술, 공법을 선정할 수 있다. ③ 대책별 저감량과 비용을 분석하여 경제성을 평가할 수 있다. ④ 저감대책을 실시함으로써 발생되는 생산성 및 환경조건의 변화를 고려할 수 있다. ⑤ 저감대책 수립 시 타 분야 관련 전문가의 의견을 검토할 수 있다.
	(3) 설계도서 작성하기	① 최적 대책안을 설계하기 위한 실시설계서(구조계산서, 해석 및 예측 결과물 등), 시방서, 설계도면을 작성할 수 있다. ② 설계도면을 근거로 수량산출서 및 내역서를 작성할 수 있다.
	(4) 보고하기	① 설계과정을 쉬운 용어를 사용하여 설명할 수 있다. ② 대책방안별 비용효과 분석을 설명하고 최적의 방안을 제안할 수 있다. ③ 저감대책 수립 후 예상되는 문제점을 설명할 수 있다.
14. 소음 · 진동 예측평가	(1) 자료 입력하기	① 평가대상에 적합한 예측모델을 선택할 수 있다. ② 프로그램 매뉴얼에 따라 목적에 필요한 자료를 정리하여 입력할 수 있다. ③ 자료 입력 시, 평가대상 물체로부터 해석모델 작성에 필요한 부위를 취사 선택할 수 있다.
	(2) 결과 산출 및 검토하기	① 관련 법과 기준에 적합한 해석결과를 산출할 수 있다. ② 예측치를 실측치나 기준치와 비교 · 분석하여 모델 교정 후 적합한 해석결과를 산출할 수 있다. ③ 교정된 모델을 사용하여 설계인자의 민감도 및 기여율을 산출한 후 방음 · 방진 대책 시 개선효과를 예측할 수 있다. ④ 효과 예측 시 설계인자의 민감도 및 기여율을 산출하여 방음 · 방진 대책에 활용할 수 있다.
	(3) 자료 분석하기	① 해석모델의 여러 조건을 검토하여 해석모델의 신뢰성을 확인할 수 있다. ② 검증된 해석모델에 따라 적합한 방음 · 방진 방안을 선택할 수 있다.
	(4) 종합 평가하기	① 해석결과가 관련 기준법에 부합하는지를 비교 · 평가할 수 있다. ② 관련 예측모델의 종류별 적합성을 판정할 수 있다. ③ 관련 법에 따라 선정된 모델의 신뢰성을 평가할 수 있다. ④ 대책안 적용 시별 최적 결과물을 산출할 수 있다.
	(5) 예측평가결과서 작성하기	① 보고서 작성지침에 따라 예측결과서를 작성할 수 있다. ② 관련 기대효과 및 결론을 도출하여 문서를 작성할 수 있다.

② 소음진동산업기사

■ 적용기간 : 2024.1.1. ~ 2025.12.31.

(1) 필기

[제1과목] 소음 · 진동 개론

주요 항목	세부 항목	세세 항목
1. 소음 · 진동의 용어와 물리적 성질	(1) 소음 · 진동의 용어	① 소음과 관련된 용어 ② 진동과 관련된 용어
	(2) 소음 · 진동의 물리적 성질	① 소음의 물리적 성질 ② 진동의 물리적 성질
2. 소음 · 진동 발생원과 전파특성 및 음장	(1) 소음 · 진동 발생원과 특성	① 소음의 발생원과 특성 ② 진동의 발생원과 특성
	(2) 소음 · 진동 감쇠요인	① 소음원 형태에 따른 감쇠요인 ② 진동원 형태에 따른 거리감쇠 ③ 기타 소음 · 진동 감쇠
	(3) 비감쇠 및 감쇠진동	① 비감쇠 ② 감쇠진동
	(4) 음장의 종류와 특성	① 음장의 종류 ② 음장의 특성
	(5) 실내음의 음향특성	① 실내음의 종류 ② 실내음의 특징
3. 음향생리와 감각평가	(1) 청각기관의 구조와 기능	① 청각기관의 구조 ② 청각기관의 기능
	(2) 소음 · 진동의 평가척도	① 소음의 평가척도 ② 진동의 평가척도
4. 소음 · 진동의 영향	(1) 소음의 영향 및 피해	① 소음의 영향 ② 소음의 피해
	(2) 진동의 영향 및 피해	① 진동의 영향 ② 진동의 피해

[제2과목] 소음 · 진동 공정시험기준

주요 항목	세부 항목	세세 항목
1. 측정원리	측정 기초이론 및 원리	① 측정 기초이론 ② 측정원리
2. 소음 측정	(1) 총칙	① 총칙 ② 목적, 적용범위 ③ 용어의 정의 등
	(2) 환경기준의 측정방법	① 측정점 및 측정조건 ② 측정기기의 사용 및 조작 ③ 측정시간 및 측정지점수 ④ 측정자료 분석 ⑤ 평가 및 측정 자료의 기록 등
	(3) 배출허용기준의 측정방법	① 측정점 및 측정조건 ② 측정기기의 사용 및 조작 ③ 측정시간 및 측정지점수 ④ 측정자료 분석 ⑤ 평가 및 측정자료의 기록 등
	(4) 규제기준의 측정방법	① 생활 소음 ② 발파 소음 ③ 동일 건물 내 사업장 소음 등
	(5) 소음관리기준의 측정방법	① 도로교통 소음 ② 철도 소음 ③ 항공기 소음 등
	(6) 공동주택 내 층간소음 측정방법	공동주택 내 층간소음
3. 진동 측정	(1) 총칙	① 총칙 ② 목적, 적용범위 ③ 용어의 정의 등
	(2) 배출허용기준의 측정방법	① 측정점 및 측정조건 ② 측정기기의 사용 및 조작 ③ 측정시간 및 측정지점수 ④ 측정자료 분석 ⑤ 평가 및 측정자료의 기록 등
	(3) 규제기준의 측성방법	① 생활 진동 ② 발파 진동 등
	(4) 진동한도의 측정방법	① 도로교통 진동 ② 철도 진동 등

[제3과목] 소음 · 진동 방지기술

주요 항목	세부 항목	세세 항목
1. 소음 · 진동 방지대책	(1) 소음 · 진동 방지계획	① 소음 방지계획 ② 소음 방지대책 시 고려사항 ③ 진동 방지계획 ④ 진동 방지대책 시 고려사항
	(2) 발생 원인 및 대책	① 소음 발생원과 그 대책 ② 진동 발생원과 그 대책
	(3) 방음 · 방진 자재	① 방음자재의 종류 ② 방음자재의 기능 ③ 방진자재 ④ 방진 기본설계 ⑤ 방진효과 분석 ⑥ 친환경 방음자재
2. 차음 및 흡음 기술 등	(1) 차음 · 흡음 이론과 설계	① 차음이론 ② 흡음이론 ③ 차음 · 흡음 대책 및 설계
	(2) 소음기의 이론과 설계	① 소음기의 이론 ② 소음대책과 소음기 설계
	(3) 방음벽의 이론과 설계	① 방음벽 이론 ② 방음대책 및 방음설계
	(4) 방음실 및 방음덮개 이론과 설계	① 방음실 및 방음덮개 이론 ② 방음실 및 방음덮개 대책과 설계
	(5) 흡음덕트 이론과 설계	① 흡음덕트 이론 ② 흡음덕트 설계
	(6) 방지시설의 설계 및 효과 분석	① 방지시설의 기본설계 ② 방지시설의 효과 분석
3. 소음 저감기술	실내소음 저감방법 및 대책	① 실내소음 저감방법 ② 실내소음 저감대책

[제4과목] 소음 · 진동 관계법규

주요 항목	세부 항목
1. 소음진동관리법	(1) 총칙 (2) 공장 소음 · 진동의 관리 (3) 생활 소음 · 진동의 관리 (4) 교통 소음 · 진동의 관리 (5) 항공기소음의 관리 (6) 방음시설의 설치 기준 등 (7) 확인검사대행자 (8) 보칙 (9) 벌칙(부칙 포함)
2. 소음진동관리법 시행령	시행령 전문(부칙 및 별표 포함)
3. 소음진동관리법 시행규칙	시행규칙 전문(부칙 및 별표, 서식 포함)
4. 소음 · 진동 관련 법	소음 · 진동 관리와 관련된 기타 법규 내용(환경정책기본법, 학교보건법, 주택법, 산업안전보건법, 소음 · 진동 관련 환경부 및 국토교통부 고시, KS 규격 등)

(2) 실기

[수행준거]

① 소음 · 진동에 대한 전문적 지식을 토대로 소음 · 진동에 대한 현황을 조사, 측정, 예측, 평가할 수 있다.

② 소음 · 진동에 대한 전문적 지식을 토대로 적합한 소음 · 진동 방지대책을 수립할 수 있다.

③ 소음 · 진동에 대한 전문적 지식을 토대로 소음 · 진동 방지시설을 설계, 시공, 관리할 수 있다.

[실기 과목명] 소음 · 진동 방지 실무

주요 항목	세부 항목	세세 항목
1. 소음 · 진동 영향 평가	(1) 현황 조사하기	① 조사 및 계획을 수립할 수 있다. ② 영향을 조사할 수 있다. ③ 발생원을 조사할 수 있다. ④ 전파경로를 조사할 수 있다.
	(2) 소음 · 진동 측정 및 예측하기	① 측정방법을 이해할 수 있다. ② 측정계획을 수립할 수 있다. ③ 대상 소음 · 진동을 측정할 수 있다 ④ 소음 · 진동을 예측할 수 있다.
2. 방지재료	방지재료의 특성 파악 및 선정하기	① 방지재료의 특성을 파악할 수 있다. ② 방지재료를 선정할 수 있다.
3. 방지시설	방지시설 파악하기	① 방음 · 방진에 대한 이론을 이해할 수 있다. ② 경제성을 고려하여 방지시설의 시공 등을 파악할 수 있다. ③ 친환경 공법을 이해할 수 있다. ④ 기타 방음 및 방진 기술을 습득할 수 있다.
4. 방지대책	방음 · 방진 시설 설계하기	분석자료를 토대로 설계의 기본업무를 습득할 수 있다.

차 례

Ⅰ 중요이론 & 실전문제

Part 1 소음 · 진동 계획

Part 2 소음 측정 및 분석

Part 3 진동 측정 및 분석

Ⅱ 과년도 출제문제

한번에
합격하기

I

중요이론 & 실전문제

PART 1

중요이론 & 실전문제

소 · 음 · 진 · 동 기 사 / 산 업 기 사

소음 · 진동 계획

Noise & Vibration

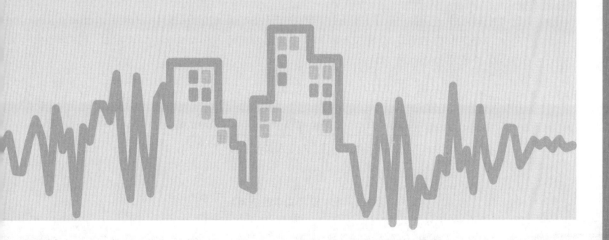

소음 · 진동 측정계획 수립

- 소음 · 진동에 관련된 용어와 물리적 성질을 이해하고 그 전파경로를 파악함으로써 측정계획 수립의 기초적인 내용을 이해한다.
- 소음 · 진동 측정대상에 따른 소음 · 진동 측정목적과 대상 지역에 대한 용도지역 구분 적용, 영향범위를 파악한다.

Section 01 수행목적 파악

1 소음 · 진동 관련 용어 및 물리적 성질

(1) 소음과 관련된 용어 및 물리적 성질

1) 음(sound)

① 주파수와 전달속도

음파는 공기와 같은 매체를 옮겨가는 소밀파(압력파)이다. 순음인 경우 그 음압은 아래 그림과 같이 정현파(正弦波)적으로 변화하고 그에 대응하여 공기분자는 진자와 같이 현재 평균위치 주위에서 미세하게 변위한다.

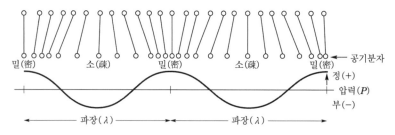

‖음파의 변화‖

압력이 최대인 지점을 산(山), 최소인 지점을 골(谷)이라 하면 산과 산 사이의 거리는 파장, λ(m)이고, 그림과 같이 고정된 지점을 1초 사이에 통과하는 산(또는 골)의 평균 개수가 순음의 주파수가 된다.

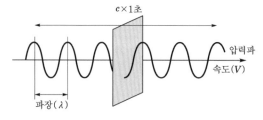

‖음속, 파장 및 주파수의 관계‖

음파의 속도를 c(m/s), 파장을 λ(m)라 하면 그림에 나타낸 바와 같이 주파수 f(Hz)는 $f = \dfrac{c}{\lambda}$과 같다. 음의 전파속도(음속)는 기압과 공기의 밀도에 따라 변화하는데 지상 부근의 공기 중에서는 다음과 같다.

$$c = 331.5 \sqrt{\frac{T}{273}} \ (\fallingdotseq 331.5 + 0.61\,\theta)(\text{m/s})$$

여기서, T : 절대온도로 표시한 기온(K)

$\qquad\ \theta$: 기온(℃)

음속은 절대온도의 제곱근에 비례한다는 사실을 알 수 있다.

상온(약 20℃)에서 공기를 비롯한 매질의 음속(음의 전파속도)은 다음과 같다.

〈 매질별 음의 전파속도 〉

매질	속도(m/s)	매질	음속(m/s)
공기	344	금(Au)	3,240
헬륨(He)	1,005	은(Ag)	3,600
수소(H₂)	1,310	나무	3,500~5,000
물	1,440	유리	4,900~5,800
납(Pb)	2,160	강철(Fe)	6,100
콘크리트	3,040	–	–

② 음파(소밀파)의 구분
  ㉠ 파동의 진행방향에 따른 구분
    ⓐ 횡파(transverse wave) : 진행방향에 직각인 파(전자기파)
    ⓑ 종파(longitudinal wave) : 진행방향과 동일한 파(음파)
  ㉡ 파면의 형상에 따른 구분
    ⓐ 평면파(plane wave) : 음파의 파면들이 서로 평행한 파(긴 실린더의 피스톤 운동에 의해 발생하는 파)
    ⓑ 구면파(spherical wave) : 음원에서 모든 방향으로 동일한 에너지를 방출할 때 발생하는 파(공중에 있는 점음원)
  ㉢ 파동의 전진 여부에 따른 구분
    ⓐ 진행파(progressive wave) : 반사없이 음파의 진행방향으로 에너지를 전송하는 파
    ⓑ 정재파(standing wave) : 정지한 채 진동만 하는 파로 둘 또는 그 이상의 음파의 구조적 간섭에 의해 시간적으로 일정하게 음압의 최고와 최저가 반복되는 패턴의 파(튜브, 악기, 파이프오르간에서 나는 음)
    ⓒ 발산파(diverging wave) : 음원으로부터 거리가 멀어질수록 더욱 넓은 면적으로 퍼져가는 파로 음의 세기가 음원으로부터 거리에 따라 감소하는 파

2) 음파의 반사와 투과

① 음파의 반사

음파가 각기 다른 매질의 경계면에 입사하게 되면 그 중 일부분은 다시 원래의 매질로 되돌아간다. 입사파의 파장에 비해 경계면이 충분히 넓을 경우 회절에 의한 음의 유입은 무시되어 음은 잘 반사된다. 또 면의 요철이 파장에 비해 작은 규모라면 마치 가시광선이 거울에 부딪쳐 반사할 때와 같이 정반사한다. 반대로 요철이 파장보다 크면 난반사되어 음은 산란하게 된다.

입사파의 세기를 I_o, 반사파의 세기를 I_r로 하였을 때 이 둘의 비 $\dfrac{I_r}{I_o}$를 반사율이라고 한다. 경계면에 수직으로 입사하는 음파의 반사율 α_r는 매질의 고유음향임피던스 ρc에 의하여 결정되며 그 식은 다음과 같다.

$$\alpha_r = \left(\frac{\rho_1 c_1 - \rho_2 c_2}{\rho_1 c_1 + \rho_2 c_2} \right)^2$$

단, $\rho_1 c_1$은 입사 쪽, $\rho_2 c_2$는 경계면의 다른 쪽 매질의 값이다.

α_r의 식에서 알 수 있듯이 $\rho_1 c_1 \gg \rho_2 c_2$ 또는 $\rho_1 c_1 \ll \rho_2 c_2$일 때 $\alpha_r \fallingdotseq 1$이 되어 음파는 경계면에서 거의 모두 완전반사된다. 예를 들어 공기 중의 음파가 콘크리트나 물의 표면에서 수직으로 반사할 때는 $\rho_1 c_1 \ll \rho_2 c_2$이므로 완전반사가 된다. 또한 입사파와 반사파의 간섭으로 파면이 진행되지 않은 정상파(定常波)일 때도 있다.

> **정리** • 파장이 크고, 반사면이 크면 → 반사는 양호하다.
> • 파장이 크고, 표면의 요철이 작으면 → 정반사가 일어난다.
> • 고유음향임피던스의 차이가 크면 → 반사율이 커진다.

② 음파의 투과

경계면에서 반사되지 않은 음파는 제2의 매질 중으로 진행하는데 수직투과의 경우 투과율, $\tau \left(= \dfrac{투과파의\ 세기}{입사파의\ 세기} \right)$는 경계면에서의 흡수가 없다고 가정할 경우 다음 식으로 나타난다.

$$\tau = 1 - \alpha_r = \frac{4 \rho_1 c_1 \cdot \rho_2 c_2}{(\rho_1 c_1 + \rho_2 c_2)^2}$$

여기서, 투과율 τ를 dB로 나타내면 $\text{TL} = 10 \log \dfrac{1}{\tau} = -10 \log \tau \text{ (dB)} \ (0 \leq \tau \leq 1)$이다. 이 값을 투과손실(transmission loss)이라고 하며 이는 차단벽의 효율을 나타내는 데 이용된다.

3) 음파의 굴절

① 개요

하나의 매질 안을 전파하고 있는 음파가 다른 매질의 경계면에 이르게 되면 일부는 반사하고 나머지는 투과하여 제2의 매질 속으로 들어간다. 2개의 매질 속의 음속이 다르면 음의 진행방향은 파면(동일 위상면)에 직각이므로 굴절되어 진행방향을 변화시키면서 투과된다. 입사각 θ_1과 굴절각 θ_2 및 음속 c_1, c_2 사이에는 음의 굴절로 인해 음파가 한 매질에서 다른 매질로 통과할 때 구부러지는 현상을 입사각과 음속비로 나타낸 것이 Snell의 법칙이다.

$$\frac{c_1}{c_2} = \frac{\sin \theta_1}{\sin \theta_2}$$

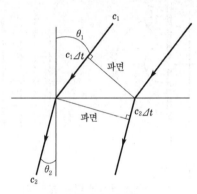

‖ 음파의 굴절 ‖

② 온도차, 풍속차에 의한 음의 굴절

대기의 온도는 낮에는 햇빛으로 인하여 지표면이 따뜻하게 되어 지상에 가까운 쪽이 상공보다 높아진다. 그렇기 때문에 상공에서는 지상보다 음의 속도가 늦어지고, 파면이 위쪽으로 굽어져 음은 멀리 퍼지지 않는다[그림 (a)]. 밤에는 지표면 쪽이 빠르게 냉각되므로 반대가 된다[그림 (b)]. 또한 상공에서 풍속이 빠르면 음파의 진행속도도 바람에 의하여 굽어져 풍상(風上) 쪽에서는 지표면에 도달되지 않는 일도 발생한다[그림 (c)].

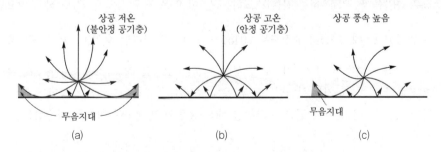

‖ 온도차와 풍속차에 의한 음의 굴절 양상 ‖

> **정리**
> - 굴절 전후의 음속 차이가 크면 → 굴절이 커진다.
> - 상공이 저온이면 → 지표면 방향의 음은 적어진다.
> - 상공의 풍속이 커지면 → 지표면의 풍상 쪽 음이 적어진다.

4) 음파의 회절

시계가 좋지 않은 산간의 도로에서는 경적을 울려서 교통의 표식을 알릴 수 있는데 이것은 음파가 장해물의 뒤로 휘어져서 전달되는 '굴절'의 성질을 이용한 것이다. 파(波)는 빛과 같은 횡파(橫波)나, 음파와 같은 종파(縱波) 또는 소밀파 모두 회절하는 성질을 갖고 있다. 일반적으로 파장이 길수록, 또 물체가 작을수록(구멍이 있을 경우는 구멍이 작을수록) 잘 회절되어 물체 뒤쪽에 음의 음영(陰影)이 생기지 않게 된다(그림 참조). 음의 주파수는 파장에 반비례하므로 낮은 주파수의 음파인 저음은 고음에 비하여 회절하기 쉽다.

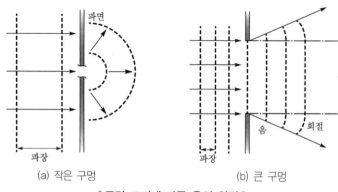

(a) 작은 구멍   (b) 큰 구멍

┃ **구멍 크기에 따른 음의 회절** ┃

> **정리**
> - 회절의 크고 작음은 파장과 물체의 크기로 결정된다.
> - 파장이 크고, 물체(또는 구멍)가 작으면 → 회절이 커진다.

5) 마스킹(masking, 음폐작용)

몇 가지 음이 동시에 울리고 있을 때 커다란 음이 있으면 주위의 다른 적은 음은 들리지 않게 된다. 이러한 현상을 마스킹(음폐작용)이라고 한다. 겨우 들리는 한 개의 음이 있을 경우 음압을 P_1으로, 다른 음(마스크하는 음)이 있을 경우 음압을 P_2로 하지 않으면 들을 수 없다고 할 때, 마스킹의 정도는 $20 \log \dfrac{P_2}{P_1}$(dB)로 나타낼 수 있다. 마스킹의 효과는 음의 크기나 주파수에 좌우된다. 예를 들어 저음은 고음을 잘 마스크하지만, 고음은 저음을 그다지 잘 마스크하지는 못한다. 또 두 음의 주파수가 가까울수록 마스킹의 효과는 매우 커진다. 단, 두 음이 거의 같은 주파수일 때는 울림이 발생하여 반대로 마스킹은 적어진다.

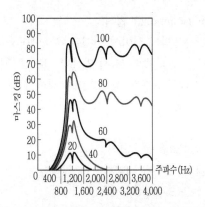

‖ 순음(1,200Hz)에 의한 순음에 대한 마스킹의 일례 ‖

> 정리 • 두 음의 주파수가 서로 가까울 경우는 마스킹이 커진다(단, 순음의 경우는 주파수가 거의 같아지면 울림(beat)이 일어나 마스킹이 약해짐).
> • 저음이 고음을 잘 마스크한다.

6) 공기의 흡음감쇠

음파가 대기 중으로 전파되어질 때 공기 분자의 점성에 따라 음의 진동에너지가 열에너지로 변하여 음이 감쇠한다. 이것을 흡음감쇠라고 하는데 기온, 기습, 주파수에 따라 감쇠의 크기가 다르게 된다. 아래 식에서 알 수 있듯이 흡음감쇠는 주파수가 클수록 커진다. 따라서 음원에서 멀리 떨어진 지점과 음원에서 가까운 지점에서 주파수에 의한 감쇠율 차이에 따라 음색(음파의 파형)이 변하는 수가 있다. 또 습도가 낮고 건조하면 감쇠율이 커진다. 대기조건에 따른 음의 감쇠에서 바람을 고려하지 않을 경우 공기흡음에 의해 일어나는 음의 감쇠치는 주파수가 클수록, 기온이 낮을수록, 습도가 낮을수록 감쇠치는 증가한다.

$$\text{공기 흡음의 감쇠치 } A_a = 7.4 \times \left(\frac{f^2 \times r}{\phi} \right) \times 10^{-8} (\text{dB})$$

여기서, f : 중심 주파수(Hz)

ϕ : 상대습도(%)

r : 음원과 관측점 사이의 거리

7) 여러 가지 음의 법칙

① 호이겐스(Huygens) 원리

하위헌스(휴겐스)의 원리라고도 하며 파동이 전파될 때 파면의 각 점은 파원이 되어 아주 작은 구면파를 형성하고, 이 수많은 구면파들에 공통으로 접하는 선이나 면이 새로운 파면이 되는 원리이다.

② 옴 – 헬름홀츠(Ohm–Helmholtz) 법칙

복잡한 복합음도 단순음의 합성이며 이것은 푸리에(Fourier) 급수로 분해한 각각의 단순음 진폭이 느껴지는 것과 같다. 다시 말하면 인간의 귀는 순음이 아닌 여러 가지 복잡한 파형의 소리도 각각의 순음의 성분으로 분해하여 들을 수 있다는 음색에 관한 법칙이다. 인간의 귀는 순음이 아닌 소리를 들어도 각 주파수 성분으로 분해하여 들을 수 있는 능력이 있다.

③ 베버–페히너(Weber–Fechner) 법칙

음의 감각량은 자극의 대수에 비례한다는 법칙이다.

④ 양이 효과, 두 귀 효과(Binaural effect)

인간의 귀가 두 개이므로 음원의 발생 위치를 그 시간과 위상차에 의해 구분할 수 있는 능력으로 '두 귀 효과'라고도 하는데, 양쪽 귀로 듣는 '양이 효과'의 가장 큰 장점 중에 하나가 '칵테일파티 효과'이다. 또한 '양이 효과'는 소리가 발생하는 위치를 파악하고, 말소리 명료도를 향상시킨다.

⑤ 칵테일파티 효과(Cocktail party effect)

파티의 참석자들이 시끄러운 주변 소음이 있는 방에 있음에도 불구하고 대화자끼리의 이야기를 선택적으로 집중하여 잘 받아들이는 현상에서 유래한 말이다.

⑥ 도플러 효과(Doppler effect)

발음원이나 수음자가 이동할 때 그 진행방향 쪽에서는 원래의 발음원의 음보다 고음(고주파음)으로, 진행 반대 쪽에서는 저음(저주파음)으로 듣게 되는 현상이다.

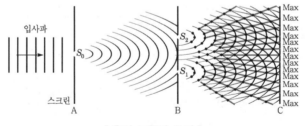

┃음의 도플러 효과┃

⑦ 맥놀이(Beat) 현상

주파수가 약간 다른 두 개의 음원으로부터 나오는 음은 보강간섭과 소멸간섭이 교대로 이루어져 어느 순간에 큰 소리가 들리면 다음 순간에는 조용한 소리로 들리는 현상이다.

㉠ 음의 간섭 : 서로 다른 파동 사이의 상호작용으로 나타나는 현상으로 보강간섭, 소멸간섭, 맥놀이 등이 있다.

㉡ 중첩의 원리 : 둘 또는 그 이상의 같은 성질의 파동이 동시에 어느 한 점을 통과할 때 그 점에서의 진폭은 개개의 파동의 진폭을 합한 것과 같다는 원리로 보강간섭, 소멸간섭, 맥놀이가 여기에 속한다.

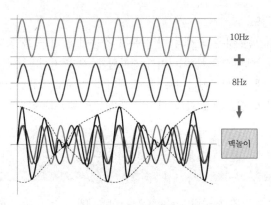

┃ 음의 맥놀이 현상 ┃

⑧ 아이링 효과(Eyring effect)

흡음 시 평균흡음률($\overline{\alpha}$ >0.3 이상)이 클 경우 그 평균흡음률을 구하는 식이 아이링 식이다.

⑨ 일치 효과(Coincidence effect)

차음재료에 입사되는 음의 주파수가 재료의 임계주파수와 같으면 차음재료를 통한 소리의 전파는 무한대가 되어 이론적으로 투과손실이 0이 되는 현상으로 차음벽의 두께가 두꺼워질수록 이러한 현상이 나타난다.

⑩ 선행음 효과(Hass effect)

소리가 나오는 곳이 2개 있어도 먼저 닿은 소리의 음이 들리는 현상을 연구자의 이름을 따서 '하스(Hass) 효과'라고도 한다.

8) 음압과 음의 세기(강도)

① 음압

음에 의하여 매질에 압력변화가 발생한다. 이 압력이 변화된 부분을 음압이라고 한다. 어떤 한 지점의 음압 P'는 시간에 따라 변화하므로 음압의 평균적인 크기를 나타내기 위하여 P'^2를 장시간에 걸쳐 평균하여 그 값에 제곱근을 하면 음압의 실효값이 된다. 즉, 음압 $P = \sqrt{\overline{P'^2}}$ 이다. 순음인 경우, 음압 진폭은 $\sqrt{2}$×음압 실효값이며 $\sqrt{2}\,P$로 나타낸다. 음압의 단위는 Pa(pascal)로서 $1\mathrm{Pa} = 1\mathrm{N/m^2}$이다. N은 Newton으로 MKS계 단위로 힘의 단위이다.

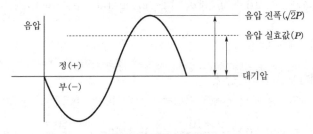

┃ 음압 진폭과 실효값 ┃

② 음의 세기(강도)

음파가 옮겨가는 것은 공기의 매질 분자 진동이 공기 중을 차례로 전파하기 때문인데 음파가 옮겨감에 따라 진동에너지가 전파된다. 음의 진행방향에 수직한 단위면적을 통하여 단위시간에 흐르는 에너지를 '음의 세기'라고 하고, 기호로는 I라고 표시한다. 음의 세기와 음압의 실효값 P와의 사이에 관계식은 다음과 같다.

$$I = \frac{P^2}{\rho c}$$

여기서, ρ : 매질의 비중량(kg/m³)으로 상온에서 $\rho = 1.2$kg/m³

c : 음속(m/s)으로 상온에서 $c = 340$m/s

$\rho c = 1.2 \times 340 = 400$N · s/m³ ≒ 400rayl(얄)이 되며 ρc를 '고유음향임피던스'라고 부른다. 음의 세기 단위는 W/m²이다. 여기서, 1W = 1N · m/s이다.

9) 음압레벨과 음의 세기레벨

① **음압레벨**

인간의 귀가 얼마나 적은 음압의 변동으로 소리를 들을 수 있는가를 확인하여 보면 청력이 양호한 사람인 경우 2×10^{-5}N/m²(실효값) 정도의 음압이면 들을 수 있다. 또 반대로 귀가 아파서 참을 수 없을 정도의 음압 한계값을 조사했더니 60N/m²(실효값)이었다. 음압레벨이란 이 최소가청값 2×10^{-5}N/m²을 기준값으로 하여 어떤 음의 음압(실효값) P가 기준값의 몇 배인가를 대수 표시한 다음 식으로 정의된다.

$$\text{음압레벨(SPL)} = 20\log \frac{P}{P_o} = 20\log \frac{P}{2 \times 10^{-5}} \text{(dB)}$$

② **음의 세기레벨**

음의 세기 I(W/m²)와 음압 P(N/m²)의 관계를 식으로 나타내면 $I = \frac{P^2}{\rho c}$(ρc : 고유음향임피던스)이며 $\rho c = 400$N · s/m²라 하면 음압레벨의 기준값 $P_o = 2 \times 10^{-5}$N/m²는 음의 세기 기준값 $I_o = 10^{-12}$W/m²에 상당한다. 따라서 $\log \frac{P}{P_o} = \log \left(\frac{I}{I_o} \right)^{\frac{1}{2}} = \frac{1}{2}\log \frac{I}{I_o}$이 므로, 음압레벨 SPL $= 20\log \frac{P}{P_o} = 10\log \frac{I}{I_o}$(dB)라고 할 수 있다. 여기서, $10\log \frac{I}{I_o}$를 음의 세기레벨이라고 한다.

음으로 감지되는 공기 진동의 음압범위는 $2 \times 10^{-5} \sim 60$N/m² 정도이므로 이 값을 음압레벨로 나타내면 $20\log \frac{2 \times 10^{-5}}{2 \times 10^{-5}} = 0$dB $\sim 20\log \frac{60}{2 \times 10^{-5}} = 130$dB이 된다.

10) 음원의 음향출력과 파워레벨

음원에서 단위시간당 발생하는 음의 에너지를 음향출력(power)이라 하고, 단위는 W(watt)를 사용하여 나타낸다. 지금 사방이 다 트인 자유공간에 매우 작은 음원(점음원)이 음향출력 W로 음을 발생하고 있을 때, 음원에서 거리 r만큼 떨어진 지점에서 음의 세기 I는 음파의 파면이 구면상으로 확산되므로 $I = \dfrac{W}{4\pi r^2}$(W/m²)가 된다. 또 음원이 충분히 긴 선음원일 경우에 음파는 선음원과 직각으로 교차하는 평면 내에서 동심원상으로 퍼지게 되므로 음향출력을 W(W/m)라 하면 $I = \dfrac{W}{2\pi r}$(W/m²)가 된다. 다시 음원이 바닥에 접하여 있고 아래 방향의 음파가 모두 지면에서 반사될 때 음파는 위쪽 반구의 공간(반자유공간) 중에만 퍼지게 되므로 이때 음의 세기는 자유공간인 경우의 2배가 되며 각각의 음원에 따라 점음원에서 $I = \dfrac{W}{2\pi r^2}$(W/m²), 선음원에서 $I = \dfrac{W}{\pi r}$(W/m²)이다.

데시벨로 표시한 음향출력을 파워레벨(PWL)이라고 하고, 파워레벨에서 기준출력을 10^{-12}W 로 한다.

$$PWL = 10\log\frac{W}{W_o} = 10\log\frac{W}{10^{-12}} \text{(dB)}$$

11) 음압레벨과 파워레벨의 관계식

음원이 작아서 점음원이라고 생각하고 음원에서 거리 r만큼 떨어진 지점의 음의 세기 I는 자유공간에서는 $I = \dfrac{W}{4\pi r^2}$로 주어진다. 이 관계식의 양변을 10^{-12}로 나누어 대수를 취하고 다시 10배 하면, $10\log\dfrac{I}{10^{-12}} = 10\log\dfrac{W}{10^{-12}} - 20\log r - 10\log 4\pi$가 된다. 이 식에서 좌변은 음의 세기레벨(또는 음압레벨, SPL)을, 우변의 제1항은 파워레벨(PWL)을 나타낸다. 그리고 $10\log 4\pi \fallingdotseq 11$이므로 $SPL = PWL - 20\log r - 11$로 된다. 반자유공간 중에서는 점음원이 바닥변에 접하고 있으므로 $I = \dfrac{W}{2\pi r^2}$, 위와 같은 방식으로 SPL을 구하면 $SPL = PWL - 20\log r - 8$이 된다. 이들 관계식에서 음원의 파워레벨이 측정되었을 경우라면 주위의 음압레벨을 구할 수 있고, 반대로 음압레벨과 음원에서 떨어진 거리를 알면 파워레벨을 구할 수 있는 식이 된다. 즉, 음압레벨과 파워레벨의 관계식을 다시 정리하면 다음과 같은 식이 성립된다.

① **점음원 지유공간** : $SPL = PWL - 20\log r - 11$
② **점음원 반자유공간** : $SPL = PWL - 20\log r - 8$
③ **선음원인 경우** : 위의 식에서 $20\log r$을 $10\log r$로 바꾸면 된다. 선음원에서 음의 세기는 $I \propto \dfrac{1}{r}$(r의 1승에 반비례)이므로 $20 \rightarrow 10$으로 바뀐다.

12) 데시벨의 계산

① dB의 합

동시에 소리가 발생하는 몇 개의 음원이 존재할 경우, 그 음을 어느 지점에서 들었을 때 각각 음의 세기를 I_1, I_2, …, I_n이라고 하면 그 지점에서 음의 세기 총합은 $I = I_1 + I_2 + \cdots + I_n$이 된다. 이것을 음의 세기레벨(각각을 L_1, L_2, …, L_n으로 표시함)로 나타내면 다음과 같다.

$$L_1 = 10 \log \frac{I_1}{I_o}, \ L_2 = 10 \log \frac{I_2}{I_o}, \ \cdots, \ L_n = 10 \log \frac{I_n}{I_o} \text{ 이므로}$$

$$I_1 = I_o \times 10^{\frac{L_1}{10}}, \ I_2 = I_o \times 10^{\frac{L_2}{10}}, \ \cdots, \ I_n = I_o \times 10^{\frac{L_n}{10}},$$

따라서, $I = I_1 + I_2 + \cdots + I_n = I_o (10^{\frac{L_1}{10}} + 10^{\frac{L_2}{10}} + \cdots + 10^{\frac{L_n}{10}})$이다.

이 식을 dB로 나타내면, $L = 10 \log \frac{I}{I_o} = 10 \log (10^{\frac{L_1}{10}} + 10^{\frac{L_2}{10}} + \cdots + 10^{\frac{L_n}{10}})$이 된다. 이 식이 dB 표시에 의한 음의 세기의 합이고, 마찬가지로 음향출력이나 음압레벨에 대해서도 dB합의 식이 유도된다.

② dB의 간이계산법 적용

dB합을 구하는 방법으로 간략하게 아래 [그림]이나 〈표〉를 이용하는 방법이 있다.
예를 들어 L_1, $L_2(L_1 \gg L_2)$(dB)인 경우 합을 계산할 때는 [그림]이나 〈표〉에서 $L_1 - L_2$의 보정값을 구하여 L_1에 가하면 된다. 3가지 이상의 합은 큰 값에서 차례대로 2가지씩 계산하여 가면 적은 레벨의 값까지 가하지 않아도 전체 합을 구할 수 있다.

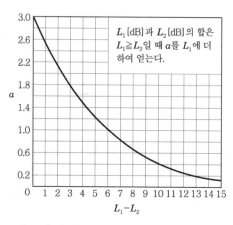

L_1[dB]과 L_2[dB]의 합은 $L_1 \geq L_2$일 때 a를 L_1에 더하여 얻는다.

∥두 음의 세기레벨 차이에 따른 보정값∥

〈 L_1(dB)과 L_2(dB) 합의 보정값($L_1 \gg L_2$일 때)〉

$L_1 - L_2$	0	1	2	3	4	5	6	7	8	9	10	11~12	13~14	15~19	20 이상
α	3.0	2.5	2.1	1.8	1.5	1.2	1.0	0.8	0.6	0.5	0.4	0.3	0.2	0.1	0

dB의 간이계산에서 꼭 기억해야 할 점은 다음과 같다.

㉠ 보정값은 큰 값 쪽으로 더할 것

㉡ 3가지 이상일 경우는 큰 값에서 차례대로 보정값 a를 더하면 마지막에는 계산하지
않아도 될 수 있다.

㉢ 마지막에는 반올림을 할 것

③ dB 평균, dB 차의 계산

㉠ dB의 평균 : 어느 지점에서 음의 세기(또는 음향출력)의 평균

$\overline{I} = \left(\dfrac{1}{n}\right)(I_1 + I_2 + \cdots + I_n)$을 dB을 사용하여 나타낼 때, 각각의 dB 합을 L_1,
$L_2, \cdots, L_n$이라 하면 dB 합은 다음과 같다.

$$L = 10 \log \frac{I}{I_o} = 10 \log \frac{I_1 + I_2 + \cdots + I_n}{I_o}$$

$$= 10 \log \left(10^{\frac{L_1}{10}} + 10^{\frac{L_2}{10}} + \cdots + 10^{\frac{L_n}{10}}\right)$$

$\overline{I}$ 의 dB값을 $\overline{L}$로 하면 $\overline{L} = 10 \log \dfrac{\overline{I}}{I_o} = 10 \log \left(\dfrac{I_1 + I_2 + \cdots + I_n}{n\,I_o}\right)$이다.

따라서, $\overline{L} = L - 10 \log n$이 된다. 이 값이 dB 평균으로 dB 합에서 $10 \log n$을
뺀 값이다.

㉡ dB 차 : $I = I_1 - I_2$를 dB로 나타낸다.

$\dfrac{I_1}{I_o} = 10^{\frac{L_1}{10}}$, $\dfrac{I_1}{I_2} = 10^{\frac{L_2}{10}}$ 이므로 $L = 10 \log \dfrac{I}{I_o} = 10 \log \dfrac{I_1 - I_2}{I_o}$

즉, $L = 10 \log \left(10^{\frac{L_1}{10}} - 10^{\frac{L_2}{10}}\right)$이다.

(2) 진동과 관련된 용어 및 물리적 성질

1) 진동의 계측용어

① 진동(vibration, oscillation) : 어떤 점의 위치가 시간이 경과함에 따라 임의의 기준점을
중심으로 주기적으로 변하는 현상을 말한다. 기계, 기구, 시설 등으로 기인한 진동은 사
람에게 불쾌감을 주며 사람의 건강 및 건물의 피해를 줄 수 있으며 이를 '공해진동'이라
한다. 공해진동은 기계의 수명을 떨어뜨리고 인간의 생리적 장애와 함께 심리적 불쾌감
등을 유발한다. 공해진동수의 범위는 1~90Hz이며, 진동레벨로는 60~80dB 정도까지가
대부분이고, 사람이 느끼는 최소진동치는 55±5dB이다.

㉠ 변위(x) : 물체가 정상 정지 위치에서 일정 시간 내에 도달하는 위치까지의 거리
(단위 : mm, cm)

㉡ 속도(v) : 변위의 시간변화율(단위 : m/s)

㉢ 가속도(a) : 속도의 시간변화율(단위 : m/s^2)

㉣ 주기(T) : 1회 진동하는 데 필요한 시간(단위 : s)

ⓜ 진동수(f) : 단위시간당 사이클의 반복횟수 $\left(f = \dfrac{1}{T}\right)$

ⓗ 각진동수(ω) : 단위시간에 나아가는 각도($\omega = 2\pi f$)

ⓢ 강제진동(forced vibration) : 주기적인 외력에 의해 지속되는 진동

ⓞ 자유진동(free vibration) : 외부의 힘이 제거된 후에 일어나는 진동

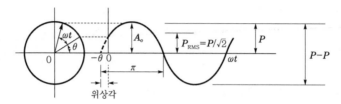

❙ 진동의 위상각과 실효치 ❙

② 정현진동에서 위상각 θ를 무시할 경우 시간 t에 대한 진동변위 : $x = A_o \sin \omega t$

　여기서, A_o : 변위진폭의 피크치, ω : 각진동수이다.

③ 속도진폭 : $v = \dfrac{dx}{dt} = A_o \omega \cos \omega t$, 가속도진폭 : $a = \dfrac{dv}{dt} = -A_o \omega^2 \sin \omega t$

④ 진동의 강약 : 진동을 나타낼 때 sin 및 cos의 시간적 변화를 배제한 최대치나 실효치 (RMS, Root Mean Square)로 표시한다.

〈 정현진동의 계측값 〉

구분	영어 표현	식
피크치(편진동)	peak value	A_o 또는 P
P–P치(전진동)	peak to peak value	$2A_o$ 또는 $2P$
실효치	rms value	$\dfrac{A_o}{\sqrt{2}}$ 또는 $\dfrac{P}{\sqrt{2}}$
평균치	average value	$\dfrac{2A_o}{\pi}$ 또는 $\dfrac{2P}{\pi}$

2) 진동 용어 및 진동레벨

① 주파수 또는 진동수(frequency) : 1s 동안의 cycle 횟수로, 표시기호는 f(단위 : Hz)

② 변위진폭(displacement) : 진동을 변위와 시간의 함수로 나타낸 값으로, 표시기호는 x

　(단위 : m, cm, mm, μm)

　변위의 최대진폭을 A_o로 표시할 때, 진동의 변위량은 $2A_o$

③ 진동속도(velocity) : 단위시간당 변위의 변화량으로, 표시기호는 v

　(단위 : m/s, cm/s, mm/s)

　진동속도의 최대치 $v = A_o \omega$

④ 진동가속도(acceleration) : 단위시간당 속도의 변화량으로, 표시기호는 a
(단위 : $cm/s^2(1cm/s^2=1gal)$, $m/s^2(1g=9.8m/s^2)$)
진동가속도의 최대치 $a = A_o\omega^2$

⑤ 진동가속도레벨(VAL ; Vibration Acceleration Level) : 진동의 물리량을 dB값으로 나타낸 값

$$VAL = 20\log\left(\frac{A_{rms}}{A_r}\right) = 20\log\left(\frac{A_{rms}}{10^{-5}}\right) dB$$

여기서, A_{rms} : 측정대상 진동의 가속도 실효치(m/s^2)

A_r : 기준진동의 가속도 실효치$(10^{-5}m/s^2)$

VAL은 진동수 1~90Hz 범위에서 평탄특성을 갖는다.

⑥ 진동레벨(VL ; Vibration Level) : 1~90Hz 범위의 주파수 대역별 진동가속도레벨(VAL)에 그 주파수대역별 인체의 진동감각특성(수직 또는 수평감각)을 보정한 후의 값들을 dB 합산한 것

$$VL = VAL + W_n(dB(V) \text{ 또는 } dB(H))$$

여기서, W_n : 주파수 대역별 인체 감각에 대한 보정치

〈 1/3 옥타브밴드 중심 주파수별 인체 감각에 따른 보정치(W_n) 〉

주파수(Hz)	1.0	1.25	1.6	2.0	2.5	3.15	4.0	5.0	6.3	8.0
수직보정 dB(V)	-6	-5	-4	-3	-2	-1	0	0	0	0
수평보정 dB(H)	0	0	0	0	-2	-4	-6	-8	-10	-12
주파수(Hz)	10.0	12.5	16.0	20.0	25.0	31.5	40.0	50.0	63.0	80.0
수직보정 dB(V)	-2	-4	-6	-8	-10	-12	-14	-16	-18	-20
수평보정 dB(H)	-14	-16	-18	-20	-22	-24	-26	-28	-30	-32

[비고] 수직보정치는 주파수 4.0~8.0Hz에서 0이고, 수평보정치는 주파수 1.0~2.0Hz에서 0이다. 이것은 인체의 감각이 수직진동은 4.0~8.0Hz에서, 수평진동은 1.0~2.0Hz에서 민감하다는 의미이다.

⑦ 등감각곡선(equal perceived acceleration contour) (ISO R-2631) : 진동수에 따른 인체의 진동에 대한 감각을 나타낸 곡선이다.

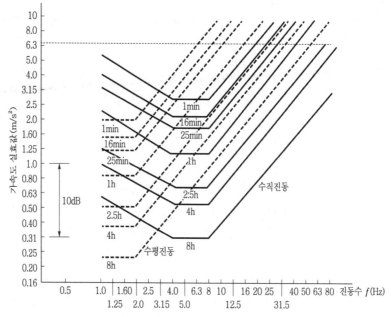

┃ 수평진동과 수직진동의 진동수에 따른 등감각곡선 ┃

[비고] * 그림에서 실선은 작업장에서 수직진동에 대한 노출기준, 점선은 수평진동에 대한 노출기준이다.

* 수직진동의 TLV-TWA(8시간 노출기준)을 보정가속도레벨로 환산하면 90dB(V)에 상당한다.

⑧ 수직보정곡선의 주파수 대역별 보정치에 대한 물리량 : 일반적으로 수직보정된 레벨을 즉, 수직진동레벨(dB(V))을 많이 사용하여 진동레벨의 단위로 사용하는데 수직보정곡선의 주파수 대역별 보정치에 대한 물리량 a는 다음과 같다. 여기서, f(Hz)는 해당 주파수이다.

㉠ $1 \leq f \leq 4$일 때 $a = 2 \times 10^{-5} \times f^{-\frac{1}{2}}$

㉡ $4 \leq f \leq 8$일 때 $a = 10^{-5}$

㉢ $8 \leq f \leq 90$일 때 $a = 0.125 \times 10^{-5} \times f$

이 값을 $-20 \log \left(\dfrac{a}{10^{-5}} \right)$의 식에 대입하여 구하면 인체의 감각보정치 W_n을 구할 수 있다.

3) 진동의 지반 전파경로
① 지반을 전파하는 파
진동원에서 발생한 진동이 지반을 전파하는 파동에는 다음과 같은 종류가 있다.
- ㉠ 종파(P파) : 진동의 방향이 파동의 전파방향과 일치하는 파(소밀파, 압력파)이며 전파속도가 제일 빠르다.
- ㉡ 횡파(S파) : 진동의 방향이 파동의 방향과 직각인 파
- ㉢ 실체파 : 종파와 횡파를 총칭하는 파
- ㉣ 표면파 : 자유표면을 따라 전달되는 파로 레일리파(Rayleigh파(R파))와 Love파(L파)가 있다. 표면파의 전파속도는 횡파의 92~96% 정도이며, 지반의 종류에 따라 진동의 전파속도는 다르게 나타난다.

② 지반의 전파속도
모래땅이 점토나 진흙보다 약간 빠르며, 파형에 따라서는 P파(종파, 압축파, (6km/s)>S파(3km/s)>R파(3km/s 미만)의 순이다.

③ 지표면에서 측정한 진동
종파, 횡파, 레일리파가 합성된 것이지만, 각 파의 에너지는 레일리파가 67%, 횡파가 26%, 종파가 7%의 비율로 계측에 의한 지표진동에서 주로 계측되는 것은 표면파인 R파이다.

④ 진동의 거리감쇠
P파와 S파에서는 소음과 같이 역제곱법칙으로 거리감쇠 $\propto \dfrac{1}{r^2}$ 이지만, R파인 경우는 거리감쇠 $\propto \dfrac{1}{\sqrt{r}}$ 로 복잡한 특성을 가지고 있다.

⑤ 진동레벨의 거리감쇠식
진동원에서 r_o(m)만큼 떨어진 지점의 진동레벨을 VL_o(dB)이라 하고, 진동원에서 $r\,(r>r_o)$ 떨어진 지점에서의 진동레벨을 VL_r(dB), 지반전파의 감쇠정수 λ, n값을 1/2이라고 할 때 다음과 같이 나타낸다(이때, $\lambda = \dfrac{2\pi h f}{v_s}$, 여기서, h : 지반의 내부 감쇠정수(점토질 토양=0.5, 모래=0.1, 바위층=0.01), v_s : 횡파의 전파속도(m/s)).

$$VL_r = VL_o - 8.7\,\lambda\,(r-r_o) - 20\,n\log\left(\frac{r}{r_o}\right)(\text{dB})$$

(3) 소음 및 진동에너지의 친환경적 활용

‖ 인체로 느끼는 주파수 및 진동수 범위 ‖

소음 및 진동에너지의 친환경적 활용은 자연계에 존재하는 다양한 기계적 에너지원(소음 및 진동 등)을 에너지 하베스팅(energy harvesting) 시스템으로 메타물질로 모은 다음 압전소자 기반의 에너지 하베스팅을 통해 전기를 생산하는 방식이다. 다시 말해서 에너지 하베스팅 또는 에너지 수확 기술은 소음·진동에서 발생하는 에너지를 미세하게 수확하여 전기에너지로 변환시켜 저장 또는 사용하는 기술, 즉 광전, 열전, 압전 그리고 전자기파 변환 기술 등이 있다.

1) 소음을 에너지원으로 전환하는 에너지 하베스팅 기술

소음이 공기를 통하여 전달된 파동이 진동 혹은 압전의 형태로 운동에너지로 전환하는 것을 이용하여 소리가 나는 공간 속에 공기와 함께 진동할 진동판을 사이에 두면 이 진동판의 진동판이 역학에너지로 일을 하거나 터빈을 돌리게 하면 소리에너지는 진동에너지나 운동에너지로 전환하게 되어 버려지는 소음이 에너지로 전환할 수 있다.

소음에너지 하베스팅 기술은 소리에너지를 통해 생긴 운동에너지에서 전기에너지로 변환되는 과정에 진동판의 진동이 자석 주변의 유도코일을 상하로 진동시켜 자기장의 변화를 반복하여 전류를 유도하는 방법인 전자기 유도(electromagnetic induction) 방식을 이용한다.

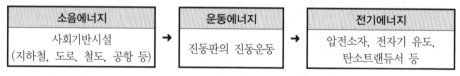

‖ 소음·진동 에너지 하베스팅 기술 현황 ‖

2) 진동에너지를 전기에너지로 변환하는 진동에너지 하베스팅 기술

① 차량의 진동에너지를 흡수하여 전기에너지를 발생시키는 고출력 선형발전기와 발전기를 능동적으로 제어하여 최대출력을 제어하는 전력변환기술이다.

② 기계적 진동을 전기에너지로 전환하는 기술

정전기(electrostatic), 전자기(electromagnetic), 압전(piezoelectric) 등을 이용하는 방식으로 자동차 주행 시 발생되는 진동은 최대 3~5Hz 정도의 주파수 및 변위의 범위이기 때문에, 자동차 주행진동 하베스팅 방법으로 전자기 방식을 이용한다. 이 중 압전에너지 하베스팅은 생활 주변의 환경에서 발생하는 미세한 진동과 압력, 충격과 같은 기계적인 에너지를 전기에너지로 변환하는 기술과 이렇게 수확한 에너지를 저장하고 효율적으로 활용하는 일련의 과정을 말한다. 기계적 진동 에너지원에서 발생하는 파장을 메타물질로 모은 다음 압전소자 기반의 에너지 하베스팅을 통해 전기를 생산한다.

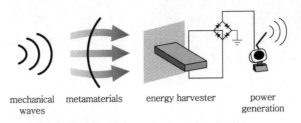

mechanical waves　　metamaterials　　energy harvester　　power generation

‖ 메타에너지 하베스팅 시스템의 모식도 ‖

3) 총 4단계의 압전에너지 하베스팅

① 환경으로부터 발생되는 진동, 즉 에너지원의 단계

② 그 진동을 압전소자에 최대로 전달할 수 있도록 하는 에너지 하베스터 구조에 관한 것을 나타내는 단계

③ 전달받은 진동으로부터 압전현상에 의해 최대로 전기로 변환해내는 단계

④ 발생한 교류전압으로부터 직류전압으로 변환하는 단계

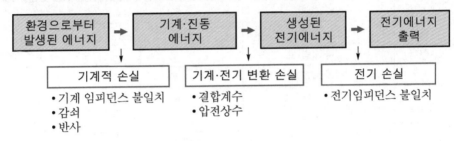

‖ 진동에너지의 변환 단계 ‖

2 소음 · 진동 측정대상

(1) 환경소음 측정대상

기계 · 기구 · 시설 그 밖의 물체의 사용 또는 공동주택 등 사람의 활동으로 인해 발생하는 강한 소리를 측정대상으로 한다.

1) 측정지역

지역의 구분, 적용대상 지역 및 낮과 밤의 시간대별 기준을 확인한다.

① **일반지역의 구분**(「환경정책기본법」 시행령 [별표 1] 환경기준, 2.소음)

　　㉠ '가'지역 : 도시지역 중 녹지지역, 관리지역 중 보전관리지역, 농림지역 중 보전관리지역, 주거지역 중 전용주거지역

　　㉡ '나'지역 : 관리지역 중 생산관리지역, 주거지역 중 일반주거지역 및 준주거지역

　　㉢ '다'지역 : 도시지역 중 상업지역, 관리지역 중 계획관리지역, 공업지역 중 준공업지역

　　㉣ '라'지역 : 공업지역 중 일반공업지역 및 전용공업지역

② 도로변지역의 구분

'도로'란 자동차(2륜자동차는 제외한다)가 한 줄로 안전하고 원활하게 주행하는 데 필요한 일정 폭의 차선이 2개 이상 있는 도로를 말한다.

㉠ '가' 및 '나'지역 : 도시지역 중 녹지지역, 관리지역 중 보전관리지역, 농림지역 중 보전관리지역, 주거지역 중 전용주거지역, 종합병원의 부지경계로부터 50m 이내의 지역, 학교의 부지경계로부터 50m 이내의 지역, 공공도서관의 부지경계로부터 50m 이내의 지역, 관리지역 중 생산관리지역, 주거지역 중 일반주거지역 및 준주거지역

㉡ '다'지역 : 도시지역 중 상업지역, 관리지역 중 계획관리지역, 공업지역 중 준공업지역

㉢ '라'지역 : 공업지역 중 일반공업지역 및 전용공업지역

2) 소음환경기준(환경정책기본법 시행령 [별표 1] 환경기준)

지역 구분	적용 대상지역	기준(단위 : Leq dB(A))	
		낮 (06:00~22:00)	밤 (22:00~06:00)
일반 지역	'가'지역	50	40
	'나'지역	55	45
	'다'지역	65	55
	'라'지역	70	65
도로변 지역	'가' 및 '나'지역	65	55
	'다'지역	70	60
	'라'지역	75	70

[비고] 이 「소음환경기준」은 항공기소음, 철도 소음 및 건설작업소음에는 적용하지 않는다.

(2) 공장 소음 · 진동 측정대상(「소음 · 진동관리법」 시행규칙 [별표 1], [별표 2])

1) 소음배출시설

① 동력기준시설 및 기계 · 기구

㉠ 7.5kW 이상의 압축기(나사식 압축기는 37.5kW 이상으로 한다.)

㉡ 7.5kW 이상의 송풍기

㉢ 7.5kW 이상의 단조기(기압식은 제외한다.)

㉣ 7.5kW 이상의 금속절단기

㉤ 7.5kW 이상의 유압식 외의 프레스 및 22.5kW 이상의 유압식 프레스(유압식 절곡기는 제외한다.)

㉥ 7.5kW 이상의 밀사기

㉦ 7.5kW 이상의 분쇄기(파쇄기와 마쇄기를 포함한다.)

㉧ 22.5kW 이상의 변속기

㉨ 7.5kW 이상의 기계체

ㅊ 15kW 이상의 원심분리기

ㅋ 37.5kW 이상의 혼합기(콘크리트플랜트 및 아스팔트플랜트의 혼합기는 15kW 이상으로 한다.)

ㅌ 37.5kW 이상의 공작기계

ㅍ 22.5kW 이상의 제분기

ㅎ 15kW 이상의 제재기

㉮ 15kW 이상의 목재가공기계

㉯ 37.5kW 이상의 인쇄기계(활판인쇄기계는 15kW 이상, 옵셋인쇄기계는 75kW 이상으로 한다.)

㉰ 37.5kW 이상의 압연기

㉱ 22.5kW 이상의 도정시설(주거지역·상업지역 및 녹지지역에 있는 시설로 한정한다.)

㉲ 37.5kW 이상의 성형기(압출·사출을 포함한다.)

㉳ 22.5kW 이상의 주조기계(다이케스팅기를 포함한다.)

㉴ 15kW 이상의 콘크리트관 및 파일의 제조기계

㉵ 15kW 이상의 펌프(주거지역·상업지역 및 녹지지역에 있는 시설로 한정하며, 소화전은 제외한다.)

㉶ 22.5kW 이상의 금속가공용 인발기(습식 신선기 및 합사·연사기를 포함한다.)

㉷ 22.5kW 이상의 초지기

㉸ 7.5kW 이상의 연탄제조용 윤전기

② 대수기준시설 및 기계·기구

ㄱ 100대 이상의 공업용 재봉기

ㄴ 4대 이상의 시멘트 벽돌 및 블록의 제조기계

ㄷ 자동제병기

ㄹ 제관기계

ㅁ 2대 이상의 자동포장기

ㅂ 40대 이상의 직기(편기는 제외한다.)

ㅅ 방적기계(합연사 공정만 있는 사업장의 경우에는 5대 이상으로 한다.)

③ 그 밖의 시설 및 기계·기구

ㄱ 낙하해머의 무게가 0.5톤 이상의 단조기

ㄴ 120kW 이상의 발전기(수력발전기는 제외한다.)

ㄷ 3.75kW 이상의 연삭기 2대 이상

ㄹ 석재 절단기(동력을 사용하는 것은 7.5kW 이상으로 한정한다.)

2) 소음방지시설 및 방음시설

① 소음기

② 방음덮개시설

③ 방음창 및 방음실시설

④ 방음외피시설

⑤ 방음벽시설

⑥ 방음터널시설

⑦ 방음림 및 방음언덕

⑧ 흡음장치 및 시설

3) **진동배출시설**(동력을 사용하는 시설 및 기계·기구로 한정한다. 시설 및 기계·기구의 동력은 1개 또는 1대를 기준으로 하여 산정)

① 15kW 이상의 프레스(유압식은 제외한다.)

② 22.5kW 이상의 분쇄기(파쇄기와 마쇄기를 포함한다.)

③ 22.5kW 이상의 단조기

④ 22.5kW 이상의 도정시설(주거지역·상업지역 및 녹지지역에 있는 시설로 한정한다.)

⑤ 22.5kW 이상의 목재가공기계

⑥ 37.5kW 이상의 성형기(압출·사출을 포함한다.)

⑦ 37.5kW 이상의 연탄제조용 윤전기

⑧ 4대 이상 시멘트 벽돌 및 블록의 제조기계

4) **진동방지시설 및 방진시설**

① 탄성지지시설 및 제진시설

② 방진구시설

③ 배관진동 절연장치 및 시설

5) **공장소음 배출허용기준**(「소음·진동관리법」 시행규칙 [별표 5])

대상지역	시간대별(단위 : dB(A))		
	낮 (06:00~18:00)	저녁 (18:00~24:00)	밤 (24:00~06:00)
가. 도시지역 중 전용주거지역 및 녹지지역(취락지구·주거개발진흥지구 및 관광·휴양개발진흥지구만 해당한다), 관리지역 중 취락지구·주거개발진흥지구 및 관광·휴양개발진흥지구, 자연환경보전지역 중 수산자원보호구역 외의 지역	50 이하	45 이하	40 이하
나. 도시지역 중 일반주거지역 및 준주거지역, 도시지역 중 녹지지역(취락지구·주거개발진흥지구 및 관광·휴양개발진흥지구는 제외한다.)	55 이하	50 이하	45 이하
다. 농림지역, 자연환경보전지역 중 수산자원보호구역, 관리지역 중 가목과 라목을 제외한 그 밖의 지역	60 이하	55 이하	50 이하
라. 도시지역 중 상업지역·준공업지역, 관리지역 중 산업개발진흥지구	65 이하	60 이하	55 이하
마. 도시지역 중 일반공업지역 및 전용공업지역	70 이하	65 이하	60 이하

[비고] ＊ 충격음 성분이 있는 경우 허용기준치에 −5dB을 보정한다.
　　　 ＊ 관련 시간대(낮은 8시간, 저녁은 4시간, 밤은 2시간)에 대한 측정소음발생시간의 백분율이
　　　　 12.5% 미만인 경우 +15dB, 12.5% 이상 25% 미만인 경우 +10dB, 25% 이상 50% 미만인
　　　　 경우 +5dB, 50% 이상 75% 미만인 경우 +3dB을 허용기준치에 보정한다.

6) 공장진동 배출허용기준

대상지역	시간대별(단위 : dB(V))	
	낮 (06:00~22:00)	밤 (22:00~06:00)
가. 도시지역 중 전용주거지역·녹지지역, 관리지역 중 취락지구·주거개발진흥지구 및 관광·휴양개발진흥지구, 자연환경보전지역 중 수산자원보호구역 외의 지역	60 이하	55 이하
나. 도시지역 중 일반주거지역·준주거지역, 농림지역, 자연환경보전지역 중 수산자원보호구역, 관리지역 중 가목과 다목을 제외한 그 밖의 지역	65 이하	60 이하
다. 도시지역 중 상업지역·준공업지역, 관리지역 중 산업개발진흥지구	70 이하	65 이하
라. 도시지역 중 일반공업지역 및 전용공업지역	75 이하	70 이하

[비고] 관련 시간대(낮은 8시간, 밤은 3시간)에 대한 측정진동발생시간의 백분율이 25% 미만인 경우
　　　 +10dB, 25% 이상 50% 미만인 경우 +5dB을 허용기준치에 보정한다.

(3) 교통 소음·진동관리기준(「소음·진동관리법」 시행규칙 [별표 11])

교통기관에서 발생하는 소음·진동의 관리기준은 환경부령으로 정한다.

1) 도로 소음·진동관리기준

대상지역	구분	한도	
		주간 (06:00~22:00)	야간 (22:00~06:00)
가. 주거지역, 녹지지역, 보전관리지역, 관리지역 중 취락지구·주거개발진흥지구 및 관광·휴양개발진흥지구, 자연환경보전지역, 학교·병원·공공도서관 및 입소규모 100명 이상의 노인의료복지시설·영유아보육시설의 부지경계선으로부터 50m 이내 지역	소음 (L_{eq}dB(A))	68	58
	진동 (dB(V))	65	60
나. 상업지역, 공업지역, 농림지역, 관리지역 중 산업·유통개발진흥지구 및 관리지역 중 가목에 포함되지 않는 그 밖의 지역, 미고시지역	소음 (L_{eq}dB(A))	73	63
	진동 (dB(V))	70	65

2) 철도 소음·진동관리기준

대상지역	구분	한도	
		주간 (06:00~22:00)	야간 (22:00~06:00)
가. 주거지역, 녹지지역, 보전관리지역, 관리지역 중 취락지구·주거개발진흥지구 및 관광·휴양개발진흥지구, 자연환경보전지역, 학교·병원·공공도서관 및 입소규모 100명 이상의 노인의료복지시설·영유아보육시설의 부지경계선으로부터 50m 이내 지역	소음 (L_{eq}dB(A))	70	60
	진동 (dB(V))	65	60
나. 상업지역, 공업지역, 농림지역, 관리지역 중 산업·유통개발진흥지구 및 관리지역 중 가목에 포함되지 않는 그 밖의 지역, 미고시지역	소음 (L_{eq}dB(A))	75	65
	진동 (dB(V))	70	65

[비고] 정거장은 적용하지 않는다.

Section 02 대상지역 현황조사 및 측정계획

1 대상지역 현황조사

(1) 대상지역 용도지역 구분

1) 용도지역 결정

토지의 이용 및 건축물의 용도, 건폐율, 용적률, 높이 등을 제한함으로써 토지를 경제적·효율적으로 이용하고 공공 복리의 증진을 도모하기 위해 서로 중복되지 않게 도시·군 관리계획으로 결정한다.

2) 용도지역 지정

용도지역은 국토교통부장관, 특별시장·광역시장·특별자치시장·도지사·특별자치도지사 또는 서울특별시·광역시 및 특별자치시를 제외한 인구 50만 이상 대도시의 시장이 도시·군 관리계획으로 지정 또는 변경한다.

3) 용도지역 종류의 구분

용도지역별로 허용행위와 밀도를 차별화하여 유사한 개발행위는 집합시기고, 갈등구조에 있는 행위는 제한시킴으로써 토지 이용의 효율성을 제고할 수 있다. 우리나라의 용도지역은 주거지역·상업지역·공업지역·녹지지역·관리지역·농림·자연환경보전지역으로 구분한다.

① 도시지역

인구와 산업이 밀집되어 있거나 밀집이 예상되어 그 지역에 대하여 체계적인 개발·정비·관리·보전 등이 필요한 지역과 도시지역은 다음의 어느 하나로 구분하여 지정한다.

㉠ 주거지역 : 거주의 안녕과 건전한 생활환경의 보호를 위하여 필요한 지역

㉡ 상업지역 : 상업이나 그 밖의 업무의 편익을 증진하기 위하여 필요한 지역

㉢ 공업지역 : 공업의 편익을 증진하기 위하여 필요한 지역

㉣ 녹지지역 : 자연환경·농지 및 산림의 보호, 보건위생, 보안과 도시의 무질서한 확산을 방지하기 위하여 녹지의 보전이 필요한 지역

② 관리지역

도시지역의 인구와 산업을 수용하기 위해 도시지역에 준하여 체계적으로 관리하거나 농림업의 진흥, 자연환경 또는 산림의 보전을 위해 농림지역 또는 자연환경보전지역에 준하여 관리할 필요가 있는 지역을 지정한다.

㉠ 보전관리지역 : 자연환경 보호, 산림 보호, 수질오염 방지, 녹지공간 확보 및 생태계 보전 등을 위하여 보전이 필요하나, 주변 용도지역과의 관계 등을 고려할 때 자연환경보전지역으로 지정하여 관리하기가 곤란한 지역

㉡ 생산관리지역 : 농업·임업·어업 생산 등을 위하여 관리가 필요하나, 주변 용도지역과의 관계 등을 고려할 때 농림지역으로 지정하여 관리하기가 곤란한 지역

㉢ 계획관리지역 : 도시지역으로의 편입이 예상되는 지역이나 자연환경을 고려하여 제한적인 이용·개발을 하려는 지역으로서 계획적·체계적인 관리가 필요한 지역

③ 농림지역

도시지역에 속하지 않는 「농지법」에 따른 농업진흥지역 또는 「산지관리법」에 따른 보전산지 등으로서 농림업을 진흥시키고 산림을 보전하기 위해 필요한 지역

④ 자연환경보전지역

자연환경·수자원·해안·생태계·상수원 및 문화재의 보전과 수산자원의 보호·육성 등을 위해 필요한 지역

4) 사전 측정자료의 조사

대상지역과 주변지역의 특성과 현황 파악을 위해 사업장의 규모, 발생원의 특성, 공사구간 및 범위를 알 수 있는 위치도, 설계도면(평면도, 종단면도 등), 작업일보, 작업공정별 작업형태, 투입장비의 종류와 기간, 보안이 요구되는 건물이나 시설물의 배치도면, 지하매설물에 관한 자료 등 소음·진동 영향을 측정·평가하기 위한 제반 관련 자료를 수집 조사한다.

① 소음·진동 자료의 조사

상시 측정망을 이용한 측정자료나 과거 측정자료, 투입·가동장비 또는 시설, 해당 공종(공사의 종류)별 소음 실측치 또는 소음을 예측할 수 있는 자료를 조사

② 주변지역의 현황자료 수집

주변지역 위치도, 평면도, 단면도, 주변 구조물의 도면 또는 현황, 축사 또는 양어장 등 특별히 정온을 요하는 시설의 현황 등 측정, 평가, 예측, 대책수립에 필요한 자료를 수집

③ 소음진동 발생원 자료조사

사업장 소음발생시설 또는 건설공사장의 경우 공종별 투입·가동되는 건설장비, 가동형태, 발파나 항타 및 기타 고소음 공종의 종류, 지반조건 등을 고려한 소음발생원의 특성을 조사

④ 분쟁조정 및 판례사례 수집

규제기준, 환경분쟁조정 사례 및 관련 소송에 대한 판례, 피해인정기준, 외국의 사례 및 권고기준, 측정방법 및 평가기준을 유추할 수 있는 관련 연구자료 등을 수집

⑤ 실태자료 수집

인체, 구조물, 가축, 어류 등 검토하고자 하는 영향대상별 측정방법, 적용 및 평가기준과 국내외 관련 기준 및 주요 실태자료를 수집

5) 측정자료 조사범위의 선정

조사범위는 규제기준의 부합 및 피해영향 여부의 판단, 영향의 정도, 예측 및 저감대책 등 설정한 과업수행 범위에 포함되는 제반사항을 조사범위로 선정

6) 측정자료 조사기간의 선정

과업의 종류에 따라 달라질 수 있으며, 측정 및 영향을 검토하고자 하는 업무범위에 따라 조사시기와 기간을 선정

(2) TM 좌표를 이용한 대상위치 파악

1) TM 좌표

Transverse Mercator(횡단) 좌표계를 뜻하며 지도 작성의 방법으로 TM 좌표계는 매 1km 간격을 나타내므로 거리나 위치 파악에 매우 유리하다. TM 좌표는 전 세계에 공통인 UTM 과 각 국가마다의 TM 좌표가 있으며 우리나라는 국립지리원에서 나오는 정규지도의 상하좌 우의 여백 부근에 눈금과 함께 표시되어 있다. 정확한 좌표는 $\frac{1}{50,000}$ 지도 또는 $\frac{1}{25,000}$ 이상 상세한 지도에서 찾을 수 있다.

2) 소음 · 진동 조사 현황 파악

① **조사항목** : 소음·진동 발생원 및 정온시설물 분포현황과 등가소음도 및 진동레벨을 파악
② **조사범위** : 사업지구 및 주변지역(사업지구 경계 300m 이내 지역)을 파악
③ **조사방법** : 기존 자료 및 현장조사, 현장실측을 통한 등가소음도 및 진동레벨을 파악

3) 소음 · 진동 조사 결과 파악

① 소음·진동 발생원 및 주변 현황 파악
② 정온시설 선정 파악

4) TM 좌표 대상위치 파악

① 측정지역 및 측정지점의 선정 원칙

인구 50만 이상 또는 도청소재지인 지역은 환경부에서 설치·운영하는 중앙 측정망을 중심 으로 지방 측정망을 설치·운영하되 측정지점의 중복 또는 대표지역의 누락이 없도록 파악

② 측정지역 선정기준

  ㉠ 측정대상 도시의 선정 : 관할지역 내 주요 도시 중 인구수, 면적 등을 고려하여 국민의 정온한 생활 유지에 가장 영향이 큰 도시부터 우선순위를 정하여 대상지역을 선정

  ㉡ 측정지역의 선정 원칙 : 측정대상 도시 내에 상기의 세분화된 용도지역이 여러 곳이 있는 경우 그 중에서 생활여건 및 환경소음도가 그 지역을 대표할 수 있다고 판단되는 지역을 선정

   ⓐ 주거지역과 상업지역은 면적이 넓고 거주 및 이동 인구수가 많은 지역

   ⓑ 녹지지역은 상당수의 주민이 거주하는 곳으로 도심에 가까운 지역

   ⓒ 종합병원은 병상수가 많은 곳

   ⓓ 되도록 학교가 밀집된 지역

   ⓔ 공업지역은 주거기능이 혼재된 부분이 많은 지역

③ 측정지점 선정방법

  ㉠ 측정지역의 소음도를 대표할 수 있는 측정지점을 선정 : 1개 지역당 5개 지점 선정 (일반지역 3개 지점, 도로변지역 2개 지점)

  ㉡ 도로변지역의 경우 소음영향을 미치는 도로가 여러 개일 때 교통량이 많은 곳 혹은 차선수가 많은 곳을 우선 선정

  ㉢ 측정지점 간 거리는 100m 이상을 유지

  ㉣ 당해 지역의 소음평가에 현저한 영향을 미칠 것으로 예상되는 소음원은 가급적 피함

   ⓐ 공장 및 사업장, 건설작업장, 비행장, 철도 등의 부지 내

   ⓑ 도로변지역의 경우 정류장, 교차로, 횡단보도 주변 등

  ㉤ 선정된 측정지점은 TM 좌표로 확정

  ㉥ 경·위도를 TM 좌표로 변환

   ⓐ 구간(시점·종점)명

   ⓑ 행정구역

   ⓒ 좌표를 기입

  ㉧ 대상위치 파악 : 위·경도 값을 가지고 대상위치를 파악

2 측정방법 계획

(1) 측정방법의 계획 수립

1) 소음·진동 측정방법 조사

생활 주변에서 기계·기구·시설, 그 밖의 물체의 사용으로 인하여 발생하는 강한 소리의 생활소음을 기존자료를 활용하여 환경현황의 발생원을 조사하여 계획을 수립한다.

① **생활소음 기존자료 조사** : 생활소음의 조사항목, 조사범위, 조사방법, 조사결과를 조사

  ㉠ 생활 주변의 소음·진동 발생원의 상시 측정망을 이용한 측정자료나 과거 측정자료, 투입·가동장비 또는 시설, 해당 공종별 소음 실측치 또는 소음을 예측할 수 있는 자료를 조사

    ⓛ 생활 주변 지역 현황

    ⓒ 생활 주변의 소음·진동 발생원의 사업장 소음발생시설 또는 건설공사장의 경우 공종(工種, work types)별 투입·가동되는 건설장비, 가동형태, 발파나 항타 및 기타 고소음 공종의 종류, 지반조건 등을 고려한 소음발생원의 특성을 조사

    ⓔ 생활 주변의 소음·진동 발생원의 규제기준, 환경분쟁조정 사례 및 관련 소송에 대한 판례, 피해인정기준, 외국의 사례 및 권고기준, 측정방법 및 평가기준을 유추할 수 있는 관련 연구자료 등을 수집하며, 인체, 구조물, 가축, 어류 등 검토하고자 하는 영향대상별 측정방법, 적용 및 평가기준과 국내외 관련 기준 및 주요 실태자료를 수집하여 조사

  ② 생활소음 범위

   생활 주변의 발생원 소음·진동이 미치는 영향 조사범위는 규제기준의 부합 및 피해영향 여부의 판단, 영향의 정도, 예측 및 저감대책 등 설정한 과업수행 범위에 포함되는 제반사항

  ③ 생활소음 조사방법

   생활소음·진동 발생원의 대상지역과 주변지역의 특성과 현황 파악을 위해 사업장의 규모, 발생원의 특성, 공사구간 및 범위를 알 수 있는 위치도, 설계도면(평면도, 종단면도 등), 작업일보, 작업공정별 작업형태, 투입장비의 종류와 기간, 보안이 요구되는 건물이나 시설물의 배치도면, 지하매설물에 관한 자료 등 소음영향을 측정·평가하기 위한 제반 관련 자료를 수집

  ④ 생활소음 조사기간

   생활 소음·진동 발생원의 과업의 종류에 따라 달라질 수 있으며, 측정 및 영향을 검토하고자 하는 업무범위에 따라 조사시기와 기간을 선정

 2) 측정방법의 계획

  ① 측정대상을 결정

  ② 소음·진동 측정을 외부 전문업체에 도급을 주어 수행할 것인지, 기업체 자체적으로 수행할 것인지 결정

  ③ 측정지점 및 장소를 결정

  ④ 측정조건을 결정

  ⑤ 측정방법을 결정

  ⑥ 규제 적용 기준을 결정

  ⑦ 측정 일정을 결정

  ⑧ ①~⑦항이 포함된 계획서를 수립

(2) 시험기준·규격 적용 계획 수립

1) 「소음·진동 공정시험기준」 적용 계획

  「소음·진동 공정시험기준」을 적용하여 적용범위 기준과 분석기기 및 기구 기준을 결정한다.

2) KS · ISO 규격 적용 계획

① 범위를 결정

② 인용규격을 결정

③ 기호와 단위를 결정

④ 시험기구의 고정을 결정

⑤ 변환기의 부착을 결정

⑥ 측정위치를 결정

⑦ 측정환경과 운전자료를 결정

⑧ 측정절차를 결정

⑨ 규격 적용 일정을 결정

⑩ ①~⑨항이 포함된 계획서를 수립

Section 03 영향범위 조사

1 소음·진동 피해 지역구분

(1) 소음의 피해

1) 소음공해의 특징

① 소음은 '바람직하지 않은 음'의 총칭이면서 없는 것이 나은 음으로 매우 막연하고 비과학적으로 표현되는 말로 정의됨

② 소음공해는 다른 공해(대기, 수질)와는 달리 축적량(오염량)이 문제가 되지 않고, 다만 발생된 음에 대하여 어느 정도의 혐오감을 나타내는가의 감각적인 문제에 관한 것임

③ 소음공해는 국소적, 다발적이며 타 공해문제에 비하여 진정건수가 압도적임

④ 소음의 대책으로 오염물질의 처리는 필요 없음

2) 주발생원

최근 소음의 종류별 진정은 매년 증가 추세에 있으며 그 중 공장 및 사업장 소음이 가장 많고 그 다음이 건설소음, 주택가 심야소음 순이다.

① 도로교통소음

자동차 보유대수가 날로 증가하고 있는 시점에서 주요 간선도로의 소음레벨이 60dB(A) 이하로 내려가는 일이 없다. 자동차에서 가장 시끄러운 음을 내는 차종은 디젤엔진을 부착한 대형트럭이나 버스이고 그 다음이 스포츠카, 오토바이 등이다. 자동차의 속도가 2배 증가하면 약 10dB(A), 통과대수가 2배 증가하면 약 5dB(A) 정도 커진다.

② 철도 소음(열차 및 전철)

열차나 전철의 주된 소음발생원은 차체, 차바퀴와 레일의 마찰 및 충격 또는 레일의 연결부위에서의 충격, 철교 등에서의 진동 때문이다. 전철의 주행소음은 평지일 때 레일에서 10m 떨어진 거리에서 80~90dB(A) 정도이고, 레일 연결지점 통과 시에 5dB(A) 증가하며 철교나 고가선로 밑에서는 약 100dB(A)까지 이른다.

③ 항공기소음

소리가 아주 크며 제트항공기 등에서는 금속성의 고주파 성분을 지니며 간헐적 또는 충격적인 음이다. 상공에서 발생하기 때문에 피해면적이 아주 넓은 특징이 있다. 제트항공기가 머리 위를 통과할 때 활주로 끝에서 1km 떨어진 지점에서 소음레벨은 100dB(A)를 초과하며, 5km 떨어진 지점에서도 85dB(A)를 초과하고 있다.

④ 공장소음

㉠ 진정건수가 다른 소음에 비하여 가장 많다.
ⓐ 가해자가 뚜렷하여 소송을 하기 쉽기 때문이다.
ⓑ 중소기업이 대부분 주택가와 근접해 있어 발생한다.
㉡ 소음에 대한 피해는 공장 주변의 비교적 좁은 범위에서 발생하므로 가까운 곳에 있는 주민들과의 마찰이 심하다.

⑤ 건설소음

㉠ 도로나 건물의 건설 시 발생된 소음은 공사기간 중에 한정되지만 그 음이 대단히 커서 여러 가지 물의를 일으킨다. 예를 들어 기계에서 30m 떨어진 고리에서 파일해머는 90dB(A), 공기압축기는 80dB(A), 콘크리트 블레이커는 75dB(A) 정도의 소음을 발생한다.
㉡ 소음이 충격적이고 때에 따라서는 지속시간이 길며 강한 진동을 수반한다.
㉢ 인근 주민은 소음과 진동, 먼지, 지반침하, 가스누설, 상수도 파열 등의 피해를 입는 경우도 종종 발생한다.

⑥ 생활소음

확성기소음, 심야의 영업장소음, 사업장의 작업소음, 아파트의 층간소음 등

(2) 진동의 피해

진동공해는 일반적으로 인위적인 원인에 의해 발생하고 있는 지반진동을 의미한다. 진동공해로는 건물, 인체, 기물 등에 영향을 주고 그 크기 정도에 따라서는 뚜렷하게 피해를 발생시키는 경우가 있다. 대표적인 진동공해 발생원은 공장의 기계, 건설작업, 도로교통 및 철도가 있다.

2 소음·진동 영향범위

(1) 소음의 영향

1) 소음의 물리적 성상에 따른 영향조건

① 소음레벨이 클수록 영향이 크다.

② 고음(주파수가 높은 음)일수록 영향이 크다.

③ 연속음보다 간헐적이며 충격적인 충격음의 영향이 크다.

④ 소음의 지속시간, 반복횟수, 충격성에 따라 영향이 다르다.

⑤ 낮시간대보다 밤시간대에 영향이 크다.

2) 소음의 인체에 대한 영향조건

① 건강한 사람보다 환자나 임산부가 감수성이 크다.

② 남성보다 여성이, 노인보다 젊은이가 소음에 예민하다.

③ 체질과 기질, 심신의 상태(노동, 휴식, 수면)에 따라 영향의 크기가 다르다.

④ 습관과 경험, 만성영향, 이익과 피해의 사회적인 관계에 따라 영향의 크기가 다르다.

⑤ 익숙함에 대한 강도, 심신에 대한 부담감에 따라 영향이 다르다.

⑥ 이득과 해로움이 대립하고 있는 경우에는 피해를 받는 쪽의 진정이 강하게 나타난다.

3) 소음 자체에 의한 영향조건

① 청력에 대한 영향

② 시끄러움(귀찮음)

③ 청취 방해

4) 난청(청력에 대한 영향)

어느 정도 커다란 음을 들은 직후에 일시적으로 청력이 감퇴되는 경우가 있는데 이것을 '일시적 청력손실' 또는 일시성 난청(TTS, Temporary Threshold Shifts)이라고 한다. 이에 비하여 커다란 소음에 장기간 노출되어 점차적으로 청력이 감퇴되어 결국 귀가 안 들리게 되는 것을 '영구적 청력손실' 또는 영구성 난청(PTS, Permanent Threshold Shifts), 소음성 난청이라고 부른다. 소음성 난청의 특징은 주파수 4,000Hz 부근을 중심으로 난청이 진행된다는 점이다. 나이를 먹으면 누구나 귀가 안 들리게 되는데 이러한 '노인성 난청'인 경우는 주로 높은 주파수음에 대한 청력 저하가 심한 것이다.

① 일시적 청력손실(일시성 난청, TTS)

어느 정도 큰 음을 들은 직후에 나타나는 청력 저하 현상으로 시간이 지나면 회복된다. 영구적 청력손실을 예측하는 근거로 사용된다.

② 영구적 청력손실(소음성 난청, 영구성 난청, PTS)

소음이 큰 공장 등에서 발생하는 직업병으로 4,000Hz 부근을 중심으로 난청이 진행된다.

③ 노인성 난청

고주파수(6,000Hz 부근)의 음일수록 청력 저하가 심해진다.

5) 정신적·심리적인 영향

① 정서적 영향 : 소음이 아동에게 미치는 정서적 영향은 부정적인 측면에서 아동의 인지기능 및 언어 발달에 영향을 미쳐 결과적으로 학습능력을 저하시키는 결과를 초래한다.

② 일, 학습에 대한 방해 : 단순 작업, 육체적 작업에서는 영향이 비교적 적고 복잡한 사고, 기억을 필요로 하는 작업은 방해받기 쉽다. 일반 사무실은 50dB(A) 이하, 회의실이나 응접실은 40dB(A) 이하가 바람직하다.

③ 수면방해 : 낮 50dB(A), 밤 40dB(A) 이상의 소음에 노출되면 진정의 원인이 되기 쉽고, 침실 내에서는 40dB(A) 이하가 바람직하다.

6) 신체적인 영향(생리적 영향으로 자율신경계 기능의 변화로 나타남)

① 순환계 : 혈압상승, 맥박증가, 말초혈관수축 증세가 나타남

② 호흡기계 : 호흡횟수 증가, 호흡의 깊이 감소

③ 소화기계 : 타액(침) 분비량의 증가, 위액산도 저하, 위 수축운동 감퇴

④ 혈액 : 혈당도 상승, 백혈구수 증가, 혈중 아드레날린 증가

7) 사회적인 영향

집값 및 땅값 하락, 가축에 영향(산란율, 부화율, 우유 생산량 등의 저하)

8) 소음의 방해도

대상소음이 배경소음과의 차가 5dB(A) 이상이면 누구나 방해를 느끼게 되고, 10dB(A) 이상이 되면 어느 정도 귀찮음을 나타나게 된다.

(2) 진동의 영향

1) 진동 주파수별 신체적 영향

① 1~3Hz : 호흡기계에 대한 증상으로 호흡이 힘들어지고 O_2 소비가 증가한다.

② 3~6Hz : 전신에 심한 공진현상을 보이며, 가해진 진동보다 크게 느끼게 된다. 2차적으로도 20~30Hz 부근에서 공진현상이 나타나지만 진동수 증가에 따라 감쇠가 급격히 증가한다. 이러한 공진현상은 앉아 있을 때가 서 있을 때보다 심하게 나타나는 경향을 보인다.

　㉠ 전신진동 : 차량 운전자나 공장 노동자들이 받는 진동으로 압박감을 느끼며 심할 경우 공포감과 오한을 느낀다.

　㉡ 국소진동 : 광부나 조선공 등과 같이 착암기, 공기해머 및 연마기를 자주 사용하는 노동자의 손에 많이 나타나는 것으로 손가락의 말초혈관 운동의 장애로 인한 혈액순환이 잘 안 되어 손가락이 창백해지는 Raynaud씨 증상이 발생한다.

③ 4~14Hz : 복통을 느끼게 한다.

④ 9~20Hz : 대소변을 보고 싶게 하고 무릎에 탄력감이나 땀이 난다거나 열이 나는 느낌을 받고, 수직 및 수평 진동이 동시에 가해지면 2배의 자각현상이 나타난다.

⑤ 12~16Hz : 소화 후두계의 이상으로 발성이 영향을 주며 배 속의 음식물이 심하게 오르락내리락함을 느끼게 한다.

⑥ 13Hz : 머리가 심하게 진동을 느끼며, 얼굴 안면부인 볼과 눈꺼풀에 진동이 느껴진다.

⑦ 전체적인 진동 주파수 : 순환기계의 이상으로 맥박수가 증가한다.

2) 물적 피해

① 진도계와 진동가속도레벨의 크기에 따른 물적 피해

〈 일본 기상청 진도 계급 〉

진도계	지진의 명칭	진동가속도 (cm/s²) 피크치	가속도레벨 (dB(V))	피해상태
0	무감(no feeling)	0.8 이하	55 이하	인체로 느끼지 못함
I	미진(微震)(slight)	0.8~2.5	60±5	흔들림을 약간 느낌
II	경진(輕震)(weak)	2.5~8.0	70±5	크게 느낌
III	약진(弱震)(rather strong)	8.0~25	80±5	창문이 흔들리고 진동음이 발생함
IV	중진(中震)(strong)	25~80	90±5	물건이 넘어지고 물이 넘침
V	강진(强震)(very strong)	80~250	100±5	벽의 균열, 비석이 넘어짐
VI	열진(烈震)(disastrous)	250~400	105~110	가옥파괴 30% 이하
VII	격진(激震)(very disastrous)	400 이상	110 이상	가옥파괴 30% 이상, 산사태 발생

〈 대한민국 기상청 수정 메르칼리 진도 계급(Modified Mercalli Intensity scale ; MM, MMI) 〉

진도(震度)	최대지반속도 (%g=9.81cm/s²)	최대지반속도 (cm/s)	피해상태
I. Not felt	%g<0.07	V<0.03	거의 대부분의 사람은 지진을 느낄 수 없다.
II. Weak	0.07≤%g<0.23	0.03≤V<0.07	조용한 상태나, 건물 위층에 있는 소수의 사람들만 느낄 수 있다.
III. Weak	0.23≤%g<0.76	0.07≤V<0.19	실내, 특히 건물 위층에 있는 사람들은 꽤 느낄 수 있다. 하지만 대부분의 사람들은 지진인 줄 알아차릴 수 없다. 정지하고 있는 차가 약간씩 흔들린다. 트럭이 지나가는 정도와 비슷한 진동으로 느낀다.
IV. Light	0.76≤%g<2.56	0.19≤V<0.54	실내에 많은 사람들이 지진을 느끼며, 낮에는 밖에 있는 사람 중 소수가 느낄 수 있다. 밤에는 일부 사람들이 잠에 깨기도 한다. 접시, 창문, 문 등이 흔들린다. 벽에는 부딪치는 소리가 난다. 대형 트럭이 옆에 지나가는 것과 같은 진동으로 느껴진다. 정지하고 있는 차가 흔들리는 것이 눈에 띈다.
V. Moderate	2.56≤%g<6.86	0.54≤V<1.46	거의 모든 사람들이 진동을 느끼며 지진으로 인지한다. 일부 접시나 창문은 깨지기도 한다. 불안정한 물체가 넘어진다. 진자시계가 작동을 멈춘다.
VI. Strong	6.86≤%g<14.73	1.46≤V<3.7	모든 사람이 진동을 느낀다. 일부 무거운 가구들이 움직인다. 벽에서 석회가루들이 떨어지기도 한다. 약간의 피해를 입기 시작한다.
VII. Very strong	14.73≤%g<31.66	3.7≤V<9.39	면진을 제대로 설계하고 구축된 건축물은 거의 피해를 입지 않는다. 보통의 잘 지어진 건물에선 약간의 피해를 입는다. 부실한 건물에선 상당한 피해를 입는다. 일부 굴뚝이 부러지는 피해를 입는다.

진도(震度)	최대지반속도 (%g=9.81cm/s²)	최대지반속도 (cm/s)	피해상태
Ⅷ. Severe	31.66≤%g<68.01	9.39≤ V <23.85	지진에 주의깊게 설계된 건물도 약간의 피해를 입는다. 보통의 잘 지어진 건물에서는 일부 붕괴와 같은 구조적 피해를 입는다. 부실한 건물에서는 심각한 피해를 입는다. 공장 굴뚝, 기둥, 장식물, 벽 등이 무너진다. 무거운 가구가 쓰러진다.
Ⅸ. Violent	68.01≤%g<146.14	23.85≤ V <60.61	지진에 주의깊게 설계된 건물도 상당한 피해를 입는다. 보통의 잘 지어진 건물에서도 배관이 수직으로 튀어나올 정도이다. 건물이 부분 붕괴와 같은 실질적 피해를 입는다. 건물의 기초가 움직인다. 액상화 현상이 일어난다.
Ⅹ. Extreme	146.14≤%g<314	60.61≤ V <154	지진에 주의깊게 설계된 목재 건축물이 붕괴한다. 석조 건물에서도 대부분의 골조와 벽돌이 기초째 붕괴된다. 철로가 휘어진다.
Ⅺ. Extreme	314≤%g	154 ≤ V	거의 대부분의 건물이 붕괴된다. 다리가 파괴된다. 땅에 넓은 균열이 생긴다. 지하에 매설된 배관들은 완전히 파괴된다. 토양이 부드러운 지형에선 산사태가 일어난다. 철로가 심각하게 휘어진다.
Ⅻ. Extreme	314 이상≤%g	154 이상 ≤ V	모든 것이 피해를 입는다. 땅에 물결치는 것이 보인다. 지표면이 심각하게 뒤틀린다. 지상의 물체가 공중으로 튀어오른다.

② 기계나 구조물에 대한 변위진폭의 한계

1,000Hz의 진동수에서 0.0254cm(0.01inch)의 진폭변위가 있게 되면 기계나 그 기초에 위험이 발생하므로 항상 이 값 이하로 유지하는 것이 바람직하다.

③ 건물에 대한 진동허용기준의 최대가속도값(ISO)

진동진폭시간(s)으로 100초를 적용하고, 충격진동의 횟수도 마찬가지로 100회를 사용하여 연속 또는 간헐적 가속도진폭의 실효치와 충격피크 가속도진폭식을 적용한다.

Section 04 음장의 종류와 특성

음장은 음파가 존재하는 공간으로, 종류에는 음원을 중심으로 거리에 따라 근거리 음장 (near field), 원거리 음장(far field)으로 나뉜다. 원거리 음장은 다시 자유음장(free field), 잔향음장(reverberant field), 확산음장(diffuse field)으로 나뉜다.

1 근거리 음장

(1) 정의

음원에 근접한 거리로 위치에 따라 음압의 변화가 매우 심하고, 음원의 크기, 주파수, 방사면의 위상에 크게 영향을 받는 음장이다.

(2) 발생위치

음원의 최저주파수의 파장보다 짧은 거리이거나, 대상 음원 최장거리의 2배보다 짧은 거리에서 발생한다.

(3) 주의사항

이 음장에서는 음압과 입자속도가 같은 위상이라 할 수 없으며, 가능한 한 이 영역에서의 측정은 피해야 한다.

2 원거리 음장

(1) 정의

음원에서 아주 멀리 떨어진 음장이다.

(2) 특징

음압과 입자속도가 같으며, 음압레벨은 음원에서 거리가 2배로 되면 6dB씩 감소(역제곱법칙(inverse square law))하고, 음의 세기는 음압의 제곱에 비례한다.

(3) 종류

① **자유음장** : 등방성이고, 균질인 매질 속에서 경계의 영향을 무시할 수 있는 음장으로 이 영역에서는 거리가 2배가 되면 6dB이 저감되는 역제곱법칙이 성립된다. 이 영역에서 음압측정이 이루어져야 한다.

② **잔향음장** : 이 음장은 음원으로부터 매우 떨어진 거리이며, 직접음과 반사음이 중첩되는 영역이다. 여기서는 벽과 다른 물체로부터의 반사음의 영향이 크기 때문에 정확한 음압측정이 어렵다. 따라서 이 영역을 반확산음장 또는 반사음장이라고도 한다.

③ **확산음장** : 잔향음장에 속하며, 음의 에너지 밀도가 각 위치에서 일정한 것을 말한다.

(4) 원거리 음장에서의 음압레벨

직접음에 의한 음의 세기를 $I_d = Q \dfrac{W}{4\pi r^2}$, 잔향음장에서 반사음에 의한 음의 세기를

$I_r = 4 \dfrac{W}{R}$ 이라 하면, 직접음과 반사음이 동시에 발생할 때 합성음의 세기는 $I = Q \dfrac{W}{4\pi r^2}$

$+ 4\dfrac{W}{R}$ 이 된다. 따라서 이 영역에서의 $\mathrm{SPL} = \mathrm{PWL} + 10\log\left(\dfrac{Q}{4\pi r^2} + \dfrac{4}{R}\right) \mathrm{dB}$ 이다.

여기서 Q는 지향계수(directivity factor)이고, R은 실정수(room constant)이다.

(5) 실반경(room radius)

음원으로부터 어떤 거리 r(m)만큼 떨어진 위치에서 직접음장과 잔향음장에 의한 음압레벨이 같을 때의 거리를 나타낸다.

즉, $\dfrac{Q}{4\pi r^2} = \dfrac{4}{R}$ 로부터, $r = \sqrt{Q\dfrac{R}{16\pi}} = \sqrt{\dfrac{Q \times R}{50.24}}$ (m)이다.

2 소음 · 진동 예비조사 분석

- 측정목적에 따라 「소음 · 진동 공정시험기준」의 적용 조건을 파악하고, 발생원 특성에 따른 기여율을 확인한다.
- 소음 · 진동 측정의 규제대상 및 규제기준 등의 법적 기준을 통해 예비조사 분석을 수행한다.

Section 01 측정자료 검토

1 측정 목적 · 대상 · 방법

(1) 소음 · 진동 측정 목적 · 대상 · 방법

일반적으로 소음 · 진동의 측정대상 및 목적은 다음과 같다.

측정대상	측정목적
환경기준, 배출허용기준, 규제기준, 관리기준	기준값 초과 여부 확인
기계설비류	소음 · 진동문제의 해결을 위한 현 수준의 확인
음향자재 및 제품	음향자재나 제품의 연구 개발
건축음향시설	시설에 대한 성능검사 확인
공동주택	상하층 층간소음 정도 및 기준값 초과 여부
작업환경	작업환경 소음 · 진동의 현 수준 확인 및 기준값 초과 여부

(2) 소음 · 진동 측정방법

소음 · 진동 관련 기준에 관한 측정방법은 다음 〈표〉와 같이 「소음 · 진동 공정시험기준」(환경부 고시)을 적용한다. 작업장의 작업환경 소음 · 진동의 수준 확인과 기준값 초과 여부는 작업환경측정 및 정도관리규정(고용노동부 고시)을 적용한다. 또, 기계설비류 소음 · 진동, 층간소음, 음향자재나 제품 개발 관련 연구 및 건축음향시설의 성능검사 확인의 경우 등은 KS/ISO 및 각국별 산업규격을 따른다.

1) 소음 부분 종합조건(소음 · 진동 공정시험기준)

구분	환경기준	배출허용기준	규제기준			관리기준		
		공장소음	생활소음	발파소음	동일 건물 내 사업장소음	도로교통 소음	철도소음	항공기 소음
관련법	「환경정책 기본법」	「환경분야 시험검사 등에 관한 법률」 제6조, 「소음 · 진동관리법」, 「소음 · 진동 공정시험기준」						
사용 소음계	KS C IEC61672-1에 정한 클래스 2의 소음계 또는 동등 이상의 성능을 가진 것							
청감보정회로	A특성에 고정하여 측정							
동특성	빠름(fast) 모드							느림(slow) 모드
샘플주기	1초 이내			0.1초 이하		1초 이내		
측정시간 낮시간대(06시~22시)	2시간 간격, 4회 이상 측정(산술평균)	적절한 시각		발파 시	적절한 시각	피해예상 적절시각 2회 이상 측정, 가장 높은 산술평균 소음도)	2시간 간격, 1시간씩 2회 측정(산술평균)	연속 7일간
측정시간 밤시간대(22시~06시)	2시간 간격, 2회 이상 측정(산술평균)						1회 1시간 측정	
측정지점	대표 또는 문제 장소(월~금 사이)	옥외, 부지경계선 2지점 이상 중(최대치)	옥외, 2지점 이상 중(최대치)	옥외, 1지점 이상(최고치)	실내, 2지점 이상 2회 이상 평균(최대치)	옥외, 2개 이상(산술평균)(월~금 사이)	옥외, 대표 지점(철도 보호지구 제외)(월~금 사이)	옥외, 대표 지점, 바닥 반사면
측정자료 분석	5분, L_{eq}			L_{max}	5분, L_{eq}		1시간, L_{eq}	L_{den} 자동연산
소음평가를 위한 보정	–	• 시간대별 • 충격음 • 관련 시간대별 가동시간 백분율	• 배경소음 • 지역별 • 시간대별	• 배경소음 • 시간대별 • 보정 발파 횟수	배경소음	• 시간대별 • 지역별	• 배경소음 • 시간대별 • 지역별	항공기 소음의 지속시간
평가표 서식	환경소음 측정자료 평가표	공장소음 측정자료 평가표	생활소음 측정자료 평가표	발파소음 측정자료 평가표	동일 건물 내 사업장 소음 측정자료 평가표	도로교통 소음 측정자료 평가표	철도소음 측정자료 평가표	항공기 소음 측정자료 평가표

2) 진동 부분 종합조건(소음 · 진동 공정시험기준)

구분	배출허용기준	규제기준		관리기준	
	공장진동	생활진동	발파진동	도로교통진동	철도진동
관련법	「환경분야 시험검사 등에 관한 법률」 제6조, 「소음 · 진동관리법」, 「소음 · 진동 공정시험기준」				
사용 진동레벨계	환경측정기기의 형식승인 · 정도검사 등에 관한 고시 중 진동레벨계의 구조 · 성능 세부기준 또는 이와 동등 이상의 성능을 가진 것 (dB 단위지시 : $ref = 10^{-5}m/s^2$, 측정 가능 주파수 : 1~90Hz, 진동레벨범위 : 45~120dB 이상)				
감각보정회로	V특성(수직)에 고정				
샘플주기	1초 이내		0.1초 이하	1초 이내	
측정시간	피해가 예상되는 적절한 시각		발파 시	4시간 이상 간격 2회 이상 측정 (산술평균)	1시간 평균 철도 통행량 이상인 시간대
측정지점	2지점 이상 중 최대치	2지점 중 최대치	1지점 이상 최고치	2개 이상 (월~금 사이)	대표 지점 (월~금 사이)
측정자료 분석	5분 이상 측정 L_{10}값 (80% 범위의 상단치)	• 지시값 변동이 없을 때 : 그 지시값 • 변동폭이 5dB 이내일 때 : 최대치부터 크기순 10개의 산술평균 • 불규칙할 때 : L_{10}값(80% 범위의 상단치)			통과 시마다 최고치가 배경값보다 5dB 이상 큰 것 10개 이상 중 중앙값 이상을 산술평균한 값
진동평가를 위한 보정	• 배경진동 • 시간대별 • 관련 시간대에 대한 측정 진동레벨 발생시간 백분율	• 배경진동 • 지역별 • 시간대별	• 배경진동 • 시간대별 • 발파횟수	• 시간대별 • 지역별	• 시간대별 • 지역별
평가표 서식	공장진동 측정자료 평가표	생활진동 측정자료 평가표	발파진동 측정자료 평가표	도로교통진동 측정자료 평가표	철도진동 측정자료 평가표

3) 작업환경측정방법 중 '작업환경측정 및 정도관리규정' 중 소음 관련 부분
(고용노동부 고시 제2011-25호)

작업환경측정 및 정도관리규정 조항	내용
시료채취 근로자수	① 단위작업장소에서 최고노출근로자 2명 이상에 대하여 동시에 측정하되, 단위작업장소에 근로자가 1명인 경우에는 그러하지 아니하며, 동일 작업 근로자수가 10명을 초과하는 경우에는 매 5명당 1명(1개 지점) 이상 추가하여 측정하여야 한다. 다만, 동일 작업 근로자수가 100명을 초과하는 경우에는 최대시료채취 근로자수를 20명으로 조정할 수 있다. ② 지역 시료채취방법에 의한 측정시료의 개수는 단위작업장소에서 2개 이상에 대하여 동시에 측정하여야 한다. 다만, 단위작업장소의 넓이가 50평방미터 이상인 경우에는 매 30평방미터마다 1개 지점 이상을 추가로 측정하여야 한다.
단위	소음수준의 측정단위는 데시벨(dB(A))로 표시한다.

작업환경측정 및 정도관리규정 조항	내용
측정방법	① 소음계는 누적소음노출량 측정기, 적분형 소음계 또는 이와 동등 이상의 성능이 있는 것으로 하되, 개인 시료채취방법이 불가능한 경우에는 지시소음계를 사용할 수 있으며, 발생기간을 고려한 등가소음레벨방법으로 측정할 것. 다만, 소음발생 간격이 1초 미만을 유지하면서 계속적으로 발생되는 소음(연속음)을 지시소음계 또는 이와 동등 이상의 성능이 있는 기기로 측정할 경우에는 그러하지 아니할 수 있다. ② 소음계의 청감보정회로는 A특성으로 할 것 ③ 소음측정은 다음과 같이 할 것 　㉠ 소음계 지시침의 동작은 느린(slow) 상태로 한다. 　㉡ 소음계의 지시값이 변동하지 않는 경우에는 당해 지시값을 그 측정점에서의 소음수준으로 한다. ④ 누적소음노출량 측정기로 소음을 측정하는 경우에는 Criteria는 90dB, Exchange Rate는 5dB, Threshold는 80dB로 기기를 설정할 것 ⑤ 소음이 1초 이상의 간격을 유지하면서 최대음압수준이 120dB(A) 이상의 소음인 경우에는 소음수준에 따른 1분 동안의 발생횟수를 측정할 것
측정위치 및 지점	단위작업장소에서 소음수준 측정은 측정대상이 되는 근로자의 근접된 위치의 귀 높이에서 실시하여야 한다.
측정시간 및 횟수	① 단위작업장소에서 소음수준은 규정된 측정위치 및 지점에서 1일 작업시간 동안 6시간 이상 연속 측정하거나, 작업시간을 1시간 간격으로 나누어 6회 이상 측정하여야 한다. 다만, 소음의 발생 특성이 연속음으로써 측정치가 변동이 없다고 자격자 또는 지정 측정기관이 판단한 경우에는 1시간 동안을 등간격으로 나누어 3회 이상 측정할 수 있다. ② 단위작업장소에서의 소음발생시간이 6시간 이내인 경우나 소음발생원에서의 발생시간이 간헐적인 경우에는 발생시간 동안 연속 측정하거나 등간격으로 나누어 4회 이상 측정하여야 한다.
소음수준의 평가	① 1일 작업시간 동안 연속 측정하거나 작업시간을 1시간 간격으로 나누어 6회 이상 소음수준을 측정한 경우에는 이를 평균하여 8시간 작업 시의 평균 소음수준으로 한다. ② 1일 노출시간과 소음 강도를 측정하여 등가소음레벨방법으로 평가한다. ③ 지시소음계로 측정하여 등가소음레벨방법을 적용할 경우에는 다음의 식에 따라 산출한 값을 기준으로 평가하여야 한다. $$L_{eq} = 16.61 \log \left[\frac{n_1 \times 10^{\frac{L_{A1}}{16.61}} + n_2 \times 10^{\frac{L_{A2}}{16.61}} + \cdots + n_N \times 10^{\frac{L_{AN}}{16.16}}}{\text{각 소음레벨 측정치의 발생시간 합}} \right] dB(A)$$ 여기서, L_A : 각 소음레벨의 측정치(dB(A)), n : 각 소음레벨 측정의 발생시간(분) ④ 단위작업장소에서 소음의 강도가 불규칙적으로 변동하는 소음 등을 누적소음노출량 측정기로 측정하여 노출량으로 산출되었을 경우에는 시간가중평균 소음수준으로 환산하여야 한다. 다만, 누적소음노출량 측정기에 의한 노출량 산출치가 작업환경측정 및 정도관리규정 [별표 1]에 주어진 값보다 작거나 크면 시간가중평균 소음은 다음 식에 따라 산출한 값을 기준으로 평가할 수 있다. $$TWA = 16.61 \log \left(\frac{D}{100} \right) + 90 (dB(A))$$ 여기서, TWA : 시간가중평균 소음수준(dB(A)), D : 누적소음노출량(%)
측정농도 평가에 따른 조치	• 평가결과 : 노출기준 미만은 현재 작업상태 유지 • 평가결과 : 노출기준 초과는 시설·설비 등에 대한 개선대책 수립 시행 및 적정 보호구 지급

4) KS/ISO에 나타난 소음·진동 발생 기계설비류의 측정방법

대상 기계별 관련 규격은 다음에 나타난 KS 규격에 따른다.

- KS F 4721 흡음용 유리 섬유판
- KS F 3206 흡음용 연질 섬유판
- KS F 4707 흡음용 구멍 석면 시멘트판
- KS F 4713 광석면 흡음재
- KS F 6002 방음 섀시
- KSM 6665 방진 고무재료의 동적 성능시험방법
- KS B 1561 방진 스프링 행거
- KS B 1562 방진 고무 마운트
- KS B 1563 방진 스프링 마운트
- KS R 1045 자동차용 배기 소음기 성능시험방법
- KS I 6101 흡음형 덕트 소음기
- KS I ISO 14163 음향−소음기를 이용한 소음제어방법
- KS B 6375 공기압용 소음기

5) 건물 및 건축음향시설의 측정방법

건축음향시설(음악당, 스튜디오, 극장, 강당, 다목적 홀, 종교시설, 연습실 등)이나 음향 관련 연구시설(무향실, 잔향실, 방음실, 청력검사실, 엔진시험실 등)에 대한 차음성능이나 차단성능 등을 확인한다.

- KS F 2860−2861 건물 및 건물 부재의 차음성능 측정방법
- KS F 2808 건물 부재의 공기 전달음 차단성능 실험실 측정방법
- KS F 2810 바닥 충격음 차단성능 현장 측정방법
- KSI ISO 11546−2 음향−방음실의 차음성능 산정

2 측정자료 항목의 적합성

적합성 검토는 규정된 요건을 만족하고 있음을 입증해주는 행위로서, 소음측정자료 항목이 환경기준, 배출허용기준(공장), 규제기준(생활 소음·진동), 관리기준(도로, 철도, 항공기) 등 관련 법규 및 기준에 따라 적합하게 수행되었는지에 대하여 판단하기 위한 것이다.

측정할 때 사용된 소음계의 관련 규정 및 관련 법규 기준에 따라 적합성 검증을 실시해야 하며, 적합성 검토항목은 다음과 같다.

① 소음계의 성능 : 검·교정 상태 확인
② 측정지점 : 관리기준에서 정한 측정지점 확인
③ 소음원의 가동상태 : 가동상태 확인
④ 측정시간 : 관리기준에서 정한 측정시간 확인
⑤ 측정지점수 : 관리기준에서 정한 측정지점수 확인
⑥ 소음원의 주파수 분석 : 자료 확인

⑦ 적용된 측정 소음발생시간 백분율 : 관리기준 준수 여부 확인

⑧ 충격음 존재 유무 등

3 소음·진동 측정 법적기준

(1) 생활 소음·진동 관련 기준 법규

1) 생활소음과 진동의 규제

특별자치시장·특별자치도지사 또는 시장·군수·구청장은 주민의 정온한 생활환경을 유지하기 위하여 사업장 및 공사장 등에서 발생하는 생활 소음·진동을 규제하여야 한다. 생활 소음·진동의 규제대상 및 규제기준은 환경부령으로 정하며 그 관련 내용은 다음과 같다.

〈 생활 소음·진동의 규제대상 및 규제기준 〉

관련 법규	관련 내용	세부내용
「소음·진동관리법」 시행규칙 제20조 제①항	환경부령으로 정하는 지역	1. 「산업입지 및 개발에 관한 법률」에 따른 산업단지 2. 「국토의 계획 및 이용에 관한 법률 시행령」에 따른 전용공업지역 3. 「자유무역지역의 지정 및 운영에 관한 법률」에 따라 지정된 자유무역지역 4. 생활 소음·진동이 발생하는 공장·사업장 또는 공사장의 부지경계선으로부터 직선거리 300m 이내에 주택, 운동·휴양시설 등이 없는 지역
「소음·진동관리법」 시행규칙 제20조 제②항	생활 소음·진동의 규제대상	1. 확성기에 의한 소음(「집회 및 시위에 관한 법률」에 따른 소음과 국가비상훈련 및 공공기관의 대국민 홍보를 목적으로 하는 확성기 사용에 따른 소음의 경우는 제외한다.) 2. 배출시설이 설치되지 아니한 공장에서 발생하는 소음·진동 3. 제1항 각 호의 지역 외의 공사장에서 발생하는 소음·진동 4. 공장·공사장을 제외한 사업장에서 발생하는 소음·진동
「소음·진동관리법」 시행규칙 제20조 제③항	생활 소음·진동의 규제기준	생활 소음·진동의 규제기준(제20조 제3항 관련) [별표 8] 참조

2) 「소음·진동관리법」 시행규칙 [별표 8] 생활 소음·진동의 규제기준

① 생활소음 규제기준(단위 : dB(A))

대상 지역	소음원		시간대별 아침, 저녁 (05:00~07:00, 18:00~22:00)	주간 (07:00~18:00)	야간 (22:00~05:00)
주거지역, 녹지지역, 관리지역 중 취락지구· 주거개발진흥지구 및 관광·휴양개발진흥지구, 자연환경보전지역, 그 밖의 지역에 있는 학교·종합병원· 공공도서관	확성기	옥외 설치	60 이하	65 이하	60 이하
		옥내에서 옥외로 소음이 나오는 경우	50 이하	55 이하	45 이하
	공장		50 이하	55 이하	45 이하
	사업장	동일 건물	45 이하	50 이하	40 이하
		기타	50 이하	55 이하	45 이하
	공사장		60 이하	65 이하	50 이하
그 밖의 지역	확성기	옥외 설치	65 이하	70 이하	60 이하
		옥내에서 옥외로 소음이 나오는 경우	60 이하	65 이하	55 이하
	공장		60 이하	65 이하	55 이하
	사업장	동일 건물	50 이하	55 이하	45 이하
		기타	60 이하	65 이하	55 이하
	공사장		65 이하	70 이하	50 이하

[비고] * 규제기준치는 생활소음의 영향이 미치는 대상 지역을 기준으로 하여 적용한다.

* 공사장의 소음규제기준은 주간의 경우 특정공사 사전신고 대상 기계·장비를 사용하는 작업시간이 1일 3시간 이하일 때는 +10dB을, 3시간 초과 6시간 이하일 때는 +5dB을 규제기준치에 보정한다.

* 발파소음의 경우 주간에만 규제기준치(광산의 경우 사업장 규제기준)에 +10dB을 보정한다.

* 공사장의 규제기준 중 주거지역, 종합병원, 학교, 공공도서관의 부지경계로부터 직선거리 50m 이내의 지역은 공휴일에만 -5dB을 규제기준치에 보정한다.

② 생활진동 규제기준(단위 : dB(V))

대상 지역 시간대별	주간 (06:00~22:00)	심야 (22:00~06:00)
주거지역, 녹지지역, 관리지역 중 취락지구·주거개발진흥지구 및 관광·휴양개발진흥지구, 자연환경보전지역, 그 밖의 지역에 소재한 학교·종합병원·공공도서관	65 이하	60 이하
그 밖의 지역	70 이하	65 이하

[비고] * 규제기준치는 생활진동의 영향이 미치는 대상 지역을 기준으로 하여 적용한다.
　　　 * 공사장의 진동규제기준은 주간의 경우 특정공사 사전신고 대상 기계·장비를 사용하는
　　　　작업시간이 1일 2시간 이하일 때는 +10dB을, 2시간 초과 4시간 이하일 때는 +5dB을
　　　　규제기준치에 보정한다.
　　　 * 발파진동의 경우 주간에만 규제기준치에 +10dB을 보정한다.

(2) 교통 소음과 진동의 규제

특별시장·광역시장·특별자치시장·특별자치도지사 또는 시장·군수는 교통기관에서 발생하는 소음·진동이 교통 소음·진동관리기준을 초과하거나 초과할 우려가 있는 경우에는 해당 지역을 교통 소음·진동관리지역으로 지정할 수 있다.

1) 교통 소음·진동관리지역 범위

특별시장·광역시장·특별자치시장·특별자치도지사 또는 시장·군수는 교통 소음·진동관리지역을 지정할 때에는 고요하고 편안한 상태가 필요한 주요 시설, 주거형태, 교통량, 도로 여건, 소음·진동관리의 필요성 등을 고려하여 교통 소음·진동의 관리기준을 초과하거나 초과할 우려가 있는 지역을 우선하여 관리지역으로 지정하여야 한다.

〈 교통 소음·진동관리지역 범위 〉

관련 법규	관련 내용	세부내용
「소음·진동관리법」 시행규칙 제26조	교통 소음·진동 관리지역의 범위	1. 「국토의 계획 및 이용에 관한 법률」에 따른 주거지역·상업지역 및 녹지지역 2. 「국토의 계획 및 이용에 관한 법률」에 따른 준공업지역 3. 「국토의 계획 및 이용에 관한 법률」에 따른 취락지구 및 관광·휴양개발진흥지구 4. 「의료법」에 따른 종합병원 주변지역, 「도서관법」에 따른 공공도서관의 주변지역, 「초·중등교육법」 또는 「고등교육법」에 따른 학교의 주변지역, 「노인복지법」에 따른 노인의료복지시설 중 입소규모 100명 이상인 노인의료복지시설 및 「영유아보육법」에 따른 보육시설 중 입소규모 100명 이상인 보육시설의 주변지역 5. 그 밖에 환경부장관이 고요하고 편안한 생활환경 조성을 위하여 필요하다고 인정하여 지정·고시하는 지역

2) 교통 소음·진동관리기준

교통기관에서 발생하는 소음·진동의 관리기준은 환경부령으로 정한다. 이 경우 환경부장관은 미리 관계 중앙행정기관의 장과 교통 소음·진동관리기준 및 시행시기 등 필요한 사항을 협의하여야 하며, 도로 및 철도 소음·진동관리기준은 다음과 같다.

〈 도로교통 소음·진동의 규제대상 및 규제기준 〉

구분	대상지역	한도		
		구분	주간 (06:00~22:00)	야간 (22:00~06:00)
도로	주거지역, 녹지지역, 관리지역 중 취락지구·주거개발진흥지구 및 관광·휴양개발진흥지구, 자연환경보전지역, 학교·병원·공공도서관 및 입소규모 100명 이상의 노인의료복지시설·영유아보육시설의 부지 경계선으로부터 50m 이내 지역	소음 (L_{eq}(dB(A))	68	58
		진동 (dB(V))	65	60
	상업지역, 공업지역, 농림지역, 생산관리지역 및 관리지역 중 산업·유통개발진흥지구, 미고시지역	소음 (L_{eq}(dB(A))	73	63
		진동 (dB(V))	70	60
철도	주거지역, 녹지지역, 관리지역 중 취락지구·주거개발진흥지구 및 관광·휴양개발진흥지구, 자연환경보전지역, 학교·병원·공공도서관 및 입소규모 100명 이상의 노인의료복지시설·영유아보육시설의 부지 경계선으로부터 50m 이내 지역	소음 (L_{eq}(dB(A))	70	60
		진동 (dB(V))	65	60
	상업지역, 공업지역, 농림지역, 생산관리지역 및 관리지역 중 산업·유통개발진흥지구, 미고시지역	소음 (L_{eq}(dB(A))	75	65
		진동 (dB(V))	70	65

Section 02 측정자료 분석

1 소음발생원 특성에 따른 기여율

(1) 공장소음 및 건설소음

공장소음은 진정건수가 가장 많은데 그 원인을 이해하는 것이 바람직하다. 건설소음에 대해서는 건설소음의 특징이나 건설 시 주요 공사에 사용되는 기계의 소음레벨 정도를 알아두면 건설소음을 이해하는 데 편리하다.

1) 공장소음의 특징

① 진정건수가 다른 소음에 비하여 가장 많다.

  ㉠ 가해자가 뚜렷하여 소송을 하기 쉽기 때문이다.

  ㉡ 중소기업이 대부분 주택가와 근접해 있어 발생한다.

② 소음에 대한 피해는 공장 주변의 비교적 좁은 범위에서 발생하므로 가까운 곳에 있는 주민들과의 마찰이 심하다.

2) 건설소음의 특징

① 도로나 건물의 건설 시 발생된 소음은 공사기간 중에 한정되지만 그 음이 대단히 커서 여러 가지 물의를 일으킨다. 예를 들어 기계에서 30m 떨어진 고리에서 파일해머는 90dB(A), 공기압축기는 80dB(A), 콘크리트 브레이커는 75dB(A) 정도의 소음을 발생한다.

② 소음이 충격적이고 때에 따라서는 지속시간이 길며 강한 진동을 수반한다.

③ 인근 주민은 소음과 진동, 먼지, 지반침하, 가스누설, 상수도 파열 등의 피해를 입는 경우도 종종 발생한다.

(2) 교통 소음

최근 소음의 종류별 진정은 매년 증가 추세에 있으며, 공장 및 사업장 소음이 가장 많고, 건설소음, 심야소음 순이다. 자동차, 항공기 또는 철도에 기인하는 소음문제는 주변 지역에서 골치 아픈 문제가 되고 있다. 현재 교통기관의 소음방지대책의 실시와 교통기관의 신설, 확장에 따른 문제에 지역적인 주민저항운동이 각지에서 일어나고 있다. 특히 자동차소음에 대해서는 환경기준을 벗어나는 지역이 대부분이므로 이에 대한 대비책이 시급하다.

1) 자동차소음

① 자동차 보유대수가 날로 증가하고 있는 시점에서 주요 간선도로의 소음레벨이 60dB(A) 이하로 내려가는 일이 없다. 자동차에서 가장 시끄러운 음을 내는 차종은 디젤엔진을 부착한 대형트럭이나 버스이고 그 다음이 스포츠카, 오토바이 등이다.

② 자동차의 속도가 2배 증가하면 약 10dB(A), 통과대수가 2배 증가하면 약 5dB(A) 정도 커진다.

2) 철도소음

① 열차나 전철의 주된 소음발생원은 차체, 차바퀴와 레일의 마찰 및 충격 또는 레일의 연결부위에서의 충격, 철교 등에서의 진동 때문이다.

② 전철의 주행소음은 평지일 때 레일에서 10m 떨어진 거리에서 80~90dB(A) 정도이고, 레일 연결지점 통과 시에 5dB(A) 증가하며 철교나 고가선로 밑에서는 약 100dB(A)까지 이른다.

3) 항공기소음

소리가 아주 크며 제트항공기 등에서는 금속성의 고주파 성분을 지니며 간헐적 또는 충격적인 음이다. 상공에서 발생하기 때문에 피해면적이 아주 넓은 특징이 있다. 제트항공기가 머리 위를 통과할 때 활주로 끝에서 1km 떨어진 지점에서 소음레벨은 100dB(A)를 초과하며, 5km 떨어진 지점에서도 85dB(A)를 초과하고 있다.

2 진동발생원 특성에 따른 기여율

(1) 공장·사업장 진동

공장·사업장의 진동은 단조기나 프레스 등과 같이 기계 내부에서 충격력이 발생하거나 왕복질량의 관성력이 발생하여 그 힘이 기초에 전파되는 경우 등이 있다. 기계진동의 진동레벨을 〈표〉에 나타내었다. 공장·사업장의 진동문제의 특징은 거의 대부분이 준주거지역에 있는 중소기업 공장과 주변 주민 사이에서 일어나는 분쟁이라는 점에서 소음문제와 유사한 경향이다.

〈 기계진동의 실태 〉

시설명	진동레벨(dB(V))			
	시설로부터 떨어진 거리			
	5m	10m	20m	30m
유압 프레스	68	64	60	57
기계 프레스	68	65	62	61
전단기	64	60	57	55
단조기	81	78	75	73
와이어 포밍머신	64	52	–	–
압축기	64	61	58	56
파쇄기	67	62	58	56
마쇄기	64	54	–	–
체질 및 분급기	67	64	62	–
직조기	71	67	63	61
콘크리트 블록머신 및 콘크리트관 제조기계	69	62	58	52
드럼버커	71	67	63	60
치퍼	68	63	58	55
인쇄기계	65	61	–	–
합성수지용 사출성형기	61	57	53	51
주형 조형기	77	72	66	63
고무·비닐용 롤 기계	61	56	–	–

(2) 건설작업진동

건설작업진동은 건설공사수의 증가나 시공 기계의 대형화에 따라 진정건수가 증가하였으나 공장·사업장 진동의 진정건수에 비하면 약 반 정도에 지나지 않는다. 그러나 건설작업은 말뚝박기 등의 대형 진동 발생원에서 불도저와 같이 진동은 적지만 발생원의 수가 많은 것까지 다종다양한 것이 특징이다. 또 건설작업진동은 공장진동과 비교하여 여러 가지 특성을 갖고 있다. 예를 들면 건설공사 자체가 일시적이고, 더욱이 단기간에 종료하는 것이 보통이어서 주민의 생활환경에 장기간에 걸쳐서 영향을 미치지 않는다는 것, 건설공사의 장소 등에 대체성이 있다는 것, 대부분의 작업의 특성이 충격력을 직접 이용하는 것, 또한 이동성이 있다는 특성으로 인하여 작업시간의 단축을 제외하면 진동방지 자체가 매우 곤란한 점이 있다.

〈 주된 건설작업의 진동 실태 〉

작업명	진동레벨(dB)			
	기계로부터 떨어진 거리			
	5m	10m	20m	30m
디젤 파일해머	84	78	72	68
진동파일 드라이버	80	73	66	63
드롭해머	84	76	67	62
강구(鋼球) 파괴	79	69	60	–
포장판 파쇄기	77	72	68	–
브레이커	71	61	–	–
불도저	72	61	54	–
진동롤러	–	70	60	–

(3) 도로교통진동

도로교통진동은 자동차가 도로를 주행하는 것으로 차체가 타이어를 통하여 노면에 힘을 가하여 그 차체로부터 나온 힘으로 도로가 강제진동을 행하는 것이다. 노면에 가해지는 외력, 노면의 상태, 지반의 구조 등 여러 가지 요인이 복잡하게 얽혀 있기 때문에 도로교통진동의 해명이 어렵지만, 도로교통진동에 있어서는 자동차 구조보다 도로구조의 기여도가 높다고 여겨진다. 전체 교통량은 낮 동안은 증가하다가 17시 이후 감소하여 심야에 최저가 된다. 이에 대하여 진동레벨도 같은 양상을 나타내며, 특히 중앙값(L_{50})이 전체 교통량과 거의 같은 경향을 나타내고 있다. 이와 같이 교통량이 증가하면 진동레벨도 올라가지만 자동차의 차종에 따라서도 진동레벨의 변동 모양은 달라진다. 차종(차량 질량), 주행속도, 교통량, 노면상태에 따라 영향을 받기 때문에 도로교통진동의 방지대책으로는 노면보수, 포장재의 변경 등의 도로구조 자체의 보수, 개선 등과 특히 진동 발생원인 대형 차량의 속도제한이나 주행차선을 안쪽으로 변경하는 등의 교통규제가 유효하다고 생각된다.

(4) 철도진동

철도진동문제는 KTX, SRT의 개통과 더불어 소음·진동문제가 일부 지역에서는 심각한 정도이다. 철도진동의 발생 메커니즘은 차륜이 레일 위를 지나갈 때 차량과 레일의 상호작용으로 시간적으로 변동하는 하중이 레일에 가해져 진동을 발생하게 된다. KTX, SRT 주행에 의한 진동레벨은 일반적으로 고가교 쪽이 일반지역이나 가공구간보다 높고 또한 열차속도가 빠를수록 진동레벨이 높아지게 된다.

3 소음·진동 예비조사 평가

Section 01 평가계획 수립

1 소음·진동 자료 평가방법

(1) 소음자료 평가방법

소음 관련 기준에 따라 소음평가계획을 수립하기 위해서는 소음 측정목적(소음 저감 또는 소음환경 개선), 소음 측정대상 그리고 소음상태 평가를 위한 관련 국내외 법규 및 평가기준 등을 알아야 하며 이러한 내용을 기준으로 소음평가계획을 수립하여 수행하여야 한다. 소음 평가는 소음이 인간에게 미치는 직·간접적인 영향에 대한 관계에 기본을 두고 있으며, 측정된 소음에 대하여 객관적으로 표현하기 위하여 수량적으로 나타내는 척도를 소음의 평가 척도라 하고, 이것의 운용법을 소음평가법이라 한다. 소음평가법은 소음원 자체(소음레벨, 주파수, 충격성 등)와 소음피해를 받는 지역 환경(발생시간대, 환경소음, 지역 등)으로 분류하여 수행된다.

1) 소음평가 대상의 분류

① 생활소음

생활소음배출원은 확성기소음, 건설 공사장의 작업소음, 소규모 공장의 작업소음, 유흥업소 심야소음 등 매우 다양하다. 최근 인구 증가와 더불어 도시화, 상업화 등에 따라 생활소음배출원은 급격히 증가하고 있으므로 이에 대한 대책이 절실히 요구된다.

② 교통소음

교통소음은 그 배출원이 자동차, 기차 등으로서 발생 소음도가 매우 클 뿐만 아니라, 그 피해 지역도 광범위하다고 할 수 있다. 특히 자동차 도로망이 확장되고, 차량 보유 대수가 급격히 증가하고 있어 대도시 소음원으로서 가장 중요한 위치를 차지하고 있다.

③ 항공기소음

최근 항공기의 운항 항로 신설 및 운항 횟수의 급격한 증가에 따라 항공기소음 피해는 사회적 문제로 대두되고 있다.

④ 철도소음

유동인구 및 물동량 증가로 철도 운행량이 증가되고 있으며, 매스컴과 국민의 환경인식의 증가로 소음민원이 점차 증가하고 있다. 철로변 일부에 방음벽을 설치하였으나, 미미한 수준으로 향후 현실적인 소음방지대책이 요구된다고 할 수 있다.

⑤ 공장소음

공장에 설치되는 시설은 고정되어진 소음원이며, 한번 설치되면 반영구적으로 사용하게 되므로 인근 지역에 지속적으로 피해를 줄 수가 있어 사전 입지단계에서부터의 고려가 필요하다.

2) 소음평가방법

① 실내소음평가법

실내소음은 벽, 바닥, 창 등으로부터 들어오는 소리와 실내에서 발생되는 소리를 의미하며, 실내소음평가법은 이러한 실내소음을 평가하는 방법이다.

㉠ A보정 음압레벨(L_A, A weighted sound level) : 청감보정회로 A를 통하여 측정한 레벨로서 실내소음평가 시 최댓값이나 평균값을 사용한다.

㉡ AI(Ariculation Index) : 회화 명료도지수로서 회화 전송의 주파수 특성과 소음레벨에서 명료도를 예측하는 것으로 회화전달시스템의 평가기준이다.

㉢ 회화방해레벨(SIL, Speech Interference Level) : 명료도지수(AI)를 간략화한 회화방해에 관한 평가법으로서, 소음을 600~1,200Hz, 1,200~2,400Hz, 2,400~4,800Hz의 3개의 주파수 영역으로 분석한 음압레벨의 산술평균값이다.

㉣ 우선회화방해레벨(PSIL, Preferred Speech Interference Level) : SIL을 수정하여 1/1 옥타브밴드로 분석한 중심 주파수 500Hz, 1,000Hz, 2,000Hz의 음압레벨의 산술평균치이다.

㉤ NC(Noise Criteria) : 공조기 소음과 같은 실내소음을 평가하기 위한 척도로서 소음을 1/1 옥타브밴드로 분석한 결과에 의해 실내소음을 평가하는 방법으로 공조(HVAC, Heating, Ventilation and Air Condition) 설비에 의해 발생한 현장의 배경소음을 1/1 Octave Band로 측정하는 방법으로 기준이 되는 값은 NC-35이다. 이것은 1957년 'Beranek'이 제안한 것으로, 회화방해레벨과 시끄러움레벨을 기초로 실내에서 회화의 양호한 전달을 위하여 중·고음성 배경소음 성분을 충분히 적게 보정한 허용기준이다. 일반적으로 dB(A)와의 관계는 다음과 같지만 dB(A)에 비하면 NC는 더욱 듣는 감각에 충실한 것이 특징이다.

$$dB(A) = NC + (5 \sim 7)$$

ⓗ NC 곡선 : 소음을 옥타브밴드로 분석한 결과에 의해 실내소음을 평가한 방법이다. 소음에 있어서 음색의 차이와 리듬이 있는 등의 여러 가지 종류가 있으나, 소음의 시끄러움을 결정하는 요소로서 어떠한 주파수 성분이 어느 정도 포함되어 있는가는 매우 중요하다. NC 곡선은 소음을 옥타브밴드 필터로 분석한 레벨에 의해, 회화를 나누는 데 대해서 어느 정도 유해한가를 주체로 결정된 소음기준치다. 우선 소음을 옥타브밴드 필터로 분석하여 NC 곡선이 있는 그래프에 표기 후 그것들을 서로 연결하여 그 밴드 중 가장 높은 값의 측정치를 그 소음의 NC값으로 한다.

〈 NC 규정치에 의한 사무실의 소음환경 〉

NC값	소음환경의 상태	적용 예
NC 20~30	아주 조용함, 전화통화에 지장이 없음	큰 회의실, 병원
NC 30~35	조용함, 3~9m 떨어져 있어도 보통 소리의 회의 가능	소회의실, 응접실
NC 35~40	2~4m 떨어져 있어도 보통 소리의 회의 가능	공장 사무실
NC 45~50	1~2m 떨어져 있어도 보통 소리의 회의 가능, 큰 목소리로 2~4m 떨어져 있어도 회의 가능	큰 제도실
NC 50~55	2인에서 3인 이상의 회의 불가능	복사실, 계산기실
NC 55 이상	대단히 시끄러움, 사무실로 부적합한 조건	적용 없음

〈 실내소음의 허용치(1957년 'Beranek') 〉

실내명	NC값	dB(A)	실내명	NC값	dB(A)
개인주택	25~30	35	극장	25~30	35
아파트	30~35	40	음악당	20~25	30
회의실	25~30	35	녹음 스튜디오	15~25	25~30
개인 사무실	30~35	40	레스토랑	35~45	45~50
일반 사무실	35~40	45	카페테리아	40~50	50~55
현관 로비	40~45	50	백화점	35~45	40~50
병원 수술실	25~30	35	백화점 1층, 지하층	40~50	50~55
일반 병실	30~35	40	수영장	40~55	50~60
병원 로비	35~40	45	체육관	30~40	40~45
교회	25~30	35	호텔 객실	30~35	40
학교 교실	25~30	35	호텔 연회장	30~35	40
도서관	30~35	40	호텔 로비, 복도	35~40	45

ⓐ PNC(Preferred Noise Criteria) 곡선 : NC 곡선의 단점을 보완해서 저주파수 대역 및 고주파수 대역에서 엄격하게 평가되었으며, 음질에 대한 불쾌감을 고려한 곡선 이다.

ⓞ NR(NRN, Noise Rating Number) 곡선 : NR 곡선은 NC 곡선을 기본으로 하고 음 의 스펙트라, 반복성, 계절, 시간대 등을 고려한 것으로 기본적으로 NC와 동일하다. 즉, 소음을 1/1 옥타브밴드로 분석한 음압레벨을 NR chart에 플로팅하여 그 중 가 장 높은 NR 곡선에 접하는 것을 판독한 값이 NR값이다. 이는 소음을 청력장해, 회 화방해, 시끄러움 등 3가지 면에서 평가한 곡선이다.

⟨ NRN에 의한 실별 소음권장기준 ⟩

NRN	실내 종류
20~30	침실, 병실, 스튜디오, 극장, 교회, 콘서트홀, 도서실, 강의실, 회의실, 작은 사무실
30~40	큰 사무실, 상점, 백화점, 레스토랑, 지적작업이 요구되는 한계 NRN은 40
40~50	큰 레스토랑, 체육관
50~60	보통 사무실의 평균적 한계 NRN은 60
60~70	작업장

② **교통소음평가법**

교통소음지수(TNI, Traffic Noise Index) : 도로교통소음평가에 이용된다. 이 값이 74 이상이면 주민의 50% 이상이 불만을 호소하게 된다.

$$TNI = 4 \times (L_{10} - L_{90}) + L_{90} - 30$$

③ **환경소음평가법**

㉠ 등가소음도(L_{eq}, energy equivalent sound level) : 변동이 심한 소음의 평가방법 으로 측정시간 동안의 변동 소음에너지를 시간적으로 평균하여 이를 대수변환시킨 것이다.

$$L_{eq} = 10 \log \left(\sum_{i=1}^{n} f_i \times 10^{\frac{L_i}{10}} \right) dB(A)$$

여기서, f_i : 일정 소음레벨 L_i의 지속시간율

L_i : i번째의 소음레벨

㉡ 소음통계레벨(L_N, percentage noise level) : 총 측정시간의 N(%)를 초과하는 소 음레벨이다. 즉, L_{10}이란 총 측정시간의 10%를 초과하는 소음레벨을 말한다. N(%) 가 적을수록 큰 소음레벨을 나타내므로 그 크기는 다음과 같다.

$$L_5 > L_{10} > L_{50} > L_{90} > L_{95}$$

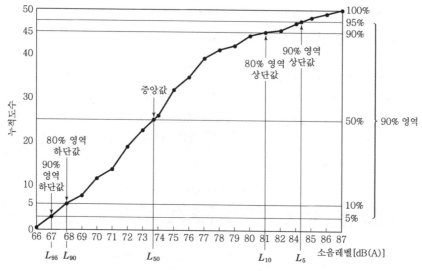

‖ 누적도수곡선에 의한 소음통계레벨 ‖

ⓒ 주야 평균소음레벨(L_{dn}, day-night average sound level) : 하루의 매 시간당 등
가소음도(24개 자료)를 측정한 후 야간시간대(22:00~07:00)의 매 시간 측정치에
10dB의 벌칙레벨을 합산한 후 dB을 합산한 레벨이다.

$$L_{dn} = 10 \log \left[\frac{1}{24} (15 \times 10^{\frac{L_d}{10}} + 9 \times 10^{\frac{L_n + 10}{10}}) \right] dB(A)$$

여기서, L_d : 07:00~22:00(15시간) 사이의 매 시간 L_{eq}값
L_n : 22:00~07:00(9시간) 사이의 매 시간 L_{eq}값

ⓓ 소음공해레벨(L_{NP}, noise pollution level) : 변동소음의 에너지와 소란스러움을 동
시에 평가하는 방법이다.

- $L_{NP} = L_{eq} + 2.56\, \sigma\ dB(NP)$

- $L_{NP} = L_{eq} + (L_{10} - L_{90}) ≒ L_{50} + \dfrac{d^2}{60} + d\ dB(NP)$

여기서, σ : 측정소음의 표준편차
$d : (L_{10} - L_{90})$

ⓔ 노이(noy) : 소음도를 나타내는 단위의 하나로 1noy는 중심 주파수 1kHz인 910Hz
에서 1,090Hz의 밴드에서 40dB의 최대음압레벨을 갖는 감각소음도이다. 최대레벨
은 5dB/s의 비율로 접근하여 지정된 40dB에서 2초 동안 유지된 후 다시 같은 비율
로 적절히 긴 사이클로 반복하여 감소한다. 3noy의 소음도를 나타내는 소음은 1noy
의 소음보다 3배만큼 시끄러운 것으로 지각된다.

④ 항공기소음평가법

　㉠ 감각소음레벨(PNL, Perceived Noise Level) : 소음을 0.5초 이내의 간격으로 1/1 또는 1/3 옥타브밴드 분석하여 각 대역별 음압레벨을 구한 후, 이 음압레벨에 상당하는 noy값을 판독하여 총 noy값인 N_t를 구한다.

$$N_t = K_1 \sum_{i=1}^{n} N_i + K_2 N_{\max}$$

여기서, K_1 : 1/1 옥타브밴드 분석 시 0.3, 1/3 옥타브밴드 분석 시 0.15

　　　　K_2 : 1/1 옥타브밴드 분석 시 0.7, 1/3 옥타브밴드 분석 시 0.85

　　　　N_i : 각 대역별 noy값

　　　　$N_{\max}$: 각 대역별 noy 최댓값

계산된 N_t를 다음 식에 삽입하여 PNL을 산출한다.

- $PNL = 33.3 \log (N_t) + 40 PN$ dB
- $PNL = dB(A) + 13,\ PNL \fallingdotseq dB(D) + 7$

이 PNL값은 항공기소음의 평가 시 기본값으로 많이 사용된다.

　㉡ NNI(Noise and Number Index) : 과거 영국에서 사용되는 항공기소음의 평가방법이다.

$$NNI = \overline{PNL} + 15 \log n - 80$$

여기서, $\overline{PNL}$: 1일 중 총 항공기 통과 시 PNL 평균치

　　　　n : 1일 중 총 항공기 이 · 착륙 횟수

　㉢ EPNL(Effective PNL) : 국제민간항공기구(ICAO)에서 제안한 항공기소음평가치로 소음 증명제도에 이용된다.

- $EPNL = 10 \log \sum_{i=1}^{n} \dfrac{TPNL_i}{10} - 13 EPNL$ dB
- $EPNL \fallingdotseq PNL_{\max} + D + F$

여기서, $TPNL_i$: 0.5초마다 산정한 PNL에 특이음을 보정한 값

　　　　$PNL_{\max}$: 1일 중 항공기 통과 시 PNL 중 최대 PNL값

　　　　$D : 10 \log \dfrac{\Delta t}{20}$ (Δt는 $PNL_{\max}$보다 10PNL 낮은 범위에서의 지속시간(초))

　　　　$F = 3$

ⓔ NEF(Noise Exposure Forecast) : 과거 미국의 항공기소음평가방법이다.

$$\text{NEF} = \overline{\text{EPNL}} + 10 \log n - 83$$

여기서, $\overline{\text{EPNL}}$: 1일 중 각 항공기 통과 시 EPNL의 평균치

n : 1일 중 항공기 통과대수

ⓜ WECPNL(웨클, Weighted Equivalent Continuous Perceived Noise Level) : 2022년까지 사용한 우리나라와 중국에서 채택하고 있는 항공기소음평가량이다.

- $\text{WECPNL} = \overline{\text{EPNL}} + 10 \log (N_1 + 3N_2 + 10N_3) - 39.4$
- $\text{WECPNL} = \overline{\text{dB(A)}} + 10 \log \{N_2 + 3N_3 + 10(N_1 + N_4)\} - 27$

여기서, $\overline{\text{dB(A)}}$: 1일 중 각 항공기 통과소음 피크치의 dB 파워평균치

N_1 : 0~07시

N_2 : 07~19시

N_3 : 19~22시

N_4 : 22~24시 사이의 항공기 비행횟수

ⓗ L_{den}(엘 · 디이엔, day-evening-night average sound level) : 항공기소음평가 시 저녁(19:00~23:00)에 5dB(A)의 가중치를, 야간(23:00~07:00)에는 10dB(A)의 가중치를 부여하여 평균한 소음레벨이다. 이 값은 현재 미국, 유럽 등 대부분 국가에서 채택하고 있는 단위로 우리나라에서도 2023년부터는 엘 · 디이엔 단위로 사용한다.

$$L_{den} = 10 \log \left[\frac{1}{24} (12 \times 10^{\frac{L_d}{10}} + 4 \times 10^{\frac{L_e + 5}{10}} + 8 \times 10^{\frac{L_n + 10}{10}}) \right]$$

여기서, L_d : 낮시간대(07:00~19:00)의 A-보정 소음레벨 평균값

L_e : 저녁시간대(19:00~23:00)의 A-보정 소음레벨 평균값

L_n : 밤시간대(23:00~07:00)의 A-보정 소음레벨 평균값

WECPNL과 L_{eq} 및 L_{den}의 관계식은 다음과 같다.

- $\text{WECPNL} \fallingdotseq L_{eq} + (10~13)$
- $\text{WECPNL} \fallingdotseq L_{den} + 12$ (조건 : 75WECPNL 이상인 해당 지역)

(2) 진동자료 평가방법

1) 환경진동의 특성

대규모 건설공사장에서 항타기, 기중기 등 강력한 중기계 및 화약을 사용함에 따라 많은 진동문제가 발생하고 있으며, 진동공해에 대한 민원도 발생하고 있다. 공장이나 건설현장, 차량이나 철도에 의한 교통기관의 진동 등이 환경진동에 해당한다.

① 진동발생원

진동발생원으로는 공장, 사업장, 건설공사장, 교통기관 등이 있다. 이러한 진동 중에서도 공장진동이나 교통진동이 가장 일상적인 것으로 사람과 동물, 시설과 설비, 특히 정밀기계에 영향을 미치는 경우가 많다.

② 공해진동의 특징

지표에서 진동의 크기는 일반적으로 지진 진도계의 미진(진도Ⅰ)에서 약진(진도Ⅲ)의 범위로 대개 진동원에서의 전파거리가 100m 이내(대부분 10~20m 정도)이고, 진동의 주파수는 1~90Hz의 범위를 갖는다.

③ 진동원의 특성

진동원의 특성은 진동의 지속시간 및 발생빈도를 의미하는 것으로 지속진동과 일시진동으로 구분할 수 있다.

  ㉠ 지속진동 : 기계진동과 같은 정상진동이나 진동다짐기의 진동과 감이 연속적으로 발생하는 진동

  ㉡ 일시진동 : 일과성 진동으로 폭파나 발파, 지반타격 등으로 인하여 생기는 진동

2) 진동평가의 목적

진동평가를 위한 한계치(limits)나 허용치 또는 등급(level)과 같은 기준을 정하는 주된 목적은 미리 결정된 기준과 측정된 진동치를 비교·검토하여, 기계설비의 상태를 판정하는 자료로 유용하게 이용하고자 함에 있다.

① 대표성 및 평가

기계상태의 동적인 원활함을 대표하고 그 기계의 상태평가에 용이하다.

② 공통기준에서의 진동품질 평가

기계설비의 진동품질을 평가하는 승인시험(acceptances testing)을 공통의 기준에서 수행할 수 있고 공장 시운전 시와 현장설치 후 사용 회전속도에서의 진동치에 대한 한계치와 등급을 표시함으로서 제작자가 사용자에 제품을 인도할 때에도 유용하게 사용된다.

③ 작동 기계의 상태감시 역할 수행

운전 중인 기계들의 상태감시(condition monitoring) 수단으로 양호한 운전상태로부터의 이탈 정도를 표시하고, 기계의 연속운전에 대한 가부판단을 용이하게 한다. 또한 향후 운전지침 표시 및 판단의 지표로 사용이 가능하게 하므로 기계의 분해점검 시기를 결정하는 지표가 된다.

④ 진동 평가규격의 특징

진동의 크기는 기계의 사양, 종류, 형식 및 사용 목적에 따라 각각 다르다. 심지어 동일 도면, 동일 가공기계로 제작하여도 진동크기는 각각 다르게 된다. 따라서 개개의 기계(예 증기터빈, 압축기, 펌프 등)에 따라 별도의 진동한계치가 필요하게 된다. 예를 들어 동일한 펌프에서도 형식이나 구조에 따라 각각 한계치가 다르므로 일괄적으로 규정하기에는 어려움이 따른다. 그러므로 규격의 진동한계치 또는 기준치를 참조하여 각 기계에 대한 정상, 이상의 판별기준을 설정할 필요가 있다.

3) 진동시험방법

① 정현파 시험방법(sinusoidal test)

정현파형은 제품이나 장비 및 소재의 공진주파수를 파악한 후 그 파악된 공진주파수들을 시험하는 것으로 정현파 고정시험과 정현파 소인시험이 있다.

㉠ 정현파 고정시험(sine dwell test) : 일정한 진동수(주로 공진주파수)로 가진하며 주로 내구성 시험에 적용하는 시험방법으로 가진 주파수와 시험(진동)레벨, 시험시간 등은 미리 결정하여 시험에 적용한다.

㉡ 정현파 소인시험(sine sweep test) : 진동수의 상한 및 하한값 사이를 왕복하는 소인, 공진주파수 파악 및 내구시험에 적용하며, 주파수 범위, 시험레벨, 소인속도, 시험시간 등을 미리 결정하여 시험에 적용한다.

② 랜덤 시험방법(random vibration test)

실제 환경과 유사하여 내구성 시험에 많이 사용하며 확률적인 접근이 필요하다. 시험할 때 고려해야 하는 요소가 많고 시험장치의 제어시스템 구성도 까다롭다. 일반적으로 실측값에 근거하여 진동레벨을 설정하는 것을 권장하고 있으며 종류로는 광대역 랜덤 시험방법, 정현 랜덤 시험방법, 협대역 랜덤 시험방법 등이 있다.

㉠ 광대역 랜덤 시험방법(broadband random test) : 시험레벨의 표시방법은 정현파 소인시험과 유사하지만 단위는 대부분의 경우 ±3dB 이하로 유지하고 ±6dB 초과 시 시험을 중지한다.

㉡ 정현 랜덤 시험방법(sine on random(SoR) test) : 엔진, 변속기, 프로펠러, 기타 회전체 등의 주기적인 성분을 일반적인 랜덤진동곡선에 더한 것이다.

㉢ 협대역 랜덤 시험방법(narrowband random on random(RoR) test) : 정현 랜덤 시험방법(SoR test)과 마찬가지로 엔진, 변속기, 프로펠러, 기타 회전체 등에 의한 협대역 랜덤성분을 일반적인 (광대역) 랜덤진동곡선에 더한 것이다.

③ 랜덤 시험방법 수행 시 주의사항

진동레벨은 PSD(Power Spectral Density) 또는 ASD(Acceleration Spectral Density)로 표시되며 진동시험 제어를 위하여 실효값을 계산할 때 반드시 주파수 폭(bandwidth)을 고려해야 한다. 일반적으로 랜덤신호 파형은 가우스(Gaussian) 분포를 가진다고 가정하고 클리핑(clipping)을 하여 특정한 진폭범위 내에 파형이 존재하도록 한다. 주로 $\pm 3\sigma$ 이내로 설정하는 것이 보통이다. 또, 진동수 분해능과 통계적 정확도를 명시해야 하며 진동시험을 위한 제어시스템은 원하는 진동레벨보다 약 12dB 낮은 레벨부터 점차 3dB씩 증가시켜 가면서 원하는 레벨까지 도달하는 과정이 필요하며, 신호의 클리핑 기능, 고정구(fixture)+시험장비(DUT)+진동기(shaker)의 동적 특성에 의하여 보정하는 기능(shaker compensator) 등을 포함한다.

4) 진동시험 규격

① 정현파 고정시험 및 정현파 소인시험에 주로 인용되는 규격

㉠ IEC 60068-2-6 : 정현파 고정시험 및 정현파 소인시험 내용에 대하여 기기별 및 부품별로 시험규격이 명시되어 있고 부품 및 기기에 대한 일반적인 시험방법을 나타낸 규격이다.

㉡ ISO 10055(shipboard vibration)(유사규격 : MIL-STD-167-1, KSBISO 10055) : 선박에 사용되는 기기 및 제품에 대하여 적용하는 규격으로 공진주파수 검색을 위한 소인속도를 2분당 1octave로 하고 각 공진주파수에서 1.5시간 시험한다. 공진이 없는 경우 33Hz에서 2시간 시험하며 진동레벨은 공진주파수에 따라서 다르게 설정한다.

㉢ ISO 16750-3(도로차량 탑재 전기 · 전자 기기에 대한 진동시험) : 주로 전기 · 전자 제품에 대한 규격으로 랜덤 시험조건을 함께 나타내고 있다.

㉣ JIS D 1601(자동차 관련 진동시험방법) : 자동차 업계에서 많은 참고를 하고 있으며 (KSR 1034와 유사, 1991년 제정), 승용차, 버스, 트럭 등 제품이 장착되는 대상과 엔진, 서스펜션, 차체 등 장착되는 부위별로 체계적으로 구성되어 있으나 랜덤시험에 대한 내용이 없어 활용성은 다소 떨어지는 단점이 있다.

② 랜덤 시험방법에 주로 인용되는 규격

㉠ IEC 60068-2-64(광대역 랜덤 진동시험)(유사규격 : KSC 0292) : 진동시험에 대한 일반적인 사항을 기술하였으며, 시험레벨은 IEC 60721 series에서 온도, 습도 및 기계적 환경과 용도에 따라서 인용한다. 한 축당 시험시간은 1, 3, 10, 30, 100, 300(분) 중에서 선택하거나 제품규격에서 선택하며 부품 및 기기에 대한 일반적인 시험방법을 나타낸 규격이다.

㉡ MIL-STD-810F : 각종 차량, 항공기, 선박 등 사용 환경에 따라 적절한 시험방법을 제시하는 것으로, 가장 많이 인용되는 규격이며 대부분 재단식(tailoring)이 필수적이다. 시험시간은 대부분 환경적인 면에서의 생활주기(LCEP)에 의하고 실측 데이터를 이용할 수 있는 경우에는 매우 유용하나 현실적으로는 어려움이 따른다.

㉢ DEF STAN 00-35 : MIL-STD-810F과 같이 재단식(tailoring)이 필수적이지만, 재단식(tailoring)이 보다 명확하게 기술되어 있다.

예를 들어 차륜차량(wheeled vehicle) 또는 트레일러에 장착되는 기기에서는 랜덤 시험 주파수 범위가 20~50Hz에서 이후 500Hz까지이고 정현 소인시험에서의 주파수 범위는 5~500Hz에서 1.5g(peak)이다.

5) 진동시험의 일반적인 사항

① MIL-STD-810F

㉠ 표준 시험조건 : 온도(25±10℃), 상대습도(20~80%), 압력(현장압력)

㉡ 정현파 피크 허용오차 : 전 주파수 영역에서 ±10%

㉢ 미세진동 랜덤시험 : +2.0 ~ -1.0dB

㉣ 큰 진동 랜덤시험 : ±3.0dB(전 주파수 영역), +3.0 ~ -6.0dB(500Hz 이상)

② 위치 정의(DEF STAN) 00-35

　　㉠ 표준시험 조건 : 온도 25±10℃, 상대습도 45~75%, 압력 860~1,060hPa

　　㉡ 시험항목 주변의 시험조건 오차범위 : 온도 ±2℃, 습도 ±5%, 압력 ±5%, 시간 ±5%

　　㉢ 정현파 피크 허용오차 : 500Hz 이하 ±10%, 500Hz 이상 ±20%

　　㉣ 랜덤진동 허용오차 : 500Hz 이하 ±3.0dB, 500Hz 이상 ±6.0dB

　　㉤ RMS 값의 오차범위 : ±1.0dB 또는 ±2.0dB

　　㉥ 깎아내는 범위(clipping range) : 2.5σ 정도의 범위

　　㉦ 시험시간의 오차 : ±2% 또는 1분 이내 중 적은 값을 적용

2 소음 · 진동 자료 평가계획

(1) 소음자료 평가계획

1) 소음 측정목적에 대한 평가계획

소음 측정목적은 크게 두 가지로 분류할 수 있다. 첫째는 현재 상태를 파악하여 각종 관련 법규 및 규제기준에 적합한지를 평가하는 것이며, 둘째는 측정 및 평가한 소음이 법규 및 규제기준으로 초과하여 소음을 저감하거나 소음환경을 개선하여 소음발생원을 제거하여 적합한 환경에서 안락한 생활 및 작업환경을 유지하는 데 그 목적이 있다. 예를 들어, 생활소음의 소음평가계획을 수립한다면 다음 순서에 의거하여 수행한다.

① **정온시설 현황조사**

각종 사업 시행으로 인하여 소음피해가 우려되는 모든 정온시설(진입도로변 포함) 분포현황을 도면(지형 현황을 파악할 수 있도록 평면도 및 단면도)을 사용하여 사전 검토를 한다. 주로 문화재, 종교시설, 주거지역, 조수보호구역, 사육시설(사육두수 등), 관로, 위험물저장시설, 정밀기기 운영시설 등을 포함하여 검토한다.

② **고층 정온시설 현황조사**

6층 이상 고층 정온시설에 대하여 현황을 조사하고, 층별 보정계수에 대한 내용을 참고한다.

③ **생활소음 정온시설별 환경목표 기준 확인**

사업지구 인근의 소음 · 진동에 민감한 시설은 각 시설의 특성을 고려하여 환경목표 기준을 사전 확인 및 검토한다.

④ **소음배출시설의 확인**

정온시설에서 소음을 배출하는 각종 시설현황을 파악하고 「소음진동관리법」 제8조(배출시설의 설치 신고 및 허가 등)의 내용을 참고하여 소음을 평가하고자 하는 대상물에 설치되어 있고, 주변에 설치되어 있는 시설에 대하여 현황을 작성한다.

⑤ **발파 소음 · 진동 현황조사**

사업장 인근에 산재하는 발파 소음 · 진동에 민감한 시설물(사육시설, 문화재, 위험물저장소, 정밀기기 사용 시설 등)의 현황을 조사한다.

⑥ **도로의 교통 소음 · 진동 영향 검토**

소음예측방식으로 소음도를 비교 · 검토하는 방법을 사용하여 구간별 및 시간대(24시간)별 차량의 통행속도와 교통량을 조사하여 소음평가계획 수립에 반영한다.

2) 소음측정 대상에 따른 소음평가계획

① 생활소음

생활소음 대상은 「소음진동관리법」을 기준으로 제시되어 있는 주거지역, 녹지지역, 관리지역 중 취락지구·주거개발진흥 지구 및 관광·휴양개발진흥지구, 자연환경보전지역, 그 밖의 지역에 있는 학교·종합병원·공공도서관을 기준으로 한다.

② 도로교통소음

도로교통소음 대상은 「소음진동관리법」을 기준으로 제시되어 있는 주거지역, 녹지지역, 관리지역 중 취락지구·주거개발진흥지구 및 관광·휴양개발진흥지구, 자연환경보전지역, 학교·병원·공공도서관 및 입소규모 100명 이상의 노인의료복지시설·영유아보육시설의 부지경계선으로부터 50m 이내 지역과 상업지역, 공업지역, 농림지역, 생산관리지역 및 관리지역 중 산업·유통개발진흥지구, 미고시지역으로 한다.

③ 공장소음

공장소음 대상은 「소음진동관리법」을 기준으로 제시되어 있는 도시지역 중 전용주거지역·녹지지역, 관리지역 중 취락지구·주거개발진흥지구 및 관광·휴양개발진흥지구, 자연환경보전지역 중 수산자원보호구역 외의 지역, 도시지역 중 일반주거지역 및 준주거지역, 도시지역 중 녹지지역, 농림지역, 자연환경보전지역 중 수산자원보호구역, 도시지역 중 상업지역·준공업지역, 관리지역 중 산업개발진흥지구, 도시지역 중 일반공업지역 및 전용공업지역으로 한다.

3) 소음측정기준에 따라 소음평가계획의 수립

소음측정기준과 소음규제기준을 함께 검토하여 소음평가 목적 및 대상에 따라 소음평가계획을 수립하도록 한다. 소음측정기준의 조사는 환경부 고시 「소음·진동 공정시험기준」 내용을 참고하여 소음측정기준 내용을 파악하며, 소음관리기준(또는 규제기준)을 함께 참고하여 선정된 소음평가 대상을 기준으로 소음평가계획을 수립한다.

(2) 진동자료 평가계획

1) 진동측정 목적 및 대상에 따른 진동평가계획

공장·건설공사장·도로·철도 등으로부터 발생하는 진동으로 인한 피해를 방지하고 진동을 적정하게 관리하도록 진동평가계획을 수립한다. 진동원을 크게 나누어 보면 공장, 건설공사장, 도로교통 등으로 구분할 수 있으며, 공장진동은 공작기·발동기 등에서, 건설공사장진동은 항타기·천공기 등에서, 도로교통진동에서는 자동차·기차·항공기 등의 교통기관에서의 진동을 대상으로 계획을 수립한다.

① 공장진동 평가계획

공장 및 건설공사장에서 발생하는 환경진동의 특성을 조사·분석하고 매질을 통해 전달되는 진동의 수준을 평가하고, 진동의 저감 및 관리대책을 도출하여 진동발생원 주변지역의 생활환경 개선에 기여하고자 하는 데 그 목적이 있다.

㉠ 진동측정방법의 숙지 : 진동은 진동레벨계와 기록계를 사용하여 측정하는데 소음·진동 공정시험법의 측정조건과 측정기기의 사용·조작방법에 준하여 지표면 수직성분의 진동가속도에 의한 감각보정된 상태의 진동과 감각보정이 안 된 상태의 진동을 측정한다. 측정단위는 현재의 진동단위를 고려하여 dB(V)로 한다.

㉡ 공장진동 현황 파악

  ⓐ 공장의 주된 진동원은 프레스, 절단기, 단조기, 직기, 압축기, 송풍기, 정선기, 발전기, 집진시설, 파쇄시설, 기타 성형시설 등이 있다.

  ⓑ 진동의 전달경로 : 공장 내에 설치된 기계, 즉 산업기계에 의한 진동은 기계에서 발생하는 진동량과 발생원으로부터 수진점까지의 거리감쇠량으로 나눌 수 있다.

  ⓒ 거리감쇠에 따른 수진지점의 진동레벨

$$VL_r = VL_o - 8.7\,\lambda\,(r - r_o) - 20\,n \log\left(\frac{r}{r_o}\right)\,\mathrm{dB}\,(\mathrm{V})$$

  여기서, VL_r : 진동원에서 거리 $r(\mathrm{m})(r > r_o)$ 떨어진 지점의 진동레벨(dB(V))

        VL_o : 거리 $r_o(\mathrm{m})$ 떨어진 지점의 진동레벨(dB(V))

        λ : 지반전파의 감쇠정수$\left(= \dfrac{2\pi\,h\,f}{v_s}\right)$

        h : 지반의 내부 감쇠정수(바위 : 0.01, 모래 : 0.1, 점토 : 0.5)

        f : 진동수

        v_s : 횡파의 전파속도(m/s)

        n : 진동의 파동에 따른 상수(반무한의 자유 표면을 전파하는 실체파 (P파, S파) : 2, 무한체를 전파하는 실체파 : 1, 표면파(R파) : 0.5로 실제로는 0.5를 많이 사용함)

  ⓓ 발생 진동량의 추정 : 공장의 발생 진동량은 일반적으로 설치기계 자체의 진동실측치, 설치기계 사양으로부터의 계산치, 설치기계 제조자로부터 얻은 진동자료, 유사사양이나 상황이 비슷한 기계의 실측치 등으로부터 추정하여 조건부로 사용한다.

  ⓔ 진동거리 감쇠량 파악 : 특수한 경우를 제외하면 진동원으로부터 거리가 멀어지면 진동의 크기가 감소한다. 즉, 거리감쇠정수인 n이 1/2일 때 거리가 두 배로 멀어지면 −3dB(V), n이 1이면 −6dB(V), n이 2일 때 −12dB(V)로 감쇠한다.

  ⓕ 수진점의 진동레벨 계산 : 수진점(진동을 받는 지점)의 거리감쇠량이 진동레벨로 주어지고 있는 경우에는 예측지점의 진동레벨을 앞에 나타낸 방법으로 구하지만 주파수마다의 가속도레벨로 구할 때는 다음과 같이 계산한다.

$$\text{수진점 진동레벨} = \frac{1}{3} \ \text{또는} \ \frac{1}{1} \ \text{밴드 가속레벨} - \text{감각보정치}$$

ⓒ 공장시설별 진동레벨 및 주파수 특성을 파악하고 평가한다.

　　ⓐ 진동레벨의 측정 : 공장시설의 진동레벨은 기계로부터 일정거리를 두고 측정하며 진동가속레벨의 측정값과 비교·분석하여 진동특성을 나타내도록 한다.

　　ⓑ 주파수 특성의 비교·분석 : 공장 기계시설의 주파수 특성은 최대진동을 나타내는 주파수 대역과 방진시설이 없는 부분에서 나타내는 특성들을 측정하고 비교·분석한다.

ⓔ 진동의 거리감쇠 범위의 예측 : 거리에 따른 진동감쇠 수준을 분석하고 거리에 따라 진동이 감소하는 범위를 예측할 수 있도록 한다.

ⓜ 방진시설 및 방진효과에 따른 진동 저감 : 공장기계시설의 방진시설과 방진효과를 측정하여 기존 방진시설의 효과를 분석하고 적절한 방진시설을 통하여 주변환경에 미치는 진동을 저감할 수 있도록 한다.

ⓗ 진동저감대책 : 대규모 공장의 경우 공장진동이 부지경계선 밖으로 전달되는 경우는 거의 없으나 중·소 공장에서는 인근에 주택이나 구조물에 대한 환경대책으로 방진시설 등으로 진동저감대책을 세우도록 한다.

　　ⓐ 진동발생원의 저감대책 : 방진고무, 고무패드, 금속스프링, 공기스프링 등을 설치한다.

　　ⓑ 전파경로의 저감대책 : 방진구를 설치하거나 기계설치 위치선정 시 거리감쇠를 이용하여 전파경로를 차단한다.

　　ⓒ 수진측의 저감대책 : 수진측(진동을 받는 부분)의 주위 구조물 등에 강성 변경, 탄성지지율을 설치한다.

　　ⓓ 사전대책 : 공장 주변에 구조물 건축 시 진동을 고려하여 건축하도록 유도한다.

② 건설공사장 진동 평가계획

건설공사장에서 발생하는 진동은 많은 민원을 야기하고 있으며, 심각한 사회문제로 대두되고 있다. 따라서 보다 효율적이고 체계적인 저감대책이 요구되고 있으며, 건설진동에 대한 보다 합리적이고 효율적인 대책을 수립한다.

㉠ 건설현장의 진동측정기준을 알고 적용한다.

㉡ 측정조건의 파악

　　ⓐ 측정조건의 일반사항 : 진동픽업(pick up)의 설치장소는 옥외 지표를 원칙으로 하고 복잡한 반사나 회절현상이 예상되는 지점은 피해야 한다. 완충물이 없고 충분히 다져서 단단히 굳은 장소로 경사 또는 요철이 없는 장소로 수평면을 충분히 확보할 수 있는 장소로 한다. 또, 수직방향 진동레벨을 측정할 수 있도록 설치하고 온도, 자기, 전기 등의 외부영향을 받지 않는 장소에 설치한다.

　　ⓑ 측정상황의 파악 : 측정진동레벨은 대상 진동원을 가능한 한 최대출력으로 가동시킨 정상상태에서 측정하며 배경진동레벨은 대상 진동원의 가동을 중지한 상태에서 측정한다.

　　ⓒ 측정기기의 조작 : 감각보정회로는 V특성(수직), 동특성은 느림(slow)에 놓고 측정한다.

ⓓ 배경진동의 보정 : 측정진동레벨에 배경진동을 보정하여 대상진동레벨로 할 때 측정진동레벨이 배경진동레벨보다 10dB(V) 이상 크면 배경진동의 영향이 극히 작기 때문에 배경진동의 보정 없이 측정진동레벨을 대상진동레벨로 하고, 측정 진동레벨이 배경진동레벨보다 3~9dB(V) 차이로 크면 배경진동의 영향이 있기 때문에 측정진동레벨에 보정치를 보정하여 대상진동레벨을 구한다.

ⓒ 측정자료의 비교·분석 및 평가 : 대상진동레벨을 생활진동 규제기준의 공사장진동 과 비교하여 판정하고 평가한다.

③ **교통진동 평가계획**

국토가 협소하고 인구밀도가 높은 우리나라는 도로·철도가 거주지를 관통하거나 인접 지역으로 통과하는 경우가 많기 때문에 진동으로 인한 정신적·물리적 피해를 많이 겪고 있다. 따라서 도로·철도 등에 의한 진동 현황과 그 특성을 파악하고 이들 진동이 주민이나 주변환경에 어떠한 영향을 미치는가를 파악함과 동시에 정립된 측정 및 평가 방법 하에 궤도구조, 차량 종류, 선로조건 등을 고려한 진동특성 데이터의 구축과 궤도 구성품의 진동 저감 요건 및 성능기준 정립을 통하여 방진 궤도 및 구성품의 설계방법 및 절차 정립, 기준, 선정 가이드라인을 제시한다.

㉠ 진동측정방법

ⓐ 측정기기의 사용 : 진동레벨계와 기록기를 이용하여 진동레벨을 측정하고 스피드 건을 이용하여 차량 및 철도의 주행속도를 측정한다. 또, 주파수 분석기 및 레벨 프린터를 이용하여 진동의 주파수 특성을 분석한다.

ⓑ 측정내용의 파악 : 측정하고자 하는 지표면 수직진동의 가속도에 주파수별 감각 보정된 진동레벨을 도로 또는 철도에서 그 폭이 2배 거리에서 3개 지점을 동시 에 측정한다. 측정조건 및 측정방법은 「소음·진동 공정시험기준」을 준용한다.

ⓒ 측정장소의 선정

• 도로변 진동 : 지도상에서 개략적으로 산정한 후 조사요원이 현장을 방문하여 자동차 진행방향과 직각으로 외관상 매질의 변화가 심하지 않고 장애물이 많지 않아 측정결과 해석이 용이한 곳으로 한다.

• 철도변 진동 : 지도를 보면서 철도 또는 철도변을 따라가면서 열차 진행방향과 직각으로 비교적 평탄하고 외관상 매질의 변화가 심하지 않고 장애물이 많지 않아 측정결과 해석이 용이한 곳으로 한다.

㉡ 진동 영향의 조사

ⓐ 설문조사 : 도로나 철도 가까이에 거주하는 성인을 대상으로 교통, 매질, 선불, 진동간기, 8답자 등 신농 영향과 관련된 것으로 감진 및 영향 정도를 파악할 수 있도록 한다.

ⓑ 대상지역을 정하고 표본조사를 실시 : 도로나 철도 인접지역으로 하고 철도청의 방음·방진시설 관리카드, 철도용 지도 등을 참고로 하여 가구가 밀집되어 있는 지역을 표본조사 지역으로 선정하여 실시한다.

2) 진동측정기준에 따라 진동평가계획

① 진동측정기준 파악

측정점 및 측정위치의 선정은 진동으로 인한 건축물 피해와 관련한 여러 기준마다 제시하고 있는 진동측정지점 및 위치가 각각 상이하므로, 적용하고자 하는 기준의 내용을 확인한 후 요구하는 조건을 만족하도록 측정점 및 위치를 선정한다. 아래에 측정점 및 측정위치 선정요소를 도식적으로 나타내었다.

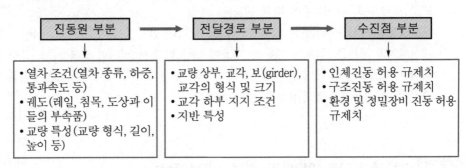

| 측정점 및 측정위치 선정요소의 예시 |

또, 진동은 발생원을 중심으로 거리에 따라 변화하며, 건축물 인접 지반과 기초·지하층·최상층에서의 측정치가 모두 달라지므로 반드시 적용하고자 하는 기준에서 요구하는 조건과 부합되도록 측정위치를 선정한다.

② 생활진동의 규제기준에 따른 진동평가계획

대상지역 \ 시간별	주간 (06:00~22:00)	심야 (22:00~06:00)
주거지역, 녹지지역, 관리지역 중 취락지구 및 관광·휴양개발진흥지구, 자연환경보전지역, 그 밖의 지역 안에 소재한 학교·병원·공공도서관	65dB(V) 이하	60dB(V) 이하
그 밖의 지역	70dB(V) 이하	65dB(V) 이하

③ 공장진동의 규제기준에 따른 진동평가계획

대상지역 \ 시간별	주간 (06:00~22:00)	심야 (22:00~06:00)
주거지역, 녹지지역, 관리지역 중 취락지구 및 관광·휴양개발진흥지구, 자연환경보전지역 중 수산자원보호구역 외의 지역	60dB(V) 이하	55dB(V) 이하
도시지역 중 일반주거지역, 준주거지역, 농림지역, 자연환경보전지역 중 수산자원보호구역	65dB(V) 이하	60dB(V) 이하
도시지역 중 상업지역, 준공업지역, 관리지역 중 산업개발진흥지구	70dB(V) 이하	65dB(V) 이하
도시지역 중 일반공업지역 및 전용공업지역	75dB(V) 이하	70dB(V) 이하

④ 건축공사장 진동의 규제기준에 따른 진동평가계획

건설진동의 경우 생활진동의 기준치가 직접적인 대상이 되고 있는 경우는 매우 드물고 벽면에 크랙이 발생하거나 담벽이 전도되는 등의 직접적인 피해로 인한 경우가 많다. 일반적으로 공사장의 진동규제기준은 주·야간, 작업시간, 건축물의 종류에 따라 다르게 적용한다. 발파 시 지반진동허용기준과 건축물에 대한 진동허용기준을 적용하여 진동평가계획을 수립한다.

⑤ 도로교통진동의 규제기준에 따른 진동평가계획

도로교통진동의 규제기준은 소음·진동 공정시험방법에서 정하는 바에 따른다. 또한 대상지역의 구분은 「국토의 계획 및 이용에 관한 법률」에 의하며 정거장은 적용하지 아니한다. 도로교통 및 철도진동 규제기준에 따라 진동의 영향이 미치는 대상지역을 기준으로 하여 적용하고 진동평가계획을 수립한다.

Section 02 측정자료 평가 및 측정결과서 작성

1 소음측정자료 평가

(1) 소음측정 분석의 기초사항

1) 음장(sound field) 분석

① **근접음장**(near field) : 음원에 바로 인접한 공간

② **자유음장**(free field) : 주위의 반사체에 의한 반사음이 음원으로부터의 직접음에 비해서 무시될 수 있는 공간(음원으로부터 적어도 한 파장 이상 떨어진 공간)

③ **원거리음장**(far field) : 근접음장 밖의 공간

④ **잔향음장**(reverberant field) : 음원에서 너무 멀리 떨어진 곳으로 반사음의 영향을 받는 공간

2) 파형과 주파수 분석

① 소리는 하나의 순음성분으로 구성될 수 있으나 대부분 다른 주파수와 진폭의 여러 가지 음색으로 구성된다.

② 하나의 소리신호는 시간 t의 함수로써 파형으로 표시되거나 주파수 스펙트럼(또는 스펙트로그램)으로 표현한다.

③ 주파수 스펙트럼에서 하나의 선은 특정 주파수에서 소리의 진폭이다.

④ 전형적인 소리와 소음신호

㉠ 반복신호 : 일정시간 후에 신호는 반복되고 주파수 스펙트럼은 하나의 음색을 갖는다. (**예** 기계에서 발생되는 음)

㉡ 랜덤신호 : 임의의 진폭이고 시간에 따라 신호가 반복되지 않음. 주파수 스펙트럼은 넓은 주파수 대역에서 에너지를 갖는다.

㉢ 충격신호 : 넓은 주파수 대역에서 에너지를 갖는다.

⑤ 필터의 형태와 주파수 스케일

    ㉠ 일정 대역폭 필터(constant bandwidth filter)

        ⓐ 필터의 중심 주파수와 독립된 일정한 대역폭을 갖는다.

        ⓑ 주파수축이 선형이므로 축상의 어디에서나 같은 폭을 갖는다.

        ⓒ 회전기계나 구조물 진동 해석, 하모닉 분석 등에 사용한다.

    ㉡ 일정 백분율 대역폭 필터(constant percentage bandwith filter)

        ⓐ 대역폭 주파수와 중심 주파수 간에 일정 비율을 갖는다(중심 주파수가 커질수록 대역폭이 커짐).

        ⓑ 주파수축이 로그 스케일이다.

        ⓒ 음향신호와 같은 광대역 신호의 주파수를 분석한다.

        ⓓ 1/1 옥타브 또는 1/3 옥타브필터를 이용한다.

⑥ 필터의 종류

    ㉠ 저대역 통과필터 : 일정 주파수 이하의 주파수만 통과를 허용한다.

    ㉡ 고대역 통과필터 : 일정 주파수 이상의 주파수만 통과를 허용한다.

    ㉢ 밴드 통과필터 : 일정 대역폭 $B = f_2 - f_1$ 내에 있는 주파수만 통과를 허용한다.

    ㉣ 밴드 제거필터 : 일정 대역폭 $B = f_2 - f_1$ 내에 있는 주파수만 제외하고 통과를 허용한다.

3) 옥타브밴드(octave band)와 옥타브필터(octave bandpass filter) 분석

① 옥타브밴드

    ㉠ 가청주파수 범위는 10개의 옥타브 대역으로 나뉘어져 있고, 각 옥타브의 중심 주파수는 한 옥타브씩 떨어져 있다.

    ㉡ 한 옥타브 대역의 중심 주파수는 전번 옥타브 대역 중심 주파수의 2배이다.

    ㉢ 1Hz에서 시작하여 그 배수가 되는 주파수들을 중심 주파수로 하는 것을 1/1 옥타브밴드라 한다(1, 2, 4, 8, 16, 31.5, 63, 125, 250, 500, 1,000, 2,000, 4,000, 8,000, 16,000, … (Hz)).

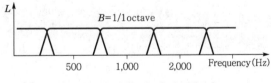

‖ 주파수에 따른 1/1 옥타브밴드 ‖

    ㉣ 정밀한 주파수 분석을 위해 2, 3 또는 그 이상으로 옥타브밴드를 나누어 2, 3 또는 그 이상의 중심 주파수를 갖도록 하는 경우가 있는데, 이를 $\frac{1}{2}$, $\frac{1}{3}$, $\frac{1}{n}$ 옥타브밴드라 한다.

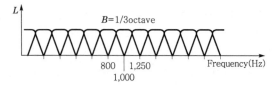

┃ 주파수에 따른 1/3 옥타브밴드 ┃

② 1/1 옥타브 필터와 1/3 옥타브필터

　㉠ 1/1 옥타브필터 : 최저주파수 f_1의 2배 정도인 최고주파수 f_2의 주파수 대역(약 70% 의 중심 주파수 대역폭)

- 최고주파수 $f_2 = 2f_1$, 중심 주파수 $f_o = \sqrt{f_1 \times f_2} = \sqrt{2f_1^2} = \sqrt{2}\,f_1$
- 대역폭 $B = \dfrac{f_2 - f_1}{f_o} = \dfrac{f_1}{\sqrt{2}\,f_1} = \dfrac{1}{\sqrt{2}} = 0.707$

예 중심 주파수 1kHz인 1/1 옥타브필터는 708~1,410Hz 사이의 주파수를 통과

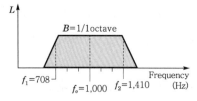

1/1octave
$f_2 = 2 \times f_1$
$B = 0.7 \times f_o \sim 70\%$

┃ 중심 주파수 1kHz의 1/1 옥타브필터 대역폭 ┃

　㉡ 1/3 옥타브필터 : 최저주파수 f_1의 1.25배 정도인 최고주파수 f_2의 주파수 대역(약 23%의 중심 주파수 대역폭)

- 최고주파수 $f_2 = 2^{\frac{1}{3}} f_1$, 중심 주파수 $f_o = \sqrt{f_1 \times f_2} = \sqrt{2^{\frac{1}{3}} f_1^2} = 2^{\frac{1}{6}} f_1$
- 대역폭 $B = \dfrac{f_2 - f_1}{f_o} = \dfrac{2^{\frac{1}{3}} f_1 - f_1}{2^{\frac{1}{6}} f_1} = \dfrac{\left(2^{\frac{1}{3}} - 1\right) f_1}{2^{\frac{1}{6}} f_1} = 0.232$

예 중심 주파수 1kHz인 1/3 옥타브필터는 891~1,120Hz 사이의 주파수를 통과

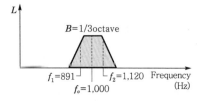 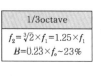

1/3octave
$f_2 = \sqrt[3]{2} \times f_1 = 1.25 \times f_1$
$B = 0.23 \times f_o \sim 23\%$

┃ 중심 주파수 1kHz의 1/3 옥타브필터 대역폭 ┃

(2) 관련 법규나 KS 등 관련 시험규격에 따른 측정·분석자료 평가

환경부 고시 「소음·진동 공정시험기준」에 의거 소음측정대상별로 측정이 올바르게 수행되었는지 확인하고 분석자료를 면밀하게 평가하도록 한다.

1) 환경기준 소음측정방법

① 목적

이 시험기준은 「환경분야 시험검사 등에 관한 법률」 제6조의 규정에 의거 소음을 측정함에 있어서 측정의 정확성 및 통일성을 유지하기 위하여 필요한 제반사항에 대하여 규정함을 목적으로 한다.

② 적용범위

적용범위는 「환경정책기본법」 제12조 제2항에서 정하는 환경기준과 관련된 소음을 측정하기 위한 시험기준으로 규정한다.

③ 분석기기 및 기구

㉠ 사용 소음계 : KS C IEC61672-1에 정한 클래스 2의 소음계 또는 동등 이상의 성능을 가진 것이어야 한다.

㉡ 소음계와 소음도 기록기를 연결하여 측정·기록하는 것을 원칙으로 한다. 소음도 기록기가 없는 경우에는 소음계만으로 측정할 수 있다.

㉢ 소음계 및 소음도 기록기의 전원과 기기의 동작을 점검하고 매회 교정을 실시하여야 한다(소음계의 출력단자와 소음도 기록기의 입력단자 연결).

㉣ 소음계의 레벨레인지 변환기는 측정지점의 소음도를 예비조사한 후 적절하게 고정시켜야 한다.

㉤ 소음계와 소음도 기록기를 연결하여 사용할 경우에는 소음계의 과부하 출력이 소음 기록치에 미치는 영향에 주의하여야 한다.

㉥ 소음계의 청감보정회로는 A특성에 고정하여 측정하여야 한다.

㉦ 소음계의 동특성은 원칙적으로 빠름(fast) 모드로 하여 측정하여야 한다.

④ 시료채취 및 관리

㉠ 측정점은 옥외측정을 원칙으로 하며, 일반지역은 당해 지역의 소음을 대표할 수 있는 장소로 하고, 도로변 지역에서는 소음으로 인하여 문제를 일으킬 우려가 있는 장소를 택하여야 한다. 측정점 선정 시에는 당해 지역 소음평가에 현저한 영향을 미칠 것으로 예상되는 공장 및 사업장, 건설사업장, 비행장, 철도 등의 부지 내는 피해야 한다. 여기서 도로변 지역의 범위는 도로단으로부터 차선수×10m로 하고, 고속도로 또는 자동차전용도로의 경우에는 도로단으로부터 150m 이내의 지역을 말한다.

㉡ 일반지역의 경우에는 가능한 한 측정점 반경 3.5m 이내에 장애물(담, 건물, 기타 반사성 구조물 등)이 없는 지점의 지면 위 1.2~1.5m로 한다.

㉢ 도로변 지역의 경우 장애물이나 주거, 학교, 병원, 상업 등에 활용되는 건물이 있을 때에는 이들 건축물로부터 도로방향으로 1.0m 떨어진 지점의 지면 위 1.2~1.5m 위치로 하며, 건축물이 보도가 없는 도로에 접해 있는 경우에는 도로단에서 측정한다.

다만, 상시 측정용의 경우 측정높이는 주변환경, 통행, 차량대수 등을 고려하여 지면 위 1.2~5.0m 높이로 할 수 있다.

ⓔ 소음계의 마이크로폰은 측정위치에 받침장치(삼각대 등)를 설치하여 측정하는 것을 원칙으로 한다.

ⓜ 손으로 소음계를 잡고 측정할 경우 소음계는 측정자의 몸으로부터 0.5m 이상 떨어져야 한다.

ⓗ 소음계의 마이크로폰은 주소음원 방향으로 향하도록 하여야 한다.

ⓢ 풍속이 2m/s 이상일 때에는 반드시 마이크로폰에 방풍망을 부착하여야 하며, 풍속이 5m/s를 초과할 때에는 측정하여서는 안 된다.

ⓞ 진동이 많은 장소 또는 전자장(대형 전기기계, 고압선 근처 등)의 영향을 받는 곳에서는 적절한 방지책(방진, 차폐 등)을 강구하여야 한다.

ⓩ 측정사항 : 요일별로 소음변동이 적은 평일(월요일부터 금요일 사이)에 당해 지역의 환경소음을 측정하여야 한다.

ⓒ 측정시간 및 측정지점수는 낮시간대(06:00~22:00)에는 당해 지역 소음을 대표할 수 있도록 측정지점수를 충분히 결정하고, 각 측정지점에서 2시간 이상 간격으로 4회 이상 측정하여 산술평균한 값을 측정소음도로 한다.

ⓚ 밤시간대(22:00~06:00)에는 낮시간대에 측정한 측정지점에서 2시간 간격으로 2회 이상 측정하여 산술평균한 값을 측정소음도로 한다.

⑤ 분석절차

ⓒ 측정자료 분석 : 측정자료는 사용된 측정소음계에 따라 분석·정리하며, 소음도의 계산과정에서는 소수점 첫째자리를 유효숫자로 하고, 측정소음도(최종값)는 소수점 첫째자리에서 반올림한다.

ⓛ 디지털 소음 자동분석계를 사용할 경우 : 샘플주기를 1초 이내에서 결정하고 5분 이상 측정하여 자동 연산·기록한 등가소음도를 그 지점의 측정소음도로 한다.

ⓒ 소음도 기록기 또는 소음계만을 사용하여 측정할 경우 : 계기 조정을 위하여 먼저 선정된 측정위치에서 대략적인 소음의 변화 양상을 파악한 후 소음계 지시치의 변화를 눈으로 확인하여 5초 간격 60회 판독·기록하여 등가소음도를 계산한다.

ⓔ 등가소음도의 계산방법 : 소음도 기록기 또는 소음계만을 사용하여 측정할 경우, 5분 이상 측정한 값 중 5분 동안 측정·기록한 기록지상의 값을 5초 간격으로 60회 판독하여 소음측정기록지 표에 기록한다. 기록한 60회의 소음도값을 사용하여 등가소음도(L_{eq})를 구한다.

$$L_{eq} = 10 \log \left\{ \frac{1}{60} \left(10^{0.1 \times L_1} + 10^{0.1 \times L_2} + \cdots + 10^{0.1 \times L_{60}} \right) \right\} \text{dB}$$

여기서, L_{eq} : 5분 등가소음도

$L_1 \sim L_{60}$: 5초 간격으로 측정한 1~60회 소음도

⑥ 결과보고

    ㉠ 평가는 측정자료 분석에서 구한 측정소음도를 소음환경기준과 비교한다.

    ㉡ 측정자료의 기록 : 소음평가를 위한 자료는 환경소음 측정자료 평가표에 의하여 기록하며, 측정값에 대한 증빙자료(수기 제외)를 첨부한다.

2) 교통소음관리기준 측정방법

① 목적

    이 시험기준은 「환경분야 시험검사 등에 관한 법률」 제6조의 규정에 의거 소음을 측정함에 있어서 측정의 정확성 및 통일성을 유지하기 위하여 필요한 제반사항에 대하여 규정함을 목적으로 한다.

② 적용범위

    이 시험기준은 「소음·진동관리법」에서 정하는 소음관리기준 중 교통 소음을 측정하기 위한 시험기준에 대하여 규정한다.

③ 분석기기 및 기구

    ㉠ 사용 소음계 : KS C IEC 61672-1에 정한 클래스 2의 소음계 또는 동등 이상의 성능을 가진 것이어야 한다.

    ㉡ 소음계와 소음도 기록기를 연결하여 측정·기록하는 것을 원칙으로 한다. 소음도 기록기가 없는 경우에는 소음계만으로 측정할 수 있다.

    ㉢ 소음계 및 소음도 기록기의 전원과 기기의 동작을 점검하고 매회 교정을 실시하여야 한다(소음계의 출력단자와 소음도 기록기의 입력단자 연결).

    ㉣ 소음계의 레벨레인지 변환기는 측정지점의 소음도를 예비조사한 후 적절하게 고정시켜야 한다.

    ㉤ 소음계와 소음도 기록기를 연결하여 사용할 경우에는 소음계의 과부하 출력이 소음 기록치에 미치는 영향에 주의하여야 한다.

    ㉥ 소음계의 청감보정회로는 A특성에 고정하여 측정하여야 한다.

    ㉦ 소음계의 동특성은 원칙적으로 빠름(fast)모드를 하여 측정하여야 한다.

④ 시료채취 및 관리

    ㉠ 측정점은 피해가 예상되는 자의 부지경계선 중 소음도가 높을 것으로 예상되는 지점의 지면 위 1.2~1.5m 높이로 한다.

    ㉡ 측정지점에 높이가 1.5m를 초과하는 장애물이 있는 경우에는 장애물로부터 소음원 방향으로 1.0~3.5m 떨어진 지점으로 한다. 다만, 장애물로부터 소음원 방향으로 1.0~3.5m 떨어지기 어려운 경우에는 장애물 상단 직상부로부터 0.3m 이상 떨어진 지점으로 할 수 있다. 또한, 그 장애물이 방음벽이거나 충분한 차음이 예상되는 경우에는 장애물 밖의 1.0~3.5m 떨어진 지점 중 암영대(暗影帶)의 영향이 적은 지점으로 한다.

ⓒ 위의 규정에도 불구하고 피해가 우려되는 곳이 2층 이상의 건물인 경우 등으로서 피해가 우려되는 자의 부지경계선에 비하여 소음도가 더 큰 장소가 있는 경우에는 소음도가 높은 곳에서 소음원 방향으로 창문·출입문 또는 건물벽 밖의 0.5~1.0m 떨어진 지점으로 한다.

ⓡ 소음계의 마이크로폰은 측정위치에 받침장치(삼각대 등)를 설치하여 측정하는 것을 원칙으로 한다.

ⓜ 손으로 소음계를 잡고 측정할 경우 소음계는 측정자의 몸으로부터 0.5m 이상 떨어져야 한다.

ⓑ 소음계의 마이크로폰은 주소음원 방향으로 향하도록 하여야 한다.

ⓢ 풍속이 2m/s 이상일 때에는 반드시 마이크로폰에 방풍망을 부착하여야 하며, 풍속이 5m/s를 초과할 때에는 측정하여서는 안 된다.

ⓞ 진동이 많은 장소 또는 전자장(대형 전기기계, 고압선 근처 등)의 영향을 받는 곳에서는 적절한 방지책(방진, 차폐 등)을 강구하여야 한다.

ⓧ 측정사항 : 요일별로 소음변동이 적은 평일(월요일부터 금요일까지)에 당해 지역의 교통 소음을 측정하여야 한다. 단, 주말 또는 공휴일에 도로통행량이 증가되어 소음 피해가 예상되는 경우에는 주말 및 공휴일에 교통 소음을 측정할 수 있다.

ⓩ 측정시간 및 측정지점수 : 주간 시간대(06:00~22:00) 및 야간 시간대(22:00~06:00) 별로 소음피해가 예상되는 시간대를 포함하여 2개 이상의 측정지점수를 선정하여 4시간 이상 간격으로 2회 이상 측정하여 산술평균한 값을 측정소음도로 한다.

⑤ **분석절차**

㉠ 측정자료 분석 : 측정자료는 사용된 측정소음계에 따라 분석·정리하며, 소음도의 계산과정에서는 소수점 첫째자리를 유효숫자로 하고, 측정소음도(최종값)는 소수점 첫째자리에서 반올림한다.

㉡ 디지털 소음 자동분석계를 사용할 경우 : 샘플주기를 1초 이내에서 결정하고 10분 이상 측정하여 자동 연산·기록한 등가소음도를 그 지점의 측정소음도로 한다.

㉢ 소음도 기록기 또는 소음계만을 사용하여 측정할 경우 : 계기 조정을 위하여 먼저 선정된 측정위치에서 대략적인 소음의 변화 양상을 파악한 후 소음계 지시치의 변화를 눈으로 확인하여 5초 간격 60회 판독·기록하여 등가소음도를 계산한다.

㉣ 등가소음도의 계산은 환경기준 소음도 측정방법과 동일하다.

㉤ 소음연속자동측정기를 사용할 경우 : 샘플주기를 1초 이내에서 결정하고 1시간 이상 측정하여 자동 연산·기록한 등가소음도를 그 지점의 측정소음도로 한다.

⑥ **결과보고**

㉠ 평가 : 앞에서 측정소음도를 도로교통소음의 관리기준과 비교하여 평가한다.

㉡ 측정자료의 기록 : 소음평가를 위한 자료는 도로교통소음 측정자료 평가표에 의하여 기록하며, 측정값에 대한 증빙자료(수기 제외)를 첨부한다.

3) 규제기준 중 동일 건물 내 사업장소음 측정방법

① 목적

이 시험기준은 「환경분야 시험검사 등에 관한 법률」 제6조의 규정에 의거 소음을 측정함에 있어서 측정의 정확성 및 통일성을 유지하기 위하여 필요한 제반사항에 대하여 규정함을 목적으로 한다.

② 적용범위

이 시험기준은 「소음 · 진동관리법」에서 정하는 규제기준 중 동일 건물 내 사업장소음을 측정하기 위한 시험기준에 대하여 규정한다.

③ 분석기기 및 기구

㉠ 사용 소음계 : KS C IEC 61672-1에서 정한 클래스 2 소음계 또는 동등 이상의 성능을 가진 것이어야 한다.

㉡ 소음계와 소음도 기록기를 연결하여 측정 · 기록하는 것을 원칙으로 한다. 소음도 기록기가 없을 경우에는 소음계만으로 측정할 수 있다.

㉢ 소음계 및 소음도 기록기의 전원과 기기의 동작을 점검하고 매회 교정을 실시하여야 한다.

㉣ 소음계의 레벨레인지 변환기는 측정점의 소음도를 예비조사한 후 적절하게 조정하여야 한다.

㉤ 소음계와 소음도 기록기를 연결하여 사용할 경우에는 소음계의 과부하 출력이 소음 기록치에 미치는 영향에 주의하여야 한다.

㉥ 소음도 기록기의 기록속도 등은 소음계의 동특성에 부응하게 조작한다.

㉦ 소음계의 청감보정회로는 A특성에 고정하여 측정하여야 한다.

㉧ 소음계의 동특성은 원칙적으로 빠름(fast) 모드를 하여 측정하여야 한다.

④ 시료채취 및 관리

㉠ 측정점은 피해가 예상되는 실에서 소음도가 높을 것으로 예상되는 지점의 바닥 위 1.2~1.5m 높이로 한다.

㉡ 측정점에 높이가 1.5m를 초과하는 장애물이 있는 경우에 장애물로부터 1.0m 이상 떨어진 지점으로 한다.

㉢ 배경소음도는 측정소음도의 측정점과 동일한 장소에서 측정함을 원칙으로 한다.

㉣ 소음계의 마이크로폰은 측정위치에 받침장치(삼각대 등)를 설치하여 측정하는 것을 원칙으로 한다.

㉤ 손으로 소음계를 잡고 측정할 경우 소음계는 측정자의 몸으로부터 0.5m 이상 떨어져야 한다.

㉥ 소음계의 마이크로폰은 주소음원 방향으로 향하도록 하여야 한다.

㉦ 측정소음도는 대상소음원의 일상적인 사용 상태에서 정상적으로 가동시켜 측정하여야 한다.

ⓞ 측정은 대상 소음 이외의 소음이나 외부소음에 의한 영향을 배제하기 위하여 옥외 및 복도 등으로 통하는 창문과 문을 닫은 상태에서 측정하여야 한다.

ⓩ 배경소음도는 대상소음원을 가동하지 않은 상태에서 측정하여야 한다. 단, 대상소음원의 가동 중지가 어렵다고 인정되는 경우에는 배경소음도 측정 없이 측정소음도를 대상소음도로 할 수 있다.

ⓧ 측정시간 및 측정지점수 : 피해가 예상되는 적절한 측정 시각에 2지점 이상의 측정지점수를 선정하고 각각 2회 이상 측정하여 각 지점에서 산술평균한 소음도 중 가장 높은 소음도를 측정소음도로 한다. 단, 환경이 여의치 않은 경우에는 측정지점수를 줄일 수 있다.

⑤ **분석절차**

㉠ 측정자료 분석 : 측정자료는 사용된 측정소음계에 따라 분석·정리하며, 소음도의 계산과정에서는 소수점 첫째자리를 유효숫자로 하고, 측정소음도(최종값)는 소수점 첫째자리에서 반올림한다. 다만, 측정소음도 측정 시 대상 소음의 발생시간이 5분 이내인 경우에는 그 발생시간 동안 측정·기록한다.

㉡ 디지털 소음 자동분석계를 사용할 경우 : 샘플주기를 1초 이내에서 결정하고 5분 이상 측정하여 자동 연산·기록한 등가소음도를 그 지점의 측정소음도 또는 배경소음도를 정한다.

㉢ 소음도 기록기 또는 소음계만을 사용하여 측정할 경우 : 계기 조정을 위하여 먼저 선정된 측정위치에서 대략적인 소음의 변화 양상을 파악한 후 소음계 지시치의 변화를 눈으로 확인하여 5초 간격 60회 판독·기록하여 등가소음도 및 배경소음도를 정한다.

㉣ 등가소음도의 계산은 환경기준 소음도 측정방법과 동일하다.

㉤ 배경소음 보정 : 측정소음도에 아래 식과 같이 배경소음을 보정하여 대상소음도로 한다. 측정소음도가 배경소음보다 10dB 이상 크면, 배경소음의 영향이 극히 작기 때문에 배경소음의 보정 없이 측정소음도를 대상소음도로 한다. 측정소음도가 배경소음보다 3.0~9.9dB 차이로 크면, 배경소음의 영향이 있기 때문에 측정소음도에 보정표에 의한 보정치를 보정한 후 대상소음도를 구한다.

$$보정치 = -10\log(1 - 10^{-0.1 \times d})$$

여기서, $d =$ 측정소음도 $-$ 배경소음도

㉥ 측정소음도가 배경소음도보다 3dB 미만으로 크면 배경소음이 대상소음보다 크므로 재측정하여 대상소음도를 구하여야 한다.

⑥ **결과보고**

㉠ 평가 : 앞에서 구한 대상소음도를 소수점 첫째자리에서 반올림하고, 동일 건물 내 사업장의 실내소음 규제기준과 비교하여 판정한다.

㉡ 측정자료의 기록 : 소음평가를 위한 자료는 사업장소음 측정자료 평가표에 의하여 기록하며, 측정값에 대한 증빙자료(수기 제외)를 첨부한다.

2 진동측정자료 평가

(1) 공장진동 측정자료 분석 · 평가

① 디지털 진동 자동분석계를 사용할 경우

샘플주기를 1초 이내에서 결정하고 5분 이상 측정하여 자동 연산 · 기록한 80% 범위의 상단치인 L_{10}값을 그 지점의 측정진동레벨 또는 배경진동레벨로 한다.

② 진동레벨기록기를 사용하여 측정할 경우

5분 이상 측정 · 기록하여 기록지상의 지시치에 변동이 없거나 기록지상의 지시치의 변동폭이 5dB 이내일 때에는 구간 내 최대치부터 진동레벨의 크기순으로 10개를 산술평균한 진동레벨을 정하고, 기록지상의 지시치가 불규칙하고 대폭적으로 변하는 경우에는 진동레벨 계산방법에 의한 L_{10}값 방법으로 그 지점의 측정진동레벨 또는 배경진동레벨을 정한다.

③ 진동레벨계만을 사용하여 측정할 경우

계기 조정을 위하여 먼저 선정된 측정위치에서 대략적인 진동의 변화 양상을 파악한 후, 진동레벨계 지시치의 변화를 5초 간격 50회 판독 · 기록하여 진동레벨계의 지시치에 변동이 없을 때에는 그 지시치를 사용하고, 진동레벨계의 지시치의 변화폭이 5dB 이내일 때에는 구간 내 최대치부터 진동레벨의 크기 순으로 10개를 산술평균한 진동레벨을 사용한다. 진동레벨계 지시치가 불규칙하고 대폭적으로 변할 때에는 L_{10} 진동레벨 계산방법에 의한 L_{10}값을 사용하지만, L_{10} 진동레벨을 측정할 수 있는 진동레벨계를 사용할 때는 5분간 측정하여 진동레벨계에 나타난 L_{10}값으로 그 지점의 측정진동레벨 또는 배경진동레벨을 결정한다.

④ 배경진동의 보정

측정진동레벨이 배경진동레벨보다 10dB 이상 크면 배경진동의 영향이 극히 작기 때문에 배경진동의 보정 없이 측정진동레벨을 사용할 수 있다. 하지만, 측정진동레벨이 배경진동레벨보다 3.0~9.9dB 차이일 때는 배경진동의 영향이 있기 때문에 측정진동레벨에 보정표에 의한 보정치를 보정하여 대상진동레벨을 구해야 한다. 다만, 배경진동레벨 측정 시 해당 공장의 공정상 일부 배출시설의 가동중지가 어렵다고 인정되고, 해당 배출시설에서 발생한 진동이 배경진동에 영향을 미친다고 판단될 경우는 배경진동레벨 측정없이 측정진동레벨을 대상진동레벨로 할 수 있다.

⑤ 측정자료의 평가

대상진동레벨을 생활진동 규제기준과 비교하여 평가하고 진동평가를 위한 자료는 공장진동측정자료 평가표에 의하여 기록하며, 측정값에 대한 증빙자료(수기 제외)를 첨부한다.

(2) 건설진동에 대한 측정자료 분석 · 평가

① 디지털 진동 자동분석계를 사용할 경우

샘플주기를 1초 이내에서 결정하고 5분 이상 측정하여 자동 연산 · 기록한 80% 범위의 상단치인 L_{10}값을 그 지점의 측정진동레벨 또는 배경진동레벨로 한다.

② 진동레벨기록기를 사용하여 측정할 경우

5분 이상 측정 · 기록하여 기록지상의 지시치에 변동이 없거나 기록지상의 지시치의 변동폭이 5dB 이내일 때에는 구간 내 최대치부터 진동레벨의 크기순으로 10개를 산술평균한 진동레벨을 정하고, 기록지상의 지시치가 불규칙하고 대폭적으로 변하는 경우에는 진동레벨 계산방법에 의한 L_{10}값 방법으로 그 지점의 측정진동레벨 또는 배경진동레벨을 정한다.

③ 진동레벨계만을 사용하여 측정할 경우

계기 조정을 위하여 먼저 선정된 측정위치에서 대략적인 진동의 변화 양상을 파악한 후, 진동레벨계 지시치의 변화를 5초 간격 50회 판독 · 기록한다. 이때 진동레벨계의 지시치에 변동이 없을 때에는 그 지시치를 사용하고, 진동레벨계의 지시치의 변화폭이 5dB 이내일 때에는 구간 내 최대치부터 진동레벨의 크기순으로 10개를 산술평균한 진동레벨을 사용한다. 진동레벨계 지시치가 불규칙하고 대폭적으로 변할 때에는 L_{10} 진동레벨 계산방법에 의한 L_{10}값을 사용하지만, L_{10} 진동레벨을 측정할 수 있는 진동레벨계를 사용할 때는 5분간 측정하여 진동레벨계에 나타난 L_{10}값으로 그 지점의 측정진동레벨 또는 배경진동레벨을 결정한다.

④ 배경진동의 보정

측정진동레벨이 배경진동레벨보다 10dB 이상 크면 배경진동의 영향이 극히 작기 때문에 배경진동의 보정 없이 측정진동레벨을 사용할 수 있다. 하지만, 측정진동레벨이 배경진동레벨보다 3.0~9.9dB 차이일 때는 배경진동의 영향이 있기 때문에 측정진동레벨에 공장진동 분석절차와 같이 보정치를 보정하여 대상진동레벨을 구해야 한다. 다만, 배경진동레벨 측정 시 해당 공장의 공정상 일부 배출시설의 가동중지가 어렵다고 인정되고, 해당 배출시설에서 발생한 진동이 배경진동에 영향을 미친다고 판단될 경우에는 배경진동레벨 측정 없이 측정진동레벨을 대상진동레벨로 할 수 있다.

⑤ 측정자료의 평가

대상진동레벨을 생활진동 규제기준과 비교하여 평가하고 진동평가를 위한 자료는 공장진동측정자료 평가표에 의하여 기록하며, 측정값에 대한 증빙자료(수기 제외)를 첨부한다.

(3) 도로교통진동에 대한 측정자료 분석·평가

① 디지털 진동 자동분석계를 사용할 경우

샘플주기를 1초 이내에서 결정하고 5분 이상 측정하여 자동 연산·기록한 80% 범위의 상단치인 L_{10}값을 그 지점의 측정진동레벨 또는 배경진동레벨로 한다.

② 진동레벨기록기를 사용하여 측정할 경우

5분 이상 측정·기록하여 기록지상의 지시치에 변동이 없거나 기록지상의 지시치의 변동폭이 5dB 이내일 때에는 구간 내 최대치부터 진동레벨의 크기순으로 10개를 산술평균한 진동레벨을 정하고, 기록지상의 지시치가 불규칙하고 대폭적으로 변하는 경우에는 진동레벨 계산방법에 의한 L_{10}값 방법으로 그 지점의 측정진동레벨 또는 배경진동레벨을 정한다.

③ 진동레벨계만을 사용하여 측정할 경우

계기 조정을 위하여 먼저 선정된 측정위치에서 대략적인 진동의 변화 양상을 파악한 후, 진동레벨계 지시치의 변화를 5초 간격 50회 판독·기록하여 진동레벨계의 지시치에 변동이 없을 때에는 그 지시치를 사용하고, 진동레벨계의 지시치의 변화폭이 5dB 이내일 때에는 구간 내 최대치부터 진동레벨의 크기순으로 10개를 산술평균한 진동레벨을 사용한다. 진동레벨계 지시치가 불규칙하고 대폭적으로 변할 때에는 L_{10} 진동레벨 계산방법에 의한 L_{10}값을 사용하지만, L_{10} 진동레벨을 측정할 수 있는 진동레벨계를 사용할 때는 5분간 측정하여 진동레벨계에 나타난 L_{10}값으로 그 지점의 측정진동레벨 또는 배경진동레벨을 결정한다.

④ 배경진동의 보정

측정진동레벨이 배경진동레벨보다 10dB 이상 크면 배경진동의 영향이 극히 작기 때문에 배경진동의 보정 없이 측정진동레벨을 사용할 수 있다. 하지만, 측정진동레벨이 배경진동레벨보다 3.0~9.9dB 차이일 때는 배경진동의 영향이 있기 때문에 측정진동레벨에 보정표에 의한 보정치를 보정하여 대상진동레벨을 구해야 한다. 다만, 배경진동레벨 측정 시 해당 공장의 공정상 일부 배출시설의 가동중지가 어렵다고 인정되고, 해당 배출시설에서 발생한 진동이 배경진동에 영향을 미친다고 판단될 경우에는 배경진동레벨 측정 없이 측정진동레벨을 대상진동레벨로 할 수 있다.

⑤ 측정자료의 평가

대상진동레벨을 생활진동 규제기준과 비교하여 평가하고 진동평가를 위한 자료는 공장진동측정자료 평가표에 의하여 기록하며, 측정값에 대한 증빙자료(수기 제외)를 첨부한다.

4 현황조사 모니터링

Section 01 영향조사

1 소음·진동의 피해와 영향

(1) 소음·진동 피해

1) 개요

소음·진동은 우리가 원하지 않는 소리나 떨림으로 일상생활에서 느끼는 공해 중 가장 빈번하게 느끼고 있는 것으로 국소 다발적인 특성을 지니고 있다. 따라서 소음·진동은 대기 및 수질오염 등과는 달리 피해당사자에게는 참을 수 없는 고통을 주며, 정신적·심리적 스트레스의 원인이 될 뿐만 아니라 심한 경우 환청과 난청의 원인이 되기도 한다.

2) 소음·진동의 피해분쟁

최근에는 삶의 질과 권리의 향상으로 국민들의 쾌적한 환경에 대한 욕구가 증대하고 산업발달에 의한 환경오염의 심화로 환경피해와 관련한 분쟁이 증가하는 추세이다. 환경피해로 인한 분쟁이 발생한 경우 당사자 간의 대화를 통하여 분쟁을 해결하는 방법과 법원의 재판을 통하여 피해를 구제 받는 방법이 있으나, 당사자 간의 접촉으로는 개인적인 입장 차이 때문에 분쟁을 해결하기가 사실상 곤란하고, 사법부의 재판절차에 의하는 경우는 비용과 시간이 과다하게 소요된다. 따라서 행정기관이 지니고 있는 절차의 신속성과 전문성을 충분히 활용하여 환경분쟁에 적극 개입함으로써 환경피해분쟁을 신속·공정하게 구제하고자 하는 취지로 환경분쟁조정위원회가 설치되어 환경오염으로 인한 국민의 건강 및 재산상의 피해를 행정기관에 의해 신속·공정한 분쟁조정으로 구제할 수 있는 제도가 만들어졌다.

① 환경오염 피해분쟁제도의 특성

환경피해는 사업활동 과정에서 발생되는 오염물질의 영향이 사후에 나타나는 현상으로, 장기간 경과에 따른 원인상황이 변경 또는 소멸 등으로 피해 발생 원인에 대한 확실한 인과관계 규명이 곤란한 경우가 많고 또한 당시의 오염현상에 대한 재현이 불가능한 속성을 지니고 있다. 따라서 이와 같은 환경오염의 속성으로 인하여 환경피해에 대하여 가해자가 부정하는 경우, 전문지식이 부족한 피해자가 인과관계를 입증한다는 것은 사실상 불가능하기 때문에 환경피해의 구제에 있어서는 오염발생과 피해 사이에 인과관계의 개연성만으로도 피해 사실을 인정하게 되는 경우가 많다.

또한 환경피해소송에 있어서 가해자가 배출한 어떤 유해물질이 피해자에게 손해를 발생시킨 경우 가해자측에서 그 무해함을 입증하지 못하는 한 책임을 면할 수 없다고 판시하였고, 「환경정책기본법」에서는 환경피해에 대하여 가해자의 무과실책임을 인정하는 것을 원칙으로 하기 때문에 행정규제기준의 준수만으로는 피해 발생에 대한 책임이 면제되지 않는다는 특징이 있다.

② 환경오염 피해분쟁 분류

분쟁조정의 종류는 알선·조정·재정의 3종류가 있으며 현행법상 지방환경분쟁조정위원회에서는 알선·조정 절차만 수행하고 있고, 중앙환경분쟁조정위원회에서는 알선·조정 외에 주로 재정절차를 수행하고 있다. 이에 따라 지역의 특성과 지방자치단체가 갖는 종합행정의 장점을 최대한 이용하여 단순 경미한 사건 및 소액사건에 대하여는 지방환경분쟁조정위원회가 단기간 내에 효율적으로 신속하게 처리할 수 있는 장점이 있다.

(2) 소음의 영향

1) 소음이 인체에 미치는 영향

① 청력에 대한 영향

  ㉠ 일시적 청력손실

    ⓐ 강력한 소음에 노출되어 생기는 난청

    ⓑ 소음에 노출된 지 2시간 이후부터 발생(하루 작업이 끝날 때 20~30dB의 청력손실 초래)

    ⓒ 청신경세포의 피로현상으로 노출중지 후 12~20시간 내에 대부분 회복

  ㉡ 영구적 청력손실

    ⓐ 하루 작업에서 일어나는 소음의 노출에 충분하게 회복되지 않은 상태에서 계속 소음에 노출되어 회복과 치료가 불가능한 상태

    ⓑ 고음음역, 특히 4,000Hz에서 청력손실이 가장 심함

  ㉢ 소음성 난청

    소음에 의해 발생하는 인체의 물리적 위해요인으로는 소음성 난청을 들 수 있다. 생활 주변에서 발생하는 환경소음의 경우, 간헐적으로 매우 큰 소리가 발생하여 순간적인 가청역치이동(NITTS, Noise Induced Temporary Threshold Shift)이 발생할 수 있으나 이는 짧은 시간 내에 다시 회복이 되며, 매우 큰 소리가 지속적으로 발생하여 영구적인 가청역치이동(NIPTS, Noise Induced Permanent Threshold Shift)이 발생하는 경우는 거의 없다고 할 수 있다. 소음성 난청의 대부분은 시끄러운 공장이나 작업장에서 근무하는 사람에게서 발생한다. 소음성 난청은 하루 동안(8시간, 작업장 소음의 평가기준 시간) 85dB의 소음 혹은 그 이상의 크기를 가지는 소음에 노출될 경우 발병 가능성이 매우 높다.

② 소음성 불쾌감

소음성 불쾌감은 소음으로 인한 심리적·정신적·행동상의 피해를 포함하며, 생리적인 피해의 경우 그 발병 확률이 매우 낮을 뿐만 아니라 소음 외적인 요인들이 너무 많기 때문에 이를 규명하기는 매우 어렵다. 소음성 불쾌감(annoyance)은 소음이 인체에 미치는 영향 중 심리적·정신적 피해의 대표적인 예이다. 단순히 소음으로 인한 시끄러움(noisiness)이나 이로 인한 짜증스러움을 나타내는 것이 아니라, 소음으로 인해서 발생하는 생활활동상의 방해나 업무효율의 저하 등을 모두 포함하는 의미를 가진다.

③ 소음의 발생으로 인한 일차적 반응(primary effect)

놀람, 시끄러움, 대화방해, TV/라디오 청취방해, 독서 등에 대한 방해 등 다양한 형태로 나타나거나 이들의 복합적인 형태로 나타난다. 이러한 현상이 지속되면 심리적 불안이나 스트레스, 집중력 저하 등의 증상(secondary effect) 등이 발견되며, 심할 경우 소화기 계통이나 심장혈, 호르몬 변화, 신경성 쇠약, 심장박동의 변화 등 생리적 변화를 일으키기도 한다.

2) 일상생활에 미치는 영향

① 대화방해

　㉠ 청취방해는 대화, 전화, 텔레비전, 라디오 등의 소음이 은폐되어 발생한다.

　㉡ 대화방해는 말하는 사람은 소음의 수준이 커질 때 자연스레 목소리가 커지고 필요에 따라 큰 소리가 나온다.

　㉢ 대화방해는 대화가 필요한 작업수행에 영향을 주고, 작업으로 인한 스트레스를 증가시킨다.

　㉣ 위험지시를 못 듣게 해서 심각한 재해를 일으킬 가능성이 있다.

② 학습, 작업능률에 미치는 영향

　㉠ 소음은 심리적·생리적 영향뿐만 아니라 작업능률까지도 영향을 미친다.

　㉡ 특정 음이 없고 90dB를 넘지 않는 일정한 소음도는 작업을 방해하지 않는다.

　㉢ 불규칙한 폭발음은 90dB 이하일 때도 때때로 작업을 방해한다.

　㉣ 소음은 총 작업량의 저하보다는 작업의 정밀도를 저하시킨다.

③ 수면방해

　㉠ 수면방해와 각성, 숙면 심도를 저하시킨다.

　㉡ 수면방해가 계속될 때 정신적·육체적 고통을 느낀다.

3) 소음의 인체 위해성 평가

일반적으로 소음의 인체 위해성 평가는 소음성 난청(물리적 위해요인)과 소음성 불쾌감(심리저·정신적 위해요인), 그리고 생리적 위해요인에 대한 평가로 대별될 수 있다. 작업장에서 85dB(A) 정도의 소음에 장기간 노출되었을 때 고혈압을 유발하며 심장혈관에 영향을 줄 수 있다. 그렇지만 일반 주거환경에서 소음의 영향을 규명하기는 작업장에서보다 훨씬 더 어렵다. 도로교통 소음이나 항공기소음 지역에서 낮시간(06:00~22:00) 동안의 등가소음도가 70dB(A)일 때 고혈압이나 심장질환 등을 유발할 수도 있다.

(3) 진동의 영향

1) 인체에 대한 영향

① 심리적인 영향 및 심혈관계 영향

인간에 대한 진동의 영향은 보통 심리적인 것과 생리적인 것으로 구분된다. 심리적으로는 주의력 산만, 짜증 등의 주관적인 것으로 개인차가 크다. 심장 및 혈관계에 대한 영향과 교감신경계에 대한 영향으로 혈압상승, 맥박증가, 발한 등이 있으며 소화기 계통으로는 위장내압의 증가, 복압상승, 내장하수 등의 영향이 있으며 기타 내분비계 반응, 척수와 청각장애, 시각장애 등이 있다.

② 신체 영향

압축공기를 이용한 여러 가지 진동공구를 사용한 근로자들의 손가락에 레이노씨 현상(Raynaud's phenomenon)이 나타났으며 심한 진동을 받으면 뼈, 관절 및 근육, 신경, 인대, 혈관 등 연부조직에 많은 장해가 나타나기도 한다.

③ 생활에 대한 영향

진동의 영향으로 일상생활을 방해받거나 밤잠을 설쳐 정신적으로 불안정하게 되고, 주변이 산만하게 되어 일의 능률도 떨어뜨릴 뿐만 아니라 생활이 무기력해지기도 한다.

2) 기계나 건물에 미치는 영향

지속적인 진동으로 인하여 건물의 균열이 발생하고 기계 등은 마모나 비틀림 등이 생겨 수명이 짧아지고 내진설계 비용이 발생한다.

2 소음·진동 노출시간

소음은 근로자들에게 가장 많이 노출되는 인자인 동시에 가장 많은 직업병을 일으키는 요인이다. 많은 경우 높은 소음에 노출되는 작업자는 이동하면서 다양한 업무를 수행하는 경우가 많기 때문에 근로자의 소음노출은 누적소음노출량(cumulative noise exposure)을 측정한다. 누적소음노출량은 보통 소음노출량(noise expsoure) 또는 간략히 소음량(noise)이라고 하며, 보통 소음노출량계를 이용하여 측정한다. 산업보건분야에서 근로자의 소음노출량을 측정하고 평가하기 위해서는 소음노출량계를 근로자에게 부착한 후 마이크를 귀에서 가까운 곳에 부착하여 6시간 이상 측정하여, 그 결과로부터 8시간 소음노출량으로 환산한 노출량을 산출하여 8시간 노출기준인 100%와 비교하여 기준의 초과 여부를 판단하고 있다. 소음노출량은 작업환경 중의 소음노출기준을 바탕으로 산출된다. 우리나라 고용노동부와 미국의 산업안전보건청(OSHA, Occupational Safety and Health Administration)은 8시간 기준으로 소음기준이 90dB이며 노출시간이 반으로 줄어들 때마다 소음기준은 5dB씩 증가된다. 이와 같은 기준을 보통 '90/5dB 규칙(90/5dB rule)'이라고 한다. 한편 미국 산업위생전문가협의회(ACGIH, American Conference of Governmental Industrial Hygienists)는 8시간 기준으로 소음기준을 85dB로 설정하고 있으며, 노출시간이 반으로 줄어들 때마다 소음기준은 3dB씩 증가된다. 이와 같은 기준을 보통 '85/3dB 규칙(85/3dB rule)'이라고 한다. 현재 국제표준기구(ISO) 및 전 세계의 많은 나라들이 후자인 85/3dB rule을 적용하고 있다.

작업장에서 소음 · 진동에 의한 건강장해 예방 방법은 다음과 같다.

1) 소음작업

① 소음작업의 정의

1일 8시간 작업기준 85dB 이상의 소음발생작업

② 강렬한 소음작업

㉠ 90dB 이상 소음 : 1일 8시간 이상

㉡ 95dB 이상 소음 : 1일 4시간 이상

㉢ 100dB 이상 소음 : 1일 2시간 이상

㉣ 105dB 이상 소음 : 1일 1시간 이상

㉤ 110dB 이상 소음 : 1일 30분 이상

㉥ 115dB 이상 소음 : 1일 15분 이상

③ 충격소음작업

소음이 1초 이상의 간격으로 발생하는 다음과 같은 충격소음작업

㉠ 120dB 초과 소음이 1일 1만회 이상 발생 작업

㉡ 130dB 초과 소음이 1일 1천회 이상 발생 작업

㉢ 140dB 초과 소음이 1일 1백회 이상 발생 작업

④ 청력보존 프로그램

소음성 난청을 예방 · 관리하기 위해 다음 사항이 포함된 종합적인 계획

㉠ 소음노출 평가

㉡ 소음노출기준 초과에 따른 공학적 대책

㉢ 청력보호구의 지급과 착용

㉣ 소음의 유해성과 예방에 관한 교육

㉤ 정기적 청력검사 및 기록 · 관리사항 등

㉥ 청력보존 프로그램 수립 · 시행 대상 사업장

ⓐ 소음의 작업환경 측정결과 소음수준이 90dB을 초과하는 사업장

ⓑ 소음으로 인하여 근로자에게 건강장해가 발생한 사업장

2) 진동작업

착암기, 동력을 이용한 해머, 체인톱, 엔진 커터, 동력을 이용한 연삭기, 임팩트 렌치, 그 밖에 진동으로 인하여 건강장해를 유발할 수 있는 기계 · 기구를 사용하는 작업을 말한다.

3) 진동의 표준지침(Standard guidelines of vibration)

인간에 대한 진동노출에는 두 가지 지침, 즉 ISO(International Organization of Standard) 및 EU 지침(European Directive)이 일반적으로 사용된다. 인간진동 노출에 대한 ISO는 전신진동(WBV)에 사용되는 ISO 2631과 손으로 전송되는 측정에 사용되는 ISO 5349-1의 두 표준으로 나뉜다. 두 ISO 표준 모두에서 측정 및 분석할 수 있는 인간진동 신호에는 수완진동신호(HAV signal), 전신진동신호(WBV signal) 및 저주파수 전신진동신호(low-frequency WBV signals)의 세 가지 유형(three types of human vibration signals)이 있다.

① 수완진동(HAV : Hand Arm Vibration)

수완진동은 국소진동이라고도 한다. HAV는 공구에서 작업자의 손과 팔로 진동이 전달되는 분할된 진동으로 알려져 있다. 생산되는 진동수준은 공구의 크기와 무게, 추진방법 및 공구의 구동 메커니즘에 따라 달라진다. 진동에 노출이 되면 일시적인 감각손상(temporary sensory impairments)이 생겼다가, 회복하는 데 20분 이상이 소요된다. 손-팔 진동(HAV)은 손을 통해 전달되는 기계적인 진동으로 손-팔 계통에만 주로 영향을 미친다. 손-팔 진동은 나무 다듬기(전정기)류(hedge trimmers) 등을 포함한 휴대용 전동 또는 공압 공구로 인해 발생한다.

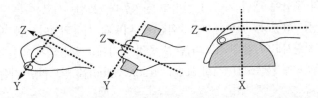

┃ 수완진동(HAV) 측정에 사용되는 좌표계(ISO 5349-1, 2001) ┃

② 전신진동(WBV : Whole-Body Vibration)

전신진동은 착석위치에 있는 인체에 진동을 전달하는 것으로, 앉아서 작업할 때는 엉덩이 또는 등을 통해 전신으로 전달된다. 서서 작업할 때는 발을 통해 전신으로 전달되고, 반듯이 누워 작업할 때는 머리와 등을 통해 전신으로 전달되며, 이는 전신에 영향을 미친다. 전신진동은 자동차 또는 오토바이 등으로 이동할 때와 같이 여가를 즐기는 동안에도 발생할 수 있다. WBV에 대한 0.01~50Hz/h 범위의 진동 주파수는 멀미(motion sickness), 통증(pain), 불편함(discomfort), 구토(vomiting) 및 무감각(numbness to the skin)을 일으킬 수 있다. 신체는 WBV에 지속적으로 노출되어 생리학적 및 병리학적 영향을 받게 된다.

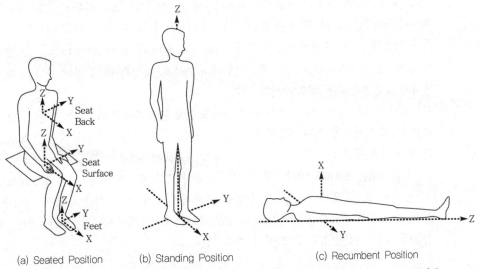

(a) Seated Position　　(b) Standing Position　　(c) Recumbent Position

┃ 인간의 전신진동(WBV) 노출을 측정하는 데 사용되는 좌표계(ISO 2631-1, 1997) ┃

특히 직업 운전자의 경우 요통의 위험이 55~65% 증가하였다. 국소진동은 ISO 기준으로 6.3~1,250Hz 사이의 주파수대 가속도 측정을 기본으로 하고, 전신진동은 0.8~90Hz 사이의 주파수대 가속도를 측정한다.

ISO 표준은 사람의 진동신호에 적용할 수 있는 가중치 필터(weighting filters)를 제공한다. 이러한 가중치 필터는 사용자가 관심을 가지는 방향 구성요소를 분리하고 다양한 유형의 인간 진동노출을 분석하는 데 도움을 줄 수 있다. ISO 2631-1에서는 여섯 가지 가중치가 사용되고 ISO 5349-1에서는 하나만 사용된다. ISO 2631은 건강, 불편, 지각 및 멀미 분석을 위해 서 있는 자세, 앉아 있는 자세 그리고 기대어 선 자세에 사용하는 피험자의 조합에 대한 가중치 필터를 설명한다. 또한, 서로 다른 가중치 필터가 서로 다른 측정 축(전방, 측면, 수직, 회전)에 어떻게 사용되어야 하는지를 설명한다. ISO 2631은 차량사고와 같은 극도의 단일 충격 평가에는 적용되지 않는다는 점도 강조한다. 전신진동의 총 가속도값(total acceleration value)을 얻으려면 다음 공식을 사용한다.

$$a_{bv} = \sqrt{1.4\, a_{wx}^2 + 1.4\, a_{wy}^2 + a_{wz}^2}$$

8시간의 에너지 등가 가속도(8h energy equivalent acceleration)를 나타내는 A(8)을 이용한 전신진동의 평가는 다음과 같은 공식으로 구한다(ISO 5349-1, 2001).

$$[\text{A}(8)] = a_{bv} \sqrt{\frac{T}{T_o}}$$

여기서, T : 진동에 노출된 하루 총시간

T_o : 기준 지속시간 8시간(28,800초)

표준 ISO 5349-1은 수완시스템(level of vibration for the hand-arm system)의 진동 수준을 측정하는 절차를 정의하기 위해 개발되었다. Mansfield는 국제 표준화기구(ISO)가 국소진동(손으로 전송되는 진동)을 평가하기 위한 ISO 5349-1 : 1986의 첫번째 버전을 직접 대체하기 위해 ISO 5349-1 : 2001의 새 버전의 가이드라인을 작성했다고 설명했다. 이 표준에서는 총 진동노출(total vibration exposure)(a_{hv})을 평가하기 위해 세 방향(X-, Y-, Z- 축) 모두에서 가속도 측정을 하는 것이 좋다. 8시간의 에너지 등가가속도는 WBV에서와 같다.

EU 지침 2002/44/EC는 근로자들 간 진동노출에 관한 최소한의 건강 및 안전 요건을 사용자에게 안내하기 위해 개발되었다. EU 지침은 두 가지 유형의 진동에 대한 노출한도 및 조치 값에 중점을 두었다. 수완진동에 대해 표준화된 일일노출한도값은 5.0m/s^{2}이고, 일일노출량값은 2.5m/s^{2}이다. 한편, 전신진동의 경우 일일노출한도값은 1.15m/s^2 및 0.5m/s^{2}로 설정되었다. 수완진동 노출을 통제하기 위해 이 지침은 〈표〉에 나타낸 총 일일노출시간을 기준으로 임계값을 설정했으므로 이를 초과해서는 안 된다. 한편, 전신진동에 대한 지침은 ISO 2631에서 채택되었다.

〈 Xh, Yh, Zh 중 어느 하나의 진동에 대한 손노출 임계값(TLV) 〉

총 일일노출지속시간 (Total Daily Exposure Duration)	표준화된 일일노출시간별 등가가속도의 임계값 (a_{Keq}, m/s^2)
4시간 이상~8시간 미만	4
2시간 이상~4시간 미만	6
1시간 이상~2시간 미만	8
1시간 미만	12

Section 02 발생원 조사

1 발생원의 성상 및 특성

(1) 소음의 발생원과 특성

1) 소음의 발생원인

① 고체음

물체의 진동에 의한 기계적인 원인으로 발생한다(타악기음, 스피커, 기계의 충격음, 마찰음, 타격음 등).

㉠ 일차 고체음 : 기계의 진동이 지반진동을 수반하여 발생하는 소리

㉡ 이차 고체음 : 기계 본체의 진동에 의한 소리

② 기류음

직접적인 공기의 압력변화에 의한 유체역학적인 원인에 의해 발생한다(관악기음, 폭발음, 음성 등).

㉠ 난류음 : 선풍기, 송풍기 등의 소리

㉡ 맥동음 : 압축기, 진동펌프, 엔진의 배기음

2) 공명(resonance)

2개의 진동체(말굽쇠 등)의 고유진동수가 같을 경우 한 쪽을 울리면 다른 쪽도 울리는 현상이다. 진동체의 공명음 주파수를 구하는 식에서 보면 진동체의 길이와 두께가 변화할 경우 기본음의 주파수도 변화된다는 것을 나타낸다. 진동체의 공명주파수 계산식은 다음과 같다.

① 현(絃)의 횡진동 공명주파수 : $f_o = \dfrac{1}{L} \sqrt{\dfrac{S}{\rho}}$ (Hz)

여기서, L : 현의 길이, S : 장력, ρ : 선밀도

② 봉(棒, 막대)의 종(縱)진동 공명주파수 : $f_o = \dfrac{1}{2L} \sqrt{\dfrac{E}{\rho}}$ (Hz)

여기서, L : 막대의 길이, E : Young율, ρ : 막대재료의 밀도

③ 봉(棒)의 횡(橫)진동 공명주파수 : $f_o = \dfrac{k_1 d}{L^2} \sqrt{\dfrac{E}{\rho}}$ (Hz)

여기서, k_1 : 정수, d : 사각형 봉의 한변 또는 원봉의 직경

④ 한 쪽이 막힌 관(예 귀의 외이도)의 공명주파수 : $f_o = \dfrac{c}{4L}$ (Hz)

여기서, c : 공기 중의 음속, L : 관의 길이

$\therefore L = \dfrac{n\lambda}{4}$ $(n = 1, 3, 5, 7 \cdots)$

$\left(\text{기본공명 } L = \dfrac{\lambda}{4}\right)$ $\left(\text{1배 공명 } L = \dfrac{3\lambda}{4}\right)$

┃ 한 쪽이 막힌 관의 공명주파수 ┃

⑤ 양쪽이 열린 관의 공명주파수 : $f_o = \dfrac{c}{2L}$ (Hz), $\therefore L = \dfrac{n\lambda}{2}$ $(n = 1, 2, 3, 4 \cdots)$

$\left(\text{기본공명 } L = \dfrac{\lambda}{2}\right)$ $\left(\text{1배 공명 } L = \lambda\right)$

┃ 양쪽이 열린 관의 공명주파수 ┃

⑥ 주변이 고정된 원판의 공명주파수 : $f_o = k_2 \dfrac{t}{a^2} \sqrt{\dfrac{E}{\rho(1-\sigma^2)}}$ (Hz)

여기서, k_2 : 정수, t : 판의 두께, a : 원판의 반경

σ : 푸아송비(Poisson ratio)-재료가 인장력의 작용에 따라 그 방향으로 늘어
날 때 가로방향 변형도와 세로방향 변형도 사이의 비율

3) 진동에 의한 고체음의 방사

반경이 r(cm)인 진동하는 원판으로부터 거리 L(cm)만큼 떨어진 지점에서 대략적인 SPL

(dB)은 SPL ≒ VAL $+ 20\log\left(\dfrac{r^2}{L}\right) + 50$ (dB)이다.

여기서, VAL $= 20\log\left(\dfrac{a}{10^{-5}}\right)$ (a : 진동판의 가속도 실효치)이다.

또한 진동판의 면적 S(m²)의 음향파워레벨 PWL은 $L \gg r$일 때 다음과 같다.

$$\text{PWL} ≒ \text{SPL} + 10\log S - 20\log\left(\dfrac{r}{L}\right) + 3\text{(dB)}$$

4) 기류에 의한 공기음의 방사

① 개구부로부터 발생하는 방사음

흡입구 또는 토출구에서 방사되는 음의 방사파워는 다음과 같다.

$$W = U^2 R = (v \times S)^2 R(\text{watt})$$

여기서, U : 체적속도($= v \times S$)

v : 진동속도 실효치(m/s^2)

S : 방사면의 면적(m^2)

R : 방사저항

② 개구부의 기류음

개구부에서 공기가 고속으로 분출될 때 발생하는 기류음의 방사파워는 다음과 같다.

$$W = \eta R w^n S(\text{watt})$$

여기서, η : 방사계수, w : 분출속도, n : 음속인 경우 8로 대입한다.

또한 분출음의 주파수 $f = S_t \dfrac{w}{d}$(Hz)이다. 여기서, S_t : Strouhal 지수로 0.1~0.2, d : 개구부의 직경(m)이다.

분출구로부터 분출방향으로 떨어진 거리를 r(m)라 할 때, $r < 4d$는 혼합역으로 고주파 성분이 대부분이고, $5d < r < 10d$는 난류역으로 저주파 성분이 대부분이다.

(2) 진동의 발생원과 특성

1) 인위적인 진동의 발생원인

① 폭발·타격 등에 의한 충격진동

② 산업장의 기계 등에서 발생하는 지속적인 정상진동

③ 충격 및 정상진동이 중첩하는 진동

2) 가진력의 발생

① 충격가진력

중량 W인 물체가 속도 v로 충돌하는 기계가 있을 경우 이로 인해 진동이 발생한다. 이때 충격력을 F, 진동계의 스프링정수를 k, 변위를 δ라 하면,

운동에너지 $E = \dfrac{1}{2}mv^2 = \dfrac{1}{2}\dfrac{W}{g}v^2 = \dfrac{1}{2}F \times \delta$이다. 이 식에서 $\delta = \dfrac{F}{k}$를 대입하면

충격력 $F = v\sqrt{k\dfrac{W}{g}}$가 된다. 즉, 충격력 F는 스프링정수 k 및 중량 W의 제곱근에, 속도 v에 비례한다. 예를 들어 스프링정수 k를 $\dfrac{1}{4}$로 하면 충격력 F는 $\dfrac{1}{2}$로 되므로 완충재를 넣으면 가진력이 저감된다.

② 회전 및 왕복운동에 의한 불평형력

기계에서 발생하는 불평형력은 회전 및 왕복운동에 의한 관성력 및 모멘트에 의해 발생한다. 회전운동에 의해 발생하는 관성력은 원심력과 같은 $F = ma = mr\omega^2$으로 나타낸다. 여기서 m은 질량, r은 반지름, ω는 각속도이다. 기계가 1회전 할 때마다 1주기로 발생하는 가진력이 x방향 및 y방향에 발생하는데 이 균형을 잡기 위해서 질량 m의 반대측에 동일 질량을 부착하면 원심력이 상쇄되는데 이를 정적평형이라 한다.

3) 방진대책

① 발생원 대책

㉠ 가진력 감쇠

㉡ 불평형력의 균형

㉢ 기초중량의 부가 및 경감

㉣ 탄성지지

㉤ 동적 흡진

② 전파경로 대책

㉠ 진동원과 거리를 두어 거리감쇠를 크게 함

㉡ 수진점 주변에 방진구를 설치함

③ 수진측 대책

㉠ 수진측의 탄성지지

㉡ 수진측의 강성(剛性) 변경

2 발생원별 종류(유형) 및 분석

(1) 소음발생원

소음의 발생원에는 공장에서 발생하는 소음, 건설작업 현장에서 발생하는 소음, 자동차, 기차, 지하철, 항공기 등의 교통 소음, 확성기나 휴대전화 벨소리, 악기, TV, 시장, 아파트의 층간소음 등에서 나는 생활소음으로 나눌 수 있고, 소음을 발생원인으로 나누면 기계진동으로 생기는 소음, 연소 등과 같이 기계진동 없이 생기는 소음, 사람의 회화 및 자연음과 같은 기타 소음으로 나누어진다.

① 교통소음

㉠ 자동차에 의한 도로교통소음 : 차량대수의 증가와 함께 자동차 엔진 및 구조 자체에도 있을 수 있다. 과속 등의 주행상태, 정비불량, 과적대, 타이어의 종류와 형태, 도로구조 등 복합적인 원인에서 비롯된다. 자동차 자체의 소음발생원인은 엔진, 흡배기, 냉각용 날개, 크락손, 문 개폐 시의 소리 그리고 주행소음이 있다. 특히 배기는 고압가스를 폭발적으로 배출하기 때문에 소음이 커서 소음기 설치를 의무화하고 있으며 소음기 설치로 약 20dB(A) 이상의 소음을 감쇠시킨다. 타이어 소음은 자동차 주행이 70km/h 이상이 될 경우 문제가 된다.

ⓛ 궤도소음(기차, 전철, 지하철 등 궤도 차륜에 관계되는 소음) : 차륜의 주행음, 경적, 건널목 경보음 그리고 역 구내방송 등이 있다. 특히 주행음은 차체나 차륜과 레일의 마찰, 레일의 연결부위에 의한 충격, 철교의 진동 등에서 발생한다. 철도의 주행소음은 레일로부터 100m 떨어진 거리에서 85~90dB(A) 정도이고, 레일의 연결부분을 통과할 때는 5dB(A) 정도가 커진다. 또한 열차의 속도가 2배로 증가될 경우 소음은 약 9dB(A) 증가되는 것으로 알려져 있다.

ⓒ 항공기소음 : 제트비행기의 경우 금속성의 높은 주파수 음을 포함하고 있고 간헐적이고 충격적이다. 고도가 높은 곳에서 소음이 발생하기 때문에 피해면적이 대단히 넓다. 항공기 비행 시 발생하는 소음은 항공기 엔진에서 발생하는 소음과 고속으로 비행할 때 기체에 의한 소음으로 제트엔진소음, 회전날개소음, 기체분사소음 등이 있다. 항공기가 지상운전을 하고 있을 때 엔진으로부터 100m 떨어진 지점에서 터보엔진을 부착한 경우 약 140dB(A) 정도의 소음이 발생된다고 한다.

② **공장 및 건설 소음**

ⓐ 공장소음 : 각종 기계에서 발생하는 소음으로 공장 및 사업장에 설치된 기계, 기구는 송풍기, 공기압축기, 가스터빈 발전기, 내연기관, 볼밀, 호퍼슈트, 펌프 등이 있으며 이는 교통 소음과 같이 이동성 소음이 아닌 일정한 장소에 고정되어 있는 상태이기 때문에 소음발생시간이 지속적이고 시간에 따른 변화가 없어서 흔히 습관성 소음으로 그 지역에 당연히 있어야 할 소음처럼 간주되는 경향이 있다.

ⓑ 건설소음 : 건설공사에 사용되는 기계류의 엔진소음, 기계화 공사용 재료의 마찰, 충격음, 각종 타격 및 파괴음 그리고 굴착음 등이다. 이들 건설소음은 일시적이며 비교적 단시간에 발생한다. 또한 장소가 특정되어 있다. 건설공사장 부근의 주민은 소음뿐만 아니라 진동, 먼지, 지반침하, 가스누설 등의 피해를 동시에 받는 경향이 짙다. 건설소음은 대단히 커서 기계로부터 30m 떨어진 곳에서도 파일해머는 90dB(A), 콤프레서는 80dB(A) 이상이 되기도 한다.

③ **생활환경소음**

유형별로 보면 실내·외에 설치되어 있는 확성기소음, 소규모 공장 및 사업장의 소음, 피아노와 같은 반복성 악기소음, 아파트의 층간소음 등 반복성 소음, 즉 고정 소음원이 주를 이루고 있고 이동성 소음원으로는 주변의 자동차, 이동 행상에서 발생하는 소음 등 여러 가지 소음이 복합적으로 발생된다. 이러한 생활환경소음의 규제대상은 다음과 같다.

ⓐ 확성기에 의한 소음

ⓑ 공장 및 사업장의 작업소음

ⓒ 층간소음을 포함한 심야의 계속적·반복적인 소음

(2) 진동발생원

공해진동을 크게 나누면 공장진동, 건설작업진동, 교통진동(자동차, 철도 등)으로 분류된다. 이들 진동원에 대한 진정건수의 비율은 대체로 공장진동에 의한 것이 40~60%로 가장 많고, 다음으로 건설작업진동이 20~30%, 자동차 등의 교통진동이 10~20%, 철도진동이 5~10% 순으로 나타나고 있다.

① 교통진동

자동차에 의한 교통진동은 차체에서의 가진동이 타이어를 통해서 지면으로 전달되어 도로가 강제진동하는 것이므로 가진력의 크기나 특성, 노면이나 지반의 상태에 따라서 영향을 받고, 그 중에서도 도로구조가 미치는 영향이 크다고 알려져 있다. 진동의 발생원은 주로 덤프차, 대형트럭, 버스 등의 중량차이다. 간선도로의 도로 끝에서 진동레벨은 약 55±15dB(V), 10m 떨어진 지점에서 50±15dB(V), 20m까지가 45±15dB(V) 정도로 나타난다. 철도진동은 주행속도가 커질수록 진동레벨은 커지는데 주행속도 150km/h에서 진동레벨은 약 70dB(V)을 초과한다.

② 공장진동

공장에서 사용하는 진동발생기는 단조기, 주형조형기, chipper, 콘크리트블럭머신 등이 있다. 이 중에서도 단조기의 진동은 압도적으로 커서 5m 떨어진 거리에서 진동레벨은 평균 81dB(V)까지 이른다.

③ 건설작업진동

건설작업 시 주된 진동발생원은 디젤파일해머, 드롭해머, 진동파일해머 등이 있고 이 기계들의 평균 진동레벨은 5m 떨어진 거리에서 약 80±4dB(V), 10m에서 약 74±4dB(V) 정도이다. 또한 간과할 수 없는 것이 폭약 사용에 따른 진동을 들 수 있다. 폭발 시 다이너마이트(나이트로글리세린)를 폭약으로 사용할 경우의 진동을 1로 했을 때 함수폭약(아세트산암모늄)은 $\frac{7}{10}$, Urbanite(나이트로글리세린) $\frac{1}{7} \sim \frac{1}{3}$, 저폭파쇄약(금속 및 금속산화물) $\frac{1}{10}$ 정도이다.

3 실내음의 음향특성

(1) 실내음의 음향조건(콘서트홀, 종교시설 등)

① 풍부한 음량(loudness)
② 적절한 잔향감(reverberance)
③ 양호한 확산감(공간감, spaciousness)
④ 섬세하게 들리는 작은 음
⑤ 음향장해 현상이 없을 것

(2) 실내 음향의 기본사항

① 직접음(direct sound)

정면에서 발산되고 제일 먼저 도달되는 음으로 음상의 위치와 음질이 표현되어 음량에 영향을 미친다.

② 초기 반사음(early reflection)

직접음 이후의 50ms 전후까지 도달한 반사음으로 직접음을 보강하고 명료도를 강조하며 확산감에 영향을 준다.

③ 잔향음(reverberation)

초기 반사음 이후에 도착하는 반사음으로 모든 방향에서 도래하는 약 50ms 이후의 반사음이며 명료도를 저하시킨다.

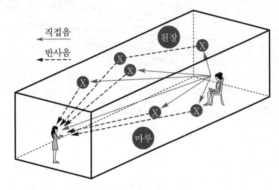

‖ 실내 음향 개념도 ‖

④ 잔향시간(reverberation time, T)

실내에서 음원을 끈 순간부터 음압레벨이 60dB로 감쇠할 때까지 소요되는 시간을 말하며 일반적으로 기록지의 레벨감쇠곡선의 폭이 25dB(최소 15dB) 이상일 때 이를 계산한다. 잔향시간 T를 구하는 식은 Sabine의 식으로 실내 체적에 비례하고 총흡음력에 반비례한다.

$$T = \frac{0.161\,V}{A} = \frac{0.161\,V}{\overline{\alpha}\,S}(\text{s})$$

여기서, V : 실내의 체적(m^3)

A : 실내의 총흡음력(m^2)

$\quad$ ($A = \overline{\alpha}\,S$, $\overline{\alpha}$: 평균흡음률, S : 실내 내부의 전표면적(m^2))

⑤ 음의 주파수에 따른 실내의 용도별 권장 잔향시간

그림에서 보면 콘서트홀과 같은 음악을 연구하는 장소에서는 지휘자의 음악이 충분히 반향될 수 있도록 잔향시간을 길게 하고, 종교시설에서 설교를 명료하게 들을 수 있도록 하려면 잔향시간을 짧게 해야 한다.

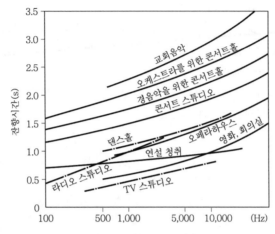

❚ 양질의 음향특성 확보를 위한 권장 잔향시간 ❚

⑥ 잔향실

실내의 한 지점에서 입사하는 음의 에너지가 모든 방향에 대해서 같고 균일한 확산음장에 대해 실내의 모든 표면에서 흡음률이 0(100% 반사)에 가깝게 만들어진 실이 잔향실이다.

⑦ 무향실(anechoic chamber)

실내의 공중의 한 지점에서 방출된 음이 모든 방향으로 역제곱법칙에 따라 자유롭게 확산되는 음장을 자유음장이라 하는데 이와 같은 조건을 만족할 수 있도록 만들어진 실을 무향실이라 한다. 즉, 실내의 모든 표면에서 입사음의 거의 100%가 흡수되도록 만들어진 장소이다.

(3) 실내음의 음향특성

실내음은 벽이나 창, 덕트 등을 통해서 침입하는 외부소음과 실내활동에서 발생되는 내부소음으로 생각할 수 있다. 이러한 소음에 의해 회화방해와 불쾌감이 야기된다. 따라서 실내소음은 사무실이나 회의실 등 비교적 변동이 많지 않은 광대역소음이 주된 대상이 되며 그 평가척도는 소음레벨(SL, Sound Level), 회화방해레벨(SIL, Speech Interference Level), NC(Noise Criterio) 곡선이 있다.

1 전파경로 형태 및 특성

(1) 음의 방사효율과 지향성

음이 나가는 방사면이 작아지면 출력은 급격히 감소한다. 특히 면의 크기가 음의 파장에 비하여 작으면 출력 저하가 격심해진다. 방사면이 파장과 같거나 그 이상이 되면 각 지점에서 발생하는 음이 서로 간섭하여 지향성을 갖게 된다. 다음 그림은 원형 피스톤의 지향성을 나타낸 것이다. 원판에서도 같은 지향성을 보이는데 개구부에서 음이 발생하는 경우는 급격히 넓혀져도 유효한 방사면은 넓어지지 않는다.

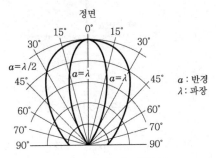

‖ 원형 피스톤 발생 음의 지향성 ‖

1) 지향계수(directivity factor, Q)

특정 방향에 대한 음의 지향도를 나타내는 것으로, 예를 들어 스피커에서 나오는 소리는 스피커 앞쪽이 뒤쪽보다 소리가 큰 것과 같이 특정 방향에 대한 음의 지향도를 나타낸 것을 지향계수라고 한다. 음원에서 반경 r(m)만큼 떨어진 구의 표면 여러 지점에서 측정한 음압레벨의 평균값을 $\overline{SPL}$, 또한 같은 거리에서 어떤 특정 방향의 음압레벨을 SPL_θ라고 할 때 지향계수는 $Q = \log^{-1}\left(\dfrac{SPL_\theta - \overline{SPL}}{10}\right)$ 이다.

2) 지향지수(Directivity Index, DI)

지향계수 Q를 dB 단위로 나타낸 것이다.

$$DI = SPL_\theta - \overline{SPL}\,(dB)\ \ 또는\ \ DI = 10\log Q(dB)$$

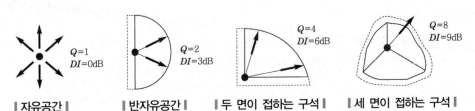

| ‖ 자유공간 ‖ | ‖ 반자유공간 ‖ | ‖ 두 면이 접하는 구석 ‖ | ‖ 세 면이 접하는 구석 ‖ |

(2) 음의 반사 및 투과

음이 전파되어 가는 도중에 방음벽 등의 장해물이 있을 경우 음파의 일부는 반사하고, 일부는 통과(투과)한다. 반사에 대해서는 먼저 장해물이 음파에 접하고 있는 면의 매끄러움이나 크기에 따라 모양이 다르게 된다. 음파는 그 파장에 비하여 요철의 정도가 작은 면(매끄러운 면)에서는 빛이 쬐일 때와 같은 반사(정반사)를 하고, 요철이 파장의 정도 이상이 되면 난반사를 한다. 또 장해물의 크기가 파장에 비하여 작다면 반사는 적고 통과하는 음이 많아지게 된다. 음의 반사는 공기 중에 전파되어져 온 음파가 벽이나 방음벽 등의 표면에 부딪쳤을 경우는 물론이고 액체의 표면에 부딪쳤을 경우에도 일어나며 기체 중에서도 밀도가 급격히 달라지는 경계면에서 일어난다.

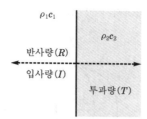

∥ 음의 반사와 투과 ∥

이 경우 $\dfrac{R}{I}$ = 반사율, $\dfrac{T}{I}$ = 투과율이라 한다. 여기서, $\rho_1 c_1$의 고유음향임피던스를 갖는 매질을 통과해 온 음파가 $\rho_2 c_2$인 고유음향임피던스를 갖는 매질과 경계면에 수직으로 입사하였다면 다음과 같다.

$$\bullet \text{ 반사율 } \alpha_r = \frac{R}{I} = \left(\frac{\rho_1 c_1 - \rho_2 c_2}{\rho_1 c_1 + \rho_2 c_2} \right)^2$$

$$\bullet \text{ 투과율 } \tau = \frac{T}{I} = \frac{4\,\rho_1 c_1 \cdot \rho_2 c_2}{(\rho_1 c_1 + \rho_2 c_2)^2}$$

투과손실(transmission loss), $TL = 10 \log \left(\dfrac{1}{\tau} \right)$로 구해진다. 이와 같이 음의 반사율이나 투과율은 입사하는 음의 세기와는 관계없이 매질의 상태에 따라 결정된다.

(3) 음의 굴절과 회절

1) 매질 경계면에서 음의 굴절

음속의 차이가 있는 두 매질로 음이 진행하는 경우 투과한 음의 진행방향은 Snell의 법칙에 의해 입사한 음의 방향과 다른 각도와 음속으로 진행한다.

2) 온도차에 의한 음의 굴절

공기 중에서 음의 속도는 기온에 따라 달라지기 때문에 기온차가 있는 경우에는 공기 중에서도 음은 굴절한다. 예를 들면, 아침이나 저녁에 따라 음의 굴절방향이 다른데 지표에 가까운 부분과 상공에서 어느 정도의 기온차가 생겨 완만한 굴절을 하면서 전파한다.

3) 바람에 의한 음의 굴절

강한 바람이 불고 있는 경우 음은 외관상의 속도에 영향을 미치기 때문에 지상에 비하여 상공에서 풍속이 클 때에는 음이 굴절하면서 전파된다.

4) 음의 회절

소리는 보통 한 방향으로 진행하지만 진행 도중 음을 차단하는 것이 있으면 차단된 부분의 뒤쪽에는 음영이 생긴다. 그러나 그 부분에도 다소 약한 음이 회절되는데 이러한 현상을 '음의 회절'이라고 한다. 회절의 정도는 구멍의 크기나 방음벽의 높이와 음의 파장의 상대적인 대소에 따라 달라 파장이 상대적으로 적을수록 회절의 정도는 적어진다. 다시 말하자면 장해물의 길이에 비하여 파장이 적을수록 뚜렷한 음파의 그림자가 장해물의 후방에 생기게 된다.

(4) 음의 간섭

서로 다른 파동 사이의 상호작용으로 나타나는 현상으로 두 가지 이상의 같은 성질을 지닌 파동이 동시에 어느 한 점을 통과할 때 그 점에서의 진폭은 각각의 파동 진폭을 합한 것과 같은데 이를 '중첩의 원리'라고 한다. 이 경우 여러 파동이 마루는 마루끼리, 골은 골끼리 만나면서 엇갈려 지나갈 때, 그 합성파의 진폭은 각각의 진폭보다 커지는 것을 보강간섭, 작게 되는 것을 소멸간섭이라고 한다. 또한 주파수가 약간 다른 두 개의 음원으로부터 나오는 음은 어느 순간에는 큰 소리가 들리고 다음 순간에는 조용한 소리가 들리는 보강간섭과 소멸간섭이 교대로 이루어지는 현상을 나타내는데 이를 '맥놀이'라고 한다. 맥놀이 수는 두 음원의 주파수 차이와 같으며 이를 '비트(beat)'라고도 한다.

(5) 마스킹(masking)

마스킹은 음폐작용으로 어떤 소리에 의해 다른 소리가 파묻혀 들리지 않는 현상이다. 여기서 두 음 중에 더 강한 큰 소리(방해음)를 마스커(masker), 파묻히는 작은 소리(목적음)를 마스키(maskee)라고 한다. 이때 방해음 때문에 목적음의 최소가청한계(청음한계, audible threshold)가 높아진다.

2 전파경로 유형 및 분석

(1) 물리적 전파경로

음원에서 발생된 음파는 공기의 종파로 전파되며, 공기(전달매질)를 매질로 하여 넓게 퍼져 가는 성질이 있다. 음의 에너지 밀도는 음파의 확산에 의하여 음원으로부터 거리가 멀어짐에 따라 감쇠되는데, 이 성질은 음원의 형상에 따라 달라지므로 음원의 종류별로 전파경로를 파악한다. 음원에는 점음원, 선음원, 면음원의 3종류가 있으며, 음원 각각의 형상에 따라 전파방법이 달라지므로 다음 음원의 종류별로 전파경로를 파악한다.

① **점음원** : 사람의 목소리, 사이렌 소리 등

② **선음원** : 도로소음, 철도소음 등

③ **면음원** : 공장의 외벽 등

(2) 구조적 전파경로

① **충격 전파경로**

충격은 기계의 가장 두드러진 소음원 중의 하나이며, 이러한 충격소음에서 가장 중요한 매개변수는 충격체의 크기 및 속도와 충격의 지속시간이다. 일반적인 충격소음의 주파수 분석을 해보면 충격 지속시간이 짧기 때문에 고주파가 지배적인 광음역 소음임을 알 수 있다. 주기적 충격은 주기적 소음을 유발하며 피스톤과 밸브의 작용에서 소음이 발생되는 전파경로를 파악한다.

② **롤링(rolling) 전파경로**

회전기계에서 빼놓을 수 없는 베어링과 같은 요소와 컨베이어 장치, 레일 등에서는 롤링에 의한 소음이 발생한다. 이러한 소음은 접촉부의 거칠기 또는 불균형의 결과인 롤링소음 주파수의 전파경로를 파악한다.

③ **관성 전파경로**

물체의 가속은 충격, 구름, 마찰 또는 진동 등에 의한 소음을 유발하며, 관성에너지는 진동체 또는 불평형, 회전부품에 의해 발생된다. 왕복동 압축기에서와 같은 크랭크 구조에서의 관성에너지는 다중 주파수가 있는 기계구조 부품의 진동을 유발할 수 있고, 구름 베어링이 관성에너지를 수반하는 경우에는 롤링소음의 전파경로를 파악한다.

④ **마찰 전파경로**

마찰로 인해 슬립 현상이 발생하는 요소는 잠재적 소음의 원인이 되며, 여기서 발생하는 에너지의 변화는 구조의 공명을 유발한다. 이러한 마찰소음은 재질의 선택, 표면가칠기 및 윤활에 의해 상당한 영향을 받는 것을 이의하여 전파경로를 파악한다.

⑤ **자계 전파경로**

자계는 회전 구동에너지를 발생시키는 전기모터 등에 이용된다. 구동모터의 베어링 및 정지 부품에서 에너지를 변화시키는 1회전 동안 발생되는 변화의 불균형 때문에 진동이 유발되는 전파경로를 파악한다.

(3) 음향학적 전파경로

개별적인 소음원을 가진 기계의 소음반응은 기계의 음향학적 모델을 시각적으로 나타낼 수 있다. 이러한 모델링을 하기 위해서는 먼저 기계를 능동소음과 수동소음의 구성요소로 구분한다. 능동소음은 기계의 요소 중 소음발생의 직접적인 요소들로 구성되어 있으며, 수동소음원의 경우는 직접적인 소음발생 요인은 없지만 능동소음원으로부터 전달된 소음 및 진동을 공기 중으로 방사시키는 역할을 하는 요소들을 파악한다.

┃음향학적 구성요소┃

① 음향학적 구성요소의 분석

능동 및 수동소음의 구성요소는 공기전파, 액체전파, 구조물을 통한 전파소음의 발생, 전달 및 방사 등이며, 세 가지 유형의 소음 구성요소를 다음과 같이 분석한다.

㉠ 소음원, 전달경로 및 방사표면을 식별하여 확인 : 어떠한 경로를 따라 소음이 전파될 수 있는지 구조물, 공기, 액체 등의 전파경로를 개별적인 능동 구성요소로부터 가능한 공기전파, 음향방사를 고려하여 기계의 음향방사 표면을 식별하여 확인한다.

㉡ 전달경로와 함께 가장 중요한 소음원이 식별된 경우에는 전달과정의 매개변수를 분석한다.

㉢ 주 소음발생요소를 규명하고 음원을 조사하여 밝혀낸 후에 전달경로 및 방사표면을 확인하고, 주 소음원의 식별은 실험에 의한 소음측정결과를 분석한다.

② 음향학적 전파경로의 파악

㉠ 기계요소는 능동 및 수동소음 구성요소로 구분한다.

㉡ 공기전파, 액체전파, 구조물전파 소음원의 위치를 확인한다.

㉢ 공기전파, 액체전파, 구조물전파 음향경로를 알아낸다.

㉣ 음향방사 표면의 위치를 확인한다.

㉤ 가장 강력한 소음유발요소(음원, 전달경로, 방사표면)를 파악한다.

3 소음·진동 감쇠요인

(1) 소음원 형태에 따른 감쇠요인

1) 거리감쇠

① 점음원인 경우

음원의 파워레벨(PWL)과 음원에서 거리 r만큼 떨어진 지점의 음압레벨(SPL)이다.

$$SPL = PWL - 20 \log r - P_2$$

여기서, P_2는 자유공간에서 11, 반자유공간에서 8이다.

수음점을 r_1 지점에서 r_2 지점$(r_1 < r_2)$으로 이동하였을 때, SPL이 얼마만큼 적어지는 가를 구하려면 위의 식에 r_1, r_2를 대입하여 그 차를 구하면 된다.

$$\mathrm{SPL}_{r_1} - \mathrm{SPL}_{r_2} = 20 \log \frac{r_2}{r_1}$$

이것을 r_1, r_2 간의 거리감쇠라고 한다.

예를 들어, $r_2 = 2r_1$일 때 음의 세기는 $\dfrac{I_2}{I_1} = \dfrac{4\pi r_1^2}{4\pi r_2^2} = \left(\dfrac{r_1}{r_2}\right)^2$의 관계로부터 $\dfrac{1}{4}$로 감쇠

되지만 dB 표시에서는 $20 \log 2 = 6\mathrm{dB}$의 감쇠로 나타난다.

② **선음원인 경우**

음의 세기는 자유공간에서 $I = \dfrac{W}{2\pi r}$, 반자유공간에서 $I = \dfrac{W}{\pi r}$이므로 거리 r에 반비례한다. 따라서 점음원의 식에서 $20 \log r$ 대신에 $10 \log r$을 대입하여 계산하면 다음 식과 같다.

$$\mathrm{SPL}_{r_1} - \mathrm{SPL}_{r_2} = 10 \log \frac{r_2}{r_1}$$

예를 들어, $r_2 = 2r_1$일 때 음의 세기는 $\dfrac{I_2}{I_1} = \dfrac{r_1}{r_2} = \dfrac{1}{2}$로 $10 \log 2 ≒ 3\mathrm{dB}$의 감쇠가

된다.

③ **면음원인 경우**

음원이 충분히 넓은 면적에 있는 면음원일 때는 음파가 평면파로 전파하여 퍼지지 않으므로 가까운 거리에서는 거리감쇠가 일어나지 않는다. 그러나 거리가 좀 더 떨어지면 음원의 형태에 따라 음압레벨의 식은 달라진다.

㉠ 원형 면음원 : $\mathrm{SPL} = \mathrm{PWL} + 20 \log \dfrac{a}{r} - 3 (\mathrm{dB})$

　　여기서, a : 반경(m), r : 면음원에서 떨어진 수직거리(m)

㉡ 장방형(사각형) 면음원 : 짧은 변의 길이를 a, 긴 변의 길이를 b라고 할 때,

　　ⓐ $r < \dfrac{a}{3}$인 경우 : $L_a = \mathrm{SPL}_1 - \mathrm{SPL}_2 = 0$

　　ⓑ $\dfrac{a}{3} < r < \dfrac{b}{3}$인 경우 : $L_a = \mathrm{SPL}_1 - \mathrm{SPL}_2 = 10\log\left(\dfrac{3r}{a}\right)(\mathrm{dB})$

　　ⓒ $r > \dfrac{b}{3}$인 경우 : $L_a = \mathrm{SPL}_1 - \mathrm{SPL}_2 = 20\log\left(\dfrac{3r}{b}\right) + 10\log\left(\dfrac{b}{a}\right)(\mathrm{dB})$

2) 대기조건에 따른 흡음감쇠

공기 중에 소리가 전파될 동안에는 거리감쇠 이외에 음의 에너지가 흡수되어 열에너지로 변하기 때문에 생기는 감쇠가 있다. 이러한 감쇠를 '흡음감쇠(또는 흡수감쇠)'라고 한다. 음원에서 거리가 그다지 떨어지지 않은 지점에서는 고려하지 않아도 좋을 정도이지만 음원에서 멀리 떨어진 지점까지 음의 전파를 생각할 경우에는 무시할 수 없는 감쇠이다. 그 정도는 기온 및 습도, 또한 음의 주파수에 따라 다르게 나타난다. 흡음감쇠는 주파수가 큰 음(높은 음)일수록 크고 1,000Hz 이하의 음에서는 그다지 문제가 되지 않는 정도이다. 기상조건에서 공기흡음에 의해 일어나는 감쇠치는 다음과 같다.

$$A_a = 7.4 \times \left(\frac{f^2 \times r}{\phi} \right) \times 10^{-8} (\text{dB})$$

여기서, f : 옥타브밴드별 중심 주파수(Hz)

r : 음원과 관측점 사이의 거리(m)

ϕ : 상대습도(%)

이 식에서 주파수는 클수록, 습도는 낮을수록 감소치는 증가함을 알 수 있다. 일반적으로 기온이 낮을수록 감쇠치는 증가한다.

3) 풀이나 수목에 따른 흡음감쇠

풀이나 수목의 흡음에 따른 감쇠치는 상태에 따라 일정하지 않으나 다음 식으로 예측할 수 있다.

① 무성한 잔디나 관목 : $A_g = (0.18 f - 0.31) \times r (\text{dB})$

② 삼림 : $A_f = 0.01 \, (f)^{\frac{1}{3}} \times r (\text{dB})$

(2) 진동원 형태에 따른 거리감쇠

1) 거리감쇠

진동의 거리감쇠는 소음과는 달리 복잡한 특성을 가지고 있다. 일반적으로 사용되는 진동레벨의 거리감쇠식은 다음과 같다.

$$VL_r = VL_o - 8.7 \lambda \, (r - r_o) - 20 \log \left(\frac{r}{r_o} \right)^n \text{dB} (\text{V})$$

여기서, VL_o : 진동원에서 $r_o(\text{m})$ 떨어진 지점의 진동레벨(dB(V))

VL_r : 진동원에서 $r \, (r > r_o)(\text{m})$ 떨어진 지점에서의 진동레벨(dB(V))

λ : 지반전파의 감쇠정수$\left(\dfrac{2\pi h f}{v_s} \right)$

v_s : 횡파의 전파속도(m/s)

h : 지반의 내부 감쇠정수(바위 0.01, 모래 0.1, 점토 0.5)

f : 진동수

n : 반무한 자유표면을 전파하는 실체파(P파, S파)의 경우 2, 무한체를 전파하는 실체파의 경우 1, 실제로 가장 많이 사용하는 표면파(R파)의 경우 0.5

2) 방진구(防振溝)

진동원과 진동이 문제가 되는 지점 사이에 도랑을 파서 진동의 전파를 방지하는 방법으로 일반적으로 유효하지 않은 방법이지만 진동 전파방지를 위해서는 도랑의 깊이를 파장의 $\frac{1}{4}$ 이상으로 파야만 한다. 도랑의 깊이를 h, 표면파의 파장을 λ라고 할 때, $\frac{h}{\lambda} = 0.3$이면 6dB(V), $\frac{h}{\lambda} = 0.6$이면 12dB(V) 정도를 감쇠할 수 있다.

예를 들어, 표면파의 전파속도를 15m/s라고 하면 10Hz 진동파의 파장은 15m이다. 따라서 깊이 $h = 15 \times 0.3 = 4.5(\text{m})$의 도랑에서 6dB(V), 9m의 도랑에서 12dB(V)를 감쇠한다. 도랑의 깊이에 따른 감쇠량은 크지 않아서 실제로 거의 효과가 나타나지 않으므로 도랑에 의한 대책은 완전한 것이 될 수 없다.

4 비감쇠 및 감쇠진동

(1) 1자유도 진동계

1자유도 진동계는 그림과 같이 기계와 기초대 사이에 방진재를 넣은 경우로 단지 한 방향으로만 진동하는 계를 말한다. 이 계의 운동방정식을 뉴턴의 제2법칙으로 표시하면 다음과 같다.

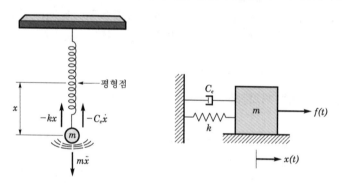

‖ 탄성지지를 하는 제1자유도 진동계 ‖

평형점으로부터의 변위를 x라고 하면, 물체가 받는 복원력이 $-kx$, 저항으로 인한 마찰력 (retarding force)이 $-C_e\dot{x}$(여기서, C_e는 비례상수)이다. 따라서, 이 물체의 운동방정식은 $m\ddot{x} = -kx - C_e\dot{x}$이므로, $m\ddot{x} + C_e\dot{x} + kx = 0$이다. 여기에 외력이 가해지면,

$$m\ddot{x} + C_e\dot{x} + kx = f(t)$$

여기서, $m\ddot{x}$: 관성력(m : 질량, kg)

$C_e\dot{x}$: 점성저항력(C_e : 감쇠계수, N/cm·s)

kx : 스프링의 복원력(k : 스프링정수, N/m)

$f(t)$: 외력을 가진 함수로 $f(t) = F = F_o \sin \omega t$

이 계의 고유진동수(natural frequency) $f_n = \dfrac{1}{2\pi}\sqrt{\dfrac{k}{m}} = \dfrac{1}{2\pi}\sqrt{\dfrac{kg}{W}} = 4.98\sqrt{\dfrac{k}{W}}$ (Hz)

이고, 고유각진동수(natural angular frequency) $\omega_n = \sqrt{\dfrac{k}{m}} = \sqrt{\dfrac{kg}{W}} = 2\pi f_n$ (rad/s)

이다. 여기서, W는 계의 중량 또는 하중(N)이다. 또한 스프링 1개당 정적수축량(static deflection)을 δ_{st}라 하면 $\delta_{st} = \dfrac{W_{mp}}{k} = \dfrac{W}{k_t}$(cm)이다. 여기서, W_{mp}는 스프링 1개가 지지하는 기계의 중량$\left(\dfrac{W}{n},\ n:\text{스프링정수}\right)$이다.

고유진동수와 정적수축량의 관계식을 정리하면 다음과 같다.

$$f_n = \dfrac{1}{2\pi}\sqrt{\dfrac{kg}{W}} = \dfrac{1}{2\pi}\sqrt{\dfrac{g}{\delta_{st}}} \fallingdotseq 4.98\sqrt{\dfrac{1}{\delta_{st}}} \text{(Hz)}$$

감쇠(damping)란 진동에 의한 기계에너지를 열에너지로 변환시키는 기능을 말하고, 감쇠계수(C_e)는 질량 m의 진동속도 v에 대한 스프링의 저항력(F_r)의 비이다.

$$C_e = \dfrac{F_r}{v}\text{(N/cm·s)}$$

1자유도 진동계에서 감쇠가 갖는 기능은 바닥으로 진동에너지 전달의 감소, 공진 시 진동진폭의 감소, 충격 시 진동이나 자유진동을 감소시키는 것이다.

(2) 자유진동
비강제 진동계, 즉 외력을 가진 함수가 0인 경우로 외력이 제거된 후의 진동을 말한다.

1) 비감쇠 자유진동
감쇠비 ξ가 0, 즉 감쇠계수 C_e가 0인 진동계이다. 즉, $m\ddot{x} + kx = 0$이다.

2) 감쇠가 있는 자유진동
감쇠계수 C_e가 있는 경우로 스프링의 저항성분이 있을 때를 말한다.

즉, $m\ddot{x} + C_e\dot{x} + kx = 0$이다.

① 감쇠비(ξ) : 임계감쇠계수 C_c에 대한 감쇠계수 C_e의 비

즉, $\xi = \dfrac{C_e}{C_c}$ 또는 $\xi = \dfrac{C_e}{2\sqrt{k\times m}}$이다.

감쇠비가 1이면 $C_e = C_c$가 되므로 $C_e = 2\sqrt{k\times m} = 2m\omega_n \left(\because \omega_n = \sqrt{\dfrac{k}{m}}\right)$

② 감쇠비의 크기에 따른 3가지 유형

　㉠ 부족감쇠($0 < \xi < 1$) : 감쇠비에 따른 변위의 응답변화를 그림에 나타내었다.

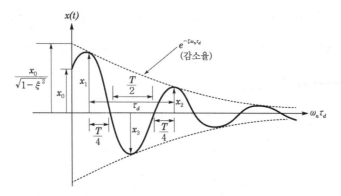

‖ 부족감쇠에서 응답변위의 변화 ‖

- 감쇠진동의 주기 : $T' = \dfrac{1}{f_n \sqrt{1-\xi^2}}$

- 감쇠진동의 고유진동수 : $f'_n = f_n \sqrt{1-\xi^2}$

- 그림에서 감쇠시간 t_1, t_2 경과 시 변위진폭 x_1, x_2의 비를 지수함수로 나타내면

　$\dfrac{x_1}{x_2} = e^{\xi \omega_n \tau_d}$이고, 이것을 자연대수로 나타낸 감쇠대수율은 다음과 같다.

　$\Delta = \ln\left(\dfrac{x_1}{x_2}\right) = \dfrac{2\pi \xi}{\sqrt{1-\xi^2}}$

　㉡ 임계감쇠($\xi = 1$) : 감쇠비가 1로 감쇠비에 따른 변위의 응답변화가 일시적으로 크게 나타난다.

　㉢ 과감쇠($\xi > 1$) : 감쇠비가 1보다 큰 비주기 진동상태로 된다.

이 세 가지 경우에 감쇠비(ξ)에 따른 응답변위의 변화를 그림으로 나타내면 다음과 같다.

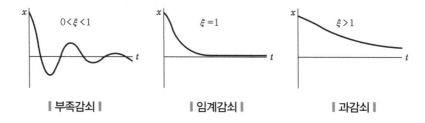

　‖ 부족감쇠 ‖　　　　　‖ 임계감쇠 ‖　　　　　‖ 과감쇠 ‖

(3) 강제진동

자유도 진동모델계에 조화자극(회전기계인 모터, 발전기, 송풍기 등의 불평형력)이나 충격 자극(해머작업) 같은 시간함수적인 외력이 질량에 작용하는 경우의 진동을 말하며 대부분의 진동계가 여기에 속한다.

1) 비감쇠 강제진동($\xi = 0$)

감쇠계수 C_e가 0, 외력 $f(t) = F_o \sin \omega t$인 경우로 시간변화에 따른 변화(최대진폭)이다.

$$x = \frac{\dfrac{F_o}{k}}{1 - \left(\dfrac{\omega}{\omega_o}\right)^2} \sin \omega t$$

여기서, $\dfrac{F_o}{k}$ 는 t가 0일 때, 즉 외부 강제력 F_o가 정적으로 가하여 질 때 스프링의 정적수축

량으로 정적진폭 $x_{st} = \dfrac{F_o}{k}$ 로 표기한다.

x_{st}에 대한 동적변위진폭 x_o의 비를 진폭비 또는 진폭배율(MF, Magnification Factor)이라 한다.

$$\text{MF} = \frac{x_o}{x_{st}} = \frac{\dfrac{F_o}{k} \times \left[\dfrac{1}{1 - \left(\dfrac{\omega}{\omega_n}\right)^2}\right]}{\dfrac{F_o}{k}} = \frac{1}{1 - \left(\dfrac{\omega}{\omega_n}\right)^2}$$

또한 이 계에서 발생한 진동이 기초로 전달되는 전달률은 다음과 같다.

$$T = \left|\frac{\text{전달력}}{\text{외력}}\right| = \left|\frac{kx}{F_o \sin \omega t}\right| = \left|\frac{1}{1 - \left(\dfrac{\omega}{\omega_n}\right)^2}\right| = \left|\frac{1}{1 - \left(\dfrac{f}{f_n}\right)^2}\right| = \left|\frac{1}{1 - \eta^2}\right| = \frac{1}{\eta^2 - 1}$$

여기서, 진동수비 $\eta = \dfrac{\omega}{\omega_n} = \dfrac{f}{f_n}$ 이다.

2) 부족감쇠 강제진동($0 < \xi < 1$)

진폭비 $\text{MF} = \dfrac{x_o}{x_{st}} = \dfrac{1}{\sqrt{(1 - \eta^2)^2 + (2\xi\eta)^2}}$ 이 된다. 공진 시에는 고유각진동수 ω_n과 강

제각진동수 ω가 같아지기 때문에 $\text{MF}_{\text{공진}} = \dfrac{1}{2\xi}$로 정의된다.

3) 비연성지지

실제로 기계인 경우 1자유도만이 아니고 X방향, Y방향, Z방향, X축 회전, Y축 회전, Z축 회전 등 합계 6자유도계로 생각해야 한다. 1자유도별로 생각할 때 그 진동원인이 다른 5자유도의 진동을 야기시키는데 이러한 현상을 '진동의 연성'(coupling)이라고 한다.

Section 04 사전 예측

1 조사대상별 관련자료 조사

대상지역과 주변지역의 특성과 현황 파악을 위해 사업장의 규모, 발생원의 특성, 공사구간 및 범위를 알 수 있는 위치도, 설계도면(평면도, 종단면도 등), 작업일보, 작업공정별 작업형태, 투입장비의 종류와 기간, 보안이 요구되는 건물이나 시설물의 배치도면, 지하 매설물에 관한 자료 등 소음 · 진동 영향을 측정 · 평가하기 위한 제반 관련 자료를 수집 · 조사한다.

(1) 측정자료 조사 및 수집

① 소음 · 진동 자료조사

상시측정망을 이용한 측정자료나 과거 측정자료, 투입 · 가동장비 또는 시설, 해당 공종별 소음 실측치 또는 소음을 예측할 수 있는 자료를 조사한다.

② 주변지역의 현황 자료수집

주변지역 위치도, 평면도, 단면도, 주변 구조물의 도면 또는 현황, 축사 또는 양어장 등 특별히 정온을 요하는 시설의 현황 등 측정, 평가, 예측, 대책수립에 필요한 자료를 수집한다.

③ 소음 · 진동 발생원 자료조사

사업장 소음발생시설 또는 건설공사장의 경우 공종별 투입 · 가동되는 건설장비, 가동형태, 발파나 항타 및 기타 고소음 공종의 종류, 지반조건 등을 고려한 소음발생원의 특성을 조사한다.

④ 분쟁조정 및 판례 수집

규제기준, 환경분쟁조정 사례 및 관련 소송에 대한 판례, 피해인정기준, 외국의 사례 및 권고기준, 측정방법 및 평가기준을 유추할 수 있는 관련 연구자료 등을 수집한다.

⑤ 실태자료 수집

인체, 구조물, 가축, 어류 등 검토하고자 하는 영향대상별 측정방법, 적용 및 평가기준과 국내외 관련 기준 및 주요 실태자료를 수집한다.

(2) 측정자료 조사범위의 선정

조사범위는 규제기준의 부합 및 피해영향 여부의 판단, 영향의 정도, 예측 및 저감대책 등 설정한 과업수행 범위에 포함되는 제반사항을 조사범위로 선정한다.

(3) 측정자료 조사기간의 선정

과업의 종류에 따라 달라질 수 있으며, 측정 및 영향을 검토하고자 하는 업무범위에 따라 조사시기와 기간을 선정한다.

(4) 행정기관 자료조사

전국적인 소음·진동의 실태를 파악하기 위하여 측정망을 설치하고 상시측정하며, 또한 특별시장·광역시장·특별자치시장·도지사 또는 특별자치도지사는 상시측정한 소음·진동에 관한 조사자료를 매분기 다음달 말일까지 환경부장관에게 제출한다.

1) 관련법규

국가법령정보센터(www.law.go.kr/법령/소음·진동관리법)의 법령과 관련 법적 근거자료도 조사한다.

2) 행정기관자료

행정지역별 도로진동 측정결과를 지역별로 자료를 조사한다.

① 지역을 구분하여 도로진동 한도를 조사한다.

② 연평균 도로진동레벨을 조사한다.

(5) 국가소음정보시스템(www.noiseinfo.or.kr) 활용

최근 국민들의 소득수준 향상과 정온한 환경에 대한 욕구 증가로 소음·진동 민원이 큰 폭으로 증가하였다. 따라서 전국의 지역별 소음실태를 체계적으로 파악하고 신뢰성 있는 측정자료를 확보하여 소음저감정책에 활용한다.

1) 수행근거

① 「소음·진동관리법」 제3조(상시측정)

환경부장관은 전국적인 소음·진동의 실태를 파악하기 위하여 측정망을 설치하고 상시측정한다.

② 「소음·진동규제법」 시행령 제14조(업무의 위탁)

환경부장관은 소음·진동의 측정망 설치 및 상시측정에 관한 업무를 「한국환경공단법」에 따른 한국환경공단에 위탁하여 활용한다.

2) 한국환경공단 위탁 주요 내용

① 자동측정망 운영·관리

환경소음자동측정기기 유지관리 및 측정데이터 분석(14개 도시 62개 지점), 항공기소음자동측정기기 유지관리 및 측정데이터를 분석(14개 공항 90개 지점)하여 활용한다.

② 수동측정망 운영·관리

환경소음측정망 분기별 측정 및 측정데이터 분석(605개 지점), 철도 소음측정망 반기별 측정 및 측정데이터 분석(35개 지점), 진동측정망 반기별 측정 및 측정데이터 분석(34개 지점), 국가소음정보시스템 및 관제시스템 운영관리를 활용한다.

③ 기관별 업무체계를 활용한다.

④ 소음·진동 측정망 운영현황을 활용한다.

⑤ 기관별 수행체계를 활용한다.

(6) TM 좌표를 이용한 대상위치 파악

사후환경영향조사 실시 또는 결과보고서 확인을 통하여 TM 좌표 대상위치를 파악한다.

1) 법적근거

① 「환경영향평가법」 제36조(사후환경조사), 제53조(환경영향평가의 대행)를 파악한다.

② 「환경영향평가법」 시행규칙 제19조(사후환경영향조사)를 파악한다.

③ 환경영향평가서 작성 등에 관한 규정 제2조, 제4조, 제8조, 제13조, 제15조를 파악한다.

2) 환경영향조사 실시내용 파악하기

환경영향평가 협의내용(평가서 포함)에 포함된 항목을 사후환경영향조사계획을 반영하고, 사후환경영향조사를 실시했는지 여부 등을 파악하여 작성한다.

① 조사항목 작성방법

환경영향평가할 때 조사했던 항목과 협의내용에서 추가 제시된 항목을 사후환경영향조사 계획 수립 항목 및 조사 실시항목과 비교하여 동일하거나 조사를 실시한 경우에는 해당란에 'O'를 표시하고, 조사계획을 수립하지 않거나 조사를 실시하지 않은 경우에는 비고란에 사유를 파악하여 명기한다.

② 조사지점 작성방법

환경질 조사지점을 환경영향평가 할 때(협의내용 포함)와 사후환경영향조사 할 때로 구분하여 작성한다. 위 항목별로 중요하게 다뤄야 할 내용을 조사지점 특징 칸에 작성한다. GPS 또는 TM 좌표 기입(소음·진동)과 사업지구와의 위치 칸은 조사지역이 사업지구 외의 지역인 경우 사업지구로부터의 위치와 이격거리를 기재(사업지구 내인 경우 사업지구 내 위치 표기)하며, 사후환경영향조사 조사지점 칸에는 환경영향평가 시 조사지점과 일치하는 경우 '동일', 추가 또는 변경, 삭제된 경우 '추가', '변경', '삭제'로 표시하고 각 사유를 구체적으로 기재한다. 또 조사지점을 명확하게 확인할 수 있도록 환경영향평가를 할 때와 사후환경영향조사를 할 때의 조사지점을 모두 파악하여 도면에 표기한다.

③ 조사일시 등 작성방법

환경질 조사일시 및 방법을 환경영향평가 할 때, 사후환경영향조사 계획할 때, 사후환경영향조사 할 때로 구분하여 파악한다.

④ 조사결과 작성방법

환경질 조사결과를 요약하여 세부항목별로 구분하여 작성하며, 검토결과란에는 각 항목별 조사결과를 토대로 사업시행으로 인한 환경영향에 대하여 간략하게 작성하고, 조치사항에는 검토결과에 따른 조치사항을 간단하게 파악하여 작성한다.

3) TM 좌표를 이용한 대상위치 파악

① 조사항목

소음·진동발생원 및 정온시설물 분포 현황과 등가소음도 및 진동레벨을 파악한다.

② 조사범위

사업지구 및 주변지역(사업지구 경계 300m 이내 지역)을 파악한다.

　　㉠ 측정지역 및 측정지점의 선정 원칙 : 인구 50만 이상 또는 도청소재지인 지역은 환경부에서 설치·운영하는 중앙측정망을 중심으로 지방측정망을 설치·운영하되 측정지점의 중복 또는 대표지역의 누락이 없도록 파악한다. 그 외의 도시지역에 대하여는 관할 시·도지사에서 지방측정망을 설치·운영함을 파악한다.

　　㉡ 측정대상도시의 선정 : 관할지역 내 주요 도시 중 인구수, 면적 등을 고려하여 국민의 정온한 생활유지에 가장 영향이 큰 도시부터 우선순위를 정하여 대상지역을 선정하여 파악한다.

　　　ⓐ 주거지역과 상업지역은 면적이 넓고 거주 및 이동 인구수가 많은 지역

　　　ⓑ 녹지지역은 상당수의 주민이 거주하는 곳으로 도심에 가까운 지역

　　　ⓒ 종합병원은 병상수가 많은 곳

　　　ⓓ 학교는 되도록 학교가 밀집된 지역

　　　ⓔ 공업지역은 주거기능이 혼재된 부분이 많은 지역

　　㉢ 측정지점 선정방법

　　　ⓐ 측정지역의 소음도를 대표할 수 있는 측정지점을 선정 : 1개 지역당 5개 지점 선정 (일반지역 3개 지점, 도로변 지역 2개 지점)

　　　ⓑ 도로변 지역의 경우 소음영향을 미치는 도로가 여러 개일 때 교통량이 많은 곳 혹은 차선수가 많은 곳을 우선 선정

　　　ⓒ 측정지점 간 거리는 100m 이상을 유지

　　　ⓓ 당해 지역의 소음평가에 현저한 영향을 미칠 것으로 예상되는 소음원은 가급적 피한 후 파악

　　　ⓔ 공장 및 사업장, 건설작업장, 비행장, 철도 등의 부지 내

　　　ⓕ 도로변 지역의 경우 정류장, 교차로, 횡단보도 주변 등

　　㉣ 선정된 측정지점은 TM 좌표로 확정한다.

③ **조사방법**

기존 자료 및 현장조사, 현장실측을 통한 등가소음도 및 진동레벨을 파악한다.

④ **조사결과의 예시**

　　㉠ 소음 측정결과 : 소음 측정결과 일반지역(N-2) 주간 평균소음도는 57.8dB(A), 야간 52.9dB(A)로 실측되어 소음환경기준 일반지역 '다'지역(주간 65.0dB(A), 야간 55.0dB(A))을 적용 시 환경기준을 파악한다. N-2지점의 주소음도는 사업지구 북측 도로 및 사업지구를 진·출입하는 차량에 의한 도로교통 소음으로 분석됨을 파악한다. 도로변 지역(N-1) 주간 평균소음도는 66.1dB(A), 야간 61.9dB(A)로, 소음환경기준 도로변 지역 '다'지역(주간 70dB(A), 야간 60dB(A))을 적용할 때 야간소음도가 환경기준을 상회하는 것으로 파악한다. N-1지점은 주소음원으로 측정하였음을 파악한다.

　　㉡ 진동 측정결과 : 진동 조사결과 주간 평균 32.3~35.0dB(V), 야간 평균 26.6~29.5dB(V)로 파악되었으며, 생활진동 규제기준(주간 : 65dB(V), 심야 : 60dB(V))을 만족하는 수준으로 조사됨을 파악한다.

2 방음 · 방진 자재조사

(1) 방음재

방음재의 종류에는 차음재와 흡음재가 있다.

1) 차음재

차음재는 소리를 차단시키는 역할을 한다. 재료 표면에 입사하는 음파를 반사시키는 경우가 많다. 보통 고무 소재로 되어 있어, 아주 얇고 시공이 편리하지만 얇은 두께에 대비되는 엄청난 중량으로 벽체 밀도를 두텁게 만들어 벽체의 차음성능을 극대화시키는 자재이다. 일반적으로 단층구조의 차음시트는 고무합판을 많이 사용하는데 건물구조가 증가함에 따라 뒤에 납판 또는 솜뭉치를 붙인다.

2) 흡음재

흡음재는 소리를 흡입하는 역할을 한다. 소리가 울리거나 여러 갈래로 갈라질 때, 소리를 벽으로 흡수해 소리를 안정적으로 잡아준다. 즉 소리가 퍼져 나가지 못하도록 벽으로 흡수하는 것이다. 흡음재로 사용되는 대표적인 소재는 '폴리에스터', '유리섬유', '미네랄울', '글라스울' 그리고 '폴리우레탄'이 있다. 유리섬유, 미네랄울, 글라스울은 친환경적이지 않으며, 폴리우레탄은 습기에 약하고 경제적이지 않아 폴리에스터가 현재 가장 많이 사용되고 있다. 흡음재 재료의 종류에는 크게 3가지가 있다. 먼저 유리섬유, 암면 등 무기질 섬유로 구성되고 내부에 공극을 가진 다공질 재료, 석고보드나 합판, 압축 섬유판, 플라스틱판 등 판재료, 그리고 구멍이 뚫린 유공판을 다공질 재료 앞·뒤에 붙이는 유공판 재료가 있다.

(2) 방진재(제진재)

방진재료는 진동수에 따라 선택기준이 달라야 한다. 즉 코일스프링, 중판스프링 등의 금속스프링(보통 4Hz 이하)과 방진고무(4Hz 이상의 고주파 영역), 공기스프링(1Hz 이하의 저주파 영역) 등 3가지로 대별되며 이것들의 전반적인 선택기준을 참고로 알맞은 방진재를 선정해야 한다.

1) 금속스프링

① 장점

  ㉠ 환경요소(온도, 부식, 용해 등)에 대한 저항성이 크다.

  ㉡ 뒤틀리거나 오므라들지 않는다.

  ㉢ 최대변위가 허용된다.

  ㉣ 저주파 차진에 좋다.

  ㉤ 금속패널의 종류가 다양하다.

  ㉥ 정적 및 동적으로 유연한 스프링을 용이하게 설계할 수 있다.

  ㉦ 소형에서 대형에 이르기까지 각종 부하 중량의 제조를 비교적 용이하게 실시할 수 있고 제조비도 싸다.

  ㉧ 자동차의 현가스프링에 이용되는 중판스프링과 같이 스프링장치에 구조부분의 일부 역할을 겸하여 할 수 있다.

② 단점

 ㉠ 감쇠가 거의 없으며, 공진 시에 전달률이 매우 크다.

 ㉡ 고주파 진동 시에 단락될 우려가 있다.

 ㉢ 로킹이 일어나지 않도록 주의해야 한다.

 ㉣ 극단적으로 낮은 스프링정수(1~2Hz 이하)로 했을 경우 지지장치를 소형, 경량으로 하기 어렵다.

 ㉤ 감쇠가 작으므로 중판스프링이나 조합접시스프링과 같이 구조상 마찰을 가진 경우를 제외하고는 감쇠요소(댐퍼)를 병용할 필요가 있다.

이러한 단점을 보완하기 위해서는 첫째, 스프링의 감쇠비가 적을 때는 스프링과 병렬로 댐퍼(damper)를 넣는다. 둘째, 로킹현상을 억제하기 위해서는 스프링의 정적 수축량이 일정한 것을 쓰고 기계 무게의 1~2배의 가대를 부착시켜 계의 중심을 낮게 하고 부하가 평형분포가 되도록 한다. 셋째, 낮은 감쇠비로 일어나는 고주파 진동의 전달은 스프링과 직렬로 고무패드를 끼워 차단할 수 있다. 코일스프링은 설계 시에 그 길이가 직경의 4배를 초과하지 않게 해야 한다.

2) 방진고무

① 장점

 ㉠ 형상의 선택이 비교적 자유롭고 압축, 전단, 나선 등의 사용방법에 따라 1개로 3축방향 및 회전방향의 스프링정수를 광범위하게 선택할 수 있다.

 ㉡ 고무 자체의 내부마찰에 의해 저항을 얻을 수 있어 고주파 진동의 차진에 양호하다.

 ㉢ 내부감쇠가 크므로 댐퍼가 필요 없다.

 ㉣ 진동수비가 1 이상인 영역에서도 진동전달률이 거의 증대하지 않는다.

 ㉤ 설계 및 부착이 비교적 간결하고 금속과도 견고하게 접착할 수 있고 소형 정량이다.

 ㉥ 고주파 영역에서는 고체음 절연성능이 있다.

 ㉦ 서징(surging)이 발생하지 않으며 비록 발생하더라도 극히 작다.

② 단점

 ㉠ 내부마찰에 의한 발열 때문에 열화되고, 내유성 및 내열성이 약하다.

 ㉡ 공기 중의 오존에 의해 산화된다.

 ㉢ 스프링정수를 극히 작게 설계하기가 곤란하므로 고유진동수의 하한은 4~5Hz이며 그 이하에서 사용할 필요가 있을 경우는 금속스프링이나 공진기스프링을 사용해야 한다.

 ㉣ 대용량 사용 시 금형, 부착 등에 비용이 많이 들게 되므로 소하중인 곳에서 사용해야 한다.

 ㉤ 내고온성, 내저온성이 떨어진다.

③ 사용상의 주의사항

　　㉠ 정하중에 따른 수축량은 10~15% 이내로 하는 것이 바람직하다.

　　㉡ 변화는 될 수 있는 한 균일하게 하고 압력의 집중을 피한다.

　　㉢ 사용온도는 50℃ 이하로 한다.

　　㉣ 신장응력의 작용을 피한다.

　　㉤ 고유진동수가 강제진동수의 1/3 이하인 것을 택하고, 적어도 70% 이하로 해야 한다.

3) 공기스프링

① 장점

　　㉠ 설계 시에 스프링의 높이, 내하력, 스프링정수를 각각 독립적으로 광범위하게 설정할 수 있다.

　　㉡ 지지하중이 크게 변하는 경우에는 높이조절밸브에 의해 그 높이를 조절할 수 있어 기계높이를 일정레벨로 유지할 수 있다.

　　㉢ 하중의 변화에 따라 고유진동수를 일정하게 유지할 수 있다.

　　㉣ 부하능력이 광범위하다.

　　㉤ 자동제어가 가능하다.

　　㉥ 고주파 진동에 대한 절연성이 좋다.

　　㉦ 구조에 의해 설계상 제약은 있으나 1개의 스프링으로 동시에 횡특성도 이용할 수 있다.

　　㉧ 내압을 올림으로써 다른 스프링의 파쇄 시 잭을 대신 사용할 수 있다.

② 단점

　　㉠ 구조가 복잡하고 시설비(본체, 보조탱크, 높이조절밸브, 배관 등)가 많이 든다.

　　㉡ 압축기 등 부대시설이 필요하다.

　　㉢ 공기누출의 위험이 있다.

　　㉣ 사용진폭이 적은 것이 많으므로 별도의 댐퍼가 필요한 경우가 많다.

　　㉤ 고무막을 이용하므로 방진고무와 마찬가지로 내고온성, 내저온성, 내유성, 내노화성 등의 환경요소에 대한 제약이 있다.

　　㉥ 기계의 지지장치에 사용할 경우, 스프링에 허용되는 동적변위가 극히 작은 경우가 많으므로 내장하는 공기감쇠만으로는 충분하지 않고 별도의 댐퍼를 필요로 하는 경우가 많다.

　　㉦ 횡방향에 연하여 있으므로 지지기기의 횡요동 등 상하방향 이외의 운동을 제한할 필요가 있을 경우 운동방향을 규제한 가이드가 필요하다.

　　㉧ 공기스프링의 내압은 보통 게이지압력이 $3~5kg/cm^2$인데 최고내압은 $10kg/cm^2$에 달하기 때문에 고압을 이용할 경우 보조탱크, 배관 등의 제작 및 취급에 충분히 유의하지 않으면 안 된다.

　　㉨ 금속스프링으로 비교적 용이하게 얻어지는 고유진동수 1.5Hz 이상의 범위에서는 자동높이를 조정할 필요가 없는 한 다른 종류의 스프링에 비해 가격이 비싸다.

Section 05 음향생리와 감각평가

1 청각기관의 구조와 기능

(1) 귀의 구조와 작용

귀의 구조는 그림에 나타낸 것과 같이 제법 복잡하다. 아래 그림에서 ①~③의 귓바퀴(이개, 耳介)에서 고막까지를 겉귀(외이, 外耳), ④의 고실을 사이귀(중이, 中耳), ⑤의 난원창(전정창)에서부터 안쪽으로 들어간 부분을 속귀(내이, 內耳)라고 한다.

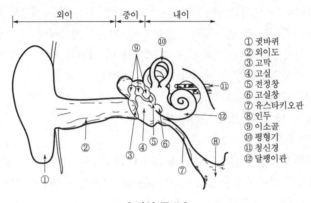

① 귓바퀴
② 외이도
③ 고막
④ 고실
⑤ 전정창
⑥ 고실창
⑦ 유스타키오관
⑧ 인두
⑨ 이소골
⑩ 평형기
⑪ 청신경
⑫ 달팽이관

┃ 귀의 구조 ┃

1) 외이(外耳)

귓바퀴(이개 ; 耳介), 외이도(外耳道도, 겉기관, 길이 3.5cm), 고막(두께 0.1mm, 직경 약 1cm)이 여기에 속한다.

① 역할

귀의 가장 외측 부분을 귓바퀴라고 하는데 이는 어느 정도 집음기의 역할을 하고 있다. 귓바퀴를 통하여 음은 외이도로 전달된다. 외이도는 일종의 공명기(共鳴器)로서 음을 증폭하여 고막을 진동시킨다. 고막을 경계로 외이와 중이로 나뉜다.

② 소음 · 진동 관련성 비교

귓바퀴 – 공명기, 고막 – 진동판

2) 중이(中耳)

고실(鼓室, 넓이 1~2cm^2)이 중이에 속하며, 이소골이 연결되어 있다. 고막의 진동압력은 이소골에 의하여 20배로 증가되어 난원창을 진동시킨다.)

① 역할

중이는 이소골이라는 3개의 작은 뼈와 그것을 수용하고 있는 고실이라고 하는 작은 방 및 고실과 목을 연결하고 있는 이관으로 나누어져 있다. 이소골은 지렛대 작용으로 고막의 진폭을 작게 하는 대신에 힘을 크게 하는 작용을 한다. 이소골을 통하여 고막의 진동은 내이 림프액으로 전하여진다. 이관은 중이의 기압을 조정하고, 고막을 진동하기 쉽게 하는 작용한다.

② 소음 · 진동 관련성 비교

이소골 – 지렛대, 이관 – 기압 조정

3) 내이(內耳)

난원창(전정창), 고실창, 이관(유스타키오관 ; 기압의 변화를 맞추어 주는 역할), 인두(咽頭, 목구멍), 이소골(3개의 작은 뼈로 구성), 평형기(세반고리관 ; 몸의 위치나 운동을 감지함), 청신경, 달팽이관(와우, Corti기관 ; 달팽이 형태의 기관으로 음의 감각기)

① **역할**

소리는 난원창이라는 막에 의하여 이소골에서 내이의 달팽이관 안의 액체로 전달된다. 달팽이 모양의 주머니인 와우 내부는 Corti기관이라는 많은 세포로 되어 있는 감음기관 이 있다. 달팽이관 안 림프액의 진동이 Corti기관을 자극하여 그 자극이 대뇌로 전해져 서 음을 인식하게 된다. 더욱이 음의 크기는 이 기관이 받는 자극강도에, 음의 고저는 이 기관의 청세포가 받는 자극의 위치에 의한다.

② **소음 · 진동 관련성 비교**

달팽이관 – 액체진동으로 주파수별로 음을 감지함

③ **음의 감각 전달방법**

달팽이관은 약 3번을 감은 달팽이 모양의 띠로 내부는 기저막으로 상하로 나뉘어져 있으 며, 기저막의 위쪽에 감음기(Corti기관)를 갖고 있다. 이소골에서 난원창으로 전달된 진 동은 달팽이관을 채우고 있는 액체에 전달되고 그 위에 올려져 있는 감음기의 청세포는 청신경을 거쳐 소리신호를 대뇌로 보내어 음의 감각이 성립된다.

④ **외부의 음은 귀를 통과할 시 매체 전달순서**

기체 → 고체 → 액체의 순으로 전달된다.

(2) 청감과 음압레벨

1) 청력

음의 대소(大小)는 음파의 진폭(음압)에 따라서, 고저(高低)는 주파수에 따라서 결정된다. 그러나 어떤 음압이나 주파수에서도 인간의 귀에 소리가 들리는가 하는 것은 한계가 분명히 있다. 즉, 음압은 0~120dB, 주파수는 20~20,000Hz(Hz : 1초당 진동수)의 범위에서만 들 을 수가 있다. 다만, 주파수에 따라 들을 수 있는 음압의 범위가 다르게 나타나는데 이러한 것을 그림으로 나타낸 것이 등라우드니스곡선(등음곡선 또는 등청감곡선)이다. 그림에서 가 청범위의 수치 및 곡선의 변화 모양(최소가청값의 음압레벨은 500~수천 Hz의 중간주파수 음이 낮게 나타난다) 등을 충분히 이해하는 것이 중요하다. 등청감곡선에서 파선으로 둘러 싸인 부분은 보통회화 시의 음압 범위와 주파수 범위이다.

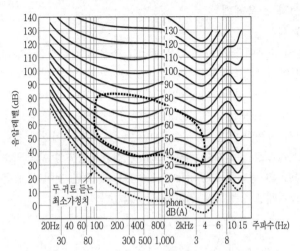

‖ 두 귀로 듣는 음의 주파수와 음압레벨의 범위 및 등청감곡선 ‖

① 음의 대소 : 음파의 진폭(음압), 가청범위 0~120dB

② 음의 고저 : 주파수, 가청범위 20~20,000Hz(20Hz 이하 – 초저주파음, 20,000Hz 이상 – 초고주파음)

③ 회화 시 주파수

300~3,400Hz의 중간주파수(중간주파수에 대한 감도는 그 이상 또는 이하의 음에 대한 감도보다 좋다). 회화의 이해만이라면 1,000~3,000Hz로 충분하다.

④ 청력손실

정상인의 주파수별 최소가청값과 청력손실이 있는 사람의 최소가청주파수값의 차(단위 dB), 예를 들어 청력손실이 40dB이라는 것은 정상인의 청력에 비하여 40dB보다도 강한 음이 아니면 들을 수 없는 정도의 청력손실이라는 것을 의미한다.

2) 음의 크기레벨과 등청감곡선

① 등청감곡선

음의 물리적인 강약은 음압에 따라 결정되지만 인간이 어떤 음을 들었을 때 얻어지는 감각적인 강약은 음압뿐만이 아니라 음의 주파수에 따라서도 달라진다. 같은 크기라고 느끼는 순음을 주파수마다 구한 곡선을 연결하면 등청감곡선이 된다. 인간의 귀는 음압 레벨로 0~120dB 정도, 주파수로 20~20,000Hz의 공기진동을 음으로 느끼고 있다. 등 청감곡선에서도 알 수 있듯이 청감은 4,000Hz 정도의 고주파수에서 가장 감도가 좋고, 100Hz 이하의 저주파수에서는 급속히 나빠진다. 음압이 적어서 겨우 들을 수 있는 최소가청값은 순음으로 음압 $2 \times 10^{-5} N/m^2$ 정도이다.

② 음의 크기레벨(라우드니스레벨)

감각적인 음의 크기를 나타내는 양으로 1,000Hz에서 순음의 음압레벨로 환산한 값이다. 일본에서는 phon 단위를 사용하기도 한다. 예를 들어 60phon이란 음압레벨 60dB인 1,000Hz의 순음과 같은 크기로 들리는 음을 말한다.

3) 청감보정특성과 소음레벨

① 청감보정특성

어떤 종류의 소음이 발생하고 있을 때, 그 소음의 감각적인 크기레벨을 측정하는 것은 쉬운 일이 아니다. 그러나 등청감곡선에 가까운 보정회로를 내장시킨 측정기, 즉 소음계를 사용하면 비슷하게나마 음의 크기레벨을 알 수가 있다. 실제로 소음계는 40phon, 70phon, 85phon(또는 100phon)의 등청감곡선과 비슷한 감도를 나타내는 주파수 보정이 되어져 있는데 이를 각각 순서대로 A, B, C특성이라고 부른다. 소음측정은 원칙적으로 A특성으로 측정한다. 다음 그림은 청감보정특성 A와 최소가청값 및 음의 크기레벨 40phon의 형태를 1,000Hz에 일치하도록 그린 것이다. A특성에 의한 음의 레벨과 음의 크기레벨은 반드시 일치하지는 않는다.

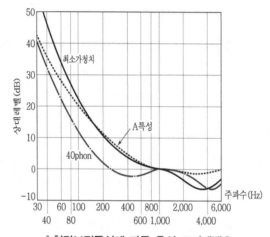

┃청감보정특성에 따른 음의 크기레벨┃

② 소음레벨

한국공업규격(KS)으로 규정된 소음계가 나타내는 음의 레벨로 dB 또는 phon으로 표시한다. 예를 들어 단순히 60dB이라고 하면 A특성으로 측정한 값을 나타내는 것이다.

2 소음·진동의 평가척도

(1) 소음의 평가와 기준

청취방해는 음의 강도뿐만 아니라 주파수도 관계가 깊으며 또한 정신적·심리적 영향, 신체적 영향에는 지속시간, 충격성, 간헐성 등의 조건도 관련되어진다. 따라서 수음을 평가힘에 있어서는 평가의 목저에 부응하여 이러한 조건들을 충분히 반영할 필요가 있어 이전부터 여러 가지 소음평가방법이 고안되었다.

① SIL(Speech Interference Level)

회화방해레벨로 소음을 옥타브(octave) 분석하여 600~1,200Hz, 1,200~2,400Hz, 2,400~4,800Hz인 3개의 주파수 밴드에서 음압레벨 dB값을 산술평균한 것이다.

② NC(Noise Criteria)

소음평가를 주파수 분석의 결과로부터 얻은 값. 예를 들어 소음값을 NC-35 이하라고 할 때에는 가정된 소음을 분석하여 어느 옥타브밴드의 음압레벨일지라도 이 NC-35 곡선의 레벨보다 낮으면 좋다.

③ NR수(NRN, Noise Rating Number)

소음평가방법의 일종으로 NC 곡선 방법을 발전시킨 것으로 주파수 분석을 행하여 소음의 지속시간, 1일 발생횟수 등을 고려하여 평가한다.

④ TNI(Traffic Noise Index)

자동차의 소음평가에 사용되는 방법으로 24시간 중 1시간마다 소음레벨(dB(A))의 누적도수 80% 범위의 변동폭으로부터 평가값을 구한다. 주민의 미혹도가 중앙값보다 잘 표현된다고 한다.

⑤ PNL(Perceived Noise Level, PN-dB)

항공기소음도의 평가에 사용된다. 시끄러움의 단위로 noy가 있지만 항공기소음을 주파수 분석하여 음압레벨과 noy의 관계도로부터 각 밴드의 noy를 구하여 각 밴드의 noy값에서 PNL을 계산한다.

⑥ NNI(Noise and Number Index)

항공기소음도의 평가에 사용하는데 이는 PNL값에 비행기의 비행횟수를 '방해도'에 기여할 요소로 삼아 평가하는 방법이다.

⑦ WECPNL(웨클, Weighted Equivalent Continuous Perceived Noise Level)

항공기소음도의 평가에 사용하며 이를 '가중등가지속 지각 소음레벨'이라 부르며 PNL에 음질이나 소음의 지속시간의 보정을 가하고 다시 하루 중 비행횟수를 고려하여 평가한 단위이다.

⑧ L_{den}(엘디이엔, day evening night noise level)

항공기의 등가소음도를 측정하여 도출된 1일 항공기소음도로 국제적으로 통용되는 항공기소음단위이다. 우리나라는 「소음진동관리법」 시행령의 개정으로 2023년부터 사용한다.

(2) 진동의 평가척도

진동의 평가척도(evaluation scale of vibration)는 물체의 물리량이 일정 시간마다 일정한 값으로 규칙적으로 변동하는 현상과 물체에 급격히 가해지는 힘의 크기를 판단하기 위한 지표를 말한다.

1) 인체에 대한 진동평가

진동자극에 대한 감각, 즉 진동감각은 자극된 물리량에 대응한다. 이 방법에서 인간의 감각은 '느낌이 없다', '약간 느낀다', …, '매우 강하게 느낀다' 등 몇 단계로 나누어 진동의 물리량이 이러한 감각과 어떠한 연관관계가 있는가를 조사하여 같은 감각을 발생시키는 점을 연결한 '등감도곡선'으로 인체에 대한 진동을 평가한다. 한국산업안전보건공단에서는 작업자의 '전신진동에 의한 요통 리스크에 관한 기술지침(2012년)'을 발표하여 진동에 의한 건강장해의 예방을 꾀하고 있다. ISO(국제표준화기구)에서는 과거에 축적된 많은 연구 성과를 기초로 1974년에 "전신진동노출의 평가에 관련된 지침(ISO 2631)"을 정하였다.

2) ISO의 평가방법

① 평가지침과 적용

ISO에서는 장기간에 걸쳐 각국의 연구보고를 수집하여 항공용, 육상용, 수상용 탈 것과 기계류의 진동이 인간의 쾌적성이나 작업능률에 미치는 영향을 평가하여 그 한계를 정하기 위한 지침(ISO 2631)을 1974년에 결정하였다. 이 지침은 선 자세, 앉은 자세의 인간에 그 지지부분의 표면에서 전달되어지는 진동에 적용되어 잠정적으로는 누운 자세나 등을 기대고 있는 앉은 자세까지도 적용하였다. 이 평가지침에서는 강체 표면에서 인체로 전달되는 진동의 노출한계를 위한 수치가 결정되었다. 대상으로 진동의 주파수 범위는 1~80Hz로 하고, 이 주파수 범위 내에서 주기적·일시적·비주기적 진동에 적용하지만 잠정적으로는 연속 충격성의 진동에도 적용하고 있다. 1Hz 이하의 진동은 차멀미와 관련된 특수한 문제이므로 이 평가지침은 구별하여 별도로 규정하였다. 또한 80Hz 이상에서는 진동의 방향이나 위치, 진동이 인체에 작용하는 부분의 국소적 인자와 피부나 몸의 표층부위 및 의복에 의한 진동의 감쇠에 따라 감각에 영향이 발생된다.

② 진동의 방향 규정

진동의 방향은 다음 그림에 나타낸 것과 같이 심장의 위치를 원점으로 한 직교좌표계로 규정하였다. 다리-머리 축(수직)의 가속도는 $\pm a_z$, 가슴-등 축(전후)의 가속도는 $\pm a_x$, 우측-좌측(횡)의 가속도는 $\pm a_y$로 하였다. 이 축의 이름은 누워 있는 자세에서도 적용된다. 예를 들면 인간이 서 있을 경우에는 수직방향이 Z축이지만, 누워 있는 상태에서는 수직방향이 X축이 되고, Z축은 몸의 긴 축방향, 즉 수평방향이 된다. 이와 같이 ISO에서는 심장을 원점으로 한 인간의 몸에 대한 축을 진동방향으로 규정하고 있지만, 「소음·진동관리법」에서는 지표면에서의 수직방향의 진동을 대상으로 하고 있다.

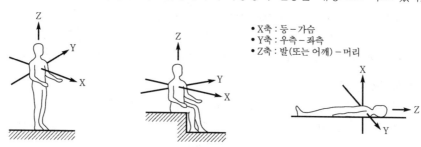

- X축 : 등-가슴
- Y축 : 우측-좌측
- Z축 : 발(또는 어깨)-머리

┃ 인체의 전신진동(WBV) 노출측정 좌표계 ┃

③ 인체를 위한 평가기준(criteria)

진동이 인체에 미치는 영향을 결정하는 물리적 인자로는 진동의 강도, 주파수, 진동의 방향, 지속시간(노출시간) 등의 네 가지 인자가 가장 중요하다. 이 네 가지 인자로 나타내는 진동을 평가하는 경우, 인체를 위한 평가기준은 다음 3가지로 구분할 수 있다.

ⓐ 작업능률의 유지(피로·능률감퇴경계)

ⓑ 건강이나 안전의 유지(노출한계)

ⓒ 쾌적성의 유지(쾌감감퇴경계)

(3) 진동공해의 평가단위

1) 진동속도

생활환경 중에서 일상생활을 영위하는 우리들에게 노출되는 진동을 인간을 중심으로 하여 평가하는 것은 어려운 작업이지만 인체 및 구조물에 대한 진동의 영향을 평가하는 단위로 진동속도가 사용되어져 왔고, 진동에 대해서는 수직·수평 모두 이 단위가 사용되어 왔다. 이것은 진동수에 따라서는 속도에 의존하는 것이 강하기 때문이고, 속도로 표현하면 진동수에 관하여 평탄하여지기 때문에 진동수의 영향을 없앨 수 있는 것도 이유가 되었다. 또 건물 등의 구조물에 대한 피해의 평가단위로서 진동속도가 대체적으로 바람직하다.

2) 진동레벨

진동속도에 대하여 진동가속도로 평가하는 것도 지진, 교통차량을 비롯하여 이전부터 보급되어져 왔다. ISO(국제표준화기구)에서는 전신진동의 평가방법으로서 ISO 2631로 전신에 가해지는 진동의 평가지침을 결정하였다. 이것은 수직·수평의 주기적·랜덤·비주기적 진동에 적용한다. 진동노출기준으로 여기에 사용된 가속도는 실효값이다. 이 ISO 2631을 준용한 평가단위가 진동레벨(dB)이고, 음의 소음레벨에 상당하는 것이다. ISO 2631의 곡선은 수직진동일 경우 1~4Hz에서 $\sqrt{f}$로 하강(-3dB/oct), 4~8Hz에서 평탄하며, 8Hz 이상 80Hz는 f로 상승(6dB/oct, 속도에 대하여 일정)을 나타내고 있다. 계량법에 규정되어 있는 진동레벨은 $20 \log_{10}\left(\dfrac{a}{a_o}\right)$로 정의한 수직진동의 보정 가속도레벨의 값을 말한다. a_o는 기준의 진동가속도 실효값으로 $10^{-5} \mathrm{m/s^2}$이다. a는 진동감각보정을 행한 진동가속도 실효값이다.

5 소음 · 진동 측정

저자쌤의 이론학습 **Tip**

- 소음 측정을 위한 주변환경을 조사하고, 소음측정방법에 대한 적합한 장비를 선정하여 소음공정시험기준을 기본으로 한 대상소음 및 배경소음과 소음발생원을 측정하는 방법을 학습한다.
- 측정환경을 조사하여 적절한 진동 측정장비를 선정 후 진동공정시험기준에 따라 배경진동 및 대상진동과 진동원을 측정하는 방법을 학습한다.

Section 01 측정방법 파악 및 측정계획 수립

1 소음 · 진동 측정목적

「소음 · 진동관리법」에서 정하는 규제기준 중 생활 소음 · 진동, 발파 소음 · 진동 및 동일 건물 내 사업장소음을 측정하여 기준값 초과 여부를 확인한다.

2 소음 · 진동 측정방법

(1) 소음 관련 법규 및 기준에 따른 대상소음 측정방법

소음측정의 목적, 대상, 기준은 아래 절차를 통해 파악할 수 있다.

1) 소음측정의 목적

측정하는 목적에 따라 측정방법, 측정지점의 선정, 측정기의 종류, 측정시간이 달라진다.

① 소음발생자 측에서 대외적 문제처리에 측정을 필요로 하는 경우
② 규제기준치 내에 들어가는지의 경우
③ 방지설계에 필요한 데이터를 준비하는 경우
④ 소음발생자 측에서 대내적 문제처리에 측정을 필요로 하는 경우

2) 소음측정대상 및 측정법

측정계획의 대상이 공장소음, 생활소음, 건설작업소음, 도로교통소음, 항공기소음인가에 따라서 측정계획이 다르게 된다.

① 정상소음(공장소음 등)
    ㉠ 소음레벨 : 측정준비 → 소음계, 기록계(필요시)
    ㉡ 주파수 분석 : 측정준비 → 소음계, 기록계, 녹음기 → 주파수 분석기, 기록계 → 측정결과정리 → 해석

② 변동소음 : 불규칙한 변동, 발생시간이 긴 소음(도로교통 소음 등)
    ㉠ 소음레벨 : 측정준비 → 소음계, 녹음기 → 기록계 → 측정결과정리 → 해석
    ㉡ 주파수 분석 : 측정준비 → 소음계, 녹음기 → 주파수 분석기, 기록계 → 측정결과정리 → 해석

③ 충격소음(폭발음, 프레스 및 항타기 등의 소음)

　　㉠ 소음레벨 : 측정준비 → 소음계 → 오실로스코프 → 측정결과정리 → 해석(순간 지속시간이 0.25초 이하의 경우는 충격소음계를 이용한다)

　　㉡ 주파수 분석 : 측정준비 → 소음계 → 주파수 분석기 → 오실로스코프 → 측정결과정리 → 해석

3) 소음측정기준

① 측정지점

　　㉠ 공장의 부지경계선(아파트형 공장의 경우에는 공장건물의 부지경계선) 중 피해가 우려되는 장소로서 소음도가 높을 것으로 예상되는 지점의 지면 위 1.2~1.5m 높이로 한다.

　　㉡ 공장의 부지경계선이 불명확하거나 공장의 부지경계선에 비하여 피해자측 부지경계선에서의 소음도가 더 큰 경우에는 피해자측 부지경계선으로 한다.

　　㉢ 측정지점에 담, 건물 등 높이가 1.5m를 초과하는 장애물이 있는 경우에는 장애물로부터 소음원 방향으로 1~3.5m 떨어진 지점으로 한다. 다만, 그 장애물이 방음벽이거나 충분한 차음이 예상되는 경우에는 장애물 밖의 1~3.5m 떨어진 지점 중 암영대의 영향이 적은 지점으로 한다.

② 측정조건

　　㉠ 소음계의 마이크로폰을 측정위치에 지지장치로 설치하여 측정하는 것을 원칙으로 한다.

　　㉡ 손으로 소음계를 잡고 측정할 경우 소음계는 측정자의 몸으로부터 50cm 이상 떨어져야 한다.

　　㉢ 소음계의 마이크로폰은 주소음원 방향으로 하여야 한다.

　　㉣ 바람으로 인하여 측정치에 영향을 줄 우려가 있을 때는 반드시 방풍망을 부착하여야 한다. 다만, 풍속이 5m/s를 초과할 때는 측정하여서는 안 된다.

　　㉤ 소음이 많은 장소 또는 전자장(대형 전기기계, 고압선 근처 등)의 영향을 받는 곳에서는 적절한 방지책(방진, 차폐 등)을 강구하여 측정하여야 한다.

③ 측정사항

　　㉠ 측정소음도의 측정은 대상배출시설의 소음발생기기를 가능한 한 최대출력으로 가동시킨 정상조업 상태에서 측정하여야 한다.

　　㉡ 배경소음도는 대상배출시설의 가동을 중지한 상태에서 측정하여야 한다.

④ 측정기기의 사용 및 조작

　　㉠ 사용소음계 : KS C 1502에 정한 보통소음계 또는 동등 이상의 성능을 가진 것이어야 한다.

　　㉡ 소음계와 소음도 기록기를 연결하여 측정·기록하는 것을 원칙으로 한다. 소음도 기록기가 없을 경우에는 소음계만으로 측정할 수 있다.

ⓒ 소음계 및 소음도 기록기의 전원과 기기의 동작을 점검하고 매 교정을 실시하여야 한다(소음계의 출력단자와 소음도 기록기의 입력단자 연결).

ⓔ 소음계의 레벨레인지 변환기는 측정지점의 소음도를 예비조사를 한 후 적절하게 고정시켜야 한다.

ⓜ 소음계와 소음도 기록기를 연결하여 사용할 경우에는 소음계의 과부하 출력이 소음기록치에 미치는 영향에 주의하여야 한다.

ⓗ 소음측정방법은 발생지역과 소음계 종류에 따라 측정한다.

⑤ 측정시각 및 측정지점수

적절한 측정시각에 3개 이상의 측정지점수를 선정 측정하여, 그 중 가장 높은 소음도를 측정소음도로 한다.

(2) 배출허용기준 중 진동측정방법

「소음 · 진동관리법」에서 정하는 배출허용기준 중 진동을 측정하기 위한 시험기준에 의하여 측정하며, 환경측정기기의 형식승인 · 정도검사 등에 관한 고시 중 진동레벨계의 구조 · 성능 세부기준에서 정한 진동레벨계 또는 동등 이상의 성능을 가진 것으로 다음과 같이 측정한다.

1) 진동레벨계의 설치

① 진동레벨계와 진동레벨기록기를 연결하여 측정 · 기록하는 것을 원칙으로 한다. 진동레벨기록기가 없는 경우에는 진동레벨계만으로 측정할 수 있다.

② 진동레벨계의 출력단자와 진동레벨기록기의 입력단자를 연결한 후 전원과 기기의 동작을 점검하고 매회 교정을 실시한다.

③ 진동레벨계의 레벨레인지 변환기는 측정지점의 진동레벨을 예비조사한 후 적절하게 고정시킨다.

④ 진동레벨계와 진동레벨기록기를 연결하여 사용할 경우에는 진동레벨계의 과부하 출력이 진동기록치에 미치는 영향에 주의한다.

⑤ 진동픽업의 연결선은 잡음 등을 방지하기 위하여 지표면에 일직선으로 설치한다.

2) 감각보정회로의 보정

진동레벨계의 감각보정회로는 별도 규정이 없는 한 V특성(수직)에 고정하여 측정한다.

3) 측정점의 선정

① 측정점은 공장의 부지경계선(아파트형 공장의 경우에는 공장 건물의 부지경계선) 중 피해가 우려되는 장소로서 진동레벨이 높을 것으로 예상되는 지점을 택하여야 한다.

② 공장의 부지경계선이 불명확하거나 공장의 부지경계선에 비하여 피해가 예상되는 지점의 부지경계선에서의 진동레벨이 더 큰 경우에는 피해가 예상되는 자의 부지경계선으로 한다.

③ 배경진동레벨은 측정진동레벨의 측정점과 동일한 장소에서 측정함을 원칙으로 한다.

4) 측정장소의 선정

① 진동픽업(pick-up)의 설치장소는 옥외지표를 원칙으로 하고 복잡한 반사, 회절현상이 예상되는 지점은 피한다.

② 진동픽업의 설치장소는 완충물이 없고, 충분히 다져서 단단히 굳은 장소로 한다.

③ 진동픽업의 설치장소는 경사 또는 요철이 없는 장소로 하고, 수평면을 충분히 확보할 수 있는 장소로 한다.

④ 진동픽업은 수직방향 진동레벨을 측정할 수 있도록 설치한다.

⑤ 진동픽업 및 진동레벨계를 온도, 자기, 전기 등의 외부영향을 받지 않는 장소에 설치한다.

5) 측정조건

① 측정진동레벨은 대상배출시설의 진동발생원을 가능한 한 최대출력으로 가동시킨 정상상태에서 측정한다.

② 배경진동레벨은 대상배출시설의 가동을 중지한 상태에서 측정한다.

6) 측정시간 및 측정지점수

피해가 예상되는 적절한 측정시각에 2지점 이상의 측정지점수를 선정·측정하여 그 중 높은 진동레벨을 측정진동레벨로 한다.

(3) 기계진동 측정방법

기계상태의 동적 원활함의 확인, 기계설비 진동 품질의 정도 검사 및 운전 중인 기계의 상태 감시 판단의 자료로 사용하기 위해서이므로 일반적으로 대표적인 기계진동은 베어링진동과 축진동을 측정하여 기계의 진동상태를 판단한다.

1) 진동측정이 필요한 기계의 선정

진동 감시 대상기기를 선정할 때에는 중요하고 필수적인 기기(critical)가 다른 기계에 우선하여 선정되어야 한다. 설비의 중요도 평가를 통하여 진동의 측정 필요성이 있는 기계를 파악하여 다음과 같이 예상치 못했거나 비용이 수반되는 문제점을 갖고 있는 필수기기들을 선정한다.

① 만약 고장이 나면 수리하는데 비싸거나, 시간이 오래 걸리거나, 어려운 기계

② 생산에 직결되거나 발전소 운전에 필수적인 기계

③ 빈번하게 고장이 발생되는 기계

④ 신뢰성 증진을 위해서 필요한 기계

⑤ 인간과 환경 안전에 영향을 미치는 기계

2) 진동센서의 선정

진동측정을 수행하기 전에 진동이 발생되는 기계에 진동 센서를 부착해야 된다. 다양한 진동 센서가 적용 가능하지만, 다른 센서에 비해 많은 장점을 가지는 가속도계가 보통 사용된다. 가속도계에서 발생된 가속도 신호는 계측장비에 의하여 속도신호로 변환할 수 있으므로 가능한 사용자의 선택에 의하여 속도 파형 또는 속도 스펙트럼으로도 볼 수 있는 센서를 선정한다.

3) 가속도 센서의 설치

모터(motor, 전동기), 펌프, 압축기, 팬, 벨트 컨베이어, 기어박스 등 대부분의 기계에서는 회전부분을 가지고 있다. 대부분의 회전기계는 베어링을 가지는데 이는 회전부위를 지지하고 회전운동과 진동에 관련하여 발생된 힘을 지탱하여 주며, 일반적으로 큰 힘이 베어링에 가해진다. 따라서 진동측정은 보통 베어링 상부나 근처에서 측정한다. 기계상태에 대한 판정이 측정 데이터의 정확성에 따라 달라지므로 진동 데이터 측정을 어떻게 할 것인지 세심한 주의가 필요하다. 진동측정 센서인 가속도계를 부착하는 방법에 따라 측정 데이터의 정확성이 결정되므로 다음과 같이 설치한다.

① **가능한 한 베어링과 근접한 곳에 설치한다.**

가속도계를 가능한 한 베어링에 근접한 부위에 설치해야 한다. 좀 더 상세하게 표현하면, 왜곡된 신호가 수집되지 않도록 베어링 중심부에 설치한다.

② **가속도계를 견고하게 부착한다.**

가속도계가 정확한 진동상태를 측정하기 위해서는 진동부위의 진동특성을 정확하게 받아들여야 한다. 따라서 가속도계는 진동부위와 별개로 떨어져 흔들리지 않도록 견고하게 부착되어 있어야 한다. 헐겁게 설치된 가속도계는 센서 자체의 독자적인 진동에 의하여 왜곡된 신호를 발생하고 잘못된 메시지를 제공한다. 그러므로 센서 설치방법에는 여러 가지가 있지만 측정 데이터 신뢰성과 사용자 편리성 측면에서 자석에 의한 부착방법을 선호한다. 자석에 의한 설치방법은 사용자가 동일 센서를 사용하여 여러 대의 기계를 측정할 때에 탈·부착 시 최소한의 시간이 소요되고 견고하게 부착시킬 수 있으며 다음과 같은 사항을 주의하여 부착한다.

㉠ 가속도계를 견고하게 부착하기 위해서는 부착면이 평탄해야 된다.

㉡ 부착면은 평평하고, 부착면에 이물질, 먼지 그리고 벗겨진 페인트 등이 없어야 한다.

㉢ 부착면은 순수한 자성체(철, 니켈, 코발트 합금)이어야 되며, 철 위에 알루미늄 표면으로 된 부분이라도 부착하여서는 안 된다.

㉣ 자성 성질을 잃지 않게 하기 위하여 자성체를 떨어뜨리거나 열을 가해서는 안 된다.

③ **가속도계를 올바른 방향으로 부착한다.**

측정목적에 맞춰 가속도 센서를 설치한다. 예를 들어, 편심(parallel) 축 정렬 불량을 측정하기 위해서는 베어링 반경방향으로 센서를 설치해야 되는 반면, 편각(angular) 축 정렬 불량을 측정하기 위해서는 센서를 축방향으로 설치해야 된다. 가속도계에 의해 발생되는 진동 데이터는 센서 측정방향에 따라 달라진다.

④ **동일한 가속도계를 동일한 부위에 설치한다.**

측정 데이터의 에러(불일치)를 최소화하고 분석 결과에 대한 신뢰성을 높이기 위하여 동일한 센서를 동일한 부위에 부착하여 데이터를 취득하는 것을 원칙으로 한다.

⑤ 측정대상 기계에 적합한 센서를 선택한다.

센서는 측정대상기기 중 연약한 부위에 설치하지 않아야 하는데, 이는 연약한 부위의 떨림 현상에 의해 왜곡된 주파수가 생성되기 때문이다. 가속도계는 센서나 자석의 중량에 비해 아주 가벼운 측정대상기기 또는 구조물에는 부착하지 않아야 한다. 이는 가속도계 또는 자석 중량에 의해 대상기기의 진동특성이 왜곡될 수 있기 때문이다. 일반적으로 센서와 자석의 중량 합이 측정대상기기 중량의 10% 이내이어야 한다.

4) 가속도계의 손상 방지

가속도계를 거칠게 다루면 잘못된 신호를 발생시킬 수 있다. 강력한 자력 때문에 진동측정 부위에 부착 시 항상 조심해야 한다. 자석을 진동측정 부위에 부착 시에는 비스듬히 뉘어서 부착해야 충격이 발생되지 않는다. 또한 자석을 탈착할 때에도 마찬가지로 그냥 확 잡아당기지 않아야 하며, 옆으로 기울인 후 부착된 자석 부위를 적게 해서 탈착해야 한다. 또한 가속도계 케이블도 심하게 구부려져서는 안 된다. 손상을 방지하기 위해서 적당하게 지지대를 설치하여 고정시킨다.

5) 안전사항

기계진동을 측정할 때 재해 발생이 있음직한 종류에는 3가지가 있다. 이는 움직이는 부분에 의한 부상, 전기적인 충격, 자석에 의한 손상 등이다. 특히 주의할 사항은 장비나 부속품을 사용하기 전에 장비 사용법을 철저히 숙지한 후에 다음과 같이 사용한다.

① 가속도계를 설치할 때 케이블이 회전부품에 말려들지 않도록 주의한다. 그러나 퀵 커넥터를 사용하면 이러한 위험을 감소시킬 수 있다. 회전부품에 말려들 수 있는 또 다른 사례는 헝클어진 옷매무새, 긴 머리, 데이터 전송 케이블, 어깨 끈 등이 있다.

② 가속도계를 고전압이 유도되는 곳에 접촉하지 않도록 한다. 전기적인 충격을 입을 수 있다.

③ 자석을 자장에 민감한 물체(맥박조정기, 신용카드, 플로피디스크, 비디오테이프, 카세트테이프, 시계 등) 근처에 두지 않는다. 자장에 의해서 손상을 입을 수 있다.

6) 측정변수의 설정

측정변수(measurement parameter)는 어떻게 데이터를 측정할 것인가를 상세하게 설정해놓은 것이다. 측정변수 설정을 통하여 데이터를 어떻게 수집하고 처리할 것인가를 미리 설정한다. 진동 측정변수는 의사들이 환자를 진찰하기 전에 "무엇을"과 "어떻게" 할 것인가를 미리 정하는 것과 유사한 것이다.

① 스펙트럼을 측정할 때 측정변수 설정

예를 들면, 스펙트럼을 측정하기 위해서 설정하는 변수에는 주파수 측정범위, 측정시간, 분해능 등이 있다. 이것을 어떻게 할 것인가를 다음과 같이 결정한다.

㉠ 어떻게 데이터를 수집할 것인가?

㉡ 얼마나 많이 그리고 얼마나 빨리 데이터를 수집할 것인가?

㉢ 어떻게 데이터를 처리할 것인가?

㉣ 어떻게 데이터를 표시할 것인가?

② 데이터 수집방법을 다음과 같이 정한다.

변수는 어떻게 데이터 수집을 개시할 것임을 정하는 트리거(trigger) 형태와 센서 설정과 같은 변수로 대별된다. "트리거(trigger)"는 "프리-런(free run)"과 "수동(manual)" 형태가 있는데, 트리거 형태는 트리거 신호에 의해서 진동자료 취득을 시작하는 것으로, "프리-런"은 연속적으로, "수동"은 조건이 맞을 때 한 번의 자료를 수집하는 것이다. 보통은 프리-런으로 하여 사용한다. 센서 설정에서 가속도계일 경우에는 보통 센서의 종류를 ICP로 설정하고, 구동 전원을 ON으로 설정한다.

③ 데이터 수집량과 수집속도를 다음과 같이 정한다.

여기에 해당되는 변수에는 "최대주파수(F_{max})", "스펙트럼 라인(spectral lines, 주파수 분해능)", "중첩(overlap)" 등이 있다.

　㉠ 최대주파수(F_{max}) : 최대주파수가 크면 클수록 측정하고자 하는 주파수 범위는 그만큼 더 커진다. 측정 주파수가 클수록 측정시간은 더 빨라진다. 스펙트럼 라인이 크면 클수록 좀 더 많은 정보를 취득할 수 있다. 이것은 주파수 분해능이 크면 클수록 취득되는 정보량도 많아지며 이에 따라 데이터 수집시간이 길어짐을 의미한다. 운전속도가 높을수록 진동 주파수 성분도 높아지고, 이에 따라 관찰하고자 하는 진동측정 최대주파수도 높아야 한다.

　㉡ 스펙트럼 라인(spectral lines, 주파수 분해능) : 스펙트럼 라인은 대부분의 경우 400라인이면 충분하나, 최대주파수가 높으면 라인 사이의 주파수 간격이 커지게 되므로 최대주파수 값이 높아지면 스펙트럼 라인도 커져야 상세한 데이터를 잃지 않고 확인할 수 있다. 하지만 스펙트럼 라인이 커질수록 측정시간이 길어지고 저장공간도 더 많이 필요하다. 따라서 높은 최대주파수 또는 높은 스펙트럼 라인은 필요할 때에만 사용되어야 한다.

　㉢ 중첩(overlap) : 중첩자료란 새로운 스펙트럼을 생성하기 위해 직전에 취득한 자료의 일정 부분을 재사용하는 것이므로, 중첩되는 자료의 양이 많을수록 새로운 스펙트럼을 생성하는데 필요한 신규 취득 자료의 양이 적게 되므로 스펙트럼을 생성하는 시간이 그 만큼 짧아진다. 보통 중첩 범위를 50%로 선택하면 무난하다.

④ 자료 표시방법을 다음과 같이 정한다.

자료 표시방법은 스펙트럼을 어떻게 화면에 표시할 것인가를 결정하는 것이므로 다음과 같이 한다.

　㉠ 스펙트럼을 어떻게 표시할 것인가를 규정하기 위해서는 스펙트럼의 크기(scale)를 "진폭 크기(amplitude scale)", "로그 범위(log range)", "최대속도(velocity max)" 등으로 설성한다. 단, 장비마다 다를 수 있다.

　㉡ 대부분 "진폭 크기(amplitude scale)"는 선형(linear)이다. 만약 선형 진폭을 사용한다면, 로그와 같은 다른 변수들을 선택한다.

　㉢ 일반적으로 "최대속도(velocity max)"는 스펙트럼 피크를 선명하게 보일 수 있는 진폭크기를 자동적으로 선택하도록 "자동(automatic)"에 설정하는 것이 좋다.

ⓔ 스펙트럼을 어떻게 표시할 것인지를 규정하며, 어떤 종류의 "진폭단위"를 표시할 것인지를 정한다. 만약 "피크" 진폭단위를 사용한다면 스펙트럼은 각종 진동 주파수로 진동하는 기기에서의 최대속도를 표시할 것이다. 한편, 만약 "실효치(RMS)" 진폭단위를 사용한다면 각종 진동주파수에서 발생되는 진동에너지의 양을 표시하는 것이다. 진동 스펙트럼에서 특정 주파수 영역의 피크는 실효치의 $\sqrt{2}$ 배이다.

ⓜ 특정한 측정지점에서의 진폭단위는 항상 동일한 단위를 사용하여, 잘못 해석되는 경우가 발생되지 않도록 한다.

ⓗ 실효치를 피크로 변환하면 진폭이 높게 지시되므로 이를 잘못 해석하여 기계상태가 악화되었다고 해석하여서는 안 된다. 반대로 피크를 실효치로 변환하면 진폭은 감소한 것처럼 보이게 해서도 안 된다.

7) 자료 취득방법

기계 주변은 종종 위험하고 작업환경이 좋지 않은 관계로 진동 분석가들은 기계에서 멀리 떨어져서 일을 수행할 수도 있다. 이와 같이 하기 위해서는 다음과 같이 한다.

① 측정자료는 측정기기에 기록되어져 조용하고 안전한 환경의 사무실에서 분석될 수 있도록 전송한다.

② 사무실에서는 자료를 좀 더 상세하게 분석하기 위해 컴퓨터로 보낸다. 대부분의 공장에는 감시해야 될 여러 대의 필수 기기들이 있다. 또한 철저하게 분석하기 위하여 각각의 기계들에는 여러 지점에서 감시될 필요가 있다. 각 지점에는 다른 방향(수평/수직/축 방향)으로 가속도계를 사용하여 감시하거나 경우에 따라서는 다른 측정변수들도 감시할 필요가 있다.

③ 현장 기계와 사무실을 반복적으로 오가며 한번에 한 대씩 측정하는 것을 피하고자 자료수집은 한번에 모든 기계자료를 취득한 후 사무실의 분석자에게 전달되도록 한다.

④ 자료수집은 정확하고 체계적으로 수행되도록 자료 특정 목록을 사용한다.

3 측정계획 수립

소음 · 측정방법을 위한 최적의 측정계획을 수립하기 위해서는 먼저 측정대상의 특성이나 조건을 파악해야 하며, 이에 따라 측정계획 일시, 측정대상(특성 및 가동조건), 측정목적, 측정규격, 측정절차, 측정방법, 측정장비(장비명, 사양, 수량, 검·교정 여부, 유효기간)를 작성해야 한다. 또한 구체적인 장비운용계획, 측정일정시간 계획, 인력투입 계획, 소요예산 계획, 특기사항 등에 대해서도 수립해야 한다.

1 소음측정 시 환경조건

배출시설의 소음발생 상태에 따라 차이가 있으나 측정계획은 공정시험에 따라 입안하여야 하며 측정조사의 일반적인 순서와 조사계획을 할 때 결정할 사항, 내용 및 안을 만드는 순서는 다음과 같다.

① 대개의 측정목적은 방음대책상의 필요에 의해 측정하는 것이 대부분이다. 따라서 소음도 및 주파수 분석이 절대로 필요하다. 충격소음 측정이나 위험한 장소에서의 순간 측정이 필요한 경우에는 녹음기에 녹음한 후 재생시켜 소음도나 주파수 밴드레벨을 분석하는 것이 필요하다.

② 어디서 측정할 것인가는 소음의 종류에 따라 구별되는데 배출시설이 설치된 사업장의 공장소음이나 환경소음은 「환경오염공정시험법」 중 소음편, 생활소음은 「생활소음규제기준 및 검사에 관한 규정」, 건설소음은 「규제지역 내의 특정 공사용 장비에 대한 규제기준」에 따라 측정한다.

③ 대상음원과 측정항목, 정도, 횟수 및 분석방법도 계획에 넣는다.

④ 검토결과로부터 나타난 내역을 검토한다. 특히 후술할 측정기기를 선정하고 보조기기에 관하여는 입체적 측정을 위한 고가사다리차의 이용에 의한 소음의 공간분포 상태 측정도 필요한가를 고려하여 제반 준비를 갖추며 이에 따라 인원계획도 세운다.

⑤ 측정목적에 따라 시간대의 설정이 필요하게 된다. 특히 낮, 저녁, 밤의 어떤 시간이 필요한지 혹은 시간대로 볼 것인가에 따라 인원계획 등에 영향을 미친다.

⑥ 규모에 따라 인원계획이 정하여지지만 측정기의 종류에 따라서도 인원 선정이 변한다. 제일 중요한 사항은 그 구성원의 지휘자 선정으로 야외의 광범위한 측정 시에 분산된 인원 간의 지휘체계 운용에 영향을 받게 된다.

⑦ 계획표를 세우고 이것에 따라 시간표도 작성한다. 공장의 소음을 조사할 때는 조사의 목적과 대상을 명확하게 하고 도면이나 공장에 대한 예비지식을 얻고 가능하면 현지의 예비조사를 실시한다. 이때 공장 측에서 준비하여야 할 자료를 보면 다음과 같다.

　　㉠ 공장주변도
　　㉡ 공장배치도
　　㉢ 공장평면도
　　㉣ 기계배치도
　　㉤ 공장건물 설치도
　　㉥ 작업공정도

2 진동측정 시 환경조건

1) 진동측정 개소의 주변 환경조건

측정대상에 따른 측정 환경은 도로변, 철도변, 공장 주변이므로 각 대상에 맞는 조건(차선수, 도로폭, 도로교통량, 전용도로·고속도로·일반도로의 여부, 주변 여건이 공동주택인지, 인접 정온시설 여부에 따른 측정 환경조건, 철도변(성토부, 고가부, 철교부, 터널부 등), 전용 공단, 일반지역 등)을 확인한다.

2) 진동계의 측정 환경조건

측정장소나 그 주변의 바람, 온도, 습도, 고압선(자기장), 방사능, 스피커 방사음, 대형기계 등을 확인한다.

3) 진동측정장비(진동계)의 구성

진동계는 진동픽업, 레벨레인지 변환기, 증폭기, 감각보정회로, 지시계기, 교정장치, 출력단자 등으로 구성되어 있다.

4) 진동측정 시 환경조건

① 진동픽업의 설치장소는 옥외지표를 원칙으로 하고 복잡한 반사, 회절현상이 예상되는 지점은 피해야 한다.

② 진동픽업의 설치장소는 완충물이 없고, 충분히 다져서 단단히 굳은 장소로 한다.

③ 진동픽업의 설치장소는 경사 또는 요철이 없는 장소로 하고, 수평면을 충분히 확보할 수 있는 장소로 한다.

④ 진동픽업은 수직방향 진동레벨을 측정할 수 있도록 설치해야 한다.

⑤ 진동픽업 및 진동레벨계를 온도, 자기, 전기 등의 외부 영향을 받지 않는 장소에 설치해야 한다(방사능 영향, 습도 영향, 스피커 영향, 부식된 곳, 횡진동 영향 등을 받지 않아야 한다).

저자쌤의 문제풀이 **Tip**

- 문제풀이 해설에 대한 내용을 정확하게 이해함과 동시에, 계산문제에 대한 수식과 단위를 확인하여 필기는 물론 실기 시험에도 함께 대비하도록 한다.
- 제시된 문제는 대부분 문제은행에 보관되어 있는 것으로 추정되며, 긍정형 문제와 부정형 문제 모두 보기항과 해설에 나타난 내용을 숙지하도록 한다.

소음 분야

01 바닥면적이 200m²이고, 천장 높이가 5m인 교실이 있다. 교실 바닥면적이 받는 공기압력의 크기는? (단, 공기밀도 1.25kg/m³)

① 31.25Pa ② 41.25Pa
③ 51.25Pa ④ 61.25Pa

해설

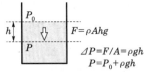

$$P_0$$
$$h \quad \Downarrow \quad F = \rho Ahg$$
$$P$$
$$\Delta P = F/A = \rho gh$$
$$P = P_0 + \rho gh$$

그림에서 교실 바닥면적이 받는 공기압력(P)은 실내공간이므로 $P_0 = 0$이다.

따라서, $P = \rho \times g \times h = 1.25\text{kg/m}^3 \times 9.8\text{m/s}^2 \times 5\text{m}$
$= 61.25\text{kg/m} \cdot \text{s}^2 = 61.25\text{Pa}$
$(1\text{N/m}^2 = 1\,\text{kg/m} \cdot \text{s}^2 = 1\text{Pa})$

02 음에 관한 설명으로 옳지 않은 것은?

① 초음파음은 직진성이 크고, X선과 같이 상을 만든다.
② 20kHz를 넘는 음을 초음파음이라 하고, 제트엔진, 고속드릴, 세척장비 등에서 발생된다.
③ 초저주파음에 의한 일시적 가청변위는 거의 나타나지 않으며, 나타난다 하더라도 원래의 레벨도 아주 빨리 회복되는 편이다.
④ 초저주파음은 인체가 느끼지 못하며, 금속의 결함 검출과 같은 인공적인 특수한 용도에만 사용이 한정되는 편이다.

해설 20Hz 이하의 초저주파 영역에서도 그 음압레벨이 높은 경우에는 인간이 감지할 수 있다는 사실이 알려졌는데, 귀로 느끼기보다는 피부로 느낀다.

03 소음을 이해하기 위한 역학적 관계 설명으로 옳지 않은 것은?

① Newton의 제2법칙으로부터 어떤 물체의 질량에 가속도가 작용하면 힘(force : F)이 발생한다(힘=물체 질량×가속도).
② 어떤 물체가 힘(F)에 의해 거리(L)만큼 이동하면 그 물체는 일을 받아 에너지를 갖게 된다(에너지=힘×이동거리).
③ 행하여진 일에 대한 시간율은 파워라 한다(파워=에너지×시간).
④ 일과 에너지는 가역적이다.

해설 동력 또는 출력(power) : 단위시간 동안 한 일
파워(W) = $\dfrac{E}{t}$
여기서, E : 일(에너지, 힘(F)×이동거리(L))
　　　　t : 시간

04 20℃ 공기 중에서 500Hz인 음의 파장은?

① 약 0.3m ② 약 0.5m
③ 약 0.7m ④ 약 1m

해설 파장(λ) = $\dfrac{c}{f} = \dfrac{331.5 + 0.61 \times 20}{500} = 0.7$m

05 음의 물리적 성질에 관한 설명으로 옳지 않은 것은?

① 파장 : 정현파의 파동에서 위상의 차이가 360°가 되는 거리를 말하며, 그 표시기호는 λ, 단위는 m이다.

② 주파수 : 1초 동안의 cycle수를 말한다. ($f = \dfrac{c}{\lambda}$ [Hz])

③ 변위 : 진동하는 입자(공기)의 어떤 순간에서의 위치와 그것의 평균 위치와의 거리를 말하며, 표시기호는 D, 단위는 m이다.

④ 입자속도 : 시간에 대한 입자 변위의 적분값으로, 표시기호는 v, 단위는 m/s이다.

해설 입자속도는 시간에 대한 입자 변위의 미분값으로, 표시기호는 v, 단위는 m/s이다.

06 정현파의 파동에 따른 용어 정의로 옳지 않은 것은?

① 파장은 주파수에 반비례한다.

② 파장은 위상의 차이가 180°가 되는 거리를 말한다.

③ 주파수는 1초 동안의 cycle수를 말한다.

④ 주기는 한 파장이 전파되는데 소요되는 시간을 말한다.

해설 파장은 위상의 차이가 360°가 되는 거리를 말하며, 표시기호는 λ, 단위는 m이다.

$\lambda = \dfrac{c}{f}$

여기서, c : 음속(m/s)
f : 주파수(Hz)

$f = \dfrac{1}{T}$

여기서, T : 주기(s)

07 음파의 전파속도를 346m/s라고 할 때 1kHz 소리의 파장은?

① 약 21cm ② 약 28cm
③ 약 35cm ④ 약 39cm

해설 파장(λ) $= \dfrac{c}{f} = \dfrac{346}{1,000} = 0.346m = 34.6cm$

08 '소밀파'에 가장 가까운 파동은?

① 물결파 ② 전자기파
③ 음파   ④ 지진파의 S파

해설 • 소밀파는 압력파로 순음의 경우 음압이 정현파적으로 변화하며 그것에 대응하는 공기분자들은 진자처럼 자신의 평형위치에서 반복적으로 미소하게 변위한다. 음파는 매질 개개의 입자가 파동이 진행하는 방향의 앞뒤로 진동하는 종파(P파)이다.
• 물결파는 횡파도 아니고 종파도 아닌 그 자체의 고유한 파이고, 전자기파는 횡파(S파)이다.

09 10℃ 공기 중에서 파장이 0.32m인 음의 주파수는?

① 1,025Hz ② 1,055Hz
③ 1,067Hz ④ 1,083Hz

해설 음의 주파수
$f = \dfrac{c}{\lambda} = \dfrac{331.5 + 0.61 \times 10}{0.32} = 1,055Hz$

10 음의 주파수에 관한 설명으로 옳지 않은 것은?

① 인간의 가청주파수 범위는 대략 20~20,000Hz이다.

② 음성의 주파수 범위는 대략 100~4,000Hz이다.

③ 회화를 알아들을 수 있는 데 필요한 주파수 범위는 대략 300~3,000Hz이다.

④ 음의 크기레벨(dB(A))의 기준 주파수는 100Hz이다.

해설 음의 크기레벨(dB(A), phon)의 기준 주파수는 1,000Hz이다.

11 가청음에 관한 주어진 여러 가지 양 중에서 주파수와 관계가 없는 것은?

① 음의 높이
② 음의 크기레벨
③ 소음레벨
④ 음압레벨

해설 음압레벨은 $2 \times 10^{-5} N/m^2$을 기준값으로 하여 어떤 음의 음압(실효값)이 그 몇 배인가를 대수로 나타내는 것이다.

12 일단 개구관과 양단 개구관의 공명음 주파수(f) 산출식으로 옳은 것은? (단, L : 길이, c : 공기 중의 음속이다.)

① 일단 개구관 : $f = \dfrac{c}{4L}$,

　　양단 개구관 : $f = \dfrac{c}{2L}$

② 일단 개구관 : $f = \dfrac{c}{2L}$,

　　양단 개구관 : $f = \dfrac{c}{4L}$

③ 일단 개구관 : $f = \dfrac{c}{L}$,

　　양단 개구관 : $f = \dfrac{c}{4L}$

④ 일단 개구관 : $f = \dfrac{c}{4L}$,

　　양단 개구관 : $f = \dfrac{c}{L}$

해설 • 양단 개구관(양쪽이 다 뚫린 관)의 기본 공명음 주파수
$$f = \frac{c}{2 \times L}$$
• 일단 개구관(한쪽이 막힌 관)의 기본 공명음 주파수
$$f = \frac{c}{4 \times L}$$

13 산업용 연소기에 길이 4m 정도의 배기관이 부착되어 있다. 이 배기관을 통하여 온도 60℃의 배기가스가 배출된다고 할 때 배기관에서의 공명주파수는? (단, 배기관은 '양단 개구관' 진동체이다.)

① 33Hz
② 46Hz
③ 52Hz
④ 63Hz

해설 진동체의 기본음(공명음) 주파수 산출식
양단 개구관(양쪽 끝이 열려 있는 덕트)
$$f = \frac{c}{2L} = \frac{331.5 + 0.61 \times 60}{2 \times 4} = 46\text{Hz}$$

14 15℃에서 440Hz인 공명기 음을 갖는 양쪽 끝이 열려 있는 관이 있다. 이 관은 30℃의 온도에서 몇 Hz의 공명기 음을 갖는가?

① 420Hz
② 430Hz
③ 450Hz
④ 460Hz

해설 양쪽 끝이 열려 있는 관의 공명기 음 파장은 관길이의 2배, 주파수는 음속에 비례하고 음속은 기온(K)의 제곱근에 비례한다.
$$\therefore \ f = 440\sqrt{\frac{273 + 30}{273 + 15}} \fallingdotseq 450\text{Hz}$$

15 양 끝이 열려져 있는 관의 공명기(共鳴基) 음은 관의 길이가 약 1/2파장에 상당하는 주파수를 갖는 음이다. 길이 약 50cm의 양 끝이 열려져 있는 관에 공명하는 기류음의 주파수(Hz)는?

① 170Hz
② 340Hz
③ 510Hz
④ 680Hz

해설 길이가 약 50cm인 관에 공명하는 기류음의 파장 λ는 50×2=100cm=1m이므로
$c = f \times \lambda$에서 그 기류음의 주파수를 구할 수 있다.
$$f = \frac{c}{\lambda} = \frac{340\text{m/s}}{1\text{m}} = 340\text{Hz}$$

16 두 개의 소음원이 동시에 가동되고 있다. 첫 번째 소음원 $x_1(t) = 3\sin(555\,t)$, 두 번째 소음원 $x_2(t) = 4\sin(600\,t)$으로 조화운동을 할 때, 사람이 듣게 되는 소음의 주파수는?

① 55Hz
② 92Hz
③ 186Hz
④ 575Hz

해설 조화운동 시 위상 $x = x_o \sin \omega t$에서 각속도 $\omega = 2\pi f$
첫 번째와 두 번째 소음원이 동시에 가동될 경우 각속도
$$\omega = \frac{555 + 600}{2} = 578\text{rad/s}가 된다.$$
$$\therefore \ \omega = 2\pi f = 578이므로$$
$$주파수 \ f = \frac{578}{2 \times 3.14} = 92\text{Hz}$$

17 20℃인 실험실에서 한 쪽이 열려 있는 길이가 1m인 관이 공명하는 기본음의 주파수는?

① 43Hz
② 64Hz
③ 86Hz
④ 98Hz

해설 한쪽 끝이 열려 있는 일단 개구한 진동체의 공명하는 기본음의 주파수를 계산하는 식은 다음과 같다.
$$f = \frac{c}{4 \times L} = \frac{331.5 + 0.61 \times 20}{4 \times 1} = 86\text{Hz}$$

18 단순한 형상을 갖는 양단 개구관의 기본(공명)음의 주파수가 100Hz이다. 이 양단 개구관의 한 단을 닫아 일단 개구관으로 만들면 기본 공명음의 주파수는 얼마로 변하는가?

① 25Hz ② 50Hz
③ 100Hz ④ 200Hz

[해설]
- 양단 개구관(양쪽이 다 뚫린 관)의 기본 공명음 주파수

$$f = \frac{c}{2 \times L}, \ 100 = \frac{c}{2 \times L} \text{에서} \ \frac{c}{L} = 200$$

- 일단 개구관(한쪽이 막힌 관)의 기본 공명음 주파수

$$f = \frac{c}{4 \times L} \text{에서} \ f = \frac{200}{4} = 50\text{Hz}$$

19 음의 주파수에 관한 설명으로 옳지 않은 것은?

① 정상적인 귀의 가청주파수 범위는 20~20,000Hz이고, 그 중에서도 4,000~6,000Hz 범위가 가장 민감하다.
② 보통회화의 음성주파수는 100~4,000Hz이고 그 중에서도 중요한 것은 300~3,500Hz 범위이다.
③ 음질을 문제 삼지 않고 회화의 의미를 이해하는 데에만 필요한 주파수 범위는 1,000~3,000Hz이다.
④ 소음계의 청감보정특성 중 A특성에서는 1,000~5,000Hz 정도로, 인간의 귀에 민감하게 느껴지게끔 보정되어 있다.

[해설] 등감도곡선에서 보면 인간의 귀에 민감한 주파수 범위는 500~5,000Hz이다.

20 어떤 작업장에 높이 2m 정도의 대형 기계가 있고, 그 상단부에서 약 3,400Hz의 음이 발생되고 있으며 또 높이 1.5m인 곳에서는 약 340Hz의 음이 발생되고 있어 이 기계의 바로 앞에 방음 칸막이를 세우고 싶다. 세워지는 방음벽은 각각 음원의 높이에 그 발생음의 1파장에 상당하는 길이를 가한 높이보다 적어도 얼마만큼 높여야 하는가?

① 2.2m ② 2.4m
③ 2.5m ④ 2.8m

[해설] $c = f \times \lambda$의 관계로부터 파장 λ를 구한다.

$f = 3,400$Hz인 경우 $\lambda = \dfrac{c}{f} = \dfrac{340}{3,400} = 0.1$m이고, $f = 340$Hz인 경우 $\lambda = 1$m이다. 따라서, 필요한 방음벽 높이는 3,400Hz의 음에 대해서 1.5+1=2.5m이므로 적어도 2.5m 이상이 되어야 한다.

21 일반적으로 송풍기 소음의 기본주파수(f, Hz)를 구하는 식으로 옳은 것은? (단, n : 회전날개수, R : 회전수(rpm))

① $f = n \times R \times 60$ ② $f = \dfrac{n \times R}{60}$

③ $f = \dfrac{R}{n \times 60}$ ④ $f = \dfrac{60}{n \times R}$

[해설] 송풍기 소음의 기본주파수(f, Hz) : $f = \dfrac{n \times R}{60}$

여기서, R은 회전날개의 분당 회전수로 rpm(revolution per minute)으로 나타낸다.

22 날개수가 20개인 송풍기가 1,200rpm으로 운전될 때 날개 통과 주파수는?

① 60Hz ② 400Hz
③ 1,200Hz ④ 24,000Hz

[해설] 송풍기 소음의 기본주파수

$$f = \frac{n \times R}{60} = \frac{20 \times 1,200}{60} = 400\text{Hz}$$

여기서, n : 날개수

23 섭씨 45도의 사막지방에서의 음속은?

① 약 320m/s ② 약 340m/s
③ 약 360m/s ④ 약 380m/s

[해설] 음속
$$c = 331.5 + 0.61 \times t℃$$
$$= 331.5 + 0.61 \times 45 = 359\text{m/s}$$

24 0℃, 1기압의 공기 중에서 음속은? (단, 정압비열과 정적비열의 비 $\gamma = 1.402$, 압력 $P_o = 1,013$mb $= 101,300$N/m², 밀도 $\rho = 1.293$kg/m³)

① 350.0m/s ② 343.5m/s
③ 340.0m/s ④ 331.4m/s

해설 음속

$$c = 331.5 + 0.61 \times ℃$$
$$= 20.06 \times \sqrt{T}$$
$$= 20.06 \times \sqrt{273} = 331.4\text{m/s}$$

여기서, T : 절대온도(K = 273 + t℃)

25 고체 및 액체 중에서의 음의 전달속도(sound velocity) c(m/s)를 Young율 k(N/m²)과 매질의 밀도 ρ(kg/m³)로 나타내면?

① $c = \sqrt{\dfrac{k}{\rho}}$ 　　② $c = \sqrt{\dfrac{\rho^2}{k}}$

③ $c = \sqrt{\dfrac{\rho}{k^2}}$ 　　④ $c = \sqrt{\dfrac{\rho}{k}}$

해설 고체 및 액체 중에서의 음속

$$c = \sqrt{\dfrac{\text{Young율}}{\text{매질의 밀도}}} = \sqrt{\dfrac{k}{\rho}}$$

26 소리와 관계되는 내용 중 음속에 관한 설명으로 옳은 것은?

① 번개와 천둥 사이에 약 1초의 간격이 있었다. 아마도 1km 정도 떨어진 곳에 낙뢰가 있었을 것이다.

② 이쪽 산에서 소리를 지르니 맞은편 산에서 메아리가 약 4초 후에 되돌아왔다. 여기서 맞은편 산까지의 거리는 대략 1,400m이다.

③ 1km 전방에 있는 다리 앞에서 어떤 사람이 2초에 한번씩 말뚝을 치고 있는 것이 보인다. 망치가 내려가는 순간, 음이 들렸다면 여기서 저 말뚝까지의 거리는 약 700m이다.

④ 어떤 지점의 전방 약 1,000m에 1초 간격으로 말뚝을 박는 작업현장이 있고 그 후방 약 700m 떨어진 곳에 커다란 반사면이 있다. 그 지점에 있어서 정상상태에서는 전방에서 들리는 직접음과 후방에서 들리는 간접음이 동시에 들린다. 이 경우 전방의 음과 후방의 음이 동시에 들리기 시작하는 시간은 말뚝을 치기 시작한 10초 후였다.

해설 ① 번개는 순간적으로 도달하므로 음의 속도 c와 천둥이 도달하는 시간 t_1으로부터 다음과 같이 낙뢰가 있었던 지점까지의 거리 L_1을 구할 수 있다.

$$L_1 = c \times t_1 = 340\text{m/s} \times 1\text{s} = 340\text{m}$$

② 음의 속도 c와 메아리가 되돌아올 때까지의 시간 t_2로부터 산까지의 거리 L_2를 구할 수 있다.

$$c \times t_2 = 2 \times L_2$$
$$L_2 = \dfrac{c \times t_2}{2} = \dfrac{340\text{m/s} \times 4\text{s}}{2} = 680\text{m}$$

③ 망치의 낙하와 동시에 망치소리가 들린다는 것은 어느 정도 떨어진 장소이면 그 몇 회 전의 음이 들려오게 된다. 음의 속도를 c, 말뚝을 내려치는 시간간격을 t_3, 말뚝 치는 지점까지의 거리를 L_3로 하고 n회 전의 망치소리가 마침 들려와 있다고 하면 다음 식이 성립된다.

$$L_3 = c \times nt_3 = 340\text{m/s} \times n \times 2\text{s}$$
$$= 680 \times n(\text{m}) ≒ 700 \times n(\text{m})$$

이 식에 $n = 1, 2, 3 \cdots$을 대입하면 $L_3 = 700, 1,400, 2,100\text{m} \cdots$가 되나 1km 전방이므로 $L_3 ≒ 700\text{m}$가 된다.

④ 말뚝을 치는 음이 반사면으로 반사되어 후방에서 들려올 때까지의 시간 t(s)는 음의 총 도달거리가 1,000 + 700 + 700 = 2,400m이므로 시간 t는 다음과 같다.

$$t = \dfrac{2,400}{c} = \dfrac{2,400}{340} ≒ 7\text{초}$$

따라서, 말뚝을 치기 시작하고 약 7초 후에 비로소 후방에서 음이 들린다. 또 이때 동시에 전방에서도 음이 들리는지 안 들리는지는 전방의 음이 지나는 거리의 차이(이 경우는 700 + 700 = 1,400m)가 말뚝을 치는 간격인 1초 사이에 음이 지나는 거리(340m)의 정수배가 되어야 한다.

27 양쪽 끝을 막은 공기기둥 속의 음속 진폭이 그림 (a) 또는 (b)의 점선과 같은 모드를 가진 공명을 일으킨다고 한다. 온도가 t(℃)일 때의 음속 c는 $331.5 + 0.61 \times t$(m/s)이다. 처음에 0℃에서 한 형태의 공명 (a)가 일어났고, 다음에 온도를 올리면 같은 주파수에서 다른 형태의 공명 (b)가 일어났을 경우, 온도는 약 몇 ℃인가?

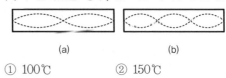

(a) 　　　　　　　(b)

① 100℃ 　　② 150℃

③ 270℃ 　　④ 300℃

해설 0℃ 및 t℃의 파장을 각각 λ_o, λ_t, 주파수를 f라고 하면

$$\lambda_o = \frac{331.5}{f}, \quad \lambda_t = \frac{331.5 + 0.61t}{f}$$

또한 공기기둥의 길이(λ)를 L이라고 하면, $\lambda_o = \frac{2L}{3}$, $\lambda_t = L$이 된다. 네 가지의 식으로부터 t를 구하면

$$\lambda_o = \frac{331.5}{f} = \frac{2}{3} \times \frac{331.5 + 0.61t}{f}$$

$$331.5 \times \frac{3}{2} = 331.5 + 0.61t$$

$$\therefore \ t = 271.7℃$$

28 음속에 관한 기술로 옳지 않은 것은?

① 음속은 주파수에 관계없이 일정하다.
② 음속은 기온이 높아질수록 빨라진다.
③ 음의 파장에 주파수를 곱하면 음속이 된다.
④ 공기 중 음의 전파 시 공기분자는 음속으로 움직인다.

해설 음파가 전해질 때 공기분자(입자)가 진동하는 속도는 음압이 클수록 커지지만 입자의 움직임과 음속은 관계가 없고 에너지가 전달되는 것이다.

29 음에 관한 용어 및 성질에 관한 설명으로 옳지 않은 것은?

① 음선은 음의 진행방향을 나타내는 선으로 파면에 수직이다.
② 음파는 공기 등의 매질을 통하여 전파하는 소밀파로 순음의 경우 그 음압은 정현파적으로 변한다.
③ 발산파는 음원으로부터 거리가 멀어질수록 더욱 좁은 면적으로 퍼져나가는 파이다.
④ 평면파는 긴 실린더의 피스톤 운동에 의해 발생하는 파로서 음파의 파면들이 서로 평행인 파이다.

해설 발산파는 음원으로부터 거리가 멀어질수록 더욱 넓은 면적으로 퍼져나가는 파이다.

30 충격음으로 옳지 않은 것은?

① 총소리
② 제트엔진음
③ 공사장 폭발음
④ 소닉 붐(sonic boom)

해설 **충격음(impulse noise)**
일시에 나타나는 충격적인 음으로 총소리, 공사장 폭발음, 제트기가 음속을 돌파할 때 내는 충격파 때문에 생기는 폭발음인 소닉 붐(sonic boom) 등이 있다.
• 충격음은 최대음압수준이 120dB(A) 이상인 소음이 1초 이상의 간격으로 발생하는 것
• 1회의 충격의 최대노출기준은 140dB(A)
• 제트엔진음은 고주파의 연속음이다.

31 종파에 관한 설명으로 옳지 않은 것은?

① 파동의 진행방향과 매질의 진동방향이 일치한다.
② 매질이 없어도 전파된다.
③ 음파와 지진파의 P파가 해당한다.
④ 물체의 체적 변화에 의해 전달된다.

해설 종파는 소밀파(음파)로 공기가 매질이다.

32 횡파에 관한 설명으로 옳지 않은 것은?

① 파동의 진행방향과 매질의 진동방향이 서로 평행하다.
② 매질이 없어도 전파된다.
③ 지진파의 S파, 수면파(물결파)가 횡파에 속한다.
④ 횡파는 고정파와 같은 의미이다.

해설 횡파는 파동의 진행방향과 매질의 진동방향이 서로 직각이다.

33 파동(波動)에 관한 설명으로 옳지 않은 것은?

① 종파(소밀파)는 매질이 없어도 전파되며, 물결(수면)파, 지진파(S파)에 해당한다.
② 구면파는 음원에서 모든 방향으로 동일한 에너지를 방출할 때 발생하는 파로서 공중에 있는 점음원이 해당한다.
③ 둘 또는 그 이상의 음파의 구조적 간섭에 의해 시간적으로 일정하게 음압의 최고와 최저가 반복되는 패턴의 파를 정재파라고 한다.
④ 파면은 파동의 위상이 같은 점들을 연결한 면을 말한다.

해설 매질이 없어도 전파되며, 물결(수면)파, 지진파(S파)에 해당하는 파는 횡파(橫波)이다.

34 물체의 체적 변화에 의해 전달되는 소밀파에 해당되는 것은?

① 종파 ② 횡파
③ 표면파 ④ 고정파

해설 ① 종파 : 소밀파(압력파)에 해당되며 종파(longitudinal wave)는 에너지가 전달되는 파동의 이동방향과 같은 방향으로 매질의 운동(변위)이 나타나는 파동이다.
② 횡파(transverse wave) : 에너지가 전달되는 파동의 전달방향에 수직방향으로 매질의 움직임(변위)이 나타나는 파로 매질의 운동방향이 파동방향과 90°를 이룬다. 즉, 종파와는 반대이다.
③ 표면파(surface wave) : 다른 매질 사이의 계면을 따라 전파되는 90° 각도의 파이다.

35 정재파(standing wave)의 설명으로 옳은 것은?

① 확성기가 두 군데에서 소리를 낼 때 청취자에게 들리는 소리는 음선차에 시간차를 더하여 들리는 파형
② 둘 또는 그 이상의 음파의 구조적 간섭에 의해 시간적으로 일정하게 음압의 최고와 최저가 반복되는 패턴의 파
③ 음파의 진행방향으로 에너지를 전송하는 파
④ 음의 출력이 기대치보다 적거나 원하는 만큼의 크기가 나오지 않으면 앰프의 출력단에 보강신호나 감소하는 출력을 내었을 때 발생하는 파형

해설 정재파
정지한 채 진동만 하는 파로 둘 또는 그 이상의 음파의 구조적 간섭에 의해 시간적으로 일정하게 음압의 최고와 최저가 반복되는 패턴의 파(튜브, 악기, 파이프오르간에서 나는 음 등)

36 음의 용어 및 성질에 관한 설명으로 옳지 않은 것은?

① 정재파(standing wave) : 둘 또는 그 이상의 음파의 구조적 간섭에 의해 시간적으로 일정하게 음압의 최고와 최저가 반복되는 파이다.
② 진행파(progressive wave) : 음파의 진행방향으로 에너지를 전송하는 파이다.
③ 파면(wave front) : 파동의 위상이 같은 점들을 연결한 면이다.
④ 음선(soundray) : 음의 진행방향을 나타내는 선으로 파면에 수평하다.

해설 음선(soundray)
음의 진행방향을 나타내는 선으로 파면에 수직한다.

37 음원에서 모든 방향으로 동일한 에너지를 방출할 때 발생하는 파를 무엇이라고 하는가?

① 평면파 ② 발산파
③ 초음파 ④ 구면파

해설 구면파는 음원에서 모든 방향으로 동일한 에너지를 방출할 때 발생하는 파로 공중에 있는 점음원이 여기에 해당된다.

38 음파의 종류 중 "음원으로부터 거리가 멀어질수록 더욱 넓은 면적으로 퍼져나가는 파"를 의미하는 것은?

① 평면파 ② 발산파
③ 정재파 ④ 구면파

해설 발산파는 음의 세기가 음원으로부터 거리에 따라 감소하는 파이다.

39 음의 공명현상에 관한 설명으로 옳지 않은 것은?

① 음색은 공명현상과는 관계가 없다.
② 공명현상은 흡음효과를 높일 때에도 사용되어진다.
③ 현(弦)의 횡진동에서 공명주파수는 현의 장력의 대소에 따라 변화한다.
④ 기타와 같은 현악기의 통 부분은 공명현상을 이용하여 현의 음을 증폭한다.

해설 어떤 진동체가 내는 음의 음색은 그 음이 어떤 공명을 한 후의 음인가에 따라 크게 변화한다. 예를 들어 건축용 보드의 구멍은 음의 공명 흡수를 위하여 이용되고 있다. 현의 진동 시 공명주파수는 장력의 제곱에 비례한다.

40 평면파의 파동방정식으로 옳은 것은? (단, u : 매질입자 변위, t : 시간, x : 음파의 진행방향, C : 파동의 전파속도)

① $\dfrac{\partial u}{\partial t} = C^2 \dfrac{\partial^2 u}{\partial x^2}$ ② $\dfrac{\partial^2 u}{\partial t^2} = \dfrac{1}{C^2} \dfrac{\partial^2 u}{\partial x^2}$

③ $\dfrac{\partial u}{\partial t} = C \dfrac{\partial^2 u}{\partial x^2}$ ④ $\dfrac{\partial^2 u}{\partial t^2} = C^2 \dfrac{\partial^2 u}{\partial x^2}$

34.① 35.② 36.④ 37.④ 38.② 39.① 40.②

해설 평면파(plane waves)는 파의 진행방향과 수직한 평면상에서 파의 운동상태가 모두 똑같은 파로 1차원에서의 파동방정식은 $\dfrac{\partial^2 u}{\partial t^2} = \dfrac{1}{C^2}\dfrac{\partial^2 u}{\partial x^2}$ 이다.

41 음의 전파에 관한 설명 중 옳지 않은 것은?

① 풍하(風下)에서는 음이 멀리 전파된다.
② 여름철보다 겨울철에 음이 멀리 전파된다.
③ 공기에서보다 물에서 음이 더 빨리 전파된다.
④ 강철을 통해서 전파되는 음이 공기에서 전파되는 음보다 느리다.

해설 상온에서 공기의 음속은 약 340m/s, 강철의 음속은 6,100m/s이다.

42 음의 고저(高低)는 음파의 어떤 성분에 의해 결정되는가?

① 음압　　　② 주파수
③ 음향파워　④ 음의 세기

해설 음의 고저는 음파의 주파수 성분(진동의 빠르기)에 의해 결정된다. 주파수는 초당 진동수이며 헤르츠(Hz)를 단위로 하며 주파수가 높을수록 음의 높이가 높아지게 된다.

43 초음파는 얼마 이상의 주파수를 갖는가?

① 40kHz　　② 100kHz
③ 200kHz　④ 20kHz

해설 초음파(ultrasound)는 20,000Hz, 즉 20kHz 이상의 주파수를 갖고, 초저주파(infrasound)는 20Hz 이하의 주파수를 갖는 음파이다.

44 소음에 관한 설명으로 옳지 않은 것은?

① 소음으로 인한 피해는 정신적, 심리적, 생리적인 피해를 준다.
② 초저주파음이란 주파수가 대략 100Hz 이하의 공기진동을 말한다.
③ N파는 항공기가 음속 이상의 속도로 비행하는 경우에 발생하는 충격파이다.
④ 항공기소음은 피해면적이 넓다.

해설 초저주파음이란 주파수가 대략 20Hz 이하의 공기진동을 말한다.

45 초저주파음(infrasound)에 관한 설명으로 옳지 않은 것은?

① 자연 음원으로 해변에서 밀려드는 파도, 천둥, 회오리바람 등이 그 예이다.
② 인공 음원으로는 온·냉방 시스템, 제트비행기, 점화될 때 우주선에서 발생하는 소리 등이 그 예이다.
③ 20,000Hz보다 낮은 주파수의 음을 말한다.
④ 초저주파음을 집중시키면 매우 큰 에너지가 방출되므로 그 통로에 놓인 건물이나 사람도 파괴할 수 있다.

해설 초저주파음(infrasound)은 20Hz보다 낮은 주파수의 음을 말한다.

46 음속은 매질에 따라 달라진다. 다음 4개의 매질을 음속이 작은 것부터 큰 순서로 배열한 것 중 옳은 것은?

① 납 – 나무 – 유리 – 강철
② 유리 – 나무 – 납 – 강철
③ 나무 – 유리 – 납 – 강철
④ 유리 – 납 – 나무 – 강철

해설 상온(약 20℃)에서의 음속(음의 전파속도)

매질	속도(m/s)	매질	음속(m/s)
공기	344	금(Au)	3,240
헬륨(He)	1,005	은(Ag)	3,600
수소(H₂)	1,310	나무	3,500~5,000
물	1,440	유리	4,900~5,800
납(Pb)	2,160	강철(Fe)	6,100
콘크리트	3,040	–	–

47 일반적으로 소리전파 속도가 가장 느린 매질은?

① 공기(20℃)
② 수소
③ 헬륨
④ 물

해설 음속이 느린 순서
공기 < 헬륨 < 수소 < 물

48 음파의 회절에 관한 설명으로 옳은 것은?

① 높은 주파수 쪽은 회절작용이 크므로 장해물이 있어도 높은 음은 잘 들린다.

② 음파의 회절은 음파가 한 매질에서 타 매질로 통과할 때 발생된다.

③ 일반적으로 파장이 길수록 또한 장애물이 작을수록 회절이 잘 된다.

④ 기온의 역전층 중에서는 회절에 의해 파면이 아랫방향으로 꺾이므로 먼 거리에서도 잘 들린다.

해설 음파의 회절(장애물 뒤쪽으로 음이 전파되는 현상)이 잘 되는 조건
• 음파의 파장이 길수록
• 장애물의 크기가 작을수록
• 물체의 틈구멍이 있는 경우는 그 틈구멍이 작을수록

49 음의 굴절에 관한 설명으로 옳지 않은 것은?

① 대기의 온도차에 의한 굴절인 경우, 온도가 높은 쪽으로 굴절한다.

② 대기의 온도차에 의한 굴절인 경우, 낮에 거리감쇠가 커진다(지표 부근 온도가 상공보다 고온임).

③ 음원보다 상공의 풍속이 클 때 풍상측에서는 상공으로 굴절한다.

④ 음원보다 상공의 풍속이 클 때 풍하측에서는 지면 쪽으로 굴절한다.

해설 음의 굴절 중 대기의 온도차에 의한 굴절인 경우에는 온도가 낮은 쪽으로 굴절한다. 즉, 낮(지표 부근의 온도가 상공보다 고온일 경우)에는 상공 쪽으로, 밤(지표 부근의 온도가 상공보다 저온일 경우)에는 지표 쪽으로 굴절한다.

50 Snell 법칙과 관련이 있는 음의 성질은?

① 투과　　　　② 굴절
③ 회절　　　　④ 반사

해설 Snell의 법칙
음파가 한 매질에서 다른 매질로 통과할 때 구부러지는 현상을 나타내는 법칙(굴절 전과 후의 음속차가 크면 굴절도 커진다)으로 입사각 θ_1, 굴절각 θ_2라 하면 그때의 음속비 $\dfrac{c_1}{c_2} = \dfrac{\sin \theta_1}{\sin \theta_2}$ 이다.

51 배 위에서 물속에 있는 사람에게 큰 소리로 외쳤다. 음파의 입사각은 $60°$, 굴절률이 $\sqrt{\dfrac{3}{2}}$ 일 때 굴절각은?

① $25°$　　　　② $30°$
③ $45°$　　　　④ $55°$

해설 굴절률(refractive index)
두 매질의 경계면을 진행하는 파동이 굴절되는 정도

$$n_{1,2} = \frac{c_1}{c_2} \text{(음속비)} = \frac{\sin \theta_1 \text{(입사각)}}{\sin \theta_2 \text{(굴절각)}} \text{에서}$$

$$\sqrt{\frac{3}{2}} = \frac{\sin 60}{\sin \theta_2}$$

$$\sin \theta_2 = 0.707$$

$$\therefore \theta_2 = 45°$$

52 배 위에서 사공이 물속에 있는 해녀에게 큰 소리로 외쳤을 때 음파의 입사각은 $60°$, 굴절각이 $30°$였다면 이때의 굴절률은?

① $\sqrt{3}$　　　　② $\dfrac{1}{\sqrt{2}}$

③ $\dfrac{3}{2}$　　　　④ $\dfrac{1}{2}$

해설 입사각을 θ_1, 굴절각을 θ_2라 하면

굴절률 $n = \dfrac{\sin \theta_1}{\sin \theta_2} = \dfrac{\sin 60°}{\sin 30°} = \sqrt{3}$

53 하나의 파면상의 모든 점이 파원이 되어 각각 2차적인 구면파를 사출하여 그 파면들을 둘러싸는 면이 새로운 파면을 만드는 현상과 가장 관계 있는 것은?

① Masking 원리　　② Huygens 원리
③ Doppler 원리　　④ Snell 원리

해설 ① 마스킹 원리 : 마스킹 효과라고도 하며, 크고 작은 두 가지 소리를 동시에 들을 때 큰 소리만 들리고 작은 소리는 듣지 못하는 현상(음파의 간섭에 의해 일어남)
③ 도플러 원리 : 도플러 효과라고도 하며, 발음원이나 수음자가 이동할 때 그 진행방향 쪽에서는 원래의 발음원의 음보다 고음(고주파음)으로, 진행 반대 쪽에서는 저음(저주파음)으로 되는 현상
④ 스넬의 원리 : 음의 굴절에서 음파가 한 매질에서 다른 매질로 통과할 때 구부러지는 현상을 입사각과 음속비로 나타낸 식

54 음파에 대한 일반적인 성질로 옳지 않은 것은?

① 대기의 온도차에 의한 경우 주간(지표 부근의 온도가 상공보다 고온)에는 보통 지표 쪽으로 굴절한다.

② 음원보다 상공의 풍속이 클 때 풍하측에서는 지면 쪽으로 굴절한다.

③ 낮은 주파수의 음은 고주파수 음에 비해 회절하기 쉽다.

④ 음의 굴절현상은 Snell의 법칙으로 설명될 수 있다.

해설 대기의 온도차에 의한 경우 주간(지표 부근의 온도가 상공보다 고온)에는 보통 상공 쪽으로 굴절한다.

55 음파에 대한 일반적인 성질을 설명한 것으로 옳지 않은 것은?

① 음파가 거울과 같은 매질에 입사할 때의 입사각과 반사각은 같다.

② 음파가 매질을 통과할 때의 굴절각은 온도에 무관하다.

③ 음파는 회절현상에 의해 차음벽의 효과가 실험치보다 낮게 나타난다.

④ 음파는 차단벽이나 창문의 틈, 벽의 구멍을 통하여 전달이 되기 쉬운데 이것을 회절이라고 하며, 주파수 대역이 낮을수록 회절현상이 심하다.

해설 음파가 매질을 통과할 때의 굴절각은 온도차에 의한 굴절과 풍속차에 의한 굴절이 있다.

56 음의 전파에 관한 설명으로 옳은 것은?

① 저주파음은 고주파음에 비하여 전파속도가 빠르기 때문에 멀리까지 도달한다.

② 지표에 비하여 상공의 온도가 낮을 경우 음선(音線)이 하향되어 멀리까지 음이 도달한다.

③ 상공으로 올라갈수록 바람이 강하게 부는 경우, 풍상측(風上側)으로 향하여 진행하는 음파의 음선은 상향되어 무음대가 생긴다.

④ 여름철 낮에 강을 사이에 두고 강가에서 발생한 음은 상공으로 비산되므로 강이 없는 평지의 경우에 비하여 건너편으로 도달되기 어렵다.

해설 아침에 기온차에 의한 굴절이나 상공으로 올라갈수록 바람이 강하게 부는 경우, 풍상측의 굴절에 있어서와 마찬가지로 음선이 상향으로 될 경우 지상으로부터 가까운 높이에 있는 음원의 음이 전혀 들리지 않는 무음대가 생긴다. 강 위에서는 음선이 하향되며, 평지에서는 반대로 음선이 상향된다고 생각된다. 또 주파수는 전파속도와는 관계가 없다.

57 음원이 이동할 때 들리는 소리의 주파수가 음원의 주파수와 다르게 느껴지는 효과는?

① 아이링(Eyring) 효과

② 도플러(Doppler) 효과

③ 일치(coincidence) 효과

④ 옴-헬름홀츠(Ohm-Helmholtz) 효과

해설 ① 아이링 효과 : 흡음 시 평균흡음률($\bar{\alpha}>0.3$ 이상)이 클 경우 그 평균흡음률을 구하는 식이 Eyring식이다.

② 도플러 효과 : 발음원이나 수음자가 이동할 때 그 진행방향 쪽에서는 원래 발음원의 음보다 고음(고주파음), 진행 반대 쪽에서는 저음(저주파음)으로 되는 현상이다.

③ 일치 효과 : 차음재료에 입사되는 음의 주파수가 재료의 임계주파수와 같으면 차음재료를 통한 소리의 전파는 무한대가 되어 이론적으로 투과손실이 0이 되는 현상으로 차음벽의 두께가 두꺼워질수록 나타나는 현상이다.

④ 옴-헬름홀츠 효과 : 복잡한 복합음도 단순음의 합성이며 이를 Fourier 급수로 분해한 각각의 단순음 진폭이 느껴지는 것과 같다. 다시 말하면 인간의 귀는 순음이 아닌 여러 가지 복잡한 파형의 소리도 각각의 순음 성분으로 분해하여 들을 수 있다는 음색에 관한 법칙이다.

58 음파의 회절에 관한 설명으로 가장 옳은 것은?

① 높은 주파수음이 낮은 주파수음에 비해 회절하기 쉬우므로 장애물이 있어도 높은 음은 잘 들린다.

② 음파의 회절은 음파가 한 매질에 타 매질로 통과할 때 구부러지는 현상이다.

③ 일반적으로 파장이 크고, 장애물이 작을수록 회절이 잘 된다.

④ 기온의 역전층 중에서는 회절에 의해 파면이 아랫방향으로 꺾이므로 먼 거리에서도 잘 들리는 현상과 관계가 깊다.

해설 음의 회절 및 굴절에 관한 사항

• 낮은 주파수음이 높은 주파수음에 비해 회절하기 쉬우므로 장애물이 작을수록 잘 들린다.

• 음파의 굴절은 음파가 한 매질로 타 매질로 통과할 때 구부러지는 현상이다.

• 기온의 역전층 중에서는 굴절에 의해 파면이 아랫방향으로 꺾이므로 먼 거리에서도 잘 들리는 현상과 관계가 깊다.

59 맥놀이(beat) 현상은 다음 소음의 물리적 특성 중 주로 무엇 때문에 발생하는가?

① 간섭   ② 회절

③ 굴절   ④ 반사

해설
- 맥놀이(beat) 현상 : 주파수가 약간 다른 두 개의 음원으로부터 나오는 음은 보강간섭과 소멸간섭이 교대로 이루어져 어느 순간에 큰 소리가 들리면 다음 순간에는 조용한 소리로 들리는 현상. 이때 맥놀이수는 두 음원의 주파수 차이이다.
- 음의 간섭 : 서로 다른 파동 사이의 상호작용으로 나타나는 현상(보강간섭, 소멸간섭, 맥놀이)

60 음향이론과 관련하여 다음 설명에 해당하는 효과는?

> 일반적인 스테레오 시스템에서 좌우 두 개의 스피커로 주파수와 음압이 동일한 음을 동시에 재생하면 인간의 귀에는 두 소리가 정중앙에서 재생되는 것처럼 느껴지지만, 이 상태에서 우측 스피커의 신호를 약간 지연시키면 음상(音像)은 왼쪽 스피커로 옮겨간다.

① 마스킹 효과   ② 칵테일파티 효과

③ 선행음 효과   ④ 도플러 효과

해설
- 선행음 효과 : 소리가 나오는 곳이 2개 있어도 먼저 닿은 소리의 음이 들리는 현상을 연구자의 이름을 따서 HASS 효과라고도 한다.
- 칵테일파티 효과(cocktail party effect) : 파티의 참석자들이 시끄러운 주변 소음이 있는 방에 있음에도 불구하고 대화자와의 이야기를 선택적으로 집중하여 잘 받아들이는 현상에서 유래한 말이다.

61 음의 회절에 관한 설명으로 가장 옳은 것은?

① 굴절 전후의 음속차가 클수록 굴절이 감소한다.

② 대기온도 차에 따른 굴절은 온도가 높은 쪽으로 굴절한다.

③ 장애물 뒤쪽에도 음이 전파되는 현상을 의미한다.

④ 음원보다 상공의 풍속이 클 때 풍상층에서는 아래쪽을 향하여 굴절한다.

해설 음의 회절(diffraction)
장애물 뒤쪽에도 음이 전파되는 현상으로, 파장이 크고 장애물이 작을수록 회절이 잘 된다.

62 둘 또는 그 이상의 같은 성질의 파동이 동시에 어느 한 점을 통과할 때 그 점에서의 진폭은 개개의 파동의 진폭을 합한 것과 같다. 이 원리와 관련이 없는 것은?

① 맥놀이   ② 음향 임피던스

③ 소멸간섭   ④ 보강간섭

해설 중첩의 원리
둘 또는 그 이상의 같은 성질의 파동이 동시에 어느 한 점을 통과할 때 그 점에서의 진폭은 개개의 파동의 진폭을 합한 것과 같다는 원리로 보강간섭, 소멸간섭, 맥놀이가 여기에 속한다.

63 기차역에서 기차가 지나갈 때, 기차가 역 쪽으로 올 때에는 기차음이 고음으로 들리고 기차가 역을 지나친 후에는 기차음이 저음으로 들린다. 이와 같은 현상을 무엇이라고 하는가?

① 호이겐스(Huygens) 원리

② 도플러(Doppler) 효과

③ 마스킹(Masking) 효과

④ 양이(Binaural) 효과

해설
- 호이겐스(Huygens) 원리 : '하위헌스의 원리'라고도 하며 파동이 전파될 때 파면의 각 점은 파원이 되어 아주 작은 구면파를 형성하고, 이 수많은 구면파에 공통으로 접하는 선이나 면이 새로운 파면이 되는 원리이다.
- 양이 효과(Binaural effect) : 인간의 귀가 두 개이므로 음원의 발생 위치를 그 시간과 위상차에 의해 구분할 수 있는 능력으로 '두 귀 효과'라고도 하는데, 양쪽 귀로 듣는 양이 효과의 가장 큰 장점 중에 하나가 칵테일파티 효과이다. 또한 양이 효과는 소리가 발생하는 위치를 파악하고, 어음(말소리) 명료도를 향상(소음 영향을 감소, 소리의 음량을 증가, 동일한 소리를 두 번 청취)시킨다.

64 마스크되지 않을 때의 최소가청값이 음압으로 10^{-10}N/m^2이고, 마스킹에 의하여 최소가청값이 10^{-6}N/m^2까지 증가되었다. 이때 마스킹의 레벨은 몇 dB인가?

① 60dB   ② 70dB

③ 80dB   ④ 90dB

해설 마스킹 정도는 마스크되는 전후의 최소가청값의 세기비의 대수로 나타나므로 음압인 경우는 다음과 같다.

$$L = 20\log\frac{P_2}{P_1} = 20\log\frac{10^{-6}}{10^{-10}} = 80\text{dB}$$

65 음의 회절현상에 대한 설명으로 옳은 것은?

① 파장이 짧고, 장애물이 클수록 회절이 잘 일어난다.

② 슬릿의 구멍이 클수록 회절이 잘 된다.

③ 높은 주파수의 음은 저주파음보다 회절하기가 쉽다.

④ 라디오의 전파가 큰 건물의 뒤쪽에서도 수신되는 현상과 관련이 있다.

해설 ① 파장이 크고, 장애물이 작을수록 회절이 잘 일어난다.
② 슬릿의 구멍이 작을수록 회절이 잘 된다.
③ 낮은 주파수의 음은 고주파음보다 회절하기가 쉽다.

66 음파의 회절현상에 관한 설명으로 틀린 것은?

① 음파의 전파속도가 장소에 따라 변하고, 진행방향이 변하는 현상이다.

② 물체가 작을수록(구멍이 작을수록) 소리는 잘 회절된다.

③ 대기의 온도차와 풍속에 영향을 받으며 음향에너지의 보존법칙이 성립된다.

④ 소리의 주파수는 파장에 반비례하므로 낮은 주파수는 고주파음에 비하여 회절하기가 쉽다.

해설 ③ 음의 굴절에 관한 설명이다.

67 음파의 반사에 관한 설명으로 옳지 않은 것은?

① 두 개의 매질 경계면에서 음향임피던스가 급격하게 변하면 음파의 반사가 일어난다.

② 파장에 비하여 작은 요철(凹凸)이 있는 곳에서는 음파가 산란되어 정반사하지 않는다.

③ 파장에 비하여 작은 방해물이 있는 곳에서는 음파가 그다지 방해를 받지 않고 지나간다.

④ 관속으로 음이 지나갈 경우 관속에서 단면적이 급격하게 변하면 그곳에서 음파의 반사가 일어난다.

해설 요철이 작을수록 면이 매끈하므로 정반사가 된다.

68 음의 반사에 관한 설명으로 옳지 않은 것은?

① 파장에 비하여 요철이 작으면 정반사한다.

② 음파가 반사되면 간섭에 의하여 정상파가 될 수 있다.

③ 음파가 굴절하고 있는 곳에서는 반사도 동시에 일어난다.

④ 음향임피던스가 크게 다른 두 가지 매질의 경계면에서는 투과율이 반사율보다 크다.

해설 음향임피던스의 차이가 크면 반사가 잘 된다.

69 입사측의 음향임피던스를 Z_1, 투과측의 음향임피던스를 Z_2라고 하면 경계면에 수직입사하는 음파의 반사율 $r_o = \left(\dfrac{Z_1 - Z_2}{Z_1 + Z_2} \right)^2$이다. Z_1이 Z_2의 $\dfrac{1}{5}$이라고 하면, 반사에너지 I_r과 투과에너지 I_t의 비 $\dfrac{I_r}{I_t}$는 얼마인가? (단, 경계면에서 음파의 흡수는 없다.)

① $\dfrac{3}{5}$ 　　　　② $\dfrac{4}{5}$

③ 1 　　　　④ $\dfrac{5}{4}$

해설 투과율 $t_o = 1 - r_o = \dfrac{4Z_1 Z_2}{(Z_1 + Z_2)^2}$이므로

$$\frac{I_r}{I_t} = \frac{\dfrac{I_r}{I_o}}{\dfrac{I_t}{I_o}} = \frac{r_o}{t_o} = \frac{(Z_1 - Z_2)^2}{4Z_1 Z_2}$$

이 식에 $Z_1 = \dfrac{Z_2}{5}$를 대입하면, $\dfrac{I_r}{I_t} = \dfrac{4}{5}$이다.

70 음량이론 중 인간은 두 귀를 가지고 있기 때문에 다수의 음원이 공간적으로 배치되어 있을 경우, 각각의 음원을 공간적으로 따로따로 분리하여 듣고 특정인의 말을 알아듣는 것이 용이하다는 것과 관련된 것은?

① 맥놀이 효과　　② 스넬 효과

③ 킥테일파티 효과　④ 하스 효과

해설 양이 효과(binaural effect)는 인간의 귀가 두 개이므로 음원의 발생위치를 그 시간과 위상차에 의해 구분할 수 있는 능력으로 '두 귀 효과'라고도 하는데, 양쪽 귀로 듣는 양이 효과의 가장 큰 장점 중에 하나가 칵테일파티 효과이다.

71 소리의 굴절에 관한 설명으로 옳지 않은 것은? (단, θ_1 : 첫 번째 매질에 대한 소리의 입사각, θ_2 : 두 번째 매질 내에서의 굴절각, R : 굴절도, c_1, c_2 : 각각 첫 번째, 두 번째 매질에서의 음속)

① Snell의 법칙에 의해 $R = \dfrac{\sin \theta_2}{\sin \theta_1}$ 로 표현한다.

② 굴절도 $R \propto \dfrac{c_1}{c_2}$ 이다.

③ 음원보다 상공의 풍속이 클 때 풍하측에서는 지면 쪽으로 굴절한다.

④ 소리가 전파할 때 매질의 밀도 변화로 인하여 음파의 진행방향이 변하는 것을 말한다.

해설 굴절도 $R \propto \dfrac{c_1}{c_2}$ 이기 때문에 Snell의 법칙에 의해 다음과 같이 표현된다.

$$R = \frac{\sin \theta_1}{\sin \theta_2}$$

72 진동수가 약간 다른 두 음을 동시에 듣게 되면 합성된 음의 크기가 오르내린다. 이 현상을 무엇이라고 하는가?

① Doppler
② resonance
③ diffraction
④ beat

해설 ① Doppler 효과 : 발음원이 이동할 때 그 진행방향 쪽에서는 원래 발음원의 음보다 고음으로, 진행 반대쪽에서는 저음으로 되는 현상
② resonance(공명) : 2개 진동체의 고유진동수가 같을 경우 한쪽을 울리면 다른 쪽도 울리는 현상(말굽쇠)
③ diffraction(회절) : 장애물 뒤쪽으로 음이 전파되는 현상

73 주파수가 비슷한 두 소리가 간섭을 일으켜 보강간섭과 소멸간섭을 교대로 일으켜 주기적으로 소리의 강약이 반복되는 현상을 일컫는 것은?

① 도플러 현상
② 맥놀이
③ 마스킹 효과
④ 일치 효과

해설 맥놀이(beat) 현상
주파수가 약간 다른 두 개의 음원으로부터 나오는 음은 보강간섭과 소멸간섭이 교대로 이루어져 어느 순간에 큰 소리가 들리면 다음 순간에는 조용한 소리로 들리는 현상

74 100Hz 음과 110Hz 음이 동시에 발생하여 맥놀이 현상을 일으킨다. 이때 맥놀이수는?

① 5Hz
② 10Hz
③ 105Hz
④ 210Hz

해설 맥놀이수 $f = \dfrac{1}{T} = |f_1 - f_2| = |100 - 110| = 10\text{Hz}$

75 마스킹 효과에 관한 설명으로 옳지 않은 것은?

① 저음이 고음을 잘 마스킹한다.
② 두 음의 주파수가 비슷할 때는 마스킹 효과가 대단히 크다.
③ 음의 반사에 의해 일어난다.
④ 자동차 안의 스테레오 음악에 이용된다.

해설 마스킹 효과는 음의 간섭에 의해 일어난다.

76 호텔의 로비, 엘리베이터 안 등에서는 주위의 배경소음으로 인하여 대화에 신경을 써야 할 때가 있다. 이러한 것을 방지하기 위하여 백그라운드 음악(back ground music)을 이용할 때가 있는데, 이것은 다음 중 무슨 효과를 이용한 것인가?

① 도플러 효과
② 선행 효과
③ 마스킹 효과
④ 이어링 효과

해설 작업장 안에서의 배경음악, 자동차 안의 스테레오 음악은 마스킹 효과를 이용한 것이다.

77 기상조건이 공기흡음에 의해 일어나는 감쇠치에 미치는 일반적인 영향을 가장 알맞게 설명한 것은? (단, 바람은 고려하지 않음)

① 주파수는 작을수록, 기온이 높을수록, 습도가 높을수록 감쇠치가 커진다.
② 주파수는 커질수록, 기온이 낮을수록, 습도가 낮을수록 감쇠치가 커진다.
③ 주파수는 작을수록, 기온이 낮을수록, 습도가 높을수록 감쇠치가 커진다.
④ 주파수는 커질수록, 기온이 높을수록, 습도가 낮을수록 감쇠치가 커진다.

[해설] 대기조건에 따른 음의 감쇠에서 바람을 고려하지 않을 경우 공기흡음에 의해 일어나는 음의 감쇠치는 주파수가 클수록, 기온이 낮을수록, 습도가 낮을수록 감쇠치는 증가한다.

감쇠치 $A_a = 7.4 \times \left(\dfrac{f^2 \times r}{\phi} \right) \times 10^{-8} \text{(dB)}$

여기서, f : 중심 주파수(Hz)
ϕ : 상대습도(%)
r : 음원과 관측점 사이의 거리

78 음원의 지향성에 관한 설명으로 옳지 않은 것은?

① 피스톤 형태로 진동하는 원판의 지향성은 반경이 클수록 첨예해진다.

② 같은 개구부 면적을 갖는 나팔관이라면 나팔관이 열리는 방식이 빨라져도 지향성은 변함이 없다.

③ 피스톤 형태로 진동하는 진동판과 같은 개구부 면적을 갖는 긴 나팔관의 지향성은 대체로 같다.

④ 피스톤 형태로 진동하는 사각형판의 지향성은 긴 변을 포함한 면 내부와 짧은 변을 포함하는 면 내부가 같지 않다.

[해설] 나팔과 같은 관이면 나팔의 열리는 방식에 따라 개구부에서의 진동면이 달라진다. 즉 나팔을 여는 방식이 빨라지면 지향성을 결정하는 유효 개구면적은 반드시 커지지는 않으며 열림이 빠를수록 진동면이 반구 형태로 된다.

79 고유음향임피던스를 나타낸 식으로 옳은 것은?

① 음압/입자속도 ② 입자속도/음압
③ 음압/입자변위 ④ 입자변위/음압

[해설] 고유음향임피던스

주어진 매질에서 입자속도에 대한 음압의 비 $\left(\dfrac{P}{v} \right)$로 매질 고유의 음향적 특성을 나타내는 값이다.

80 단위로 dB을 사용하지 않는 것은?

① 소음레벨
② 음의 크기레벨
③ 음압레벨
④ 음원의 파워레벨

[해설] 음의 크기레벨의 단위는 폰(phon)이다.

81 음의 세기(강도)에 관한 설명으로 틀린 것은?

① 음의 세기는 입자속도의 2승에 비례한다.
② 음의 세기는 음압의 2승에 비례한다.
③ 음의 세기는 음향임피던스에 반비례한다.
④ 음의 세기는 전파속도의 2승에 반비례한다.

[해설]
• 음의 세기 : $I = \dfrac{P^2}{\rho \times c} \text{(W/m}^2)$

여기서, P : 음압
ρ : 매질의 밀도(kg/m³), c : 음속(m/s)
• 입자속도 : 시간에 대한 입자변위의 미분값

$v = \dfrac{P}{\rho \times c}$

82 음압에 관한 설명으로 옳지 않은 것은?

① 음압은 입자속도에 비례한다.
② 음압은 음향임피던스의 2승에 비례한다.
③ 음압은 매질의 밀도에 비례한다.
④ 음압은 음의 전파속도에 비례한다.

[해설]
음의 세기 $I = \dfrac{P^2}{\rho \times c} \text{(W/m}^2)$
음압 $P = \sqrt{I \times \rho \times c} \text{(N/m}^2)$
즉, 음압은 음향임피던스(ρc)의 제곱근에 비례한다.
여기서, ρ : 매질의 밀도(kg/m³), c : 음속(m/s)

83 음의 세기 $I(\text{W/m}^2)$인 음의 음압레벨은 $10\log\dfrac{I}{I_o}$ 로 나타낸다. 기준값 I_o를 W/m² 단위로 나타낼 경우 옳은 것은?

① 1 W/m^2 ② 10^{-6} W/m^2
③ 10^{-12} W/m^2 ④ 10^{-16} W/m^2

[해설] 기준음의 세기
$I_o = 10^{-12} \text{W/m}^2$

84 사람의 귀로 들을 수 있는 음의 세기 범위는 최솟값을 1로 하였을 때 최댓값은?

① 10^4 ② 10^7
③ 10^{10} ④ 10^{13}

[해설] 사람의 귀로 들을 수 있는 음의 세기는 $10^{-12} \sim 10\text{W/m}^2$이므로 10^{-12}W/m^2를 1로 하면 10W/m^2는 10^{13}이 된다.

85 사람의 귀로 들을 수 있는 음의 세기 범위는 최댓값을 1로 하였을 때 최솟값은?

① 10^{-13} ② 10^{-8}
③ 10^{-6} ④ 10^{-4}

[해설] 사람의 귀로 들을 수 있는 음의 세기는 $10^{-12} \sim 10 \text{W/m}^2$이므로 10W/m^2를 1로 하면 10^{-12}W/m^2는 10^{-13}이 된다.

86 음압 실효값이 $8 \times 10^{-1} \text{N/m}^2$인 평면파를 음의 세기로 환산하면 대략 몇 W/m^2인가?

① $1.6 \times 10^{-3} \text{ W/m}^2$
② $2 \times 10^{-2} \text{ W/m}^2$
③ $6.4 \times 10^{-2} \text{ W/m}^2$
④ $4 \times 10^{-1} \text{ W/m}^2$

[해설] 음압과 음의 세기의 관계식을 사용하여 음의 세기를 구한다.
$$I = \frac{P^2}{\rho c} \fallingdotseq \frac{(8 \times 10^{-1})^2}{400} = 1.6 \times 10^{-3} \text{W/m}^2$$

87 음압 실효값이 P인 음파의 음압레벨(SPL)은 $\text{SPL} = 20 \log \frac{P}{P_o} (\text{dB})$로 정의된다. 이 경우 기준음압(실효값)을 P_o로 나타낼 때 그 값은?

① $5 \times 10^{-2} \text{ Pa}$
② $5 \times 10^{-2} \text{ W/m}^2$
③ $2 \times 10^{-5} \text{ Pa/m}^2$
④ $2 \times 10^{-5} \text{ N/m}^2$

[해설] 음압의 단위는 $\text{Pa}(\text{N/m}^2)$이며, 기준음압 P_o는 2×10^{-5} N/m^2이다.

88 정상 청력을 가진 사람이 1,000Hz에서 가청할 수 있는 최소음압실효치가 $2 \times 10^{-5} \text{ N/m}^2$일 때, 어떤 대상 음압레벨이 96dB이었다면 이 대상음의 음압실효치(N/m^2)는?

① 0.76 N/m^2 ② 1.26 N/m^2
③ 8.4 N/m^2 ④ 18.0 N/m^2

[해설] 음압레벨 $\text{SPL} = 20 \log \frac{P}{2 \times 10^{-5}}$에서

$96 = 20 \log \frac{P}{2 \times 10^{-5}}$

$\therefore P = 10^{4.8} \times 2 \times 10^{-5} = 1.26 \text{N/m}^2$

89 음의 세기 I와 음압 실효값 P의 관계를 나타내는 식으로 가장 옳게 대응된 것은?

	$I(\text{W/m}^2)$	$P(\text{Pa})$
①	10^{-8}	1×10^{-3}
②	2×10^{-8}	2×10^{-3}
③	4×10^{-8}	4×10^{-3}
④	6×10^{-8}	6×10^{-3}

[해설] 음의 세기 $I(\text{W/m}^2)$와 음압 실효값 $P(\text{Pa}=\text{N/m}^2)$의 관계는 $I = \frac{P^2}{\rho c}$이다. 여기서, 고유음향임피던스 $\rho \times c \fallingdotseq 400$ (rayl(MKS))이므로, $\frac{P^2}{I}$의 값이 400에 가까운 값이 정답이다. 이 식에 P값을 대입하면 ③번이 I와 P의 관계에 제일 정확하다.

90 음압의 진폭이 1Pa인 정현 평면 진행음파의 세기는 몇 W/m^2인가? (단, 고유음향임피던스는 400rayl(MKS)이다.)

① 1.25×10^{-3} ② 2.5×10^{-3}
③ 5×10^{-3} ④ 1.25×10^{-2}

[해설] 음압 실효값(rms)은 $\frac{1}{\sqrt{2}}$ Pa이다.

실효값(RMS, Root Mean Square)은 평균값, 피크값만으로는 파형 특성의 유용한 수단이 되지 못하여 어느 정도 평균적인 의미를 지니면서도 서로 다른 파형 간에 적절한 비교의 척도로 사용된다.

$$I = \frac{P^2}{\rho \times c} = \frac{\left(\frac{1}{\sqrt{2}}\right)^2}{400} = 1.25 \times 10^{-3} \text{W/m}^2$$

91 어떤 장소에서 음을 측정하였더니 음압레벨이 79dB이었다. 그 지점에서 음의 세기는?

① 10^{-3} W/m^2
② $2 \times 10^{-5} \text{ W/m}^2$
③ $4 \times 10^{-5} \text{ W/m}^2$
④ $8 \times 10^{-5} \text{ W/m}^2$

[해설] 음압레벨은 음의 세기레벨과 거의 같으므로
$$10 \log \frac{I}{10^{-12}} = 79$$

따라서, $\log \frac{I}{10^{-12}} = 7.9$

$\therefore I = 10^{7.9} \times 10^{-12} = 8 \times 10^{-5} \text{W/m}^2$

92 소음레벨에 관한 설명으로 옳은 것은?

① 소음레벨은 음의 물리적 세기를 나타내는 것이다.

② 소음레벨은 어떤 음에 대한 소음계의 지시값이다.

③ 소음레벨의 단위로서는 국제적으로 phon이 사용된다.

④ 소음레벨과 음의 크기레벨은 같은 값이다.

해설 • 소음레벨(소음도, sound level, SL) : 측정한 음에 대한 소음계의 지시치로 소음계의 청감보정회로 A, B, C 등을 통해 측정한 값으로 이는 귀로 느끼는 감각량을 계측기로 측정한 값이다.

$$SL = SPL + L_R$$

여기서, L_R : 청감보정회로에 의한 주파대역별 보정치

• 음의 크기레벨(loudness level, L) : 감각적인 음의 크기를 나타내는 양으로 음을 귀로 들어 1,000Hz 순음의 크기와 평균적으로 같은 크기로 느껴질 때 그 음의 크기를 1,000Hz 순음의 세기레벨로 나타낸 것이다. 1,000Hz 순음의 세기레벨(또는 음압레벨)은 phon값과 같다.

93 소음도(소음레벨)에 관한 설명으로 옳지 않은 것은?

① 낮은 주파수 성분이 많을수록 시끄럽다.

② 배경소음과의 레벨차가 클수록 시끄럽다.

③ 소음레벨이 클수록 시끄럽다.

④ 충격성이 강할수록 시끄럽다.

해설 높은 주파수 성분이 많을수록 시끄럽다.

94 스크린 뒤의 정확한 위치를 모르는 스피커에서 순음이 나오고 있다. 그 음을 어떤 점에서 측정하여 보니 주파수와 음압이 측정되었다. 이 주파수와 음압만으로 결정되어지지 않는 소음량은?

① 음의 세기

② 음압레벨

③ 소음레벨

④ 파워레벨

해설 파워레벨 PWL은 음향출력을 데시벨로 나타낸 것으로

$$PWL = 10 \log \frac{W}{W_o} = 10 \log \frac{W}{10^{-12}} \text{(dB)}$$ 이기 때문에 주파수와 음압만으로는 결정되지 않는 값이다.

95 음원의 음향파워레벨에 관한 설명으로 옳지 않은 것은?

① 음원의 음향출력을 데시벨로 나타낸 것이다.

② 음원의 음향파워레벨은 측정방향에 따라 다르다.

③ 음향출력이 10배로 되면 파워레벨은 10dB 커진다.

④ 일반적으로 음향파워레벨이 큰 발생원을 우선하여 방음대책을 세우는 것이 좋다.

해설 음향파워레벨은 음향파워(W)를 로그 규모로 표현한 것으로 측정방향에 따라 같으며, 단위는 데시벨(dB)이다.

$$PWL = 10 \log \frac{W}{W_o} = 10 \log \frac{W}{10^{-12}} = 10 \log W + 120$$

96 음압의 단위로 옳지 않은 것은?

① μbar ② N/m^2

③ $dyne/m^2$ ④ W/m^2

해설 **음압 단위의 환산**

$1 dyne/cm^2 = 1 \mu bar = 0.1 Pa = 0.1 N/m^2 ≒ 10^{-6} atm$

④ W/m^2는 음의 세기 단위이다.

97 주파수 범위(Hz) 중 인간의 청각에서 가장 감도가 좋은 것은?

① $0 \sim 10$

② $10 \sim 50$

③ $50 \sim 250$

④ $2,000 \sim 5,000$

해설 등청감곡선에서 인간의 청각에서 가장 감도가 좋은 주파수 범위는 2,000~5,000Hz 범위로, 이 청감은 4,000Hz 주위의 음에서 가장 예민하며 100Hz 이하의 저주파음에서는 둔하다.

98 음압의 실효치가 2×10^{-2} N/m^2일 때 음의 세기레벨(dB)은? (단, 고유음향임피던스는 $400 N \cdot s/m^3$)

① 60 ② 80

③ 120 ④ 140

해설

음의 세기 $I = \dfrac{P^2}{\rho \times c} = \dfrac{(2 \times 10^{-2})^2}{400} = 1 \times 10^{-6} W/m^2$

∴ 세기레벨 $SIL = 10 \log \dfrac{1 \times 10^{-6}}{10^{-12}} = 60 dB$

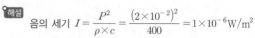

99 회화방해레벨(SIL) 산출 시 관계없는 주파수 밴드는?

① 600~1,200Hz

② 1,200~2,400Hz

③ 2,400~4,800Hz

④ 4,800~9,600Hz

해설 회화방해레벨(SIL)

소음을 600~1,200Hz, 1,200~2,400Hz, 2,400~4,800Hz의 3개 밴드로 분석한 음압레벨의 산술평균한 값이다.

100 면적 10m²의 창을 음압레벨 100dB인 음파가 통과할 때, 이 창을 통과한 음파의 음향출력은?

① 10W

② 1W

③ 0.1W

④ 0.01W

해설 SPL값과 SIL값은 같으므로 $100 = 10 \log \dfrac{I}{10^{-12}}$ 에서

$I = 10^{10} \times 10^{-12} = 0.01 \text{W/m}^2$

음향파워 $W = I \times S$

$= 0.01 \text{W/m}^2 \times 10 \text{m}^2$

$= 0.1 \text{W}$

101 기계소음을 측정하였더니 그림과 같이 비감쇠 정현음파의 소음이 계측되었다. 기계소음의 음압레벨은 몇 dB인가?

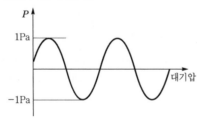

① 91dB　　② 94dB

③ 96dB　　④ 100dB

해설 음압레벨

$$SPL = 20 \log \left(\frac{P}{P_o} \right) = 20 \log \left(\frac{\frac{1}{\sqrt{2}}}{2 \times 10^{-5}} \right) = 91 \text{dB}$$

102 그림과 같은 음압진폭이 20Pa인 정현음파의 파형이 있다. 이 음파의 음압레벨은 약 몇 dB이 되는가?

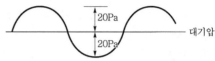

① 117dB

② 120dB

③ 123dB

④ 126dB

해설 주어진 그림에서 20Pa은 음압 최대치(P_{max})이므로 실효치로 변경하여 음압레벨식에 대입한다.

$$P = \frac{P_{max}}{\sqrt{2}} = \frac{20}{\sqrt{2}} = 14.14 \text{N/m}^2, \ (\text{Pa} = \text{N/m}^2)$$

$\therefore$ 음압레벨 $SPL = 20 \log \dfrac{14.14}{2 \times 10^{-5}} = 117 \text{dB}$

103 음압의 피크치가 3×10^{-4} N/m²인 음의 세기는? (단, $\rho c = 407$N · s/m³이다.)

① 1.1×10^{-10} W/m²

② 1.7×10^{-10} W/m²

③ 2.9×10^{-10} W/m²

④ 3.2×10^{-10} W/m²

해설
- 음압의 피크치를 실효치로 바꾼다.

$$P = \frac{P_{max}}{\sqrt{2}} = \frac{3 \times 10^{-4}}{\sqrt{2}} = 2.1 \times 10^{-4}$$

- 음의 세기를 구한다.

$$I = \frac{P^2}{\rho c} = \frac{(2.1 \times 10^{-4})^2}{407} = 1.1 \times 10^{-10} \text{W/m}^2$$

104 어떤 점의 음의 세기 I는 음압 P와 고유음향임피던스 ρc와의 관계로 옳은 것은? (단, ρ : 매질의 밀도, c : 음속)

① $I = \dfrac{P}{\rho c}$　　② $I^2 = \dfrac{P}{\rho c}$

③ $P - \dfrac{\rho c}{I}$　　④ $P = \sqrt{I \rho c}$

해설 음의 세기 $I = \dfrac{P^2}{\rho c}$ W/m²에서 음압 $P = \sqrt{I \rho c}$ (N/m²)이다.

105 음압 실효치가 $5 \times 10^{-1} \text{N/m}^2$인 평면파의 음의 세기는 몇 W/m^2인가? (단, 고유음향임피던스는 400Rayls라 한다.)

① $1.25 \times 10^{-3} \text{ W/m}^2$

② $3.13 \times 10^{-4} \text{ W/m}^2$

③ $4.76 \times 10^{-4} \text{ W/m}^2$

④ $6.25 \times 10^{-4} \text{ W/m}^2$

해설 음의 세기

$$I = \frac{P^2}{\rho c} = \frac{\left(5 \times 10^{-1}\right)^2}{400} = 6.25 \times 10^{-4} \text{W/m}^2$$

106 상온 대기 중에서 어느 음원에서 음의 강도가 10^{-8}W/m^2의 세기로 배출되는 소음이 있다. 이의 음압과 음압레벨은? (순서대로 음압, 음압레벨)

① $2 \times 10^{-3} \text{N/m}^2$, 40dB

② $3 \times 10^{-3} \text{N/m}^2$, 42dB

③ $2 \times 10^{-4} \text{N/m}^2$, 40dB

④ $3 \times 10^{-4} \text{N/m}^2$, 42dB

해설 음의 강도(세기)에 따른 음의 세기레벨

$$\text{SIL} = 10 \log \frac{I}{10^{-12}} = 10 \log \frac{10^{-8}}{10^{-12}} = 40\text{dB}$$

세기레벨과 음압레벨은 같은 값이므로

$40 = 20 \log \dfrac{P}{2 \times 10^{-5}}$ 에서

$$P = 10^2 \times 2 \times 10^{-5} = 2 \times 10^{-3} \text{N/m}^2$$

107 소리의 세기가 10^{-3} W/m^2이고 공기의 임피던스가 450rayls이다. 이때의 음압레벨은?

① 61dB

② 71dB

③ 81dB

④ 91dB

해설 소리의 세기 $I = \dfrac{P^2}{\rho \times c}$ 에서

$$10^{-3} = \frac{P^2}{450}$$

$$P = \sqrt{10^{-3} \times 450} = 0.67 \text{N/m}^2$$

$$\therefore \text{ SPL} = 20 \log \frac{P}{2 \times 10^{-5}}$$

$$= 20 \log \frac{0.67}{2 \times 10^{-5}}$$

$$= 91\text{dB}$$

108 70dB인 점음원 3개, 90dB인 점음원 2개 등 5개의 소음원을 같은 장소에서 동시에 가동했을 때 몇 dB의 소음이 되겠는가?

① 86dB

② 90dB

③ 93dB

④ 99dB

해설 소음원이 동시에 가동했을 때의 dB 계산은 합을 구하는 공식을 적용한다.

$$L = 10 \log \left(3 \times 10^7 + 2 \times 10^9\right) = 93\text{dB}$$

109 60dB의 소음원과 80dB의 소음원을 동시에 같은 장소에서 가동시켰을 때 몇 dB의 소음이 되는가?

① 85dB

② 80dB

③ 75dB

④ 70dB

해설 소음원이 동시에 가동했을 때의 dB 계산은 합을 구하는 공식을 적용한다.

$$L = 10 \log \left(10^6 + 10^8\right) = 80\text{dB}$$

소음레벨 계산의 법칙
• 두 소음의 차이가 10dB을 초과하면 큰 소음값이 곧 합이 된다.
• 두 소음값이 같으면 3dB이 증가한다.

110 $L_1 = 80\text{dB}$, $L_2 = 70\text{dB}$인 음들의 합, 평균, 차의 값으로 옳은 것은? (순서대로 합, 평균, 차)

① 80.4dB, 77.4dB, 79.5dB

② 80.7dB, 77.6dB, 78.5dB

③ 80.4dB, 77.6dB, 78.5dB

④ 80.7dB, 77.4dB, 79.5dB

해설 • dB 합

$$L = 10 \log \left(10^{\frac{L_1}{10}} + 10^{\frac{L_2}{10}}\right)$$

$$= 10 \log \left(10^8 + 10^7\right) = 80.4\text{dB}$$

• dB 평균

$$\overline{L} = 10 \log \left\{ \frac{1}{n} \left(10^{\frac{L_1}{10}} + 10^{\frac{L_2}{10}} + \cdots + 10^{\frac{L_n}{10}}\right) \right\} \text{에서}$$

$$\overline{L} = 10 \log \left\{ \frac{1}{2} \left(10^8 + 10^7\right) \right\} = 77.4\text{dB}$$

• dB 차
조건($L_1 > L_2$)에서

$$L' = 10 \log \left(10^{\frac{L_1}{10}} - 10^{\frac{L_2}{10}}\right)$$

$$L' = 10 \log \left(10^8 - 10^7\right) = 79.5\text{dB}$$

111 어느 지점의 PWL을 10분 간격으로 측정한 결과 100dB이 3회, 105dB이 3회였다면 이 지점의 평균 PWL은?

① 약 103dB 　② 약 105dB

③ 약 107dB 　④ 약 109dB

해설 음향파워레벨의 평균

$$L_{eq} = 10\log\left[\frac{1}{n}\left(\sum n_i \times 10^{\frac{L_i}{10}}\right)\right]$$
$$= 10\log\left[\frac{1}{6}\left(3\times 10^{10} + 3\times 10^{10.5}\right)\right]$$
$$= 103.2\text{dB}$$

112 공장 내부에 소음을 발생시키는 기계가 존재하는데, PWL 86dB인 기계 12대, PWL 91dB인 기계 10대가 동시 가동될 때 PWL의 합은?

① 약 88dB 　② 약 94dB

③ 약 98dB 　④ 약 102dB

해설 음향파워레벨의 합

$$L = 10\log\left(n_1 \times 10^{\frac{L_1}{10}} + n_2 \times 10^{\frac{L_2}{10}}\right)$$
$$= 10\log\left(12\times 10^{8.6} + 10\times 10^{9.1}\right)$$
$$= 102\text{dB}$$

113 소음원의 PWL이 각각 70dB, 75dB, 79dB, 85dB일 때 소음의 파워레벨 평균치는?

① 77dB 　② 80dB

③ 84dB 　④ 86dB

해설 소음의 파워레벨 평균치

$L - 10\log n$ 이므로 먼저 소음원의 PWL합(L)을 구한다.

$$L = 10\log\left(10^{\frac{L_1}{10}} + 10^{\frac{L_2}{10}} + \cdots + 10^{\frac{L_n}{10}}\right)$$
$$= 10\log\left(10^7 + 10^{7.5} + 10^{7.9} + 10^{8.5}\right)$$
$$= 86\text{dB}$$

∴ 파워레벨의 평균치

$L - 10\log n = 86 - 10\log 4 = 80\text{dB}$

114 면저 1m²인 창을 음압레벨 110dB인 음파가 통과한다고 할 때 이 창을 통과하는 음파의 에너지는 몇 W인가?

① 4W 　② 1W

③ 0.4W 　④ 0.1W

해설 음압레벨은 음의 세기레벨과 거의 같으므로

$10\log\dfrac{I}{10^{-12}} = 110\text{dB}$이므로

$\log\dfrac{I}{10^{-12}} = 11$

$\dfrac{I}{10^{-12}} = 10^{11}\text{W/m}^2$

$I = 10^{11} \times 10^{-12} = 10^{-1} = 0.1\text{W/m}^2$

∴ 4m²의 면적을 지나는 에너지의 양은 0.1W/m²×4m² = 0.4W이다.

115 무지향성 점음원이 있다. 음의 세기를 2배로 하면 음압레벨은 어떻게 되는가?

① 2dB 증가한다.

② 3dB 증가한다.

③ 6dB 증가한다.

④ 9dB 증가한다.

해설 무지향성 점음원의 음의 세기레벨

SPL = SIL = $10\log 2 = 3\text{dB}$

즉, 음의 세기를 2배로 하면 3dB이 증가한다.

116 음의 세기(sound intensity)가 0.5×10^{-4} W/m² 일 때 음압도는 몇 dB인가? (단, 공기의 밀도 및 음의 전파속도는 각각 1.2kg/m³ 및 340m/s 로 한다.)

① 81 　② 77

③ 73 　④ 69

해설 음의 세기 $I = \dfrac{P^2}{\rho c}$ 에서

$P = \sqrt{I \times \rho \times c} = \sqrt{0.5 \times 10^{-4} \times 1.2 \times 340}$
$= 0.143\text{N/m}^2$

∴ 음압레벨(음압도)

$\text{SPL} = 20\log\dfrac{P}{2\times 10^{-5}} = 20\log\dfrac{0.143}{2\times 10^{-5}} = 77\text{dB}$

117 음압이 20배로 증가하면 음압레벨은 몇 dB 증가하는가?

① 10dB 　② 20dB

③ 26dB 　④ 38dB

해설 음압레벨 계산에서 음압이 증가할 경우 $20\log(x$배)만큼 증가한다. 즉, $20\log 20 = 26\text{dB}$이다.

118 음압이 각각 10배와 100배로 증가하면 음압레벨은 각각 몇 dB 증가하는가?

① 20, 30   ② 20, 40

③ 30, 60   ④ 30, 90

해설
- 음압이 10배 증가할 경우 음압레벨
  $$SPL = 20 \log 10 = 20dB$$
- 음압이 100배 증가할 경우 음압레벨
  $$SPL = 20 \log 100 = 40dB$$

119 2개의 작은 음원이 있다. 각각의 음향출력(W) 비율이 1 : 20일 때, 이 2개 음원의 음향파워레벨차는 몇 dB인가?

① 13dB   ② 16dB

③ 19dB   ④ 22dB

해설 **음향파워레벨**

$$PWL = 10 \log \frac{W}{10^{-12}} \text{에서}$$

1일 때 $PWL = 10 \log \dfrac{1}{10^{-12}} = 120dB$

20일 때 $PWL = 10 \log \dfrac{20}{10^{-12}} = 133dB$

$$\therefore 133 - 120 = 13dB$$

120 기온이 20℃, 음압실효치가 0.35N/m²일 때, 평균 음에너지 밀도는?

① $8.6 \times 10^{-6} J/m^3$ ② $8.6 \times 10^{-7} J/m^3$

③ $8.6 \times 10^{-8} J/m^3$ ④ $8.6 \times 10^{-9} J/m^3$

해설 음에너지 밀도는 음장 내의 한 점에서 단위 부피당 음에너지(J/m^3)이므로

평균 음에너지 밀도 $\delta = \dfrac{P^2}{\rho \times c^2}$ 에서

$\rho = 1.3 \times \dfrac{273}{273 + 20} = 1.2kg/m^3$

$c = 331.5 + 0.61 \times 20 = 344m/s$

$\therefore \delta = \dfrac{P^2}{\rho \times c^2} = \dfrac{0.35^2}{1.2 \times 344^2} = 8.6 \times 10^{-7} J/m^3$

121 현재 기계의 측정된 음향파워레벨이 80dB이었다면, 이 기계의 음향출력은?

① $10^{-2} W$ ② $10^{-4} W$

③ $10^{-8} W$ ④ $10^{-12} W$

해설 **음향파워레벨**

$$PWL = 10 \log \frac{W}{10^{-12}} \text{에서, } 80 = 10 \log \frac{W}{10^{-12}}$$

$$\therefore W = 10^8 \times 10^{-12} = 10^{-4} W$$

122 자유공간에서 지향성 음원의 지향계수가 2.0이고 이 음원의 음향파워레벨이 125dB일 때, 이 음원으로부터 30m 떨어진 지향점에서의 에너지 밀도는? (단, $c = 340m/s$로 한다.)

① $1.325 \times 10^{-6} J/m^3$

② $1.645 \times 10^{-6} J/m^3$

③ $1.743 \times 10^{-6} J/m^3$

④ $1.875 \times 10^{-6} J/m^3$

해설 자유공간에서 거리 r만큼 떨어진 직접음장의 음에너지 밀도

$\delta_d = \dfrac{Q W}{4 \pi r^2 c}$ 이다.

$PWL = 10 \log \dfrac{W}{10^{-12}}$ 에서 $125 = 10 \log \dfrac{W}{10^{-12}}$

$\therefore W = 10^{12.5} \times 10^{-12} = 3.16W$

$\delta_d = \dfrac{2 \times 3.16}{4 \times 3.14 \times 30^2 \times 340} = 1.645 \times 10^{-6} J/m^3$

123 음의 세기레벨이 84dB에서 88dB로 증가하면 음의 세기는 약 몇 % 증가하는가?

① 91%   ② 111%

③ 131%   ④ 151%

해설 **음의 세기 증가율(%)**

$$\dfrac{10^{\frac{L_2}{10}} - 10^{\frac{L_1}{10}}}{10^{\frac{L_1}{10}}} \times 100 = \dfrac{10^{8.8} - 10^{8.4}}{10^{8.4}} \times 100 = 151\%$$

124 음향출력 1W인 작은 음원에서 약 10m 떨어진 지점의 음압레벨은 몇 dB인가?

① 60dB   ② 70dB

③ 80dB   ④ 90dB

해설
- 음향출력 1W인 음향파워레벨
  $$PWL = 10 \log \frac{W}{10^{-12}} = 120dB$$
- 파워레벨과 음압레벨의 관계식에서 자유공간 중에서 10m 떨어진 지점의 음압레벨
  $$SPL = PWL - 20 \log r - 11$$
  $$= 120 - 20 \log 10 - 11 = 90dB$$

125 평균 출력이 100HP인 전동기가 1,200rpm으로 가동될 때 음향파워레벨은 얼마인가? (단, 전동기의 변환계수(F_n)는 1×10^{-7}, 1HP = 746W 이다.)

① 99dB ② 104dB
③ 106dB ④ 112dB

해설 전동기(motor)의 평균 출력의 세기
$$W = 100 \, \text{HP} \times 746 \text{W/HP} \times 1 \times 10^{-7} = 0.00746 \text{W}$$
음향파워레벨 $PWL = 10 \log \dfrac{0.00746}{10^{-12}} = 99 \text{dB}$

126 음압레벨 130dB의 음파가 면적 6m²의 창을 통과할 때 음파의 에너지는 몇 W인가?

① 0.6W
② 6W
③ 60W
④ 600W

해설 $SPL = SIL = 10 \log \dfrac{I}{10^{-12}}$ 에서
$$130 = 10 \log \dfrac{I}{10^{-12}}$$
$$\therefore I = 10^{13} \times 10^{-12} = 10 \text{W/m}^2$$
$$W = I \times S = 10 \times 6 = 60 \text{W}$$

127 10℃ 공기 중의 음원 S에서 발생한 소리가 콘크리트벽 밀도($\rho = 2,500 \text{kg/m}^3$, Young률, $E = 2.8 \times 10^{10} \text{N/m}^2$)에 수직 입사할 때 이 콘크리트벽의 반사율은? (단, 0℃에서 공기의 밀도는 1.293kg/m³이다.)

① 0.897 ② 0.785
③ 0.999 ④ 0.675

해설 콘크리트에서의 음속
$$c = \sqrt{\dfrac{E}{\rho}} = \sqrt{\dfrac{2.8 \times 10^{10}}{2,500}} = 3,347 \text{m/s}$$
공기 중 음속 $c = 331.5 + 0.61 \times 10 = 338 \text{m/s}$
$$\therefore \text{반사율 } \alpha_r = \dfrac{I_r}{I_i} = \left(\dfrac{\rho_2 c_2 - \rho_1 c_1}{\rho_2 c_2 + \rho_1 c_1} \right)^2$$
$$= \left(\dfrac{3,347 \times 2,500 - 1.293 \times 338}{3,347 \times 2,500 + 1.293 \times 338} \right)^2$$
$$= 0.999$$

128 점음원의 파워레벨이 100dB이고, 그 점음원이 모퉁이(세 면이 접하는 구석)에 놓여 있을 때, 10m 되는 지점에서의 음압레벨은?

① 82dB ② 78dB
③ 72dB ④ 69dB

해설 음압레벨 $SPL = PWL + 10 \log \left(\dfrac{Q}{4 \pi r^2} \right)$ 에서
지향계수 $Q = 8$ 이므로
$$SPL = PWL - 20 \log r - 2$$
$$= 100 - 20 \log 10 - 2 = 78 \text{dB}$$

129 작은 음원(점음원)에서 측정점까지의 거리와 소음레벨의 관계에 대한 설명으로 옳은 것은?

① 측정점까지의 거리를 1/2배로 하면 3dB 커진다.
② 측정점까지의 거리를 5배로 하면 10dB 적어진다.
③ 측정점까지의 거리를 10배로 하면 20dB 적어진다.
④ 측정점까지의 거리를 20배로 하면 30dB 적어진다.

해설 작은 음원, 즉 점음원의 거리감쇠는 다음 식에 의해
$$SPL_1 - SPL_2 = 20 \log \dfrac{r_2}{r_1}$$
①의 조건에서는 6dB 커진다.
②의 조건에서는 14dB 감소한다.
④의 조건에서는 26dB 감소한다.

130 파워레벨이 81dB인 작은 음원이 지상에 있고, 그 곳으로부터 10m 떨어진 지점에서는 다른 기계의 소음으로 음압레벨이 65dB 측정되었다. 이 지점에서 음압레벨의 합은?

① 60dB ② 63dB
③ 65dB ④ 67dB

해설 점음원, 반자유공간이므로
$$SPL = PWL - 20 \log r - 8 = 81 - 20 - 8 = 63 \text{dB}$$
$$\therefore \text{음압레벨의 합 } L = 10 \log \left(10^{\frac{63}{10}} + 10^{\frac{65}{10}} \right) = 67 \text{dB}$$

131 선음원은 거리가 2배될 때마다 음압레벨은 몇 dB씩 감소하는가?

① 2   ② 3
③ 6   ④ 9

해설 선음원의 거리감쇠 $10\log r = 10\log 2 = 3\text{dB}$

132 어떤 기계 1대에서 발생되는 음을 그 음원에서 일정한 거리만큼 떨어진 지점에서 측정하였더니 65dB이었고, 이어서 그 기계와 동일한 기계 몇 대를 동시에 작동시켜 발생한 음을 앞에서와 동일한 거리만큼 떨어진 지점에서 측정하였더니 72dB이 되었다. 이 경우 동시에 작동시킨 기계는 모두 몇 대인가?

① 4대   ② 5대
③ 6대   ④ 7대

해설 n대의 기계를 동시에 작동시켰다고 한다면
$$10\log (10^{\frac{65}{10}} + 10^{\frac{65}{10}} + \cdots + 10^{\frac{65}{10}}) = 72$$
$$\therefore\ 10\log (n \times 10^{\frac{65}{10}}) = 72$$
$$10\log n + 65 = 72$$
$$10\log n = 7$$
$$\therefore\ n \fallingdotseq 5$$

133 다음 짝지어진 소음레벨 중 동시에 소음이 발생하였을 때 가장 크게 나타나는 값은?

a_1과 a_2의 차	0	1	2	3	4	5
α	3.0	2.5	2.1	1.8	1.5	1.2
a_1과 a_2의 차	6	7	8	9	10	11
α	1.0	0.8	0.6	0.5	0.4	0.3

① 60dB, 70dB
② 62dB, 68dB
③ 64dB, 65dB, 67dB
④ 66dB, 66dB, 66dB

해설 dB합 계산의 간이 계산식을 이용하면 다음과 같다.
① $70 + 0.4 = 70.4$
② $68 + 1.0 = 69$
③ $67 + 2.1 = 69.1,\ 69.1 + 1.2 = 70.3$
④ $66 + 3.0 = 69,\ 69 + 1.8 = 70.8$

134 다음 설명한 것 중 ㉮~㉲까지 괄호 안에 넣어야 할 적당한 수치로 짝지어진 것은?

여러 가지 레벨의 음원을 동시에 작동하는 경우 또는 몇 개를 정지한 경우의 레벨 추정이나, 에너지 평균을 구하기 위하여 dB의 계산이 행해진다. 각각의 음의 레벨을 L_1, L_2, L_3, $\cdots$, L_n, 음의 세기를 I_1, I_2, I_3, $\cdots$, I_n, I_o를 기준값$(10^{-12}$ W/m$^2)$으로 dB을 계산하면 $L_i = 10\log \dfrac{I_i}{I_o}$로 나타난다. 이들 dB 파워 합 L은 $L = 10\log ($ ㉮ $)$ $= 10\log \left\{ \sum\limits_{i}^{n} ($ ㉯ $)^{(㉰)} \right\}$이 되고, 평균 dB값 $\overline{L} = 10\log \{\ ($ ㉱ $)\ ($ ㉮ $)\ \} = L - ($ ㉲ $)$이 된다.

	㉮	㉯	㉰	㉱	㉲
①	$I_1 + I_2 + \cdots + I_n$,	20,	L_i,	$\dfrac{1}{n}$,	$10\log n$
②	$\dfrac{I_1 + I_2 + \cdots + I_n}{I_o}$,	10,	$\dfrac{L_i}{20}$,	$\dfrac{1}{10 \cdot n}$,	n
③	$\dfrac{I_1 + I_2 + \cdots + I_n}{I_o}$,	10,	$\dfrac{L_i}{10}$,	$\dfrac{1}{n}$,	$\log n$
④	$\dfrac{I_1 + I_2 + \cdots + I_n}{I_o}$,	10,	$\dfrac{L_i}{10}$,	$\dfrac{1}{n}$,	$10\log n$

해설 • 파워 합
$$L = 10\log \frac{I_1 + I_2 + \cdots + I_n}{I_o} = 10\log \left\{ \sum_{i}^{n} 10^{\frac{L_i}{10}} \right\}$$
• 파워 평균
$$\overline{L} = 10\log \left\{ \frac{1}{n} \left(\frac{I_1 + I_2 + \cdots + I_n}{I_o} \right) \right\}$$
$$= L - 10\log n$$

135 소음공해의 특징으로 옳지 않은 것은?
① 감각적 공해이다.
② 대책 후에 처리할 물질이 거의 발생되지 않는다.
③ 광범위하고, 단발적이다.
④ 축적성이 없다.

해설 소음공해는 국소적이고, 다발적이어서 주위에 민원이 많다.

136 소음에 대한 인간의 감수성을 설명하고 있는 것으로 옳지 않은 것은?

① 건강한 사람보다는 환자가 더 민감하다.
② 남성보다는 여성이 더 민감하다.
③ 젊은이보다는 노인이 더 민감하다.
④ 노동하는 상태보다는 휴식을 취하고 있을 때가 더 민감하다.

해설 소음에 대한 감수성은 노인보다 젊은이가 더 민감하다.

137 소음공해의 특징에 관한 설명 중 옳은 것은?

① 소음은 오염물질에 의하여 피해가 발생하는 것은 아니다.
② 소음의 발생원을 확정짓는 것은 어떠한 경우에도 간단한 것이다.
③ 소음공해에 대한 전국적인 진정건수는 대기오염에 의한 것보다 적다.
④ 공장소음의 피해는 일반적으로 발생원을 중심으로 하여 넓은 지역으로 퍼진다.

해설 소음은 공기의 물리적 변화에 따라 발생하기 때문에 오염물질과는 전혀 관계가 없으며 진동, 지반침하 등의 물리현상이 환경에 영향을 미친다.

138 소음에 관한 설명으로 옳지 않은 것은?

① 어떤 음의 소음레벨과 배경소음레벨과의 차이가 적을수록 시끄럽게 느껴진다.
② 소음의 시끄러움에는 소음레벨, 주파수 성분, 충격성, 지속시간, 발생빈도 등이 관계된다.
③ 소음에 대한 감수성은 개인차뿐만 아니라 그때의 심신상태에 의한 차이도 있다.
④ 소음에 의하여 수면을 방해받지 않기 위해서는 침실 내에서 측정한 소음레벨이 40dB(A) 이하가 바람직하다.

해설 음의 소음레벨과 배경소음레벨과의 차이가 클수록 시끄럽게 느껴진다.

139 통계적으로 볼 때 소음에 대한 고소·고발 건수가 가장 많은 계절은?

① 봄   ② 여름
③ 가을   ④ 겨울

해설 통계적으로 소음은 기온 및 습도가 높은 여름철에 집중된다. 이러한 이유는 소음을 발생시키거나 듣는 사람들이 모두 무덥고 습도가 높아 불쾌지수가 높을 뿐 아니라 창문을 열어 놓고 생활하기 때문에 피해도가 커지기 때문이다.

140 소음에 관한 설명으로 옳지 않은 것은?

① 소음에는 습관성이 일어나기 쉽다.
② 소음의 피해는 정신적, 심리적인 것이 대부분이다.
③ 소음이란 귀로 듣기에 불쾌한 음, 생활을 방해하는 음의 총칭이다.
④ 소음과 소음이 아닌 음을 구별하는데 소음계를 사용하여 구별하면 간단하다.

해설 소음은 원하지 않는 음의 총칭이며, 안 들리는 편이 좋다는 음이다. 소음계(sound level meter)는 음량계로서, 측정하는 대상음은 보통의 소리이기 때문에 소음과 소음이 아닌 음을 구별하지는 못한다.

141 소음에 관한 설명으로 옳지 않은 것은?

① 최근 문제가 되고 있는 초저주파음이란 주파수가 대략 20Hz 이하의 공기진동을 말한다.
② 소음으로 인한 피해는 정신적, 심리적인 것이 대부분이고 신체에 직접적인 피해는 일으키지 않는다.
③ 소음의 실상을 알고 대책을 생각할 때 계기에 의한 측정만으로는 불충분하고 귀에 의한 판단도 중요하다.
④ 도시에서 가장 인구피해가 많은 것은 자동차소음이지만 인근 주민의 소음공해 진정건수가 가장 많은 것은 공장소음이다.

해설 소음으로 인한 피해는 일상생활의 대화방해, 정신적 및 심리적인 피해가 대부분이며 소음레벨이 큰 지역인 공항 주변에 거주하는 주민들의 신체적인 피해를 생각하면 직접적인 신체피해로 청력손실을 일으킬 수도 있다.

142 학교의 교실이나 일반 사무실에서 그 이하의 값이 바람직하다고 생각되는 외부소음으로 인한 실내의 소음레벨은?

① 70dB(A)   ② 50dB(A)
③ 30dB(A)   ④ 10dB(A)

해설 학교에서의 소음 영향조사 결과 교실 내 소음레벨이 50~55dB(A)을 넘으면 학생의 학습효율이 저하되거나 공부에 지장이 생긴다고 한다.

143 ㉮ 스마트폰의 청취, ㉯ 일상적인 회화, ㉰ 수면의 조건에 방해가 되는 소음레벨을 순서대로 나열한 것은?

① 40dB(A), 60dB(A), 70dB(A)
② 50dB(A), 70dB(A), 80dB(A)
③ 70dB(A), 60dB(A), 40dB(A)
④ 80dB(A), 70dB(A), 50dB(A)

해설 ㉮ 스마트폰의 청취에 필요한 소음레벨은 70dB(A)으로 충분하며 75dB(A)에서는 약간 곤란해진다.
㉯ 보통의 음성으로 일상회화를 알아듣는 거리는 소음레벨 60dB(A)에서 1.3m, 80dB(A)에서 0.13m이다.
㉰ 수면 중 35~40dB(A)의 소음이 들리면 혈액 속의 성분 변동이 일어난다고 하며 외부소음이 40~45dB(A) 정도로 들리면 수면자의 50%가 방해를 느낀다고 한다.

144 소음의 영향에 대한 설명 중 괄호 안에 들어갈 말로 짝지어진 것은?

> 소음의 영향에는 여러 가지가 있으나 그 중에 난청, 시끄러움, (㉮)의 방해는 소음으로 인한 직접적인 것이며 불쾌감, 초조감 등의 정서적 영향, 공부, 일, (㉯)에 대한 영향은 다른 원인으로도 일어나는 간접적인 것이다. 또한 때때로 볼 수 있는 귀 이외 (㉰)에 대한 영향은 더욱 간접적인 영향으로 생각할 수가 있다.

     ㉮   ㉯   ㉰
① 수면, 신체, 청취
② 청취, 수면, 신체
③ 청취, 신체, 수면
④ 신체, 수면, 청취

해설 소음의 직접적인 영향과 간접적인 영향에 대하여 살펴보면 영향의 직접성 및 간접성에 관해서는 명확하게 구분되어지지 않지만 소음이 일상생활 중에 미치는 영향 중에는 수면방해, 청취방해, 작업방해 등이 있다. 이 중 청취방해는 소음의 직접적인 영향이고, 기타는 다른 원인으로도 일어날 수 있는 것이다.

145 소음의 피해에 관한 설명으로 옳은 것은?

① 주민조사에서 야간에 주택가 소음에 대한 도로교통 소음 레벨이 중앙값 50~55dB(A)가 되면 대략 주민의 60%가 수면방해를 호소한다.
② 수면방해는 실내의 소음레벨이 중앙값 40dB(A) 이하이면 전혀 일어나지 않는다.
③ 학교의 교실 내에서 소음레벨이 중앙값 60dB(A) 이하이면 청취방해에 대한 문제점은 거의 일어나지 않는다.
④ 소음에 대한 감수성은 일반적으로 나이가 많은 사람보다도 적은 쪽이 높으나, 수면은 나이가 많은 쪽이 방해를 받기 쉽다.

해설 소음의 크기에 관한 수면방해의 정도를 조사하여 얻은 결과는 야간에 도로교통 소음 레벨이 50~55dB(A)이면 대략 주변의 40% 정도가 수면방해를 호소한다. 또한 수면방해는 실내의 소음레벨이 40dB(A) 이하일지라도 충분한 수면에 방해가 된다. 교실 내 학생들이 소음으로 인한 수업방해를 호소하는 소음레벨은 50dB(A)에서부터이다. 머리가 무겁고 가슴이 울렁거리는 등의 소음으로 인한 신체적인 영향은 소음레벨이 증가할수록 커지는 경향을 나타내고 있다.

146 소음의 시끄러움에 관계되는 인자에 대한 설명으로 옳지 않은 것은?

① 소음레벨이 클수록 시끄럽다.
② 배경소음과의 레벨 차이가 클수록 시끄럽다.
③ 낮은 주파수 성분이 많을수록 시끄럽다.
④ 충격성이 강할수록 시끄럽다.

해설 일반적으로 높은 주파수 성분이 많은 음이 시끄럽게 느껴진다.

147 청감의 주파수 특성에 관한 설명으로 옳은 것은?

① 청감은 주파수에 관계없이 일정하다.
② 청감은 고주파 쪽보다도 저주파 쪽이 감도가 좋다.
③ 청감은 저주파 쪽보다 고주파 쪽이 감도가 좋다.
④ 가장 감도가 좋은 청감의 주파수 범위는 10~100Hz이다.

해설 청감은 500~6,000Hz의 음에 대하여 감도가 좋고 특히 그 보다 저주파인 음에 대한 감도는 크게 저하된다.

143.③ 144.② 145.④ 146.③ 147.③

148 소음이 발생되는 곳에서의 청취에 관한 설명으로 옳은 것은?

① S/N비가 커지면 명료도는 낮아진다.
② S/N비가 커지면 명료도는 높아진다.
③ S/N비가 커져도 명료도는 변하지 않는다.
④ S/N비가 커지면 명료도가 높아질 때와 낮아질 때가 있다.

해설 백색잡음 속에서 명료도는 들리는 음성레벨(S)과 소음레벨(N)의 차, $(S-N)$을 S/N비(Signal Noise Ratio)로 나타낸다. 이 값이 클 때에는 명료도와 이해도가 높고, 적을 때는 낮아지게 된다.

149 소음성 난청에 관한 설명으로 옳은 것은?

① 소음성 난청의 조기 발견에는 청력검사가 필요하다.
② 노인성 난청은 저주파일수록 청력손실이 크고, 소음성 난청은 고주파일수록 청력손실이 크다.
③ 소음에 의한 일시성 난청의 정도는 그 소음에 의한 영구성 난청의 정도와는 관계 없다.
④ 소음성 난청 방지에 귀마개는 쓸모가 없다.

해설 소음성 난청은 영구성 청력손실로서 소음이 심한 공장에서 일어나는 직업병이다. 이것을 예방하기 위해서는 청력계(오디오미터)로 들리기 시작하는 최소음압을 검사하는 청력손실의 조기 발견이 반드시 필요하다.

150 소음성 난청에 관한 설명으로 옳지 않은 것은?

① 어떤 소음에 의하여 일어나는 일시성 난청(TTS, Temporary Threshold Shift)의 정도는 그 소음에 의한 영구성 난청(PTS, Permanent Threshold Shift)의 예상에 쓰인다.
② 난청의 정도를 측정하기 위하여 청력검사가 필요하다.
③ 난청은 4,000Hz 부근에서 대부분 발생된다.
④ 1일 8시간 소음에 노출된 경우 난청방지를 위한 허용치는 대략 110dB(A)이다.

해설 소음성 난청방지를 위한 허용한계는 건강한 성인을 기준으로 하루 8시간 작업하는 경우 90dB(A)이다.

151 ㉮와 ㉯를 짝지은 것으로 옳지 않은 것은?

　　　　㉮　　　　　　　㉯
① 가청 주파수 범위 – 20~20,000Hz
② 악기용 주파수의 기준 – 440Hz
③ 음의 크기레벨의 기준 – 1,000Hz
④ 노인성 난청 – 4,000Hz

해설 소음성 난청은 4,000Hz 부근을 중심으로 진행되지만 노인성 난청은 높은 주파수(6,000Hz)의 음일수록 청력이 저하된다.

152 소음공해의 특징에 관한 기술로 옳지 않은 것은?

① 다른 공해에 비해서 불평발생 건수가 많다.
② 불평은 신체적 피해에 관한 것이 그 중심을 이루고 있다.
③ 불평의 대부분은 정신적 · 심리적 피해에 관한 것이다.
④ 피해의 정도는 피해자와 가해자와의 이해관계에 의해서도 영향을 받는다.

해설 불평은 정신적 피해에 관한 것이 그 중심을 이루고 있다.

153 마스킹(masking) 효과에 관한 설명으로 옳지 않은 것은?

① 저음이 고음을 잘 마스킹한다.
② 두 음의 주파수가 서로 거의 같을 때는 맥동현상에 의해 마스킹 효과가 감소한다.
③ 두 음의 주파수가 비슷할 때는 마스킹 효과가 대단히 커진다.
④ 주파수가 비슷한 두 음원이 이동 시 진행 방향 쪽에서는 원래 음보다 고음이 되어 마스킹 효과가 감소한다.

해설 주파수가 비슷한 두 음원이 이동 시 진행방향 쪽에서는 원래 음보다 고음이 되어 마스킹 효과가 대단히 커진다.

154 청취명료도가 소음에 따라 저하될 때 가장 관계가 깊은 것은?

① 간섭　　　　　　② 마스킹
③ 반사　　　　　　④ 회절

해설 청취명료도가 소음에 따라 저하될 때 가장 관계가 깊은 소음의 물리적 성질은 마스킹이다. 마스킹 효과는 크고 작은 두 소리를 동시에 들을 때 큰 소리만 듣고 작은 소리는 듣지 못하는 현상으로 음파의 간섭에 의해 일어난다.

155 NITTS에 대한 설명으로 옳은 것은?

① 음향 외상에 따른 재해와 연관이 있다.
② NIPTS와 동일한 변위를 공유한다.
③ 조용한 곳에서 적정시간이 지나면 정상이 될 수 있는 변위를 말한다.
④ 청감역치가 영구적으로 변화하여 영구적인 난청을 유발하는 변위를 말한다.

해설 **일시적 난청(TTS 또는 NITTS, Noise Induced Temporary Threshold Shift)**
강렬한 소음의 영향에 의하여 일시적으로 청신경의 전도성이 저하되는 가역적인 피로현상으로 시간이 지남에 따라 원래의 상태로 회복하지만, 그 회복속도는 청력손실의 정도에 따라 다르다. Glorig에 의하면 하루 8시간의 소음작업으로 받은 가청역의 변화는 그 다음 날 아침까지 계속된다고 한다.

156 음장에 관한 설명으로 옳지 않은 것은?

① 근음장(near field) : 입자속도는 음의 전파방향과 개연성이 없다.
② 자유음장 : 원음장 중 역제곱법칙이 만족하는 구역
③ 잔향음장 : 음원의 직접음과 벽에 의한 반사음이 중첩되는 구역
④ 확산음장 : 잔향음장에 속하며 음의 에너지 밀도가 각 위치에 따라 다른 구역

해설 **확산음장**
잔향음장에 속하며 음의 에너지 밀도가 실내의 모든 위치에서 일정하다(예 잔향실).

157 음장의 종류 중 원음장으로 옳지 않은 것은?

① 정현음장
② 잔향음장
③ 자유음장
④ 확산음장

해설 원음장의 종류는 자유음장, 잔향음장, 확산음장으로 나누어진다.

158 음장의 종류 및 특징에 관한 설명으로 옳지 않은 것은?

① 근음장에서 음의 세기는 음압의 제곱에 비례하며, 입자속도는 음의 전파방향에 따라 개연성을 가진다.
② 자유음장은 원음장 중 역제곱법칙이 만족되는 구역이다.
③ 확산음장은 잔향음장에 속한다.
④ 잔향음장은 음원의 직접음과 벽에 의한 반사음이 중첩되는 구역이다.

해설 근음장은 음원의 크기, 주파수, 방사면의 위상에 크게 영향을 받는 음장으로 근음장에서 음의 세기는 음압의 제곱에 비례관계가 거의 없으며, 입자속도는 음의 전파방향에 따라 개연성이 없다.

159 원거리 음장(far field)에 대한 설명으로 옳지 않은 것은?

① 음장 내 자유음장에서는 역제곱법칙이 만족된다.
② 음장 내 확산음장은 자유음장에 속하며 음의 에너지 밀도가 각 위치에 따라 다르다.
③ 입자속도는 음의 전파방향과 개연성이 있다.
④ 음장 내 잔향음장은 음원의 직접음과 벽에 의한 반사음이 중첩되는 구역이다.

해설 음장 내 확산음장은 원음장에 속하며, 실내의 모든 위치에서 음의 에너지 밀도가 일정한 것을 말하며 잔향실이 그 대표적인 예이다.

160 원음장에 대한 설명 중 옳은 것은?

① 음원에서 거리가 2배 될 때마다 음압레벨이 6dB씩 감소가 시작되는 위치부터 원음장이라 한다.
② 음원의 가장 가까운 면으로부터 음원의 가장 짧은 길이 이내의 영역을 원음장이라 한다.
③ 실내음향에서 실정수가 거리에 따라 일정한 값을 갖는 구간을 원음장이라 한다.
④ 음원의 가장 가까운 면으로부터 관심 주파수의 한 파장 이내를 원음장이라 한다.

[해설] 원음장(far field)

자유음장과 잔향음장 영역으로 나누어지며, 자유음장에서는 음압레벨이 음원에서 거리가 2배로 되면 6dB씩 감소(역제곱법칙)하고, 입자속도는 음의 전파방향과 개연성이 있으며, 음의 세기는 음압의 2승에 비례한다.

161 원음장에 관한 설명으로 옳지 않은 것은?

① 입자속도는 음의 전파방향과 개연성이 없고, 방사면의 위상에 크게 영향을 받는 음장이다.

② 확산음장은 잔향음장에 속하며, 잔향실이 대표적이다.

③ 자유음장은 원음장 중 역2승법칙(역제곱법칙)이 만족되는 구역이다.

④ 잔향음장은 음원의 직접음과 벽에 의한 반사음이 중첩되는 구역이다.

[해설]
- 원음장은 자유음장과 잔향음장으로 나누어지며, 입자속도는 음의 전파방향과 개연성이 있다.
- 근음장에서 입자속도는 음의 전파방향과 개연성이 없고, 이 음장은 방사면의 위상에 크게 영향을 받는다.

162 원음장 중 역제곱법칙이 만족되는 음장은?

① 확산음장
② 자유음장
③ 직접음장
④ 잔향음장

[해설] 원음장 중 자유음장은 역제곱법칙, 즉 거리의 제곱에 반비례하여 음이 감쇠된다.

163 소음원의 음향파워레벨을 측정하는 방법에 대한 이론식으로 옳지 않은 것은? (단, PWL은 음향파워레벨, SPL은 반경 r 내에서의 평균 음압레벨, R은 실정수, Q는 지향계수)

① 확산음장법 : $\mathrm{PWL} = \mathrm{SPL} + 20\log R - 6$

② 자유음장법(자유공간)
   ; $\mathrm{PWL} = \mathrm{SPL} + 20\log r + 11$

③ 자유음장법(반자유공간)
   : $\mathrm{PWL} = \mathrm{SPL} + 20\log r + 8$

④ 반확산음장법
   : $\mathrm{PWL} = \mathrm{SPL} - 10\log\left(\dfrac{Q}{4\pi r^2} + \dfrac{4}{R}\right)$

[해설] 확산음장법

$$\mathrm{PWL} = \overline{\mathrm{SPL}} - 10\log\left(\frac{4}{R}\right)$$
$$= \overline{\mathrm{SPL}} + 10\log R - 6\mathrm{dB}$$

여기서, 실정수 $R = \dfrac{\overline{\alpha} \times S}{1 - \overline{\alpha}}$

$\overline{\alpha}$: 실내의 평균 흡음률
S : 실내의 전(全) 표면적(m^2)

164 대표적인 소음측정설비인 무향실은 기준 주파수 이상 대역에서 만족해야 할 음장조건이 있다. 이 필수적인 음장조건은 무엇인가?

① 근음장
② 자유음장
③ 확산음장
④ 잔향음장

[해설] 무향실은 실내의 모든 표면에서 입사음의 거의 100%가 흡수되어 자유음장과 같은 조건을 만족할 수 있도록 만들어진 실을 말한다.

165 소음 발생의 유형(원인)이 다른 것은?

① 엔진의 배기음
② 압축기의 배기음
③ 베어링 마찰음
④ 관의 굴곡부 발생음

[해설] 소음 발생의 유형
- 고체음 : 동적 발음기구(베어링 마찰음), 정적 발음기구(기계 프레임의 진동)
- 기류음 : 맥동음(엔진, 압축기의 흡 · 배기음), 난류음(관의 굴곡부 발생음, 빠른 유속, 밸브에서 나는 음)

166 어느 시간대에서 변동하는 소음레벨의 에너지를 동시간대의 정상소음의 에너지로 치환한 값을 무엇이라 하는가?

① 소음평가지수
② 소음통계레벨
③ 등가소음레벨
④ 감각소음레벨

[해설] 등가소음레벨(Equivalent noise level, L_{eq})

등가소음도라고도 하며 이는 임의의 측정시간동안 발생한 변동소음의 총에너지를 같은 시간 내의 정상소음의 에너지로 등가하여 얻어진 소음도를 말한다.

$$L_{eq} = 10\log\sum_{i=1}^{N}\left(\frac{1}{100} \times 10^{0.1\,L_i} \times f_i\right)$$

167 각종 소음원에 대한 설명으로 옳지 않은 것은?

① 우리나라 자동차소음의 피해를 가중시키고 있는 이유의 하나로 대형 트럭이나 버스의 90% 이상이 경유(디젤엔진)차라는 점이다.

② 기차나 지하철에서 발생되는 철도 소음은 소음레벨이 낮고 저음역의 소음을 발생하기 때문에 그다지 문제가 되지 않는다.

③ 항공기소음은 그 음이 대단히 크고 또한 제트항공기의 경우는 금속성의 고주파 성분을 함유하고 간헐적이고 충격적이며 상공에서 발생하기 때문에 피해면적이 넓다는 특징을 갖고 있다.

④ 건설작업소음은 공사기간이 짧은 일과성의 소음이지만 발생레벨이 커서 특히 도심부에서 공사가 진행될 경우에는 그 영향이 매우 크다.

해설 철도 소음의 주요한 소음발생원인은 차체, 차바퀴 및 레일의 마찰과 충격, 레일 접속점에서 나는 충격 등에 의해 발생되는 것이다. 이때의 소음레벨은 85~90dB(A)로 상당히 높다.

168 교통 소음에 관한 기술로서 옳은 것은?

① 자동차소음은 속도가 증가하면 타이어음의 기여가 증가되며 고주파 성분이 감쇠한다.

② 주요 간선도로에서 야간에 교통량이 반감되어도 등가소음레벨은 그다지 저하되지 않으나 90% 레인지 상단값(L_5)의 값은 큰 폭으로 저하된다.

③ 자동차소음에 대한 전국적인 고소·고발 건수는 매년 소음 전체 진정건수의 약 80%를 차지한다.

④ 자동차 1대가 내는 전음향에너지 중 보통 40 ~ 60%는 엔진음이지만 속도가 증가하면 타이어음 등의 기여가 증가된다.

해설 ① 자동차소음은 속도가 증가하면 타이어음의 기여가 증가되며 고주파 성분이 증가한다.
② 주요 간선도로에서 야간에 교통량이 반감되어도 등가소음레벨은 그다지 저하되지 않으나 90% 레인지 상단값(L_5)의 값은 큰 폭으로 증가한다.
③ 공장소음에 대한 전국적인 진정건수는 매년 소음 전체 고소·고발 건수의 약 80%를 차지한다.

169 자동차에 의한 교통소음에 관한 설명으로 옳지 않은 것은?

① 우리나라에서는 도로면적당 자동차 보유대수의 비율이 미국보다 크다.

② 디젤엔진차(경유차)의 소음은 가솔린엔진차의 소음보다 크다.

③ 자동차전용도로에서는 일반도로보다도 자동차의 속도가 커지므로 타이어음이 상대적으로 적어진다.

④ 자동차 통과대수가 절반이 되어도 도로에 근접해 있는 지역의 소음레벨은 수dB 정도만 낮아질 뿐이다.

해설 자동차의 주행음은 엔진(기관)음, 배기관음, 타이어음 등으로 합성되어져 있는데, 이 중 고속주행에서는 타이어음이 다른 어떤 음보다도 월등히 커진다.

170 자동차 교통량이 많은 왕복 4차선 도로가 있다. 한낮의 통과대수는 5분당 약 400대, 대형차 혼입률은 10%, 심야에는 각각 50대, 40%이다. 기타 다른 조건은 변함이 없다고 하면, 심야도로 바로 옆에서 측정한 소음레벨은 한낮에 측정한 것에 비하여 어떻게 변하는가?

① 중앙값은 거의 변하지 않고, 90% 레인지 상단값과 중앙값의 차이도 변하지 않는다.

② 중앙값은 거의 변하지 않고, 90% 레인지 상단값과 중앙값의 차이는 적어진다.

③ 중앙값은 저하되고, 90% 레인지 상단값과 중앙값의 차이는 적어진다.

④ 중앙값은 저하되고, 90% 레인지 상단값과 중앙값의 차이는 커진다.

해설 일반적으로 교통량의 저하는 소음레벨(중앙값)의 저하를 일으킨다. 대형차의 혼입률이 클 경우 중앙치에 영향을 주지만 위의 물음에서의 혼입률은 그다지 커다란 영향은 없다. 따라서 90% 레인지(range) 상단값과 중앙값의 차이는 커지게 된다.

171 고속도로의 자동차소음에 대한 음원의 종류는?

① 점음원　　　② 선음원
③ 면음원　　　④ 입체음원

해설 음원의 종류
- 점음원 : 전파거리에 비해 크기가 아주 작은 음원
- 선음원 : 음원의 길이가 무한히 긴 경우(고속도로의 자동차소음, 열차소음 등)
- 면음원 : 원형, 장방형의 원으로 면적이 상당히 큰 음원

172 공장에서 발생하는 소음공해의 특징으로 옳지 않은 것은?

① 감각공해이다.
② 피해가 광역적이다.
③ 대책 후에 처리할 물질이 발생하지 않는다.
④ 다른 소음에 비해 진정이 많다.

해설 공장소음은 피해가 협소적이다.

173 공장의 단조기계나 건설현장 항타기의 소음이 주민의 진정을 일으키기 쉬운 원인에 관한 설명으로 옳지 않은 것은?

① 충격적이다.
② 규제기준이 없다.
③ 진동을 수반하는 일이 대부분이다.
④ 소음원 대책에 기술적인 어려움이 많다.

해설 단조기계 및 항타기의 충격음은 대단히 소음레벨이 높고 동시에 커다란 지면 진동이 발생하는데 비해 음원대책은 기술적으로 어려움이 많고 쉽지가 않다. 주민의 진정을 발생시키기 쉬운 소음발생시설이나 건설작업이 규제의 대상에서 제외되어 규제기준이 없다고 하는 것은 있을 수 없는 일이라 하겠다.

174 공장소음 등에 관한 기술로 옳지 않은 것은?

① 진정을 일으키는 소음 중에서 가장 많은 것은 건설소음이고 다음이 공장소음 순이다.
② 공장소음의 진정이 많은 것은 가해자가 뚜렷하여 소송하기 쉬운 것도 한 가지 이유가 된다.
③ 우리나라에서는 민가와 인접한 중소기업체가 많아 이로 인한 공장소음에 대한 진정건수가 많다.
④ 도로나 건물의 건설에서 수반되는 소음이 비록 공사기간 중에 한하여 발생한다고 할지라도 그 음이 대단히 크므로 여러 가지 물의를 일으키는 일이 다반사이다.

해설 진정을 일으키는 소음 중에 가장 많은 것은 공장소음이다.

175 맥동하는 기류음을 방출하는 기계는?

① 송풍기
② 터보브로워
③ 시로코팬
④ 왕복운동 압축기

해설 맥동음하는 기류음을 방출하는 기계는 주기적인 기류의 흡입, 토출에 의해 발생하는데 주로 압축기, 진공펌프, 엔진의 배기음이 여기에 속한다.

176 건설소음에 관한 설명으로 옳은 것은?

① 도로나 건물의 건설에 따른 소음은 공사기간 중에 한정되므로 규제를 받지 않는다.
② 공장부지 내에서 행하는 건설공사에 의한 소음은 반드시 공장소음의 규제치가 적용된다.
③ 건설공사에 의하여 발생되는 고소·고발은 일반적으로 소음이 아니고 진동에 의한 것이 대부분이다.
④ 건설공사의 기계나 작업 시에 사용하는 해머나 강구(鋼球) 파괴 등에 의한 충격성 소음을 내면 강한 고소·고발이 발생된다.

해설 공공사업인 경우도 「소음규제법」의 적용을 받는다. 또 말뚝박기 작업이나 강구로 파괴하는 작업 등을 행하는 충격성이 있는 건설소음은 특히 문제가 되고 여기서 발생되는 진동 또한 문제가 되는 일이 많다.

177 항공기소음에 관한 설명으로 옳지 않은 것은?

① 피해지역이 광범위하며, 다른 소음원에 비해 음향출력이 매우 크다.
② 공장소음의 음원차폐, 자동차·철도 소음의 흡음판·차음벽 등과 같이 소음대책에 곤란한 편이다.
③ 공항 주변이나 비행코스의 가까이에서는 간헐소음이 된다.
④ 소음은 무지향성이며, 저주파음을 많이 포함한다.

해설 항공기소음은 무지향성이며, 고주파음을 많이 포함한다.

178 항공기소음이 커다란 피해를 갖고 오는 이유에 관한 설명으로 옳지 않은 것은?

① 항공기소음은 간헐적이고 충격적이다.
② 발생원이 상공에 있으므로 피해면적이 광범위하다.
③ 제트기의 소음은 금속성의 저주파 성분이 대부분이다.
④ 제트기의 음향출력은 10kW 이상이고, 파워레벨은 160dB 이상에 달하는 경우가 대부분이다.

[해설] 항공기소음은 금속성의 고주파 성분이 들어 있어 간헐적이며 충격적이다. 또한 상공에서 발생하기 때문에 피해면적이 광범위한 것이 특징이다.

179 항공기소음의 특징에 관한 설명으로 옳지 않은 것은?

① 제트엔진으로부터 기체가 고속으로 배출될 때 발생하는 소음은 기체배출속도의 제곱근에 비례하여 증가한다.
② 회전날개의 선단속도가 음속 이상일 경우 회전날개 끝에 생기는 충격파가 고정된 날에 부딪쳐 소음을 발생시킨다.
③ 회전날개에 의해 발생된 소음은 고음성분이 많으며 감각적으로 인간에게 큰 자극을 준다.
④ 회전날개의 선단속도가 음속 이하일 경우는 날갯수에 회전수를 곱한 값의 정수배 순음을 발생시킨다.

[해설] 제트엔진으로부터 기체가 고속으로 배출될 때 발생하는 소음은 기체배출속도의 제곱에 비례하여 증가한다.

180 음의 크기(loudness, S)에 관한 설명으로 옳지 않은 것은?

① 1,000Hz 순음 40phon을 1sone이라 한다.
② $S=2^{\frac{(\text{phon}-10)}{40}}$ 으로 나타낼 수 있다.
③ 1,000Hz 순음의 음의 세기레벨 40dB의 음의 크기를 1sone이라 한다.
④ 음의 크기값이 2배, 3배 증가하면 감각량의 크기도 2배, 3배 증가한다.

[해설] 음의 크기

$$S=2^{\frac{(\text{phon}-40)}{10}}\text{ sone}$$

181 중앙치 L_{50}은 61.7dB(A), 80% 레인지의 상·하단치인 L_{10} 및 L_{90}은 각각 72.5dB(A)와 52.5dB(A)이다. 이때 소음공해레벨은 대략 몇 dB(A)인가? (단, 순간레벨의 분포는 가우시안 분포에 가까움)

① 88
② 81
③ 76
④ 72

[해설] 소음공해레벨(noise pollution level, L_{NP})
변동소음의 에너지와 소란스러움을 동시에 평가하는 레벨
$$L_{NP}=L_{50}+\frac{d^2}{60}+d(\text{dB}(\text{NP}))$$
여기서, $d=L_{10}-L_{90}=72.5-52.5=20\text{dB}$
$$\therefore\ L_{NP}=61.7+\frac{20^2}{60}+20=88\text{dB}(\text{A})$$

182 50phon의 소리는 40phon의 소리에 비해 몇 배로 크게 들리는가?

① 1배
② 2배
③ 3배
④ 5배

[해설]
• 50phon의 소리의 크기
$$S=2^{\left(\frac{\text{phon}-40}{10}\right)}=2^1=2\text{sone}$$
• 40phon의 소리의 크기
$$S=2^{\left(\frac{\text{phon}-40}{10}\right)}=2^0=1\text{sone}$$
∴ 50phon의 소리는 40phon의 소리에 비해 2배 크게 들린다.

183 1/1 옥타브밴드 분석기의 중심 주파수가 500Hz인 경우의 차단주파수로 옳은 범위는?

① 250~1,000Hz
② 270~750Hz
③ 375~750Hz
④ 355~710Hz

[해설]
• 하한주파수 $f_1=\dfrac{f_o}{\sqrt{2}}=\dfrac{500}{\sqrt{2}}=354\text{Hz}$
• 상한주파수 $f_2=f_o\times\sqrt{2}=500\times\sqrt{2}=707\text{Hz}$
∴ 차단주파수 범위 : 355~710Hz

184 1/3 octave 밴드의 하한주파수를 f_1이라 하고, 상한주파수를 f_2라 할 때 이 밴드의 중심 주파수 f_o의 정의로 옳은 것은?

① $f_o = \sqrt{f_1 \times f_2}$

② $f_o = \dfrac{f_1 + f_2}{2}$

③ $f_o = \sqrt[3]{f_1 \times f_2}$

④ $f_o = \dfrac{f_1 + f_2}{3}$

해설 octave band 분석기(정비형 필터)의 중심 주파수(f_o), 하한주파수(f_1), 상한주파수(f_2), 밴드폭(band width, bw) 및 %bw 관계식은 다음과 같다. 표기방법으로 중심 주파수를 f_c로, 하한주파수를 하단주파수(f_L), 상한주파수를 상단주파수(f_U)로 표시하기도 한다.

$\dfrac{1}{1}$ octave band	$\dfrac{1}{3}$ octave band
$f_1 = \dfrac{f_o}{\sqrt{2}}$	$f_1 = \dfrac{f_o}{\sqrt[6]{2}}$
$f_2 = 2 \times f_1 , \ f_2 = f_o \times \sqrt{2}$	$f_2 = 2^{\frac{1}{3}} \times f_1 , \ f_2 = f_o \sqrt[3]{2}$
$f_o = \sqrt{f_1 \times f_2}$ (공통)	
$\begin{aligned} \text{bw} &= f_o \times \left(1 - 2^{\frac{1}{2}}\right) = 0.707 \times f_o \\ \text{bw} &= f_2 - f_1 = 2 \times f_1 - f_1 = f_1 \end{aligned}$	$\begin{aligned} \text{bw} &= f_o \times \left(2^{\frac{1}{6}} - 2^{-\frac{1}{6}}\right) \\ &= 0.232 \times f_o \\ \text{bw} &= f_2 - f_1 = 1.26 \times f_1 - f_1 \\ &= 0.26 \times f_1 \end{aligned}$
$\%\text{bw} = \dfrac{\text{bw}}{f_o} \times 100\%$ (공통)	

185 다음 설명 중 ( ) 안에 들어갈 숫자로 옳은 것은?

> 1/3 옥타브대역(octave band)은 상하대역의 끝 주파수비$\left(\dfrac{\text{상단주파수}}{\text{하단주파수}}\right)$가 ( )일 때를 말한다.

① 약 1.15　　② 약 1.26

③ 약 1.45　　④ 약 1.63

해설 $\dfrac{\text{상단주파수}}{\text{하단주파수}} = \dfrac{f_2}{f_1} = 2^{\frac{1}{3}} = 1.26$

186 1/3 옥타브밴드 분석기의 밴드폭은 463.2Hz였다. 이 분석기의 중심 주파수 f_c는 약 몇 Hz인가?

① 463.2　　② 926.4

③ 1,000　　④ 2,000

해설 $\text{bw} = 0.232 \times f_c$에서

$$f_c = \frac{\text{bw}}{0.232} = \frac{463.2}{0.232} = 1,997 \text{Hz}$$

187 중심 주파수 750Hz일 때 1/1 옥타브밴드 분석기(정비형 필터)의 상한주파수는?

① 841Hz　　② 945Hz

③ 1,060Hz　　④ 1,500Hz

해설 상한주파수

$$f_2 = f_o \times \sqrt{2} = 750 \times \sqrt{2} = 1,061 \text{Hz}$$

188 중심 주파수 16,000Hz인 1/1 옥타브밴드 분석기의 하한주파수로 옳은 것은?

① 약 10,500Hz　　② 약 11,300Hz

③ 약 13,300Hz　　④ 약 14,300Hz

해설 하한주파수

$$f_1 = \frac{f_o}{\sqrt{2}} = \frac{16,000}{\sqrt{2}} = 11,313 \text{Hz}$$

189 1/1 옥타브밴드 분석기에서 중심 주파수가 8,000Hz일 때 주파수 밴드폭은 몇 Hz인가?

① 9,506Hz　　② 8,228Hz

③ 5,656Hz　　④ 3,535Hz

해설 밴드폭

$$\text{bw} = 0.707 \times f_o = 0.707 \times 8,000 = 5,656 \text{Hz}$$

190 1/3 옥타브밴드 분석기(정비형 필터)의 중심 주파수가 4,000Hz인 경우 다음 중 차단(하한~상한)주파수 범위(Hz)로 옳은 것은?

① 3,105 ~ 4,919

② 3,246 ~ 4,760

③ 3,564 ~ 4,490

④ 3,855 ~ 4,166

해설 차단주파수 범위는 하한주파수와 상한주파수의 범위를 나타낸다.

$$f_1 = \frac{f_o}{\sqrt[6]{2}} = \frac{4,000}{\sqrt[6]{2}} = 3,564 \text{Hz}$$

$$f_2 = f_o \times \sqrt[6]{2} = 4,000 \times \sqrt[6]{2} = 4,490 \text{Hz}$$

따라서, 차단주파수 범위는 3,564~4,490Hz이다.

191 중심 주파수가 3,550Hz인 경우 차단주파수 범위로 옳은 것은? (단, 1/3 옥타브 필터(정비형) 기준)

① 3,106 ~ 4,252Hz

② 3,106 ~ 3,985Hz

③ 3,163 ~ 3,985Hz

④ 3,163 ~ 4,252Hz

해설 차단주파수 범위는 하한주파수와 상한주파수의 범위를 나타낸다.

$$f_1 = \frac{f_o}{\sqrt[6]{2}} = \frac{3,550}{\sqrt[6]{2}} = 3,163\text{Hz}$$

$$f_2 = f_o \times \sqrt[6]{2} = 3,550 \times \sqrt[6]{2} = 3,985\text{Hz}$$

따라서, 차단주파수 범위는 3,163~3,985Hz이다.

192 소음을 옥타브밴드로 분석한 결과에 의해 실내소음을 평가하는 방법으로서, 소음기준곡선 혹은 실내의 배경소음평가방법을 나타내는 것은?

① NRN

② NC

③ SL

④ SIL

해설 NC(Noise Criteria)

소음을 옥타브밴드로 분석한 결과에 의해 실내소음을 평가하는 방법으로 소음기준곡선 혹은 실내의 배경소음평가방법이다. 실내소음 권장치가 NC-40이라면 실내소음의 각 대역별 1/1 옥타브밴드 음압레벨이 NC-40곡선 이하가 되어야 함을 의미한다.

193 실내음의 음향특성에 대한 설명으로 옳지 않은 것은?

① 소음이 배경음보다 커질수록 더 시끄럽게 느껴진다.

② 저음역 주파수보다 고음역 주파수가 더 불쾌감을 준다.

③ 구성주파수가 변화하는 경우 불쾌감을 준다.

④ 단속음보다 계속음이 듣기 싫고 시끄럽게 느껴진다.

해설 실내에서는 계속음보다 단속음이 듣기 싫고 시끄럽게 느껴진다.

194 실내 고정바닥 위에 점음원이 있다. 실정수가 316m²일 때 실반경(m)은?

① 2.5

② 3.5

③ 5

④ 7

해설 실반경(room radius)

음원으로부터 어떤 거리 r(m)만큼 떨어진 위치에서 직접음장 및 잔향음장에 의한 음압레벨이 같을 때의 거리를 말한다.

즉, $\dfrac{Q}{4\pi r^2} = \dfrac{4}{R}$ 로부터

$$r = \sqrt{\frac{Q \times R}{16\pi}} = \sqrt{\frac{2 \times 316}{16 \times 3.14}} = 3.5\text{m}$$

195 실내에서 잔향시간을 측정하고자 할 때 몇 dB 감쇠하는 것을 관찰하여야 하는가?

① 40dB

② 60dB

③ 80dB

④ 100dB

해설 잔향시간

실내에서 음원을 끈 순간부터 음압레벨이 60dB(에너지 밀도 10^{-6} 감소) 감쇠되는 데 소요되는 시간이다.

196 건축자재류의 소음차단 성능을 정량적으로 평가하기 위해 사용하는 STC란 무엇을 의미하는가?

① 음향전달체계

② 2차 음향전달

③ 음향투과등급

④ 저감목표소음

해설 STC(Sound Transmission Class)

음향투과등급으로 건축 관련 자재류(특히, panel(partition) 등)의 소음차단 성능을 정량적으로 평가하기 위한 단일 평가량 수치이다. STC값이 높으면 높을수록, 소음차단 성능이 더 좋다는 것을 나타낸다.

197 잔향시간에 관한 설명이다. (   ) 안에 가장 적합한 것은?

> 잔향시간이란 실내에서 음원을 끈 순간부터 음압레벨이 (㉮) 감쇠되는 데 소요되는 시간을 말하며, 일반적으로 기록지의 레벨 감쇠곡선의 폭이 (㉯) 이상일 때 이를 산출한다.

① ㉮ 60dB, ㉯ 10dB(최소 5dB)

② ㉮ 60dB, ㉯ 25dB(최소 15dB)

③ ㉮ 120dB, ㉯ 10dB(최소 5dB)

④ ㉮ 120dB, ㉯ 25dB(최소 15dB)

해설 잔향시간이란 실내에서 음원을 끈 순간부터 음압레벨이 60dB 감쇠되는 데 소요되는 시간을 말하며, 일반적으로 기록지의 레벨 감쇠곡선의 폭이 25dB(최소 15dB) 이상일 때 이를 산출한다.

198 감음계수(NRC)에 관한 설명으로 옳은 것은?

① 1/1 옥타브 대역으로 측정한 중심 주파수 500Hz, 1,000Hz, 2,000Hz, 4,000Hz에서의 흡음률의 기하평균치이다.

② 1/1 옥타브 대역으로 측정한 중심 주파수 500Hz, 1,000Hz, 2,000Hz, 4,000Hz에서의 흡음률의 산술평균치이다.

③ 1/3 옥타브 대역으로 측정한 중심 주파수 250Hz, 500Hz, 1,000Hz, 2,000Hz에서의 흡음률의 기하평균치이다.

④ 1/3 옥타브 대역으로 측정한 중심 주파수 250Hz, 500Hz, 1,000Hz, 2,000Hz에서의 흡음률의 산술평균치이다.

> **해설** 감음계수(NRC, Noise Reduction Coefficient)
> 1/3 옥타브 대역으로 측정한 중심 주파수 250Hz, 500Hz, 1,000Hz, 2,000Hz에서의 흡음률의 산술평균치이다.
> $$NRC = \frac{1}{4}\left(\alpha_{250} + \alpha_{500} + \alpha_{1,000} + \alpha_{2,000}\right)$$

199 대기조건에 따른 공기흡음 감쇠효과에 관한 설명으로 옳은 것은?

① 습도가 낮을수록 감쇠치는 증가한다.

② 주파수가 낮을수록 감쇠치는 증가한다.

③ 일반적으로 기온이 낮을수록 감쇠치는 작아진다.

④ 공기의 흡음감쇠는 음원과 관측점의 거리에 거의 영향을 받지 않는다.

> **해설** ② 주파수가 높을수록 감쇠치는 증가한다.
> ③ 일반적으로 기온이 낮을수록 감쇠치는 커진다.
> ④ 공기의 흡음감쇠는 음원과 관측점의 거리가 멀어질수록 커진다.

200 다음 중 흡음감쇠가 가장 큰 경우는? (순서대로 주파수(Hz), 기온(℃), 상대습도(%))

① 500, −10, 30

② 1,000, 0, 50

③ 2,000, 10, 70

④ 4,000, 20, 90

> **해설** 주파수가 높을수록(제곱에 비례), 온도가 낮을수록, 습도가 낮을수록 흡음감쇠 효과가 커지므로 공기에 의한 흡음감쇠가 크며, 보기항에서는 ④의 흡음감쇠가 가장 크게 나타난다.

201 두꺼운 콘크리트로 구성된 옥외주차장의 바닥 위에 무지향성 점음원이 있으며, 이 점음원으로부터 20m 떨어진 지점의 음압레벨은 100dB이다. 공기흡음에 의해 일어나는 감쇠치를 5dB/10m라고 할 때, 이 음원의 음향파워는?

① 약 141dB   ② 약 144dB

③ 약 126W   ④ 약 251W

> **해설** 옥외주차장의 바닥은 반자유공간이므로
> $SPL = PWL - 20\log r - 8$에서
> $100 + 10 = PWL - 20\log 20 - 8$
> $PWL = 10\log \dfrac{W}{10^{-12}} = 144dB$
> $\therefore W = 10^{14.4} \times 10^{-12} = 251W$

202 단단하고 평편한 지상에 작은 음원이 있다. 음원에서 100m 떨어진 지점에서의 음압레벨은 55dB이었다. 공기의 흡음감쇠를 0.4dB/10m로 할 때 음원의 출력은 약 몇 W인가?

① 0.02W   ② 0.05W

③ 0.08W   ④ 0.11W

> **해설** 반자유공간(평편한 지상)에서의 음압레벨
> $SPL = PWL - 20\log r - 8$에서
> 공기의 흡음감쇠 0.4dB/10m를 고려하면 100m 떨어진 지점에서의 흡음감쇠는 4dB이므로
> $55 + 4 = PWL - 20\log 100 - 8$, $PWL = 107dB$
> $\therefore 107 = 10\log \dfrac{W}{10^{-12}}$ 로부터
> 음향출력 $W = 10^{10.7} \times 10^{-12} = 0.05W$

203 음향출력 10W인 점음원이 지면에 있을 때 10m 떨어진 지점에서의 음의 세기는?

① 0.032W/m²   ② 0.016W/m²

③ 0.008W/m²   ④ 0.004W/m²

> **해설** 음의 세기레벨과 음압레벨의 수치가 같고, 반자유공간에서 점음원의 거리감쇠이므로
> $PWL = 10\log \dfrac{10}{10^{-12}} = 130dB$
> $SIL = SPL = PWL - 20\log r - 8$
> $\quad = 130 - 20\log 10 - 8 = 102dB$
> $\therefore 102 = 10\log \dfrac{I}{10^{-12}}$ 에서
> $I = 10^{10.2} \times 10^{-12} = 0.016W/m^2$

204 음의 크기에 관한 설명으로 옳지 않은 것은?

① 음의 크기레벨은 "폰(phon)"으로 측정된다.

② 1sone은 4,000Hz 음의 음압레벨 40dB로 정의된다.

③ 음의 크기$(S) = 2^{\frac{(phon-40)}{10}}$ (sone)

④ 40phon은 1sone과 같은 음의 크기이다.

해설 1sone은 1,000Hz 음의 음압레벨 40dB로 정의된다.

205 반경 5m인 반구형태의 무지향성 음원이 딱딱하고 평편한 지상에 있다. 이 음원의 표면에서 15m 떨어진 지점에서 음압레벨을 측정하였더니 76dB이었다. 이 음원의 음향출력은?

① 1W ② 0.5W

③ 0.2W ④ 0.1W

해설 음은 반구면에서 발생하므로 반자유공간으로

$$76 = 10\log\frac{W}{W_o} - 20\log r - 8\text{dB}$$

여기서, $r = 15 + 5 = 20$m이므로 $\log\frac{W}{W_o} = 11$이다.

$$\therefore \ W = 10^{11} \times 10^{-12} = 0.1\text{W}$$

206 공장 내 지면에 소형 선풍기가 있다. 여기서 발생하는 소음은 10m 떨어진 곳에서 70dB이다. 이것을 60dB이 되게 하려면 이 선풍기는 얼마나 이동시켜야 하는가? (단, 대지와 지면에 의한 흡수는 무시한다.)

① 22m ② 25m

③ 28m ④ 32m

해설 반자유공간(지면)에서 점음원의 거리감쇠이므로

$$SPL_1 - SPL_2 = 20\log\frac{r_2}{r_1} \text{에서}$$

$$70 - 60 = 20\log\frac{r_2}{10}$$

$r_2 = 32$m

즉, 음원으로부터 32m 떨어진 지점에서의 음압레벨이 60dB이다.

∴ 음원에서 10m 떨어진 선풍기를 $32 - 10 = 22$m 더 이동시켜야 된다.

207 점음원의 출력이 2배로 되었고, 동시에 측정점과 음원의 거리도 2배가 되었다면 그 지점에서의 음압레벨의 변화는?

① 3dB 증가 ② 2dB 증가

③ 3dB 감소 ④ 2dB 감소

해설 출력이 2배로 되면 파워레벨은 $10\log 2$dB만큼 증가한다. 또 거리가 2배가 되면 음압레벨의 감소분은 $20\log 2$이므로 결국 SPL의 변화는 $10\log 2 - 20\log 2 = -3$dB이다.

208 그림과 같이 직각으로 교차하는 딱딱하면서 평편하고 넓은 두 벽이 만나는 구석에 작은 음원이 0.63W로 출력하고 있을 때 음원에서 10m 떨어진 지점의 음의 세기는 얼마인가?

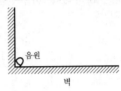

① 0.01W/m^2

② 0.02W/m^2

③ 0.001W/m^2

④ 0.002W/m^2

해설 음이 전파되는 공간은 자유공간에 비하면 1/4이므로 음의 세기 $I = \frac{W}{\pi r^2}$ 이 된다.

$$\therefore \ I = \frac{0.63}{3.14 \times 10^2} = 0.002\text{W/m}^2$$

209 75phon의 소리는 55phon의 소리에 비해 몇 배 크게 들리는가?

① 2배 ② 4배

③ 8배 ④ 16배

해설 • 75phon의 소리의 크기

$$S = 2^{\frac{(L_L - 40)}{10}} = 2^{3.5} = 11.3\text{sone}$$

• 55phon의 소리의 크기

$$S = 2^{\frac{(L_L - 40)}{10}} = 2^{1.5} = 2.8\text{sone}$$

$$\therefore \ \frac{11.3}{2.8} = 4\text{배}$$

210 점음원에서 발생되는 소음이 10m 떨어진 지점에서 음압레벨이 100dB일 때 이 음원에서 25m 떨어진 지점에서의 음압레벨은?

① 88dB   ② 92dB

③ 96dB   ④ 104dB

해설 점음원에서 거리감쇠에 따른 음압레벨의 감쇠치

$$-20\log\frac{r_2}{r_1} = -20\log\frac{25}{10} = -8\text{dB}$$

$$\therefore\ 100 - 8 = 92\text{dB}$$

211 무지향성 점음원이 굳고 평탄한 지면에 있다. 이 음원의 표면으로부터 20m 떨어진 위치에서 SPL은 70dB이었다. 이 음원의 음향파워레벨은 얼마인가?

① 107dB   ② 104dB

③ 101dB   ④ 98dB

해설 반자유공간에서 점음원의 거리감쇠이므로

$$\text{SPL} = \text{PWL} - 20\log r - 8 \text{ 에서}$$

$$70 = \text{PWL} - 20\log 20 - 8$$

$$\therefore\ \text{음향파워레벨 } \text{PWL} = 104\text{dB}$$

212 반자유공간에 어떤 기계의 음향파워(power)를 측정하기 위해서 기계를 중심으로 한 반경 1m 의 가상적인 반구면 위의 몇 개 위치에서 음압도를 측정한 결과 평균 80dB로 나타났다. 이 기계의 음향출력은?

① $3.14 \times 10^{-3}\text{ W}$

② $6.31 \times 10^{-3}\text{ W}$

③ $3.14 \times 10^{-4}\text{ W}$

④ $6.31 \times 10^{-4}\text{ W}$

해설 반자유공간에서 점음원의 거리감쇠이므로

$$\text{SPL} = \text{PWL} - 20\log r - 8 \text{에서}$$

$$80 = \text{PWL} - 20\log 1 - 8$$

$$\therefore\ \text{음향파워레벨 } \text{PWL} = 88\text{dB}$$

$$\text{PWL} = 10\log\frac{W}{10^{-12}} \text{에서 } 88 = 10\log\frac{W}{10^{-12}}$$

$$\therefore\ \text{음향파워 } W = 10^{8.8} \times 10^{-12} = 6.31 \times 10^{-4}\text{W}$$

213 점음원이 자유진행파를 발생한다고 가정할 때 음원으로부터 6m 떨어진 지점의 음압레벨이 70dB이다. 이 음원의 음향파워레벨은?

① 86.6dB   ② 96.6dB

③ 106.6dB   ④ 116.6dB

해설 점음원이 자유진행파를 발생하면 자유공간에서의 거리감쇠이므로 $\text{SPL} = \text{PWL} - 20\log r - 11$에서

$$\text{PWL} = 70 + 20\log 6 + 11 = 96.6\text{dB}$$

214 500Hz와 2,000Hz 두 성분의 음을 내는 작은 음원이 있다. 지금 음원에서 10m 떨어진 지점에서 음압레벨을 측정하였더니 두 성분의 음압레벨은 같았으며 그 합은 90dB이었다. 공기의 흡음감쇠를 500Hz에서는 없는 것으로 하고, 2,000Hz에서는 10m에 대하여 0.22dB이라고 할 때, 음원에서 100m 떨어진 거리에서 측정할 경우 음압레벨의 합은 몇 dB인가?

① 66dB   ② 69dB

③ 72dB   ④ 75dB

해설 500Hz와 2,000Hz 두 성분의 음의 10m 떨어진 지점에서 합이 90dB일 때, 각 성분의 음압레벨을 SPL_1이라고 하면

$$10\log\left(2 \times 10^{\frac{\text{SPL}_1}{10}}\right) = 90$$

$$10\log 2 + 10\log 10^{\frac{\text{SPL}_1}{10}} = 90\text{에서}$$

$$\text{SPL}_1 = 90 - 10\log 2 = 87\text{dB}$$이 된다.

또한 100m 지점에서 500Hz 및 2,000Hz의 음압레벨은

$$\text{SPL}_1 - \text{SPL}_2 = 20\log\frac{r_2}{r_1}\text{에서}$$

$$\text{SPL}_2 = \text{SPL}_1 - 20\log\frac{r_2}{r_1} = 87 - 20\log\frac{100}{10} = 67\text{dB}$$

여기에 흡음감쇠 α를 고려하면

$$\text{SPL}_1 - \text{SPL}_2 - \alpha = 20\log\frac{r_2}{r_1}$$

$$\alpha = 0.22\text{dB/m} \times 100\text{ m}/10\text{ m} = 2.2\text{dB}$$이므로

2,000Hz 성분의 SPL_3은 다음과 같다.

$$\text{SPL}_3 = \text{SPL}_1 - 20\log\frac{r_2}{r_1} - \alpha$$

$$= 87 - 20\log\frac{100}{10} - 2.2 ≒ 65\text{dB}$$

따라서, 500Hz와 2,000Hz 두 성분의 음압레벨의 합은

$$10\log(10^{6.7} + 10^{6.5}) = 69\text{dB}$$로 된다.

215 교통량이 많은 도로변에서의 소음도를 조사하고자 한다. 도로변으로부터 50m 떨어진 곳으로부터 이 소음도가 75dB(A)이었다면 도로변으로부터 200m 떨어진 곳의 소음도는 얼마로 예상되겠는가? (단, 대기와 지면에 의한 흡음은 무시하며 선음원으로 간주한다.)

① 63dB(A) 　　　② 66dB(A)
③ 69dB(A) 　　　④ 72dB(A)

[해설] 교통량이 많은 도로변은 선음원(반자유공간)에 해당하므로 선음원의 거리감쇠 식은 다음과 같다.
$SPL = PWL - 10 \log r - 5dB$ 에서 거리감쇠는
$-10 \log \left(\dfrac{r_2}{r_1}\right) = -10 \log \left(\dfrac{200}{50}\right) = -6dB$
$\therefore 75 - 6 = 69dB$

216 자유공간에 점음원과 선음원이 있고, 각각 음원에서 10m 떨어진 점에서의 음압레벨이 같다고 한다. 이 경우 음원에서 각각 2m 떨어진 점의 음압레벨의 차는 몇 dB인가?

① 4dB 　　　② 5dB
③ 6dB 　　　④ 7dB

[해설] 10m 떨어진 점에서 음압레벨이 같다는 것과 점음원 및 선음원인 경우의 거리감쇠의 식은 다음과 같다.
$PWL_1 - 20 \log 10 - 11 = PWL_2 - 10 \log 10 - 8$
$\therefore PWL_1 - PWL_2 = 13$
또 2m 떨어진 점에서의 음압레벨의 차$(SPL_1 - SPL_2)$는
$SPL_1 - SPL_2$
$= (PWL_1 - 20 \log 2 - 11) - (PWL_2 - 10 \log 2 - 8)$
$= PWL_1 - PWL_2 - 10 \log 2 - 3$이므로 위에서 구한 식에 대입하면 다음과 같다.
$SPL_1 - SPL_2 = 13 - 10 \log 2 - 3 = 7dB$

217 자유공간 중에 점음원과 선음원이 있으며 음원에서 100m 떨어진 지점에서 음압레벨을 측정하였더니 60dB이었다. 음원에서 10m 떨어진 지점의 음압레벨은?

　　　(점음원)　　(선음원)
① 70dB　　　70dB
② 70dB　　　80dB
③ 80dB　　　70dB
④ 80dB　　　80dB

[해설]
• 점음원 : $SPL_{r1} = SPL_{r2} + 20 \log \dfrac{r_2}{r_1}$ 에서
$$SPL_{10} = 60 + 20 \log \frac{100}{10} = 80dB$$
• 선음원 : $SPL_{r1} = SPL_{r2} + 10 \log \dfrac{r_2}{r_1}$ 에서
$$SPL_{10} = 60 + 10 \log \frac{100}{10} = 70dB$$

218 단단하고 평평한 지면 위에 작은 음원이 있다. 음원에서 100m 떨어진 지점에서의 음압레벨은 75dB이었다. 공기의 흡음감쇠를 0.4dB/10m로 할 때 음원의 출력은 약 몇 W인가?

① 0.02W 　　　② 0.05W
③ 1.0W 　　　④ 5.0W

[해설] 100m 떨어진 지점에서 음압레벨이 75dB이고, 공기의 흡음감쇠를 고려하면 음원에서의 음압레벨은 다음과 같다.
$75 + \dfrac{0.4}{10} \times 100 = 79dB$
여기서, 단단하고 평평한 지면은 반자유공간이므로
$SPL = PWL - 20 \log r - 8$ 에서
$PWL = 79 + 20 \log 100 + 8 = 127dB$
$PWL = 10 \log \dfrac{W}{10^{-12}}$ 에서 $127 = 10 \log \dfrac{W}{10^{-12}}$
$\therefore W = 10^{12.7} \times 10^{-12} = 5W$

219 음원에서 가까운 곳에서 측정하는 것을 전제로 음의 거리감쇠에 관한 설명으로 옳지 않은 것은?

① 면음원에서 거리가 2배가 되면 약 3dB 감음된다.
② 작은 음원(점음원)에서 거리가 2배가 되면 약 6dB 감음된다.
③ 작은 음원(점음원)에서 거리가 10배가 되면 약 20dB 감음된다.
④ 가늘고 긴 음원(선음원)에서 거리가 10배가 되면 약 10dB 감음된다.

[해설] 점음원의 거리감쇠는 $-20 \log \left(\dfrac{r_2}{r_1}\right)$, 선음원의 거리감쇠는 $-10 \log \left(\dfrac{r_2}{r_1}\right)$로 표시되지만, 면음원에서는 음원의 크기와 측정점의 위치에 의하여 감소특성이 다르기 때문에 음원에서의 거리의 배수로서는 감소량을 나타낼 수 없다.

220 가로 6m×세로 3m 벽면 밖에서의 음압레벨이 100dB이라면 17m 떨어진 곳은 몇 dB인가? (단, 면음원 기준)

① 약 88 ② 약 78
③ 약 62 ④ 약 42

해설

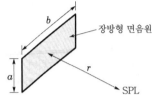

장방형 면음원

SPL

- $r < \dfrac{a}{3}$ 일 경우, 거리감쇠치

  $L_a = SPL_1 - SPL_2 = 0dB$

- $\dfrac{a}{3} < r < \dfrac{b}{3}$ 일 경우, 거리감쇠치

  $L_a = SPL_1 - SPL_2 = 10 \log\left(\dfrac{3 \times r}{a}\right) dB$

- $r > \dfrac{b}{3}$ 일 경우, 거리감쇠치

  $L_a = SPL_1 - SPL_2 = 20\log\left(\dfrac{3 \times r}{b}\right) + 10\log\left(\dfrac{b}{a}\right) dB$

음원에서 17m 떨어진 곳의 조건은 위의 식 $r > \dfrac{b}{3}$ 일 경우의 거리감쇠치에 해당하므로

$SPL_2 = 100 - 20\log\left(\dfrac{3 \times 17}{6}\right) - 10\log\left(\dfrac{6}{3}\right) = 78.4dB$

221 높이 6m, 길이 20m인 면음원으로 생각되는 벽면이 설치된 공장이 있다. 내부에서의 소음레벨이 95dB(A)이었다. 벽면에서 5m 위치에서 80dB(A)인 경우 벽에서 35m 떨어진 곳에 있는 경계선상에서의 소음레벨은? (단, 벽면에서의 거리감쇠는 그림으로부터 구할 수 있다.)

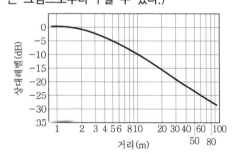

① 60dB(A) ② 65dB(A)
③ 70dB(A) ④ 75dB(A)

해설 이 면음원에서의 거리감쇠는 주어진 그림에서 5m 지점에서 −5dB, 35m 지점에서 −20dB이다. 또 5m 지점에서 80dB(A)이고 공장 내부에서 95dB(A)이므로 35m 떨어진 지점에서의 소음레벨은 $80 - (20 - 5) = 65dB(A)$이다.

222 반경 r(m)인 원판의 진동음을 L(m) 떨어진 점에서의 음향파워레벨의 근사식에 대한 표현으로 옳은 것은? (단, S는 진동파의 면적(m²), $L \gg r$이다.)

① $PWL \fallingdotseq SPL + 10\log S - 20\log\left(\dfrac{r}{L}\right) + 3dB$

② $PWL \fallingdotseq SPL + 10\log S + 20\log\left(\dfrac{r}{L}\right) + 3dB$

③ $PWL \fallingdotseq SPL + 20\log S + 20\log\left(\dfrac{r}{L}\right) + 3dB$

④ $PWL \fallingdotseq SPL + 20\log S - 20\log\left(\dfrac{r}{L}\right) + 3dB$

해설 **반경 r(m)인 원판의 진동음을 L(m)만큼 떨어진 점에서의 음압레벨의 근사식(단, $L \gg r$)**

$SPL = PWL - 10\log S + 20\log\left(\dfrac{r}{L}\right) - 3dB$에서

$PWL = SPL + 10\log S - 20\log\left(\dfrac{r}{L}\right) + 3dB$

여기서, S : 진동파의 면적(m²)

223 음향출력 10W인 점음원이 지면에 있을 때, 10m 떨어진 지점에서의 음의 세기는?

① $0.032W/m^2$ ② $0.016W/m^2$
③ $0.008W/m^2$ ④ $0.004W/m^2$

해설 먼저 음압레벨과 음의 세기레벨은 같은 값인 것과 지면에 있을 때는 반자유공간임을 알아야 한다.

음향파워레벨 $PWL = 10\log\dfrac{10}{10^{-12}} = 130dB$

$SPL = SIL = PWL - 20\log r - 8$에서

$SIL = 130 - 20\log 10 - 8 = 102dB$

$\therefore\ 102 = 10\log\dfrac{I}{10^{-12}}$

$I = 10^{10.2} \times 10^{-12} = 0.016W/m^2$

224 무한히 긴 선음원이 있다. 이 음원으로부터 50m 거리만큼 떨어진 위치에서의 음압레벨이 93dB이라면 5m 떨어진 곳에서의 음압레벨은?

① 130dB ② 120dB
③ 110dB ④ 103dB

$$-10\log\frac{r_2}{r_1} = -10\log\frac{5}{50} = 10\text{dB}$$

$$\therefore 93 + 10 = 103\text{dB}$$

225 공장 부지 내의 지면에 소형 압축기가 있고, 그 음원에서 10m 떨어진 곳의 음압레벨이 80dB이 었다. 이것을 70dB로 하기 위해서는 압축기를 얼마만큼 더 이동하면 되겠는가?

① 약 5.6m   ② 약 10.6m

③ 약 15.6m   ④ 약 21.6m

해설 점음원의 거리감쇠이므로 $\text{SPL}_1 - \text{SPL}_2 = 20\log\frac{r_2}{r_1}$

에서 $80 - 70 = 20\log\frac{r_2}{10}$, $\therefore r_2 = 31.6\text{m}$

음원에서 10m 떨어진 곳에서 압축기를 더 이동하여야 음 압레벨이 70dB이 되므로 $31.6 - 10 = 21.6\text{m}$만큼 이동시 키면 된다.

226 역제곱법칙에 관한 설명이다. ( )에 알맞은 것은?

> 점음원으로부터 거리가 (㉮)배 멀어지면 음 압레벨은 (㉯)dB씩 저하된다.

① ㉮ 2, ㉯ 6   ② ㉮ 2, ㉯ 3

③ ㉮ 3, ㉯ 6   ④ ㉮ 3, ㉯ 3

해설 점음원의 '배거리 6dB' 법칙

$$20\log\frac{2\times r_1}{r_1} = 6\text{dB}$$

227 가로 3m, 세로 6m의 장방형 면음원 밖에서의 음압레벨은 100dB이었다. 이 면음원으로부터 10m 떨어진 지점의 음압레벨(dB)은?

① 80dB   ② 83dB

③ 90dB   ④ 98dB

해설 음원에서 17m 떨어진 곳의 조건은 $r > \dfrac{b}{3}$일 경우이므로

$$\text{SPL}_2 = \text{SPL}_1 - 20\log\left(\frac{3\times r}{b}\right) - 10\log\left(\frac{b}{a}\right)$$

$$= 100 - 20\log\left(\frac{3\times 10}{6}\right) - 10\log\left(\frac{6}{3}\right)$$

$$= 83\text{dB}$$

228 점음원에서 어떤 한 방향의 일직선상에 A, B, C 3개의 측정지점을 설정하였다. 음원에서 거리 가 A=100m, B=500m, C=1,000m일 때, AB간 과 BC간의 거리감쇠에 관한 설명 중 옳은 것은?

① AB간이 BC간보다 8dB 크다.

② AB간이 BC간보다 4dB 크다.

③ BC간이 AB간보다 4dB 크다.

④ BC간이 AB간보다 8dB 크다.

해설
점음원 ●———|—————|—————|—————
             A   B   C
          100m   500m   1,000m

- AB간 거리감쇠

$$-20\log\left(\frac{r_2}{r_1}\right) = -20\log\left(\frac{500}{100}\right) = -14\text{dB}$$

- BC간 거리감쇠

$$-20\log\left(\frac{r_2}{r_1}\right) = -20\log\left(\frac{1,000}{500}\right) = -6\text{dB}$$

$\therefore$ AB간이 BC간보다 8dB 크다.

229 등방향성 점음원이 건물 내부의 2면이 만나는 모서리에 있다. 이 음원으로부터 10m 거리에 있는 위치에서의 음압레벨은 얼마가 되겠는가? (단, 음원의 음향파워레벨은 105dB이며, 구면파 전 달로 가정한다.)

① 70dB   ② 74dB

③ 77dB   ④ 80dB

해설
$$\text{SPL} = \text{PWL} - 20\log r - 11 + 10\log Q$$
$$= 105 - 20\log 10 - 11 + 10\log 4$$
$$= 80\text{dB}$$

230 공장 부지 내의 지면에 소형 압축기가 있고, 그 음원에서 5m 떨어진 곳의 음압레벨이 80dB이 었다. 이것을 70dB로 하기 위해서는 압축기를 얼마만큼 더 이동하면 되겠는가?

① 8.8m   ② 10.8m

③ 12.8m   ④ 15.8m

해설 반자유공간, 점음원에서 거리감쇠

$$\text{SPL}_1 - \text{SPL}_2 = 20\log\frac{r_2}{r_1} \text{에서, } 80 - 70 = 20\log\frac{r_2}{5}$$

$$r_2 = 10^{0.5} \times 5 = 15.8\text{m}$$

$\therefore 15.8 - 5 = 10.8\text{m}$ 더 이동해야 한다.

231 점음원의 파워레벨이 91dB이고, 그 점음원이 세 면이 접하는 모퉁이에 놓여 있을 때 10m 되는 지점에서의 음압레벨은?

① 60dB
② 64dB
③ 69dB
④ 73dB

해설 점음원이 세 면이 접하는 모퉁이에 놓여 있을 때의 지향계수 $Q = 8$

$$\begin{aligned}
\text{SPL} &= \text{PWL} + 10 \log \left(\frac{Q}{4 \pi r^2} \right) \\
&= \text{PWL} - 20 \log r - 11 + 10 \log Q \\
&= 91 - 20 \log 10 - 11 + 10 \log 8 \\
&= 69 \text{dB}
\end{aligned}$$

232 선음원으로부터 3m 거리에서 96dB이 측정되었다면 41m에서의 음압레벨은?

① 92dB
② 88dB
③ 85dB
④ 81dB

해설 선음원의 거리감쇠

$$-10 \log \frac{r_2}{r_1} = -10 \log \frac{41}{3} = -11 \text{dB}$$

$$\therefore 96 - 11 = 85 \text{dB}$$

233 무지향성 음원 기준으로 선음원이 자유공간에 있을 때, 음압레벨(SPL)과 음향파워레벨(PWL)과의 관계는? (단, r은 음원으로부터의 거리)

① $\text{SPL} = \text{PWL} - 10 \log (2 \pi r)$
② $\text{SPL} = \text{PWL} - 10 \log (4 \pi r^2)$
③ $\text{SPL} = \text{PWL} - 10 \log (4 \pi r)$
④ $\text{SPL} = \text{PWL} - 10 \log (2 \pi r^2)$

해설 자유공간($Q = 1$)에서 선음원으로부터 떨어진 거리의 음압레벨은 모든 방향으로 일정한 음이 음원으로부터 거리 r(m)인 반경, 즉 원통의 표면적($2 \pi r$)으로 퍼져나간다.

$$\text{SPL} = \text{PWL} + 10 \log \left(\frac{Q}{2 \pi r} \right) = \text{PWL} - 10 \log (2 \pi r)$$

이 된다.

234 반사물이 없는 지상에 있는 송풍기로부터 4m 거리에서 소음을 측정하였더니 100dB(A)이었다. 이 송풍기를 그림과 같은 조건에 설치하였을 경우 10m 떨어진 위치에서의 소음레벨은 몇 phon이 되는가?

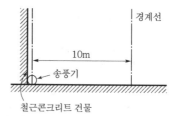

① 98dB(A)
② 95dB(A)
③ 92dB(A)
④ 89dB(A)

해설 철근콘크리트 건물이 없을 때 음원의 파워레벨을 PWL, 음원에서 d(m)만큼 떨어진 거리에 있는 점의 소음레벨을 SPL_d라고 하면 $\text{SPL}_d = \text{PWL} - 20 \log d - 11 \text{dB}$, $d = 4$m에서 $\text{SPL}_4 = 100 \text{dB}(A)$이라면, $d = 10$m에서 SPL_{10}은 다음과 같다.

$100 = \text{PWL} - 20 \log 4 - 11$ ······ (1)
$\text{SPL}_{10} = \text{PWL} - 20 \log 10 - 11$ ······ (2)

따라서, (2)−(1)은
$\text{SPL}_{10} = 100 + 20 \log 4 - 20 \log 10 = 92 \text{dB}(A)$

철근콘크리트 건물에서 음은 100% 반사되므로 3dB(A)의 증가가 생기게 되어 $92 + 3 = 95 \text{dB}(A)$이 된다.

235 다음 표는 조용하고 평편한 땅에 있는 공장의 소음레벨을 측정한 것이다. 이 측정 소음에 대한 설명으로 옳은 것은?

공장으로부터의 거리(m)	5	10	15	25	35	50	75	100
소음레벨[dB(A)]	75	72	70	67	65	62	59	56

① 거리에 관계없이 선음원으로 간주할 수 있다.
② 거리에 관계없이 점음원으로 간주할 수 있다.
③ 가까운 곳에서는 점음원, 먼 곳에서는 선음원으로 간주할 수 있다.
④ 가까운 곳에서는 선음원, 먼 곳에서는 점음원으로 간주할 수 있다.

해설 음원에서의 거리감쇠는 거리가 배가 될 때마다 점음원에서는 6dB, 선음원에서는 3dB의 비율로 감소된다. 공장에서의 거리가 5m와 10m 사이에서 3dB 감소하고, 50m와 100m 사이에서 6dB 감소하고 있으므로 가까운 곳에서는 선음원, 먼 곳에서는 점음원으로 간주할 수가 있다. 또 5m 지점을 기준점으로 하여 배거리마다 감음량을 그림으로 표시하면 감소의 변화가 뚜렷하다는 것을 알 수 있다.

236 횡 6m, 종 3m의 벽면 밖에서 음압레벨이 100dB 이라면 12m 떨어진 곳은 몇 dB일까? (단, 면음 원 기준)

① 81.4dB   ② 75.4dB

③ 71.4dB   ④ 68.4dB

해설 면음원에서 12m 떨어진 곳의 조건은 $r > \dfrac{b}{3}$ 일 경우이므로

$$SPL_2 = SPL_1 - 20\log\left(\frac{3 \times r}{b}\right) - 10\log\left(\frac{b}{a}\right)$$
$$= 100 - 20\log\left(\frac{3 \times 12}{6}\right) - 10\log\left(\frac{6}{3}\right) = 81.4\text{dB}$$

237 지향지수가 6dB일 때 지향계수는?

① 4.60   ② 4.35

③ 3.98   ④ 3.56

해설 지향지수(DI, Directivity Index)
$$10\log Q = 10\log 6 = 3.98\text{dB}$$

238 평균음압이 3,500N/m²이고, 특정지향음압이 5,500N/m²일 때 지향지수는?

① 2dB   ② 4dB

③ 6dB   ④ 9dB

해설 지향지수(Directivity Index)

$DI = SPL_\theta - \overline{SPL}$ (dB)에서

SPL_θ : 동거리에서 어떤 특정 방향의 음압레벨(SPL)

$\overline{SPL}$: 음원에서 r(m)만큼 떨어진 구형상의 여러 지점에서 측정한 음압레벨의 평균치

$$SPL_\theta = 20\log\frac{5,500}{2 \times 10^{-5}} = 169\text{dB}$$

$$\overline{SPL} = 20\log\frac{3,500}{2 \times 10^{-5}} = 165\text{dB}$$

$$\therefore DI = 169 - 165 = 4\text{dB}$$

239 공중에 있는 점음원의 지향지수(dB)는?

① 0   ② 1

③ 2   ④ 3

해설 공중에 있는 점음원의 지향계수 $Q = 1$
$$\therefore \text{지향지수 } DI = 10\log Q = 10\log 1 = 0\text{dB}$$
즉, 무지향성이다.

240 음원으로부터 10m 지점의 평균음압도는 101dB, 동거리에서 특정지향음압도는 107dB이다. 이때 지향계수는?

① 2.11   ② 2.56

③ 3.98   ④ 5.01

해설 지향지수
$$DI = SPL_\theta - \overline{SPL} = 107 - 101 = 6\text{dB}$$
$$\therefore 6 = 10\log Q \text{에서 } Q = 10^{0.6} = 3.98$$

241 평균음압이 3,450Pa이고 특정지향음압이 5,450Pa 일 때 지향계수는?

① 5.5   ② 4.0

③ 3.5   ④ 2.5

해설 지향지수(DI) = $SPL_\theta - \overline{SPL}$ (dB)에서

$$SPL_\theta = 20\log\frac{5,450}{2 \times 10^{-5}} = 169\text{dB}$$

$$\overline{SPL} = 20\log\frac{3,450}{2 \times 10^{-5}} = 165\text{dB}$$

$$\therefore DI = 169 - 165 = 4\text{dB}$$
$$4 = 10\log Q \text{에서 } Q = 10^{0.4} = 2.5$$

242 무지향성 점음원을 세 면이 접하는 구석에 위치 시켰을 때 지향지수는?

① +6dB   ② +7dB

③ +8dB   ④ +9dB

해설 무지향성 점음원이 세 면이 접하는 구석에 위치한 경우 지향계수 $Q = 8$이다.
$$\therefore DI = 10\log Q = 10\log 8 = 9\text{dB}$$

243 순음 중 우리 귀로 가장 크게 느낄 수 있는 음은?

① 500Hz 60dB 순음

② 1,000Hz 60dB 순음

③ 2,000Hz 60dB 순음

④ 4,000Hz 60dB 순음

해설 순음 중 우리 귀로 가장 크게 느낄 수 있는 음(청감음)의 주파수는 4,000Hz 주위에서 가장 예민하고, 100Hz 이하의 저주파음에서는 둔하다.

244 음의 기준에 관한 것으로 옳지 않은 것은?

① 1,000Hz 순음 40phon을 1sone으로 정의한다.

② 청감보정 A특성-40phon 등청감곡선

③ 청감보정 B특성-60phon 등청감곡선

④ 청감보정 C특성-100phon 등청감곡선

해설 청감보정 B특성 - 70phon 등청감곡선

245 개구부에서 고속으로 분출되는 기류음 중 저주파 성분이 많은 영역은? (단, 개구부 직경 d, 개구부부터 거리 r)

① $d < r < 2d$ ② $2d < r < 5d$

③ $5d < r < 10d$ ④ $10d < r < 25d$

해설

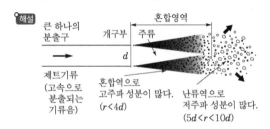

큰 하나의 분출구

개구부 / 혼합영역 / 주류

d

제트기류 (고속으로 분출되는 기류음)

혼합역으로 고주파 성분이 많다. $(r < 4d)$

난류역으로 저주파 성분이 많다. $(5d < r < 10d)$

246 노인성 난청이 시작되는 주파수역으로 옳은 것은?

① 1,000Hz ② 2,000Hz

③ 4,000Hz ④ 6,000Hz

해설 **노인성 난청**
고주파음(6,000Hz)에서부터 난청이 시작된다.

247 소음의 영향으로 옳지 않은 것은?

① 소음의 순환계에 미치는 영향으로 맥박이 감소하고, 말초혈관이 확장된다.

② 노인성 난청은 6,000Hz 정도에서부터 시작된다.

③ 소음에 폭로된 후 2일~3주 후에도 정상 청력으로 회복되지 않으면 소음성 난청이라 부른다.

④ 어느 정노 큰 소음을 들은 직후에 일시적으로 청력이 저하되었다가 수초~수일 후에 정상청력으로 돌아오는 현상을 TTS라고 한다.

해설 소음의 순환계에 미치는 영향으로 맥박이 증가되고, 말초혈관이 수축된다.

248 소음이 신체에 미치는 영향으로 옳지 않은 것은?

① 맥박수와 호흡수 증가

② 타액 분비량의 증가, 위액산도 저하

③ 두통, 불면, 기억력 감퇴

④ 혈당도, 백혈구수 감소

해설 소음이 인체에 미치는 영향 중 조혈기관에는 혈당도, 백혈구수 증가가 일어난다.

249 초음파 발생원으로 옳지 않은 것은?

① 냉·난방시스템

② 제트엔진

③ 고속드릴

④ 세척장비

해설 냉·난방시스템은 중저음 소리를 발생시킨다.

250 초음파를 이용하는 경우로 옳지 않은 것은?

① 금속체의 결합

② 태아의 심장운동 청취

③ 치아 클리닝

④ 의학적 치료

해설 • 초음파를 이용하는 경우 : 태아의 심장운동 청취, 치아 클리닝, 의학적 치료, 비파괴 검사
• 금속체의 결합에는 초음파를 이용하지 않고 저주파의 음을 이용한다.

251 초저주파음에 의한 영향으로 옳지 않은 것은?

① 신경피로

② 구역질

③ 공진현상

④ 균형상실

해설 **초저주파음에 의한 영향**
• 생리적 영향 : 구역질, 현기증, 호흡장애, 두통, 중이와 내이의 압박감, 고막의 활발한 운동에 의한 고통, 언어장해, 기침, 흔들리는 느낌, 무력감, 이명현상, 피로감, 혈압상승, 흉곽벽의 거센 진동, 계속석인 눈물, 피부가 타는 듯한 느낌, 넘어지는 느낌, 졸음, 일시적인 청력손상(TTS) 등
• 심리적 영향 : 수면·독서·사고에 방해, 사무능률의 저하, 인간관계가 비협조적이고 충돌이 잦게 됨 등

252 청력에 관한 내용으로 옳지 않은 것은?

① 음의 대소는 음파의 진폭(음압)의 크기에 따른다.

② 음의 고저는 음파의 주파수에 따라 구분된다.

③ 20,000Hz를 초과하는 것을 초음파라고 한다.

④ 청력손실이란 청력이 정상인 사람의 최대가청치와 피검자의 최대가청치와의 비를 dB로 나타낸 것이다.

> **해설** 청력손실이란 청력이 정상인 사람의 최소가청치와 피검자의 최소가청치와의 비를 dB로 나타낸 것이다.

253 소음의 영향에 관한 설명으로 옳지 않은 것은?

① 노인성 난청은 고주파음(6,000Hz)에서부터 난청이 시작된다.

② 혈중 아드레날린 및 호흡의 깊이는 감소하고, 호흡횟수가 증가한다.

③ 저주파보다 고주파 성분이 많을수록 영향을 많이 받는다.

④ 노인보다 젊은 사람이, 남성보다 여성이 예민하다.

> **해설** 소음의 영향은 혈중 아드레날린이 증가하고 호흡의 깊이는 감소하고, 호흡횟수가 증가한다.

254 마스킹 효과의 특성에 관한 설명으로 옳은 것은?

① 협대역 폭이 소리가 같은 중심 주파수를 갖는 같은 세기의 순음보다 더 작은 마스킹 효과를 갖는다.

② 마스킹 소음의 레벨이 커질수록 마스킹되는 주파수의 범위가 줄어든다.

③ 마스킹 효과는 마스킹 소음의 중심 주파수보다 고주파수 대역에서 보다 작은 값을 갖게 되는 이중 대칭성을 갖고 있다.

④ 마스킹 소음의 대역폭은 어느 한계(한계대역폭) 이상에서는 그 중심 주파수에 있는 순음에 대해 영향을 미치지 못한다.

> **해설** **마스킹 효과의 특성**
> • 저음이 고음을 잘 마스킹한다.
> • 두 음의 주파수가 비슷할 때 마스킹 효과가 대단히 커진다.
> • 두 음의 주파수가 거의 같을 때는 맥동이 생겨 마스킹 효과가 감소한다.

255 청력손실에 관한 설명으로 옳지 않은 것은?

① 영구적 청력손실은 4,000Hz 정도에서부터 난청이 진행된다.

② 청력손실이 옥타브밴드 중심 주파수 500~2,000Hz 범위에서 25dB 이상이면 난청이라 한다.

③ 4분법에 의한 평균청력손실은 다음과 같다.

$$\frac{(a+b+c)}{3}dB$$

(단, a : 옥타브밴드 500Hz에서의 청력손실(dB), b : 옥타브밴드 1,000Hz에서의 청력손실(dB), c : 옥타브밴드 2,000Hz에서의 청력손실(dB)이다.)

④ 청력이 정상인 사람의 최소가청치와 피검자와의 최고가청치와의 비를 dB로 나타낸 것이다.

> **해설** 4분법에 의한 평균청력손실은 $\frac{(a+2b+c)}{4}$ dB로 나타낸다.
> (단, a : 옥타브밴드 500Hz에서의 청력손실(dB), b : 옥타브밴드 1,000Hz에서의 청력손실(dB), c : 옥타브밴드 2,000Hz에서의 청력손실(dB)이다.)

256 난청에 관한 설명으로 옳지 않은 것은?

① 500Hz ~ 2.5kHz 대역은 인간의 언어활동에 쓰이는 부분으로 이 주파수 대역에서의 과도한 청력손상은 결국 언어소통에 장애를 가져온다.

② 일시적으로 강한 소리를 듣게 되면 잠시 동안 귀가 들리지 않는 현상을 TTS라 하며, 소음성 난청이 여기에 속한다.

③ 오랜 기간 동안 시끄러운 공장에서 일하는 공장의 작업자에게 주로 발생하는 청력저하현상을 PTS라 하며, 직업성 난청이 여기에 해당되고, 회복이 어렵다.

④ 노인성 난청은 주로 고주파음(6,000Hz)에서부터 난청이 시작된다.

> **해설** 일시적으로 강한 소리를 듣게 되면 잠시 동안 귀가 들리지 않는 현상을 TTS라 하며, 일시성 난청이 여기에 속한다.

252.④ 253.② 254.④ 255.③ 256.②

257 소음에 관한 작업방해에 대한 설명으로 옳지 않은 것은?

① 소음은 작업의 정밀보다는 총 작업량이 저하되기 쉽다.

② 불규칙한 폭발음은 일정한 소음보다 더욱 위해하다.

③ 특정 소음이 없는 상태에서 일정 소음이 90dB(A)를 초과하지 않으면 일반적으로 작업은 방해를 받지 않는다고 한다.

④ 일반적으로 1,000~2,000Hz 이상의 고주파역 소음은 저주파역 소음보다 작업방해를 크게 야기시킨다.

해설 소음은 총 작업량보다는 작업의 정밀이 저하되기 쉽다.

258 소음성 난청 예방의 허용치는 얼마로 권장하고 있는가?

① 1일 폭로시간 8시간일 때 90dB(A) 이하로 권장

② 1일 폭로시간 10시간일 때 80dB(A) 이하로 권장

③ 1일 폭로시간 12시간일 때 70dB(A) 이하로 권장

④ 1일 폭로시간 14시간일 때 60dB(A) 이하로 권장

해설 소음성 난청 예방의 허용치(노출기준)는 1일 폭로시간 8시간일 때 90dB(A) 이하로 권장하고 있다.

259 중심 주파수 500Hz, 1,000Hz, 2,000Hz에서의 청력손실을 각각 20dB, 40dB, 30dB이라 하면 평균청력손실은? (단, 4분법 기준)

① 약 26dB

② 약 33dB

③ 약 42dB

④ 약 48dB

해설 4분법에 의한 평균청력손실

$$\frac{(a+2b+c)}{4} = \frac{(20+2\times40+30)}{4} = 33dB$$

260 D특성 청감보정회로에 대한 설명으로 옳지 않은 것은?

① A특성 청감보정회로처럼 저주파 에너지를 많이 소거시키지 않는다.

② 1~12kHz 범위의 고주파음에 대하여 더 크게 보충시킨 구조이다.

③ 신호 보정은 중음역대이며, 소음등급평가의 한정적인 부분에만 적용된다.

④ 항공기소음에 대하여 많이 적용하는 청감 응답이다.

해설 D특성 청감보정회로의 신호 보정은 고음역대이며, 소음등급평가의 한정적인 부분에만 적용된다.

261 A 청감보정특성(중심 주파수 : 1kHz)과 C 청감보정특성과의 상대응답도(dB) 차이가 가장 큰 주파수 대역은?

① 10,000Hz

② 1,000Hz

③ 250Hz

④ 31.5Hz

해설 등청감곡선에서 살펴보면 주파수가 낮을수록 A 청감보정특성(중심 주파수 : 1kHz)과 C 청감보정특성과의 상대응답도(dB) 차이가 크다.

• dB(A)≪dB(C)일 경우 : 해당 소음은 저주파 성분이 많다.

• dB(A)≈dB(C)일 경우 : 해당 소음은 고주파 성분이 대부분이다.

262 청력에 관한 설명으로 옳지 않은 것은?

① 음의 대소(큰 소리, 작은 소리)는 음파의 진폭(음압)의 크기에 따른다.

② 사람의 목소리는 100~10,000Hz, 회화의 명료도는 200~6,000Hz, 회화의 이해를 위해서는 500~2,500Hz의 주파수 범위를 각각 갖는다.

③ 20Hz 이하는 초저주파음, 20kHz를 초과하는 음은 초음파라 한다.

④ 4분법 청력손실이 옥타브밴드 중심 주파수 500~2,000Hz 범위에서 15dB 이상이면 난청으로 분류한다.

해설 4분법 청력손실이 옥타브밴드 중심 주파수 500~2,000Hz 범위에서 25dB 이상이면 난청으로 분류한다.

263 다음 (   ) 안에 들어갈 주파수 대역으로 옳은 것은?

> 소음에 의한 청력 손상은 3~6kHz 범위에서 가장 크게 나타나고, 특히 (   ) 대역은 인간의 언어활동에 쓰이는 부분으로 이 주파수 대역에서 과도한 청력 손상은 결국 언어소통의 장애로 이루어진다.

① 50Hz~100Hz   ② 500Hz~2.5kHz
③ 5Hz~ 8kHz   ④ 10Hz~100kHz

해설 회화의 이해를 위한 인간의 언어활동에 쓰이는 주파수 대역은 500~2,500Hz 범위이다.

264 우리 귀의 구성요소 중 일종의 공명기로 음을 증폭하는 역할을 하는 것은?

① 이개(耳介)   ② 외이도(外耳道)
③ 고막   ④ 달팽이관

해설 외이도는 한쪽이 고막으로 막힌 일단 개구관으로 동작되며 일종의 공명기로 음을 증폭하는 역할을 한다.

265 음의 고저를 감지하는 귀의 기관은?

① 이소골   ② 와우각
③ 원형창   ④ 반고리관

해설 와우각(달팽이관)은 내부에 림프액이 들어 있고 기저막에 의해 상하층으로 구분되며, 상층 기저막을 덮고 있는 섬모(약 23,000개의 hair cell)를 림프액이 자극(진동)하면 청신경이 이를 대뇌에 전달하여 소리를 감지하게 된다. 음의 대소는 섬모가 받는 자극의 크기에 따라, 음의 고저는 자극을 받는 섬모의 위치에 따라 결정된다.

266 청각기구의 설명 중 옳지 않은 것은?

① 음의 대소는 섬모가 받는 자극의 크기에 따른다.
② 섬모는 기저막의 상층을 덮고 있다.
③ 이소골의 진동은 원형창에 의해 림프액에 전달된다.
④ 음의 고저는 자극을 받는 섬모의 위치에 따른다.

해설 중이에 위치한 이소골의 진동은 고막의 진동을 고체진동으로 변환시켜 진동음압을 20배 정도 증폭시킨다. 이 진동은 난원창(전정창)에 의해 림프액에 전달된다.

267 사람의 귀에 대한 음의 전달경로로 옳은 것은?

① 외이도 – 고막 – 이소골 – 와우각
② 외이도 – 와우각 – 이관 – 이소골
③ 외이도 – 이소골 – 이개 – 와우각
④ 외이도 – 이관 – 고막 – 이소골

해설 음의 전달경로
외이도(전달매질은 공기(기체)) → 고막 → 이소골(전달매질은 뼈(고체)) → 와우각(전달매질은 림프액(액체))

268 사람의 귀의 기능상의 구분 중 중이에 관한 설명으로 옳지 않은 것은?

① 음의 전달매질은 고체이다.
② 와우각에 의하여 진동을 내이로 전달한다.
③ 고실의 넓이는 1~2cm²로 이소골이 있다.
④ 진동음압을 20배 정도 증폭하는 임피던스 변환기의 역할을 한다.

해설 중이는 고실(망치뼈, 다듬이뼈, 등자뼈로 구성된 이소골(음압증폭)이 있다), 이관(유스타키오관으로 고막의 진동을 쉽게 하도록 외이와 중이의 기압 조정 역할을 한다) 와우각(달팽이관)은 내이에 속한다.

269 청각기관 중 임피던스 변환기능을 가진 것은?

① 이소골   ② 고막
③ 기저막   ④ 외이도

해설 외이와 내이를 임피던스 매칭(내이 중 림프액의 임피던스가 높기 때문에 임피던스 매칭이 안 될 경우 30dB 정도의 음향손실이 발생됨) 기능을 하는 것은 이소골(청소골, 세반고리관)이다.

270 귀의 구성요소와 특징에 관한 설명으로 옳지 않은 것은?

① 외이도는 일종의 공명기로서 음을 증폭시킨다.
② 이소골은 공기 중의 음압의 변동에 따른 기압을 조정하는 역할을 한다.
③ 난원창은 이소골의 진동을 와우각 중의 림프액에 전달하는 진동판 역할을 한다.
④ 와우각의 안쪽은 림프액으로 충진되어 있다.

해설 공기 중의 음압의 변동에 따른 기압을 조정하는 역할을 하는 기관은 이관(유스타키오관)이다.

271 인간의 청각기관에 관한 설명으로 옳지 않은 것은?

① 중이에 있는 3개의 청소골은 외이나 내이의 임피던스 매칭을 담당하고 있다.
② 달팽이관에서 실제 음파에 대한 센서 부분을 담당하는 곳은 기저막에 위치한 섬모세포이다.
③ 달팽이관은 약 3.5회전만큼 돌려져 있는 나선형 구조로 되어 있다.
④ 약 66mm 정도의 길이를 갖는 달팽이관에는 약 1,000개에 달하는 작은 섬모세포가 분포한다.

해설 약 3.2cm 정도의 길이를 갖는 달팽이관에는 약 23,000개에 달하는 작은 섬모세포(hair cell, 코르티기관)가 분포한다.

272 진동의 수용기관에 관한 설명으로 옳지 않은 것은?

① 소음의 수용기관에 비해 진동의 수용기관은 명확하지 않은 편이다.
② 진동에 의한 물리적 자극은 신경의 말단에서 수용된다.
③ 동물실험에 의하면 파치니(pacinian) 소체가 진동의 수용기인 것으로 알려져 있다.
④ 진동 자극은 유스타키오관을 통하여 시상에 도달한다.

해설 진동 자극은 청신경이 대뇌에 전달하여 수음한다. 유스타키오관(이관)은 외이와 중이의 기압을 조정하는 역할을 한다.

273 청각기관의 구조에 관한 설명이다. (   )에 알맞은 것은?

> 청각의 핵심부라고 할 수 있는 (   )은 텍토리알막과 외부 섬모세포 및 나선형 섬모, 내부 섬모세포, 반경방향 섬모, 청각신경, 나산형 인대로 이루어져 있다.

① 청소골　　　　② 난원창
③ 세반고리관　　④ 코르티기관

해설 와우각은 전체 길이가 약 3.5cm 정도이고 두 바퀴 반 감긴 튜브모양을 하고 있다. 와우각 관은 기저막, 라이스너막 및 와우각벽으로 둘러싸여 있는 기저막과 텍토리알막 및 섬모세포들로 구성된 코르티기관(organ of corti)을 포함하고 있다.

274 귀의 부분 중 주로 소음성 난청 장애를 받는 부분은?

① 외이
② 중이
③ 내이
④ 대뇌 청각역

해설 소음성 난청(4,000Hz에서 시작됨) 장애를 받는 부분은 내이에 속한 와우각 내의 섬모세포이다.

275 이관(耳管)의 기능을 옳게 설명한 것은?

① 음을 증폭한다.
② 청신경을 음이 전달되도록 자극한다.
③ 내이에 음을 공명시킨다.
④ 고막 내외의 기압을 같게 한다.

해설 이관(유스타키오관)의 역할은 고막의 진동을 쉽게 하도록 외이와 중이의 기압이 같게 조정하는 것이다.

276 외이와 내이에서의 음의 전달매질의 연결로 옳은 것은?

① 외이 : 고체(뼈), 내이 : 기체(공기)
② 외이 : 고체(뼈), 내이 : 액체(림프액)
③ 외이 : 기체(공기), 내이 : 액체(림프액)
④ 외이 : 기체(공기), 내이 : 고체(뼈)

해설 소리가 귀에 들어가서 내이에 들어갈 때까지 음의 전달매질은 외이에서는 기체(공기) 전달, 내이에서는 액체(림프액) 전달에 의해 이루어진다.

277 청각기관의 역할에 관한 설명으로 옳지 않은 것은?

① 외이도는 한쪽이 고막으로 막힌 일단 개구관으로 동작되며, 일종의 공명기로 음을 증폭시킨다.
② 음의 고저는 자극을 받는 내이의 섬모위치에 따라 결정된다.
③ 이소골은 진동음압을 20배 정도 증폭하는 임피던스 변환기 역할을 한다.
④ 와우각은 고막의 진동을 쉽게 하도록 중이와 내이의 기압을 조정한다.

해설 고막의 진동을 쉽게 하도록 중이와 내이의 기압을 조정하는 역할은 이관(유스타키오관)이다.

278 인체의 청각기관에 관한 설명으로 옳지 않은 것은?

① 음의 대소는 섬모가 받는 자극의 크기에 따라 다르며, 음의 고저는 자극을 받는 섬모의 위치에 따라 결정된다.

② 귓바퀴는 집음기의 역할을 한다.

③ 난원창은 이소골의 진동을 달팽이관 중의 림프액에 전달하는 진동판의 역할을 한다.

④ 외이도는 임피던스 변환기의 역할을 한다.

해설 임피던스 변환기의 역할을 하는 청각기관은 중이에 있는 이소골이다. 이를 임피던스 매칭이라고 하는데 이는 서로 다른 매질로 에너지 전달과정의 손실을 최소화시켜 주는 것이다. 즉, 이소골은 외이의 공기 중 소리에너지를 내이의 달팽이관(cochlear) 안의 액체(림프액)로 가장 효과적으로 전달하도록 설계되어 있다. 외이도는 일종의 공명기로 음을 증폭하는 역할을 한다.

279 소음성 난청에 있어서 장해를 받는 귀의 내부구조 부위는?

① 외이   ② 중이
③ 내이   ④ 대뇌 청각역

해설 귀의 기능은 공기의 진동을 신경자극으로 변환하여 다시 뇌를 자극하는 것이다. 귀는 외이, 중이, 내이의 3개 부분으로 크게 나누고 이 중 소음성 난청이 장해를 받는 부분은 내이이다.

280 다음 (   ) 안에 들어갈 단어로 짝지어진 것으로 옳은 것은?

> 음이 귀에 들어가 내이(內耳)의 감음기(感音器, corti기)에 도달하기까지 음파의 전달과정은 외이(外耳)에서 고막까지는 (㉮) 전파, 고막에서 난원창까지는 (㉯) 전파, 내이 안에서는 (㉰) 전파이다.

  　　　　㉮　　㉯　　㉰
① 기체, 액체, 고체
② 기체, 고체, 액체
③ 기체, 기체, 액체
④ 고체, 기체, 액체

해설 음이 귀에 들어가 외이도를 거쳐 고막에 도달하는 것은 공기를 매체로 한 공기의 압력변화에 의한 것이다. 고막에서 난원창까지는 이소골에 의하여 음이 증강되어 난원창을 진동시켜 전파되고 내이 안에서는 와우(달팽이관) 내부에 채워져 있는 액체를 매체로 하여 전파된다.

281 귀를 형성하고 있는 기관 중 음을 듣는 것에 직접적인 작용을 하고 있지 않은 것은?

① 고막
② 이관
③ 이소골
④ 와우(달팽이관)

해설 귀를 형성하고 있는 기관 중 음을 듣는 데에 직접 작용하고 있지 않은 부분은 이관(유스타키오관)이다. 이관은 중이와 외이의 기압차를 조정하는 역할을 한다.

282 귀의 작용에 관한 설명으로 옳지 않은 것은?

① 귀는 좌우에 있으므로 음원의 방향을 알 수가 있다.

② 음의 고저나 음색은 자극되는 청세포의 와우 안에서의 위치에 의해 구별된다.

③ 음의 대소는 청세포가 받는 진동의 크기(진폭)에 따라 구별된다.

④ 이관은 목구멍과 중이를 연결하여 고막의 과도한 진동을 방지한다.

해설 음색은 큰 파동에 겹쳐서 나타나는 작은 파동의 주파수에 의하여 결정되며 이것은 음의 고저와 같이 자극되는 청세포의 위치에 의하여 판별된다. 또 좌우의 귀로 동시에 음을 듣는 경우 각각의 귀로 느끼는 음의 크기 차이로부터 음원의 방향을 알 수 있고 이관의 작용은 고막의 진동을 돕는 데 있다.

283 귀의 구조와 작용에 관한 설명으로 옳지 않은 것은?

① 음의 크기는 청신경의 펄스신호의 수에 따라 결정되어진다.

② 음의 고저는 기저막이 최대진폭되는 위치에 따라 결정되어진다.

③ 고막 진동의 압력은 이소골에 의하여 약 20배로 강화되어 전정창을 진동하게 된다.

④ 강한 음을 듣고서 어지러움을 느끼는 것은 기저막의 진폭이 상당히 커지기 때문이다.

해설 강한 음을 듣고서 어지러움을 느끼게 되는 것은 평형감각기를 크게 진동시키기 때문이다.

284 소리를 귀로 들을 때에 관한 설명으로 옳은 것은?

① 음의 높이는 와우(달팽이관) 내에 자극되는 청세포의 위치로 결정된다.

② 외이도가 막히더라도 음은 이관으로 들어가므로 듣는 데는 지장이 없다.

③ 음의 세기는 고막 진동의 대소로서 결정되며 고막에 분포하는 청신경에서 이를 감지한다.

④ 이소골은 너무 강한 음이 귀로 들어왔을 때 그 전달을 방지하여 청각기관을 보호하기 위한 기관이다.

해설 소리는 이소골에서 전정창으로 전달되어 달팽이관(와우)에 가득찬 액체 및 기저막으로 전달되어지며 그 속에 있는 청세포는 청신경을 거쳐서 소리의 신호를 대뇌로 보내 음의 감각으로 받게 된다. 음의 높이는 달팽이관 안에 있는 청세포의 위치에 따라 감지된다. 이관은 고실과 목구멍을 이어주는 관이지만 보통은 막혀 있고 내이와 밖의 기압 차이가 있을 경우에만 순간적으로 열리는 것이므로 음의 전달에는 쓰이지 않는다.

285 귀의 역할에 관한 설명으로 옳지 않은 것은?

① 이관은 중이와 내이 사이의 기압을 조절한다.

② 음의 고저는 내이 감음기의 청세포 위치에 의하여 식별된다.

③ 중이 내의 근육은 아주 큰 음에 대하여 반사적으로 수축하여 귀를 보호한다.

④ 음의 대소는 내이 감음기의 청세포가 내는 신경신호(impulse)의 수에 의하여 식별된다.

해설 이관은 기압의 변화가 고막의 안팎에서 균형이 잡히게 하는 역할을 한다. 즉 이관은 고막실의 밑과 목구멍으로 연결되어 있으며 고막실과 외부의 기압을 같게 해준다.

286 귀의 기능에 관한 설명 중 옳지 않은 것은?

① 내이의 난원창은 이소골의 진동을 와우각 중의 림프액에 전달하는 진동판의 역할을 한다.

② 음의 고저는 와우각 내에서 자극받는 섬모의 위치에 따라 결정된다.

③ 외이의 외이도는 일종의 공명기로 음을 증폭한다.

④ 중이의 음의 전달매질은 기체이다.

해설 중이의 음의 전달매질은 고체(뼈)이다.

287 사람의 외이도 길이가 3cm이다. 18℃의 공기 중에서의 공명주파수는?

① 29Hz

② 57Hz

③ 2,852Hz

④ 5,703Hz

해설 외이도는 한쪽이 고막으로 막힌 일단 개구관으로 동작되기 때문에 공명주파수는 다음과 같다.

$$f = \frac{c}{4 \times L} = \frac{331.5 + 0.61 \times 18}{4 \times 0.03} = 2,852Hz$$

288 인체의 귓구멍(외이도)을 나타낸 그림이다. 이때 공명 기본음 주파수 대역(Hz)은? (단, 음속은 340m/s이다.)

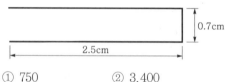

① 750   ② 3,400

③ 6,800   ④ 12,143

해설 외이도는 한쪽이 고막으로 막힌 일단 개구관으로 동작되기 때문에 공명주파수는 다음과 같다.

$$f = \frac{c}{4 \times L} = \frac{340}{4 \times 0.025} = 3,400Hz$$

• 귀의 음향특성 : 외이도의 평균지름은 약 7mm이고, 고막까지의 깊이는 사람마다 다른데 대략 25~35mm로 한쪽이 막힌 폐관의 음향특성과 같이 생각하면 된다.

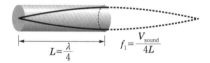

$$L = \frac{\lambda}{4} \qquad f_1 = \frac{V_{sound}}{4L}$$

289 정상적인 청력을 갖고 있는 사람이 음을 구별할 수 있는 파장의 범위로 옳은 것은? (단, 20℃, 1기압 기준)

① 약 0.3cm ~ 10m

② 약 1.7cm ~ 17m

③ 약 2.0cm ~ 25m

④ 약 3.4cm ~ 34m

> [해설] 파장 $\lambda = \dfrac{c}{f}$ 에서 정상적인 청력을 갖고 있는 사람의 가
> 청주파수는 20 ~ 20,000Hz이므로
> • 최소가청주파수 20Hz를 적용하면
> $$\lambda = \frac{331.5 + 0.61 \times 20}{20} = 17.2\,\text{m}$$
> • 최대가청주파수 20,000Hz를 적용하면
> $$\lambda = \frac{331.5 + 0.61 \times 20}{20,000} = 0.0172\,\text{m} = 1.72\,\text{cm}$$

290 청감의 주파수 특성에 관한 설명으로 옳은 것은?

① 청감은 주파수에 관계없이 일정하다.
② 청감은 저주파 쪽보다 고주파 쪽이 감도가 좋다.
③ 청감은 고주파 쪽보다도 저주파 쪽이 감도가 좋다.
④ 가장 감도가 좋은 청감의 주파수 범위는 10~100Hz이다.

> [해설] 청감은 500~6,000Hz의 음에 대하여 감도가 좋고 특히 그보다 저주파인 음에 대한 감도는 크게 저하된다.

291 음의 등청감곡선에 관한 설명으로 옳지 않은 것은?

① 종축은 음압을 표시하며, 위로 갈수록 음압레벨은 커진다.
② 횡축은 음의 높이를 나타내며, 오른쪽으로 갈수록 음이 높아진다.
③ 1,000Hz, 50dB인 음과 같은 크기로 들리는 음압레벨은 100Hz에서 약 40dB, 4,000Hz에서는 약 60dB이다.
④ 등청감곡선 중 제일 밑의 곡선은 건강한 청력을 가진 사람이 들을 수 있는 순음에 대한 청력의 한계(최소가청값)를 나타내며 이보다 약한 음은 보통 사람에게는 들리지 않는다.

> [해설] 등청감곡선에서는 4,000Hz에서의 음이 제일 낮은 음압레벨을 나타낸다.

292 어떤 사람의 500Hz에서 청력손실은 60dB이었다. 이 사람에 대한 설명으로 옳은 것은?

① 이 정도라면 정상청력 범위 내이다.
② 이 정도라면 일상회화에는 지장이 없다.
③ 500Hz에서 정상청력과의 차이는 60dB이다.
④ 1,000Hz, 2,000Hz에서의 청력손실은 각각 30dB, 15dB로 추정할 수 있다.

> [해설] 500Hz는 보통의 회화에 쓰이는 주파수이다. 60dB의 청력손실이란 정상청력에 비하여 60dB의 차이가 있다는 것을 나타낸다. 정상인은 5dB 정도에서 소리를 듣지만 60dB의 청력손실을 가진 사람은 65dB의 음압에 도달하지 않으면 소리를 듣지 못한다는 것이다. 따라서 이 정도의 청력손실은 일상회화도 어려운 중증 난청이라 하겠다. 또한 500Hz의 청력손실에서 다른 주파수의 손실은 추정할 수 없다.

293 소음에 의한 청취방해에 관한 설명으로 옳지 않은 것은?

① 청취방해는 두 개의 음이 동시에 귀에 들어가기 때문에 생기는 마스킹 효과에 의한다고 말한다.
② 집안에서 측정한 소음레벨이 55dB(A)을 초과하면 회화, TV, 라디오 등의 청취방해의 호소가 약 50%가 된다.
③ 초등학교 교실에서 외부로부터의 소음에 의한 수업의 지장을 초래하지 않으려면 외부소음이 50dB(A) 이하가 바람직하다.
④ 음성에 대한 청취방해의 기준은 회화이해에 중요한 중심 주파수 250Hz, 500Hz, 1,000Hz의 3가지 옥타브밴드 레벨의 산술평균치(회화방해레벨)가 ISO에 의하여 제안되어져 있다.

> [해설] ISO(국제표준화기구)가 제안한 회화이해 방해레벨은 중심주파수가 500Hz, 1,000Hz, 2,000Hz, 4,000Hz인 옥타브밴드 레벨의 산술평균값을 사용하는 방법이다. 참고로 회화 음성의 청취를 방해하는 기준으로 사용되어진 SIL (Speech Interference Level, 회화방해레벨)은 소음을 옥타브 분석하여 600~1,200Hz, 1,200~2,400Hz, 2,400~4,800Hz 3개 밴드의 음압레벨(dB) 수를 산술평균한 값이다.

294 소음용어에 관해 짝지어진 것으로 서로 직접적인 관련성이 없는 것은?

① phon – dB(A)
② 주파수 성분 – 시끄러움
③ 등감도곡선 – 청감보정회로
④ 마스킹 – 일시성 난청

> [해설] ② 시끄러움은 주로 소음의 크기와 그 주파수 성분에 의한다.
> ③ 소음계의 청감보정회로는 등감도곡선을 기본으로 하여 고려된 것이다.
> ④ 마스킹이라 함은 두 개의 음이 동시에 귀로 들어갔을 때 한 쪽의 음으로 인하여 다른 음이 들리지 않게 되는 현상을 말한다.

295 백색잡음(white noise)에 관한 설명으로 옳지 않은 것은?

① 단위 주파수 대역에 포함되는 성분의 음의 세기가 전 주파수에 걸쳐 일정하다.

② 모든 주파수 대역에 동일한 음량을 가진다.

③ 고음역 쪽으로 갈수록 에너지 밀도가 높다.

④ 옥타브당 일정한 에너지를 갖는다.

> **해설 백색잡음**
> 단위 주파수 대역(1Hz)에 포함되는 성분의 강도가 주파수에 무관하게 일정한 성질을 갖는 잡음으로 일정한 청각 패턴 없이 전체적이고 일정한 스펙트럼을 갖기 때문에 옥타브당 일정한 에너지를 갖지 않는다. 이 특징을 규명한 과학자의 이름을 따서 존슨 노이즈(Johnson Noise)라고도 한다. 텔레비전과 라디오에서 들을 수 있는 '치익'하는 잡음이 백색소음의 대표적인 예이며, 이러한 종류의 백색소음에는 고주파가 섞여 있어 듣기에 쾌적하지 않다.

296 백색잡음(white noise)에 대한 설명으로 옳지 않은 것은?

① 단위 주파수 대역(1Hz)에 포함되는 성분의 세기가 전 주파수에 걸쳐 일정한 잡음을 말한다.

② 모든 주파수대에 동일한 음량을 가지고 있는 것임에도 불구하고, 고음역 쪽으로 갈수록 에너지 밀도가 높다.

③ 인간이 들을 수 있는 모든 소리를 혼합하면 주파수, 진폭, 위상이 균일하게 끊임없이 변하는 완전 랜덤 파형을 형성하며 이를 백색잡음이라 한다.

④ 보통 저음역과 중음역대의 음이 상대적으로 고음역대보다 높아 인간의 청각면에서는 백색잡음이 핑크잡음보다 모든 주파수대에 동일 음량으로 들린다.

> **해설** 인간의 청각면에서는 핑크잡음이 백색잡음보다 모든 주파수대에 동일 음량으로 고르게 들린다.

> **참고** 핑크잡음 : 단위 주파수 대역(1Hz)에 포함되는 성분의 강도가 주파수에 반비례하는 성질을 갖는 잡음으로 핑크노이즈는 거대한 파도의 울부짖음 같은 느낌이다. 낮은 주파수가 강한 핑크노이즈는 공장, 작업장 등 저음의 소음이 많은 곳에서 마스킹 효과를 이용해서 소음 피해(스트레스 등)를 줄이기 위해 사용한다.

297 가청범위 전체에 걸쳐 연속적으로 균일하게 분포된 주파수를 갖는 소음은?

① PTS noise

② white noise

③ specific acoustic impedance

④ energy equivalent sound level

> **해설** 백색잡음은 가청범위 전체에 걸쳐 연속적으로 균일하게 분포된 주파수를 갖는 소음으로 모든 주파수대에서 동일한 음량을 가지고 있다.
> • PTS(Permanent Threshold Shift) : 소음성 난청
> • specific acoustic impedance : 고유음향임피던스
> • energy equivalent sound level : 등가소음레벨(선정한 시간 동안 변화하는 소음의 평균)

298 음에 관한 설명 중 ( ) 안에 들어갈 용어와 단위로 옳은 것은?

> 1,000Hz 순음을 기준으로 그 감각레벨과 같은 크기로 들리는 다른 주파수 순음의 감각레벨을 (㉮)이라고 하며, 그 단위는 (㉯)이다.

① ㉮ 라우드니스레벨, ㉯ dB

② ㉮ 라우드니스레벨, ㉯ phon

③ ㉮ 등가소음레벨, ㉯ dB

④ ㉮ 등가소음레벨, ㉯ phon

> **해설 phon(폰)**
> 음의 크기레벨(loudness level, L_L)의 단위로 1,000Hz 순음의 세기레벨은 phon값과 같다.

299 청감보정회로에 관한 설명으로 옳지 않은 것은?

① A특성은 65phon의 등청감곡선과 유사하며, 소음측정 시 주로 사용된다.

② C특성은 거의 평탄한 주파수 특성이므로 주파수 분석할 때 사용한다.

③ A특성 및 C특성으로 측정한 값의 차이로서 대략적인 주파수 성분을 알 수 있다.

④ 사람이 느끼는 청감에 유사한 모양으로 측정신호를 변환시키는 장치를 소음계에 내장시킨 것을 말한다.

> **해설** A특성은 40phon의 등청감곡선과 유사하며, 소음측정 시 주로 사용된다.

300 청감보정곡선에 대한 다음 설명 중 옳지 않은 것은?

① A - 청감보정곡선은 저음압레벨에 대한 청감응답이다.
② B - 청감보정곡선은 중음압레벨에 대한 청감응답이다.
③ C - 청감보정곡선은 주파수 변화에 따라 크게 변하지 않는다.
④ D - 청감보정곡선은 철도 소음에 대한 청감응답으로 권장된다.

해설 D - 청감보정곡선은 항공기소음에 대한 청감응답으로 권장된다.

301 음의 크기(loudness)를 결정하는 방법에 대한 설명으로 옳지 않은 것은?

① 18~25세의 연령군을 대상으로 한다.
② 1,000Hz를 중심으로 시험한다.
③ 청감이 가장 민감한 주파수는 약 4,000Hz 부근이다.
④ 50phon은 100Hz에서 50dB이다.

해설 50phon은 1,000Hz에서 50dB이다.

302 A특성과 C특성 청감보정에 대한 설명으로 옳은 것은?

① 두 특성 모두 1kHz 이하에서는 비슷하지만 1kHz에서는 저주파에서보다 상대응답의 차가 매우 크다.
② A특성 청감보정회로는 저주파 음에너지를 많이 소거시킨다.
③ C특성은 특히 낮은 음압의 소음평가에 적절하다.
④ A특성은 교통소음평가에, C특성은 항공기소음평가에 주로 이용된다.

해설 청감보정회로에 의한 특성치 비교
• A특성 : 저음압레벨 청감음압, 사람의 주관적 반응과 잘 맞아 가장 많이 이용함
• B특성 : 중음압레벨 청감음압, 중음역대 신호보정
• C특성 : 주파수 변화에 크게 변하지 않으며 전 주파수 영역에서 평탄한 주파수 특성을 지님
• D특성 : 소음의 시끄러움을 평가하기 위한 방법으로 주로 항공기소음평가를 위한 기초 척도로 사용됨

303 D특성 청감보정곡선에 대한 기술로 옳지 않은 것은?

① A특성 청감보정곡선처럼 저주파 에너지를 많이 소거시키지 않았다.
② 15,000Hz 이상의 고주파 음에너지를 보충시킨 것이다.
③ A특성 청감보정곡선으로 측정한 레벨보다 항상 크다.
④ 항공기소음에 대하여 주로 적용하는 청감응답이다.

해설 청감보정 특성

보정회로	음압수준	신호보정	특성
A특성	40phon	저음역대	청감과의 대응성이 좋아 소음레벨 측정 시 주로 사용
B특성	70phon	중음역대	실용적으로는 거의 사용하지 않음
C특성	100phon	고음역대	• 소음등급평가에 적절 • 거의 평탄한 주파수 특성이므로 주파수 분석 시 사용 • A특성치와 C특성치 간의 차가 크면 저주파음이고, 차가 적으면 고주파음이라 추정할 수 있음
D특성	–	고음역대	• 항공기소음평가 시 사용 • A특성 청감보정곡선처럼 저주파 에너지를 많이 소거시키지 않음 • A특성으로 측정한 레벨보다 항상 큼
L 또는 F특성	–	–	물리적 특성을 파악하기 위해 사용

304 청감보정회로의 특성에 관한 설명으로 ( )에 알맞은 것은?

(㉮)은 Fletcher와 Munson의 등청감곡선의 70phon의 역특성을 채용하고 있고, (㉯)은 소음의 시끄러움을 평가하기 위한 방법 PNL을 근사적으로 측정하기 위한 것으로 주로 항공기소음평가를 위한 기초 척도로 사용된다.

① ㉮ B보정레벨, ㉯ C보정레벨
② ㉮ B보정레벨, ㉯ D보정레벨
③ ㉮ C보정레벨, ㉯ D보정레벨
④ ㉮ D보정레벨, ㉯ C보정레벨

해설
- B보정레벨(B특성) : Fletcher와 Munson의 등청감곡선의 70phon의 역특성을 채용하고 있다.
- D보정레벨(D특성) : 소음의 시끄러움을 평가하기 위한 방법 PNL을 근사적으로 측정하기 위한 것으로 주로 항공기소음평가를 위한 기초 척도로 사용된다.

305 A특성 청감보정회로에 대한 설명으로 옳지 않은 것은?

① 종래에 40phon의 등청감곡선에 유사한 감도를 갖도록 설정한 보정회로이다.
② A, B, C, D특성 청감보정회로 중 A특성 청감보정회로가 인체 감각과 가장 잘 대응한다.
③ 저음역대 신호를 많이 보정한 특징이 있다.
④ 보정값이 C특성 보정회로보다 항상 작다.

해설 **A특성 청감보정량**
청감이 둔하여 느끼지 못하는 음압레벨 만큼을 전기적으로 소거하는데, 이 양은 40phon 곡선이 지나는 음압레벨과 음압레벨 40dB 횡선 사이의 차로 정의되어 C특성 보정회로와는 관계가 없다.

306 청감보정특성곡선에서 B, C특성은 청감보정특성 A와 최소가청치 및 소리의 크기, 레벨의 형이 몇 Hz(주파수)에서 거의 일치하는가?

① 500Hz
② 1,000Hz
③ 2,000Hz
④ 4,000Hz

해설 청감보정특성곡선에서 B, C특성은 청감보정특성 A와 최소가청치 및 소리의 크기, 레벨의 형태가 1,000Hz(주파수)에서 거의 일치한다.

307 등청감곡선에 관한 설명으로 옳지 않은 것은?

① 1,000Hz 순음의 음압레벨과 같은 크기로 들리는 각 주파수의 음압레벨을 연결한 것이다.
② 음압레벨이 커질수록 등청감곡선에서의 주파수별 음압레벨차가 커진다
③ 저주파일수록 청감에 둔해짐을 알 수 있다.
④ 청감은 4,000Hz 주위의 음에서 특히 예민하다.

해설 음압레벨이 커질수록 등청감곡선에서의 주파수별 음압레벨차가 작아진다.

308 소음과 관련된 A와 B의 용어의 연결로 옳지 않은 것은?

구분	A	B
㉮	교통소음지수	TNI
㉯	음의 세기레벨	SIL
㉰	항공기소음의 평가단위	L_{den}
㉱	90% 범위의 상단치	L_{10}

① ㉮
② ㉯
③ ㉰
④ ㉱

해설
- L_{10} : 전체 측정시간의 10%를 초과하는 소음레벨(80% 범위의 상단치)
- L_{50} : 전체 측정시간의 평균 소음레벨
- L_{90} : 전체 측정시간의 90%를 초과하는 소음레벨

309 소음의 평가용어에 관하여 짝지어진 것으로 직접적인 연관성이 없는 것은?

① SIL – 회화방해레벨
② TNI – 교통 소음의 방해도
③ PN-dB – 소음의 주파수 구성
④ phon – 라우드니스(loudness)레벨

해설
① SIL(Speech Interference Level) : 회화이해에 영향을 미치는 중음역대인 세 개의 옥타브밴드 레벨(850Hz, 1,700Hz, 3,400Hz)의 평균값으로 나타낸다.
② TNI(Traffic Noise Index) : 교통 소음의 평가에 사용되며 배경소음을 고려한 평가값이다.
③ PN-dB : 항공기의 소음을 대상으로 1,000~4,000Hz를 강조하여 평가하도록 하였으며 대략 dB(A)+13의 값이며 PNL(Perceived Noise Level)의 단위이다.
④ phon : 음의 크기레벨, 즉 라우드니스레벨로 1,000Hz의 음압레벨에 등가인 레벨이다.

310 소음의 평가용어에 관한 것으로 옳지 않은 것은?

① NNI – 항공기소음의 척도
② NRN – 감각보정지수
③ TNI – 교통 소음의 척도
④ SIL – 회화방해레벨

해설 **NRN(Noise Rating Number)**
소음평가지수로 소음을 1/1 옥타브밴드로 분석한 음압레벨을 NR chart에 plotting하여 그 중 가장 높은 NR 곡선에 접하는 값(NR값)에 음의 스펙트라, 피크펙터, 반복성, 습관성, 계절, 시간대, 지역별 보정치를 보정한 후의 값을 말한다.

305.④ 306.② 307.② 308.④ 309.③ 310.②

311 소음의 평가단위에 관하여 짝지어진 것으로 직접적인 연관성이 없는 것은?

① L_{DN} – 주야의 등가소음레벨
② phon – 음의 크기레벨 단위
③ WECPNL – 항공기소음의 평가단위
④ L_{10} – 90% range의 상단치(총 측정시간의 10%를 초과하는 소음레벨)

해설 L_{10}은 누적도수 80% range의 상단값이며 90% range의 상단값은 L_5이다.

312 소음에 관한 설명과 관계되는 용어로 짝지어진 것 중 옳지 않은 것은?

① PNL – 제트기의 소음은 고주파 성분이 많으므로 시끄럽다.
② S/N비 – 청취명료도에는 음성레벨과 소음레벨이 관계한다.
③ NNI – 강한 소음을 듣고 난 뒤에는 누구든지 일시적으로 청력 저하를 일으킨다.
④ 배경소음 – 주간에는 문제가 되지 않을 정도의 음도 야간에는 문제가 되는 일이 있다.

해설 NNI는 항공기소음의 귀찮음을 나타내는 것이고, 강한 소음을 듣고 난 뒤의 일시성 청력 저하는 TTS이다.

313 소음과 작업능률의 일반적인 상관관계에 관한 설명으로 옳지 않은 것은?

① 특정음이 없고, 90dB(A)를 넘지 않는 일정 소음도에서는 작업을 방해하지 않는 것으로 본다.
② 불규칙한 폭발음은 90dB(A) 이하이면 작업방해를 받지 않는다.
③ 1,000~2,000Hz 이상의 고음역 소음은 저음역 소음보다 작업방해를 크게 유발한다.
④ 소음은 총 작업량의 저하보다는 정밀도를 저하시키기 쉽다.

해설 불규칙한 폭발음은 90dB(A) 이하일 때도 때때로 작업을 방해한다.

314 교통소음평가에 이용되는 것으로 이 값이 74 이상이면 주민의 과반수 이상이 불만을 호소하는 것은?

① NEF
② TNI
③ SIL
④ PNL

해설 교통소음지수(TNI)가 74 이상이면 주민의 50% 이상이 불만을 호소한다.

315 소음평가에 관한 설명으로 옳지 않은 것은?

① NR곡선은 NC곡선을 기본으로 하고, 음의 스펙트라, 반복성, 계절, 시간대 등을 고려한 것으로 기본적으로 NC와 동일하다.
② NR곡선은 소음을 1/3 옥타브밴드로 분석한 음압레벨을 NR-chart에 plotting하여 그 중 가장 낮은 NR곡선에 접하는 것을 판독한 값이 NR값이다.
③ PNC는 NC곡선 중의 저주파부를 더 낮은 값으로 수정한 것이다.
④ NC는 공조기소음 등과 같은 실내소음을 평가하기 위한 척도로서 소음을 1/1 옥타브밴드로 분석한 결과에 의해 실내소음을 평가하는 방법이다.

해설 NR곡선은 소음을 1/1 옥타브밴드로 분석한 음압레벨을 NR-chart에 plotting하여 그 중 가장 낮은 NR곡선에 접하는 것을 판독한 값이 NR값이다.

316 소음평가지수 NRN(Noise Rating Number)에 관한 설명으로 옳지 않은 것은?

① 소음피해에 대한 주민들의 반응은 NRN으로 40 이하이면 보통 주민반응이 없는 것으로 판단할 수 있다.
② 순음 성분이 많은 경우에는 NR 보정값은 +5dB이다.
③ 반복성 연속음의 경우에는 NR 보정값은 +3dB이다.
④ 습관이 안 된 소음에 대해서는 NR 보정값은 0이다.

해설 반복성 연속음의 경우에는 NR 보정값은 0dB이다.

317 배경소음이 높은 환경에서 대화를 할 때는 신경을 많이 써서 상대방의 의사를 파악해야 하기 때문에 매우 피곤하게 된다. 따라서 이러한 회화방해를 방지하기 위하여 우선 회화방해레벨을 정하였다. 이것은 다음에 열거한 중심 주파수 대역의 소음을 산술평균한 값을 말한다. 이 중에서 해당되지 않는 주파수는?

① 250Hz ② 500Hz
③ 1,000Hz ④ 2,000Hz

해설 **우선회화방해레벨**(PSIL)
소음을 1/1 옥타브밴드로 분석한 중심 주파수 500Hz, 1,000Hz, 2,000Hz의 음압레벨의 산출평균치이다.

318 NR수(NRN), sone, noy 세 종류의 소음평가방법에 공통된 사항으로 옳은 것은?

① 모두 dB단위로 표시한다.
② 어느 값이나 주파수 분석으로 구한다.
③ 어느 값이나 귀로 들은 크기에 비례한다.
④ 어느 값이나 소음계만으로 측정이 가능하다.

해설 • NR수(Noise Rating Number) : ISO에서 제안한 것으로 하나의 양으로 소음을 모두 평가할 수 있으며 주파수 분석 시 옥타브밴드로 측정하여 음압레벨의 기준 곡선으로부터 구한다.
• sone : 음의 세기의 감각적인 척도의 단위로 주파수 분석에 의하여 복합음의 크기를 나타낸다.
• noy : 음의 시끄러움의 척도로 항공기의 소음에 사용되며 주파수 분석으로 음압레벨로부터 구한다.

319 소음을 600~1,200Hz, 1,200~2,400Hz, 2,400~4,800Hz의 3개의 밴드로 분석한 음압레벨을 산술평균한 값은?

① PNC
② NC
③ NRN
④ SIL

해설 **회화방해레벨**(SIL, Speech Interference Level)
소음을 600~1,200Hz, 1,200~2,400Hz, 2,400~4,800Hz의 3개의 밴드로 분석한 음압레벨의 산술평균한 값이며, 1947년 Beranek가 명료도지수를 간이화 할 목적으로 제안하였다.

320 60폰(phon)인 음은 몇 손(sone)인가?

① 2 ② 4
③ 8 ④ 16

해설 **음의 크기**(loudness)
표시기호 S, 단위 sone, 1,000Hz 순음의 음세기 레벨 40dB의 음크기를 1sone이라고 한다.
즉, 1,000Hz 순음 40phon을 1sone으로 정의하며
$S = 2^{\frac{(L_L - 40)}{10}}$ sone, $L_L = 33.3 \log S + 40$phon이다.
$\therefore S = 2^{\frac{(L_L - 40)}{10}} = 2^2 = 4$sone

321 50phon의 소리와 70phon의 소리가 합치면 몇 sone의 크기로 들리는가?

① 5sone ② 10sone
③ 20sone ④ 40sone

해설 • 50phon의 소리의 크기
$S = 2^{\frac{(L_L - 40)}{10}} = 2^1 = 2$sone
• 70phon의 소리의 크기
$S = 2^{\frac{(L_L - 40)}{10}} = 2^3 = 8$sone
$\therefore 2 + 8 = 10$sone

322 100sone인 음은 몇 phon인가?

① 73.2 ② 86.2
③ 97.4 ④ 106.5

해설 $L_L = 33.3 \log S + 40$
$= 33.3 \log 100 + 40 = 106.6$phon

323 L_{dn}이란 무엇을 의미하는가?

① 주·야간 평균소음레벨이다.
② 병원에서의 평균소음레벨이다.
③ 실내에서의 평균소음레벨이다.
④ 공장에서의 평균소음레벨이다.

해설 **주·야 평균소음레벨**
(day-night average sound level, L_{dn})
항공기소음 측정 시 하루의 매 시간당 등가소음도를 측정한 후 야간(22:00 ~ 07:00)의 매 시간 측정치에 10dB의 벌칙레벨을 합산한 후 파워평균(dB합 계산)한 레벨이다.

$$L_{dn} = 10 \log \left[\frac{1}{24} \left(15 \times 10^{\frac{L_d}{10}} + 9 \times 10^{\frac{L_n + 10}{10}} \right) \right] \text{dB(A)}$$

324 소음의 평가에 관한 설명으로 옳지 않은 것은?

① 등가소음도(L_{eq})는 임의의 측정시간동안 발생한 변동소음의 총 에너지를 같은 시간 내의 정상소음의 에너지로 등가하여 얻어진 소음도이다.

② 주·야 평균소음레벨(L_{dn})은 하루의 매 시간당 등가소음도를 측정한 후, 야간(22:00 ~ 07:00)의 매 시간 측정치에 15dB의 벌칙레벨을 합산한 후 파워평균한 레벨이다.

③ 소음통계레벨(L_N)은 총 측정시간의 $N(\%)$를 초과하는 소음레벨로, L_{10}이란 총 측정시간의 10%를 초과하는 소음레벨이다.

④ 소음공해레벨(L_{NP})은 변동소음의 에너지와 소란스러움을 동시에 평가하는 방법이다.

[해설] 주·야 평균소음레벨(L_{dn})은 하루의 매 시간당 등가소음도를 측정한 후, 야간(22:00 ~ 07:00)의 매 시간 측정치에 10dB의 벌칙레벨을 합산한 후 파워평균한 레벨이다.

325 감각소음이 55noy일 때 감각소음레벨은?

① 62dB   ② 73dB

③ 98dB   ④ 115dB

[해설] **감각소음레벨**
$$PNL = 33.3 \log(N_t) + 40 = 33.3 \log 55 + 40$$
$$= 98(PN-dB)$$

[참고] N_t는 각 대역별 noy값이다. 소음도를 나타내는 단위의 하나로 1noy는 중심 주파수 1kHz인 910Hz에서 1,090Hz의 밴드에서 40dB의 최대음압레벨을 갖는 감각소음도이다.

326 소음지수 중 NRN이란?

① 음압평가지수이다.

② 음의 세기 평가지수이다.

③ 소음평가지수이다.

④ 음압레벨 평가지수이다.

[해설] • 소음평가지수(NRN, Noise Rating Number) : NR값에 음의 스펙트라, 피크펙터, 반복성, 습관성, 계절, 시간대, 지역별 등에 따른 보정치를 보정한 후의 값
• NRN으로 나타낸 주민반응 : 40 이하 – 무반응, 65 이상 – 강력한 지역활동
• NRN에 의한 실별 소음기준 : 20~30(침실, 병실), 40~50(비교적 큰 레스토랑, 체육관), 60~70(작업장)

327 등청감곡선(loudness curve)에 관한 설명으로 옳지 않은 것은?

① 같은 크기로 느껴지는 순음을 주파수에 따라 구한 곡선이다.

② 청감은 4kHz 부근에서 가장 감도가 좋다.

③ 60phon이라 함은 1kHz에서 순음의 음압레벨이 60dB이라는 것이다.

④ 소리의 크기를 2배로 하였을 때 등감레벨 역시 2배로 증가한다.

[해설] **소리의 크기(S)와 등감레벨(L_L)의 관계식**
$$S = 2^{\frac{(L_L - 40)}{10}} \text{ sone}$$

328 소음평가지수(NRN, Noise Rating Number)에 대한 설명으로 옳지 않은 것은?

① 측정된 소음이 반복성 연속음은 별도로 보정할 필요가 없이 사용한다.

② 측정된 소음에서 순음 성분이 많은 경우에는 +5dB의 보정을 한다.

③ 측정소음이 일반적인 습관성이 아닌 소음은 보정할 필요가 없다.

④ 평가기준은 청력장애, 회화장애, 습관적인 면, 충격 성분의 4가지 관점에서 평가한다.

[해설] 평가기준은 음의 스펙트라, 피크펙터, 반복성, 습관성, 계절, 시간대, 지역별 등이다.

329 소음을 1/1 옥타브밴드로 분석한 중심 주파수 500Hz, 1,000Hz, 2,000Hz의 음압레벨의 산술평균치는?

① 소음평가지수

② 감각소음레벨

③ 회화방해레벨

④ 우선회화방해레벨

[해설] **우선회화방해레벨(PSIL)**
소음을 1/1 옥타브밴드로 분석한 중심 주파수 500Hz, 1,000Hz, 2,000Hz의 음압레벨의 산출평균치이다.

330 다음 측정결과는 도로변에서 도로교통 소음을 측정한 것이다. 이 결과를 이용하여 교통소음지수(TNI, Traffic Noise Index)를 구하면?

$$L_{10} = 95\text{dB}, \ L_{50} = 75\text{dB}, \ L_{90} = 55\text{dB}$$

① 255   ② 235
③ 185   ④ 155

해설 TNI(Traffic Noise Index, 교통소음지수) : 도로교통 소음평가에 사용한다.

$$\text{TNI} = 4\left(L_{10} - L_{90}\right) + L_{90} - 30$$
$$= 4 \times (95 - 55) + 55 - 30$$
$$= 185$$

331 항공기소음을 소음계의 D특성으로 측정한 값이 104dB(D)였다. 이때 감각소음레벨(PNL, Perceived Noise Level)은 대략 몇 PN-dB인가?

① 102   ② 109
③ 111   ④ 115

해설 감각소음레벨(PNL, Perceived Noise Level)
항공기소음평가의 기본값으로 많이 사용된다. 단위는 PN-dB이다.

$$\text{PNL} = 33.3 \log\left(N_t\right) + 40\text{PN} - \text{dB}$$

여기서, N_t : 총 noy값

(1noy : 소음도를 나타내는 단위의 하나로 중심 주파수 1kHz인 910Hz에서 1,090Hz의 밴드에서 40dB의 최대음압레벨을 갖는 감각소음도이다.)

$$\text{PNL} = \text{dB}(A) + 13\,\text{PN} - \text{dB} \ \ \text{또는}$$
$$\text{PNL} \fallingdotseq \text{dB}(D) + 7\,\text{PN} - \text{dB}$$
$$\therefore \ \text{PNL} \fallingdotseq \text{dB}(D) + 7 = 104 + 7 = 111\,\text{PN} - \text{dB}$$

332 항공기소음을 소음계의 D특성으로 측정한 값이 98dB(D)였다. 감각소음도(Perceived Noise Level)는 대략 몇 PN-dB인가?

① 98   ② 100
③ 103   ④ 105

해설 감각소음레벨(PNL)

$$\text{PNL} \fallingdotseq \text{dB}(D) + 7$$
$$= 98 + 7$$
$$= 105\,\text{PN} - \text{dB}$$

333 항공기소음을 측정한 결과 85dB(A)였다면, 감각소음레벨(PNL)은?

① 98PN-dB   ② 95PN-dB
③ 88PN-dB   ④ 85PN-dB

해설 감각소음레벨(PNL)

$$\text{PNL} = \text{dB}(A) + 13$$
$$= 85 + 13$$
$$= 98\,\text{PN} - \text{dB}$$

334 항공기소음의 평가방법 또는 평가치로 사용되지 않는 것은?

① NNI   ② EPNL
③ NEF   ④ TNI

해설 TNI(Traffic Noise Index, 교통소음지수) : 도로교통 소음평가에 사용한다.

$$\text{TNI} = 4\left(L_{10} - L_{90}\right) + L_{90} - 30$$

이 TNI값이 74 이상이면 주민의 50% 이상이 불만을 호소한다.

335 항공기소음의 평가방법 또는 평가치로 사용되지 않는 것은?

① NNI   ② EPNL
③ NEF   ④ PNC

해설 PNC(Preferred NC)
NC 곡선 중의 저주파 부분을 더 낮은 값으로 수정한 것이다.

336 공조기소음 등과 같은 광대역의 정상적인 소음을 평가하기 위해 Beranek가 제안한 것으로, 대상 소음을 옥타브 분석하여 대역 음압레벨을 구한 후 밴드레벨을 기입하여 각 대역 중 최댓값을 구하는 것은?

① NC   ② L_{NP}
③ NEF   ④ SL

해설 NC(Noise Criteria)
공조기소음과 같은 실내소음을 평가하기 위한 척도로 소음을 1/1 옥타브밴드로 분석한 결과에 의해 소음을 평가하는 방법이다.

337 공장에서 발생하는 소음이 환경기준에 적합한
지 확인하기 위하여 소음레벨을 측정할 때 어느
장소에서 측정하여야 하는가?

① 소음발생시설에서 1m 떨어진 곳
② 공장 건물의 바깥쪽 10m 이내
③ 공장부지 안쪽으로 소음발생기계 근처
④ 공장부지 경계선상

해설 「소음·진동 공정시험기준」에서 공장부지 경계선상에서
측정한 소음레벨로 정하여져 있다.

338 소음의 측정기술에 관한 내용이다. ㉮~㉲의
( ) 안에 넣어야 할 용어를 순서대로 나열한 것은?

공장 내의 기계에서 소음이 발생하여 부지경계
에서 기준값을 초과하고 있는 경우, 소음원의
성상, 전파경로, 수음점의 소음 성상을 측정하
여 대책방법을 생각하였다. 소음원의 성상이
란 파워레벨, 스펙트럼, (㉮) 등이다. 전파경
로로는 공장 내장의 음향특성, 벽체나 개구부
의 (㉯), 공장 외부 소음의 (㉰) 등을 들 수
있다. 수음점에서는 대상음의 소음레벨, (㉱)
와 함께 (㉲)도 파악하여 두는 것이 바람직
하다.

① 소음레벨, 투과손실, 지향성, 시간변동,
파워레벨
② 지향성, 흡음성능, 시간변동, 스펙트럼,
배경소음
③ 소음레벨, 지향성, 공간분석, 배경소음,
변동성
④ 지향성, 차음성, 공간분포, 스펙트럼, 배
경소음

해설 소음대책을 고려하는 경우 일반적으로 음원, 전파경로, 수
음점의 3단계로 나누어 조사·분석한다.
• 음원에 대해서는 파워레벨, 스펙트럼, 지향성
• 전파경로에 대해서는 공장 건물의 흡음 및 차음성능(벽
체나 개구부), 공장 내외 소음레벨의 시간변동과 공간분포
• 수음점에 대해서는 공장에서의 소음레벨과 스펙트럼,
배경소음 등이 조사대상이 된다.

339 소음측정 시 측정장소의 선정에 관한 설명으로
옳지 않은 것은?

① 특정 소음원에 대한 음의 측정 시 원칙적
으로 소음원에서 직접음을 측정할 수 있
는 위치를 선정한다.
② 작업자에 대한 영향평가를 행하는 경우 원
칙적으로 작업자의 귀 위치에서 측정한다.
③ 소음규제기준에 대한 적합성 여부에 대한
측정은 특정 공장 등의 부지경계선에서
행한다.
④ 소음원의 파워레벨 측정은 보통 음원에서
1m 떨어진 위치에서 행한다.

해설 소음레벨이나 음압레벨은 측정점의 위치에 따라 다르므로
측정점의 설치에 주의하여야 한다. 「소음·진동 공정시험
기준」에 따르면 음원의 파워레벨은 음원 자체의 성질만으
로 결정되므로 측정점의 위치는 기본적으로 관계가 없다.

340 불규칙적이거나 대폭적으로 변화하는 소음에
관한 설명으로 옳지 않은 것은?

① 불규칙적이거나 대폭적으로 변화하는 소
음은 「소음·진동 공정시험기준」에서는
중앙값과 변동폭 90% 범위를 나타내어
평가하는 것으로 되어 있다.
② 변동폭이 10dB을 초과하는 경우에는 가
능한 한 장시간, 여러 개의 측정을 행하
여 평가하는 것이 바람직하다.
③ 규제 기준값으로 90% 범위 상단값을 취
하고 있는 것은 L_{eq}(등가소음레벨)와 같
은 값이 얻어지기 때문이다.
④ 빈도곡선이 비대칭일 때는 중앙값과 도수
곡선의 최댓값(모드)은 일반적으로 반드
시 일치하지 않는다.

해설 90% 범위의 상단값과 L_{eq}가 반드시 같은 값이 된다는 것
은 아니기 때문에 ③번이 틀린 답이다.

진동 분야

01 공해진동에 관한 설명으로 옳지 않은 것은?

① 진동수의 범위는 1 ~ 90Hz이다.

② 진동레벨은 80 ~ 130dB 정도가 많다.

③ 사람의 건강 및 건물에 피해를 주는 진동이다.

④ 사람이 느끼는 최소진동역치는 55 ± 5dB 정도이다.

해설 진동레벨은 60 ~ 80dB 정도가 대부분이다.

02 진동발생원 중에서 진정건수가 가장 많은 발생원은?

① 도로교통

② 철도

③ 건설공사

④ 공장사업장

해설 환경부의 환경분쟁조정위원회의 자료를 토대로 살펴보면 주로 공장사업장(약 50%)이 많고, 그 다음이 건설공사, 도로교통 순이었다.

03 단위에 관련된 설명으로 밑줄 친 것 중 옳지 않은 것은?

> 1kg_f는 1kg인 질량에 작용하는 지구의 인력으로 $1\text{kg}_f ≒ 1\text{kg} \times 9.80 \underset{\text{㉮}}{\underline{\text{m/s}^2}} ≒ 9.80 \underset{\text{㉯}}{\underline{\text{kg} \cdot \text{m/s}^2}}$
> $≒ 9.80 \underset{\text{㉰}}{\underline{\text{N}}}$ 이고, $1\text{kg} ≒ \dfrac{1}{9.80} \text{kg}_f ≒ 1 \underset{\text{㉱}}{\underline{\dfrac{\text{N}}{\text{m/s}^2}}}$ 이다.

① ㉮

② ㉯

③ ㉰

④ ㉱

해설 $1\text{kg} ≒ \dfrac{1}{9.80} \text{kg}_f \cdot \text{s}^2/\text{m}$이다.

04 진동의 진폭 순간값을 y, 기간을 t, 주기를 T라고 할 때, 실효값을 나타낸 식으로 옳은 것은?

① $\sqrt{\dfrac{1}{T} \displaystyle\int_0^T y^2 \, dt}$

② $\dfrac{1}{T} \sqrt{\displaystyle\int_0^T y^2 \, dt}$

③ $\sqrt{\dfrac{1}{T} \displaystyle\int_0^T y^2 \, dy}$

④ $\dfrac{1}{T} \sqrt{\displaystyle\int_0^T y^2 \, dy}$

해설 진동의 진폭 순간값을 y, 기간을 t, 주기를 T라고 할 때 실효값은 정상적인 교류신호의 세기를 나타내는 양이므로 순간값 제곱의 시간 평균값의 제곱근으로 ①과 같이 나타낸다.

05 그림과 같은 정상 정현파형의 진동이 있을 경우, 다음 설명으로 옳은 것은?

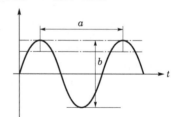

① a는 진동수이다.

② b는 속도진폭을 나타낸다.

③ 진동가속도 파형은 위상이 변할 뿐, 정상 정현파형이 된다.

④ 진동은 연속적으로 변화하기 때문에 진동의 크기는 정의할 수 없다.

해설 a는 주기이고, b는 속도진폭의 2배, 즉 속도진폭은 $\dfrac{b}{2}$ 이다.

속도진폭의 실효값은 $\dfrac{\text{속도진폭}}{\sqrt{2}} = \dfrac{\dfrac{b}{2}}{\sqrt{2}} = \dfrac{b}{2\sqrt{2}}$ 이다.

또한 진폭의 가속도는 변위를 두 번 미분하여 얻어지기 때문에 위상이 π만큼 벗어난 정상 정현파가 된다.

06 다음 그림의 정현파(正弦波)에 대한 기호의 설명으로 옳지 않은 것은?

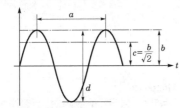

① a는 주기
② b는 진폭
③ c는 진폭의 평균치
④ d는 P-P치(전체진폭 또는 복진폭)

^{해설} c는 진폭의 실효치이다.

07 진동파형에 관련된 설명으로 옳지 않은 것은?

① 정현 진동파형의 실효값은 진폭의 $\dfrac{1}{\sqrt{2}}$ 이다.
② 복합파의 파형은 성분파형 상호의 위상관계에 따라 다르다.
③ 정현반파 펄스형인 충격파형에서는 작용시간이 짧을수록 고주파 성분의 비율이 크다.
④ 주기성 파형의 실효값은 그 파형에 함유된 주파수 성분 각각의 실효값 합의 제곱근이다.

^{해설} 주기성 파형의 실효값은 그 파형에 함유된 주파수 성분 각각의 실효값 제곱 합의 제곱근이다.

08 진동에 관련된 설명으로 옳은 것은?

① 각진동수(ω)와 주기(T) 사이에는 $\omega = \dfrac{2\pi}{T}$ 의 관계식이 성립한다.
② 대부분의 진동은 정현(正弦)진동이며, 복잡하게 변화되는 경우는 드물다.
③ 충격진동과 정상진동은 정반대의 개념으로 서로 겹쳐서 발생하지 않는 일은 거의 없다.
④ 기기의 구조나 작업성으로 볼 때 성질이 다른 진동이 중복해서 발생하는 진동을 정상진동이라고 한다.

^{해설} ① 각진동수 $\omega = 2\pi f(\mathrm{rad/s})$, 주기 $T = \dfrac{1}{f}(\mathrm{s})$이므로, $\omega = \dfrac{2\pi}{T}$ 의 관계식이 성립한다.
② 대부분의 진동은 정현(正弦)진동이며, 복잡하게 변화된다.
③ 정상진동(시간적으로 변동하지 않거나 또는 변동폭이 작은 진동)과 충격진동(단조기의 사용, 폭약의 발파 시 등과 같이 극히 짧은 시간 동안에 발생하는 높은 세기의 진동)이 중첩되어 발생하는 경우도 흔하다.
④ 기기의 구조나 작업성으로 볼 때 성질이 다른 진동이 중복해서 발생하는 진동을 복합진동이라고 한다.

09 진동에 관련된 표현과 그 단위(unit)를 연결한 것으로 옳지 않은 것은?

① 고유각진동수 : rad/s
② 진동가속도 : dB(A)
③ 감쇠계수 : N/(cm/s)
④ 스프링정수 : N/cm

^{해설} 진동가속도의 단위는 $\mathrm{m/s^2}$이다.

10 진동이 전파속도 c로 전파되고 있을 때 어떤 지점(1)의 진동변위는 $x = A_1 \sin \omega t$, (1)에서 전파방향으로 거리 l만큼 떨어진 지점(2)의 진동변위는 $x = A_2 \sin \omega \left(t - \dfrac{l}{c} \right)$로 나타낸다. 각각의 단위를 변위는 mm, 거리는 m, 시간은 s로서 나타내면, (2)의 지점에서 진동변위는 $x = \sin \pi \left(10t - \dfrac{l}{10} \right)$로 나타낸다. 이 경우 진동의 물리적 요소의 값으로 옳지 않은 것은?

① 변위진폭 : 1mm
② 주파수(진동수) : 5Hz
③ 파장 : 20m
④ 전파속도 : 200m/s

^{해설} $x = \sin \pi \left(10t - \dfrac{l}{10} \right) = \sin 10\pi \left(t - \dfrac{l}{100} \right)$가 되므로 이 진동의 변위진폭 A_2는 1mm, 주파수 f는 $5\left(= \dfrac{\omega}{2\pi} = \dfrac{10\pi}{2\pi} \right)$Hz, 주기 T는 $0.2\left(= \dfrac{1}{f} = \dfrac{1}{5} \right)$s, 파장 λ는 $20\left(= \dfrac{c}{f} = \dfrac{100}{5} \right)$m, 전파속도 c는 100m/s이다.

11 $x(t) = x_o \cos \omega_n t + \dfrac{v_o}{\omega_n} \sin \omega_n t$의 자유진동 진폭의 크기는?

① x_o

② $\dfrac{v_o}{\omega_n}$

③ $x_o + \dfrac{v_o}{\omega_n}$

④ $\sqrt{x_o^2 + \left(\dfrac{v_o}{\omega_n}\right)^2}$

해설 합성파의 진폭크기 $x = \sqrt{x_1^2 + x_2^2 + \cdots}$ 으로

변위 실효치 $x = \sqrt{x_o^2 + \left(\dfrac{v_o}{\omega_n}\right)^2}$

12 $x_1 = 3 \cos \omega t$와 $x_2 = 5 \cos \left(\omega t + \dfrac{\pi}{2}\right)$를 합성했을 때 그 진폭은?

① 3.61　　② 4.25

③ 5.00　　④ 5.83

해설 합성파의 진폭크기 $x = \sqrt{x_1^2 + x_2^2 + \cdots}$ 으로

$x = \sqrt{3^2 + 5^2} = 5.83$

13 2개의 조화운동 $x_1 = 9 \cos \omega t$, $x_2 = 12 \sin \omega t$를 합성하면 진폭(cm)은 얼마인가? (단, 진폭의 단위는 cm로 한다.)

① 3　　② 9

③ 12　　④ 15

해설 합성파의 진폭크기 $x = \sqrt{x_1^2 + x_2^2 + \cdots}$ 으로

$x = \sqrt{9^2 + 12^2} = 15\text{cm}$

14 진동수가 30Hz이고, 최대가속도가 100m/s²인 조화진동의 진폭은?

① 0.157cm

② 0.282cm

③ 0.314cm

④ 0.434cm

해설 최대가속도 진폭 $A_m = x_o \omega^2 = x_o (2\pi f)^2$ 에서

$100 = x_o \times (2 \times 3.14 \times 30)^2$ 이므로

$\therefore x_o = 2.82 \times 10^{-3}\text{m} = 0.282\text{cm}$

15 정현진동일 때 속도의 위상(位相)과 가속도의 위상은 어느 정도 벌어지는가?

① $\dfrac{\pi}{2}$　　② π

③ 2π　　④ $\dfrac{\pi}{4}$

해설 **위상(phase)**

반복되는 파형의 한 주기에서 첫 시작점의 각도 또는 어느 한 순간의 위치를 말하고, 사인곡선 간의 시작점의 차이를 위상차(phase difference)라고 할 수 있다.

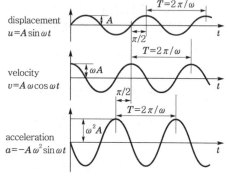

그림에서 속도와 가속도의 위상은 $\dfrac{\pi}{2}$ 임을 알 수 있다.

16 $x_1 = \cos 6t$, $x_2 = 2\cos(6+0.1)t$를 합성하면 맥놀이(beat) 현상이 일어난다. 이때 울림진동수와 최대진폭은?

① 0.01592Hz, 3

② 0.03183Hz, 3

③ 3.1415Hz, 2

④ 62.82Hz, 2

해설 맥놀이 주기

$T_b = \dfrac{2\pi}{\omega_n - \omega} = \dfrac{2 \times 3.14}{(6+0.1)-6} = 62.8\text{s}$

$\therefore$ 울림진동수

$f = \dfrac{1}{T_b} = \dfrac{1}{62.8} = 0.01592\text{Hz}$

최대진폭 : $x_m = x_1 + x_2 = 1 + 2 = 3$

17 주기가 0.3초이고 가속도 진폭이 0.2m/s²인 진동의 속도 진폭은 몇 kine인가?

① 2kine　　② 1kine

③ 0.5kine　　④ 0.25kine

11.④　12.④　13.④　14.②　15.①　16.①　17.②

해설 최대가속도 진폭

$A_m = x_o\,\omega^2 = x_o\,\omega\omega = V_m\,\omega = V_m\,(2\pi f)$ 에서

$f = \dfrac{1}{T} = \dfrac{1}{0.3} = 3.33\text{Hz}$

$\therefore V_m = \dfrac{A_m}{2\pi f} = \dfrac{0.2\times100}{2\times3.14\times3.33}$

$\qquad = 0.96\text{cm/s} \fallingdotseq 1\text{kine}$

($\because 1\text{kine} = 1\text{cm/s}$)

18 주파수 16Hz, 진동속도 진폭의 최대치 0.0001m/s인 정현진동에서 진동가속도의 기준치를 10^{-3}cm/s^2 으로 할 때 진동가속도레벨은?

① 9dB　　　　　② 19dB

③ 28dB　　　　④ 57dB

해설 • 최대가속도 진폭

$A_m = x_o\,\omega^2 = x_o\,\omega\omega = V_m\,\omega = V_m\,(2\pi f)$

$\qquad = 0.0001\times100\times2\times3.14\times16$

$\qquad = 1.0048\text{cm/s}^2$

• 진동가속도 실효치

$A_{\text{rms}} = \dfrac{A_m}{\sqrt{2}} = \dfrac{1.0048}{\sqrt{2}} = 0.711\text{cm/s}^2$

$\qquad = 7.11\times10^{-3}\text{m/s}^2$

$\therefore \text{VAL} = 20\log\left(\dfrac{7.11\times10^{-3}}{10^{-5}}\right) = 57\text{dB}$

19 진동의 물리량 표시방법으로 옳지 않은 것은?

① 가속도

② 속도

③ 각가속도

④ 변위

해설 진동의 물리량은 변위(displacement), 속도(velocity), 가속도(acceleration)로 나타낸다.

20 진동가속도의 실효치 진폭이 $3\times10^{-2}\text{m/s}^2$일 때, 진동가속도레벨(VAL)은?

① 55dB　　　　② 60dB

③ 65dB　　　　④ 70dB

해설 진동가속도레벨

$\text{VAL} = 20\log\dfrac{A_{\text{rms}}}{10^{-5}}$

$\qquad = 20\log\dfrac{3\times10^{-2}}{10^{-5}} = 70\text{dB}$

21 어떤 질점의 운동변위가 $x = 5\sin\left(2\pi t - \dfrac{\pi}{3}\right)$cm 로 표시될 때 진동의 주기는 얼마인가?

① 0.5s　　　　② 1s

③ 2s　　　　　④ 4s

해설 운동변위 식에서 각진동수 $\omega = 2\pi$에서 $2\pi f = 2\pi$

$\therefore f = 1\text{Hz}$, 그러므로 주기 $T = \dfrac{1}{1} = 1\text{s}$

22 두 개의 조화운동 $y_1 = \sin 10\,t$, $y_2 = \sin 11\,t$ 를 합성할 때 어떤 현상이 나타나는가?

① 공진(resonance)

② 맥놀이(beat)

③ 과도현상(transient)

④ 감쇠(damping)

해설 ① 공진(resonance) : 특정 진동수(고유진동수 영역)에서 큰 진폭으로 진동하는 현상

③ 과도현상(transient) : RC 직렬회로에서 스위치를 닫은 후 정상상태에 이르는 사이에 나타나는 여러 가지 현상

④ 감쇠(damping) : 진동하는 물체의 진폭이 감소하는 과정으로 물체의 에너지가 열이나 마찰 등에 의해서 손실되는 것

23 진동에서 질점의 변위가 다음 식으로 표시될 때 이 운동의 위상각 ϕ를 옳게 표시한 것은?

$$x = A\sin\omega t + B\cos\omega t$$
$$\quad = \sqrt{A^2 + B^2}\,\sin(\omega t + \phi)$$

① $\phi = \tan^{-1}\dfrac{B}{A}$

② $\phi = \cos^{-1}\dfrac{B}{A}$

③ $\phi = \sin^{-1}\dfrac{B}{A}$

④ $\phi = \tan^{-1}\dfrac{B}{A} + \cos^{-1}\dfrac{B}{A}$

해설 • 위상각 : 외력의 작용 방향과 응답과의 시간차를 의미함.

즉, 위상각 $\phi = \tan^{-1}\dfrac{A_2}{A_1}$ 이므로 $\phi = \tan^{-1}\dfrac{B}{A}$

• 합성 진폭 : $A = \sqrt{A_1^2 + A_2^2}$ 이므로 $A = \sqrt{A^2 + B^2}$

24 정현파 진동에서 진동가속도의 실효치와 최대치 사이의 관계식으로 옳은 것은?

① 실효치 $= \sqrt{2}$ 최대치

② 실효치 $= \dfrac{1}{\sqrt{2}}$ 최대치

③ 실효치 $= \dfrac{1}{\sqrt[3]{2}}$ 최대치

④ 실효치 $= \dfrac{1}{\sqrt{3}}$ 최대치

해설 진동가속도 실효치 $A_{rms} = \dfrac{A_m}{\sqrt{2}}$

25 정현진동에서 진동속도의 시간적 변화를 나타내는 진동가속도의 식으로 옳은 것은? (단, a는 진동가속도, x_o는 변위진폭이다.)

① $a = -2\pi f^2 x_o \sin(2\pi f t)$

② $a = -(2\pi f)^2 x_o \cos(2\pi f t)$

③ $a = -(2\pi f)^2 x_o \sin(2\pi f t)$

④ $a = -(2\pi f) \sin(2\pi f t)$

해설 진동가속도 a는 진동속도 $v = x_o \omega \cos \omega t$의 식을 시간 t로 미분하면 다음과 같다.

$a = \dfrac{dv}{dt} = -x_o \omega^2 \sin \omega t = -x_o (2\pi f)^2 \sin(2\pi f t)$

26 어떤 단순 조화진동의 변위진폭은 0.1mm, 최대가속도는 20m/s²이다. 이 운동의 진동수(f)는?

① 71.2Hz ② 447Hz

③ 3.18×10^4Hz ④ 2×10^5Hz

해설 최대가속도

$A_m = x_o \omega^2 = x_o (2\pi f)^2$에서

$20 = 0.1 \times 10^{-3} \times (2 \times 3.14 \times f)^2$

$\therefore f = 71.2$Hz

27 조화운동을 삼각함수 $x = a \sin(\omega t + \alpha)$로 표시할 때 진동수를 옳게 표시한 식은?

① $2\pi\omega$ ② $\dfrac{\omega}{2\pi}$

③ $\dfrac{2\pi}{\omega}$ ④ $(2\pi\omega^2)$

해설 각진동수 $\omega = 2\pi f$에서 진동수 $f = \dfrac{\omega}{2\pi}$

28 진동수 25Hz, 파형의 전진폭이 0.0002m/s인 정현진동의 진동가속도레벨(dB)은? (단, 기준 10^{-5}m/s²)

① 48 ② 57

③ 61 ④ 66

해설 파형의 전진폭(全振幅)이 0.0002m/s인 정현진동의 진동속도는 $\dfrac{0.0002}{2} = 0.0001$m/s이다.

이때의 최대가속도 진폭

$A_m = V_m \times \omega = V_m \times 2\pi f$

$= 0.0001 \times 2 \times 3.14 \times 25 = 0.0157$m/s²

$\therefore \text{VAL} = 20 \log \left(\dfrac{\frac{0.0157}{\sqrt{2}}}{10^{-5}} \right) = 61$dB

29 주파수 16Hz, 진동속도 진폭의 최대치 0.0001m/s인 정현진동에서 진동가속도의 기준치를 10^{-5}m/s²으로 할 때 진동가속도레벨은?

① 9dB ② 19dB

③ 28dB ④ 57dB

해설 최대가속도 진폭

$A_m = V_m \times \omega = V_m \times 2\pi f$

$= 0.0001 \times 2 \times 3.14 \times 16 = 0.01$m/s²

$\therefore \text{VAL} = 20 \log \left(\dfrac{\frac{0.01}{\sqrt{2}}}{10^{-5}} \right) = 57$dB

30 진동발생원의 수직방향에 대한 주파수 분석결과, 진동가속도 실효치가 다음과 같다면 합성파의 진동가속도레벨 VAL(dB)은?

- 2Hz : 3mm/s²
- 4Hz : 4mm/s²
- 8Hz : 5mm/s²
- 18Hz : 6mm/s²

① 40 ② 50

③ 60 ④ 70

해설 합성파의 진동 실효치

$A_{rms} = \sqrt{3^2 + 4^2 + 5^2 + 6^2} = 9.27$mm/s²

$= 9.27 \times 10^{-3}$m/s²

$\therefore \text{VAL} = 20 \log \left(\dfrac{9.27 \times 10^{-3}}{10^{-5}} \right) = 59.3$dB

31 주기가 2초인 단진자의 실의 길이는?

① 24.8cm 　　　　 ② 49.6cm
③ 99.3cm 　　　　 ④ 198.6cm

해설 단진자의 주기

$$T = \frac{2\pi}{\omega} = 2\pi\sqrt{\frac{L}{g}}$$

여기서, L : 단진자 실의 길이(cm)
　　　　g : 중력가속도 980cm/s^2

$$\therefore\ 2 = 2\pi\sqrt{\frac{L}{980}}\ \text{에서}\ L = 99.3\text{cm}$$

32 기계를 기초에 고정하고 운전하였더니 기계의 상면의 높이가 998mm부터 1,002mm 사이를 매분 240회 진동하였다. 이 진동의 가속도는?

① 0.63m/s^2 　　 ② 1.26m/s^2
③ 2.52m/s^2 　　 ④ 3.78m/s^2

해설 • 회전체 기계의 진동주파수

$$f = \frac{\text{rpm}}{60} = \frac{240}{60} = 4\text{Hz}$$

• 변위진폭
$$2x_o = 1,002 - 998 = 4\text{mm}$$
$$\therefore\ x_o = 2\text{mm}$$

• 속도진폭
$$V_m = x_o\omega = x_o 2\pi f = 2 \times 2 \times 3.14 \times 4$$
$$= 50.24\text{mm/s}$$

• 가속도진폭
$$A_m = V_m \times \omega = V_m \times 2\pi f$$
$$= 50.24 \times 2 \times 3.14 \times 4$$
$$= 1,262\text{mm/s}^2 = 1.26\text{m/s}^2$$

33 진동의 속도를 표시하는 단위인 kine의 물리적인 단위는?

① m/s 　　　　 ② cm/s
③ mm/s 　　　　 ④ μm/s

해설 진동속도 단위
1 kine = 1 cm/s

참고 진동가속도 단위 : 1 gal = 1 cm/s^2

34 최대가속도 720cm/s^{2}인 물체가 360rpm으로 운동하고 있을 때, 이 물체진동의 변위진폭은?
(단, 물체는 조화운동을 하고 있다.)

① 0.35cm 　　　　 ② 0.51cm
③ 0.88cm 　　　　 ④ 2.77cm

해설 회전체의 진동수 $f = \dfrac{\text{rpm}}{60} = \dfrac{360}{60} = 6\text{Hz}$

가속도진폭 $A_m = x_o\omega^2$ 에서

$$x_o = \frac{A_m}{\omega^2} = \frac{A_m}{(2\pi f)^2} = \frac{720}{(2 \times 3.14 \times 6)^2} = 0.51\text{cm}$$

35 단진자의 길이가 $\dfrac{1}{2}$로 되면 주기는 몇 배로 되는가?

① $\dfrac{1}{2}$ 　　　　　 ② $\dfrac{1}{\sqrt{2}}$
③ $\sqrt{2}$ 　　　　　 ④ 2

해설 단진자의 주기

$$T = \frac{2\pi}{\omega} = 2\pi\sqrt{\frac{L}{g}}$$

여기서, L : 단진자 실의 길이(cm)
　　　　g : 중력가속도 980cm/s^2

$\therefore\ T \propto \sqrt{L}$ 이므로 단진자의 길이가 $\dfrac{1}{2}$로 되면 주기

$$T = \sqrt{\frac{1}{2}} = \frac{1}{\sqrt{2}}\ \text{배가 된다.}$$

36 각진동수가 600rpm인 조화운동의 주기는 얼마인가?

① 0.1초 　　　　 ② 0.2초
③ 0.5초 　　　　 ④ 1초

해설 회전체의 진동수 $f = \dfrac{\text{rpm}}{60} = \dfrac{600}{60} = 10\text{Hz}$

$$\therefore\ \text{주기}\ T = \frac{1}{f} = \frac{1}{10} = 0.1\text{s}$$

37 어떤 조화운동이 5cm의 진폭을 가지고 3s의 주기를 갖는다면, 이 조화운동의 최대가속도는?

① 15.2cm/s^2
② 21.9cm/s^2
③ 24.7cm/s^2
④ 30.1cm/s^2

해설 최대진동가속도

$$A_m = x_o\omega^2 = x_o(2\pi f)^2 = x_o\left(2\pi\frac{1}{T}\right)^2$$
$$= 5 \times \left(2 \times 3.14 \times \frac{1}{3}\right)^2 = 21.91\text{cm/s}^2$$

38 기계진동을 측정한 결과 N(Hz)의 정현파로 기록되었고 최대가속도는 a(m/s²)일 때, 변위진폭(m)은?

① $\dfrac{a}{(\pi N)^2}$ ② $\dfrac{a}{(2\pi N)^2}$

③ $\dfrac{a}{2\pi N}$ ④ $\dfrac{a}{N^2}$

해설 변위진폭

$$x_o = \frac{a}{\omega^2} = \frac{a}{(2\pi N)^2}$$

39 변위(전진폭)를 D, 속도를 V라고 할 때 가속도 A를 구하는 식으로 옳은 것은?

① $A = \dfrac{1}{2}\left(\dfrac{V^2}{D}\right)$

② $A = \dfrac{1}{2}\left(\dfrac{D}{V^2}\right)$

③ $A = 2\left(\dfrac{V^2}{D}\right)$

④ $A = 2\left(\dfrac{D}{V^2}\right)$

해설 • 전진폭 $D = 2x_o$

• 속도 $V = x_o\omega$

• 가속도 $A = x_o\omega^2 = 2\times\dfrac{x_o^2\omega^2}{2x_o} = 2\left(\dfrac{V^2}{D}\right)$

40 운동방정식이 $2\ddot{x}+20x = 5\cos 3t$로 표시되는 진동계의 정상상태 진동의 진폭은 얼마인가?

① 1.5   ② 2

③ 2.5   ④ 3

해설 진동계의 운동방정식

$m\ddot{x}+kx = F_o\cos\omega t$

$2\ddot{x}+20x = 5\cos 3t$에서

$m=2$, $F_o=5$, $\omega=3$, $k=20$이므로

$\omega_n = \sqrt{\dfrac{k}{m}} = \sqrt{\dfrac{20}{2}} = 3.16\text{rad/s}$

∴ 진동의 진폭

$$x = \frac{\left(\dfrac{F_o}{k}\right)}{1-\left(\dfrac{\omega}{\omega_n}\right)^2} = \frac{\left(\dfrac{5}{20}\right)}{1-\left(\dfrac{3}{3.16}\right)^2} = 2.5$$

41 기계를 기초대 위에 완전히 고정시켜 설치하고 운전했더니 진동이 크게 되어서 기계의 상면 높이가 998mm에서 1,002mm 사이를 매분 240회로 흔들리는 것을 알았다면, 이 기계의 진동가속도레벨은?

① 약 97dB   ② 약 99dB

③ 약 101dB   ④ 약 103dB

해설 • 회전체 기계의 진동주파수

$$f = \frac{\text{rpm}}{60} = \frac{240}{60} = 4\text{Hz}$$

• 변위진폭

$2x_o = 1,002-998 = 4\text{mm}$

∴ $x_o = 2\text{mm}$

• 속도진폭

$V_m = x_o\omega = x_o\,2\pi f$

$\quad = 2\times2\times3.14\times4 = 50.24\text{mm/s}$

• 가속도진폭

$A_m = V_m\times\omega = V_m\times2\pi f$

$\quad = 50.24\times2\times3.14\times4$

$\quad = 1,262\text{mm/s}^2 = 1.26\text{m/s}^2$

∴ 진동가속도레벨

$$\text{VAL} = 20\log\left(\frac{\frac{1.26}{\sqrt{2}}}{10^{-5}}\right) = 99\text{dB}$$

42 주어진 조화 진동운동이 8cm의 변위진폭, 2초 주기를 가지고 있다면 최대진동속도(cm/s)는?

① 약 14.8   ② 약 21.6

③ 약 25.1   ④ 약 29.3

해설 최대진동속도

$$V_m = x_o\omega = x_o\,2\pi f = x_o\,2\pi\frac{1}{T}$$

$\quad = 8\times2\times3.14\times\dfrac{1}{2}$

$\quad = 25.1\text{cm/s}$

43 다음 중 사람이 느끼는 최소진동역치 범위(dB)로 옳은 것은?

① 10 ± 5

② 25 ± 5

③ 30 ± 5

④ 55 ± 5

해설 사람이 느끼는 최소진동역치 범위(dB) : (55 ± 5)dB

44 정현진동하는 경우 진동속도의 진폭에 관한 설명으로 옳은 것은?

① 진동속도의 진폭은 진동주파수에 비례한다.
② 진동속도의 진폭은 진동주파수에 반비례한다.
③ 진동속도의 진폭은 진동주파수의 제곱에 비례한다.
④ 진동속도의 진폭은 진동주파수의 제곱에 반비례한다.

해설 정현진동에서 진동속도 식
$$V_m = x_o \times \omega = x_o \times 2\pi f$$
여기서, ω : 각진동수(rad/s)

45 어떤 두 개의 기계를 별도로 운전하면 어느 지점에서 각각 $x_1 = 2\cos 20t$, $x_2 = 1.8\cos 18t$인 진동이 발생하고 동시에 운전하면 맥(脈)놀이가 생길 경우에 대한 설명으로 옳지 않은 것은? (단, x는 변위(mm), t는 시간(s)이다.)

① 맥놀이의 최대진폭은 3.8mm이다.
② 맥놀이의 최소진폭은 0.2mm이다.
③ 맥놀이는 1초에 3회의 비율로 반복된다.
④ 1대의 주파수는 약 3.2Hz, 다른 1대의 주파수는 약 2.9Hz이다.

해설 맥놀이는 진동수가 다른 발음체를 동시에 울려서 가까이 할 때, 음이 규칙적으로 강해졌다 약해졌다 하는 현상이다.
각각의 기계주파수는 $3.2\left(= \dfrac{20}{\pi}\right)$Hz 및 $2.9\left(= \dfrac{18}{2\pi}\right)$Hz 이므로 맥놀이는 주파수 $0.3(= 3.2 - 2.9)$Hz, 최대진폭 $3.8(= 2 + 1.8)$mm, 최소진폭 $0.2(= 2 - 1.8)$mm로 진동 하고 맥놀이 주기 $T = \dfrac{2 \times 3.14}{20 - 18} = 3.14$s이므로 10초에 약 3회의 비율로 반복된다.

46 정현진동에 관련된 설명으로 옳지 않은 것은?

① 변위파형과 속도파형의 위상차는 180°이다.
② 속도파형을 시간으로 미분하면 가속도파형이 된다.
③ 변위진폭이 일정할 경우 속도진폭은 주파수에 비례하여 증가한다.
④ 가속도진폭이 일정할 경우 변위진폭은 주파수의 제곱에 반비례하여 감소한다.

해설 최대변위진폭 X, 각주파수 $\omega(= 2\pi f)$, 주파수 f인 정현진동의 순간 변위진동 x는 $x = X \sin \omega t$, 이 정현파형의 순간 속도진폭 v는 $v = \dfrac{dx}{dt} = \omega X \cos \omega t$, 순간 가속도진폭 a는 $a = \dfrac{dv}{dt} = -\omega^2 X \sin \omega t$ 이다. 또한 변위와 속도에서는 위상이 $\dfrac{\pi}{2}(= 90°)$가 다르므로 가속도는 속도와 $\dfrac{\pi}{2}$ 정도 위상이 어긋나며 변위와는 역위상이 된다. 위상을 무시한 각각의 최대진폭, 즉 최대속도진폭 V, 최대가속도 A 및 X의 관계는 다음 식으로 나타난다.
$$V = \omega X = 2\pi f X$$
$$A = \omega^2 X = (2\pi f)^2 X$$

47 정현진동에서 속도의 위상과 가속도 위상의 차이는?

① $\dfrac{\pi}{4}$ ② $\dfrac{\pi}{2}$

③ π ④ 2π

해설 정현진동에서 속도는 위치(변위)와 90°의 위상차, 가속도는 위치와 180°, 속도와 90°의 위상차가 있다.
$$\therefore \frac{\pi}{2} = 90°$$

48 진동수 f, 변위진폭의 최댓값 A인 정현진동에서 가속도진폭으로 옳은 것은?

① $2\pi f^2 A$
② $2\pi f A$
③ $2\pi (fA)^2$
④ $(2\pi f)^2 A$

해설 각속도 $\omega = 2\pi f$이므로
변위 $x = A \sin(2\pi f)t$
속도 $v = \dfrac{dx}{dt} = \dfrac{d}{dt}\{A \sin(2\pi f)t\}$
$\qquad = (2\pi f) A \cos(2\pi f)t$
가속도 $a = \dfrac{d^2 x}{dt^2} = \dfrac{d}{dt}\{(2\pi f) A \cos(2\pi f)t\}$
$\qquad = -(2\pi f)^2 A \sin(2\pi f)t$
$\qquad = (2\pi f)^2 A \sin\{(2\pi f)t + \pi\}$
$\therefore$ 가속도진폭은 $(2\pi f)^2 A$이다.

49 그림 (a), (b), (c)는 어떤 정현진동의 ㉮ 변위파형, ㉯ 속도파형, ㉰ 가속도파형을 나타낸 것이다. ㉮ ~ ㉰와 (a) ~ (c)의 위상관계의 대응이 옳게 짝지어진 것은? (단, +, -의 극성은 3종류의 파형 간에 갖추고 있다.)

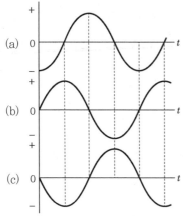

① (a) - ㉯, (b) - ㉰, (c) - ㉮
② (a) - ㉮, (b) - ㉰, (c) - ㉯
③ (a) - ㉰, (b) - ㉮, (c) - ㉯
④ (a) - ㉮, (b) - ㉯, (c) - ㉰

해설 정현진동의 위상관계는 변위의 $90°\left(\dfrac{\pi}{2}\right)$ 늦음이 속도, 속도의 $90°\left(\dfrac{\pi}{2}\right)$ 늦음이 가속도이므로 그림에서 변위파형은 (c), 속도파형은 (a), 가속도파형은 (b)이다.

50 정상적인 정현파형 진동에서 진동변위를 $A\sin\omega t$ 라고 할 경우 속도와 가속도를 나타낸 것으로 옳은 것은?

① 속도 : $A\cos\omega t$, 가속도 : $-A^2\sin\omega t$
② 속도 : $A\omega\cos\omega t$, 가속도 : $-A\omega^2\sin\omega t$
③ 속도 : $A\omega\cos\omega t$, 가속도 : $A\omega^2\sin\omega t$
④ 속도 : $-A\omega\sin\omega t$, 가속도 : $A\omega\cos\omega t$

해설 속도는 변위를 시간으로 미분하면 얻어진다. 또 가속도는 변위를 시간으로 2회 미분하거나 속도를 시간으로 미분하면 얻어진다.

• 속도 $v = \dfrac{d}{dt}(A\sin\omega t) = A\omega\cos\omega t$

• 가속도 $a = \dfrac{d^2}{dt^2}(A\sin\omega t) = \dfrac{d}{dt}(A\omega\cos\omega t)$
$\qquad\qquad = -A\omega^2\sin\omega t$

51 정현진동의 진동변위를 나타낸 식으로 옳은 것은? (단, x : 진동변위(mm), x_o : 변위진폭(mm), f : 진동수(Hz), t : 시간(s)이다.)

① $x = x_o\sin(2\pi f)$
② $x = x_o\sin(2\pi t)$
③ $x = f\sin(\pi x_o)$
④ $x = x_o\sin(2\pi ft)$

해설 정현진동은 기본적인 진동으로 각진동수 $\omega = 2\pi f$이므로, $x = x_o\sin(\omega t) = x_o\sin(2\pi ft)$이다.

52 정현진동에서 진동속도의 시간적인 변화를 나타내는 진동가속도를 나타낸 식으로 옳은 것은? 단, a : 진동가속도, x : 진동변위(mm), x_o : 변위진폭(mm), f : 진동수(Hz), t : 시간(s)이다.)

① $a = -(2\pi f)^2 x_o\sin(2\pi ft)$
② $a = -(2\pi f)^2 x_o\cos(2\pi ft)$
③ $a = -(2\pi f)^2\sin(2\pi ft)$
④ $a = -2\pi f^2 x_o\sin(2\pi ft)$

해설 진동가속도는 진동속도를 시간으로 미분함으로써 주어지고, 진동속도는 진동변위를 시간으로 미분함으로써 얻어지므로 진동변위식 $x = x_o\sin(2\pi ft)$에서

$a = \dfrac{dv}{dt} = \dfrac{d^2x}{dt^2} = \dfrac{d^2}{dt^2}\{x_o\sin(2\pi ft)\}$

$\quad = \dfrac{d}{dt}\{2\pi f x_o\cos(2\pi ft)\}$

$\quad = -(2\pi f)^2 x_o\sin(2\pi ft)$

53 어떤 정현진동의 진동수가 30Hz, 속도진폭의 최댓값이 0.0008m/s일 때, 가속도진폭의 최댓값(m/s²)은?

① 1.51
② 0.151
③ 1.51×10^{-2}
④ 1.51×10^{-3}

해설 진동변위 $x = A\sin\omega t$라면, 진동속도 $v = A\omega\cos\omega t$, 진동가속도 $a = -A\omega^2\sin\omega t$이므로, 속도진폭의 최댓값은 $A\omega$, 가속도진폭의 최댓값은 $A\omega^2$이다.
∴ $A\omega = 0.0008$m/s, $\omega = 2\pi f$에서
$\quad \omega = 2\times30\times\pi = 60\pi$
$\quad A\omega^2 = A\omega\cdot\omega = 0.0008\times60\pi = 0.151$m/s²

54 가속도진폭이 $4 \times 10^{-2} \text{m/s}^2$일 때, 진동가속도레벨(VAL)은 몇 dB인가?

① 63   ② 66

③ 69   ④ 72

해설 진동가속도레벨(VAL) $= 20 \log_{10} \dfrac{A}{A_o} \text{dB}$

여기서, $A_o = 10^{-5} \text{m/s}^2$

$A = $ 진동가속도 실효값 $= \dfrac{\text{가속도진폭}}{\sqrt{2}}$

$\therefore \text{VAL} = 20 \log_{10} \left(\dfrac{\frac{4 \times 10^{-2}}{\sqrt{2}}}{10^{-5}} \right) = 69 \text{dB}$

55 다음은 진동레벨에 관한 설명이다. 밑줄 친 부분 중 옳지 않은 것은?

> 진동레벨이란, ① $20 \log \left(\dfrac{a}{a_0} \right)$ 로서 정의한 보정가속도레벨의 수치를 말하며 데시벨(dB)로 표시한다. 여기서 a_0는 기준 진동가속도이고, ② 10^{-5}m/s^2라고 한다. a는 진동감각보정을 행한 ③ 진동가속도 실효치이고, 수직 및 수평 진동에 관하여 각각 표 및 그림(표 및 그림은 생략)에 나타낸 주파수 리스폰스를 사용하고 다음 식으로 산출한다.
>
> $a = \left(\sum a_n^2 \times 10^{\frac{c_n}{10}} \right)^{\frac{1}{2}}$
>
> 여기서,
> a_n : ④ 주파수 $n(\text{Hz})$ 성분의 진동가속도값
> c_n : 주파수 $n(\text{Hz})$에 있어서의 리스폰스
> $c_n = 0$일 때 $20 \log \left(\dfrac{a}{a_o} \right)$ 를 진동가속도레벨이라 부르고 데시벨(dB)로 나타낸다.

① $20 \log \left(\dfrac{a}{a_0} \right)$

② 10^{-5}m/s^2

③ 진동가속도 실효치

④ 주파수 $n(\text{Hz})$ 성분의 진동가속도값

해설 a_n은 주파수 $n(\text{Hz})$ 성분의 진동가속도 실효치이다.

56 10Hz인 정현진동에 대한 조합으로 옳지 않은 것은?

① 속도 피크치 : 1cm/s – 가속도레벨 : 93dB

② 가속도 실효값 : 1m/s² – 가속도레벨 : 100dB

③ 가속도 실효값 : 10Gal – 가속도레벨 : 80dB

④ 가속도 피크치 : 1G – 가속도레벨 : 100dB

해설 ① 주파수 $f(\text{Hz})$, 속도 피크치(최대속도진폭) $V(\text{m/s})$인 진동가속도 실효값 $a(\text{m/s}^2)$은 $a = \dfrac{(2\pi f)V}{\sqrt{2}}$ 에서

$f = 10 \text{Hz}, \quad V = 1 \text{cm/s} = 10^{-2} \text{m}$이므로

$a = \dfrac{(2\pi \times 10) \times 10^{-2}}{\sqrt{2}} = 0.44 \text{m/s}^2$

$\therefore L_a = 20 \log \left(\dfrac{a}{a_o} \right) = 20 \log \left(\dfrac{0.44}{10^{-5}} \right)$

$\qquad = 92.9 \fallingdotseq 93 \text{dB}$

② $L_a = 20 \log \left(\dfrac{a}{a_o} \right) = 20 \log \left(\dfrac{1}{10^{-5}} \right) = 100 \text{dB}$

③ 가속도 10Gal은 $10 \text{cm/s}^2 = 10^{-1} \text{m/s}^2$이다.

$L_a = 20 \log \left(\dfrac{a}{a_o} \right) = 20 \log \left(\dfrac{10^{-1}}{10^{-5}} \right) = 80 \text{dB}$

④ 가속도 피크치 1G는 9.8m/s^2이므로 가속도 실효값 $a(\text{m/s}^2)$은 $a = \dfrac{9.8}{\sqrt{2}} = 6.93 \text{m/s}^2$이다.

$\therefore L_a = 20 \log \left(\dfrac{a}{a_o} \right) = 20 \log \left(\dfrac{6.93}{10^{-5}} \right)$

$\qquad = 116.8 \fallingdotseq 117 \text{dB}$

57 8Hz인 정현진동의 변위진폭이 10^{-5}m일 경우, 이 진동의 가속도레벨(dB)은?

① 50   ② 55

③ 60   ④ 65

해설 주파수 $f(\text{Hz})$인 변위진동(최대변위진폭) $X(\text{m})$의 가속도 실효값 $a(\text{m/s}^2)$은 $a = \dfrac{(2\pi f)^2 X}{\sqrt{2}}$ 이다.

여기서, $f = 8 \text{Hz}, \quad X = 10^{-5} \text{m}$이므로

$a = \dfrac{(2\pi \times 8)^2 \times 10^{-5}}{\sqrt{2}} = 1.79 \times 10^{-2} \text{m/s}^2$

진동가속도레벨 $L_a(\text{dB})$은

$L_a = 20 \log \left(\dfrac{a}{a_o} \right) = 20 \log \left(\dfrac{1.79 \times 10^{-2}}{10^{-5}} \right)$

$\quad = 65.1 \fallingdotseq 65 \text{dB}$

58 어떤 지점의 지표면 수직진동을 주파수 분석한 결과 그 진동은 4Hz, 8Hz, 16Hz, 31.5Hz의 정현진동 성분을 지니고 있고, 각 성분의 진동가속도진폭은 각각 $5m/s^2$, $6m/s^2$, $7m/s^2$, $8m/s^2$ 이었다. 이 진동의 진동가속도 실효값(m/s^2)은?

① 9.0   ② 9.3
③ 9.6   ④ 9.9

해설 각 성분의 진동가속도진폭이 주어졌을 경우, 각각의 실효값 제곱 합의 제곱근으로 진동가속도 실효값 a를 구한다.

$$\therefore a = \sqrt{\left(\frac{5}{\sqrt{2}}\right)^2 + \left(\frac{6}{\sqrt{2}}\right)^2 + \left(\frac{7}{\sqrt{2}}\right)^2 + \left(\frac{8}{\sqrt{2}}\right)^2}$$
$$= 9.33 \fallingdotseq 9.3m/s^2$$

59 진동가속도레벨과 진동레벨의 정의와 상호관계를 설명한 것으로 옳지 않은 것은?

① 주파수 $n(\mathrm{Hz})$ 성분의 진동가속도 실효값을 a_n, 기준 진동가속도를 a_o라고 하면 $n(\mathrm{Hz})$ 성분의 진동가속도레벨은 $20\log\left(\dfrac{a_n}{a_o}\right)$으로 나타난다.

② 주파수 $n(\mathrm{Hz})$인 경우, 진동레벨에서 진동가속도레벨을 뺀 값을 C_n이라고 하면 C_n은 $20\log\left(\dfrac{a_n{}'}{a_n}\right)$으로 나타난다.

③ a_n과 $a_n{}'$, C_n 사이에는 $a_n{}' = a_n \times 10^{\frac{C_n}{20}}$의 관계식이 성립한다.

④ 복합진동에 있어서 각 주파수 성분마다 진동감각보정을 행할 경우, 진동가속도 실효값은 $\sum a_n \cdot 10^{\frac{C_n}{20}}$으로 나타난다.

해설 복합진동에 있어서 각 주파수 성분마다 진동감각보정을 행할 경우, 진동가속도 실효값은 $\left[\sum a_n^2 \times 10^{\frac{C_n}{10}}\right]^{\frac{1}{2}}$로 나타난다.

60 진동의 크기를 나타내는 양으로 옳지 않은 것은?

① 진동수   ② 진동속도
③ 진동변위   ④ 진동가속도

해설 진동의 크기는 진동변위, 진동속도, 진동가속도, 가속도레벨, 진동레벨로 나타낸다.

61 '진동의 역치'에 관한 설명으로 옳은 것은?

① 인간이 견딜 수 있는 최소진동레벨값
② 인간이 견딜 수 있는 최대진동레벨값
③ 진동을 겨우 느낄 수 있는 진동레벨값
④ 진동을 최대로 느낄 수 있는 진동레벨값

해설 **진동의 역치(threshold level)**
사람이 진동을 느끼는 최소진동레벨이다. 진동레벨이 50dB일 때는 약간 감지한다는 사람이 30% 정도이고, 55dB일 때는 잘 감지한다는 사람이 30% 정도이다. 따라서 진동의 감각역치는 (55±5)dB이라 할 수 있다.

참고 소음인 경우 역치는 0dB이다.

62 진동을 양적으로 나타낼 경우 물리적 요소에 해당되는 것은?

① 진동의 크기와 진동속도
② 진동의 크기와 진동수
③ 진동속도와 진동변위(變位)
④ 진동속도와 가속도레벨

해설 진동을 양적으로 나타낼 때는 진동의 크기와 진동수만으로 충분하다.

63 진동에 관련된 기술로 옳지 않은 것은?

① 감쇠진동의 주기는 저항이 커지면 길어진다.
② 주기진동은 주파수비가 정수의 정현진동으로 분해할 수가 있다.
③ 용수철에 추가 매달려 있는 경우 그 고유주기는 용수철의 강하기에만 관계하고 추의 질량에는 무관하다.
④ 정현진동의 경우는 주파수가 알려지면, 진동가속도의 크기에서 속도나 변위를 환산하여 구할 수 있다.

해설 용수철에 추가 매달려 있을 때 그 고유주기는 용수철의 강하기 및 추의 질량에 관계하고 다음 식으로 나타난다.

$$T = 2\pi \sqrt{\frac{m}{k}}$$

여기서, T : 주기
    m : 질량
    k : 스프링정수

58.②   59.④   60.①   61.③   62.②   63.③

64 인간이 느낄 수 있는 진동가속도의 범위로 옳은 것은?

① 0.01 ~ 10Gal

② 0.1 ~ 100Gal

③ 1 ~ 100Gal

④ 1 ~ 1,000Gal

해설 인간이 느낄 수 있는 진동가속도의 범위는 0.01 ~ 10m/s²로 이는 1 ~ 1,000Gal에 해당한다.
(1Gal = 1cm/s²)

65 진동계(振動系)의 고유진동수와 가진력의 진동수가 같을 때 일어나는 현상은?

① 감쇠　　　　② 울림

③ 공진　　　　④ 강제진동

해설 공진(resonance)은 특정진동수(고유주파수 영역)에서 고유진동수와 가진력의 진동수가 같을 때 큰 진폭으로 진동하는 현상을 말한다(예 그네밀기).

66 진동수 f, 각진동수 ω, 주기 T의 상호관계식을 옳게 나타낸 것은?

① $\omega = 2\pi f$　　　　② $T = \dfrac{\omega}{2\pi}$

③ $f = \dfrac{\omega}{\pi}$　　　　④ $f = 2\pi\omega$

해설 정현진동에서 각진동수 $\omega = 2\pi f(\text{rad/s})$이다.

67 스프링과 질량으로 구성된 진동계에서 스프링의 정적처짐이 1.5cm인 경우 이 계의 주기는?

① 0.16s　　　　② 0.25s

③ 3.15s　　　　④ 6.25s

해설 주기 $T = \dfrac{2\pi}{\omega} = \dfrac{2\pi}{\sqrt{\dfrac{g}{L}}} = 2\pi\sqrt{\dfrac{L}{g}}$

$= 2 \times 3.14 \times \sqrt{\dfrac{0.015}{9.8}}$

$= 0.25\text{s}$

68 스프링 탄성계수 $k = 1\text{kN/m}$, 질량 $m = 10\text{kg}$인 계의 비감쇠 자유진동 시 주기는?

① 약 0.3초　　　　② 약 0.6초

③ 약 0.9초　　　　④ 약 1.6초

해설 비감쇠 자유진동 시 주기

$T = \dfrac{1}{f_n} = \dfrac{1}{\left(\dfrac{1}{2\pi}\right)\sqrt{\dfrac{k}{m}}} = 2\pi\sqrt{\dfrac{m}{k}}$

$= 2 \times 3.14 \times \sqrt{\dfrac{10}{1\,000}} = 0.6\text{s}$

69 단진자의 길이가 0.5m일 때 그 주기(초)는?

① 1.24　　　　② 1.42

③ 1.69　　　　④ 1.94

해설 단진자의 주기

$T = \dfrac{2\pi}{\omega} = \dfrac{2\pi}{\sqrt{\dfrac{g}{L}}} = 2\pi\sqrt{\dfrac{L}{g}}$

$= 2 \times 3.14 \times \sqrt{\dfrac{0.5}{9.8}} = 1.42\text{s}$

70 진동레벨(dB)을 나타낸 식으로 옳은 것은? (단, A_n : 진동감각 수정특성으로 수정한 진동가속도 실효값(m/s²), A_o : 5Hz, 10^{-5}m/s²의 진동가속도 실효값(m/s²)이다.)

① 진동레벨 $= 10\log_{10} A_n \cdot A_o$

② 진동레벨 $= 20\log_{10} \dfrac{1}{A_n \cdot A_o}$

③ 진동레벨 $= 10\log_{10} \dfrac{A_n}{A_o}$

④ 진동레벨 $= 20\log_{10} \dfrac{A_n}{A_o}$

해설 진동레벨은 사람의 진동감각을 고려하여 진동의 크기를 나타낸 양으로 5Hz, 10^{-5}m/s²의 진동가속도 실효값(m/s²)을 기준으로 하여 dB의 단위로 나타낸 값이다.

71 가속도진폭의 p-p치가 4×10^{-2}m/s²일 때, 진동가속도레벨은 몇 dB인가?

① 63　　　　② 66

③ 69　　　　④ 72

해설 피크(peak)치를 편진폭(片振幅, A_m)이라고 할 때, P–P치는 전진폭(全振幅, $2 \times A_m$)을 말한다.

$2 \times A_m = 4 \times 10^{-2}$에서 $A_m = 2 \times 10^{-2}$m/s²

∴ 실효치(rms치)

$= \dfrac{A_m}{\sqrt{2}} = \dfrac{2 \times 10^{-2}}{\sqrt{2}} = 0.01414$m/s²

∴ $\text{VAL} = 20\log\dfrac{0.01414}{10^{-5}} = 63\text{dB}$

72 어떤 수직진동이 주파수 2Hz, 5Hz, 16Hz의 성분을 함유하고 있고, 각 성분의 측정된 진동레벨이 각각 60dB, 57dB, 63dB이었다면 이 수직진동의 주파수별 보정된 진동레벨은 약 몇 dB인가? (단, 수직진동의 주파수별 진동감각보정값 표는 다음과 같다.)

주파수 (Hz)	1	2	4	6.3	8	16	31.5	63	90
보정값 (dB)	−6	−3	0	0	0	−6	−12	−18	−21

① 60 　　　　② 62
③ 64 　　　　④ 66

해설 진동레벨 L_v를 구하면 각 성분의 진동가속도레벨 L_a에 상당하는 진동감각보정값을 가한 다음 총합을 구한다.

주파수(Hz)	가속도레벨(dB)	보정값(dB)	보정가속도레벨(dB)
2	60	−3	57
5	57	0	57
16	63	−6	57

$$\therefore \text{진동레벨 } L_v = 10 \log \left(10^{\frac{57}{10}} + 10^{\frac{57}{10}} + 10^{\frac{57}{10}} \right)$$
$$= 61.8\text{dB}$$

73 진동가속도레벨의 단위는?

① mm/s^2 　　　　② m/s^2
③ rad/s 　　　　④ dB

해설 진동가속도를 5Hz, $10^{-5}m/s^2$(실효값)을 기준값으로 해서 dB로 나타낸 것이 진동가속도레벨이다.

74 기계의 진동을 계측하였더니 진동수가 8Hz, 속도진폭이 0.01m/s로 계측되었다. 이 진동의 진동가속도레벨은 약 몇 dB인가? (단, 기준진동의 가속도 실효치는 $10^{-5}m/s^2$이다.)

① 73 　　　　② 80
③ 85 　　　　④ 91

해설
- 속도진폭 $V_m = x_o \omega = 0.01\text{m/s}$
- 가속도진폭 $A_m = x_o \omega^2 = x_o \omega \times 2\pi f$
$$= 0.01 \times 2 \times 3.14 \times 8 = 0.5\text{m/s}^2$$
- 가속도진폭 실효치
$$\frac{A_m}{\sqrt{2}} = \frac{0.5}{\sqrt{2}} = 0.354\text{m/s}^2$$
$$\therefore \text{VAL} = 20 \log \frac{0.354}{10^{-5}} = 91\text{dB}$$

75 진동레벨에 관한 설명으로 옳은 것은?

① 가속도 실효값이 0.5m/s^2인 경우, 진동가속도레벨은 96dB이다.
② 수평진동의 주파수가 1Hz인 경우, 진동가속도레벨이 90dB이라면 진동레벨은 93dB이다.
③ 주파수 16Hz인 수직진동의 진동가속도레벨과 진동레벨은 3dB의 차가 있다.
④ 주파수 2Hz인 수직진동과 수평진동에서 진동레벨이 같을 경우 진동가속도레벨도 같다.

해설 ① 가속도 실효값 $a(\text{m/s}^2)$인 진동가속도레벨 $L_a(\text{dB})$은 다음 식으로부터 구한다.

$$L_a = 20 \log \frac{a}{a_o}$$

여기서, a_o는 기준가속도 10^{-5}m/s^2이므로

$$L_a = 20 \log \frac{0.5}{10^{-5}} = 94\text{dB}$$

② 수평진동의 진동감각보정값은 1 ~ 2Hz인 범위에서는 +3dB이다.
③ 주파수 16Hz인 수직진동의 진동가속도레벨과 진동레벨은 6dB의 차가 있다.
④ 주파수 2Hz인 수직진동의 진동감각보정값은 −3dB, 수평진동은 +3dB이므로 수직진동과 수평진동에서 진동레벨이 같다면 진동가속도레벨은 6dB의 차가 있다.

76 공해진동 크기의 표현으로 옳은 것은? (단, VAL : 진동가속도레벨, VL : 진동레벨, W_n : 주파수 대역별 인체감각에 대한 보정치)

① $VL = VAL \times W_n$ 　② $VAL = VL \times W_n$
③ $VL = VAL + W_n$ 　④ $W_n = VAL + VL$

해설 진동레벨(VL), 진동가속도레벨(VAL), 주파수 대역별 인체감각에 대한 보정치(W_n)의 관계식
$$VL = VAL + W_n(\text{dB(V)})$$

77 주파수 대역 중 인체가 가장 민감하게 느끼는 진동(수직 및 수평) 주파수 범위는?

① 1 ~ 10Hz 　　② 11 ~ 20Hz
③ 21 ~ 40Hz 　　④ 41 ~ 60Hz

해설
- 인체가 가장 민감하게 느끼는 수직진동수 범위
  : 4 ~ 8Hz
- 인체가 가장 민감하게 느끼는 수평진동수 범위
  : 1 ~ 2Hz

78 진동의 등감각곡선에 대한 설명으로 틀린 것은?

① 인체의 진동에 대한 감각은 진동수에 따라 다르다.

② 등감각곡선에 기초하여 정해진 보정회로를 통한 레벨을 진동레벨이라 한다.

③ 일반적으로 수직 및 수평 보정된 레벨을 많이 사용하며, dB(V) 단위로 표기한다.

④ 수직진동은 4 ~ 8Hz 범위에서, 수평진동은 1 ~ 2Hz 범위에서 가장 민감하다.

해설 일반적으로 수직보정된 레벨(수직진동레벨)을 많이 사용하며, dB(V) 단위로 표기한다.

79 인체의 진동감각에 관한 기술로 옳지 않은 것은?

① 3 ~ 6Hz 부근에서 심한 공진현상을 보여 가해진 진동보다 크게 느낀다.

② 공진현상은 앉아 있을 때가 서 있을 때보다 심하게 나타난다.

③ 수직진동에서는 1 ~ 2Hz, 수평진동에서는 2 ~ 4Hz의 범위에서 가장 민감하다.

④ 공진현상은 진동수가 증가함에 따라 감쇠가 급격히 증가한다.

해설 인체의 진동감각은 수직진동에서는 4 ~ 8Hz, 수평진동에서는 1 ~ 2Hz의 범위에서 가장 민감하다.

80 등감각곡선(equal perceived acceleration contour)에 관한 설명으로 옳지 않은 것은?

① 일반적으로 수직보정된 레벨을 많이 사용하며, 그 단위는 dB(V)이다.

② 수직진동은 4 ~ 8Hz 범위에서 가장 민감하다.

③ 등감각곡선에 기초하여 정해진 보정회로를 통한 레벨을 진동레벨이라 한다.

④ 수직보정곡선의 주파수 대역이 $4 \leq f \leq 8$Hz일 때 보정치의 물리량은 $2 \times 10^{-5} \times f^{-\frac{1}{2}}$ m/s²이다.

해설 수직보정곡선의 주파수 대역에 따른 보정치의 물리량(α)

• 주파수 대역 $1 \leq f \leq 4$Hz일 때

  : $2 \times 10^{-5} \times f^{-\frac{1}{2}}$ (m/s²)

• 주파수 대역 $4 \leq f \leq 8$Hz일 때 : 10^{-5} (m/s²)

• 주파수 대역 $8 \leq f \leq 90$Hz일 때

  : $0.125 \times 10^{-5} \times f$ (m/s²)

81 10Hz의 진동수를 갖는 조화진동의 변위진폭이 0.01m로 계측되었을 때 수직진동레벨은?

① 118dB(V) ② 122dB(V)

③ 127dB(V) ④ 136dB(V)

해설 ㉠ 진동가속도

$$A_m = x_o \omega^2 = x_o \times (2\pi f)^2$$
$$= 0.01 \times (2 \times 3.14 \times 10)^2 = 39.44 \text{m/s}^2$$
$$\therefore A_{rms} = \frac{A_m}{\sqrt{2}} = \frac{39.44}{\sqrt{2}} = 27.89 \text{m/s}^2$$

㉡ 진동레벨(VL, Vibration Level) : 1 ~ 90Hz 범위의 주파수 대역별 진동가속도레벨(VAL)에 주파수 대역별 인체의 진동감각특성(수직 또는 수평감각)을 보정한 후의 값들을 dB 합산한 것이다.

$$VL = VAL + W_n (\text{dB(V)})$$

여기서, W_n : 주파수 대역별 인체감각에 대한 보정치

$$W_n = -20 \log \frac{a}{10^{-5}} \text{dB}$$

㉢ 수직보정곡선의 주파수 대역별(Hz) 보정 물리량(a)은 다음과 같다. 여기서, f(Hz)는 해당 주파수이다.

• $1 \leq f \leq 4$일 때 $a = 2 \times 10^{-5} \times f^{-\frac{1}{2}}$

• $4 \leq f \leq 8$일 때 $a = 10^{-5}$

• $8 \leq f \leq 90$일 때 $a = 0.125 \times 10^{-5} \times f$

문제에서 $f = 10$Hz이므로

$$W_n = -20 \log \frac{0.125 \times 10^{-5} \times 10}{10^{-5}} = -2 \text{dB}$$

$$VAL = 20 \log \frac{27.89}{10^{-5}} = 129 \text{dB}$$

$$\therefore VL = 129 - 2 = 127 \text{dB(V)}$$

82 보정회로를 통한 진동레벨을 산출할 때 주파수 대역이 $(8 \leq f \leq 90)$Hz인 경우, 상하진동에 대한 주파수별 보정가속도 실효치(m/s²)는?

① $2 \times 10^{-5} \times f^{-\frac{1}{2}}$

② 10^{-5}

③ $0.125 \times 10^{-5} \times f^{-\frac{1}{2}}$

④ $0.125 \times 10^{-5} \times f$

해설 수직보정곡선의 주파수 대역별(Hz) 보정 물리량(a), 즉 보정가속도 실효치는 다음과 같다.
여기서, f(Hz)는 해당 주파수이다.

• $1 \leq f \leq 4$일 때 $a = 2 \times 10^{-5} \times f^{-\frac{1}{2}}$

• $4 \leq f \leq 8$일 때 $a = 10^{-5}$

• $8 \leq f \leq 90$일 때 $a = 0.125 \times 10^{-5} \times f$

83 10Hz 진동수를 갖는 조화진동의 속도진폭이 5×10^{-3}m/s였다. 이때 수직진동레벨(VL, dB(V))은?

① 76
② 85
③ 87
④ 91

해설
• 진동가속도

$$A_m = V_m \omega$$
$$= 5 \times 10^{-3} \times (2 \times 3.14 \times 10)^2$$
$$= 0.314 \text{m/s}^2$$
$$\therefore A_{rms} = \frac{A_m}{\sqrt{2}} = \frac{0.314}{\sqrt{2}} = 0.222 \text{m/s}^2$$
$$\therefore VAL = 20 \log \frac{0.222}{10^{-5}} = 87 \text{dB}$$

• 진동레벨(VL, Vibration Level)

$$VL = VAL + W_n (\text{dB(V)})$$

여기서, W_n : 주파수 대역별 인체감각에 대한 보정치
$8 \leq f \leq 90$일 때
$a = 0.125 \times 10^{-5} \times f$
$$\therefore W_n = -20 \log \frac{0.125 \times 10^{-5} \times 10}{10^{-5}} = -2 \text{dB}$$
$$\therefore VL = 87 - 2 = 85 \text{dB(V)}$$

84 진동이 발생하는 3대의 기계가 작업장에 있다. 그 중 2대를 가동시킬 때, 어떤 것이든지 2대를 가동시키더라도 진동레벨이 60dB이었다. 3대를 동시에 가동할 경우 진동레벨은 몇 dB이 되는가?

① 60
② 61
③ 62
④ 63

해설 2대의 기계가 가동될 경우 어떤 기계일지라도 60dB의 진동레벨이 나왔다면 1대의 진동레벨은 57dB이다. 3대가 동시에 가동될 경우 진동레벨 L_v는 다음과 같다.
$$L_v = 10 \log (10^{5.7} \times 3) = 61.8 \fallingdotseq 62 \text{dB}$$

85 회전기계에서 발생하는 강제진동의 발생원인으로 옳지 않은 것은?

① 기어의 치형 오차
② 기초 여진
③ 내부 감쇠력의 증대
④ 질량 불평형

해설 회전기계에서 발생하는 강제진동의 발생원인은 질량의 불균형, 기초 여진, 기어의 치형 오차, 베어링 진동 등이 있다.

86 진동에 의한 생체반응에서 고려할 사항으로 옳지 않은 것은?

① 진동의 강도
② 진동수
③ 노출시간
④ 공명

해설
• 공명(resonance) : 2개의 진동체(**예** 말굽쇠)의 고유진동수가 같을 때 한 쪽을 울리면 다른 쪽도 울리는 현상으로 진동이 배가 된다. 공명은 진동에 의한 생체반응에 고려할 사항이 아니다.
• 진동에 의한 생체반응에서 고려할 사항으로 이외에 진동의 방향이 있다.

87 진동이 인체에 미치는 영향으로 적절하지 않은 것은?

① 12 ~ 16Hz 정도에서 배 속의 음식물이 심하게 오르락내리락함을 느낀다.
② 1 ~ 3Hz 정도에서 호흡이 힘들고, O_2 소비가 증가한다.
③ 1 ~ 2Hz에서 심한 공진현상을 보이며, 가해진 진동보다 크게 느끼고, 진동수 증가에 따라 감쇠치는 감소한다.
④ 13Hz 정도에서 머리가 심하게 진동을 느낀다.

해설 진동의 신체적 영향
• 소화 후두계 : 12 ~ 16Hz 정도에서 배 속의 음식물이 심하게 오르락내리락함을 느낀다.
• 호흡기계 : 1 ~ 3Hz 정도에서 호흡이 힘들고, O_2 소비가 증가한다.
• 순환기계 : 맥박수가 증가한다.
• 안면부 : 13Hz 정도에서 머리가 심하게 진동을 느끼며, 볼과 눈꺼풀에 진동이 느껴진다.
• 하체 : 9 ~ 20Hz에서 대소변을 보고 싶게 하고 무릎에 탄력감이나 땀이 나게 한다.
• 전신 : 3 ~ 6Hz에서 심한 공진현상을 보이며, 가해진 진동보다 크게 느끼고, 진동수 증가에 따라 감쇠가 급격히 증가한다.

88 진동이 생체에 영향을 미치는 물리적 인자로 옳지 않은 것은?

① 진동의 발생빈도
② 진동의 노출시간
③ 진동의 방향(수직, 수평, 회전 등)
④ 진동의 파형(연속, 비연속)

해설 **진동이 생체에 영향을 미치는 물리적 인자**
진동의 노출시간, 진동의 방향, 진동의 파형, 진동의 강도, 진동수 등이 있다.

89 다음은 공해진동의 신체적 영향이다. ( ) 안에 가장 적합한 것은?

> (㉮) 부근에서 심한 공진현상을 보이며 가해진 진동보다 크게 느껴지고, 2차적으로 (㉯) 부근에서 공진현상이 나타나지만 진동수가 증가함에 따라 감쇠가 급격하게 증가한다.

① ㉮ 1~2Hz, ㉯ 10~20Hz
② ㉮ 3~6Hz, ㉯ 10~20Hz
③ ㉮ 1~2Hz, ㉯ 20~30Hz
④ ㉮ 3~6Hz, ㉯ 20~30Hz

해설 진동의 신체적 영향은 3~6Hz 부근에서 심한 공진현상을 보이며 가해진 진동보다 크게 느껴지고, 2차적으로 20~30Hz 부근에서 공진현상이 나타나지만 진동수가 증가함에 따라 감쇠가 급격하게 증가한다. 이러한 공진현상은 앉아 있을 때가 서 있을 때보다 심하게 나타난다.

90 각 주파수에 대한 공해진동의 신체적 영향으로 옳지 않은 것은?

① 1~3Hz : 호흡이 힘들고, 산소소비 증가
② 4~14Hz : 복통 느낌
③ 6Hz : 허리, 가슴 및 등 쪽에 심한 통증을 느낌
④ 30~40Hz : 내장의 심한 공진

해설 내장의 심한 공신은 3~6Hz에서 발생한다.

91 진동이 인체에 미치는 영향 중 허리, 가슴 및 등 쪽에서 가장 심한 통증을 느끼는 주파수는?

① 1~2Hz
② 6Hz
③ 14~16Hz
④ 20Hz

해설 허리, 가슴 및 등 쪽에 심한 통증을 느끼는 진동수(주파수)는 6Hz일 때이다.

92 진동감각에 대한 설명 중 옳지 않은 것은?

① 진동에 의한 물리적 자극은 주로 신경 말단에서 느낀다.
② 진동 수용기로서 파치니 소체는 나뭇잎 모양을 하고 있다.
③ 횡축을 주파수(Hz), 종축을 진동가속도(Gal, 1Gal=1m/s²)로 정리한 감각곡선은 Fechner에 의해 표준화되었다.
④ 가속도레벨로 55dB 이하는 인체가 거의 느끼지 못한다.

해설 횡축을 주파수(Hz), 종축을 진동가속도(Gal, 1Gal=1cm/s²)로 정리한 감각곡선은 Meister에 의해 시작되어 ISO에 의해 표준화되었다.

93 인체에 미치는 진동의 영향을 결정하는 물리적 요인으로 옳지 않은 것은?

① 진동의 강도
② 진동 주파수
③ 진동의 속도
④ 진동의 지속시간

해설 **인체에 미치는 진동의 영향을 결정하는 물리적 인자**
진동의 노출시간, 진동의 방향, 진동의 파형, 진동의 강도, 진동수 등이 있다.

94 진동이 인체에 미치는 영향에 관한 설명으로 옳지 않은 것은?

① 3~6Hz 부근에서 인체의 심한 공진이 나타난다.
② 인체 공진현상은 서 있을 때가 앉아 있을 때보다 심하게 나타난다.
③ Raynaud씨 현상은 국소진동의 대표적인 증상이다.
④ 착암기, 연마기 등을 많이 사용하는 사람은 주로 국소진동의 피해를 받는다.

해설 인체 공진현상은 앉아 있을 때가 서 있을 때보다 심하게 나타난다.

88.① 89.④ 90.④ 91.② 92.③ 93.③ 94.②

95 인체의 진동감각에 관한 설명으로 옳지 않은 것은?

① 3～6Hz 부근에서 심한 공진현상을 보여 가해진 진동보다 크게 느낀다.

② 공진현상은 앉아 있을 때가 서 있을 때보다 심하게 나타난다.

③ 수직진동에서는 1～2Hz, 수평진동에서는 4～8Hz의 범위에서 가장 민감하다.

④ 9～20Hz에서는 대소변을 보고 싶게 하고, 무릎에 탄력감이나 땀이 난다거나 열이 나는 느낌을 받는다.

해설 수직진동에서는 4～8Hz, 수평진동에서는 1～2Hz의 범위에서 가장 민감하다.

96 진동의 인체에 대한 영향에 관련된 기술로 옳은 것은?

① 공해진동은 생리적 영향 쪽이 심리적 영향보다 크다.

② 배멀미 현상을 일으킬 우려가 있는 주파수는 20Hz이다.

③ 진동이 신체에 작용했을 때 모두 몸 표면에서 감쇠하고 신체 내부까지는 도달되지 않는다.

④ 인체를 일종의 진동계로서 질량, 저항이나 스프링의 기계적 결합과 같이 모델화할 수 있다.

해설 ① 공해진동 정도의 레벨에서는 심리적 영향이 생리적 영향보다 크다.
② 배멀미가 생길 우려가 있는 주파수는 1Hz 이하이다.
③ 진동이 신체에 작용했을 때 일부분은 신체 내부까지 미친다.

97 레이노드씨 현상에 관한 설명으로 옳지 않은 것은?

① 인체에 말초혈관운동의 장애로 인한 혈액순환이 방해받는 현상이다.

② 국소진동의 영향으로 나타나며 착암기, 공기해머 등을 많이 사용하는 사람의 손에서 나타나는 증상이다.

③ 검은색 손가락 증상이라고도 한다.

④ 주위온도가 높아지면 이러한 증상이 악화된다.

해설 주위온도가 낮아지면(한랭환경) 레이노드씨 증상은 악화된다.

98 진동의 생리적 영향에 관련된 기술로 옳은 것은?

① 인체의 진동 수용기의 주요 기관은 내이에 있는 전정기관이다.

② 얕은 잠에서도 영향이 미치기 시작하는 진동레벨은 65dB이다.

③ 일반적으로 생리적인 영향은 부교감신경이 흥분된 상태로 나타난다.

④ 인체의 수면방해 이외의 의미 있는 생리적인 영향이 나타나기 시작하는 진동레벨은 70dB이다.

해설 ① 인체의 진동 수용기의 주요 기관은 신경말단부에 있는 파터-파치니 소체(Vater-Pacini corpuscles)이다.
③ 일반적으로 생리적인 영향은 교감신경의 흥분을 수반한다.
④ 인체의 수면방해 이외의 의미 있는 생리적인 영향이 나타나기 시작하는 진동레벨은 90dB이다.

99 교통진동에 대한 진정의 내용별 진정건수를 조사한 결과 중에서 가장 많은 비율을 차지하는 것은?

① 신체적 장해

② 수면방해

③ 정신적 장해

④ 휴식방해

해설 교통진동에 대한 진정건수를 나타낸 진정 내용 조사 중 가장 많은 비율을 차지하는 것은 수면방해이다.

100 지반을 전파하는 파에 관한 설명으로 옳지 않은 것은?

① 계측에 의한 지표진동은 주로 P파이다.

② P파와 S파는 역제곱법칙으로 거리감쇠한다.

③ P파는 소밀파 또는 압력파라고도 한다.

④ P파는 S파보다 전파속도가 빠르다.

해설 • 인체가 주로 느끼는 지표진동은 S파(횡파, 전단파)와 R파(레일리파, Rayleigh wave)로 계측에 의한 지표진동은 주로 S파이다.
• 전파속도는 P파(종파, 압축파, 6km/s)＞S파(3km/s)＞R파(3km/s 미만)의 순이다.

101 지반을 전파하는 파에 관한 설명으로 옳지 않은 것은?

① 계측되는 진동은 주로 표면파인 R파로 알려져 있다.
② P파는 역제곱법칙으로 대략 감쇠된다.
③ R파는 역제곱법칙으로 대략 감쇠된다.
④ S파는 역제곱법칙으로 대략 감쇠된다.

해설
- P파와 S파의 거리감쇠 $\propto \dfrac{1}{r^2}$
- R파의 거리감쇠 $\propto \dfrac{1}{\sqrt{r}}$

102 탄성파(彈性波)에 관한 설명 중 ㉮~㉢ 안에 들어갈 말로 짝지어진 것으로 옳은 것은?

> 고체에서는 체적변화에 저항하는 이외에 형태를 변하게 하는 데에도 저항하는 성질이 있다. 체적변화에 대한 저항은 (㉮)가 원인이고, 변형에 대한 저항은 (㉯)의 원인이다. 일반적으로 앞에서 언급한 파를 (㉰)라고 부르고, 나중에 언급한 파를 (㉱)라고 부른다.

	㉮	㉯	㉰	㉱
①	종파	횡파	압축파	표면파
②	횡파	종파	전단파	압축파
③	횡파	종파	압축파	표면파
④	종파	횡파	압축파	전단파

해설 탄성파 중 체적변화에 대한 저항은 종파(압축파)가 원인이고, 변형에 대한 저항은 횡파(전단파)가 원인이다.

103 다음은 진동파에 관한 설명이다. ( ) 안에 알맞은 것은?

> 지표면에서 측정한 진동은 종파, 횡파, 레일리(Rayleigh)파가 합성된 것이지만, 각 파의 에너지는 ( ) 비율로 분포되어 있다.

① 종파 67%, 횡파 26%, Rayleigh파 7%
② Rayleigh파 67%, 횡파 26%, 종파 7%
③ 횡파 67%, 종파 26%, Rayleigh파 7%
④ 종파 67%, Rayleigh파 26%, 횡파 7%

해설 지표면에서의 진동은 P파(primary wave, 종파, 압축파, 소밀파), S파(secondary wave, 횡파, 전단파), 레일리(Rayleigh wave)파가 합성된 진동이지만 각 파의 에너지는 레일리파가 67%, 횡파가 26%, 종파가 7%의 비율로 표면파가 주된 파라고 알려져 있다.

104 일본 기상 청진도계급에 따른 지진의 명칭과 진동가속도레벨(dB), 그리고 그에 따른 물적 피해에 대한 설명이 옳은 것은?

① 경진 : 60±5, 약간 느낌
② 약진 : 70±5, 크게 느낌
③ 중진 : 90±5, 기물이 넘어지고 물이 넘침
④ 강진 : 110±5, 가옥 파괴 30% 이상

해설 지진의 명칭, 진동가속도레벨(dB(V)), 그에 따른 물적 피해
- 무감(no feeling) : 55dB(V) 이하, 인체로 느끼지 못함
- 미진(slight) : 60±5dB(V), 진동을 약간 느낌
- 경진(weak) : 70±5dB(V), 대부분의 사람이 진동을 느낌, 창틀 흔들림을 감지함
- 약진(rather strong) : 80±5dB(V), 집이 흔들림, 천장에 매달린 물건들이 상당히 흔들림
- 중진(strong) : 90±5dB(V), 기물이 넘어지고 물이 넘침
- 강진(very strong) : 100±5dB(V), 벽이 갈라지고 굴뚝이나 담이 파손됨
- 열진(disastrous) : 105~110dB(V), 가옥 파괴 30% 이하
- 격진(very disastrous) : 110dB(V) 이상, 가옥 파괴 30% 이상, 단층이나 산사태 등이 발생

105 지표면의 어떤 한 점에 단 한번의 충격을 주어, 진동원에서 충분히 떨어진 지점에서 그 진동파의 관측순서로 옳은 것은?

① 압축파(종파) – 표면파(레일리파) – 전단파(횡파)
② 압축파(종파) – 전단파(횡파) – 표면파(레일리파)
③ 표면파(레일리파) – 압축파(종파) – 전단파(횡파)
④ 전단파(횡파) – 표면파(레일리파) – 압축파(종파)

해설 일반적으로 진동의 전반속도는 압축파, 전단파, 레일리파의 순서로 늦어진다.

106 지반을 전파하는 파동에 관련된 설명으로 옳지 않은 것은?

① 종파는 압축파라고도 하고 공기 중의 음파에 상당하는 압력파이다.

② 딱딱한 지반은 연한 지반보다 일반적으로 파동의 전파속도가 빠르다.

③ 동일한 지반일 경우 파동의 전파속도는 파동의 종류에 관계없이 거의 일정하다.

④ 충격적인 가진력으로 발생하는 파동은 가진 발생원으로부터 멀어짐에 따라 파형이 변화된다.

해설 동일한 지반일 경우 파동의 전파속도는 파동의 종류, 즉 종파, 횡파, 표면파에 따라 변화한다.

107 균질 지반의 지표에 강구(鋼球)를 낙하시킬 경우, 낙하지점에서 충분히 떨어진 지표에서 관측되는 파동에 관한 설명으로 옳지 않은 것은?

① 처음에는 종파, 다음에 횡파, 계속하여 표면파 순으로 관측된다.

② 진폭은 표면파가 가장 크고, 횡파, 종파 순으로 적게 관측된다.

③ 표면파는 지표에서 관측될 뿐 아니라 지중에서도 관측된다.

④ 약한 지반에서는 함수비가 크므로 파동의 전파속도는 딱딱한 지반보다도 빠르게 관측된다.

해설 〈표〉에 나타낸 바와 같이 지반이 약할수록 진동의 전파속도는 늦어진다.

〈 지반의 종류와 종파 및 횡파의 전파속도 개략치 〉

지반의 종류	종파의 전파속도(m/s)	횡파의 전파속도(m/s)
연한 점토·실트 (모래와 점토의 중간)	300~1,000	100~150
중간 정도의 점토·실트	300~1,200	150~180
점성이 강한 점토·실트	300~1,500	180~220
딱딱한 점토·실트	400~2,000	220~300
부드러운 모래·자갈	300~1,500	150~180
잘 다져진 모래·자갈	300~1,800	220~250
아주 잘 다져진 모래·자갈	450~2,000	250~350
풍화암·뭉쳐진 흙	800~2,000	300~500
암반	1,000~2,000	400~800

108 지표면을 따라가는 파동에는 종파, 횡파, 소밀파, 전단파, 레일리파(Rayleigh wave)가 있다. 이 파동 중 전반속도가 가장 늦은 것은?

① 종파   ② 횡파

③ 전단파   ④ 레일리파

해설 전반(전파)속도는 종파 > 횡파(전단파) > 표면파(러브파, 레일리파) 순으로 빠르게 진행한다.

109 지면을 반무한(半無限) 탄성체로 간주하고, 지표의 한 지점을 가진(加振)했을 때에 발생되는 파동에 대한 설명으로 옳지 않은 것은?

① 레일리파는 종파보다도 파면의 확산에 따른 거리감쇠는 적다.

② 가진방법에 따라 지면에는 종파, 횡파, 레일리파 등이 생긴다.

③ 레일리파는 지표에서 파장의 1~2배 정도의 깊이까지 초래한다.

④ 진동원 근처의 지표에서 관측되는 진동의 주파수는 가진주파수에 관계없이 지반에 고유한 주파수이다.

해설 진동원 근처의 지표에서 관측되는 진동의 주파수는 주로 가진주파수이고, 거리가 멀어질수록 지반에 고유한 주파수가 관측된다.

110 진동공해의 특징에 관련된 설명으로 옳지 않은 것은?

① 일반적으로 수직진동이 수평진동보다 진동레벨이 크다.

② 진동의 전파거리는 예외적인 것을 제외하면 100m 이내이다.

③ 지표진동의 크기와 그 장소에 있는 건물의 진동의 크기는 반드시 1 : 1로 대응한다.

④ 지반에서의 진동의 크기는 일반적으로 지진의 진도계(震度階)로 말하면 미진(진도 I)에서 약진(진도 III)의 범위 내에 있다.

해설 지표진동의 크기와 그 장소에 있는 건물의 실내에서의 진동의 크기와는 반드시 1 : 1로 대응하지 않고, 건물의 진동 특성의 영향을 받아 실내에서의 진동이 주파수에 따라서 크게도 되고, 작게도 된다.

111 다음 그림은 레일리파에 의한 매질운동에 관련된 것이다. 그림 중 ㉮~㉱의 설명으로 옳은 것으로 짝지어진 것은?

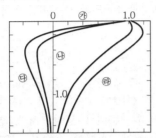

① ㉮ 수평성분, ㉯ 수직성분,
㉰ $\dfrac{깊이}{레일리파의\ 파장}$, ㉱ 표면진폭과의 비

② ㉮ 수평성분, ㉯ 수직성분,
㉰ 표면진폭과의 비, ㉱ $\dfrac{깊이}{레일리파의\ 파장}$

③ ㉮ 표면진폭과의 비, ㉯ $\dfrac{깊이}{레일리파의\ 파장}$,
㉰ 수평성분, ㉱ 수직성분

④ ㉮ $\dfrac{깊이}{레일리파의\ 파장}$, ㉯ 표면진폭과의 비,
㉰ 수직성분, ㉱ 수평성분

해설 ㉮ 표면진폭과의 비
㉯ $\dfrac{깊이}{레일리파의\ 파장}$
㉰ 수평성분
㉱ 수직성분

112 진동에 의한 진정에 대한 설명으로 틀린 것은?

① 야간의 건설작업진동은 특히 진정이 많이 발생한다.
② 주민이 호소하는 진정으로는 수면방해, 정신적 장해, 가옥손상에 관련된 것이 많다.
③ 건설작업진동은 공사기간이 비교적 단기간이므로 다른 주요한 진동발생원에 대하여 진정건수가 가장 적다.
④ 주민반응조사의 결과에 의하면 진동레벨이 70dB을 초과하면 '잘 감지된다'라고 대답하는 주민의 비율이 50% 정도에 이른다.

해설 건설공사는 일반적으로 그 기간이 비교적 단기간이지만, 발생하는 진동이 크다는 것 때문에 건설작업진동에 대한 고정건수는 공장, 사업장 진동에 이어서 두번째로 많다.

113 진동발생원에 관련된 설명으로 옳지 않은 것은?

① 저주파 공기진동에 의한 공해도 진동공해의 일종으로 법률에 규제되어 있다.
② 공장진동에서 진동레벨이 가장 큰 것은 일반적으로 단조기에 의한 진동이다.
③ 최근에는 제조업체에서 발생하는 진동보다 건축·토목공사에 의한 진동의 진정건수가 많아졌다.
④ 공장에서 사용하는 압축기 등의 기계운전 때문에 공기의 진동이 발생하여 이것에 의한 진동이 진정의 원인이 되는 일이 많아졌다.

해설 저주파 공기진동에 의한 공해에 대해서는 법률에 규제되어 있지 않다.

114 주요 진동발생원에 관련된 설명으로 옳지 않은 것은?

① 건설작업진동의 진정건수 발생률은 공사현장에서부터 거리가 가까울수록 많다.
② 자동차의 주행속도가 10km/h 상승하면 진동레벨은 적어도 4~6dB 정도 상승한다.
③ 철도에서의 1일 도로교통진동의 진동레벨 중앙값은 10분당 교통량에 대응하여 변동하는 경향을 보인다.
④ KTX 철도의 열차통과 시 진동레벨은 16량 차량, 열차속도 약 200km/h인 경우, 피크지속시간은 약 7초 정도의 대형패턴을 나타낸다.

해설 자동차의 주행속도가 10km/h 상승하면 진동레벨은 적어도 2~3dB 정도 상승한다.

115 진동을 발생시키는 전형적인 기계는?

① 오실레이트 컨베이어
② 벨트 컨베이어
③ 교정 프레스
④ 밀링머신

해설 오실레이트 컨베이어는 진동 컨베이어라고도 한다.

116 전형적인 진동발생 기계로 옳지 않은 것은?

① 주조기
② 인쇄기
③ 프레스
④ 송풍기

해설 주조기는 진동발생 기계가 아니다.

117 진동의 발생원인으로 옳지 않은 것은?

① 평형이 취해진 물체의 회전
② 물체의 충격
③ 피스톤 운동
④ 물체의 마찰

해설 평형이 취해진 물체의 회전에서는 진동이 발생하지 않는다.

118 진동체의 공진주파수에 관련된 설명으로 옳지 않은 것은?

① 막(膜)진동인 경우, 고주파의 주파수는 기본주파수의 정수배가 된다.
② 현(弦)의 횡진동인 경우, 고주파의 주파수는 기본주파수의 정수배가 된다.
③ 봉(棒)의 종진동인 경우, 고주파의 주파수는 기본주파수의 정수배가 된다.
④ 봉(棒)의 횡진동인 경우, 고주파의 주파수는 기본주파수의 정수배가 되지 않는다.

해설 막(膜)진동인 경우, 고주파의 주파수는 기본주파수의 정수배가 되지 않는다.

119 진동문제를 해석할 경우 기계계를 전기계로 변환시켜 검토할 수 있다. 일반적으로 힘 ↔ 전압을 대응으로 생각할 경우 옳지 않은 것은?

① 질량(m) ↔ 전기유도(L)
② 스프링정수(k) ↔ 전기용량(C)
③ 댐핑(c) ↔ 전기저항(R)
④ 속도(v) ↔ 전류(I)

해설 기계계를 전기계로 환산하여 검토할 경우 힘(力) ↔ 전압의 대응으로서 생각할 때는 스프링정수(k)는 전기용량(C)의 역수에 대응한다.

120 그림에 나타낸 기계계와 전기계는 진동계로 서로 닮은꼴이다. 기계계 요소와 전기계 요소의 대응관계 조합으로 옳은 것은? (단, 전기량은 콘덴서에 축전되어지는 전기량이다.)

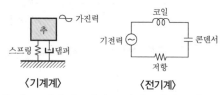

〈기계계〉   〈전기계〉

① 추 – 콘덴서, 댐퍼 – 저항, 변위 – 전류
② 댐퍼 – 콘덴서, 용수철 – 코일, 속도 – 전기량
③ 용수철 – 저항, 추 – 코일, 변위 – 전기량
④ 추 – 코일, 댐퍼 – 저항, 속도 – 전류

해설 기계계 요소와 전기계 요소의 대응관계는 ④의 조합이 옳다.

121 진동의 종류로 옳지 않은 것은?

① 정상진동
② 충격진동
③ 충격진동과 정상진동이 겹쳐진 진동
④ 충격진동과 비정상진동이 겹쳐진 진동

해설 진동의 종류 중 비정상진동은 없다.

122 추를 코일스프링으로 매달은 1자유진동계에서 추의 질량을 2배로 늘이고, 용수철의 강도를 4배로 하였을 경우, 소진폭에서의 자유진동 주기는 몇 배가 되는가?

① $\dfrac{1}{2}$ ② $\dfrac{1}{\sqrt{2}}$

③ $\dfrac{2}{\sqrt{2}}$ ④ 2

해설 질량 m인 추를 용수철상수 k인 용수철에 매단 1자유도계의 주기 T는 다음 식으로 주어진다.

$$T = 2\pi \sqrt{\frac{m}{k}} \ (\text{s})$$

여기서, m을 2배, k를 4배로 하면

$$T = 2\pi \sqrt{\frac{2m}{4k}} = 2\pi \sqrt{\frac{m}{2k}}$$

즉, 주기는 $\dfrac{1}{\sqrt{2}}$ 배가 된다.

123 스프링 탄성계수 $k = 1\text{kN/m}$, 질량 $m = 10\text{kg}$ 인 계의 비감쇠 자유진동 시 주기는?

① 약 0.3초 ② 약 0.6초

③ 약 0.9초 ④ 약 1.6초

해설 비감쇠 자유진동 시 주기

$$T = \frac{1}{f_n} = \frac{1}{\left(\dfrac{1}{2\pi}\right)\sqrt{\dfrac{k}{m}}} = 2\pi\sqrt{\frac{m}{k}}$$

$$= 2 \times 3.14 \times \sqrt{\frac{10}{1,000}} = 0.6\text{s}$$

124 반경이 $r(\text{m})$인 원판의 진동음을 $L(\text{m})$ 떨어진 점에서 음압레벨로 표시한다면? (단, 여기서 VAL은 진동가속도레벨이다.)

① $\text{VAL} + 10\log\left(\dfrac{L}{r^2}\right) - 5\text{dB}$

② $\text{VAL} + 20\log\left(\dfrac{r^2}{L}\right) + 50\text{dB}$

③ $\text{VAL} + 10\log\left(\dfrac{L}{r}\right) + 3\text{dB}$

④ $\text{VAL} + 20\log\left(\dfrac{4\pi r^2}{L}\right) + 30\text{dB}$

해설 반경이 $r(\text{m})$인 원판의 진동음을 $L(\text{m})$ 떨어진 점에서의 음압레벨 $\text{SPL} = \text{VAL} + 20\log\left(\dfrac{r^2}{L}\right) + 50\text{dB}$

125 주변을 고정시킨 금속원판의 기본 공명주파수 f_o 는 아래 식으로 나타난다. 다른 조건은 같고 단지 금속원판의 두께를 0.5mm에서 1mm로, 직경을 20mm에서 40mm로 변경하였을 때, f_o는 어떻게 변하는가? (단, t : 두께, a : 반경, E : 재료의 영률(Young's modulus), ρ : 밀도, σ : 푸아송비, k : 상수이다.)

$$f_o = k\frac{t}{a^2}\sqrt{\frac{E}{\rho(1-\sigma^2)}}$$

① 4배가 된다. ② 2배가 된다.

③ $\dfrac{1}{2}$이 된다. ④ $\dfrac{1}{4}$이 된다.

해설 두께가 2배, 직경이 2배가 되고 다른 값들은 변화하지 않았으므로 f_o는 $\dfrac{2}{2^2} = \dfrac{1}{2}$만큼 변화되었다.

126 봉의 종진동 시 기본음(공명음)의 주파수 산출식으로 옳은 것은? (단, L : 길이, E : 영률, ρ : 재료의 밀도)

① $\dfrac{1}{4L}\sqrt{\dfrac{E}{\rho}}$ ② $\dfrac{1}{2L}\sqrt{\dfrac{E}{\rho}}$

③ $\dfrac{1}{4L}\sqrt{\dfrac{E}{\rho^2}}$ ④ $\dfrac{1}{2L}\sqrt{\dfrac{E}{\rho^2}}$

해설 봉의 종진동 시 기본음(공명음)의 주파수

$$f_o = \frac{1}{2L}\sqrt{\frac{E}{\rho}}$$

여기서, L : 봉의 길이(m)

E : Young률(N/m²)

ρ : 재료의 밀도(kg/m³)

127 무게 800kg인 선반이 스프링정수 600kg/cm인 4개의 고무로 지지되어 있다. 이 시스템의 고유진동수(Hz)는?

① 8.7 ② 12.4

③ 22.6 ④ 45.8

해설
- 스프링 1개당 정적 수축량(static deflection)

$$\delta_{st} = \frac{W_{mp}}{k}(\text{cm})\text{에서}$$

스프링 1개가 지지하는 기계의 중량

$$W_{mp} = \frac{W}{n} = \frac{800}{4} = 200\text{kg}$$

$$\therefore \delta_{st} = \frac{200}{600} = 0.33\text{cm}$$

- 시스템의 고유진동수

$$f_n = \frac{1}{2\pi}\sqrt{\frac{g}{\delta_{st}}} \fallingdotseq 4.98\sqrt{\frac{1}{\delta_{st}}} = 4.98 \times \sqrt{\frac{1}{0.33}}$$

$$= 8.7\text{Hz}$$

128 용수철 하단에 질량 50kg인 물체가 달려 있을 때, 이 계의 고유진동수(Hz)는? (단, $k = 200\text{N/m}$)

① $\dfrac{4}{\pi}$ ② $\dfrac{3}{\pi}$

③ $\dfrac{2}{\pi}$ ④ $\dfrac{1}{\pi}$

해설 수직방향의 고유진동수
$$f_o = \frac{1}{2\pi}\sqrt{\frac{k}{m}} = \frac{1}{2 \times \pi} \times \sqrt{\frac{200}{50}} = \frac{1}{\pi}$$

129 탄성계수 k인 스프링과 질량 m인 추로 이루어진 비감쇠 진동(자유진동) 시 고유진동수 f는? (단, 1자유도 진동계 기준)

① $f = \dfrac{1}{2\pi}\sqrt{\dfrac{k}{m}}$ ② $f = \dfrac{1}{2\pi}\sqrt{\dfrac{m}{k}}$

③ $f = 2\pi\sqrt{\dfrac{k}{m}}$ ④ $f = 2\pi\sqrt{\dfrac{m}{k}}$

해설 비감쇠 진동(자유진동) 시 고유진동수

$$f = \frac{1}{2\pi}\sqrt{\frac{k \times g}{W}} = \frac{1}{2\pi}\sqrt{\frac{k}{m}}\,(\text{Hz})$$

여기서, k : 탄성계수(N/m)
  m : 질량(kg)
  W : 중량(N)
  g : 중력가속도(9.8m/s²)

130 그림과 같이 질량 m인 추가 스프링정수 k의 스프링으로 매달려 있는 계(系)가 있다. 이 계에 관련된 설명으로 옳지 않은 것은?

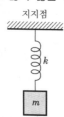

지지점

k

m

① 이 계의 수직방향의 고유진동수(공진주파수) f_o는 $\dfrac{1}{2\pi}\sqrt{\dfrac{m}{k}}$ 이다.

② f_o보다 아주 낮은 주파수 범위에서는 추에 가해지는 수직방향의 가진력은 거의 그대로 지지점에 전달된다.

③ f_o보다 아주 낮은 주파수 범위에서는 지지점을 수직방향으로 진동시켰을 경우 그 변위진폭은 거의 전부 추에 전달된다.

④ f_o보다 아주 높은 주파수 범위에서는 추에 가해지는 수직방향의 가진력은 거의 진부 스프링에 흡수되어 시지점에 전달되지 않는다.

해설 이 계의 수직방향의 고유진동수(공진주파수)

$$f_o = \frac{1}{2\pi}\sqrt{\frac{k}{m}}$$

131 가로, 세로, 높이가 각각 5m인 실내의 1차원 모드의 고유진동수(Hz)는? (단, 실내의 벽체는 모두 강벽이고, 공기의 온도는 20℃이다.)

① 17.2 ② 21.5
③ 34.4 ④ 42.9

해설 정재파에서 1차원 모드의 고유진동수

$$f_o = \frac{c}{2L} = \frac{331.5 + 0.61 \times 20}{2 \times 5} = 34.4\text{Hz}$$

132 그림 (a)와 같이 질량 m인 물체가 스프링정수 k_1인 스프링과 스프링정수 k_2인 스프링에 의해 병렬로 매달려 있다. 이 물체를 그림 (b)와 같이 스프링을 직렬로 하여 바꾸어 매달 경우 고유진동수는 몇 배가 되는가?

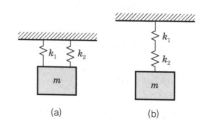

(a) (b)

① $\dfrac{\sqrt{k_1 \cdot k_2}}{k_1 + k_2}$ ② $\dfrac{k_1 \cdot k_2}{\sqrt{k_1 + k_2}}$

③ $\dfrac{k_1 + k_2}{\sqrt{k_1 \cdot k_2}}$ ④ $\dfrac{k_1 \cdot k_2}{k_1 + k_2}$

해설 주어진 그림 (a)의 합성 스프링정수 $k_A = k_1 + k_2$이고, 이 계의 고유진동수 $f_A = \dfrac{1}{2\pi}\sqrt{\dfrac{k_1 + k_2}{m}}$ 이다.

주어진 그림 (b)의 합성 스프링정수 k_B는 다음과 같다.

$$\frac{1}{k_B} = \frac{1}{k_1} + \frac{1}{k_2} = \frac{k_1 + k_2}{k_1 \cdot k_2}$$

$$\therefore k_B = \frac{k_1 \cdot k_2}{k_1 + k_2}$$

이 계의 고유진동수 $f_B = \dfrac{1}{2\pi}\sqrt{\dfrac{k_1 \cdot k_2}{m(k_1 + k_2)}}$ 이다.

$\therefore$ 두 진동계의 고유진동수의 비(比)

$$\frac{f_B}{f_A} = \frac{\sqrt{\dfrac{k_1 \cdot k_2}{k_1 + k_2}}}{\sqrt{k_1 + k_2}} = \frac{\sqrt{k_1 \cdot k_2}}{k_1 + k_2}$$

133 다음 그림은 1자유진동계이다. 이 그림에서 감쇠는 비교적 적다고 한다. 질량에 작용하는 중력에 의한 스프링의 변위를 δ(cm), 자유감쇠진동의 각진동수를 ω_o, 고유진동수보다 높은 주파수 f의 정현 가진력이 질량에 작용한 경우의 진동전달률을 τ라고 할 때, 그림 1자유도 진동계의 고유진동수 근사치를 나타낸 식으로 옳지 않은 것은?

① $\dfrac{\omega_o}{2\pi}$ 　　② $\dfrac{1}{2\pi}\sqrt{\dfrac{k}{m}}$

③ $\dfrac{5}{\sqrt{\delta}}$ 　　④ $\dfrac{C}{4\pi m}$

해설 감쇠계수 C와 질량 m에서 1자유도 진동계 고유진동수의 근사치를 구하는 식은 다음과 같다.

$$\xi = \frac{C}{2m\omega_o} = \frac{C}{2m2\pi f} = \frac{C}{4\pi m f}$$

여기서, ξ : 감쇠비

$$\therefore f = \frac{C}{4\pi m \xi}$$

134 그림에서 m은 질량(kg), k는 스프링정수(N/m)를 나타낸다. (a)계의 고유진동수를 11Hz로 하면, (b)계의 고유진동수(Hz)는?

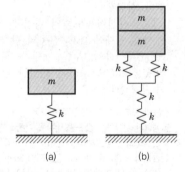

(a)　　　　(b)

① 2 　　② 5

③ 8 　　④ 11

해설 질량 m과 스프링정수 k인 계의 고유진동수 f_o는

$$f_o = \frac{1}{2\pi}\sqrt{\frac{k}{m}}$$ 으로 주어진다.

그림 (a)는 $f_o = 11$Hz이다.

그림 (b)에 대해서는 질량은 $2m$이지만, 스프링정수를 병렬부 k_1, k_2 및 직렬부 k_3, k_4라고 한다.

• 병렬부의 합성 스프링정수($k_{1,2}$)

$k_{1,2} = k_1 + k_2 = 2k$

• 직렬부의 합성 스프링정수($k_{3,4}$)

$$\frac{1}{k_{3,4}} = \frac{1}{k_3} + \frac{1}{k_4} = \frac{2}{k}$$

$$\therefore k_{3,4} = \frac{k}{2}$$

• 병렬부와 직렬부의 합성 스프링정수(k')

$$\frac{1}{k'} = \frac{1}{2k} + \frac{1}{\left(\dfrac{k}{2}\right)} = \frac{5}{2k}$$

$$\therefore k' = \frac{2k}{5}$$

그림 (b)의 고유진동수 $f_o{}'$는

$$f_o{}' = \frac{1}{2\pi}\cdot\sqrt{\frac{\left(\dfrac{2k}{5}\right)}{2m}} = \frac{1}{\sqrt{5}}\left(\frac{1}{2\pi}\cdot\sqrt{\frac{k}{m}}\right)$$

고유진동수 f_o가 11Hz이므로

$$f_o{}' = \frac{11}{\sqrt{5}} = 4.9 \fallingdotseq 5\text{Hz}$$

135 그림에 나타낸 질량–스프링계에서 스프링정수 k가 0.1kN/m, 추의 질량 m이 10kg일 경우, 이 계의 고유주기는 약 몇 초인가? (단, 마찰은 무시한다.)

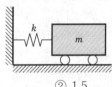

① 1 　　② 1.5

③ 2 　　④ 2.5

해설 스프링정수 k(N/m), 질량 m(kg)인 계의 고유주기 T(s)는 다음 식으로 주어진다.

$$T = 2\pi\sqrt{\frac{m}{k}}\ \text{(s)}$$

여기서, $k = 0.1$kN/m, $m = 10$kg

$$\therefore \text{고유주기 } T = 2\pi\sqrt{\frac{10}{10^2}} = 2\text{s}$$

136 스프링에 0.5kg의 질량을 가진 물체를 매달았을 때 스프링이 0.2m만큼 늘어났다. 이때 스프링정수는?

① 24.5N/m   ② 22.5N/m

③ 14.5N/m   ④ 2.5N/m

해설 질량이 1kg인 물체의 무게는 약 9.8N이므로 스프링상수는 다음과 같다.

$$k = \frac{4.9\,\text{N}}{0.2\,\text{m}} = 24.5\text{N/m}$$

137 그림과 같은 1자유도의 진동계가 있다. 추의 질량이 1kg, 이 계의 고유주기가 0.5s일 때, 한 개 스프링의 스프링정수는 몇 N/m인가?

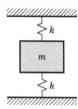

① 20   ② 40

③ 60   ④ 80

해설 이 계의 고유주파수는 2Hz이다 $\left(\frac{1}{0.5} = 2\text{Hz} \right)$.

질량 $m(\text{kg})$, 스프링정수 $k(\text{N/m})$인 고유진동수 $f_o(\text{Hz})$는 다음 식으로 주어진다.

$$f_o = \frac{1}{2\pi} \sqrt{\frac{k}{m}}$$

여기서, $m = 1\text{kg}$일 때, $f_o = \frac{1}{2\pi} \sqrt{\frac{k}{1}}$

$\therefore k = (4\pi)^2 = 157.9\text{N/m}^2$

이 계의 스프링정수는 $2k$이므로 한 개의 스프링정수는 약 80N/m이다.

138 그림과 같이 진동하는 파의 감쇠특성에 해당하는 것은? (단, 감쇠비는 ξ이다.)

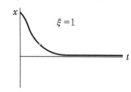

① $\xi = 0$ ② $\xi = 0.3$

③ $\xi = 0.5$ ④ $\xi = 1$

해설 주어진 그림은 감쇠비(damping ratio, 제동비) $\xi = 1$인 임계감쇠(critically damped)를 나타내었다.
임계감쇠의 특징은 과도감쇠 및 부족(미흡)감쇠의 경계를 나타내며, 가장 짧은 과도응답 특성을 갖는다.

139 그림과 같이 진동하는 파의 감쇠특성으로 옳은 것은? (단, ξ는 감쇠비이다.)

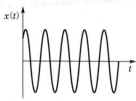

① $\xi = 0$ ② $0 < \xi < 1$

③ $\xi = 1$ ④ $\xi > 1$

해설 주어진 그림은 감쇠비(damping ratio, 제동비) $\xi = 0$인 비감쇠 자유진동을 나타내는 그림으로, 시간에 따라 변위진폭이 감쇠하지 않는다. 즉, 이 계의 운동방정식을 Newton의 제2법칙으로 표시하면 관성력($m\ddot{x}$) + 스프링 복원력(kx) = 0이다.

140 진동의 평가에 관한 기술로 옳은 것은?

① 진동의 규제기준은 전신진동에 대한 인체의 생리적 영향을 나타내는 값을 기초로 정해져 있다.

② 일반적으로 진동공해의 대상이 되는 진동레벨의 범위에서는 작업능률에도 명확한 영향이 발생한다.

③ 진동의 규제기준으로는 진동레벨계를 사용하여 측정을 행한 건물 바닥의 진동레벨을 사용한다.

④ ISO의 전신진동노출의 평가에 관한 지침에서는 인체에 대한 진동의 방향을 선 자세, 앉은 자세, 누운 자세 모두 발-머리 방향을 Z축으로 하여 동일한 평가기준으로 평가한다.

해설 ① 진동의 규제기준은 전신진동에 대한 인체의 진동감각이 발생하기 시작하는 값(노출기준)을 기초로 정해져 있다.
② 일반적으로 진동공해의 대상이 되는 진동레벨은 인체 진동감각 노출기준 주위의 진동레벨 55 ~ 65dB(V) 정도의 진동레벨 범위인데 반해 작업능률에 영향을 나타내는 진동레벨은 80dB(V)(쾌적감퇴경계) 또는 90dB(V)(피로 · 능률감퇴경계)이다.
③ 진동의 규제기준으로는 진동레벨계를 사용하여 측정을 행한 공장 등의 부지경계선의 지면 진동레벨을 사용한다.
④ ISO 2631 그림에 나타나 있다.

141 ISO(국제표준기구)에 의하여 정해진 전신진동 노출 평가지침에 표시되어 있는 허용한계에서 인체에 대한 영향을 결정하는 물리적 인자로 짝 지어진 것으로 옳은 것은?

① 주파수 – 진동가속도 – 진동원에서의 거리 – 진동의 방향
② 주파수 – 진동가속도 – 진동방향 – 지속시간(노출시간)
③ 주파수 – 진동가속도 – 지속시간(노출시간) – 1일당 노출횟수
④ 주파수 – 진동가속도 – 1일당 노출횟수 – 변동성

해설 진동의 인체에 대한 영향을 결정하는 물리적 인자는 주파수(진동수), 진동가속도, 진동방향, 노출시간 등이 있다.

142 ISO(국제표준기구)에 의하여 정해진 전신진동 노출 평가지침에서 작업장에서의 수직진동의 8시간 허용노출기준은 진동레벨로써 몇 dB인가?

① 60
② 70
③ 80
④ 90

해설 작업장에서의 수직진동의 8시간 허용노출기준은 90dB(V)이다.

143 전신진동 노출의 평가에 관련된 ISO 2631의 평가지침에서 동일 노출시간의 3가지 판정조건에 대한 경계 또는 한계 진동레벨의 조합으로 옳은 것은?

	쾌적성 유지(dB)	작업능률 유지(dB)	건강이나 안전의 유지(dB)
①	50	60	70
②	60	66	76
③	70	86	90
④	80	90	96

해설 전신진동노출의 평가에 관련된 ISO 2631에서 피로·능률 감퇴경계는 진동레벨 90dB에 상당한다. 건강이나 안전을 유지하기 위한 노출한계는 그 보다 +6dB인 96dB이고, 또한 쾌감감퇴경계는 −10dB로 80dB이 된다.

144 전신진동노출의 평가에 관련된 ISO 2631의 평가지침을 기준으로 5종류의 수평방향 정현진동이 있을 경우 각각의 진동에 작업자가 노출되었을 때, 주파수와 진동가속도 실효값의 조합으로 허용되는 작업시간이 가장 길게 짝지어진 것은?

	주파수(Hz)	진동가속도 실효값(m/s²)
①	4	0.63
②	8	2.0
③	16	2.0
④	31.5	3.15

해설 수평방향의 허용작업시간은 1~2Hz를 기준으로, 이 보다 높은 주파수의 진동에 대한 것은 옥타브에서 보정계수가 2배씩 커지는 진동이 허용된다. 여기서는 주어진 진동가속도 실효값을 2Hz에 상당하는 양으로 환산하여 비교한다.

주파수(Hz)	진동가속도 실효값(m/s²)
4	0.63
8	2.0
16	2.0
31.5	3.15

즉, 31.5Hz인 진동이 가장 적은 양을 보였기 때문에 가장 긴 작업시간이 허용된다. 그러나 수직방향 정현진동인 경우는 이와 반대로 허용되는 작업시간이 가장 짧아진다.

145 5종류의 수직 정현진동이 있다. 이 중 진동가속도레벨의 값이 가장 최소인 것은? (단, 수직진동에서 진동감각보정값은 다음 표와 같다.)

주파수(Hz)	1	2	4	6.3	8	16	31.5	63	90
보정값(dB)	−6	−3	0	0	0	−6	−12	−18	−21

	주파수(Hz)	진동레벨(dB)
①	1	90
②	2	88
③	4	86
④	8	84

해설 진동레벨로부터 진동가속도레벨을 구하려면 다음 표와 같은 주파수의 진동감각보정값을 빼주어야 한다.

주파수(Hz)	진동레벨(dB)	진동가속도레벨(dB)
1	90	96
2	88	91
4	86	86
8	84	84

146 수직 정현진동의 진폭에 관한 기술로 옳지 않은 것은? (단, 수직진동에서 진동감각보정값은 다음 표와 같다.)

주파수 (Hz)	1	2	4	6.3	8	16	31.5	63	90
보정값 (dB)	-6	-3	0	0	0	-6	-12	-18	-21

① 어떤 주파수 진동의 진폭이 5배가 되었을 경우 진동레벨은 20dB 커진다.

② 진동레벨이 70dB인 진동의 진폭은 같은 주파수에서 진동레벨이 58dB인 진동의 진폭의 약 4배이다.

③ 주파수가 동일하고 진동가속도레벨이 60dB과 70dB인 진동에서는 70dB인 진동 쪽 진폭이 약 3배이다.

④ 8Hz와 16Hz 진동의 진동레벨이 모두 70dB일 때, 8Hz 진동의 가속도진폭은 16Hz 진동의 가속도진폭의 약 $\frac{1}{2}$ 배이다.

해설
- 진폭 5배를 레벨차로 나타내면
$$\Delta L = 20 \log 5 = 13.98 \text{dB}$$
- 레벨차 12dB인 비는 $n = 10^{\frac{12}{20}} = 4$이다.
- 레벨차 10dB인 비는 $n = 10^{\frac{10}{20}} = 3.16$이다.
- 8Hz 및 16Hz인 수직진동의 진동레벨의 진동감각보정값은 각각 0dB과 −6dB이다. 8Hz와 16Hz의 진동레벨이 모두 70dB이므로, 8Hz의 가속도레벨이 16Hz인 가속도레벨보다 6dB 적어진다. 가속도인 경우 레벨차 ΔL과 비 n의 관계는 다음 식으로 주어진다.
$$\Delta L = 20 \log n \text{ (dB)}$$
$$\therefore n = 10^{\frac{\Delta L}{20}}$$
$$\therefore -6\text{dB일 때 비는 } n = 10^{\frac{\Delta L}{20}} = 10^{\frac{-6}{20}} = \frac{1}{2}$$

147 진동감각에 관련된 설명으로 옳지 않은 것은?

① 진동레벨 55dB 이하의 진동은 거의 느껴지지 않는다.

② 수직방향과 수평방향에서는 진동이 느껴지는 방법에 차이가 있다.

③ 2Hz의 진동에서 가속도가 같으면 수직방향보다 수평방향의 진동이 크게 느껴진다.

④ 인체의 전신진동의 감지방법은 주파수에 따라 달라지지만, 10Hz 이상에서는 진동가속도가 일정한 진동에 대해서 거의 같은 크기로 느껴진다.

해설 인체의 전신진동의 감지는 주파수에 따라 다르다. 수평진동에서는 2Hz 이상에서, 수직진동에서는 8Hz 이상에서 진동속도가 일정한 진동에 대하여 거의 같은 크기로 감지된다.

148 진동감각에 관련된 설명으로 옳지 않은 것은?

① 주파수 2Hz에서 진동가속도레벨이 75dB인 수직진동과 수평진동은 거의 같은 크기로 느껴진다.

② 주파수 16Hz에서 수직진동의 진동가속도레벨이 90dB인 진동과 거의 같은 크기로 느끼는 수평진동의 진동가속도레벨은 99dB이다.

③ 주파수 8Hz인 수직진동과 4Hz인 수평진동의 진동가속도레벨이 양쪽 모두 80dB일 때, 이 두 가지 진동의 진동감각의 차이는 거의 3dB이다.

④ 8Hz 이상 80Hz 이하의 주파수 범위에서는 수직진동, 수평진동 모두에서 주파수가 1옥타브 변화할 때마다 6dB에 상당하는 진동감각의 증감이 나타난다.

해설 주파수 2Hz에서 진동가속도레벨이 75dB인 수직진동과 수평진동은 각각 72dB과 78dB로 느껴진다.

149 진동감각의 노출기준에 관련된 설명으로 옳지 않은 것은?

① 지진 진도계에서 진도 0은 진동레벨로 거의 55dB 이하에 상당한다.

② 진동감각 노출기준의 진동가속도값은 주파수가 변함에 따라 변화한다.

③ 진동감각 노출기준이란 불쾌한 감각을 나타내기 시작하는 진동의 크기를 말한다.

④ ISO 2631의 지침에서 진동감각 노출기준의 상한을 진동레벨로 나타내면 60dB이 된다.

해설 진동감각 노출기준이란 진동감각이 생기기 시작하는 크기를 나타낸다.

150 다음 그림은 진동의 지속시간에 대한 진동크기의 감각변화를 조사한 실험결과이다. 이 그림을 설명하는 기술로 옳지 않은 것은?

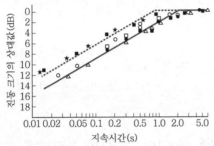

① 세로축은 연속 정현진동과 같은 크기의 감각을 발생시키는 충격 정현진동과 진동가속도레벨의 차이이다.

② 실선은 2 ~ 60Hz인 경우의 유사직선으로 변곡점의 지속시간은 약 2s이다.

③ 점선은 100Hz와 200Hz인 경우의 유사직선으로 변곡점의 지속시간은 약 0.8s이다.

④ 변곡점보다도 지속시간이 짧은 경우 충격 정현진동의 크기 감각은 동일 진폭의 정상진동보다 세로축의 상대값만큼 크게 느껴진다.

해설 변곡점보다도 지속시간이 짧은 경우, 충격 정현진동의 크기 감각은 동일 진폭의 정상진동보다 세로축의 상대값만큼 적게 느껴진다.

151 정현진동의 진동감각에 관련된 설명으로 옳지 않은 것은?

① 16Hz인 수직진동과 수평진동에서 진동가속도가 같은 경우, 수평진동보다 수직진동 쪽이 크게 느껴진다.

② 8Hz인 수직진동과 수평진동에서 진동가속도가 같은 경우, 수직진동과 수평진동은 거의 같은 크기로 느껴진다.

③ 8 ~ 80Hz인 주파수 범위 내에서는 진동속도가 같을 경우, 주파수가 변하여도 거의 같은 크기로 느껴진다.

④ 2개의 수직진동, 즉 31.5Hz인 진동가속도레벨이 80dB, 16Hz인 진동레벨이 75dB일 때, 31.5Hz진동 쪽이 크게 느껴진다.

해설 31.5Hz인 진동가속도레벨 80dB의 진동레벨 L_v(dB)를 구한다.

- 31.5Hz인 진동감각보정값 C

$$C = 20 \log\left(\frac{8}{31.5}\right) = -12\,dB$$

- 진동레벨 $L_v = 80 + (-12) = 68dB$

∴ 16Hz인 진동보다도 31.5Hz인 진동 쪽이 적게 느껴진다.

152 다음 그림은 ISO 2631/1에 나타난 수직진동의 피로·능률감퇴한계의 노출시간을 구하는 것이다. 5Hz인 수직진동의 진동레벨이 92dB일 때, 피로나 능률감퇴가 생기지 않는 노출시간은 약 몇 시간인가?

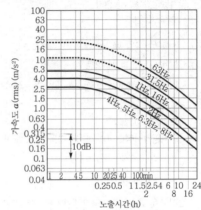

① 1.5   ② 2.5

③ 4   ④ 6

해설 주어진 그림에서 세로축이 진동가속도 실효값 a(m/s^2)이므로, 진동레벨 L_v(dB)의 진동가속도레벨 L_a(dB)을 구하면 다음 식으로부터 a를 계산할 수 있다.

$$a = 10^{\frac{L_a}{20}} \times 10^{-5}\,(m/s^2)$$

여기서, $L_a = L_v - W_n$ 이고, 주파수 f(Hz)인 진동감각보정값 W_n(dB)은 다음과 같다.

$1 \le f < 4$에서 $W_n = 10 \log\left(\frac{f}{4}\right)$

$4 \le f \le 8$에서 $W_n = 0$

$8 < f \le 90$에서 $W_n = 20 \log\left(\frac{8}{f}\right)$ 이므로

5Hz일 때 $W_n = 0dB$

∴ $a = 10^{\frac{92}{20}} \times 10^{-5} = 0.4 m/s^2$

그림 중에서 5Hz인 곡선과 세로축 0.4m/s^{2}의 교차점을 가로축에서 읽으면 6시간이 구해진다.

153 진동가속도레벨이 96dB인 진동에 서 있는 작업자가 노출되었을 때, 피로·능률감퇴가 생기지 않는 범위에서 행할 수 있는 가장 긴 작업시간 조건은?

	진동의 방향	주파수(Hz)
①	Z	16
②	X	8
③	Y	4
④	Z	2

해설 서 있는 작업자의 진동 방향이 X축, Y축은 수평진동인 경우의 진동감각보정값을 적용하고 Z축은 수직진동의 진동감각보정값을 사용한다.

- 수직진동인 경우

  $1 \leq f \leq 4$일 때, $a = 2 \times 10^{-5} \times f^{-\frac{1}{2}}$

  $8 \leq f \leq 90$일 때, $a = 0.125 \times 10^{-5} \times f$

  이 값을 $-20\log\left(\dfrac{a}{10^{-5}}\right)$에 대입하여 진동감각보정값을 구한다.

- 수평진동인 경우

  진동감각보정값 W_n(dB)은 다음 식에 의한다.

  $1 \leq f \leq 2$에서 $W_n = 0$

  $2 < f \leq 90$에서 $W_n = 20\log\left(\dfrac{2}{f}\right)$

  이 값을 표로 나타내면 X방향의 8Hz인 진동레벨이 가장 적어 구하는 노출시간이 가장 길다.

	방향	W_n(dB)	L_v(dB)	허용노출시간(h)
①	Z	-6	90	8
②	X	-12	84	16
③	Y	-6	90	5
④	Z	-3	93	6

154 어떤 작업장의 바닥면 진동레벨을 1분마다 2시간 측정한 결과, 각 진동레벨의 자료수는 다음 표와 같았을 경우 등가진동레벨(dB)은?

진동레벨(dB)	65	70	75
자료수	40	34	46

① 66   ② 68

③ 70   ④ 72

해설 간격시간으로 측정한 진동레벨 L_1, L_2, $\cdots$, L_n(dB) 각각의 도수(자료수)를 n_1, n_2, $\cdots$, n_n 이라고 할 때, 등가진동레벨은 다음과 같다.

$$L_{v_{eq}} = 10\log\left[\frac{1}{N}\left(10^{\frac{L_1}{10}} \cdot n_1 + 10^{\frac{L_2}{10}} \cdot n_2 + \cdots + 10^{\frac{L_n}{10}} \cdot n_n\right)\right] \text{(dB)}$$

여기서, N은 총 자료수이다.

$$\therefore L_{v_{eq}} = 10\log\left[\frac{1}{120}(10^{6.5} \times 40 + 10^7 \times 34 + 10^{7.5} \times 46)\right]$$
$$= 72 \text{ dB}$$

155 어떤 작업장의 바닥면 진동레벨을 1분마다 1시간 측정한 결과, 레벨별 도수분포는 다음 표와 같았다. 1시간 등가진동레벨은 약 몇 dB인가? (단, n분간 등가진동레벨은 1분마다의 레벨을 L_i로 하여, $10\log\left(\dfrac{1}{n}\displaystyle\sum_{i=1}^{n} 10^{\frac{L_i}{10}}\right)$로 나타낸다.)

진동레벨(dB)	70	75	80	85
도수	12	18	12	18

① 75   ② 77

③ 79   ④ 81

해설 레벨별 도수분포로부터 등가진동레벨 L_v를 구한다.

$$L_v = 10\log\left[\frac{1}{12+18+12+18}\right.$$
$$\left.\left(10^{\frac{70}{10}} \times 12 + 10^{\frac{75}{10}} \times 18 + 10^{\frac{80}{10}} \times 12 + 10^{\frac{85}{10}} \times 18\right)\right]$$
$$= 81 \text{dB}$$

156 하루 중 진동레벨 90dB인 작업에 2시간, 83dB 작업에 3시간, 합계 5시간의 작업에 종사하고 있는 작업자가 있다. 이 작업자는 등가전체노출시간 측면에서 생각할 경우 83dB의 진동에 1일 몇 시간 노출되는 것과 같은가? (단, 1일의 노출시간한계(ISO 2631)는 83dB에서는 약 24시간, 90dB에서는 약 8시간으로 되어 있다.)

① 6   ② 7

③ 8   ④ 9

해설 90dB인 작업에 2시간 노출되어 있다는 것은 83dB의 작업에 $2 \times \dfrac{24}{8} = 6$시간 노출되어 있는 것과 같으므로 83dB인 진동으로서 등가전체노출시간은 $3 + 6 = 9$시간이다.

157 어떤 작업장에서 작업대 위의 진동레벨을 측정한 결과 8시간 작업 중에서 3시간은 60dB, 2시간은 70dB, 3시간은 80dB로 모두 정상진동이었다. 이 작업장소에서 작업자에게 노출된 8시간의 등가진동레벨(dB)은? (단, n시간의 등가진동레벨은 1시간마다의 진동레벨을 L_i로 할 경우, $10 \log\left[\dfrac{1}{n} \displaystyle\sum_{i=1}^{n} 10^{\frac{L_i}{10}}\right]$이다.)

① 70   ② 72
③ 74   ④ 76

해설 주어진 식으로부터 8시간 등가진동레벨 $L_{eq,8}$을 구한다.

$$L_{eq,8} = 10 \log\left[\frac{1}{8}\left(10^6 \times 3 + 10^7 \times 2 + 10^8 \times 3\right)\right]$$
$$= 76.1 \fallingdotseq 76\text{dB}$$

158 직선상에 10m씩 떨어진 순서대로 각 지점을 A, B, C, D로 표시하였고, 진동원은 B지점 및 C지점에 있다. B지점의 진동원을 운전하였을 때, A지점에서 진동레벨은 65dB이었고, B지점 및 C지점 모두 진동원을 운전하였을 때, A지점에서 진동레벨은 68dB이었다. 양쪽 모두의 진동원을 운전하였을 때, D지점에서 진동레벨은 약 몇 dB인가? (단, 진동의 감쇠는 거리의 제곱에 반비례하고, 또한 진동원의 크기는 무시한다.)

① 65   ② 67
③ 69   ④ 71

해설 B지점 진동원을 운전하였을 때, A지점(10m)에서 진동레벨이 65dB이었으므로, D지점(20m)에서는 59dB이 된다(진동의 감쇠는 거리의 제곱에 반비례하게 되므로 거리가 2배 멀어지면 6dB 감쇠가 일어난다). B지점 및 C지점 모두 진동원을 운전하였을 때, A지점의 진동레벨이 68dB이었다면, B지점 진동원 단독일 때의 65dB보다 3dB 증가하였으며, C지점의 진동원에서 진동은 A지점(20m)에서 65dB이므로, 10m에서는 71dB이 된다. 따라서 양쪽의 진동원을 운전하였을 때, D지점의 진동레벨 L_v는 다음과 같다.

$$L_v = 10 \log\left(10^{\frac{59}{10}} + 10^{\frac{71}{10}}\right) = 71.3 \fallingdotseq 71\text{dB}$$

159 근접한 2대의 소형 기계가 작동하고 있을 때, 진동원에서 10m 떨어진 지점에서의 가속도레벨은 77dB이다. 각각의 진동은 동일한 가속도레벨이고, 서로 비간섭형이고 거리감쇠는 배거리 6dB이라 할 때, 진동원에서 25m 떨어진 지점의 가속도레벨은 약 몇 dB인가?

① 65   ② 67
③ 69   ④ 71

해설 거리감쇠가 배거리에서 6dB이므로, 25m 떨어진 지점에서의 가속도레벨은 다음과 같다.

$$VAL = 77 - 20 \log\frac{25}{10} = 69\,\text{dB(V)}$$

160 어떤 기계에서 발생하는 진동의 수직방향의 진동가속도레벨을 기계로부터 10m와 90m 떨어진 두 지점에서 동시에 측정한 결과, 레벨의 차이가 26dB이었다. 기하감쇠에 의한 값을 배거리 3dB이라고 할 경우, 내부감쇠에 의한 값(dB/m)은?

① 0.01   ② 0.02
③ 0.10   ④ 0.20

해설 기계로부터 10m와 90m 떨어진 두 지점의 기하감쇠 ΔL은 배거리 3dB이라고 할 경우

$$\Delta L = 10 \log\frac{90}{10} = 9.5\text{dB}$$

레벨차 26dB로부터 9.5dB을 빼면 16.5dB이 내부감쇠에 상당하여, m별로 나타내면 $\dfrac{16.5}{(90-10)} = 0.208\text{dB/m}$이다.

PART 2

중요이론 & 실전문제

소 · 음 · 진 · 동 기 사 / 산 업 기 사

소음 측정 및 분석

Noise & Vibration

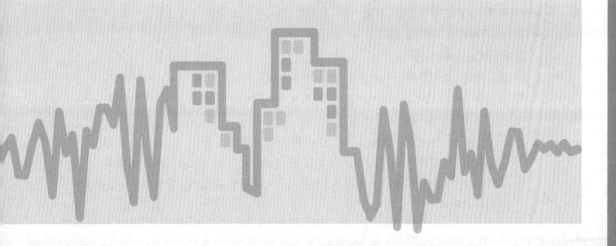

1 소음 측정

- 소음으로 인한 피해지점이나 피해가 예상되는 지점의 현황을 조사하고, 대상소음의 종류, 형태, 위치, 성상을 파악하여 소음 측정계획에 따라 대상소음 및 배경소음을 측정할 수 있는 환경조건을 확인한다.
- 소음공정시험기준이나 KS 등 시험 규격에 따라 소음발생원에 따른 생활소음, 공장소음, 층간소음, 교통소음, 항공기소음 등 소음 종류를 구분하고, 그에 따른 측정방법을 학습한다.

Section 01 주변환경 조사

1 소음피해 예상지점 파악

소음으로 인한 피해지점이나 피해가 예상되는 지점의 현황을 조사하고, 대상소음의 종류, 형태, 위치, 성상을 파악한다.

(1) 소음측정의 목적 확인

측정하는 목적에 따라 측정방법, 측정지점의 선정, 측정기의 종류, 측정시간이 달라진다. 일반적인 소음의 측정이나 목적은 다음과 같다.

① 소음발생자 측에서 대외적 문제 처리에 측정을 필요로 하는 경우
  ㉠ 규제기준치 내에 들어가는지의 경우
  ㉡ 방지설계에 필요한 데이터를 준비하는 경우

② 소음발생자 측에서 대내적 문제 처리에 측정을 필요로 하는 경우
  ㉠ 기계의 이상음을 측정 조사하고, 기계 자체의 재료·부품 등의 마모 정도를 파악하는 경우
  ㉡ 근로자의 노동위생상태를 측정하는 경우

(2) 소음측정대상 및 측정법 확인

측정계획의 대상이 공장소음, 생활소음, 건설작업소음, 도로교통 소음, 항공기소음인가에 따라서 측정계획이 다르게 된다.

① 정상소음(공장소음 등)
  ㉠ 소음레벨 : 측정준비 → 소음계, 기록계(필요시)
  ㉡ 주파수 분석 : 측정준비 → 소음계, 기록계, 녹음기 → 주파수 분석기, 기록계 → 측정결과 정리 → 해석

② 변동소음(불규칙한 변동, 발생시간이 긴 소음(도로교통소음 등))
  ㉠ 소음레벨 : 측정준비 → 소음계, 녹음기 → 기록계 → 측정결과 정리 → 해석
  ㉡ 주파수 분석 : 측정준비 → 소음계, 녹음기 → 주파수 분석기, 기록계 → 측정결과 정리 → 해석

③ 충격소음(폭발음, 프레스 및 항타기 등의 소음 등)

　㉠ 소음레벨 : 측정준비 → 소음계 → 오실로스코프 → 측정결과 정리 → 해석, 순간지속시간이 0.25초 이하의 경우는 충격소음계 이용

　㉡ 주파수 분석 : 측정준비 → 소음계 → 주파수 분석기 → 오실로스코프 → 측정결과 정리 → 해석

(3) 소음측정기준 확인

① 측정지점

　㉠ 공장의 부지경계선(아파트형 공장의 경우에는 공장 건물의 부지경계선) 중 피해가 우려되는 장소로서 소음도가 높을 것으로 예상되는 지점의 지면 위 1.2 ~ 1.5m 높이로 한다.

　㉡ 공장의 부지경계선이 불명확하거나 공장의 부지경계선에 비하여 피해자 측 부지경계선에서의 소음도가 더 큰 경우에는 피해자 측 부지경계선으로 한다.

　㉢ 측정지점에 담, 건물 등 높이가 1.5m를 초과하는 장애물이 있는 경우에는 장애물로부터 소음원 방향으로 1 ~ 3.5m 떨어진 지점으로 한다. 다만, 그 장애물이 방음벽이거나 충분한 차음이 예상되는 경우에는 장애물 밖의 1 ~ 3.5m 떨어진 지점 중 암영대의 영향이 적은 지점으로 한다.

② 측정조건

　㉠ 소음계의 마이크로폰을 측정위치에 지지장치로 설치하여 측정하는 것을 원칙으로 한다.

　㉡ 손으로 소음계를 잡고 측정할 경우 소음계는 측정자의 몸으로부터 50cm 이상 떨어져야 한다.

　㉢ 소음계의 마이크로폰은 주소음원 방향으로 하여야 한다.

　㉣ 바람으로 인하여 측정치에 영향을 줄 우려가 있을 때는 반드시 방풍망을 부착하여야 한다. 다만, 풍속이 5m/s를 초과할 때는 측정하여서는 안 된다.

　㉤ 소음이 많은 장소 또는 전자장(대형 전기기계, 고압선 근처 등)의 영향을 받는 곳에서는 적절한 방지책(방진, 차폐 등)을 강구하여 측정하여야 한다.

③ 측정사항

　㉠ 측정소음도의 측정은 대상배출시설의 소음발생기기를 가능한 한 최대출력으로 가동시킨 정상조업 상태에서 측정하여야 한다.

　㉡ 배경소음도는 대상배출시설의 가동을 중지한 상태에서 측정하여야 한다.

④ 측정기기의 사용 및 조작

　㉠ 사용소음계는 KS C 1502에 정한 보통소음계 또는 동등 이상의 성능을 가진 것이어야 한다.

　㉡ 소음계와 소음도 기록기를 연결하여 측정·기록하는 것을 원칙으로 한다. 소음도 기록기가 없을 경우에는 소음계만으로 측정할 수 있다.

ⓒ 소음계 및 소음도 기록기의 전원과 기기의 동작을 점검하고 매 교정을 실시하여야 한다(소음계의 출력단자와 소음도 기록기의 입력단자 연결).

ⓔ 소음계의 레벨레인지 변환기는 측정지점의 소음도를 예비조사한 후 적절하게 고정시켜야 한다.

ⓜ 소음계와 소음도 기록기를 연결하여 사용할 경우에는 소음계의 과부하 출력이 소음 기록치에 미치는 영향에 주의하여야 한다.

⑤ 측정시각 및 측정지점수

적절한 측정시각에 3개 이상의 측정지점수를 선정·측정하여, 그 중 가장 높은 소음도를 측정소음도로 한다.

2 소음측정대상지역 파악

(1) 도로

「소음·진동관리법」에 따른 도로소음 관리기준은 〈표〉와 같다.

〈 도로소음 관리기준 〉

지역구분	구분	한도	
		주간 (06:00~22:00)	야간 (22:00~06:00)
주거지역, 녹지지역, 관리지역 중 취락지구·주거개발진흥지구 및 관광·휴양개발진흥지구, 자연환경보전지역, 학교·병원·공공도서관 및 입소 규모 100명 이상의 노인의료복지시설·영유아보육시설의 부지경계선으로부터 50m 이내 지역	소음 (L_{eq}dB(A))	70	60
상업지역, 공업지역, 농림지역, 생산관리지역 및 관리지역 중 산업·유통개발진흥지구, 미고시지역	소음 (L_{eq}dB(A))	75	65

(2) 철도

「소음·진동관리법」에 따른 철도소음 관리기준은 〈표〉와 같다.

〈 철도소음 관리기준 〉

지역구분	구분	한도	
		주간 (06:00~22:00)	야간 (22:00~06:00)
주거지역, 녹지지역, 관리지역 중 취락지구·주거개발진흥지구 및 관광·휴양개발진흥지역, 자연환경부전지역, 학교·병원·공공도서관 및 입소 규모 100명 이상의 노인의료복지시설·영유아보육시설의 부지경계선으로부터 50m 이내 지역	소음 (L_{eq}dB(A))	70	60
상업지역, 공업지역, 농림지역, 생산관리지역 및 관리지역 중 산업·유통개발진흥지구, 미고시지역	소음 (L_{eq}dB(A))	75	65

(3) 항공기

「공항소음 방지 및 소음대책지역 지원에 관한 법률」(국토교통부)에 따른 항공기소음 관리기준은 〈표〉와 같다.

〈 항공기소음 관리기준 〉

소음대책지역		예상 소음 영향도 (단위 : 가중등가소음도(L_{den} dB(A))
제1종 구역 : 완충녹지지역(이·착륙 안전지대), 공항 운영과 관련된 시설만이 설치 가능		79 이상
제2종 구역 : 전용공업지역, 일반공업지역, 자연녹지지역, 항공기소음과 무관한 시설만이 설치 가능		75 이상 79 미만
제3종 구역 : 준공업지역, 상업지역, 시설물 방음시설 의무화 지역	'가'지구	70 이상 75 미만
	'나'지구	66 이상 70 미만
	'다'지구	61 이상 66 미만

3 소음 영향 조사

소음이 수면방해, 시끄러움, 청취방해, 학습방해 등 일상생활에 미치는 영향 정도를 조사한다.

(1) 소음이 인체에 미치는 영향(청력)

1) 일시적 청력손실

① 강력한 소음에 노출되어 생기는 난청
② 소음에 노출된 지 2시간 이후부터 발생(하루 작업이 끝날 때 20 ~ 30dB의 청력손실 초래)
③ 청신경세포의 피로현상으로 노출중지 후 12~20시간 내에 대부분 회복

2) 영구적 청력손실

① 하루 작업에서 일어나는 소음의 노출에 충분하게 회복되지 않은 상태에서 계속 소음에 노출되어 회복과 치료가 불가능한 상태
② 고음음역, 특히 4,000Hz에서 청력손실이 가장 심함

(2) 소음이 일상생활에 미치는 영향

1) 대화방해

① 청취방해는 대화, 전화, 텔레비전, 라디오 등의 소음이 음폐되어 발생
② 대화방해는 말하는 사람은 소음의 수준이 커질 때 자연스레 목소리가 커지고 필요에 따라 큰 소리가 나옴
③ 대화방해는 대화가 필요한 작업수행에 영향을 주고, 작업으로 인한 스트레스를 증가시킴
④ 위험지시를 못 듣게 해서 심각한 재해를 일으킬 가능성 있음

2) 학습, 작업능률에 미치는 영향

① 소음은 심리적·생리적 영향뿐만 아니라 작업능률까지도 영향을 미침

② 특정음이 없고 90dB를 넘지 않는 일정한 소음도는 작업을 방해하지 않음

③ 불규칙한 폭발음은 90dB 이하일 때도 때때로 작업을 방해함

④ 소음은 총 작업량의 저하보다는 작업의 정밀도를 저하시킴

3) 수면방해

① 수면방해와 각성, 숙면 심도를 남김

② 수면방해가 계속될 때 정신적·육체적 고통을 느낌

Section 02 소음 측정장비 선정

1 소음 측정방법

(1) 측정 목적

「소음·진동관리법」에서 정하는 규제기준 중 생활소음, 발파소음 및 동일 건물 내 사업장 소음을 측정하여 기준값 초과 여부를 확인한다.

(2) 측정방법의 선택

① 환경부 홈페이지(www.me.go.kr)로 접속한다.

② 〈법령/정책〉 창에서 〈환경정책〉으로 들어간다.

③ 검색 창에 "소음·진동 공정시험기준"을 입력한다.

④ 〈소음·진동 공정시험기준〉 첨부파일을 다운로드한다.

⑤ 다운받은 파일(소음·진동 공정시험기준)에서 "규제기준 중 생활소음 측정방법"이나 "규 제기준 중 동일 건물 내 사업장소음 측정방법"을 선택한다.

2 소음 측정장비

(1) 소음계의 종류

소음 측정을 위한 장비 선정은 간이측정, 일반측정 및 정밀측정 등의 측정 용도별 구분에 따라야 하지만, 일반적으로 일반 및 정밀 측정에 대해서만 선정한다.

〈 소음계의 종류별 특징 〉

구분	적용 규격	소음도 범위	사용 주파수 범위	검정오차	용도
간이소음계	KS C IEC 61672-1 및 61672-2	35 ~ 135dB 이상	70 ~ 6,000Hz	–	간이측정용
보통소음계			31.5 ~ 8,000Hz	±2dB	일반측정용
정밀소음계			20 ~ 12,500Hz	±1dB	정밀측정용

| 간이소음계 |

| 보통소음계 |

| 정밀소음계 |

(2) 주파수 분석계

소음은 소음원에 따라 다수의 주파수 성분이 합성되어 있기 때문에 복잡한 파형으로 이루어져 있다. 따라서 그 특성을 분석하기 위해서는 소음을 측정하기 위한 주파수를 분석해야 한다. 이때 사용되는 장비가 주파수 분석계 또는 주파수 분석기이다.

〈 주파수 분석계의 종류 〉

사용목적		필터	사용 주파수 분석기
소음의 평가와 일반대책	정비형	옥타브 대역 패스 필터	$\frac{1}{1}$ 옥타브 분석기
		$\frac{1}{3}$ 옥타브 대역 패스 필터	$\frac{1}{3}$ 옥타브 분석기
			실시간 분석기
		협대역 필터	협대역 분석기
소음원의 대책	정폭형	헤테로다인 방식	tracking 분석기
			실시간 스펙트럼 분석기
		FFT 방식	실시간 스펙트럼 분석기

2 소음 분석

Section 01 소음분석계획 수립

(1) 소음측정기준별 계획 수립과정

대상소음 및 배경소음을 측정할 수 있는 환경조건을 확인한다. 소음배출시설의 소음 발생상태에 따라 차이가 있으나 측정계획은 공정시험에 따라 입안하여야 하며 측정조사의 일반적인 순서와 조사계획을 할 때 결정할 사항, 내용 및 계획안을 만드는 순서는 다음과 같다.

① 대개의 측정목적은 방음대책상의 필요에 의해 측정하는 것이 대부분이다. 따라서 소음도 및 주파수 분석이 절대로 필요하다. 충격소음 측정이나 위험한 장소에서의 순간 측정이 필요한 경우에는 녹음기에 녹음한 후 재생시켜 소음도나 주파수 밴드레벨을 분석하는 것이 필요하다.

② 어디서 측정할 것인가는 소음의 종류에 따라 구별되는데 배출시설이 설치된 사업장의 공장소음이나 환경소음은 「소음·진동 공정시험기준」에 따라 측정한다.

③ 대상음원과 측정항목, 정도, 횟수 및 분석방법도 계획에 넣는다.

④ 검토결과로부터 나타난 내역을 검토한다. 특히 후술할 측정기기를 선정하고 보조기기에 관하여는 입체적 측정을 위한 고가사다리차의 이용에 의한 소음의 공간분포 상태 측정도 필요한가를 고려하여 제반준비를 갖추며 이에 따라 인원계획도 세운다.

⑤ 측정목적에 따라 시간대의 설정이 필요하게 된다. 특히 낮, 저녁, 밤의 어떤 시간이 필요한지 혹은 시간대로 볼 것인가에 따라 인원계획 등에 영향을 미친다.

⑥ 규모에 따라 인원계획이 정해지지만 측정기의 종류에 따라서도 인원 선정이 변한다. 제일 중요한 사항은 그 구성원의 지휘자 선정으로 야외의 광범위한 측정 시에 분산된 인원 간의 지휘체계 운용에 영향을 받게 된다.

⑦ 계획표를 세우고 이것에 따라 시간표도 작성한다. 공장의 소음을 조사할 때는 조사의 목적과 대상을 명확하게 하고 도면이나 공장에 대한 예비지식을 얻고 가능하면 현지의 예비조사를 실시한다. 이때 공장 측에서 준비하여야 할 자료를 보면 공장주변도, 공장배치도, 공장평면도, 기계배치도, 공장건물 설치도, 작업공정도 등이 있다.

(2) 소음측정계획의 검토항목

검토사항	결정사항	유의사항
1. 무엇 때문에 측정하는가?	목적, 목표의 설정	평가기준 소음레벨인가, 어떤 음질인가를 확인한다.
2. 어디서 측정하는가?	측정장소의 선정과 확인	측정환경조건의 용이성, 기재, 인원이동의 난이도
3. 무엇에 대하여 어떤 측정을 하는가?	측정대상, 측정항목의 선정 정도의 결정	대상, 항목의 종별에 따라 규제기준 및 KS에 준하여 선정한다.
4. 어떻게 측정하는가?	측정방법의 선정, 측정지점의 위치 및 수	소음과 수음점 위치와의 배치관계, 측정지점에 표적을 박아 계속 측정이 필요할 때는 그 측정점을 명확히 한다.
	측정기, 보조기구, 측정 정도	목적 및 음원의 질에 따라 선정데이터의 판독수는 규제기준에 따라 결정
	측정순서, 측정지휘계통	측정조건의 조합, 기록계, 주파수 분석계
5. 언제 하는가?	측정일시, 측정기간	연락방법(무전기 등의 준비)
6. 누가 하는가?	측정인원, 관계자	측정기술, 경험의 정도를 검토 배치
7. 계획의 작성	측정실시 세목의 일람표	

Section 02 소음측정자료 분류

1 기준별 자료 분류

(1) 소음발생시간 기준

① '가'지역 : 자연환경보전지역, 관광·휴양지역 취락지역 중 주거지구, 녹지지역, 전용주거지역, 종합병원의 부지경계에서 50m 이내의 지역, 학교의 부지경계에서 50m 이내의 지역

② '나'지역 : 취락지역 중 주거지구 외의 지구, 일반주거지역 및 준주거지역

③ '다'지역 : 상업지역, 준공업지역

④ '라'지역 : 일반공업지역 및 전용공업지역, 공업지역

⑤ '도로'라 함은 1종렬의 자동차(2륜 자동차를 제외한다)가 안전하고 원활하게 주행하기 위하여 필요한 일정폭의 차선을 가진 2차선 이상의 도로를 말한다.

⑥ 이 소음환경기준은 철도소음, 항공기소음 및 건설작업소음에는 적용하지 아니한다.

〈 소음환경기준 〉

지역구분	적용대상지역	기준(단위 : L_{eq} dB(A))	
		낮(06:00~22:00)	밤(22:00~06:00)
일반지역	'가'지역	50	40
	'나'지역	55	45
	'다'지역	60	55
	'라'지역	70	65
도로변 지역	'가' 및 '나' 지역	65	55
	'다'지역	70	60
	'라'지역	75	70

(2) 소음발생 대상지역 기준

① 옥외에 설치한 확성기의 사용은 1회 2분 이내, 15분 이상 간격을 두어야 한다.

② 공사장의 소음·진동 규제기준은 주간의 경우 1일 최대작업시간이 2시간 이하일 때는 +10dB을, 2시간 초과 4시간 이하일 때는 +5dB을 규제기준치에 보정한다.

③ 조석 : 05:00~08:00/18:00~22:00, 주간 : 08:00~18:00, 심야 : 22:00~05:00이다.

〈 생활소음 규제기준 〉

대상지역	소음(단위 : dB(A))					진동(단위 : dB(V))	
	시간별 소음원		조석	주간	심야	주간	심야
주거지역, 녹지지역, 준도시지역 중 취락지구 및 운동·휴양지구, 자연환경보전지역, 기타 지역 안에 소재한 학교·병원·공공도서관	확성기	옥외 설치	70 이하	80 이하	60 이하	65 이하	60 이하
		옥내에서 옥외로 소음이 나오는 경우	50 이하	55 이하	45 이하		
	공장·사업장		50 이하	55 이하	45 이하		
	공사장		65 이하	70 이하	55 이하		
기타 지역	확성기	옥외 설치	70 이하	80 이하	60 이하	70 이하	65 이하
		옥내에서 옥외로 소음이 나오는 경우	60 이하	65 이하	55 이하		
	공장·사업장		60 이하	65 이하	55 이하		
	공사장		70 이하	75 이하	55 이하		

(3) 공장소음 배출허용기준

① 소음(대상소음도에서 다음 〈표〉에 의하여 보정한 평가소음도가 50dB(A) 이하일 것)
② 측정소음 발생시간의 백분율 계산에서 관련 시간대는 낮은 8시간, 저녁은 4시간, 밤은 2시간으로 한다.

〈 공장소음 배출허용기준 〉

보정표		
항목	내용	보정치(dB)
충격음	충격음 성분이 있는 경우	−5
관련 시간대에 의한 측정소음 발생시간의 백분율	50% 이상 75% 미만	+3
	25% 이상 50% 미만	+5
	12.5% 이상 25% 미만	+10
	12.5% 미만	+15
시간별	(낮) 06:00 ~ 18:00	0
	(저녁) 18:00 ~ 24:00	−5
	(밤) 24:00 ~ 익일 06:00	−10
지역별	도시지역을 대상으로 함	−
	전용주거지역, 녹지지역	0
	일반주거지역, 준주거지역	+5
	상업지역, 준공업지역	+15
	일반공업지역, 전용공업지역	+20

(4) 교통 소음·진동의 관리기준

〈 교통 소음·진동의 관리기준 〉

대상지역	구분	도로		철도	
		주간	야간	주간	야간
주거지역, 녹지지역, 준도시지역 중 취락지구 및 운동·휴양지구, 자연환경보전지역, 학교·병원·공공도서관의 부지경계선으로부터 50m 이내 지역	소음(L_{eq} dB(A))	68	58	70	60
	진동(dB(V))	65	60	65	60
상업지역, 공업지역, 농림지역, 준농림지역 및 준도시지역 중 취락지구 및 운동·휴양지구 외의 지역, 미고시 지역	소음(L_{eq} dB(A))	73	63	75	65
	진동(dB(V))	70	65	70	65

[비고] 정서장은 적용하지 않는다.

Section **03** 소음 보정자료 파악

1 배경소음 보정

① 측정소음도가 배경소음보다 10dB(A) 이상 크면 배경소음의 영향이 극히 작기 때문에 배경소음의 보정없이 측정소음도를 대상소음도로 한다.

② 측정소음도가 배경소음도보다 3 ~ 9dB(A) 차이로 크면 배경소음의 영향이 있기 때문에 측정소음도에 보정표에 의한 보정치를 보정한 후 대상소음도를 구한다.

③ 보정치 $= -10 \log \left(1 - 10^{-0.1\,d}\right)$

여기서, d : 측정소음도−배경소음도, 다만, 배경소음도 측정 시 해당 공장의 공정상 일부 배출시설의 가동중지가 어렵다고 인정되고, 당해 배출시설의 소음이 배경소음에 영향을 미친다고 판단될 경우에는, 배경소음도 측정없이 측정소음도를 대상소음도로 할 수 있다. 다만, 측정소음도가 배경소음도보다 2dB(A) 이하로 크면 배경소음이 대상소음도보다 크므로 위의 ①항 또는 ②항이 만족되는 조건에서 재측정하여 대상소음도를 구한다.

〈 배경소음의 영향에 대한 보정표 〉

[단위 : dB(A)]

차이(d)	.0	.1	.2	.3	.4	.5	.6	.7	.8	.9
3	−3.0	−2.9	−2.8	−2.7	−2.7	−2.6	−2.5	−2.4	−2.3	−2.3
4	−2.2	−2.1	−2.1	−2.0	−2.0	−1.9	−1.8	−1.8	−1.7	−1.7
5	−1.7	−1.6	−1.6	−1.5	−1.5	−1.4	−1.4	−1.4	−1.3	−1.3
6	−1.3	−1.2	−1.2	−1.2	−1.1	−1.1	−1.1	−1.0	−1.0	−1.0
7	−1.0	−0.9	−0.9	−0.9	−0.9	−0.9	−0.8	−0.8	−0.8	−0.8
8	−0.7	−0.7	−0.7	−0.7	−0.7	−0.7	−0.6	−0.6	−0.6	−0.6
9	−0.6	−0.6	−0.6	−0.5	−0.5	−0.5	−0.5	−0.5	−0.5	−0.5

2 가동시간율, 관련 시간대, 충격소음 보정

평가소음도의 계산 및 충격음, 발생시간의 백분율, 시간별, 지역별 보정방법을 확인한다. 예를 들어, 공업지역에 위치한 어떤 공장의 부지경계선에서 측정한 소음도는 다음과 같다. 이 공장이 09:00 ~ 20:00시까지 가동하고, 점심시간 1시간을 휴식하였을 때 평가소음도를 구하는 경우를 생각한다(단, 배경소음은 64dB(A)이고 충격음이 있으며 정상기동시간은 낮시간대 7시간, 저녁시간대 2시간이다).

다음에 어떤 공장에서의 평가소음도를 구하는 예시를 나타내었다.

〈 A공장 부지경계선에서 측정한 소음도 〉

소음도 구간	L_i(dB(A))	$\frac{1}{100} \times 10^{0.1\,L}$	f_i(%)
60 ~ 65dB(A)	62.5	0.178×10^5	60
65 ~ 70dB(A)	67.5	0.562×10^5	25
70 ~ 75dB(A)	72.5	0.178×10^6	15

① 등가소음도(L_{eq})를 구한다.

$$L_{eq} = 10 \log \sum \left[\left(\frac{1}{100} \times 10^{0.1 \times L_i} \times f_i \right) \right]$$
$$= 10 \log \left(0.178 \times 10^5 \times 60 + 0.562 \times 10^5 \times 25 + 0.178 \times 10^6 \times 15 \right)$$
$$\fallingdotseq 67 \text{dB(A)}$$

② 대상소음도를 구한다.

대상소음도는 측정소음도와 배경소음의 차($67 - 64 = 3$) 3dB(A)에 대한 보정치 〈표〉 참조 -3dB을 측정소음도 67dB(A)에 합하면 $67 + (-3) = 64$dB(A)가 된다.

③ 충격음 보정치를 확인한다.

충격음이 있으므로 보정치는 '+5'가 된다.

④ 관련 시간대에 대한 측정소음발생시간의 백분율을 보정한다.

낮시간 정상가동시간은 7시간으로 낮시간 기준 관련 시간 8시간에 대한 백분율은 $\frac{7}{8} \times 100 = 87.5\%$이고, 저녁시간 정상가동시간은 2시간으로 관련 시간에 백분율은 $\frac{2}{4} \times 100 = 50\%$이다. 낮·저녁의 관련 시간대 백분율 보정을 행하면 보정치는 낮시간 대가 0이며, 저녁시간대는 +3이다.

⑤ 시간별 보정치를 확인한다.

낮 및 저녁에 가동하므로 각각의 보정치는 낮시간 가동보정치는 0이며, 저녁시간 가동보정치는 +5이다.

⑥ 지역별 보정치를 확인한다.

공업지역이므로 '-20'이 된다. 따라서 당해 측정지점에서의 시간대별 평가소음도 L_{eq}는 다음과 같다.

㉠ 낮시간대 $L_{eq} = 64$(대상소음)$+ 5$(충격음)$+ 0$(관련 시간대 백분율)$+ 0$(시간별) $- 20$(지역별)$= 49$dB(A)

㉡ 저녁시간대 $L_{eq} = 64$(대상소음)$+ 5$(충격음)$+ 0$(관련 시간대 백분율)$+ 3$(시간별) $- 20$(지역별)$= 52$dB(A)

⑦ 종합평가를 한다.

낮시간대 평가소음도 49dB(A)로 배출허용기준치인 50dB(A) 이하이지만, 저녁시간대 평가소음도가 52dB(A)로 허용기준을 초과하고 있으므로 배출허용기준 이내로 방지시설을 보완하든가, 저녁시간대의 가동시간을 단축하여야 할 것으로 평가된다.

3 발파소음횟수 보정

발파횟수 보정방법을 확인하여 보정한다. 구한 대상소음도에 시간대별 보정발파횟수(N)에 따른 보정량($+10 \log N$; $N > 1$)을 보정하여 평가소음도를 구한다. 이때 지발발파는 보정발파횟수를 1회로 간주한다. 시간대별 보정발파횟수(N)는 작업일지 및 발파계획서 또는 폭약사용신고서 등을 참조하여 발파소음 측정 당일의 발파소음 중 소음도가 60dB(A) 이상인 횟수(N)를 말한다. 단, 여건상 불가피하게 측정 당일의 발파횟수만큼 측정하지 못한 경우에는 측정할 때의 장약량과 같은 양을 사용한 발파는 같은 소음도로 판단하여 보정발파횟수를 산정할 수 있다.

4 잔향음 보정

(1) 바닥충격음 적용기준을 확인하여 보정한다.

① 벽식·무량판 : 바닥두께 210mm 이상+성능 인정(경량 58dB, 중량 50dB 이하)

② 라멘구조 : 바닥두께 150mm 이상(성능 인정은 자율)

(2) 생활소음기준을 확인하여 보정한다.

① 직접충격 소음

㉠ 1분 등가소음도(L_{eq}) : 주간 43dB(A), 야간 38dB(A)

㉡ 최고소음도(L_{max}) : 주간 57dB(A), 야간 52dB(A)

② 공기전달 소음

5분 등가소음도(L_{max}) : 주간 45dB(A), 야간 40dB(A)

소음 정밀분석

- 소음분석방법에 따라 분석장비를 교정하고 운용할 수 있는 방법을 익힌다.
- 소음공정시험기준이나 KS 등 관련 시험규격에 따라 측정결과를 분석하고 적합하게 측정이 이루어졌는지를 분석하여 측정값에 대한 신뢰도를 확인한다.

Section 01 소음분석장비의 교정

(1) 소음분석장비의 교정절차에 따른 교정(예 피스톤폰의 표준교정절차)

① 이 표준교정절차는 소음계측장비의 현장 교정에 사용되는 피스톤폰의 출력음압레벨과 주파수 교정에 적용한다.

② 피교정기기의 교정항목, 측정범위 및 교정방법을 확인한다.

〈 피교정기기의 교정항목, 측정범위 및 교정방법 〉

교정항목	측정범위	교정방법
개방회로 전압	$0.01 \sim 10V$	마이크로폰의 개방회로 전압을 삽입전압기법으로 5회 측정한다.
주파수	$240 \sim 260Hz$	피스톤폰에서 발생되는 음의 주파수를 주파수 계수기를 이용하여 1회 측정한다.

③ 필요 장비 명세 및 최저요구성능을 확인한다.

〈 필요 장비 명세 및 최저요구성능 〉

장비명	수량	최저요구성능
기준 마이크로폰	1	• 주파수 범위 : 〈WS1P〉 20Hz ~ 10kHz, 〈WS2P〉 20Hz ~ 20kHz • 확장 불확도 : 250Hz에서 0.08dB 이하
측정용 증폭기	1	• 주파수 범위 : 20Hz ~ 20kHz
전치 증폭기	1	• 주파수 범위 : 20Hz ~ 20kHz • ㈜ 접지–차폐구조를 가질 것
정현파 발생기	1	• 주파수 범위 : 20Hz ~ 20kHz • 고주파 왜율 : 250Hz에서 0.1% 이하
전압계	1	• 전압 범위 : 0.01 ~ 10V • 주파수 범위 : 20Hz ~ 20kHz • 확장 불확도 : 250Hz에서 0.3% 이하
주파수 계수기	1	• 주파수 범위 : 20Hz ~ 20kHz • 분해능 : 0.01Hz • 확장 불확도 : 250Hz에서 0.1Hz 이하
온도계	1	• 측정범위 : 0 ~ 50℃ • 확장 불확도 : 0.1℃ 이하
기압계	1	• 측정범위 : 950 ~ 1,050kPa • 확장 불확도 : 0.01kPa 이하

④ 준비사항을 확인한다.

    ㉠ 기준 마이크로폰을 점검한다.

        ⓐ 마이크로폰의 형식번호와 기기번호를 적절한 기록양식(worksheet)에 기록한다.

        ⓑ WS1P 마이크로폰을 사용할 경우에는 마이크로폰의 보호망(protection grid)을 제거한 후, coupler adaptor ring(B&K DB 0111 또는 동등의 것)을 설치한다. WS2P 마이크로폰을 사용할 경우에는 보호망을 제거하지 않는다.

        ⓒ 마이크로폰을 전치증폭기에 연결한다.

    ㉡ 피스톤폰을 확인한다.

        ⓐ 피스톤폰의 설명서를 자세히 읽는다.

        ⓑ 건전지의 상태를 조사한 후에 동작 여부를 확인한다.

        ⓒ 피스톤폰의 교정번호(또는 접수번호), 형식번호 및 기기번호를 기록양식에 기록한다.

        ⓓ 마이크로폰을 피스톤폰 입구에 천천히 삽입한 후, 완전히 밀폐가 되도록 한다.

    ㉢ 장비를 사용설명서에 따라 연결한다.

⑤ 교정방법 및 세부교정절차 순서대로 교정을 한다.

    ㉠ 측정용 증폭기를 전압측정 모드로 설정한 후, 측정용 증폭기의 증폭특성을 측정한다(피스톤폰 출력전압과 근사한 전압을 정현파 발생기로 발생시킨 후, 정현파 발생기의 전압과 측정용 증폭기를 거쳐 나온 전압의 차이로 보정량을 계산한다).

    ㉡ 피스톤폰을 구동시켜 신호가 안정된 상태에서 마이크로폰에 음압을 가한 상태에서 측정용 증폭기의 출력과 주파수를 각각 전압계와 주파수 계수기로 읽은 후 기록한다.

    ㉢ 피스톤폰의 전원을 끈다. 이때 마이크로폰 입력단의 음향임피던스가 동일하도록 피스톤폰은 마이크로폰과 결합한 상태로 둔다.

    ㉣ 신호발생기의 주파수를 피스톤폰의 주파수와 동일하게 조절한다.

    ㉤ 측정용 증폭기에서 삽입전압을 측정할 수 있도록 삽입전압 모드로 전환한다.

    ㉥ 신호발생기의 전압을 조절하여 읽은 전압과 동일하게 맞춘다.

    ㉦ 측정용 증폭기를 전압측정 모드로 환원시킨 후, 측정용 증폭기의 출력전압을 전압계를 이용하여 읽는다. 이 값이 마이크로폰의 개방회로 전압이다.

    ㉧ 이상의 과정을 5회 반복하여 개방회로 전압의 평균값과 불확도를 구한다.

(2) 소음분석장비의 운용

소음분석장비는 반드시 교정성적서를 확인한 후 사용 및 운용하도록 한다. 교정성적서 내용 및 작성방법은 다음과 같다.

① 의뢰지 기관명 및 주소를 기입한다.

② 측정기 품명 및 제조사 기기번호를 확인·기입한다.

③ 교정일자를 확인하여 기입한다.

④ 교정환경의 온도, 습도, 장소를 확인·기록한다.

⑤ 측정 표준의 소급성 기준을 제시한다.

⑥ 교정에 사용한 표준장비 명세서를 작성한다.

⑦ 교정결과 발생음압레벨, 주파수를 기록한다.

⑧ 측정 불확도 신뢰수준 및 수치를 기록한다.

(3) 소음계 교정방법에 따른 교정

소음계 교정방법의 순서는 다음과 같다.

① 소음계의 주파수 보정회로를 A(또는 C)상태로 한다.

② 소음 교정용 피스톤폰을 소음계의 마이크로폰에 연결한다.

③ 피스톤폰의 전원을 켠다.

④ 소음계의 지시화면에 94dB이 표시되는지를 확인한다.

⑤ 피스톤폰의 전원을 끄고, 소음계의 마이크로폰을 제거한다.

⑥ 소음계의 전원을 끈다.

Section 02 소음분석기능 검토

측정목적에 따라 적합한 분석기능을 검토할 수 있다. 적합한 사용 소음계 및 사용방법은 다음과 같다.

(1) 환경기준의 분석기기 및 기구의 확인

① 사용 소음계를 확인한다. KS C IEC 61672-1에 정한 클래스 2의 소음계 또는 동등 이상의 성능을 가진 것으로 한다.

② 일반사항을 확인한다.

  ㉠ 소음계와 소음도 기록기를 연결하여 측정·기록하는 것을 원칙으로 한다. 소음도 기록기가 없는 경우에는 소음계만으로 측정한다.

  ㉡ 소음계 및 소음도 기록기의 전원과 기기의 동작을 점검·확인한다(소음계의 출력단자와 소음도 기록기의 입력단자 연결).

  ㉢ 소음계의 레벨레인지 변환기는 측정지점의 소음도를 예비조사한 후 적절하게 고정시킨다.

  ㉣ 소음계와 소음도 기록기를 연결하여 사용할 경우에는 소음계의 과부하 출력이 소음 기록치에 미치는 영향에 주의한다.

③ 청감보정회로 및 동특성을 확인한다.

  ㉠ 소음계의 청감보정회로는 A특성에 고정하여 측정한다.

  ㉡ 소음계의 동특성은 원칙적으로 빠름(fast) 모드로 하여 측정한다.

(2) 배출허용기준의 분석기기 및 기구의 확인

환경기준 분석기기와 동일하다.

(3) 규제기준의 분석기기 및 기구의 확인

환경기준 분석기기와 동일하다.

(4) 규제기준 중 발파소음의 분석기기 및 기구의 확인

환경기준 분석기기와 동일하다.

(5) 도로교통소음 관리기준의 분석기기 및 기구의 확인

환경기준 분석기기와 동일하다.

(6) 철도소음 관리기준의 분석기기 및 기구의 확인

환경기준 분석기기와 동일하다.

(7) 항공기소음 관리기준의 분석기기 및 기구의 확인

환경기준 분석기기와 동일하지만 소음계의 동특성을 느림(slow) 모드를 하여 측정하여야
한다.

Section 03 소음분석 프로그램 운용

(1) 소음분석 프로그램

소음측정자료 분석용 소프트웨어 및 기능측정장비 제조사에 따라 측정자료를 분석하는 소
프트웨어는 다르지만, 주요 기능으로는 실시간 분석, 시간 이력, 주파수 및 자료출력 기능
(Text, Excel, MATLAP, bmp, jpeg) 등이 있다.

(2) 분석자료의 종류

소음측정자료의 분석결과로는 소음 등고선(등음선도), 노출면적, 통계자료 등을 들 수 있다.

(3) 측정자료 분석방법

1) 등음선도 작성의 원리

등음선 작성의 원리는 두 소음도(점음원과 선음원) 간의 차이에 의한 합성 이론이다.

음원(sound source)은 음의 파워를 발생하는 근원으로 극자(pole)의 형태로 분류하면 단극
자, 쌍극자, 4극자 음원으로 분류할 수 있으며, 그 중에서 부피의 변화에 의한 것으로서 주
기적으로 신축운동을 하는 작은 구에서 구면파를 이루며 방사되는 음원을 점음원 또는 단극
자 음원이라고 한다. 또한 무수한 점음원이 직선을 이룰 때, 이것을 선음원(line source)이
라고 한다.

〈 점음원과 선음원 〉

구분	점음원	선음원
형태	◎	○─○─○─○─○
발생 예	폭발음, 연소음, 1대의 자동차, 원거리 스피커음	교통 소음(도로, 철도)
음원으로부터 거리에 따라	점음원(구면파) → 평면파	점 → 선(원주파) → 점
거리감쇠 (자유음장이라고 가정)	역제곱법칙 적용 거리 2배일 경우 6dB 감쇠	역법칙 적용 거리 2배일 경우 3dB 감쇠

2) 통계처리 기법

통계처리 기법은 일반적으로 측정된 자료가 나타내는 유의성을 수학적 기법을 통하여 추론해내어 설명하고, 나아가 예측까지 할 수 있는 기능을 가지고 있다.

① 집중 경향 정도의 평가
  ㉠ 평균값 : 측정자료의 산술평균값
  ㉡ 중앙값 : 자료를 크기순으로 나열할 때 가운데 놓이는 값
  ㉢ 최빈값 : 측정자료 중 가장 많이 나타나는 값

② 분산 경향 정도의 평가
  ㉠ 편차 : 측정값과 측정값 산술평균과의 차이
  ㉡ 평균편차 : 편차의 절댓값을 취하여 편차의 평균을 계산한 것
  ㉢ 분산 : 편차 제곱의 평균값
  ㉣ 표준편차 : 분산의 제곱근

③ 상대성 평가
  ㉠ 4분위수(사분위 편차) : 측정값을 크기순으로 나열하였을 때 4등분하는 위치에 오는 값
  ㉡ 백분위수(백분위 편차) : 측정값을 크기순으로 나열하였을 때 100등분하는 위치에 오는 값
  ㉢ 점수 : 특정값이 평균으로부터 표준편차의 몇 배만큼 떨어져 있는지를 나타내는 값

④ 경향분석 추론 평가
  ㉠ 상관계수 : 서로 다른 두 집단 간의 상관관계를 실수로 나타낸 것
  ㉡ 단순 회귀분석 : 1개의 독립변수와 1개의 종속변수 사이의 관계를 선형관계식으로 표시하여 두 변수 간의 자료를 이용, 회귀식의 기울기와 절편을 추정하는 기법
  ㉢ 중다 회귀분석 : 종속변수에 영향을 끼치는 변수가 여러 개일 때 이들 독립변수와 종속변수 간의 선형관계에 관한 분석기법

3) 스펙트럼 분석 이론

스펙트럼은 여러 주파수의 음이 합성하여 이루어진 소리를 원래 주파수의 소리(성분음)로 분해하고, 각각의 주파수에 대해 진폭을 함수 또는 그래프로 나타낸 것이다. 성분음은 1개의 스펙트럼이 되고, 주기적인 소리는 같은 주기를 가지는 성분음 및 그 정수배의 주파수를 가진 배음으로 된 선스펙트럼이 되며, 비주기적인 소리는 주파수가 연속적으로 분포된 연속 스펙트럼이 된다.

Section 04 소음측정 결과분석

(1) 소음측정 결과분석

「소음·진동 공정시험기준」이나 KS 등 관련 시험규격에 따라 측정결과를 분석할 수 있다.

① 소음분석 프로세스를 확인한다.

② 소음분석 프로세스에 의해 소음분석을 실시한다. 설비 소음분석 및 발생원인 도출 절차는 다음과 같다.

ㄱ 소음측정 데이터를 검증한다.
- ⓐ 센서 및 커넥터, 케이블에 이상이 없는지 확인한다.
- ⓑ 측정된 데이터에 오류가 있는지 확인한다.
- ⓒ 측정위치 및 조건에 오류가 있는지 확인한다.

ㄴ 설비 특성을 파악한다.
- ⓐ 설비 작동 메커니즘을 이해한다.
- ⓑ 공정 내 대상 설비의 역할을 파악한다.
- ⓒ 설비 예상 결함을 분석한다.

ㄷ 설비 결함 및 특성을 파악한다.
- ⓐ 설비 결함 이력을 파악한다.
- ⓑ 설비 보수 이력을 파악한다.
- ⓒ 설비 개선 이력을 파악한다.

③ 경향관리 데이터를 확인한다.

ㄱ 과거 경향관리 데이터를 조사한다.

ㄴ 소음 변화 상태 파악 및 운전조건 상관관계를 분석한다.

ㄷ 계절별, 운전조건별, 생산제품별 소음특성을 파악한다.

④ 설비상태 이상징후 발견 시 정밀분석을 실시한다.

ㄱ 소음 증가 추이(증가율)를 확인한다.

ㄴ 주요 결함 성분조사 및 이상상태를 확인한다.

ㄷ 주요 진동 발생원인을 도출한다.

(2) 측정의 적합성 분석

「소음·진동 공정시험기준」이나 KS 등 관련 시험규격에 적합하게 측정이 이루어졌는지를 분석할 수 있다.

① 환경기준의 측정자료를 분석한다. 측정자료는 다음의 경우에 따라 분석·정리하며, 소수점 첫째자리에서 반올림한다.

  ㉠ 디지털 소음 자동분석계를 사용한 경우 : 샘플주기를 1초 이내에서 결정하고 5분 이상 측정하여 자동 연산·기록한 등가소음도를 그 지점의 측정소음도로 한다.

  ㉡ 소음도 기록기를 사용하여 측정한 경우 : 5분 이상 측정·기록하여 다음의 방법으로 그 지점의 측정소음도를 정한다.

    ⓐ 기록지상의 지시치 변동이 없을 때에는 그 지시치

    ⓑ 기록지상의 지시치의 변동폭이 5dB 이내일 때에는 구간 내 최대치부터 소음도의 크기순으로 10개를 산술평균한 소음도

    ⓒ 기록지상의 지시치가 불규칙하고 대폭적으로 변하는 경우에는 등가소음도 계산 방법에 의한 등가소음도

  ㉢ 소음계만으로 측정한 경우 : 계기 조정을 위하여 먼저 선정된 측정위치에서 대략적인 소음의 변화 양상을 파악한 후 소음계 지시치의 변화를 눈으로 확인하여 5초 간격 50회 판독·기록하여 다음의 방법으로 그 지점의 측정소음도를 정한다.

    ⓐ 소음계의 지시치가 변동이 없을 때에는 그 지시치

    ⓑ 소음계의 지시치의 변화폭이 5dB 이내일 때에는 구간 내 최대치부터 소음도의 크기순으로 10개를 산술평균한 소음도

    ⓒ 소음계 지시치의 변화폭이 5dB을 초과할 때에는 등가소음도 계산방법에 의한 등가소음도. 다만, 등가소음을 측정할 수 있는 소음계를 사용할 때에는 5분 동안 측정하여 소음계에 나타난 등가소음도로 한다.

② 배출허용기준의 측정자료를 분석한다. 측정자료는 다음의 경우에 따라 분석·정리하며, 소수점 첫째자리에서 반올림한다.

  ㉠ 디지털 소음 자동분석계를 사용한 경우 : 샘플주기를 1초 이내에서 결정하고 5분 이상 측정하여 자동 연산·기록한 등가소음도를 그 지점의 측정소음도 또는 배경소음도로 한다.

  ㉡ 소음도 기록기를 사용하여 측정한 경우 : 5분 이상 측정·기록하여 다음의 방법으로 그 지점의 측정소음도 또는 배경소음도를 정한다.

    ⓐ 기록지상의 지시치에 변동이 없을 때에는 그 지시치

    ⓑ 기록지상의 지시치의 변동폭이 5dB 이내일 때에는 구간 내 최대치에서 소음도의 크기순으로 10개를 산술평균한 소음도

    ⓒ 기록지상의 지시치가 불규칙하고 대폭적으로 변하는 경우에는 등가소음도 계산법에 의한 등가소음도

ⓒ 소음계만으로 측정한 경우 : 계기 조정을 위하여 먼저 선정된 측정위치에서 대략적인 소음의 변화 양상을 파악한 후, 소음계 지시치의 변화를 눈으로 확인하여 5초 간격 50회 판독·기록하여 다음의 방법으로 그 지점의 측정소음도 또는 배경소음도를 정한다.

ⓐ 소음계의 지시치에 변동이 없을 때에는 그 지시치

ⓑ 소음계의 지시치의 변동폭이 5dB 이내일 때에는 구간 내 최대치 10개를 산술평균한 소음도

ⓒ 소음계 지시치의 변동폭이 5dB를 초과할 때에는 등가소음도 계산법에 의한 등가소음도. 다만, 이때 충격음의 영향은「소음진동규제법」시행규칙 [별표 4]의 보정표에 의해 보정한다. 한편, 등가소음을 측정할 수 있는 소음계를 사용할 때에는 5분 동안 측정하여 소음계에 나타난 등가소음도로 한다.

③ 규제기준의 생활소음 측정자료를 분석한다. 측정자료는 다음의 경우에 따라 분석·정리하며, 소수점 첫째자리에서 반올림한다. 다만, 측정소음도를 측정할 때 대상소음의 발생시간이 5분 이내인 경우에는 그 발생시간 동안 측정·기록한다.

㉠ 디지털 소음 자동분석계를 사용한 경우 : 샘플주기를 1초 이내에서 결정하고 5분 이상 측정하여 자동 연산·기록한 등가소음도를 그 지점의 측정소음도 또는 배경소음도로 한다.

㉡ 소음도 기록기를 사용하여 측정한 경우 : 5분 이상 측정·기록하여 다음의 방법으로 그 지점의 측정소음도 또는 배경소음도를 정한다.

ⓐ 기록지상의 지시치의 변동폭이 5dB 이내일 때에는 변화폭의 중간소음도

ⓑ 기록지상의 지시치가 불규칙하고 대폭적으로 변하는 경우에는 최대치부터 소음도의 크기순으로 10개를 택하여 산술평균한 소음도

㉢ 소음계만으로 측정한 경우 : 계기 조정을 위하여 먼저 선정된 측정위치에서 대략적인 소음의 변화 양상을 파악한 후, 소음계 지시치의 변화를 눈으로 확인하여 5초 간격 50회 판독·기록하여 다음의 방법으로 그 지점의 측정소음도 또는 배경소음도를 정한다.

ⓐ 소음계의 지시치의 변화폭이 5dB 이내일 때에는 변화폭의 중간소음도

ⓑ 소음계 지시치가 불규칙하고 대폭적으로 변하는 경우에는 최대치부터 소음도의 크기순으로 10개를 택하여 산술평균한 소음도이다. 다만, 등가소음을 측정할 수 있는 소음계를 사용할 때에는 5분 동안 측정하여 소음계에 나타난 등가소음도로 한다.

(3) 배경소음 보정

측정소음도에 다음과 같이 배경소음을 보정하여 대상소음도로 한다.

① 측정소음도가 배경소음보다 10dB 이상 크면 배경소음의 영향이 극히 작기 때문에 배경소음의 보정없이 측정소음도를 대상소음도로 한다.

② 측정소음도가 배경소음보다 3 ~ 9dB 차이로 크면 배경소음의 영향이 있기 때문에 측정소음도에 보정표에 의한 보정치를 보정한 후 대상소음도를 구한다.

③ 측정소음도가 배경소음도보다 2dB 이하로 크면 배경소음이 대상소음보다 크므로 만족되는 조건에서 재측정하여 대상소음도를 구하여야 한다.

(4) 규제기준의 발파소음 측정자료의 분석

측정소음도 및 배경소음도는 소수점 첫째자리에서 반올림한다.

1) 측정소음도

① 디지털 소음 자동분석계를 사용할 때에는 샘플주기를 0.1초 이하로 놓고 발파소음의 발생시간(수초 이내) 동안 측정하여 자동 연산·기록한 최고치(L_{max} 등)를 측정소음도로 한다.

② 소음도 기록기를 사용할 때에는 기록지상의 지시치의 최고치를 측정소음도로 한다.

③ 최고소음 고정(hold)용 소음계를 사용할 때에는 당해 지시치를 측정소음도로 한다.

2) 배경소음도

① 디지털 소음 자동분석계를 사용한 경우

샘플주기를 1초 이내에서 결정하고 5분 이상 측정하여 자동 연산·기록한 등가소음도를 그 지점의 배경소음도로 한다.

② 소음기록기를 사용하여 측정한 경우

5분 이상 측정·기록하여 다음 방법으로 그 지점의 배경소음도를 정한다.

㉠ 기록지상의 지시치에 변동이 없을 때에는 그 지시치

㉡ 기록지상의 지시치의 변동폭이 5dB 이내일 때에는 구간 내 최대치부터 소음도의 크기 순으로 10개를 산술평균한 소음도

㉢ 기록지상의 지시치가 불규칙하고 대폭적으로 변하는 경우에는 등가소음도 계산방법에 의한 등가소음도

③ 소음계만으로 측정한 경우

계기 조정을 위하여 먼저 선정된 측정위치에서 대략적인 소음의 변화 양상을 파악한 후, 소음계 지시치의 변화를 눈으로 확인하여 5초 간격 50회 판독·기록하여 다음의 방법으로 그 지점의 배경소음도를 정한다.

㉠ 소음계의 지시치에 변동이 없을 때에는 그 지시치

㉡ 소음계의 지시치의 변화폭이 5dB 이내일 때에는 구간 내 최대치부터 소음도의 크기 순으로 10개를 산술평균한 소음도

㉢ 소음계의 지시치의 변화폭이 5dB을 초과할 때에는 등가소음도 계산방법에 의한 등가소음도. 다만, 등가소음을 측정할 수 있는 소음계를 사용할 때에는 5분 동안 측정하여 소음계에 나타난 등가소음도로 한다.

(5) 규제기준의 동일 건물 내 사업장소음 측정자료 분석

측정자료는 다음 경우에 따라 분석·정리하며, 소수점 첫째자리에서 반올림한다. 다만, 측정소음도 측정 시 대상소음의 발생시간이 5분 이내인 경우에는 그 발생시간 동안 측정·기록한다.

1) 디지털 소음 자동분석계를 사용한 경우

5분 이상 측정하여 자동 연산·기록한 등가소음도를 각 지점의 측정소음도 또는 배경소음도로 한다.

2) 소음도 기록기를 사용하여 측정한 경우

5분 이상 측정·기록하여 다음의 방법으로 각 지점의 측정소음도 또는 배경소음도를 정한다.
① 기록지상의 지시치의 변동폭이 5dB 이내일 때에는 변화폭의 중간소음도
② 기록지상의 지시치가 불규칙하고 대폭적으로 변하는 경우에는 최대치부터 소음도의 크기 순으로 10개를 택하여 산술평균한 소음도

3) 소음계만으로 측정한 경우

계기 조정을 위하여 먼저 선정된 측정위치에서 대략적인 소음의 변화 양상을 파악한 후, 소음계 지시치의 변화를 눈으로 확인하여 5초 간격 50회 판독·기록하여 다음의 방법으로 각 지점의 측정소음도 또는 배경소음도를 정한다.
① 소음계의 지시치의 변화폭이 5dB 이내일 때에는 변화폭의 중간소음도
② 소음계의 지시치의 변화폭이 5dB를 초과할 때에는 등가소음도 계산방법에 의한 등가소음도. 다만, 등가소음을 측정할 수 있는 소음계를 사용할 때에는 5분 동안 측정하여 소음계에 나타난 등가소음도로 한다.

4) 배경소음 보정

측정소음도에 다음과 같이 배경소음을 보정하여 대상소음도로 한다.
① 측정소음도가 배경소음보다 10dB 이상 크면 배경소음의 영향이 극히 작기 때문에 배경소음의 보정없이 측정소음도를 대상소음도로 한다.
② 측정소음도가 배경소음보다 3 ~ 9dB 차이로 크면 배경소음의 영향이 있기 때문에 측정소음도 보정표에 의한 보정치를 보정한 후 대상소음도를 구한다.
③ 측정소음도가 배경소음보다 2dB 이하로 크면 배경소음이 대상소음보다 크므로 만족되는 조건에서 재측정하여 대상소음도를 구하여야 한다.

(6) 소음한도의 도로교통소음 측정자료의 분석

측정자료는 다음의 경우에 따라 분석·정리하며, 소수점 첫째자리에서 반올림한다.

1) 디지털 소음 자동분석계를 사용한 경우

샘플주기를 1초 이내에서 결정하고 5분 이상 측정하여 자동 연산·기록한 등가소음도를 그 지점의 측정소음도로 한다.

2) 소음도 기록기를 사용하여 측정한 경우

5분 이상 측정·기록히어 나음의 방법으로 그 지점의 측정소음도를 정한다.
① 기록지상의 지시치에 변동이 없을 때에는 그 지시치
② 기록지상의 지시치의 변동폭이 5dB 이내일 때에는 구간 내 최대치부터 소음도의 크기순으로 10개를 산술평균한 소음도
③ 기록지상의 지시치가 불규칙하고 대폭적으로 변하는 경우에는 등가소음도 계산방법에 의한 등가소음도

3) 소음계만으로 측정한 경우

계기 조정을 위하여 먼저 선정된 측정위치에서 대략적인 소음의 변화 양상을 파악한 후, 소음계 지시치의 변화를 눈으로 확인하여 5초 간격 50회 판독·기록하여 다음의 방법으로 그 지점의 측정소음도를 정한다.

① 소음계의 지시치에 변동이 없을 때에는 그 지시치

② 소음계의 지시치의 변화폭이 5dB 이내일 때에는 구간 내 최대치부터 소음도의 크기 순으로 10개를 산술평균한 소음도

③ 소음계 지시치의 변화폭이 5dB을 초과할 때에는 등가소음도 계산방법에 의한 등가소음도. 다만, 등가소음을 측정할 수 있는 소음계를 사용할 때에는 5분 동안 측정하여 소음계에 나타난 등가소음도로 한다.

(7) 소음한도의 철도소음 측정자료의 분석

① 샘플주기를 1초 내외로 결정하고 1시간 동안 연속 측정하여 자동 연산·기록한 등가소음도를 그 지점의 측정소음도로 하며, 소수점 첫째자리에서 반올림한다.

② 위의 규정에도 불구하고 배경소음과 철도의 최고소음의 차이가 10dB 이하인 경우 등 배경소음이 상당히 크다고 판단되는 경우에는 열차 통과 시 최고소음도를 측정하여 다음과 같이 계산한 후, 소수점 첫째자리에서 반올림한다.

$$L_{eq(1h)} = \overline{L_{\max}} + 10 \log N - 32.6 \, \mathrm{dB(A)}$$

여기서, $\overline{L_{\max}} = 10 \log \left[\left(\dfrac{1}{N} \right) \displaystyle\sum_{i=1}^{n} 10^{0.1 L_{\max}} \right]$

$N = 1$시간 동안의 열차통행량(왕복대수)

$L_{\max, i} = i$번째 열차의 최고소음도(dB(A))

(8) 소음한도의 항공기소음 측정자료의 분석

측정자료로부터 항공기소음평가레벨인 L_{den}을 구하며, 소수점 첫째자리에서 반올림한다.

Section 05 재측정하기

「소음·진동 공정시험기준」에 따라 이상값이 나왔을 때 원인을 분석하여 재측정할 수 있다.

① 소음측정 분석결과 이상값이 있는지 확인한다.

② 이상값이 나왔을 때 원인을 분석하여 보고한다.

③ 재측정계획을 수립하여 관련 부서에 통보 후 재측정을 실시한다. 재측정 시 「소음·진동 공정시험기준」에 맞게 측정을 실시한다.

4 소음방지기술

- 소음방지기술을 이해하기 위해 방지계획 실시 순서와 방음자재에 대한 특성을 파악한다.
- 흡음재료와 차음재료의 특성을 구별하여 파악하는 능력을 갖춘다.

Section 01 소음방지

(1) 방지계획 및 고려사항

소음방지를 위한 조사·측정·설계 등의 방지기술 내역은 다음 표와 같다.

항목	내역	비고
조사	대상기계, 작업조건 및 성상, 기상환경 등의 기본조사	환경조건, 거리감쇠
측정	음원, 규제 위치의 소음레벨 등 측정음원의 주파수 분석, 녹음기에 의한 측정기록	「소음·진동 공정시험기준」 참조 보정법 참조
해석	측정결과 및 규제기준으로부터 감음 목표치 설정, 기계 자체의 개수, 해석, 발생음의 감음 계산	방사면적, 제진재 재료, 지향성, 공명, 구조, 재료의 변경, 작업방법의 변경, 흡음재, 차음재, 거리감쇠 등의 계산
설계	전 항의 결과로부터 설계, 시방서, 방음재료의 선정, 수량 계산, 적산	설계 기본계산법 참조
공사	전 항의 시방설계서에 의해 시공, 시공 후에 방음 확인 측정	－

설계 시 가장 주의를 요하는 점은 규제기준이 청감보정을 한 dB(A)로 물리량이 아닌 경우에는 설계 계산상 모두 물리량으로 환산할 필요가 있다. 수음점에서는 여러 가지 음원에 의한 소음이 합성음으로 이루어져 있기 때문에 배경소음 측정에 의한 보정에 의해 소음레벨을 환산하여야 한다. 소음레벨만으로 설계자료를 활용하는 것은 잘못이며, 주파수 분석을 행하여 그 결과에 따라 설계를 행하는 것이 당연하고 흡음재나 차음재 등의 방음재료 선정에 있어 필수적이다.

(2) 소음방지계획의 개요

① 공장소음방지계획
  ㉠ 신설 및 증설인 경우
    ⓐ 지역구분에 따른 부지경계선에서의 소음레벨이 규제기준 이하가 되도록 한다.
    ⓑ 특정공정인 경우는 방지계획 및 설계도를 첨부한다.
    ⓒ 공장 건축물, 구조물에 의한 방음설계, 기계 자체 및 조합에 의한 방음설계의 계획을 세운다.

    ⓛ 기존 공장인 경우

        ⓐ 지역구분에 따른 부지경계선에서의 소음레벨이 규제기준 이하가 되도록 한다.

        ⓑ 공장 건축물, 구조물에 의한 방음설계, 기계 자체 및 조합에 의한 방음설계의 계획을 세운다.

        ⓒ 공장 내에서 기계의 배치를 변경하거나 소음레벨이 큰 기계를 부지경계선에서 가급적 먼 곳으로 이전 설치한다.

② 도로교통소음방지계획

    ㉠ 신설도로인 경우

        ⓐ 환경소음레벨을 초과하는 도로는 완전차폐 또는 방음벽을 계획한다.

        ⓑ 노면계획을 충분히 검토한다. 특히 고가·고속 도로의 경우 도로구조설계를 면밀히 검토한다.

        ⓒ 노선 설정계획서에 인구밀집지역을 피하거나 과밀지대인 경우는 지하차도를 계획한다.

    ㉡ 기존 도로인 경우

        ⓐ 환경소음레벨을 초과하는 도로는 완전차폐 또는 방음벽을 계획한다.

        ⓑ 노면계획을 충분히 검토한다.

        ⓒ 주거밀집지역을 통과하는 고속도로 등은 속도제한을 실시할 계획을 세운다.

③ 건설소음방지계획

    ㉠ 기설구조의 제거작업인 경우 : 충격파괴형 작업공정을 다른 공법으로 변경한다.

    ㉡ 신설작업인 경우

        ⓐ 항타, 강철파일을 박는 공법을 어스드릴로 뚫은 후 항타작업을 실시하거나 진동해머를 사용하는 공법으로 변경한다.

        ⓑ 건설기계에 의한 소음은 차음박스로 방음계획을 하는 등의 방법을 세운다.

        ⓒ 특정공사 승인 신청서에 위의 조치사항 외에 작업시간계획을 세울 때 환경소음도가 높은 시간대를 택한다.

(3) 계획실시 순서

① 대상환경 및 음원의 조사

② 소음레벨 측정

③ 주파수 분석

④ 환경감쇠량 측정 : 감쇠조건의 조사, 전파경로 조사, 1차·2차 고체음 및 공기 전파음 측정

⑤ 감쇠량 설정

⑥ 감음시스템 안에 따라 감음계산 등의 해석 검토

    ㉠ 감음시스템 검토

    ㉡ 건물의 구조 및 내·외벽의 검토

    ㉢ 음원대책의 검토

    ㉣ 차음구조물 대책의 검토

    ㉤ 근로자 귀마개 대책, 음폐대책 등

⑦ 방음설계

⑧ 경제성 검토

⑨ 시공

(4) 공장소음의 방지대책

① 음원대책

㉠ 음원 기계의 밀폐, 음원에너지 차단

㉡ 소음기, 흡음덕트 설치

㉢ 음원실 안의 흡음처리

㉣ 음원의 차음벽 시공

② 공장 건물의 방음대책

㉠ 건물 내·외벽의 흡음관, 차음관 시공

㉡ 천장에 부착된 환기팬 등의 소음기 및 흡음덕트 시공

Section 02 흡음 및 차음 재료

〈 음향재료의 종류와 정의 〉

종류	정의
흡음재료	공기 중을 전파하여 입사한 음파가 반사되는 양이 적은 재료로서 주로 천장, 벽 등 내장재료로 사용됨
차음재료	공기 중을 전파하여 입사한 음파가 투과(입사면에 대한 반대측 면에서의 방사)되지 않는 재료로서 주로 외벽구조, 공간을 구획하는 벽 등에 이용됨. 그러나 입사한 음파를 100%로 차단하기는 쉽지 않음
제진재료	진동체 자체에 도장을 하거나 특수재료를 부착함으로서 기계적인 가진이나 충격에 의한 진동발생 시 그 표면에서 방사되는 음파를 약화시키는 재료
방진재료	진동체와 접촉하는 구조체 사이에 이용하여 진동의 전달을 약화시키기 위한 재료로서 주로 기계류, 배관류의 탄성지지나 뜬바닥 구조용 탄성재 등으로 이용됨

(1) 흡음재료

흡음재료는 건축물에 사용되는 모든 방음재료는 종류나 구조에 따라 차이는 있으나 그 재료에 도달한 음에너지의 일부를 흡수하거나 투과시킨 후, 나머지를 반사시키는 성질을 갖고 있다. 이때 반사되지 않은 부분 즉, 음의 흡수투과를 흡음이라 한다. 이론적으로는 재료에 입사한 음에너지가 점성저항이나 마찰저항에 의해 열에너지로 변환되는 것을 말하며, 그 효과가 있는 재료를 흡음재료라고 부른다. 흡음재료나 흡음구조의 흡음성능은 흡음률로 표시한다.

흡음률은 재료의 종류나 사용조건 외에 음의 입사조건과 관계가 있고, 실내에서의 흡음의 정도는 흡음력 또는 평균흡음률로 표시된다. 흡음력은 재료의 흡음률에 그 재료의 사용면적을 곱한 값이고, 평균흡음률은 벽이나 천장 등에 사용된 재료의 차이에 따라 흡음률이 다를 경우 각각의 흡음력을 더한 총 흡음력을 전체 면적으로 나눈 값이다.

〈 흡음재료별 특성 및 시공 시 주의사항 〉

재료구조	제품	특성	시공 시 주의사항
다공질재 (가는 섬유로 구성된 것으로서 다수의 작은 공극을 지니고 있음)	유리면 암면 뿜칠섬유 목모시멘트판 직물류	• 주파수가 높을수록(중고음역) 흡음률은 높아져 일정주파수 이상에서는 거의 일정함 • 일반적으로 두께를 늘리면 흡음률은 커지나 같은 두께일 경우에는 밀도가 높을수록 효과가 큼 • 배후공기층은 중저음역의 흡음성능에 유효함 • 표면마감처리방법에 의해 흡음특성이 변함	• 재료 표면의 공극을 막는 표면마감을 하지 말 것 • 뿜칠재료는 두께나 흙손질에 주의 • 부착방법, 배후공기층 등에 대한 현장감리는 꼼꼼하게 수행
연질성형판재 (섬유를 원료로 하여 판상으로 성형한 것으로 다수의 공극을 지니고 있음)	연질성형판재 연질섬유판 암면흡음판	• 주파수가 높을수록(중고음역) 흡음률 큼 • 배후공기층은 흡음성능에 유효함 • 석고보드 등이 바탕재로 사용될 때에는 배후공기층의 효과는 없음 • 재질이 단단할수록 흡음률은 낮고 특성은 평탄해짐	• 표면은 가공제품 그대로 사용하고 지정한 것 이외의 도장은 하지 말 것 • 부착방법, 배후공기층 등에 대한 현장감리는 꼼꼼하게 수행
구멍판재 (경질판에 다수 구멍을 관통시킨 것으로서 구멍과 배후공기층으로 구성)	구멍판재 구멍합판 구멍석고보드 구멍석면 시멘트판 구멍알루미늄판	• 일반적으로 낮은 주파수(중저음역)의 흡음에 유효 • 판의 두께, 구멍크기와 간격, 배후조건에 따라 특성이 달라지고 유효주파수역이 변화함 • 배후공기층을 크게 하면 흡음주파수역이 넓어짐 • 배후공기층에 흡음재를 넣으면 흡음률이 높아짐	표면도장은 자유로우나 구멍이 막히지 않도록 해야 하며, 지정한 뼈대구조나 배후구조를 준수할 것
유연한 재료 (발포한 탄성재로서 다수의 기포로 구성)	유연한 재료 연질 우레탄폼	• 주파수가 높을수록(중고음역) 흡음률 큼 • 두께를 늘리면 흡음률은 커지며, 배후에 공기층을 설치하면 흡음성능이 좋아짐	• 표면에서 섬유가 날리지 않아 그대로 사용 가능 • 표면도장은 피할 것 • 표면마감방법은 다공질재와 같음
판(막)상재 (경질판 또는 막으로 공극이 없기 때문에 배후공기층과 함께 구성함)	판(막)상재 합판 석고보드 석면시멘트판 비닐시트	• 재료 부착방법과 배후조건에 의해 특성이 달라짐 • 일반적으로 큰 흡음률은 기대할 수 없음 • 낮은 주파수대역에 유효함 • 재료의 판진동에 의한 흡음이기 때문에 견고하게 붙이는 것보다는 못을 이용하여 붙이는 것이 효과적임	• 판의 재질, 두께, 뼈대구조, 부착방법, 배후조건 등은 설계대로 시공할 것 • 표면도장은 일반적으로 자유로움

(2) 차음재료

1) 차음재료의 기능과 성능지표

차음재료란 공기 중을 전파하여 입사하는 소리를 차단하여 그 이면에서 방사되는 음파(투과파)의 강도를 필요한 만큼 줄이기 위해 사용하는 재료를 말하며, 이들 재료에 의해 구성된 것을 차음구조라 한다. 이들 차음재료에 의해 구성되는 차음구조의 용도는 매우 다양하나 그 중에서 대표적인 것을 나타내면 다음과 같다.

① **상호 음향차단** : 인접실의 소음이 들리지 않도록 또는 인접실에 이 쪽의 음이 들리지 않도록 하기 위한 차음용 칸막이벽(문 포함)이나 경계벽, 차음용 바닥·천장구조에 사용

② **음원측의 음향출역 저감** : 소음원으로 되는 기계류 등의 소음방사를 막기 위한 방음커버나 기계실 주변 벽(출입구 포함)에 사용

③ **수음측에서의 침입소음의 저감** : 외부로부터 소음이 침입하지 않도록 하기 위한 외벽 지붕구조 및 창 등의 개구부에 사용

④ **차폐재료** : 소음을 경감시키기 위한 방음용 벽의 본체로서 사용

⑤ **덕트 등의 감음처리** : 기류소음이 큰 덕트의 피복재료로 사용하거나 큰 소음을 일으키는 급배수관 등의 파이프 샤프트용 재료로 사용

⑥ **기타** : 공기음의 형태로 전파되는 음파의 차단이 필요한 부분에 사용

〈 차음성능지표의 종류 및 측정방법 〉

성능지표	산출방법	측정방법
음향투과손실 (dB)	건축재료의 차음성능을 나타내는 기본지표이며, 잔향실에서 측정한 것임 $$TL = L_1 - L_2 + 10\log\left(\frac{S}{A}\right)(dB)$$ 여기서, L_1 : 음원용 잔향실의 평균음압레벨(dB) L_2 : 수음용 잔향실의 평균음압레벨(dB) S : 시료면적(m^2) A : 수음용 잔향실의 흡음력(m^2)	건축용 재료에 대한 음향투과손실의 측정은 KS F 2808(실험실에서의 음향투과손실의 측정방법)에 의함
음압레벨차 (dB)	두 실 간의 공간차음성능을 평가하는 지표임 $$D = L_1 - L_2(dB)$$ 여기서, L_1 : 음원실의 실내 평균음압레벨(dB) L_2 : 수음실의 실내 평균음압레벨(dB)	음압레벨차를 산출하기 위해서는 각 실(음원실과 수음실)에서 음압레벨을 측정함. 측정은 KS F 2809(건축물 현장에 있어서 음압레벨차의 측정방법)에 의함

2) 차음재료의 선정과 시공

소음제어를 목적으로 사용하고 있는 차음재료는 유리, 철판, 알루미늄, 콘크리트, 벽돌, 석재, 합판, 석고보드 등 사용 원료나 제품에 따라 그 종류가 매우 다양하며, 적용대상 및 부위 또한 광범위하다. 이들 차음재료 중 건축물에 가장 많이 사용되고 있고, 일반화되어 있으며, 차음성능이 가장 좋은 재료는 말할 나위 없이 콘크리트 계통의 재료이다. 차음계획은 설계대상 공간의 소음레벨을 허용소음레벨 이하로 줄이기 위해 요구성능을 만족하는 재료를 선정하여 건축계획에 반영하는 것이나 차음성능 이외에 적용 장소에 따라 건축상의 구조 강도, 내화·내열성, 내수성, 단열성 등 각종 성능과 시공의 용이성, 의장성 등을 고려함과 동시에 경제성을 고려하여 종합적인 차음계획을 수립하는 것이 필요하다.

〈 차음재료의 종류별 특성 및 시공 시 고려사항 〉

재료구조		제품의 종류	특징	사용 시 고려사항
단층 구조	단일판	철판, 알루미늄판, 합판, 석고보드, 석면시멘트판, 플랙시블보드, 판유리 등	• 확실히 큰 차음량이 얻어짐 • 고음역일수록 효과가 큼 • 면적당 중량이 클수록 효과가 큼 • 두께가 두꺼울수록 효과가 큼 • 일치효과에 의한 성능 저하에 주의	• 재료의 주위나 연결부에 틈이 있으면 효과가 없음 • 차음효과를 높이기 위해서는 중량을 높일 수 있는 비화공법을 적절히 사용해야 함
	단일벽	철근콘크리트, 시멘트 블록, ALC 블록 등		
복합 구조	피층판	–	• 사용재료나 조합방법에 의해 특징이 바뀜 • 재료 단독성분이 효과에 큰 영향을 미침 • 물감층의 재료나 간격에 의해 특성이 바뀜 • 공명투과에 의한 투과 저하에 주의	• 기성재료는 재료크기에 맞는 부착방법을 이용하고, 틈이 없도록 함 • 현장에서 복합시공하는 경우에는 빼대의 구조나 충진재료, 부착방법에 오류가 발생하지 않도록 함
	샌드위치판	중공층 샌드위치판 다공실재 샌드위치판 발포제재 샌드위치판		
틈새 처리	코팅	연질재료	틈에 의한 차음효과	개구부(창,문) 등의 주위에 틈이 없도록 충진함
다중 구조	현장시공	철근콘크리트 시멘트 블록 도장벽 이중벽	• 사용재료, 구조에 의해 특성이 바뀜 • 겹쳐지는 재료의 특성이 효과에 영향을 미침 • 실제 시공사례에 측정된 특성을 채용함	설치대로 시공하도록 현장관리가 중요함
건구틀	창, 문	방음창 방음문	• 일반적으로 고음역일수록 효과가 큼 • 유리의 두께에 의한 특성차이가 큼 • 건구의 크기나 부착방법에 의해 차이가 큼 • 실제 사용하는 제품의 특성을 채용	• 건구틀 주변의 충진은 틀이나 장치를 손상시키거나 비뚤어지지 않도록 양생에 주의 • 유리를 끼워 넣을 때에는 틈이 없도록 함

5 소음공정시험기준

Section 01 총칙

(1) 목적, 적용범위

1) 목적

이 시험기준은 환경분야 시험·검사 등에 관한 규정에 의거 소음을 측정함에 있어서 측정의 확성 및 통일성을 유지하기 위하여 필요한 제반사항에 대하여 규정함을 목적으로 한다.

2) 적용범위

이 시험기준은 「환경정책기본법」 환경소음과 「소음·진동관리법」에서 정하는 배출허용기준, 규제기준 및 관리기준 등과 관련된 소음을 측정하기 위한 시험기준에서 사용되는 용어의 정의 및 측정기기에 대하여 규정한다.

(2) 용어의 정의

① 소음원 : 소음을 발생하는 기계·기구, 시설 및 기타 물체 또는 환경부령으로 정하는 사람의 활동을 말한다.

② 반사음 : 한 매질 중의 음파가 다른 매질의 경계면에 입사한 후 진행방향을 변경하여 본래의 매질 중으로 되돌아오는 음을 말한다.

③ 배경소음 : 한 장소에 있어서의 특정의 음을 대상으로 생각할 경우 대상소음이 없을 때 그 장소의 소음을 대상소음에 대한 배경소음이라 한다.

④ 대상소음 : 배경소음 외에 측정하고자 하는 특정의 소음을 말한다.

⑤ 정상소음 : 시간적으로 변동하지 아니하거나 또는 변동폭이 작은 소음을 말한다.

⑥ 변동소음 : 시간에 따라 소음도 변화폭이 큰 소음을 말한다.

⑦ 충격음 : 폭발음, 타격음과 같이 극히 짧은 시간 동안에 발생하는 높은 세기의 음을 말한다.

⑧ 지시치 : 계기나 기록장상에서 반녹한 소음도로서 실효치(rms값)를 말한다.

⑨ 소음도 : 소음계의 청감보정회로를 통하여 측정한 지시치를 말한다.

⑩ 등가소음도 : 임의의 측정시간 동안 발생한 변동소음의 총 에너지를 같은 시간 내의 정상소음의 에너지로 등가하여 얻어진 소음도를 말한다.

⑪ 측정소음도 : 이 시험기준에서 정한 측정방법으로 측정한 소음도 및 등가소음도 등을 말한다.

⑫ 배경소음도 : 측정소음도의 측정위치에서 대상소음이 없을 때 이 시험기준에서 정한 측정방법으로 측정한 소음도 및 등가소음도 등을 말한다.

⑬ 대상소음도 : 측정소음도에 배경소음을 보정한 후 얻어진 소음도를 말한다.

⑭ 평가소음도 : 대상소음도에 보정치를 보정한 후 얻어진 소음도를 말한다.

⑮ 지발(遲發)발파 : 수초 내에 시간차를 두고 발파하는 것을 말한다. 단, 발파기를 1회 사용하는 것에 한한다.

(3) 소음계의 기본구조

소음을 측정하는 데 사용되는 소음계는 간이소음계, 보통소음계, 정밀소음계 등이 있으며, 최소한 그림과 같은 구성이 필요하다.

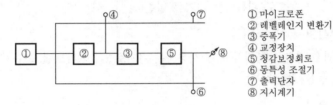

① 마이크로폰
② 레벨레인지 변환기
③ 증폭기
④ 교정장치
⑤ 청감보정회로
⑥ 동특성 조절기
⑦ 출력단자
⑧ 지시계기

‖소음계의 구성도‖

① 마이크로폰(microphone)

   마이크로폰은 지향성이 작은 압력형으로 하며, 기기의 본체와 분리가 가능하여야 한다.

② 레벨레인지 변환기

   측정하고자 하는 소음도가 지시계기의 범위 내에 있도록 하기 위한 감쇠기로서 유효눈금 범위가 30dB 이하가 되는 구조의 것은 변환기에 의한 레벨의 간격이 10dB 간격으로 표시되어야 한다. 다만, 레벨변환 없이 측정이 가능한 경우 레벨레인지 변환기가 없어도 무방하다.

③ 증폭기(amplifier)

   마이크로폰에 의하여 음향에너지를 전기에너지로 변환시킨 양을 증폭시키는 장치를 말한다.

④ 교정장치(calibration network calibrator)

   소음측정기의 감도를 점검 및 교정하는 장치로서 자체에 내장되어 있거나 분리되어 있어야 하며, 80dB(A) 이상이 되는 환경에서도 교정이 가능하여야 한다.

⑤ 청감보정회로(weighting networks)

   인체의 청감각을 주파수 보정특성에 따라 나타내는 것으로 A특성을 갖춘 것이어야 한다. 다만, 자동차소음 측정용은 C특성도 함께 갖추어야 한다.

⑥ 동특성 조절기(fast-slow switch)

지시계기의 반응속도를 빠름 및 느림의 특성으로 조절할 수 있는 조절기를 가져야 한다.

⑦ 출력단자(monitor out)

소음신호를 기록기 등에 전송할 수 있는 교류단자를 갖춘 것이어야 한다.

⑧ 지시계기(meter)

지시계기는 지침형 또는 디지털형이어야 한다. 지침형에서는 유효지시 범위가 15dB 이상이어야 하고, 각각의 눈금은 1dB 이하를 판독할 수 있어야 하며, 1dB 눈금간격이 1mm 이상으로 표시되어야 한다. 다만, 디지털형에서는 숫자가 소수점 한 자리까지 표시되어야 한다.

(4) 기록기

자동 혹은 수동으로 연속하여 시간별 소음도, 주파수밴드별 소음도 및 기타 측정결과를 그래프·점·숫자 등으로 기록하는 기기를 말한다.

(5) 주파수 분석기

소음의 주파수 성분을 분석하는 데 사용하는 기기로 1/1 옥타브밴드 분석기, 1/3 옥타브밴드 분석기 등을 말한다.

(6) 데이터 녹음기

소음계 등의 아날로그 또는 디지털 출력신호를 녹음·재생시키는 장비를 말한다.

(7) 부속장치

① 방풍망(windscreen)

소음을 측정할 때 바람으로 인한 영향을 방지하기 위한 장치로서 소음계의 마이크로폰에 부착하여 사용하는 것을 말한다.

② 삼각대(tripod)

마이크로폰을 소음계와 분리시켜 소음을 측정할 때 마이크로폰의 지지장치로 사용하거나 소음계를 고정할 때 사용하는 장치를 말한다.

③ 표준음 발생기(pistonphone, calibrator)

소음계의 측정감도를 교정하는 기기로서 발생음의 주파수와 음압도가 표시되어 있어야 하며, 발생음의 오차는 ±1dB 이내이어야 한다.

(8) 사용기준과 성능

① 사용기준

간이소음계는 예비조사 등 소음도의 대략치를 파악하는 데 사용되며, 소음을 규제, 인증하기 위한 목적으로 사용되는 측정기기로서는 KS C IEC 61672-1에 정한 클래스 2의 소음계 또는 이와 동등 이상의 성능을 가진 것으로서 dB단위로 지시하는 것을 사용하여야 한다. 소음계는 견고하고 빈번한 사용에 견딜 수 있어야 하며, 항상 정도를 유지할 수 있어야 한다.

② 성능

㉠ 측정가능 주파수 범위는 31.5Hz ~ 8kHz 이상이어야 한다.

㉡ 측정가능 소음도 범위는 35 ~ 130dB 이상이어야 한다. 다만, 자동차소음 측정에 사용되는 것은 45~130dB 이상으로 한다.

㉢ 특성별(A특성 및 C특성) 표준 입사각의 응답과 그 편차는 KS C IEC 61672-1의 〈표 2〉를 만족하여야 한다.

㉣ 레벨레인지 변환기가 있는 기기에 있어서 레벨레인지 변환기의 전환오차가 0.5dB 이내이어야 한다.

㉤ 지시계기의 눈금오차는 0.5dB 이내이어야 한다.

Section 02 환경기준의 측정방법

(1) 측정점 및 측정조건

1) 측정점

① 옥외측정을 원칙으로 하며, "일반지역"은 당해 지역의 소음을 대표할 수 있는 장소로 하고, "도로변 지역"에서는 소음으로 인하여 문제를 일으킬 우려가 있는 장소를 택하여야 한다. 측정점 선정 시에는 당해 지역 소음평가에 현저한 영향을 미칠 것으로 예상되는 공장 및 사업장, 건설사업장, 비행장, 철도 등의 부지 내는 피해야 한다.

※ 도로변 지역의 범위는 도로단으로부터 차선수×10m로 하고, 고속도로 또는 자동차 전용도로의 경우에는 도로단으로부터 150m 이내의 지역을 말한다.

② 일반지역의 경우에는 가능한 한 측정점 반경 3.5m 이내에 장애물(담, 건물, 기타 반사성 구조물 등)이 없는 지점의 지면 위 1.2 ~ 1.5m로 한다.

③ 도로변 지역의 경우 장애물이나 주거, 학교, 병원, 상업 등에 활용되는 건물이 있을 때에는 이들 건축물로부터 도로방향으로 1.0m 떨어진 지점의 지면 위 1.2 ~ 1.5m 위치로 하며, 건축물이 보도가 없는 도로에 접해 있는 경우에는 도로단에서 측정한다. 다만, 상시측정용 또는 연속측정(낮 또는 밤 시간대별로 7시간 이상 연속으로 측정)의 경우 측정높이는 주변환경, 통행, 장비의 훼손 등을 고려하여 지면 위 1.2 ~ 5.0m 높이로 할 수 있다.

2) 측정조건

① 일반사항

㉠ 소음계의 마이크로폰은 측정위치에 받침장치(삼각대 등)를 설치하여 측정하는 것을 원칙으로 한다.

㉡ 손으로 소음계를 잡고 측정할 경우 소음계는 측정자의 몸으로부터 0.5m 이상 떨어져야 한다.

㉢ 소음계의 마이크로폰은 주소음원 방향으로 향하도록 하여야 한다.

       ⓐ 풍속이 2m/s 이상일 때에는 반드시 마이크로폰에 방풍망을 부착하여야 하며, 풍속이 5m/s를 초과할 때에는 측정하여서는 안 된다.

       ⓜ 진동이 많은 장소 또는 전자장(대형 전기기계, 고압선 근처 등)의 영향을 받는 곳에서는 적절한 방지책(방진, 차폐 등)을 강구하여야 한다.

  ② 측정사항

    요일별로 소음변동이 적은 평일(월요일부터 금요일 사이)에 당해 지역의 환경소음을 측정하여야 한다.

(2) 측정기기의 사용 및 조작

1) 사용 소음계

  KS C IEC 61672-1에 정한 클래스 2의 소음계 또는 동등 이상의 성능을 가진 것이어야 한다.

2) 일반사항

  ① 소음계와 소음도 기록기를 연결하여 측정·기록하는 것을 원칙으로 한다. 소음도 기록기가 없는 경우에는 소음계만으로 측정할 수 있다.

  ② 소음계 및 소음도 기록기의 전원과 기기의 동작을 점검하고 매회 교정을 실시하여야 한다(소음계의 출력단자와 소음도 기록기의 입력단자 연결).

  ③ 소음계의 레벨레인지 변환기는 측정지점의 소음도를 예비조사한 후 적절하게 고정시켜야 한다.

  ④ 소음계와 소음도 기록기를 연결하여 사용할 경우에는 소음계의 과부하 출력이 소음기록치에 미치는 영향에 주의하여야 한다.

3) 청감보정회로 및 동특성

  ① 소음계의 청감보정회로는 A특성에 고정하여 측정하여야 한다.

  ② 소음계의 동특성은 원칙적으로 빠름(fast) 모드로 하여 측정하여야 한다.

(3) 측정시간 및 측정지점수

  ① 낮시간대(06:00 ~ 22:00)에는 당해 지역 소음을 대표할 수 있도록 측정지점수를 충분히 결정하고, 각 측정지점에서 2시간 이상 간격으로 4회 이상 측정하여 산술평균한 값을 측정소음도로 한다.

  ② 밤시간대(22:00 ~ 06:00)에는 낮시간대에 측정한 측정지점에서 2시간 간격으로 2회 이상 측정하여 산술평균한 값을 측정소음도로 한다.

(4) 측정자료 분석

  ① 측정자료에 대한 소음도의 계산과정에서는 소수점 첫째자리를 유효숫자로 하고, 측정소음도(최종값)는 소수점 첫째자리에서 반올림한다.

  ② 디지털 소음 자동분석계를 사용할 경우는 샘플주기를 1초 이내에서 결정하고 5분 이상 측정하여 자동 연산·기록한 등가소음도를 그 지점의 측정소음도로 한다. 다만, 연속·상시측정의 경우 1시간 이상 측정하여 자동 연산·기록한 등가소음도를 그 지점의 측정소음도로 한다.

(5) 평가 및 측정자료의 기록

1) 평가

측정자료 분석에서 구한 측정소음도를 「환경정책기본법」 시행령 [별표 1]의 소음환경기준과 비교한다.

2) 측정자료의 기록

소음평가를 위한 자료는 환경소음 측정자료 평가표 [서식 1]에 의하여 기록하며, 측정값에 대한 증빙자료(수기 제외)를 첨부한다.

Section 03 배출허용기준의 측정방법

(1) 측정점 및 측정조건

1) 측정점

① 공장의 부지경계선(아파트형 공장의 경우에는 공장 건물의 부지경계선) 중 피해가 우려되는 장소로서 소음도가 높을 것으로 예상되는 지점의 지면 위 1.2~1.5m 높이로 한다.

② 공장의 부지경계선이 불명확하거나 공장의 부지경계선에 비하여 피해가 예상되는 자의 부지경계선에서의 소음도가 더 큰 경우에는 피해가 예상되는 자의 부지경계선으로 한다.

③ 측정지점에 높이가 1.5m를 초과하는 장애물이 있는 경우에는 장애물로부터 소음원 방향으로 1.0~3.5m 떨어진 지점으로 한다. 다만, 장애물로부터 소음원 방향으로 1.0~3.5m 떨어지기 어려운 경우에는 장애물 상단 직상부로부터 0.3m 이상 떨어진 지점으로 할 수 있다. 또한, 그 장애물이 방음벽이거나 충분한 차음이 예상되는 경우에는 장애물 밖의 1.0~3.5m 떨어진 지점 중 암영대(暗影帶)의 영향이 적은 지점으로 한다.

④ 배경소음도는 측정소음도의 측정점과 동일한 장소에서 측정함을 원칙으로 한다.

⑤ 공장이 나중에 입지한 지역에서는 위의 규정에도 불구하고 피해가 우려되는 곳이 2층 이상의 건물인 경우 등으로서 피해가 우려되는 자의 부지경계선에 비하여 소음도가 더 높은 곳이 있는 경우에는 소음도가 높은 곳에서 소음원 방향으로 창문·출입문 또는 건물벽 밖의 0.5~1.0m 떨어진 지점으로 한다. 다만, 건축구조나 안전상의 이유로 외부 측정이 불가능한 경우에 한하여 창문 등의 경계면 지점으로 하고, +1.5dB를 보정한다.

2) 측정조건

① 일반사항

　㉠ 소음계의 마이크로폰은 측정위치에 받침장치(삼각대 등)를 설치하여 측정하는 것을 원칙으로 한다.

　㉡ 손으로 소음계를 잡고 측정할 경우 소음계는 측정자의 몸으로부터 0.5m 이상 떨어져야 한다.

　㉢ 소음계의 마이크로폰은 주소음원 방향으로 향하도록 하여야 한다.

  ⓛ 풍속이 2m/s 이상일 때에는 반드시 마이크로폰에 방풍망을 부착하여야 하며, 풍속
  이 5m/s를 초과할 때에는 측정하여서는 안 된다.
  ⓜ 진동이 많은 장소 또는 전자장(대형 전기기계, 고압선 근처 등)의 영향을 받는 곳에
  서는 적절한 방지책(방진, 차폐 등)을 강구하여야 한다.

 ② 측정사항
  ㉠ 측정소음도의 측정은 대상배출시설의 소음발생기기를 가능한 한 최대출력으로 가동
  시킨 정상상태에서 측정하여야 한다.
  ㉡ 배경소음도는 대상배출시설의 가동을 중지한 상태에서 측정하여야 한다.

(2) 측정기기의 사용 및 조작

1) 사용 소음계

KS C IEC 61672-1에 정한 클래스 2의 소음계 또는 동등 이상의 성능을 가진 것이어야 한다.

2) 일반사항

① 소음계와 소음도 기록기를 연결하여 측정·기록하는 것을 원칙으로 한다. 소음도 기록
기기가 없는 경우에는 소음계만으로 측정할 수 있다.
② 소음계 및 소음도 기록기의 전원과 기기의 동작을 점검하고 매회 교정을 실시하여야 한다
(소음계의 출력단자와 소음도 기록기의 입력단자 연결).
③ 소음계의 레벨레인지 변환기는 측정지점의 소음도를 예비조사한 후 적절하게 고정시켜
야 한다.
④ 소음계와 소음도 기록기를 연결하여 사용할 경우에는 소음계의 과부하 출력이 소음기록
치에 미치는 영향에 주의하여야 한다.

3) 청감보정회로 및 동특성

① 소음계의 청감보정회로는 A특성에 고정하여 측정하여야 한다.
② 소음계의 동특성은 원칙적으로 빠름(fast) 모드로 하여 측정하여야 한다.

(3) 측정시간 및 측정지점수

피해가 예상되는 적절한 측정시각에 2지점 이상의 측정지점수를 선정·측정하여 그 중 가장
높은 소음도를 측정소음도로 한다.

(4) 측정자료 분석

1) 측정자료 분석

측정자료에 대한 소음도의 계산과정에서는 소수점 첫째자리를 유효숫자로 하고, 대상소음
도(최종값)는 소수점 첫째자리에서 반올림한다.

2) 배경소음 보정

측정소음도에 다음과 같이 배경소음을 보정하여 대상소음도로 한다.

① 측정소음도가 배경소음보다 10dB 이상 크면 배경소음의 영향이 극히 작기 때문에 배경소음의 보정없이 측정소음도를 대상소음도로 한다.

② 측정소음도가 배경소음보다 3.0 ~ 9.9dB 차이로 크면 배경소음의 영향이 있기 때문에 측정소음도에 보정표에 의한 보정치를 보정한 후 대상소음도를 구한다.

$$보정치 = -10\log\left(1 - 10^{-0.1 \times d}\right)$$

여기서, d = 측정소음도 − 배경소음도

다만, 배경소음도 측정 시 해당 공장의 공정상 일부 배출시설의 가동중지가 어렵다고 인정되고, 해당 배출시설에서 발생한 소음이 배경소음에 영향을 미친다고 판단될 경우에는 배경소음도 측정 없이 측정소음도를 대상소음도로 할 수 있다.

③ 측정소음도가 배경소음도보다 3dB 미만으로 크면 배경소음이 대상소음보다 크므로 위의 조건이 만족되는 조건에서 재측정하여 대상소음도를 구하여야 한다.

④ 다만, 2회 이상의 재측정에서도 측정소음도가 배경소음도보다 3dB 미만으로 크면 공장소음 측정자료 평가표에 그 상황을 상세히 명기한다.

(5) 평가 및 측정자료의 기록

1) 소음평가를 위한 보정

구해진 대상소음도를 「소음·진동관리법」 시행규칙 [별표 5]의 [비고]에서 정한 보정치를 보정한 공장소음배출허용기준과 비교한다. 다만, 피해가 예상되는 자의 부지경계선에서 측정할 때 측정지점의 지역구분 적용 시 공장이 위치한 지역과 피해가 예상되는 자의 지역이 서로 다를 경우에는 지역별 적용을 대상 공장이 위치한 지역을 기준으로 적용한다.

2) 「소음·진동관리법」 시행규칙 [별표 5]의 [비고]에 대한 보정원칙

① 관련 시간대에 대한 측정소음 발생시간의 백분율은 [별표 5]의 [비고 5]에 따른 낮, 저녁 및 밤의 각각의 정상가동시간(휴식, 기계수리 등의 시간을 제외한 실질적인 기계작동시간)을 구하고 시간 구분에 따른 해당 관련 시간대에 대한 백분율을 계산하여 당해 시간 구분에 따라 적용하여야 한다. 이때 시간의 구분은 보정표의 시간별 항목의 기준에 따라야 하며, 가동시간은 측정 당일 전 30일간의 정상가동시간을 산술평균하여 정하여야 한다. 다만, 신규배출업소의 경우에는 30일간의 예상가동시간으로 갈음한다.

② 측정소음도 및 배경소음도는 당해 시간별로 측정·보정함을 원칙으로 하나 배출시설이 변동 없이 낮 및 저녁시간, 밤 및 낮시간 또는 24시간 가동한 경우에는 낮시간대의 대상소음도를 저녁, 밤시간의 대상소음도로 적용하여 각각 평가하여야 한다.

3) 측정자료의 기록

소음평가를 위한 자료는 공장소음 측정자료 평가표 [서식 2]에 의하여 기록하며, 측정값에 대한 증빙자료(수기 제외)를 첨부한다.

(1) 생활소음

① 적용범위

이 시험기준은 「소음·진동관리법」에서 정하는 규제기준 중 생활소음을 측정하기 위한 시험기준에 대하여 규정한다.

② 규정된 내용 중 분석기기 및 기구(사용 소음계, 일반사항, 청감보정회로 및 동특성)에 관련된 것은 배출허용기준의 측정방법과 동일하며 측정방법이 배출허용기준의 측정방법과 상이한 점에 대해서만 기술한다.

ㄱ 측정조건의 일반사항 : 풍속이 2m/s 이상일 때에는 반드시 마이크로폰에 방풍망을 부착하여야 하며, 풍속이 5m/s를 초과할 때에는 측정하여서는 안 된다. 다만, 대상소음이 풍력발전기 소음일 경우 풍속 5m/s 초과 6m/s 이하에서 측정할 수 있고, 이때 풍속에 의한 영향을 최소화하기 위해 풍동시험에서 풍잡음이 측정하려는 대상소음보다 최소 3dB 이상 낮게 측정되는 성능의 방풍망을 부착하여야 한다.

ㄴ 측정시간 및 측정지점수 : 피해가 예상되는 적절한 측정시각에 2지점 이상의 측정지점수를 선정·측정하여 그 중 가장 높은 소음도를 측정소음도로 한다.

ㄷ 평가 : 대상소음도를 생활소음 규제기준과 비교하여 판정한다.

ㄹ 측정자료의 기록 : 소음평가를 위한 자료는 생활소음 측정자료 평가표에 의하여 기록하며, 측정값에 대한 증빙자료(수기 제외)를 첨부한다.

ㅁ 등가소음도 계산방법 : 소음도 기록기 또는 소음계만을 사용하여 측정할 경우

ⓐ 5분 이상 측정한 값 중 5분 동안 측정·기록한 기록지상의 값을 5초 간격으로 60회 판독하여 소음측정기록지 표에 기록한다.

ⓑ 위에서 기록한 60회의 소음도값을 다음 식을 사용하여 등가소음도(L_{eq})를 구한다.

$$L_{eq} = 10 \log \left\{ \frac{1}{60} \left(10^{0.1 \times L_1} + 10^{0.1 \times L_2} + \cdots + 10^{0.1 \times L_{60}} \right) \right\} dB(A)$$

여기서, L_{eq} : 5분 등가소음도

$L_{1 \sim 60}$: 5초 간격으로 측정한 1~60회 소음도

(2) 발파소음

① 적용범위

이 시험기준은 「소음·진동관리법」에서 정하는 규제기준 중 발파소음을 측정하기 위한 시험기준에 대하여 규정한다.

② 규정된 내용 중 측정방법이 배출허용기준의 측정방법과 상이한 점에 대해서만 기술한다.

ㄱ 일반사항

ⓐ 소음계와 소음도 기록기를 연결하여 측정·기록하는 것을 원칙으로 한다. 다만, 소음계만으로 측정할 경우에는 최고소음도가 고정(hold)되는 것에 한한다.

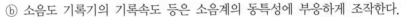

　　　　ⓑ 소음도 기록기의 기록속도 등은 소음계의 동특성에 부응하게 조작한다.

　　ⓛ 측정사항

　　　　ⓐ 측정소음도는 발파소음이 지속되는 기간 동안에 측정하여야 한다.

　　　　ⓑ 배경소음도는 대상소음(발파소음)이 없을 때 측정하여야 한다.

　　ⓒ 측정시간 및 측정지점수 : 작업일지 및 발파계획서 또는 폭약사용신고서를 참조하여 「소음·진동관리법」 시행규칙 [별표 8]에서 구분하는 각 시간대 중에서 최대발파소음이 예상되는 시각의 소음을 포함한 모든 발파소음을 1지점 이상에서 측정한다.

　　ⓡ 측정소음도

　　　　ⓐ 디지털 소음 자동분석계를 사용할 때에는 샘플주기를 0.1초 이하로 놓고 발파소음의 발생시간(수초 이내)동안 측정하여 자동 연산·기록한 최고치(L_{max} 등)를 측정소음도로 한다.

　　　　ⓑ 소음도 기록기를 사용할 때에는 기록지상의 지시치의 최고치를 측정소음도로 한다.

　　　　ⓒ 최고소음 고정(hold)용 소음계를 사용할 때에는 당해 지시치를 측정소음도로 한다.

　　ⓜ 배경소음도 : 디지털 소음 자동분석계를 사용할 경우 샘플주기를 1초 이내에서 결정하고 5분 이상 측정하여 자동 연산·기록한 등가소음도를 그 지점의 배경소음도로 한다.

　　ⓗ 평가 : 구한 대상소음도에 시간대별 보정발파횟수(N)에 따른 보정량(+ $10logN$: $N > 1$)을 보정하여 평가소음도를 구한다. 이 경우, 지발발파는 보정발파횟수를 1회로 간주한다. 시간대별 보정발파횟수(N)는 작업일지 및 발파계획서 또는 폭약사용신고서 등을 참조하여 발파소음 측정 당일의 발파소음 중 소음도가 60dB(A) 이상인 횟수(N)를 말한다. 단, 여건상 불가피하게 측정 당일의 발파횟수만큼 측정하지 못한 경우에는 측정 시의 장약량과 같은 양을 사용한 발파는 같은 소음도로 판단하여 보정발파횟수를 산정할 수 있다.

　　ⓢ 측정자료의 기록 : 소음평가를 위한 자료는 발파소음 측정자료 평가표에 의하여 기록하며 측정값에 대한 증빙자료(수기 제외)를 첨부한다.

(3) 동일 건물 내 사업장소음

　① 적용범위

　　이 시험기준은 「소음·진동관리법」에서 정하는 규제기준 중 동일 건물 내 사업장소음을 측정하기 위한 시험기준에 대하여 규정한다.

　② 규정된 내용 중 측정방법이 배출허용기준의 측정방법과 상이한 점에 대해서만 기술한다.

　　ⓐ 측정사항

　　　　ⓐ 측정소음도는 대상소음원의 일상적인 사용상태에서 정상적으로 가동시켜 측정하여야 한다.

　　　　ⓑ 측정은 대상소음 이외의 소음이나 외부소음에 의한 영향을 배제하기 위하여 옥외 및 복도 등으로 통하는 창문과 문을 닫은 상태에서 측정하여야 한다.

ⓒ 배경소음도는 대상소음원을 가동하지 않은 상태에서 측정하여야 한다. 단, 대상 소음원의 가동 중지가 어렵다고 인정되는 경우에는 배경소음도 측정없이 측정소 음도를 대상소음도로 할 수 있다.

ⓛ 측정시간 및 측정지점수 : 피해가 예상되는 적절한 측정시각에 2지점 이상의 측정지 점수를 선정하고 각각 2회 이상 측정하여 각 지점에서 산술평균한 소음도 중 가장 높은 소음도를 측정소음도로 한다. 단, 환경이 여의치 않은 경우에는 측정지점수를 줄일 수 있다.

ⓒ 평가 : 구한 대상소음도를 소수점 첫째자리에서 반올림하고, 동일 건물 내 사업장의 실내소음 규제기준과 비교하여 판정한다.

ⓔ 측정자료의 기록 : 소음평가를 위한 자료는 동일 건물 내 사업장소음 측정자료 평가 표에 기록하며, 측정값에 대한 증빙자료(수기 제외)를 첨부한다.

Section 05 소음한도의 측정방법

(1) 도로교통소음

① 적용범위

이 시험기준은 「소음·진동관리법」에서 정하는 소음관리기준 중 도로교통소음을 측정 하기 위한 시험기준에 대하여 규정한다.

② 규정된 내용 중 측정방법이 배출허용기준의 측정방법과 상이한 점에 대해서만 기술한다.

㉠ 측정사항 : 요일별로 소음변동이 적은 평일(월요일부터 금요일까지)에 당해 지역의 도로교통소음을 측정하여야 한다. 단, 주말 또는 공휴일에 도로통행량이 증가되어 소음피해가 예상되는 경우에는 주말 및 공휴일에 도로교통소음을 측정할 수 있다.

㉡ 측정시간 및 측정지점수 : 주간 시간대(06:00 ~ 22:00) 및 야간 시간대(22:00 ~ 06:00)별로 소음피해가 예상되는 시간대를 포함하여 2개 이상의 측정지점수를 선정 하여 4시간 이상 간격으로 2회 이상 측정하여 산술평균한 값을 측정소음도로 한다.

㉢ 측정자료 분석 : 디지털 소음 자동분석계를 사용할 경우 샘플주기를 1초 이내에서 결정하고 10분 이상 측정하여 자동 연산·기록한 등가소음도를 그 지점의 측정소음 도로 한다.

㉣ 평가 : 구한 측정소음도를 도로교통소음의 관리기준과 비교히여 평가한다.

㉤ 측정자료의 기록 : 소음평기를 위한 자료는 도로교통소음 측정자료 평가표에 의하여 기록하며, 측정값에 대한 증빙자료(수기 제외)를 첨부한다.

(2) 철도소음

① 적용범위

이 시험기준은 「소음・진동관리법」에서 정하는 소음관리기준 중 철도소음을 측정하기 위한 시험기준에 대하여 규정한다.

② 규정된 내용 중 측정방법이 배출허용기준의 측정방법과 상이한 점에 대해서만 기술한다.

ㄱ) 측정점

ⓐ 옥외측정을 원칙으로 하며, 그 지역의 철도소음을 대표할 수 있는 장소나 철도소음으로 인하여 문제를 일으킬 우려가 있는 장소로서 지면 위 1.2~1.5m 높이로 한다.

ⓑ 측정점에 장애물이나 주거, 학교, 병원, 상업 등에 활용되는 건물이 있을 때에는 건축물로부터 철도방향으로 1.0m 떨어진 지점의 지면 위 1.2~1.5m로 한다.

ⓒ 위의 규정에도 불구하고 피해가 우려되는 곳이 2층 이상의 건물인 경우 등으로서 위 지점에 비하여 소음도가 더 큰 장소가 있는 경우에는 소음도가 높은 곳에서 소음원 방향으로 창문・출입문 또는 건물 벽 밖의 0.5~1m 떨어진 지점으로 한다. 다만, 건축구조나 안전상의 이유로 외부측정이 불가능한 경우에 한하여 창문 등의 경계면 지점으로 하고, +1.5dB를 보정한다.

ㄴ) 측정사항 : 요일별로 소음변동이 적은 평일(월요일부터 금요일까지)에 당해 지역의 철도소음을 측정한다. 단, 주말 또는 공휴일에 철도통행량이 증가되어 소음피해가 예상되는 요일에 철도소음을 측정할 수 있다.

ㄷ) 측정시간 및 측정지점수

ⓐ 측정소음도는 기상조건, 열차운행횟수 및 속도 등을 고려하여 당해 지역의 1시간 평균 철도통행량 이상인 시간대를 포함하여 주간 시간대는 2시간 이상 간격을 두고 1시간씩 2회 측정하여 산술평균하며, 야간 시간대는 1회 1시간 동안 측정한다.

ⓑ 배경소음도는 철도운행이 없는 상태에서 측정소음도의 측정점과 동일한 장소에서 5분 이상 측정한다. 단, 5분 이상 측정이 어려운 경우에는 측정시간을 줄일 수 있으나 가능한 5분에 가깝도록 측정한다.

ㄹ) 측정자료 분석 : 샘플주기를 1초 내외로 결정하고 1시간 동안 연속 측정하여 자동 연산・기록한 등가소음도를 그 지점의 측정소음도로 한다. 단, 1일 열차통행량이 30대 미만인 경우 측정소음도에 최고소음도와 배경소음도 차이(d)에 따른 보정표에 의한 보정치를 보정한 후 그 값을 측정소음도로 한다.

ⓐ 배경소음과의 차이를 측정하기 위한 소음계의 동특성은 느림(slow) 모드로 하고, 열차 3대 이상에 대한 최고소음도(L_{max})의 평균으로 하며, 화물열차를 포함하여 측정하는 것을 원칙으로 한다. 단, 소음계의 동특성을 빠름(fast) 모드로 하는 경우에는 열차가 통과하는 동안의 1초 등가소음도 중 가장 높은 소음도를 각 열차의 최고소음도로 할 수 있다.

$$\overline{L_{\max}} = 10\log\left[\left(\frac{1}{N}\right)\sum_{i=1}^{N}10^{0.1\times L_{\max i}}\right] \mathrm{dB(A)}$$

여기서, N : 1시간 동안의 열차통행량(왕복대수)

$L_{\max,\,i}$: i번째 열차의 최고소음도(dB(A))

ⓑ 위의 규정에도 불구하고 배경소음과 열차의 최고소음의 차이가 10dB 이하인 경우 등 배경소음이 상당히 크다고 판단되는 경우에는 각 열차 통과 시의 소음노출레벨(L_{AEi})을 측정하고 1시간 등가소음도(L_{eq}, 1h)로 환산한 후, 소수점 첫째 자리에서 반올림한다.

$$L_{eq,\,1\mathrm{h}} = 10\log\left[\frac{T_o}{T}\sum_{t=1}^{N}10^{0.1\times L_{AEi}}\right]\mathrm{dB(A)}$$

여기서, L_{AEi} : T초 동안 발생하는 n개의 열차소음 중 i번째 열차소음의 L_{AE}

T_o : 기준시간(1초)

T : 전체 측정시간(3,600초)

$$L_{AE} = 10\log\left(\frac{1}{t_o}\int_0^t\frac{P_A^2(t)}{P_o^2}\,dt\right)\mathrm{dB}$$

여기서, t : 각 열차가 통과하는 동안의 최고소음도에서 10dB 아래까지의 구간의 지속시간(초)(단, 최고소음도에서 10dB 아래의 구간을 설정할 수 없는 경우는 각 열차가 통과하기 직전의 배경소음 이상 구간의 지속시간(초)으로 한다.)

t_o : 기준시간(1초)

$P_A(t)$: 시간 t에서의 A특성 음압

P_o : 기준음압($= 20\mu\mathrm{Pa}$)

ⓜ 평가

ⓐ 구한 측정소음도를 철도소음의 관리기준과 비교하여 평가한다.

ⓑ 철도소음관리기준을 적용하기 위하여 측정하고자 할 경우에는 철도보호지구 외의 지역에서 측정·평가한다.

ⓗ 측정자료의 기록 : 소음평가를 위한 자료는 철도소유 측정자료 평가표에 의하여 기록하며, 측정값에 대한 증빙자료(수기 제외)를 첨부한다.

(3) 항공기소음

① 적용범위

이 시험기준은 「소음·진동관리법」에서 정하는 소음한도 중 항공기소음을 측정하기 위한 시험기준에 대하여 규정한다.

② 규정된 내용 중 측정방법이 배출허용기준의 측정방법과 상이한 점에 대해서만 기술한다.

　㉠ 청감보정회로 및 동특성

　　ⓐ 소음계의 청감보정회로는 A특성에 고정하여 측정하여야 한다.

　　ⓑ 소음계의 동특성을 느림(slow) 모드를 하여 측정하여야 한다.

　㉡ 측정점

　　ⓐ 옥외측정을 원칙으로 하며, 그 지역의 항공기소음을 대표할 수 있는 장소나 항공기소음으로 인하여 문제를 일으킬 우려가 있는 장소를 택하여야 한다. 다만, 측정지점 반경 3.5m 이내는 가급적 평활하고, 시멘트 등으로 포장되어 있어야 하며 수풀, 수림, 관목 등에 의한 흡음의 영향이 없는 장소로 한다.

　　ⓑ 측정점은 지면 또는 바닥면에서 1.2∼1.5m 높이로 하며, 상시측정용의 경우에는 주변환경, 통행, 타인의 촉수 등을 고려하여 지면 또는 바닥면에서 1.2∼5.0m 높이로 할 수 있다. 한편, 측정위치를 정점으로 한 원추형 상부공간 내에는 측정치에 영향을 줄 수 있는 장애물이 있어서는 안 된다. 원추형 상부공간이란 측정위치를 지나는 지면 또는 바닥면의 법선에 반각 80°의 선분이 지나는 공간을 말한다.

　㉢ 측정사항

　　ⓐ 최고소음도는 매 항공기 통과 시마다 배경소음보다 높은 상황에서 측정하여야 하며, 그 지시치 중의 최고치를 말한다.

　　ⓑ 비행횟수는 시간대별로 구분하여 조사하여야 하며, 0시에서 07시까지의 비행횟수를 N_1, 07시에서 19시까지의 비행횟수를 N_2, 19시에서 22시까지의 비행횟수를 N_3, 22시에서 24시까지의 비행횟수를 N_4라 한다.

　㉣ 측정시각 및 기간 : 항공기의 비행상황, 풍향 등의 기상조건을 고려하여 당해 측정지점에서의 항공기소음을 대표할 수 있는 시기를 선정하여 원칙적으로 연속 7일간 측정한다. 다만, 당해 지역을 통과하는 항공기의 종류, 비행횟수, 비행경로, 비행시각 등이 연간을 통하여 표준적인 조건일 경우 측정일수를 줄일 수 있다.

　㉤ 측정자료 분석

　　측정자료는 다음 방법으로 분석·정리하여 항공기소음평가레벨인 L_{den}을 구하며, 소수점 첫째자리에서 반올림한다.

　　ⓐ 항공기소음 자동분석계를 사용할 경우 : 샘플주기를 1초 이내에서 결정하고 7일간 연속 측정하여 소음도 기록기를 사용할 경우의 절차에 준하여 자동 연산·기록한 L_{den}을 구한다.

ⓑ 소음도 기록기를 사용할 경우 : m(측정일수)일간 연속 측정·기록하여 다음 방법으로 그 지점의 $\overline{L_{den}}$을 구한다.

- 1일 단위로 매 항공기 통과 시에 측정·기록한 기록지상의 소음노출레벨(L_{AE})을 판독·기록하거나, 1초 단위의 등가소음도($L_{A_{eq},\,1s}$)를 판독·기록하여 다음 식으로 소음노출레벨을 구할 수 있다.

$$L_{AE} = 10\log\left[\frac{E_A}{E_o}\right](\text{dB(A)})$$

여기서, E_A : 소음노출$\left(E_A = \int_0^T P_A^2\,(t)\,dt\right)$

T : 적분시간 간격, $P_A(t)$: 시간 t에서의 A특성 음압레벨

기준음 노출(E_o) : $E_o = 400\,(\mu\text{Pa})^2\,\text{s}$

$$L_{AE} = 10\log\left[\sum_{i=1}^{n} 10^{0.1 \times L_{Aeq,1s,i}}\right](\text{dB(A)})$$

여기서, n : 1초 단위의 등가소음도 측정횟수

$L_{Aeq,1s,i}$: i번째 항공기 통과 시 측정·기록한 1초 단위의 등가소음도

- 1일 단위의 L_{den}을 다음 식으로 구한다.

$$L_{den} = 10\log\left\{\frac{T_o}{T}\left(\sum_i 10^{\frac{L_{AE,di}}{10}} + \sum_j 10^{\frac{L_{AE,ej}+5}{10}} + \sum_k 10^{\frac{L_{AE,nk}+10}{10}}\right)\right\}$$

여기서, T : 항공기소음 측정시간(=86,400초)

T_o : 기준시간(=1초)

i : 주간시간대 i번째 측정 또는 계산된 소음노출레벨

j : 저녁시간대 j번째 측정 또는 계산된 소음노출레벨

k : 야간시간대 k번째 측정 또는 계산된 소음노출레벨

- m일간 평균 L_{den}인 $\overline{L_{den}}$을 다음 식으로 구한다.

$$\overline{L_{den}} = 10\log\left[\frac{1}{m}\sum_{i=1}^{m} 10^{0.1 \times L_{den,i}}\right]$$

여기서, m : 항공기소음 측정일수, $L_{den,i}$: i일째 L_{den} 값

다만, 대상 항공기소음은 원칙적으로 배경소음보다 10dB 이상 큰 것으로 한다. 여기서, 배경소음은 항공기소음이 발생하기 직전 또는 직후의 소음수준을 말한다.

ⓒ 소음계만을 사용할 경우 : 7일간 연속하여 항공기가 통과할 때마다 L_{AE}를 판독하여 기록하고, 시간대별로 구분하여 조사한 후 소음도 기록기를 사용할 경우의 절차에 따라 L_{den}을 구한다.

저자쌤의 문제풀이 Tip
- 주어진 실전문제와 소음공정시험기준을 비교해 가면서 꼼꼼히 확인하는 습관을 갖고 학습하도록 한다.
- 주어진 소음 계산문제는 실기시험에도 많이 출제되므로 정확한 풀이방법을 익히도록 한다.

01 공장의 신설 및 증설 시 소음방지계획에 필히 참고를 하여야 할 사항으로 옳지 않은 것은?

① 지역구분에 따른 부지경계선에서의 소음레벨이 규제기준 이하가 되도록 설계한다.

② 특정 공장인 경우는 방지계획 및 설계도를 첨부한다.

③ 공장 건축물, 구조물에 의한 방음설계, 기계 자체 및 조합에 의한 방음설계의 계획을 세운다.

④ 공장 내에서 기계의 배치를 바꾸든가, 소음레벨이 큰 기계를 부지경계선에서 먼 곳으로 이전 설치한다.

해설 공장 내에서 기계의 배치를 바꾸든가, 소음레벨이 큰 기계를 부지경계선에서 먼 곳으로 이전 설치하는 것은 기존 공장인 경우의 공장소음방지계획이다.

02 공장을 건설함에 있어 소음공해를 방지하기 위하여 보통 고려하여야 할 사항에 관한 기술로 옳지 않은 것은?

① 기계장치류는 될 수 있는 한 소음이나 진동이 적은 것을 선택한다.

② 공장 건물은 될 수 있는 한 가벼운 구조인 것으로 하고 밀폐형으로 한다.

③ 공장의 건물은 설계 시부터 소음공해를 방지하기 위한 계획이 있어야 한다.

④ 큰 소음을 발생하는 기계류는 될 수 있는 한 부지경계선에서 멀리 떨어진 공장의 중앙에 배치한다.

해설 공장 건물의 차음성능에 의한 소음방지 조건은 개구부나 틈새가 없는 밀폐형으로 건축하는 동시에 건물의 외벽으로는 투과손실이 큰 구조를 사용한다. 외벽의 구조는 투과손실 특성에 대한 제1원칙인 '질량칙'으로부터 될 수 있는 한 무거운 구조로 하는 것이 바람직하다.

03 작업장 기계 가공음에 관한 설명으로 밑줄 친 부분 중 옳지 않은 것은?

> 기계가공 등의 각종 작업은 타격력과 충격력을 이용하는 것이 대부분이기 때문에 소음의 발생을 피하기 위해서는 기계의 설계단계에서부터 소음방지를 고려하여야 하지만 곤란한 경우가 많다. 예를 들어 일반적으로 지장이 없는 한 충돌부위에 ① 흡음재를 넣거나 기계를 ② 일부 개조하거나 또는 ③ 작업방식을 바꾸고 소음발생 부위에 ④ 커버를 씌우거나 전체를 건물 안으로 넣는 극히 상식적인 대책이 행하여진다.

① 흡음재를 넣거나

② 일부 개조하거나

③ 작업방식을 바꾸고

④ 커버를 씌우거나

해설 ②, ④는 음원대책이고, ③은 작업시간의 조정과 함께 잘 행해지는 방법이다.
프레스, 단조 등의 기계가공에서는 타격, 충격 등에 의하여 기계 각 부나 가공재료가 진동되어 소음을 발생시키는 일이 대부분이다. 이러한 소음을 방지하기 위해서는 충돌 부위에 완충재료를 넣어 충돌을 흡수하여 진동을 저감시키는 방법이 있으나 흡수재료는 이 경우의 완충재료로써는 부적당한 것이다.

04 공장 주변 부지경계선에서 소음을 주파수 분석결과에 관련 수치를 보정하고 각 대역마다 소음필요량을 구했다. 일반적으로 방음설계를 할 경우 소음필요량에 가하는 안전율은 몇 dB 정도인가?

① 3dB

② 5dB

③ 10dB

④ 15dB

해설 소음필요량에 안전을 고려하여 5dB 내외를 가한 후 방음설계에 임해야 한다.

05 소음제어를 위한 자재류의 기능으로 옳지 않은 것은?

① 차진재 : 구조적 진동과 진동 전달력 저감
② 차음재 : 음에너지 감쇠
③ 소음기 : 기체의 비정상흐름 상태에서 정상흐름으로 전환
④ 흡음재 : 음에너지의 전환 – 음에너지가 적기 때문에 소량의 열에너지로 변환됨

해설 소음기는 기체의 정상흐름 상태에서 음에너지를 전환하여 소음을 줄이는 장치이다.

06 소음제어를 위한 자재류의 특성에 관한 설명으로 옳지 않은 것은?

① 흡음재는 일반적으로 내부통로를 가진 다공성 자재이며, 차음재로는 불량이다.
② 차음재는 상대적으로 경량(8.4~ 55.6kg/m²)이며, 일반적으로 공기의 출입이 용이하다.
③ 흡음재는 잔향음의 에너지 저감에 사용된다.
④ 차음재는 음의 투과율을 저감시킨다.

해설 차음재는 상대적으로 중량(100 ~ 400kg/m²)이며, 일반적으로 기공이 없어야 한다.

참고 흡음재는 상대적으로 경량(8.4 ~ 55.6kg/m²)이며, 일반적으로 공기의 출입이 용이하다.

07 소음제어 등을 위한 자재류와 그 특성으로 옳지 않은 것은?

① 흡음재 : 음에너지를 열에너지 등으로 변환
② 차음재 : 음의 투과를 저감
③ 제진재 : 판의 진동으로 발생하는 음에너지 저감
④ 차진재 : 큰 내부손실이 있는 점탄성 자재를 이용한 반사음 저감

해설 차진재는 구조적 진동과 진동 전달력을 저감하여 소음을 제어한다.

08 소음제어를 위한 자재류의 특성으로 틀린 것은?

① 흡음재 : 상대적으로 경량이며 잔향음 에너지를 저감시킨다.
② 차음재 : 상대적으로 고밀도로서 음의 투과율을 저감시킨다.
③ 제진재 : 상대적으로 큰 내부손실을 가진 신축성이 있는 자재로, 진동으로 판넬이 떨려 발생하는 음에너지를 저감시킨다.
④ 차진재 : 탄성패드나 금속 스프링으로서 구조적 진동을 증가시켜 진동에너지를 저감시킨다.

해설 차진재는 탄성패드나 금속 스프링으로서 구조적 진동을 감소시켜 진동에너지를 저감시킨다.

09 소음제어를 위한 자재류의 기능 설명으로 옳지 않은 것은?

① 흡음재는 음에너지를 열에너지로 변환시킨다.
② 차음재는 음에너지를 감쇠시킨다.
③ 제진재는 진동에너지를 열에너지로 변환시킨다.
④ 차진재는 기체 정상흐름을 기계에너지로 전환시킨다.

해설 차진재는 구조적 진동과 진동 전달력을 저감을 통해 소음을 제어한다(회전기계류의 진동 전달력을 저감시킨다).

10 한 근로자가 91dB(A) 장소에서 2시간, 94dB(A)에서 3시간 88dB(A)에서 3시간 일했을 때 소음노출평가를 구하면 얼마인가? (단, 91dB(A)에서는 6시간, 94dB(A)에서는 6시간, 88dB(A)에서는 24시간 총 노출시간이 허용된다.)

① $\dfrac{5}{6}$ ② $\dfrac{3}{4}$

③ $\dfrac{1}{2}$ ④ $\dfrac{1}{3}$

해설 88dB(A)에서는 24시간 총 노출시간이 허용되므로 소음노출평가에서는 제외되고 91dB(A)과 94dB(A)에서의 소음노출평가를 구한다. 소음노출평가는 음압수준이 전체 작업교대시간 동안 일정하다면, 소음노출량(D)을 구하여 산출한다.

$$D = \frac{C_1}{T_1} + \frac{C_2}{T_2} = \frac{2}{6} + \frac{3}{6} = \frac{5}{6}$$

여기서, C : 하루 작업시간(시간)
T : 측정된 음압수준에 상응하는 허용노출시간(시간)

05.③ 06.② 07.④ 08.④ 09.④ 10.①

11 다음 그림은 음이 전파 중에 판에 부딪힐 때의 형태를 모형적으로 나타낸 것이다. 각 음의 명칭으로 옳지 않은 것은?

① ㉮ 회절음
② ㉯ 반사음
③ ㉰ 흡수음
④ ㉭ 직접음

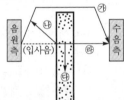

〔해설〕 ㉭는 투과음이다.

12 최근 능동소음제어기술을 이용한 소음저감 사례가 산업계에 다양하게 소개되고 있다. 이 능동소음 제거의 특징으로 옳지 않은 것은?

① 원래의 소음에 제어음을 생성하여 두 음을 중첩, 상쇄시켜 의도한 위치에서의 음압을 감소시킨다.
② 원래의 소음 음장과 제어 음장과의 상호 선형적 인성이 있어야 한다.
③ 제어대상 소음과 제어음 사이에 180°의 위상차가 없다.
④ 1kHz 이상의 고주파수 영역의 소음저감에 적합하다.

〔해설〕 능동소음 제거는 저주파수 영역의 소음저감에 적합하다.

〔참고〕 능동소음제어 : 소리의 특성인 파의 중첩의 원리를 이용하여 소음파를 상쇄시키는 것

13 곡물을 운송하는 배관 표면에서 2차 고체음이 방사되어, 이에 방지대책으로 점탄성 제진재를 부착하고 흡음재와 차음재를 부착하고자 한다. 이러한 방법을 무엇이라고 하는가?

① 흡음대책
② 방음 lagging
③ 밀폐상자
④ surging

〔해설〕 **방음 래깅(lagging)**
'방음 겉씌우개'라고도 하며 덕트나 판에서 소음이 방사될 때, 직접 흡음재를 부착하거나 차음재를 씌우는 것보다 진동부에 제진(damping)대책으로 고무나 PVC를 붙인 후 흡음재를 부착하고 그 다음에 차음재(구속층)를 설치하는 방식이다.

14 흡음재료의 부착에 관한 사항으로 옳은 것은?

① 벽면에 부착할 때 한 곳에 집중하는 것보다 전체 내벽에 붙여야 흡음력을 감소시키고 반사음을 집중시킨다.
② 다공질 재료는 산란하기 쉬우므로 표면에 얇은 직물로 피복하는 것은 피하여야 한다.
③ 실(室)의 모서리나 가장자리 부분에 흡음재를 부착시키면 흡음효과가 좋아진다.
④ 다공질 재료의 표면을 도장하면 저음역에서 흡음률이 높아진다.

〔해설〕 ① 벽면에 부착할 때 한 곳에 집중하는 것보다 전체 내벽에 분산하여 부착하는 것이 흡음력을 증가시키고 반사음을 확산시킨다.
② 다공질 재료는 산란하기 쉬우므로 표면에 얇은 직물로 피복하는 것이 바람직하다.
④ 다공질 재료의 표면을 도장하면 고음역에서 흡음률이 저하한다.

15 흡음재료에 관한 설명으로 옳지 않은 것은?

① 다공판의 충진재로서 다공질 흡음재료를 사용하면 다공판의 상태, 배후공기층 등에 따른 공명흡음을 얻을 수 있다.
② 다공질 흡음재료는 음파가 재료 중을 통과할 때 재료의 다공성에 따른 저항 때문에 음에너지가 감쇠하며 일반적으로 중·고음역의 흡음률이 높다.
③ 다공질 흡음재료에 음향적 투명재료를 표면재로 사용하면 흡음재료의 특성에 영향을 주지 않고 표면을 보호할 수 있다.
④ 판상재료의 충진재로서 다공질 흡음재료를 사용하면 판의 재질, 두께, 취부방법 등에 따라 중·고음역의 흡음성을 기대할 수 있다.

〔해설〕 판상재료의 충진재로서 다공질 흡음재료를 사용하면 판의 재질, 두께, 취부방법 등에 따라 저음역의 흡음성을 기대할 수 있다.

16 다음 흡음재료 중 동일 종류의 재료에서 두꺼울수록 중음역의 흡음률이 높아지는 다공질 재료의 분류에 해당하지 않는 것은?

① 암면
② 뿜칠섬유재료
③ 유공알루미늄관
④ 발포수지재료

> **해설** 두꺼울수록 중음역의 흡음률이 높아지는 다공질 재료로는 암면, 발포재료(뿜칠섬유재료, 발포수지재료), 세라믹 흡음재 등이 있다.

17 흡음재로 사용되는 다공질 재료의 표면을 다공판으로 피복할 때 다공판의 개공률은 최소한 몇 % 이상 되어야 하는가?

① 2%
② 5%
③ 10%
④ 20%

> **해설** 다공질 재료의 표면을 다공판으로 피복할 때는 개공률은 20%(될 수 있으면 30% 이상)로 하고, 공명흡음의 경우에는 3 ~ 20% 범위로 하는 것이 필요하다.

18 다음은 다공질형 흡음재의 시공에 관한 설명이다. ( ) 안에 알맞은 것은?

> 다공성 흡음재료의 저음역 성능 개선을 위해서는 (㉮)가 (㉯)로 되는 $\frac{1}{4}$ 파장의 홀수배 간격으로 배후공기층을 두고 설치하면 저음역 흡음률을 개선할 수 있다.

① ㉮ 에너지 밀도, ㉯ 최소
② ㉮ 에너지 밀도, ㉯ 최대
③ ㉮ 입자속도, ㉯ 최대
④ ㉮ 입자속도, ㉯ 최소

> **해설** 다공질 재료의 시공 시에는 벽면에 바로 부착하는 것보다 입자속도가 최대로 되는 $\frac{1}{4}$ 파장의 홀수배, 즉 벽면으로부터 $\frac{\lambda}{4}$, $\frac{3\lambda}{4}$ 간격으로 배후공기층을 두고 설치하면 음파의 운동에너지를 가장 효율적으로 열에너지로 전환시킬 수 있으며 저음역의 흡음률도 개선된다.

19 다음 중 다공질형 흡음재가 아닌 것은?

① 암면
② 석면 슬레이트
③ 유리솜
④ 세라믹 흡음재

> **해설** 다공질형 흡음재로는 섬유 · 발포재료 등의 내부 기공이 상호 연속되는 암면, 유리솜, 세라믹 흡음재 등으로 중 · 고음역에서 흡음성이 좋다.

20 흡음재료의 선택 및 사용상 유의할 점으로 옳지 않은 것은?

① 다공질 재료의 표면 다공판으로 피복하는 경우에는 개공률을 20% 이상으로 하는 것이 바람직하다.
② 다공질 재료는 산란되기 쉬우므로 표면을 얇은 직물로 피복하는 것이 좋다.
③ 다공질 재료의 표면을 종이로 입히는 것은 피해야 한다.
④ 다공질 재료의 표면을 도장하면 표면의 난반사로 고음역에서 흡음률이 좋아진다.

> **해설** 다공질 재료의 표면을 도장하면 표면의 난반사로 고음역에서 흡음률이 저하한다.

21 흡음재료에 다공판을 피복하여 공명흡음 형식으로 사용하고자 할 때 다공판의 개공률은 얼마가 좋은가?

① 58 ~ 63%
② 42 ~ 58%
③ 20 ~ 42%
④ 3 ~ 20%

> **해설** 다공질 재료의 표면을 다공판으로 피복할 때는 개공률은 20% 이상으로 하고, 공명흡음일 경우에는 3 ~ 20% 범위로 한다.

22 흡음재료의 선택 및 사용 시 유의할 점으로 옳지 않은 것은?

① 실의 모서리나 가장자리 부분에 흡음재를 부착시키면 효과가 좋아진다.
② 흡음재는 한 곳에 집중하는 것보다 전체 내부에 분산하여 부착하는 것이 좋다.
③ 막진동이나 판진동 흡음재는 도장을 하면 흡음률이 현저히 떨어진다.
④ 유리섬유와 같은 다공질 재료는 산란되기 쉽다.

> **해설** 막진동이나 판진동 흡음재는 도장을 하여도 차이가 없다.

23 판진동형 흡음재의 특성으로 옳지 않은 것은?

① 판의 크기가 커지면 흡음주파수는 작아진다.

② 판의 두께가 올라가면 흡음주파수는 작아진다.

③ 판과 벽과의 거리가 작아지면 흡음주파수는 작아진다.

④ 판의 면밀도가 커지면 흡음주파수는 작아진다.

해설 판과 벽과의 거리가 작아지면 흡음주파수는 커진다.

$$f = \frac{c}{2\pi} \sqrt{\frac{\rho}{m\,d}} = \frac{60}{\sqrt{m\,d}}(\text{Hz})$$

여기서, ρ : 공기 밀도(kg/m³)

　　　　d : 벽체와 떨어진 공기층 두께(m)

　　　　c : 음속(m/s)

　　　　m : 흡음재의 단위면적당 질량(kg/m²)

24 흡음재는 소음방지대책에 많이 이용된다. 다음과 같은 흡음특성을 보이는 흡음재는 어느 것인가?

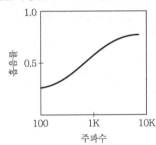

① 철판　　　　　② 암면

③ 합판　　　　　④ 타일

해설 그림에서 중·고음역에서 흡음률이 높으므로 다공질형 흡음재인 암면(rock wool)이나 유리솜, 세라믹 흡음재이다.

25 흡음재료 선택 및 사용상의 유의점에 관한 설명으로 옳지 않은 것은?

① 실(室)의 모서리나 가장자리 부분에 흡음재를 부착시키면 효과가 좋아진다.

② 다공질 재료는 산란되기 쉬우므로 표면을 얇은 직물로 피복하는 것이 바람직하다.

③ 다공질 재료의 표면을 도장하면 고음역에서 흡음률이 개선된다.

④ 막진동이나 판진동형의 것은 도장해도 차이가 거의 없다.

해설 다공질 재료의 표면을 도장하면 고음역에서 흡음률이 저하된다.

26 어떤 흡음재의 옥타브밴드별 흡음률이 다음과 같을 경우 감음계수(NRC, Noise Reduction Coefficient)는?

중심 주파수	125Hz	250Hz	500Hz
흡음률	0.62	0.70	0.85
중심 주파수	1,000Hz	2,000Hz	4,000Hz
흡음률	0.83	0.60	0.30

① 0.45　　　　　② 0.55

③ 0.65　　　　　④ 0.75

해설 감음계수

$$\text{NRC} = \frac{1}{4}\left(\alpha_{250} + \alpha_{500} + \alpha_{1,000} + \alpha_{2,000}\right)$$

$$= \frac{0.70 + 0.85 + 0.83 + 0.60}{4}$$

$$= 0.75$$

27 어떤 흡음재에 대한 흡음률이 다음과 같았다. 이 흡음재에 대한 감음계수(NRC)는?

$\frac{1}{1}$octave band 중심 주파수(Hz)	흡음률
63	0.3
125	0.4
250	0.5
500	0.6
1,000	0.7
2,000	0.8
4,000	0.9
8,000	1.0

① 0.55　　　　　② 0.65

③ 0.75　　　　　④ 0.85

해설 감음계수

$$\text{NRC} = \frac{1}{4}\left(\alpha_{250} + \alpha_{500} + \alpha_{1,000} + \alpha_{2,000}\right)$$

$$= \frac{0.5 + 0.6 + 0.7 + 0.8}{4} = 0.65$$

28 다음 표는 각 재질의 1/3 옥타브 대역으로 측정한 중심 주파수에서의 흡음률을 나타낸 것이다. 이들 재질 중 가장 큰 감음계수를 갖는 재질은?

주파수 (Hz)	125	250	500	1,000	2,000	4,000
재질 1	0.65	0.75	0.89	0.78	0.70	0.55
재질 2	0.55	0.73	0.90	0.80	0.65	0.50
재질 3	0.50	0.60	0.76	0.83	0.92	0.80
재질 4	0.64	0.77	0.88	0.85	0.96	0.65

① 재질 1   ② 재질 2
③ 재질 3   ④ 재질 4

해설
- 재질 1 : $NRC = \dfrac{1}{4}\left(\alpha_{250} + \alpha_{500} + \alpha_{1,000} + \alpha_{2,000}\right)$
$$= \frac{0.75 + 0.89 + 0.78 + 0.70}{4} = 0.78$$
- 재질 2 : $NRC = \dfrac{0.73 + 0.90 + 0.80 + 0.65}{4} = 0.77$
- 재질 3 : $NRC = \dfrac{0.60 + 0.76 + 0.83 + 0.92}{4} = 0.78$
- 재질 4 : $NRC = \dfrac{0.77 + 0.88 + 0.85 + 0.96}{4} = 0.87$

∴ 가장 큰 감음계수를 갖는 재질은 재질 4이다.

29 소음공정시험기준에 따른 용어의 정의로 옳지 않은 것은?

① 대상소음도 : 측정소음도에 배경소음을 보정한 후 얻어진 소음도를 말함
② 측정소음 : 배경소음 이외의 측정하고자 하는 특정소음
③ 소음도 : 소음계의 청감보정회로를 통하여 측정한 지시치
④ 지시치 : 계기나 기록지상에서 판독한 소음도로서 실효치(rms값)를 말함

해설 측정소음이라는 용어 자체가 없다.

참고
- 대상소음 : 배경소음 외에 측정하고자 하는 특정의 소음을 말한다.
- 측정소음도 : 소음공정시험기준에서 정한 측정방법으로 측정한 소음도 및 등가소음도 등을 말한다.

30 소음계를 사용하여 다음과 같은 결과를 얻었을 경우 이 소음의 특징은?

> ㉮ 동특성(빠름)으로 측정했을 경우
>   dB(A) < dB(C)
> ㉯ 동특성(느림)으로 측정했을 경우
>   dB(A) < dB(C)
> ㉰ 동특성(빠름)으로 측정했을 경우가 동특성(느림)으로 측정했을 때보다 대단히 크다.

① 충격성 음으로 고음성분이 많다.
② 충격성 음으로 저음성분이 많다.
③ 연속성 음으로 고음성분이 많다.
④ 연속성 음으로 저음성분이 많다.

해설 소음계의 주파수 특성에는 인간의 청감에 의한 보정이 가해져 있으므로, 낮은 주파수의 음을 측정했을 경우에는 C특성으로 측정했을 때가 A특성으로 측정할 때보다 소음계 메타 지시치는 커진다. 또 지시메타에는 동특성이 정해져 있고, 느림의 경우 충격음에 대해서는 지시치가 적어진다.
㉮의 경우, 만약 고음역의 음이라고 하면 A특성으로도 C특성으로도 같은 값을 표시할 것이므로 고음역보다도 저음역의 음이다.
㉯의 경우 연속음이라고 하면 동특성에 관계없이 ㉮의 경우와 같은 지시치가 된다. 만약 저음역이고 충격음이라면 (A)<(C)의 관계는 잃지 않으나, ㉮의 경우보다 지시치가 적어진다.
㉰의 경우, 동특성이 빠름인 쪽의 지시치가 크다는 것으로 충격음이라는 것을 알 수 있다.

31 소음공정시험기준의 용어의 정의 중 '측정소음도에 배경소음을 보정한 후 얻어진 소음도'는?

① 등가소음도
② 측정소음도
③ 대상소음도
④ 평가소음도

해설
① 등가소음 : 임의의 측정시간 동안 발생한 변동소음의 총 에너지를 같은 시간 내의 정상소음의 에너지로 등가하여 얻어진 소음도를 말한다.
② 측정소음도 : 소음공정시험기준에서 정한 측정방법으로 측정한 소음도 및 등가소음도 등을 말한다.
④ 평가소음도 : 대상소음도에 보정치를 보정한 후 얻어진 소음도를 말한다.

32 공장에서 발생하는 소음이 환경기준에 적합한 지 확인하기 위하여 소음레벨을 측정할 때 어느 장소에서 측정하여야 하는가?

① 공장 부지경계선상
② 공장 건물의 바깥쪽 10m 이내
③ 소음발생시설에서 1m 떨어진 곳
④ 공장 부지 안쪽으로 소음발생 기계 근처

해설 환경기준은 공장 부지경계선상에서 측정한 소음레벨로 정하여져 있다.

33 소음공정시험기준의 용어의 정의에서 '소음계의 청감보정회로를 통하여 측정한 지시치'는?

① 보정치　　　② 소음도
③ 측정음　　　④ 대상음

해설 소음계의 청감보정회로를 통하여 측정한 지시치를 소음도라고 한다.

34 시간적으로 변동하지 아니하거나 또는 변동폭이 작은 소음을 무엇이라 하는가?

① 대상소음　　② 정상소음
③ 변동소음　　④ 비변동소음

해설 ① 대상소음 : 배경소음 외에 측정하고자 하는 특정소음
③ 변동소음 : 시간에 따라 소음도 변화폭이 큰 소음

35 소음공정시험기준에 따른 용어의 정의로 옳지 않은 것은?

① 평가소음도 : 대상소음도에 충격음, 관련 시간대에 대한 측정소음 발생시간의 백분율, 시간별, 지역별 등의 보정치를 보정한 후 얻어진 소음도를 말한다.
② 대상소음도 : 측정소음도에 배경소음을 보정한 후 얻어진 소음도를 말한다.
③ 배경소음도 : 측정소음도의 측정위치에서 방해소음 없이 대상물질만의 소음을 측정한 소음도를 말한다.
④ 등가소음도 : 임의의 측정시간 동안 발생한 변동소음의 총 에너지를 같은 시간 내의 정상소음의 에너지로 등가하여 얻어진 소음도를 말한다.

해설 배경소음도

측정소음도의 측정위치에서 대상소음이 없을 때 이 시험기준에서 정한 측정방법으로 측정한 소음도 및 등가소음도 등을 말한다.

36 다음은 소음계의 구조를 단순화시켜 나타낸 것이다. 각 부분의 이름으로 옳지 않은 것은?

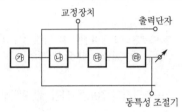

① ㉮ 마이크로폰
② ㉯ 레벨레인지 변환기
③ ㉰ 증폭기
④ ㉱ 지시계기

해설 ㉱ 청감보정회로

37 소음측정기의 구성에 있어 지시계기와 관련이 제일 많은 것은?

① 출력단자
② 청감보정회로
③ 레벨레인지 변환기
④ 마이크로폰

해설 ① 출력단자(monitor out) : 소음신호를 기록기 등에 전송할 수 있는 교류단자를 갖춘 것이어야 한다.
② 청감보정회로(weighting networks) : 인체의 청감각을 주파수 보정 특성에 따라 나타내는 것으로 A특성을 갖춘 것이어야 한다. 다만, 자동차소음 측정용은 C특성도 함께 갖추어야 한다.
④ 마이크로폰(microphone) : 지향성이 작은 압력형으로 하며, 기기의 본체와 분리가 가능하여야 한다.

38 소음계에서 음압도를 소음도로 변환시키는 장치는?

① 마이크로폰
② 레벨레인지 변환기
③ 청감보정회로
④ 교정장치

해설 소음계에서 음압도를 소음도로 변환시키는 장치는 청감보정회로이다.

39 마이크로폰에 의하여 음향에너지를 전기에너지로 변환시킨 양을 증폭시키는 것은?

① 마이크로폰
② 증폭기
③ 레벨레인지 변환기
④ 동특성 조절기

해설 증폭기(amplifier)
마이크로폰에 의하여 음향에너지를 전기에너지로 변환시킨 양을 증폭시키는 장치를 말한다.

40 소음측정기의 감도를 점검 및 교정하는 장치는?

① amplifier
② weighting networks
③ calibrator
④ attenuator

해설 교정장치(calibration network calibrator)
소음측정기의 감도를 점검 및 교정하는 장치로서 자체에 내장되어 있거나 분리되어 있어야 하며, 80dB(A) 이상이 되는 환경에서도 교정이 가능하여야 한다.

41 소음계를 기본구조와 부속장치로 구분할 때, 다음 중 기본구조에 해당하는 것으로만 옳게 나열된 것은?

① 표준음 발생기, 교정장치
② 지시계기, 표준음 발생기
③ 청감보정회로, 지시계기
④ 교정장치, 삼각대

해설 소음계
- 기본구조 : 마이크로폰(microphone), 레벨레인지 변환기(level range converter), 증폭기(amplifier), 교정장치(calibration network calibrator), 청감보정회로(weighting networks), 동특성 조절기(fast-slow switch), 출력단자(monitor out), 지시계기(meter)
- 부속장치 : 방풍망(windscreen), 삼각대(tripod), 표준음 발생기(pistonphone, calibrator)

42 소음계의 청감보성회로에서 자동차의 소음측정용은 A특성 외에 어떤 특성도 함께 갖추어야 하는가?

① B특성
② C특성
③ E특성
④ F특성

해설 청감보정회로(weighting networks)
인체의 청감각을 주파수 보정특성에 따라 나타내는 것으로 A특성을 갖춘 것이어야 한다. 다만, 자동차소음 측정용은 C특성도 함께 갖추어야 한다.

43 소음계 지시계기의 반응속도를 빠름 및 느림의 특성으로 조절하는 장치는?

① Pistonphone
② Tripod
③ Weighting networks
④ Fast-slow switch

해설 동특성 조절기(fast-slow switch)는 지시계기의 반응속도를 빠름 및 느림의 특성으로 조절할 수 있는 조절기이다.
① Pistonphone : 표준음 발생기
② Tripod : 삼각대
③ Weighting networks : 청감보정회로

44 소음계 성능에 관한 내용으로 옳지 않은 것은?

① 측정가능 주파수 범위는 31.5Hz ~ 8kHz 이상이어야 한다.
② 측정가능 소음도 범위는 35 ~ 130dB 이상이어야 한다.
③ 자동차소음 측정에 사용되는 소음계의 측정가능 소음도 범위는 45 ~ 130dB 이상이어야 한다.
④ 지시계기의 눈금오차는 0.1dB 이내이어야 한다.

해설 소음계의 성능
- 측정가능 주파수 범위는 31.5Hz ~ 8kHz 이상이어야 한다.
- 측정가능 소음도 범위는 35 ~ 130dB 이상이어야 한다. 다만, 자동차소음 측정에 사용되는 것은 45 ~ 130dB 이상으로 한다.
- 특성별(A특성 및 C특성) 표준 입사각의 응답과 그 편차는 KS C IEC 61672-1의 〈표 2〉를 만족하여야 한다.
- 레벨레인지 변환기가 있는 기기에 있어서 레벨레인지 변환기의 전환오차가 0.5dB 이내이어야 한다.
- 지시계기의 눈금오차는 0.5dB 이내이어야 한다.

45 소음계의 성능기준 중 레벨레인지 변환기의 전환오차는 얼마 이내이어야 하는가?

① 0.1dB
② 0.5dB
③ 1.0dB
④ 5dB

해설 레벨레인지 변환기가 있는 기기에 있어서 레벨레인지 변환기의 전환오차가 0.5dB 이내이어야 한다.

39.② 40.③ 41.③ 42.② 43.④ 44.④ 45.②

46 자동차소음 측정에 사용되는 소음계의 소음도 범위로 옳은 것은?

① 60 ~ 120dB 이상
② 55 ~ 120dB 이상
③ 50 ~ 130dB 이상
④ 45 ~ 130dB 이상

해설 자동차소음 측정에 사용되는 소음계의 소음도 범위는 45 ~ 130dB 이상으로 한다.

47 소음계의 측정가능 주파수 범위는?

① 16Hz ~ 4kHz 이상
② 16Hz ~ 8kHz 이상
③ 31.5Hz ~ 8kHz 이상
④ 100Hz ~ 16kHz 이상

해설 **소음계의 성능**
측정가능 주파수 범위는 31.5Hz ~ 8kHz 이상이어야 한다.

48 「소음·진동 공정시험기준」에서 규정하고 있는 소음계의 측정가능 소음도 범위 기준은? (단, 자동차소음을 제외한 일반적인 측정가능 소음도 범위 기준)

① 1 ~ 90dB 이상
② 20 ~ 90dB 이상
③ 35 ~ 130dB 이상
④ 55 ~ 90dB 이상

해설 **소음계의 성능**
측정가능 소음도 범위는 35 ~ 130dB 이상이어야 한다. 다만, 자동차소음 측정에 사용되는 것은 45 ~ 130dB 이상으로 한다.

49 소음측정기의 감도를 점검 및 교정하는 장치인 소음계의 교정장치(calibration network calibrator)는 몇 dB(A) 이상이 되는 환경에서도 교정이 가능하여야 하는가?

① 50dB(A) ② 60dB(A)
③ 70dB(A) ④ 80dB(A)

해설 소음측정기의 감도를 점검 및 교정하는 장치로서 자체에 내장되어 있거나 분리되어 있어야 하며, 80dB(A) 이상이 되는 환경에서도 교정이 가능하여야 한다.

50 소음계의 레벨레인지 변환기에 대한 내용이다. ( ) 안에 들어갈 수치로 옳은 것은?

> 측정하고자 하는 소음도가 지시계기의 범위 내에 있도록 하기 위한 감쇠기로서 유효눈금범위가 (㉮) 이하가 되는 구조의 것은 변환기에 의한 레벨의 간격이 (㉯) 간격으로 표시되어야 한다. 다만, 레벨변환 없이 측정이 가능한 경우 레벨레인지 변환기가 없어도 무방하다.

① ㉮ 30dB, ㉯ 5dB
② ㉮ 30dB, ㉯ 10dB
③ ㉮ 40dB, ㉯ 5dB
④ ㉮ 40dB, ㉯ 10dB

해설 측정하고자 하는 소음도가 지시계기의 범위 내에 있도록 하기 위한 감쇠기로서 유효눈금범위가 30dB 이하가 되는 구조의 것은 변환기에 의한 레벨의 간격이 10dB 간격으로 표시되어야 한다. 다만, 레벨변환 없이 측정이 가능한 경우 레벨레인지 변환기가 없어도 무방하다.

51 환경기준 중 소음측정방법으로 옳지 않은 것은?

① 소음계와 소음도 기록기를 연결하여 측정·기록하는 것을 원칙으로 한다.
② 소음계의 레벨레인지 변환기는 측정지점의 소음도를 예비조사한 후 적절하게 고정시켜야 한다.
③ 소음계의 청감보정회로는 A특성에 고정하여 측정하여야 한다.
④ 소음계의 동특성은 원칙적으로 느림(slow) 모드로 하여 측정하여야 한다.

해설 소음계의 동특성은 원칙적으로 빠름(fast) 모드로 하여 측정하여야 한다.

52 환경소음을 상시측정하고자 할 때 상시측정용 마이크로폰을 설치할 수 있는 높이의 범위로 옳은 것은?

① 1.2 ~ 1.5m ② 1 ~ 3.5m
③ 1.2 ~ 5m ④ 5 ~ 10m

해설 **상시측정용 마이크로폰을 설치할 수 있는 높이의 범위**
상시측정용의 측정높이는 주변환경, 통행, 촉수 등을 고려하여 지면 위 1.2 ~ 5.0m 높이로 할 수 있다.

53 환경기준의 소음측정 시 소음계의 청감보정회로와 동특성은 어디에 고정해서 측정하여야 하는가?

① A – slow
② A – fast
③ C – slow
④ C – fast

해설 소음계의 청감보정회로는 A특성에 고정하여 측정하여야 하고, 소음계의 동특성은 원칙적으로 빠름(fast) 모드로 하여 측정하여야 한다.

54 소음의 환경기준 측정 시 낮시간대(06:00 ~ 22:00)에 각 측정지점에서 2시간 이상 간격으로 몇 회 이상 측정해야 하는가?

① 2회
② 4회
③ 6회
④ 8회

해설 **측정시간 및 측정지점수**
낮시간대(06:00 ~ 22:00)에는 당해 지역 소음을 대표할 수 있도록 측정지점수를 충분히 결정하고, 각 측정지점에서 2시간 이상 간격으로 4회 이상 측정하여 산술평균한 값을 측정소음도로 한다.

55 환경기준 측정방법의 일반사항으로 옳은 것은?

① 손으로 소음계를 잡고 측정할 경우 소음계는 측정자의 몸으로부터 30cm 이상 떨어져야 한다.
② 풍속이 5m/s 이상일 경우에는 방풍망을 부착하고 바람의 영향이 적은 곳에서 측정하여야 한다.
③ 풍속이 2m/s 이상일 경우는 반드시 마이크로폰에 방풍망을 부착하여야 한다.
④ 진동이 많은 장소 또는 전자장의 영향을 받는 곳에서의 측정을 원칙으로 한다.

해설 ① 손으로 소음계를 잡고 측정할 경우 소음계는 측정자의 몸으로부터 50cm 이상 떨어져야 한다.
② 풍속이 2m/s 이상일 경우는 방풍망을 부착하고 바람의 영향이 적은 곳에서 측정하여야 한다. 풍속이 5m/s를 초과할 때에는 측정하여서는 안 된다.
④ 진동이 많은 장소 또는 전자장(대형 전기기계, 고압선 근처 등)의 영향을 받는 곳에서는 적절한 방지책(방진, 차폐 등)을 강구하여야 한다.

56 환경소음 측정 시 밤시간대란?

① 20:00 ~ 04:00
② 21:00 ~ 05:00
③ 22:00 ~ 06:00
④ 20:00 ~ 08:00

해설 밤시간대(22:00~06:00)에는 낮시간대에 측정한 측정지점에서 2시간 이상 간격으로 2회 이상 측정하여 산술평균한 값을 측정소음도로 한다.

57 환경기준 측정에 관한 일반적 내용으로 옳지 않은 것은?

① 도로변 지역에서는 당해 지역의 소음을 대표하는 장소에서 측정한다.
② 도로변 지역은 도로단으로부터 차선수×10m이다.
③ 고속도로 도로변 지역 범위는 도로단으로부터 150m 이내 지역이다.
④ 자동차전용도로 도로변 지역 범위는 도로단으로부터 150m 이내 지역이다.

해설 도로변 지역에서는 소음으로 인하여 문제를 일으킬 우려가 있는 장소를 택하여야 한다.

참고 소음측정은 옥외측정을 원칙으로 하며, "일반지역"은 당해 지역의 소음을 대표할 수 있는 장소로 한다.

58 6차선 도로의 도로변 지역은 도로단으로부터 몇 m 이내의 지역을 말하는가?

① 30m
② 60m
③ 90m
④ 120m

해설 도로변 지역의 범위는 도로단으로부터 왕복 차선수×10m로 하고, 고속도로 또는 자동차전용도로의 경우에는 도로단으로부터 150m 이내의 지역을 말한다.
∴ 6차선×10m=60m

59 소음환경기준의 측정 시 자동차전용도로의 경우에 도로변 지역의 범위는 도로단으로부터 몇 m 지점 이내인가?

① 50m
② 100m
③ 150m
④ 200m

해설 고속도로 또는 자동차전용도로의 경우에는 도로단으로부터 150m 이내의 지역을 말한다.

60 환경기준의 측정방법 중 도로변 지역의 소음측정 시 설명으로 옳지 않은 것은?

① 상시측정용의 경우 측정높이는 지면 위 1.0∼1.5m이다.
② 건축물이 보도가 없는 도로변에 접해 있는 경우에는 도로단에서 측정한다.
③ 고속도로 또는 자동차전용도로의 경우 도로변 지역의 범위는 도로단으로부터 150m 이내로 한다.
④ 일반적 도로변 지역의 범위는 도로단으로부터 차선수×10m로 한다.

해설 상시측정용 마이크로폰을 설치할 수 있는 높이의 범위
상시측정용의 경우 측정높이는 주변환경, 통행, 촉수 등을 고려하여 지면 위 1.2∼5.0m 높이로 할 수 있다.

61 다음 중 소음도 기록기 또는 소음계만을 사용하여 측정할 경우 환경소음 등가소음도(L_{eq}) 계산식을 옳게 표현한 것은?

① $20 \log \left\{ \frac{1}{60} \left(10^{0.1 \times L_1} + 10^{0.1 \times L_2} + \cdots + 10^{0.1 \times L_{60}} \right) \right\}$

② $10 \log \left\{ \frac{1}{60} \left(10^{0.1 \times L_1} + 10^{0.1 \times L_2} + \cdots + 10^{0.1 \times L_{60}} \right) \right\}$

③ $20 \log \left\{ \left(10^{0.1 \times L_1} + 10^{0.1 \times L_2} + \cdots + 10^{0.1 \times L_{60}} \right) \right\}$

④ $10 \log \left\{ \left(10^{0.1 \times L_1} + 10^{0.1 \times L_2} + \cdots + 10^{0.1 \times L_{60}} \right) \left(\frac{1}{100} \right) \right\}$

해설 소음도 기록기 또는 소음계만을 사용하여 측정할 경우 환경소음 등가소음도 계산식

$$L_{eq} = 10 \log \left\{ \frac{1}{60} \left(10^{0.1 \times L_1} + 10^{0.1 \times L_2} + \cdots + 10^{0.1 \times L_{60}} \right) \right\}$$

여기서, L_{eq} : 5분 등가소음도
$L_{1 \sim 60}$: 5초 간격으로 측정한 1∼60회 소음도

62 소음계 중 지시계기의 성능에 있어서 숫자표시형은 숫자가 소수점 몇 자리까지 표시되어야 하는가?

① 소수점 한자리   ② 소수점 두자리
③ 소수점 세자리   ④ 소수점 네자리

해설 측정자료 분석
소음도의 계산과정에서는 소수점 첫째자리를 유효숫자로 하고, 측정소음도(최종값)는 소수점 첫째자리에서 반올림한다.

63 환경기준의 측정방법 중 측정점 선정방법으로 옳지 않은 것은?

① 도로변 지역은 소음으로 인하여 문제를 일으킬 우려가 있는 장소로 한다.
② 일반지역은 당해 지역의 소음을 대표할 수 있는 장소로 한다.
③ 도로변 지역의 경우 측정점 반경 3.5m 이내에 장애물이 없는 곳을 택한다.
④ 도로변 지역의 경우 장애물이 있을 때에는 장애물로부터 도로방향으로 1m 떨어진 지점을 택한다.

해설 측정점
• 일반지역의 경우에는 가능한 한 측정점 반경 3.5m 이내에 장애물(담, 건물, 기타 반사성 구조물 등)이 없는 지점의 지면 위 1.2∼1.5m로 한다.
• 도로변 지역의 경우 장애물이나 주거, 학교, 병원, 상업 등에 활용되는 건물이 있을 때에는 이들 건축물로부터 도로방향으로 1.0m 떨어진 지점의 지면 위 1.2∼1.5m 위치로 하며, 건축물이 보도가 없는 도로에 접해 있는 경우에는 도로단에서 측정한다. 다만, 상시측정용의 경우 측정높이는 주변환경, 통행, 촉수 등을 고려하여 지면 위 1.2∼5.0m 높이로 할 수 있다.

64 배출허용기준 중 소음측정방법에 관한 사항으로 옳지 않은 것은?

① 풍속이 5m/s를 초과할 때에는 측정하여서는 안 된다.
② 측정소음도의 측정은 대상배출시설의 소음발생기기를 가능한 한 최대출력으로 가동시킨 정상상태에서 측정하여야 한다.
③ 피해가 예상되는 적절한 측정시각에 2지점 이상의 측정지점수를 선정·측정하여 그 중 가장 높은 소음도를 측정소음도로 한다.
④ 손으로 소음계를 잡고 측정할 경우 소음계는 측정자의 몸으로부터 0.3m 이상 떨어져야 한다.

해설 손으로 소음계를 잡고 측정할 경우 소음계는 측정자의 몸으로부터 0.5m 이상 떨어져야 한다.

65 공장소음배출허용기준의 측정에서 청감보정회로 및 동특성의 조작방법이 옳은 것은?

① A특성 – 빠름
② A특성 – 느림
③ C특성 – 빠름
④ C특성 – 느림

해설 소음계의 청감보정회로는 A특성에 고정하여 측정하여야 하고, 소음계의 동특성은 원칙적으로 빠름(fast) 모드로 하여 측정하여야 한다.

66 공장소음배출허용기준의 측정지점에 1.5m를 초과하는 장애물이 있는 경우로서 그 장애물이 방음벽이나 차음이 없는 장애물인 경우 측정점을 가장 정확히 나타낸 것은?

① 장애물 밖으로 1～3.5m 지점
② 장애물 밖으로 5～10m 지점
③ 장애물로부터 소음원 방향으로 1～3.5m 떨어진 지점
④ 장애물로부터 소음원 방향으로 5～10m 떨어진 지점

해설 측정지점에 높이가 1.5m를 초과하는 장애물이 있는 경우에는 장애물로부터 소음원 방향으로 1.0～3.5m 떨어진 지점으로 한다. 다만, 장애물로부터 소음원 방향으로 1.0～3.5m 떨어지기 어려운 경우에는 장애물 상단 직상부로부터 0.3m 이상 떨어진 지점으로 할 수 있다. 또한, 그 장애물이 방음벽이거나 충분한 차음이 예상되는 경우에는 장애물 밖의 1.0～3.5m 떨어진 지점 중 암영대(暗影帶)의 영향이 적은 지점으로 한다.

67 공장 배출허용기준의 소음측정자료는 소수점 몇 째 자리에서 반올림하는가?

① 소수점 첫째자리
② 소수점 둘째자리
③ 소수점 셋째자리
④ 소수점 넷째자리

해설 **측정자료 분석**
측정자료로부터 소음도를 나타내는 계산과정에서는 소수점 첫째자리를 유효숫자로 하고, 대상소음도(최종값)는 소수점 첫째자리에서 반올림한다.

68 배출허용기준 중 소음측정 시 소음평가에 관한 사항으로 옳지 않은 것은?

① 피해가 예상되는 자의 부지경계선에서 측정할 때 측정지점의 지역구분 적용 시 공장이 위치한 지역과 피해가 예상되는 자의 지역이 서로 다를 경우 지역별 적용은 대상 공장이 위치한 지역을 기준으로 적용한다.
② 가동시간은 측정 당일 전 30일간의 정상 가동시간을 산술평균하여 정하여야 한다.
③ 관련 시간대에 대한 측정소음 발생시간의 백분율을 구할 때에는 휴식, 기계수리 등의 시간을 포함하여 정상가동시간으로 적용한다.
④ 측정소음도 및 배경소음도는 배출시설의 변동없이 24시간 가동한 경우에는 낮시간대의 대상소음도를 저녁, 밤시간대의 대상소음도를 적용하여 각각 평가하여야 한다.

해설 관련 시간대에 대한 측정소음 발생시간의 백분율을 구할 때에는 낮, 저녁 및 밤의 각각의 정상가동시간(휴식, 기계수리 등의 시간을 제외한 실질적인 기계작동시간)을 구하고 시간 구분에 따른 해당 관련 시간대에 대한 백분율을 계산하여 당해 시간 구분에 따라 적용하여야 한다.

69 소음의 배출허용기준 측정방법 중 측정점 선정 조건으로 옳지 않은 것은?

① 아파트형 공장의 경우에는 공장 건물의 부지경계선 중 피해가 우려되는 장소로서 소음도가 높을 것으로 예상되는 지점의 지면 위 1.2～1.5m 높이로 한다.
② 공장의 부지경계선이 불명확할 경우에는 피해가 예상되는 자의 부지경계선으로 한다.
③ 공장의 부지경계선에 비하여 피해가 예상되는 자의 부지경계선에서의 소음도가 더 큰 경우에는 피해가 예상되는 자의 부지경계선으로 한다.
④ 장애물이 방음벽일 경우에는 장애물 밖의 5～10m 떨어진 지점 중 암영대(暗影帶)의 영향이 적은 지점으로 한다.

해설 장애물이 방음벽일 경우에는 장애물 밖의 1.0～3.5m 떨어진 지점 중 암영대(暗影帶)의 영향이 적은 지점으로 한다.

65.① 66.③ 67.① 68.③ 69.④

70 배출허용기준 중 소음측정방법으로 옳지 않은 것은?

① 소음계의 동특성은 원칙적으로 빠름(fast) 모드로 하여 측정하여야 한다.

② 풍속이 2m/s 이상일 때에는 반드시 마이크로폰에 방풍망을 부착하여야 하며, 풍속이 5m/s를 초과할 때에는 측정하여서는 안 된다.

③ 피해가 예상되는 적절한 측정시각에 2지점 이상의 측정지점수를 선정·측정하여 그 중 가장 높은 소음도를 측정소음도로 한다.

④ 공장의 부지경계선(아파트형 공장의 경우에는 공장 건물의 부지경계선) 중 피해가 우려되는 장소로서 소음도가 높을 것으로 예상되는 지점의 지면 위 5~10m 높이로 한다.

해설 공장의 부지경계선(아파트형 공장의 경우에는 공장 건물의 부지경계선) 중 피해가 우려되는 장소로서 소음도가 높을 것으로 예상되는 지점의 지면 위 1.2~1.5m 높이로 한다.

71 배출허용기준(공장소음) 측정에 관한 설명으로 옳지 않은 것은?

① 측정소음도의 측정은 대상배출시설의 소음발생기기를 가능한 한 최대출력으로 가동시킨 정상상태에서 측정한다.

② 소음도 기록기가 없을 경우에는 소음계만으로 측정할 수 있다.

③ KSC-1502에 정한 정밀소음계 또는 동등 이상의 성능을 가진 소음계이어야 한다.

④ 소음계의 마이크로폰은 주소음원 방향으로 하여야 한다.

해설 사용 소음계는 KS C IEC 61672-1에 정한 클래스 2의 소음계 또는 동등 이상의 성능을 가진 것이어야 한다.

72 배출허용기준을 적용하기 위해 소음을 측정할 때 측정점에 담, 건물 등 장애물이 있을 때는 장애물로부터 소음원 방향으로 1~3.5m 떨어진 지점에서 소음을 측정하게 되어 있다. 장애물의 높이가 몇 m를 초과할 때인가?

① 1.2 ② 1.5

③ 2.0 ④ 2.5

해설 측정지점에 높이가 1.5m를 초과하는 장애물이 있는 경우에는 장애물로부터 소음원 방향으로 1.0~3.5m 떨어진 지점으로 한다.

73 다음 ( ) 안에 알맞은 내용은?

> 소음의 배출허용기준을 소음계만으로 측정할 경우 계기 조정을 위하여 먼저 선정된 측정위치에서 대략적인 소음의 변화 양상을 파악한 후, 소음계 지시치의 변화를 눈으로 확인하여 ( ) 판독·기록한다.

① 5초 간격 60회

② 5초 간격 30회

③ 10초 간격 50회

④ 10초 간격 60회

해설 **측정자료 분석(소음도 기록기 또는 소음계만을 사용하여 측정할 경우)**
계기 조정을 위하여 먼저 선정된 측정위치에서 대략적인 소음의 변화 양상을 파악한 후 소음계 지시치의 변화를 눈으로 확인하여 5초 간격 60회 판독·기록하여 그 지점의 측정소음도 또는 배경소음도를 정한다.

74 다음은 등가소음도 계산방법이다. ( ) 안에 가장 적합한 것은?

> 소음도 기록기 또는 소음계만을 사용하여 측정할 경우 등가소음도는 (㉮)분 이상 측정한 값 중 (㉮)분 동안 측정·기록한 기록지상의 값을 (㉯)초 간격으로 60회 판독하여 소음측정 기록지 표에 기록한다.

① ㉮ 1, ㉯ 5

② ㉮ 1, ㉯ 10

③ ㉮ 5, ㉯ 5

④ ㉮ 5, ㉯ 10

해설 소음도 기록기 또는 소음계만을 사용하여 측정할 경우 등가소음도는 5분 이상 측정한 값 중 5분 동안 측정·기록한 기록지상의 값을 5초 간격으로 60회 판독하여 소음측정 기록지 표에 기록한다.

75 배출허용기준 중 소음측정방법으로 옳은 것은?

① 피해가 예상되는 적절한 측정시간에 2지점 이상 지점수를 선정·측정하여 그 중 가장 높은 소음도를 측정소음도로 한다.

② 손으로 소음계를 잡고 측정할 경우 소음계는 측정자의 몸으로부터 0.3m 이상 떨어져야 한다.

③ 풍속이 5m/s 이상일 때에는 반드시 마이크로폰에 방음망을 부착하여 측정한다.

④ 측정소음도의 측정은 대상배출시설의 소음발생기기를 가능한 한 중간출력으로 가동시킨 정상상태에서 측정하여야 한다.

해설 ② 손으로 소음계를 잡고 측정할 경우 소음계는 측정자의 몸으로부터 0.5m 이상 떨어져야 한다.
③ 풍속이 5m/s 초과할 때에는 측정하여서는 안 된다.
④ 측정소음도의 측정은 대상배출시설의 소음발생기기를 가능한 한 최대출력으로 가동시킨 정상상태에서 측정하여야 한다.

76 배출허용기준 중 소음측정 시 배경소음 보정에 관한 설명으로 옳지 않은 것은?

① 측정소음도가 배경소음도보다 3.0~9.9dB 차이로 크면 배경소음의 영향이 있기 때문에 측정소음도에 보정치를 보정한 후 대상소음도를 구한다.

② 측정소음도가 배경소음보다 10dB 이상 크면 배경소음의 영향이 극히 작기 때문에 배경소음의 보정없이 측정소음도를 대상소음도로 한다.

③ 보정치 $= -\log(1-10^{-0.1d})$로 한다. 여기서, d는 측정소음도－배경소음도이다.

④ 측정소음도가 배경소음도보다 3dB 미만으로 크면 재측정하여 대상소음도를 구하여야 하며, 2회 이상의 재측정에서도 측정소음도가 배경소음도보다 3dB 미만으로 크면 공장배출소음 측정평가표에 그 상황을 상세히 명기한다.

해설 보정치 $= -10\log(1-10^{-0.1d})$로 한다. 여기서, d는 측정소음도－배경소음도이다.

77 배출허용기준의 소음측정자료 평가표에 기재되는 항목으로 옳지 않은 것은?

① 측정현황   ② 측정기기
③ 측정자   ④ 측정환경

해설 **공장소음 측정자료 평가표에 기재되는 항목**
측정연월일, 측정대상업소, 측정자, 측정기기, 측정환경, 측정대상업소의 소음원과 측정지점, 측정자료 분석결과 (기록지 첨부), 보정치 산정

78 배출허용기준 중 소음측정방법에 사용되는 사용 소음계의 종류로 옳은 것은?

① KS C IEC 1502에 정한 클래스 1의 소음계

② KS F IEC 61672-1에 정한 클래스 1의 소음계

③ KS C IEC 61672-1에 정한 클래스 2의 소음계

④ KS F IEC 1502에 정한 클래스 2의 소음계

해설 사용 소음계는 KS C IEC 61672-1에 정한 클래스 2의 소음계 또는 동등 이상의 성능을 가진 것이어야 한다.

79 소음의 배출허용기준 측정 시 자료분석방법에 관한 사항으로 옳은 것은? (단, 디지털 소음 자동분석계를 사용할 경우)

① 샘플주기를 1초 이내에서 결정하고 1분 이상 측정하여 자동 연산·기록한 등가소음도를 그 지점의 측정소음도 또는 배경소음도로 한다.

② 샘플주기를 1초 이내에서 결정하고 3분 이상 측정하여 자동 연산·기록한 등가소음도를 그 지점의 측정소음도 또는 배경소음도로 한다.

③ 샘플주기를 1초 이내에서 결정하고 5분 이상 측정하여 자동 연산·기록한 등가소음도를 그 지점의 측정소음도 또는 배경소음도로 한다.

④ 샘플주기를 1초 이내에서 결정하고 10분 이상 측정하여 자동 연산·기록한 등가소음도를 그 지점의 측정소음도 또는 배경소음도로 한다.

75.① 76.③ 77.① 78.③ 79.①

해설 측정자료 분석(디지털 소음 자동분석계를 사용할 경우)
샘플주기를 1초 이내에서 결정하고 5분 이상 측정하여 자동 연산·기록한 등가소음도를 그 지점의 측정소음도 또는 배경소음도로 한다.

80 배경소음 보정방법에 관한 설명 중 옳지 않은 것은?

① 배경소음도 측정 시 해당 공장의 공정상 일부 배출시설의 가동중지가 어렵다고 인정되고, 해당 배출시설에서 발생한 소음이 배경소음에 영향을 미친다고 판단될 경우에는 배경소음도 측정없이 측정소음도를 대상소음도로 할 수 있다.

② 2회 이상의 재측정에서도 측정소음도가 배경소음도보다 3dB 미만이면 소음공정시험기준 서식의 공장소음 측정자료 평가표에 그 상황을 상세히 명기한다.

③ 측정소음도가 배경소음도보다 10dB 이상 크면 배경소음을 보정하여 대상소음도를 구한다.

④ 측정소음도와 배경소음도 차이가 7.2dB인 경우 보정치는 0.9dB이다.

해설
• 측정소음도가 배경소음도보다 10dB 이상 크면 배경소음의 영향이 극히 작기 때문에 배경소음의 보정없이 측정소음도를 대상소음도로 한다.
• 측정소음도와 배경소음도 차이가 7.2dB인 경우 보정치
$$보정치 = -10\log(1-10^{-0.1d})$$
$$= -10\log(1-10^{-0.1 \times 7.2}) = 0.9\mathrm{dB}$$

81 생활소음의 규제기준 측정방법으로 옳은 것은?

① 측정점은 피해가 예상되는 자의 부지경계선 중 소음도가 높을 것으로 예상되는 지점의 지면 위 0.5~1.0m 높이로 한다.

② 소음계의 마이크로폰은 측정위치에 받침장치(삼각대 등)를 설치하지 않고 측정하는 것을 원칙으로 한다.

③ 측정지점에 높이가 1.5m를 초과하는 장애물이 있는 경우에는 장애물로부터 소음원 방향으로 1~3.5m 떨어진 지점을 측정점으로 한다.

④ 손으로 소음계를 잡고 측정할 경우 소음계는 측정자의 몸으로부터 0.3m 이상 떨어져야 한다.

해설 ① 측정점은 피해가 예상되는 자의 부지경계선 중 소음도가 높을 것으로 예상되는 지점의 지면 위 1.2~1.5m 높이로 한다.
② 소음계의 마이크로폰은 측정위치에 받침장치(삼각대 등)를 설치하여 측정하는 것을 원칙으로 한다.
④ 손으로 소음계를 잡고 측정할 경우 소음계는 측정자의 몸으로부터 0.5m 이상 떨어져야 한다.

82 생활소음 규제기준 측정방법상 디지털 소음 자동분석계를 사용할 경우 측정소음도로 하는 기준은?

① 샘플주기를 1초 이내에서 결정하고 1분 이상 측정하여 자동 연산·기록한 등가소음도

② 샘플주기를 1초 이내에서 결정하고 5분 이상 측정하여 자동 연산·기록한 등가소음도

③ 샘플주기를 5초 이내에서 결정하고 5분 이상 측정하여 자동 연산·기록한 등가소음도

④ 샘플주기를 5초 이내에서 결정하고 10분 이상 측정하여 자동 연산·기록한 등가소음도

해설 디지털 소음 자동분석계를 사용할 경우 샘플주기를 1초 이내에서 결정하고 5분 이상 측정하여 자동 연산·기록한 등가소음도를 그 지점의 측정소음도 또는 배경소음도로 한다.

83 생활소음을 규제할 목적으로 소음계만으로 소음을 측정할 때 소음계 지시치의 변동폭이 5dB(A) 이내인 경우 어떤 값을 측정소음도로 하는가?

① 규정된 각 측정시간 간격별 최대치 10개의 산출평균치

② 규정된 각 측정시간 간격별 최소치 10개의 산출평균치

③ 변화폭의 중간소음도

④ 변회폭의 최대소음도

해설 생활소음을 규제할 목적으로 소음계만을 측정할 경우 소음계 지시치의 변동폭이 5dB(A) 이내면 변화폭의 중간소음도를 측정소음도로 한다.

84 생활소음 규제기준 측정 시 측정시간 및 측정지점
수에 따른 측정소음도 선정기준으로 옳은 것은?

① 피해가 예상되는 적절한 측정시각에 2지
점 이상의 측정지점수를 선정·측정하여
그 중 가장 높은 소음도를 측정소음도로
한다.

② 피해가 예상되는 적절한 측정시각에 4지
점 이상의 측정지점수를 선정, 각각 4회
이상 측정하여 각 지점에서 산술평균한
소음도 중 가장 높은 소음도를 측정소음
도로 한다.

③ 낮시간대에는 당해 지역 소음을 대표할
수 있도록 측정지점수를 충분히 결정하
고, 각 측정지점에서 2시간 이상 간격으
로 4회 이상 측정하여 산술평균한 값을
측정소음도로 한다.

④ 각 시간대별로 최대소음이 예상되는 시각
에 1지점 이상의 측정지점수를 선정하여
측정소음도로 한다.

해설 생활소음 규제기준 측정 시 측정시간 및 측정지점수
피해가 예상되는 적절한 측정시각에 2지점 이상의 측정지
점수를 선정·측정하여 그 중 가장 높은 소음도를 측정소
음도로 한다.

85 생활소음 측정소음도 기준은?

① 3지점 이상의 측정치 중 가장 높은 소음도
② 3지점 이상의 측정치를 산술평균한 소음도
③ 2지점 이상의 측정치 중 가장 높은 소음도
④ 2지점 이상의 측정치를 산술평균한 소음도

해설 생활소음 규제기준 측정 시 측정시간 및 측정지점수
피해가 예상되는 적절한 측정시각에 2지점 이상의 측정지
점수를 선정·측정하여 그 중 가장 높은 소음도를 측정소
음도로 한다.

86 소음계에 의한 소음도 측정 시 반드시 마이크로
폰에 방풍망을 부착하여 측정하여야 하는 경우
는 풍속이 최소 얼마 이상일 때인가? (단, 상시
측정용 옥외마이크로폰 제외)

① 10m/s   ② 6m/s
③ 2m/s   ④ 0.5m/s

해설 풍속이 2m/s 이상일 때에는 반드시 마이크로폰에 방풍망
을 부착하여야 하며, 풍속이 5m/s를 초과할 때에는 측정
하여서는 안 된다. 다만, 대상소음이 풍력발전기 소음일
경우 풍속 5m/s 초과 6m/s 이하에서 측정할 수 있고, 이
때 풍속에 의한 영향을 최소화하기 위해 풍동시험에서 풍
잡음이 측정하려는 대상소음보다 최소 3dB 이상 낮게 측
정되는 성능의 방풍망을 부착하여야 한다.

87 발파소음 측정을 하는 경우 소음계만으로 측정
할 경우 옳은 것은?

① 최고소음도가 고정되는 것에 한한다.
② 최저소음도가 고정되는 것에 한한다.
③ 최고소음도가 고정되지 않는 것에 한한다.
④ 최저소음도가 고정되지 않는 것에 한한다.

해설 소음계와 소음도 기록기를 연결하여 측정·기록하는 것을
원칙으로 한다. 다만, 소음계만으로 측정할 경우에는 최고
소음도가 고정(hold)되는 것에 한한다.

88 발파소음 측정을 옳게 설명한 것은?

① 발파소음이라 해서 측정방법을 별도로 정
해 놓은 것은 아니다.
② 발파소음은 순간치를 측정하는 것이므로
배경소음 보정이 필요 없다.
③ 최고소음 고정용 소음계를 사용할 때에는
당해 지시치를 측정소음도로 한다.
④ 마이크로폰의 높이를 지면으로부터 2m 이상
으로 하여 진동 영향을 최소화하여야 한다.

해설 측정소음도 : 최고소음 고정(hold)용 소음계를 사용할 때
에는 당해 지시치를 측정소음도로 한다.
① 발파소음의 측정방법은 규정되어 있다.
② 발파소음은 배경소음 보정이 필요하다.
④ 마이크로폰의 높이를 지면으로부터 1.2～1.5m 이상으
로 하여 진동 영향을 최소화하여야 한다.

89 다음 중 발파소음의 측정소음도로 옳은 것은?
(단, 소음도 기록기를 사용할 경우)

① 5분 동안 측정한 최고치 10개의 기하평균
② 5분 동안 측정한 L_{10} 레벨
③ 발파 시에 측정한 소음도의 최고치
④ 발파시간 동안 측정한 최고치 2개 이상의
산술평균

해설 소음도 기록기를 사용할 때에는 기록지상의 지시치의 최
고치를 측정소음도로 한다.

90 규제기준 중 발파소음 측정 시 측정소음도의 표기방법으로 옳은 것은?

① L_{min} ② L_{max}

③ L_{10} ④ L_{avg}

해설 **측정소음도**
- 디지털 소음 자동분석계를 사용할 때에는 샘플주기를 0.1초 이하로 놓고 발파소음의 발생시간(수초 이내) 동안 측정하여 자동 연산·기록한 최고치(L_{max} 등)를 측정소음도로 한다.
- 소음도 기록기를 사용할 때에는 기록지상의 지시치의 최고치(L_{max})를 측정소음도로 한다.
- 최고소음 고정(hold)용 소음계를 사용할 때에는 당해 지시치를 측정소음도로 한다.

91 규제기준 중 발파소음 측정방법으로 옳지 않은 것은?

① 소음계와 소음도 기록기를 연결하여 측정·기록하는 것을 원칙으로 하되, 소음계만으로 측정할 경우에는 최고소음도가 고정(hold)되는 것에 한한다.
② 소음계의 동특성은 원칙적으로 빠름(fast) 모드를 하여 측정하여야 한다.
③ 측정시간 및 측정지점수는 작업일지 등을 참조하여 「소음·진동관리법규」에서 구분하는 각 시간대 중에서 평균발파소음이 예상되는 시각의 발파소음을 3지점 이상에서 측정한 값을 기준으로 한다.
④ 측정소음도는 발파소음이 지속되는 기간 동안에 측정하여야 한다.

해설 측정시간 및 측정지점수는 작업일지 및 발파계획서 또는 폭약사용신고서를 참조하여 「소음·진동관리법」 시행규칙 [별표 8]에서 구분하는 각 시간대 중에서 최대발파소음이 예상되는 시각의 소음을 포함한 모든 발파소음을 1지점 이상에서 측정한다.

92 발파소음 측정지점수는 밤시간대 및 낮시간대의 각 시간대 중에서 최대발파소음이 예상되는 몇 지점 이상을 택하여야 하는가? (단, 「소음·진동 공정시험기준」상의 기준 적용)

① 1지점 이상 ② 2지점 이상

③ 3지점 이상 ④ 5지점 이상

해설 작업일지 및 발파계획서 또는 폭약사용신고서를 참조하여 「소음·진동관리법」 시행규칙 [별표 8]에서 구분하는 각 시간대 중에서 최대발파소음이 예상되는 시각의 소음을 포함한 모든 발파소음을 1지점 이상에서 측정한다.

93 발파소음평가에서 시간대별 보정발파횟수가 3회일 경우 보정량은 몇 dB이며, 지발발파일 경우 보정발파횟수는 몇 회로 간주하는가?

① 3dB, 1회 ② 5dB, 1회

③ 7dB, 3회 ④ 10dB, 3회

해설 대상소음도에 시간대별 보정발파횟수(N)에 따른 보정량
$+10\log N = 10\log 3 = 4.8 ≒ 5\text{dB}$
지발발파는 보정발파횟수를 1회로 간주한다.

94 발파 시 소음이 77dB(A), 발파소음이 없을 때 소음이 73dB(A)이었다. 배경소음의 영향에 대한 보정치는?

① −1.6dB ② −1.8dB

③ −2.0dB ④ −2.2dB

해설 측정소음도와 배경소음도 차이가 $77 - 73 = 4\text{dB}$인 경우
$$보정치 = -10\log(1 - 10^{-0.1d})$$
$$= -10\log(1 - 10^{-0.1 \times 4}) = 2.2\text{dB}$$

95 규제기준 중 동일 건물 내 사업장소음을 디지털 소음 자동분석계를 사용하여 측정할 경우 측정소음도로 정하는 기준은?

① 샘플주기를 1초 이내에서 결정하고 5분 이상 측정하여 자동 연산·기록한 등가소음도를 그 지점의 측정소음도로 한다.
② 샘플주기를 5초 이내에서 결정하고 1분 이상 측정하여 자동 연산·기록한 등가소음도를 그 지점의 측정소음도로 한다.
③ 샘플주기를 5초 이내에서 결정하고 5분 이상 측정하여 자동 연산·기록한 등가소음도를 그 지점의 측정소음도로 한다.
④ 샘플주기를 1초 이내에서 결정하고 1분 이상 측정하여 자동 연산·기록한 등가소음도를 그 지점의 측정소음도로 한다.

해설 **측정자료 분석(디지털 소음 자동분석계를 사용할 경우)**
샘플주기를 1초 이내에서 결정하고 5분 이상 측정하여 자동 연산·기록한 등가소음도를 그 지점의 측정소음도 또는 배경소음도로 정한다.

96 규제기준 중 동일 건물 내 사업장소음 측정방법에 관한 설명으로 옳지 않은 것은?

① 측정소음도는 대상소음원의 일상적인 사용상태에서 정상적으로 가동시켜 측정하여야 한다.

② 측정은 대상소음 이외의 소음이나 외부소음에 의한 영향을 배제하기 위하여 옥외 및 복도 등으로 통하는 창문과 문을 닫은 상태에서 측정하여야 한다.

③ 대상소음원의 가동중지가 어렵다고 인정되는 경우에는 배경소음도 측정없이 측정소음도를 대상소음도로 할 수 있다.

④ 피해가 예상되는 적절한 측정시각에 2지점 이상의 측정지점수를 선정하고 각각 4회 이상 측정하여 각 지점에서 산술평균한 소음도를 측정소음도로 한다.

해설 피해가 예상되는 적절한 측정시각에 2지점 이상의 측정지점수를 선정하고 각각 2회 이상 측정하여 각 지점에서 산술평균한 소음도 중 가장 높은 소음도를 측정소음도로 한다.

97 규제기준 중 동일 건물 내 사업장소음 측정방법으로 옳지 않은 것은?

① 손으로 소음계를 잡고 측정할 경우 소음계는 측정자의 몸으로부터 0.3m 이상 떨어져야 한다.

② 측정은 대상소음 이외의 소음이나 외부소음에 의한 영향을 배제하기 위하여 옥외 및 복도 등으로 통하는 창문과 문을 닫은 상태에서 측정하여야 한다.

③ 사용 소음계는 KS C IEC 61672-1에서 정한 클래스 2 소음계 또는 동등 이상의 성능을 가진 것이어야 한다.

④ 소음계의 동특성은 원칙적으로 빠름(fast) 모드를 사용하여 측정하여야 한다.

해설 손으로 소음계를 잡고 측정할 경우 소음계는 측정자의 몸으로부터 0.5m 이상 떨어져야 한다.

98 발파소음 측정자료 평가서 서식 중 "측정환경" 칸에 기재되어야 하는 항목으로 옳지 않은 것은?

① 반사음의 영향
② 풍속
③ 풍향
④ 진동, 전자장의 영향

해설 "측정환경" 칸에 기재해야 할 사항
반사음의 영향, 풍속, 진동, 전자장의 영향

99 규제기간 중 동일 건물 내 사업장소음 측정자료 분석방법이다. ( ) 안에 알맞은 것은?

> 디지털 소음 자동분석계를 사용할 경우 샘플 주기를 ( ) 측정하여 자동 연산·기록한 등가소음도를 그 지점의 측정소음도 또는 배경소음도를 정한다.

① 5초 이내에서 결정하고 5분 이상
② 3초 이내에서 결정하고 3분 이상
③ 1초 이내에서 결정하고 5분 이상
④ 0.5초 이내에서 결정하고 3분 이상

해설 디지털 소음 자동분석계를 사용할 경우
샘플 주기를 1초 이내에서 결정하고 5분 이상 측정한다.

100 규제기준 중 동일 건물 내 사업장소음 측정방법에 관한 설명으로 옳지 않은 것은?

① 측정점은 피해가 예상되는 실에서 소음도가 높을 것으로 예상되는 지점의 바닥 위 3~5m 높이로 한다.

② 측정점에 높이가 1.5m를 초과하는 장애물이 있는 경우에 장애물로부터 1.0m 이상 떨어진 지점으로 한다.

③ 소음도 기록기가 없을 경우에는 소음계만으로 측정할 수 있으며, 소음계와 소음도 기록기를 연결하여 측정·기록하는 것을 원칙으로 한다.

④ 소음계의 동특성은 원칙적으로 빠름(fast) 모드를 하여 측정하여야 한다.

해설 측정점은 피해가 예상되는 실에서 소음도가 높을 것으로 예상되는 지점의 바닥 위 1.2~1.5m 높이로 한다.

101 동일 건물 내 사업장소음 측정자료 평가표 중 "측정자료 분석결과"에 기재되어야 하는 소음도로 옳지 않은 것은?

① 측정소음도(dB(A))
② 배경소음도(dB(A))
③ 평균소음도(dB(A))
④ 대상소음도(dB(A))

^{해설} 측정자료 분석결과에는 측정소음도, 배경소음도, 대상소음도를 기재한다.

102 도로소음 측정 시 소음계의 청감보정회로와 동특성은 어디에 고정하여 측정하여야 하는가?

① C – fast   ② C – slow
③ A – fast   ④ A – slow

^{해설} 소음계의 청감보정회로는 A특성에 고정하여 측정하여야 하며 소음계의 동특성은 원칙적으로 빠름(fast) 모드로 측정하여야 한다.

103 다음 중 도로소음의 측정시간 및 측정지점수로 옳은 것은?

① 당해 지역 도로교통 소음을 대표할 수 있는 시각에 2개 이상의 측정지점수를 선정하여 각 측정지점에서 2시간 이상 간격으로 2회 이상 측정하여 산술평균한 값을 측정소음도로 한다.
② 당해 지역 도로교통 소음을 대표할 수 있는 시각에 2개 이상의 측정지점수를 선정하여 각 측정지점에서 4시간 이상 간격으로 2회 이상 측정하여 산술평균한 값을 측정소음도로 한다.
③ 당해 지역 도로교통 소음을 대표할 수 있는 시각에 2개 이상의 측정지점수를 선정하여 각 측정지점에서 2시간 이상 간격으로 4회 이상 측정하여 산술평균한 값을 측정소음도로 한다.
④ 당해 지역 도로교통 소음을 대표할 수 있는 시각에 2개 이상의 측정지점수를 선정하여 각 측정지점에서 4시간 이상 간격으로 4회 이상 측정하여 산술평균한 값을 측정소음도로 한다.

^{해설} **측정시간 및 측정지점수**
주간 시간대(06:00 ~ 22:00) 및 야간 시간대(22:00 ~ 06:00)별로 소음피해가 예상되는 시간대를 포함하여 2개 이상의 측정지점수를 선정하여 4시간 이상 간격으로 2회 이상 측정하여 산술평균한 값을 측정소음도로 한다.

104 소음한도 측정방법 중 도로교통 소음 측정에 관한 설명으로 옳지 않은 것은?

① 측정점은 피해가 예상되는 자의 부지경계선 중 소음도가 높을 것으로 예상되는 지점의 지면 위 1.2 ~ 1.5m 높이로 한다.
② 측정지점에 높이가 1.5m를 초과하는 장애물이 있는 경우에는 장애물로부터 소음원 방향으로 1.0 ~ 3.5m 떨어진 지점으로 한다.
③ 장애물이 방음벽이거나 충분한 차음이 예상되는 경우에는 장애물 밖의 1.0 ~ 3.5m 떨어진 지점 중 암영대(暗影帶)의 영향이 적은 지점으로 한다.
④ 요일별로 소음변동이 적은 휴일(토요일, 일요일 등)에 당해 지역의 도로교통 소음을 측정하여야 한다.

^{해설} 요일별로 소음변동이 적은 평일(월요일부터 금요일까지)에 당해 지역의 도로교통 소음을 측정하여야 한다. 단, 주말 또는 공휴일에 도로통행량이 증가되어 소음피해가 예상되는 경우에는 주말 및 공휴일에 도로교통 소음을 측정할 수 있다.

105 소음측정 시 측정지점수의 연결로 틀린 것은?

① 소음의 배출허용기준 – 2지점 이상
② 발파소음의 규제기준 – 1지점 이상
③ 생활소음의 규제기준 – 2지점 이상
④ 도로교통소음한도 – 1지점 이상

^{해설} 도로교통소음한도 – 2지점 이상

106 도로교통소음 측정자료 평가표 서식에 있는 측정대상과 측정지점에 기록되어야 하는 사항으로 옳지 않은 것은?

① 도로 유형   ② 도로 구배
③ 차선수   ④ 일일교통량(대/h)

^{해설} **측정대상과 측정지점에 기록되어야 하는 사항**
차선수, 도로 유형, 도로 구배, 시간당 교통량(대/h), 대형차 통행량(대/h) 평균차속(km/h)

107 다음 중 철도소음 측정에 관한 설명으로 옳지 않은 것은?

① 소음계의 청감보정회로는 C특성에 고정하여 측정한다.
② 소음계의 동특성은 빠름으로 측정한다.
③ 샘플주기를 1초 이내로 결정한다.
④ 밤시간대는 1회 1시간 동안 측정한다.

해설 소음계의 청감보정회로는 A특성에 고정하여 측정하여야 한다.

108 철도소음은 몇 시간 동안 측정한 등가소음도를 그 지점의 측정소음도로 하는가?

① 8   ② 4
③ 2   ④ 1

해설 샘플주기를 1초 내외로 결정하고 1시간 동안 연속 측정하여 자동 연산·기록한 등가소음도를 그 지점의 측정소음도로 한다.

109 철도소음 측정의 샘플주기는 몇 초 내외이고 몇 시간 동안 연속 측정하여야 하는가?

① 5, 1   ② 1, 2
③ 2, 2   ④ 1, 1

해설 샘플주기를 1초 내외로 결정하고 1시간 동안 연속 측정하여 자동 연산·기록한 등가소음도를 그 지점의 측정소음도로 한다. 단, 1일 열차통행량이 30대 미만인 경우 측정소음도에 보정표에 의한 보정치를 보정한 후 그 값을 측정소음도로 한다.

110 다음은 철도소음관리기준에서 측정에 관한 설명이다. ( ) 안에 알맞은 내용은?

> 철도소음 측정 시 측정점에 장애물이나 주거, 학교, 병원, 상업 등에 활용되는 건물이 있을 때에는 건축물로부터 철도방향으로 ( ) 떨어진 지점의 지면 위 1.2~1.5m를 측정점으로 한다.

① 10m   ② 5m
③ 3.5m   ④ 1m

해설 측정점에 장애물이나 주거, 학교, 병원, 상업 등에 활용되는 건물이 있을 때에는 건축물로부터 철도방향으로 1.0m 떨어진 지점의 지면 위 1.2~1.5m로 한다.

111 철도소음 측정방법으로 옳지 않은 것은?

① 옥외측정을 원칙으로 한다.
② 소음변동이 적은 평일에 당해 지역의 철도소음을 측정한다.
③ 소음계의 청감보정회로는 A특성에 고정하여 측정한다.
④ 소음계의 동특성은 느림(slow)으로 하여 측정한다.

해설 소음계의 동특성은 빠름(fast) 모드를 하여 측정한다.

112 다음 중 철도소음의 측정시각 및 측정횟수로 옳은 것은?

① 기상조건, 열차운행횟수 및 속도 등을 고려하여 당해 지역의 철도소음을 대표할 수 있는 낮시간대는 2시간 간격을 두고 30분씩 4회 측정하며, 밤시간대는 4시간 간격을 두고 30분씩 2회 측정하여 산술평균한다.
② 기상조건, 열차운행횟수 및 속도 등을 고려하여 당해 지역의 철도소음을 대표할 수 있는 낮시간대는 4시간 간격을 두고 30분씩 2회 측정하여 산술평균하며, 밤시간대는 1회 30분간 측정한다.
③ 기상조건, 열차운행횟수 및 속도 등을 고려하여 당해 지역의 철도소음을 대표할 수 있는 낮시간대는 2시간 간격을 두고 1시간씩 4회 측정하며, 밤시간대는 4시간 간격을 두고 2회 1시간 동안 측정하여 산술평균한다.
④ 기상조건, 열차운행횟수 및 속도 등을 고려하여 당해 지역의 철도소음을 대표할 수 있는 낮시간대는 2시간 간격을 두고 1시간씩 2회 측정하여 산술평균하며, 밤시간대는 1회 1시간 동안 측정한다.

해설 측정소음도는 기상조건, 열차운행횟수 및 속도 등을 고려하여 당해 지역의 1시간 평균 철도통행량 이상인 시간대를 포함하여 주간 시간대는 2시간 이상 간격을 두고 1시간씩 2회 측정하여 산술평균하며, 야간 시간대는 1회 1시간 동안 측정한다.

113 1시간 동안 측정한 철도소음의 최고소음도와 배경소음도의 차가 5dB일 경우, 열차의 1시간 등가소음도 중 7번째 열차의 최고소음도가 100dB(A)이고, 1시간 동안 열차의 왕복통행량이 35대일 때, 열차의 최고평균소음도는? (단, 전철, 고속철도, 경부·호남선 등 복선구간, 경부선 복복선 구간(서울 ~ 구로), 중앙, 태백, 영동선 등 단선구간 어디에도 해당하지 않는다.)

① 70dB(A) ② 75dB(A)
③ 80dB(A) ④ 85dB(A)

해설 **열차의 최고소음도 평균**

$$\overline{L_{\max}} = 10 \log \left[\left(\frac{1}{N} \right) \sum_{i=1}^{N} 10^{0.1 \times L_{\max i}} \right] dB(A)$$

여기서, N : 1시간 동안의 열차 통과량(왕복대수)
　　　　$L_{\max i}$: i번째 열차의 최고소음도(dB(A))

$$\therefore \overline{L_{\max}} = 10 \log \left[\left(\frac{1}{35} \right) \sum_{i=1}^{N} 10^{0.1 \times 100} \right]$$
$$= 85 dB(A)$$

114 철도소음 관리기준 측정에 관한 설명으로 옳지 않은 것은?

① 철도소음 관리기준을 적용하기 위하여 측정하고자 할 경우에는 철도보호지구에서 측정·평가한다.
② 샘플주기를 1초 내외로 결정하고 1시간 동안 연속 측정하여 자동 연산·기록한 등가소음도를 그 지점의 측정소음도로 한다.
③ 소음계의 동특성은 '빠름'으로 하여 측정한다.
④ 요일별로 소음변동이 적은 평일(월요일부터 금요일까지)에 당해 지역의 철도소음을 측정한다.

해설 철도소음 관리기준을 적용하기 위하여 측정하고자 할 경우에는 철도보호지구 외의 지역에서 측정·평가한다.

115 철도소음 측정자료 평가표 서식에 기재되어야 하는 사항으로 옳지 않은 것은?

① 철도선 구분과 구배
② 최고열차속도(km/h)
③ 측정소음도($L_{eq(1h)}$dB(A))
④ 시간당 교통량(대/h)

해설 **평균 열차속도(km/h)**
철도소음 측정자료 평가표 서식에 기재되어야 하는 사항은 철도구조(철도선 구분 및 구배), 교통 특성(시간당 교통량(대/h), 평균 열차속도(km/h), 측정소음도($L_{eq(1h)}$ dB(A))이다.

116 다음은 철도소음관리기기 측정 시 측정자료의 분석에 관한 설명이다. ( ) 안에 들어갈 말로 옳은 것은?

> 샘플주기를 (㉮) 내외로 결정하고 (㉯) 동안 연속 측정하여 자동 연산·기록한 등가소음도를 그 지점의 측정소음도로 하며, 소음도의 계산과정에서는 소수점 첫째자리를 유효숫자로 하고, 측정소음도(최종값)는 소수점 첫째자리에서 반올림한다.

① ㉮ 1초, ㉯ 10분
② ㉮ 0.1초, ㉯ 1시간
③ ㉮ 1초, ㉯ 1시간
④ ㉮ 1초, ㉯ 10분

해설 측정자료는 주어진 경우에 따라 분석·정리하며, 소음도의 계산과정에서는 소수점 첫째자리를 유효숫자로 하고, 측정소음도(최종값)는 소수점 첫째자리에서 반올림한다. 샘플주기를 1초 내외로 결정하고 1시간 동안 연속 측정하여 자동 연산·기록한 등가소음도를 그 지점의 측정소음도로 한다. 단, 1일 열차통행량이 30대 미만인 경우 측정소음도에 보정표에 의한 보정치를 보정한 후 그 값을 측정소음도로 한다.

117 항공기소음 측정 시 원추형 상부공간 내에는 장애물이 있으면 안 되는데 이때 원추형 상부공간이란 측정위치를 지나는 지면 또는 바닥면의 법선에 반각 몇 °의 선분이 지나는 공간을 말하는가?

① 10°
② 45°
③ 80°
④ 90°

해설 측정위치를 정점으로 한 원추형 상부공간 내에는 측정치에 영향을 줄 수 있는 장애물이 있어서는 안 된다. 원추형 상부공간이란 측정위치를 지나는 지면 또는 바닥면의 법선에 반각 80°의 선분이 지나는 공간을 말한다.

118 항공기소음에 관한 설명으로 옳지 않은 것은?

① 측정지점 3.5m 이내는 가급적 평활하고, 시멘트 등으로 포장되어 있어야 한다.
② 옥외측정을 원칙으로 한다.
③ 소음계는 측정자의 몸으로부터 0.5m 이상 떨어져야 하며, 측정자는 비행경로에 수평하게 위치하여야 한다.
④ 진동이 많은 장소 또는 전자장의 영향을 받는 지역에서도 적절한 방지를 한 후 측정할 수 있다.

해설 손으로 소음계를 잡고 측정할 경우 소음계는 측정자의 몸으로부터 0.5m 이상 떨어져야 하며, 측정자는 비행경로에 수직하게 위치하여야 한다.

119 항공기소음의 측정기간으로 옳은 것은?

① 항공기소음을 대표할 수 있는 시기를 선정하여 원칙적으로 연속 7일간 측정한다.
② 항공기소음을 대표할 수 있는 시기를 선정하여 원칙적으로 연속 10일간 측정한다.
③ 항공기소음을 대표할 수 있는 시기를 선정하여 원칙적으로 연속 15일간 측정한다.
④ 항공기소음을 대표할 수 있는 시기를 선정하여 원칙적으로 연속 30일간 측정한다.

해설 측정시각 및 기간
항공기의 비행상황, 풍향 등의 기상조건을 고려하여 당해 측정지점에서의 항공기소음을 대표할 수 있는 시기를 선정하여 원칙적으로 연속 7일간 측정한다. 다만, 당해 지역을 통과하는 항공기의 종류, 비행횟수, 비행경로, 비행시각 등이 연간을 통하여 표준적인 조건일 경우 측정일수를 줄일 수 있다.

120 소음계의 동특성을 느림(slow) 모드를 사용하여 측정하여야 하는 소음은?

① 항공기소음
② 철도소음
③ 도로교통소음
④ 생활소음

해설 소음계의 동특성을 느림(slow) 모드를 하여 측정하여야 한다. ②, ③, ④는 빠름(fast) 모드를 하여 측정한다.

121 항공기소음한도 측정방법에 관한 설명으로 옳지 않은 것은?

① 사용 소음계는 KS C IEC 61672-1에 정한 클래스 2의 소음계 또는 동등 이상의 성능을 가진 것이어야 한다.
② 소음계의 동특성을 느림(slow) 모드를 하여 측정하여야 한다.
③ 측정점은 상시측정용의 경우에는 주변환경, 통행, 타인의 촉수 등을 고려하여 지면 또는 바닥면에서 1.2∼5.0m 높이로 할 수 있다.
④ 항공기소음으로 인하여 문제를 일으킬 우려가 없는 장소를 택하여야 하며, 측정지점 반경 5m 이내는 가급적 평활하고, 시멘트 등으로 포장되어 있어야 한다.

해설 옥외측정을 원칙으로 하며, 그 지역의 항공기소음을 대표할 수 있는 장소나 항공기소음으로 인하여 문제를 일으킬 우려가 있는 장소를 택하여야 한다. 다만, 측정지점 반경 3.5m 이내는 가급적 평활하고, 시멘트 등으로 포장되어 있어야 하며, 수풀, 수림, 관목 등에 의한 흡음의 영향이 없는 장소로 한다.

122 다음 중 항공기소음 측정 시 설명으로 옳지 않은 것은?

① 원칙적으로 연속 7일간 측정한다.
② 청감회로는 A특성으로 한다.
③ 동특성은 빠름(fast)으로 한다.
④ 측정자는 비행경로에 수직하게 위치하여야 한다.

해설 동특성은 느림(slow) 모드로 한다.

123 일반적으로 항공기소음 측정 시 풍속이 몇 m/s 이상이면 방풍망을 부착하여야 하는가?

① 0.5
② 1.0
③ 1.5
④ 2.0

해설 바람(풍속 2m/s 이상)으로 인하여 측정치에 영향을 줄 우려가 있을 때는 반드시 방풍망을 부착하여야 한다. 다만, 풍속이 5m/s를 초과할 때는 측정하여서는 안 된다(상시측정용 옥외마이크로폰은 그러하지 아니하다).

124 항공기소음의 측정 시 측정방법에 대한 설명으로 옳은 것은?

① 상시측정용 측정점은 지면에서 1.2 ~ 1.5m 높이로 한다.

② 측정지점 반경 3.5m 이내는 가급적 평활하고 시멘트 등으로 포장되어 있어야 한다.

③ 항공기소음은 넓은 범위에 영향을 미치기 때문에 가급적 측정지점은 인적 없는 한적한 곳이어야 한다.

④ 측정위치를 정점으로 한 원추형 상부공간이란 지면 또는 바닥면의 법선에 반각 45° 선분이 지나는 공간을 말한다.

해설 ① 상시측정용 측정점은 지면에서 1.2 ~ 5.0m 높이로 한다.
③ 항공기소음은 그 지역의 항공기소음을 대표할 수 있는 장소나 항공기소음으로 인하여 문제를 일으킬 우려가 있는 장소를 택하여야 한다.
④ 측정위치를 정점으로 한 원추형 상부공간이란 지면 또는 바닥면의 법선에 반각 80° 선분이 지나는 공간을 말한다.

125 항공기소음한도 측정방법 중 측정조건 등에 관한 내용으로 옳지 않은 것은?

① 최고소음도는 매 항공기 통과 시마다 배경소음보다 높은 상황에서 측정하여야 하며, 그 지시치 중의 최고치를 말한다.

② 소음계의 마이크로폰은 소음원 방향으로 향하도록 하여야 한다.

③ 손으로 소음계를 잡고 측정할 경우 소음계는 측정자의 몸으로부터 0.3m 이상 떨어져야 하며, 측정자는 비행경로에 수평으로 위치하여야 한다.

④ 풍속이 5m/s를 초과할 때는 측정하여서는 안 된다(상시측정용 옥외마이크로폰은 그러하지 아니하다).

해설 손으로 소음계를 잡고 측정할 경우 소음계는 측정자의 몸으로부터 0.5m 이상 떨어져야 하며, 측정자는 비행경로에 수직으로 위치하여야 한다.

126 항공기소음 측정에 대한 설명으로 틀린 것은?

① 측정지점 반경 3.5m 이내는 가급적 평활하고, 흡음이 잘 되는 장소이어야 한다.

② 측정위치를 정점으로 한 원추형 상부공간 내에는 측정치에 영향을 줄 수 있는 장애물이 없어야 한다.

③ 소음계의 마이크로폰은 소음원 방향으로 하여야 한다.

④ 상시측정용 측정점은 주변환경을 고려하여 지면으로부터 1.2 ~ 5m 높이로 할 수 있다.

해설 측정지점 반경 3.5m 이내는 가급적 평활하고, 시멘트 등으로 포장되어 있어야 하며, 수풀, 수림, 관목 등에 의한 흡음의 영향이 없는 장소로 한다.

127 항공기의 비행횟수가 시간대별로 다음 〈표〉와 같이 통과하였을 경우, 1일간 항공기의 등가통과횟수는?

시간대	0시~ 07시	07시~ 19시	10시~ 22시	22시~ 24시
비행횟수	1	125	40	5

① 295 　　　② 300

③ 305 　　　④ 310

해설 $N = N_2 + 3N_3 + 10(N_1 + N_4)$
$= 125 + 3 \times 40 + 10 \times (1 + 5) = 305$회

128 항공기소음관리기준 측정방법에서 「소음·진동관리법」 시행령의 개정으로 현행 사용하는 항공기소음평가레벨 대신 2023년 1월 1일부터 적용하는 소음평가레벨은?

① $\overline{dB(A)}$ 　　　② $\overline{WECPNL}$

③ $\overline{L_{den}}$ 　　　④ $\overline{EPNL}$

해설 「소음·진동관리법」 시행령 제9조 제1항의 개정 시행일인 2023년 1월 1일부터 적용되는 항공기소음평가레벨은 $\overline{L_{den}}$ 이다.

PART 3

중요이론 & 실전문제

소·음·진·동 기사 / 산업기사

진동 측정 및 분석

Noise & Vibration

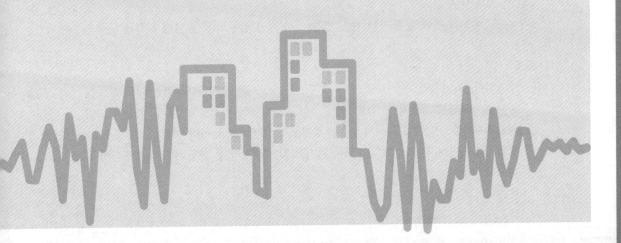

1 진동 측정

Section 01 주변환경 조사

1 진동 피해 예상지점 및 대상진동 파악

(1) 진동 피해 예상지점 구분

진동측정계획에 따라 진동 발생으로 인한 영향지점이나 영향이 예상되는 지점의 현황을 조
사하고, 대상진동의 종류, 형태, 위치, 성상은 다음과 같이 파악한다.

① 진동 영향지점 또는 영향이 예상되는 지점의 접속위치로 인터넷에서 지도를 캡처한다.

② 지도를 캡처할 경우에는 주변의 위치를 전체적으로 파악할 수 있는 크기로 조절하여 캡
  처한다.

③ 진동 측정 대상지역 주변 건물, 시설들을 용도별로 주거지역, 학교, 도서실, 병원, 상업
  지역, 문화재, 사업장, 가축사육시설 여부 등으로 구분하여 파악한다.

④ 주거지역은 단독주택과 공동주택인지 아니면 단독주택과 공동주택이 혼재되었는지도 구
  분하여 파악한다.

(2) 측정 대상진동의 법적 적용 지역

해당 지역을 토지이용규제서비스 홈페이지에서 「국토의 계획 및 이용에 관한 법률」에서 정
한 어느 지역, 시설 등에 속하는지 다음과 같이 파악한다.

1) 교통진동 대상지역

다음과 같이 「국토의 계획 및 이용에 관한 법률」에서 정한 진동 영향을 받는 지역을 대상으
로 한다.

① 도로

  ㉠ 주거지역, 녹지지역, 관리지역 중 취락지구·주거개발진흥지구 및 관광·휴양개발진
    흥지구, 자연환경보전지역, 학교·병원·공공도서관 및 입소규모 100명 이상의 노인
    의료복지시설·영유아보육시설의 부지경계선으로부터 50m 이내 지역

  ㉡ 상업지역, 공업지역, 농림지역, 생산관리지역 및 관리지역 중 산업·유통개발진흥지구,
    미고시지역

② 철도

　㉠ 주거지역, 녹지지역, 관리지역 중 취락지구·주거개발진흥지구 및 관광·휴양개발 진흥지구, 자연환경보전지역, 학교·병원·공공도서관 및 입소규모 100명 이상의 노인의료복지시설·영유아보육시설의 부지경계선으로부터 50m 이내 지역

　㉡ 상업지역, 공업지역, 농림지역, 생산관리지역 및 관리지역 중 산업·유통개발진흥지구, 미고시지역

2) 생활진동 대상지역

다음과 같이 「국토의 계획 및 이용에 관한 법률」에서 정한 진동 영향을 받는 지역을 대상으로 한다.

① 주거지역, 녹지지역, 관리지역 중 취락지구·주거개발진흥지구 및 관광·휴양개발진흥지구, 자연환경보전지역, 그 밖의 지역에 소재한 학교·종합병원·공공도서관

② 그 밖의 지역

상기 지도와 법적 적용 지역을 확인하고 현장을 직접 방문하여 지도와 일치 여부, 지형(굴곡, 지표고(오르막길, 내리막길), 장해물) 등을 파악한다.

(3) 배출시설진동의 설비 종류별 진동 측정 대상

「소음·진동관리법」 시행규칙에서 정한 지역 내에서 진동을 일으키는 다음과 같은 배출시설 (「소음·진동관리법」 시행규칙 [별표 1])을 진동 측정 대상으로 구분한다.

① 15kW 이상의 프레스(유압식은 제외한다.)

② 22.5kW 이상의 분쇄기(파쇄기와 마쇄기를 포함한다.)

③ 22.5kW 이상의 단조기

④ 22.5kW 이상의 도정시설(「국토의 계획 및 이용에 관한 법률」에 따른 주거지역·상업지역 및 녹지지역에 있는 시설로 한정한다.)

⑤ 22.5kW 이상의 목재가공기계

⑥ 37.5kW 이상의 성형기(압출·사출을 포함한다.)

⑦ 37.5kW 이상의 연탄제조용 윤전기

⑧ 4대 이상 시멘트 벽돌 및 블록의 제조기계

2 진동 영향 조사

(1) 공장소음진동 영향범위

진동 평가범위를 설정하여 영향범위를 다음과 같이 파악한다.

① 영향평가 실시근거를 파악한다.

② 영향평가 대상지역 설정근거를 파악한다.

③ 영향평가항목 설정근거를 파악한다.

④ 평가범위 설정을 위한 가정사항을 파악한다.

⑤ 평가범위 설정기준을 파악한다.

⑥ 평가범위 계산과정을 파악한다.

(2) 진동 피해대상 기준에 따른 영향범위

진동 피해지역을 구분하여 진동의 피해 여부를 판단하는 경우에 진동레벨을 측정하고, 그 진동레벨이 일정한 피해인정기준을 초과하는 경우에는 피해의 개연성을 인정하여 피해자에게 배상을 하도록 결정하며 영향범위를 파악한다.

1) 도로교통진동 피해대상 발생원

도로 주행차량 등으로부터 노면에 가해지는 충격이 지반을 통해 전파되는 것으로 일반적으로 진동보다 소음부분이 더욱 문제시되는 분야이나, 간혹 주변 건축물에 진동 피해를 발생시키는 경우도 있으며, 현장조사 시에는 관련 자료 등을 참조하여 다음과 같은 사항을 확인하고 발생원을 파악한다.

① 도로교통진동을 파악한다.

　㉠ 운행차종 및 중량을 확인한다.

　㉡ 적재물 및 운행속도를 확인한다.

　㉢ 도로 및 지반조건, 폭, 노면상태, 과속방지턱의 유무 등을 확인한다.

　㉣ 도로 파손상태 및 보수이력을 확인한다.

　㉤ 운행빈도 등을 확인한다.

② 진동 전파경로에 대한 검토항목을 파악하여 확인한다.

공기 중으로 전파되는 소음과 달리, 지반을 전파매체로 하는 진동의 경우에는 매체경로가 되는 지반의 조건에 따라 그 전파 양상이 큰 영향을 받게 되며, 지반의 충격 흡수성과 매질의 밀도 및 지형, 단차 등과 같은 경로상의 제반조건에 따라 전파된 진동의 크기가 크게 달라진다. 현장조사 시에는 지적도, 개황도 등 관련 자료를 참조하여 검토항목을 파악하여 아래 사항을 확인한다.

　㉠ 대상 건축물과의 이격거리를 확인한다.

　㉡ 전파경로상의 지반조건 및 지형을 확인한다.

　㉢ 발파지점과 대상 건축물과의 레벨차를 확인한다.

　㉣ 전파경로상의 진동 감쇠요인을 확인(구거, 암거, 옹벽 등)한다.

　㉤ 전파경로상에 위치한 타 시설물의 상태를 확인한다.

③ 소음진동 피해 정도 판단자료를 파악하여 확인한다.

　㉠ 건축물 개요를 확인(용도, 규모, 준공시기, 증축 여부 등)한다.

　㉡ 설계도면 보유 여부를 확인한다.

　㉢ 지반, 기초, 구조형식 등을 확인한다.

　㉣ 대상 건축물 사전현황조사 및 진단, 감정 실시 여부를 확인한다.

　㉤ 균열 게이지 등을 통한 기존 결함에 대한 평가 여부를 확인한다.

　㉥ 건축물에 발생된 결함조사(발생원인에 대한 개략적 평가 포함)를 확인한다.

　㉦ 건축물의 시공성을 확인한다.

ⓞ 건축물의 노후도를 확인한다.

ⓩ 건축물의 재하상태를 확인한다.

ⓧ 주변에 위치한 타 건축물 상태를 확인한다.

ⓚ 최대진동 작용시기를 확인한다.

ⓣ 건축물 보수이력 및 용도·구조변경 여부를 확인한다.

ⓟ 보수·보강 견적서를 확인(적정성 평가 포함)한다.

ⓗ 건축물 민원발생 이력 등을 확인한다.

④ **피해 측정 데이터에 검토항목을 파악하여 확인한다.**

㉠ 측정장비 및 위치의 적정성을 확인한다.

㉡ 측정조건을 확인한다.

㉢ 측정 데이터 분석(주파수대역, PPV, PVS 등)을 확인한다.

   진동의 측정은 3차원적으로 이루어지며, 크게 PPV와 PVS로 구분한다.

   ⓐ PPV(Peak Particle Velocity)는 지반 진동을 입자속도로 측정했을 때 직교하는 세 방향의 측정성분별 최대진폭으로, 세 방향은 L(진행방향 수평성분), T(진행방향에 직교하는 수평성분), V(연직성분)로 각각 표시된다.

   ⓑ PVS(Pcak pseudo Vector Sum)는 지반 진동의 세 측정성분의 PPV 값의 벡터합을 뜻한다.

   $$PVS = \sqrt{L^2 + T^2 + V^2}$$

㉣ 시험발파 추정식 등에 의한 값과의 비교·검토 등을 확인한다.

⑤ **피해대상 상태를 파악하여 평가한다.**

   피해대상 상태평가를 통하여 피해의 결함발생 정도 및 원인 평가결과 등을 고려하여 정량화시킨 후 그 평균치를 취한 후 상태를 파악하여 평가한다.

㉠ 구조형태를 평가한다.

㉡ 시공품질을 평가한다.

㉢ 노후도를 평가한다.

㉣ 사용조건을 평가한다.

⑥ **피해기간 기준을 산정한다.**

   피해기간 산정에 대한 기준은 사람, 동물 및 건축물 등이 소음·진동으로 인한 피해가 발생하여야 산정한다. 진동 피해배상액 산정기준의 수인한도, 공장진동 배출허용기준, 한도, 발파진동속도 기준으로 한다.

⑦ **피해기간 방법을 산정한다.**

   진동으로 인하여 피해가 발생한 기간에 대한 피해기간 산정은 피해기간 산정기준에서 정한 기준을 초과한 경우에 적용하는 것을 원칙으로 한다. 진동 환경피해기간 산정은 중앙환경분쟁조정위원회 지침인 '진동 피해배상액 산정기준'에서 정한 진동의 수인한도를 원칙으로 하며, 그 기준을 초과하여 발생한 진동에 대하여 피해기간으로 산정한다. 수인한도 기준에서 제외되어 있는 항목은 「소음·진동관리법」에 규정된 공장진동 배출허용기준으로 기준을 초과하여 발생한 진동에 대하여 피해기간으로 한다.

2) 생활진동 피해기간 산정

① 건설기계진동 및 발파진동

건설기계진동은 장비의 종류, 장비의 상태, 장비의 작업위치 및 작업공정에 따라 다양한 크기의 진동이 발생한다. 발파진동도 비슷하게 장약량, 천공장, 발파작업 위치 등 발파패턴에 따라 진동크기가 다르게 나타난다. 진동도와 공정별 피해기간이 다를 경우 전체 공사기간 중의 최고진동도를 기준으로 피해기간을 산정한다. 또「소음·진동 공정시험기준」에 따라 측정한 대상진동도 및 평가진동도가 '진동 피해배상액 산정기준'에서 정한 진동의 수인한도를 초과한 경우 진동피해기간으로 산정한다. 진동 측정자료가 없이 공사장의 작업이 종료된 경우 진동발생 행위가 있었던 그 당시의 작업일지, 장비일지, 발파일지 등을 검토하여 동일하거나 비슷한 작업으로 인정할 수 있을 때는 그 기간을 피해기간으로 산정한다.

② 교통진동

교통진동 피해기간 산정은「소음·진동 공정시험기준」에 따라 측정한 측정진동도 및 대상진동도가 '진동 피해배상액 산정기준'에서 정한 진동의 수인한도를 초과한 경우 천재지변이나 기상이변 등이 있는 경우를 제외하고 진동 변동폭이 크지 않으므로 진동에 노출된 전 기간을 피해기간으로 산정한다.

③ 공장진동(배출시설 허가업소)

피해기간 산정에서 공장진동은 대부분 프레스, 분쇄기, 단조기, 성형기 등에서 발생하는 진동으로 배출되는 진동의 변동폭이 상당히 낮은 사업장이다. 따라서 변동폭이 적기 때문에「소음·진동 공정시험기준」에 따라 측정한 평가진동도가 '배출허용기준'을 초과한 경우 공장의 전체 가동일수를 진동피해기간으로 산정한다.

(3) 진동 크기 정도에 따른 영향범위

진동 크기의 정도는 다음 절차에 따라 파악한다.

① 진동 크기를 계측한다. 어느 부분이 진동하고 있는가, 변위, 속도, 가속도 중 어느 것이 문제인가를 계측한다.

② 진동파형을 관찰한다. 진동이 회전 또는 회전의 배수로 동기하고 있는가를 관찰한다.

③ 진동수 성분을 분석한다. 원리적으로 존재하는 진동수와 이상 진동수, 고사이클의 진동수 성분을 분석한다.

④ 위상을 분석한다. 불평형이 큰가, 감도가 지나치게 높은가를 분석한다.

⑤ 원인의 종합을 판단한다. 제작상의 문제인가, 설계상의 문제인가를 판단하다.

⑥ 대책을 실시한다. 원인분서에서 소음진동의 발생원을 개선한다.

⑦ 크기를 파악하여 확인한다. 진동계측의 확인을 통하여 소음진동 크기를 파악한다.

Section 02 진동 측정장비 선정

1 진동 측정장비

(1) 법적 기준의 요구사항에 적합한 장비

진동의 법적 기준과 비교하여 기준 범위 내외를 판정하는 것이므로 법적 기준에서 요구하는 정밀도(유효자릿수 확인)를 나타낼 수 있는 측정기를 선정한다.

(2) 국립환경과학원에서 고시(제2015-16)에 의한 측정장비

다음과 같은 환경측정기기 구조·성능 세부기준(소음진동분야 진동레벨계 및 그 부속기기, TS 0403.1)에 적합한지 확인한다.

① 일반적인 사항

진동레벨계는 견고하고, 빈번한 사용에 견딜 수 있어야 하며, 항상 정도를 유지할 수 있는지 확인한다.

② 구조 및 기능

진동레벨계는 진동픽업, 레벨레인지 변환기, 교정장치, 감각보정회로, 출력단자, 지시계기 등으로 구성되어야 하고, 원활하고 정확하게 작동되어야 하며, 취급이 용이한지 확인한다.

ㄱ 진동픽업 : 지면에 설치할 수 있는 구조로서 환경진동을 측정할 수 있는지 확인한다.

ㄴ 레벨레인지 변환기 : 측정하고자 하는 진동이 지시계기의 범위 내에 있도록 하기 위한 감쇠기로서 유효눈금범위가 30dB 이하되는 구조의 것은 변환기에 의한 레벨의 간격은 10dB 간격으로 표시되어 있는지 확인한다. 다만, 레벨변환 없이 측정이 가능한 경우 레벨레인지 변환기가 없어도 무방하다.

ㄷ 교정장치 : 진동레벨계의 감도를 점검 및 교정하는 장치로서 자체에 내장되어 있거나 분리되어 있는지 확인하고, 운반·보관 등에 의해 교정장치가 움직이지 않는 구조로 되어 있는지 확인한다.

ㄹ 감각보정회로 : 인체의 수진감각을 주파수 보정특성에 따라 나타내는 것으로 V특성(수직특성)을 갖춘 것인지 확인한다.

ㅁ 출력단자 : 진동신호를 기록기 등에 전송할 수 있는 출력단자를 갖춘 것인지 확인한다.

ㅂ 지시계기 : 지시계기는 숫자표시형으로 소수점 한 자리 이상 표시되어야 하고, 레벨레인지 변환기가 있는 기기의 경우 측정값이 레벨레인지의 측정범위를 초과하면 레인지 초과 상태임을 표시할 수 있는지 확인한다.

ㅅ 레벨레코더 : 측정값을 1초 이하의 간격으로 연속적으로 기록하고 출력할 수 있는지 확인한다. 이와 동등 이상의 성능을 가진 소프트웨어어도 좋다.

③ 각 장비의 성능

ㄱ 진동레벨계는 dB단위로 지시하는 것인지 확인하며, 실시간 값을 표시할 수 있는지 확인한다. 이때의 응답속도는 기준음에 ±1dB 범위를 도달할 때까지 3초 이내에 지시할 수 있는지 확인한다.

ⓒ 주파수 범위 : 측정가능 주파수 범위는 $1 \sim 90Hz$ 범위 이내인지 확인한다. 단, 주파수 범위는 최소값 이하와 최댓값 이상 측정하여도 된다.

ⓒ 진동레벨 범위 : 측정가능 진동레벨 범위는 $45 \sim 120dB$ 범위 이내인지 확인한다. 단, 진동레벨 범위는 최솟값 이하와 최댓값 이상 측정하여도 된다.

ⓒ 샘플링 주기 : 샘플링 주기는 1초 이하인지 확인한다. 단, 발파진동 측정용은 0.1초 이하로 조정 가능한지 확인한다.

ⓒ 횡감도 : 3축의 센서를 가진 진동픽업의 횡감도는 규정 주파수에서, 수감축(연직특성) 감도에 대한 차이가 15dB 이상인지 확인한다.

ⓑ 변환오차 : 레벨레인지 변환기가 있는 기기에 있어서 레벨레인지 변환기의 변환오차가 ±0.5dB 이내인지 확인한다.

ⓒ 눈금오차 : 지시계기의 눈금오차는 ±0.5dB 이내인지 확인한다.

ⓞ 평가진동레벨 : L_{10}값과 최댓값을 나타낼 수 있는지 확인하며, 모든 범위에서 값을 만족한지 확인한다.

ⓩ 상대응답 : 감각특성의 상대응답과 허용오차는 연직특성과 평탄특성을 만족하고 있는지 확인한다.

④ **표시사항**

ⓒ 다음의 사항이 기재되어 있는지 확인한다.

ⓐ 제조회사명, 제작국, 제조연월일

ⓑ 측정기명, 기기형식, 기기번호(또는 제작번호)

ⓒ 측정범위, 사용주위온도 · 습도 범위

ⓓ 전원의 종류, 전압(V), 주파수(Hz) 및 소비전력

ⓔ 진동픽업의 기기형식, 기기번호(또는 제작번호), Z축의 방향

ⓒ 표시사항은 잘 보일 수 있는 곳에 표시(분산표시 가능)함을 원칙으로 한다.

⑤ **종합성능시험**

진동레벨계의 성능시험절차 규정에 따라 시험하는 기간에 모든 장치는 기준 성능을 만족한지 확인하며, 이때의 감각특성의 오차는 ±0.2dB 이내인지 확인한다.

(3) 진동계의 종류별 특성

진동 측정치를 개략적으로 측정하는 경우에는 간이진동계를 사용하고, 측정치가 정밀한 신뢰도를 요구하는 경우에는 정밀한 진동계를 선정한다. 특히 연구 개발용이나 정밀한 다른 측정치와 비교할 때에는 비교 대상의 측정치와 동일하거나 더 정밀한 측정을 할 수 있는 진동계를 선정한다.

(4) 정기적인 측정장비의 교정

진동계와 관련 부속장비가 정기적으로 교정하였고 교정한 데이터가 요구하는 수준 이내의 불확도 또는 허용오차 이내인지를 확인한다. 또한 교정일자가 유효기간 이내인지를 확인하고 유효기간 내의 진동계를 사용한다.

2 진동발생원 선정

(1) 진동발생원의 종류

① 공장의 경우 대상 공장의 설비 배치도(설비명, 설비의 종류 및 사양, 설비위치, 수량 등), 주변 현황도 등을 조사한다.

② 도로교통의 경우 차종, 속도, 교통량, 도로 등을 조사한다.

③ 철도의 경우 차종, 속도, 교통량, 궤도 등을 조사한다.

④ 항공기의 경우 비행횟수, 기종, 고도, 각도, 활주로 조건 등을 조사한다.

⑤ 공사장의 경우 건설기계의 종류, 운행시간 및 발파현황을 참조한다.

(2) 진동발생원의 원인 및 성상

① 조사된 진동 발생 가능성이 있는 항목을 진동계로 임시 측정을 하고 진동발생원 조사가 필요한 항목을 선정한다.

② 배출허용기준 진동의 경우 측정한 측정자료를 진동원의 구동 특성, 구조적 형태 및 진동계에 나타나는 파형 특성과 발생 정도의 크기를 파악하여 진동 배출허용기준에 상회하는 설비를 발생원 조사대상으로 한다.

③ 기계진동은 작업환경이나 설비진동기준과 비교하여 기준을 상회하는 작업환경이나 설비를 조사대상으로 선정한다.

④ 허용기준을 초과하는 측정기록이 나타나지 않은 경우에는 가장 가능성이 있는 설비를 파악하여 발생원으로 선정한다.

3 진동 측정방법

(1) 배출허용기준 중 진동 측정하기

「소음·진동관리법」에서 정하는 배출허용기준 중 진동을 측정하기 위한 시험기준에 의하여 측정하며, 환경측정기기의 형식승인·정도검사 등에 관한 고시 중 진동레벨계의 구조·성능 세부기준에서 정한 진동레벨계 또는 동등 이상의 성능을 가진 것으로 다음과 같이 측정한다.

① 진동레벨계의 설치

ㄱ 진동레벨계와 진동레벨기록기를 연결하여 측정·기록하는 것을 원칙으로 한다. 진동레벨기록기가 없는 경우에는 진동레벨계만으로 측정할 수 있다.

ㄴ 진동레벨계의 출력단자와 진동레벨기록기의 입력단자를 연결한 후 전원과 기기의 동작을 점검하고 매회 교정을 실시한다.

ㄷ 진동레벨계의 레벨레인지 변환기는 측정지점의 진동레벨을 예비조사한 후 적절하게 고정시킨다.

ㄹ 진동레벨계와 진동레벨기록기를 연결하여 사용할 경우에는 진동레벨계의 과부하 출력이 진동기록치에 미치는 영향에 주의한다.

ㅁ 진동픽업의 연결선은 잡음 등을 방지하기 위하여 지표면에 일직선으로 설치한다.

② 감각보정회로의 보정

진동레벨계의 감각보정회로는 별도 규정이 없는 한 V특성(수직)에 고정하여 측정한다.

③ 측정점의 선정

㉠ 측정점은 공장의 부지경계선(아파트형 공장의 경우에는 공장 건물의 부지경계선) 중 피해가 우려되는 장소로서 진동레벨이 높을 것으로 예상되는 지점을 택하여야 한다.

㉡ 공장의 부지경계선이 불명확하거나 공장의 부지경계선에 비하여 피해가 예상되는 자의 부지경계선에서의 진동레벨이 더 큰 경우에는 피해가 예상되는 자의 부지경계선으로 한다.

㉢ 배경진동레벨은 측정진동레벨의 측정점과 동일한 장소에서 측정함을 원칙으로 한다.

④ 측정장소의 선정

㉠ 진동픽업(pick-up)의 설치장소는 옥외지표를 원칙으로 하고 복잡한 반사, 회절현상이 예상되는 지점은 피한다.

㉡ 진동픽업의 설치장소는 완충물이 없고, 충분히 다져서 단단히 굳은 장소로 한다.

㉢ 진동픽업의 설치장소는 경사 또는 요철이 없는 장소로 하고, 수평면을 충분히 확보할 수 있는 장소로 한다.

㉣ 진동픽업은 수직방향 진동레벨을 측정할 수 있도록 설치한다.

㉤ 진동픽업 및 진동레벨계를 온도, 자기, 전기 등의 외부영향을 받지 않는 장소에 설치한다.

⑤ 측정조건

㉠ 측정진동레벨은 대상배출시설의 진동발생원을 가능한 한 최대출력으로 가동시킨 정상상태에서 측정한다.

㉡ 배경진동레벨은 대상배출시설의 가동을 중지한 상태에서 측정한다.

⑥ 측정시간 및 측정지점수

피해가 예상되는 적절한 측정시각에 2지점 이상의 측정지점수를 선정·측정하여 그 중 높은 진동레벨을 측정진동레벨로 한다.

(2) 규제기준 중 생활진동 측정

배출허용기준 중 진동설치하는 방법과 동일하다.

(3) 규제기준 중 발파진동 측정

① 진동레벨계의 설치

㉠ 진동레벨계와 진동레벨기록기를 연결하여 측정·기록하는 것을 원칙으로 하다 진동레벨계만으로 측정할 경우에는 최고진동레벨이 고정(hold)되는 것에 한한다.

㉡ 이하 배출허용기준 중 진동설치하는 방법과 동일하다.

② 감각보정회로

배출허용기준 중 진동설치하는 방법과 동일하다.

③ 측정점의 선정

측정점은 피해가 예상되는 자의 부지경계선 중 진동레벨이 높을 것으로 예상되는 지점을 택한다. 배경진동의 측정점은 동일한 장소에서 측정함을 원칙으로 한다.

④ 측정장소의 선정

배출허용기준 중 진동설치하는 방법과 동일하다.

⑤ 측정조건

㉠ 측정진동레벨은 발파진동이 지속되는 기간 동안에 측정한다.

㉡ 배경진동레벨은 대상진동(발파진동)이 없을 때 측정한다.

⑥ 측정시간 및 측정지점수

작업일지 및 발파계획서 또는 폭약사용신고서를 참조하여 생활진동 배출허용기준에서 구분하는 각 시간대 중에서 최대발파진동이 예상되는 시각의 진동을 포함한 모든 발파진동을 1지점 이상에서 측정한다.

(4) 진동관리기준 중 도로교통진동 측정

① 진동레벨계의 설치

배출허용기준 중 진동설치하는 방법과 동일하다.

② 감각보정회로

배출허용기준 중 진동설치하는 방법과 동일하다.

③ 측정점의 선정

측정점은 피해가 예상되는 자의 부지경계선 중 진동레벨이 높을 것으로 예상되는 지점을 택한다. 배경진동의 측정점은 동일한 장소에서 측정함을 원칙으로 한다.

④ 측정장소의 선정

배출허용기준 중 진동설치하는 방법과 동일하다.

⑤ 측정조건

요일별로 진동 변동이 적은 평일(월요일부터 금요일 사이)에 해당 지역의 도로교통진동을 측정한다.

⑥ 측정시간 및 측정지점수

시간대별로 진동 피해가 예상되는 시간대를 포함하여 2개 이상의 측정지점수를 선정하여 4시간 이상 간격으로 2회 이상 측정하여 산술평균한 값을 측정진동레벨로 한다.

(5) 진동관리기준 중 철도진동 측정

① 진동레벨계의 설치

배출허용기준 중 진동설치하는 방법과 동일하다.

② 감각보정회로

배출허용기준 중 진동설치하는 방법과 동일하다.

③ 측정점의 선정

옥외측정을 원칙으로 하며, 그 지역의 철도진동을 대표할 수 있는 지점이나 철도진동으로 인하여 문제를 일으킬 우려가 있는 지점을 택하여야 한다.

④ 측정조건

요일별로 진동 변동이 적은 평일(월요일부터 금요일 사이)에 당해 지역의 철도진동을 측정하여야 한다. 단, 주말 또는 공휴일에 철도통행량이 증가되어 진동 피해가 예상되는 경우에는 주말 및 공휴일에 철도진동을 측정할 수 있다.

⑤ 측정시각

기상조건, 열차의 운행횟수 및 속도 등을 고려하여 당해 지역의 1시간 평균 철도통행량 이상인 시간대에 측정한다.

(6) 기계진동 측정

발생원의 진동 측정 목적은 기계상태의 동적 원활함의 확인, 기계설비진동 품질의 정도 검사 및 운전 중인 기계의 상태 감시 판단의 자료로 사용하기 위해서이므로 일반적으로 대표적인 기계진동은 베어링진동과 축진동을 측정하여 기계의 진동상태를 판단한다.

〈 기계진동 등급에 의한 진동허용기준 〉

진동등급	장비명	진동허용기준	
		$4 \sim 8Hz$ rms 가속도	$8 \sim 80Hz$ rms 속도
일반적인 진동환경	일반 작업장	4gal(16μm)	800μm/s
	사무실	2gal(8μm)	400μm/s
	거주지 및 컴퓨터 시스템	1gal(4μm)	200μm/s
	100배 현미경, 로봇 수술실, 작업실, 일반 연구실, 기타	0.5gal(2μm)	100μm/s
정밀진동 (class A)	400배 현미경, 측정실, optical or other balance optical comparators, 전자장비, 생산설비 등 검사 probe test, 생산지원설비 및 장비	0.25gal (1μm, 47dB(V))	50μm/s
정밀진동 (class B)	400배 현미경, 정밀안과, 신경계수술실, 방진설비를 갖춘 광학장비, 반도체 생산설비 등 alinger, stepper 등 3μm 이상 선폭 노광장치	0.13gal (0.5μm)	25μm/s
정밀진동 (class C)	30,000배 전자현미경, magnetic resonance imagers, 반도체생산설비 등 alinger, stepper 등 1μm 이상 선폭 노광장치 : 1m DRAM 정도	0.06gal (0.25μm)	12μm/s
정밀진동 (class D)	30,000배 전자현미경, mass spectrometer 세포이식장치, 반도체 생산설비 등 alinger, stepper 등 0.5μm 이상 선폭 노광장치 : 4m DRAM 정도	0.03gal (0.12μm)	6μm/s
정밀진동 (class E)	unisolated laser and optical research system, alinger, stepper 등 0.25μm 이상 선폭 노광장치 : 64m DRAM 정도	0.015gal (0.06μm)	3μm/s

① 진동 측정 시 필요한 기계의 선정

진동 감시 대상기기를 선정할 때에는 중요하고 필수적인 기기가 다른 기계에 우선하여 선정되어야 한다. 그러므로 설비의 중요도 평가를 통하여 진동의 측정 필요성이 있는 기계를 파악한다. 특히 다음과 같이 예상치 못했거나 비용이 수반되는 문제점을 갖고 있는 필수기기들은 선정하지 않는다.

㉠ 만약 고장이 나면 수리하는데 비싸거나, 시간이 오래 걸리거나 어려운 기계

㉡ 생산에 직결되거나 발전소 운전에 필수적인 기계

㉢ 빈번하게 고장이 발생되는 기계

㉣ 신뢰성 증진을 위해서 필요한 기계

㉤ 인간과 환경 안전에 영향을 미치는 기계

② 진동센서의 선정

진동 측정을 수행하기 전에 진동이 발생되는 기계에 진동센서를 부착해야 된다. 다양한 진동센서가 적용 가능하지만, 다른 센서에 비해 많은 장점을 가지는 가속도계가 보통 사용된다. 가속도계에서 발생된 가속도 신호는 계측장비에 의하여 속도신호로 변환할 수 있으므로 가능한 사용자의 선택에 의하여 속도 파형 또는 속도 스펙트럼으로도 볼 수 있는 센서를 선정한다.

③ 가속도 센서의 설치

모터(motor, 전동기), 펌프, 압축기, 팬, 벨트 컨베이어, 기어박스 등 대부분의 기계에 서는 회전부분을 가지고 있다. 대부분의 회전기계는 베어링을 가지는데 이는 회전부위를 지지하고 회전운동과 진동에 관련하여 발생된 힘을 지탱하여 주며, 일반적으로 큰 힘이 베어링에 가해진다. 따라서 진동 측정은 보통 베어링 상부나 근처에서 측정한다. 기계상태에 대한 판정이 측정 데이터의 정확성에 따라 달라지므로 진동 데이터 측정을 어떻게 할 것인지 세심한 주의가 필요하다. 진동 측정 센서인 가속도계를 부착하는 방법에 따라 측정 데이터의 정확성이 결정되므로 다음과 같이 설치한다.

㉠ 가능한 한 베어링과 근접한 곳에 설치한다. 가속도계를 가능한 베어링에 근접한 부위에 설치해야 한다. 좀 더 상세하게 표현하면, 왜곡된 신호가 수집되지 않도록 가능한 베어링 중심부에 설치한다.

㉡ 가속도계를 견고하게 부착한다. 가속도계가 정확한 진동상태를 측정하기 위해서는 진동부위의 진동특성을 정확하게 받아들여야 한다. 따라서 가속도계는 진동부위와 별개로 떨어져 흔들리지 않도록 견고하게 부착되어 있어야 한다. 헐겁게 설치된 가속도계는 센서 자체의 독자적인 진동에 의하여 왜곡된 신호를 발생하고 잘못된 메시지를 제공한다. 그러므로 센서 설치방법에는 여러 가지가 있지만 측정 데이터 신뢰성과 사용자 편리성 측면에서 자석에 의한 부착방법을 선호한다. 자석에 의한 설치방법은 사용자가 동일 센서를 사용하여 여러 대의 기계를 측정할 때 탈·부착 시 최소한의 시간이 소요되고 견고하게 부착시킬 수 있으며 다음과 같은 사항을 주의하여 부착한다.

    ⓐ 가속도계를 견고하게 부착하기 위해서는 부착면이 평평해야 된다.

    ⓑ 부착면은 평평하고, 부착면에 이물질, 먼지 그리고 벗겨진 페인트 등이 없어야 한다.

    ⓒ 부착면은 순수한 자성체(철, 니켈, 코발트 합금)이어야 되며, 철 위에 알루미늄 표면으로 된 부분이라도 부착하여서는 안 된다.

    ⓓ 자성 성질을 잃지 않게 하기 위하여 자성체를 떨어뜨리거나 열을 가해서는 안 된다.

  ⓒ 가속도계를 올바른 방향으로 부착한다. 측정 목적에 맞춰 가속도 센서를 설치한다. 예를 들어, 편심(parallel)축 정렬 불량을 측정하기 위해서는 베어링 반경 방향으로 센서를 설치해야 되는 반면, 편각(angular)축 정렬 불량을 측정하기 위해서는 센서를 축방향으로 설치해야 된다. 가속도계에 의해 발생되는 진동 데이터는 센서 측정 방향에 따라 달라진다.

  ⓒ 동일한 가속도계를 동일한 부위에 설치한다. 측정 데이터의 에러(불일치)를 최소화하고 분석결과에 대한 신뢰성을 높이기 위하여 동일한 센서를 동일한 부위에 부착하여 데이터를 취득하는 것을 원칙으로 한다.

  ⓜ 측정 대상 기계에 적합한 센서를 선택한다. 센서는 측정대상기기 중 연약한 부위에 설치하지 않아야 하는데, 이는 연약한 부위의 떨림 현상에 의해 왜곡된 주파수가 생성되기 때문이다. 가속도계는 센서나 자석의 중량에 비해 아주 가벼운 측정대상기기 또는 구조물에는 부착하지 않아야 한다. 이는 가속도계 또는 자석 중량에 의해 대상기기의 진동 특성이 왜곡될 수 있기 때문이다. 일반적으로 센서와 자석의 중량 합이 측정대상기기 중량의 10% 이내이어야 한다.

④ **가속도계의 손상방지**

가속도계를 거칠게 다루면 잘못된 신호를 발생시킬 수 있다. 강력한 자력 때문에 진동 측정 부위에 부착 시 항상 조심해야 한다. 자석을 진동 측정부위에 부착 시에는 비스듬히 뉘어서 부착해야 충격이 발생되지 않는다. 또한 자석을 탈착할 때에도 마찬가지로 그냥 확 잡아당기지 않아야 하며, 옆으로 기울인 후 부착된 자석 부위를 적게 해서 탈착해야 한다. 또한 가속도계 케이블도 심하게 구부러져서는 안 된다. 손상을 방지하기 위해서 적당하게 지지대를 설치하여 고정시킨다.

⑤ **안전 유의사항**

기계진동을 측정할 때 재해 발생이 있음직한 종류에는 3가지가 있다. 이는 움직이는 부분에 의한 부상, 전기적인 충격, 자석에 의한 손상 등이 있다. 특히 주의할 사항은 장비나 부속품을 사용하기 전에 장비 사용법을 철저히 숙지한 후에 다음과 같이 사용한다.

  ㉠ 가속도계를 설치할 때 케이블이 회전부품에 말려들지 않도록 주의한다. 그러나 퀵 커넥터를 사용하면 이러한 위험을 감소시킬 수 있다. 회전부품에 말려들 수 있는 또 다른 사례는 헝클어진 옷매무새, 긴 머리, 데이터 전송 케이블, 어깨 끈 등이 있다.

    ⓒ 가속도계를 고전압이 유도되는 곳에 접촉하지 않도록 한다. 전기적인 충격을 입을 수 있다.

    ⓓ 자석을 자장에 민감한 물체(맥박 조정기, 신용카드, 플로피디스크, 비디오테이프, 카세트테이프, 시계 등) 근처에 두지 않는다. 자장에 의해서 손상을 입을 수 있다.

⑥ 측정변수의 설정

측정변수(measurement parameter)는 어떻게 데이터를 측정할 것인가를 상세하게 설정해 놓은 것이다. 측정변수 설정을 통하여 데이터를 어떻게 수집하고 처리할 것인가를 미리 설정한다. 진동 측정변수는 의사들이 환자를 진찰하기 전에 "무엇을"과 "어떻게" 할 것인가를 미리 정하는 것과 유사한 것이다.

    ㉠ 스펙트럼을 측정할 때 측정변수 설정은 다음과 같이 한다. 예를 들면 스펙트럼을 측정하기 위해서 설정하는 변수에는 주파수 측정범위, 측정시간, 분해능 등이 있다. 이것을 어떻게 할 것인가를 다음과 같이 결정한다.

      ⓐ 어떻게 데이터를 수집할 것인가?

      ⓑ 얼마나 많이 그리고 얼마나 빨리 데이터를 수집할 것인가?

      ⓒ 어떻게 데이터 처리할 것인가?

      ⓓ 어떻게 데이터를 표시할 것인가?

    ㉡ 데이터 수집방법을 다음과 같이 정한다.

변수는 어떻게 데이터 수집을 개시할 것이라는 것을 정하는 트리거(trigger) 형태와 센서 설정과 같은 변수로 대별된다. "트리거(trigger)"는 "프리런(free run)"과 "수동(manual)" 형태가 있는데, 트리거 형태는 트리거 신호에 의해서 진동 데이터 취득을 시작하는 것으로, "프리–런"은 연속적으로, "수동"은 조건이 맞을 때 한 번의 데이터를 수집하는 것이다. 보통은 프리–런으로 하여 사용한다. 센서 설정에서 가속도계일 경우에는 보통 센서의 종류를 ICP로 설정하고, 구동 전원을 ON으로 설정한다.

    ㉢ 데이터 수집량과 수집속도를 다음과 같이 정한다. 여기에 해당되는 변수에는 "최대주파수(F_{max})", "스펙트럼 라인(spectral lines, 주파수 분해능)", "중첩(overlap)" 등이 있다.

      ⓐ 최대주파수(F_{max}) : 최대주파수가 크면 클수록 측정하고자 하는 주파수 범위는 그만큼 더 커진다. 측정 주파수가 클수록 측정시간은 더 빨라진다. 스펙트럼 라인이 크면 클수록 좀 더 많은 정보를 취득할 수 있다. 이것은 주파수 분해능이 크면 클수록 취득되는 정보량도 많아지며 이에 따라 데이터 수집시간이 길어짐을 의미한다. 운전속도가 높을수록 진동 주파수 성분도 높아지고, 이에 따라 관찰하고자 하는 진동 측정 최대주파수도 높아야 한다.

      • 기어, 팬 날개, 펌프 베인, 베어링과 같은 회전부품이 없을 경우, 진동 측정은 최대주파수(F_{max})를 운전속도의 10배 정도로 정하면 충분한 양의 데이터를 취득할 수 있다.

        예 운전속도가 10,000RPM이면 최대주파수를 100,000Hz로 하면 충분하다.

- 기어, 팬 날개, 펌프 베인, 베어링과 같은 회전부품이 있는 경우, 진동 측정은 최대주파수(F_{max})를 운전속도에 부품의 특성 개수(예 팬의 날개수, 기어의 기어 이)를 곱한 값의 3배 정도로 정하면 충분한 양의 데이터를 취득할 수 있다.

  예 운전속도가 10,000RPM, 기어 이의 수가 12개면, 최대주파수를 360,000Hz로 하면 충분하다.

- 만약 요구되는 최대주파수가 너무 크면 스펙트럼의 분해능이 낮아지므로, 저 주파수 영역의 진동 정보가 소멸된다. 이것이 최대주파수 영역을 크게 측정한 후 별도로 또 다시 작게 하여 측정하여야 하는 이유이다.

ⓑ 스펙트럼 라인(spectral lines, 주파수 분해능) : 스펙트럼 라인은 대부분의 경우 400라인이면 충분하나, 최대주파수가 높으면 라인 사이의 주파수 간격이 커지게 되므로 최대주파수 값이 높아지면 스펙트럼 라인도 커져야 상세한 데이터를 잃 지 않고 확인할 수 있다. 하지만 스펙트럼 라인이 커질수록 측정시간이 길어지고 저장공간도 더 많이 필요하다. 따라서 높은 최대주파수 또는 높은 스펙트럼 라인 은 필요할 때에만 사용되어야 한다.

ⓒ 중첩(overlapping) : 중첩 데이터란 새로운 스펙트럼을 생성하기 위해 직전에 취 득한 데이터의 일정 부분을 재사용하는 것이므로, 중첩되는 데이터의 양이 많을 수록 새로운 스펙트럼을 생성하는데 필요한 신규 취득 데이터의 양이 적게 되므 로 스펙트럼을 생성하는 시간이 그 만큼 짧아진다. 보통 중첩범위를 50%로 선택 하면 무난하다.

ⓓ 데이터 표시방법을 다음과 같이 정한다. 데이터 표시방법은 스펙트럼을 어떻게 화 면에 표시할 것인가를 결정하는 것이므로 다음과 같이 한다.

ⓐ 스펙트럼을 어떻게 표시할 것인가를 규정하기 위해서는 스펙트럼의 크기(scale) 를 "진폭크기(amplitude scale)", "로그범위(log range)", "최대속도(velocity max)" 등으로 설정한다(단, 장비마다 다를 수 있다).

ⓑ 대부분 "진폭크기"는 선형(linear)이다. 만약 선형진폭을 사용한다면, 로그와 같 은 다른 변수들을 선택한다.

ⓒ 일반적으로 "velocity max"는 스펙트럼 피크를 선명하게 보일 수 있는 진폭크기 를 자동적으로 선택하도록 "자동"에 설정하는 것이 좋다.

ⓓ 스펙트럼을 어떻게 표시할 것인지를 규정하며, 어떤 종류의 "진폭단위"를 표시 할 것인지를 정한다. 만약 "피크(0 to peak(또는 peak))" 진폭단위를 사용한다면 스펙트럼은 각종 진동주파수로 진동하는 기기에서의 최대속도를 표시할 것이다. 만약 "실효치(RMS)" 진폭단위를 사용한다면 각종 진동주파수에서 발생되는 진 동에너지의 양을 표시할 것이다. 진동 스펙트럼에서 특정 주파수 영역의 피크는 실효치의 $\sqrt{2}$ 배이다. 진폭단위 변환이 가능하기 때문에 어떤 진폭단위를 사용 하느냐는 중요한 문제가 아니다.

ⓔ 특정한 측정지점에서의 진폭단위는 항상 동일한 단위를 사용하여, 잘못 해석되는 경우가 발생되지 않도록 한다.

ⓕ 실효치를 피크로 변환하면 진폭이 높게 지시되므로 이를 잘못 해석하여 기계상태가 악화되었다고 해석하여서는 안 된다. 반대로 피크를 실효치로 변환하면 진폭은 감소한 것처럼 보이게 해서도 안 된다.

⑦ 데이터의 취득방법

기계 주변은 종종 위험하고 작업환경이 좋지 않은 관계로 진동 분석가들은 기계에서 멀리 떨어져서 일을 수행할 수도 있다. 이와 같이 하기 위해서는 다음과 같이 한다.

㉠ 측정 데이터는 측정기기에 기록되어져 조용하고 안전한 환경의 사무실에서 분석될 수 있도록 전송한다.

㉡ 사무실에서는 데이터가 좀 더 상세하게 분석하기 위해서 컴퓨터로 보내진다. 대부분의 공장에는 감시해야 될 여러 대의 필수 기기들이 있다. 또한 철저하게 분석하기 위하여 각각의 기계들에는 여러 지점에서 감시될 필요가 있다. 각 지점에는 다른 방향(수평/수직/축 방향)으로 가속도계를 사용하여 감시하거나 경우에 따라서는 다른 측정변수들도 감시할 필요가 있다.

㉢ 현장 기계와 사무실을 반복적으로 오가며 한 번에 한 대씩 측정하는 것을 피하고자 데이터 수집은 한 번에 모든 기계의 데이터를 취득한 후 사무실의 분석자에게 전달되도록 한다.

㉣ 데이터 수집은 정확하고 체계적으로 수행되도록 다음과 같이 데이터 특정 목록을 사용한다.

ⓐ 주어진 점검주기에 취득해야 되는 모든 데이터 목록에는 측정대상기기, 측정지점, 측정방향, 측정변수들을 총망라한다.

ⓑ 측정 목록에서 측정대상기기 및 측정지점을 유일하고 의미 있는 명칭으로 관리한다.

ⓒ 잘못된 명칭을 피하기 위하여 측정 목록상의 명칭과 실제 기계의 명칭과 일치시킨다.

ⓓ 데이터를 수집할 때 가속도계의 측정방향이 측정 목록과 일치되도록 한다.

ⓔ 만약 측정 목록에 어떤 기계나 어떤 측정지점이 특별한 방법으로 데이터를 수집하게끔 되어 있다면, 이 기계나 지점에 꼬리표를 부착하여 별도로 데이터를 수집하도록 한다.

ⓕ 데이터 수집이 주기적으로 수행되기 위해서는 데이터 수집 일정 계획표를 만들어 일정 계획표에 밎추어 수집한다.

진동 분석

- 진동 측정목적, 대상, 기준에 따라 진동분석계획을 수립하는 방법을 학습한다.
- 진동 측정목적, 대상, 기준에 따라 진동 측정자료를 분류하는 방법을 학습한다.

Section 01 진동분석계획 수립

1 진동 측정목적 및 대상

(1) 진동 측정목적

공장·건설공사장·도로·철도 등으로부터 발생하는 진동으로 인한 피해를 방지하고 진동을 적정하게 관리하여 모든 국민이 조용하고 평온한 환경에서 생활할 수 있게 함을 목적으로 한다. 이를 위해 진동의 크기와 주파수 범위는 측정목적에 따라 광범위하며, 측정목적에 따라 픽업(pick-up)과 분석장비도 다양하다. 진동픽업은 진동센서의 일종으로 측정된 진동을 전기신호로 바꾸는 장치이다.

① 진동 현황파악
② 영향평가
③ 진동의 원인 규명
④ 기계의 고장진단 및 구조물의 진동특성 파악

(2) 진동 측정 및 분석대상

진동배출시설의 시설 및 기계·기구의 동력은 1개 또는 1대를 기준으로 산정한다.
[진동배출시설]
동력을 사용하는 시설 및 기계·기구로 한정한다.

① 15kW 이상의 프레스(유압식은 제외)
② 22.5kW 이상의 분쇄기(파쇄기와 마쇄기 포함)
③ 22.5kW 이상의 단조기
④ 22.5kW 이상의 도정시설(주거지역·상업지역 및 녹지지역에 있는 시설로 한정)
⑤ 22.5kW 이상의 목재가공기계
⑥ 37.5kW 이상의 성형기(압출·사출을 포함)
⑦ 37.5kW 이상의 연탄제조용 윤전기
⑧ 4대 이상 시멘트 벽돌 및 블록의 제조기계

2 진동 관련 기준

진동의 측정 및 평가기준은 「환경분야 시험·검사 등에 관한 법률」에 해당하는 분야에 대한 환경오염공정시험기준에서 정하는 바에 따른다.

(1) 생활진동 규제기준

〈 생활진동 규제기준 〉   [단위 : dB(V)]

대상지역	주간(06:00~22:00)	야간(22:00~06:00)
가. 주거지역, 녹지지역, 관리지역 중 취락지구·주거개발진흥지구 및 관광·휴양개발진흥지구, 자연환경보전지역, 그 밖의 지역에 소재한 학교·종합병원·공공도서관	65 이하	60 이하
나. 그 밖의 지역	70 이하	65 이하

[비고] * 공사장의 진동 규제기준 : 주간의 경우 특정공사 사전신고 대상 기계·장비를 사용하는 작업시간이 1일 2시간 이하일 때는 +10dB을, 2시간 초과 4시간 이하일 때는 +5dB을 규제기준치에 보정한다.
* 발파진동 : 주간에만 규제기준치에 +10dB을 보정한다.

(2) 공장진동 배출허용기준

〈 공장진동 배출허용기준 〉   [단위 : dB(V)]

대상지역	낮(06:00~22:00)	밤(22:00~06:00)
가. 도시지역 중 전용주거지역·녹지지역, 관리지역 중 취락지구·주거개발진흥지구 및 관광·휴양개발진흥지구, 자연환경보전지역 중 수산자원보호구역 외의 지역	60 이하	55 이하
나. 도시지역 중 일반주거지역·준주거지역, 농림지역, 자연환경보전지역 중 수산자원보호구역, 관리지역 중 가목과 다목을 제외한 그 밖의 지역	65 이하	60 이하
다. 도시지역 중 상업지역·준공업지역, 관리지역 중 산업개발진흥지구	70 이하	65 이하
라. 도시지역 중 일반공업지역 및 전용공업지역	75 이하	70 이하

[비고] 허용기준치의 보정 : 관련 시간대(낮은 8시간, 밤은 3시간)에 대한 측정진동 발생시간의 백분율이 25% 미만인 경우 +10dB, 25% 이상 50% 미만인 경우 +5dB을 허용기준치에 보정한다.

(3) 교통진동의 관리기준

〈 도로·철도진동의 관리기준 〉   [단위 : dB(V)]

대상지역	주간(06:00~22:00)	야간(22:00~06:00)
주거지역, 녹지지역, 관리지역 중 취락지구·주거개발진흥지구 및 관광·휴양개발진흥지구, 자연환경보전지역, 학교·병원·공공도서관 및 입소규모 100명 이상의 노인의료복지시설·영유아보육시설의 부지경계선으로부터 50m 이내 지역	65 이하	60 이하
상업지역, 공업지역, 농림지역, 생산관리지역 및 관리지역 중 산업·유통개발진흥지구, 미고시지역	70 이하	65 이하

[비고] 정거장은 적용하지 아니한다.

3 진동분석계획 내용

진동분석 프로세스를 확인한다.

〈 진동분석 프로세스 〉

절차	주요내용	비고
1. 진동분석계획 수립하기	• 진동 측정목적 결정 • 진동 측정대상 선정 • 진동 측정기준 설정	진동 측정목적, 대상, 기준 확인
2. 진동 측정자료 분류하기	• 진동 측정목적에 대한 자료 • 진동 측정대상에 대한 자료 • 진동 측정기준에 대한 자료	–
3. 진동보정자료 파악하기	• 배경진동 보정자료 • 가동시간율 보정자료 • 관련 시간대 보정자료 • 발파횟수 보정자료	진동공정시험기준의 적합성 확인
4. 진동분석장비 운용하기	• 분석장비 교정방법 • 분석장비 운영방법 • 분석기능 검토	–
5. 진동분석 프로그램 운용하기	• 프로그램 선택 • 자료정리 입력 • 분석결과 산출	–
6. 진동 측정결과 분석하기	• 측정 적합성 확인 • 측정 불확도 산출	재측정 여부 판단

Section **02** 진동 측정자료 분류

기계 분석에 이용되는 진동 분석자료에는 정적 측정치와 동적 측정치의 두 가지 형식이 있다.

1 정적 측정치

DC 형식의 측정치인데, 이는 측정된 변수를 하나의 특성이나 값으로 나타낼 수 있으며, 일반적으로 그 변화는 완만하게 발생한다. 정적 측정치에는 온도, 반경 및 축방향 위치, 부하 및 축 회전속도 등이 있다.

2 동적 측정치

① 전체 진폭

진동과 같은 동적 신호를 나타내는 가장 간단한 방법은 AC를 DC로 변환하여 계측기나 막대그래프 등으로 나타내는 것이다. 전체 진동값을 계측기로부터 얻고 상태평가를 위해 허용진동값과 비교한다.

② 진폭, 주파수, 위상각

    ㉠ 필터를 통과하거나 가공하지 않은 신호를 진폭, 주기 및 위상을 시간영역으로 표현할 수 있다.

    ㉡ 신호를 주파수 영역으로 변환 가능하며, 수치값은 커서의 위치를 조정하여 읽는다.

③ 시간영역

    시간을 수평축에, 진폭을 수직축에 두는 것이 동적 신호를 표시하는 방법이다.

3 정상상태에서의 자료의 형식과 분류

① 경향 감시

    사소한 변화라도 감지하는 데 효과적인 방법이다. 진동진폭의 변화율은 진폭이 높을 때보다 낮을 때 더 크다.

    ㉠ 사용자가 정한 시간 간격 내에서 설정치를 초과하는 값

    ㉡ 미리 정해진 어떤 값을 초과하는 경향곡선의 기울기 값

    ㉢ 가장 최근의 값과 비교한 백분율 변화치

    ㉣ 미리 설정된 표준편차를 더하거나 뺀 계산된 값을 초과하는 현재의 값

② 진폭과 위상 대 시간선도

    진폭과 위상 대 시간은 기계적인 문제를 발견하는 데 유용하고, 이상상태를 진단하는 데 도움이 된다.

③ 축 중심선 경향

④ 스펙트럼

    진동 주파수별 진동진폭 크기를 나타낸 것으로 세로축은 진폭, 가로축은 진동주파수를 나타낸다. 구성요소나 고장원인에 따라 각기 고유한 주파수 진동을 발생하므로 진동원인 규명에 유효한 데이터이다.

⑤ 주파수 진폭시간

4 과도상태에서의 자료의 형식과 분류

과도상태의 자료들은 정상상태의 자료에서는 얻을 수 없는 과도현상 동안의 기계상태에 대한 정보를 제공한다.

① $\frac{진폭}{위상각}$ 대 RPM(Revolutions Per Minute, 분당 회전수)

    임계속도를 파악할 수 있고, 로터가 가지는 감쇠를 평가할 수 있다. 또, 밸런스 교정을 할 경우에 최적의 속도 결정이 가능하다.

② 진폭 대 위상각 대 RPM

    극좌표에서 축의 회전속도 함수로 그려진 진동벡터이다.

③ 주파수 대 진폭 대 RPM

Section 03 진동 보정자료 파악

1 배경진동 보정

측정진동레벨에 다음과 같이 배경진동을 보정하여 대상진동레벨로 한다.

① 측정진동레벨이 배경진동레벨보다 10dB 이상 크면 배경진동의 영향이 극히 작기 때문에 배경진동 보정 없이 측정진동레벨을 대상진동레벨로 한다.

② 측정진동레벨이 배경진동레벨보다 3.0 ~ 9.9dB 차이로 크면 배경진동의 영향이 있기 때문에 측정진동레벨에 보정표에 의한 보정치를 보정하여 대상진동레벨을 구한다.

③ 측정진동레벨이 배경진동레벨보다 3dB 미만으로 크면 배경진동이 대상진동레벨보다 크므로 재측정하여 대상진동레벨을 구하여야 한다. 다만 배경진동레벨 측정 시 당해 공장의 공정상 일부 배출시설의 가동중지가 어렵다고 인정되고, 해당 배출시설에서 발생한 진동이 배경진동에 영향을 미친다고 판단될 경우에는 배경진동레벨 측정 없이 측정레벨진동을 대상진동레벨로 한다.

〈 배경진동의 영향에 대한 보정치 〉

측정진동레벨과 배경진동레벨의 차	3	4	5	6	7	8	9
보정치	−3	−2			−1		

2 공장진동 배출허용기준의 가동시간율

관련 시간대에 대한 측정진동레벨 발생시간의 백분율은 낮과 밤 각각의 정상가동시간(휴식, 기계수리 등의 시간을 제외한 실질적인 기계작동시간)을 구하고 시간 구분에 따른 해당 관련 시간대에 관한 백분율을 계산하여 당해 시간 구분에 따라 적용하여야 한다.

① **가동시간** : 시간의 구분은 보정표의 시간별 항목의 기준에 따라야 하며, 가동시간은 측정 당일 전 30일간의 정상가동시간을 산술평균하여 정하여야 한다. 다만, 신규 배출업소의 경우에는 30일간의 예상가동시간으로 갈음한다.

② **전일 가동** : 측정진동레벨 및 배경진동레벨은 당해 시간별로 측정 보정함을 원칙으로 하나 배출시설이 변동 없이 낮밤 또는 24시간 가동할 경우에는 낮시간대의 대상진동레벨을 밤시간의 대상진동레벨로 적용하여 각각 평가하여야 한다.

③ **허용기준치의 보정** : 관련 시간대(낮 8시간, 밤 3시간)에 대한 측정진동 발생시간의 백분율이 25% 미만인 경우 +10dB, 25% 이상 50% 미만인 경우 +5dB을 허용기준치에 보정한다.

3 발파진동횟수 보정

대상진동레벨에 시간대별 보정발파횟수(N)에 따른 보정량($+10\log N$; $N > 1$)을 보정하여 평가진동레벨을 구한다. 이 경우, 지발발파는 보정발파횟수를 1회로 간주한다. 시간대별 보정발파횟수(N)는 작업일지 및 발파계획서 또는 폭약사용신고서 등을 참조하여 발파진동 측정 당일의 발파진동 중 진동레벨이 60dB(V) 이상인 횟수(N)를 말한다. 단, 여건상 불가피하게 측정 당일의 발파횟수만큼 측정하지 못한 경우에는 측정 시의 장약량과 같은 양을 사용한 발파는 같은 진동레벨로 판단하여 보정발파횟수를 산정할 수 있다.

진동 정밀분석

- 진동분석방법에 따라 분석장비를 교정하고 운용할 수 있는 방법을 익힌다.
- 진동공정시험기준이나 KS 등 관련 시험규격에 따라 측정결과를 분석하고 적합하게 측정이 이루어졌는지를 분석하여 측정값에 대한 신뢰도를 확인하도록 한다.

Section 01 진동계의 운용

(1) 적용범위

다음의 교정절차는 픽업(pick-up)과 전용케이블 및 측정치를 지시하는 본체가 하나의 시스템으로 구성된 진동계의 교정에 적용한다.

(2) 교정주기

교정주기는 「국가표준기본법」에서 정한 측정기의 교정대상 및 주기에 따른다.

(3) 교정내용과 필요 장비

〈 진동계의 교정내용 〉

교정항목	교정범위	교정방법
가속도 속도 변위	10Hz ~ 1kHz	진동계의 픽업을 기준 가속계와 back-to-back 볼트 결합하여 비교 측정

〈 교정 시 필요 장비 〉

기기명	성능
가진기(vibration exciter)	주파수 범위 : 10Hz ~ 10kHz
정현파 발생기(sine generator)	주파수 범위 : 10Hz ~ 10kHz
전력증폭기(power amplifier)	주파수 범위 : 10Hz ~ 10kHz
기준 가속도계 (reference accelerometer)	주파수 범위 : 10Hz ~ 10kHz 절대교정을 통해 교정불확도 1.0% 미만 back-to-back으로 결합이 가능할 것
신호증폭기(signal conditioner)	주파수 범위 : 10Hz ~ 10kHz
정밀 전압계(digital voltmeter)	주파수 범위 : 10Hz ~ 10kHz
주파수 측정기(frequency counter)	주파수 범위 : 10Hz ~ 10kHz
방진테이블(vibration isolation Table)	공진주파수 3Hz 이하 또는 가진기 무게의 10배 이상일 것

(4) 교정조건

① 측정실 온도 : 23±3℃

② 상대습도 : 최대 75% RH

Section 02 진동분석 프로그램 운용

(1) 파형 분석

기계의 결함을 진단하고, 운동특성을 연구하기 위해 진동의 파형을 관찰하는 것이 매우 효과적이다. 이때 파형의 수직축은 진폭이고, 수평축은 시간을 나타낸다. 기계에서 발생하는 진동파형을 오실리스코프에서 관찰하면 여러 가지 문제점들을 파악할 수 있다.

(2) shaft orbit 분석

비접촉 픽업을 서로 90° 떨어지게 설치하여 자료를 얻는다. 하나의 픽업에서 발생된 신호는 오실리스코프의 수평축에 입력되고, 다른 하나는 수직축에 입력된다. 순수한 불평형 상태의 shaft orbit은 완전한 진원이다. 이때 원의 직경은 진동진폭의 증가에 따라 증가한다.

(3) mode shape 분석

구조적인 개조에 앞서 공진문제를 평가하는 데 유용할 뿐만 아니라 구조물의 이완 및 취약과 같은 구조적인 문제를 확인하는데도 대단히 유용한 분석방법이다.

(4) 위상 분석

위상각을 이용하면 로터의 균형, 축균열 검출, 축 또는 구조물의 공진 검출, 축의 mode shape, 진동의 방향 및 유체 유동에 의한 불안정 근원의 위치를 알아낼 수 있다.

Section 03 진동 측정 결과분석

(1) 측정자료 분석

측정자료에 대한 결과치는 진동레벨의 계산과정에서는 소수점 첫째자리를 유효숫자로 하고, 평가진동레벨(최종값)은 소수점 첫째자리에서 반올림한다.

(2) 측정진동레벨 결정

① **디지털 진동 자동분석계를 사용할 때**

샘플주기를 0.1초 이하로 놓고 발파진동의 발생기간(수초 이내) 동안 측정하여 자동 연산·기록한 최고치를 측정진동레벨로 한다.

② **진동레벨기록기를 사용하여 측정할 때**

기록지상의 지시치의 최고치를 측정진동레벨로 한다.

③ **최고진동 고정(hold)용 진동레벨계를 사용할 때**

당해 지시치를 측정진동레벨로 한다.

(3) L_{10} 진동레벨 계산하기

① 5초 간격으로 50회 판독한 판독치를 진동레벨기록지에 기록한다.

② 레벨별 도수 및 누적도수를 표의 도수 및 누적도수에 기입한다.

③ 표의 누적도수를 이용하여 모눈종이상에 누적도 곡선을 작성한 후(횡축에 진동레벨, 좌측 종축에 누적도수를, 우측 종축에 백분율을 표기) 90% 횡선이 누적도 곡선과 만나는 교점에서 수선을 그어 횡축과 만나는 점의 진동레벨을 L_{10}값으로 한다.

④ 진동레벨계만으로 측정할 경우 진동레벨을 읽는 순간에 지시침이 지시판 범위 위를 벗어날 때(이때에 진동레벨계의 레벨범위는 전환하지 않음)에는 그 발생빈도를 기록하여 6회 이상이면 ③에서 구한 L_{10}값에 2dB을 더해준다.

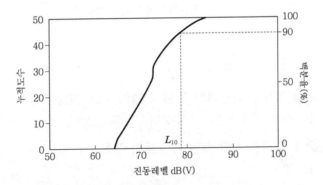

‖ 누적도수 곡선에 의한 L_{10}값 산정 ‖

진동방지기술

 4

Section 01 진동방지

1 진동방지의 방향

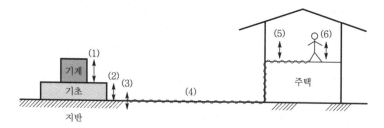

┃ 진동원과 수진점의 개략도 ┃

(1) 진동원
진동 발생이 적은 기계를 사용한다.

(2) 진동원에 의해 발생한 가전력에 의한 기계의 기초 진동
발생 자건력에 의해 기계의 기초가 진동하지 않도록 한다.

(3) 기초 진동으로 직결된 지반 또는 구조물의 진동
기초 진동이 지반에 전파되지 않도록 한다.

(4) 진동의 전파
지반에 전달되는 진동의 전파를 방지한다.

(5) 특정 장소의 진동
문제점을 파악한 후 진동이 발생되지 않도록 한다

(6) 인체가 느끼는 진동
진동의 영향을 파악한 후 조치를 취한다.

2 방진원리

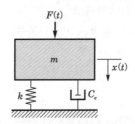

‖1자유도 진동계‖

일반적으로 기계와 기초 사이에 방진재를 넣는 경우로 한 방향(수직 또는 수평)으로만 진동하는 계를 1자유도(single degree of freedom mechanical system) 진동계라 한다. 이 기계의 운동방정식을 Newton의 제2법칙으로 표시하면 $m\ddot{x} + C_e\dot{x} + k\dot{x} = f(t)$가 된다. 기계의 방진(vibration control)은 탄성체(방진고무, 금속스프링, 공기스프링 등)를 기계 하부에 지지하여 기계의 운전 시 발생하는 가진력이 다른 지역으로 전달되는 것을 방지 내지는 경감하는 것을 말한다.

(1) 이 계의 고유진동수(natural frequency)

$$f_n = \frac{1}{2\pi}\sqrt{\frac{k}{m}} = \frac{1}{2\pi}\sqrt{\frac{k \times g}{W}} \fallingdotseq 4.98 \times \sqrt{\frac{k}{W}}\ (\text{Hz})$$

(2) 스프링의 정적 수축량(static deflection)

$$\delta_{st} = \frac{W_{mp}}{k} = \frac{W}{k_t}(\text{cm})$$

(3) 고유진동수와 정적 수축량의 관계식

$$f_n = \frac{1}{2\pi}\sqrt{\frac{k \times g}{W}} = \frac{1}{2\pi}\sqrt{\frac{g}{\left(\frac{W}{k}\right)}} = \frac{1}{2\pi}\sqrt{\frac{g}{\delta_{st}}} \fallingdotseq 4.98 \times \sqrt{\frac{1}{\delta_{st}}}\ (\text{Hz})$$

(4) 감쇠(damping)

① 진동에 의한 기계에너지를 열에너지로 변환시키는 기능을 말한다.

$$C_e = \frac{F_r}{v}(\text{N/cm} \cdot \text{s})$$

여기서, C_e : 감쇠계수

v : 진동속도

F_r : 스프링 저항력

② 감쇠의 기능

    ㉠ 기초로의 진동에너지 전달의 감소

    ㉡ 공진 시 진동진폭의 감소(공진은 고유진동수와 외력의 강제진동수가 일치하여 진동
    의 진폭이 극대화되는 현상)

    ㉢ 충격 시 진동이나 자유진동을 감소시킴

(5) 자유진동(free vibration)

비강제 진동계로 외력이 가진 함수 $f(t) = 0$인 경우, 즉 외력이 제거된 후의 진동을 말한다.

(6) 강제진동(forced vibration)

전동기, 발전기, 송풍기 등의 회전하는 부분의 불평형력이나 햄머와 같은 충격자극에 의한
진동을 말한다.

(7) 비연성 지지

1자유도만이 아닌 X, Y, Z방향 및 X, Y, Z축 회전 등의 6자유도계(6DOF, 6Degrees Of
Freedom)로 생각해야 되며, 어떤 X 자유도가 기타 자유도에 진동을 발생시키는 현상을 진
동의 연성이라 한다.

자유도(DOF)는 계의 진동을 표현하는 좌표의 수를 말하며, 좌표상의 한 개 점(spot)은 3개
(X, Y, Z축)의 자유도를 갖고, 자유로운 공간의 강체(rigid body, 각 자유도 간에 서로 연성
이 없는 물체)는 6자유도(각 축＋각 회전방향)의 자유도가 존재한다.

(8) 방진설계

① 강제각진동수(ω)와 고유각진동수(ω_n)의 관계에 따른 진동제어요소

진동수	응답진폭의 크기	진동제어요소
$\omega^2 \ll \omega_n^2$	$x(\omega) = \dfrac{F_o}{k}$	스프링 강도
$\omega^2 \gg \omega_n^2$	$x(\omega) = \dfrac{F_o}{m\,\omega^2}$	계의 질량
$\omega^2 = \omega_n^2$	$x(\omega) = \dfrac{F_o}{C_e\,\omega}$	스프링의 저항

② 강제진동수(f)와 고유진동수(f_n)에 따른 차진(isolation)효과

1자유도계에서의 감쇠비, $\dfrac{f}{f_n}$비 대 전달률의 설계곡선으로 외부에서 가해지는 강제진동
수와 계의 고유진동수의 비 및 감쇠비에 따라 진동전달률은 변한다.

㉠ 진동전달률 T값의 변화

ⓐ $\dfrac{f}{f_n} = 1$인 경우 진동전달률은 최대(공진상태)

ⓑ $\dfrac{f}{f_n} < \sqrt{2}$인 경우 항상 진동전달력은 외력(강제력)보다 큼

ⓒ $\dfrac{f}{f_n} = \sqrt{2}$일 때 진동전달력 = 외력

ⓓ $\dfrac{f}{f_n} > \sqrt{2}$인 경우 전달력은 항상 외력보다 작기 때문에 차진이 유효한 영역임

㉡ 감쇠비(ξ)에 따른 변화

ⓐ $\dfrac{f}{f_n} < \sqrt{2}$인 범위에서 ξ가 클수록 진동전달률(T)이 적어지므로 방진에는 감쇠비 ξ가 클수록 효과적이다.

ⓑ $\dfrac{f}{f_n} > \sqrt{2}$인 범위에서 ξ가 적을수록 진동전달률(T)이 적어지므로 방진에는 감쇠비 ξ가 적을수록 효과적이다.

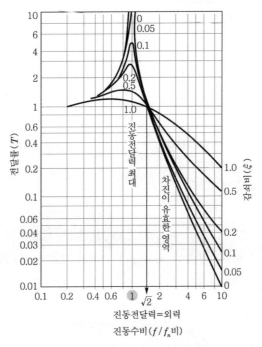

❚ 진동전달률과 진동수비에 따른 차진효과 ❚

3 방진대책 시 고려사항

① 방진대책은 될 수 있는 한 $\dfrac{f}{f_n} > 3$이 되게 한다(이 경우 진동전달률 T는 0.125, 즉 12.5% 이하가 된다). 이를 위해 f_n이 적어야 한다.

즉, $f_n = \dfrac{1}{2\pi}\sqrt{\dfrac{k}{m}}$ 에서 k값이 적은 부드러운 스프링을 사용하면 효과적인 차진을 달성할 수 있다.

② 만약 $\dfrac{f}{f_n} < \sqrt{2}$로 될 때에는 $\dfrac{f}{f_n} < 0.4$가 되게 설계해야 한다.

③ 강제진동수 (**예** 회전기계 $f = \dfrac{\text{rpm}}{60}$)가 0에서부터 증가되는 경우에는 운전 도중에 공진점을 통과하게 되므로 감쇠비 $\xi = 0.2$보다 적은 감쇠장치를 넣는 것이 좋다.

④ %진동차진(또는 전열)율 $\%I = (1 - T) \times 100$으로 구하며, dB로 표기하는 방진효과의 대략치 $\Delta V = 20\log\left(\dfrac{1}{T}\right)(\text{dB})$로 구한다.

⑤ 진동전달률(T)

$$T = \sqrt{\dfrac{1 + (2\xi\eta)^2}{(1-\eta^2)^2 + (2\xi\eta)^2}}$$

여기서, $\xi = 0$일 때 $T = \left|\dfrac{1}{\left(\dfrac{f}{f_n}\right)^2 - 1}\right| = \dfrac{1}{\eta^2 - 1}$

⑥ 방진효율(%)

$$E = \left|1 - \dfrac{1}{\left(\dfrac{f}{f_n}\right)^2 - 1}\right| \times 100\%$$

⑦ 진동의 거리감쇠

$$VL_r = VL_o - 8.7\lambda(r - r_o) - 20\log\left(\dfrac{r}{r_o}\right)^n (\text{dB})$$

여기서, VL_o : 진동원에서 거리 $r_o(\text{m})$ 떨어진 지점의 진동레벨(dB)

VL_r : 진동원에서 거리 $r\,(r > r_o)(\text{m})$ 떨어진 지점의 진동레벨(dB)

λ : 지반전파의 감쇠정수$\left(\lambda = \dfrac{2\pi h f}{v_s}\right)$

v_s : 횡파의 전파속도(m/s)

h : 지반의 내부 감쇠정수(바위 0.01, 모래 0.1, 점토 0.5)

f : 진동수(Hz)

n : 표면파일 경우(0.5)

위 식을 간략하게 표현하면 $VL_r = 10\log r + 0.5(r - 1)(\text{dB})$로 나타낸다.

Section 02 방진시설

1 탄성지지시설 및 제진시설

(1) 탄성지지시설

탄성지지시설은 진동의 차단(isolation)을 목적으로 진동체를 지지하는 시설로 지지로 인한 상부 물체가 가진원이든 또는 진동의 전달을 피해야 하는 피물체이든지 간에 차진재료의 적절한 설계로 인해 큰 효과를 볼 수 있다. 이때 차진재료로 사용되는 고무스프링, 공기스프링, 금속스프링, 스펀지 재료(경량 기포방식) 등은 이형 재질의 배치로 인한 응력파 전달저항(임피던스 mismatching)에 의한 차단원리, 또 주요한 지지계의 고유주파수를 변동시켜서 공진을 피하자는 공진회피방식으로 저동조(low frequency tuned) 방식, 즉 가진주파수가 고주파에 배치되도록 계의 고유주파수를 최대한 저주파로 marking하는 설계방법이다. 이 두 가지 원리를 이용하여 진동레벨을 20 ~ 40dB 정도 차진한다. 가진주파수의 종류에 따라서 금속스프링은 저주파 차단에 우수하고, 고무스프링은 고주파 차진에 우수하다. 탄성지지시설은 다층형 공장, 건물 내 기계장치, 시험장치류 등에 주로 사용되고 있다.

(2) 탄성지지 재료별 특성

① 방지재의 선택기준

스프링의 종류는 코일스프링, 중판스프링, 쟁반형 스프링 등 금속스프링과 방진고무, 공기스프링 등 세가지로 대별된다. 선택기준은 고유진동수(Hz), 다축방향 공용성, 고주파 차진성, 내고온성과 내저온성, 내유성, 내열화성, 가격, 중량, 수명 등이 있다.

〈 방진재료별 특성 〉

방진재료		적용 고유진동수(Hz)	감쇠성능	고주파 차진성
금속스프링	코일형	1 ~ 10	감쇠비 $\xi = 0.005$ 이하	문제 있음 (저주파 차진에 좋음)
	중판형	1.5 ~ 10		
	쟁반형	1.8 ~ 10		
방진고무	전단형	2 이상	내부감쇠가 있는 금속의 100배 이상	양호
	압축형	4 이상		
	복합형	2 이상		
공기스프링		0.7 ~ 3.5	감쇠비 $\xi = 0.05 \sim 1$	우수

② 금속스프링의 특징

㉠ 장점

ⓐ 환경요소(온도, 부식, 용해 등)에 대한 저항성이 커서 수명이 길다.

ⓑ 뒤틀리거나 오므라드는 변형이 일어나지 않는다.

ⓒ 최대변위가 허용된다.

ⓓ 저주파 차진에 양호하다.

     ⓛ 단점

        ⓐ 감쇠가 거의 없고, 공진 시 전달률이 매우 크다.

          → 보완 : 스프링과 병렬로 댐퍼를 넣는다.

        ⓑ 고주파 진동 시 단락 가능성이 있다.

          → 보완 : 스프링과 직렬로 고무패드를 끼워 차단한다.

        ⓒ 로킹모션(rocking motion)이 일어나지 않도록 주의해야 한다.

          → 보완 : 로킹모션 억제를 위해 스프링의 정적 수축량이 일정한 것을 사용하고, 기계 무게의 1 ~ 2배의 가대를 부착하여 계의 중심을 낮게 하고, 부하(하중)가 평형분포가 되도록 한다.

        ⓓ 코일스프링 사용 시 스프링 자체에 고유진동수와 외력의 강제진동수가 같은 공진상태에서 서징(surging) 문제가 일어난다.

          → 보완 : 설계 시 코일스프링은 그 길이가 직경의 4배를 초과하지 않도록 한다.

  ③ 방진고무

     ㉠ 장점

        ⓐ 형상의 선택이 자유롭고 압축, 전단, 타선 등의 사용방법에 따라 1개로 2축 방향 및 회전 방향의 스프링정수를 광범위하게 선택할 수 있다.

        ⓑ 고무 자체의 내부마찰에 의해 저하를 얻을 수 있어 고주파 진동의 차진에 양호하다.

     ⓛ 단점

        ⓐ 내부마찰에 의한 발열로 열화되고, 내유성 및 내열성이 약하다.

        ⓑ 공기 중 오존(O_3)에 의해 산화되어 균열이 발생한다.

     ㉢ 고무스프링 사용상 주의사항

        ⓐ 정하중에 따른 수축량은 10 ~ 15% 이내로 하는 것이 좋다.

        ⓑ 압력의 집중을 피하기 위해 하중은 되도록 균일하게 한다.

        ⓒ 사용온도는 50℃ 이하로 한다.

        ⓓ 늘어나는 신장응력 작용을 피한다.

        ⓔ 고유진동수가 강제진동수의 $\dfrac{1}{3}$ 이하(30% 정도)인 것을 선택하고, 적어도 70% 이하로 하여야 한다.

  ④ 공기스프링

     ㉠ 장점

        ⓐ 설계 시 스프링의 높이, 내하력, 스프링정수를 각각 독립적으로 광범위하게 설정할 수 있다.

        ⓑ 지지하중이 크게 변하는 경우 높이 조절밸브로 높이 조절이 가능하여 기계 높이를 일정레벨로 유지시킬 수 있다.

        ⓒ 하중의 변화에 따라 고유진동수를 일정하게 유지시킬 수 있다.

        ⓓ 부하능력이 광범위하다.

        ⓔ 자동제어가 가능하다.

ⓛ 단점

ⓐ 구조가 복잡하고 시설비가 많이 든다.

ⓑ 압축기 등의 부대시설이 필요하다.

ⓒ 공기누출의 위험성이 발생한다.

ⓓ 사용진폭이 적은 것이 대부분이므로 별도의 댐퍼가 필요한 경우가 많다.

(3) 제진시설

제진시설은 구조물의 내부나 외부에서 구조물의 진동에 대응한 제어력을 가하여 구조물의 진동을 저감시키거나, 구조물의 강성이나 감쇠 등을 변화시켜 구조물을 제어하는 것으로 지진 발생 시 구조물로 전달되는 지진력을 상쇄하여 간단한 보수만으로 구조물을 재사용할 수 있게 하는 시스템이다.

① 제진시설의 특징

㉠ 내진성능 향상 및 구조물의 사용성 확보

㉡ 중규모 이상의 진동 발생 시 손상레벨을 제어할 수 있는 시설

㉢ 건축물의 비구조재나 내부 설치물의 안전한 보호에는 한계가 있음

② 제진시설의 동작원리

제진시설은 동작원리에 의해 능동형(active), 수동형(passive), 반능동형(semi-active) 시설로 분류한다. 현재 가장 보편적인 방식은 수동형으로 단순하고 저렴하며 탄소성(강철제) 댐퍼(damper)가 대표적이다. 그러나 진폭레벨에 대한 의존도가 크기 때문에 작은 지진에는 효과가 적고 피로문제로 인해 반복 사용이 제한된다. 이에 대해 대표적 수동형으로 적용범위가 넓고 고성능인 오일댐퍼가 있다. 유압기기이기 때문에 설계자유도가 높고 작은 진동에서 대지진에 이르기까지 효과가 크고 반복 사용에도 제한이 없기 때문에 초고층 빌딩의 장주기 대형 지진에 대한 대책으로 효과적으로 사용된다. 한편 건물 상부에 가동 추를 설치해 동작 시 발생하는 관성력을 제어력으로 이용하는 능동형도 근래에 들어 적용 실적이 늘고 있다. 그러나 액추에이터로의 공급에너지와 추 중량에 제약이 있기 때문에 단지 강풍이나 중소 지진에서의 거주성 개선 용도에 적용한다. 또한 제진시설에 있어서 수동형이 갖는 신뢰성 및 내하중 능력을 살려 적은 전력으로 능동형에 가까운 제어효과를 발휘하는 반능동형 오일댐퍼도 있다.

③ 제진시설의 종류

㉠ 점탄성 감쇠기 : 구조물에 점성과 강성을 추가함으로써 내진성능을 증가시킨다.

㉡ 점성유체 감쇠기 : 속도 의존적인 특성을 가지는 점성유체를 사용하여 제작하며 지진이나 충격하중 같은 짧은 시간에 작용하는 진동에 의한 응답의 저감능력이 탁월하다.

㉢ 항복형 감쇠기 : 금속재료가 하중을 받아 탄소성 이력 거동을 할 때 에너지를 소산할 수 있는 원리에 착안한 것이다.

ⓔ 동조 감쇠기 : 질량을 이용한 동조질량 감쇠기(TMD ; Tuned Mass Damper)와 물과 같은 액체를 이용한 동조유체 감쇠기(TLD ; Tuned Liquid Damper)로 구분하며, 지진보다는 바람에 의한 구조물의 진동을 감소시킨다.

ⓜ 능동형 감쇠기 : 계측된 응답을 이용하여 설계자가 요구하는 임의의 제어력을 발생시켜 제어효율은 뛰어나지만 수동형 감쇠장치에 비해 유지관리가 어렵다.

④ **진동절연**

관이나 축의 도중에 고무나 합성수지를 접속하고 넓은 면 사이에 패킹을 할 경우 진동반사가 유효하게 된다. 절연재를 부착할 때 파동에너지의 반사율 $T_r = \left(\dfrac{Z_2 - Z_1}{Z_2 + Z_1}\right)^2 \times 100\%$ 가 된다. 여기서, Z는 재료별 특성임피던스로 재료의 밀도×음의 전파속도이다. 진동하는 표면의 제진재 사이의 T_r이 클수록 제진효과가 크며 이에 따른 감쇠량 $\Delta L = 10\log\left(1 - T_r\right)(\mathrm{dB})$이 된다. 예를 들어 진동하는 금속면을 고무로 제진하면 반사율이 99.8%가 되어 감쇠량 $\Delta L = 10\log\left(1 - 0.9998\right) = -27\mathrm{dB}$, 즉 27dB이 감쇠된다.

2 방진구 시설

방진구 시설은 진동원과 문제점 간에 도랑을 파서 진동의 전파를 방지하는 방법으로 일반적으로 유효한 방법이 아니다. 그림에서 보듯이 진폭을 반으로 줄이기 위해서는 도랑의 깊이를 파장의 $\dfrac{1}{4}$ 이상으로 해야만 한다. 도랑의 깊이를 h, 표면파의 파장을 λ라고 할 때, $\dfrac{h}{\lambda} = 0.3$이면 6dB, $\dfrac{h}{\lambda} = 0.6$이면 12dB 정도 감쇠한다. 예를 들면 표면파의 전파속도를 15m/s라 하면 10Hz 진동파의 파장은 15m, 따라서 깊이 $h = 15 \times 0.3 = 4.5\mathrm{m}$의 도랑에서 6dB, 9m의 도랑에서 12dB 감쇠한다. 그러나 깊이에 따른 감쇠량은 크지 않다. 실제로 거의 효과는 나타나지 않으므로 도랑에 의한 대책은 완전하지 못하다.

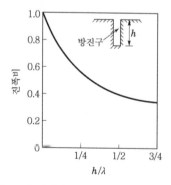

┃ **방진구의 도랑 깊이와 표면파 파장비에 따른 진폭비** ┃

3 진동 절연장치

반도체, 디스플레이 관련 산업, 정밀부품 제조산업, 광학기계 관련 분야 등에 사용되는 장비의 고정밀화 및 생산성 향상을 위해서는 가동부 이동 또는 절삭력에 의한 진동, 구조물 바닥에서 오는 외부진동 저감이 필수적이다. random noise(발생하는 시간이나 크기가 불규칙한 잡음)인 구조물 바닥 진동 및 일정한 주기, 충격 형태의 가동부 이동 또는 절삭력에 의한 진동 등은 능동 진동 절연장치(active vibration isolators), 수동 진동 절연장치(passive vibration isolators), 반능동(semi-active) 진동 절연장치 및 제어적인 방법으로 저감이 가능하다.

(1) 능동 진동 절연장치

저주파 영역 내 큰 정적 변형을 원하지 않는 상황에서 적용했을 시 효과가 탁월하나 가격이 매우 비싸고, 가감속 및 저크의 조절, 게인 변화 등의 제어적인 진동저감방식의 경우 사용하기에 진입장벽이 높을 뿐만 아니라 생산성 저하의 가능성이 있다.

(2) 수동 진동 절연장치

가격이 저렴하고 에너지 사용량이 없으며 적용이 용이하기 때문에 저주파 영역의 진동 감소에 취약함에도 불구하고 과거부터 현재 산업계에서 가장 많이 사용되고 있는 진동 절연방식이다. 수동 진동 절연장치에는 크게 공압에너지를 사용하는 제진대, 금속유연요소로 이루어진 제진대, 매트와 패드, 탄성 중합체로 이루어진 제진대 등으로 나눌 수 있다. 공압에너지를 사용하는 제진대는 공압 제진대(pneumatic vibration isolators) 또는 에어스프링(air spring)을 포함하며 댐핑을 탄성 중합체로 구현하는 one chamber 시스템, 댐핑을 공압으로 구현하는 two chamber 시스템 그리고 스스로 레벨을 맞춰주는 셀프레벨링(self-leveling)을 추가하여 정적 변형을 최소화하는 시스템 등으로 나뉠 수 있다. 금속유연요소로 이루어진 제진대는 코일스프링 및 wire-mesh/cable 제진장치를 포함시킬 수 있으며, 매트와 패드 진동 절연장치는 고무 및 플라스틱/섬유로 구성할 수 있다. 고무를 사용한 에어스프링의 수직방향의 타겟 주파수는 3~14Hz이고 두 개의 챔버를 사용한 공압 제진대의 경우 1~3Hz로 저주파 진동에 사용이 적합한 수동 진동 절연장치이다.

5 진동공정시험기준

저자쌤의 이론학습 Tip

- 진동을 측정함에 있어서 측정의 정확성과 통일성을 유지할 목적으로 규정된 진동공정시험기준의 전반적인 내용을 파악한다.
- 배출허용기준, 규제기준, 관리기준 등과 관련된 진동을 측정하기 위한 방법의 특징을 파악하면서 학습한다.

Section 01 총 칙

(1) 목적, 적용범위

1) 목적

이 시험기준은 「환경분야 시험검사 등에 관한 법률」 제6조의 규정에 의거 진동을 측정함에 있어서 측정의 정확성 및 통일성을 유지하기 위하여 필요한 제반사항에 대하여 규정함을 목적으로 한다.

2) 적용범위

이 시험기준은 「소음·진동관리법」에서 정하는 배출허용기준, 규제기준 및 관리기준 등과 관련된 진동을 측정하기 위한 시험기준에서 사용되는 용어의 정의 및 측정기기에 대하여 규정한다.

(2) 용어의 정의

① 진동원

진동을 발생하는 기계·기구, 시설 및 기타 물체를 말한다.

② 반사음

한 매질 중의 음파가 다른 매질의 경계면에 입사한 후 진행방향을 변경하여 본래의 매질 중으로 되돌아오는 음을 말한다.

③ 배경진동

한 장소에 있어서의 특정의 진동을 대상으로 생각할 경우 대상진동이 없을 때 그 장소의 진동을 대상진동에 대한 배경진동이라 한다.

④ 대상진동

배경진동 이외에 측정하고자 하는 특정의 진동을 말한다.

⑤ 정상진동

시간적으로 변동하지 아니하거나 또는 변동폭이 작은 진동을 말한다.

⑥ 변동진동

시간에 따른 진동레벨의 변화폭이 크게 변하는 진동을 말한다.

⑦ 충격진동

단조기의 사용, 폭약의 발파 시 등과 같이 극히 짧은 시간 동안에 발생하는 높은 세기의 진동을 말한다.

⑧ 지시치

계기나 기록지상에서 판독하는 진동레벨로서 실효치(rms값)를 말한다.

⑨ 진동레벨

진동레벨의 감각보정회로(수직)를 통하여 측정한 진동가속도레벨의 지시치를 말하며, 단위는 dB(V)로 표시한다. 진동가속도레벨의 정의는 $20 \log\left(\dfrac{a}{a_o}\right)$의 수식에 따르고, 여기서 a는 측정하고자 하는 진동의 가속도 실효치(단위 : m/s^2)이며, a_o는 기준 진동의 가속도 실효치로 $10^{-5}\,\text{m/s}^2$으로 한다.

⑩ 측정진동레벨

이 시험기준에 정한 측정방법으로 측정한 진동레벨을 말한다.

⑪ 배경진동레벨

측정진동레벨의 측정위치에서 대상진동이 없을 때 이 시험기준에서 정한 측정방법으로 측정한 진동레벨을 말한다.

⑫ 대상진동레벨

측정진동레벨에 배경진동의 영향을 보정한 후 얻어진 진동레벨을 말한다.

⑬ 평가진동레벨

대상진동레벨에 보정치를 보정한 후 얻어진 진동레벨을 말한다.

(3) 진동레벨계의 기본구조

진동을 측정하는 데 사용되는 진동레벨계는 최소한 다음 그림과 같은 구성이 필요하다.

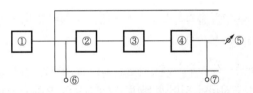

| ① 진동픽업
② 레벨레인지 변환기
③ 증폭기
④ 감각보정회로
⑤ 지시계기
⑥ 교정장치
⑦ 출력단자

▌ **진동레벨계의 기본구조** ▌

① 진동픽업(pick-up)

지면에 설치할 수 있는 구조로서 진동신호를 전기신호로 바꾸어 주는 장치를 말하며, 환경진동을 측정할 수 있어야 한다.

② 레벨레인지 변환기

측정하고자 하는 진동이 지시계기의 범위 내에 있도록 하기 위한 감쇠기로서 유효눈금 범위가 30dB 이하되는 구조의 것은 변환기에 의한 레벨의 간격이 10dB 간격으로 표시되어야 한다. 다만, 레벨변환 없이 측정이 가능한 경우 레벨레인지 변환기가 없어도 무방하다.

③ 증폭기(amplifier)

진동픽업에 의해 변환된 전기신호를 증폭시키는 장치를 말한다.

④ 감각보정회로(weighting networks)

인체의 수진감각(진동을 받아들이는 감각)을 주파수 보정특성에 따라 나타내는 것으로 V특성(수직특성)을 갖춘 것이어야 한다.

⑤ 지시계기(meter)

지시계기는 지침형 또는 디지털형이어야 한다. 지침형에서 유효지시범위가 15dB 이상이어야 하고, 각각의 눈금은 1dB 이하를 판독할 수 있어야 하며, 1dB 눈금 간격이 1mm 이상으로 표시되어야 한다. 다만, 디지털형에서는 숫자가 소수점 한 자리까지 표시되어야 한다.

⑥ 교정장치(calibration network calibrator)

진동 측정기의 감도를 점검 및 교정하는 장치로서 자체에 내장되어 있거나 분리되어 있어야 한다.

⑦ 출력단자(output)

진동신호를 기록기 등에 전송할 수 있는 교류 출력단자를 갖춘 것이어야 한다.

(4) 기록기

각종 출력신호를 자동 또는 수동으로 연속하여 그래프, 점, 숫자 등으로 기록하는 장비를 말한다.

(5) 주파수 분석기

공해진동의 주파수 성분을 분석하는 데 사용되는 것으로 정폭형 또는 정비형 필터가 내장된 장비를 말한다.

(6) 데이터 녹음기

진동레벨의 아날로그 또는 디지털 출력신호를 녹음·재생시키는 장비를 말한다.

(7) 부속장치

표준진동 발생기(calibrator)는 진동레벨계의 측정감도를 교정하는 기기로서 발생진동의 주파수와 진동가속도레벨이 표시되어 있어야 하며, 발생진동의 오차는 ±1dB 이내이어야 한다.

(8) 사용기준과 성능

① 사용기준

㉠ 진동레벨계는 환경측정기기의 형식승인, 정도검사 등에 관한 고시 중 진동레벨계의 구조·성능 세부기준 또는 이와 동등 이상의 성능을 가진 것이어야 하며, dB단위 (ref=10^{-5}m/s^2)로 지시하는 것이어야 한다.

㉡ 진동레벨계는 견고하고 빈번한 사용에 견딜 수 있어야 하며, 항상 정도를 유지할 수 있어야 한다.

② 성능

　㉠ 측정가능 주파수 범위는 1 ~ 90Hz 이상이어야 한다.

　㉡ 측정가능 진동레벨의 범위는 45 ~ 120dB 이상이어야 한다.

　㉢ 감각특성의 상대응답과 허용오차는 환경측정기기의 형식승인, 정도검사 등에 관한 고시 중 진동레벨계의 구조·성능 세부기준의 연직진동 특성에 만족하여야 한다.

　㉣ 진동픽업의 횡감도는 규정주파수에서 수감축 감도에 대한 차이가 15dB 이상이어야 한다(연직특성).

　㉤ 레벨레인지 변환기가 있는 기기에 있어서 레벨레인지 변환기의 전환오차가 0.5dB 이내이어야 한다.

　㉥ 지시계기의 눈금오차는 0.5dB 이내이어야 한다.

Section 02 배출허용기준의 측정방법

(1) 측정점 및 측정조건

1) 측정점

① 측정점은 공장의 부지경계선(아파트형 공장의 경우에는 공장 건물의 부지경계선) 중 피해가 우려되는 장소로서 진동레벨이 높을 것으로 예상되는 지점을 택하여야 한다.

② 공장의 부지경계선이 불명확하거나 공장의 부지경계선에 비하여 피해가 예상되는 자의 부지경계선에서의 진동레벨이 더 큰 경우에는 피해가 예상되는 자의 부지경계선으로 한다.

③ 배경진동레벨은 측정진동레벨의 측정점과 동일한 장소에서 측정함을 원칙으로 한다.

2) 측정조건

① 일반사항

　㉠ 진동픽업(pick-up)의 설치장소는 옥외지표를 원칙으로 하고 복잡한 반사, 회절현상이 예상되는 지점은 피한다.

　㉡ 진동픽업의 설치장소는 완충물이 없고, 충분히 다져서 단단히 굳은 장소로 한다.

　㉢ 진동픽업의 설치장소는 경사 또는 요철이 없는 장소로 하고, 수평면을 충분히 확보할 수 있는 장소로 한다.

　㉣ 진동픽업은 수직방향 진동레벨을 측정할 수 있도록 설치한다.

　㉤ 진동픽업 및 진동레벨계를 온도, 자기, 전기 등의 외부영향을 받지 않는 장소에 설치한다.

② 측정사항

　　㉠ 측정진동레벨은 대상배출시설의 진동발생원을 가능한 한 최대출력으로 가동시킨 정
　　　상상태에서 측정한다.
　　㉡ 배경진동레벨은 대상배출시설의 가동을 중지한 상태에서 측정한다.

(2) 측정시간 및 측정지점수

피해가 예상되는 적절한 측정시각에 2지점 이상의 측정지점수를 선정·측정하여 그 중 높은
진동레벨을 측정진동레벨로 한다.

(3) 측정자료 분석

측정자료는 다음의 경우에 따라 분석·정리하며, 진동레벨의 계산과정에서는 소수점 첫째
자리를 유효숫자로 하고, 대상진동레벨(최종값)은 소수점 첫째자리에서 반올림한다.

① 디지털 진동 자동분석계를 사용할 경우

　　샘플주기를 1초 이내에서 결정하고 5분 이상 측정하여 자동 연산·기록한 80% 범위의
　　상단치인 L_{10}값을 그 지점의 측정진동레벨 또는 배경진동레벨로 한다.

② 진동레벨기록기를 사용하여 측정할 경우

　　5분 이상 측정·기록하여 다음 방법으로 그 지점의 측정진동레벨 또는 배경진동레벨을
　　정한다.

　　㉠ 기록지상의 지시치에 변동이 없을 때에는 그 지시치
　　㉡ 기록지상의 지시치의 변동폭이 5dB 이내일 때에는 구간 내 최대치부터 진동레벨의
　　　크기순으로 10개를 산술평균한 진동레벨
　　㉢ 기록지상의 지시치가 불규칙하고 대폭적으로 변하는 경우에는 L_{10} 진동레벨 계산방
　　　법에 의한 L_{10}값

③ 진동레벨계만으로 측정할 경우

　　계기 조정을 위하여 먼저 선정된 측정위치에서 대략적인 진동의 변화 양상을 파악한
　　후, 진동레벨계 지시치의 변화를 눈으로 확인하여 5초 간격 50회 판독·기록하여 다음
　　의 방법으로 그 지점의 측정진동레벨 또는 배경진동레벨을 결정한다.

　　㉠ 진동레벨계의 지시치에 변동이 없을 때에는 그 지시치
　　㉡ 진동레벨계의 지시치의 변화폭이 5dB 이내일 때에는 구간 내 최대치부터 진동레벨
　　　의 크기순으로 10개를 산술평균한 진동레벨
　　㉢ 진동레벨계 지시치가 불규칙하고 대폭적으로 변할 때에는 L_{10} 진동레벨 계산방법에
　　　의한 L_{10}값(다만, L_{10} 진동레벨을 측정할 수 있는 진동레벨계를 사용할 때는 5분간
　　　측정하여 진동레벨계에 나타난 L_{10}값으로 한다.)

(4) 배경진동 보정

측정진동레벨에 다음과 같이 배경진동을 보정하여 대상진동레벨로 한다.

① 측정진동레벨이 배경진동레벨보다 10dB 이상 크면 배경진동의 영향이 극히 작기 때문에 배경진동의 보정 없이 측정진동레벨을 대상진동레벨로 한다.

② 측정진동레벨이 배경진동레벨보다 3.0 ~ 9.9dB 차이로 크면 배경진동의 영향이 있기 때문에 측정진동레벨에 보정표에 의한 보정치를 보정하여 대상진동레벨을 구한다.

$$보정치 = -10\log\left(1 - 10^{-0.1 \times d}\right)$$

여기서, d = 측정진동레벨 − 배경진동레벨

다만, 배경진동레벨 측정 시 해당 공장의 공정상 일부 배출시설의 가동중지가 어렵다고 인정되고, 해당 배출시설에서 발생한 진동이 배경진동에 영향을 미친다고 판단될 경우에는 배경진동레벨 측정 없이 측정진동레벨을 대상진동레벨로 할 수 있다.

③ 측정진동레벨이 배경진동레벨보다 3dB 미만으로 크면 배경진동이 대상진동보다 크므로 위의 조건이 만족되는 조건에서 재측정하여 대상진동레벨을 구하여야 한다.

④ 2회 이상의 재측정에서도 측정소음도가 배경소음도보다 3dB 미만으로 크면 공장진동 측정자료 평가표에 그 상황을 상세히 명기한다.

(5) 결과보고

1) 평가

① 진동평가를 위한 보정

구한 대상진동레벨을 「소음·진동관리법」 시행규칙 [별표 5의 2] 공장진동 배출허용기준에 정한 보정치를 보정한 공장소음배출허용기준과 비교한다. 다만, 피해가 예상되는 자의 부지경계선에서 측정할 때 측정지점의 지역구분 적용 시 공장이 위치한 지역과 피해가 예상되는 자의 지역이 서로 다를 경우에는 지역별 적용을 대상공장이 위치한 지역을 기준으로 적용한다.

② 「소음·진동관리법」 시행규칙 [별표 5.2]의 보정원칙

㉠ 관련 시간대에 대한 측정진동레벨 발생시간의 백분율은 낮, 밤의 각각의 정상가동시간(휴식, 기계수리 등의 시간을 제외한 실질적인 기계작동시간)을 구하고 시간 구분에 따른 해당 관련 시간대에 대한 백분율을 계산하여, 당해 시간 구분에 따라 적용하여야 한다. 이때 시간의 구분은 보정표의 시간별 항목의 기준에 따라야 하며, 가동시간은 측정 당일 전 30일간의 정상가동시간을 산술평균하여 정하여야 한다. 다만, 신규 배출업소의 경우에는 30일간의 예상가동시간으로 갈음한다.

㉡ 측정진동레벨 및 배경진동레벨은 딩해 시간별로 측정 보정함을 원칙으로 하나 배출시설이 변동없이 낮 및 밤 또는 24시간 가동할 경우에는 낮시간대의 대상진동레벨을 밤시간의 대상진동레벨로 적용하여 각각 평가하여야 한다.

2) 측정자료의 기록

진동평가를 위한 자료는 공장진동 측정자료 평가표에 의하여 기록하며, 측정값에 대한 증빙자료(수기 제외)를 첨부한다.

(6) L_{10} 진동레벨 계산방법

① 5초 간격으로 50회 판독한 판독치를 L_{10} 진동레벨 계산방법을 진동레벨기록지의 "가"에 기록한다.

② 레벨별 도수 및 누적도수를 L_{10} 진동레벨 계산방법을 진동레벨기록지 "나"에 기입한다.

③ L_{10} 진동레벨 계산방법을 진동레벨기록지 "나"의 누적도수를 이용하여 모눈종이상에 누적도 곡선을 작성한 후(횡축에 진동레벨, 좌측 종축에 누적도수를, 우측 종축에 백분율을 표기) 90% 횡선이 누적도 곡선과 만나는 교점에서 수선을 그어 횡축과 만나는 점의 진동레벨을 L_{10}값으로 한다.

④ 진동레벨계만으로 측정할 경우 진동레벨을 읽는 순간에 지시침이 지시판 범위 위를 벗어날 때(이때에 진동레벨계의 레벨범위는 전환하지 않음)에는 그 발생빈도를 기록하여 6회 이상이면 구한 L_{10}값에 2dB을 더해준다.

Section 03 규제기준의 측정방법

(1) 생활진동

1) 사용진동레벨계

환경측정기기의 형식승인·정도검사 등에 관한 고시 중 진동레벨계의 구조·성능 세부기준에 정한 진동레벨계 또는 동등 이상의 성능을 가진 것이어야 한다.

2) 일반사항

① 진동레벨계와 진동레벨기록기를 연결하여 측정·기록하는 것을 원칙으로 한다. 진동레벨기록기가 없는 경우에는 진동레벨계만으로 측정할 수 있다.

② 진동레벨계의 출력단자와 진동레벨기록기의 입력단자를 연결한 후 전원과 기기의 동작을 점검하고 매회 교정을 실시하여야 한다.

③ 진동레벨계의 레벨레인지 변환기는 측정지점의 진동레벨을 예비조사한 후 적절하게 고정시켜야 한다.

④ 진동레벨계와 진동레벨기록기를 연결하여 사용할 경우에는 진동레벨계의 과부하 출력이 진동기록치에 미치는 영향에 주의하여야 한다.

⑤ 진동픽업의 연결선은 잡음 등을 방지하기 위하여 지표면에 일직선으로 설치한다.

3) 감각보정회로

진동레벨계의 감각보정회로는 별도 규정이 없는 한 V특성(수직)에 고정하여 측정하여야
한다.

4) 측정점

측정점은 피해가 예상되는 자의 부지경계선 중 진동레벨이 높을 것으로 예상되는 지점을 택
하여야 한다. 배경진동의 측정점은 동일한 장소에서 측정함을 원칙으로 한다.

5) 분석절차

분석절차는 배출허용기준의 측정방법과 동일하다.

6) 결과보고(평가)

① 진동평가를 위한 보정

구한 대상진동레벨을 생활진동 규제기준과 비교하여 판정한다.

② 측정자료의 기록

진동평가를 위한 자료는 생활진동 측정자료 평가표에 의하여 기록하며, 측정값에 대한
증빙자료(수기 제외)를 첨부한다.

(2) 발파진동

1) 일반사항

① 진동레벨계와 진동레벨기록기를 연결하여 측정·기록하는 것을 원칙으로 한다. 진동레
벨계만으로 측정할 경우에는 최고진동레벨이 고정(hold)되는 것에 한한다.

② 진동레벨기록기의 기록속도 등은 진동레벨계의 동특성에 부응하게 조작한다.

2) 측정사항

① 측정진동레벨은 발파진동이 지속되는 기간 동안에 측정하여야 한다.

② 배경진동레벨은 대상진동(발파진동)이 없을 때 측정하여야 한다.

3) 측정시간 및 측정지점수

작업일지 및 발파계획서 또는 폭약사용신고서를 참조하여 「소음·진동관리법」 시행규칙
[별표 8]에서 구분하는 각 시간대 중에서 최대발파진동이 예상되는 시각의 진동을 포함한
모든 발파진동을 1지점 이상에서 측정한다.

4) 측정진동레벨

① 디지털 진동 자동분석계를 사용할 때에는 샘플주기를 0.1초 이하로 놓고 발파진동의 발
생기간(수초 이내)동안 측정하여 자동 연산·기록한 최고치를 측정진동레벨로 한다.

② 진동레벨기록기를 사용하여 측정할 때에는 기록지상의 지시치의 최고치를 측정진동레벨
로 한다.

③ 최고진동 고정(hold)용 진동레벨계를 사용할 때에는 당해 지시치를 측정진동레벨로 한다.

5) 배경진동레벨

① 디지털 진동 자동분석계를 사용할 경우

샘플주기를 1초 이내에서 결정하고 5분 이상 측정하여 자동 연산·기록한 80% 범위의 상단치인 L_{10}값을 그 지점의 배경진동레벨로 한다.

② 진동레벨기록기를 사용하여 측정할 경우

5분 이상 측정·기록하여 다음 방법으로 그 지점의 배경진동레벨을 정한다.

㉠ 기록지상의 지시치에 변동이 없을 때에는 그 지시치

㉡ 기록지상의 지시치의 변동폭이 5dB 이내일 때에는 구간 내 최대치부터 진동레벨의 크기순으로 10개를 산술평균한 진동레벨

㉢ 기록지상의 지시치가 불규칙하고 대폭적으로 변할 때에는 L_{10} 진동레벨 계산방법에 의한 L_{10}값

③ 진동레벨계만으로 측정할 경우

계기 조정을 위하여 먼저 선정된 측정위치에서 대략적인 진동레벨의 변화 양상을 파악한 후, 진동레벨계 지시치의 변화를 눈으로 확인하여 5초 간격 50회 판독·기록하여 다음의 방법으로 그 지점의 배경진동레벨을 정한다.

㉠ 진동레벨계의 지시치에 변동이 없을 때에는 그 지시치

㉡ 진동레벨계의 지시치의 변화폭이 5dB 이내일 때에는 구간 내 최대치부터 진동레벨의 크기순으로 10개를 산술평균한 진동레벨

㉢ 진동레벨계 지시치가 불규칙하고 대폭적으로 변할 때에는 L_{10} 진동레벨 계산방법에 의한 L_{10}값. 한편, L_{10} 진동레벨을 측정할 수 있는 진동레벨계를 사용할 때는 5분간 측정하여 진동레벨계에 나타난 L_{10}값으로 한다.

6) 평가(진동평가를 위한 보정)

구한 대상진동레벨에 시간대별 보정발파횟수(N)에 따른 보정량($+10\log N$; $N > 1$)을 보정하여 평가진동레벨을 구한다. 이 경우 지발발파는 보정발파횟수를 1회로 간주한다. 시간대별 보정발파횟수(N)는 작업일지 및 발파계획서 또는 폭약사용신고서 등을 참조하여 발파진동 측정 당일의 발파진동 중 진동레벨이 60dB(V) 이상인 횟수(N)를 말한다. 단, 여건상 불가피하게 측정 당일의 발파횟수만큼 측정하지 못한 경우에는 측정 시의 장약량(동시에 발파되는 폭약의 총 수량)과 같은 양을 사용한 발파는 같은 진동레벨로 판단하여 보정발파횟수를 산정할 수 있다.

Section 04 진동한도의 측정방법

진동한도의 측정방법은 측정점, 측정조건 중 일반사항과 측정자료 분석, 배경진동 보정, 결과보고 등은 배출허용기준과 규제기준의 측정방법과 동일하다.

(1) 도로교통진동

1) 측정사항

요일별로 진동 변동이 적은 평일(월요일부터 금요일 사이)에 당해 지역의 도로교통진동을 측정하여야 한다. 단, 주말 또는 공휴일에 도로교통량이 증가되어 진동 피해가 예상되는 경우에는 주말 및 공휴일에 도로교통진동을 측정할 수 있다.

2) 측정시간 및 측정지점수

시간대별로 진동 피해가 예상되는 시간대를 포함하여 2개 이상의 측정지점수를 선정하여 4시간 이상 간격으로 2회 이상 측정하여 산술평균한 값을 측정진동레벨로 한다.

(2) 철도진동

1) 측정점

옥외측정을 원칙으로 하며, 그 지역의 철도진동을 대표할 수 있는 지점이나 철도진동으로 인하여 문제를 일으킬 우려가 있는 지점을 택하여야 한다.

2) 측정사항

요일별로 진동 변동이 적은 평일(월요일부터 금요일 사이)에 당해 지역의 철도진동을 측정하여야 한다. 단, 주말 또는 공휴일에 철도통행량이 증가되어 진동 피해가 예상되는 경우에는 주말 및 공휴일에 철도진동을 측정할 수 있다.

3) 측정시간

기상조건, 열차의 운행횟수 및 속도 등을 고려하여 당해 지역의 1시간 평균 철도통행량 이상인 시간대에 측정한다.

4) 분석절차

열차통과 시마다 최고진동레벨이 배경진동레벨보다 최소 5dB 이상 큰 것에 한하여 연속 10개 열차(상하행 포함) 이상을 대상으로 최고진동레벨을 측정·기록하고, 그 중 중앙값 이상을 산술평균한 값을 철도진동레벨로 한다. 다만, 열차의 운행횟수가 밤·낮 시간대별로 1일 10회 미만인 경우에는 측정열차수를 줄여 그 중 중앙값 이상을 산술평균한 값을 철도진동레벨로 할 수 있다. 진동레벨의 계산과정에서는 소수점 첫째자리를 유효숫자로 하고, 측정진동레벨(최종값)은 소수점 첫째자리에서 반올림한다.

01 어떤 공장 내에 1대의 기계 프레스가 있어 주기적으로 큰 진동이 발생되고 있다. 가동 중 부지경계선에서의 진동레벨을 측정한 결과, 최대평균값은 70dB, 90% 레인지 상단값은 68dB, 80% 레인지 상단값은 66dB, 등가진동레벨은 64dB, 중앙값은 62dB이었다. 부지경계선에서의 규제기준이 60dB일 경우, 적어도 몇 dB의 저감을 목표로 하여 방지계획을 검토하여야 하는가?

① 4
② 6
③ 8
④ 10

[해설] 기계 프레스에서 주기적인 큰 진동이 발생하였다. 이러한 진동에 대해서는 최댓값의 산술평균을 내어 평가하게 되어 있다. 최댓값의 평균값은 70dB이며, 규제기준이 60dB이기 때문에 10dB의 저감이 필요하다. 더욱이 90% 레인지 상단값은 불규칙하게 변화하는 진동에 적용되며, 80% 레인지 상단값은 소음에 대한 것이다. 또 등가진동레벨이나 중앙값은 규제기준과는 관계가 없다.

02 공장 기계에 의한 진동공해의 진정에 대응하기 위한 진동계획을 세우는 경우 고려해야 할 사항으로 옳지 않은 것은?

① 진동대책에 대한 정보를 얻으려고 할 경우 진동레벨계 이외에 주파수 분석 등도 생각한다.
② 진정의 내용을 검토하여 왜, 무엇을, 어떠한 방법으로 무엇을 사용하여 측정하는 것이 최적인가를 생각한다.
③ 지면진동이 적어서 진정이 공장 기계의 진동에 의한다고 특정지어지지 않을 경우는 소음의 계측을 주료 한 측정계획을 생각한다.
④ 진동발생원에서 진동전파의 모양을 알기 위해 가능한 한 측정점을 많이 하여 지반의 진동전파 성상을 판단할 수 있도록 하는 측정계획을 생각한다.

[해설] 지면진동이 적어서 진정이 공장 기계의 진동에 의한다고 특정지어지지 않을 경우는 측정시간을 장기간으로 측정점을 늘리고, 주파수 분석을 행하는 등의 측정계획을 생각해야 한다. 일반적으로 초저주파음의 측정을 추가한다.

03 공장 기계의 운전에 따라서 공장 주변 주민들의 진정이 발생할 경우, 이에 대처하기 위해 여러 가지 계측과 조사를 행할 필요가 있다. 다음에 ㉮~㉺의 조사항목을 열거하였다. 초기에 계측·조사해야 할 항목이 가장 급하다고 생각되는 것으로 짝지어진 것은?

> ㉮ 기계의 제원과 가진력
> ㉯ 진동전달 지반의 지질상태
> ㉰ 진정인에게서의 사전 청취와 상황조사
> ㉱ 공장 부지경계선에서의 진동레벨과 주파수 분석
> ㉲ 공장 부근에서의 진동레벨과 주파수 분석
> ㉳ 진동전달 지반의 진동전달 상황
> ㉴ 진정인 주택 부근 지반의 진동레벨과 주파수 분석
> ㉵ 진정인 주택 부근 지반의 배경진동
> ㉶ 진정인 주택의 고유진동수

① ㉮ - ㉯ - ㉱ - ㉲ - ㉵
② ㉯ - ㉰ - ㉳ - ㉴ - ㉵
③ ㉰ - ㉱ - ㉲ - ㉳ - ㉴
④ ㉯ - ㉰ - ㉱ - ㉳ - ㉶

[해설] 조사항목 ㉮~㉶는 진정에 대처할 경우 필요한 항목이지만 ㉮ 기계의 가진력, ㉯ 지질 및 ㉵와 ㉶의 주택의 상태는 다른 항목에 비해 나중에 취해야 할 단계에 속하므로 진정인에게서의 사전 청취와 상황조사, 공장 부지경계선에서의 진동레벨과 주파수 분석, 공장 부근에서의 진동레벨과 주파수 분석, 진동전달 지반의 진동전달 상황, 진정인 주택 부근 지반의 진동레벨과 주파수 분석 항목이 가장 시급하게 해결해야 할 항목으로 생각한다.

04 다음 그림은 진동공해의 측정계획을 수립하는 경우에 대한 흐름도이다. ㉮~㉣에 들어가야 할 단어로 짝지어진 것으로 옳은 것은?

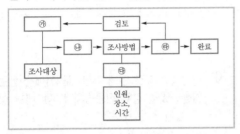

㉮	㉯	㉰	㉱
① 진동진단,	측정경험,	발생상황,	측정기기
② 조사목적,	조사항목,	측정경험,	전파상황
③ 조사항목,	조사목적,	전파상황,	결과정리
④ 조사목적,	조사항목,	측정기기,	결과정리

🖉해설 ④의 조합이 옳다.

05 어떤 기계 가까이에서 수직방향의 진동가속도레벨을 측정하여 옥타브밴드 분석기로 분석한 결과를 표로 나타내었다. 이 진동원에 방지대책을 행한 결과, 중심 주파수 8Hz와 16Hz 밴드가 속도레벨을 각각 10dB과 8dB씩 감소시킬 수가 있었다. 대책으로 인한 같은 지점에서 기계의 진동레벨은 약 몇 dB 감소하였는가?

옥타브밴드 중심 주파수(Hz)	2	4	8	16	31.5	63
운전 중 밴드 가속도레벨(dB)	68	73	83	82	78	72
배경진동의 밴드 가속도레벨(dB)	63	70	71	74	75	68
수직진동 시 진동감각 보정값(dB)	-3	0	0	-6	-12	-18

① 2   ② 5
③ 8   ④ 11

🖉해설 [표 1]과 같이 계산한다. 운전 중 각 옥타브밴드 가속도레벨 ①과 배경진동 ②의 차이로부터 [표 2]의 배경진동 보정값을 더하고 ③, 진동감각 보정값 ④를 더하여 진동감각 보정 옥타브밴드 가속도레벨 ⑤를 구하고, 그 총합을 계산하여 진동레벨 ⑥을 구한다. 8Hz와 16Hz의 밴드가속도레벨을 각각 10dB과 8dB씩 감쇠시킬 수 있기 때문에 대책 후의 진동감각보정 옥타브밴드 가속도레벨 ⑦의 총합이 대책 후 기계의 진동레벨 ⑧이 된다(단, 배경진동은 고려하지 않는다). 대책 전 진동레벨 ⑥과 대책 후 진동레벨 ⑧의 차이로부터 이 지점에서의 감소량 L이 구해진다.

[표 1] 대책 전·후에 따른 감소량 계산

옥타브밴드 중심 주파수(Hz)	2	4	8	16	31.5	63
운전 중 밴드레벨(dB) ①	68	73	83	82	78	72
배경진동의 밴드레벨(dB) ②	63	70	71	74	75	68
배경진동의 보정밴드레벨(dB) ③	66	70	83	81	75	70
진동감각 보정값(dB) ④	-3	0	0	-6	-12	-18
위와 같은 보정밴드레벨(dB) ⑤	63	70	83	75	63	52
대책 전 진동레벨(dB) ⑥	83.9					
대책 후 밴드레벨(dB) ⑦	63	70	73	67	63	52
대책 후 진동레벨(dB) ⑧	75.9					
감소량(dB) ⑨	$L = 83.9 - 75.9 = 8$dB					

[표 2] 배경진동에 대한 지시의 보정

측정진동레벨과 배경진동레벨의 차(dB)	3	4	5	6	7	8	9
보정값(dB)	-3	-2			-1		

06 다음 표는 어떤 공장의 부지경계선에서 일정시간 간격마다 진동레벨의 지시값을 50회 읽어서 정리한 것이다. 진동공정시험기준에 기초한 진동레벨값은 약 몇 dB인가?

진동레벨 (dB)	56	57	58	59	60	61	62	63	64	65	66	67	68	69
개수	6	9	7	5	7	4	3	2	1	2	2	0	1	1

① 61   ② 63
③ 65   ④ 67

🖉해설 다음 표로 누적도수를 구한다.

진동레벨 (dB)	56	57	58	59	60	61	62	63	64	65	66	67	68	69
개수	6	9	7	5	7	4	3	2	1	2	2	0	1	1
보정값 (dB)	6	15	22	27	34	38	41	43	44	46	48	48	49	50

진동레벨 80% 레인지의 상단값 L_{10}(누적도수 90%에 상당)이기 때문에 50개의 90%, 즉 45번째를 포함한 누적도수를 보면 65dB이며 이 값이 정답이다.

07 공장 내 한 모퉁이에 있는 검사실의 작업대가 0.1s로 정현진동을 하고 있다. 그 검사실의 작업대에 설치한 정밀기계의 진동에 대한 상대변위진폭을 0.1mm로 방지하기 위해 감쇠가 없는 스프링을 사용하여 기계를 탄성지지하려고 한다. 이 계의 고유진동수를 5Hz로 할 경우, 정밀기계의 절대변위진폭(mm)은? (단, 작업대의 절대변위진폭을 x_o, 작업대에 대한 기계의 상대변위진폭을 y_o라고 하면 $y_o = \left| \dfrac{\omega^2}{(\omega_o^2 - \omega^2)} \right| x_o$의 관계가 성립된다.)

① 0.010   ② 0.025
③ 0.050   ④ 0.150

해설 가진진동수 f는 주기 $T = 0.1\text{s}$의 역수이므로

$$f = \frac{1}{0.1} = 10\text{Hz}$$

$$\therefore \ \omega = 2 \times \pi \times 10 = 62.83\text{rad/s}$$

$$\omega^2 = 3,948\text{rad/s}^2$$

또한 고유진동수 $f_o = 5\text{Hz}$이므로

$$\omega_o = 2 \times \pi \times 5 = 31.42\text{rad/s}$$

$$\omega_o^2 = 987\text{rad/s}^2$$

$$\therefore \ \left| \frac{\omega^2}{\omega_o^2 - \omega^2} \right| = \left| \frac{3,948}{987 - 3,948} \right| = 1.333$$

또한 $y_o = 0.1\text{mm}$이므로, $x_o = \dfrac{0.1}{1.333} = 0.075\text{mm}$

x_o는 작업대의 절대변위진폭이다. 이것에 대한 정밀기계의 상대변위진폭이 0.1mm이므로, 정밀기계의 절대변위진폭은 $0.1 - 0.075 = 0.025\text{mm}$이다.

08 진동발생원의 기계에 진동방지계획의 일환으로 탄성지지를 검토할 경우 고찰방법으로 옳지 않은 것은?

① 중심에서 탄성주축이 관성주축과 일치하도록 지지방법을 검토한다.
② 고유진동수가 가능한 한 가진진동수의 $\sqrt{2}$ 배 이하가 되도록 검토한다.
③ 고유진동수가 1Hz 이하이 경우에는 탄성재료로 공기용수철을 사용하는 것을 검토한다.
④ 먼저 기계의 질량, 가진력의 방향, 가진진동수, 중심 위치 등을 조사하여 이를 토대로 스프링의 위치, 스프링정수, 감쇠비, 진동전달률 등에 대하여 검토한다.

해설 주요 진동을 대상으로 생각하면 $\dfrac{f}{f_o}$를 $\sqrt{2}$ 이상, 가능하면 3 이상이 되도록 f_o를 고려한다. 이 조건에 해당하지 않는 경우에도 공진을 피하기 위해 $\dfrac{f}{f_o}$를 0.4보다도 적은 편이 좋다.

09 공장의 기계로 인해 주변 주택가에 진동문제가 발생하였을 경우 진동방지방법에 대한 설명으로 옳지 않은 것은?

① 기계를 설비 갱신하여 진동이 적은 기종으로 변경하는 것을 검토한다.
② 기계를 탄성지지하여 지면에 전파되는 진동전달력이 작아지도록 검토한다.
③ 주택가에서 진동의 진정원인이 진동감각, 시각, 청각 등 어떤 것에 의한 것인지를 파악하고 적절한 진동방지법을 검토한다.
④ 기계와 주택 사이의 거리가 충분히 떨어져 있을 경우에는 중간지대에 콘크리트벽을 매립하여 진동을 차단시키는 방법을 검토한다.

해설

땅속에 콘크리트벽을 매립하는 경우에는 그림과 같은 3층 파동모델을 생각해야 한다. 즉, 그 파동의 차단효과는 무한대인 평행차단층에 진동이 평면파적으로 진행할 경우, 매체 Ⅰ → 차단층 Ⅱ → 매체 Ⅰ로 전해진다. 투과파의 진폭과 입사파의 진폭비를 파동의 전달률 τ라고 하면

$$\tau = \frac{4\alpha_{12}}{\sqrt{(1 + \alpha_{12})^4 + (1 - \alpha_{12})^4 - 2(1 - \alpha_{12}^2)^2 \cos \dfrac{4\pi f H}{V}}}$$

여기서, $\alpha_{12} = \dfrac{\rho_2 V_2}{\rho_1 V_1}$

ρV : 각 매체의 밀도와 전파속도의 곱으로 특성임피던스이다.

H : Ⅱ의 두께가 된다. 땅속에 콘크리트벽을 형성한 경우, 지반과 콘크리트의 특성임피던스는 거의 같다. 따라서 식 중 $\alpha_{12} = 1$로 하면, 전달률 $\tau = 1$이 되어 진동의 차단효과는 전혀 없게 되어 ④번과 같이 하면 안 된다.

10 1자유도 진동계 운동방정식 $f(t) = m\ddot{x} + C_e\dot{x} + kx$에서 $m\ddot{x}$는 무엇을 나타내는가? (단, m : 질량, C_e : 감쇠계수, k : 스프링정수, $f(x)$: 외력의 가진함수)

① 스프링의 복원력　② 정적 수축량
③ 점성 저항력　　　④ 관성력

해설 그림과 같은 자유도 진동모델에서 이 계의 운동방정식을 Newton의 제2법칙으로 표시하면
$$f(t) = m\ddot{x} + C_e\dot{x} + kx$$
여기서, $m\ddot{x}$: 관성력(m : 질량(kg))
　　　　$C_e\dot{x}$: 점성 저항력(C_e : 감쇠계수(N/cm·s))
　　　　kx : 스프링의 복원력(k : 스프링정수(N/cm))
　　　　$f(t)$: 외력의 가진함수
$\therefore f(t) = F = F_o \sin\omega t$ 이다.

11 진동에 의한 기계에너지를 열에너지로 변화시키는 기능을 무엇이라 하는가?

① 자유진동　　　② 모멘트
③ 스프링　　　　④ 감쇠

해설 감쇠(damping)
진동하는 물체의 진폭이 감소하는 과정으로 물체의 에너지(기계에너지)가 열이나 마찰 등에 의해서 손실되는 것을 말한다.

12 감쇠에 관한 설명으로 옳지 않은 것은?

① 진동에 의한 기계에너지를 열에너지로 변환시키는 기능이다.
② 질량의 진동속도에 대한 스프링의 저항력의 비이다.
③ 하중에 대해 원상태로 복원시키려는 힘이다.
④ 충격 시의 진동을 감소시킨다.

해설 하중에 대해 원상태로 복원시키려는 힘은 감쇠가 아니고 스프링 백이다.

참고 스프링 백(spring back) : 소성변형 후에 하중을 제거하면 물체가 변형에 저항하려는 물체 내부의 탄성 복원력에 의해서 변형 부분이 원상태로 되돌아가는 현상을 말한다.

13 단조기(鍛造機)에 관련된 설명으로 옳지 않은 것은?

① 해머가 단조기에 접촉한 후 해머의 속도가 거의 0에 가깝다고 할 경우 단조기에 미치는 충격력 F는 $F = m \times \dfrac{v}{t}$ 이다.

② 해머가 단조기에 접촉할 때 충격력 F와 접촉시간 t의 곱, 즉 힘의 곱은 운동량의 변화로 나타나기 때문에 충돌 전·후 해머의 속도를 각각 v, v'라고 하면 $F \times t = m(v - v')$이다.

③ 해머가 모루(anvil)(단조물을 포함한 전체 질량 M)에 충격을 줌으로써 모루가 속도 V로 침하된다고 할 경우 $V = m \times \dfrac{v}{M}$ 이다.

④ 모루를 스프링정수 k인 용수철로 탄성지지를 하였다고 할 경우 모루의 변위 δ는 $\delta = \sqrt{\dfrac{M}{k}} \times V$, 또 작업대 면에 가하는 힘 F'는 $F' = \dfrac{\delta}{k}$ 이다.

해설 모루의 변위 $\delta = \dfrac{V}{2\pi f_o}$, 또 작업면에 가해지는 동하중(動荷重) $F' = \delta k$이다.

14 그림과 같은 피스톤·크랭크기구에서 균형추 m'를 중심으로부터 r'의 위치로 붙임으로써 x방향의 제1차 관성력을 반감시키고 싶다. 지금 피스톤의 질량 m_p가 4kg, $\dfrac{r}{r'} = 1.5$일 때, 균형추의 질량을 몇 kg으로 하면 되는가? (단, 그 외 부분의 질량은 모두 무시할 수 있는 것으로 한다.)

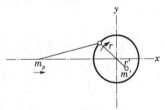

① 1　　　　　　② 2
③ 3　　　　　　④ 4

해설 균형추 m'를 이용하여 제1차 관성력을 반감하는 경우의 식
$$m' = \frac{1}{2} \times \frac{r}{r'} \times m_p$$
여기서, r : 크랭크 반경
　　　　r' : 질량 m'까지의 거리
　　　　m_p : 피스톤의 질량
$\therefore$ 주어진 수치를 대입하면 $m' = \dfrac{1}{2} \times 1.5 \times 4 = 3$kg이다.

15 분당 1,200회로 회전하고 있는 질량 1.8t인 회전기계가 있다. 1회전 시 불균형된 힘이 수직방향으로 발생하고 있을 경우, 용수철 6개를 병렬로 설치하여 탄성지지함으로써 진동전달력을 10dB 줄이는데 1개의 스프링정수를 약 몇 MN/m로 하여야 하는가? (단, 스프링에 의한 감쇠는 없다.)

① 1.1　　　　② 7.4

③ 47　　　　④ 71

 해설 가진진동수 $f = \dfrac{1,200}{60} = 20\text{Hz}$, 10dB 줄이는데 그때의

전달률을 τ라고 하면 $-10 = 20 \log \tau$

$\therefore \log \tau = -0.5$, $\tau = 0.316$

고유진동수를 f_o로 두면 $0.316 = \dfrac{1}{\dfrac{20^2}{f_o^2} - 1}$

$\therefore f_o = 9.8\text{Hz}$

질량은 1,800kg이므로 전체 스프링정수 k는 다음과 같다.

$k = (2\pi f_o)^2 m = 6,824,712 ≒ 6.8 \times 10^6 \, \text{N/m}$

스프링의 개수가 6개이므로 스프링 1개의 스프링정수

$k = 6.8 \times \dfrac{10^6}{6} = 1.13\text{MN/m}$이다.

16 질량 m(kg)인 물체를 조용히 달아 내리면 δ(cm) 늘어나는 스프링이 있다. 이 스프링에 질량 m(kg) 대신에 질량 M(kg)의 물체를 급하게 달아 내릴 경우 발생하는 진동은 약 몇 Hz가 되는가?

① $\dfrac{1}{2\pi}\sqrt{\dfrac{m \cdot \delta}{M}}$　　② $\dfrac{5}{\sqrt{\delta}}\sqrt{\dfrac{M}{m}}$

③ $\dfrac{1}{2\pi}\sqrt{\dfrac{m}{M \cdot \delta}}$　　④ $\dfrac{5}{\sqrt{\delta}}\sqrt{\dfrac{m}{M}}$

해설 이 진동계의 고유진동수 f_o를 구한다.

$f_o = \dfrac{1}{2\pi}\sqrt{\dfrac{k}{M}} = \dfrac{1}{2\pi}\sqrt{\dfrac{\dfrac{mg}{\delta}}{M}} = \dfrac{\sqrt{980}}{2\pi}\sqrt{\dfrac{m}{\delta M}}$

$≒ \dfrac{5}{\sqrt{\delta}}\sqrt{\dfrac{m}{M}}$

17 진동원 대책의 하나로 가진력의 경감이 필요하다. 그림에서 M은 스프링정수 k로 탄성지지된 단조기의 모루(anvil)이다. 지금 해머의 질량 m을 1t, 낙하거리 h를 0.5m로 하면 자유낙하인 경우 충돌 직전의 운동에너지는 약 몇 J(joule)인가?

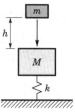

① 100　　　　② 500

③ 1,000　　　④ 5,000

해설 낙하 질량을 m, 충돌 직전 m의 속도를 v, 충돌 직전의 운동에너지를 E라고 하면 $E = \dfrac{1}{2}mv^2$이다.

낙하거리를 h, 중력가속도를 g라고 하면 $v = \sqrt{2gh}$

$\therefore E = mgh$

여기에 $m = 1,000$kg, $h = 0.5$m, $g = 9.8$m/s^{2}을 대입하면 $E = 1,000 \times 0.5 \times 9.8 = 4,900 ≒ 5,000$J이다.

18 고무절연기 위에 설치된 기계가 1,500rpm에서 22.5%의 전달률을 가질 때 평형상태에서의 절연기의 정적 처짐은?

① 0.14cm　　　② 0.22cm

③ 0.42cm　　　④ 0.64cm

해설 진동전달률 $T = \dfrac{1}{\eta^2 - 1}$에서 $0.225 = \dfrac{1}{\eta^2 - 1}$

$\therefore \eta = 2.33$

$\eta = \dfrac{f}{f_n}$에서 $f_n = \dfrac{\left(\dfrac{1,500}{60}\right)}{2.33} = 10.73\text{Hz}$

고유진동수 $f_n = 4.98\sqrt{\dfrac{1}{\delta_{st}}}$에서

$\delta_{st} = \left(\dfrac{4.98}{f_n}\right)^2 = \left(\dfrac{4.98}{10.73}\right)^2 = 0.22\text{cm}$

19 질량 1.5t인 공기압축기(compressor)가 있다. 매분 1,800회전으로 운전되어 불균형으로 인해 1회전에 1회의 비율로 수직방향으로 가진력이 발생하고 있다. 이 공기압축기를 6개의 용수철로 지지하여 진동수비 $\dfrac{f}{f_o}$의 값을 3으로 하기 위한 다음 설계값으로 옳지 않은 것은? (단, 스프링에 감쇠는 없다.)

① 고유진동수 10Hz

② 진동전달률 0.125

③ 정적 처짐 약 2.5mm

④ 스프링정수 약 0.01MN/m

[해설] ① 가진진동수 $\dfrac{1,800}{60} = 30\text{Hz}$

$\therefore$ 고유진동수 $f_o = \dfrac{30}{3} = 10\text{Hz}$

② 진동전달률을 τ라 하면

$$\tau = \left| \dfrac{1}{1 - \left(\dfrac{f}{f_o}\right)} \right| = \dfrac{1}{|1 - 3^2|} = 0.125$$

③ 정적 처짐 δ은 $f_o \fallingdotseq \dfrac{5}{\sqrt{\delta}}$ 에서

$$\delta \fallingdotseq \dfrac{5^2}{10^2} = 0.25\text{cm} = 2.5\text{mm}$$

④ 스프링정수

$$k = (2\pi f_o)^2 \times m = (2 \times 3.14 \times 10)^2 \times \dfrac{1,500}{6}$$

$$= 986,960\text{N/m} \fallingdotseq 10^6\text{N/m}$$

$$= 1\text{MN/m}$$

20 질량 320kg인 기계가 매초 16회전으로 운전되고 있고, 1회전마다 1kN의 가진력이 수직방향으로 발생하고 있다. 기계를 지지대에 고정시킨 후, 지지대를 4개의 스프링으로 탄성지지함으로써 이 계의 고유진동수를 8Hz로 하고, 기계의 변위진폭을 0.1mm 이하로 유지하고 싶을 경우 지지대의 부가질량은 적어도 약 몇 kg 이상으로 하여야 하는가?

① 400 ② 600
③ 800 ④ 1,000

[해설]

동적 변위진폭 $x_o = \dfrac{\left(\dfrac{F_o}{k}\right)}{1 - \left(\dfrac{\omega}{\omega_o}\right)^2} = \dfrac{\left(\dfrac{F_o}{k}\right)}{1 - \eta^2}$ 에서

$m = 320$, $\eta = \dfrac{f}{f_o} = \dfrac{16}{8} = 2$

$F = 1,000\text{N}$, $\delta = 0.1\text{mm} = 0.1 \times 10^{-3}\text{m}$

$$0.1 = \dfrac{\left(\dfrac{1,000}{k}\right)}{|1 - 2^2|}$$

$\therefore k = 3.33 \times 10^6 \text{N/m}$

전체의 질량을 m, 부가질량을 m'라 하면

$k = (2\pi f_o)^2 \times m$ 에서

$$m = \dfrac{3.33 \times 10^6}{(2 \times \pi \times 8)^2} = 1,319\text{kg}$$

$\therefore m' = m - 320 = 1,319 - 320 = 999 \fallingdotseq 1,000\text{kg}$

21 4개의 동일한 스프링으로 탄성지지하고 있는 기계의 용수철을 교체하여 8개의 지지점으로 균등하게 탄성지지하여 고유진동수를 $\dfrac{1}{2}$로 내리기 위해서는 1개의 스프링정수를 처음 스프링정수의 몇 분의 1로 하여야 하는가?

① $\dfrac{1}{2}$ ② $\dfrac{1}{4}$
③ $\dfrac{1}{6}$ ④ $\dfrac{1}{8}$

[해설] 최초의 스프링정수를 k, 고유진동수를 f_o, 개선 후 스프링 정수를 k', 고유진동수를 $f_o{}'$라고 하면,

$\begin{cases} f_o = \dfrac{1}{2\pi}\sqrt{\dfrac{4k}{m}} \\ f_o{}' = \dfrac{1}{2\pi}\sqrt{\dfrac{8k'}{m}} \\ f_o = 2f_o{}' \end{cases}$ 이 연립방정식을 풀이하면

$$\dfrac{4k}{m} = \dfrac{4 \times 8k'}{m}$$

$\therefore k = 8k'$, $\dfrac{k'}{k} = \dfrac{1}{8}$

22 질량 300kg인 전동기가 질량 500kg의 정반(定盤)에 완전히 고정되어서 매분 600회전을 하고 있다. 1회전에 1회 비율로 수직방향에 가진되어 있다. 정반에서 바닥에 전달되는 힘이 약 $\dfrac{1}{3}$이 되도록 정반을 4개의 스프링으로 병렬 탄성지지를 행할 경우, 각각 스프링에 대한 스프링정수 (kN/m)는?

① 100 ② 200
③ 300 ④ 400

[해설] $m = 300 + 500 = 800\text{kg}$, $f = \dfrac{600}{60} = 10\text{Hz}$

$\tau = \dfrac{1}{3}$, $\dfrac{f}{f_o} = \eta$에서 $\dfrac{1}{3} = \dfrac{1}{|1 - \eta^2|}$

$\therefore \eta^2 = 4$, $\eta = 2$, $\eta = \dfrac{f}{f_o}$이므로 $f_o = 5\text{Hz}$

$5 = \dfrac{1}{2\pi}\sqrt{\dfrac{4k}{800}}$ 이기 때문에

$$k = \dfrac{(2\pi \times 5)^2 \times 800}{4} = 197,392\text{N/m}$$

$$= 197\text{kN/m} \fallingdotseq 200\text{kN/m}$$

23 질량 60kg인 기계가 분당 600회 회전하면서 1회 전 시 60N의 가진력이 수직방향으로 작용하고 있다. 이 기계를 그림과 같이 탄성지지를 하고 있는 받침대 위에 단단히 설치하는 경우, 기초에 전달되는 가진력을 $\frac{1}{3}$로 하기 위하여 필요한 받침대의 질량은 약 몇 kg인가? (단, 기계의 허용변위진폭을 0.2mm로 억제하고, 스프링에 의한 감쇠는 없는 것으로 한다.)

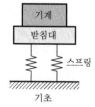

① 20
② 40
③ 60
④ 80

해설 가진진동수는 $\frac{600}{60} = 10\text{Hz}$, 전달률은 $\frac{1}{3}$ 이다.

$$\therefore \frac{1}{3} = \frac{1}{\left| \frac{10^2}{f_o^2} - 1 \right|}$$

이 식으로부터 고유진동수 f_o을 구한다.

$f_o = 5\text{Hz}$, 진동수비는 $\frac{f}{f_o} = 2$, 가진력은 60N, 진폭은

$0.2\text{mm} = 2 \times 10^{-4}\text{m}$이므로 $2 \times 10^{-4} = \dfrac{\frac{60}{k}}{|1 - 2^2|}$

$\therefore$ 스프링정수 $k = 10^5 \text{N/m}$, 전체 질량을 m이라 하면

$m = \dfrac{k}{(2\pi f_o)^2} = 101.3 \fallingdotseq 100\text{kg}$, 기계의 질량이 60kg

이므로 받침대의 질량 $m' = 100 - 60 = 40\text{kg}$이다.

24 외부에서 가해지는 강제진동수 f와 계의 고유 진동수 f_n의 비 및 감쇠비 ξ, 진동전달률 T의 관계로 옳은 것은?

① $\frac{f}{f_n} < \sqrt{2}$ 인 범위 내에서는 ξ값이 적을수록 전달률 T가 직어지므로 방신상 감쇠비가 적을수록 좋다.

② $\frac{f}{f_n} < \sqrt{2}$ 인 범위 내에서는 ξ값이 커질수록 전달률 T가 적어지므로 방진상 감쇠비가 클수록 좋다.

③ $\frac{f}{f_n} > \sqrt{2}$ 인 범위 내에서는 ξ값이 적을수록 전달률 T가 커지므로 방진상 감쇠비가 적을수록 좋다.

④ $\frac{f}{f_n} > \sqrt{2}$ 인 범위 내에서는 ξ값이 커질수록 전달률 T가 커지므로 방진상 감쇠비가 클수록 좋다.

해설 감쇠비 ξ값에 따른 변화

- $\frac{f}{f_n} < \sqrt{2}$ 인 범위 내에서는 ξ값이 커질수록 전달률 T가 적어지므로 방진상 감쇠비 ξ가 클수록 좋다.

- $\frac{f}{f_n} > \sqrt{2}$ 인 범위 내에서는 ξ값이 적어질수록 전달률 T가 적어지므로 방진상 감쇠비 ξ가 적을수록 좋다.

25 전달력이 항상 외력보다 작아 차진이 유효한 범위인 경우는? (단, f : 강제진동수, f_n : 고유진동수)

① $\frac{f}{f_n} = 1$
② $\frac{f}{f_n} < \sqrt{2}$

③ $\frac{f}{f_n} > \sqrt{2}$
④ $\frac{f}{f_n} = \sqrt{2}$

해설 강제진동수 f와 고유진동수 f_n 비$\left(\frac{f}{f_n} \right)$에 따른 차진(isolation)효과 : 외부에서 가해지는 강제진동수와 계의 고유진동수의 비 및 감쇠비에 따라 진동전달률은 변한다.

㉠ 진동전달률 T값의 변화

- $\frac{f}{f_n} = 1$인 경우 진동전달률은 최대(공진상태)

- $\frac{f}{f_n} < \sqrt{2}$ 인 경우 항상 진동전달력은 외력(강제력)보다 큼

- $\frac{f}{f_n} = \sqrt{2}$ 일 때 진동전달력=외력

- $\frac{f}{f_n} > \sqrt{2}$ 인 경우 전달력은 항상 외력보다 작기 때문에 차진이 유효한 영역임

㉡ 감쇠비(ξ)에 따른 변화

- $\frac{f}{f_n} < \sqrt{2}$ 인 범위에서 ξ가 클수록 전달률 T가 적어지므로 방진에는 ξ가 클수록 효과적이다.

- $\frac{f}{f_n} > \sqrt{2}$ 인 범위에서 ξ가 적을수록 T가 적어지므로 방진에는 ξ가 적을수록 효과적이다.

26 탄성지지 설계에 대한 설명으로 옳은 것은? (단, f : 강제진동수, f_n : 고유진동수)

① 방진대책은 될 수 있는 한 $\dfrac{f}{f_n} > \sqrt{2}$ 가 되게 설계한다.

② $\dfrac{f}{f_n} < \sqrt{2}$ 이 될 때에는 $\dfrac{f}{f_n} < 0.4$ 가 되게 설계한다.

③ f_n은 질량 m의 증가에 의해서 감쇠가 이루어지지 않는다.

④ 외력의 진동수가 0에서부터 증가되는 경우 감쇠가 없는 장치를 넣는 것이 좋다.

해설 ① 방진대책은 될 수 있는 한 $\dfrac{f}{f_n} > 3$이 되게 설계한다.

(이 경우 진동전달률은 12.5% 이하가 된다.)

③ f_n은 질량 m의 증가에 의해서도 감쇠시킬 수가 있으나 질량 증가는 지지스프링이 지지해야 할 정하중도 증가한다.

④ 외력의 진동수가 0에서부터 증가되는 경우에는 도중에 공진점을 통과하게 되므로 $\xi = 0.2$의 감쇠장치를 넣는 것이 좋다.

27 길이 142cm, 직경 5cm, 종(縱)탄성계수(영률) 200GN/m²(여기서, G는 기가로 10⁹)인 원형 단면축의 중앙에 힘이 작용하고 있고, 축의 양 끝은 축수로 지지되어 있다. 힘의 작용점에서 스프링정수는 약 몇 MN/m인가? (단, 스프링정수는 $\dfrac{48\,EJ}{l^3}$(여기서, E는 종탄성계수, l은 축수 사이의 길이, J는 단면이차모멘트로 $J = \dfrac{\pi\,d^4}{64}$, d는 직경)로 나타낸다.)

① 1 　　　　② 2
③ 3 　　　　④ 4

해설 단면이차모멘트 J식의 d로 0.05m를 대입하면
$J = 3.068 \times 10^{-7} (\text{m}^4)$
스프링정수를 k라 할 때
$E = 200 \times 10^9$, $l = 1.42$를 대입하면
스프링정수 $k = 1.029 \times 10^6 ≒ 1 \times 10^6 = 1\text{MN/m}$이다.

28 진동방지대책으로 스프링으로 지지된 기계를 바닥에 설치하려고 한다. 기계의 질량과 스프링의 탄성으로부터 구성된 1자유도계의 고유진동수를 f_o(Hz)라고 한다. 지금 이 바닥이 f(Hz)로 상하방향으로 진동하였을 때의 기술로 옳지 않은 것은?

① $\dfrac{f}{f_o} > 3$일 경우 기계는 거의 진동이 없다.

② $\dfrac{f}{f_o} ≒ 1$일 경우 기계의 진폭은 아주 커진다.

③ $\dfrac{f}{f_o} < \dfrac{1}{3}$일 경우 바닥이 위로 움직이면 기계도 위로 움직인다.

④ $\dfrac{f}{f_o} < \dfrac{1}{3}$일 경우 기계의 진폭은 바닥진폭의 10% 이하이다.

해설 $\dfrac{f}{f_o} ≒ \dfrac{1}{3}$에서는 10% 이상이며, $\dfrac{f}{f_o} < \dfrac{1}{3}$일 때, 기계는 정지상태에 있기 때문에 진폭이 발생하지 않는다.

29 질량감쇠가 없는 스프링을 지지하고 있는 1자유진동계가 있다. 이 계의 진동수비와 진폭배율의 조합으로 짝지어진 것으로 옳지 않은 것은?

	〈진동수비〉	〈진폭배율〉
①	0	1
②	1	∞
③	$\sqrt{2}$	1
④	2	$\dfrac{1}{4}$

해설 감쇠가 없는 1자유진동계의 진동수비 n과 진동배율의 관계는 다음 식으로 주어진다.

진폭배율 $= \left| \dfrac{1}{1-n^2} \right|$

① 진동수비 : 0, 진폭배율 : $\left| \dfrac{1}{1-1^2} \right| = 1$

② 진동수비 : 1, 진폭배율 : ∞

③ 진동수비 : $\sqrt{2}$, 진폭배율 : $\left| \dfrac{1}{1-(\sqrt{2})^2} \right| = 1$

④ 진동수비 : 2, 진폭배율 : $\left| \dfrac{1}{1-2^2} \right| = \dfrac{1}{3}$

30 진동이나 소음발생원 대책을 위해 각 부위의 힘이나 강성(剛性)을 검토하는 것이 필요하다. 양쪽 끝에 지지되는 하중을 받쳐주는 빔에 관련된 설명으로 옳지 않은 것은?

① 양쪽 끝에 지지되는 경우보다 양쪽 끝을 고정하는 쪽이 고유진동수가 높아진다.

② 영률은 재질에 따라 정해지는 값이고, 단면이차모멘트는 빔의 단면 형상에 따라 정해지는 값이다.

③ 가진력에 의해 빔에 대한 휨의 크기는 영률(Young's modulus)과 단면이차모멘트의 곱에 비례한다.

④ 회전기계가 하중을 받쳐주는 빔 중앙에 지지되어 있을 경우, 회전 불균형으로 인한 빔에 미치는 가진력의 크기는 회전수의 제곱에 비례한다.

해설 양쪽 끝에 지지되는 하중을 받쳐주는 빔의 휨 δ는 빔의 길이를 l, 영률을 E, 단면이차모멘트를 I, 중앙의 집중하중을 F로 하면 $\delta_{\max} = -\dfrac{Fl^3}{48EI}$가 된다. 따라서 휨의 크기는 영률(Young's modulus)과 단면이차모멘트의 곱에 반비례한다.

- 양쪽 끝이 고정된 경우 $\delta_{\max} = -\dfrac{Fl^3}{192EI}$이다. 따라서 동일한 F에 의한 휨은 양쪽 끝이 고정된 쪽이 적어 스프링정수는 커진다. 힘이 같은 경우 스프링정수가 큰 쪽이 고유진동수는 높다.

- 회전체에서 불균형 질량을 m, 반경을 r이라고 하면 이것에 의한 원심력 F가 회전체의 관성력이므로 $F = mr\omega^2$으로 나타난다. ω는 각진동수(rad/s)로, f(Hz)에서는 $\omega = 2\pi f$이다. 회전수가 R(rpm)일 때, $f = \dfrac{R}{60}$(Hz)이다. 따라서, $F = mr(2\pi f)^2 = mr\left(\dfrac{2\pi R}{60}\right)^2$이므로, 가진력은 회전수의 제곱에 비례한다.

31 외부에 가해지는 강제진동수(f)와 계의 고유진동수(f_n)의 비에 따라 진동전달률은 달라진다. 항상 외력보다 전달력이 작기 때문에 차진이 유효한 영역으로 옳은 것은?

① $\dfrac{f}{f_n} = 1$

② $\dfrac{f}{f_n} > \sqrt{2}$

③ $\dfrac{f}{f_n} < \sqrt{2}$

④ $\dfrac{f}{f_n} = 2$

해설 $\dfrac{f}{f_n} > \sqrt{2}$인 경우 전달력은 항상 외력보다 작기 때문에 차진이 유효한 영역이다.

32 양 끝이 지지되어 있는 하중을 받쳐주는 빔(영의 계수(Young's modulus) $E = 200$GPa(G는 기가, 10^9), 길이 $l = 2$m, 한 변 $a = 3$cm인 각재)의 중앙에 질량 46kg인 회전기계가 고정되어 있고, 1회전마다 불균형적인 힘이 발생하고 있다. 이 회전기계가 매분 몇 회전할 경우 빔이 공진하는가? (단, 빔의 스프링정수는 $\dfrac{48EJ}{l^3}$(J는 단면이차모멘트로 $J = \dfrac{a^2}{12}$)로 주어진다.)

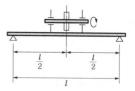

① 100
② 200
③ 300
④ 400

해설 빔의 고유진동수 f_o을 구한다.

$$f_o = \frac{1}{2\pi}\sqrt{\frac{k}{m}}$$

여기서, 빔의 질량은 무시한다.

또한 $k = \dfrac{48EJ}{l^3}$(N/m)에서

$E = 200 \times 10^9 \text{N/m}^2$

$J = \dfrac{a^4}{12}(\text{m}^4)$

$a = 3 \times 10^{-2}\text{m}$

$l = 2\text{m}$

$m = 46$kg이므로

$$k = \frac{48 \times 200 \times 10^9 \times \dfrac{(3 \times 10^{-2})^4}{12}}{2^3} = 81{,}000\text{N/m}$$

$\therefore f_o = \dfrac{1}{2\pi}\sqrt{\dfrac{8.1 \times 10^4}{46}} = 6.6786 \fallingdotseq 6.7\text{Hz}$

즉, 1초간에 6.7회이므로 60을 곱하면 매분으로 환산된다. $6.7 \times 60 = 400.7 \fallingdotseq 400$rpm이다.

33 질량 3톤인 기계가 질량 2톤인 발판에 고정되어 매분 450회전하고, 1회전 시 1회의 비율로 수직 방향으로 가진되고 있다. 발판에서 바닥에 전달되는 힘이 $\frac{1}{3}$이 되도록 발판을 4개의 용수철을 이용하여 균등한 하중으로 병렬로 탄성지지할 경우, 1개의 스프링정수(MN/m)는? (단, 감쇠는 무시한다.)

① 0.7   ② 1.4
③ 2.1   ④ 2.8

[해설] 기계와 발판의 질량 합계를 m이라고 하면

$m = 3 + 2 = 5$톤, 진동전달률을 τ라고 하면 $\tau = \frac{1}{3}$,

진동수비를 η라고 한다. 또한 450rpm에서 1회전에 1회의 비율로 수직방향으로 가진이 되므로, 가진진동수 f는 $f = \frac{450}{60} = 7.5$Hz이다. 전체 스프링정수를 K, 1개의 스프링정수를 k라고 하면 $K = 4k$일 때 k를 구한다.

$\tau = \dfrac{1}{\left|1 - \eta^2\right|}$

$\therefore \dfrac{1}{3} = \dfrac{1}{\eta^2 - 1}$

$\eta^2 = 3 + 1 = 4$에서 $\eta = 2$

또한 $\eta = \dfrac{f}{f_o}$에서 고유진동수 $f_o = \dfrac{7.5}{2} = 3.75$Hz

따라서, $K = \left(2\pi f_o\right)^2 m = \left(2 \times 3.14 \times 3.75\right)^2 \times 5,000$
$\qquad = 2,773,013$N/m

$\therefore k = \dfrac{K}{4} = \dfrac{2,773,013}{4} = 693,253.1$N/m
$\qquad \fallingdotseq 0.7$MN/m

34 한 개당 그림과 같은 스프링 특성을 갖는 스프링 4개로 질량 3t인 기계를 지지하고 있다. 하중이 각 스프링에 균등하게 가하여졌을 때 고유진동수(Hz)는?

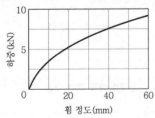

① 2   ② 4
③ 6   ④ 8

[해설] 비선형 스프링이 있다는 것에 주의한다. 스프링 1개당 부담하중을 p라고 하면 $p = 3,000 \times \dfrac{9.8}{4} = 7.35$kN이다. 따라서 주어진 그림에서 보면 거의 40mm의 휨이 있다. 그 지점에서 스프링의 특성곡선에 접선을 그으면 2.5kN에서 약 20mm의 휨이 발생한다. 그러므로 스프링정수 $k = \dfrac{2.5}{0.02} = 125$kN/m이다. 따라서 4개의 용수철에서는 500kN/m가 된다.

$\therefore$ 고유진동수

$\qquad f_o = \dfrac{1}{2\pi} \sqrt{\dfrac{k}{m}} = \dfrac{1}{2\pi} \sqrt{\dfrac{500 \times 10^3}{3,000}}$

$\qquad\quad = 2.05 \fallingdotseq 2$Hz

35 스프링이 그림에 나타낸 바와 같이 하드닝(hardening) 특성을 갖고 있다. 이 스프링을 기계와 기초 사이에 부착하였을 경우, 스프링은 6mm 정도 휘었다. 이 탄성지지계의 고유진동수(Hz)의 범위는?

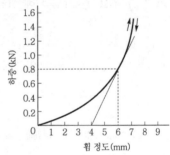

① 3 이하   ② 6
③ 9   ④ 11

[해설] 비선형 스프링의 스프링정수는 정적상태에서 접선으로 표시된다. 따라서 문제에 나타낸 그림의 접선(가는 실선)이 스프링정수를 나타낸다.

이 경우 하중이 0.8N이면 $6 - 4 = 2$mm인 휨 정도이다.

$\therefore$ 스프링정수

$\quad k = \dfrac{0.8}{2}$

$\qquad = 0.4$kN/mm

$\qquad = 0.4 \times 10^3$kN/m

$\qquad = 400 \times 10^3$N/m

질량 $m = 0.8 \times \dfrac{10^3}{9.8} = 81.63$kg

$\therefore$ 고유진동수 $f_o = \dfrac{1}{2\pi} \sqrt{\dfrac{400 \times 10^3}{81.63}} = 11.14$Hz

36 다음 그림에서 추를 주파수 f의 정현 가진력 F 로 진동하였을 때, 바닥에 전해지는 힘을 F' 로 하고, 계의 고유진동수를 f_o, 감쇠비를 ξ로 할 경우 옳지 않은 것은?

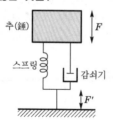

① $f \ll f_o$ 일 때 ξ의 크기 여하에 관계없이, $\left| \dfrac{F'}{F} \right| \fallingdotseq 1$이다.

② $f = f_o$일 때 ξ의 크기 여하에 관계없이, $\left| \dfrac{F'}{F} \right| > 1$이다.

③ $f = f_o$이고, $\xi < 1$일 때에 한하여, $\left| \dfrac{F'}{F} \right| \fallingdotseq \dfrac{1}{2\xi}$이다.

④ $f = \sqrt{2} f_o$이고, $\xi < 1$일 때에 한하여, $\left| \dfrac{F'}{F} \right| = 1$이다.

> **해설** $f = \sqrt{2} f_o$에서는 ξ값의 크기 여하에 관계없이 $\left| \dfrac{F'}{F} \right| = 1$ 이다.

37 질량 400kg인 물체가 4개의 지지점 위에서 평탄 진동할 때 정적수축 1cm의 스프링으로 이 계를 탄성지지하여 90%의 절연율을 얻고자 한다면 최저강제진동수는? (단, 감쇠비는 0이다.)

① 10.5Hz ② 12.5Hz
③ 16.5Hz ④ 19.5Hz

> **해설** 차진의 정도를 나타내는 %진동차진율(절연율)
> $\% I = (1 - T) \times 100 = 90 \%$에서 $T = 0.1$
> 진동전달률 $T = \dfrac{1}{\eta^2 - 1}$에서 $0.1 = \dfrac{1}{\eta^2 - 1}$
> $\therefore \eta = 3.3$
> $f_n = 4.98 \sqrt{\dfrac{1}{\delta_{st}}} = 4.98 \times \sqrt{\dfrac{1}{1}} = 4.98 \text{Hz}$
> $\eta = \dfrac{f}{f_n}$에서 $f = \eta \times f_n = 3.3 \times 4.98 = 16.4 \text{Hz}$

38 그림과 같은 진동계에서의 방진대책의 설계범 위로 가장 적합한 것은? (단, f는 강제진동수, f_n 은 고유진동수이며, 이때 진동전달률은 12.5% 이하가 된다.)

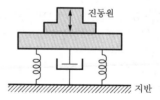

① $f < \dfrac{1}{3} f_n$ ② $1.4 f_n < f < 3 f_n$
③ $f_n < f < 1.4 f_n$ ④ $3 f_n < f$

> **해설** 진동전달률 $T = \dfrac{1}{\eta^2 - 1}$에서 $0.125 = \dfrac{1}{\eta^2 - 1}$
> $\eta = 3$, $\eta = \dfrac{f}{f_n}$에서 $3 = \dfrac{f}{f_n}$
> $\therefore 3 f_n = f$이므로 진동전달률은 12.5% 이하가 되기 위 한 설계범위는 $3 f_n < f$이다.

39 감쇠비가 어느 정도 큰 1자유도계의 강제진동에 서 감쇠비를 ξ로 하였을 때, 진폭배율의 극대값 으로 옳은 것은?

① $\sqrt{1 - 2\xi^2}$ ② $\sqrt{1 + \left(\dfrac{1}{2\xi} \right)^2}$
③ $\dfrac{1}{\sqrt{1 + 8\xi^2}}$ ④ $\dfrac{1}{2\xi \sqrt{1 - \xi^2}}$

> **해설** 진동 중 변위진폭 x_o과 정적변위 x_{s_t}의 비, 즉 진동배율은 다음 식으로 표시된다.
> $$\dfrac{x_o}{x_{s_t}} = \dfrac{1}{\sqrt{\left[1 - \left(\dfrac{\omega}{\omega_o} \right)^2 \right]^2 + \left(2 \xi \dfrac{\omega}{\omega_o} \right)^2}}$$
> 여기서, ω_o : 고유각진동수
> ω : 외력의 각진동수
> ξ : 감쇠비
> 최대진폭이 발생하는 진동수비 $\dfrac{\omega}{\omega_o} = \sqrt{1 - 2\xi^2}$ 일 때이다.
> 이 값을 신농배율 식에 대입하면
> $$\left(\dfrac{x_o}{x_{s_t}} \right)_{\max} = \dfrac{1}{\sqrt{\left[1 - (1 - 2\xi^2) \right]^2 + 4\xi^2 (1 - 2\xi^2)}}$$
> $$= \dfrac{1}{2\xi \sqrt{1 - \xi^2}}$$

40 수직방향으로 가진력을 발생하는 기계를 스프링으로 지지한 결과, 진동전달률이 0.2이었다. 스프링을 교체하여 진동전달률을 0.1로 줄이고 싶을 경우, 원래의 스프링은 약 몇 %의 스프링정수를 갖는 스프링으로 교체하면 좋은가? (단, 스프링으로 인한 감쇠는 없다.)

① 25   ② 35
③ 45   ④ 55

해설 사용되는 스프링은 선형특성으로 가정한다. 감쇠가 없는 경우 전달률 τ는 가진진동수를 f, 고유진동수를 f_o로 하면

진동전달률 $\tau = \dfrac{1}{\dfrac{f^2}{f_o^2}-1} = \dfrac{f_o^2}{f^2-f_o^2}$

$\therefore f_o^2(1+\tau) = \tau f^2$

$f_o^2 = \dfrac{\tau}{1+\tau} f^2$

한편, 고유진동수 $f_o = \dfrac{1}{2\pi}\sqrt{\dfrac{k}{m}}$ 에서

$f_o^2 = \left(\dfrac{1}{2\pi}\right)^2 \dfrac{k}{m}$

$\therefore k = (2\pi)^2 m f^2 \dfrac{\tau}{1+\tau}$

여기서, $(2\pi)^2 m f^2$은 일정하므로 C로 놓으면

$k = \dfrac{\tau}{1+\tau} C$이다.

$\tau = 0.1$일 때 스프링정수를 k_1, $\tau = 0.2$일 때 스프링정수를 k_2라 하면

$k_1 = \dfrac{0.1}{1.1}C = 0.0909C$, $k_2 = \dfrac{0.2}{1.1}C = 0.1667C$

$\therefore k_1 = k_2 \times \dfrac{0.0909}{0.1667} = 0.545 k_2 \fallingdotseq 0.55 k_2$

따라서, 약 55%가 된다.

41 4개의 스프링에 의해 지지된 진동체가 있다. 이 계의 강제진동수 및 고유진동수가 각각 15Hz 및 1.5Hz라 할 때 스프링에 의한 %절연율은? (단, 이 계는 비감쇠 1자유도계이다.)

① 98.99%   ② 88.99%
③ 78.99%   ④ 68.99%

해설 진동전달률

$T = \dfrac{1}{\eta^2-1} = \dfrac{1}{\left(\dfrac{f}{f_n}\right)^2-1} = \dfrac{1}{\left(\dfrac{15}{1.5}\right)^2-1} = 0.01$

$\therefore$ %절연율$(I) = (1-T)\times 100 = (1-0.01)\times 100$
$\qquad\qquad = 99\%$

42 탄성지지된 대형 기계가 잘못된 방진설계로 인하여 10Hz에서 공진상태가 되었다. 이 공진을 방지하기 위해 기계 위에 그림과 같은 질량 m, 스프링정수 k인 움직이는 흡진기(吸振器, dynamic damper)를 부착하였다. m과 k의 수치로 짝지어진 것 중 옳은 것은?

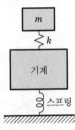

① $m = 7$kg, $k = 10$kN/m
② $m = 8$kg, $k = 50$kN/m
③ $m = 9$kg, $k = 20$kN/m
④ $m = 10$kg, $k = 40$kN/m

해설 m과 k로 짝지어진 수치를 이용하여 고유진동수를 계산하면 다음과 같다.

① $f_o = \dfrac{1}{2\pi}\sqrt{\dfrac{k}{m}} = \dfrac{1}{2\times 3.14}\times\sqrt{\dfrac{10,000}{7}}$
$\quad = 6.05$Hz

② $f_o = \dfrac{1}{2\pi}\sqrt{\dfrac{k}{m}} = \dfrac{1}{2\times 3.14}\times\sqrt{\dfrac{50,000}{8}}$
$\quad = 12.65$Hz

③ $f_o = \dfrac{1}{2\pi}\sqrt{\dfrac{k}{m}} = \dfrac{1}{2\times 3.14}\times\sqrt{\dfrac{20,000}{9}}$
$\quad = 7.54$Hz

④ $f_o = \dfrac{1}{2\pi}\sqrt{\dfrac{k}{m}} = \dfrac{1}{2\times 3.14}\times\sqrt{\dfrac{40,000}{10}}$
$\quad = 10.12$Hz

43 질량 500kg인 판 네 모퉁이를 용수철로 기초 위에 균등한 힘으로 지지하고, 중심부에는 댐퍼가 부착되어 있다. 기초는 5Hz로 수직방향으로 진동하고 있고, 판의 변위진폭을 기초진폭의 거의 $\dfrac{1}{5}$로 하는 것이 필요하게 되었다. 댐퍼의 감쇠비가 0.3인 경우, 설계해야 할 1개당 스프링정수(kN/m)는?

① 5   ② 10
③ 20   ④ 40

[해설] 변위진폭비는 전달률로 나타낼 수 있다. 전달률을 τ, 진동 수비를 η, 감쇠계수비를 ξ라고 하면

$$\tau = \sqrt{\frac{1+(2\xi\eta)^2}{(1-\eta^2)^2+(2\xi\eta)^2}}$$

$$\therefore \frac{1}{5} = \sqrt{\frac{1+(2\times 0.3\times\eta)^2}{(1-\eta^2)^2+(2\times 0.3\times\eta)^2}} \text{ 에서 } \eta = 3.543$$

한편 $\eta = \dfrac{f}{f_o}$ 에서 $f = 5\text{Hz}$ 이므로

$$f_o = \frac{5}{3.543} = 1.411\text{Hz}$$

$$\therefore \text{ 스프링정수 } k = (2\pi f_o)^2 \times m$$

$$= (2\times\pi\times 1.411)^2 \times \frac{500}{4}$$

$$= 9.829\text{kN/m} \fallingdotseq 10\text{kN/m}$$

44 질량 500kg인 기계가 6개의 스프링과 1개의 댐퍼를 병렬로 사용하여 기초에 지지하고 있고, 회전수 2,700rpm으로 공진하고 있다. 이때 기계에 가해지는 수직방향의 가진력은 800N이고, 기계의 변위진폭이 3mm이었다면 기초에 전달되는 힘은 약 몇 kN인가?

① 0.5   ② 1

③ 1.5   ④ 2

[해설] 회전수 2,700rpm에서 공진할 때 고유진동수 f_o는

$$f_o = \frac{2,700}{60} = 4.5\text{Hz}$$

스프링정수 k는 질량이 500kg이므로

$$k = (2\pi\times 4.5)^2 \times 500 = 399,718.95 \fallingdotseq 4\times 10^5 \text{N/m}$$

또한 변위진폭 3×10^{-3}m, 가진력 800N에서

$$3\times 10^{-3} = \frac{\left(\dfrac{800}{k}\right)}{2\xi}, \text{ 여기서 } k = 1.33\times\frac{10^5}{\xi}$$

위의 스프링정수를 같게 하고 ξ를 구하면

$$\xi = \frac{1.33\times 10^5}{4\times 10^5} = 0.33$$

가진력을 F, 기초에 전달되는 힘을 F_T라고 할 경우

$$\frac{F_T}{F} = \sqrt{\frac{1+\left(\dfrac{2\xi f}{f_o}\right)^2}{\left(1-\dfrac{f^2}{f_o^2}\right)^2+\left(\dfrac{2\xi f}{f_o}\right)^2}}$$

여기서, $\dfrac{f}{f_o} = 1$이므로

$$F_T = \frac{\sqrt{1+(2\xi)^2}}{2\xi}\times F = \frac{\sqrt{1+(2\times 0.33)^2}}{2\times 0.33}\times 800$$

$$= 1,452.32 \fallingdotseq 1.5\text{kN}$$

45 질량 500kg인 기계가 매분 600회전으로 돌고 있고, 1회전마다 불평형력이 상하방향으로 발생하고 있을 경우, 스프링 4개를 병렬로 이용하여 진동전달손실 10dB를 얻기 위해서는 1개의 스프링정수를 몇 kN/m로 하여야 하는가? (단, 용수철에 의한 감쇠는 없다.)

① 10   ② 40

③ 120   ④ 180

[해설] 전달률을 τ라고 하면 $20\log\tau = -10$에서 $\tau = 0.316$, 감쇠는 없으므로 진동수비를 η라고 하면

$$0.316 = \frac{1}{|1-\eta^2|}, \therefore \eta = 2.04$$

기계는 600rpm으로 회전하고 있으므로

가진진동수 $f = \dfrac{600}{60} = 10\text{Hz}$

$\dfrac{10}{f_o} = 2.04$이므로 $f_o = 4.9\text{Hz}$

스프링 1개당 하중은 $\dfrac{500}{4}$

스프링 1개의 스프링정수를 k라고 하면

$$k = (2\pi f_o)^2\times m = (2\pi\times 4.9)^2\times\frac{500}{4}$$

$$= 118,485 \fallingdotseq 120\text{kN/m}$$

46 진동 제진성능을 나타내는 파동에너지 반사율을 나타내는 수식으로 옳은 것은? (단, Z_1, Z_2는 각각 재료별 특성임피던스이다.)

① $\left(\dfrac{Z_2-Z_1}{Z_2+Z_1}\right)^2\times 100\%$

② $\left(\dfrac{Z_2-Z_1}{Z_2+Z_1}\right)\times 100\%$

③ $\left(\dfrac{Z_2+Z_1}{Z_2-Z_1}\right)^2\times 100\%$

④ $\left(\dfrac{Z_2+Z_1}{Z_2-Z_1}\right)\times 100\%$

[해설] 진동절연(제진)

관이나 축의 도중에 고무나 합성수지를 접속하고 넓은 면 사이에 패킹을 할 경우 진동반사가 유효하게 된다. 절연재를 부착할 때 파동에너지의 반사율은 다음과 같다.

$$T_r = \left(\frac{Z_2-Z_1}{Z_2+Z_1}\right)^2\times 100\%$$

47 그림과 같은 경사지지에 있어 Y방향에 변위 y 를 주었을 경우, 요동운동을 발생시키지 않기 위한 방진설계에 관한 설명으로 옳지 않은 것은?

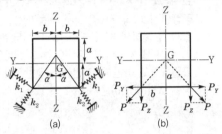

(a)   (b)

① 스프링정수 k_1인 용수철에 의한 복원력은 $-k_1 y \cos\alpha$ 이다.

② 스프링정수 k_2인 용수철에 의한 복원력은 $-k_2 y \sin\alpha$ 이다.

③ k_1과 k_2의 합성에 의한 Y방향 복원력은 $-k_1 y \cos^2\alpha - k_2 y \sin^2\alpha$ 이다.

④ 복원력의 합력이 기계의 중심을 통과하기 위해서는 2개의 용수철을 Z축에 대하여 대칭적으로 설치하고, $\dfrac{(k_2-k_1)\sin\alpha \cdot \cos\alpha}{(k_1 \cos^2\alpha + k_2 \sin^2\alpha)}$ 의 값이 $\dfrac{b}{a}$ 가 되도록 설치하면 좋다.

[해설] 그림처럼 k_1과 수평선과 이루는 각은 α이고, k_2와 수직선과 이루는 각도 α이다.

∴ k_1에 의한 복원력 : $-k_1 y \cos\alpha$

k_2에 의한 복원력 : $-k_2 y \sin\alpha$

수직방향의 복원력을 P_Z, 수평방향의 복원력을 P_Y라고 하면

$$\frac{P_Z}{P_Y} = \frac{a}{b}$$

따라서, $P_Z = (k_2-k_1)\sin\alpha \cdot \cos\alpha$

$P_Y = k_1 \cos^2\alpha + k_2 \sin^2\alpha$

$$\therefore \frac{(k_2-k_1)\sin\alpha \cdot \cos\alpha}{(k_1 \cos^2\alpha + k_2 \sin^2\alpha)} = \frac{a}{b}$$

48 고무절연기 위에 설치된 기계가 1,500rpm에서 22.5%의 전달률을 가질 때 평형상태에서 절연기의 정적처짐(cm)은?

① 0.14   ② 0.22
③ 0.42   ④ 0.64

[해설] 강제진동수 $f = \dfrac{rpm}{60} = \dfrac{1,500}{60} = 25Hz$

진동전달률 $T = \dfrac{1}{\eta^2 - 1}$ 에서

$$0.225 = \frac{1}{\eta^2 - 1}$$

$$\therefore \eta = 2.33$$

$\eta = \dfrac{f}{f_n}$ 에서

$$2.33 = \frac{25}{f_n}$$

$$\therefore f_n = 10.73Hz$$

$f_n = 4.98 \sqrt{\dfrac{1}{\delta_{st}}}$ 에서

$$10.73 = 4.98 \sqrt{\frac{1}{\delta_{st}}}$$

$$\therefore \delta_{st} = 0.22cm$$

49 불규칙적이고 큰 폭으로 변동하는 진동을 계측하여 누적도수 곡선을 그린 결과 그림과 같았을 경우, 다음 설명으로 옳지 않은 것은?

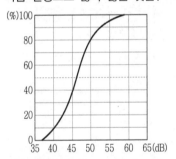

① 중앙값은 46dB이다.

② L_5는 약 55dB이다.

③ L_{10}은 약 40dB이다.

④ 80% 레인지의 폭은 약 12dB이다.

[해설] ① 중앙값 L_{50}, 누적도수 50%인 진동레벨 46dB로 읽을 수 있다.
② 90% 레인지의 상단값인 L_5는 95%의 진동레벨 약 55dB로 읽을 수 있다.
③ 80% 레인지의 상단값 L_{10}은 90%의 진동레벨 52dB로 읽을 수 있다.
④ 80% 레인지의 하단값 L_{90}은 10%의 진동레벨 40dB로 읽을 수 있어서, 80% 레인지의 폭은 약 12dB이다.

50 진동발생원의 주변이 한 가지 모양의 지반일 경우에는 진동발생원을 중심으로 지표를 전파하는 진동의 거리 r_1(m)와 r_2(m)$(r_2 > r_1)$인 지점의 레벨차 ΔL(dB)는 다음 식으로 나타난다. 단, λ는 지반의 내부감쇠(dB/m)가 된다.

$$\Delta L = 8.7 \lambda (r_2 - r_1) + 10 \log \frac{r_2}{r_1}$$

소형 기계에서 5m 떨어진 지점의 진동가속도 실효값이 14Gal이었다. 진동발생원으로부터 20m 떨어진 지점에서의 진동가속도레벨(dB)은? (단, 지반은 한 가지 모양이고, 내부감쇠는 0.05dB/m이다.)

① 60   ② 65
③ 70   ④ 75

해설 5m 지점의 진동가속도레벨이 14Gal($\text{Gal} = \text{cm/s}^2$)이므로
$14 \, \text{Gal} = 0.14 \, \text{m/s}^2$
따라서, 진동가속도레벨(VAL)

$\text{VAL} = 20 \log \frac{0.14}{10^{-5}} = 83 \text{dB}$

주어진 식에 $r_2 = 20\text{m}$, $r_1 = 5\,\text{m}$, $\lambda = 0.05$를 대입하면

$\Delta L = 8.7 \lambda (r_2 - r_1) + 10 \log \frac{r_2}{r_1}$

$\quad = 8.7 \times 0.05 \times (20-5) + 10 \log \frac{20}{5}$

$\quad = 12.546 \fallingdotseq 13 \text{dB}$

$\therefore \ 83 - 13 = 70 \text{dB}$

51 진동원에서 1m 떨어진 지점의 진동레벨이 105dB일 때, 10m 떨어진 지점의 레벨(dB)은? (단, 진동파는 표면파($n = 0.5$)이고, 지반전파의 감쇠정수 $\lambda = 0.05$이다.)

① 약 92dB   ② 약 88dB
③ 약 86dB   ④ 약 83dB

해설 진동의 거리감쇠에 따른 진동가속도레벨 및 진동레벨의 거리감쇠식

$VL_r = VL_o - 8.7 \lambda (r - r_o) - 20 \log \left(\frac{r}{r_o}\right)^n$

$\quad = 110 - 8.7 \times 0.05 \times (15 - 1) - 20 \log \left(\frac{15}{1}\right)^{0.5}$

$\quad = 92 \text{dB}$

여기서, λ : 지반전파의 감쇠정수, n : 표면파의 경우 $\frac{1}{2}$

52 진동발생원으로부터 거리 r_o(m)와 r(m) $(r > r_o)$ 사이에 지반이 흡수하는 진동값은 일반적으로 $8.7 \lambda (r - r_o)$(dB)로 구해진다. 어떤 공장부지 내의 지표면에서 진동레벨을 측정한 결과, 진동발생원으로부터 10m에서 68dB, 20m에서 64dB, 40m에서 59dB이었다. 진동은 주로 표면파라고 하면 이 지반에서 지반전파의 감쇠정수 λ값(dB/m)은?

① 0.01   ② 0.04
③ 0.07   ④ 0.10

해설 진동이 주로 표면파로 존재할 경우 그 진동은 $\frac{3\text{dB}}{\text{배거리}}$로 감쇠한다. 10m와 20m에서 감쇠가 4dB이므로, 지반이 흡수하는 진동값은 1dB이다.
$8.7 \lambda (20 - 10) = 1\text{dB}$
$\therefore \ \lambda = 0.01 \text{dB/m}$
마찬가지로 10m와 40m에서 감쇠는 9dB이므로, 지반에서 흡수하는 진동값은 3dB이다.
$8.7 \lambda (40 - 10) = 3\text{dB}$
$\therefore \ \lambda = 0.01 \text{dB/m}$
따라서, 지반에서 $\lambda = 0.01 \text{dB/m}$이다.

53 수직진동하고 있는 기계의 중심으로부터 5m 떨어진 지표면 진동의 진동레벨이 75dB, 10m에서는 70dB이었다. 이 진동이 소형 정밀기계에 영향을 미치기 때문에 지표면 진동의 진동레벨이 60dB 이하되는 위치까지 소형 정밀기계를 이동시키고 싶다. 기계에서 최소 약 몇 m 떨어지게 하면 되는가? (단, 거리 r_o(m), r(m)에서 측정한 진동레벨을 각각 L_o(dB), L_r(dB)이라 하며, 지반 감쇠계수를 λ라고 할 경우 다음 식이 성립된다.)

$$L_o - L_r = 10 \log \frac{r}{r_o} + 8.7 \lambda (r - r_o)$$

① 20   ② 25
③ 30   ④ 35

해설 5m 지점과 10m 지점에서의 값을 사용하면

$75 - 70 = 10 \log \left(\frac{10}{5}\right) + 8.7 \lambda (10 - 5)$

$\therefore \ \lambda = 0.046$

다음 5m 지점과 r(m) 지점의 값을 사용하면 $75 - 60$
$= 10 \log r - 10 \log 5 + 8.7 \times 0.046 \times r - 8.7 \times 0.046 \times 5$
$= 10 \log r - 7 + 0.4r - 2$의 식에서 $r \fallingdotseq 25\text{m}$이다.

54 탄성지지계의 고유진동수에 관한 설명으로 옳지 않은 것은?

① 공기스프링은 대부분 $0.7 \sim 3.5\text{Hz}$의 낮은 고유진동수로 설계한다.

② 금속용수철은 대부분 고유진동수를 10Hz 이상의 높은 주파수 범위로 설계한다.

③ 기계를 탄성재료로 지지하였을 때의 고유진동수는 자체 중량에 의한 정적 처짐의 제곱근에 반비례한다.

④ 방진고무는 구조상 스프링정수를 적게 잡는 것이 어렵기 때문에 일반적으로 고유진동수는 $4 \sim 15\text{Hz}$로 사용된다.

> **해설** ① 일반적으로 공기스프링, 예를 들어 빌로우즈(bellows)형 공기스프링을 보조탱크로 사용하면 $f_o = 3.5\text{Hz}$ 정도가 된다.
> ② 금속스프링을 방진장치로 이용할 경우 고유진동수는 $1 \sim 4\text{Hz}$ 정도이다.
> ③ 정적 처짐을 δ라고 하면, 고유진동수 f_o는 $f_o \fallingdotseq \dfrac{5}{\sqrt{\delta}}$ 로 나타낸다.
> ④ 방진고무의 고유진동수를 낮추는 경우에 전단형 스프링이 사용된다. 그러나 고유진동수의 하한은 4Hz 정도이다.

55 다음 중 방진고무에 관한 설명으로 옳지 않은 것은?

① 세 방향 스프링정수를 소요값으로 선정할 수가 있다.

② 특수한 고무를 사용하면 $-30\,℃$ 이하에서도 사용 가능하다.

③ 작용하는 힘이 동적인가, 정적인가에 따라 스프링정수 값이 다르다.

④ 천연고무는 가공성이 우수하지만 금속과의 접착성에 문제가 있게 된다.

> **해설** ① 방진고무의 최대 특징은 형상이 자유롭고, 1개의 방진고무에 3방향의 스프링정수와 회전방향의 스프링정수를 폭넓게 선택할 수 있다.
> ② 고무의 사용 가능 온도범위는 천연고무에서 $-10\sim70\,℃$, 특수고무를 사용하면 $-50\sim120\,℃$이다.
> ③ 스프링정수의 동적배율은 영률에 따라 다르다. 동적 스프링정수는 정적 스프링정수보다 반드시 크다.
> ④ 천연고무는 가공성과 금속과의 밀착성이 우수하다.

56 금속스프링 중 그림과 같은 쟁반스프링의 스프링정수가 적은 것에서부터 큰 것으로의 배열된 순서로 옳은 것은?

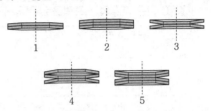

① $4 - 2 - 1 - 5 - 3$

② $5 - 3 - 1 - 2 - 4$

③ $4 - 3 - 5 - 1 - 2$

④ $5 - 4 - 2 - 3 - 1$

> **해설** 쟁반스프링이 같은 방향으로 포개져 있는 경우, 스프링정수는 매수 배이고, 반대방향으로 포개져 있는 경우는 스프링정수를 매수로 나눈다. 단, 전체 쟁반스프링의 스프링정수가 같을 경우이다. 쟁반스프링 1매의 스프링정수를 k라 하면, [그림 1] $K = 2k$, [그림 2] $K = 3k$, [그림 3] $K = \dfrac{k}{2}$, [그림 4] $K = \dfrac{k}{3}$, [그림 5] $K = k$가 된다.
> ∴ 스프링정수를 적은 순서대로 배열하면 $4 - 3 - 5 - 1 - 2$ 가 된다.

57 방진용 스프링의 특징으로 옳지 않은 것은?

보기	특징	코일 스프링	판겹침스프링 (쟁반스프링)	공기 스프링	방진 고무
①	진동계로서 보통 실용적인 고유진동수(Hz)	$1 \sim 10$	$1 \sim 10$	$0.7 \sim 3.5$	$4 \sim 15$
②	고주파 진동의 절연성 (방음효과)	약간 문제가 있음	약간 문제가 있음	매우 양호함	양호
③	내처짐성	매우 양호함	매우 양호함	양호함	양호
④	감쇠성	없음	없음	없음	있음

> **해설** 감쇠성에 대해 코일스프링의 내부감쇠는 매우 적어 감쇠는 없다. 공기스프링은 보조탱크와의 사이에 오리피스를 설치하여 감쇠가 얻어지지만 공기스프링만으로 감쇠는 없다. 방진고무는 내부감쇠가 크며 방진고무의 특징 중 하나이다. 판겹침스프링(쟁반스프링)은 금속재료의 내부감쇠는 적지만 구조상 판 사이 마찰이 존재한다. 대부분의 겹쳐지는 판수가 많은 경우 감쇠는 크게 나타난다.

58 금속스프링 중 표와 같은 코일스프링의 스프링정수가 적은 것에서부터 큰 것으로 배열된 순서로 옳은 것은? (단, 전체 코일스프링의 강성률은 같고, 같은 재질의 스프링으로 이루어져 있다.)

구분	평균 코일직경 (mm)	선(線) 직경 (mm)	감긴 유효수
㉮	100	10	5
㉯	100	10	4
㉰	80	8	5
㉱	80	8	4
㉲	80	8	3

① ㉲ － ㉰ － ㉱ － ㉮ － ㉯
② ㉰ － ㉱ － ㉮ － ㉯ － ㉲
③ ㉯ － ㉲ － ㉮ － ㉰ － ㉱
④ ㉮ － ㉰ － ㉱ － ㉯ － ㉲

해설 코일스프링의 스프링정수 $k = \dfrac{d^4 G}{8\,n\,D^3}$

여기서, G : 강성률
d : 선 직경
n : 감긴 유효수
D : 코일 평균직경

여기서는 전체 코일스프링의 강성률 G는 같고, 같은 재질의 스프링이라고 생각한다. 스프링정수 k는 다음과 같다.

㉮ $k = 2.5 \times 10^{-4}\,G$ ㉯ $k = 3.125 \times 10^{-4}\,G$
㉰ $k = 2.00 \times 10^{-4}\,G$ ㉱ $k = 2.49 \times 10^{-4}\,G$
㉲ $k = 3.33 \times 10^{-4}\,G$

따라서, 스프링정수를 적은 순서대로 나열하면 ㉰ － ㉱ － ㉮ － ㉯ － ㉲ 가 된다.

59 금속용수철에 관한 설명으로 옳지 않은 것은?

① 일반적으로 주된 부하방향 이외의 2축 또는 3축 방향의 스프링정수비를 임의로 잡는 것은 곤란하다.
② 방진장치의 고유진동수를 $1 \sim 10\mathrm{Hz}$ 정도의 범위로 설계하는 것이 가능하므로 실용 진동수 범위를 충분히 커버할 수 있다.
③ 금속 자체의 내부마찰은 고무에 비해 현저하게 적으므로 구조상 금속마찰을 갖는 스프링 이외에서는 삼쇄를 별도의 댐퍼로 부여할 필요가 있다.
④ 쟁반스프링과 같이 금속 간 마찰이 있는 것은 동적 스프링정수가 진폭에 의존하여 변화하고 진폭이 적을 때는 정적 스프링정수보다 현저히 적어진다.

해설 쟁반스프링의 특성을 그림에 나타내었다. 동적 스프링정수는 휨 폭 B와 A가 D와 C로 적어진 경우에 커진다. 즉 진폭이 적어지므로 동적 스프링정수는 커진다. 커진 쪽은 비선형으로 미소진폭에서는 대단히 커진 스프링정수가 된다.

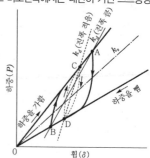

‖ 쟁반스프링의 동적 스프링정수 ‖

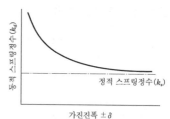

‖ 가진진폭과 동적 스프링정수 ‖

60 공기스프링의 고유진동수는 $\dfrac{1}{2\pi}\sqrt{\dfrac{1.4\,A\,g}{V}}$ 의 식으로 구할 수 있다. 지금 압력을 받는 면적이 110cm², 균형상태에 있는 공기실의 체적이 1L라고 할 경우 고유진동수는 약 몇 Hz인가?

① 1
② 1.5
③ 2
④ 2.5

해설 주어진 식을 이용하여 계산하면

$f_o = \dfrac{1}{2\pi}\sqrt{\dfrac{1.4\,A\,g}{V}}$

여기서, A : 압력을 받는 면적
V : 균형상태에 있는 공기실의 체적
g : 중력가속도

$$\therefore f_o = \dfrac{1}{2\pi}\sqrt{\dfrac{1.4\,A\,g}{V}}$$
$$= \dfrac{1}{2\pi}\sqrt{\dfrac{1.4 \times 110 \times 980}{1,000}}$$
$$= 1.9552 \fallingdotseq 2\mathrm{Hz}$$

61 방진재료에는 공기스프링류, 금속스프링류, 방진고무류 등이 많이 사용되고 있다. 공기스프링은 고유진동수가 몇 Hz 이하를 요구할 때 주로 사용하는가?

① 5Hz 이하

② 200Hz 이하

③ 500Hz 이하

④ 1,000Hz 이하

해설 **방진재료별 적용 고유진동수**
• 공기스프링류 : 5Hz 이하
• 금속스프링류 : 2 ~ 6Hz
• 방진고무류 : 4 ~ 100Hz
• 코르크(cork) : 40Hz 이상
• 펠트(felt) : 25 ~ 50Hz

62 방진고무 등의 동적 스프링정수를 k_d, 정적 스프링정수를 k_s라 하면 k_d와 k_s의 관계로 옳게 설명한 것은?

① $k_d = k_s$

② $k_d < k_s$

③ $k_d > k_s$

④ 일정하지 않음

해설
• 방진고무의 동적배율 : $\alpha = \dfrac{k_d}{k_s} > 1, \therefore k_d > k_s$
• 천연고무의 동적배율 : $\alpha = 1.0(연질) \sim 1.6(경질)$
• 합성고무의 동적배율 : $\alpha = 1.4 \sim 2.8$

63 방진재료로 사용되는 금속스프링의 장점이 아닌 것은?

① 뒤틀리거나 오므라들지 않는다.

② 공진 시에 전달률이 매우 작다.

③ 최대변위가 허용된다.

④ 저주파 차진에 좋다.

해설 **금속스프링 사용 시 장점**
• 온도, 부식, 용해 등의 환경요소에 대한 저항성이 크다.
• 뒤틀리거나 오므라들지 않는다.
• 최대변위가 허용된다.
• 저주파 차진에 좋다.

64 금속스프링의 단점을 보완하기 위한 방법이 아닌 것은?

① 정하중에 따른 스프링 수축량은 10 ~ 15% 이내로 조절한다.

② 스프링 감쇠비가 적을 때는 스프링과 병렬로 댐퍼(damper)를 넣는다.

③ 로킹모션(rocking motion)을 억제하기 위해서는 스프링의 정적 수축량이 일정한 것을 쓴다.

④ 낮은 감쇠비로 일어나는 고주파 진동은 스프링과 직렬로 고무패드를 끼워 차단할 수 있다.

해설 ①은 방진고무 사용 시 주의사항이다.
㉠ 금속스프링 사용 시 단점
• 감쇠가 거의 없으며, 공진 시에 전달률이 매우 크다.
• 고주파 진동 시 단락된다.
• 로킹(rocking)이 일어나지 않도록 주의해야 한다.
㉡ 단점의 보완책
• 스프링의 감쇠가 적을 때에는 스프링과 병렬로 댐퍼를 넣는다.
• 로킹모션(rocking motion)을 억제하기 위해서는 스프링의 정적 수축량이 일정한 것을 쓴다.
• 기계 무게의 1~2배의 가대(架臺)를 부착하여 계의 중심을 낮게 하고, 부하(하중)가 평형분포되도록 한다.
• 낮은 감쇠비로 일어나는 고주파 진동은 스프링과 직렬로 고무패드를 끼워 차단한다.

참고 로킹모션(rocking motion) : 금속스프링 자체가 좌우로 흔들리는 현상

65 금속 자체에 진동 흡수능력을 갖는 제진합금 중에서 감쇠계수가 크고 우수한 제진합금에 속하는 것은?

① Cu−Al−Ni 합금

② 청동

③ 스테인리스강

④ 0.8% 탄소강

해설 Cu−Al−Ni 합금은 쌍전형 제진합금으로 감쇠계수가 크고 우수한 제진합금에 속한다.

66 방진재로 사용되는 공기스프링의 단점으로 옳지 않은 것은?

① 구조가 복잡하고 시설비가 많다.
② 공기누출의 위험이 있다.
③ 공진 시에 전달률이 매우 크다.
④ 사용진폭이 적은 것이 많으므로 별도의 damper를 필요로 하는 경우가 많다.

해설 ③은 금속스프링의 단점이다.
공기스프링의 단점
• 구조가 복잡하고 시설비가 많다.
• 공기압축기 등 부대시설이 필요하다.
• 공기누출의 위험이 있다.
• 사용진폭이 적은 것이 많으므로 별도의 댐퍼를 필요로 하는 경우가 많다.

67 금속스프링의 단점을 보완하기 위한 내용으로 옳지 않은 것은?

① 로킹모션을 억제하기 위해서는 스프링의 정적 수축량이 일정한 것을 쓴다.
② 로킹모션을 억제하기 위해서는 기계 무게의 1~2배의 가대를 부착시킨다.
③ 낮은 감쇠비로 일어나는 고주파 진동의 전달은 스프링과 직렬로 고무패드를 끼워 차단할 수 있다.
④ 스프링의 감쇠비가 적을 때는 스프링과 직렬로 댐퍼를 넣어 영률을 낮춘다.

해설 스프링의 감쇠비가 적을 때는 스프링과 병렬로 댐퍼를 넣어 영률을 낮춘다.

68 공기스프링에 관한 설명으로 옳지 않은 것은?

① 공기스프링 설계 시는 스프링 높이, 내하력, 스프링정수를 각기 독립적으로 선정할 수 있다.
② 높이 조정밸브를 병용하면 하중의 변화에 따른 스프링 높이를 조절하여 기계의 높이를 일정하게 유지할 수 있다.
③ 부하능력이 광범위하며, 자동제어가 가능하나 압축기 등 부대시설이 필요하다.
④ 환경요소에 대한 저항성이 크고, 저주파 차진이 좋으며 최대변위가 허용된다.

해설 환경요소에 대한 저항성이 크고, 저주파 차진이 좋으며 최대변위가 허용되는 것은 금속스프링의 장점이다.

69 제진합금 중 두드려도 소리가 나지 않는 금속으로 유명한 Sonoston에 가장 많이 함유되어 있는 물질은?

① Mn ② Cu
③ Al ④ Fe

해설 Sonoston에 함유되어 있는 물질 중 함량 순위
Mn > Cu > Al > Fe > Ni

70 특성임피던스가 $12 \times 10^6 kg/m^2 \cdot s$인 금속 플랜지 접속부에 특성임피던스가 $18 \times 10^3 kg/m^2 \cdot s$인 고무를 넣어 제진할 때 반사율은?

① 98.21%
② 98.56%
③ 99.40%
④ 99.86%

해설 절연재 부착 시 파동에너지의 반사율
$$T_r = \left(\frac{Z_2 - Z_1}{Z_2 + Z_1}\right)^2 \times 100$$
$$= \left(\frac{18 \times 10^3 - 12 \times 10^6}{18 \times 10^3 + 12 \times 10^6}\right)^2 \times 100$$
$$= 99.4\%$$

71 특성임피던스가 $39 \times 10^6 kg/m^2 \cdot s$인 금속관의 플랜지 접속부에 특성임피던스가 $3 \times 10^4 kg/m^2 \cdot s$의 고무를 넣어 제진(진동절연)할 때의 진동감쇠량(dB)은?

① 약 10 ② 약 15
③ 약 20 ④ 약 25

해설 절연재 부착 시 파동에너지의 반사율
$$T_r = \left(\frac{Z_2 - Z_1}{Z_2 + Z_1}\right)^2$$
$$= \left(\frac{3 \times 10^4 - 39 \times 10^6}{3 \times 10^4 + 39 \times 10^6}\right)^2$$
$$= 0.9969$$
진동하는 표면의 제진재 사이의 반사율 T_r이 클수록 제진 효과가 크며, 이에 의한 감쇠량은 다음과 같다.
$$\Delta L = 10 \log (1 - T_r) = 10 \log (1 - 0.9969) = -25 dB$$
∴ 진동감쇠량은 25dB이다.

72 금속스프링은 감쇠가 거의 없고, 고주파 진동 시 단락되기 쉽고, 로킹(rocking) 현상이 일어나는 단점이 있다. 이를 보완하기 위한 설명으로 옳지 않은 것은?

① 스프링의 정적 수축량이 일정한 것을 쓴다.

② 기계 무게의 1~2배 무게의 가대를 부착시킨다.

③ 스프링의 감쇠비가 클 경우에는 스프링과 병렬로 댐퍼(damper)를 넣고 사용한다.

④ 계의 중심을 낮게 하고 부하(하중)가 평형분포되도록 한다.

해설 스프링의 감쇠비가 적을 때는 스프링과 병렬로 댐퍼를 넣고 사용한다.

73 방진재료 중 일반적으로 가장 낮은 고유진동수에 사용 가능한 것은?

① 고무패드   ② 금속스프링

③ 탄성블럭   ④ 공기스프링

해설 **방진재료의 적용 고유진동수가 낮은 순서**
공기스프링 < 금속스프링 < 고무패드 < 탄성블럭(고무로 제작함)

74 소형이나 중형 기계에 많이 사용되며, 압축, 전단, 나선 등의 사용방법에 따라 1개로 3축 방향 및 회전방향의 스프링정수를 광범위하게 선택할 수 있는 방진방법은?

① 직접 지지판 스프링 사용

② 공기스프링 사용

③ 기초개량

④ 방진고무 사용

해설 **방진고무 적용의 장점**
• 형상의 선택이 자유롭고 압축, 전단, 나선 등의 사용방법에 따라 1개로 2축 방향 및 회전방향의 스프링정수를 광범위하게 선택할 수 있다.
• 고무 자체의 내부마찰에 의해 저항을 얻을 수 있어 고주파 진동의 차진에 양호하다.

75 에어스프링(air spring)에 대한 설명으로 옳은 것은?

① 하중 변화에 따라 고유진동수를 일정하게 유지할 수 있어 별도의 부대시설이 필요 없다.

② 사용진폭이 큰 것이 많이 사용되므로 스프링정수 범위가 광범위하다.

③ 에어스프링은 감쇠율이 높아 별도의 댐퍼 시설이 필요 없어 효과적이다.

④ 에어스프링은 지지하중의 크기가 변하는 경우에도 조정밸브에 의해서 기계 높이를 일정 레벨로 유지할 수 있다.

해설 ① 하중 변화에 따라 고유진동수를 일정하게 유지할 수 있고, 압축기 등의 부대시설이 필요하다.
② 사용진폭이 적은 것이 많이 사용되고, 스프링정수를 광범위하게 설정할 수 있다.
③ 에어스프링은 감쇠율이 높은 반면 압축기 등의 별도의 부대시설이 필요하다.

76 방진고무의 정확한 사용을 위해서 알아야 하는 동적배율 $\left(\dfrac{k_d}{k_s}\right)$에 관한 설명으로 옳지 않은 것은? (단, k_d : 동적 스프링정수, k_s : 정적 스프링정수)

① 동적배율은 고무에서 1 이상이 된다.

② 동적배율은 고무의 영률이 50N/cm^2에서 1.6 정도이다.

③ 동적배율은 고무의 영률이 커지면 큰 값이 된다.

④ 동적배율은 고무의 종류에 관계없이 일정하다.

해설 ④ 동적배율은 고무의 종류에 따라 다르다.
• 천연고무 : $\alpha = 1.0$(연질) ~ 1.6(경질)
  합성고무 : $\alpha = 1.4$ ~ 2.8
• 방진고무의 영률별 α값 : 영률 20N/cm^2에서 1.1, 영률 35N/cm^2에서 1.3, 영률 50N/cm^2에서 1.6

77 금속스프링의 특징에 관한 설명으로 옳지 않은 것은?

① 방진고무, 공기스프링에 비하여 내고온성, 내저온성, 내유성, 내열화성이 좋다.

② 로킹(rocking)이 일어나지 않도록 주의해야 한다.

③ 최대변위가 허용되며 저주파 차진에 좋다.

④ 감쇠능력이 현저하여 공진 시 전달률을 최소화할 수 있다.

해설 감쇠가 거의 없으며, 공진 시에 전달률이 매우 크다.

78 무게가 대단히 큰 물체의 방진에 사용하며 공진 진동수를 가장 낮은 값으로 만들어 줄 수 있는 것은?

① 공기스프링
② 방진고무
③ 펠트
④ 코르크

해설 공기스프링은 무게가 대단히 큰 물체의 방진에 사용하며 공진 진동수를 가장 낮은 값(5Hz 이하)으로 만들어 줄 수 있다.

79 진동흡수제 중 제진합금에 대한 설명으로 옳지 않은 것은?

① 금속 자체에 진동 흡수력을 갖는 것을 말한다.
② 복합형 제진합금은 흑연주철, Al-Zn 합금이며, 40~78%의 Zn을 포함한다.
③ 전위형 제진합금은 12%의 크롬과 철합금을 말한다.
④ 쌍전형 제진합금은 Mn-Cu계, Cu-Al-Ni계, Ti-Ni계 등을 말한다.

해설 강자성형 제진합금은 12%의 크롬과 철합금을 말한다.

참고 전위형 : 강도를 개량한 합금으로 Mg, Mg-Zr(0.6%)의 합금이다.

80 다음 중 공기스프링의 주요 특성에 해당하는 것은?

① 사용진폭이 큰 것이 많아 별도의 댐퍼가 필요하다.
② 자동제어가 불가능하다.
③ 부하능력이 광범위하다.
④ 공기 중 오존에 의해 산화된다.

해설 ① 사용진폭이 적은 것이 많아 별도의 댐퍼가 필요하다.
② 자동제어가 가능하다.
④ 공기 중 오존에 의해 산화된다. → 방진고무의 단점

81 방진재에 대한 설명으로 옳지 않은 것은?

① 판스프링, 벨트, 스펀지 등도 가벼운 수진체의 방진 등에 이용할 수 있다.
② 코일스프링은 자신이 저항성분을 가지고 있으므로 별도의 제동장치는 불필요하다.
③ 여러 형태의 고무를 금속의 판이나 관 등 사이에 끼워서 견고하게 고착시킨 것이 방진고무이다.
④ 공기스프링을 기계의 지지장치에 사용할 경우 스프링에 허용되는 진동변위가 극히 작은 경우가 많으므로 내장하는 공기감쇠력으로 충분하지 않은 경우가 있다.

해설 코일스프링은 저항성분이 없어 무거운 차체와 큰 충격에 약하고, 특히 옆방향에서 받는 힘에 대한 저항력이 없다.

82 방진재료별 고유진동수의 연결로 잘못된 것은?

① 방진고무(전단형) : 4Hz 이상
② 공기스프링 : 10~30Hz
③ 코일형 금속스프링 : 2~6Hz
④ 중판형 금속스프링 : 2~5Hz

해설 공기스프링 : 0.7~3.5Hz

83 공기스프링에 관한 설명으로 옳은 것은?

① 부하능력이 거의 없다.
② 구조가 복잡하고 시설비가 많다.
③ 공기 누출의 위험이 없다.
④ 사용진폭이 커서 별도의 댐퍼를 필요로 하지 않는다.

해설 ① 부하능력이 광범위하다.
③ 공기 누출의 위험이 있다.
④ 사용진폭이 적은 것이 많아 별도의 댐퍼가 필요하다.

84 금속스프링의 장점으로 옳지 않은 것은?

① 온도, 부식, 용해 등에 대한 저항성이 크다.
② 저주파 차진에 좋다.
③ 하중의 변화에 따라 고유진동수를 일정하게 유지할 수 있고, 감쇠가 크다.
④ 뒤틀리거나 오므라들지 않는다.

해설 ③은 공기스프링의 장점이다.

85 주공기실에 있는 공기스프링 작용을 이용한 것으로 기계 하중이 작용할 때 실용적으로 그림과 같은 보조탱크가 있는 공기스프링의 스프링정수 k를 옳게 표현한 식은? (단, V_1 : 주공기실의 용적, V_2 : 보조탱크의 용적, A : 지지부의 유효면적, P_o : 정적 공기실 내압, P_a : 대기압, n : 주공기실의 부풀린 단수, D : 공기실의 유효직경이며, 단위는 적절함)

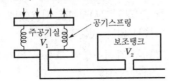

① $k = \dfrac{1.4\,P_o}{(V_1+V_2)\,A^2} + \dfrac{\pi}{n} \times \dfrac{P_o - P_a}{D} \times A$

② $k = \dfrac{1.4\,P_o^2\,A}{(V_1+V_2)} + \dfrac{\pi}{n} \times \dfrac{P_o - P_a}{D} \times A$

③ $k = \dfrac{(V_1+V_2)}{1.4\,P_o\,A} + \dfrac{\pi}{n} \times \dfrac{P_o - P_a}{D} \times A$

④ $k = \dfrac{1.4\,P_o\,A^2}{(V_1+V_2)} + \dfrac{\pi}{n} \times \dfrac{P_o - P_a}{D} \times A$

해설 공기스프링의 스프링정수

$k = \dfrac{1.4\,P_o\,A^2}{(V_1+V_2)} + \dfrac{\pi}{n} \times \dfrac{P_o - P_a}{D} \times A$

$\quad = \dfrac{1.4\,WA}{V_o}$ (N/cm)

여기서, 기계하중 W(N)가 걸릴 때
$\quad V_1$: 주공기실의 용적(cm³)
$\quad V_2$: 보조탱크의 용적(cm³)
$\quad A$: 지지부의 유효면적(cm²)
$\quad P_o$: 정적 공기실 내압으로 보통 $2\sim10$N/cm² 정도
$\quad P_a$: 대기압(N/cm²)
$\quad n$: 주공기실의 부풀린 단수로 보통 $3\sim4$단
$\quad D$: 공기실의 유효직경(cm)
식에서 1.4는 표준상태에서 실용적 polytropic 지수
즉, $\dfrac{\text{정압비열}}{\text{정적비열}}$ 을 말한다.

이 경우에 고유진동수 $f_n = \dfrac{1}{2\pi}\sqrt{\dfrac{1.4\,P_o\,A\,G}{W H_o}}$

여기서, H_o : 압축깊이(cm)
$\quad G$: 공기스프링의 탄성률

86 동적배율에 관한 일반적인 설명 중 옳지 않은 것은?

① 금속 코일스프링의 동적배율은 방진고무(합성고무)에 비하여 크다.

② 방진고무에 영률(범위 : $20\sim50$N/cm²)이 클수록 동적배율도 크다.

③ 동적배율은 방진고무에서 보통 1.0 이상이다.

④ 동적배율은 방진고무의 영률 35N/cm²에서 1.3이다.

해설 금속 코일스프링의 동적배율은 방진고무(합성고무)에 비하여 적다. 금속 코일스프링의 동적배율 $\alpha=1$, 방진고무(합성고무)의 동적배율 $\alpha=1.4\sim2.8$이다.

87 금속스프링의 단점을 보완할 대책으로 옳지 않은 것은?

① 로킹모션(rocking motion)을 억제하기 위해서는 기계 무게의 $\dfrac{1}{2}$ 정도의 가대를 부착시키고, 부하가 중심에 분포하도록 한다.

② 로킹모션(rocking motion)을 억제하기 위해서는 스프링의 정적 수축량이 일정한 것을 쓴다.

③ 낮은 감쇠비로 일어나는 고주파 진동의 전달은 스프링과 직렬로 고무패드를 끼워 차단할 수 있다.

④ 스프링의 감쇠비가 적을 때는 스프링과 병렬로 댐퍼를 넣는다.

해설 로킹모션(rocking motion)을 억제하기 위해서는 스프링의 정적 수축량이 일정한 것을 사용하고, 기계 무게의 $1\sim2$배의 가대를 부착시키고, 계의 중심을 낮게 하고, 부하(하중)는 평형분포가 되도록 한다.

88 구조가 복잡하여도 성능은 아주 좋은 편으로 부하능력이 광범위하며, 고주파 진동에 대한 절연성이 좋은 방진재료는?

① 금속스프링 ② 공기스프링
③ 스펀지류 ④ 펠트류

해설 공기스프링은 구조가 복잡하여도 성능은 아주 좋은 편으로 부하능력이 광범위하며, 고주파 진동에 대한 절연성이 좋다.

89 금속스프링의 장단점으로 옳지 않은 것은?

① 온도, 부식, 용해 등 환경요소에 대한 저항성이 크다.
② 저주파 차진에 효과적이다.
③ 감쇠가 거의 없으며, 공진 시 전달률이 매우 크다.
④ 1개의 스프링으로 3축 방향의 스프링정수를 광범위하게 선택할 수 있다.

해설 1개의 스프링으로 3축 방향의 스프링정수를 광범위하게 선택할 수 있는 것은 방진고무의 장점이다.

90 공기스프링의 장단점으로 옳지 않은 것은?

① 압축기 등 부대시설이 필요하다.
② 내부 감쇠저항이 크므로 추가적인 감쇠장치가 불필요하다.
③ 설계 시에 비교적 자유롭게 스프링 높이, 스프링정수, 내하력 등을 선택할 수 있다.
④ 하중의 변화에 따라 고유진동수를 일정하게 유지시킬 수 있다.

해설 ②는 방진고무의 장점이다.

91 방진재료로 사용되는 금속스프링의 장점으로 옳지 않은 것은?

① 고주파 차진에 매우 효과적이다.
② 일반적으로 부착이 용이하고, 내구성이 좋다.
③ 자동차의 현가스프링에 이용되는 중판스프링과 같이 스프링장치에 구조부분의 일부 역할을 겸할 수 있다.
④ 최대변위가 허용된다.

해설 저주파 차진에 매우 효과적이다.

92 방진고무에 관한 설명으로 옳지 않은 것은?

① 내부마찰에 의한 발열 때문에 열화 가능성이 크다.
② 고유진동수가 강제진동수의 $\frac{1}{3}$ 이하인 것을 택한다.

③ 동적배율(정적 스프링정수에 대한 동적 스프링정수의 비)이 보통 1보다 작다.
④ 압축, 전단 등의 사용방법에 따라 1개로 2축 방향 및 회전방향의 스프링정수를 광범위하게 선택할 수 있다.

해설 동적배율(정적 스프링정수에 대한 동적 스프링정수의 비)이 보통 1보다 크다.

93 방진고무를 지지장치로 사용했을 때의 장점으로 옳지 않은 것은?

① 내부 감쇠저항이 크므로 추가적인 댐퍼가 불필요하다.
② 진동수비가 1 이상인 방진영역에서도 진동전달률은 거의 증가하지 않는다.
③ 저주파 영역에서는 고체음 절연성능이 있다.
④ 서징(surging)이 생기지 않든가 또는 극히 작다.

해설 고주파 영역에서는 고체음 절연성능이 있다.

94 방진고무의 특징에 대한 설명으로 틀린 것은?

① 고무 자체의 내부마찰에 의해 저항이 발생하기 때문에 고주파 진동의 차진에는 사용할 수 없다.
② 형상의 선택이 비교적 자유롭다.
③ 공기 중의 O_3에 의해 산화된다.
④ 내부마찰에 의한 발열 때문에 열화되고, 내유성 및 내열성이 약하다.

해설 고무 자체의 내부마찰에 의해 저항이 발생하기 때문에 고주파 진동의 차진에 양호하다.

95 무게가 150N인 기계를 방진고무 위에 올려 놓았더니 1.0cm가 수축되었다. 방진고무의 동적배율이 1.2라면 방진고무의 동적 스프링정수는?

① 94N/cm
② 120N/cm
③ 180N/cm
④ 240N/cm

해설 • 정적 스프링정수
$$k_s = \frac{W}{\delta_{st}} = \frac{150}{1} = 150\text{N/cm}$$
• 동적 스프링정수
$$k_d = \alpha \times k_s = 1.2 \times 150 = 180\text{N/cm}$$

96 금속스프링에 관한 설명으로 옳지 않은 것은?

① 서징의 영향을 제거하기 위해 코일스프링의 양단에 그 스프링정수의 10배 정도보다 작은 스프링정수를 가진 방진고무를 직렬로 삽입하는 것이 좋다.

② 코일스프링을 제외하고 2축 또는 3축 방향의 스프링을 1개의 스프링으로 견디게 하기 곤란한 측면이 있다.

③ 일반적으로 부착이 용이하고, 내구성이 좋으며, 보수가 필요 없는 경우가 많다.

④ 극단적으로 낮은 스프링정수로 했을 때도 지지장치를 소형, 경량으로 하기가 용이하다.

해설 극단적으로 낮은 스프링정수로 했을 때는 지지장치를 소형, 경량으로 하기가 어렵다.

97 진동 절연재료로서 특성임피던스(Z)가 가장 낮은 것은?

① 고무   ② 콘크리트
③ 알루미늄   ④ 철

해설 ① 고무 : $2.8×10^4 \sim 3.5×10^4 kg/m^2 \cdot s$
② 콘크리트 : $7×10^6 \sim 13×10^6 kg/m^2 \cdot s$
③ 알루미늄 : $20×10^6 kg/m^2 \cdot s$
④ 철 : $39×10^6 kg/m^2 \cdot s$

98 금속 자체에 진동흡수력을 갖는 제진합금의 분류 중 Mg, Mg−0.6% Zr 합금 등으로 이루어진 형태는?

① 복합형   ② 전위형
③ 쌍전형   ④ 강자성형

해설 전위형 제진합금은 순수 Mg이거나, Mg(0.6%)−Zr 합금 등으로 이루어진 형태이다.

99 교정용 진동대 위에 진동레벨계의 픽업을 얹고서 진동폭 $20\mu m$, 주파수 31.5Hz로 여진하였을 때, 진동레벨계의 지시는 78dB이었다. 이 레벨계의 기기오차는 약 몇 dB인가?

① 0   ② 1
③ 2   ④ 3

해설 주파수 f(Hz)인 진폭 D(m)인 진동의 진동가속도 실효값
$a = (2\pi f)^2 \dfrac{D}{\sqrt{2}} m/s^2$ 이다.

전체 진폭 $20\mu m$의 진폭은 10^{-5}m이다.
$\therefore a = (2×3.14×31.5)^2 × \dfrac{10^{-5}}{\sqrt{2}} = 0.28 m/s^2$

진동가속도레벨
$L_a = 20\log \dfrac{a}{10^{-5}} = 20\log \dfrac{0.28}{10^{-5}} = 88.9dB$

31.5Hz인 수직방향의 진동감각보정치는 −12dB이므로 이 진폭의 진동레벨 $L_v = 88.9 - 12 = 76.9dB$ 이다.
따라서, 진동레벨계의 지시가 78dB이었다면 이 지시계의 기기오차는 1.1dB이다.

100 $\dfrac{1}{3}$ 옥타브밴드 분석기의 설명으로 옳지 않은 것은?

① 정비대역형 필터이다.

② 대역폭은 중심 주파수에 따르지 않고 일정하다.

③ 차단주파수에서는 중심 주파수보다도 약 3dB 출력이 낮아진다.

④ 중심 주파수는 통과대역 하한과 상한 차단주파수의 기하평균이다.

해설 대역폭은 중심 주파수에 의해 변화된다.

101 정상적으로 작동하는 진동레벨계, 옥타브밴드 필터 및 $\dfrac{1}{3}$ 옥타브밴드 필터를 사용한 측정 및 분석에 관련된 설명으로 옳지 않은 것은?

① 진동레벨계의 교류출력을 $\dfrac{1}{3}$ 옥타브밴드 필터에 연결하여 분석을 행할 수는 없다.

② 16Hz 정현진동의 진동가속도레벨은 중심 주파수가 16Hz인 옥타브밴드 필터로 분석한 레벨과 같다.

③ 수직진동인 6.3Hz 정현진동의 진동레벨은 옥타브밴드 필터로 분석한 옥타브밴드 가속도레벨과 같다.

④ 인접한 $\dfrac{1}{3}$ 옥타브밴드의 레벨이 같을 때, 같은 중심 주파수의 옥타브밴드와 $\dfrac{1}{3}$ 옥타브밴드 레벨의 차는 약 5dB이다.

해설 일반적으로 진동레벨계의 교류출력은 1∼80Hz의 $\dfrac{1}{3}$ 옥타브밴드 필터에 연결하여 분석을 행하는 것이 좋다.

96.④ 97.① 98.② 99.② 100.② 101.①

102 다음 표에 나타낸 $\frac{1}{3}$ 옥타브필터의 중심 주파수, 대역폭 ㉮ ~ ㉱의 ( ) 안에 들어가야 할 수치로 짝지어진 것 중 옳은 것은?

중심 주파수(Hz)	대역폭(Hz)	
	하한	상한
10	9	11.2
(㉮)	11.2	14
16	14	18
20	18	22.4
25	(㉰)	(㉱)
31.5	(㉯)	35.5
40	35.5	45
(㉭)	45	56
63	56	71
80	71	90

	㉮	㉭	㉰	㉯	㉱
①	12	50	23	29	29
②	12.5	50	23.5	29	29
③	13	48	22.4	27	27
④	12.5	50	22.4	28	28

해설 서로 인접한 $\frac{1}{3}$ 옥타브밴드 필터의 중심 주파수 f_{m_1}, f_{m_2} 사이에는 다음 식이 성립된다.

$$f_{m_2} = 2^{\frac{1}{3}} f_{m_1}$$

㉮ $f_{m_2} = 2^{\frac{1}{3}} f_{m_1} = 2^{\frac{1}{3}} \times 10 = 12.6 ≒ 12.5 \text{Hz}$

㉭ $f_{m_2} = 2^{\frac{1}{3}} \times 40 = 50.4 ≒ 50 \text{Hz}$
f_{m_2}의 하한 차단주파수 f_1은 f_{m_1}의 상한 차단주파수 f_2와 같다. $\frac{1}{3}$ 옥타브밴드 필터의 중심 주파수 f_m 과 f_1 및 f_2의 관계는 다음 식으로 나타난다.

$$f_1 = \frac{f_m}{2^{\frac{1}{6}}}, \; f_2 = 2^{\frac{1}{6}} f_m$$

㉰ $f_1 = \dfrac{f_m}{2^{\frac{1}{6}}} = \dfrac{25}{2^{\frac{1}{6}}} = 22.4 \text{Hz}$

㉯ $f_1 = \dfrac{31.5}{2^{\frac{1}{6}}} = 28 \text{Hz}$

㉱ $f_2 = 2^{\frac{1}{6}} f_m = 2^{\frac{1}{6}} \times 25 = 28 \text{Hz}$

103 다음 표는 5대의 기계를 1대씩 운전하여 공장 내 어떤 지점에서 진동레벨을 측정한 결과이다. 5대 전부를 운전한 경우, 진동대책 전과 진동대책 후에서 그 측정지점의 차는 몇 dB인가?

기계번호	1	2	3	4	5
대책 전(dB)	76	80	74	82	78
대책 후(dB)	65	68	65	68	66

① 6   ② 8
③ 10   ④ 12

해설 • 대책 전 진동레벨
$$L_v = 10 \log\left(10^{\frac{76}{10}} + 10^{\frac{80}{10}} + 10^{\frac{74}{10}} + 10^{\frac{82}{10}} + 10^{\frac{78}{10}}\right)$$
$$= 85.8 \text{dB}$$

• 대책 후 진동레벨
$$L_v = 10 \log\left(10^{\frac{65}{10}} + 10^{\frac{68}{10}} + 10^{\frac{65}{10}} + 10^{\frac{68}{10}} + 10^{\frac{66}{10}}\right)$$
$$= 73.6 \text{dB}$$

∴ 대책 전·후의 진동레벨 차는 $85.8 - 73.6 = 12.2 \text{dB}$이다.

104 5대의 기계가 가동되고 있는 공장이 있다. 기계를 1대씩 가동하면서 방진대책을 실시하기 전·후의 수직방향의 진동레벨을 공장 내의 어떤 지점에서 비교 측정한 결과, 다음 표에 나타낸 결과를 얻었다. 5대 전부를 가동하였을 때, 진동대책을 실시하기 전과 후에서 약 몇 dB의 레벨차가 발생하는가?

기계번호	1	2	3	4	5
대책 전 진동레벨 (dB)	78	76	84	82	74
대책 후 진동레벨 (dB)	75	72	76	76	72

① 2   ② 4
③ 6   ④ 8

해설 • 대책 전 5대 전부를 가동시켰을 때 진동레벨
$$L_v = 10 \log\left(10^{\frac{78}{10}} + 10^{\frac{76}{10}} + 10^{\frac{84}{10}} + 10^{\frac{82}{10}} + 10^{\frac{74}{10}}\right)$$
$$= 87.3 \text{dB}$$

• 대책 후 5대 전부를 가동시켰을 때 진동레벨
$$L_v = 10 \log\left(10^{\frac{75}{10}} + 10^{\frac{72}{10}} + 10^{\frac{76}{10}} + 10^{\frac{76}{10}} + 10^{\frac{72}{10}}\right)$$
$$= 81.6 \text{dB}$$

∴ 방진대책을 실시한 전·후의 레벨차는 약 6dB이다.

105 어떤 기계가 발생하고 있는 수직진동을 배경진동이 있는 곳에서 측정하여 주파수 분석을 행한 결과 다음 그림으로 나타내었다. 이 기계에 의한 진동의 진동레벨(dB)은?

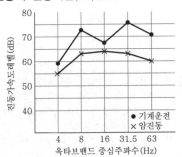

① 72　　　　　　　② 74
③ 76　　　　　　　④ 78

〔해설〕 그림에서 기계 및 옥타브밴드 진동가속도를 읽어서 각각 배경진동 보정을 하고, 다시 수직방향의 진동감각보정을 가하면 그 밴드가속도레벨의 합이 기계의 진동레벨 L_v가 된다.

주파수 (Hz)	옥타브밴드 가속도레벨(dB)				
	기계	배경 진동	배경진동 보정 후	감각보정	감각보정 후
4	59	55	57	0	57
8	72	63	71	0	71
16	67	64	64	-6	58
31.5	76	63	76	-12	64
63	71	60	71	-18	53

$$L_v = 10\log\left(10^{\frac{57}{10}} + 10^{\frac{71}{10}} + 10^{\frac{58}{10}} + 10^{\frac{64}{10}} + 10^{\frac{53}{10}}\right)$$
$$= 72.2 \fallingdotseq 72\text{dB}$$

106 어떤 지점에서 진동레벨을 등시간 간격으로 100회 측정하여 다음 표를 얻었다. 이 지점의 등가진동레벨은 80% 레인지의 상단값보다 몇 dB이 적은가?

진동레벨 (dB)	55	60	65	70	75	80
빈도백분율 (%)	3	40	40	10	5	2

① 6　　　　　　　② 4
③ 2　　　　　　　④ 0

〔해설〕 진동레벨을 등시간 간격으로 측정했을 때의 등가진동레벨 L_{eq}(dB)는 다음 식으로 구한다.

$$L_{eq} = 10\log\left[\frac{1}{N}\sum 10^{\frac{L_i}{10}} n_i\right]$$

여기서, N : 총 측정수
L_i : i번째 진동레벨
n_i : L_i의 개수

$$\therefore L_{eq} = 10\log\left[\frac{1}{100}\left(10^{5.5} \times 3 + 10^6 \times 40 + 10^{6.5} \times 40\right.\right.$$
$$\left.\left. + 10^7 \times 10 + 10^{7.5} \times 5 + 10^8 \times 2\right)\right]$$
$$= 68\text{dB}$$

진동레벨의 80% 레인지를 구하기 위해 도수(빈도)로부터 누적도수를 구하려면, 상단 10%(10개)를 포함한 진동레벨을 구한다.

진동레벨 (dB)	55	60	65	70	75	80
빈도백분율 (%)	3	40	40	10	5	2
누적도수	3	43	83	93	98	100

〈표〉로부터 80% 레인지의 상단값 70dB이 구해진다.
∴ 등가진동레벨은 80% 레인지의 상단값보다 2dB 적다.

107 진동의 주파수 분석에 관한 설명으로 옳지 않은 것은?

① 주파수 분석은 진동파형에 어떤 주파수의 진동이 어떤 크기의 비율로 함유되어 있는가를 조사하는 것이다.
② 주파수 분석기는 대역필터의 특성으로 정비대역폭 분석기와 정주파수폭 분석기로 분류된다.
③ 고속 프리에 변환방식 분석기의 프리에 스펙트럼은 통과대역폭이 주파수에 무관하므로 일정한 정폭필터를 통한 신호에 상당한다.
④ 옥타브 분석기와 $\frac{1}{3}$ 옥타브 분석기에서 평탄한 연속 스펙트럼을 갖는 신호파형을 분석하면 동일한 중심 주파수의 밴드레벨에 약 3dB의 차이가 생긴다.

〔해설〕 옥타브 분석기와 $\frac{1}{3}$ 옥타브 분석기에서 평탄한 연속 스펙트럼을 갖는 신호파형(백색잡음)을 분석하면 동일한 중심 주파수의 밴드레벨에 약 5dB의 차이가 생긴다.
($10\log 3 = 4.8\text{dB}$)

108 배출허용기준 중 진동측정방법에서 배출시설의 진동발생원을 가능한 한 최대출력으로 가동시킨 정상상태에서 측정한 진동레벨은?

① 측정진동레벨 ② 대상진동레벨
③ 진동가속도레벨 ④ 평가진동레벨

해설 측정진동레벨

이 시험기준에서 정한 측정방법으로 측정한 진동레벨을 말하며, 측정진동레벨은 배출시설의 진동발생원을 가능한 최대출력으로 가동시킨 정상상태에서 측정한다.

109 교정용 진동테이블 위에 진동레벨계 픽업을 올려놓고, 진동테이블을 수직방향으로 정현진동시켜 점차 진동을 크게 해가면서 진동테이블의 가속도가 1G를 초과할 경우, 픽업은 희미하게 소리를 발생하며 횡으로 이동을 시작하였다. 그때의 주파수와 진동레벨을 짝지어 놓은 것으로 옳은 것은?

	주파수(Hz)	진동레벨(dB)
①	5	약 110
②	10	약 115
③	20	약 117
④	주파수와 관계없음	약 120

해설 가속도 1G(=9.8m/s^2)인 가속도레벨 L_a(dB)은

$$L_a = 20 \log \frac{\left(\frac{9.8}{\sqrt{2}}\right)}{10^{-5}} = 116.8 \text{dB}$$

진동레벨 L_v(dB)은 가속도레벨 L_a(dB)에 진동감각보정값 G(dB)을 가한 레벨이다.
주파수 f(Hz)인 진동감각보정값 G는

$1 \le f < 4 : G = 10 \log\left(\frac{f}{4}\right)$

$4 \le f \le 8 : G = 0$

$8 < f \le 90 : G = 20 \log\left(\frac{8}{f}\right)$

① $f = 5$Hz에서 $G = 0$dB, $L_a = 120$dB

② $f = 10$Hz에서

$G = 20 \log\left(\frac{8}{10}\right) = -1.9 ≒ -2$dB, $L_a = 115$dB

③ $f = 20$Hz에서

$G = 20 \log\left(\frac{8}{20}\right) ≒ -8$dB, $L_a = 109$dB

④ '주파수와 관계없음'이라는 설명이 옳지 않음으로 오답이다.

110 대상진동레벨에 관련 시간대에 대한 측정진동레벨 발생시간의 백분율, 시간별, 지역별 등의 보정치를 보정한 후 얻어진 진동레벨은?

① 평가진동레벨
② 대상진동레벨
③ 측정진동레벨
④ 배경진동레벨

해설 ② 대상진동레벨 : 측정진동레벨에 배경진동의 영향을 보정한 후 얻어진 진동레벨을 말한다.
③ 측정진동레벨 : 이 시험기준에서 정한 측정방법으로 측정한 진동레벨을 말한다.
④ 배경진동레벨 : 측정진동레벨의 측정위치에서 대상진동이 없을 때 이 시험기준에서 정한 측정방법으로 측정한 진동레벨을 말한다.

111 진동픽업과 연약한 지표면에서 형성되는 진동계의 고유진수를 50Hz, 감쇠비를 0.1로 하면, 진동수 70Hz일 때, 설치 공진에 의한 진동진폭(dB)은?

① 0 ② 2
③ 4 ④ 6

해설 감쇠가 있는 1자유도진동계의 진동전달률은 감쇠비의 차이에 따라 곡선은 $f = \sqrt{2} f_o$에서 모두 1에서 교차한다.
여기서, $f = 70$Hz, $f_o = 50$Hz 이므로,

$\frac{f}{f_o} = \frac{70}{50} ≒ \sqrt{2}$, $f = \sqrt{2} f_o$

진동전달률 1은 데시벨로 나타내면 $20 \log 1 = 0$dB이다.

112 진동신호를 전기신호로 바꾸어주는 장치는?

① 진동픽업
② 마이크로폰
③ 감각보정회로
④ 교정장치

해설 진동픽업(pick-up)

지면에 설치할 수 있는 구조로서 진동신호를 전기신호로 바꾸어주는 장치를 말하며, 환경진동을 측정할 수 있어야 한다.

113 진동레벨계의 기본구조 순서로 옳은 것은?

① 진동픽업 – 증폭기 – 감각보정회로 – 레벨레인지 변환기 – 지시계기
② 진동픽업 – 지시계기 – 레벨레인지 변환기 – 감각보정회로 – 증폭기
③ 진동픽업 – 증폭기 – 레벨레인지 변환기 – 지시계기 – 감각보정회로
④ 진동픽업 – 레벨레인지 변환기 – 증폭기 – 감각보정회로 – 지시계기

해설 진동계의 기본구조

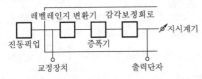

114 진동을 측정하는 데 사용되는 진동레벨계는 최소 아래와 같은 구성이 필요하다. 다음 중 ④에 해당하는 것은?

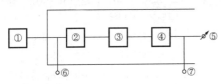

① 진동픽업
② 레벨레인지 변환기
③ 감각보정회로
④ 출력단자

해설 진동계의 기본구조

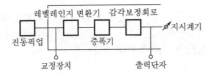

115 진동픽업의 설치장소 및 방법으로 틀린 것은?

① 반사, 회절현상이 예상되는 지점은 피한다.
② 완충물이 없고 굳은 장소로 한다.
③ 경사 또는 요철이 없는 장소로 한다.
④ 수평방향 진동을 측정할 수 있도록 한다.

해설 수직방향 진동을 측정할 수 있도록 한다.

116 진동레벨계의 성능에 관한 설명으로 옳지 않은 것은?

① 측정 가능 진동레벨 범위는 45~120dB 이상이어야 한다.
② 측정 가능 주파수 범위는 1~90Hz 이상이어야 한다.
③ 레벨레인지 변환기가 있는 기기에 있어서 레벨레인지 변환기의 전환오차는 0.5dB 이내이어야 한다.
④ 지시계기의 눈금오차는 ±1.0dB 이내이어야 한다.

해설 지시계기의 눈금오차는 0.5dB 이내이어야 한다.

117 진동 측정기 성능에 관한 설명으로 옳지 않은 것은?

① 측정 가능 진동레벨 범위는 45~120dB 이상이어야 한다.
② 지시계기의 눈금오차는 0.5dB 이내이어야 한다.
③ 측정 가능 주파수 범위는 1~90Hz 이상이어야 한다.
④ 진동픽업의 횡감도는 규정주파수에서 수감축 감도에 대한 차이가 10dB 이상이어야 한다(연직특성).

해설 진동픽업의 횡감도는 규정주파수에서 수감축 감도에 대한 차이가 15dB 이상이어야 한다(연직특성).

118 진동레벨계의 측정감도를 교정하는 표준진동발생기(calibrator)의 발생진동 오차는?

① ±0.5dB 이내   ② ±1~2dB 이내
③ ±5dB 이내   ④ ±1dB 이내

해설 표준진동발생기(calibrator)
진동레벨계의 측정감도를 교정하는 기기로서 발생진동의 주파수와 진동가속도레벨이 표시되어 있어야 하며, 발생진동의 오차는 ±1dB 이내이어야 한다.

119 진동픽업의 횡감도는 규정주파수에서 수감축 감도에 대한 차이가 몇 dB 이상이어야 하는가? (단, 연직특성)

① 15dB 이상   ② 10dB 이상
③ 5dB 이상   ④ 3dB 이상

해설 진동계 성능
진동픽업의 횡감도는 규정주파수에서 수감축 감도에 대한 차이가 15dB 이상이어야 한다(연직특성).

120 진동레벨계의 구조별 성능에 관한 설명으로 옳지 않은 것은?

① 교정장치는 진동 측정기의 감도를 점검 및 교정하는 장치로서 자체에 내장되어 있거나 분리되어 있어야 한다.

② 진동픽업은 지면에 설치할 수 있는 구조로서 진동신호를 전기신호로 바꾸어주는 장치를 말하며, 환경진동을 측정할 수 있어야 한다.

③ 지시계기(지침형)의 유효지시 범위는 10dB 이상이어야 하며, 각각의 눈금은 1dB 이하를 판독할 수 있어야 한다.

④ 출력단자는 진동신호를 기록기 등에 전송할 수 있는 교류출력단자를 갖춘 것이어야 한다.

해설 지시계기(meter)
지시계기는 지침형 또는 디지털형이어야 한다. 지침형에서 유효지시 범위가 15dB 이상이어야 하고, 각각의 눈금은 1dB 이하를 판독할 수 있어야 하며, 1dB 눈금 간격이 1mm 이상으로 표시되어야 한다. 다만, 디지털형에서는 숫자가 소수점 한 자리까지 표시되어야 한다.

121 다음은 진동 측정에 사용되는 진동레벨계의 성능기준이다. ( ) 안에 가장 적합한 것은?

> • 측정 가능 주파수 범위는 (㉮)Hz 이상이어야 한다.
> • 측정 가능 진동레벨의 범위는 (㉯)dB 이상이어야 한다.

① ㉮ 1~50, ㉯ 15~55
② ㉮ 1~50, ㉯ 45~120
③ ㉮ 1~90, ㉯ 15~55
④ ㉮ 1~90, ㉯ 45~120

해설 • 측정 가능 주파수 범위는 1~90Hz 이상이어야 한다.
• 측정 가능 진동레벨의 범위는 45~120dB 이상이어야 한다.

122 진동레벨에 관한 설명으로 옳지 않은 것은?

① 진동레벨의 감각보정회로(수직)를 통하여 측정한 진동가속도레벨의 지시치를 말한다.

② 단위는 dB(V)로 표시한다.

③ 진동가속도레벨의 정의는 $10\log\left(\dfrac{a}{a_o}\right)$의 수식을 따른다($a$: 측정진동가속도 실효치, a_o : 기준진동가속도 실효치).

④ 진동가속도 실효치 단위는 m/s^2이다.

해설 진동레벨
진동레벨의 감각보정회로(수직)를 통하여 측정한 진동가속도레벨의 지시치를 말하며, 단위는 dB(V)로 표시한다. 진동가속도레벨의 정의는 $20\log\left(\dfrac{a}{a_o}\right)$의 수식에 따르고, 여기서 a는 측정하고자 하는 진동의 가속도 실효치(단위 m/s^2)이며, a_o는 기준진동의 가속도 실효치로 $10^{-5}m/s^2$으로 한다.

123 표준진동발생기에 표시되어 있어야 하는 내용을 알맞게 짝지은 것은?

① 발생진동의 발생시간과 진동속도
② 발생진동의 음압도와 진동레벨
③ 발생진동의 주파수와 진동가속도레벨
④ 발생진동의 음압도와 진동속도레벨

해설 표준진동발생기(calibrator)
진동레벨계의 측정감도를 교정하는 기기로서 발생진동의 주파수와 진동가속도레벨이 표시되어 있어야 하며, 발생진동의 오차는 ±1dB 이내이어야 한다.

124 규제기준 중 생활진동 측정 시 진동레벨계의 감각보정회로는 별도 규정이 없을 경우 어디에 고정하여 측정하여야 하는가?

① V특성(수직)
② X특성(수평)
③ Y특성(수평)
④ V특성(수직) 및 X, Y특성(수평)을 동시에 사용

해설 감각보정회로(weighting networks)
인체의 수진감각을 주파수 보정 특성에 따라 나타내는 것으로 V특성(수직특성)을 갖춘 것이어야 한다.

120.③ 121.④ 122.③ 123.③ 124.①

125 다음은 진동레벨계의 구조 중 레벨레인지 변환기에 관한 설명이다. ( ) 안에 가장 알맞은 것은?

> 측정하고자 하는 진동이 지시계기의 범위 내에 있도록 하기 위한 감쇠기로서 유효눈금 범위가 (㉮)되는 구조의 것은 변환기에 의한 레벨의 간격이 (㉯) 간격으로 표시되어야 한다.

① ㉮ 30dB 초과, ㉯ 10dB
② ㉮ 30dB 이하, ㉯ 10dB
③ ㉮ 50dB 초과, ㉯ 5dB
④ ㉮ 50dB 이하, ㉯ 5dB

해설 레벨레인지 변환기
측정하고자 하는 진동이 지시계기의 범위 내에 있도록 하기 위한 감쇠기로서 유효눈금 범위가 30dB 이하되는 구조의 것은 변환기에 의한 레벨의 간격이 10dB 간격으로 표시되어야 한다. 다만, 레벨 변환 없이 측정이 가능한 경우 레벨레인지 변환기가 없어도 무방하다.

126 진동 측정과 관련된 장치 중 다음 설명에 해당하는 장치는?

> 진동레벨계의 측정감도를 교정하는 기기로서 발생진동의 주파수와 진동가속도레벨이 표시되어 있어야 하며, 발생진동의 오차는 ±1dB 이내이어야 한다.

① Calibrator
② Output
③ Data recorder
④ Weighting networks

해설 표준진동발생기(calibrator)
진동레벨계의 측정감도를 교정하는 기기로서 발생진동의 주파수와 진동가속도레벨이 표시되어 있어야 하며, 발생진동의 오차는 ±1dB 이내이어야 한다.
① Calibrator(표준진동발생기)
② Output(출력단자)
③ Data recorder(데이터 녹음기)
④ Weighting networks(감각보정회로)

127 대상배출시설의 진동원을 가능한 한 최대출력으로 가동시킨 정상조업 상태에서 측정한 진동레벨은 무엇인가? (단, 배출허용기준의 측정 시)

① 평가진동레벨   ② 대상진동레벨
③ 측정진동레벨   ④ 진동가속도레벨

해설 측정진동레벨은 대상배출시설의 진동발생원을 가능한 한 최대출력으로 가동시킨 정상상태에서 측정한다.

128 다음은 배경진동을 보정하여 대상진동레벨로 하는 기준이다. ( ) 안에 알맞은 것은?

> 측정진동레벨이 배경진동레벨보다 ( ) 이상 크면 배경진동의 영향이 극히 작기 때문에 배경진동의 보정없이 측정진동레벨을 대상진동레벨로 한다.

① 3dB   ② 7dB
③ 9dB   ④ 10dB

해설 배경진동 보정
측정진동레벨이 배경진동레벨보다 10dB 이상 크면 배경진동의 영향이 극히 작기 때문에 배경진동의 보정없이 측정진동레벨을 대상진동레벨로 한다.

129 진동배출허용기준 측정 시 진동픽업의 설치장소로 부적당한 곳은?

① 복잡한 반사, 회절현상이 없는 장소
② 경사지지 않고, 완충물이 충분히 있는 장소
③ 단단히 굳고, 요철이 없는 장소
④ 수평면을 충분히 확보할 수 있는 장소

해설 진동배출허용기준 측정 시 진동픽업의 설치장소
• 옥외지표를 원칙으로 하고 복잡한 반사, 회절현상이 예상되는 지점은 피한다.
• 완충물이 없고, 충분히 다져서 단단히 굳은 장소로 한다.
• 경사 또는 요철이 없는 장소로 하고, 수평면을 충분히 확보할 수 있는 장소로 한다.
• 진동픽업은 수직방향 진동레벨을 측정할 수 있도록 설치한다.
• 진동픽업 및 진동레벨계를 온도, 자기, 전기 등의 외부영향을 받지 않는 장소에 설치한다.

130 측정진동레벨이 배경진동레벨보다 3dB 미만으로 클 경우에 관한 설명으로 옳은 것은?

① 측정진동레벨에 보정치 −1dB을 보정하여 대상진동레벨을 산정한다.
② 측정진동레벨에 보정치 −2dB을 보정하여 대상진동레벨을 산정한다.
③ 배경진동이 대상진동보다 크므로, 재측정하여 대상진동레벨을 구한다.
④ 배경진동레벨이 대상진동레벨보다 매우 작다.

해설 측정진동레벨이 배경진동레벨보다 3dB 미만으로 크면 배경진동이 대상진동보다 크므로 재측정하여 대상진동레벨을 구하여야 한다.

131 진동레벨기록기를 사용하여 공장 배출허용기준을 측정할 경우 몇 분 이상 측정하여 그 지점의 측정진동레벨 또는 배경진동레벨을 정하는가?

① 3분 이상   ② 5분 이상
③ 30분 이상   ④ 60분 이상

해설 진동레벨기록기를 사용하여 측정할 경우 5분 이상 측정·기록하여 그 지점의 측정진동레벨 또는 배경진동레벨을 정한다.

132 측정진동레벨이 배경진동레벨보다 얼마 미만으로 크면 배경진동이 대상진동보다 크므로 재측정하여 대상진동레벨을 구하는가?

① 3dB 미만   ② 5dB 미만
③ 10dB 미만   ④ 12dB 미만

해설 측정진동레벨이 배경진동레벨보다 3dB 미만으로 크면 배경진동이 대상진동보다 크므로 재측정하여 대상진동레벨을 구하여야 한다.

133 측정진동레벨이 배경진동보다 몇 dB(V) 이상이면 보정없이 사용하는가?

① 5   ② 7
③ 9   ④ 10

해설 측정진동레벨이 배경진동레벨보다 10dB 이상 크면 배경진동의 영향이 극히 작기 때문에 배경진동의 보정없이 측정진동레벨을 대상진동레벨로 한다.

134 배출허용기준 중 진동측정방법으로 옳은 것은?

① 피해가 예상되는 적절한 측정시각에 1지점 이상의 측정지점수를 선정·측정하여 산술평균한 진동레벨을 측정진동레벨로 한다.
② 진동픽업은 수평방향 진동레벨을 측정할 수 있도록 설치한다.
③ 측정진동레벨은 대상배출시설의 진동발생원을 가급적 중간출력으로 가동시킨 상태에서 측정한다.
④ 진동픽업의 설치장소는 완충물이 없고, 충분히 다져서 단단히 굳은 장소로 한다.

해설 ① 피해가 예상되는 적절한 측정시각에 2지점 이상의 측정지점수를 선정·측정하여 그 중 높은 진동레벨을 측정진동레벨로 한다.
② 진동픽업은 수직방향 진동레벨을 측정할 수 있도록 설치한다.
③ 측정진동레벨은 대상배출시설의 진동발생원을 가급적 최대출력으로 가동시킨 정상상태에서 측정한다.

135 배출허용기준 중 진동측정방법에 관한 사항으로 옳지 않은 것은?

① 진동레벨계의 감각보정회로는 별도 규정이 없는 한 V특성(수직)에 고정하여 측정하여야 한다.
② 진동픽업의 연결선은 잡음 등을 방지하기 위하여 지표면에 일직선으로 설치한다.
③ 진동픽업(pick-up)의 설치장소는 옥내지표를 원칙으로 하고 복잡한 반사, 회절현상이 예상되는 지점은 피한다.
④ 진동픽업의 설치장소는 완충물이 없고, 충분히 다져서 단단히 굳은 장소로 한다.

해설 진동픽업(pick-up)의 설치장소는 옥외지표를 원칙으로 하고 복잡한 반사, 회절현상이 예상되는 지점은 피한다.

136 진동의 배출값을 디지털 진동 자동분석계로 측정하고자 한다. 그 지점에서의 측정진동레벨로 사용하는 값은?

① 자동연산, 기록한 90% 범위의 상단치인 L_{90}
② 자동연산, 기록한 90% 범위의 상단치인 L_{10}
③ 자동연산, 기록한 80% 범위의 상단치인 L_{80}
④ 자동연산, 기록한 80% 범위의 상단치인 L_{10}

해설 디지털 진동 자동분석계를 사용할 경우
샘플주기를 1초 이내에서 결정하고 5분 이상 측정하여 자동연산, 기록한 80% 범위의 상단치인 L_{10}값을 그 지점의 측정진동레벨 또는 배경진동레벨로 한다.

137 L_{10} 진동레벨 계산방법 중 진동레벨계만으로 진동을 측정할 경우 진동레벨을 읽는 순간에 지시침이 지시판 범위 위쪽을 벗어날 때 그 발생빈도를 기록하여 L_{10}값에 2dB(V)을 더해 주게 되어 있다. 몇 회 이상 벗어날 때인가?

① 3회   ② 6회
③ 9회   ④ 12회

해설 L_{10} **진동레벨 계산방법**

진동레벨계만으로 측정할 경우 진동레벨을 읽는 순간에 지시침이 지시판 범위 위를 벗어날 때(이때에 진동레벨계의 레벨범위는 전환하지 않음)에는 그 발생빈도를 기록하여 6회 이상이면 L_{10}값에 2dB을 더해준다.

138 진동레벨기록기를 사용하여 배출허용기준 중 진동을 측정할 경우 "진동레벨계 기록지상의 지시치가 불규칙하고 대폭적으로 변할 때" 측정진동레벨로 정하는 기준은? (단, 모눈종이상에 누적도수곡선(횡축에 진동레벨, 좌측 종축에 누적도수를, 우측 종축에 백분율을 표기)을 이용하는 방법에 의한다.)

① 80% 횡선이 누적도곡선과 만나는 교점에서 수선을 그어 횡축과 만나는 점의 진동레벨

② 85% 횡선이 누적도곡선과 만나는 교점에서 수선을 그어 횡축과 만나는 점의 진동레벨

③ 90% 횡선이 누적도곡선과 만나는 교점에서 수선을 그어 횡축과 만나는 점의 진동레벨

④ 95% 횡선이 누적도곡선과 만나는 교점에서 수선을 그어 횡축과 만나는 점의 진동레벨

해설 **진동레벨기록기를 사용하여 측정할 경우**
- 기록지상의 지시치에 변동이 없을 때에는 그 지시치
- 기록지상의 지시치의 변동폭이 5dB 이내일 때에는 구간 내 최대치부터 진동레벨의 크기순으로 10개를 산술평균한 진동레벨
- 기록지상의 지시치가 불규칙하고 대폭적으로 변하는 경우에는 L_{10} 진동레벨 계산방법에 의한 L_{10}값

139 배출허용기준 중 진동레벨기록기를 사용하여 진동을 측정한 경우 기록지상의 지시치의 변동폭이 5dB 이내일 때 배경진동레벨을 정하는 기준으로 옳은 것은?

① 구간 내 최대치

② 구간 내 최대치부터 진동레벨 크기 순으로 10개의 산술평균치

③ 구간 내 측정치의 신술평균치

④ 구간 내 측정치의 기하평균치

해설 **진동레벨기록기를 사용하여 측정할 경우**

기록지상의 지시치의 변동폭이 5dB 이내일 때에는 구간 내 최대치부터 진동레벨의 크기순으로 10개를 산술평균한 진동레벨이다.

140 진동배출허용기준의 측정방법 중 진동레벨계만으로 측정할 경우에 관한 설명으로 옳은 것은?

① 진동레벨계의 샘플주기를 1초 이내에서 결정하고 5분 이상 측정하여 기록한다.

② 진동레벨계의 샘플주기를 0.5초 이내에서 결정하고 5분 이상 측정하여 기록한다.

③ 진동레벨계 지시치의 변화를 눈으로 확인하여 30초 간격 10회 판독·기록한다.

④ 진동레벨계 지시치의 변화를 눈으로 확인하여 5초 간격 50회 판독·기록한다.

해설 **진동레벨계만으로 측정할 경우**

계기 조정을 위하여 먼저 선정된 측정위치에서 대략적인 진동의 변화 양상을 파악한 후, 진동레벨계 지시치의 변화를 눈으로 확인하여 5초 간격 50회 판독·기록하여 그 지점의 측정진동레벨 또는 배경진동레벨을 결정한다.

141 배출허용기준 중 진동 측정을 위한 측정조건으로 옳지 않은 것은?

① 진동픽업의 설치장소는 옥외지표를 원칙으로 한다.

② 진동픽업의 설치장소는 완충물이 없는 장소로 한다.

③ 진동픽업의 수직면을 확보할 수 있고, 외부환경 영향에 민감한 곳에 설치한다.

④ 진동픽업은 수직방향 진동레벨을 측정할 수 있도록 설치한다.

해설 진동픽업은 수평면을 충분히 확보할 수 있는 장소로 한다.

142 배출허용기준 중 진동측정방법에 관한 설명으로 옳지 않은 것은?

① 측정점은 공장의 부지경계선이 불명확할 경우에는 피해가 예상되는 자의 부지경계선으로 한다.

② 배경진동레벨은 대상배출시설을 정상 가동하고 있는 상태에서 측정한다.

③ 진동픽업은 수직방향 진동레벨을 측정할 수 있도록 설치한다.

④ 측정진동레벨은 대상배출시설의 진동발생원을 가능한 한 최대출력으로 가동시킨 정상상태에서 측정한다.

138.③ 139.② 140.④ 141.③ 142.②

> [해설] 배경진동레벨은 대상배출시설의 가동을 중지한 상태에서 측정한다.

143 공장진동 측정 시 배경진동의 영향에 대한 보정 치가 −2.4dB(V)일 때 공장의 측정진동레벨과 배경진동레벨과의 차(dB(V))는?

① 3.4   ② 3.7
③ 4.5   ④ 4.8

> [해설] 보정치 $= -10 \log\left(1 - 10^{-0.1 \times d}\right)$ 에서
> $2.4 = -10 \log\left(1 - 10^{-0.1 \times d}\right)$
> $\therefore \ 10^{-0.24} = 0.5734 = 1 - 10^{-0.1 \times d}$
> $10^{-0.1 \times d} = 0.4266$
> 양변에 $\log$를 취하면
> $-0.1 \times d = -0.37$
> $\therefore$ 측정진동레벨과 배경진동레벨과의 차 $d = 3.7$

144 공장의 부지경계선에서 측정한 진동레벨이 각 지점에서 각각 62dB(V), 65dB(V), 68dB(V), 71dB(V), 64dB(V), 67dB(V)이다. 이 공장의 측정진동레벨은?

① 66dB(V)
② 68dB(V)
③ 69dB(V)
④ 71dB(V)

> [해설] 피해가 예상되는 적절한 측정시각에 2지점 이상의 측정지점수를 선정·측정하여 그 중 높은 진동레벨을 측정진동레벨로 한다.

145 A공장에서 기계를 가동시켜 진동레벨을 측정한 결과 81dB이었고, 기계를 정지하고 진동레벨을 측정하니 74dB이었다. 이때 기계의 대상진동레벨(dB)은?

① 78   ② 79
③ 80   ④ 81

> [해설] 대상진동레벨은 측정진동레벨에 배경진동의 영향을 보정한 후 얻어진 진동레벨을 말하므로
> 보정치 $= -10 \log\left(1 - 10^{-0.1 \times d}\right)$
> $= -10 \log\left(1 - 10^{-0.1 \times (81-74)}\right) = 1$
> 보정치는 −1dB이다.
> $\therefore \ 81 - 1 = 80\text{dB}$

146 측정지점에서 측정한 진동레벨 중 가장 높은 진동레벨을 측정진동레벨로 하는 기준 또는 한도가 맞는 것은?

① 생활진동규제기준, 도로교통진동 한도
② 배출허용기준, 철도진동 한도
③ 배출허용기준, 도로교통진동 한도
④ 생활진동규제기준, 배출허용기준

> [해설] **생활진동규제기준과 배출허용기준의 측정시간 및 측정지점수**
> 피해가 예상되는 적절한 측정시각에 2지점 이상의 측정지점수를 선정·측정하여 그 중 높은 진동레벨을 측정진동레벨로 한다.

147 다음 중 충격진동을 발생하는 작업으로 옳지 않은 것은?

① 단조기 작업
② 항타기에 의한 항타작업
③ 폭약발파작업
④ 발전기 사용

> [해설] 충격진동(불규칙 진동)을 발생하는 작업에는 단조기 작업, 항타기에 의한 작업, 폭약발파작업 등이 있다.
> ④ 발전기를 사용해서 발생하는 진동은 규칙진동이라고 한다.

148 다음은 규제기준 중 생활진동 측정방법에서 진동레벨기록기를 사용하여 측정할 경우 측정자료 분석방법에 관한 사항이다. ( ) 안에 알맞은 것은?

> 5분 이상 측정·기록하여 기록지상의 지시치의 변동폭이 (㉮)dB 이내일 때에는 구간 내 최대치부터 진동레벨의 크기순으로 (㉯)개를 산술평균한 진동레벨을 측정진동레벨로 한다.

① ㉮ 5, ㉯ 5   ② ㉮ 5, ㉯ 10
③ ㉮ 10, ㉯ 10   ④ ㉮ 10, ㉯ 20

> [해설] **진동레벨기록기를 사용하여 측정할 경우**
> 5분 이상 측정·기록하여 다음 방법으로 그 지점의 측정진동레벨 또는 배경진동레벨을 정한다.
> • 기록지상의 지시치에 변동이 없을 때에는 그 지시치
> • 기록지상의 지시치의 변동폭이 5dB 이내일 때에는 구간 내 최대치부터 진동레벨의 크기순으로 10개를 산술평균한 진동레벨
> • 기록지상의 지시치가 불규칙하고 대폭적으로 변하는 경우에는 L_{10} 진동레벨 계산방법에 의한 L_{10}값

149 규제기준 중 생활진동 측정방법에서 디지털 진동 자동분석계를 사용할 경우 측정진동레벨로 정하는 기준으로 옳은 것은?

① 샘플주기를 0.1초 이내에서 결정하고 1분 이상 측정하여 자동 연산·기록한 80% 범위의 상단치인 L_{10}값

② 샘플주기를 0.1초 이내에서 결정하고 5분 이상 측정하여 자동 연산·기록한 80% 범위의 상단치인 L_{10}값

③ 샘플주기를 1초 이내에서 결정하고 1분 이상 측정하여 자동 연산·기록한 80% 범위의 상단치인 L_{10}값

④ 샘플주기를 1초 이내에서 결정하고 5분 이상 측정하여 자동 연산·기록한 80% 범위의 상단치인 L_{10}값

해설 샘플주기를 1초 이내에서 결정하고 5분 이상 측정하여 자동 연산·기록한 80% 범위의 상단치인 L_{10}값을 그 지점의 측정진동레벨 또는 배경진동레벨로 한다.

150 규제기준 중 생활진동 측정 시 측정지점수는 피해가 예상되는 적절한 측정시각에 최소 몇 지점 이상의 측정지점수를 선정·측정하여 그 중 높은 진동레벨을 측정진동레벨로 하는가?

① 10지점 이상
② 6지점 이상
③ 3지점 이상
④ 2지점 이상

해설 피해가 예상되는 적절한 측정시각에 2지점 이상의 측정지점수를 선정·측정하여 그 중 높은 진동레벨을 측정진동레벨로 한다.

151 규제기준 중 생활진동 측정방법으로 옳지 않은 것은?

① 피해가 예상되는 적절한 측정시각에 2지점 이상의 측정지점수를 선정·측정하여 그 중 높은 진동레벨을 측정진동레벨로 한다.

② 진동픽업의 연결선은 잡음 등을 방지하기 위하여 지표면에 일직선으로 설치한다.

③ 진동레벨계의 감각보정회로는 별도 규정이 없는 한 V특성(수직)에 고정하여 측정하여야 한다.

④ 진동픽업의 설치장소는 완충물이 넉넉하게 있는 곳으로 충분히 다져서 단단히 굳은 장소로 한다.

해설 진동픽업의 설치장소는 완충물이 없고 충분히 다져서 단단히 굳은 장소로 한다.

152 생활진동 측정자료 평가표 서식의 "측정환경"란에 기재되어야 하는 내용으로 옳지 않은 것은?

① 지면조건
② 전자장 등의 영향
③ 반사 및 굴절진동의 영향
④ 습도 및 온도의 영향

해설 **생활진동 측정자료 평가표 서식에 기재되어야 하는 사항**
측정대상업소, 측정기기, 측정환경(지면조건, 전자장의 영향, 반사 및 굴절진동의 영향), 진동발생원, 측정자료 분석결과(측정진동레벨, 배경진동레벨, 대상진동레벨), 보정치 산정

153 발파진동의 측정진동레벨에 관한 설명으로 옳은 것은?

① 하루 시간대 중 최대발파진동이 예상되는 시각에 1지점 이상의 측정지점수에서 측정하여 측정진동레벨로 한다.

② 하루 시간대 중 최대발파진동이 예상되는 시각에 2지점 이상의 측정지점수에서 측정하여 측정진동레벨로 한다.

③ 주간 시간대 및 심야 시간대의 각 시간대 중에서 최대발파진동이 예상되는 시각에 1지점 이상의 측정지점수에서 측정하여 측정진동레벨로 한다.

④ 주간 시간대 및 심야 시간대의 각 시간대 중에서 최대발파진동이 예상되는 시각에 2지점 이상의 측정지점수에서 측정하여 측정진동레벨로 한다.

해설 작업일지 및 발파계획서 또는 폭약사용신고서를 참조하여 「소음·진동관리법」 시행규칙 [별표 8]에서 구분하는 각 시간대 중에서 최대발파진동이 예상되는 시각의 진동을 포함한 모든 발파진동을 1지점 이상에서 측정한다.

154 발파진동 측정방법으로 옳지 않은 것은?

① 측정진동레벨은 발파진동이 지속되는 기간 동안에 측정하여야 한다.

② 배경진동레벨은 대상진동(발파진동)이 없을 때 측정하여야 한다.

③ 진동레벨계만으로 측정할 경우에는 최고진동레벨이 고정(hold)되는 것에 한한다.

④ 측정진동레벨은 7일간의 각 시간대별 평균값으로 갈음한다.

해설 측정진동레벨은 7일간의 각 시간대별 평균값으로 갈음한다.
→ 진동측정방법 중 측정진동레벨에 해당되는 것은 없음

155 다음 중 발파진동 평가 시 시간대별 보정발파횟수(N)에 따른 보정량으로 옳은 것은? (단, $N > 1$)

① $+100 \log N$ ② $+20 \log N^2$

③ $+10 \log N^2$ ④ $+10 \log N$

해설 대상진동레벨에 시간대별 보정발파횟수(N)에 따른 보정량($+10 \log N$; $N > 1$)을 보정하여 평가진동레벨을 구한다. 이 경우 지반발파는 보정발파횟수를 1회로 간주한다.

156 발파진동 측정의 설명으로 옳지 않은 것은?

① 진동레벨계만으로 측정할 경우에는 최고진동레벨이 고정되는 것에 한한다.

② 진동픽업은 지표면에 일직선으로 설치한다.

③ 동특성은 원칙적으로 느림 모드를 사용하여 측정한다.

④ 감각보정회로는 별도 규정이 없는 한 수직특성에 고정하여 측정한다.

해설 동특성은 원칙적으로 빠름 모드를 사용하여 측정한다.

157 발파진동 측정지점수는 주간 시간대 및 심야 시간대의 각 시간대 중에서 최대발파진동이 예상되는 시각에 몇 지점 이상을 택하여야 하는가? (단, 진동공정시험기준상의 기준 적용)

① 5지점 ② 3지점

③ 2지점 ④ 1지점

해설 작업일지 및 발파계획서 또는 폭약사용신고서를 참조하여 「소음·진동관리법」 시행규칙 [별표 8]에서 구분하는 각 시간대 중에서 최대발파진동이 예상되는 시각의 진동을 포함한 모든 발파진동을 1지점 이상에서 측정한다.

158 다음 중 발파진동 측정에 관한 설명으로 옳지 않은 것은?

① 진동레벨기록기를 사용하여 측정할 때에는 기록지상의 지시치의 최고치를 측정진동레벨로 한다.

② 진동레벨계의 출력단자와 진동레벨기록기의 입력단자를 연결한 후 전원과 기기의 동작을 점검하고 매회 교정을 실시하여야 한다.

③ 진동픽업의 연결선은 잡음을 방지하기 위하여 지표면에서 일정한 높이를 두고 설치하여야 한다.

④ 진동레벨계만으로 측정할 경우에는 최고진동레벨이 고정(hold)되는 것에 한한다.

해설 진동픽업의 연결선은 잡음을 방지하기 위하여 지표면에 일직선으로 설치한다.

159 다음 중 발파진동 측정에 관한 사항으로 옳지 않은 것은?

① 측정진동레벨은 발파진동이 지속되는 기간 동안에, 배경진동레벨은 대상진동(발파진동)이 없을 때 측정한다.

② 진동레벨계만으로 측정하는 경우에는 최고진동레벨이 고정(hold)되지 않는 것으로 한다.

③ 측정진동레벨 및 배경진동레벨은 소수점 첫째자리에서 반올림한다.

④ 진동레벨계의 레벨레인지 변환기는 측정지점의 진동레벨을 예비조사한 후 적절하게 고정시켜야 한다.

해설 진동레벨계만으로 측정하는 경우에는 최고진동레벨이 고정(hold)되는 것에 한한다.

160 규제기준 중 발파진동 측정방법으로 옳지 않은 것은?

① 진동픽업의 연결선은 잡음 등을 방지하기 위해 지표면에 일직선으로 설치한다.

② 작업일지 및 발파계획서 또는 폭약사용신고서를 참조하여 「소음·진동관리법규」상에서 구분하는 각 시간대 중에서 최대발파진동이 예상되는 시각의 진동을 제외한 모든 발파진동을 2지점 이상에서 측정한다.

③ 진동픽업의 설치장소는 완충물이 없는 장소로 한다.

④ 진동레벨계의 감각보정회로는 별도 규정이 없는 한 V특성(수직)에 고정하여 측정하여야 한다.

해설 작업일지 및 발파계획서 또는 폭약사용신고서를 참조하여 「소음·진동관리법규」상에서 구분하는 각 시간대 중에서 최대발파진동이 예상되는 시각의 진동을 포함한 모든 발파진동을 1지점 이상에서 측정한다.

161 발파진동 측정방법에서 측정기기의 사용 및 조작에 관한 설명으로 옳지 않은 것은?

① 진동레벨계와 진동레벨기록기를 연결하여 측정·기록하는 것을 원칙으로 한다.

② 진동레벨계만으로 측정할 경우에는 최저진동레벨이 고정(hold)되는 것에 한한다.

③ 진동레벨기록기의 기록속도 등은 진동레벨계의 동특성에 부응하게 조작한다.

④ 진동픽업의 연결선은 잡음 등을 방지하기 위하여 지표면에 일직선으로 설치한다.

해설 진동레벨계만으로 측정할 경우에는 최고진동레벨이 고정(hold)되는 것에 한한다.

162 발파진동 측정 시 진동레벨기록기를 사용하여 측정할 경우 기록지상의 지시치의 변동폭이 몇 dB 이내일 때 구간 내 최대치부터 진동레벨의 크기순으로 10개를 산술평균한 진동레벨값을 취하는가?

① 5dB   ② 10dB
③ 15dB   ④ 20dB

해설 진동레벨기록기를 사용하여 측정할 경우
기록지상의 지시치의 변동폭이 5dB 이내일 때에는 구간 내 최대치부터 진동레벨의 크기순으로 10개를 산술평균한 진동레벨이다.

163 발파진동 측정자료 평가표 서식에 기재되어야 하는 사항으로 옳지 않은 것은?

① 폭약의 종류
② 폭약 제조사
③ 발파횟수(낮, 밤)
④ 측정지점 약도

해설 발파진동 측정자료 평가표 서식에 기재되어야 하는 사항
측정대상의 진동원과 측정지점(폭약의 종류, 1회 사용량, 발파횟수, 측정지점 약도)

164 도로교통진동 측정을 위해 디지털 진동 자동분석계를 사용하는 경우에 자료분석방법으로 옳은 것은?

① 샘플주기를 1초 이내에서 결정하고 5분 이상 측정하여 구간 최대치로부터 10개를 산술평균한 값을 그 지점의 측정진동레벨로 한다.

② 샘플주기를 0.1초 이내에서 결정하고 5분 이상 측정하여 구간 최대치로부터 10개를 산술평균한 값을 그 지점의 측정진동레벨로 한다.

③ 샘플주기를 1초 이내에서 결정하고 5분 이상 측정하여 자동 연산·기록한 80% 범위의 상단치인 L_{10}값을 그 지점의 측정진동레벨로 한다.

④ 샘플주기를 0.1초 이내에서 결정하고 5분 이상 측정하여 자동 연산·기록한 80% 범위의 상단치인 L_{10}값을 그 지점의 측정진동레벨로 한다.

해설 샘플주기를 1초 이내에서 결정하고 5분 이상 측정하여 자동 연산·기록한 80% 범위의 상단치인 L_{10}값을 그 지점의 측정진동레벨로 한다.

165 도로진동 측정점의 기준은?

① 도로단으로부터 차선×50m 지점

② 도로단으로부터 1m 지점

③ 피해자측과 도로단의 중간지점

④ 피해자측 부지경계선 중 진동레벨이 높을 것으로 예상되는 지점

해설 측정점은 피해가 예상되는 자의 부지경계선 중 진동레벨이 높을 것으로 예상되는 지점을 택하여야 한다.

166 도로교통진동 측정 시 진동픽업(pick-up) 설치에 대한 설명으로 옳지 않은 것은?

① 진동픽업은 수평방향의 진동레벨을 측정할 수 있도록 설치하여야 한다.

② 경사 또는 요철이 없는 장소로 하고, 수평면을 충분히 확보하여야 한다.

③ 완충물이 없고 충분히 다져서 굳은 장소로서 반사, 회절현상이 없는 곳이어야 한다.

④ 진동픽업 및 진동레벨계는 온도, 자기, 전기 등의 영향을 받지 않는 곳이어야 한다.

해설 진동픽업은 수직방향 진동레벨을 측정할 수 있도록 설치한다.

167 디지털 진동 자동분석계를 사용하여 도로교통진동 한도 측정 시 측정진동레벨로 정하는 기준은?

① 샘플주기를 1초 이내에서 결정하고 5분 이상 측정하여 자동 연산·기록한 80% 범위의 상단치인 L_{10}값을 그 지점의 측정진동레벨로 한다.

② 샘플주기를 1초 이내에서 결정하고 1분 이상 측정하여 자동 연산·기록한 80% 범위의 상단치인 L_{10}값을 그 지점의 측정진동레벨로 한다.

③ 샘플주기를 0.1초 이내에서 결정하고 5분 이상 측정하여 자동 연산·기록한 80% 범위의 상단치인 L_{10}값을 그 지점의 측정진동레벨로 한다.

④ 샘플주기를 0.1초 이내에서 결정하고 1분 이상 측정하여 자동 연산·기록한 80% 범위의 상단치인 L_{10}값을 그 지점의 측정진동레벨로 한다.

해설 디지털 진동 자동분석계를 사용하여 도로교통진동 한도 측정 시 측정진동레벨로 정하는 기준
샘플주기를 1초 이내에서 결정하고 5분 이상 측정하여 자동 연산·기록한 80% 범위의 상단치인 L_{10}값을 그 지점의 측정진동레벨로 한다.

168 진동레벨기록기를 사용하여 측정진동레벨을 측정할 때, 기록지상의 지시치가 불규칙적이고 대폭 변화하는 경우 도로교통진동 측정자료 분석에 사용되는 방법으로 옳은 것은?

① L_5 진동레벨 계산방법에 의한 L_5값

② L_{10} 진동레벨 계산방법에 의한 L_{10}값

③ L_{50} 진동레벨 계산방법에 의한 L_{50}값

④ L_{90} 진동레벨 계산방법에 의한 L_{90}값

해설 기록지상의 지시치가 불규칙하고 대폭적으로 변하는 경우에는 L_{10} 진동레벨 계산방법에 의한 L_{10}값을 사용한다.

169 철도진동관리기준 측정방법에 관한 설명으로 옳지 않은 것은?

① 요일별로 진동 변동이 적은 평일(월요일부터 금요일 사이)에 당해 지역의 철도진동을 측정하여야 한다.

② 기상조건, 열차의 운행횟수 및 속도 등을 고려하여 당해 지역의 1시간 평균 철도통행량 이상인 시간대에 측정한다.

③ 열차 통과 시마다 최고진동레벨이 배경진동레벨보다 최소 10dB 이상 큰 것에 한하여 연속 10개 열차(상·하행 포함) 이상을 대상으로 최고진동레벨을 측정·기록한다.

④ 열차의 운행횟수가 밤·낮 시간대별로 1일 10회 미만인 경우에는 측정 열차수를 줄여 그 중 중앙값 이상을 산술평균한 값을 철도진동레벨로 할 수 있다.

해설 열차 통과 시마다 최고진동레벨이 배경진동레벨보다 최소 5dB 이상 큰 것에 한하여 연속 10개 열차(상·하행 포함) 이상을 대상으로 최고진동레벨을 측정·기록하고, 그 중 중앙값 이상을 산술평균한 값을 철도진동레벨로 한다.

170 주어진 표는 불규칙하거나 변동하는 진동레벨의 누적도수 정리법의 일부를 나타낸 것이다. ㉮~㉰의 ( ) 안에 들어가야 할 수치로 짝지어진 것 중 옳은 것은? (단, ＊로 표시한 장소는 생략한다.)

끝자리 숫자	0	1	2	3	4	5	6	7	8	9
50대	8	9	㉮	㉯	㉰	7	9	5	3	3
		27	＊	51	58	㉱	＊	＊	89	92	95

	㉮	㉯	㉰	㉱
①	10	9	10	70
②	15	7	8	68
③	10	9	8	68
④	15	7	10	68

해설 표로부터 도수 및 누적도수를 구한다.

끝자리 숫자	0	1	2	3	4	5	6	7	8	9
50대	8	9	15 ㉮	7 ㉯	10 ㉰	7	9	5	3	3
		27	36 ＊	51	58	68 ㉱	75 ＊	84 ＊	89	92	95

58dB의 누적도수 27에 59dB의 도수 9를 더하여 누적도수 36을 구한다. 52dB의 누적도수 51에서 36을 빼면 52dB의 도수(㉮) 15를 구한다. 마찬가지로 53dB의 누적도수 58에서 51을 빼면 53dB의 도수(㉯)는 7이다. 다음에 57dB의 누적도수 89에서 그 도수 5를 빼면 56dB의 누적도수 84가 되며, 이렇게 순차적으로 계산하여 54dB의 누적도수(㉱) 68을 얻으며, 그 값에서 58을 빼어 54dB의 도수(㉰) 10을 구한다.

171 철도진동 측정자료 평가표 서식 중 '측정대상의 진동원'란에 반드시 기재되어야 하는 사항으로 옳지 않은 것은?

① 레일길이
② 승차인원(명/대)
③ 열차통행량(대/h)
④ 평균열차속도(km/h)

해설 철도진동 측정자료 평가표 서식 중 '진동원'란에 반드시 기재되어야 하는 사항은 철도구조(철도선 구분, 레일길이), 교통특성(열차통행량(대/h), 평균열차속도(km/h)이다.

PART 4

중요이론 & 실전문제

소·음·진·동 기사/산업기사

소음 · 진동 평가 및 대책

Noise & Vibration

Chapter 1 소음 · 진동 관계 법규

Section 01 소음 · 진동관리법

1 총칙

(1) 목적

공장 · 건설공사장 · 도로 · 철도 등으로부터 발생하는 소음 · 진동으로 인한 피해를 방지하고 소음 · 진동을 적정하게 관리하여 모든 국민이 조용하고 평온한 환경에서 생활할 수 있게 함

(2) 용어 정의

① 소음(騷音)

기계 · 기구 · 시설, 그 밖의 물체의 사용 또는 공동주택 등 환경부령으로 정하는 장소에서 사람의 활동으로 인하여 발생하는 강한 소리

② 진동(振動)

기계 · 기구 · 시설, 그 밖의 물체의 사용으로 인하여 발생하는 강한 흔들림

③ 소음 · 진동배출시설

소음 · 진동을 발생시키는 공장의 기계 · 기구 · 시설, 그 밖의 물체로서 환경부령으로 정하는 것

④ 소음 · 진동방지시설

소음 · 진동배출시설로부터 배출되는 소음 · 진동을 없애거나 줄이는 시설

⑤ 방음시설(防音施設)

소음 · 진동배출시설이 아닌 물체로부터 발생하는 소음을 없애거나 줄이는 시설

⑥ 방진시설

소음 · 진동배출시설이 아닌 물체로부터 발생하는 진동을 없애거나 줄이는 시설

⑦ 공장

건축물 또는 공작물, 물품제조공정을 형성하는 기계 · 장치 등 제조시설과 그 부대시설을 갖추고 대통령령으로 정하는 제조업을 하기 위한 사업장. 다만, 공항시설 안의 항공기 정비공장은 제외

⑧ 교통기관

기차 · 자동차 · 전차 · 도로 및 철도 등. 다만, 항공기와 선박은 제외

⑨ 자동차

원동기에 의하여 육상에서 이동할 목적으로 제작한 용구 또는 이에 견인되어 육상을 이동할 목적으로 제작한 용구와 건설공사에 사용할 수 있는 기계

⑩ 소음발생건설기계

건설공사에 사용하는 기계 중 소음이 발생하는 기계

⑪ 휴대용 음향기기

휴대가 쉬운 소형 음향재생기기(음악 재생기능이 있는 이동전화를 포함)

(3) 종합계획의 수립

환경부장관은 소음·진동으로 인한 피해를 방지하고 소음·진동의 적정한 관리를 위하여 시·도지사의 의견을 들은 후 관계 중앙행정기관의 장과 협의를 거쳐 소음·진동관리종합계획을 5년마다 수립하여야 한다.

종합계획에 포함되어야 할 사항은 다음과 같다.

① 종합계획의 목표 및 기본방향

② 소음·진동을 적정하게 관리하기 위한 방안

③ 지역별·연도별 소음·진동 저감대책 추진현황

④ 소음·진동 발생이 국민건강에 미치는 영향에 대한 조사·연구

⑤ 소음·진동 저감대책을 추진하기 위한 교육·홍보 계획

⑥ 종합계획 추진을 위한 재원의 조달 방안

⑦ 그 밖에 소음·진동을 줄이기 위하여 필요한 사항

(4) 상시측정 및 측정망 설치계획의 결정·고시

① 환경부장관은 전국적인 소음·진동의 실태를 파악하기 위하여 측정망을 설치하고 상시(常時)측정하여야 한다.

② 환경부장관은 측정망의 위치, 범위, 구역 등을 명시한 측정망 설치계획을 결정하여 환경부령으로 정하는 바에 따라 고시하고 그 도면을 누구든지 열람할 수 있게 하여야 한다. 이를 변경한 경우에도 또한 같다.

③ 측정망 설치계획의 결정·고시 시 다른 법률과의 관계

환경부장관이나 시·도지사가 측정망 설치계획을 결정·고시하면 다음의 허가를 받은 것으로 본다.

㉠ 「하천법」에 따른 하천공사 시행의 허가 및 하천점용의 허가

㉡ 「도로법」에 따른 도로점용의 허가

㉢ 「공유수면 관리 및 매립에 관한 법률」에 따른 공유수면의 점용·사용 허가

(5) 소음지도의 작성

환경부장관 또는 시·도지사는 교통기관 등으로부터 발생하는 소음을 적정하게 관리하기 위하여 필요한 경우에는 환경부령으로 정하는 바에 따라 일정 지역의 소음의 분포 등을 표시한 소음지도(騷音地圖)를 작성할 수 있다.

2 공장 소음 · 진동의 관리

(1) 공장 소음 · 진동 배출허용기준

소음 · 진동 배출시설을 설치한 공장에서 나오는 소음 · 진동의 배출허용기준은 환경부령으로 정한다.

(2) 배출시설의 설치신고 및 허가

배출시설을 설치하려는 자는 대통령령으로 정하는 바에 따라 특별자치시장 · 특별자치도지사 또는 시장 · 군수 · 구청장에게 신고하여야 한다. 다만, 학교 또는 종합병원의 주변 등 대통령령으로 정하는 지역은 특별자치시장 · 특별자치도지사 또는 시장 · 군수 · 구청장의 허가를 받아야 한다.

(3) 방지시설의 설치

배출시설의 설치 또는 변경에 대한 신고를 하거나 허가를 받은 자(사업자)가 그 배출시설을 설치하거나 변경하려면 그 공장으로부터 나오는 소음 · 진동을 배출허용기준 이하로 배출되게 하기 위하여 소음 · 진동방지시설을 설치하여야 한다.

(4) 배출허용기준의 준수 의무

사업자는 배출시설 또는 방지시설의 설치 또는 변경을 끝내고 배출시설을 가동(稼動)한 때에는 환경부령으로 정하는 기간(가동개시일부터 30일) 이내에 공장에서 배출되는 소음 · 진동이 소음 · 진동 배출허용기준 이하로 처리될 수 있도록 하여야 한다.

(5) 개선명령과 조업정지명령

특별자치시장 · 특별자치도지사 또는 시장 · 군수 · 구청장은 조업 중인 공장에서 배출되는 소음 · 진동의 정도가 배출허용기준을 초과하면 환경부령으로 정하는 바에 따라 기간을 정하여 사업자에게 그 소음 · 진동의 정도가 배출허용기준 이하로 내려가는 데에 필요한 조치(개선명령)를 명할 수 있다. 개선명령을 받은 자가 이를 이행하지 아니하거나 기간 내에 이행은 하였으나 배출허용기준을 계속 초과할 때에는 그 배출시설의 전부 또는 일부에 조업정지를 명할 수 있다. 이 경우 환경부령으로 정하는 시간대별 배출허용기준을 초과하는 공장에는 시간대별로 구분하여 조업정지를 명할 수 있다.

(6) 위법시설에 대한 폐쇄조치

특별자치시장 · 특별자치도지사 또는 시장 · 군수 · 구청장은 신고를 하지 아니하거나 허가를 받지 아니하고 배출시설을 설치하거나 운영하는 자에게 그 배출시설의 사용중지를 명하여야 한다. 다만, 그 배출시설을 개선하거나 방지시설을 설치 · 개선하더라도 그 공장에서 나오는 소음 · 진동의 정도가 배출허용기준 이하로 내려갈 기능성이 없거나 다른 법률에 따라 그 배출시설의 설치가 금지되는 장소이면 그 배출시설의 폐쇄를 명하여야 한다.

(7) 환경기술인

사업자는 배출시설과 방지시설을 정상적으로 운영 · 관리하기 위하여 환경기술인을 임명하여야 한다.

3 생활 소음·진동의 관리

(1) 생활 소음과 진동의 규제 및 층간소음기준

① 특별자치시장·특별자치도지사 또는 시장·군수·구청장은 주민의 조용하고 평온한 생활환경을 유지하기 위하여 사업장 및 공사장 등에서 발생하는 소음·진동(산업단지나 그 밖에 환경부령으로 정하는 지역에서 발생하는 소음과 진동은 제외)을 규제하여야 한다.

② 환경부장관과 국토교통부장관은 공동으로 공동주택에서 발생되는 층간소음(인접한 세대 간 소음을 포함한다)으로 인한 입주자 및 사용자의 피해를 최소화하고 발생된 피해에 관한 분쟁을 해결하기 위하여 층간소음기준을 정하여야 한다.

(2) 폭약의 사용으로 인한 소음·진동의 방지

특별자치시장·특별자치도지사 또는 시장·군수·구청장은 폭약의 사용으로 인한 소음·진동 피해를 방지할 필요가 있다고 인정하면 시·도 경찰청장에게「총포·도검·화약류 등 단속법」에 따라 폭약을 사용하는 자에게 그 사용의 규제에 필요한 조치를 하여 줄 것을 요청할 수 있다. 이 경우 시·도 경찰청장은 특별한 사유가 없으면 그 요청에 따라야 한다.

4 교통 소음·진동의 관리

(1) 교통 소음·진동의 관리기준

교통기관에서 발생하는 소음·진동의 관리기준은 환경부령으로 정한다. 이 경우 환경부장관은 미리 관계 중앙행정기관의 장과 교통 소음·진동 관리기준 및 시행시기 등 필요한 사항을 협의하여야 한다.

(2) 제작차 소음허용기준 및 제작차에 대한 인증

① 자동차를 제작(수입을 포함한다)하려는 자는 제작되는 자동차에서 나오는 소음이 대통령령으로 정하는 제작차 소음허용기준에 적합하도록 제작하여야 한다.

② 자동차제작자가 자동차를 제작하려면 미리 제작차의 소음이 제작차 소음허용기준에 적합하다는 환경부장관의 인증을 받아야 한다. 다만, 환경부장관은 군용·소방용 등 공용의 목적 또는 연구·전시 목적 등으로 사용하려는 자동차 또는 외국에서 반입하는 자동차로서 대통령령으로 정하는 자동차는 인증을 면제하거나 생략할 수 있다.

(3) 인증시험대행기관의 지정 및 과징금 처분

① 환경부장관은 인증에 필요한 시험을 효율적으로 수행하기 위하여 필요한 경우에는 전문기관을 지정하여 인증시험에 관한 업무를 수행하게 할 수 있다.

② 인증시험대행기관 및 그 업무에 종사하는 자는 다음의 어느 하나에 해당하는 행위를 하여서는 아니 된다.

㉠ 다른 사람에게 자신의 명의로 인증시험을 하게 하는 행위

㉡ 거짓이나 그 밖의 부정한 방법으로 인증시험을 하는 행위

㉢ 그 밖에 인증시험과 관련하여 환경부령으로 정하는 준수사항을 위반하는 행위

③ 환경부장관은 인증시험대행기관에 업무정지처분을 하는 경우로서 그 업무정지처분이 해당 업무의 이용자 등에게 심한 불편을 주거나 그 밖에 공익에 현저한 지장을 줄 우려가 있다고 인정하는 경우에는 그 업무정지처분을 갈음하여 5천만원 이하의 과징금을 부과 · 징수할 수 있다.

(4) 운행차 소음허용기준, 수시점검, 정기검사, 개선명령

① 자동차의 소유자는 그 자동차에서 배출되는 소음이 대통령령으로 정하는 운행차 소음허용기준에 적합하게 운행하거나 운행하게 하여야 하며, 소음기(消音器)나 소음덮개를 떼어버리거나 경음기(警音器)를 추가로 붙여서는 아니 된다.

② 특별시장 · 광역시장 · 특별자치시장 · 특별자치도지사 또는 시장 · 군수 · 구청장은 다음 사항을 확인하기 위하여 도로 또는 주차장 등에서 운행차를 점검할 수 있다.
   ㉠ 운행차의 소음이 운행차 소음허용기준에 적합한지 여부
   ㉡ 소음기나 소음덮개를 떼어버렸는지 여부
   ㉢ 경음기를 추가로 붙였는지 여부

③ 자동차의 소유자는 「자동차관리법」과 「건설기계관리법」에 따른 정기검사 및 「대기환경보전법」에 따른 이륜자동차 정기검사를 받을 때에 다음 사항 모두에 대하여 검사를 받아야 한다.
   ㉠ 해당 자동차에서 나오는 소음이 운행차 소음허용기준에 적합한지 여부
   ㉡ 소음기나 소음덮개를 떼어버렸는지 여부
   ㉢ 경음기를 추가로 붙였는지 여부

④ 정기검사의 방법 · 대상항목 및 검사기관의 시설 · 장비 등에 필요한 사항은 환경부령으로 정한다.

⑤ 환경부장관이 ④에 따라 환경부령을 정하려면 국토교통부장관과 협의하여야 한다.

⑥ 특별시장 · 광역시장 · 특별자치시장 · 특별자치도지사 또는 시장 · 군수 · 구청장은 운행차에 대하여 수시점검 결과 다음의 어느 하나에 해당하는 경우에는 환경부령으로 정하는 바에 따라 자동차 소유자에게 개선을 명할 수 있다.
   ㉠ 운행차의 소음이 운행차 소음허용기준을 초과한 경우
   ㉡ 소음기나 소음덮개를 떼어버린 경우
   ㉢ 경음기를 추가로 붙인 경우

⑦ 개선명령을 하려는 경우 10일 이내의 범위에서 개선에 필요한 기간에 그 자동차의 사용정지를 함께 명할 수 있다.

5 항공기소음의 관리

환경부장관은 항공기소음이 대통령령으로 정하는 항공기소음의 한도를 초과하여 공항 주변의 생활환경이 매우 손상된다고 인정하면 관계 기관의 장에게 방음시설의 설치나 그 밖에 항공기소음의 방지에 필요한 조치를 요청할 수 있다. 항공기소음기준은 소음대책지역별 예상소음영향도를 「공항소음 방지 및 소음대책지역 지원에 관한 법률」 시행규칙(국토교통부령)에 항공기 소음대책지역의 구역별 예상소음도 영향기준(제2조(소음대책지역의 지정 · 고시))을 세분하여 나타내었다.

6 방음시설의 설치기준

소음을 방지하기 위하여 방음벽·방음림(防音林)·방음둑 등의 방음시설을 설치하는 자는 충분한 소리의 차단효과를 얻을 수 있도록 설계·시공하여야 한다.

7 확인검사대행자

확인검사대행자의 결격사유는 다음과 같다.

다음의 어느 하나에 해당하는 자는 확인검사대행자의 등록을 할 수 없다.

① 피성년후견인 또는 피한정후견인

② 파산선고를 받고 복권(復權)되지 아니한 자

③ 확인검사대행자의 등록이 취소된 후 2년이 지나지 아니한 자

④ 「소음·진동관리법」이나 「대기환경보전법」, 「물환경보전법」을 위반하여 징역의 실형을 선고받고 그 형의 집행이 종료되거나 집행을 받지 아니하기로 확정된 후 2년이 지나지 아니한 자

⑤ 임원 중 ①부터 ④까지의 규정 중 어느 하나에 해당하는 자가 있는 법인

8 보칙

(1) 소음도 검사

소음발생건설기계를 제작 또는 수입하려는 자는 해당 소음발생건설기계를 판매·사용하기 전에 환경부장관이 실시하는 소음도 검사를 받아야 한다.

(2) 가전제품 저소음 표시

환경부장관은 소비자에게 가전제품의 저소음에 대한 정보를 제공하고 저소음 가전제품의 생산·보급을 촉진하기 위하여 환경부령으로 정하는 바에 따라 저소음 표지를 붙일 수 있도록 하는 가전제품 저소음표시제를 실시할 수 있다.

(3) 휴대용 음향기기의 최대음량기준

환경부장관은 휴대용 음향기기 사용으로 인한 사용자의 소음성 난청(騷音性難聽) 등 소음 피해를 방지하기 위하여 환경부령으로 휴대용 음향기기에 대한 최대음량기준을 정하여야 한다.

(4) 보고와 검사

환경부장관, 특별자치시장·특별자치도지사 또는 시장·군수·구청장은 환경부령으로 정하는 경우에는 다음의 자에게 보고를 명하거나 자료를 제출하게 할 수 있으며, 관계 공무원이 해당 시설 또는 사업장 등에 출입해서 배출허용기준과 규제기준의 준수를 확인하기 위하여 소음과 진동검사를 하게 하거나 관계 서류·시설 또는 장비 등을 검사하게 할 수 있다.

① 사업자

② 생활 소음·진동의 규제대상인 자

③ 폭약을 사용하는 자

④ 자동차제작자

⑤ 타이어제작자

⑥ 확인검사대행자

⑦ 소음발생건설기계제작자

⑧ 소음도 검사기관

⑨ 환경부장관의 업무를 위탁받은 자

(5) 관계 기관의 협조

환경부장관은 이 법의 목적을 달성하기 위하여 필요하다고 인정하면 다음에 해당하는 조치를 관계 기관의 장에게 요청할 수 있다. 이 경우 관계 기관의 장은 특별한 사유가 없으면 그 요청에 따라야 한다.

① 도시재개발사업의 변경

② 주택단지 조성의 변경

③ 도로·철도·공항 주변의 공동주택 건축허가의 제한

④ 그 밖에 대통령령으로 정하는 사항

    ㉠ 도로의 구조개선 및 정비

    ㉡ 교통신호체제의 개선 등 교통소음을 줄이기 위하여 필요한 사항

    ㉢ 「전기용품 및 생활용품 안전관리법」 등 관련 법령에 따른 형식승인 및 품질인증과 관련된 소음·진동기준의 조정

    ㉣ 소음지도의 작성에 필요한 자료의 제출

9 벌칙(부칙 포함)

(1) 벌금에 처하는 벌칙

① 3년 이하의 징역 또는 3천만원 이하의 벌금

    ㉠ 폐쇄명령을 위반한 자

    ㉡ 제작차 소음허용기준에 맞지 아니하게 자동차를 제작한 자

    ㉢ 인증 받지 아니하고 자동차를 제작한 자

    ㉣ 소음도 검사를 받지 아니하거나 거짓으로 소음도 검사를 받은 자

② 1년 이하의 징역 또는 1천만원 이하의 벌금

    ㉠ 허가를 받지 아니하고 배출시설을 설치하거나 그 배출시설을 이용해 조업한 자

    ㉡ 거짓이나 그 밖의 부정한 방법으로 허가를 받은 자

    ㉢ 조업정지명령 등을 위반한 자

    ㉐ 사용금지, 공사중지 또는 폐쇄명령을 위반한 자

    ㉑ 변경인증을 받지 아니하고 자동차를 제작한 자

    ㉒ 소음도 표지를 붙이지 아니하거나 거짓의 소음도 표지를 붙인 자

  ③ 6개월 이하의 징역 또는 500만원 이하의 벌금

    ㉠ 신고를 하지 아니하거나 거짓이나 부정한 방법으로 신고를 하고 배출시설을 설치하거나 그 배출시설을 이용해 조업한 자

    ㉡ 작업시간 조정 등의 명령을 위반한 자

    ㉢ 자동차 수시점검에 따르지 아니하거나 지장을 주는 행위를 한 자

    ㉣ 개선명령 또는 사용정지명령을 위반한 자

(2) 과태료

  ① 2천만원 이하의 과태료

    ㉠ 타이어 소음도 측정결과를 신고하지 아니하거나 거짓으로 신고한 자

    ㉡ 타이어 소음도를 표시하지 아니하거나 거짓으로 표시한 자

  ② 300만원 이하의 과태료

    ㉠ 환경기술인을 임명하지 아니한 자

    ㉡ 환경기술인의 업무를 방해하거나 환경기술인의 요청을 정당한 사유없이 거부한 자

    ㉢ 기준에 적합하지 아니한 가전제품에 저소음 표지를 붙인 자

    ㉣ 기준에 적합하지 아니한 휴대용 음향기기를 제조 · 수입하여 판매한 자

  ③ 200만원 이하의 과태료

    ㉠ 배출시설의 설치 및 신고를 한 자가 변경신고를 하지 아니하거나 거짓이나 그 밖의 부정한 방법으로 변경신고를 한 자

    ㉡ 공장에서 배출되는 소음 · 진동을 배출허용기준 이하로 처리하지 아니한 자

    ㉢ 생활 소음 · 진동 규제기준을 초과하여 소음 · 진동을 발생한 자

    ㉣ 특정공사의 신고 또는 변경신고를 하지 아니하거나 거짓이나 그 밖의 부정한 방법으로 신고 또는 변경신고를 한 자

    ㉤ 방음시설을 설치하지 아니하거나 기준에 맞지 아니한 방음시설을 설치한 자

    ㉥ 특정공사로 발생하는 소음 · 진동을 줄이기 위한 저감대책을 수립 · 시행하지 아니한 자

    ㉦ 이동소음원의 사용금지 또는 제한조치를 위반한 자

    ㉧ 운행차 소음허용기준을 위반한 자동차의 소유자

    ㉨ 개선명령을 받은 자가 보고를 하지 아니한 자

    ㉩ 환경기술인 등의 교육을 받게 하지 아니한 자

    ㉪ 배출허용기준과 규제기준 준수를 확인하기 위한 보고를 하지 아니하거나 허위로 보고한 자 또는 자료를 제출하지 아니하거나 허위로 제출한 자

    ㉫ 배출허용기준과 규제기준 준수를 확인하기 위한 관계 공무원의 출입 · 검사를 거부 · 방해 또는 기피한 자

Section 02 소음·진동관리법 시행령

(1) 배출시설의 설치허가

배출시설의 설치신고를 하거나 설치허가를 받으려는 자는 배출시설 설치신고서 또는 배출시설 설치허가신청서에 다음의 서류를 첨부하여 특별자치시장·특별자치도지사 또는 시장·군수·구청장에게 제출하여야 한다.

① 배출시설의 설치명세서 및 배치도(허가신청인 경우만 제출한다)

② 방지시설의 설치명세서와 그 도면(신고의 경우 도면은 제외한다)

③ 방지시설의 설치의무를 면제받으려는 경우에는 이를 인정할 수 있는 서류

④ 배출시설을 설치신고 및 허가 시 대통령령으로 정하는 지역

ㄱ 「의료법」에 따른 종합병원의 부지경계선으로부터 직선거리 50m 이내의 지역

ㄴ 「도서관법」에 따른 공공도서관의 부지경계선으로부터 직선거리 50m 이내의 지역

ㄷ 「초·중등교육법」 및 「고등교육법」에 따른 학교의 부지경계선으로부터 직선거리 50m 이내의 지역

ㄹ 「주택법」에 따른 공동주택의 부지경계선으로부터 직선거리 50m 이내의 지역

ㅁ 「국토의 계획 및 이용에 관한 법률」에 따른 주거지역 또는 제2종 지구단위계획구역(주거형만을 말한다)

ㅂ 「의료법」 제3조 제2항 제3호 라목에 따른 요양병원 중 100개 이상의 병상을 갖춘 노인을 대상으로 하는 요양병원의 부지경계선으로부터 직선거리 50m 이내의 지역

ㅅ 「영유아보육법」에 따른 어린이집 중 입소규모 100명 이상인 어린이집의 부지경계선으로부터 직선거리 50m 이내의 지역

⑤ 배출시설의 설치신고 또는 설치허가 대상에서 제외되는 지역

ㄱ 「산업입지 및 개발에 관한 법률」에 따른 산업단지

ㄴ 「국토의 계획 및 이용에 관한 법률」 시행령에 따라 지정된 전용공업지역 및 일반공업지역

ㄷ 「자유무역지역의 지정 및 운영에 관한 법률」에 따라 지정된 자유무역지역

ㄹ ㄱ ~ ㄷ까지의 규정에 따라 지정된 지역과 유사한 지역으로 시·도지사가 환경부장관의 승인을 받아 지정·고시한 지역

(2) 제작차 소음허용기준 및 제작차에 대한 인증 면제·생략

제작차 소음허용기준은 다음 각 호의 자동차의 소음 종류별로 소음배출 특성을 고려하여 정하되, 소음 종류별 허용기준치는 관계 중앙행정기관의 장의 의견을 들어 환경부령으로 정한다.

① 가속주행소음

② 배기소음

③ 경적소음

④ 인증을 면제할 수 있는 자동차

　㉠ 군용·소방용 및 경호 업무용 등 국가의 특수한 공무용으로 사용하기 위한 자동차

　㉡ 주한 외국공관, 외교관, 그 밖에 이에 준하는 대우를 받는 자가 공무용으로 사용하기 위하여 반입하는 자동차로서 외교부장관의 확인을 받은 자동차

　㉢ 주한 외국군대의 구성원이 공무용으로 사용하기 위하여 반입하는 자동차

　㉣ 수출용 자동차나 박람회, 그 밖에 이에 준하는 행사에 참가하는 자가 전시를 목적으로 사용하는 자동차

　㉤ 여행자 등이 다시 반출할 것을 조건으로 일시 반입하는 자동차

　㉥ 자동차제작자·연구기관 등이 자동차의 개발이나 전시 등을 목적으로 사용하는 자동차

　㉦ 외국인 또는 외국에서 1년 이상 거주한 내국인이 주거를 이전하기 위하여 이주물품으로 반입하는 1대의 자동차

⑤ 인증을 생략할 수 있는 자동차

　㉠ 국가대표 선수용이나 훈련용으로 사용하기 위하여 반입하는 자동차로서 문화체육관광부장관의 확인을 받은 자동차

　㉡ 외국에서 국내의 공공기관이나 비영리단체에 무상으로 기증하여 반입하는 자동차

　㉢ 외교관, 주한 외국군인 또는 그 가족이 사용하기 위하여 반입하는 자동차

　㉣ 인증을 받지 아니한 자가 인증을 받은 자동차와 동일한 차종의 원동기 및 차대(車臺)를 구입하여 제작하는 자동차

　㉤ 항공기 지상조업용(地上操業用)으로 반입하는 자동차

　㉥ 국제협약 등에 따라 인증을 생략할 수 있는 자동차

　㉦ 다음 요건에 해당되는 자동차로서 환경부장관이 정하여 고시하는 자동차

　　ⓐ 제철소·조선소 등 한정된 장소에서 운행되는 자동차

　　ⓑ 제설용·방송용 등 특수한 용도로 사용되는 자동차

　　ⓒ 「관세법」에 따라 공매(公賣)되는 자동차

　㉧ 그 밖에 군용·소방용 등 공용의 목적 또는 연구·전시 목적 등으로 사용하려는 자동차 또는 외국에서 반입하는 자동차로서 환경부장관이 인증을 생략할 필요가 있다고 인정하여 고시하는 자동차

(3) 운행차 소음허용기준

운행차 소음허용기준은 다음 각 호의 자동차의 소음 종류별로 소음배출 특성을 고려하여 정하되, 소음 종류별 허용기준치는 관계 중앙행정기관의 장의 의견을 들어 환경부령으로 정한다.

① 배기소음

② 경적소음

(4) 항공기소음의 한도

소음대책지역		예상 소음영향도(단위 : 가중등가소음도[L_{den}(dB(A))])
제1종 구역		79 이상
제2종 구역		75 이상 79 미만
제3종 구역	'가'지구	70 이상 75 미만
	'나'지구	66 이상 70 미만
	'다'지구	61 이상 66 미만

(5) 권한의 위임

환경부장관은 다음의 권한을 국립환경과학원장에게 위임한다.

① 수입되는 자동차에 대한 권한

ㄱ 제작차에 대한 인증 및 변경인증

ㄴ 권리 · 의무 승계신고의 수리(受理)

ㄷ 인증의 취소

ㄹ 자동차제작자에 대한 보고명령 등 및 검사

ㅁ 인증의 취소에 따른 청문

ㅂ 과태료의 부과 · 징수

② 변경인증(국내에서 제작되는 자동차로 한정한다)

③ 제작차의 소음검사 및 소음검사의 생략

④ 소음도 검사 및 소음도 검사의 면제

⑤ 소음도 검사기관의 지정, 지정취소 및 업무의 전부 또는 일부의 정지

⑥ 소음도 검사기관의 지정취소 및 업무의 전부 또는 일부의 정지에 따른 청문

⑦ 환경부장관은 다음의 권한을 유역환경청장이나 지방환경청장에게 위임한다.

ㄱ 배출허용기준과 규제기준의 준수를 확인하기 위한 보고명령, 자료제출명령 및 검사

ㄴ 배출시설의 설치신고 또는 설치허가 대상 제외지역의 승인

Section 03 소음·진동관리법 시행규칙

(1) 소음의 발생장소

공동주택 등 환경부령으로 정하는 장소란 다음의 장소를 말한다.

① 「주택법」에 따른 공동주택

② 사업장

　㉠ 「음악산업진흥에 관한 법률」에 따른 노래연습장업

　㉡ 「체육시설의 설치·이용에 관한 법률」에 따른 신고 체육시설업 중 체육도장업, 체력단련장업, 무도학원업 및 무도장업

　㉢ 「학원의 설립·운영 및 과외교습에 관한 법률」에 따른 학원 및 교습소 중 음악교습을 위한 학원 및 교습소

　㉣ 「식품위생법」 시행령에 따른 단란주점영업 및 유흥주점영업

　㉤ 「다중이용업소 안전관리에 관한 특별법」 시행규칙에 따른 콜라텍업

(2) 상시측정자료의 제출

특별시장·광역시장·특별자치시장·도지사 또는 특별자치도지사는 상시(常時)측정한 소음·진동에 관한 자료를 매분기 다음 달 말일까지 환경부장관에게 제출하여야 한다.

(3) 측정망 설치계획의 고시

환경부장관, 시·도지사가 고시하는 측정망 설치계획에는 다음의 사항이 포함되어야 한다.

① 측정망의 설치시기

② 측정망의 배치도

③ 측정소를 설치할 토지나 건축물의 위치 및 면적

④ 측정망 설치계획의 고시는 최초로 측정소를 설치하게 되는 날의 3개월 이전에 하여야 한다.

(4) 소음지도의 작성

환경부장관 또는 시·도지사는 소음지도를 작성하려는 경우에는 다음의 사항이 포함된 소음지도 작성계획을 고시하여야 한다.

① 소음지도의 작성기간

② 소음지도의 작성범위

③ 소음지도의 활용계획

④ 소음지도의 작성기간의 시작일은 소음지도 작성계획의 고시 후 3개월이 경과한 날로 한다.

(5) 배출시설의 변경신고

변경신고를 하려는 자는 해당 시설의 변경 전(사업장의 명칭을 변경하거나 대표자를 변경하는 경우에는 이를 변경한 날부터 60일 이내)에 배출시설 변경신고서에 변경내용을 증명하는 서류와 배출시설 설치신고증명서 또는 배출시설 설치허가증을 첨부하여 특별자치시장·특별자치도지사 또는 시장·군수·구청장에게 제출하여야 한다.

(6) 방지시설의 설치면제

배출시설의 설치신고 및 허가를 받은 자가 그 신고한 사항이나 허가를 받은 사항 중 환경부령으로 정하는 사항을 변경할 때 환경부령으로 정하는 경우란 해당 공장의 부지경계선으로부터 직선거리 200m 이내에 다음의 시설 등이 없는 경우를 말한다.

① 주택(사람이 살지 아니하는 폐가는 제외한다)·상가·학교·병원·종교시설
② 공장 또는 사업장
③ 「관광진흥법」에 따른 관광지 및 관광단지
④ 그 밖에 특별자치시장·특별자치도지사 또는 시장·군수·구청장이 정하여 고시하는 시설 또는 지역
⑤ 위의 각 호에 해당되더라도 다음의 어느 하나에 해당될 경우에는 방지시설을 설치하여 소음·진동이 배출허용기준 이내로 배출되도록 하여야 한다.
　㉠ 시설이 새로 설치될 경우
　㉡ 해당 공장에서 발생하는 소음·진동으로 인한 피해분쟁이 발생할 경우
　㉢ 그 밖에 특별자치시장·특별자치도지사 또는 시장·군수·구청장이 생활환경의 피해를 방지하기 위하여 필요하다고 인정할 경우

(7) 배출시설의 설치확인

① 배출기준의 준수의무에서 환경부령으로 정하는 기간이란 가동개시일부터 30일로 한다. 다만, 특별자치시장·특별자치도지사 또는 시장·군수·구청장은 연간 조업일수가 90일 이내인 사업장으로서 가동개시일부터 30일 이내에 조업이 끝나 오염도 검사가 불가능하다고 인정되는 사업장의 경우에는 기간을 단축할 수 있다.
② 특별자치시장·특별자치도지사 또는 시장·군수·구청장은 제1항에 따른 기간이 지난 후 배출허용기준에 맞는지를 확인하기 위하여 필요한 경우 배출시설과 방지시설의 가동상태를 점검할 수 있으며, 소음·진동검사를 하거나 다음의 어느 하나에 해당하는 검사기관으로 하여금 소음·진동검사를 하도록 지시하거나 검사를 의뢰할 수 있다.
　㉠ 국립환경과학원
　㉡ 특별시, 광역시·도, 특별자치도의 보건환경연구원
　㉢ 유역환경청 또는 지방환경청
　㉣ 한국환경공단
③ 사업장에 대한 소음·진동검사의 지시 또는 검사 의뢰를 받은 검사기관은 제1항의 기간이 지난 날부터 20일 이내에 소음·진동검사를 실시하고, 그 결과를 특별자치시장·특별자치도지사 또는 시장·군수·구청장에게 통보하여야 한다.

(8) 개선기간

① 특별자치시장·특별자치도지사 또는 시장·군수·구청장은 개선명령을 하는 경우에는 개선에 필요한 조치, 기계·시설의 종류 등을 고려하여 1년의 범위에서 그 기간을 정하여야 한다.

② 천재지변이나 그 밖의 부득이하다고 인정되는 사유로 제1항의 기간에 명령받은 조치를 끝내지 못한 자에 대하여는 신청에 의하여 6개월의 범위에서 그 기간을 연장할 수 있다.

(9) 환경기술인의 자격기준

환경기술인을 두어야 하는 사업장의 범위와 환경기술인의 자격기준은 [별표 7]과 같고, 환경기술인의 임명시기는 다음의 구분에 따른다.

① **임명하는 경우** : 배출시설 가동개시일까지(최초로 배출시설을 설치하는 경우로 한정한다)

② **바꾸어 임명하는 경우** : 바꾸어 임명하는 사유가 발생한 날부터 5일 이내

③ **환경기술인의 관리사항**

　㉠ 배출시설과 방지시설의 관리에 관한 사항

　㉡ 배출시설과 방지시설의 개선에 관한 사항

　㉢ 그 밖에 소음·진동을 방지하기 위하여 특별자치시장·특별자치도지사 또는 시장·군수·구청장이 지시하는 사항

(10) 생활 소음·진동의 규제

주민의 조용하고 평온한 생활환경을 유지하기 위하여 사업장 및 공사장 등에서 발생하는 소음·진동에서 환경부령으로 정하는 지역이란 다음의 지역을 말한다.

① 산업단지

② 전용공업지역

③ 자유무역지역

④ 생활 소음·진동이 발생하는 공장·사업장 또는 공사장의 부지경계선으로부터 직선거리 300m 이내에 주택(사람이 살지 아니하는 폐가는 제외한다), 운동·휴양시설 등이 없는 지역

⑤ **생활 소음·진동의 규제 대상**

　㉠ 확성기에 의한 소음

　㉡ 배출시설이 설치되지 아니한 공장에서 발생하는 소음·진동

　㉢ 제1항 각 호의 지역 외의 공사장에서 발생하는 소음·진동

　㉣ 공장·공사장을 제외한 사업장에서 발생하는 소음·진동

(11) 특정공사의 사전신고

① 환경부령으로 정하는 "특정공사"란 기계·장비를 5일 이상 사용하는 공사로서 다음의 어느 하나에 해당하는 공사를 말한다.

ⓐ 연면적이 1천m² 이상인 건축물의 건축공사 및 연면적이 3천m² 이상인 건축물의 해체공사

ⓑ 구조물의 용적 합계가 1천m³ 이상 또는 면적 합계가 1천m² 이상인 토목건설공사

ⓒ 면적 합계가 1천m² 이상인 토공사(土工事)·정지공사(整地工事)

ⓓ 총 연장이 200m 이상 또는 굴착(땅파기) 토사량의 합계가 200m³ 이상인 굴정(구멍 뚫기)공사

ⓔ 학교 또는 종합병원의 주변 등 대통령령으로 정하는 지역에서 시행되는 공사

② 특정공사를 시행하려는 자는 해당 공사 시행 전(건설공사는 착공 전)까지 특정공사 사전신고서에 다음의 서류를 첨부하여 특별자치시장·특별자치도지사 또는 시장·군수·구청장에게 제출하여야 한다.

ⓐ 특정공사의 개요(공사 목적과 공사일정표 포함)

ⓑ 공사장 위치도(공사장의 주변 주택 등 피해대상 표시)

ⓒ 방음·방진시설의 설치명세 및 도면

ⓓ 그 밖의 소음·진동 저감대책

③ 특정공사의 사전신고에서 환경부령으로 정하는 중요한 사항이란 다음과 같다.

ⓐ 특정공사 사전신고 대상 기계·장비의 30% 이상의 증가

ⓑ 특정공사 기간의 연장

ⓒ 방음·방진시설의 설치명세 변경

ⓓ 소음·진동 저감대책의 변경

ⓔ 공사 규모의 10% 이상 확대

④ 변경신고를 하려는 자는 변경신고서에 다음의 서류를 첨부하여 특별자치시장·특별자치도지사 또는 시장·군수·구청장에게 제출해야 한다.

ⓐ 변경내용을 증명하는 서류

ⓑ 특정공사 사전신고증명서

ⓒ 그 밖의 변경에 따른 소음·진동 저감대책

⑤ 방음시설의 설치가 곤란한 경우는 다음의 어느 하나와 같다.

ⓐ 공사지역이 협소하여 방음벽시설을 사전에 설치하기 곤란한 경우

ⓑ 도로공사 등 공사구역이 광범위한 선형공사에 해당하는 경우

ⓒ 공사지역이 암반으로 되어 있어 방음벽시설의 사전설치에 따른 소음 피해가 우려되는 경우

ⓓ 건축물의 해체 등으로 방음벽시설을 사전에 설치하기 곤란한 경우

ⓔ 천재지변·재해 또는 사고로 긴급히 처리할 필요가 있는 복구공사인 경우

⑥ 저감대책은 다음과 같다.

ⓐ 소음이 적게 발생하는 공법과 건설기계의 사용

ⓑ 이동식 방음벽시설이나 부분 방음시설의 사용

ⓒ 소음발생 행위의 분산과 건설기계 사용의 최소화를 통한 소음 저감

ⓓ 휴일 작업중지와 작업시간의 조정

(12) 이동소음의 규제

이동소음원(移動騷音源)의 종류는 다음과 같다.

① 이동하며 영업이나 홍보를 하기 위하여 사용하는 확성기

② 행락객이 사용하는 음향기계 및 기구

③ 소음방지장치가 비정상이거나 음향장치를 부착하여 운행하는 이륜자동차

④ 그 밖에 환경부장관이 고요하고 편안한 생활환경을 조성하기 위하여 필요하다고 인정하여 지정·고시하는 기계 및 기구

(13) 폭약 사용 규제 요청

특별자치시장·특별자치도지사 또는 시장·군수·구청장은 법에 따라 필요한 조치를 지방경찰청장에게 요청하려면 규제기준에 맞는 방음·방진시설의 설치, 폭약 사용량, 사용시간, 사용횟수의 제한 또는 발파공법(發破工法) 등의 개선 등에 관한 사항을 포함하여야 한다.

(14) 방음·방진시설의 설치

"환경부령으로 정하는 시설"이란 다음의 시설을 말한다.

① 「의료법」에 따른 종합병원

② 「도서관법」에 따른 공공도서관

③ 학교

④ 공동주택

(15) 인증의 변경신청

"환경부령으로 정하는 중요한 사항"이란 다음의 어느 하나를 말한다.

① 차대동력계 시험차량에서 동력전달장치의 변속비, 감속비 및 차축수

② 소음기의 용량, 재질 및 내부구조

③ 최고출력 또는 최고출력 시 회전수

④ 환경부장관이 고시하는 소음 관련 부품의 교체

⑤ 인증받은 내용을 변경하려는 자는 변경인증신청서에 다음의 서류 중 관계 서류를 첨부하여 국립환경과학원장에게 제출하여야 한다.
   ㉠ 동일 차종임을 입증할 수 있는 서류
   ㉡ 자동차 제원명세서
   ㉢ 변경된 인증 내용에 대한 설명서
   ㉣ 인증 내용 변경 전후의 소음변화에 대한 검토서

(16) 인증시험대행기관의 운영 및 관리

① 인증시험대행기관은 검사장비 및 기술인력의 변경이 있으면 변경된 날부터 15일 이내에 그 내용을 환경부장관에게 알려야 한다.

② 인증시험대행기관은 인증시험대장을 작성 · 비치하여야 하며, 매반기 종료일부터 15일 이내에 검사실적 보고서를 환경부장관에게 제출하여야 한다.

③ 인증시험대행기관은 다음의 사항을 준수하여야 한다.

　　㉠ 시험결과의 원본자료와 일치하도록 인증시험대장을 작성할 것

　　㉡ 시험결과의 원본자료와 인증시험대장을 3년 동안 보관할 것

　　㉢ 검사업무에 관한 내부 규정을 준수할 것

④ 환경부장관은 인증시험대행기관에 대하여 매반기마다 시험결과의 원본자료, 인증시험대장, 검사장비 및 기술인력의 관리상태를 확인하여야 한다.

(17) 자동차제작자의 권리 · 의무승계신고

권리 · 의무의 승계신고를 하려는 자는 신고 사유가 발생한 날부터 권리 · 의무 승계신고서에 인증서 원본과 그 승계 사실을 증명하는 서류를 첨부하여 환경부장관(외국에서 반입하는 자동차의 경우에는 국립환경과학원장을 말한다)에게 제출하여야 한다.

(18) 타이어 소음도의 측정방법

자동차용 타이어의 소음 측정방법은 다음과 같다.

① 측정장소는 타이어 소음 발생지점과 측정지점 간의 자유음장조건이 1dB 이하가 될 수 있는 곳으로 할 것

② 측정장소 중앙으로부터 50m 이내에 소음을 막는 물체가 없는 장소일 것

③ 풍속 및 온도 등 기후의 영향이 적은 환경일 것

④ 소음도는 측정차량이 시속 60km 이상 90km 이하에 해당하는 속도로 운행될 때 측정할 것

⑤ 측정 당시 온도 등 환경을 고려한 보정값을 분석하여 최종 소음도 측정값에 반영할 것

(19) 운행차의 개선명령

개선명령을 받은 자가 개선결과를 보고하려면 확인검사대행자로부터 개선결과를 확인하는 정비 · 점검 확인서를 발급받아 개선명령서를 첨부하여 개선명령일부터 10일 이내에 특별시장 · 광역시장 · 특별자치시장 · 특별자치도지사 또는 시장 · 군수 · 구청장에게 제출하여야 한다.

(20) 자동차의 사용정지명령

특별시장 · 광역시장 · 특별자치시장 · 특별자치도지사 또는 시장 · 군수 · 구청장은 자동차의 사용정지를 명할 때에는 그 자동차 소유자에게 자동차 사용정지명령서를 발급하고, 자동차의 전면 유리창 오른쪽 상단에 사용정지 표지를 붙여야 한다.

(21) 운행차의 개선 명령기간

개선에 필요한 기간은 개선명령일부터 7일로 한다.

(22) 검사수수료

① 확인검사에 필요한 수수료는 검사장비의 사용비용·재료비 등을 고려하여 환경부장관이 정하여 고시한다.

② 환경부장관은 수수료를 정하려는 경우에는 미리 환경부의 인터넷 홈페이지에 20일(긴급한 사유가 있는 경우에는 10일)간 그 내용을 게시하고 이해관계인의 의견을 들어야 한다.

(23) 소음도 검사방법

① 소음발생건설기계 소음도 검사방법은 다음과 같다.

  ㉠ 소음도의 측정환경 : 측정장소는 소음도 검사기관의 장이 지정하는 장소로 하고, 측정대상기계에 따라 측정장소 지표면의 종류를 달리 하여야 하는 등 정확한 소음 측정이 보장되는 환경일 것

  ㉡ 소음도의 측정조건 : 소음 측정이 풍속과 기후의 영향을 받지 아니하여야 하고, 측정대상기계가 가동상태일 것

  ㉢ 소음도의 측정기기 : 소음도의 측정기기는 한국산업표준(KS)을 지킨 것을 사용할 것

  ㉣ 측정자료의 분석·평가 : 배경소음·환경 보정치(補正値) 등을 고려하여 측정자료를 분석·평가하고, 데이터 오류 등으로 2대 이상을 측정하는 경우에는 소음도가 가장 높은 기계의 측정자료를 기준으로 분석·평가할 것

  ㉤ 기계별 가동조건 : 기계의 엔진 자체 소음 및 작업으로 인하여 발생하는 모든 소음을 측정하여야 할 것

② 가전제품 소음도 검사방법은 다음과 같다.

  ㉠ 소음도의 측정환경 : 측정장소는 배경소음이 20dB 이하인 무향실·반무향실 또는 잔향실 중 소음도 검사기관의 장이 지정하는 장소로 할 것

  ㉡ 소음도의 측정조건 : 소음 측정이 풍속과 기후의 영향을 받지 아니하여야 하고, 측정대상기계의 작동을 최대로 할 것

  ㉢ 소음도의 측정기기 등 : 소음도의 측정기기는 한국산업표준(KS)을 지킨 것을 사용할 것

  ㉣ 측정자료의 분석·평가 : 배경소음·환경 보정치(補正値) 등을 고려하여 측정자료를 분석·평가하고, 데이터 오류 등으로 2대 이상을 측정하는 경우에는 소음도가 가장 높은 기계의 측정자료를 기준으로 분석·평가할 것

③ 휴대용 음향기기 소음도 검사방법은 다음과 같다.

  ㉠ 소음도의 측정환경 : 측정장소는 배경소음이 45dB 이하인 곳 중 소음도 검사기관의 장이 지정하는 장소로 할 것

  ㉡ 소음도의 측정조건 : 소음 측정이 풍속과 기후의 영향을 받지 아니하여야 하고, 측정대상기계의 음량을 최대로 할 것

  ㉢ 소음도의 측정기기 : 소음도의 측정기기는 한국산업표준(KS)을 지킨 것을 사용할 것

  ㉣ 측정자료의 분석·평가 : 배경소음·환경 보정치(補正値) 등을 고려하여 측정자료를 분석·평가하고, 데이터 오류 등으로 2대 이상을 측정하는 경우에는 소음도가 가장 높은 기계의 측정자료를 기준으로 분석·평가할 것

(24) 소음도 검사수수료

소음도 검사기관의 장은 제1항에 따라 검사수수료를 정하려는 경우에는 미리 소음도 검사기관의 인터넷 홈페이지에 20일(긴급한 사유가 있는 경우에는 10일)간 그 내용을 게시하고 이해관계인의 의견을 들어야 한다.

(25) 환경기술인의 교육

① 환경기술인은 3년마다 한 차례 이상 다음의 어느 하나에 해당하는 교육기관에서 실시하는 교육을 받아야 한다.
　　㉠ 환경부장관이 교육을 실시할 능력이 있다고 인정하여 지정하는 기관
　　㉡ 환경보전협회
② 교육기간은 5일 이내로 한다. 다만, 정보통신매체를 이용하여 원격교육을 실시하는 경우에는 환경부장관이 인정하는 기간으로 한다.
③ 교육기관의 장은 매년 11월 30일까지 다음 해의 교육계획을 환경부장관에게 제출하여 승인을 받아야 한다.
④ 교육계획에는 다음의 사항이 포함되어야 한다.
　　㉠ 교육의 기본방향
　　㉡ 교육수요 조사의 결과 및 교육수요 장기추계(長期推計)
　　㉢ 교육의 목표 · 과목 · 기간 및 인원
　　㉣ 교육대상자 선발기준 및 선발계획
　　㉤ 교재 편찬계획
　　㉥ 교육성적의 평가방법
　　㉦ 그 밖에 교육을 위하여 필요한 사항

(26) 교육대상자의 선발 및 등록

① 환경부장관은 제65조 제1항에 따른 교육계획을 매년 1월 31일까지 특별자치시장 · 특별자치도지사 또는 시장 · 군수 · 구청장에게 통보하여야 한다.
② 특별자치시장 · 특별자치도지사 또는 시장 · 군수 · 구청장은 그 관할구역에서 다음의 교육과정 대상자를 선발하여 그 명단을 해당 교육과정 개시 15일 전까지 교육기관의 장에게 통보하여야 한다.
　　㉠ 환경기술인 과정
　　㉡ 방지시설기술요원 과정
　　㉢ 측정기술요원 과정

(27) 연차보고서의 제출

연차보고서에 포함될 내용은 다음과 같다.
① 소음 · 진동발생원(發生源) 및 소음 · 진동 현황
② 소음 · 진동 저감대책 추진실적 및 추진계획
③ 소요 재원의 확보계획

Section 04 환경정책기본법의 소음·진동 관련 법규

1 용어의 정의

① "환경"이란 자연환경과 생활환경을 말한다.

② "자연환경"이란 지하·지표(해양을 포함한다) 및 지상의 모든 생물과 이들을 둘러싸고 있는 비생물적인 것을 포함한 자연의 상태(생태계 및 자연경관을 포함한다)를 말한다.

③ "생활환경"이란 대기, 물, 토양, 폐기물, 소음·진동, 악취, 일조(日照), 인공조명, 화학물질 등 사람의 일상생활과 관계되는 환경을 말한다.

④ "환경오염"이란 사업활동 및 그 밖의 사람의 활동에 의하여 발생하는 대기오염, 수질오염, 토양오염, 해양오염, 방사능오염, 소음·진동, 악취, 일조 방해, 인공조명에 의한 빛공해 등으로서 사람의 건강이나 환경에 피해를 주는 상태를 말한다.

⑤ "환경훼손"이란 야생동식물의 남획(濫獲) 및 그 서식지의 파괴, 생태계 질서의 교란, 자연경관의 훼손, 표토(表土)의 유실 등으로 자연환경의 본래적 기능에 중대한 손상을 주는 상태를 말한다.

⑥ "환경보전"이란 환경오염 및 환경훼손으로부터 환경을 보호하고 오염되거나 훼손된 환경을 개선함과 동시에 쾌적한 환경상태를 유지·조성하기 위한 행위를 말한다.

⑦ "환경용량"이란 일정한 지역에서 환경오염 또는 환경훼손에 대하여 환경이 스스로 수용, 정화 및 복원하여 환경의 질을 유지할 수 있는 한계를 말한다.

⑧ "환경기준"이란 국민의 건강을 보호하고 쾌적한 환경을 조성하기 위하여 국가가 달성하고 유지하는 것이 바람직한 환경상의 조건 또는 질적인 수준을 말한다.

2 국가환경종합계획

① 인구·산업·경제·토지 및 해양의 이용 등 환경변화 여건에 관한 사항

② 환경오염원·환경오염도 및 오염물질 배출량의 예측과 환경오염 및 환경훼손으로 인한 환경의 질(質)의 변화 전망

③ 환경의 현황 및 전망

④ 환경정의 실현을 위한 목표 설정과 이의 달성을 위한 대책

⑤ 환경보전 목표의 설정과 이의 달성을 위한 다음의 사항에 관한 단계별 대책 및 사업계획

  ㉠ 생물다양성·생태계·생태축(생물다양성을 증진시키고 생태계 기능의 연속성을 위하여 생태적으로 중요한 지역 또는 생태적 기능의 유지가 필요한 지역을 연결하는 생태적 서식공간을 말한다)·경관 등 자연환경의 보전에 관한 사항

  ㉡ 토양환경 및 지하수 수질의 보전에 관한 사항

  ㉢ 해양환경의 보전에 관한 사항

  ㉣ 국토환경의 보전에 관한 사항

  ㉤ 대기환경의 보전에 관한 사항

ⓗ 물환경의 보전에 관한 사항

ⓢ 수자원의 효율적인 이용 및 관리에 관한 사항

ⓞ 상하수도의 보급에 관한 사항

ⓩ 폐기물의 관리 및 재활용에 관한 사항

ⓩ 화학물질의 관리에 관한 사항

ⓚ 방사능오염물질의 관리에 관한 사항

ⓣ 기후변화에 관한 사항

ⓟ 그 밖에 환경의 관리에 관한 사항

⑥ 사업의 시행에 드는 비용의 산정 및 재원조달방법

⑦ 직전 종합계획에 대한 평가

3 국가환경종합계획의 정비

환경부장관은 환경적·사회적 여건 변화 등을 고려하여 5년마다 국가환경종합계획의 타당성을 재검토하고 필요한 경우 이를 정비하여야 한다.

4 소음환경기준(「환경정책기본법」 시행령 [별표 1])

지역 구분	적용 대상지역	기준(단위 : L_{eq} dB(A))	
		낮 (06:00 ~ 22:00)	밤 (22:00 ~ 06:00)
일반 지역	"가"지역	50	40
	"나"지역	55	45
	"다"지역	65	55
	"라"지역	70	65
도로변 지역	"가" 및 "나"지역	65	55
	"다"지역	70	60
	"라"지역	75	70

[비고] 1. 지역구분별 적용 대상지역의 구분은 다음과 같다.

　　가. "가"지역 : 녹지지역, 보전관리지역, 농림지역 및 자연환경보전지역, 전용주거지역, 종합병원의 부지경계로부터 50m 이내의 지역, 학교의 부지경계로부터 50m 이내의 지역, 공공도서관의 부지경계로부터 50m 이내의 지역

　　나. "나"지역 : 생산관리지역, 일반주거지역 및 준주거지역

　　다. "다"지역 : 상업지역 및 계획관리지역, 준공업지역

　　라. "라"지역 : 전용공업지역 및 일반공업지역

　2. "도로"란 자동차(2륜자동차는 제외한다)가 한 줄로 안전하고 원활하게 주행하는 데에 필요한 일정 폭의 차선이 2개 이상 있는 도로를 말한다.

　3. 이 소음환경기준은 항공기소음, 철도소음 및 건설작업소음에는 적용하지 않는다.

2 소음 · 진동 방지대책

- 소음발생원, 전파경로, 수음(진)점 대책 등 다양한 방안을 검토하여 적합한 대책을 수립하고 저감대책을 실시함으로써 발생하는 생산성 및 환경조건의 변화를 이해하는 내용을 학습한다.
- 가진력의 발생과 차진 및 제진 대책을 학습함으로써 진동방지대책에 대한 내용을 파악한다.

Section 01 소음방지대책

1 소음방지대책(음원, 전파경로, 수음측 대책)

(1) 대책의 순서

소음대책은 예방에 최선을 두고 조기에 적극적으로 실시함을 원칙으로 한다.

① 귀로 판단하여 소음이 문제가 되는 지점(수음점)의 위치를 확인

② 소음계, 주파수 분석기 등의 계기 측정을 통해 수음점의 실태조사를 실시

③ 수음점에서의 규제기준을 확인

④ 계기 측정 결과치와 규제기준의 차로부터 목표레벨을 설정(어느 주파수 대역을 얼마만큼 저감시킬 것인가를 판단)

⑤ 주파수 대역별 소음 필요량을 산정

⑥ 적정한 소음방지기술을 선정(차음재 또는 흡음재를 활용)

⑦ 시공 및 재평가

(2) 음원대책

소음의 원인제거, 강제력 저감, 파동의 차단 및 감쇠, 방사율 저감 등이 여기에 속한다.

① 발생원 대책 : 공기 토출구 유속 저감, 마찰력 감소, 충돌방지, 공명방지 등

② 기계의 흡·배기구에 팽창형 소음기(消音器) 등을 설치

③ 필요한 만큼의 투과손실을 가진 벽체로 음원을 밀폐하고 음원 내부에 흡음재를 부착(방음커버)

④ 전달률 감소를 위해 차진하거나 소음 방사면을 제진(제진저감 정도는 15dB) (방진처리)

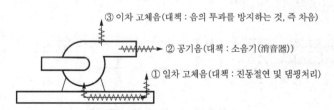

③ 이차 고체음(대책 : 음의 투과를 방지하는 것, 즉 차음)

② 공기음(대책 : 소음기(消音器))

① 일차 고체음(대책 : 진동절연 및 댐핑처리)

▌송풍기의 소음발생원의 예▐

〈 소음방지대책 〉

방지기술의 종류	개 요
음이 발생되지 않도록 하는 연구	• 음의 발생 • 전파를 방지하는 처리를 한다. • 유속을 낮춘다. • 마찰을 적게 한다. • 충돌을 피한다. • 공명(共鳴)을 피한다.
소음기(消音器) 설치	• 흡음덕트형, 공명형(흡수), 팽창형(반사), 간섭형(간섭) 소음기 중에서 발생소음의 스펙트럼에 맞추어 적절한 것을 선정·설계하고 설치한다. • 임의로 설계가 가능하다.
방음후드 (건물 옥상에 위치)	• 필요 투과손실을 조사한 후 벽의 구조 등을 결정하여 음원을 포위(음향적으로 완전 밀폐)한다. • 내부는 소음의 주파수를 가장 잘 흡수하는 흡수처리를 시행한다. • 설계가 가능하다.
방진·진동절연· 제진(除振) 처리	• 절연주파수의 진동전달률이 가능한 한 적게 되도록 방진고무를 선정하고 설치한다. • 소음 방사면에 댐핑 재료를 사용하여 제진처리를 한다. • 15dB 정도가 이 방법의 한계이다.

(3) 전파경로 대책

① 공장건물 내벽의 흡음처리로 실내 음압레벨을 저감
② 공장 벽체의 차음성을 강화하여 투과손실을 증가
③ 방음벽을 설치하여 부지경계선 부근의 차음 및 흡음 감쇠를 증가
④ 거리감쇠
⑤ 고주파음에 유효한 지향성을 변환(약 10dB 정도 저감시킴)

2 소음저감량 및 방지대책 수립

(1) 공장소음의 방지대책

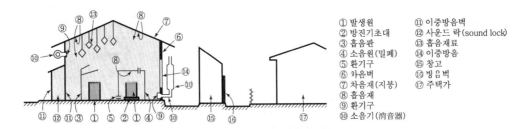

① 발생원　　　　⑪ 이중방음벽
② 방진기초대　　⑫ 사운드 락 (sound lock)
③ 흡음판　　　　⑬ 흡음재료
④ 소음원(밀폐)　⑭ 이중방음
⑤ 환기구　　　　⑮ 창고
⑥ 차음벽　　　　⑯ 방음벽
⑦ 차음재(지붕)　⑰ 주택가
⑧ 흡음재
⑨ 환기구
⑩ 소음기(消音器)

▌공장소음의 방지대책 수립현황 ▌

(2) 공장소음방지대책 순서

① 음원대책

② 공장 내에 흡음재를 사용하여 실내 음압레벨을 저감

③ 벽체의 차음성으로 필요한 투과손실을 증가

④ 경계선까지의 거리감쇠(또는 차폐효과)를 이용

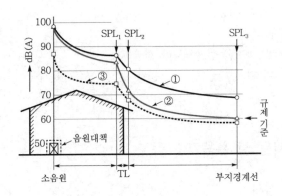

‖ 공장 부지경계선까지의 소음수준 거리감쇠 ‖

(3) 방음의 이론적 고찰

음향출력 W인 소음원으로부터 거리 $r(m)$만큼 떨어진 공간의 한 점에서의 음압레벨 SPL 은 $SPL = 10\log W + 10\log\left(\dfrac{Q}{4\pi\,r^2} + R_i\right) + 120\mathrm{dB}$ 이다. 여기서, 소음방사부에 소음을 저감시키는 소음장치(消音裝置)를 설치하여 음향출력이 W에서 W'로 변하고 그 결과 음압레벨도 SPL에서 SPL'로 변하였다면 다음과 같은 식으로 나타난다.

$$SPL' = 10\log W - 10\log\left(\frac{W}{W'}\right) + 10\log\left(\frac{Q}{4\pi\,r^2} + R_i\right) + 120\mathrm{dB}$$

이 식에서 음압레벨 SPL'로 저감시킬 수 있는 방법이 곧 소음대책이 된다.

① 음향출력 W을 작게 한다. → 발생원 제거, 강제력 저감(발생원 대책)

② $\dfrac{W}{W'}$를 크게 한다. → 소음원의 밀폐, 소음기 부착, 흡음덕트 설치

③ 거리 r을 크게 한다. → 거리감쇠

④ 지향계수 Q를 적게 한다. → 발생원의 방향 변경(지향성 대책)

⑤ 실정수 R_i를 적게 한다. → 실내 환경대책(차음·흡음 대책)

⑥ 수음자측 대책(마스킹, 귀마개, 귀덮개 사용)

(4) 공장의 방지대책 수립

① 음원대책

㉠ 음원 기계의 밀폐, 음원에너지의 차단

㉡ 소음기, 흡음덕트의 설치

㉢ 음원실 내부의 흡음처리

㉣ 음원의 차음벽 시공

② 공장건물의 방음대책

㉠ 건물 내외벽의 흡음판, 차음판 시공

㉡ 천장에 부착된 환기팬 등의 소음기 및 흡음덕트의 시공

Section 02 차음 및 흡음기술 등

1 차음이론과 설계

(1) 차음과 투과손실

충분히 넓은 벽면에 음파가 입사할 때 입사하는 음의 세기를 I_i(W/m²), 벽체를 투과하여 반대쪽으로 나오는 투과음의 세기를 I_t(W/m²)라 하면 투과율(transmission coefficient) $\tau = \dfrac{I_t}{I_i}$ 이다. 이 투과율을 사용하여 벽체에 입사된 음의 차단 정도를 나타내는 투과손실 (TL)은 $\mathrm{TL} = 10 \log_{10} \dfrac{I_i}{I_t}$ (dB)로 정의된다.

1) 단일벽의 투과손실

단일벽의 차음재료로는 균질상태의 콘크리트벽, 철판 등의 금속판, 유리, 석고보드 또는 합판 등이 있다.

① 음파가 벽면에 수직입사할 경우

$$\mathrm{TL} = 20 \log (m \times f) - 43\mathrm{dB}$$

여기서, m : 벽체의 면밀도(kg/m²)

f : 벽체로 입사되는 주파수(Hz)

이 식에서 투과손실은 벽체의 면밀도와 주파수 곱의 대수값에 비례하는데 이를 차음의 질량법칙(mass law)이라 한다. 면밀도(중량)가 2배로 되거나 주파수가 2배로 되면 TL은 약 6dB 증가한다.

② 음파가 벽면에 난입사할 경우

$$\mathrm{TL} = 18 \log_{10} (f \times M) - 44\mathrm{dB}$$

면밀도(중량)가 2배로 되거나 주파수가 2배로 되면 TL은 약 5dB 증가한다.

③ 일치효과(coincidence)

음파가 벽면에 난입사할 때 실제 벽은 굴곡운동을 하게 되어 차음재료에 입사되는 음의 주파수가 재료의 한계주파수(critical frequency)와 일치하면 벽체의 굴곡파 진폭은 입사파의 진폭과 같은 크기로 진동하게 된다. 즉 일종의 공진상태로 차음재료를 통한 소리의 전파는 무한대가 되어 차음성능이 현저하게 저하되는데 이러한 현상을 일치효과(coincidence)라고 한다.

일치효과를 나타낼 때의 일치주파수는 다음과 같다.

$$f_c = \frac{c^2}{2\pi\, h\, \sin^2\theta} \sqrt{12 \times \frac{\rho(1-\sigma^2)}{E}}\,(\text{Hz})$$

여기서, c : 공기 중 음속, h : 벽의 두께, θ : 음파의 벽면 입사각, ρ : 벽의 밀도

　　　E : 영률(Young's modulus, 단축 변형영역에서 선형 탄성재료의 응력과 변형률 사이의 관계를 정의하는 탄성계수)

　　　σ : 푸아송비$\left(\text{Poisson's ratio}, \dfrac{\text{원주방향의 변형률}}{\text{길이방향의 변형률}}\right)$

즉, 입사각 θ가 90°에 가까워질 때 f_c는 최저가 되는데 이때의 주파수를 한계주파수라 한다.

④ 투과손실에 영향을 주는 주파수 영역

단일벽의 차음특성은 그림에서 보는 바와 같이 주파수에 따라 3가지 영역으로 나타난다. 저주파 영역에서는 공진현상이 많이 나타나는데 이 영역을 강성제어영역(stiffness-controlled region, Ⅰ영역)이라 하고 차음성능이 많이 저하된다. 중간주파수 영역은 질량법칙이 적용되는 영역(Ⅱ영역)으로 투과손실이 옥타브당 6dB씩 증가된다. 고주파 영역(Ⅲ영역)에서는 한계주파수 부근에서 투과손실의 변화, 즉 투과손실이 현저하게 감소한다.

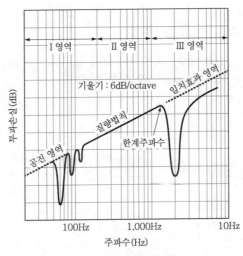

| 단일벽의 차음특성 |

2) 중공(中空) 이중벽의 투과손실

질량법칙에서는 투과손실을 높이기 위하여 벽 두께를 2배로 하여도 5~6dB 밖에 증가되지 않고, 두께 증가로 인해 일치주파수는 저음역으로 이동하게 되어 오히려 투과손실이 감소될 경향이 있다. 그러나 공기층이 있는 두 벽을 독립시킨 이중벽 구조로 설치하면 투과손실은 2배로 증가하게 된다. 중공 이중벽의 투과손실은 일반적으로 같은 중량의 일중벽에 비하여 5~10dB 개선되어 차음 측면에서는 이중벽을 설치한 편이 유리하다. 이중벽의 효과를 높이기 위해서는 각 구성 패널(panel) 사이의 중간 공기층은 적어도 10cm 이상의 간격을 두는 것이 필요하다.

① 저음역에서 중공 이중벽의 공명주파수(resonance frequence, f_{rl})

중공 이중벽은 공명주파수(재료의 고유주파수) 부근에서 투과손실이 현저하게 저하되므로 이를 방지하기 위해서는 암면, 유리솜 등을 공기층 내에 충전시키면 3~10dB 정도의 투과손실이 개선된다.

㉠ 두 벽의 면밀도가 같을 때 공명주파수 계산식 : $f_{rl} = \dfrac{c}{2\pi}\sqrt{\dfrac{2\rho}{m \times d}}\,(\mathrm{Hz})$

㉡ 두 벽의 면밀도가 다를 때$(m_1 \neq m_2)$ 공명주파수 계산식

$$f_{rl} \fallingdotseq 60\sqrt{\dfrac{m_1 + m_2}{m_1 \times m_2} \cdot \dfrac{1}{d}}\,(\mathrm{Hz})$$

여기서, m : 벽의 면밀도$(\mathrm{kg/m^2})$
ρ : 공기의 밀도$(\mathrm{kg/m^3})$
c : 공기 중 음속$(\mathrm{m/s})$
d : 공기층의 두께(m)

이중벽 설계 시에는 차음 목적주파수가 이 공명주파수와 일치주파수의 범위 안에 들게 하는 것이 필요하다. 또한 $\sqrt{2}\,f_{rl}$의 주파수에서는 질량법칙과 일치하는 투과손실을 가진다.

② 고음역에서 중공 이중벽의 통과주파수

㉠ 최소투과손실(고음역에서 중공 이중벽의 통과주파수) : $f_{rh} = \dfrac{n \times c}{2d}\,(\mathrm{Hz})$

공기층의 두께 : $d = \dfrac{n\lambda}{2}\,(\mathrm{cm})$

㉡ 최대투과손실 통과주파수 : $f_{rh} = \dfrac{(2n-1)}{4} \cdot \dfrac{c}{d}\,(\mathrm{Hz})$

공기층의 누께 : $d = \dfrac{(2n-1) \times \lambda}{4}\,(\mathrm{cm})$

여기서, λ : 파장(m)
n : 양의 정수

③ 투과손실에 영향을 주는 주파수 영역(중공 이중벽의 차음특성)

중공 이중벽은 그림에서와 같이 Ⅰ~Ⅳ의 영역으로 나뉘어진다.

㉠ Ⅰ영역 : 면밀도가 $(m_1 + m_2)$인 일중벽의 질량법칙에 대한 TL값과 비슷함

㉡ Ⅱ영역 : 공진과 같은 현상(저음역에서 공명투과)이 나타나 차음성능이 저하됨

㉢ Ⅲ영역 : 면밀도가 $(m_1 + m_2)$인 일중벽의 TL보다 크게 됨

㉣ Ⅳ영역 : 중공 내에 정재파가 발생되어 TL 증가가 완만하게 되며, 각 벽체의 일치효과도 나타나 TL은 더욱 감소함

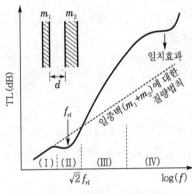

‖ 중공 이중벽의 차음특성 ‖

(2) 벽의 틈새에 의한 누음(漏音)

벽 전체 면적의 $\dfrac{1}{n}$만큼 틈새가 있을 경우 : $SPL_2 = SPL_1 - 10\log n(dB)$

여기서, SPL_1 : 벽 안쪽의 음압레벨(dB)

$\qquad SPL_2$: 벽 외측의 음압레벨(dB)

(3) 벽의 투과손실(TL)의 측정

1) 잔향실법

투과손실 측정은 접해 있는 두 개의 잔향실 공통 벽에 있는 시료 충진부에 시료를 넣고 한쪽을 음원실, 다른 한쪽을 수음실로 하여 시료의 투과손실을 측정한다. 소음원이 가동될 때 음원실의 평균음압레벨을 $\overline{SPL_1}$, 수음실의 평균음압레벨을 $\overline{SPL_2}$라고 할 때 시료의 투과손실은 다음과 같다.

$$TL = \overline{SPL_1} - \overline{SPL_2} - 10\log\left(\frac{\overline{\alpha}\,S}{s}\right)(dB)$$

여기서, $\overline{\alpha}$: 수음실의 평균흡음률

$\qquad S$: 수음실의 전체 표면적(m^2)

$\qquad s$: 시료의 면적(m^2)

2) TL 산출법

현장소음을 이용한 차음도(NR, Noise Reduction) 측정값으로부터 계산한다.

① 벽체(벽, 창, 출입문 등이 복합적으로 구성)

차음도는 공시면 양측 각각의 면으로부터 1m 정도 떨어진 거리에서 실내와 실외의 평균 음압레벨을 측정하여 그 차로부터 구한다.

$$TL = NR - 6dB$$

② 출입문, 창문, 환기구

차음도는 수음측(실외측으로 1m 거리)에 마이크로폰을 고정하고 개폐할 시에 각각 측정한 음압레벨의 차로부터 구한다.

$$TL \fallingdotseq NR(dB)$$

(4) 총합 투과손실($\overline{TL}$)

벽의 전체 면적이 동일 재료로 구성되어 있지 않고 콘크리트벽, 유리창, 출입문 등으로 이루어진 경우에는 총합 투과손실을 구하여야 한다. 벽 전체의 총합 투과율을 $\overline{\tau}$라 할 경우 다음 식과 같게 된다.

$$\overline{TL} = 10 \log \left(\frac{1}{\overline{\tau}}\right)(dB)$$

여기서, 총합 투과율 $\overline{\tau} = \dfrac{\sum S_i \tau_i}{\sum S_i} = \dfrac{S_1 \tau_1 + S_2 \tau_2 + \cdots}{S_1 + S_2 + \cdots}$

S_i : 벽체 각 구성부의 면적(m^2)

τ_i : 각 해당 벽체의 투과율

벽체 각 구성부의 투과손실을 알면 $\tau_i = 10^{-\frac{TL}{10}}$ 가 된다.

(5) 건물 벽체에 의한 차음

경계벽을 사이에 두고 인접한 두 개의 방 중 Ⅰ실에서 Ⅱ실로 음이 전파할 경우 경계벽에 의한 차음도(NR)는 다음 식과 같다.

$$NR = TL - 10 \log \left(\frac{1}{4} + \frac{S_w}{R_2}\right)(dB)$$

여기서, TL : 경계벽의 투과손실(dB)

S_w : 경계벽의 면적(m^2)

R_2 : Ⅱ실의 실정수(m^2)

1) 경계벽 근처의 음압레벨

Ⅰ실내 평균음압레벨에서 경계벽의 차음도(NR)를 빼면 Ⅱ실내 경계벽 근처의 음압레벨이 얻어진다.

$$\overline{\mathrm{SPL}_2} = \overline{\mathrm{SPL}_1} - \mathrm{TL} + 10\log\left(\frac{1}{4} + \frac{S_w}{R_2}\right)(\mathrm{dB})$$

2) 경계벽에서 멀리 떨어진 곳의 음압레벨($\overline{\mathrm{SPL}_3}$)

$$\overline{\mathrm{SPL}_3} = \overline{\mathrm{SPL}_1} - \mathrm{TL} + 10\log\left(\frac{S_w}{R_2}\right)(\mathrm{dB})$$

3) 외부에서 실내로 들어오는 소음

외부소음이 실의 창 등을 통하여 실내로 들어오면 실내에는 산란파가 형성되며 이때 창의 차음도는 다음과 같다.

$$\mathrm{NR} = \mathrm{TL} + 10\log\left(\frac{A_2}{s}\right) - 6\mathrm{dB}$$

여기서, A_2 : 실내의 흡음력(m²)

   s : 차음면인 창의 면적(m²)

4) 차음재료 선정 및 사용상 유의점

① 차음에 가장 영향이 큰 것은 틈새이므로 틈새나 차음재의 파손이 없어야 한다.

② 서로 다른 차음재로 구성된 벽의 차음효과를 효율적으로 하기 위해서는 $S_i\,\tau_i$값을 되도록 같이 하는 것이 좋다.

③ 기계면에 진동이 있는 기전력이 큰 기계가 있는 공장의 차음벽은 탄성지지, 방진합금을 이용하거나 제진처리를 하여야 한다.

④ 큰 차음효과를 원하는 경우에는 내부에 다공질 재료를 삽입한 이중벽 구조로 하는 것이 좋은데 이때 일치주파수와 공명주파수에 유의하여 설계하여야 한다.

⑤ 콘크리트블록을 차음벽으로 사용하는 경우 표면을 모르타르로 바르는 것이 좋다. 한쪽 면만 바르면 5dB, 양쪽 면을 바르면 10dB 정도의 투과손실이 증가된다.

(6) 음향투과등급(STC, Sound Transmission Class)

건축 관련 자재류(panel, partition) 등의 소음차단성능을 정량적으로 평가하기 위한 단일 평가량 수치로 STC값이 높으면 높을수록, 소음차단성능이 더 좋다는 것을 의미한다.

① STC 평가 시 한계기준 원칙

 ㉠ 각 주파수별로 측정된 TL값의 최대오차는 STC 기준곡선(standard STC contour) 밑으로 8dB를 초과해서는 안 된다는 원칙 하에 500Hz를 지나는 STC 곡선의 값을 말한다.

ⓛ 평가 시 사용하는 모든 16개 주파수에 있어서(125 ~ 4,000Hz 사이의 $\frac{1}{3}$ 옥타브밴
드 주파수(125, 160, 200, 250, 315, 400, 500, 630, 800, 1,000, 1,250, 1,600,
2,000, 2,500, 3,150 및 4,000Hz) STC 기준곡선 밑 자료오차의 합이 32dB을 초
과해서는 안 된다(즉, 각 주파수당 2dB 이내의 평균오차값만 허용됨).

② STC 기준곡선

STC 기준곡선은 다음과 같이 3개의 영역으로 구별된다.

㉠ 저주파 영역의 표시(125 ~ 4,000Hz) : 15dB 증가(각 옥타브별로는 9dB 증가)

㉡ 중음역의 표시(400 ~ 1,250Hz) : 5dB 증가(각 옥타브별로는 3dB 증가)

㉢ 고음역의 표시(1,250 ~ 4,000Hz) : 수평상태(증가량 없음)

③ STC값을 얻는 법

㉠ 어떤 재료의 측정된 TL값을 STC 기준곡선표에 플로팅(plotting)한다.

㉡ 한계기준 원칙이 준수되는지 체크한다.

㉢ 500Hz(x축)와 만나는 STC 기준곡선의 TL값(y축)을 읽으면 이 값이 STC값이다.

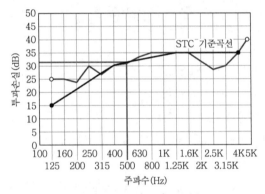

∥음향투과등급(STC) 곡선∥

2 방음벽의 이론과 설계

방음벽이라 함은 소음 저감을 목적으로 설치되는 장벽형태의 구조물을 말하며, 방음특성에
따라 흡음형 방음벽·반사형 방음벽으로 구분된다. 방음벽의 설계는 소음의 주파수 분석을
통하여 행하는 것이 절대적으로 필요하다.

(1) 음원과 수음점이 자유공간에 있을 때의 방음벽의 설계

음원과 소음의 영향을 받는 위치로서 방음시설의 설계목표가 되는 지점인 수음점 및 방음벽
의 정점을 연결한 삼각형이 방음벽의 유무에 따른 소리의 전파경로가 된다. 방음벽 설치에
따른 전파경로의 차 δ에 의한 프레넬수(Fresnel number) N은 음속 c를 340m/s라 할 때
$N = \dfrac{2\delta}{\lambda} = \dfrac{\delta \times f}{170}$이다. 여기서, $\delta = (A+B) - d(\mathrm{m})$, f는 대상 회절주파수(Hz)이다.

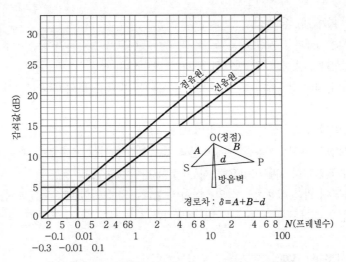

▎**방음벽에 의한 회절감쇠치(자유공간 반무한 방음벽)** ▎

프레넬수 $N > 1$인 범위에서 N이 2배로 될 때, 소음원에서 수음점까지의 전달경로상에 방음시설에 의한 회절로 인하여 음이 감쇠되는 회절감쇠치는 대략 3dB씩 증가하며, 점음원에서 N이 0일 때는 5dB이 감쇠됨을 나타내고 있다.

(2) 음원과 수음점이 지상에 있을 경우 방음벽의 설계

음원과 수음점이 지상에 있을 경우에는 음원과 수음점이 자유공간에 있을 때의 감쇠치에서 5dB을 뺀 감쇠치를 사용하여 설계해야 한다.

(3) 음원과 수음점이 지상으로부터 약간 높은 위치에 있을 경우 방음벽의 설계

이 경우 방음벽에 의한 회절감쇠치를 구하는 계산방법은 다음과 같다.

① 음원 및 수음점의 위치에 따른 직접음의 회절감쇠치(L_d)를 앞에서 나타낸 방법으로 구한다.

② 음원, 방음벽의 정점 및 수음점의 거울에 비친 상을 지나는 반사음의 회절감쇠치($L_d{'}$)를 ①과 같은 방법으로 구한다.

③ 방음벽에 의한 회절감쇠치 $\Delta L_d = -10 \log \left(10^{-\frac{L_d}{10}} + 10^{\frac{-L_d{'}}{10}} \right)$(dB)이다. 이 식은 방음벽의 투과손실이 회절감쇠치보다 10dB 이상 큰 경우로 이때는 회절감쇠치가 방음벽 설치에 따른 삽입손실치(insertion loss)가 된다. 여기서 삽입손실이란 동일 조건에서 방음벽 설치 전후의 음압레벨 차이를 말한다.

$$삽입손실치 \ \Delta L_I = -10 \log \left(10^{-\frac{\Delta L_d}{10}} + 10^{-\frac{TL}{10}} \right)(dB)$$

(4) 방음벽 설계 시 유의점

① 방음벽 설계는 무지향성 음원으로 가정한 것이므로 실질적인 방음벽 설계 시에는 음원의 지향성과 크기에 대한 상세한 조사가 필요하다.

② 음원의 지향성이 수음측 방향으로 클 때에는 방음벽에 의한 감쇠치가 계산치보다 크게 된다.

③ 방음벽의 투과손실은 회절감쇠비보다 적어도 5dB 이상 크게 하는 것이 바람직하다.

④ 방음벽의 길이는 점음원일 때 방음벽 높이의 5배 이상, 선음원일 때는 음원과 수음점 사이의 직선거리 2배 이상으로 하는 것이 바람직하다.

⑤ 방음벽에 의한 실용적인 삽입손실치의 한계는 점음원일 때 25dB, 선음원일 때 21dB 정도이며, 실제로는 약 5 ~ 15dB 정도이다.

3 흡음이론과 설계

(1) 실내 평균흡음률을 구하는 방법

1) 계산법

① 건물의 설계도면으로부터 사용재료별 면적 $S_i(\text{m}^2)$와 흡음률 α_i를 구하여 평균흡음률 $\overline{\alpha}$을 구한다.

$$\overline{\alpha} = \frac{\sum S_i \alpha_i}{\sum S_i} = \frac{S_1 \alpha_1 + S_2 \alpha_2 + \cdots}{S_1 + S_2 + \cdots}$$

② 흡음력 : $A = S \times \overline{\alpha}(\text{m}^2)$

여기서, S : 건물 내부의 전체 표면적(m^2)

2) 잔향시간(reverberation time) 측정에 의한 방법

① 실내의 잔향시간 T를 측정하여 Sabine의 식으로 평균흡음률($\overline{\alpha} < 0.3$인 경우)을 구한다.

$$A = S \times \overline{\alpha} = \frac{0.161 \times V}{T}(\text{m}^2) \text{에서} \quad \overline{\alpha} = \frac{0.161 \times V}{S \times T}$$

여기서, V : 실의 체적(m^3)

T : 잔향시간(s)

잔향시간은 실내에서 음원을 끈 순간부터 60dB까지 감쇠되는 데 소요되는 시간을 말한다.

② 큰 실내에서 공기흡음을 고려할 경우 평균흡음률($\overline{\alpha} \geq 0.3$인 경우)을 구할 때는 아이링(Eyring) 식으로 구한다.

3) 표준음원에 의한 방법

파워레벨을 알고 있는 음원인 표준음원의 음향파워레벨(PWL_0)을 사용하여 음원에서 충분히 떨어진 거리에서 음압레벨(SPL_0)을 측정한 후 평균흡음률을 구한다.

(2) 흡음재의 흡음률 측정법

1) 관내법(정재파비법)

정재파란 실내 위치에 따라 특정 주파수의 소리 크기가 달라지는 현상으로 수직입사 흡음률을 측정하는 방법으로 관의 한쪽 끝에 시료를 충진하고 다른 한쪽 끝에 부착된 스피커에 의해 순음이 발생하면 관 내에 정재파가 생겨 $\frac{\lambda}{4}$ 간격으로 음압의 고·저가 생기는데 이 음압의 고·저 비를 정재파비 n이라 한다.

$$n = \frac{P_{max}}{P_{min}}$$

여기서, P_{max} = 입사파 음압진폭 + 반사파 음압진폭
P_{min} = 입사파 음압진폭 − 반사파 음압진폭

| 임피던스 튜브(B&K Type 4206) |

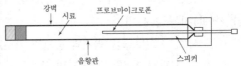

‖ 임피던스 튜브의 내부 ‖

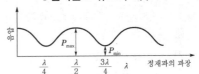

‖ 임피던스 튜브에서 발생한 정재파 ‖

$$흡음률\ \alpha_t = \frac{4n}{(n+1)^2} = \frac{4}{n + \frac{1}{n} + 2}$$

2) 잔향실법

흡음자재의 흡음률 측정법 중 난입사 흡음을 측정하는 방법은 잔향실법이다. 실제 현장에 적용하고 있으며 주로 글라스울 흡음재에 사용한다. 시료 부착 전의 잔향실 평균흡음률 $\overline{\alpha_o} = \frac{0.161 \times V}{S \times T_o}$ 이다.

시료를 부착한 후 그 시료의 흡음률은 다음 식과 같다.

$$\alpha_r = \frac{0.161 \times V}{s}\left(\frac{1}{T} - \frac{1}{T_o}\right) + \overline{\alpha_o}$$

여기서, T_o : 시료 부착 전 잔향시간(s), T : 시료 부착 후 측정한 잔향시간(s)
S : 잔향실 표면적(m²), V : 잔향실 체적(m³)
s : 벽면에 부착한 흡음재 시료 면적(m²)

(3) 흡음기구의 종류

1) 다공질형 흡음재

섬유·발포재료의 내부에 기공이 연속되는 암면, 유리솜, 세라믹 흡음재로 중·고음역에서 흡음성이 좋다. 흡음원리는 음에너지를 운동에너지로 바꾸어 열에너지로 전환시키는 원리이다.

① 시공 시 벽면에 바로 부착하는 것보다 입자속도가 최대로 되는 $\frac{1}{4}$ 파장의 흡수배(벽면으로부터 $\frac{\lambda}{4}$, $\frac{3\lambda}{4}$ 간격)로 배후공기층을 두고 설치하면 저음역의 흡음률도 개선된다.

② 흡음재의 두께는 입사음 파장의 $\frac{1}{10}$ 이상이 되어야 좋지만 비경제적이므로 파장의 $\frac{1}{4}$ 인 곳에 얇은 흡음재를 두고 공기층을 만들어주면 경제적이다.

③ 다공질 재료의 표면을 도장하면 고음역에서 흡음률이 저하된다.

2) 판(막)진동 흡음재

비닐 시트, 석고보드를 벽체와 공기층 d(m)를 두고 밀폐하면 판은 소음에 의해 진동한다. 이 판과 벽과의 거리가 작아지면 흡음주파수는 커지게 된다.

$$\text{흡음주파수 } f = \frac{c}{2\pi} \sqrt{\frac{\rho}{md}} = \frac{60}{\sqrt{md}} \text{(Hz)}$$

여기서, ρ : 공기 밀도

d : 벽체와 떨어진 공기층 두께

흡음주파수 80 ~ 300Hz 부근에서 최대흡음률 0.2 ~ 0.5를 갖는다. 판이 두껍거나 배후공기층이 클수록 저음역으로 이동한다.

3) 공명흡음판(유공판 구조체)

공명 흡음 시 공명주파수는 다음과 같다.

$$f_o = \frac{c}{2\pi} \sqrt{\frac{\beta}{(h+1.6\,a)\times d}} \text{(Hz)}$$

여기서, h : 판의 두께(cm)

a : 구멍의 반경(cm)

d : 배후공기층의 두께(cm)

β : 개공률$\left(= \dfrac{\pi\,a^2}{B^2}\right)$

공명흡음역도 일반적으로 저음역이다. 배후공기층에 다공질 흡음재를 충진하면 흡음역이 고주파 쪽으로 이동한다.

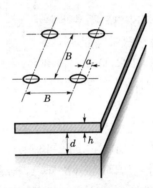

| 다공판에 의한 공명 흡음 |

⟨ 흡음재료의 분류와 특성 ⟩

분류	흡음특성	주재료 및 구조	비고
다공질 재료		유리섬유, 암면, 스래그울을 바른 재료, 경질 우레탄(연속기포)	두께의 선정, 표면처리, 배후공기층 고려
판(막)상 재료		합판, 하드보드, 슬레이트 등의 판상재료, 금속판	면밀도, 배후공기층, 기초재료 부착방법 (기초간격 등 고려)
공명형 구조체		판상재료에 구멍이나 슬릿을 뚫은 것	구멍이나 슬릿의 길이, 판두께, 배후공기층, 기초재료(다공질 재료)

(4) 감음계수(NRC, Noise Reduction Coefficient)

$\frac{1}{3}$ 옥타브 대역으로 측정한 중심 주파수 250, 500, 1,000, 2,000Hz에서의 흡음률의 산출 평균치를 말한다.

$$\text{NRC} = \frac{1}{4}(\alpha_{250} + \alpha_{500} + \alpha_{1,000} + \alpha_{2,000})$$

(5) 흡음재료 선택 및 사용상 유의점

① 흡음재를 벽면에 부착할 때는 한 곳에 집중하는 곳보다 전체 내벽에 분산하여 부착하는 것이 흡음력을 증가시키고 반사음을 확산시킨다.

② 실의 모서리나 가장자리 부분에 흡음재를 부착시키면 효과가 좋아진다.

③ 흡음 tex는 진동이 방해되지 않도록 부착시키는 것이 바람직하다. 예를 들어 접착재 부착보다는 못으로 시공하는 것이 좋다.

④ 다공질 재료는 산란되기 쉬우므로 표면을 얇은 직물로 피복하는 것이 바람직하다.

⑤ 비닐 시트나 캔버스로 피복할 경우에는 수백Hz 이상의 고음역의 흡음률 저하가 발생한다.

⑥ 다공질 재료의 표면을 도장하면 고음역에서 흡음률이 저하된다.

⑦ 막진동이나 판진동형 흡음재는 도장을 해도 흡음에 차이가 없다.

⑧ 다공질 재료 표면에 종이를 입히는 것은 피해야 한다.

⑨ 다공질 재료의 표면을 다공판으로 피복할 때는 개공률이 20% 이상(30% 이상이 효과적임)으로 하고, 공명흡음재인 경우에는 3~20% 범위로 하는 것이 필요하다.

4 방음상자 및 방음덮개 이론과 실제

(1) 방음상자 내부의 음압레벨
음원을 밀폐하는 방음상자에서 유의할 점은 방진, 차음, 흡음, 환기, 개구부의 소음 등이다.

1) 파장에 비해 작은 방음상자
음원을 밀폐상자(방음상자)로 씌우는 구조로 이 경우 상자 내의 저주파 음압레벨은 다음과 같다.

$$SPL_1 = PWL_s - 40 \log f - 20 \log V + 81dB$$

여기서, PWL_s : 음원의 파워레벨(dB)

f : 방음상자보다 파장이 큰 주파수(Hz)

V : 음원과 상자 사이의 공간체적(m^3)

2) 파장에 비해 큰 방음상자
방음상자보다 적은 고주파 음압레벨은 다음과 같다.

$$SPL_1 = PWL_s - 10 \log \left(\frac{1 - \overline{\alpha}}{S \overline{\alpha}} \right) R + 6dB$$

여기서, S : 음원 표면적을 포함한 방음상자 내 전표면적(m^2)

$\overline{\alpha}$: 방음상자 내의 평균흡음률

(2) 방음상자 내 · 외부 파워레벨의 차이

1) 파장에 비해 작은 방음상자
방음상자 내 · 외부의 파워레벨 차는 다음 식과 같다.

$$\Delta PWL = 40 \log f + 20 \log V - 10 \log S_p + TL - 81dB$$

여기서, S_p : 방음상자 음향투과부의 면적(m^2)

2) 파장에 비해 큰 방음상자

방음상자 내 산란파가 형성될 경우는 다음 식과 같다.

$$\Delta PWL = TL - 10 \log \left(\frac{S_p}{S} \times \frac{1 - \overline{\alpha}}{\overline{\alpha}} \right) (dB)$$

여기서, TL : 방음상자의 투과손실(dB)

(3) 방음상자에 의한 차음도 및 삽입손실

1) 방음상자에 의한 차음도

$$NR = SPL_1 - SPL_2 = 10 \log \left(\frac{1}{\tau} \right) = TL(dB)$$

여기서, SPL_1, SPL_2 : 방음상자 내·외부의 음압레벨(dB)

2) 방음상자에 의한 삽입손실치

$$IL = SPL_0 - SPL_2(dB)$$

여기서, SPL_0 : 방음상자를 씌우기 전 임의의 지점에서의 음압레벨(dB)

SPL_2 : 방음상자를 씌운 후 같은 지점에서의 음압레벨(dB)

방음상자 내의 평균흡음률($\overline{\alpha}$) 및 평균투과율($\overline{\tau}$)이 $\overline{\tau} \le \overline{\alpha} \le 1$인 조건에서 삽입손실치 $IL = 10 \log \left(\frac{\overline{\alpha}}{\overline{\tau}} \right) (dB)$이다. $\overline{\alpha} = 1$이면 $IL = TL$이 된다.

(4) 방음덮개(lagging)

덕트나 판에서 소음이 방사될 경우 직접 흡음재를 부착하고 차음재를 씌우는 것보다 진동부에 고무나 PVC로 제진대책(damping)을 한 후 흡음재를 부착하고 차음재를 설치하는 것이 효과적이다. 덕트 소음은 굴곡부나 밸브에서 발생하며 또한 팬, 압축기에서 발생한 소음도 부분적으로 덕트를 통해 투과된다.

덕트에서 발생하는 링 주파수는 다음과 같다.

$$f_r = \frac{c_L}{\pi d} (Hz)$$

여기서, c_L : 덕트에서 종파의 전파속도(강철인 경우 5,100m/s)

d : 덕트의 직경(m)

5 소음기(消音器) 및 흡음덕트의 이론과 설계

소음기는 공기가 흐르는 배기 경로에 설치하는 것으로 음원 자체에 설치하여 소음을 감소시킨다. 일반적으로 소음기의 성능은 다음 중 하나 이상으로 나타낸다.

(1) 소음기의 성능 표시

① 삽입손실치(IL, Insertion Loss)

소음발생원에 소음기를 부착하기 전·후 공간상의 어떤 특정 위치에서 측정한 음압레벨의 차와 그 측정위치이다.

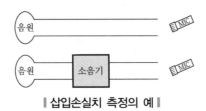

‖ 삽입손실치 측정의 예 ‖

② 동적 삽입손실치(DIL, Dynamic IL)

정격 유속조건 하에서 소음발생원에 소음기를 부착하기 전·후 공간상의 어떤 특정 위치에서 측정한 음압레벨의 차와 그 측정위치이다.

③ 감쇠치(ΔL, attenuation)

소음기 내의 두 지점 사이의 음향파워의 감쇠치이다.

④ 감음량(NR, Noise Reduction)

소음기가 있는 상태에서 소음기 입구 및 출구에서 측정된 음압레벨의 차이다. NR은 시험적으로 측정도 쉬워 해석하기 용이하나 측정위치에 따라 값이 달라지는 단점이 있다.

‖ NR 측정의 예 ‖

⑤ 투과손실치(TL, Transmission Loss)

소음기를 투과한 음향출력에 대한 소음기에 입사된 음향출력의 비 $\left(\dfrac{\text{입사된 음향출력}}{\text{투과된 음향출력}}\right)$ 를 상용대수로 취한 후 10을 곱한 값이다.

$$TL = 10\log\left(\frac{\text{입사된 음향출력}}{\text{투과된 음향출력}}\right)$$

TL의 정확한 측정을 위해서는 4개의 마이크로 다음 그림과 같이 측정하는데 마이크의 위치와 상관없이 일정한 값이 측정되는 장점은 있으나, 4개의 마이크를 사용하고 덕트의 크기에 따라 주파수 측정범위가 달라지는 등 시험으로 구현하기가 다소 어려운 단점이 있다.

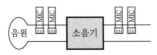

‖ 투과손실치 측정의 예 ‖

(2) 소음기의 종류

1) 팽창형 소음기

팽창형 소음기는 급격한 덕트 직경의 확대로 공기의 유속을 낮추어 소음을 감소시키는 소음기이다.

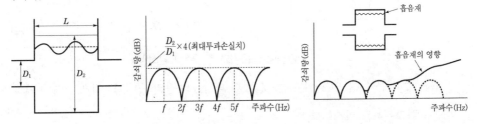

┃ 팽창형 소음기와 주파수별 감쇠량 ┃

① 감음특성은 저·중음역에 유효하고 팽창부에 흡음재를 부착하면 고음역의 감음량도 증가한다.

② 감음주파수는 팽창부의 길이 L에 따라 결정$\left(L = \dfrac{\lambda}{4}$가 가장 좋음$\right)$된다.

③ 최대투과손실치 $\mathrm{TL}_{\max} = \dfrac{D_2}{D_1} \times 4(\mathrm{dB})$이며, 이는 $f < f_c(\mathrm{Hz})$ 범위에서 성립한다.

여기서, 한계주파수 $f_c = 1.22 \times \dfrac{c}{D_2}$ 이다.

④ 투과손실 $\mathrm{TL} = 10 \log \left[1 + \dfrac{1}{4}\left(m - \dfrac{1}{m}\right)^2 \sin^2 KL \right](\mathrm{dB})$이다.

여기서, 단면적의 비 $m = \dfrac{A_2}{A_1}$

$K = \dfrac{2\pi f}{c}$ (f : 대상주파수(Hz), π : 180°, c : 음속(m/s), L : 팽창부의 길이(m))

투과손실은 $KL = \dfrac{n\pi}{2}$ ($n = 1, 3, 5, \cdots$), 즉 $L = \dfrac{n\lambda}{4}$ 일 때 최대가 되고, $KL = n\pi$ 일 때 최소가 된다.

⑤ 최대투과손실이 발생되는 주파수를 f라 하면 f의 홀수배에서는 최대가 되지만 짝수배에서는 0dB이 된다.

⑥ 팽창부에 흡음률 α_r인 흡음재를 부착할 경우 $\mathrm{TL}_a = \mathrm{TL} + \left(\dfrac{A_2}{A_1} \times \alpha_r\right)(\mathrm{dB})$이다.

⑦ 단면적의 비 m이 클수록 투과손실치는 커지며, 팽창부의 길이 L이 클수록 협대역 감음한다.

⑧ 팽창형 소음기의 용도는 송풍기, 압축기, 디젤기관의 흡·배기부의 소음에 사용된다.

2) 간섭형 소음기

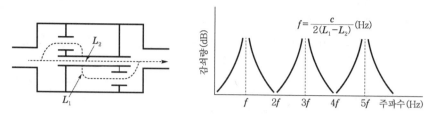

∥ 간섭형 소음기와 주파수별 감쇠량 ∥

그림과 같이 공기흐름의 길이 L_1을 L_2보다 대상음 파장의 $\frac{1}{2}$ 정도 길게 하여 두 음의 간섭에 의해 감음하는 방식이다.

① 감음특성은 저 · 중음역의 탁월주파수 성분에 유효하다.

② 감음주파수는 $L_1 - L_2$에 따라 결정되며 이 값을 $\frac{\lambda}{2}$ 로 하는 것이 좋다.

즉, $f = \dfrac{c}{2(L_1 - L_2)}$ (Hz)

③ 최대투과손실치는 감음주파수 f의 홀수배에서 일어나 실용적으로는 20dB 내외가 되며, 짝수배에서는 0dB이 된다.

④ 간섭형 소음기의 용도는 팽창형 소음기와 마찬가지로 송풍기, 압축기, 디젤기관의 흡 · 배기부의 소음에 사용된다.

3) 공명형 소음기

덕트 내의 관에 작은 구멍과 그 배후공기층이 공명기를 형성하거나 덕트 위에 공동을 만들어 흡음함으로써 감음하는 형식이다.

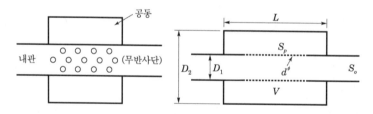

∥ 다공 공명형 소음기 ∥

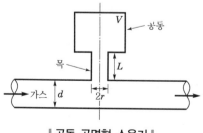

∥ 공동 공명형 소음기 ∥

① 감음특성은 저·중음역의 탁월주파수 성분에 유효하다.

② 최대투과손실치는 공명주파수 $f_r = \dfrac{c}{2\pi}\sqrt{\dfrac{n \times \dfrac{S_p}{l_p}}{V}}$ (Hz)에서 일어난다.

여기서, c : 소음기 내의 음속(m/s)

n : 덕트 내에 있는 관의 작은 구멍의 수

S_p : 작은 구멍 한 개의 단면적(m²)

V : 공동의 외관과 덕트 내관 사이 공동의 체적(m³)

l_p : 작은 구멍의 길이(내관의 두께, m) + $1.6a$(a는 구멍의 반경, m)

③ 투과손실치 $\mathrm{TL} = 10\log\left[1 + \left(\dfrac{\dfrac{\sqrt{n \times V \times \dfrac{S_p}{l_p}}}{2 \times S_o}}{\dfrac{f}{f_r} - \dfrac{f_r}{f}}\right)^2\right]$ (dB)

여기서, S_o : 소음기 출구의 단면적(m²)

f : 감음하고자 하는 주파수(Hz)

④ 공동 공명형(helmholtz resonator) 소음기는 협대역 저주파 소음방지에 탁월하며 공동 내에 흡음재를 충진하면 저주파음 소거의 탁월현상은 완화되지만 고주파까지 거의 평탄한 감음특성을 보이며 그때의 공명주파수 $f_r = \dfrac{c}{2\pi}\sqrt{\dfrac{A}{l \times V}}$ (Hz)가 된다.

여기서, c : 소음기 내의 음속(m/s)

A : 목(구멍)의 단면적(m²)

L : 목의 길이(m)

V : 공동의 부피(m³)

$l = L + 0.8\sqrt{A}$ (m)

4) 취출구 소음기

압축기나 보일러의 고압증기 취출구에서 음속이 매우 빠른 유속으로 기체가 방출되는 경우에 발생하는 소음은 취출구보다 하류에서 발생한다. 즉 취출구 가까이에서는 고주파, 멀리 떨어진 곳에서는 저주파 성분이 발생하고 취출구 직경의 15배 정도까지 하류의 범위가 소음원이 된다. 이러한 경우에 먼저 음원을 취출구 부근에 집중시키고 그 다음에 그 음의 전파를 방지하고 마지막으로 유속을 가능한 한 적게 하는 원리로 소음감쇠를 하는 것이 취출구 소음기이다.

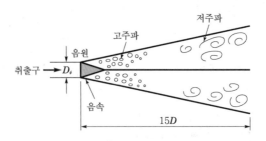

┃ 취출구에서의 음속 변화 ┃

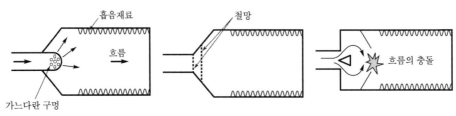

┃ 취출구 소음기 ┃

① 취출구에서 발생된 소음의 주된 주파수 $f = 0.2 \times \left(\dfrac{v}{D}\right)$(Hz)이다.

　여기서, v : 취출 유속(m/s)

　　　　　D : 취출구 덕트 직경(m)

② 취출구에서 발생된 소음방지대책은 음원을 취출구 부근에 집중시켜 그 음의 전파를 방해하고 가급적 유속을 저하시켜야 한다.

③ 위 그림과 같이 취출구에 다공판(diffuser)이나 철망을 부착하여 소음원을 취출구 부근으로 모으거나 흐름을 두 개로 나누어 출동시킨다. 이렇게 하면 저주파 성분의 음을 감소시킬 수 있다.

④ 소음기의 출구 직경은 유속을 저하시키기 위해 반드시 입구보다 크게 하여야 한다.

5) 흡음덕트형 소음기

덕트 안에 흡음재료를 코팅한 것으로 음이 안을 통과할 때 음의 에너지를 흡음재료로 흡수하는 것이다. 공기류를 동반한 경우 소음기로 대부분 흡음덕트형 소음기를 사용하며 송풍기의 소음방지에 대부분 사용된다.

① 감음특성은 중·고음역에서 좋다.

② 최대감음주파수는 $\dfrac{\lambda}{2} < D < \lambda$ 범위에 있다.

　여기서, λ : 대상음의 파장(m)

　　　　　D : 덕트의 내경(m)

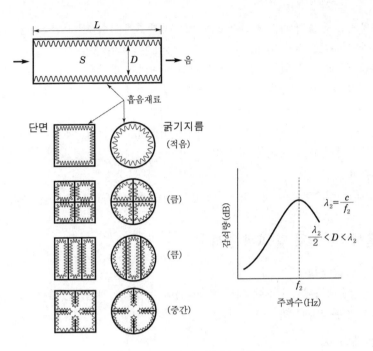

‖ 다양한 형태의 흡음덕트형 소음기 ‖

③ 덕트의 내경이 아주 적은 경우에는 내경을 확대하여 ②의 조건에 맞춘다.
덕트의 내경이 큰 경우에는 덕트를 세분하여 셀(cell)형이나 스플리터(splitter)형으로
하여 목적주파수를 감음시킨다.

④ 감쇠치 $\Delta L = K \times \dfrac{P \times L}{S}$ (dB)이다.

여기서, $K = 1.05 \times \alpha_r^{1.4}$ 또는 $K = \alpha_r - 0.1$ (α_r : 잔향실법에 의한 흡음률)
       P : 덕트 내부 둘레길이(m)
       S : 덕트 내부 단면적(m²)
       L : 덕트의 길이(m)

위 식은 $f < f_c \left(\fallingdotseq \dfrac{c}{D} \right)$ (Hz) 범위에서 성립한다.

⑤ 각 흐름통로의 길이는 가장 작은 황단길이의 2배는 되어야 한다.
⑥ 덕트의 최단횡단길이는 고주파 빔을 방해하는 크기여야 한다. 빔(beam)은 가장 작은 횡
단길이의 7배보다 적은 파장의 주파수에서 발생한다.
⑦ 흡음넉트형 소음기 내의 통과유속은 20m/s 이하로 하는 것이 좋다.
⑧ 직각으로 구부러진 흡음덕트일 경우 흡음덕트의 길이 L은 덕트의 직경 D보다 5 ~ 10배
로 하는 것이 좋으며, $\dfrac{L}{D}$인 N값과 흡음률에 따른 감쇠치는 흡음률이 높을수록 감쇠치
가 높아지는 경향이 있다.

⑨ 송풍기 소음을 방지하기 위한 흡음덕트 내의 흡음재 두께는 약 2.5cm, 흡음챔버 내 흡음재의 두께는 5 ~ 10cm로 부착하는 것이 이상적이다.

⑩ 흡음덕트형 소음기의 기류에 의한 감쇠비 변화의 특성은 음파와 같은 방향으로 기류가 흐르면 감쇠치의 정점은 고주파측으로 이동하면서 그 크기는 낮아지며, 반대방향으로 기류가 흐를 때 감쇠치의 정점은 저주파측으로 이동하면서 그 크기는 높아진다.

⑪ 기류에 의한 흡음재의 표면처리는 허용풍속이 6m/s 이하일 때는 불필요하고 20 ~ 30m/s 정도이면 천과 다공판을 사용하여야 한다.

6) 흡음챔버

흡음챔버는 실용적으로 저주파에서 10dB, 1kHz에서 20dB 정도 감음한다.

6 방음시설의 설계 및 효과 분석

(1) 기계의 방음대책

기계의 방음대책에서 차진에 의해 저주파음이 저감되고, 차음벽, 흡음처리 및 견고한 자재에 의한 방음상자에 의해 고주파음이 감음된다.

(2) 방음설계의 예

그림과 같이 20m×20m×5m 크기의 공장건물이 있다. 이 건물의 바닥 중앙에 음향파워레벨이 120dB(A)인 소음원이 있고, 건물의 한 벽에서 20m 떨어진 곳에 부지경계선이 있는데 이 부지경계선에서 소음도(SPL)를 예측하고 각 단계별 방음효과를 계산한다. 단, 현 상태에서 공장 내의 평균흡음률 $\overline{\alpha}$은 0.06이고, 흡음대책 후 평균흡음률을 0.4로 하려고 한다. 또한 측정위치는 음원에서 벽 근처까지의 거리로 9m(벽으로부터 음원 쪽으로 1m 떨어진 지점)이다.

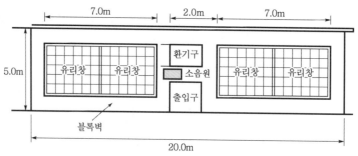

┃ **방음설계에 필요한 공장건물의 개략도** ┃

1) 음원의 음향파워레벨(PWL) 계산

예시에서 수어져 있지만 기존 배출시설 및 기기에 대한 PWL은 측정에 의하여 구하고 신설될 시설 및 기기는 유사한 것을 대상으로 측정하여 구하거나 문헌을 참조한다.

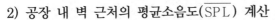

2) 공장 내 벽 근처의 평균소음도($\overline{\mathrm{SPL}}$) 계산

공장 내 벽 근처의 평균소음도는 공장 내벽의 흡음성에 따라 변한다.

$$\overline{\mathrm{SPL}} = \mathrm{PWL} + 10\log\left(\frac{1}{2\pi\, r^2} + \frac{4}{R}\right)[\mathrm{dB(A)}]$$

여기서, 흡음대책 전 공장 내의 평균흡음률 $\overline{\alpha}$은 0.06이므로 실정수 R은 다음 식과 같다.

$R = \dfrac{S\,\overline{\alpha}}{1-\overline{\alpha}}$ 에서 $S = 2 \times 20 \times 20 + 20 \times 5 \times 4 = 1{,}200\mathrm{m}^2$

$\therefore\ R = \dfrac{1{,}200 \times 0.06}{1-0.06} = 77\mathrm{m}^2$

흡음대책 후 $R = \dfrac{1{,}200 \times 0.4}{1-0.4} = 800\mathrm{m}^2$ 이다. 이 값을 대입하여 공장 내 평균소음도를 구한다.

① 대책 전 : $\overline{\mathrm{SPL}} = 120 + 10\log\left(\dfrac{1}{2\pi \times 9} + \dfrac{4}{77}\right) = 107\mathrm{dB(A)}$

② 대책 후 : $\overline{\mathrm{SPL}} = 120 + 10\log\left(\dfrac{1}{2\pi \times 9} + \dfrac{4}{800}\right) = 98\mathrm{dB(A)}$

즉, 흡음처리에 의해 9dB(A)의 감음을 얻을 수 있다.

3) 벽체의 총합 투과손실($\overline{\mathrm{TL}}$)

공장 벽 구성부의 음향특성을 〈표〉로 나타내었다. 대책 후 환기구를 블록벽으로 쌓아 막고 유리창의 면적을 반으로 줄이는 것을 생각하였다. 다음 〈표〉는 벽체의 투과손실에 대한 대책 전·후의 예시이다.

벽의 구성부	면적(S_i, m^2)	투과손실(TL_i, dB)	투과율(τ_i)
출입문	4	10	0.1
환기구	2	0	1.0
유리창	42	14	0.04
블록벽	52	40	0.0001

① 대책 전

$$\overline{\mathrm{TL}} = 10\log\frac{\sum S_i}{\sum S_i\,\tau_i} = 10\log\left(\frac{100}{0.1 \times 4 + 1 \times 2 + 0.04 \times 42 + 0.0001 \times 52}\right) = 14\mathrm{dB(A)}$$

② 대책 후

$$\overline{\mathrm{TL}} = 10\log\frac{\sum S_i}{\sum S_i\,\tau_i} = 10\log\left(\frac{100}{0.1 \times 4 + 0.04 \times 21 + 0.0001 \times 75}\right) = 19\mathrm{dB(A)}$$

따라서, 약 5dB(A)의 총합 투과손실의 증가를 볼 수 있다.

4) 공장 벽의 차음도(NR)

$$\text{차음도 } NR = \overline{TL} + 6dB$$

① 대책 전 : $NR = 14 + 6 = 20dB(A)$

② 대책 후 : $NR = 19 + 6 = 25dB(A)$

이 차음도 값을 평균소음도에서 빼면 벽 밖의 인접한 장소의 외부 평균소음도($\overline{SPL_o}$)를 얻을 수 있다.

$\overline{SPL_o} = \overline{SPL} - NR[dB(A)]$이므로

③ 대책 전 : $\overline{SPL_o} = 107 - 20 = 87dB(A)$

④ 대책 후 : $\overline{SPL_o} = 98 - 25 = 73dB(A)$

따라서, 약 14dB(A)의 평균소음도가 감소되었다.

5) 면음원의 거리감쇠

주어진 공장 설계도에서 짧은 변 a가 5m이고, 긴 변 b가 20m이며, 벽으로부터 부지경계선까지의 거리가 20m이므로 이에 따른 거리감쇠치 L_d를 구하면 다음 식과 같다.

$$L_d = -20\log\left(\frac{3r}{b}\right) - 10\log\left(\frac{b}{a}\right) = -20\log\left(\frac{3\times20}{20}\right) - 10\log\left(\frac{20}{5}\right) = 16dB(A)$$

이 값을 평균소음도에서 빼면 부지경계선에서의 예측소음도가 얻어진다.

① 대책 전 : $SPL = 87 - 16 = 71dB(A)$

② 대책 후 : $SPL = 73 - 16 = 57dB(A)$

이상의 결과를 평가소음도로 환산한 규제기준치와 비교하여 적합하다면 적용한 방지기술이 효과적이지만 만약 규제기준치를 초과하면 음원대책과 함께 각 단계별 방음효과를 재검토하여 규제기준치 이하가 되도록 방지대책을 강구하여야 한다.

7 음향진동시험실 설계

건축자재나 자동차 내장재의 음향성능 측정이나, 각종 설비기기의 음향파워레벨 측정 수요가 많아지고 있는 실정에 잔향실과 무향실을 갖춘 음향진동시험실의 설계는 반드시 필요하다.

(1) 잔향실

1) 목적과 설계지침

① 목적

잔향실법에 의한 흡음률 측정을 목적으로 하며, 이외에도 잔향실과 잔향실 사이에 시료를 설치해서 음향투과손실을 측정하고, 각종 설비기기의 음향파워레벨의 측정 목적으로도 설치한다.

② 설계지침

ㄱ 적절한 체적을 가질 것

ㄴ 적절한 방의 형상을 갖고 있거나, 확산장치를 갖출 것

ㄷ 대상 주파수 대역에서 적당하게 작은 흡음면일 것

ㄹ 배경소음레벨이 충분히 낮을 것

2) 확산음장

잔향실은 충분한 확산음장을 얻을 수 있어야 하는 바 다음 조건을 만족하면 이상적인 음장이 되며, 음압레벨 분포의 표준편차는 작아야 한다.

① 음의 에너지 분포가 실내 전체 장소에서 균일할 것

② 실내의 한 점에 입사하는 에너지가 모든 방향에서 같을 것

잔향실에서는 다공질 흡음재료(글라스울, 로크울, 우레탄폼 등)의 평균흡음률이 최대치가 되고 이후 일정하게 되므로, 흡음재료의 흡음률 정도를 높이기 위해서도 조정을 행하는 것이 좋다.

3) 잔향실의 체적

잔향실 체적은 적어도 100m^3로서, 150m^3 이상이 바람직하다.

4) 잔향실의 형상

일반적으로 정형(직사각형)과 부정형 2개의 타입이 있다.

5) 잔향시간

$$\frac{V}{S} < 잔향시간(초) < V\left(\frac{f}{1\,000}\right)^2$$

여기서, V : 잔향실의 체적(m^2)

S : 잔향실의 실내 총 표면적(m^3)

f : 측정주파수 대역의 중심 주파수(Hz)

6) 잔향실의 배경소음레벨

잔향실의 설치장소에 따라 좌우되므로 장소 선정에 주의해야 하는데, 측정치보다 10dB 이상 낮은 암소음 레벨이 측정주파수별로 필요하므로 설치예정 장소를 사전에 조사하여 차음구조 및 방진구조를 결정한다.

(2) 무향실

1) 특징

각종 음향 측정을 위한 기본적 설비이며, 전에는 마이크로폰이나 스피커 등의 교정이나 특성 측정에 사용되어 왔는데, 최근에는 각종 기기류의 소음원으로부터의 방사소음 측정이나 청각실험, 건축자재나 자동차 내장재의 음향성능측정 실험시설의 수음 측정에 광범위하게 사용되고 있으며, 피측정대상물 이외의 음은 필요한 수준으로 작게 한 방이다.

2) 무향실의 종류

① **완전무향실** : 측정대상의 주파수 범위 내의 음파를 충분히 흡수하는 경계면으로 구성되어, 내부에는 자유음장의 조건이 성립되는 실험실이다.

② **반무향실** : 바닥 등의 경계면의 한 면 또는 그 일부가 음향적으로 충분한 반사성으로서, 그 외는 측정대상 주파수 범위 내의 음파를 충분히 흡수하는 경계면으로 구성되어 있다. 반사면상에 자유음장이 성립되는 실험실로서 5면 흡음은 반무향실이고, 6면 흡음은 완전무향실이 된다.

3) 무향실에 필요한 기본적인 성능

① **배경소음레벨**

배경소음레벨은 공조소음이나 주변기기 등 여러 조건이 포함된 경우가 많으며, 낮으면 낮을수록 좋으나 실제로는 경제성을 고려해서 허용한도를 설정하고 있다.

② **역제곱 특성**

무향실에서 점음원으로부터의 음압레벨 거리감쇠 특성은 음의 반사가 없는 공간에서는 이론적으로 거리가 2배가 될 때마다 6dB씩 감쇠되는데, 이를 세로축으로 음압레벨을 취하고 가로축에 주파수 대수를 취하여 플로트시키면 오른쪽 아래로 내려가는 경사 직선이 되며, 완전히 반사가 없고 측정기기에 문제가 없다면 역제곱 특성은 이 직선에 일치하게 된다.

Section 03 실내소음 저감기술

1 실내소음 저감방법 및 대책

(1) 실내의 평균음압레벨을 구하는 방법

실내의 조건(공장 안의 반확산음장, 잔향실 내의 확산음장)에 따라 실내 평균음압레벨을 구하는 식은 서로 다르다. 실정수 R, 실내 표면적 S인 실내에 음향파워레벨 PWL인 소음원이 있을 경우 이 음원으로부터 거리 r만큼 떨어진 벽 근처에서의 평균음압레벨 $\overline{SPL}$을 구하는 식을 구한다.

① **반확산음장**

$$\overline{SPL} = PWL + 10\log\left(\frac{Q}{4\pi\,r^2} + \frac{4}{R}\right)(dB)$$이다. 여기서, 음원의 지향계수 Q는 실내 공간에 있을 때 1, 바닥에 있을 때 2이다. 위 식은 실내에서 직접음의 음압레벨 SPL_d 와 반사음의 음압레벨 SPL_r로 나누어진다.

㉠ 소음원이 바닥에 있을 경우 직접음

$$SPL_d = PWL + 10\log\left(\frac{Q}{4\pi\,r^2}\right) = PWL - 20\log r - 8dB$$

ⓛ 반사음

$$SPL_r = PWL + 10 \log\left(\frac{4}{R}\right) = PWL - 10 \log R + 6dB$$

여기서, 직접음의 음압레벨은 음원에서 2배의 거리가 되면 6dB씩 자유음장 감쇠하며, 반사음의 음압레벨은 거리에 관계없이 실정수에 따라 주어지는 잔향음장으로 일정하다. 실내에서 직접음과 잔향음의 크기가 같은 음원으로부터의 거리를 실반경 r이라고 하는데 이는 $\dfrac{Q}{4\pi r^2} = \dfrac{4}{R}$ 에서 $r = \sqrt{\dfrac{Q \times R}{16\pi}}\,(m)$가 된다.

② 확산음장

실내의 전체 내면의 반사율이 아주 큰 잔향실과 같은 경우로 실내 평균음압레벨 $\overline{SPL}$ 은 음원으로부터의 거리에 관계없이 일정하다.

$$\overline{SPL} = PWL - 10 \log R + 6dB$$

(2) 흡음에 의한 실내소음 저감

실내 벽면에 대한 흡음대책 전·후의 실정수를 각각 R_1, R_2라 하면 그 때의 실내 평균음압레벨은 $\overline{SPL_1}$, $\overline{SPL_2}$이다. 따라서, 흡음대책에 따른 실내소음 저감량(감음량)은 다음과 같다.

$$\Delta L = \overline{SPL_1} - \overline{SPL_2} = 10 \log\left(\frac{R_2}{R_1}\right)(dB)$$

평균흡음률 $\overline{\alpha} < 0.3$일 때 실정수는 흡음력과 거의 같으므로

$$\Delta L = \overline{SPL_1} - \overline{SPL_2} = 10 \log\left(\frac{A_2}{A_1}\right) = 10 \log\left(\frac{\overline{\alpha_2}}{\overline{\alpha_1}}\right)(dB)$$이 된다.

실내의 흡음대책에 의해 기대할 수 있는 경제적인 감음량의 한계는 5 ~ 10dB 정도이다.

2 건축음향 설계

(1) 건축음향 설계과정

① 홀 형태의 설계

실의 사용 목적에 적합한 특성을 고려하여 홀의 형태와 크기를 결정해가는 설계이다. 반향, 음의 초점 등 홀에서 발생하는 음향결함 현상의 원인을 고려하여 설계한다.

② 잔향설계

홀에 가장 적합한 최적 잔향시간을 만족하도록 실내 흡음력을 고려하여 마감재료를 선정하고 그 소요량과 배치를 음향적 관점에서 결정해가는 것으로 잔향설계는 홀의 음향특성을 평가하는 중요한 요소이다. 따라서 홀의 목적, 용도에 부적합한 형태를 갖는 경우는 음향적인 결함이 발생하지 않도록 하는 것이 중요하며 특히 건축음향 설계에 있어서 중요한 것은 홀의 형태, 구조와 크기, 좌석, 천장형태, 벽면의 재질감, 흡음, 반사 정도 등 음질에 직·간접적으로 영향을 미치는 모든 요소를 고려해야 한다.

(2) 홀 형태의 설계 시 고려해야 할 특성

홀의 목적 및 용도에 맞는 실의 형태, 크기, 천장, 바닥, 벽, 확산판, 반사판 등의 계획이
아주 중요하다.

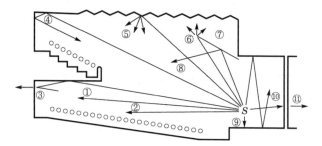

① 거리에 따른 음의 감쇠
② 좌석에 의한 흡음
③ 표면마감에 의한 흡음
④ 실내 모서리 부분의 반사음
⑤ 굴곡된 면의 음 확산
⑥ 반사판 끝부분의 음 회절
⑦ 음의 음영 부분
⑧ 제1차 반사음
⑨ 무대 바닥판의 공명
⑩ 반향과 정재파
⑪ 음의 투과

┃ 콘서트홀 형태의 유형설계 시 고려사항 ┃

(3) 형태계획

홀의 형태가 작고 직방체인 것은 고유주파수의 분포에 균일성이 없고 하나의 에너지 준위
(準位)에 대하여 두 개 이상의 상태가 존재하는 축퇴(degenerate)되는 현상이 발생할 수 있
으므로 주의해야 한다.

(4) 평면계획

대형 홀에 사용하는 일반적인 평면의 형태를 중심으로 설명하는데, 홀의 객석은 음원 가까
이에 위치(무대가 잘 보이고 음을 충분히 들을 수 있게)해야 한다.

① 정방형 평면

음원에 가까이 할 수 있다. 고주파수 대역에서 음원방향에 직각인 위치의 음압레벨이 급
속히 감소된다. 규모가 큰 정방형 실은 무대 측면에 있는 소리는 듣기 부적절하고 실의
중심축에서 각각 70° 이내에 객석이 위치해야 하며 맨 뒷자석은 가능한 무대 쪽의 강연
자에 근접하도록 한다.

② 장방형 실

실의 길이는 폭의 1.2 ~ 2배 정도가 적당하다.

③ 타원, 원형 평면

음이 집점을 일으킬 수 있으므로 음향시뮬레이션을 통한 검토가 필요하다.

④ 부채꼴형(측벽이 확산되는 평면형)

음원과의 거리를 근접시키고 평행면을 피할 수 있으므로 음향적인 장점이 있다.

(5) 천장계획

무대에서 방사된 소리가 실내에서 유효하게 반사할 수 있는 부위는 객석의 주 천장이므로
강한 반사성의 재질로 시공하여 확산, 반사가 잘 되도록 곡면으로 설계한다.

(6) 발코니 계획

발코니 밑의 음향상태는 일반적으로 나쁘므로 장방형 평면의 경우는 음원과 멀어지면 직접음은 감쇠, 천장이나 벽의 유효한 반사음도 얻기 어려워 음압레벨이 저하된다. 이러한 문제를 해결하기 위해 Fan형 발코니를 갖는 평면이 선호된다.

(7) 벽면계획

객석의 측벽면은 반사효과와 음을 풍부하게 하는 확산효과 및 적정 잔향을 유지하기 위한 흡음성능이 필요하다. 객석 측벽의 반사면에 의한 음의 반사효과는 객석에 청중이 앉았을 때 귀 높이 정도에 효과가 나타난다. 객석의 벽은 시간지연에 따른 echo 방지를 위해 흡음처리를 행하고, 연속벽면을 없앤다.

(8) 바닥계획

① 객석바닥

좌석을 설치하면 직접음이 크게 감쇠하며, 고음역이 흡수된다. 좌석열 간의 공명으로 100~200Hz의 저음역도 크게 감쇠시키므로 바닥구배를 가능한 한 크게 하여 직접음이 차단되지 않게 해야 한다.

② 시야각

12~15° 이상이 바람직하며 무대 가까이에서 멀어짐에 따라 시야각을 크게 하는 것이 합리적이다. 오디토리엄의 경우 바닥구배는 최저 8°, 극장은 최저 15°가 필요하다.

③ 무대바닥

열에 강하고, 습기나 열에 쉽게 휘어지거나 쪼개지지 말아야 한다.

(9) 반사판 계획

음향반사판은 연주자와 객석에 양호한 음환경을 제공하며 홀의 객석 전열지역은 유효초기 반사음이 부족하여 수직·수평 반사판을 사용한다. 수직반사판은 풍부한 공간감을 제공하며, 수평반사판은 무대와 오케스트라 피트 음압레벨을 보강한다.

음향반사판의 설치조건은 다음과 같다.
① 반사판의 크기, 두께, 밀도를 높임
② 충분한 반사성, 확산성이 필요함
③ 음향적 조건을 만족해야 하며 구조가 간단, 취급이 편리, 조립 해체가 용이한 구조임
④ 음향반사판의 격납위치와 방법을 고려해야 함
⑤ 음향반사판에 전용 조명기구를 함께 설치함

(10) 확산체 계획

확산체의 형태는 병풍, 원통면, 구면, 피라미드형, 산형, 상자형, 불규칙한 요철형이 있으며 재료로는 반사성(시멘트, 타일), 저음흡수 목적(합판, 각종 보드) 등이 있다.

음 확산방법은 다음과 같다.

① 불규칙한 표면 적용

② 흡음재와 반사재를 분산 배치

③ 다른 흡음처리를 불규칙하게 분포

④ 평행 대칭벽 회피

⑤ 확산체의 크기는 확산효과를 기대할 수 있는 치수이어야 함

(11) 음향결함 방지계획

실내 음향결함은 반향, 플러터 에코, 음의 집점, 속삭이는 회랑 등이다.

① 반향(echo)

직접음이 들린 뒤 반사음이 들리는 것으로 에코는 명료도 저하, 음악의 리듬을 틀리게 하여 연주가 불가능하게 하여 실내음향 장해 중 가장 치명적이다. 반향현상은 반사음이 직접음보다 30 ~ 50ms 이상 늦게 도달하면 직접음이 들린 뒤 반사음이 들리는 현상이다.

② 반향 제거를 위한 조치

㉠ 음원과 반사면과의 거리를 5 ~ 8.5m 이하로 설치

㉡ 반사면을 흡음면으로 대치

㉢ 산란성 벽면

㉣ 경로차가 적은 다른 면을 이용하여 반사현상 제거

③ 플러터 에코(flutter echo)

매우 짧은 시간 간격으로 반복해서 발생되는 반향이다.

㉠ 발생장소 : 천장과 바닥, 양 측벽(서로 평행한 벽이 인접)

㉡ 플러터 에코 방지책 : 서로 평행한 면을 경사지게 하거나 음파의 파장길이 정도의 요철면을 붙인다. 또한 일반적으로 벽면을 부정형으로 벽에 경사를 둘 때 약 5 ~ 10° 이상의 각도를 두고 설치한다.

④ 음의 집점(sound focus)

음이 파장에 비해 훨씬 큰 오목면에 반사되면 어느 한 곳에 집중되어 음압이 상승하는 현상으로 실내 음압분포를 나쁘게 한다. 방지책으로는 홀의 형태를 불규칙하게 하여 음이 한쪽에 집중되지 않고 확산되게 설계한다.

⑤ creep와 속삭이는 회랑(whispering gallery)

반사면이 큰 오목면을 이루고 있으며 음은 그 면의 주위를 진행하여 몇 번이고 반사하고, 속삭이는 소리는 대단히 멀리까지 명료하게 들을 수 있는 현상으로 긴 곡면, 대체로 원형, 타원형 구조물에서 발생한다.

Section 04 진동방지대책

1 가진력의 발생과 대책

(1) 충격가진력

중량 W인 물체가 속도 v로 충돌하는 기계에서 충격력을 F, 계(system)의 스프링정수를 k, 변위를 δ라 하면 운동에너지는 다음과 같다.

$$운동에너지 \ E = \frac{1}{2}mv^2 = \frac{1}{2}\frac{W}{g}v^2 = \frac{1}{2}F\delta$$

여기서, $\delta = \dfrac{F}{k}$라 하면 $F = v \times \sqrt{\dfrac{k \times W}{g}}$이다.

즉, 충격력은 스프링정수 및 기계의 중량의 평방근과 속도에 비례한다. 이때 스프링정수를 $\dfrac{1}{4}$로 줄이면 충격력은 $\dfrac{1}{2}$로 되기 때문에 진동하는 기계에 스프링과 같은 완충재를 넣으면 가진력이 저감됨을 알 수 있다.

1) 가진력 발생의 예

① 왕복질량에 의한 관성력 : 회형 압축기, 활판인쇄기
② 회전질량에 의한 관성력 : 중심이 맞지 않은 기계의 회전부위
③ 질량의 낙하운동에 의한 충격력 : 단조기

2) 가진력 저감의 예

① 진동이 적은 기계로 교체 : 단조기 → 단압 프레스, 왕복운동압축기 → 터보형 고속회전 압축기
② 회전기계의 불평형 : 정밀실험을 통한 평형 유지(자동차 바퀴에 연편을 부착)
③ 크랭크기구를 가진 왕복운동기계 : 여러 개의 실린더를 가진 것으로 교체
④ 기계, 기초를 움직이는 가진력을 감소시키기 위해 탄성을 유지함

   ($F = ma$, $a = x_o\omega^2$에서 진동의 최대진폭 $x_o = \dfrac{F}{m\omega^2}$이므로 기초에 중량을 부가시키는 m을 크게 하면 진폭이 작아짐)

⑤ 기계에서 발생하는 가진력은 지향성이 있으므로 기계의 설치방향을 변경하여 가진력을 저감시킴

(2) 회전 및 왕복운동에 의한 불평형력

기계에서 발생하는 불평형력은 기계 내의 회전장치의 회전력 및 왕복운동에 의한 관성력 및 모멘트에 의해 발생한다. 회전운동으로 발생하는 관성력은 원심력과 같은 $F = mr\omega^2$으로 나타낸다. 여기서, m은 질량(kg), r은 회전반경(m), ω는 각진동수(rad/s)이다.

불평형력의 균형을 위해 m의 반대측에 같은 질량을 부착하면 원심력이 상쇄되는데 이것을 정적 평형이라고 한다. 또한 어떤 중심을 기준으로 질량 m이 대칭위치에 놓여 있을 경우 y축에 대해서는 정적 평형이 이루어지지만 y축이 회전할 경우 x축 둘레에 우력(moment) $M = mr\omega^2 l$이 발생한다. 이때 정적 불평형은 발생하지 않지만 동적 불평형이 발생하게 된다.

(3) 방진대책

1) 발생원 대책

① 가진력 감쇠
② 불평형력의 균형
③ 기초중량의 부가 및 경감
④ 탄성지지
⑤ 동적 흡진

2) 전파경로 대책

① 진동원의 위치를 멀리하여 거리감쇠를 크게 한다.
② 수진점 주위에 방진구를 판다.

3) 수진측 대책

① 수진측의 탄성지지
② 수진측의 강성(剛性) 변경

2 완충과 방진지지

진동은 진동절연(isolation)에 의하여 약화되거나 제거되고, 충격은 감쇠(damping) 또는 충격절연(완충)을 통하여 완화된다. 진동절연과 완충은 서로 취급방법은 다르지만 본질적으로 공통된 요소가 많아 응용면에서도 진동절연과 감쇠는 같이 작용될 뿐 아니라 개념상 서로 중복된 부분도 있다.

(1) 방진(防振)

고체를 매질로 하는 진동을 절연하고 충격을 완화하며 진동을 동적으로 흡수하거나 발생시키지 않는 구조로 개발의 설계단계에서부터 질량과 강성을 최저 분배힘으로써 틸싱시킨다.

(2) 제진(制振)

진동 또는 소음발생원이 되기 쉬운 패널(panel)에 감쇠력을 부여하여 막진동을 억제하고 역학적 에너지를 열에너지로 변환시킴으로써 발생한 진동을 제거하는 감쇠기능을 부가시키는 것이다. 방진과 제진의 가장 큰 차이점은 방진에는 진동절연기능과 함께 지지기능이 요구된다는 점이다. 기계의 일부 면에서 진동 및 소음이 크게 발생할 경우 진동절연이 필요하다. 덕트나 축 가운데에 고무나 합성수지를 접속하고 넓은 면 사이에는 패킹을 하면 진동반사에 유효하다.

절연재를 부착할 경우 파동에너지의 반사율은 다음과 같다.

$$T_r = \left(\frac{Z_2 - Z_1}{Z_2 + Z_1}\right)^2 \times 100\%$$

여기서, $Z(\mathrm{kg/m^2 \cdot s})$는 재료별 특성임피던스로 밀도×음의 전파속도이다. 재료별 특성임피던스는 철 > 콘크리트 > 고무 순이다. 진동하는 표면의 제진재 사이의 반사율이 클수록 제진효과가 크며 이에 의한 감쇠량 $\Delta L = 10 \log (1 - T_r)(\mathrm{dB})$이다. 예를 들어, 진동하는 금속면을 고무로 제진할 경우 반사율이 99.8%가 되므로 $\Delta L = 10 \log (1 - 0.998) = -27\mathrm{dB}$이므로 27dB의 감쇠가 발생한다.

(3) 완충재

진동하는 기계의 부품 사이에 끼워 충격을 완화시키는 재료로써 고무나 금속스프링 등 탄력성이 있는 재료를 말한다.

3 기계기초에 대한 차진 및 제진대책

(1) 기초대와 지반 사이의 고유진동수

지반도 스프링 작용을 하기 때문에 그림과 같은 계로 생각할 수 있다.

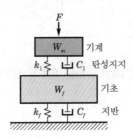

┃ 기계기초에 대한 차진대책 ┃

① 수직방향의 고유진동수

상하방향으로 진동하는 기계의 중량을 $W_m(\mathrm{N})$, 기초대의 중량을 $W_f(\mathrm{N})$, 기초대가 지반을 접하는 면적을 $A(\mathrm{cm}^2)$라 할 때, 수직방향 고유진동수는 다음과 같다.

$$f_{nv} = \frac{1}{2\pi} \sqrt{\frac{g \times A \times k_v}{W_m} + W_f} (\mathrm{Hz})$$

여기서, $k_v(\mathrm{kg_f/cm^3})$는 수직방향 지반계수로 연약한 점토인 경우 $2\mathrm{kg_f/cm^3}$ 미만이고, 모래는 $8 \sim 10\mathrm{kg_f/cm^3}$이다.

② 수평방향 고유진동수

$$f_{nk} = \frac{1}{2\pi} \sqrt{\frac{g \times A \times k_h}{W_m} + W_f} (\mathrm{Hz})$$

여기서, $k_h(\mathrm{kg_f/cm^3})$는 수평방향 지반계수로 대략 $k_h = (0.6 \sim 0.7) \times k_v$이다.

③ 지반의 종류별 고유진동수

㉠ 견고한 지층 위에 두께 H의 연약한 점토층이 있고, 횡파의 전파속도를 v라고 할 때 $f_n = \dfrac{v}{4H}(\mathrm{Hz})$이다.

㉡ 다수의 기계가 간격 D를 두고 설치되어 있을 경우 $f_n = \dfrac{n\,v}{4\,D}(\mathrm{Hz})$이다.

(2) 기초로부터의 진동전파

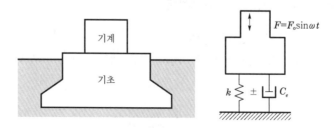

‖ 기계가 설치된 지반의 진동전파 대책 ‖

일반적으로 지반의 감쇠비(ξ)는 0.2 정도이다. 그림과 같은 스프링의 지지상태에 따른 총 스프링정수 k_t는 다음과 같다.

① 직렬지지 시 : $\dfrac{1}{k_t} = \dfrac{1}{k_1} + \dfrac{1}{k_2} + \cdots + \dfrac{1}{k_n}$

② 병렬지지 시 : $k_t = k_1 + k_2 + \cdots + k_n$

(3) 기초대의 검토

큰 가진력을 발생하는 기계의 기초대를 설계할 경우 위험한 공진을 피하기 위해 기계의 기초대 진폭을 최대한 억제해야 한다.

① f가 f_n보다 적은 경우 : $f_n \geq \sqrt{2}\,f$를 만족시키기 위해 f_n을 크게 하는 것이 좋다. 이를 위해 기초대의 밑면적을 증가시켜 지반과의 스프링 기능을 강화시키거나, 기초대의 중량을 감소시키는 것이 유효하다.

② f가 f_n보다 큰 경우 : 기초대의 중량을 크게 하여 f_n을 적게 하는 것이 좋다.

③ 연약한 지반에서 기초의 침하, 불안정을 주의해야 한다.

4 손실계수와 감쇠계수

(1) 손실계수(loss factor)

일반적으로 손실계수는 어떤 계에 한 주기 동안 저장할 수 있는 최대변형에너지에 대하여 동일한 주기 동안 소실되는 에너지의 비로 정의된다.

즉, 손실계수 $\eta = \dfrac{\text{주기당 소실에너지}}{\text{주기당 최대변형에너지}}$ 이다. 또한 복소탄성계수 D의 실수부와 허수부의 비를 손실계수로 표현하여 구조감쇠를 나타낼 수 있으며, 이는 조화 해석에서 가능한 표현이다. 이 경우 손실계수는 감쇠율 ξ의 2배가 된다. 즉, $\eta = 2\xi$이다. 대표적인 진동재료의 손실계수를 나타내었다.

재료명	손실계수(η)
철	$2\times10^{-4} \sim 6\times10^{-4}$
알루미늄	1×10^{-4}
코르크	$0.13 \sim 0.17$
딱딱한 고무	1.0

(2) 감쇠계수(damping coefficient)

일반적으로 감쇠는 운동에너지를 다른 형태의 에너지(주로 열에너지)로 소산시키는 것으로서 편의상 점성감쇠 모델로 표현하는 경우가 대부분이다. 점성 감쇠기(viscous dashpot 또는 damper)의 마찰력은 운동속도에 비례한다. 이때의 비례상수를 감쇠계수(C_e)로 나타낸다.

소음 · 진동 예측평가

- 소음 · 진동 평가대상에 적합한 예측모델을 선택할 수 있는 능력을 갖추도록 한다.
- 실내 소음에 대한 예측모델을 파악하고, 평가대상에 따른 예측식을 확인한다.

Section 01 자료 입력

1 소음 · 진동 예측모델

(1) 실외소음 예측모델

소음의 예측은 일정 장소와 조건에서의 소음상태를 추정하는 것을 말하며, 소음도를 정확하게 예측하는 것은 소음의 저감대책 및 분석평가에 있어서 우선적으로 실시해야 하는 사항이다. 소음예측방법에는 음원요소, 전파요소, 수음요소의 세 가지 사항에 대한 계산을 진행하며 음원특성, 전파특성 방정식, 이론과 실제를 일치시키기 위한 보정방법 등이 제시되어 있다. 소음 예측모델의 유형을 구별하면 경험적 모델, 음향학적 해석모델, 확률론적 모델, 그리고 축소 모형실험에 의한 방법으로 나눌 수 있다.

〈 소음 예측모델의 유형 〉

소음 예측모델	방법
경험적 모델	실제 도로에서 소음레벨을 실측하고, 동시에 교통조건(교통량, 주행속도, 차종구성 등), 도로조건(노면 상황, 횡단 형상 등), 전파조건(음원으로부터의 거리, 지표면 상태, 기상상태 등) 가운데 소음레벨에 관계되는 몇 가지 요인의 물리량을 계측하여 이들 요인의 물리량과 소음레벨 사이의 관계식을 통계 처리에 의해 구한다. 계산은 용이하지만, 일반성이 부족하기 때문에 각종 조건마다 적용할 수 있는 예측식을 얻기 위해서는 각각의 조건마다 통계적으로 유의한 실측자료를 수집할 필요가 있다.
음향학적 모델	이론식에 기초한 계산방법으로서 소음원의 음향방사특성이나 음전달경로가 단순한 경우에 유효하다. 그러나 실제로는 소음원이나 전파과정에 개입하는 요소가 단순하지 않은 경우가 많으며, 이것을 기존의 이론이나 수식에 의해 수 계산을 할 경우에 환경조건을 대담하게 정리하거나, 근사적인 조건으로 바꾸어 계산을 하기 때문에 많은 오차를 발생하게 할 수 있다. 또한 도로 및 교통 조건이 딘순한 경우에 소음레벨의 평균값을 구하는 데에 편리하지만, 각종 조건마다 통계적으로 유의한 실측자료를 필요로 한다는 문제점이 있고, 도로상황이 복잡한 경우에 예측값을 얻기 어렵다는 결점을 가지고 있다.

소음 예측모델	방법
확률적 모델	해석모델이 현상을 확정적으로 취급하고 있는 데 비해, 불확정적으로 취급하고 있다. 예를 들면, 음원인 자동차의 음향 파워 크기나 배치를 들 수 있다. 음향 파워에 관해서는 음원의 파워레벨이 어떤 일정값에 대해서 확률분포하고 있다고 생각하지만, 파워에 변동이 있는 경우의 자동차 배치에 관해서는 차두 간격이 지수분포인 경우의 모델이 발표되었다. 이 방법은 조사대상과 예측대상이 동등 또는 그것에 가까운 조건일 때에는 정확도가 높은 예측식을 얻을 수 있는 반면에 일반성이 부족하다.
축소 실험 모델	음원의 설정, 경계조건의 설정 등이 합리적일 때에는 정확도가 높은 예측식을 얻을 수 있다. 그러나 이 방법은 조건 설정 때문에 막대한 설비와 비용이 필요하므로 비교적 소규모이거나 복잡한 공간에 대하여 사용해야 한다.

여기서는 실외소음 예측모델을 도로교통소음에 초점을 맞추어 설명하기로 한다. 도로교통소음 예측모형 중 우리나라의 환경영향평가나 택지계획 시 가장 많이 사용되고 있는 국립환경과학원식, 한국도로공사(HW-Noise)식, 일본음향학회식, 미국 연방고속도로국(FHWA)식을 중심으로 발표된 도로교통소음 예측모형은 주로 ISO 9613-2에 기초를 두고 있으며, 이를 요약하면 다음과 같다.

실외소음 전파의 예측모델에 사용되는 기본 이론식(ISO 9613-2)

$$\mathrm{SPL} = \mathrm{PWL} - A_{div} - A_{atm} - A_{ground} - A_{screen} - A_{ref}[\mathrm{dB(A)}]$$

여기서, PWL : 소음원의 음향파워레벨(dB)

A_{div} : 지형적 발산 영향인자에 따른 감쇠량(dB)

A_{atm} : 공기흡음 감쇠량(dB)

A_{ground} : 지면조건에 의한 감쇠량(dB)

A_{screen} : 방음벽에 의한 감쇠량(dB)

A_{ref} : 수직면에 의한 흡음(dB)

(2) 실내소음 예측모델

① 음장의 종류와 특징

음원이란 음을 발생시키는 곳이고, 음장이란 음파가 존재하는 곳이다. 실제적으로 소음원 주변지역의 음장을 살펴보면 근음장과 원음장으로 구분할 수 있다.

㉠ 근음장 : 음원과 매우 근접한 거리에서 나타나며, 위치에 따라 음압 변동이 심하여 음의 세기는 거리의 제곱과 비례관계가 없고, 음원의 크기, 주파수, 방사면의 위상에 큰 영향을 받는 음장이다.

㉡ 원음장 : 원음장에서의 음압레벨은 음원에서 거리가 2배로 되면 6dB씩 감소(역제곱법칙)하고, 자유음장, 잔향음장, 확산음장으로 구분할 수 있다.

ⓐ 자유음장 : 직접 음장이라고도 하며, 원음장 중에서 역제곱법칙이 적용되는 구역이다. 음의 반사면이 없고, 자유공간으로 전파되므로 거리가 2배로 됨에 따라 소음이 6dB 감소한다.

ⓑ 잔향음장 : 음원의 직접음과 벽에 의한 반사음이 중복되는 구역을 말한다.

ⓒ 확산음장 : 잔향음장의 일종이며, 벽과 같은 반사면이 있어서 반사되는 음이 직접 전달되는 음보다 더 강한 구역을 말한다. 확산음장 내에서는 음의 에너지 밀도가 각 위치에서 일정하다.

② 실내 음장과 잔향

실내 음장은 음원에서 방출된 음압레벨이 역제곱법칙으로 감소되는 직접음장과 실내의 음향손실에 의해 음압레벨이 결정되는 잔향음장이 존재한다. 잔향이란 음원으로부터 발생하는 소리가 없어지더라도 반사음에 의해 계속하여 소리가 울려 퍼지는 것을 뜻한다. 모든 제한된 공간 또는 실내에서는 이와 같은 잔향현상이 일어난다. 잔향의 예로, 실내에서 손뼉을 한 번 치면 소리는 얼마 동안 실내에서 들리게 된다. 이것은 손뼉을 침으로써 발생한 소리에너지가 벽으로부터 반사되어 어느 정도의 시간까지는 실내에서 존재하고 있음을 뜻한다. 이와 같은 잔향현상을 에코(echo)효과와 혼동해서는 안 된다. 에코효과란 소리가 공명을 일으켜 들리는 것으로서, 예를 들면 산에서 큰 소리로 외칠 때 같은 소리가 되풀이되어 들리는 현상을 뜻한다. 잔향이 크면 말의 구나 음절이 서로 중첩되어 무슨 말인지 알아듣기가 어려워진다. 즉, 명료도를 나쁘게 한다. 벽면이 굳은 재료로 된 수영장이나 오래된 성당 내에서 이야기하는 소리의 명료도가 나쁜 것은 잔향이 크기 때문이다. 따라서 흡음재료를 사용함으로써 개선할 수 있다.

③ 잔향시간과 실내 용도별 권장 잔향시간

잔향시간이란 실내에서 음원을 끈 순간부터 음압레벨이 60dB 감소되는 데 소요되는 시간을 말한다. 즉, 음에너지가 원음의 크기와 비교해서 백만분의 일로 작아질 때까지 걸리는 시간을 잔향시간이라고 한다. 물리학자 세이빈(Sabine)이 구한 식에서 잔향시간은 실내의 부피와 비례하고, 총 흡음력에 반비례한다. 총 흡음력은 흡음 표면에 의해 완전히 흡음된 음의 양을 의미한다.

2 소음 · 진동 평가대상에 따른 예측식

(1) 도로소음 예측식(국립환경과학원)

① 도로단에서 10m 이상일 경우

$$L_{eq} = 8.55 \log\left(\frac{Q \times V}{L}\right) + 36.6 - 14.1 \log r_a + C [\mathrm{dB(A)}]$$

여기서, Q : 1시간 동안의 등가교통량(대/h)(= 소형차 통행량+10×대형차 통행량)

V : 평균차속(km/h)(41.4 ~ 83.1km/h)

L : 가상 주행선에서 도로단까지의 거리+도로단에서 기준 10m 지점까지의 거리(m)

r_a : 거리비(기준 10m 거리에 대한 도로단에서 10m 이상 떨어진 예측지점까지의 거리비)

C : 상수

- $15,000 < Q$이면 $C : -2.0$
- $10,000 < Q \le 15,000$이면 $C : -1.5$
- $5,000 < Q \le 10,000$이면 $C : -1.0$
- $2,000 < Q \le 15,000$이면 $C : -0.5$
- $Q \le 2,000$이면 $C : 0$

② 도로단에서 10m 이내일 경우

$$L_{eq} = 10\log\left(10^{\frac{L_p}{10}} + 10^{\frac{L_b}{10}}\right)[\text{dB(A)}]$$

$$L_p = 45 + 10\log\left(\frac{N_1}{L}\right) + 30\log\left(\frac{V_1}{50}\right)[\text{dB(A)}]$$

$$L_b = 53 + 10\log\left(\frac{N_2}{L}\right) + 30\log\left(\frac{V_2}{50}\right)[\text{dB(A)}]$$

여기서, N_1 : 1시간당 소형차(차량 총 중량 8톤 이하) 통과차량(대/h)

N_2 : 1시간당 대형차(차량 총 중량 8톤 이상) 통과차량(대/h)

L : 가상 주행선에서 도로단까지의 거리(m)

V_1 : 소형차 평균차속(km/h)

V_2 : 대형차 평균차속(km/h)

(2) 철도소음 예측식

① 경부선×호남선 등 복선구간

$$L_{eq} = \overline{L_{\max}} + 10\log\left(\frac{2.4\,n}{T}\right)[\text{dB(A)}]$$

② 전철

$$L_{eq} = \overline{L_{\max}} + 10\log\left(\frac{6\,n}{T}\right)[\text{dB(A)}]$$

③ 고속철도

$$L_{eq} = \overline{L_{\max}} + 10\log\left[\frac{n\,(1.5\,d + l)}{v}\right][\text{dB(A)}]$$

여기서, $\overline{L_{\max}}$: 열차 개별 통과 시 파워(power)평균값[dB(A)]

n : T시간 동안의 열차 통과대수(대)

T : 관심 대상시간(초), 1시간 3,600초

d : 선로 중앙으로부터의 거리(m)

l : 평균 열차길이(m)

v : 열차 통과속도(km/h)

(3) 항공기소음 예측식

① 당일 평균 최고소음도

$$\overline{L_{\max}} = 10 \log \left[\left(\frac{1}{n} \right) \sum_{i=1}^{n} 10^{0.1\,L_i} \right] [\mathrm{dB(A)}]$$

여기서, n : 1일 중의 항공기소음 측정횟수

L_i : i번째 항공기 통과 시 측정·기록한 소음도의 최고치

② 1일 단위의 소음도

$$L_{den} = 10 \log \left\{ \frac{T_o}{T} \left(\sum_i 10^{\frac{L_{AEdi}}{10}} + \sum_j 10^{\frac{L_{AEej}+5}{10}} + \sum_k 10^{\frac{L_{AEnk}+10}{10}} \right) \right\}$$

여기서, T : 항공기소음 측정시간(86,400초)

T_o : 기준시간(1초)

i : 주간 시간대 i번째 측정 또는 계산된 소음노출레벨

j : 저녁시간대 j번째 측정 또는 계산된 소음노출레벨

k : 야간 시간대 k번째 측정 또는 계산된 소음노출레벨

(4) 건축 음향 예측식

① 실내에서의 소음 예측식

$$\mathrm{SPL} = \mathrm{PWL} + 10 \log \left(\frac{Q}{4\pi\,r^2} + \frac{4}{R} \right) [\mathrm{dB(A)}]$$

여기서, PWL : 음원의 음향파워레벨(dB)

Q : 지향계수

r : 음원으로부터 측정점까지의 거리(m)

R : 실정수$\left(= \dfrac{S\overline{\alpha}}{1-\overline{\alpha}} \right)(\mathrm{m}^2)$, S : 실 표면적(m^2)

$\overline{\alpha}$: 실의 평균흡음률$\left(= \dfrac{\sum S_i\,\alpha_i}{\sum S_i} \right)$, α : 흡음재의 흡음률

② 잔향시간 예측식

$$T = \frac{0.161 \times V}{A}(\mathrm{s})$$

여기서, T : 잔향시간(s)

V : 실의 부피(m^3)

A : 총 흡음력($= \sum S_i\,\alpha_i$)(m^2)

α_i : 각 재료의 흡음률

S_i : 각 재료의 면적(m^2)

③ 투과손실 예측식

$$R = L_2 - L_1 + 10 \log \frac{S}{A} (\text{dB})$$

여기서, R : 실간 음압레벨차(dB)

L_1 : 음원실 내 평균음압레벨(dB)

L_2 : 수음실 내 평균음압레벨(dB)

S : 측정대상의 벽 또는 바닥면적(m^2)

A : 수음실의 등가흡음력(m^2)

(5) 기계소음 예측식

① 팬(fan)소음 예측식

$$L_w = 10 \log F_r + 20 \log P_t + K_f (\text{dB})$$

여기서, F_r : 유량(m^3/s, ft^3/min)

P_t : 전압(cmH_2O, inH_2O)

K_f : 팬의 음향파워 정수

② 전동기(motor)소음 예측식

$$L_w = 20 \log (\text{HP}) + 15 \log (\text{rpm}) + K_m (\text{dB})$$

여기서, HP : 정격마력(1 ~ 300HP)

rpm : 정격 회전속도

K_m : 전동기 정수(13dB)

③ 펌프소음 예측식

$$L_w = 10 \log (\text{HP}) + K_p (\text{dB})$$

여기서, K_p : 펌프정수(원심력형 : 95dB, 스크루형 : 100dB, 왕복형 : 105dB)

④ 공기압축기 소음 예측식

$$L_w = 10 \log (\text{HP}) + K_c (\text{dB})$$

여기서, K_c : 공기압축기 정수(정격 1 ~ 100HP일 때 86dB)

(6) 지반진동 예측식

$$지반진동 \ L_r = L_o - 8.7\,\lambda_o\,(r - r_o) - 20\log\left(\frac{r}{r_o}\right)^n (\mathrm{dB})$$

여기서, L_o : 진동원의 진동레벨(dB)(1m 지점)

λ_o : 지반의 내부 감쇠정수$\left(= \dfrac{2\pi\,h\,f}{c}\right)$

n : 진동파 정수(표면파 : $n = 0.5$, 실체파(반무한 자유 표면파) : $n = 2$, 실체파 (무한 탄성체) : $n = 1$)

r : 진동원으로부터의 거리(m)

3 소음 · 진동 평가대상에 따른 예측 프로그램

〈 소음 · 진동 평가대상에 따른 예측 프로그램의 종류 〉

구분	소음					진동
	도로교통	철도	항공기	공장	건축음향	지반진동
프로그램 명칭	• CadnaA • SoundPLAN • LIMA • IMMI • Mithra • FHWA • CMH • BPUIT • MODEL77 • MWAY • STAMINA • ENPro • KHTN • KAP−ONE	• CadnaA • SoundPLAN • LIMA • IMMI • Mithra	• CadnaA • SoundPLAN • LIMA • IMMI • INM	• CadnaA • SoundPLAN • LIMA • IMMI • Mithra	• Raynoise • EASE • CadnaR • ODEON • CATT • CARA • Acoustics • Ramsete	• Midas • GTS • FLAC • PLAXIS • DIANA • ADINA • PENTAGON • UDEC • PFC

Section 02 결과 산출 및 검토

1 해석결과 산출

해석결과를 산출하기 위해서는 주요 소음원인 도로교통소음, 철도소음, 항공기소음, 공장소음, 생활 소음 중 어떤 것인지를 우선 파악하여야 한다. 주요 소음원이 파악되면 대상소음도를 예측할 수 있는 예측 계산식 및 해석 프로그램을 선정하고, 해석결과를 산출한다. 그림은 고속철도소음 해석을 위한 절차도를 나타낸 것이며, 도로교통소음 예측, 항공기소음 예측 및 발파로 인한 지반진동 예측 등에 대해서도 유사한 절차를 통하여 해석을 수행할 수 있다.

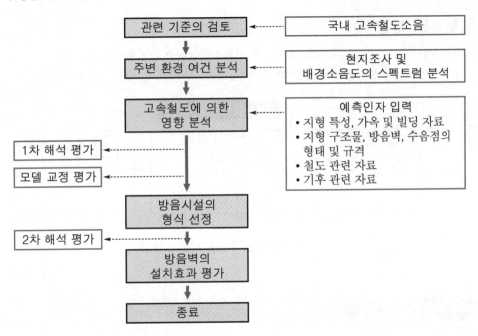

┃ 고속철도소음·해석을 위한 절차도 ┃

2 모델 교정 및 적합한 해석결과 산출

현재 우리나라에서 주로 사용되고 있는 소음·진동 예측 상용 프로그램은 해외에서 제작된 것으로서, 우리나라의 예측식이 포함되어 있지 않다. 따라서 국내 환경영향평가 시에는 주로 국립환경과학원 및 한국도로공사의 예측식을 계산기로 계산하여 결과를 산출하고 있다. 국내외 소음 예측식이나 상용 프로그램을 이용하여 소음을 예측하는 경우, 측정소음도와 비슷한 예측결과를 얻을 수 있도록 시뮬레이션을 반복 수행하여 모델을 교정하여야 한다.

이를 위해서는 소음 예측에 영향을 주는 중요 인자인 지형 정보, 교통량 정보, 차속, 도로상태 등에 관한 정보를 확보한 후, 관련 소음 예측식을 이용하여 소음도를 예측하고, 현장 측정값과의 차이가 최소화되도록 시뮬레이션 모델을 반복 교정해야 한다. 이러한 작업을 통하여 적합한 해석결과를 산출할 수 있다.

3 개선효과 예측

방음·방진대책 시 개선효과를 예측하기 위하여 예측 모델에서 사용하는 설계인자의 민감도 및 기여율을 산출해야 한다. 즉, 도로포장상태, 속도, 방음벽 등의 특성을 분석하여 소음저감 효과를 판단해야 한다.

4 방음·방진대책

설계인자를 적절히 조합하여 효과적인 방음·방진대책에 활용한다.
그림은 도로교통소음 저감을 위해 여러 설계인자를 조합한 예를 나타낸 것이다.

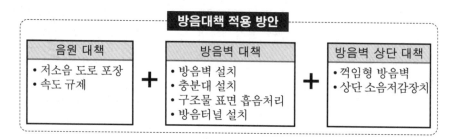

| 도로교통소음 저감을 위한 설계인자 |

Section 03 자료분석

1 해석모델의 신뢰성 확인

여러 예측식의 중요 입력인자인 지형 정보, 교통량 정보, 차량속도, 도로상태 등을 변화시켜 해석을 수행하고, 측정소음도와 예측소음도의 차이를 비교함으로써 해석모델의 신뢰성을 확인한다. 일반적으로 두 가지 음의 소음레벨의 차이가 3dB(A) 이하일 때에는 인간의 청력으로 구별할 수 없기 때문에 측정값과 예측값의 차이가 3dB(A) 이하일 때에는 해석모델을 신뢰할 수 있다고 평가한다.

2 방음·방진 방안 선정

해석모델의 신뢰성이 확인된 후, 이 모델을 기반으로 여러 설계인자를 조합하여 적합한 방음·방진대책을 선택해야 한다.

Section 04 종합 평가

1 소음·진동 비교 평가

해석결과와 「소음·진동관리법」의 관련기준(환경기준, 배출허용기준, 규제기준, 관리기준 등)과 비교하여 기준값을 만족하는지, 초과하는지를 판단한다.

2 소음·진동 적합성 평가

대책안을 적용할 때 최적 결과물을 산출하기 위해서는 우선 기준값을 만족시키기 위한 효과성(소음·진동 감쇠량)에 주안점을 두고, 그 밖의 경제성, 시공성, 내구성, 유지관리성, 환경 유해성 등의 인자들을 검토하여야 한다.

3 예측모델 신뢰성 평가

예측모델 신뢰성 평가란 소음·진동의 해석결과에 대한 신뢰성 및 타당성이 포함되고, 예측 결과의 정확도를 높이기 위한 작업 및 향후 예측결과의 활용계획까지 수립하는 것을 말한다. 예측 평가로부터 얻을 수 있는 기대효과는 예측자료에 의한 기준값 만족 여부를 확인할 수 있고, 경제성 및 시공성, 내구성 등의 검토결과에 따른 최적의 대책방안을 선정할 수 있다는 것이다.

소음 정밀평가 보완

- 관련 법과 기준에 적합한 해석결과로부터 소음 예측값을 실측값이나 기준값과 비교·분석하여 모델 교정 후 적합한 해석결과를 산출하는 방법을 학습한다.
- 소음 정밀평가에 대한 해석결과가 관련 기준법에 부합하는지를 비교·평가하는 방법을 학습한다.

Section 01 소음 측정·분석 자료 평가

(1) 「소음·진동 공정시험기준」에 의거한 소음 측정·분석 자료 평가

다음에 제시한 환경부 고시 「소음·진동 공정시험기준」에 의거 소음 측정 대상별로 측정이 올바르게 수행되었는지 확인하고 분석자료를 면밀하게 평가하도록 한다.

① 환경기준 소음측정방법(「소음·진동 공정시험기준」 ES 03301.1a)

② 도로교통소음 관리기준 측정방법(「소음·진동 공정시험기준」 ES 03304.1a)

③ 규제기준 중 동일 건물 내 사업장소음 측정방법(「소음·진동 공정시험기준」 ES 03303.3a)

④ 측정 및 분석 자료 평가는 다음 순서에 의거하여 수행한다.

    ㉠ 소음평가대상을 확인하고, 각종 관련 법규나 시험규격 및 소음평가기준을 확인한다.

    ㉡ 소음측정방법에 대하여 검토한다.

    ㉢ 소음 측정 시 유의사항과 측정값 보정에 대한 사항을 확인한다.

    ㉣ 소음 측정 및 분석 자료를 최종적으로 평가한다.

(2) 관련 법규나 KS 등 관련 시험규격에 적합한 측정·분석 자료 평가

검토한 규격 및 관련 법규에 의거 적합하게 측정 및 분석이 수행되었는지 측정 및 분석 데이터를 검토하고 평가한 자료를 정리한다.

(3) 관련 법규에 따라 이상값이 나왔을 때 원인을 분석·평가하여 재측정

① 측정결과가 대상별 적용하는 관련 법규와 비교 검토하여 이상한 값이라고 판단이 되는 경우, 측정 및 분석 절차를 재검토한 후 재측정, 분석 및 평가를 수행하도록 한다.

② 대상에 적합한 소음공정시험기준 내용을 면밀히 검토하여, 이상이 발생한 부분에 대하여 원인을 분석하여 시험기준에 의거 재측정이 수행되도록 한다.

(4) 소음 측정 목적에 따라 결과의 불확실성을 표현할 수 있는 측정 불확도를 산출·평가

소음 측정 시 지향특성 및 주파수 가중에 따른 확장 불확도의 허용한도값을 확인하여 재산출 및 평가하도록 한다.

Section **02** 소음 측정 · 분석 평가자료 적합성 검토

1 소음평가 결과 적합성

소음원별(자동차, 철도, 항공기 및 기계류 등) 소음도 dB 자료를 기준으로 소음평가방법을 검토하고, 소음이 인간에게 미치는 피해자료를 참고하여 평가방법을 선택하여야 한다. 측정된 소음에 대하여 수량적으로 나타내는 척도를 소음의 평가척도라 하며, 이것의 운용법을 소음평가법이라 한다. 소음평가법은 소음원 자체(소음레벨, 주파수, 충격성 등)와 소음폭로를 받는 지역 환경(발생시간대, 환경소음, 지역 등)으로 분류된다.

(1) 소음 측정 목적에 따라 평가결과의 적합성 여부 판단

소음 측정 목적에 따라 평가된 결과가 적합한가를 관련 법규와 이미 시행되었던 사례 자료를 활용하여 평가의 적합성 여부를 판단한다.

소음 측정 목적에 따른 평가결과의 적합성 여부 수행 순서는 다음과 같다.

① 소음 측정 목적을 확인하고, 관련 자료를 검토한다.

② 소음 측정 목적에 대한 소음평가방법을 확인한다.

③ 기존에 수행되었던 평가 사례를 조사하고 학습하여 참고한다.

④ 소음 목적 및 대상에 대한 각종 관련 법규나 시험규격 및 평가기준을 확인한다.

⑤ 평가결과의 적합성을 최종 검토하고 정리한다.

(2) 소음 측정 목적에 따라 이상값이 나왔을 때 원인을 분석한 재평가

소음 측정 목적에 따라 평가된 결과가 적합한가를 관련 법규와 이미 시행되었던 사례 자료를 활용하여 평가의 적합성 여부를 판단할 수 있으며, 만약 이상값이 나왔을 때는 상이한 결과값을 토대로 원인 분석을 수행하여 재측정, 분석 및 평가를 수행한다.

① 측정결과가 대상별 적용하는 관련 법규와 비교 검토하여 상이한 값이라고 판단이 되는 경우 측정 및 분석 절차를 재검토한 후 확인이 되면 재측정하여 분석 및 평가를 수행한다.

② 재측정을 위한 평가업무 수행 순서

  ㉠ 소음평가대상을 확인하고, 대상에 대한 자료를 검토한다.

  ㉡ 소음평가대상에 대하여 현장조사 자료를 검토한다.

  ㉢ 소음측정방법 및 소음 측정점 등에 대하여 면밀히 검토를 한다.

  ㉣ 소음 측정 시 유의사항과 측정값 보정에 대한 사항을 재확인한다.

  ㉤ 소음대상에 대한 각종 관련 법규나 시험규격 및 소음평가기준을 확인한다.

  ㉥ 소음 측정 및 분석자료를 피드백 분석을 수행하여 이상값이 발생한 원인을 확인하고 재측정을 수행하도록 한다. 재측정 시「소음 · 진동 공정시험기준」에 의거 수행한다.

2 소음원 종류별 평가방법

각종 소음 관련 법규(「환경정책기본법」, 「소음·진동관리법」, 「주택법」, 「공항소음방지 및 소음대책지역에 관한 법률」, 환경분야 시험·검사) 등을 기준으로 소음원의 종류별 평가방법을 정리하여 검토한다.

(1) 생활 소음

대상 지역, 소음원, 시간대별로 생활 소음 규제기준을 정리하고 검토한다.

(2) 공장소음

사업장 및 공사장에 대한 소음원, 시간대별 소음규제기준을 정리하고 검토한다. 소음·진동을 발생하는 공장의 기계·기구·시설, 기타 물체로서 환경부령으로 정하고 있다. 소음배출시설로는 10마력 이상의 압축기, 송풍기, 단조기, 금속절단기 등 36종이 있다.

(3) 도로교통 환경소음

① 자동차소음

자동차에서의 소음원은 크게 두 가지로 나눌 수 있다. 첫째로 엔진 회전수와 관련된 소음이며, 다른 하나는 주행속도에 관련된 소음이다. 엔진 회전수에 관련된 소음원은 엔진소음, 흡기와 배기소음, 냉각팬 소음 등이며, 주행속도와 관련된 소음은 타이어 마찰소음과 공력소음이 있다. 규제대상은 도로에서의 자동차와 철도이며, 철도소음의 경우 2000년부터 한도를 설정하여 적용하고 있다. 또한 교통소음·진동 규제지역의 관리는 특별시장 또는 시장·군수는 주민의 정온한 생활환경을 유지하기 위하여 교통수단으로 인하여 발생되는 소음을 규제할 필요가 있다고 인정되는 지역을 교통소음·진동 규제지역으로 지정할 수 있다.

② 항공기소음

항공기소음은 크게 추진계 소음(엔진)과 기체의 공기 동역학적 소음으로 나눌 수 있다. 이들 발생원이 주변지역에 미치는 상대적 기여도는 다르지만 소음대책은 이·착륙 시 소음을 주대상으로 하고 있고 미국 등 선진국에서도 항공기소음을 근본적으로 저감하기 위한 저소음 엔진개발 연구를 진행하고 있다.

항공기소음 한도는 다음과 같다.

ㄱ 항공기소음 한도

ⓐ 공항 주변 인근지역(「항공법」상 소음피해지역) : $75L_{den}$ dB(A)

ⓑ 기타 지역(「항공법」상 소음피해예상지역) : $61L_{den}$ dB(A)

ㄴ 필요한 조치를 요청할 수 있는 공항 : 정기 국제항공노선이 개설된 공항(인천, 제주, 김해, 광주, 대구, 무안 공항)

Chapter 5 진동 정밀평가 보완

Section 01 진동 발생원별 측정·분석 자료 평가방법

1 진동 측정·분석 자료 평가

(1) 진동시험방법

① 정현파 시험방법(sinusoidal test)

정현파형은 제품이나 장비 및 소재의 공진주파수를 파악한 후 그 파악된 공진주파수들을 시험하는 것으로 정현파 고정시험과 정현파 소인시험이 있다.

㉠ 정현파 고정시험(sine dwell test) : 일정한 진동수(주로 공진주파수)로 가진하며, 주로 내구성 시험에 적용하는 시험방법으로 가진주파수와 시험(진동)레벨, 시험시간 등은 미리 결정하여 시험에 적용한다.

㉡ 정현파 소인시험(sine sweep test) : 진동수의 상한 및 하한값 사이를 왕복하는 소인, 공진주파수 파악 및 내구시험에 적용하며 주파수 범위, 시험레벨, 소인속도, 시험시간 등을 미리 결정하여 시험에 적용한다.

② 랜덤 시험방법(random vibration test)

실제 환경과 유사하여 내구성 시험에 많이 사용하며 확률적인 접근이 필요하다. 시험할 때 고려해야 하는 요소가 많고 시험장치의 제어시스템 구성도 까다롭다. 일반적으로 실측값에 근거하여 진동레벨을 설정하는 것을 권장하고 있으며, 종류로는 광대역 랜덤 시험방법, 정현 랜덤 시험방법, 협대역 랜덤 시험방법 등이 있다.

㉠ 광대역 랜덤 시험방법(broadBand random test) : 시험레벨의 표시방법은 정현파 소인시험과 유사하지만 단위는 대부분의 경우 ±3dB 이하로 유지하고 ±6dB 초과 시 시험을 중지한다.

㉡ 정현 랜덤 시험방법(sine on random(SoR) test) : 엔진, 변속기, 프로펠러, 기타 회전체 등의 주기적인 성분을 일반적인 랜덤진동곡선에 더한 것이다.

㉢ 협대역 랜덤 시험방법(narrowband random on random(RoR) test) : 정현 랜덤 시험방법(SoR test)과 마찬가지로 엔진, 변속기, 프로펠러, 기타 회전체 등에 의한 협대역 랜덤 성분을 일반적인 (광대역) 랜덤진동곡선에 더한 것이다.

ㄹ 랜덤 시험방법 수행 시 주의사항 : 진동레벨은 PSD(Power Spectral Density) 또는 ASD(Acceleration Spectral Density)로 표시되며 진동시험 제어를 위하여 실효값을 계산할 때 반드시 주파수 폭(bandwidth)을 고려해야 한다. 일반적으로 랜덤신호 파형은 가우스(Gaussian) 분포를 가진다고 가정하고 클리핑(clipping)을 하여 특정한 진폭범위 내에 파형이 존재하도록 한다. 주로 $\pm 3\sigma$ 이내로 설정하는 것이 보통이다. 또, 진동수 분해능과 통계적 정확도(statistical degrees of freedom)를 명시해야 하며 진동시험을 위한 제어시스템은 원하는 진동레벨보다 약 12dB 낮은 레벨부터 점차 3dB씩 증가시켜 가면서 원하는 레벨까지 도달하는 과정이 필요하며, 신호의 클리핑 기능, 고정구(fixture)+시험장비(DUT)+진동기(shaker)의 동적 특성에 의하여 보정하는 기능(shaker compensator) 등을 포함한다.

(2) 진동시험 규격

① 정현파 고정시험 및 정현파 소인시험에 주로 인용되는 규격

ㄱ IEC 60068-2-6 : 정현파 고정시험 및 정현파 소인시험 내용에 대하여 기기별 및 부품별로 시험규격이 명시되어 있고 부품 및 기기에 대한 일반적인 시험방법을 나타낸 규격이다.

ㄴ ISO 10055(shipboard vibration)(유사규격 : MIL-STD-167-1, KSBISO 10055) : 선박에 사용되는 기기 및 제품에 대하여 적용하는 규격으로 공진주파수 검색을 위한 소인속도를 2분당 1octave로 하고 각 공진주파수에서 1.5시간 시험한다. 공진이 없는 경우 33Hz에서 2시간 시험하며 진동레벨은 공진주파수에 따라서 다르게 설정한다.

ㄷ ISO 16750-3(도로차량 탑재 전기 · 전자 기기에 대한 진동시험) : 주로 전기 · 전자 제품에 대한 규격으로 랜덤 시험조건을 함께 나타내고 있다.

ㄹ JIS D 1601(자동차 관련 진동시험방법) : 자동차 업계에서 많은 참고를 하고 있으며 (KSR 1034와 유사, 1991년 제정), 승용차, 버스, 트럭 등 제품이 장착되는 대상과 엔진, 서스펜션, 차체 등 장착되는 부위별로 체계적으로 구성되어 있으나 랜덤시험에 대한 내용이 없어 활용성은 다소 떨어지는 단점이 있다.

② 랜덤 시험방법에 주로 인용되는 규격

ㄱ IEC 60068-2-64(광대역 랜덤진동시험)(유사규격 : KSC 0292) : 진동시험에 대한 일반적인 사항을 기술하였으며, 시험레벨은 IEC 60721 series에서 온도, 습도 및 기계적 환경과 용도에 따라서 인용한다. 한 축당 시험시간은 1, 3, 10, 30, 100, 300(분) 중에서 선택하거나 제품규격에서 선택하며 부품 및 기기에 대한 일반적인 시험방법을 나타낸 규격이다.

ㄴ MIL-STD-810F : 각종 차량, 항공기, 선박 등 사용 환경에 따라 적절한 시험방법을 제시하는 것으로, 가장 많이 인용되는 규격이며 대부분 재단식(tailoring)이 필수적이다. 시험시간은 대부분 환경적인 면에서의 생활주기(LCEP)에 의하고 실측 데이터를 이용할 수 있는 경우에는 매우 유용하나 현실적으로는 어려움이 따른다.

ⓒ DEF STAN 00-35 : MIL-STD-810F과 같이 재단식(tailoring)이 필수적이지만, 재단식(tailoring)이 보다 명확하게 기술되어 있고 실측 데이터가 없는 경우 요리책 형태의 규격도 제시되어 있다. 예를 들어 차륜차량(wheeled vehicle) 또는 트레일러에 장착되는 기기에서는 랜덤시험 주파수 범위가 20~50Hz에서 이후 500Hz까지이고, 정현 소인시험에서의 주파수 범위는 5~500Hz에서 1.5g(peak)이다.

(3) 진동시험의 일반적인 사항

① MIL-STD-810F

ㄱ 표준시험 조건 : 온도 25±10℃, 상대습도 20~80%, 압력 현장압력

ㄴ 정현파 피크 허용오차 : 전 주파수 영역에서 ±10%

ㄷ 미세진동 랜덤시험 : +2.0~-1.0dB

ㄹ 큰 진동 랜덤시험 : ±3.0dB(전 주파수 영역), +3.0~-6.0dB(500Hz 이상)

② 위치 정의(DEF STAN 00-35)

ㄱ 표준시험 조건 : 온도 25±10℃, 상대습도 45~75%, 압력 860~1,060hPa

ㄴ 시험항목 주변의 시험조건 오차범위 : 온도 ±2℃, 습도 ±5%, 압력 ±5%, 시간 ±5%

ㄷ 정현파 피크 허용오차 : 500Hz 이하 ±10%, 500Hz 이상 ±20%

ㄹ 랜덤진동 허용오차 : 500Hz 이하 ±3.0dB, 500Hz 이상 ±6.0dB

ㅁ RMS값의 오차범위 : ±1.0dB 또는 ±2.0dB

ㅂ 깎아내는 범위(clipping range) : 2.5σ 정도의 범위

ㅅ 시험시간의 오차 : ±2%, 또는 1분 이내 중 적은 값을 적용한다.

2 관련 법규나 KS 등 관련 시험규격에 따라 측정·분석 자료 평가

(1) 공장진동 측정자료 분석·평가

관련 법규나 KS 등 관련 시험규격에 따라 측정 목적에 적합하게 측정·분석이 이루어졌는지를 평가한다.

1) 공장진동자료 평가

측정된 공장진동자료 평가표를 작성하여 관련 법규나 KS 등 관련 규격에 따라 측정 목적에 적합하게 측정·분석이 이루어졌는지를 평가한다.

우선 측정기준 사항을 정한다.

① 측정일시 및 측정대상을 정한다. 측정일을 기록하고 진동을 일으키는 진동원, 즉 측정대상을 명시하여 측정 목적에 맞게 기준을 정한다.

② 측정자 및 측정기기를 정한다. 측정자가 전문기술자격을 지닌 자로서 측정결과를 일반적으로 수용할 수 있는지를 정하고, 사용하고자 하는 측정기기를 정밀검사하여 검증이 완료된 기기를 사용하도록 한다.

③ 측정환경을 정한다. 측정하고자 하는 지역의 지면조건이나 주변환경으로 인하여 반사 및 굴절진동의 영향을 받는지를 고려하여 정하고, 전자장 등이나 기타 환경조건으로 인하여 측정에 영향을 미치지 않도록 한다.

④ 진동원 및 측정지점을 정한다. 측정하고자 하는 진동원의 규격이나 보유수, 방진상태 등을 고려하여 측정지점 및 측정지점수를 정하고 측정지점의 약도를 기록한다.

⑤ 측정자료를 분석·평가한다. 측정결과를 측정진동레벨과 배경진동레벨, 대상진동레벨 등으로 분석하여 기록하고 이를 근거로 하여 평가한다.

⑥ 보정치를 산정한다. 측정자료 분석결과를 근거로 하여 관련 시간대에 대한 측정진동레벨 발생시간의 백분율(%)과 충격음 성분 등에 대하여 보정치를 산정한다.

2) 공장진동 측정에 따른 평가계획 수립

공장에서 발생하는 진동은 대규모 공장의 경우에도 높은 레벨의 진동이 부지경계선까지 전달되지 않을 수 있으나, 공장 규모는 작지만 주거지와 인접해 있으면 인근 주민 및 구조물에 영향을 줄 수 있다.

① 측정에 관한 일반사항을 파악한다. 진동레벨계와 진동레벨기록기를 연결하여 측정·기록하는 것을 원칙으로 하고 매회 교정을 실시해야 하며, 진동레벨계의 과부하 출력이 진동기록지에 영향을 미치지 않도록 주의한다. 그리고 진동픽업선은 잡음 등의 방지를 위하여 지표면에 일직선으로 설치한다. 진동레벨기록기가 없는 경우에는 진동레벨계만으로 측정할 수 있다.

② 측정점 설정에 따라 평가계획을 세운다. 측정점은 공장의 부지경계선(아파트형 공장의 경우에는 공장 건물의 부지경계선) 중 피해가 우려되는 장소로서 진동레벨이 높을 것으로 예상되는 지점을 택하여야 하며, 공장의 부지경계선이 불명확하거나 공장의 부지경계선에 비하여 피해가 예상될 때는 더 큰 피해가 예상되는 부지경계선으로 한다.

③ 측정조건을 파악하여 평가계획을 세운다.

ㄱ 측정조건을 파악한다. 진동픽업(pick-up)의 설치장소는 옥외지표를 원칙으로 하되, 복잡한 반사나 회절현상이 예상되는 지점은 피해야 한다. 완충물이 없고, 충분히 다져서 단단히 굳은 장소로, 경사 또는 요철이 없고 수평면을 충분히 확보할 수 있는 장소로 한다. 또한 수직방향 진동레벨을 측정할 수 있도록 설치하고 온도, 자기, 전기 등의 외부영향을 받지 않는 장소에 설치한다.

ㄴ 측정사항을 파악한다. 측정진동레벨은 대상배출시설의 진동발생원을 가능한 한 최대출력으로 가동시킨 정상상태에서 측정해야 하며, 배경진동레벨은 대상배출시설의 가동을 중지한 상태에서 측정한다.

ㄷ 측정시간 및 측정지점을 수정한다. 피해가 예상되는 적절한 측정시각에 2지점 이상의 측정지점수를 선정·측정하여 그 중 높은 진동레벨을 측정진동레벨로 한다.

(2) 건설진동에 대한 측정자료 분석·평가

1) 건설공사장 진동자료 평가

측정된 건설공사장 진동자료 평가표를 작성하여 관련 법규나 KS 등 관련 규격에 따라 측정목적에 적합하게 측정·분석이 이루어졌는지를 평가한다.

우선 측정 기준사항을 정한다.

① 측정일시 및 측정대상을 정한다. 측정일 및 측정기간을 기록하고 진동을 일으키는 진동원, 즉 측정대상을 명시하여 측정 목적에 맞게 기준을 정한다.

② 측정자 및 측정기기를 정한다. 측정자가 전문기술자격을 지닌 자로서 측정결과를 일반적으로 수용할 수 있는지를 파악하고, 사용하고자 하는 진동레벨계명, 기록기명, 기타 부속장치 등을 정확히 기록하여 측정 후의 분석평가 자료로 사용한다.

③ 측정환경을 정한다. 측정하고자 하는 지역의 지면조건이나 주변환경으로 인하여 반사 및 굴절진동의 영향을 받는지를 고려하여 정하고, 전자장이나 기타 환경조건으로 인하여 측정에 영향을 미치지 않도록 한다.

④ 진동원 및 측정지점을 정한다. 측정하고자 하는 진동원(건설기기, 발파 등)을 고려하여 측정지점수를 정하고 측정지점의 약도를 기록한다.

⑤ 측정자료를 분석·평가한다. 측정결과를 측정진동레벨과 암진동레벨, 배경진동레벨, 대상진동레벨 등으로 분석하여 기록하고, 발파진동의 경우에는 폭약의 종류나 1회 사용량, 발파횟수 등을 기록하여 측정자료 분석·평가에 사용한다.

⑥ 보정치를 산정한다. 측정자료 분석결과를 근거로 하여 관련 시간대에 대한 측정진동레벨 발생시간의 백분율(%)과 충격음 성분 등에 대하여 보정치를 산정한다.

2) 건설공사장에 대한 진동평가계획 수립

건설공사장에서 발생하는 진동이 주변환경에 미치는 정도를 파악하기 위하여 건설공사장에 대한 진동을 측정하고 이를 토대로 진동평가계획을 수립한다.

① 측정에 관한 일반사항을 파악한다. 진동레벨계와 진동레벨기록기를 연결하여 측정·기록하는 것을 원칙으로 하고 매회 교정을 실시해야 하며, 진동레벨계의 과부하 출력이 진동기록지에 영향을 미치지 않도록 주의하고 진동픽업선은 잡음 등의 방지를 위하여 지표면에 일직선으로 설치한다. 진동레벨기록기가 없는 경우에는 진동레벨계만으로 측정할 수 있다.

② 측정점 설정에 따라 평가계획을 세운다. 측정점은 공장의 부지경계선(아파트형 공장의 경우에는 공장 건물의 부지경계선) 중 피해가 우려되는 장소로서 진동레벨이 높을 것으로 예상되는 지점을 택하여야 하며, 공장의 부지경계선이 불명확하거나 공장의 부지경계선에 비하여 피해가 예상되는 경우는 더 큰 피해가 예상되는 부지경계선으로 한다.

③ 측정조건을 파악하여 평가계획을 세운다.

　㉠ 측정조건을 파악한다. 진동픽업(pick-up)의 설치장소는 옥외지표를 원칙으로 하고 복잡한 반사나 회절현상이 예상되는 지점은 피해야 한다. 완충물이 없고, 충분히 다져서 단단히 굳은 장소로, 경사 또는 요철이 없고 수평면을 충분히 확보할 수 있는 장소로 한다. 또한 수직방향 진동레벨을 측정할 수 있도록 설치하고 온도, 자기, 전기 등의 외부영향을 받지 않는 장소에 설치한다.

　㉡ 측정사항을 안다. 측정진동레벨은 대상배출시설의 진동발생원을 가능한 한 최대출력으로 가동시킨 정상상태에서 측정해야 하며, 배경진동레벨은 대상배출시설의 가동을 중지한 상태에서 측정한다.

ⓒ 측정시간 및 측정지점을 수정한다. 피해가 예상되는 적절한 측정시각에 2지점 이상의 측정지점수를 선정하고 측정하여 그 중 높은 진동레벨을 측정진동레벨로 한다.

(3) 도로교통진동에 대한 측정자료 분석 · 평가

1) 도로교통 진동자료 평가

측정된 도로교통 진동자료 평가표를 작성하여 관련 법규나 KS 등 관련 규격에 따라 측정 목적에 적합하게 측정 · 분석이 이루어졌는지를 평가한다.

우선 측정 기준사항을 정한다.

① 측정일시 및 측정대상을 정한다. 측정일 및 측정기간을 기록하고 진동을 일으키는 진동원, 즉 측정대상을 명시하여 측정 목적에 맞게 기준을 정한다.

② 측정자 및 측정기기를 정한다. 측정자가 전문기술자격을 지닌 자로서 측정결과를 일반적으로 수용할 수 있는지를 파악하고, 사용하고자 하는 진동레벨계명, 기록기명, 기타 부속장치 등을 정확히 기록하여 측정 후의 분석평가 자료로 사용한다.

③ 측정환경을 정한다. 측정하고자 하는 지역의 지면조건이나 주변환경으로 인하여 반사 및 굴절진동의 영향을 받는지를 고려하여 정하고, 전자장이나 기타 환경조건으로 인하여 측정에 영향을 미치지 않도록 한다.

④ 진동원 및 측정지점을 정한다. 측정대상이 차량인 경우에는 도로구조(차선수, 도로유형, 구배 등)나 교통특성(시간당 통행량, 대형차 통행량, 평균 차속 등) 등을 고려해야 하며, 철도교통의 경우에는 철도구조(철도선 구분, 레일길이 등)나 교통특성(열차통행량, 평균열차속도 등)을 고려하여 측정지점 및 측정지점수를 정하고 측정지점의 약도를 기록한다.

⑤ 측정자료를 분석 · 평가한다. 진동레벨 등으로 측정한 결과를 측정자료 평가표에 기록하고 측정자료 분석 · 평가에 사용한다.

⑥ 보정치를 산정한다. 측정자료 분석결과를 근거로 하여 관련 시간대에 대한 측정진동레벨 발생시간의 백분율(%)과 충격음 성분 등에 대하여 보정치를 산정한다.

2) 도로(교통)진동의 평가계획 수립

① 측정에 관한 일반사항을 파악한다. 진동레벨계와 진동레벨기록기를 연결하여 측정 · 기록하는 것을 원칙으로 하고 매회 교정을 실시해야 하며, 진동레벨계의 과부하 출력이 진동기록지에 영향을 미치지 않도록 주의하고 진동픽업선은 잡음 등의 방지를 위하여 지표면에 일직선으로 설치한다. 진동레벨기록기가 없는 경우에는 진동레벨계만으로 측정할 수 있다.

② 측정점 설정에 따라 평가계획을 세운다. 측정점은 공장의 부지경계선(아파트형 공장의 경우에는 공장 건물의 부지경계선) 중 피해가 우려되는 장소로서 진동레벨이 높을 것으로 예상되는 지점을 택하여야 하며, 공장의 부지경계선이 불명확하거나 공장의 부지경계선에 비하여 피해가 예상되는 경우는 더 큰 피해가 예상되는 부지경계선으로 한다.

③ 측정조건을 파악하여 평가계획을 세운다.

    ㉠ 측정조건을 파악한다. 진동픽업(pick-up) 설치장소는 옥외지표를 원칙으로 하고 복잡한 반사나 회절현상이 예상되는 지점은 피해야 한다. 완충물이 없고, 충분히 다져서 단단히 굳은 장소로 경사 또는 요철이 없고 수평면을 충분히 확보할 수 있는 장소로 한다. 또, 수직방향 진동레벨을 측정할 수 있도록 설치하고 온도, 자기, 전기 등의 외부영향을 받지 않는 장소에 설치한다.

    ㉡ 측정사항을 안다. 측정진동레벨은 대상배출시설의 진동발생원을 가능한 한 최대출력으로 가동시킨 정상상태에서 측정해야 하며, 배경진동레벨은 대상배출시설의 가동을 중지한 상태에서 측정한다.

    ㉢ 측정시간 및 측정지점수를 정한다. 피해가 예상되는 적절한 측정시각에 2지점 이상의 측정지점수를 선정·측정하여 그 중 높은 진동레벨을 측정진동레벨로 한다.

3 관련 법규에 따라 이상값이 나왔을 때 원인을 분석·평가하여 재측정

(1) 공장진동 평가계획 수립

공장에서 발생하는 진동은 대규모 공장의 경우에도 높은 레벨의 진동이 부지경계선까지 전달되지 않을 수 있으나, 공장 규모는 작지만 주거지와 인접해 있으면 인근 주민 및 구조물에 영향을 줄 수 있다.

① 진동의 발생원 파악 및 전달경로를 파악한다.

    ㉠ 진동의 발생원을 파악한다. 진동레벨은 소음레벨과 마찬가지로 물리량의 크기를 데시벨(dB)로 표시하는 것인데 그 크기는 진동파워, 진동에너지 또는 가진력과 관련이 있다.

    ㉡ 진동원을 안다. 공장의 주된 진동원은 프레스, 절단기, 단조기, 직기, 압축기, 송풍기, 정선기, 발전기, 집진시설, 파쇄시설, 기타 성형시설 등이 있다.

② 진동의 전달경로를 안다. 공장 내에 설치된 기계, 즉 산업기계에 의한 진동은 기계에서 발생하는 진동량과 발생원으로부터 수진점까지의 거리감쇠량으로 나눌 수 있다.

$$\text{수진지점의 진동레벨 } VL = VL_o - 20\log\left(\frac{r}{r_o}\right)^n [\mathrm{dB(V)}]$$

여기서, VL : $r(\mathrm{m})$ 떨어진 지점의 진동레벨[dB(V)]

        VL_o : r_o 떨어진 지점의 진동레벨[dB(V)]

        n : 파동에 따른 상수[표면파(R파) : 0.5, 실체파(P파, S파) : 1.0과 2.0]

③ 발생 진동량을 추정한다. 공장의 발생 진동량은 기계의 사양 및 설치 상황을 고려하여 추정할 수 있는데 일반적으로 설치기계 자체의 진동실측치, 설치기계 사양으로부터의 계산치, 설치기계 제조자로부터 얻은 진동데이터, 유사사양이나 상황이 비슷한 기계의 실측치 등으로부터 추정하여 조건부로 사용한다.

④ 진동거리 감쇠량을 안다. 특수한 경우를 제외하면 진동원으로부터 거리가 멀어지면 진동의 크기가 감소한다. 즉 거리감쇠정수인 n이 $\frac{1}{2}$일 때 거리가 두 배로 멀어지면 -3dB(V), n이 1이면 -6dB(V), n이 2일 때 -12dB(V)로 감쇠한다.

⑤ 수진점의 진동레벨을 구한다. 거리감쇠량이 진동레벨로 주어지는 경우에는 예측지점의 진동레벨을 전술한 방법으로 구하지만 주파수마다의 가속도레벨로 구할 때는 수진점 진동레벨 = $\frac{1}{3}$ 또는 $\frac{1}{1}$ 밴드 가속레벨 − 감각보정치와 같이 계산한다.

4 진동 측정 목적에 따라 결과의 불확실성을 표현할 수 있는 측정 불확도를 산출·평가

(1) 불확도 평가 구분

① A형 불확도를 평가한다. 연속적인 측정을 통해 얻은 관측값을 통계적으로 분석하여 불확도를 구하는 방법이며, 이때의 표준 불확도값은 평균의 실험표준편차로 평가한다.

② B형 불확도를 평가한다. 연속적인 측정의 통계적인 분석과는 다른 수단에 의해 불확도를 구하는 방법이며, 이때의 표준 불확도값은 모든 정보에 근거한 과학적인 판단에 의해 평가한다.

③ 합성 표준 불확도를 평가한다. 측정결과가 여러 개의 다른 입력량으로부터 구해질 때 이 측정결과의 표준 불확도를 합성 표준 불확도라 하여, 여러 입력량들의 분산과 공분산 성분으로부터 얻어지는 합성분산의 양의 제곱근으로서 불확도 전파법칙에 의해 구하여 평가한다.

④ 확장 불확도를 평가한다. 측정량의 합리적인 추정값이 이루는 분포의 대부분을 포함할 것으로 기대되는 측정결과 주위의 어떤 구간을 정의하는 양으로 평가한다.

(2) 새로운 개념과 기존 개념의 비교 평가

① 기존 개념의 불확도로 평가한다. 측정량의 추정값이 가질 수 있는 오차와 측정량의 참값이 속해 있는 범위를 나타내는 추정값으로, 측정결과의 '오차'와 측정량의 '참값'에 초점을 맞추고 그 발생요인에 따라 각각 우연오차와 계통오차로 분류하여 평가한다.

② 새로운 개념의 불확도로 평가한다. 여러 번의 관측값을 통계적인 방법으로 평가하는 방법(A형 평가)과 그 이외의 수단을 이용하는 방법(B형 평가)으로 구별하여 여러 입력량의 표준 불확도를 구하고, 불확도 전파법칙에 따라 모든 표준 불확도를 합하여 합성 표준 불확도를 구한 다음, 그 다음 포함인자를 적용하여 총체적인 확장 불확도를 구하여 평가한다.

(3) 불확도 측정할 때 고려사항

① 측정모델을 설정한다.

  ㉠ 수학적 모델을 설정한다. 측정 불확도는 모든 영향을 미치는 양에 대한 수학적인 통계처리에 의해 구할 수 있지만, 시간적 또는 경제적인 면을 고려하여 실제적으로는 측정의 수학적 모델과 불확도 전파법칙을 이용하여 설정한다.

ⓛ 경험적 모델을 설정한다. 충분한 기간을 두고 얻은 데이터나 표준기 및 표준물질이나 관리도 등을 이용하여 설정해야 하며, 모델이 부적합할 경우에는 수정해야 하고 신뢰성이 있는 결과와 불확도의 산출을 위하여 실험계획을 잘 설정해야 한다.

ⓒ 측정 수행 여부를 확인한다. 측정이 적절하게 수행되는지의 여부를 확인하기 위해서 실제 측정값의 변화에 따른 표준편차와 여러 입력량으로부터 예상되는 표준편차를 비교해 볼 때에는 실제 실험적 관측이 가능한 변화(A형이나 B형에 관계없이)에 직접 관련된 사항을 고려하여 평가한다.

② 측정기기의 오차를 검사한다. 검사대상 측정기기가 측정표준기와의 비교를 통하여 검사한다.

③ 채택된 측정 표준값과 SI값과의 차이를 보정한다. 측정량의 추정값이 가끔 SI 관련 단위로 표현되지 않고 국제기구에서 채택된 측정 표준값으로 표현되는 경우가 있다. 이 경우 측정결과에 대한 불확도의 크기는 관련 단위로 표현할 때보다 훨씬 작아질 수도 있으므로 실제적 측정량은 측정된 값과 채택된 값과의 비로 다시 보정해준다.

④ 불량 데이터를 파악한다. 자료를 분석하거나 기록하는 과정에서의 오류는 측정결과에 알 수 없는 오차를 유발한다. 큰 값을 가진 오류는 쉽게 찾아낼 수 있지만, 작은 값을 가진 것은 마치 우연효과에 의한 것으로 보일 수도 있으므로 불량 데이터를 파악하여 적용한다.

⑤ 불확도의 품질과 유용도를 파악한다. 불확도 산출을 위한 필수적 요소는 깊은 사고력, 학자적인 양심, 전문적인 기술이라 할 수 있으므로 측정에 관련된 세부내용에 따라 달라지는 특징이 있다. 보고되는 불확도의 품질과 유용성은 불확도에 대한 이해수준, 분석의 정확한 정도, 계산하는 사람의 인격 등에 달려 있다고 할 수 있으므로 품질평가에 만전을 기한다.

Section 02 진동 측정 · 분석 평가자료 적합성 검토

1 진동 평가결과 적합성

(1) 진동 피해 평가방안 작성

진동이 발생하여 대상건축물이나 주변환경에 작용하기까지의 과정을 단계적으로 구분하여 관련 자료를 체계적으로 확보한 후 이를 종합적으로 평가한다. 진동으로 인한 건축물 피해 평가를 위한 현장조사 시 조사하여야 할 항목은 크게 '진동발생원과 관련한 자료', '전파경로와 관련한 자료', '대상건축물이나 주변환경과의 관련한 자료' 및 '기존 측정결과와 관련한 자료' 등으로 분류한다. 이에 따라 각 항목별 주요 조사내용을 정리하고 현장조사 내용에 대한 검토결과를 토대로 건축물에 발생된 결함에 대한 진동 기여도, 즉 진동 피해 평가방안을 작성한다.

(2) 진동 피해 평가를 위한 검토항목 검토

① 진동발생원에 대한 검토항목을 정한다. 진동발생원은 크게 '건설현장에서의 굴착 및 석산에서의 채광, 채석 등을 위한 발파로 인한 진동'과 '건설현장 등에서 사용하는 장비에 의한 진동', 그리고 '차량운행 등에 의한 교통진동'으로 나누어 정한다.

　㉠ 발파진동 검토항목을 정한다. 발파에 의한 피해로는 응력파에 의한 지반진동 및 발파풍압(공중충격파), 비석 등으로 인위적으로 발생되는 진동 중에서 주변에 미치는 영향도가 가장 큰 것으로 평가되며, 현장조사 시에는 시험발파 보고서, 발파작업일지, 지질조사보고서 등의 관련 자료를 참조하여 다음과 같은 사항을 검토·확인한다.

　　ⓐ 화약류(폭약, 뇌관 등)의 종류 확인

　　ⓑ 발파 대상지역의 지질 및 암질 확인

　　ⓒ 발파 패턴 및 제원 확인(시험발파와 본 발파 시와의 비교·검토 포함)

　　ⓓ 진동속도 추정식 제안 여부 확인(샘플수 검토)

　　ⓔ 실제 사용된 지발당 장약량 확인(발파지점별)

　　ⓕ 발파기간 및 빈도 등 확인

　㉡ 건설장비진동 검토항목을 정한다. 건설장비에 의한 발생진동의 수준은 발파의 경우보다는 그 정도가 경미하지만 항타에 의한 진동은 충격적인 특성이 있고, 일반적으로 차량 등에 의한 진동보다 큰 값을 나타내므로 주변환경에 영향을 미칠 가능성이 높다. 따라서 현장조사 시에는 사용장비 내역, 작업일보, 지반조사보고서 등의 관련 자료를 참조하여 다음과 같은 사항을 검토·확인한다.

　　ⓐ 대상지반의 지질 및 구성상태 확인

　　ⓑ 적용공법 등 공사내용 확인

　　ⓒ 사용장비 종류 및 각 장비별 사용기간, 빈도 확인

　　ⓓ 사용장비 중 최대진동 유발원 선별 등 확인

　㉢ 교통진동 검토항목을 정한다. 도로 주행차량 등으로부터 노면에 가해지는 충격이 지반을 통해 전파되는 것으로 일반적으로 진동보다 소음부분이 더욱 문제시되는 분야이나, 간혹 주변 건축물에 진동 피해를 발생시키는 경우도 있다. 현장조사 시에는 관련 자료 등을 참조하여 다음과 같은 사항을 검토·확인한다.

　　ⓐ 운행차종 및 중량, 적재물 및 운행속도를 확인한다.

　　ⓑ 도로 및 지반조건, 폭, 노면상태, 과속방지턱의 유무 등을 확인한다.

　　ⓒ 도로 파손상태 및 보수이력, 운행빈도 등을 확인한다.

② 전파경로에 대한 검토항목을 정한다. 공기 중으로 전파되는 소음과 달리 지반을 전파매체로 히는 진동의 경우에는 매체경로가 되는 지반의 조건에 따라 그 전파 양상이 큰 영향을 받게 된다. 현장조사 시에는 지적도, 개황도 등 관련 자료를 참조하여 다음 사항을 검토·확인한다.

　㉠ 대상 건축물과의 이격거리를 확인한다.

　㉡ 전파경로상의 지반조건 및 지형을 확인한다.

    ⓒ 발파지점과 대상건축물과의 레벨차를 확인한다.

    ⓔ 전파경로상의 진동 감쇠요인(구거, 암거, 옹벽 등)을 확인한다.

    ⓜ 전파경로상에 위치한 타 시설물의 상태를 확인한다.

③ 대상건축물 및 주변환경에 대한 검토항목을 정한다. 현장조사 시에는 설계도면, 관리대장 등의 관련 자료를 참조하는 한편, 대상건축물 및 주변환경에 대한 면밀한 관찰을 통하여 다음과 같은 사항을 검토·확인한다.

    ㉠ 건축물 개요 확인(용도, 규모, 준공시기, 증축 여부 등)

    ㉡ 설계도면 보유 여부 및 지반, 기초, 구조형식 등을 확인한다.

    ㉢ 대상건축물 사전 현황조사 및 진단, 감정 실시 여부를 확인한다.

    ㉣ 균열 게이지 등을 통한 기존 결함의 진전성 평가 여부를 확인한다.

    ㉤ 건축물에 발생된 결함조사(발생원인에 대한 개략적 평가 포함)를 한다.

    ㉥ 건축물의 시공성 및 노후도를 확인한다.

    ㉦ 건축물의 재하상태를 확인한다.

    ㉧ 주변에 위치한 타 건축물 상태를 확인한다.

    ㉨ 최대진동 작용시기를 확인한다.

    ㉩ 건축물 보수이력 및 용도·구조변경 여부를 확인한다.

    ㉪ 보수·보강 견적서(적정성 평가 포함)를 확인한다.

    ㉫ 건축물 민원발생 이력 등을 확인한다.

④ 측정 데이터에 대한 검토항목을 정한다. 진동 피해를 평가하는 데 있어 중요한 척도의 하나라 할 수 있는 진동속도는 추정을 통한 값보다 실측정된 값이 우선적으로 반영되는 것이 당연하다. 측정장비 및 위치 등에 따른 변수도 상당하므로 다음 사항을 검토·확인한다.

    ㉠ 측정장비 및 위치의 적정성을 확인한다.

    ㉡ 측정조건 확인 및 측정 데이터 분석(주파수대역, PPV, PVS 등) 등을 확인한다.

    ㉢ 시험발파 추정식 등에 의한 값과 비교·검토한다.

(3) 진동 기여도 평가

진동 기여도라 함은 건축물에 발생되어 있는 제반결함에 미친 진동의 영향 정도를 정량화시 킨 것으로, 현실적으로는 수식을 통한 계량화는 어렵다. 그러나 실제로 건축물에 진동이 작용할 경우 취약부위부터 우선적으로 영향을 받는다는 점에서 상태가 불량한 건축물에 발생 되어 있던 기존 균열의 확대·진전 등과 같은 현상이 나타나는 경우가 보편적이라 할 수 있으나, 이미 존재하였던 균열을 일부 진전시켰다 하여 그 기여도를 높게 평가할 수는 없을 것이다. 반면, 상태가 양호한 건축물에 진동이 작용하였을 경우 균열 등의 결함이 쉽게 유발 되지는 않겠으나, 만약 그러한 일이 발생한다면 그 때의 기여도는 높게 평가되어야 하는 것 처럼 건축물의 상태에 따라 진동 기여도를 평가해야 한다.

(4) 진동 평가결과의 적합성 여부를 판단

위에서와 같이 진동 피해 평가나 피해에 대한 진동 기여도를 측정하고 평가한 결과가 적합한지를 단계적으로나 종합적으로 판단하여 적용하도록 한다.

(5) 진동 측정 목적에 따라 진동원의 종류별 평가방법을 정리

① 공장진동에 따른 평가방법 정리

공장진동 측정 목적에 따라 평가방법을 정리하고, 측정 목적에 적합하게 측정·분석이 이루어졌는지를 평가한다.

② 건설공사장진동에 따른 평가방법 정리

건설공사장진동 측정 목적에 따라 평가방법을 정리하고, 측정 목적에 적합하게 측정·분석이 이루어졌는지를 평가한다.

③ 도로교통진동에 따른 평가방법 정리

도로교통진동 측정 목적에 따라 평가방법을 정리하고, 측정 목적에 적합하게 측정·분석이 이루어졌는지를 평가한다.

④ 진동원의 종류별 평가방법 정리

진동원의 종류에 따라 측정방법이 다르고 측정결과를 적용하여 분석·평가하는 방법이 다르므로 각각의 기준에 맞게 평가방법을 정하고 이를 근거로 하여 평가하고 적용한다.

(6) 진동 측정 목적에 따라 이상값이 나왔을 때 원인분석하여 재평가

1) 이상값의 원인분석

이상값은 말 그대로 이상한 값을 의미하는 것으로, 일반적으로 3개 정도 이내를 의미한다. 이상값이 많이 나왔다면 이를 무리하게 이상값이라고 판단하여 원인을 분석하기에는 무리가 있다. 따라서 이 경우 이런 값은 그냥 놔두고 분석을 하는 것이 오히려 타당한 방법이다. 우선 이상값의 원인을 분석한다.

① 측정자 및 측정기기에 따른 원인을 분석한다. 측정자가 전문기술자격을 가진 자가 올바르게 측정하였는지, 정밀 검증이 완료된 올바른 기기를 사용하였는지를 검사한다.

② 측정환경을 정한다. 측정하고자 하는 지역의 지면조건이나 주변환경으로 인하여 반사 및 굴절진동의 영향이 없었는지를 확인하고, 전자장이나 기타 환경조건으로 인하여 측정에 영향을 미치지 않았는지 검사한다.

③ 진동원 및 측정지점을 정한다. 측정하고자 하는 진동원의 규격이나 보유수, 방진상태 등을 고려하여 측정지점 및 측정지점수를 정하고 측정하였는지를 검사한다.

④ 측정자료를 분석·평가한다. 측정결과를 측정진동레벨과 배경진동레벨, 대상진동레벨 등으로 옳게 분석하여 기록하고 평가하였는지를 검사한다.

⑤ 보정치를 산정한다. 보정치를 올바르게 산정하여 적용하였는지를 검사한다.

2) 재평가

위와 같은 과정으로 이상값의 원인이 파악되었다면 이를 근거로 하여 원인이 되는 부분을 재평가하고, 이를 진동 측정 목적에 맞게 적용하도록 한다.

2 진동원의 종류별 평가방법

(1) 진동원의 종류

진동을 유발하는 진동원을 대별하면 공장, 공사장, 도로·철로로 구분할 수 있다. 각 진동원에서 배출되는 진동은 타격, 폭발 등에 의한 충격진동, 기계가동에 의한 정상진동, 충격 및 정상진동이 중첩되는 진동으로 구분할 수 있으며 각기 진동은 특정한 주파수를 갖는 특징이 있다.

1) 진동원의 특성

일반적으로 공해진동이라 함은 지표에서 진동의 크기는 지진의 지진계의 미진에서 약진의 범위에 해당하는 것으로, 진동의 전파거리는 예외적인 것을 제외하면 진동원에서 100m 이내(대부분의 경우 10 ~ 20m 이내)이다. 수직진동보다 수평진동이 더 많이 나타나고, 진동의 주파수 범위는 1 ~ 90Hz 정도이다. 더불어 진동영향평가 측면에서 가장 중요한 진동원의 특성은 진동의 지속시간 및 발생빈도라 할 수 있다.

① **지속진동** : 기본적으로 기계진동과 같은 형태의 진동으로 진동다짐기의 진동과 같이 연속적으로 발생하는 진동이다. 또한 열차진동과 같이 진동이 일시적이지만 일련의 충격이 비교적 짧은 시간 간격을 두고 반복빈도가 빈번한 경우 연속진동에 포함한다.

② **일시진동** : 일시적으로 일어나는 일과성 진동을 의미한다.

③ **지반진동** : 지반진동은 〈표〉와 같이 분류할 수 있으며, 진동원은 기진특성과 진동원-지반의 진동전달 특성에 크게 영향을 받는다.

〈 지반 진동원의 분류 〉

진동	구분	작업
일시 진동	건설 진동	폭파 : 폭파 다짐/치환 – 지반개량, 구조물 해체/노후 구조물 제거 등 지질탐사
		발파 : 채광발파 – 지하/노천광산, 채석, 건설발파 – 터파기, 터널굴착, 구릉절토
		지반타격 : 동다짐공법, 석주공법, 타격식 굴착 – 지하연속벽/현장타설 말뚝/ 케이슨 시공
		항타 : 단말뚝, 터널말뚝의 타입
지속 진동		지반굴착 : 암따기, 파쇄, 기계식 현장타설 기초공사 – 지하연속벽, 현장타설 말뚝, 기계식 터널링
		지반천공 : 시추, 어스앵커링
		건설장비 : 다짐장비 – 전동롤러, 플레이트 콤팩터, 토공장비 – 불도저
	교통 진동	도로차량진동 : 도심 중 교통도로, 고속도로 철도열차차량 : 지하철, 일반철도, 고속철도
	산업 진동	동력기계 : 회전원동기, 터빈 등 왕복운동 동력기, 압축기
		가공기계 : 제련, 제지, 절삭기계
		기타 : 대형 크레인

ⓐ 기진특성 : 진동이 기계적인 충격에 의해 발생되었는지 또는 발파·폭파와 같이 지반 내 폭발에너지의 방출로 인한 것인가 등의 진동원에 대한 물리적인 메커니즘이다.

ⓑ 진동원－지반의 진동전달 특성 : 진동원에서 발생된 진동력이 진동원과 지반과의 접촉경계면을 통하여 궁극적으로 지반까지 전달되기까지의 제반 기계·구조적 접촉요소 및 전동원·지반시스템 간의 동역학적 순응특성을 나타낸다. 지반에 전달되는 진동의 강도 및 진동에너지의 주파수 분포 특성은 진동원의 기진특성 그 자체보다는 진동원－지반의 진동전달 특성 또는 동역학적 순응특성에 영향을 받는다.

2) 공장 진동원

공장에서 발생하는 진동은 대규모 공장의 경우에도 높은 레벨의 진동이 부지경계선까지는 전달되지 않을 수 있으나 공장의 규모는 작지만 주거지와 인접해 있으면 인근 주민 및 구조물에 영향을 줄 수 있다.

① 진동의 발생

공장의 주요 진동원은 프레스, 절단기, 단조기, 직기, 압축기, 송풍기, 전성기, 발전기, 집진시설, 파쇄시설, 기타 성형시설 등이 있는데 발생 및 전달 영향권에 따라 구분할 수 있다.

ⓐ 점 진동원 : 단조기계, 프레스기계, 사출성형기, 직기 등이 있다.

ⓑ 면 진동원 : 지반 밑에 설치되어 있는 기계기초 등이 여기에 해당한다.

ⓒ 입체 진동원 : 대형 단조 프레스와 같이 지반 밑에 설치되어 있는 기계기초 등이 있다.

② 진동의 전달

공장 내에 설치된 기계, 즉 산업기계에 의한 진동은 기계에서 발생하는 진동량과 발생원으로부터 수진지점까지의 거리감쇠량으로 나누어 생각할 수 있다. 수진지점의 진동레벨은 발생원의 진동레벨에서 거리감쇠량을 감하여 구하며, 지반조건이나 진동파의 특성에 따라 감쇠량이 다르게 나타난다.

③ 발생 진동량의 추정

공장의 진동 발생량은 기계의 사양 및 설치 상황을 고려하여 추정할 수 있는데 다음 사항에 따라 하나를 택하여 추정된 레벨치를 조건부로 사용할 수 있다.

ⓐ 설치기계 자체의 실측치에 의한다.

ⓑ 설치기계의 사양으로부터 계산하여 구한다.

ⓒ 동종 기계의 진동실측치 집약 데이터에 의한다.

ⓓ 설치기계의 제조자로부터 얻은 진동 데이터에 의한다.

ⓔ 유사 사양, 상황 등이 비슷한 기계의 실측치에 의한다.

④ 진동의 거리감쇠량

특수한 경우를 제외하고는 거리가 멀어지면 진동의 크기가 감쇠된다. 지반은 균일한 매체가 아니기 때문에 진동의 전파상황은 복잡한 것으로 되어 있지만 공해적인 면에서 보면 특별한 경우를 제외하면 그 실험적인 영향의 범위는 수백m 이내이다.

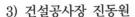

3) 건설공사장 진동원

건설공사장에서 발생되는 진동은 상대적으로 진동레벨이 크기 때문에 인근 주민에게 불안감 및 피해를 주고 인접 구조물 및 건설 중인 현장 구조물에도 손상을 줄 수가 있다.

① **진동의 발생**

건설작업으로 인한 진동문제는 건설기계의 가동으로 인한 진동이 지반을 매개체로 전달되어 공사현장의 주변 건물, 정밀기계류, 인체 등을 진동시켜 발생하는 것이다.

㉠ 건설공사의 종류 : 우리나라에서 시행되는 건설공사의 종류는 다음 〈표〉와 같다.

대분류	소분류
일반공사	토목공사, 건축공사
특수공사	철강재설치공사, 준설공사, 조경공사
전문공사	의장공사, 토목공사, 미장방수공사, 석공사, 도장공사, 조적공사, 비계구조물공사, 창호공사, 지붕판금공사, 철근콘크리트공사, 철물공사, 설비공사, 상하수도공사, 보링 크라우팅 공사, 철도궤도공사, 포장공사, 수중공사, 조경시설물설치공사, 건축물 조립공사, 강구조물 공사, 승강기설치공사, 온실설치공사

㉡ 건설기계의 종류 : 각종 건설공사를 수행하기 위하여 다양한 건설기계가 사용되며, 현재 우리나라의 「건설기계관리법」 시행령에서 규정하고 있는 건설기계는 26종으로 이 기계들 대부분은 많은 소음과 진동을 발생시킨다.

건설기계명
불도저, 굴삭기, 로더, 지게차, 스크레이퍼, 덤프트럭, 기중기, 모터 그레이, 롤러, 노상안정기, 콘크리트 배칭 플랜트, 콘크리트피니셔, 콘크리트살포기, 콘크리트믹서기 트럭, 콘크리트펌프, 아스팔트 믹싱 플랜트, 아스팔트피니셔, 아스팔트살포기, 골재살포기, 쇄석기, 공기압축기, 천공기, 항타 및 항발기, 사리채취기, 준설선, 특수건설기계

② **건설진동발생원의 특징**

건설진동발생원은 진동레벨의 시간적 변동특성, 주파수, 진동시간 등에 의해 나눌 수 있다. 시간적 변동특성에 의한 분류는 공기압축기와 같이 진동레벨이 별로 변하지 않는 정상적인 진동원과 항타기계와 같이 충격력을 지속해서 발생하는 진동원, 그리고 불도저, 셔블과 같이 진동레벨이 불규칙적으로 변동하는 진동원 등이 있다. 이 중에서 진동이 크고 멀리까지 피해를 입히는 것이 간헐적인 진동원이다. 일반적으로 지표를 전파하는 파동은 실체파(횡파와 종파로 나뉨)와 표면파(레일리파와 러브파로 구분)로 나뉘지만 공해진동의 주체는 표면파가 대부분이다.

〈 진동레벨 형태에 의한 건설기계의 분류 〉

진동형태 진동원	연속/규칙적	연속/불규칙적	순간적
움직임이 적음	• 운반식 공기압축기 • 고정식 공기압축기	• 콘크리트 브레이커 • 파워셔블 • 진동파일 드라이버	• 디젤파일해머 • 드롭해머 • 강구파괴기
움직임이 많음	–	• 불도저 • 트랙터 셔블 • 다짐기 • 덤프트럭	–

③ 진동의 거리감쇠

진동의 거리감쇠는 지반조건 등에 따라 복잡하지만 지반이 균질한 것으로 가정하면 진동 원으로부터의 거리가 2배됨에 따라 3 ~ 6dB(V)의 진동감쇠가 나타나는 것으로 알려져 있다.

4) 도로·철로 진동원

도로나 철로에서 발생되는 진동은 도로·철로의 조건 및 운행조건 등에 따라 다르지만 상대적으로 진동레벨이 크므로 도로·철로가 통과하는 지역의 주민 및 구조물에 영향을 줄 수가 있다.

① 교통진동발생원

도로상을 주행하는 차량과 철도운행 시 자체 중량에 의하여 도로침하로 요철이 생기면서 발생되는 충격에너지는 파(wave)의 형태로 주변에 전파된다. 이 경우 레일리파 형태의 표면파가 지배적이나 수직방향으로 분극된 전단파(SV파) 또한 존재하며, 일반적으로 상기 파동들이 혼합된 형태를 띤다.

② 교통진동의 영향평가

교통진동의 영향은 노면상태, 차량의 무게, 속도 그리고 서스펜션 시스템, 토질의 종류와 층의 구성, 계절적 요인, 도로로부터의 거리, 건축물의 종류 등을 포함하여 상호 연관된 많은 요인들에 의해 좌우되므로 그 평가가 단순하지 않다.

③ 철도진동

철도운행으로 인한 진동은 차량운행에 따른 진동과 유사하나, 차량 자체가 매우 길기 때문에 그로 인한 진동도 상대적으로 오래 지속(일반적으로 1 ~ 2분)된다는 점에서 그 특성상의 차이가 있으며, 선(線) 진동원으로써 열차의 전 구간에 걸쳐 진동이 동시에 발생한다. 즉, 열차의 경우 모든 바퀴들이 진동원으로 작용하기 때문에 장주기의 진동을 발생시키게 되며, 각 차축에 대하여 동일하게 큰 중량을 갖는 기차가 가장 큰 진동을 유발하게 된다. 또한, 이러한 진동은 다른 진동과 비교하여 낮은 주파수를 갖게 되므로, 상대적으로 작은 진동에 의해서도 건축물 피해가 발생될 가능성이 있다.

소음·진동 관련 법 분야

01 소음·진동관리법상 이 법에서 사용하는 용어의 뜻으로 옳지 않은 것은?

① "소음(騷音)"이란 기계·기구·시설, 그 밖의 물체의 사용 또는 공동주택 등 환경부령으로 정하는 장소에서 사람의 활동으로 인하여 발생하는 강한 소리를 말한다.

② "진동(振動)"이란 기계·기구·시설, 그 밖의 물체의 사용으로 인하여 발생하는 강한 흔들림을 말한다.

③ "소음발생건설기계"란 건설공사에 사용하는 기계 중 소음이 발생하는 기계로서 국토교통부령으로 정하는 것을 말한다.

④ "교통기관"이란 기차·자동차·전차·도로 및 철도 등을 말한다. 다만, 항공기와 선박은 제외한다.

해설 법 제2조(정의)
"소음발생건설기계"란 건설공사에 사용하는 기계 중 소음이 발생하는 기계로서 환경부령으로 정하는 것을 말한다.

02 소음·진동관리법상 이 법에서 사용하는 용어의 정의로 옳지 않은 것은?

① "자동차"란 「자동차분류관리법」에 따른 자동차와 「건설기계관리법」에 따른 건설기계 중 국토교통부령으로 정하는 것을 말한다.

② "교통기관"이란 기차·자동차·진차·도로 및 철도 등을 말한다. 다만, 항공기와 선박은 제외한다.

③ "소음발생건설기계"란 건설공사에 사용하는 기계 중 소음이 발생하는 기계로서 환경부령으로 정하는 것을 말한다.

④ "방진시설"이란 소음·진동배출시설이 아닌 물체로부터 발생하는 진동을 없애거나 줄이는 시설로서 환경부령으로 정하는 것을 말한다.

해설 법 제2조(정의)
"자동차"란 「자동차분류관리법」에 따른 자동차와 「건설기계관리법」에 따른 건설기계 중 환경부령으로 정하는 것을 말한다.

03 소음·진동관리법상 용어의 뜻으로 옳지 않은 것은?

① "소음"이란 기계·기구·시설, 그 밖의 물체의 사용 또는 공동주택 등 환경부령으로 정하는 장소에서 사람의 활동으로 인하여 발생하는 강한 소리를 말한다.

② "진동"이란 기계·기구·시설, 그 밖의 물체의 사용으로 인하여 발생하는 강한 흔들림을 말한다.

③ "휴대용 음향기기"란 휴대가 쉬운 소형 음향재생기기(음악재생기능이 있는 이동전화를 포함한다)로서 환경부령으로 정하는 것을 말한다.

④ "방음시설"이란 소음배출시설인 물체로부터 발생하는 소음을 없애거나 줄이는 시설로서 환경부장관이 고시하는 것을 말한다.

해설 법 제2조(정의)
"방음시설"이란 소음·진동배출시설이 아닌 물체로부터 발생하는 소음을 없애거나 줄이는 시설로서 환경부령으로 정하는 것을 말한다.

04 소음·진동관리법령상 용어 중 "소음·진동배출시설이 아닌 물체로부터 발생하는 진동을 없애거나 줄이는 시설로서 환경부령으로 정하는 것을 말한다."로 정의되는 것은?

① 진동시설
② 방진시설
③ 방지시설
④ 흡진시설

해설 법 제2조(정의)

"방진시설"이란 소음·진동배출시설이 아닌 물체로부터 발생하는 진동을 없애거나 줄이는 시설로서 환경부령으로 정하는 것을 말한다.

05 소음·진동관리법상 환경부장관은 소음·진동관리종합계획을 몇 년마다 수립하여야 하는가?

① 1년
② 3년
③ 5년
④ 10년

해설 법 제2조의 3(종합계획의 수립 등)

환경부장관은 소음·진동으로 인한 피해를 방지하고 소음·진동의 적정한 관리를 위하여 특별시장·광역시장·특별자치시장·도지사 또는 특별자치도지사의 의견을 들은 후 관계 중앙행정기관의 장과 협의를 거쳐 소음·진동관리종합계획을 5년마다 수립하여야 한다.

06 소음·진동관리법상 환경부장관이나 시·도지사가 측정망 설치계획을 결정·고시하면 다음의 허가를 받은 것으로 보는데, 다음 중 이에 해당되지 않는 것은?

① 「건축법」에 따른 건축물의 건축 허가
② 「하천법」에 따른 하천공사 시행의 허가
③ 「도로법」에 따른 도로 점용의 허가
④ 「공유수면관리 및 매립에 관한 법률」에 따른 공유수면의 점용·사용 허가

해설 법 제5조(다른 법률과의 관계)

1. 「하천법」에 따른 하천공사 시행의 허가 및 하천 점용의 허가
2. 「도로법」에 따른 도로 점용의 허가
3. 「공유수면관리 및 매립에 관한 법률」에 따른 공유수면의 점용·사용 허가

07 전국적인 소음·진동의 실태를 파악하기 위하여 측정망을 설치하고 상시측정하여야 하는 자는?

① 대통령
② 환경부장관
③ 시·도지사
④ 국회의원

해설 법 제3조(상시측정)

환경부장관은 전국적인 소음·진동의 실태를 파악하기 위하여 측정망을 설치하고 상시(常時)측정하여야 한다.

08 소음·진동관리법상 대통령령으로 정하는 사항이 아닌 것은?

① 운행차 소음허용기준
② 항공기소음의 한도
③ 공장 소음·진동의 배출허용기준
④ 소음도 검사기관의 시설 및 기술능력 등 지정기준에 필요한 사항

해설 법 제7조(공장 소음·진동 배출허용기준)

소음·진동배출시설을 설치한 공장에서 나오는 소음·진동의 배출허용기준은 환경부령으로 정한다.

09 소음·진동관리법규상 사업자가 배출시설 또는 방지시설의 설치 또는 변경을 끝내고, 배출시설 가동 시 환경부령으로 정하는 기간 이내에 소음·진동 배출허용기준에 적합하도록 처리하여야 하는데, 여기서 "환경부령으로 정하는 기간" 기준으로 옳은 것은?

① 가동개시일부터 7일
② 가동개시일부터 15일
③ 가동개시일부터 30일
④ 가동개시일부터 60일

해설 법 제14조(배출허용기준의 준수 의무), 시행규칙 제14조(배출시설의 설치확인)

"환경부령으로 정하는 기간"이란 가동개시일부터 30일로 한다.

10 소음·진동관리법상 특별자치도지사 또는 시장·군수·구청장이 소음·진동 배출허용기준 초과와 관련하여 개선명령을 받은 자에게 이를 이행하지 아니하였을 때 내릴 수 있는 조치로 옳은 것은?

① 이전명령
② 개선명령
③ 조업정지
④ 경고

해설 법 제16조(조업정지명령 등)

특별자치시장·특별자치도지사 또는 시장·군수·구청장은 개선명령을 받은 자가 이를 이행하지 아니하거나 기간 내에 이행은 하였으나 배출허용기준을 계속 초과할 때에는 그 배출시설의 전부 또는 일부에 조업정지를 명할 수 있다. 이 경우 환경부령으로 정하는 시간대별 배출허용기준을 초과하는 공장에는 시간대별로 구분하여 조업정지를 명할 수 있다.

11 다음은 소음·진동관리법상 위법시설에 대한 조치사항이다. ( ) 안에 알맞은 것은?

> 특별자치도지사 등은 규정에 의한 배출시설 설치신고를 하지 아니하거나 허가를 받지 아니하고 배출시설을 설치하거나 운영하는 자에게 그 배출시설의 (㉮)를 명하여야 한다. 다만, 그 배출시설을 개선하거나 방지시설을 설치·개선하더라도 그 공장에서 나오는 소음·진동의 정도가 배출허용기준 이하로 내려갈 가능성이 없다고 인정되는 경우에는 그 배출시설의 (㉯)를 명하여야 한다.

① ㉮ 조업정지, ㉯ 사용중지
② ㉮ 사용중지, ㉯ 폐쇄
③ ㉮ 사용중지, ㉯ 허가취소
④ ㉮ 조업정지, ㉯ 허가취소

해설 법 제18조(위법시설에 대한 폐쇄조치 등)
특별자치시장·특별자치도지사 또는 시장·군수·구청장은 신고를 하지 아니하거나 허가를 받지 아니하고 배출시설을 설치하거나 운영하는 자에게 그 배출시설의 사용중지를 명하여야 한다. 다만, 그 배출시설을 개선하거나 방지시설을 설치·개선하더라도 그 공장에서 나오는 소음·진동의 정도가 배출허용기준 이하로 내려갈 가능성이 없거나 다른 법률에 따라 그 배출시설의 설치가 금지되는 장소이면 그 배출시설의 폐쇄를 명하여야 한다.

12 다음은 소음·진동관리법령상 폭약의 사용으로 인한 소음·진동의 방지에 관한 사항이다. ( )에 가장 적합한 것은?

> 특별자치도지사 등은 폭약의 사용으로 인한 소음·진동 피해를 방지할 필요가 있다고 인정하면 (㉯)에게 (㉮)에 따라 폭약을 사용하는 자에게 그 사용의 규제에 필요한 조치를 하여 줄 것을 요청할 수 있다. 이 경우 (㉯)은 특별한 사유가 없으면 그 요청에 따라야 한다.

① ㉮ 총포·도검·화약류 등 단속법
　㉯ 폭약협회장
② ㉮ 총포·도검·화약류 등 단속법
　㉯ 지방경찰청장
③ ㉮ 폭약류관리법, ㉯ 폭약협회장
④ ㉮ 폭약류관리법, ㉯ 지방경찰청장

해설 법 제25조(폭약의 사용으로 소음·진동의 방지)
특별자치시장·특별자치도지사 또는 시장·군수·구청장은 폭약의 사용으로 인한 소음·진동 피해를 방지할 필요가 있다고 인정하면 시·도 경찰청장에게 「총포·도검·화약류 등 단속법」에 따라 폭약을 사용하는 자에게 그 사용의 규제에 필요한 조치를 하여 줄 것을 요청할 수 있다. 이 경우 시·도 경찰청장은 특별한 사유가 없으면 그 요청에 따라야 한다.

13 소음·진동관리법상 환경부장관이 운행차 정기검사를 위한 검사의 방법·대상항목 및 검사기관의 시설·장비 등에 필요한 사항을 환경부령으로 정할 때 누구와 협의하여야 하는가?

① 자동차제조업체장 ② 국립환경과학원장
③ 국토교통부장관 ④ 한국자동차협회장

해설 법 제37조(운행차의 정기검사)
1. 자동차의 소유자는 「자동차관리법」과 「건설기계관리법」에 따른 정기검사 및 「대기환경보전법」에 따른 이륜자동차 정기검사를 받을 때 다음의 사항 모두에 대하여 검사를 받아야 한다.
　㉠ 해당 자동차에서 나오는 소음이 운행차 소음허용기준에 적합한지 여부
　㉡ 소음기나 소음덮개를 떼어버렸는지 여부
　㉢ 경음기를 추가로 붙였는지 여부
2. 검사의 방법·대상항목 및 검사기관의 시설·장비 등에 필요한 사항은 환경부령으로 정한다.
3. 환경부장관 위 2에 따라 환경부령을 정하려면 국토교통부장관과 협의하여야 한다.

14 다음은 소음·진동관리법상 항공기소음의 관리에 관한 사항이다. ( ) 안에 알맞은 것은?

> ( )은(는) 항공기소음이 대통령령으로 정하는 항공기소음의 한도를 초과하여 공항 주변의 생활환경이 매우 손상된다고 인정하면 관계 기관의 장에게 방음시설의 설치나 그 밖에 항공기소음의 방지에 필요한 조치를 요청할 수 있다.

① 지방환경청장 ② 특별시장
③ 환경부장관 ④ 시·도지사

해설 법 제39조(항공기소음의 관리)
환경부장관은 항공기소음이 대통령령으로 정하는 항공기소음의 한도를 초과하여 공항 주변의 생활환경이 매우 손상된다고 인정하면 관계 기관의 장에게 방음시설의 설치나 그 밖에 항공기소음의 방지에 필요한 조치를 요청할 수 있다.

15 소음 · 진동관리법상 결격사유로 확인검사 대행자의 등록을 할 수 없는 자에 해당되지 않는 것은?

① 확인검사 대행자의 등록이 취소된 후 3년이 지나지 아니한 자
② 파산선고를 받고 복권되지 아니한 자
③ 피성년후견인 또는 피한정후견인
④ 「대기환경보전법」, 「물환경보전법」을 위반하여 징역의 실형을 선고받고 그 형의 집행이 종료되거나 집행을 받지 아니하기로 확정된 후 2년이 지나지 아니한 자

해설 **법 제42조(결격사유)** 다음의 어느 하나에 해당하는 자는 확인검사 대행자의 등록을 할 수 없다.
1. 피성년후견인 또는 피한정후견인
2. 파산선고를 받고 복권(復權)되지 아니한 자
3. 확인검사 대행자의 등록이 취소된 후 2년이 지나지 아니한 자
4. 이 법이나 「대기환경보전법」, 「물환경보전법」을 위반하여 징역의 실형을 선고받고 그 형의 집행이 종료되거나 집행을 받지 아니하기로 확정된 후 2년이 지나지 아니한 자
5. 임원 중 제1호부터 제4호까지의 규정 중 어느 하나에 해당하는 자가 있는 법인

16 소음 · 진동관리법상 벌칙기준 중 3년 이하의 징역 또는 3천만원 이하의 벌금에 처하는 경우에 해당하지 아니하는 자는?

① 제작차 소음허용기준에 맞지 아니하게 자동차를 제작한 자
② 제작차 소음허용기준에 적합하다는 환경부장관의 인증을 받지 아니하고 자동차를 제작한 자
③ 소음도 검사를 받지 아니하거나 거짓으로 소음도 검사를 받은 자
④ 허가를 받지 아니하고 배출시설을 설치한 자

해설 **법 제56조(벌칙)** 다음의 어느 하나에 해당하는 자는 3년 이하의 징역 또는 3천만원 이하의 벌금에 처한다.
1. 폐쇄명령을 위반한 자
2. 제작차 소음허용기준에 맞지 아니하게 자동차를 제작한 자
3. 인증 받지 아니하고 자동차를 제작한 자
4. 소음도 검사를 받지 아니하거나 거짓으로 소음도 검사를 받은 자

17 소음 · 진동관리법 제작차 소음허용기준에 맞지 아니하게 자동차를 제작한 자에 대한 벌칙기준으로 옳은 것은?

① 300만원 이하의 과태료
② 6개월 이하의 징역 또는 500만원 이하의 벌금
③ 1년 이하의 징역 또는 1천만원 이하의 벌금
④ 3년 이하의 징역 또는 3천만원 이하의 벌금

해설 **법 제56조(벌칙)**
제작차 소음허용기준에 맞지 아니하게 자동차를 제작한 자는 3년 이하의 징역 또는 3천만원 이하의 벌금에 처한다.

18 소음 · 진동관리법상 운행차 수시점검에 따르지 아니하거나 지장을 주는 행위를 한 자에 대한 벌칙기준으로 옳은 것은?

① 3년 이하의 징역 또는 1천500만원 이하의 벌금
② 1년 이하의 징역 또는 1천만원 이하의 벌금
③ 6개월 이하의 징역 또는 500만원 이하의 벌금
④ 300만원 이하의 벌금

해설 **법 제58조(벌칙)**
점검에 따르지 아니하거나 지장을 주는 행위를 한 자는 6개월 이하의 징역 또는 500만원 이하의 벌금에 처한다.

19 소음 · 진동관리법령상 벌칙기준 중 6개월 이하의 징역 또는 500만원 이하의 벌금에 처하는 경우로 옳지 않은 것은?

① 생활 소음 · 진동의 규제기준 초과에 따른 작업시간 조정 등의 명령을 위반한 자
② 운행차 소음허용기준에 적합한지의 여부를 점검하는 운행차 수시점검에 지장을 주는 행위를 한 자
③ 배출시설 설치신고 대상자가 신고를 하지 아니하고 배출시설을 설치한 자
④ 이동소음 규제지역에서 이동소음원의 사용금지 또는 제한조치를 위반한 자

해설 **법 제58조(벌칙)** 다음의 어느 하나에 해당하는 자는 6개월 이하의 징역 또는 500만원 이하의 벌금에 처한다.
1. 신고를 하지 아니하거나 거짓이나 부정한 방법으로 신고를 하고 배출시설을 설치하거나 그 배출시설을 이용해 조업한 자
2. 작업시간 조정 등의 명령을 위반한 자
3. 점검에 따르지 아니하거나 지장을 주는 행위를 한 자
4. 개선명령 또는 사용정지 명령을 위반한 자

20 다음 중 소음·진동관리법령상 200만원 이하의 과태료 부과기준에 해당하는 위법행위가 아닌 것은?

① 배출시설의 변경신고를 하지 아니하거나 거짓이나 그 밖의 부정한 방법으로 변경신고를 한 자

② 환경기술인의 업무를 방해하거나 환경기술인의 요청을 정당한 사유없이 거부한 자

③ 공장에서 배출되는 소음·진동을 배출허용기준 이하로 처리하지 아니한 자

④ 저감대책을 수립·시행하지 아니한 자

〔해설〕 **법 제60조(과태료)** 다음의 어느 하나에 해당하는 자에게는 200만원 이하의 과태료를 부과한다.
1. 변경신고를 하지 아니하거나 거짓이나 그 밖의 부정한 방법으로 변경신고를 한 자
2. 공장에서 배출되는 소음·진동을 배출허용기준 이하로 처리하지 아니한 자
3. 저감대책을 수립·시행하지 아니한 자
4. 이동소음원의 사용금지 또는 제한조치를 위반한 자
5. 운행차 소음허용기준을 위반한 자동차의 소유자
6. 운행차 개선명령을 보고하지 아니한 자
7. 환경기술인 등의 교육을 받게 하지 아니한 자
8. 보고를 하지 아니하거나 허위로 보고한 자 또는 자료를 제출하지 아니하거나 허위로 제출한 자
9. 관계 공무원의 출입·검사를 거부·방해 또는 기피한 자

21 소음·진동관리법상 운행차 소음허용기준 초과와 관련하여 개선명령을 받은 자가 환경부령으로 정하는 바에 따라 개선결과를 확인받은 후 특별시장 등에게 보고를 하지 아니한 경우 벌칙(또는 과태료 부과)기준으로 옳은 것은?

① 200만원 이하의 과태료

② 300만원 이하의 과태료

③ 6개월 이하의 징역 또는 500만원 이하의 벌금

④ 1년 이하의 징역 또는 1천만원 이하의 벌금

〔해설〕 **법 제60조(과태료)**
운행차 개선명령을 보고하지 아니한 자는 200만원 이하의 과태료를 부과한다.

22 소음·진동관리법상 과태료 부과 대상으로 옳지 않은 것은?

① 부정한 방법으로 신고를 하고 소음·진동 배출시설을 설치한 자

② 생활 소음·진동의 규제기준을 초과하여 소음·진동을 발생한 자

③ 「소음·진동관리법」을 위반하여 환경기술인을 임명하지 아니한 자

④ 「소음·진동관리법」 제24조 제1항에 따른 이동소음원의 사용금지 또는 제한조치를 위반한 자

〔해설〕 **법 제60조(과태료)**
② 생활 소음·진동의 규제기준을 초과하여 소음·진동을 발생한 자 → 200만원 이하
③ 「소음·진동관리법」을 위반하여 환경기술인을 임명하지 아니한 자 → 300만원 이하
④ 「소음·진동관리법」 이동소음원의 사용금지 또는 제한조치를 위반한 자 → 200만원 이하

23 다음 중 소음·진동관리법규상 소음·진동배출시설 설치허가 신청 시 구비서류로 옳지 않은 것은?

① 배출시설 배치도

② 방지시설 설치명세서와 그 도면

③ 방지시설의 설치의무를 면제받으려는 경우에는 면제를 인정할 수 있는 서류

④ 사업장 법인 등기부등본

〔해설〕 **시행령 제2조(배출시설의 설치허가 등)**
배출시설의 설치신고를 하거나 설치허가를 받으려는 자는 배출시설 설치 신고서 또는 배출시설 설치허가신청서에 다음의 서류를 첨부하여 특별자치시장·특별자치도지사 또는 시장·군수·구청장에게 제출하여야 한다.
1. 배출시설의 설치명세서 및 배치도(허가신청인 경우만 제출한다)
2. 방지시설의 설치명세서와 그 도면(신고의 경우 도면은 제외한다)
3. 방지시설의 설치의무를 면제받으려는 경우에는 이를 인정할 수 있는 서류

24 소음 · 진동관리법령상 소음 · 진동배출시설을 설치하고자 할 때 특별자치도지사 또는 시장 · 군수 · 구청장의 허가를 받아야 하는 대통령령이 정하는 지역기준에 해당하지 않는 것은?

① 「의료법」에 따른 종합병원의 부지경계선으로부터 직선거리 50m 이내의 지역

② 「도서관법」에 따른 공공도서관의 부지경계선으로부터 직선거리 50m 이내의 지역

③ 「영유아보육법」에 따른 보육시설 중 입소규모 50명 이상인 보육시설의 부지경계선으로부터 직선거리 50m 이내의 지역

④ 「주택법」에 따른 공동주택의 부지경계선으로부터 직선거리 50m 이내의 지역

[해설] 시행령 제2조(배출시설의 설치허가 등)

"학교 또는 종합병원의 주변 등 대통령령으로 정하는 지역"이란 다음의 어느 하나에 해당하는 지역을 말한다.

1. 「의료법」에 따른 종합병원의 부지경계선으로부터 직선거리 50m 이내의 지역
2. 「도서관법」에 따른 공공도서관의 부지경계선으로부터 직선거리 50m 이내의 지역
3. 「초 · 중등교육법」 및 「고등교육법」에 따른 학교의 부지경계선으로부터 직선거리 50m 이내의 지역
4. 「주택법」에 따른 공동주택의 부지경계선으로부터 직선거리 50m 이내의 지역
5. 「국토의 계획 및 이용에 관한 법률」에 따른 주거지역 또는 제2종 지구단위계획구역(주거형만을 말한다)
6. 「의료법」에 따른 요양병원 중 100개 이상의 병상을 갖춘 노인을 대상으로 하는 요양병원의 부지경계선으로부터 직선거리 50m 이내의 지역
7. 「영유아보육법」에 따른 어린이집 중 입소규모 100명 이상인 어린이집의 부지경계선으로부터 직선거리 50m 이내의 지역

25 소음 · 진동관리법령상 인정을 면제할 수 있는 자동차에 해당하지 않는 것은?

① 주한 외국군대의 구성원이 공무용으로 사용하기 위하여 반입하는 자동차

② 여행자 등이 다시 반출할 것을 조건으로 일시 반입하는 자동차

③ 연구기관 등이 자동차의 개발이나 전시 등을 목적으로 사용하는 자동차

④ 외국에서 국내의 공공기관이나 비영리단체에 무상으로 기증하여 반입하는 자동차

[해설] 시행령 제5조(인증의 면제 · 생략 자동차)

인증을 면제할 수 있는 자동차는 다음과 같다.

1. 군용 · 소방용 및 경호 업무용 등 국가의 특수한 공무용으로 사용하기 위한 자동차
2. 주한 외국공관, 외교관, 그 밖에 이에 준하는 대우를 받는 자가 공무용으로 사용하기 위하여 반입하는 자동차로서 외교부장관의 확인을 받은 자동차
3. 여행자 등이 다시 반출할 것을 조건으로 일시 반입하는 자동차
4. 자동차제작자 · 연구기관 등이 자동차의 개발이나 전시 등을 목적으로 사용하는 자동차

26 소음 · 진동관리법령상 운행차 소음허용기준으로 정하고 있는 항목으로 옳은 것은?

① 배기소음, 주행소음

② 주행소음, 제동소음

③ 배기소음, 경적소음

④ 제동소음, 경적소음

[해설] 시행령 제4조(제작차 소음허용기준)

제작차 소음허용기준은 다음의 자동차의 소음 종류별로 소음배출 특성을 고려하여 정하되, 소음 종류별 허용기준치는 관계 중앙행정기관의 장의 의견을 들어 환경부령으로 정한다.

1. 가속주행소음
2. 배기소음
3. 경적소음

27 소음 · 진동관리법령상 인증을 면제할 수 있는 자동차에 해당하는 것은?

① 국가대표 훈련용으로 사용하기 위하여 반입하는 자동차로서 문화체육관광부장관의 확인을 받은 자동차

② 주한 외국 군인이 사용하기 위하여 반입하는 자동차

③ 외국에서 1년 이상 거주한 내국인이 주거를 이전하기 위하여 이주물품으로 반입하는 1대의 자동차

④ 방송용 등 특수한 용도로 사용되는 자동차로서 환경부장관이 정하여 고시하는 자동차

[해설] 시행령 제5조(인증의 면제 · 생략 자동차)

외국인 또는 외국에서 1년 이상 거주한 내국인이 주거를 이전하기 위하여 이주물품으로 반입하는 1대의 자동차는 인증을 면제할 수 있다.

28 소음·진동관리법령상의 인증을 면제할 수 있는 자동차로 옳지 않은 것은?

① 여행자 등이 다시 반출할 것을 조건으로 일시 반입하는 자동차
② 주한 외국공관이 공무용으로 사용하기 위하여 반입하는 자동차로서 외교부장관의 확인을 받은 자동차
③ 국제협약 등에 의하여 인증을 면제할 수 있는 자동차
④ 자동차제작자가 자동차의 개발이나 전시 등을 목적으로 사용하는 자동차

해설 **시행령 제5조(인증의 면제·생략 자동차)**
인증을 면제할 수 있는 자동차는 다음과 같다.
1. 군용·소방용 및 경호 업무용 등 국가의 특수한 공무용으로 사용하기 위한 자동차
2. 주한 외국공관, 외교관, 그 밖에 이에 준하는 대우를 받는 자가 공무용으로 사용하기 위하여 반입하는 자동차로서 외교부장관의 확인을 받은 자동차
3. 여행자 등이 다시 반출할 것을 조건으로 일시 반입하는 자동차
4. 자동차제작자·연구기관 등이 자동차의 개발이나 전시 등을 목적으로 사용하는 자동차

29 다음은 소음·진동관리법규상 항공기소음의 한도기준에 관한 설명이다. (   ) 안에 알맞은 것은?

> 항공기소음의 한도는 공항 인근 지역을 제외한 그 밖의 지역은 가중등가소음도(L_{den}) (㉮)(으)로 한다. 공항 인근 지역과 그 밖의 지역의 구분은 (㉯)으로 정한다.

① ㉮ 81, ㉯ 국토교통부령
② ㉮ 71, ㉯ 국토교통부령
③ ㉮ 61, ㉯ 환경부령
④ ㉮ 51, ㉯ 환경부령

해설 **시행령 제9조(항공기소음의 한도 등)**
1. 항공기소음의 한도는 공항 인근 지역은 가중등가소음도[L_{den} dB(A)] 75로 하고, 그 밖의 지역은 가중등가소음도[L_{den} dB(A)] 61로 한다.
2. 공항 인근 지역과 그 밖의 지역의 구분은 환경부령으로 정한다.

30 소음·진동관리법령상 운행차 소음허용기준을 정할 때 자동차의 소음 종류별로 소음배출 특성을 고려하여 정한다. 운행차 소음 종류로만 옳게 나열한 것은?

① 배기소음, 브레이크소음
② 배기소음, 가속주행소음
③ 경적소음, 브레이크소음
④ 배기소음, 경적소음

해설 **시행령 제8조(운행차 소음허용기준)**
운행차 소음허용기준은 다음의 자동차의 소음 종류별로 소음배출 특성을 고려하여 정하되, 소음 종류별 허용기준치는 관계 중앙행정기관의 장의 의견을 들어 환경부령으로 정한다.
1. 배기소음
2. 경적소음

31 소음·진동관리법령상 공항 인근 지역 항공기소음 한도기준으로 옳은 것은?

① 가중등가소음도(L_{den}) 90
② 가중등가소음도(L_{den}) 85
③ 가중등가소음도(L_{den}) 80
④ 가중등가소음도(L_{den}) 75

해설 **시행령 제9조(항공기소음의 한도 등)**
항공기소음의 한도는 공항 인근 지역은 가중등가소음도[L_{den} dB(A)] 75로 하고, 그 밖의 지역은 가중등가소음도[L_{den} dB(A)] 61로 한다.

32 소음·진동관리법령상 항공기소음 한도기준으로 옳은 것은? (단, 공항 인근 지역이 아닌 그 밖의 지역을 말한다.)

① 가중등가소음도(L_{den}) 81
② 가중등가소음도(L_{den}) 71
③ 가중등가소음도(L_{den}) 61
④ 가중등가소음도(L_{den}) 51

해설 **시행령 제9조(항공기소음의 한도 등)**
항공기소음의 한도는 공항 인근 지역은 가중등가소음도[L_{den} dB(A)] 75로 하고, 그 밖의 지역은 가중등가소음도[L_{den} dB(A)] 61로 한다.

33 소음 · 진동관리법상 소음도 검사기관의 지정기준 중 소음발생건설기계 소음도 검사기관의 시설 및 장비로서 옳은 것은?

① 평가기준음원 발생장치 1대 이상
② 마이크로폰 5대 이상
③ 녹음 및 기록장치(5채널용) 1대 이상
④ 표준음발생기(300 ~ 500Hz) 1대 이상

해설 시행령 [별표 1] 소음도 검사기관의 지정기준 중 소음발생건설기계 소음도 검사기관의 시설 및 장비

1. 면적이 900m² 이상(가로 및 세로의 길이가 각각 30m 이상)인 검사장을 갖출 것
2. 다음의 장비를 갖출 것. 다만, ⓐ과 ⓜ의 장비는 그 기능을 모두 갖춘 기기 1대 이상으로 대체할 수 있다.
  ㉠ 다기능 표준음발생기(31.5Hz 이상 16kHz 이하) 1대 이상
  ㉡ 다음의 표준음발생기 각 1대 이상. 다만, 아래의 기능을 모두 갖춘 기기 1대 이상으로 대체할 수 있다.
    • 200Hz 이상 500Hz 이하
    • 1,000Hz
  ㉢ 마이크로폰 6대 이상
  ㉣ 녹음 및 기록장치(6채널 이상) 1대 이상
  ㉤ 주파수 분석장비 : 50Hz 이상 8,000Hz 이하의 모든 음을 $\frac{1}{3}$ 옥타브 대역으로 분석할 수 있는 기기 1대 이상
  ㉥ 삼각대 등 마이크로폰을 높이 1.5m 이상의 공중에 고정할 수 있는 장비 4대 이상, 높이 10m 이상의 공중에 고정할 수 있는 장비 2대 이상
  ㉦ 평가기준음원(reference sound source) 발생장치 1대 이상

34 소음 · 진동관리법령상 소음도 검사기관으로 지정받기 위한 기준(기술인력수, 시설 및 장비요건)으로 옳지 않은 것은? (단, 기술직과 기능직은 소음 · 진동관리법령상 규정된 자격요건을 갖춘 자로 한다.)

① 50 ~ 8,000Hz 범위의 모든 음을 $\frac{1}{3}$ 옥타브대역으로 분석할 수 있는 주파수 분석장비 1대
② 삼각대 6대(높이 10m 이상) 등 마이크로폰을 공중에 고정할 수 있는 장비
③ 중심 주파수 대역이 31.5Hz~16kHz인 다기능 표준음발생기 1대
④ 기술직 1명, 기능직 2명

해설 시행령 [별표 1] 소음도 검사기관의 지정기준
기술인력은 2명 이상의 기술직과 2명 이상의 기능직을 갖춰야 한다.

35 소음 · 진동관리법령상 소음도 검사기관의 지정기준 중 기술직 자격요건으로 옳지 않은 것은?

① 「고등교육법」에 따른 소음 · 진동 관련 분야 학사학위를 취득하고, 해당 분야의 실무에 종사한 경력이 1년 이상인 사람
② 소음 · 진동 관련 분야의 기사로서 소음 · 진동 분야의 실무경력이 1년 이상인 자
③ 「고등교육법」에 따른 대학 이상 졸업자로서 소음 · 진동 분야가 아닌 분야의 학위 취득자로 소음 · 진동 관련 분야의 실무경력이 2년 이상인 자
④ 「고등교육법」에 따른 소음 · 진동 관련 분야 전문 학사학위를 취득하고, 해당 분야의 실무에 종사한 경력이 3년 이상인 사람

해설 시행령 [별표 1] 소음도 검사기관의 지정기준(기술인력)
소음 · 진동 관련 분야가 아닌 분야의 학위 취득자로서 학사학위를 취득하고, 소음 · 진동 관련 분야의 실무에 종사한 경력이 3년 이상인 사람에 해당한다.

36 소음 · 진동관리법령상 과태료 부과기준 중 일반기준에서 위반행위의 횟수에 따른 부과는 최근 몇 년간 같은 위반행위로 부과처분을 받은 경우에 적용하는가?

① 6월간 ② 1년간
③ 2년간 ④ 3년간

해설 시행령 [별표 2] 과태료의 부과기준 중 일반기준
위반행위의 횟수에 따른 과태료의 가중된 부과기준은 최근 1년간 같은 위반행위로 과태료 부과처분을 받은 경우에 적용한다.

37 배기소음허용기준을 초과한 자동차로 소음기 또는 소음덮개를 훼손하거나, 떼어버린 경우 1차 위반 시 부과되는 과태료는?

① 150만원 ② 100만원
③ 60만원 ④ 10만원

33.① 34.④ 35.③ 36.② 37.②

시행령 [별표 2] 과태료의 부과기준 중 개별기준
자동차의 소유자가 자동차제작자 검사의 인력·장비 등을 위반한 경우 중 배기소음허용기준을 초과한 경우로서 소음기(배기관을 포함한다) 또는 소음덮개를 훼손하거나 떼어버린 경우 1차 위반은 100만원, 2차 위반은 100만원, 3차 이상 위반은 100만원이다.

38 소음·진동관리법령상 과태료 부과기준에 관한 설명으로 옳지 않은 것은?

① 운행차 소음허용기준을 초과한 자동차 소유자로서 배기소음허용기준은 2dB(A) 미만 초과한 자에 대한 각 위반차수별 과태료 부과금액은 1차 위반은 20만원, 2차 위반은 20만원, 3차 이상 위반은 20만원이다.

② 부과권자는 위반행위의 동기와 그 결과 등을 고려하여 과태료 금액의 $\frac{1}{2}$의 범위에서 감경할 수 있다.

③ 관계 공무원의 출입·검사를 거부·방해 또는 기피한 자에 대한 각 위반차수별 과태료 부과금액은 1차 위반은 60만원, 2차 위반은 80만원, 3차 위반은 100만원이다.

④ 일반기준에 있어서 위반행위의 횟수에 따른 부과기준은 해당 위반행위가 있은 날 이전 최근 6개월 같은 위반행위로 부과처분을 받을 경우에 적용한다.

시행령 [별표 2] 과태료의 부과기준 중 일반기준
위반행위의 횟수에 따른 과태료의 가중된 부과기준은 최근 1년간 같은 위반행위로 과태료 부과처분을 받은 경우에 적용한다.

39 자동차의 소유자가 배기소음허용기준을 2dB(A) 이상 4dB(A) 미만 초과한 경우 1차 위반 시의 과태료는?

① 20만원 이하　　② 40만원 이하
③ 60만원 이하　　④ 80만원 이하

시행령 [별표 2] 과태료의 부과기준 중 개별기준
자동차의 소유자가 자동차제작자 검사의 인력·장비 등을 위반한 경우 중 배기소음허용기준을 2dB(A) 이상 4dB(A) 미만 초과한 경우 1차 위반은 60만원, 2차 위반은 60만원, 3차 이상 위반은 60만원이다.

40 소음·진동관리법규상 과태료 부과기준으로 옳지 않은 것은?

① 위반행위의 횟수에 따른 일반적인 부과기준은 최근 1년간 같은 위반행위로 부과처분을 받은 경우에 적용하며, 이 경우 위반행위에 대하여 과태료 부과처분한 날과 다시 동일한 위반행위를 적발한 날은 각각 기준으로 하여 위반횟수를 계산한다.

② 부과권자는 위반행위의 동기와 그 결과 등을 고려하여 금액의 60% 범위에서 이를 감경한다.

③ 개별기준으로 규제기준 준수 확인을 위한 관계 공무원의 출입·검사를 거부·방해 또는 기피를 3차 이상 위반한 자의 과태료 부과금액은 100만원이다.

④ 개별기준으로 이동소음원의 사용금지 조치를 3차 이상 위반한 자의 과태료 부과금액은 10만원이다.

시행령 [별표 2] 과태료의 부과기준 중 일반기준
부과권자는 과태료 금액의 $\frac{1}{2}$ 범위에서 그 금액을 줄일 수 있다.

41 소음·진동관리법령상 과태료 부과기준으로 옳지 않은 것은?

① 소음기 또는 소음덮개를 떼어버리거나 경음기를 추가로 부착한 경우 1차 위반 시 과태료 금액은 60만원이다.

② 이동소음원의 사용금지 또는 제한조치를 위반한 경우 3차 위반 시 과태료 금액은 10만원이다.

③ 위반행위의 횟수에 따른 부과기준은 최근 1년간 같은 위반행위로 부과처분을 받은 경우에 적용한다.

④ 부과권자는 위반행위의 동기와 그 결과 등을 고려하여 과태료 금액의 100% 범위에서 감경할 수 있다.

시행령 [별표 2] 과태료의 부과기준
부과권자는 위반행위의 동기와 그 결과 등을 고려하여 과태료 금액의 $\frac{1}{2}$의 범위에서 감경할 수 있다.

42 소음·진동관리법상 시행규칙 제2조 소음의 발생장소에 해당되는 업종이 아닌 것은?

① 콜라텍업
② 단란주점영업 및 유흥주점영업
③ 체육도장업, 체력단련장업
④ 이동판매업

> **해설** 시행규칙 제2조(소음의 발생장소)
> "공동주택 등 환경부령으로 정하는 장소"란 다음의 장소를 말한다.
> 1. 공동주택
> 2. 다음의 사업장
>   ㉠ 노래연습장업
>   ㉡ 신고 체육시설업 중 체육도장업, 체력단련장업, 무도학원업 및 무도장업
>   ㉢ 학원 및 교습소 중 음악교습을 위한 학원 및 교습소
>   ㉣ 단란주점영업 및 유흥주점영업
>   ㉤ 콜라텍업

43 다음은 소음·진동관리법규상 측정망 설치계획의 고시사항이다. ( ) 안에 가장 적합한 것은?

> 환경부장관, 시·도지사가 고시하는 측정망 설치계획에는 다음의 사항이 포함되어야 한다.
> 1. 측정망의 설치시기
> 2. 측정망의 배치도
> 3. (㉮)
> 측정망 설치계획의 고시는 최초로 측정소를 설치하게 되는 날의 (㉯)에 하여야 한다.

① ㉮ 측정소를 설치할 토지나 건축물의 위치 및 면적, ㉯ 6개월 이전
② ㉮ 측정소를 설치할 토지나 건축물의 위치 및 면적, ㉯ 3개월 이전
③ ㉮ 측정오염물질 항목, ㉯ 6개월 이전
④ ㉮ 측정오염물질 항목, ㉯ 3개월 이전

> **해설** 시행규칙 제7조(측정망 설치계획의 고시)
> 1. 환경부장관, 시·도지사가 고시하는 측정망 설치계획에는 다음의 사항이 포함되어야 한다.
>   ㉠ 측정망의 설치시기
>   ㉡ 측정망의 배치도
>   ㉢ 측정소를 설치할 토지나 건축물의 위치 및 면적
> 2. 측정망 설치계획의 고시는 최초로 측정소를 설치하게 되는 날의 3개월 이전에 하여야 한다.

44 시·도지사가 측정망 설치계획을 결정·고시하려는 경우 그 설치위치 등에 관하여 누구의 의견을 들어야 하는가?

① 환경부장관
② 환경관리청장
③ 지방환경관리청장
④ 시장·군수·구청장

> **해설** 시행규칙 제7조(측정망 설치계획의 고시)
> 시·도지사가 측정망 설치계획을 결정·고시하려는 경우에는 그 설치위치 등에 관하여 환경부장관의 의견을 들어야 한다.

45 소음·진동관리법상 소음지도를 작성하고자 할 때 작성계획 고시내용에 해당되지 않는 것은?

① 소음지도의 작성기간
② 소음지도의 작성범위
③ 소음지도의 작성비용
④ 소음지도의 활용계획

> **해설** 시행규칙 제7조의 2(소음지도의 작성 등)
> 환경부장관 또는 시·도지사는 소음지도를 작성하려는 경우에는 다음의 사항이 포함된 소음지도 작성계획을 고시하여야 한다.
> 1. 소음지도의 작성기간
> 2. 소음지도의 작성범위
> 3. 소음지도의 활용계획

46 소음·진동관리법규상 소음·진동 배출허용기준을 초과하여 배출하여도 생활환경에 피해를 줄 우려가 없다고 환경부령으로 정하는 경우에 방지시설의 설치면제를 받기 위해서는 해당 공장의 부지경계선으로부터 직선거리로 얼마 이내(기준)에 공장 또는 사업장이 없어야 하는가?

① 50m
② 100m
③ 200m
④ 500m

> **해설** 시행규칙 제11조(방지시설의 설치면제)
> 해당 공장의 부지경계선으로부터 직선거리 200m 이내에 주택, 상가, 학교, 병원, 종교시설, 공장, 사업장, 관광지, 관광단지 등이 없는 경우를 말한다.

47 소음·진동관리법규상 사업자가 배출시설 또는 방지시설의 설치 또는 변경을 끝내고, 배출시설 가동 시 환경부령으로 정하는 기간 이내에 소음·진동 배출허용기준에 적합하도록 처리하여야 하는데, 여기서 "환경부령으로 정하는 기간" 기준으로 옳은 것은?

① 가동개시일부터 7일
② 가동개시일부터 15일
③ 가동개시일부터 30일
④ 가동개시일부터 60일

해설 **시행규칙 제14조(배출시설의 설치확인 등)**
"환경부령으로 정하는 기간"이란 가동개시일부터 30일로 한다. 다만, 특별자치시장·특별자치도지사 또는 시장·군수·구청장은 연간 조업일수가 90일 이내인 사업장으로서 가동개시일부터 30일 이내에 조업이 끝나 오염도 검사가 불가능하다고 인정되는 사업장의 경우에는 기간을 단축할 수 있다.

48 소음·진동관리법규상 배출허용기준에 적합한지 여부를 확인하기 위하여 배출시설 및 방지시설에 대한 소음·진동검사를 의뢰할 수 있는 기관에 해당하지 않는 것은?

① 국립환경과학원
② 중앙환경분쟁조정위원회
③ 영산강유역환경청
④ 원주지방환경청

해설 **시행규칙 제14조(배출시설의 설치확인 등)**
특별자치시장·특별자치도지사 또는 시장·군수·구청장은 환경부령으로 정하는 기간이 지난 후 배출허용기준에 맞는지를 확인하기 위하여 필요한 경우 배출시설과 방지시설의 가동상태를 점검할 수 있으며, 소음·진동검사를 하거나 다음의 어느 하나에 해당하는 검사기관으로 하여금 소음·진동검사를 하도록 지시하거나 검사를 의뢰할 수 있다.
1. 국립환경과학원
2. 특별시, 광역시·도, 특별자치도의 보건환경연구원
3. 유역환경청 또는 지방환경청
4. 한국환경공단

49 소음·진동관리법규상 시·도지사 등은 배출허용기준 준수 확인 여부를 위해 배출시설과 방지시설의 가동상태를 점검할 수 있는데, 다음 중 점검을 위해 소음·진동검사를 의뢰할 수 있는 기관으로 옳지 않은 것은?

① 보건환경연구원   ② 유역환경청
③ 환경과학시험원   ④ 국립환경과학원

해설 **시행규칙 제14조(배출시설의 설치확인 등)**
특별자치시장·특별자치도지사 또는 시장·군수·구청장은 환경부령으로 정하는 기간이 지난 후 배출허용기준에 맞는지를 확인하기 위하여 필요한 경우 배출시설과 방지시설의 가동상태를 점검할 수 있으며, 소음·진동검사를 하거나 다음의 어느 하나에 해당하는 검사기관으로 하여금 소음·진동검사를 하도록 지시하거나 검사를 의뢰할 수 있다.
1. 국립환경과학원
2. 특별시, 광역시·도, 특별자치도의 보건환경연구원
3. 유역환경청 또는 지방환경청
4. 한국환경공단

50 다음은 배출시설의 설치확인 등에 관한 사항이다. ( ) 안에 알맞은 내용은?

소음·진동법상 특별자치시장·특별자치도지사 또는 시장·군수·구청장으로부터 사업장에 대한 소음·진동검사의 지시 또는 검사 의뢰를 받은 검사기관은 배출시설 및 방지시설을 정상 운영해야 할 기간이 지난 날부터 (㉮) 이내에 소음·진동검사를 실시하고, 그 결과를 (㉯)에게 통보하여야 한다.

① ㉮ 20일, ㉯ 특별자치시장·특별자치도지사 또는 시장·군수·구청장
② ㉮ 30일, ㉯ 환경부장관
③ ㉮ 20일, ㉯ 환경부장관
④ ㉮ 30일, ㉯ 특별자치시장·특별자치도지사 또는 시장·군수·구청장

해설 **시행규칙 제14조(배출시설의 설치확인 등)**
특별자치시장·특별자치도지사 또는 시장·군수·구청장으로부터 사업장에 대한 소음·진동검사의 지시 또는 검사 의뢰를 받은 검사기관은 "환경부령으로 정하는 기간"이 지난 날부터 20일 이내에 소음·진동검사를 실시하고, 그 결과를 특별자치시장·특별자치도지사 또는 시장·군수·구청장에게 통보하여야 한다.

51 소음·진동관리법령상 배출허용기준에 맞는지를 확인하기 위하여 소음·진동 배출시설과 방지시설에 대하여 검사할 수 있도록 지정된 기관이라 볼 수 없는 것은?

① 국립환경과학원
② 유역환경청
③ 환경보전협회
④ 특별시, 광역시·도, 특별자치도의 보건환경연구원

해설 시행규칙 제14조(배출시설의 설치확인 등)

특별자치시장 · 특별자치도지사 또는 시장 · 군수 · 구청장은 배출허용기준에 맞는지를 확인하기 위하여 필요한 경우 배출시설과 방지시설의 가동상태를 점검할 수 있으며, 소음 · 진동검사를 하거나 다음의 어느 하나에 해당하는 검사기관으로 하여금 소음 · 진동검사를 하도록 지시하거나 검사를 의뢰할 수 있다.

1. 국립환경과학원
2. 특별시 · 광역시 · 도 · 특별자치도의 보건환경연구원
3. 유역환경청 또는 지방환경청
4. 한국환경공단

52 소음 · 진동관리법규상 시장 · 군수 · 구청장 등이 소음 · 진동 배출허용기준 초과와 관련한 개선명령을 하는 경우에 최대 얼마의 범위에서 그 기간을 정하여야 하는가? (단, 기간 연장 제외)

① 1년 6월의 범위　　② 1년의 범위
③ 6월의 범위　　　　④ 3월의 범위

해설 시행규칙 제15조(개선기간)

특별자치시장 · 특별자치도지사 또는 시장 · 군수 · 구청장은 개선명령을 하는 경우에는 개선에 필요한 조치, 기계 · 시설의 종류 등을 고려하여 1년의 범위에서 그 기간을 정하여야 한다.

53 소음 · 진동관리법규상 환경기술인의 관리사항으로 옳지 않은 것은?

① 배출시설과 방지시설의 관리에 관한 사항
② 배출시설과 방지시설의 개선에 관한 사항
③ 배출시설과 방지시설의 설치도면 작성에 관한 사항
④ 그 밖에 소음 · 진동을 방지하기 위하여 시장 · 군수 · 구청장이 지시하는 사항

해설 시행규칙 제18조(환경기술인의 자격기준 등)

환경기술인의 관리사항은 다음과 같다.

1. 배출시설과 방지시설의 관리에 관한 사항
2. 배출시설과 방지시설의 개선에 관한 사항
3. 그 밖에 소음 · 진동을 방지하기 위하여 특별자치시장 · 특별자치도지사 또는 시장 · 군수 · 구청장이 지시하는 사항

54 소음 · 진동관리법규상 생활 소음과 진동의 규제에서 환경부령으로 정하는 지역에서는 소음 · 진동에 대한 규제가 제외되는데, 다음 중 이 지역에 해당되지 않는 것은?

① 「산업입지 및 개발에 관한 법률」에 따른 산업단지(단, 산업단지 중 「국토의 계획 및 이용에 관한 법률」에 따른 주거지역과 상업지역은 제외)
② 「국토의 계획 및 이용에 관한 법률」 시행령에 따른 일반 공업지역
③ 「자유무역지역의 지정 및 운영에 관한 법률」에 따라 지정된 자유무역지역
④ 생활 소음 · 진동이 발생하는 공장 · 사업장 또는 공사장의 부지경계선으로부터 직선거리 300m 이내에 주택(사람이 살지 아니하는 폐가는 제외), 운동 · 휴양시설 등이 없는 지역

해설 시행규칙 제20조(생활 소음 · 진동의 규제)

"환경부령으로 정하는 지역"이란 다음의 지역을 말한다.

1. 「산업입지 및 개발에 관한 법률」에 따른 산업단지. 다만, 산업단지 중 「국토의 계획 및 이용에 관한 법률」에 따른 주거지역과 상업지역은 제외한다.
2. 「국토의 계획 및 이용에 관한 법률」 시행령에 따른 전용 공업지역
3. 「자유무역지역의 지정 및 운영에 관한 법률」에 따라 지정된 자유무역지역
4. 생활 소음 · 진동이 발생하는 공장 · 사업장 또는 공사장의 부지경계선으로부터 직선거리 300m 이내에 주택(사람이 살지 아니하는 폐가는 제외한다), 운동 · 휴양시설 등이 없는 지역

55 소음 · 진동관리법규상 환경부령이 정하는 생활 소음 · 진동 규제 제외지역에 관한 설명이다. ( ) 안에 알맞은 것은?

> 생활 소음 · 진동이 발생하는 공장 · 사업장 또는 공사장의 부지경계선으로부터 직선거리 ( ) 이내에 주택(사람이 살지 아니하는 폐가는 제외한다), 운동 · 휴양시설 등이 없는 지역

① 50m　　　　　　② 100m
③ 150m　　　　　④ 300m

해설 시행규칙 제20조(생활 소음 · 진동의 규제)

"환경부령으로 정하는 지역" 중 하나로 생활 소음 · 진동이 발생하는 공장 · 사업장 또는 공사장의 부지경계선으로부터 직선거리 300m 이내에 주택(사람이 살지 아니하는 폐가는 제외한다), 운동 · 휴양시설 등이 없는 지역

56 소음·진동관리법규상 생활 소음·진동이 발생하는 공사로서 "환경부령으로 정하는 특정공사" 기준에 해당하는 공사가 아닌 것은? (단, 특정공사의 사전신고 대상 기계·장비를 5일 이상 사용하는 공사를 대상으로 한다.)

① 총 연장이 100m 이상 또는 굴착 토사량의 합계가 100m³ 이상인 굴정공사

② 연면적이 1천m² 이상인 건축물의 건축공사 및 연면적이 3천m² 이상인 건축물의 해체공사

③ 면적 합계가 1천m² 이상인 토공사(土工事)·정지공사(整地工事)

④ 구조물의 용적 합계가 1천m³ 이상 또는 면적 합계가 1천m² 이상인 토목건설공사

해설 **시행규칙 제21조(특정공사의 사전신고 등)**
"환경부령으로 정하는 특정공사"란 기계·장비를 5일 이상 사용하는 공사로서 다음의 어느 하나에 해당하는 공사를 말한다.
1. 연면적이 1천m² 이상인 건축물의 건축공사 및 연면적이 3천m² 이상인 건축물의 해체공사
2. 구조물의 용적 합계가 1천m³ 이상 또는 면적 합계가 1천m² 이상인 토목건설공사
3. 면적 합계가 1천m² 이상인 토공사(土工事)·정지공사(整地工事)
4. 총 연장이 200m 이상 또는 굴착(땅파기) 토사량의 합계가 200m³ 이상인 굴정(구멍뚫기)공사
5. 시행령에 따른 지역에서 시행되는 공사

57 소음·진동관리법규상 환경부령이 정하는 특정공사의 기준으로 옳지 않은 것은? (단, 규정된 기계·장비를 5일 이상 사용하는 공사임)

① 연면적 1천m² 이상인 건축물의 건축공사

② 면적 합계가 1천m² 이상인 토공사

③ 연면적이 1천m² 이상인 건축물의 해체공사

④ 굴착 토사량의 합계가 200m³ 이상인 굴정공사

해설 **시행규칙 제21조(특정공사의 사전신고 등)**
"환경부령으로 정하는 특정공사"란 기계·장비를 5일 이상 사용하는 공사로서 연면적이 1천m² 이상인 건축물의 건축공사 및 연면적이 3천m² 이상인 건축물의 해체공사를 말한다.

58 다음은 소음·진동관리법규상 폭약 사용 규제 요청에 관한 기준이다. ( ) 안에 알맞은 것을 고르면?

( )은 폭약 사용으로 인한 소음·진동 피해 방지를 위해 필요한 조치를 지방경찰청장에게 요청하려면 규제기준에 맞는 방음·방진시설의 설치, 폭약 사용량, 사용시간, 사용횟수의 제한 또는 발파공법(發破工法) 등의 개선 등에 관한 사항을 포함하여야 한다.

① 유역환경청장

② 국토해양부장관

③ 환경부장관

④ 특별자치도지사 또는 시장·군수·구청장

해설 **시행규칙 제24조(폭약 사용 규제 요청)**
특별자치시장·특별자치도지사 또는 시장·군수·구청장은 필요한 조치를 지방경찰청장에게 요청하려면 규제기준에 맞는 방음·방진시설의 설치, 폭약 사용량, 사용시간, 사용횟수의 제한 또는 발파공법(發破工法) 등의 개선 등에 관한 사항을 포함하여야 한다.

59 소음·진동관리법규상 자동차제작자가 받은 인증(제작차 소음허용기준에 적합)내용 중 환경부령으로 정하는 중요사항을 변경하기 위하여 변경인증신청서에 첨부해야 하는 서류 목록으로 옳지 않은 것은?

① 자동차 제원 명세서

② 자동차 무부하 배출가스검사 증명서

③ 동일 차종임을 입증할 수 있는 서류

④ 변경된 인증내용에 대한 설명서

해설 **시행규칙 제34조(인증의 변경신청)**
인증받은 내용을 변경하려는 자는 변경인증신청서에 다음의 서류 중 관계 서류를 첨부하여 국립환경과학원장에게 제출하여야 한다.
1. 동일 차종임을 입증할 수 있는 서류
2. 자동차 제원 명세서
3. 변경된 인증내용에 대한 설명서
4. 인증내용 변경 전후의 소음 변화에 대한 검토서

60 소음 · 진동관리법규상 인증시험대행기관이 검사장비 및 기술인력의 변경이 있는 경우 얼마 기간 내에 그 내용을 환경부장관에게 알려야 하는가?

① 변경된 날부터 7일 이내에
② 변경된 날부터 15일 이내에
③ 변경된 날부터 30일 이내에
④ 변경된 날부터 3개월 이내에

> **해설** **시행규칙 제34조의3(인증시험대행기관의 운영 및 관리)**
> 인증시험대행기관은 검사장비 및 기술인력의 변경이 있으면 변경된 날부터 15일 이내에 그 내용을 환경부장관에게 알려야 한다.

61 소음 · 진동관리법상 소음덮개를 떼어버린 경우로서 특별시장이 운행자동차 소유자에게 개선명령을 하려는 경우, 얼마 이내의 범위에서 개선에 필요한 기간에 그 자동차의 사용정지를 함께 명할 수 있는가?

① 3일 이내의 범위
② 5일 이내의 범위
③ 7일 이내의 범위
④ 10일 이내의 범위

> **해설** **시행규칙 제46조(운행차의 개선명령)**
> 개선명령을 받은 자가 개선결과를 보고하려면 확인검사대행자로부터 개선결과를 확인하는 정비 · 점검 확인서를 발급받아 개선명령서를 첨부하여 개선명령일부터 10일 이내에 특별시장 · 광역시장 · 특별자치시장 · 특별자치도지사 또는 시장 · 군수 · 구청장에게 제출하여야 한다.

62 소음 · 진동관리법규상 특별시장 등이 운행차에 점검결과 소음기를 떼어버린 경우로서 환경부령으로 정하는 바에 따라 자동차 소유자에게 개선명령을 할 때, 개선에 필요한 기간 기준으로 옳은 것은?

① 개선명령일로부터 5일
② 개선명령일로부터 7일
③ 개선명령일로부터 10일
④ 개선명령일로부터 14일

> **해설** **시행규칙 제48조(운행차의 개선명령기간)**
> 개선에 필요한 기간은 개선명령일부터 7일로 한다.

63 다음은 소음 · 진동관리법규상 환경관리인의 교육기관에 관한 사항이다. ( ) 안에 가장 적합한 것은?

> 환경기술인은 다음 어느 하나에 해당하는 교육기관에서 실시하는 교육을 받아야 한다.
> • 환경부장관이 교육을 실시할 능력이 있다고 인정하여 지정하는 기관
> • 「환경정책기본법」 규정에 따른 ( )

① 국립환경과학원
② 환경보전협회
③ 한국환경공단
④ 환경공무원연수원

> **해설** **시행규칙 제64조(환경기술인의 교육)**
> 환경기술인은 3년마다 한 차례 이상 다음의 어느 하나에 해당하는 교육기관에서 실시하는 교육을 받아야 한다.
> 1. 환경부장관이 교육을 실시할 능력이 있다고 인정하여 지정하는 기관
> 2. 「환경정책기본법」에 따른 환경보전협회

64 다음은 소음 · 진동관리법규상 환경기술인의 교육에 관한 사항이다. ( ) 안에 알맞은 것은?

> 환경기술인은 (㉮) 한 차례 이상 환경부장관이 교육을 실시할 능력이 있다고 인정하여 지정하는 기관 또는 「환경정책기본법」에 따른 (㉯)에서 실시하는 교육을 받아야 한다.

① ㉮ 2년마다,
　 ㉯ 소음진동기술사협회
② ㉮ 3년마다,
　 ㉯ 소음진동기술사협회
③ ㉮ 2년마다,
　 ㉯ 환경보전협회
④ ㉮ 3년마다,
　 ㉯ 환경보전협회

> **해설** **시행규칙 제64조(환경기술인의 교육)**
> 환경기술인은 3년마다 한 차례 이상 다음의 어느 하나에 해당하는 교육기관에서 실시하는 교육을 받아야 한다.
> 1. 환경부장관이 교육을 실시할 능력이 있다고 인정하여 지정하는 기관
> 2. 「환경정책기본법」에 따른 환경보전협회

65 소음·진동관리법규상 환경기술인은 환경부장관이 인정하여 지정하는 기관에서 실시하는 교육을 받아야 하는데, 그 교육의 주기 및 기간 기준으로 옳은 것은? (단, 정보통신매체를 이용한 원격교육은 제외)

① 1년마다 한 차례 이상 3일 이내
② 1년마다 한 차례 이상 5일 이내
③ 3년마다 한 차례 이상 3일 이내
④ 3년마다 한 차례 이상 5일 이내

해설 시행규칙 제64조(환경기술인의 교육)
1. 환경기술인은 3년마다 한 차례 이상 다음의 어느 하나에 해당하는 교육기관에서 실시하는 교육을 받아야 한다.
   ㉠ 환경부장관이 교육을 실시할 능력이 있다고 인정하여 지정하는 기관
   ㉡ 「환경정책기본법」에 따른 환경보전협회
2. 교육기간은 5일 이내로 한다.

66 소음·진동관리법규상 교육기관의 장이 다음 해의 교육계획을 환경부장관에게 제출하여 승인을 받아야 하는 기간 기준(㉮)과 환경기술인의 교육기간 기준(㉯)으로 옳은 것은? (단, 규정에 의한 교육기관에 한하고, 정보통신매체를 이용하여 원격교육을 실시하는 경우는 제외한다.)

① ㉮ 매년 11월 30일까지, ㉯ 5일 이내
② ㉮ 매년 11월 30일까지, ㉯ 7일 이내
③ ㉮ 매년 12월 31일까지, ㉯ 5일 이내
④ ㉮ 매년 12월 31일까지, ㉯ 7일 이내

해설 시행규칙 제64조(환경기술인의 교육)
교육기간은 5일 이내로 한다.
시행규칙 제65조(교육계획)
교육기관의 장은 매년 11월 30일까지 다음 해의 교육계획을 환경부장관에게 제출하여 승인을 받아야 한다.

67 소음·진동관리법규상 시장·군수·구청장 등은 그 관할구역에서 환경기술인 과정 등의 각 교육과정별 대상자를 선발하여 그 명단을 해당 교육과정 개시 며칠 전까지 교육기관의 장에게 통보하여야 하는가?

① 7일 전까지   ② 15일 전까지
③ 30일 전까지   ④ 60일 전까지

해설 시행규칙 제66조(교육대상자의 선발 및 등록)
1. 환경부장관은 교육계획을 매년 1월 31일까지 특별자치시장·특별자치도지사 또는 시장·군수·구청장에게 통보하여야 한다.
2. 특별자치시장·특별자치도지사 또는 시장·군수·구청장은 그 관할구역에서 다음의 교육과정 대상자를 선발하여 그 명단을 해당 교육과정 개시 15일 전까지 교육기관의 장에게 통보하여야 한다.
   ㉠ 환경기술인 과정
   ㉡ 방지시설기술요원 과정
   ㉢ 측정기술요원 과정

68 소음·진동관리법규상 소음배출시설기준으로 틀린 것은? (단, 동력기준시설 및 기계·기구 기준)

① 7.5kW 이상의 유압식 외의 프레스 및 22.5kW 이상의 유압식 프레스(유압식 절곡기는 제외한다)
② 22.5kW 이상의 주조기계(다이케스팅기를 포함한다)
③ 7.5kW 이상의 압축기(나사식 압축기는 37.5kW 이상으로 한다)
④ 22.5kW 이상의 인쇄기계(활판인쇄기계는 7.5kW 이상으로 한다)

해설 시행규칙 [별표 1]
37.5kW 이상의 인쇄기계(활판인쇄기계는 15kW 이상, 옵셋인쇄기계는 75kW 이상으로 한다)

69 소음·진동관리법규상 소음배출시설기준으로 7.5kW 이상으로 정해진 시설이 아닌 것은? (단, 동력기준시설 및 기계·기구)

① 제분기   ② 탈사기
③ 금속절단기   ④ 송풍기

해설 시행규칙 [별표 1]
제분기 : 22.5kW 이상

70 소음·진동관리법규상 소음배출시설기준에 해당하지 않은 것은? (단, 동력기준시설 및 기계·기구에 한한다.)

① 15kW 이상의 원심분리기
② 22.5kW 이상의 변속기
③ 22.5kW 이상의 성형기
④ 7.5kW 이상의 금속절단기

해설 시행규칙 [별표 1]
37.5kW 이상의 성형기

71 소음 · 진동관리법규상 소음배출시설에 해당하지 않는 것은? (단, 동력기준시설 및 기계 · 기구)

① 22.5kW 이상의 제분기
② 22.5kW 이상의 압연기
③ 22.5kW 이상의 변속기
④ 22.5kW 이상의 초지기

해설 시행규칙 [별표 1]
37.5kW 이상의 압연기

72 소음 · 진동관리법규상 소음배출시설기준에 해당하지 않는 것은? (단, 동력기준시설 및 기계 · 기구 기준)

① 7.5kW 이상의 기계체
② 22.5kW 이상의 주조기계(다이캐스팅기를 포함한다)
③ 15.5kW 이상의 초지기
④ 22.5kW 이상의 금속가공용 인발기(습식 신선기 및 합사 · 연사기를 포함한다)

해설 시행규칙 [별표 1]
22.5kW 이상의 초지기

73 소음 · 진동관리법규상 진동배출시설기준으로 옳지 않은 것은? (단, 동력을 사용하는 시설 및 기계 · 기구로 한정한다.)

① 15kW 이상의 분쇄기
② 37.5kW 이상의 성형기(압출 · 사출을 포함한다)
③ 22.5kW 이상의 단조기
④ 22.5kW 이상의 목재가공기계

해설 시행규칙 [별표 1]
7.5kW 이상의 분쇄기

74 소음 · 진동관리법상 소음 · 진동배출시설 중 소음배출시설에 해당되지 않는 것은?

① 100대 이상의 공업용 재봉기
② 37.5kW 이상의 금속절단기
③ 자동제병기
④ 제관기계

해설 시행규칙 [별표 1] 7.5kW 이상의 금속절단기(동력기준시설 및 기계 · 기구)
대수기준시설 및 기계 · 기구 : 자동제병기, 제관기계, 100대 이상의 공업용 재봉기, 4대 이상의 시멘트 벽돌 및 블록의 제조기계, 2대 이상의 자동포장기, 40대 이상의 직기(편기는 제외한다), 방적기계

75 다음은 소음 · 진동관리법규상 소음배출시설에 해당하지 않는 것은? (단, 대수기준시설 및 기계 · 기구)

① 4대 이상의 시멘트 벽돌 및 블록의 제조기계
② 100대 이상의 공업용 재봉기
③ 2대 이상의 공업용 재봉기
④ 20대 이상의 직기(편기 포함)

해설 시행규칙 [별표 1]
40대 이상의 직기(편기 포함)

76 소음 · 진동관리법규상 소음배출시설기준에 해당하지 않는 것은? (단, 대수기준시설 및 기계 · 기구 기준)

① 40대 이상의 직기(편기는 제외한다)
② 2대 이상의 시멘트 벽돌 및 블록의 제조기계
③ 2대 이상의 자동포장기
④ 방적기계(합연사 공정만 있는 사업장의 경우에는 5대 이상으로 한다)

해설 시행규칙 [별표 1]
4대 이상의 시멘트 벽돌 및 블록의 제조기계

77 소음 · 진동관리법규상 소음배출시설기준에 해당하지 않는 것은? (단, 대수기준시설 및 기계 · 기구 기준)

① 자동제병기
② 4대 이상의 시멘트 벽돌 및 블록의 제조기계
③ 4대 이상의 직기
④ 2대 이상의 자동포장기

해설 시행규칙 [별표 1]
40대 이상의 직기

78 소음·진동관리법규상 수력발전기를 제외한 발전기는 몇 kW 이상(기준)이어야 소음배출시설로 보는가?

① 80kW 이상　　② 100kW 이상
③ 120kW 이상　　④ 500kW 이상

〔해설〕 **시행규칙 [별표 1]**
120kW 이상의 발전기(수력발전기는 제외한다)

79 소음·진동관리법규상 진동배출시설기준으로 옳지 않은 것은? (단, 동력을 사용하는 시설 및 기계·기구로 한정한다.)

① 22.5kW 이상의 단조기
② 37.5kW 이상의 성형기(압출·사출을 포함한다)
③ 37.5kW 이상의 연탄제조용 윤전기
④ 15kW 이상의 분쇄기(파쇄기와 마쇄기를 포함한다)

〔해설〕 **시행규칙 [별표 1]**
22.5kW 이상의 분쇄기(파쇄기와 마쇄기를 포함한다)

80 소음·진동관리법규상 소음방지시설에 해당하지 않는 것은? (단, 기타 사항 등은 제외한다.)

① 소음기
② 방음외피시설
③ 방음벽시설
④ 차음시설

〔해설〕 **시행규칙 [별표 2] 소음방지시설**
1. 소음기　　　　　2. 방음덮개시설
3. 방음창 및 방음실시설　4. 방음외피시설
5. 방음벽시설　　　6. 방음터널시설
7. 방음림 및 방음언덕　8. 흡음장치 및 시설

81 소음·진동관리법규상 방진시설로 옳지 않은 것은?

① 방진덮개시설
② 방진구시설
③ 제진시설
④ 배관진동 절연장치

〔해설〕 **시행규칙 [별표 2] 진동방지시설**
1. 탄성지지시설 및 제진시설
2. 방진구시설
3. 배관진동 절연장치 및 시설

82 소음·진동관리법상 소음·진동방지시설 중 진동방지시설에 해당하는 것은?

① 방음벽시설
② 배관진동 절연장치 및 시설
③ 흡음장치 및 시설
④ 방음외피시설

〔해설〕 **시행규칙 [별표 2] 진동방지시설**
1. 탄성지지시설 및 제진시설
2. 방진구시설
3. 배관진동 절연장치 및 시설

83 소음·진동관리법령상 진동방지시설로 옳지 않은 것은?

① 탄성지지시설 및 제진시설
② 배관진동 절연장치 및 시설
③ 방진터널시설
④ 방진구시설

〔해설〕 **시행규칙 [별표 2] 진동방지시설**
1. 탄성지지시설 및 제진시설
2. 방진구시설
3. 배관진동 절연장치 및 시설

84 다음은 소음·진동관리법규상 자동차의 종류 기준이다. (　) 안에 알맞은 것은? (단, 2015년 12월 8일부터 제작되는 자동차 기준)

> 경자동차는 사람이나 화물을 운송하기 적합하게 제작된 것으로 엔진배기량이 (㉮) 미만인 차량을 말한다. 이륜자동차는 자전거로부터 진화한 구조로서 사람 또는 소량의 화물을 운송하기 위한 것으로 운반차를 붙인 이륜자동차와 이륜자동차에서 파생된 삼륜 이상의 최고속도 (㉯)를 초과하는 이륜자동차를 포함한다.

① ㉮ 800cc, ㉯ 30km/h
② ㉮ 800cc, ㉯ 40km/h
③ ㉮ 1,000cc, ㉯ 50km/h
④ ㉮ 1,000cc, ㉯ 60km/h

〔해설〕 **시행규칙 [별표 3]**
경자동차는 사람이나 화물을 운송하기 직합하게 제작된 것으로 엔진배기량이 1,000cc 미만인 차량을 말한다. 이륜자동차는 자전거로부터 진화한 구조로서 사람 또는 소량의 화물을 운송하기 위한 것으로 운반차를 붙인 이륜자동차와 이륜자동차에서 파생된 삼륜 이상의 최고속도 50km/h를 초과하는 이륜자동차를 포함한다.

85 소음 · 진동관리법규상 중형 화물자동차의 규모 기준으로 옳은 것은? (단, 2015년 12월 28일부터 제작되는 자동차 기준)

① 엔진배기량 3,000cc 이상 및 차량 총 중량 5톤 초과 10톤 이하

② 엔진배기량 2,500cc 이상 및 차량 총 중량 5톤 초과 7.5톤 이하

③ 엔진배기량 2,000cc 이상 및 차량 총 중량 3톤 초과 5톤 이하

④ 엔진배기량 1,000cc 이상 및 차량 총 중량 2톤 초과 3.5톤 이하

해설 시행규칙 [별표 3]
화물자동차는 화물을 운송하기 적합하게 제작된 것으로 규모는 다음과 같다.
1. 소형 : 엔진배기량이 1,000cc 이상이고, 차량 총 중량이 2톤 이하
2. 중형 : 엔진배기량이 1,000cc 이상이고, 차량 총 중량이 2톤 초과 3.5톤 이하
3. 대형 : 엔진배기량이 1,000cc 이상이고, 차량 총 중량이 3.5톤 초과

86 소음 · 진동관리법규상 승용차에 포함되지 않는 것은? (단, 2015년 12월 28일부터 제작되는 자동차에 한한다.)

① 밴(van) ② 지프(jeep)
③ 왜건(wagon) ④ 승합차

해설 시행규칙 [별표 3]
승용차에는 지프(jeep), 왜건(wagon) 및 승합차를 포함하고, 화물자동차에는 밴(van)을 포함한다.

87 소음 · 진동관리법규상 자동차의 종류에 관한 사항으로 옳지 않은 것은? (단, 2015년 12월 8일부터 제작되는 자동차 기준)

① 화물자동차에 해당되는 건설기계의 종류는 환경부장관이 정하여 고시한다.

② 이륜자동차에는 운반차를 붙인 이륜자동차 및 이륜차에서 파생된 3륜 이상의 최고속도 50km/h를 초과하는 이륜자동차를 포함한다.

③ 승용자동차에는 지프(jeep) 및 승합차를 포함하고, 화물자동차에는 왜건(wagon) 및 밴(van)을 포함한다.

④ 전기를 주동력으로 사용하는 자동차에 대한 종류의 구분은 차량 총 중량에 의한다.

해설 시행규칙 [별표 3]
승용자동차에는 지프 · 왜건 및 승합차를 포함하고, 화물자동차에는 밴을 포함한다.

88 소음 · 진동관리법규상 전기를 주동력으로 사용하는 자동차에 대한 종류는 무엇에 의해 구분하는가?

① 마력수
② 차량 총 중량
③ 소모전기량(V)
④ 엔진배기량

해설 시행규칙 [별표 3]
전기를 주동력으로 사용하는 자동차는 차량 총 중량에 따르되, 차량 총 중량이 1.5톤 미만에 해당되는 경우에는 경자동차로 분류한다.

89 소음 · 진동관리법규상 소음발생건설기계의 종류 중 ㉮ 발전기, ㉯ 브레이커 기준으로 옳은 것은?

① ㉮ 발전기 : 정격출력 400kW 미만의 실외용으로 한정한다.
㉯ 브레이커 : 휴대용으로 포함하며, 중량 5톤 이하로 한정한다.

② ㉮ 발전기 : 정격출력 400kW 미만의 실외용으로 한정한다.
㉯ 브레이커 : 휴대용으로 포함하며, 중량 10톤 이하로 한정한다.

③ ㉮ 발전기 : 정격출력 19kW 이상 500kW 미만의 것으로 한정한다.
㉯ 브레이커 : 휴대용으로 포함하며, 중량 5톤 이하로 한정한다.

④ ㉮ 발전기 : 정격출력 19kW 이상 500kW 미만의 것으로 한정한다.
㉯ 브레이커 : 휴대용으로 포함하며, 중량 10톤 이하로 한정한다.

해설 시행규칙 [별표 4] 소음발생건설기계의 종류
1. 발전기(정격출력 400kW 미만의 실외용으로 한정한다)
2. 브레이커(휴대용을 포함하며, 중량 5톤 이하로 한정한다)

90 소음·진동관리법상 소음발생건설기계의 종류에 포함되지 않는 것은?

① 정격출력 75kW의 굴착기
② 중량 500kg의 휴대용 브레이커
③ 고정식 공기압축기
④ 천공기

🔖해설 **시행규칙 [별표 4]**
공기압축기(공기 토출량이 분당 2.83m³ 이상의 이동식인 것으로 한정한다)

91 소음·진동관리법규상 소음발생건설기계의 종류 기준에 해당하지 않는 것은?

① 다짐기계
② 공기압축기(공기 토출량이 분당 2.83m³ 이상의 이동식인 것으로 한정한다)
③ 로더(정격출력 400kW 미만의 실외용으로 한정한다)
④ 발전기(정격출력 400kW 미만의 실외용으로 한정한다)

🔖해설 **시행규칙 [별표 4]**
로더(정격출력 19kW 이상 500kW 미만의 것으로 한정한다)

92 소음·진동관리법규상 소음발생건설기계로 분류되지 않는 것은?

① 콘크리트 절단기
② 다짐기계
③ 브레이커(휴대용을 포함하며, 중량 5톤 이하로 한정한다)
④ 콘크리트 펌프

🔖해설 **시행규칙 [별표 4]**
콘크리트 펌프가 아니라 콘크리트 절단기이다.

93 소음·진동관리법규상 소음발생건설기계의 종류 기준으로 옳지 않은 것은?

① 공기압축기(공기 토출량이 시간당 2.83m³ 이상인 것으로 한정한다)
② 브레이커(휴대용을 포함하여, 중량 5톤 이하로 한정한다)
③ 발전기(정격출력 400kW 미만의 실외용으로 한정한다)
④ 다짐기계

🔖해설 **시행규칙 [별표 4]**
공기압축기(공기 토출량이 분당 2.83m³ 이상의 이동식인 것으로 한정한다)

94 소음·진동관리법령상 도시지역 중 일반주거지역의 저녁(18:00 ~ 24:00) 시간대의 공장소음 배출허용기준으로 옳은 것은?

① 45dB(A) 이하   ② 50dB(A) 이하
③ 50dB(A) 이하   ④ 60dB(A) 이하

🔖해설 **시행규칙 [별표 5] 공장소음 배출허용기준**

대상지역	시간대별[단위 : dB(A)]		
	낮(06:00 ~18:00)	저녁(18:00 ~24:00)	밤(24:00 ~06:00)
도시지역 중 일반주거지역 및 준주거지역, 도시지역 중 녹지지역	55 이하	50 이하	45 이하

95 소음·진동관리법규상 도시지역 중 전용공업지역의 저녁시간대 공장소음 배출허용기준은?

① 55dB(V) 이하   ② 65dB(V) 이하
③ 75dB(V) 이하   ④ 85dB(V) 이하

🔖해설 **시행규칙 [별표 5] 공장소음 배출허용기준**

대상지역	시간대별[단위 : dB(A)]		
	낮(06:00 ~18:00)	저녁(18:00 ~24:00)	밤(24:00 ~06:00)
도시지역 중 일반공업지역 및 전용공업지역	70 이하	65 이하	60 이하

96 소음·진동관리법규상 도시지역 중 일반공업지역 및 전용공업지역의 낮시간 공장소음 배출허용기준은 70dB(A) 이하이다. 충격음이 있는 경우의 기준은?

① 65dB(A) 이하   ② 70dB(A) 이하
③ 75dB(A) 이하   ④ 80dB(A) 이하

🔖해설 **시행규칙 [별표 5] 공장소음 배출허용기준**

대상지역	시간대별[단위 : dB(A)]		
	낮(06:00 ~18:00)	저녁(18:00 ~24:00)	밤(24:00 ~06:00)
도시지역 중 일반공업지역 및 전용공업지역	70 이하	65 이하	60 이하

충격음 성분이 있는 경우 허용기준치에 −5dB을 보정한다.
∴ 70 − 5 = 65dB

---

97 소음·진동관리법규상 도시지역 중 전용주거지역의 밤(24:00~06:00)시간대 공장소음 배출허용기준은?

① 40dB(A) 이하   ② 45dB(A) 이하
③ 50dB(A) 이하   ④ 55dB(A) 이하

해설 시행규칙 [별표 5] 공장소음 배출허용기준

대상지역	시간대별[단위 : dB(A)]		
	낮(06:00~18:00)	저녁(18:00~24:00)	밤(24:00~06:00)
도시지역 중 전용주거지역 및 녹지지역, 관리지역 중 취락지구·주거개발진흥지구 및 관광·휴양개발진흥지구, 자연환경보전지역 중 수산자원보호구역 외의 지역	50 이하	45 이하	40 이하

98 소음·진동관리법규상 관리지역 중 산업개발진흥지구에서의 낮시간대 공공소음 배출허용기준은 65dB(A) 이하이다. 동일한 조건에서 충격음이 포함되어 있는 경우 보정치를 감안한 허용기준치로 옳은 것은? (단, 기타 조건은 고려하지 않는다.)

① 60dB(A) 이하
② 70dB(A) 이하
③ 80dB(A) 이하
④ 90dB(A) 이하

해설 시행규칙 [별표 5] 공장소음 배출허용기준

대상지역	시간대별[단위 : dB(A)]		
	낮(06:00~18:00)	저녁(18:00~24:00)	밤(24:00~06:00)
도시지역 중 상업지역·준공업지역, 관리지역 중 산업개발진흥지구	65 이하	60 이하	55 이하

충격음 성분이 있는 경우 허용기준치에 −5dB을 보정한다.
∴ 65−5 = 60dB

99 소음·진동관리법규상 자연환경보전지역 중 수산자원보호구역 내에 있는 공장의 밤시간대 공장진동 배출허용기준은?

① 40dB(V) 이하   ② 50dB(V) 이하
③ 60dB(V) 이하   ④ 70dB(V) 이하

해설 시행규칙 [별표 5] 공장진동 배출허용기준

대상지역	시간대별[단위 : dB(V)]	
	낮(06:00~22:00)	밤(22:00~06:00)
도시지역 중 일반주거지역·준주거지역, 농림지역, 자연환경보전지역 중 수산자원보호구역, 관리지역 중 가목과 다목을 제한한 그 밖의 지역	65 이하	60 이하

100 소음·진동관리법규상 도시지역 중 상업지역의 낮(06:00~22:00)시간대 공장진동 배출허용기준은 어느 것인가?

① 60dB(V) 이하
② 65dB(V) 이하
③ 70dB(V) 이하
④ 75dB(V) 이하

해설 시행규칙 [별표 5] 공장진동 배출허용기준

대상지역	시간대별[단위 : dB(V)]	
	낮(06:00~22:00)	밤(22:00~06:00)
도시지역 중 상업지역·준공업지역, 관리지역 중 산업개발진흥지구	70 이하	65 이하

101 소음·진동관리법규상 공장진동 배출허용기준에 관한 사항으로 옳지 않은 것은? (단, 대상지역은 「국토의 계획 및 이용에 관한 법률」에 따르고, 기타 사항 등은 고려하지 않으며, 낮시간대는 06:00~22:00, 밤시간대는 22:00~06:00이다.)

① 도시지역 중 상업지역의 밤시간대는 65dB(V) 이하이다.
② 도시지역 중 녹지지역의 낮시간대는 60dB(V) 이하이다.
③ 도시지역 중 준주거지역의 낮시간대는 65dB(V) 이하이다.
④ 도시지역 중 준공업지역의 밤시간대는 60dB(V) 이하이다.

해설 시행규칙 [별표 5] 공장진동 배출허용기준

대상지역	시간대별[단위 : dB(V)]	
	낮(06:00~22:00)	밤(22:00~06:00)
도시지역 중 상업지역·준공업지역, 관리지역 중 산업개발진흥지구	70 이하	65 이하

102 소음·진동관리법규상 관리지역 중 산업개발진흥지구의 밤시간대(22:00 ~ 06:00) 공장진동 배출허용기준[dB(V)]으로 옳은 것은?

① 55 이하   ② 60 이하
③ 65 이하   ④ 70 이하

해설 시행규칙 [별표 5] 공장진동 배출허용기준

대상지역	시간대별[단위 : dB(V)]	
	낮(06:00 ~22:00)	밤(22:00 ~06:00)
도시지역 중 상업지역·준공업지역, 관리지역 중 산업개발진흥지구	70 이하	65 이하

103 소음·진동관리법규상 도시지역 중 상업지역의 낮(06:00 ~ 22:00)시간대 공장진동 배출허용기준은 어느 것인가?

① 60dB(V) 이하   ② 65dB(V) 이하
③ 70dB(V) 이하   ④ 75dB(V) 이하

해설 시행규칙 [별표 5] 공장진동 배출허용기준

대상지역	시간대별[단위 : dB(V)]	
	낮(06:00 ~22:00)	밤(22:00 ~06:00)
도시지역 중 상업지역·준공업지역, 관리지역 중 산업개발진흥지구	70 이하	65 이하

104 소음·진동관리법상 배출시설 변경신고 대상이 아닌 것은?

① 배출시설의 규모를 $\frac{30}{100}$ 이상(신고 또는 변경신고를 하거나 허가를 받은 규모를 증설하는 누계를 말한다) 증설하는 경우
② 사업장의 명칭을 변경하는 경우
③ 사업장의 대표자를 변경하는 경우
④ 배출시설의 전부를 폐쇄하는 경우

해설 시행규칙 [별표 6]
배출시설의 규모를 $\frac{50}{100}$ 이상(신고 또는 변경신고를 하거나 허가를 받은 규모를 증설하는 누계를 말한다) 증설하는 경우

105 소음·진동관리법령상 환경기술인을 두어야 할 사업장이 총 동력 합계 3,750kW 이상일 경우 그 자격기준에 관한 사항으로 옳은 것은? (단, 기사 2급은 산업기사로 본다.)

① 안전분야 산업기사로서 환경분야에서 2년 이상 종사한 자
② 전기분야 산업기사로서 환경분야에서 2년 이상 종사한 자
③ 대기환경산업기사로서 환경분야에서 2년 이상 종사한 자
④ 수질환경산업기사로서 환경분야에서 2년 이상 종사한 자

해설 시행규칙 [별표 7]
환경기술인을 두어야 할 사업장의 범위 및 그 자격기준
총 동력 합계 3,750kW 이상인 사업장은 소음·진동기사 2급 이상의 기술자격소지자 1명 이상 또는 해당 사업장의 관리책임자로 사업자가 임명하는 자로 한다. 여기서, 소음·진동기사 2급은 기계분야 기사·전기분야 기사 각 2급 이상의 자격소지자로서 환경분야에서 2년 이상 종사한 자로 대체할 수 있다.

106 소음·진동관리법상 환경기술인과 관련된 설명 중 옳지 않은 것은?

① 환경기술인으로 임명된 자는 해당 사업장에 상시 근무하여야 한다.
② 총 동력 합계 3,750kW 미만인 사업장은 사업자가 해당 사업장의 배출시설 및 방지시설 업무에 종사하는 피고용인 중에서 임명하는 자로 한다.
③ 총 동력 합계 3,750kW 이상인 사업장은 소음·진동산업기사 이상의 기술자격소지자 1명 이상 또는 해당 사업장의 관리책임자로 사업자가 임명하는 자로 한다.
④ 환경기술인 자격기준 중 소음·진동산업기사는 기계분야 기사·전기분야 산업기사 이상의 자격소지자로서 환경분야에서 5년 이상 종사한 자로 대체할 수 있다.

해설 시행규칙 [별표 7]
환경기술인을 두어야 할 사업장의 범위 및 그 자격기준
환경기술인 자격기준 중 소음·진동산업기사는 기계분야 기사·전기분야 산업기사 이상의 자격소지자로서 환경분야에서 2년 이상 종사한 자로 대체할 수 있다.

107 소음·진동관리법규상 옥외에 설치한 확성기의 생활 소음 규제기준으로 옳은 것은? (단, 주거지역이며, 시간대는 22:00~05:00이다.)

① 60dB(A) 이하   ② 65dB(A) 이하
③ 70dB(A) 이하   ④ 80dB(A) 이하

> **해설** 시행규칙 [별표 8] 생활 소음 규제기준

대상지역 / 소음원	시간대별	아침, 저녁 (05:00~07:00, 18:00~22:00)	주간 (07:00~18:00)	야간 (22:00~05:00)
주거지역, 녹지지역, 관리지역 중 취락지구·주거개발진흥지구 및 관광·휴양개발진흥지구, 자연환경보전지역, 그 밖의 지역에 있는 학교·종합병원·공공도서관	확성기	옥외설치	60 이하	65 이하	60 이하
		옥내에서 옥외로 소음이 나오는 경우	50 이하	55 이하	45 이하

108 소음·진동관리법규상 다음 조건에서 생활 소음 규제기준[dB(A)]은?

- 대상지역 : 자연환경보전지역
- 소음원 : 확성기(옥내에서 옥외로 소음이 나오는 경우)
- 시간대 : 주간(07:00~18:00)

① 45 이하   ② 50 이하
③ 55 이하   ④ 60 이하

> **해설** 시행규칙 [별표 8] 생활 소음 규제기준[단위 : dB(A)]

대상지역 / 소음원		시간대별	아침, 저녁 (05:00~07:00, 18:00~22:00)	주간 (07:00~18:00)	야간 (22:00~05:00)
자연환경보전지역	확성기	옥내에서 옥외로 소음이 나오는 경우	50 이하	55 이하	45 이하

109 소음·진동관리법규상 주거지역에 위치한 공장의 주간(07:00~18:00) 생활 소음 규제기준으로 옳은 것은?

① 45dB(A) 이하   ② 50dB(A) 이하
③ 55dB(A) 이하   ④ 60dB(A) 이하

> **해설** 시행규칙 [별표 8] 생활 소음 규제기준[단위 : dB(A)]

대상지역 / 소음원	시간대별	아침, 저녁 (05:00~07:00, 18:00~22:00)	주간 (07:00~18:00)	야간 (22:00~05:00)
주거지역	공장	50 이하	55 이하	45 이하

110 소음·진동관리법규상 주거지역 내에 있는 생활 소음 규제기준[dB(A)]은? (단, 소음원은 공장, 야간시간대 기준)

① 45 이하   ② 50 이하
③ 55 이하   ④ 60 이하

> **해설** 시행규칙 [별표 8] 생활 소음 규제기준[단위 : dB(A)]

대상지역 / 소음원	시간대별	아침, 저녁 (05:00~07:00, 18:00~22:00)	주간 (07:00~18:00)	야간 (22:00~05:00)
주거지역	공장	50 이하	55 이하	45 이하

111 소음·진동관리법규상 생활 소음 규제기준 중 주거지역의 공사장 소음규제기준은 공휴일에만 규제기준치에 보정하는데, 그 보정치로 옳은 것은 어느 것인가?

① -5dB   ② -3dB
③ -2dB   ④ -1dB

> **해설** 시행규칙 [별표 8] 생활 소음 규제기준
> 공사장의 규제기준 중 다음 지역은 공휴일에만 -5dB을 규제기준치에 보정한다.
> 1. 주거지역
> 2. 「의료법」에 따른 종합병원, 「초·중등교육법」 및 「고등교육법」에 따른 학교, 「도서관법」에 따른 공공도서관의 부지경계로부터 직선거리 50m 이내의 지역

112 소음·진동관리법규상 생활 소음의 규제기준 중 아침시간대의 기준으로 옳은 것은?

① 05:00~07:00
② 05:00~08:00
③ 06:00~09:00
④ 06:00~08:00

> **해설** 시행규칙 [별표 8] 생활 소음 규제기준

시간대별	아침, 저녁 (05:00~07:00, 18:00~22:00)	주간 (07:00~18:00)	야간 (22:00~05:00)

107.①   108.③   109.③   110.①   111.①   112.①

113 소음 · 진동관리법규상 생활 소음 규제기준 중 공사장에서 주간의 경우 특정공사 사전신고 대상 기계 · 장비를 사용하는 작업시간이 1일 5시간일 때 규제기준치에 대한 보정값은?

① +2dB ② +3dB
③ +5dB ④ +10dB

공사장 소음규제기준은 주간의 경우 특정공사 사전신고 대상 기계 · 장비를 사용하는 작업시간이 1일 3시간 이하일 때는 +10dB을, 3시간 초과 6시간 이하일 때는 +5dB을 규제기준치에 보정한다.

114 소음 · 진동관리법규상 생활 소음 규제기준 중 공사장의 소음규제기준 보정기준으로 옳은 것은? (단, 작업시간은 특정공사의 사전신고 대상 기계 · 장비를 사용하는 시간이다.)

① 야간 작업시간이 1일 3시간 이하일 때 +5dB을 규제기준치에 보정한다.
② 주간 작업시간이 1일 3시간 이하일 때 +5dB을 규제기준치에 보정한다.
③ 주 · 야간 작업시간에 관계없이 1일 3시간 이하일 때 +10dB을, 3시간 초과시 +5dB을 규제기준치에 보정한다.
④ 주간 작업시간이 1일 3시간 초과 6시간 이하일 때 +5dB을 규제기준치에 보정한다.

해설 시행규칙 [별표 8] 생활 소음 규제기준
① 주간 작업시간이 1일 3시간 이하일 때 +10dB을 규제기준치에 보정한다.
② 주간 작업시간이 1일 3시간 이하일 때 +10dB을 규제기준치에 보정한다.
③ 주간 작업시간이 1일 3시간 이하일 때 +10dB을, 3시간 초과 6시간 이하일 때는 +5dB을 규제기준치에 보정한다.

115 소음 · 진동관리법규상 생활진동의 규제기준치는 생활진동의 영향이 미치는 대상 지역을 기준으로 하여 적용하는데 발파진동의 경우 보정기준으로 옳은 것은?

① 주간에만 규제기준치에 +5dB을 보정한다.
② 주간에만 규제기준치에 +10dB을 보정한다.
③ 주간에는 규제기준치에 +5dB을, 야간에는 규제기준치에 +10dB을 보정한다.
④ 주간에는 규제기준치에 +10dB을, 야간에는 규제기준치에 +5dB을 보정한다.

해설 시행규칙 [별표 8] 생활 소음 규제기준
발파소음의 경우 주간에만 규제기준치(광산의 경우 사업장 규제기준)에 +10dB을 보정한다.

116 소음 · 진동관리법규상 특정공사의 사전신고 대상 기계 · 장비의 종류에 해당되지 않는 것은?

① 항타항발기(압입식 항타항발기는 제외한다)
② 덤프트럭
③ 공기압축기(공기 토출량이 분당 2.83m³ 이상의 이동식인 것으로 한정한다)
④ 발전기

해설 시행규칙 [별표 9]
특정공사의 사전신고 대상 기계 · 장비의 종류
1. 항타기 · 항발기 또는 항타항발기(압입식 항타항발기는 제외한다)
2. 천공기
3. 공기압축기(공기 토출량이 분당 2.83m³ 이상의 이동식인 것으로 한정한다)
4. 브레이커(휴대용을 포함한다)
5. 굴착기 6. 발전기
7. 로더 8. 압쇄기
9. 다짐기계 10. 콘크리트 절단기
11. 콘크리트 펌프

117 소음 · 진동관리법규상 공사장 방음시설 설치기준으로 옳지 않은 것은?

① 방음벽시설 전후의 소음도 차이(삽입손실)는 최소 7dB 이상 되어야 하며, 높이는 3m 이상 되어야 한다.
② 공사장 인접지역에 고층건물 등이 위치하고 있어, 방음벽시설로 인한 음의 반사피해가 우려되는 경우에는 흡음형 방음벽시설을 설치하여야 한다.
③ 삽입손실 측정을 위한 측정지점(음원 위치, 수음자 위치)은 음원으로부터 3m 이상 떨어진 노면 위 1.0m 지점으로 하고, 방음벽시설로부터 2m 이상 떨어져야 한다.
④ 방음벽시설의 기초부와 방음판 · 지주 사이에 틈새가 없도록 하여 음의 누출을 방지하여야 한다.

해설 시행규칙 [별표 10] 공사장 방음시설 설치기준
삽입손실 측정을 위한 측정지점(음원 위치, 수음자 위치)은 음원으로부터 5m 이상 떨어진 노면 위 1.2m 지점으로 하고, 방음벽시설로부터 2m 이상 떨어져야 한다.

118 소음 · 진동관리법규상 환경부령으로 정하는 특정공사의 공사장 방음시설 설치기준이다. ( ) 안에 가장 알맞은 것은? (단, 삽입손실 측정을 위한 측정지점(음원 위치, 수음자 위치)은 음원으로부터 5m 이상 떨어진 노면 위 1.2m 지점이며, 방음벽시설로부터 2m 이상 떨어져 있다.)

> 방음벽시설 전후의 소음도 차이(삽입손실)는 최소 (㉮) 되어야 하며, 높이는 (㉯) 되어야 한다.

① ㉮ 5dB 이상, ㉯ 3m 이상
② ㉮ 5dB 이상, ㉯ 10m 이상
③ ㉮ 7dB 이상, ㉯ 3m 이상
④ ㉮ 7dB 이상, ㉯ 10m 이상

해설 시행규칙 [별표 10] 공사장 방음시설 설치기준
1. 방음벽시설 전후의 소음도 차이(삽입손실)는 최소 7dB 이상 되어야 하며, 높이는 3m 이상 되어야 한다.
2. 공사장 인접지역에 고층건물 등이 위치하고 있어, 방음벽시설로 인한 음의 반사 피해가 우려되는 경우에는 흡음형 방음벽시설을 설치하여야 한다.
3. 방음벽시설에는 방음판의 파손, 도장부의 손상 등이 없어야 한다.
4. 방음벽시설의 기초부와 방음판 · 기둥 사이에 틈새가 없도록 하여 음의 누출을 방지하여야 한다.

119 소음 · 진동관리법규상 공사장 방음시설 설치기준 중 방음벽 높이의 기준은?

① 1m 이상 되어야 한다.
② 1.5m 이상 되어야 한다.
③ 3m 이상 되어야 한다.
④ 10m 이상 되어야 한다.

해설 시행규칙 [별표 10] 공사장 방음시설 설치기준
방음벽시설 전후의 소음도 차이(삽입손실)는 최소 7dB 이상 되어야 하며, 높이는 3m 이상 되어야 한다.

120 소음 · 진동관리법령상 교통소음 · 진동의 관리(규제)기준을 적용받는 지역 중 학교, 병원, 공공도서관의 경우는 부지경계선으로부터 몇 m 이내 지역을 기준으로 하는가?

① 10m 이내
② 20m 이내
③ 50m 이내
④ 100m 이내

해설 시행규칙 [별표 11] 교통소음 · 진동의 관리기준
도로의 대상지역 : 주거지역, 녹지지역, 보전관리지역, 관리지역 중 취락지구 · 주거개발진흥지구 및 관광 · 휴양개발진흥지구, 자연환경보전지역, 학교 · 병원 · 공공도서관 및 입소규모 100명 이상의 노인의료복지시설 · 영유아보육시설의 부지경계선으로부터 50m 이내 지역

121 소음 · 진동관리법규상 교통소음 관리기준 중 농림지역의 도로교통소음 한도기준[L_{eq}dB(A)]으로 옳은 것은? (단, 주간(06:00 ~ 22:00) 기준)

① 58
② 60
③ 63
④ 73

해설 시행규칙 [별표 11] 교통소음 · 진동의 관리기준(도로)

대상지역	구분	한도	
		주간(06:00~22:00)	야간(22:00~06:00)
상업지역, 공업지역, 농림지역, 관리지역 중 산업 · 유통개발진흥지구 및 관리지역 중 가목에 포함되지 않는 그 밖의 지역, 미고시 지역	소음 [L_{eq}dB(A)]	73	63
	진동 [dB(V)]	70	65

122 소음 · 진동관리법규상 학교 · 병원 · 공공도서관 및 업소규모 100명 이상의 노인의료복지시설 · 영유아보육시설의 부지경계선으로부터 50m 이내 지역의 도로교통소음의 관리기준[L_{eq}dB(A)]의 한도로 옳은 것은? (단, 야간시간대)

① 58
② 60
③ 63
④ 65

해설 시행규칙 [별표 11] 교통소음 · 진동의 관리기준

대상지역	구분	한도	
		주간(06:00~22:00)	야간(22:00~06:00)
주거지역, 녹지지역, 보전관리지역, 관리지역 중 취락지구 · 주거개발진흥지구 및 관광 · 휴양개발진흥지구, 자연환경보전지역, 학교 · 병원 · 공공도서관 및 입소규모 100명 이상의 노인의료복지시설 · 영유아보육시설의 부지경계선으로부터 50m 이내 지역	소음 [L_{eq}dB(A)]	68	58

123 소음 · 진동관리법규상 철도진동의 관리기준으로 옳은 것은? (단, 상업지역, 야간(22:00 ~ 06:00))

① 60dB(V) ② 65dB(V)
③ 70dB(V) ④ 75dB(V)

해설 시행규칙 [별표 11] 교통소음 · 진동의 관리기준(철도)

대상지역	구분	한도	
		주간(06:00 ~22:00)	야간(22:00 ~06:00)
상업지역, 공업지역, 농림지역, 관리지역 중 산업 · 유통 개발진흥지구 및 관리지역 가목에 포함되지 않는 그 밖의 지역, 미고시 지역	소음 $[L_{eq}\text{dB(A)}]$	75	65
	진동 [dB(V)]	70	65

124 주거지역에 대한 철도 교통소음의 규제는 부지 경계선으로부터 몇 m 이내 지역에 해당되는가?

① 30m ② 50m
③ 100m ④ 200m

해설 시행규칙 [별표 11] 교통소음 · 진동의 관리기준(철도)
주거지역, 녹지지역, 보전관리지역, 관리지역 중 취락지구 · 주거개발진흥지구 및 관광 · 휴양개발진흥지구, 자연환경보전지역, 학교 · 병원 · 공공도서관 및 입소규모 100명 이상의 노인의료복지시설 · 영유아보육시설의 부지경계선으로부터 50m 이내 지역

125 소음 · 진동관리법규상 철도진동의 관리기준(한도)은? (단, 야간(22:00 ~ 06:00), 「국토의 계획 및 이용에 관한 법률」상 주거지역 기준)

① 50dB(V) ② 55dB(V)
③ 60dB(V) ④ 65dB(V)

해설 시행규칙 [별표 11] 교통소음 · 진동의 관리기준(철도)

대상지역	구분	한도	
		주간(06:00 ~22:00)	야간(22:00 ~06:00)
주거지역, 녹지지역, 보전관리지역, 관리지역 중 취락지구 · 주거개발진흥지구 및 관광 · 휴양개발진흥지구, 자연환경보전지역, 학교 · 병원 · 공공도서관 및 입소규모 100명 이상의 노인의료복지시설 · 영유아보육시설의 부지경계선으로부터 50m 이내 지역	진동 [dB(V)]	65	60

126 소음 · 진동관리법규상 녹지지역의 야간(22:00 ~ 06:00)의 철도진동 한도기준은?

① 50dB(V)
② 55dB(V)
③ 60dB(V)
④ 65dB(V)

해설 시행규칙 [별표 11] 교통소음 · 진동의 관리기준(철도)

대상지역	구분	한도	
		주간(06:00 ~ 22:00)	야간(22:00 ~ 06:00)
주거지역, 녹지지역, 보전관리지역, 관리지역 중 취락지구 · 주거개발진흥지구 및 관광 · 휴양개발진흥지구, 자연환경보전지역, 학교 · 병원 · 공공도서관 및 입소규모 100명 이상의 노인의료복지시설 · 영유아보육시설의 부지경계선으로부터 50m 이내 지역	진동 [dB(V)]	65	60

127 소음 · 진동관리법령상 교통소음 · 진동관리(규제)지역의 범위에 해당하지 않는 지역은? (단, 그 밖의 사항 등은 고려하지 않는다.)

① 「노인복지법」에 따른 노인의료복지시설 중 입소규모 50명인 노인의료복지시설
② 「국토의 계획 및 이용에 관한 법률」에 따른 준공업지역
③ 「초 · 중등교육법」에 따른 학교 주변지역
④ 「국토의 계획 및 이용에 관한 법률」에 따른 녹지지역

해설 시행규칙 [별표 12] 소음 · 진동규제지역의 범위
1. 「국토의 계획 및 이용에 관한 법률」에 따른 주거지역 · 상업지역 및 녹지지역
2. 「국토의 계획 및 이용에 관한 법률」에 따른 준공업지역
3. 「국토의 계획 및 이용에 관한 법률」에 따른 취락지구 및 관광 · 휴양개발진흥지구(관리지역으로 한정한다)
4. 「의료법」에 따른 종합병원 주변지역, 「도서관법」에 따른 공공도서관의 주변지역, 「초 · 중등교육법」 또는 「고등교육법」에 따른 학교의 주변지역, 「노인복지법」에 따른 노인의료복지시설 중 입소규모 100명 이상인 노인의료복지시설 및 「영유아보육법」에 따른 보육시설 중 입소규모 100명 이상인 보육시설의 주변지역

128 소음 · 진동관리법규상 소형 승용차의 소음허용 기준으로 옳은 것은? (단, 2006년 1월 1일 이후에 제작되는 자동차 기준이며, 가속주행소음의 "나"의 규정은 직접분사식(DI) 디젤원동기를 장착한 자동차에 대하여 적용하고, "가"의 규정은 그 밖의 자동차에 대하여 적용한다.)

구분	가속주행소음 [dB(A)]		배기소음 [dB(A)]	경적소음 [dB(C)]
	가	나		
㉮	74 이하	75 이하	100 이하	110 이하
㉯	76 이하	77 이하	100 이하	110 이하
㉰	77 이하	78 이하	100 이하	112 이하
㉱	78 이하	80 이하	100 이하	112 이하

① ㉮　　　　② ㉯
③ ㉰　　　　④ ㉱

[해설] 시행규칙 [별표 13] 자동차의 소음허용기준
– 2006년 1월 1일 이후에 제작되는 자동차 기준

자동차 종류 소음항목		가속주행소음[dB(A)]		배기소음 [dB(A)]	경적소음 [dB(C)]
		가	나		
승용 자동차	소형	74 이하	75 이하	100 이하	110 이하
	중형	76 이하	77 이하		
	중대형	77 이하	78 이하	100 이하	112 이하
	대형 원동기 출력 195마력 이하	78 이하	78 이하	103 이하	
	대형 원동기 출력 195마력 초과	80 이하	80 이하	105 이하	

129 소음 · 진동관리법규상 운행자동차의 경적소음 허용기준으로 옳은 것은? (단, 2006년 1월 1일 이후에 제작되는 자동차로서 경자동차 기준)

① 100dB(C) 이하　　② 105dB(C) 이하
③ 110dB(C) 이하　　④ 112dB(C) 이하

[해설] 시행규칙 [별표 13] 자동차의 소음허용기준
– 2006년 1월 1일 이후에 제작되는 자동차 기준

자동차 종류 소음항목		가속주행소음 [dB(A)]		배기소음 [dB(A)]	경적소음 [dB(C)]
		가	나		
경자동차	가	74 이하	75 이하	100 이하	110 이하
	나	76 이하	77 이하		

130 소음 · 진동관리법규상 총 배기량이 175cc를 초과하는 이륜자동차의 제작차 배기소음 허용기준은? (단, 2006년 1월 1일 이후에 제작되는 자동차 기준)

① 100dB(A) 이하　　② 102dB(A) 이하
③ 105dB(A) 이하　　④ 110dB(A) 이하

[해설] 시행규칙 [별표 13] 자동차의 소음허용기준
– 2006년 1월 1일 이후에 제작되는 자동차 기준

자동차 종류 소음항목		가속주행소음 [dB(A)]		배기소음 [dB(A)]	경적소음 [dB(c)]
		가	나		
이륜 자동차	총 배기량 175cc 초과	80 이하	80 이하	105 이하	110 이하
	총 배기량 175cc 이하 ~80cc 초과	77 이하	77 이하		
	총 배기량 80cc 이하	75 이하	75 이하	102 이하	

131 소음 · 진동관리법규상 운행자동차의 경적소음 허용기준은? (단, 중형 화물자동차에 한하며, 2006년 1월 1일 이후에 제작되는 자동차 기준)

① 105dB(C) 이하　　② 110dB(C) 이하
③ 112dB(C) 이하　　④ 115dB(C) 이하

[해설] 시행규칙 [별표 13] 자동차의 소음허용기준
– 운행자동차로서 2006년 1월 1일 이후에 제작되는 자동차 기준

자동차 종류 소음항목		배기소음[dB(A)]	경적소음[dB(C)]
화물 자동차	소형	100 이하	110 이하
	중형	100 이하	110 이하
	대형	105 이하	112 이하

132 소음 · 진동관리법규상 원동기 출력 195마력을 초과하는 대형화물자동차의 제작자동차 배기소음 허용기준으로 옳은 것은? (단, 2006년 1월 1일 이후에 제작되는 자동차 기준)

① 100dB(A) 이하
② 102dB(A) 이하
③ 103dB(A) 이하
④ 105dB(A) 이하

해설 시행규칙 [별표 13] 자동차의 소음허용기준
– 2006년 1월 1일 이후에 제작되는 자동차 기준

자동차 종류		소음항목	가속주행소음 [dB(A)]		배기소음 [dB(A)]	경적소음 [dB(C)]
			가	나		
화물 자동차	대형	원동기 출력 97.5마력 이하	77 이하	77 이하	103 이하	112 이하
		원동기 출력 97.5마력 초과 195마력 이하	78 이하	78 이하	103 이하	
		원동기 출력 195마력 초과	80 이하	80 이하	105 이하	

133 소음·진동관리법규상 자동차 사용정지 명령을 받은 자동차 소유자가 부착하여야 하는 사용정지 표지에 표시되는 내용으로 옳지 않은 것은?

① 자동차 소유자명
② 사용정지기간 중 주차장소
③ 점검 당시 누적주행거리
④ 자동차등록번호

해설 시행규칙 [별표 17] 사용정지 표지

```
                    사용정지

자동차등록번호 :
점검 당시 누적주행거리 :      km
사용정지기간 :  년  월  일부터  년  월  일까지
사용정지기간 중 주차장소 :

 위의 자동차는 「소음·진동관리법」 제38조 제2항에
따라 사용정지를 명함
                                            [인]
```

134 소음·진동관리법규상 자동차 사용정지 표지에 관한 기준으로 옳지 않은 것은?

① 이 표는 자동차의 전면유리창 오른쪽 상단에 붙인다.
② 문자는 검은색으로 바탕색은 노란색이다.
③ 자동차 사용정지명령을 받은 자동차를 사용정지기간 중에 사용하는 경우에는 「소음진동관리법」에 따라 1년 이하의 징역 또는 1천만원 이하의 벌금에 처한다.

④ 사용정지 표지의 제거는 사용정지기간이 지난 후에 담당공무원이 제거하거나 담당 공무원의 확인을 받아 제거하여야 한다.

해설 시행규칙 [별표 17] 사용정지 표지
유의사항 : 이 자동차를 사용정지기간 중에 사용하는 경우에는 「소음·진동관리법」에 따라 6개월 이하의 징역 또는 500만원 이하의 벌금에 처하게 된다.

135 소음·진동관리법령상 소음발생건설기계의 소음도 표지에 관한 기준으로 옳지 않은 것은?

① 크기 : 100mm×100mm
② 색상 : 회색판에 검은색 문자를 씁니다.
③ 재질 : 쉽게 훼손되지 아니하는 금속성이나 이와 유사한 강도의 재질이어야 합니다.
④ 부착방법 : 기계별로 눈에 잘 띄고 작업으로 인한 훼손이 되지 아니하는 위치에 떨어지지 아니하도록 부착하여야 합니다.

해설 시행규칙 [별표 19] 소음도 표지

```
제작사명 :
기계명 :

검사일 :
검사기관 :
```

1. 크기 : 80mm×80mm
   (기계의 크기와 부착위치에 따라 조정한다)
2. 색상 : 회색판에 검은색 문자를 쓴다.
3. 재질 : 쉽게 훼손되지 아니하는 금속성이나 이와 유사한 강도의 재질이어야 한다.
4. 부착방법 : 기계별로 눈에 잘 띄고 작업으로 인한 훼손이 되지 아니하는 위치에 떨어지지 아니하도록 부착하여야 한다.

136 소음·진동관리법규상 소음도 검사기관의 장이 소음도 검사 신청서류 등을 작성하여 보존해야 하는 기간 기준은?

① 1년간 보존 ② 2년간 보존
③ 3년간 보존 ④ 5년간 보존

해설 시행규칙 [별표 20]
소음도 검사기관의 장은 다음의 서류를 작성하여 5년간 보존하여야 한다.
1. 소음도 검사 신청 서류
2. 소음도 검사기록부
3. 소음도 검사 관련 서류

137 소음·진동관리법상 소음도 검사기관의 장이 5년간 보존하여야 할 서류에 해당되지 않는 것은 어느 것인가?

① 소음도 검사 신청 서류
② 소음도 검사기록부
③ 소음도 검사기계장비의 정도검사 서류
④ 소음도 검사 관련 서류

해설 시행규칙 [별표 20] 소음도 검사기관의 준수사항
소음도 검사기관의 장은 다음의 서류를 작성하여 5년간 보존하여야 한다.
1. 소음도 검사 신청 서류
2. 소음도 검사기록부
3. 소음도 검사 관련 서류

138 소음·진동관리법규상 소음·진동배출시설 설치 사업자가 배출허용기준을 초과한 경우 1~3차까지의 행정처분기준으로 옳은 것은? (단, 예외 사항 제외)

① 1차 : 개선명령, 2차 : 개선명령, 3차 : 개선명령
② 1차 : 조업정지, 2차 : 허가취소, 3차 : 폐쇄
③ 1차 : 개선명령, 2차 : 조업정지, 3차 : 허가취소
④ 1차 : 조업정지, 2차 : 경고, 3차 : 허가취소

해설 시행규칙 [별표 21] 행정처분기준 중 개별기준
배출시설 및 방지시설 등과 관련된 행정처분기준

위반행위	행정처분기준			
	1차	2차	3차	4차
배출허용기준을 초과한 경우	개선명령	개선명령	개선명령	조업정지

139 소음·진동관리법규상 배출시설 및 방지시설 등과 관련된 개별 행정처분기준 중 배출시설 설치신고자가 환경부령으로 정하는 중요한 사항 변경 건에 대하여 배출시설 변경신고를 이행하지 아니한 경우 1~4차 행정처분기준으로 옳은 것은?

① 1차 : 경고, 2차 ; 경고, 3차 : 조업정지 5일, 4차 : 조업정지 10일
② 1차 : 조업정지 15일, 2차 : 조업정지 30일, 3차 : 조업정지 60일, 4차 : 조업정지 90일
③ 1차 : 조업정지 30일, 2차 : 조업정지 60일, 3차 : 경고, 4차 : 경고

④ 1차 : 경고, 2차 : 경고, 3차 : 조업정지 60일, 4차 : 허가취소

해설 시행규칙 [별표 21] 행정처분기준 중 개별기준
배출시설 및 방지시설 등과 관련된 행정처분기준

위반행위	행정처분기준			
	1차	2차	3차	4차
배출시설변경신고를 이행하지 아니한 경우	경고	경고	조업정지 5일	조업정지 10일

140 소음·진동관리법규상 소음도 검사기관과 관련한 행정처분기준 중 소음도 검사기관이 보유하여야 할 기술인력이 부족한 경우 각 위반차수별(1~3차) 행정처분기준으로 옳은 것은?

① 조업정지 10일 – 조업정지 30일 – 경고
② 조업정지 30일 – 개선명령 – 등록취소
③ 경고 – 경고 – 등록취소
④ 개선명령 – 조업정지 30일 – 경고

해설 시행규칙 [별표 21] 행정처분기준 중 개별기준
확인검사대행자와 관련한 행정처분기준

위반행위	행정처분기준			
	1차	2차	3차	4차
등록기준에 미달하게 된 경우 – 확인검사대행자가 보유하여야 할 기술능력이 부족한 경우	경고	경고	등록취소	–

141 소음·진동관리법규상 소음도 검사기관과 관련한 행정처분기준 중 "고의 또는 중대한 과실로 소음도 검사를 부실하게 한 경우" 1차 – 2차 – 3차 행정처분기준으로 옳은 것은?

① 영업정지 1개월 – 영업정지 3개월 – 지정취소
② 업무정지 6일 – 경고 – 등록취소
③ 경고 – 경고 – 지정취소
④ 개선명령 – 경고 – 지정취소

해설 시행규칙 [별표 21] 행정처분기준 중 개별기준
소음도 검사기관과 관련한 행정처분기준

위반행위	행정처분기준			
	1차	2차	3차	4차
고의 또는 중대한 과실로 소음도 검사를 부실하게 한 경우	영업정지 1개월	영업정지 3개월	지정취소	–

142 소음·진동의 정도가 배출허용기준을 초과하여 개선명령을 받은 자가 이를 이행하지 아니한 경우의 1차 행정처분기준으로 옳은 것은?

① 허가취소
② 조업정지
③ 경고
④ 폐쇄명령

해설 시행규칙 [별표 21] 행정처분기준 중 개별기준
배출시설 및 방지시설 등과 관련된 행정처분기준

위반행위	행정처분기준			
	1차	2차	3차	4차
다음의 명령을 이행하지 아니한 경우 – 배출허용기준을 초과하여 개선명령을 받은 자가 이를 이행하지 아니한 경우	조업정지	폐쇄, 허가취소	–	–

143 소음·진동관리법령상 행정처분에 관한 사항으로 옳지 않은 것은?

① 처분권자는 위반행위의 동기·내용·횟수 및 위반의 정도 등에 해당 사유를 고려하여 그 처분(허가취소, 등록취소, 지정취소 또는 폐쇄명령인 경우는 제외한다)을 감경할 수 있다.
② 행정처분이 조업정지, 업무정지 또는 영업정지인 경우에는 그 처분기준이 $\frac{2}{1}$의 범위에서 감경할 수 있다.
③ 행정처분기준을 적용함에 있어서 소음규제기준에 대한 위반행위나 진동규제기준에 대한 위반행위와 진동규제기준에 대한 위반행위는 합산하지 아니하고, 각각 산정하여 적용한다.
④ 방지시설을 설치하지 아니하고 배출시설을 가동한 경우 1차 행정처분기준은 허가취소, 2차 처분기준은 폐쇄이다.

해설 시행규칙 [별표 21] 행정처분기준 중 개별기준
방지시설을 설치하지 아니하고 배출시설을 가동한 경우 1차 행정처분기준은 조업정지, 2차 처분기준은 허가취소이다.

144 소음·진동관리법규상 배출시설 및 방지시설 등과 관련된 행정처분기준 중 공장에서 나오는 소음·진동의 배출허용기준을 초과한 경우에 3차 행정처분기준으로 옳은 것은?

① 개선명령 ② 허가취소
③ 사용중지명령 ④ 폐쇄

해설 시행규칙 [별표 21] 행정처분기준 중 개별기준
배출시설 및 방지시설 등과 관련된 행정처분기준

위반행위	행정처분기준			
	1차	2차	3차	4차
배출허용기준을 초과한 경우	개선명령	개선명령	개선명령	조업정지

145 소음·진동관리법상 확인검사대행자의 등록을 취소할 수 있는 경우에 해당하지 않는 것은?

① 파산선고를 받고 복권된 법인의 임원이 있는 경우
② 다른 사람에게 등록증을 빌려준 경우
③ 1년에 2회 이상 업무정지 처분을 받은 경우
④ 등록 후 2년 이내에 업무를 시작하지 아니하거나 계속하여 2년 이상 업무실적이 없는 경우

해설 시행규칙 [별표 21] 행정처분기준 중 일반기준 – 확인검사대행자와 관련한 행정처분기준
확인검사대행자의 등록을 취소할 수 있는 경우
1. 다른 사람에게 등록증을 빌려준 경우
2. 1년에 2회 이상 업무정지 처분을 받은 경우
3. 등록 후 2년 이내에 업무를 시작하지 아니하거나 계속하여 2년 이상 업무실적이 없는 경우
4. 속임수나 그 밖에 부정한 방법으로 등록한 경우
5. 확인검사대행자가 보유하여야 할 기술능력이 전혀 없는 경우
6. 확인검사대행자가 구비하여야 할 시험장비가 전혀 없는 경우

146 소음·진동관리법규상 소음·진동배출시설 설치허가 신청 시 첨부서류로 옳지 않은 것은?

① 배출시설 설치명세서 및 배치도
② 방지시설 설치명세서와 그 도면
③ 방지시설의 설치의무를 면제 받으려는 경우에는 면제를 인정할 수 있는 서류
④ 사업장 법인 등기부등본

해설 별지 [제1호] 서식(소음·진동배출시설 설치(허가신청서)) 첨부서류

1. 배출시설의 설치명세서 및 배치도(허가신청인 경우만 제출한다)
2. 방지시설의 설치명세서와 그 도면(신고의 경우 도면은 제외한다)
3. 방지시설의 설치의무를 면제 받으려는 경우에는 면제를 인정할 수 있는 서류

147 환경정책기본법상 이 법에서 사용하는 용어의 뜻으로 옳지 않은 것은?

① 환경용량이란 일정한 지역에서 환경오염 또는 환경훼손에 대하여 환경이 스스로 수용, 정화 및 복원하여 환경의 질을 유지할 수 있는 한계를 말한다.
② 자연환경이란 지하·지표 및 지상의 모든 생물을 포함하고, 비생물적인 것은 제외한 자연의 상태를 말한다.
③ 생활환경이란 대기, 물, 토양, 폐기물, 소음·진동, 악취, 일조, 인공조명 등 사람의 일상생활과 관계되는 환경을 말한다.
④ 환경오염이란 사업활동 및 그 밖의 사람의 활동에 의하여 발생하는 대기오염, 수질오염, 토양오염, 해양오염, 방사능오염, 소음·진동, 악취, 일조방해, 인공조명에 의한 빛공해 등으로서 사람의 건강이나 환경에 피해를 주는 상태를 말한다.

해설 환경정책기본법 제3조(정의)
"자연환경"이란 지하·지표(해양을 포함한다) 및 지상의 모든 생물과 이들을 둘러싸고 있는 비생물적인 것을 포함한 자연의 상태(생태계 및 자연경관을 포함한다)를 말한다.

148 환경정책기본법상 용어의 정의 중 "일정한 지역 안에서 환경의 질을 유지하고 환경오염 또는 환경훼손에 대하여 환경이 스스로 수용·정화 및 복원할 수 있는 한계"를 뜻하는 것은?

① 환경순화 ② 환경기준
③ 환경용량 ④ 환경영향하계

해설 환경정책기본법 제3조(정의)
"환경용량"이란 일정한 지역에서 환경오염 또는 환경훼손에 대하여 환경이 스스로 수용, 정화 및 복원하여 환경의 질을 유지할 수 있는 한계를 말한다.

149 환경정책기본법에서 사용하는 용어의 뜻으로 옳지 않은 것은?

① "환경"이라 함은 자연환경과 사업장 환경을 말한다.
② "자연환경"이라 함은 지하·지표(해양을 포함한다) 및 지상의 모든 생물과 이들을 둘러싸고 있는 비생물적인 것을 포함한 자연의 상태(생태계 및 자연경관을 포함한다)를 말한다.
③ "환경훼손"이라 함은 야생동·식물의 남획 및 그 서식지의 파괴, 생태계 질서의 교란, 자연경관의 훼손, 표토(表土)의 유실 등으로 인하여 자연환경의 본래적 기능에 중대한 손상을 주는 상태를 말한다.
④ "환경용량"이란 일정한 지역에서 환경오염 또는 환경훼손에 대하여 환경이 스스로 수용, 정화 및 복원하여 환경의 질을 유지할 수 있는 한계를 말한다.

해설 환경정책기본법 제3조(정의)
"환경"이라 함은 자연환경과 생활환경을 말한다.

150 환경정책기본법상 "환경보전"의 용어 정의에 해당하는 행위로 옳지 않은 것은?

① 환경오염으로부터 환경을 보호하는 행위
② 환경을 양호한 상태로 이용하는 모든 행위
③ 오염된 환경을 개선하는 행위
④ 쾌적한 환경의 상태를 유지·조성하기 위한 행위

해설 환경정책기본법 제3조(정의)
"환경보전"이란 환경오염 및 환경훼손으로부터 환경을 보호하고 오염되거나 훼손된 환경을 개선함과 동시에 쾌적한 환경상태를 유지·조성하기 위한 행위를 말한다.

151 환경정책기본법상 국가환경종합계획에 포함되어야 할 사항으로 옳지 않은 것은? (단, 그 밖의 부대사항은 제외)

① 인구·산업·경제·토지 및 해양의 이용 등 환경변화 여건에 관한 사항
② 환경오염 배출업소 지도·단속 계획
③ 사업의 시행에 소요되는 비용의 산정 및 재원조달방법
④ 환경오염원·환경오염도 및 오염물질 배출량의 예측과 환경오염 및 환경훼손으로 인한 환경질의 변화 전망

147.② 148.③ 149.① 150.② 151.②

[해설] **환경정책기본법 제15조(국가환경종합계획의 내용)**
국가환경종합계획에는 다음의 사항이 포함되어야 한다.
1. 인구·산업·경제·토지 및 해양의 이용 등 환경변화 여건에 관한 사항
2. 환경오염원·환경오염도 및 오염물질 배출량의 예측과 환경오염 및 환경훼손으로 인한 환경의 질(質)의 변화 전망
3. 환경의 현황 및 전망
4. 환경정의 실현을 위한 목표 설정과 이의 달성을 위한 대책
5. 환경보전 목표의 설정과 이의 달성을 위한 사항(13가지)에 관한 단계별 대책 및 사업계획
6. 사업의 시행에 드는 비용의 산정 및 재원조달방법
7. 직전 종합계획에 대한 평가

152 환경정책기본법령상 소음의 환경기준으로 옳은 것은?

① 낮시간대 일반지역의 녹지지역 : $50L_{eq}$ dB(A)
② 낮시간대 도로변지역의 녹지지역 : $50L_{eq}$ dB(A)
③ 밤시간대 일반지역의 녹지지역 : $50L_{eq}$ dB(A)
④ 밤시간대 도로변지역의 녹지지역 : $50L_{eq}$ dB(A)

[해설] **환경정책기본법 시행령 [별표 1] 소음환경기준**
② 낮시간대 도로변지역의 녹지지역
　$50L_{eq}$ dB(A) → $65L_{eq}$ dB(A)
③ 밤시간대 일반지역의 녹지지역
　$50L_{eq}$ dB(A) → $40L_{eq}$ dB(A)
④ 밤시간대 도로변지역의 녹지지역
　$50L_{eq}$ dB(A) → $55L_{eq}$ dB(A)

153 환경정책기본법령상 다음 조건의 소음환경기준 [L_{eq} dB(A)]으로 옳은 것은?

- 도로변지역
- 준공업지역
- 밤시간대(22:00 ~ 06:00)

① 60　　　　② 65
③ 70　　　　④ 75

[해설] **환경정책기본법 시행령 [별표 1]**
도로변지역의 적용 대상지역이 준공업지역의 밤시간대 소음환경기준은 $60L_{eq}$ dB(A)이다.

154 환경정책기본법령상 관리지역 중 생산관리지역의 소음환경기준으로 옳은 것은? (단, 낮(06:00 ~ 22:00)시간대, 일반지역 기준)

① $45L_{eq}$ dB(A)　　　② $55L_{eq}$ dB(A)
③ $65L_{eq}$ dB(A)　　　④ $75L_{eq}$ dB(A)

[해설] **환경정책기본법 시행령 [별표 1]**
일반지역의 적용 대상지역이 생산관리지역 낮시간대 소음환경기준은 $55L_{eq}$ dB(A)이다.

155 환경정책기본법령상 도시지역 중 상업지역의 낮(06:00 ~ 22:00)과 밤(22:00 ~ 06:00)의 소음환경기준[L_{eq} dB(A)]으로 옳은 것은? (단, 일반지역 기준)

① 낮 : 50, 밤 : 40　② 낮 : 55, 밤 : 45
③ 낮 : 65, 밤 : 55　④ 낮 : 70, 밤 : 65

[해설] **환경정책기본법 시행령 [별표 1]**
일반지역의 적용 대상지역이 상업지역인 낮과 밤시간대 소음환경기준은 $65L_{eq}$ dB(A), $55L_{eq}$ dB(A)이다.

156 환경정책기본법령상 관리지역 중 생산관리지역의 밤시간대(22:00~06:00)의 소음환경기준[L_{eq} dB(A)]으로 옳은 것은? (단, 도로변지역)

① 45　　　　② 50
③ 55　　　　④ 60

[해설] **환경정책기본법 시행령 [별표 1]**
도로변지역의 적용 대상지역이 생산관리지역 밤시간대 소음환경기준은 $55L_{eq}$ dB(A)이다.

157 환경정책기본법령상 소음환경기준이 가장 낮은 지역은?

① 낮시간대 도로변지역의 준공업지역
② 낮시간대 도로변지역의 농림지역
③ 밤시간대 일반지역의 준공업지역
④ 밤시간대 일반지역의 농림지역

[해설] **환경정책기본법 시행령 [별표 1]**
① 낮시간대 도로변지역의 준공업지역 → $70L_{eq}$ dB(A)
② 낮시간대 도로변지역의 농림지역 → $65L_{eq}$ dB(A)
③ 밤시간대 일반지역의 준공업지역 → $55L_{eq}$ dB(A)
④ 밤시간대 일반지역의 농림지역 → $40L_{eq}$ dB(A)

소음방지대책 · 예측평가 · 정밀분석 분야

01 산업기계에서 발생하는 유체역학적 원인인 기류음의 방지대책으로 옳지 않은 것은?

① 분출유속의 저감 ② 관의 곡률 완화
③ 방사면의 축소   ④ 밸브의 다단화

해설 방사면의 축소는 고체음의 방지대책이다.

02 공장 건물의 소음방지에 관한 주의사항으로 옳지 않은 것은?

① 벽의 작은 틈새는 차음성능의 저하에 그다지 관계가 없다.
② 벽면은 총합 투과손실을 검사하여 균형이 옳은 벽체로 한다.
③ 유리창, 출입구 등의 파손장소를 발견했을 때는 곧바로 보수한다.
④ 새시(sash)의 주변, 처마 밑 등에는 틈새가 생기기 쉬우므로 주의한다.

해설 틈새의 면적이 전체 면적의 $\frac{1}{p}$이면 이 벽의 겉보기 투과손실은 $10\log p$가 된다. 즉 투과손실 30dB인 벽에서는 그 면적의 $\frac{1}{100}$의 틈새가 있으면 겉보기 투과손실은 20dB이 되므로 벽의 작은 틈새는 차음성능 저하에 크게 관계된다.

03 공장의 정면 부근에 주택이 집중되어 있다. 이 공장의 옥상에서 주택 쪽으로 향한 덕트의 개구부로부터 음이 이 곳의 소음발생원이다. 이 개구부의 지향성을 이용하여 주택가로의 소음방지를 하고 싶은데 방향을 너무 크게 바꿀 수는 없는 상황일 경우, 다음 중 어떤 방법이 가장 유효하다고 생각되는가?

① 개구부의 면적을 넓혀 음을 되도록 분산시킨다.
② 개구부의 면적을 넓히고 방향을 주택 쪽에서 조금 변경시킨다.
③ 현재의 개구부가 원형이므로 이것을 대략 같은 면적의 정방형으로 변경한다.
④ 개구부의 면적을 아주 작게 하여 음을 집중시키고 그 대신 개구부의 방향을 주택 쪽으로부터 조금 바꾼다.

해설 음원의 면적이 넓을수록 지향성이 따르므로 개구부의 면적을 넓히고 방향을 바꾸는 것이 맞다.
①은 분산되지 않으며, ③은 개구부의 형태에는 관계가 없고, ④는 무지향성이 된다.

04 발파작업은 댐이나 도로 등의 큰 건설현장에서 일어나는 소음원으로 이에 대한 대책으로 옳지 않은 것은?

① 지발당 장약량을 감소시킨다.
② 방음벽을 설치함으로써 소리의 전파를 차단한다.
③ 발파는 온도나 기후조건에 영향을 받으므로 이에 대한 적절한 대책이 필요하다.
④ 소음원과 수음측 사이에 도랑 등을 굴착함으로써 소음을 줄일 수 있다.

해설 도랑 굴착은 소음대책으로 사용하지 않고, 진동에서는 방진구로 약간의 진동을 감쇠시키지만 완전한 대책은 아니다.

05 다음 문장은 작업장 바닥에 놓인 송풍기 소음대책에 관한 것이다. ( ) 안에 들어갈 말로 옳은 것은?

> 송풍기의 흡·토출구를 개방하여 운전할 경우 발생소음은 흡·토출구에서의 공기음, (㉮) 등의 1차 고체음 및 (㉯)에서의 2차 고체음이 주된 것이다. 대책으로서 공기음에 대해서는 (㉰), 2차 고체음에 대해서는 (㉱), 1차 고체음에 대해서는 (㉲)을(를) 이용하는 것이 일반적이다.

① ㉮ 마루(바닥), ㉯ fan casing, ㉰ 소음기, ㉱ 방음 lagging, ㉲ 진동절연 구조물
② ㉮ fan casing, ㉯ 마루(바닥), ㉰ 소음기, ㉱ 방음 lagging, ㉲ 진동절연 구조물
③ ㉮ 마루(바닥), ㉯ fan casing, ㉰ 소음기, ㉱ 진동절연 구조물, ㉲ 방음 lagging
④ ㉮ 소음기, ㉯ 마루(바닥), ㉰ fan casing, ㉱ 진동절연 구조물, ㉲ 방음 lagging

01.③ 02.① 03.② 04.④ 05.①

해설 송풍기의 소음대책
- 2차 고체음의 소음대책(fan casing) : 방음 래깅을 이용한 제진(damping)
- 공기음의 소음대책 : 소음기(silencer) 부착
- 1차 고체음의 소음대책 : 진동절연 구조물을 이용한 차진(방진)

06 송풍기에 대한 소음방지대책으로 잘못된 것은?
① 기초 방진구조
② 방음 lagging
③ 내측 흡음처리
④ 소음기 부착

해설 송풍기에 대한 소음방지대책은 내측 흡음처리가 아니고 내측 제진처리(damping)이다.

07 공장의 환기 덕트(환기 덕트의 소음대책)에서 나가는 출구가 민가 있는 쪽으로 향해 있어서 문제가 되고 있다. 그 대책으로 열거한 다음 각 항에서 옳지 않은 것은?
① 덕트 출구의 방향을 바꾼다.
② 덕트 출구에 사이런서를 부착한다.
③ 덕트 출구 앞에 흡음덕트를 부착한다.
④ 덕트 출구의 면적을 작게 한다.

해설 덕트 출구의 면적을 크게 한다(취출속도를 줄여 소음을 저감한다).

08 다음 그림은 송풍기에서 발생하는 소음의 종류와 그 전파경로를 나타내는 것으로 ㉮는 내부에서 발생하는 음 및 진동에 의하여 생기는 음으로 케이싱(casing), 송풍관(duct)에서 방사되는 것, ㉯는 이 음들을 흡입구, 토출구에서 송풍관 내로 전하여 지는 것, 또는 직접 외부로 전하여 지는 것이고, ㉰는 기계진동이 바닥 등에 전하여져서 공기 중으로 방사되는 음이다. 이 음들의 대책으로서 적절한 것으로 짝지어진 것은?

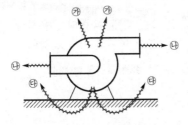

① ㉮ 피복(lagging),
　㉯ 소음기(消音器, silencer), ㉰ 방진(防振)
② ㉮ 차음, ㉯ 방진(防振),
　㉰ 소음기(消音器, silencer)
③ ㉮ 소음기(消音器, silencer), ㉯ 차음,
　㉰ 피복(lagging)
④ ㉮ 방진, ㉯ 흡음관, ㉰ 차음

해설 ㉮의 음에 대하여 케이싱, 덕트의 투과손실을 크게 하여야 되므로 래깅이 적용된다.
㉯의 음은 공기 중으로 전해지는 음인데, 이에 대해서는 흡음덕트 또는 소음기를 흡입구나 토출구에 사용하는 것 이외에 대책이 없다.
㉰의 음에 대해서는 진동절연에 의하여 송풍기로부터 진동을 차단하는 것이 좋다.

09 소음원의 대책 중 직접적으로 소음을 차단하거나 흡수하지 않는 방법은?
① 소음기
② 진동처리
③ 흡음처리
④ 차음처리

해설 진동처리는 소음원 대책 중 간접적인 방법이다.

10 방음대책 방법 중 전파경로 대책에 해당되지 않는 것은?
① 공장 벽체의 차음성 강화
② 거리감쇠
③ 지향성 변환
④ 소음기 설치

해설 방음대책 중 소음기 설치는 음원대책에 속한다.

11 소음방지대책을 기류음과 고체음 방지대책으로 구분할 때, 다음 중 기류음 방지대책에 해당하는 것은?
① 방사면 축소 및 제진처리
② 공명 방지
③ 밸브의 다단화
④ 가진력 억제

해설 ①, ②, ④는 고체음의 방지대책이다.

12 방음대책을 음원대책과 전파경로 대책으로 구분할 때, 주로 전파경로 대책에 해당하는 것은?

① 소음기 설치   ② 마찰력 감소

③ 공명 방지   ④ 방음벽 설치

해설 전파경로의 대책
- 공장 건물 내벽의 흡음처리(실내 음압레벨의 저감)
- 공장 벽체의 차음성 강화(투과손실 증가)
- 방음벽 설치(공장 부지경계선상 부근의 차음 및 흡음)
- 거리감쇠
- 지향성 변환(고주파음에 유효한 방법으로 10dB 정도의 소음레벨을 저감시킴)

13 대형 작업장의 덕트가 민가를 향해 있어 취출구 소음이 문제되고 있다. 이에 대한 대책으로 옳지 않은 것은?

① 취출구 끝단에 소음기를 장착한다.

② 취출구 끝단에 철망 등을 설치하여 음의 진행을 세분·혼합하도록 한다.

③ 취출구의 면적을 작게 한다.

④ 취출구 소음의 지향성을 바꾼다.

해설 취출구의 면적을 크게 한다(분출유속을 저감시켜 소음을 줄임).

14 공동주택의 급배수 소음은 다른 가정에 큰 피해를 주는 경우가 많다. 급배수설비 소음저감대책으로 옳지 않은 것은?

① 급수압이 높을 경우에 공기실이나 수격방지기를 수전 가까운 부위에 설치한다.

② 욕조의 하부와 바닥과의 사이에 완충재를 설치한다.

③ 배수방식을 천장 배관방식으로 한다.

④ 거실, 침실 벽에 배관을 고정하는 것을 피한다.

해설 배수방식을 해당 층 벽면 배관방식으로 한다.

15 기류음 감소대책으로 옳지 않은 것은?

① 소음의 방사면을 축소시킨다.

② 분출유속을 저감시킨다.

③ 관의 곡류부분을 완화시킨다.

④ 밸브 다단화를 수행한다.

해설 소음의 방사면을 확대시킨다.

16 기체 흐름에서 와류에 의해 발생하는 기류음을 난류음이라 한다. 난류음의 발생으로 옳지 않은 것은?

① 밸브

② 빠른 유속

③ 관의 굴곡부

④ 엔진

해설 기류음은 직접적인 공기의 압력 변화에 의한 유체역학적 원인에 의해서 발생하는 음으로 난류음과 맥동음이 있다.
- 난류음 : 선풍기, 송풍기 등의 소리, 관의 굴곡부에서 나는 음, 빠른 유속에 의한 음, 밸브로 인한 음
- 맥동음 : 공기압축기, 진공펌프, 엔진의 흡·배기음

17 소음방지대책을 소음원 대책, 전달경로 대책, 수음자 대책으로 분류할 때, 다음 중 주로 전달경로 대책에 해당되는 것은?

① 충격이 발생하는 지점에 유연한 재료를 부착하여 장비로부터 발생하는 충격력을 저감시킨다.

② 기존 건물 내 소음원의 위치를 변경하여 소음원과 수음자 사이의 거리를 늘려준다.

③ 작업공간에 방음부스 등을 설치한다.

④ 작업자에게 귀마개 등 청력 보호장비의 착용을 의무화한다.

해설 기존 건물 내 소음원의 위치를 변경하여 소음원과 수음자 사이의 거리를 늘려준다(거리감쇠).
① 소음원 대책
③, ④ 수음자 대책

18 소음대책 방법 중 전파경로 대책으로 옳지 않은 것은?

① 방음벽 설치

② 소음기 설치

③ 공장 건물 내벽의 흡음처리

④ 공장 벽체의 차음성 강화

해설 소음기 설치는 소음원 대책이다.

19 발파작업은 댐이나 도로 등의 큰 건설현장에서 일어나는 소음원이다. 다음 중 발파소음의 감소 대책으로 옳지 않은 것은?

① 지발당 장약량을 감소시킨다.
② 전색효과가 좋은 전색물을 사용한다.
③ 단발뇌관으로 분할발파하거나 천공길이, 천공지름을 작게 한다.
④ 도폭선을 사용하고, 소음원과 수음측 사이에 도랑 등을 굴착함으로써 소음을 줄일 수 있다.

해설 도랑 굴착은 소음을 줄이는 효과가 거의 없다.

20 다음 방음대책 중에서 고주파음에 대한 소음저감대책이 아닌 것은?

① 차음벽 설치
② 흡음재 시공
③ 견고한 자재에 의한 밀폐상자 설치
④ 고무 방진을 통한 고체음 저감

해설 고무 방진을 통한 고체음 저감은 저주파음 대책이다.

21 공동주택에서 문제시되고 있는 내부 소음원 중현재 빈번히 입주자와 시공사 간에 문제가 발생되고 있는 상·하층 간 바닥 충격음에 대한 대책으로 옳지 않은 것은?

① 뜬 바닥구조의 활용
② 바닥 슬래브의 경량화 및 저강성화
③ 이중천장의 설치
④ 유연한 바닥재료의 활용

해설 층간소음대책은 바닥 슬래브의 중량화 및 고강성화이다.

22 다음 소음대책 중 기류음 저감대책으로 옳은 것은?

① 가진력 억제
② 방사면 축소 및 제진처리
③ 밸브의 다단화
④ 방진

해설 ①, ②, ④는 고체음 저감대책이다.

23 소음이 많이 발생되고 있는 소음 방사부에 소음 장치를 붙여 음향 출력이 W에서 W'로 변하고 음압레벨도 SPL에서 SPL'로 변하는 이론적인 식은 어느 것인가?

① $\mathrm{SPL}' = 10\log W - 10\log\left(\dfrac{W'}{W}\right)$
$\qquad + 10\log\left(\dfrac{Q}{4\pi r^2} + R_i\right) + 120\mathrm{dB}$

② $\mathrm{SPL}' = 10\log W' - 10\log\left(\dfrac{W}{W'}\right)$
$\qquad + 10\log\left(\dfrac{Q}{4\pi r^2} + R_i\right) + 120\mathrm{dB}$

③ $\mathrm{SPL}' = 10\log W' - 10\log\left(\dfrac{W'}{W}\right)$
$\qquad + 10\log\left(\dfrac{Q}{4\pi r^2} + R_i\right) + 120\mathrm{dB}$

④ $\mathrm{SPL}' = 10\log W - 10\log\left(\dfrac{W}{W'}\right)$
$\qquad + 10\log\left(\dfrac{Q}{4\pi r^2} + R_i\right) + 120\mathrm{dB}$

해설 음압레벨을 SPL'로 저감시킬 수 있는 방법
- W를 작게 한다.
  → 발생원 대책(원인 제거, 강제력 저감 등)
- $\dfrac{W}{W'}$를 크게 한다.
  → 소음장치인 밀폐, 소음기 설치, 흡음덕트 등의 시설을 갖춤
- r을 크게 한다. → 거리감쇠
- Q를 적게 한다. → 지향성 대책(발생원의 방향 변경)
- R을 적게 한다. → 실내환경 대책(흡음, 차음 등의 대책)
  여기서, $R_i = \dfrac{4}{R}$, 실정수 $R = \dfrac{\overline{\alpha}S}{1-\overline{\alpha}}$
- 기타 → 수음자측 대책(마스킹, 귀마개·귀덮개 착용)

24 음압레벨(SPL)을 낮추기 위한 방법으로 옳지 않은 것은?

① 이격거리(r)를 크게 한다.
② 음향출력(W)을 작게 한다.
③ 지향성(Q)을 크게 한다.
④ 대책 전·후의 음향출력비$\left(\dfrac{W}{W'}\right)$를 크게 한다.

해설 지향성(Q)을 작게 한다.

25 A 차음재료의 투과손실 40dB이라면 입사음 세기는 투과음 세기의 몇 배가 되겠는가?

① 10,000
② 4
③ $\dfrac{1}{4}$
④ $\dfrac{1}{10,000}$

해설 투과손실 $\text{TL} = 10 \log \dfrac{1}{\tau}$ 에서 $40 = 10 \log \dfrac{1}{\tau}$

∴ 투과율 $\tau = 10^{-4}$

투과율 $\tau = \dfrac{\text{투과음의 세기}}{\text{입사음의 세기}} = \dfrac{I_t}{I_i}$ 에서

입사음의 세기 $I_i = \dfrac{I_t}{10^{-4}} = 10,000\, I_t$

26 총합 투과손실이 32dB인 벽의 투과율은?

① 6.3×10^{-4}
② 6.6×10^{-3}
③ 6.7×10^{-5}
④ 6.8×10^{-4}

해설 투과손실 $\text{TL} = 10 \log \dfrac{1}{\tau}$ 에서

$32 = 10 \log \dfrac{1}{\tau}$

∴ $\tau = 10^{-3.2} = 6.3 \times 10^{-4}$

27 사무실을 1,000Hz에서 40dB의 투과손실을 갖는 칸막이벽으로 분리하고자 한다. 또한 칸막이벽에 동일 주파수에서 20dB의 투과손실을 갖는 유리창을 벽면적의 10% 크기로 설치하고자 한다. 1,000Hz에서 총합 투과손실은?

① 24dB
② 27dB
③ 30dB
④ 34dB

해설 투과손실 $\text{TL} = 10 \log \dfrac{1}{\tau}$ 에서

$40 = 10 \log \dfrac{1}{\tau_1}$

∴ $\tau_1 = 10^{-4}$, $20 = 10 \log \dfrac{1}{\tau_2}$

∴ $\tau_2 = 10^{-2}$

평균 투과율 $\bar{\tau} = \dfrac{\sum S_i \tau_i}{\sum S_i} = \dfrac{S_1 \tau_1 + S_2 \tau_2 + \cdots}{S_1 + S_2 + \cdots}$

$= \dfrac{90 \times 10^{-4} + 10 \times 10^{-2}}{100}$

$= 1.09 \times 10^{-3}$

∴ $\text{TL} = 10 \log \dfrac{1}{1.09 \times 10^{-3}} = 30\text{dB}$

28 어떤 벽체에 음이 수직입사할 때, 이 벽체의 반사율이 0.3이었다. 이 벽체의 투과손실(TL)은?

① 약 1.5dB
② 약 2.0dB
③ 약 2.5dB
④ 약 3.0dB

해설 투과율 $\tau = 1 - \alpha_r = 1 - 0.3 = 0.7$

∴ $\text{TL} = 10 \log \dfrac{1}{0.7} = 1.5\text{dB}$

29 어떤 벽체의 두께를 10cm로 했을 때, 면밀도가 25kg/m²이다. 500Hz에서 두께 10cm의 벽 2개 사이에 충분한 공간을 두었을 때의 투과손실은? (단, 질량법칙을 적용한다.)

① 약 63.4dB
② 약 59.4dB
③ 약 42.4dB
④ 약 36.4dB

해설 실용적인 질량법칙을 적용할 경우
투과손실 $\text{TL} = 18 \log (m \times f) - 44$
$= 18 \log (25 \times 500) - 44$
$= 29.7\text{dB}$
두 벽을 독립시킨 중공이중벽의 구조일 경우 투과손실은 2배가 되므로 $29.7 \times 2 = 59.4\text{dB}$ 이다.

30 공장의 일부를 벽(wall)으로 차단하여 사무실로 쓰고자 한다. 벽은 투과손실 51dB인 벽돌(brick)과 투과손실 18dB인 유리문(glass door)으로 만들려 하며 벽의 전체 면적은 10m²이고, 이 중에서 2m²은 유리문의 면적이라면 벽의 총합 투과손실은 몇 dB인가?

① 38
② 32
③ 29
④ 25

해설 투과손실 $\text{TL} = 10 \log \dfrac{1}{\tau}$ 에서 $51 = 10 \log \dfrac{1}{\tau_1}$

∴ $\tau_1 = 10^{-5.1}$, $18 = 10 \log \dfrac{1}{\tau_2}$

∴ $\tau_2 = 10^{-1.8}$

평균 투과율 $\bar{\tau} = \dfrac{\sum S_i \tau_i}{\sum S_i} = \dfrac{S_1 \tau_1 + S_2 \tau_2 + \cdots}{S_1 + S_2 + \cdots}$

$= \dfrac{8 \times 10^{-5.1} + 2 \times 10^{-1.8}}{10}$

$= 0.00332$

∴ $\text{TL} = 10 \log \dfrac{1}{0.00332} = 25\text{dB}$

25.① 26.① 27.③ 28.① 29.② 30.④

31 단일벽의 면밀도가 50kg/m², 이 벽면에 수직입사하는 입사음의 주파수가 500Hz일 때, 이 벽체의 투과손실은?

① 35dB   ② 40dB
③ 45dB   ④ 50dB

해설 단일벽의 투과손실(음파가 벽면에 수직입사 시)

$$TL = 20 \log (m \times f) - 43$$
$$= 20 \log (50 \times 500) - 43$$
$$= 45 \text{dB}$$

32 음파가 방음벽에 수직입사할 때 반사율 α가 0.99876이다. 벽체의 투과손실은? (단, 벽체에 의한 흡음은 무시한다.)

① 24dB   ② 29dB
③ 34dB   ④ 38dB

해설 투과율 $\tau = 1 - \alpha = 1 - 0.99876 = 1.24 \times 10^{-3}$

$$\therefore TL = 10 \log \frac{1}{\tau} \text{(dB)}$$
$$= 10 \log \frac{1}{1.24 \times 10^{-3}}$$
$$= 29 \text{dB}$$

33 음파가 방음벽에 수직입사할 때 반사율 α_r이 0.9937이다. 이때 벽체의 투과손실은? (단, 경계면에서 음이 흡수되지 않는다.)

① 12dB   ② 19dB
③ 22dB   ④ 29dB

해설 투과율 $\tau = 1 - \alpha = 1 - 0.9937 = 6.3 \times 10^{-3}$

$$\therefore TL = 10 \log \frac{1}{\tau} \text{(dB)}$$
$$= 10 \log \frac{1}{6.3 \times 10^{-3}}$$
$$= 22 \text{dB}$$

34 콘크리트와 유리창 그리고 합판으로 구성된 건물의 벽이 있다. 이 벽의 총합 투과손실은? (단, 콘크리트의 면적 30m², TL=45dB, 유리창의 면적 15m², TL=15dB, 합판의 면적 10m², TL=12dB)

① 15dB   ② 18dB
③ 20dB   ④ 24dB

해설 총합 투과손실

$$\overline{TL} = 10 \log \left(\frac{\sum S_i}{\sum S_i \tau_i} \right)$$
$$= 10 \log \left(\frac{30 + 15 + 10}{30 \times 10^{-4.5} + 15 \times 10^{-1.5} + 10 \times 10^{-1.2}} \right)$$
$$= 17.63 \text{dB}$$

35 공장 내의 평균 음압도가 85dB이고, 벽 외부에서의 평균 음압도가 68dB일 때, 이 벽의 대략적 투과손실은? (단, 실내·외 벽 각각의 면으로부터 1m 정도에서 측정)

① 11dB   ② 13dB
③ 15dB   ④ 17dB

해설 TL 산출법
벽체(벽, 창, 출입문 등이 개별 또는 복합적으로 구성된 경우)의 차음도(Noise Reduction, NR)는 한 쪽이 실내이고, 다른 한 쪽은 실외에 면한 경우에는 각각의 면으로부터 1m 정도의 거리에서 평균 음압레벨 $\overline{SPL_1}$ 및 $\overline{SPL_2}$를 측정하여 그 차로부터 구하고 대략적인 TL은 NR = $\overline{SPL_1} - \overline{SPL_2}$ = TL+6dB로 구한다.
$$\therefore TL = (85 - 68) - 6 = 11 \text{dB}$$

36 입사음의 80%를 흡음하고, 10%는 반사 그리고 10%를 투과시키는 음향재료를 이용하여 방음벽을 만들었다. 이 방음벽의 투과손실은 얼마인가?

① 20dB   ② 10dB
③ 8dB   ④ 5dB

해설
$$TL = 10 \log \frac{1}{\tau} = 10 \log \frac{1}{0.1} = 10 \text{dB}$$

37 투과손실이 40dB인 벽의 면적의 40%를 투과손실이 20dB인 유리창으로 변경한 경우 이 복합벽의 투과손실은?

① 20dB   ② 24dB
③ 28dB   ④ 32dB

해설 복합벽의 평균 투과율
$$\overline{\tau} = \frac{60 \times 10^{-4} + 40 \times 10^{-2}}{100} = 4.06 \times 10^{-3}$$
$$\therefore TL = 10 \log \frac{1}{4.06 \times 10^{-3}} = 24 \text{dB}$$

38 중공이중벽의 공기층 두께가 20cm이고 두 벽의 면밀도가 각각 200kg/m², 300kg/m²라고 할 때, 저음역에서의 공명주파수는 약 몇 Hz 정도에서 발생되겠는가?

① 12 　　　　② 24

③ 36 　　　　④ 48

해설 저음역에서 중공이중벽의 공명주파수(두 벽의 면밀도가 다를 경우, $m_1 \neq m_2$)

$$f_{rl} = 60 \sqrt{\frac{m_1 + m_2}{m_1 \times m_2} \times \frac{1}{d}}$$

$$= 60 \times \sqrt{\frac{200 + 300}{200 \times 300} \times \frac{1}{0.2}} = 12\text{Hz}$$

39 벽체의 한쪽 면은 실내, 다른 한쪽 면은 실외에 접한 경우 벽체의 투과손실 TL과 벽체를 중심으로 한 실내·외 간 음압레벨차 ΔL(차음도)와의 실용적인 관계식으로 옳은 것은?

① $\text{TL} = \Delta L - 3\text{dB}$

② $\text{TL} = \Delta L - 6\text{dB}$

③ $\text{TL} = \Delta L - 9\text{dB}$

④ $\text{TL} = \Delta L - 12\text{dB}$

해설 TL 산출법

벽체(벽, 창, 출입문 등)이 개별 또는 복합적으로 구성된 경우)의 차음도(noise reduction, ΔL)는 한쪽이 실내이고, 다른 한쪽은 실외에 면한 경우에는 각각의 면으로부터 1m 정도의 거리에서 평균 음압레벨 $\overline{\text{SPL}_1}$ 및 $\overline{\text{SPL}_2}$를 측정하여 그 차로부터 구하고 대략적인 TL은 $\Delta L = \overline{\text{SPL}_1} - \overline{\text{SPL}_2}$ $= \text{TL} + 6\text{dB}$이다.

$$\therefore \text{TL} = \Delta L - 6\text{dB}$$

40 극간이 없는 균질의 단일벽에서 확산 입사파에 대한 투과손실(TL, dB)을 나타낸 실용식으로 옳은 것은? (단, f : 입사되는 주파수(Hz), m : 벽의 면밀도(kg/m²))

① $\text{TL} = 10 \log (m \times f) - 44$

② $\text{TL} = 10 \log (m \times f) + 44$

③ $\text{TL} = 18 \log (m \times f) - 44$

④ $\text{TL} = 18 \log (m \times f) + 44$

해설 음파가 벽면에 난입사($\theta = 0 \sim 75°$)할 때 실용적인 음장 입사의 질량법칙 $\text{TL} = 18 \log (m \times f) - 44\text{dB}$이다.

41 음원실의 소음이 $\dfrac{1}{1,000,000}$로 에너지가 감쇠되어 수음실로 전달될 때 투과손실(TL)은?

① 60dB 　　　　② 40dB

③ 20dB 　　　　④ 10dB

해설

$$\text{TL} = 10 \log \frac{1}{\tau}$$

$$= 10 \log \frac{1}{10^{-6}}$$

$$= 60\text{dB}$$

42 벽의 투과손실이 23dB이고, 입사음의 세기가 1일 때 투과음의 세기는?

① 0.005 　　　　② 0.01

③ 0.2 　　　　④ 0.4

해설 $\text{TL} = 10 \log \dfrac{1}{\tau}$ 에서

$$23 = 10 \log \frac{1}{\tau}$$

$$\therefore \tau = 10^{-2.3} = 0.005$$

43 사무실을 1,000Hz에서 40dB의 투과손실을 갖는 칸막이벽으로 분리하고자 한다. 또한 칸막이벽에 동일 주파수에서 20dB의 투과손실을 갖는 유리창을 벽면적의 38% 크기로 설치하고자 한다. 1,000Hz에서 총합 투과손실은?

① 24dB 　　　　② 27dB

③ 30dB 　　　　④ 34dB

해설 투과손실 $\text{TL} = 10 \log \dfrac{1}{\tau}$ 에서

$$40 = 10 \log \frac{1}{\tau_1}$$

$$\therefore \tau_1 = 10^{-4}$$

$$20 = 10 \log \frac{1}{\tau_2}$$

$$\therefore \tau_2 = 10^{-2}$$

평균 투과율 $\overline{\tau} = \dfrac{\sum S_i \tau_i}{\sum S_i} = \dfrac{S_1 \tau_1 + S_2 \tau_2 + \cdots}{S_1 + S_2 + \cdots}$

$$= \frac{62 \times 10^{-4} + 38 \times 10^{-2}}{100}$$

$$= 3.862 \times 10^{-3}$$

$$\therefore \text{TL} = 10 \log \frac{1}{3.862 \times 10^{-3}} = 24\text{dB}$$

38.① 　39.② 　40.③ 　41.① 　42.① 　43.①

44 면밀도 250kg/m²인 콘크리트 패널을 중간 공기층 15cm를 두고 양쪽에 설치하였다. 이 중공이중벽의 저음역 공명주파수는 몇 Hz 정도에서 발생하겠는가? (단, 온도 20℃, 공기밀도 1.2kg/m³, 두 콘크리트 패널의 면밀도는 같다.)

① 6Hz　　　　② 14Hz

③ 21Hz　　　　④ 24Hz

[해설] 온도 20℃일 때 음속

$c = 331.5 + 0.61 \times 20 = 344\text{m/s}$

두 벽의 면밀도가 같을 때의 저음역 공명주파수

$f_{rl} = \dfrac{c}{2\pi}\sqrt{\dfrac{2\rho}{md}} = \dfrac{344}{2 \times 3.14} \times \sqrt{\dfrac{2 \times 1.2}{250 \times 0.15}}$

$\quad = 14\,\text{Hz}$

45 건물벽 음향 투과손실을 4dB 정도 증가시키고자 할 경우, 현재 벽 두께는 기존 두께보다 약 몇 배로 증가시켜야 하는가? (단, 음파는 균일한 건물벽(단일벽)에 난입사한다.)

① 1.1　　　　② 1.7

③ 2.5　　　　④ 3.0

[해설] 단일벽에서 음파가 벽면에 난입사할 때

TL $= 18 \log(m \times f) - 44$dB 이므로

$4 = 18 \log(m \times f)$ 에서

$m \times f = 1.7$이므로 f가 일정할 경우 현재 벽 두께는 기존 두께보다 약 1.7배 증가시켜야 한다.

46 막진동 흡음효과를 얻기 위해 면밀도 10kg/m²인 석고보드를 기존 벽체로부터 5cm 이격한 후 설치하였을 때 막진동에 의해 흡음되는 주파수는? (단, 공기 중의 음속은 340m/s이다.)

① 84Hz　　　　② 105Hz

③ 115Hz　　　　④ 125Hz

[해설] 석고보드를 벽체로부터 5cm 이격한 후 설치하였으므로

$f = \dfrac{c}{2\pi}\sqrt{\dfrac{\rho}{m \times d}} = \dfrac{340}{2 \times 3.14} \times \sqrt{\dfrac{1.2}{10 \times 0.05}}$

$\quad = 84\text{Hz}$

47 단일벽에서 음파가 벽면에 수직입사하고 있다. 벽체의 면밀도는 80kg/m², 입사되는 주파수는 500Hz일 경우 벽면의 투과손실은? (단, $\omega_m \gg 2\rho c$인 경우)

① 39dB　　　　② 49dB

③ 54dB　　　　④ 69dB

[해설] 단일벽의 투과손실(음파가 벽면에 수직입사 시)

TL $= 20 \log(m \times f) - 43$

$\quad = 20 \log(80 \times 500) - 43$

$\quad = 49$dB

48 중공이중벽의 설계에 있어서 저음역의 공명주파수(f_o)를 64Hz로 설정하고자 한다. 두 벽의 면밀도가 각각 15kg/m², 10kg/m²일 때 실용식으로 산출할 경우, 중간 공기층 두께는 약 얼마 정도로 해야 하는가?

① 5.8cm

② 10.7cm

③ 14.6cm

④ 19.7cm

[해설] 저음역에서 중공이중벽의 공명주파수(두 벽의 면밀도가 다를 경우, $m_1 \neq m_2$)

$f_{rl} = 60\sqrt{\dfrac{m_1 + m_2}{m_1 \times m_2} \times \dfrac{1}{d}}$ 에서

$64 = 60 \times \sqrt{\dfrac{15 + 10}{15 \times 10} \times \dfrac{1}{d}}$

$\therefore d = 0.146\text{m} = 14.6\text{cm}$

49 블록벽, 유리창, 출입문, 문틈으로 구성된 벽체가 있고, 벽체의 구성부의 면적과 투과율은 다음 표와 같을 때, 차음대책을 우선적으로 고려해야 할 부위는?

구분	면적(m²)	투과율
블록벽	70	10^{-4}
유리창	15	10^{-3}
출입문	10	10^{-2}
문틈	5	1

① 블록벽

② 유리창

③ 출입문

④ 문틈

[해설] 주어진 표에서 투과율이 1이면 투과손실은 0으로 소음이 전부 문틈을 통과하기 때문에 문틈이 우선적으로 고려해야 할 부위이다.

44.② 45.② 46.① 47.② 48.③ 49.④

50 공장 내 사무실과 작업공간 사이에 단일벽이 존재한다. 표는 단일벽 구성부의 차음특성을 보인다. 구성부에 차음대책을 보완할 때 가장 먼저 보완할 부분은?

구성부	출입문	유리창	환기구	콘크리트벽
투과손실 (dB)	15	10	0	50

① 출입문   ② 유리창
③ 환기구   ④ 콘크리트벽

해설 주어진 표에서 투과손실이 0인 환기구로 이 곳으로 소음이 전부 통과하기 때문에 환기구가 가장 먼저 보완해야 할 부분이다.

51 A공장 총 벽체 면적 $60m^2$ 중 콘크리트 벽체 면적 및 투과손실은 $50m^2$, 55dB이고, 창문의 면적 및 투과손실이 $10m^2$, 15dB이며, 그 중 창문이 $\frac{1}{2}$ 정도 열려 있을 때, 벽체 전체의 투과손실은 얼마인가?

① 6dB   ② 11dB
③ 15dB   ④ 18dB

해설 투과손실 $TL = 10 \log \frac{1}{\tau}$ 에서 $55 = 10 \log \frac{1}{\tau_1}$

∴ 벽체의 투과율 $\tau_1 = 10^{-5.5}$, $15 = 10 \log \frac{1}{\tau_2}$

∴ 창문 $\frac{1}{2}$ 의 투과율 $\tau_2 = 10^{-1.5}$

열린 창문 $\frac{1}{2}$ 의 투과율 $\tau_3 = 1$ 이므로

평균 투과율 $\bar{\tau} = \dfrac{\sum S_i \tau_i}{\sum S_i} = \dfrac{S_1 \tau_1 + S_2 \tau_2 + \cdots}{S_1 + S_2 + \cdots}$

$= \dfrac{50 \times 10^{-5.5} + 5 \times 10^{-1.5} + 5 \times 1}{60}$

$= 0.086$

∴ $TL = 10 \log \dfrac{1}{0.086} = 11dB$

52 높이 5m, 폭 20m의 공장 벽면이 콘크리트벽(면적 $58m^2$, TL=50dB), 유리(면적 $40m^2$, TL=30dB), 그리고 환기구(면적 $2m^2$, TL=0dB)로 구성되어 있다. 이 벽면의 총합 투과손실은?

① 약 17dB   ② 약 21dB
③ 약 23dB   ④ 약 25dB

해설 투과손실 $TL = 10 \log \frac{1}{\tau}$ 에서 $50 = 10 \log \frac{1}{\tau_1}$

∴ 콘크리트벽의 투과율 $\tau_1 = 10^{-5}$

$30 = 10 \log \frac{1}{\tau_2}$

∴ 유리의 투과율 $\tau_2 = 10^{-3}$
환기구의 투과율은 투과손실이 0이므로 $\tau_3 = 1$
평균 투과율

$\bar{\tau} = \dfrac{\sum S_i \tau_i}{\sum S_i} = \dfrac{S_1 \tau_1 + S_2 \tau_2 + \cdots}{S_1 + S_2 + \cdots}$

$= \dfrac{58 \times 10^{-5} + 40 \times 10^{-3} + 2 \times 1}{60} = 0.02$

∴ $TL = 10 \log \dfrac{1}{0.02} = 17dB$

53 투과손실이 45dB인 5m×3m의 벽체가 있다. 이 벽체 내에 $2m^2$ 크기의 출입문을 설치하고자 한다. 출입문 설치 후 이 벽체의 총합 투과손실이 30dB이 되려면, 이 출입문의 투과손실은? (단, 출입문 $2m^2$ 이외의 틈새는 없다고 가정한다.)

① 약 11dB   ② 약 13dB
③ 약 18dB   ④ 약 21dB

해설 총합 투과손실 $\overline{TL} = 10 \log \left(\dfrac{\sum S_i}{\sum S_i \tau_i} \right)$ 에서

$30 = 10 \log \left(\dfrac{15}{13 \times 10^{-4.5} + 2 \times \tau} \right)$

출입문의 투과율 $\tau = 7.3 \times 10^{-3}$
출입문의 투과손실

$TL = 10 \log \left(\dfrac{1}{7.3 \times 10^{-3}} \right) = 21dB$

54 다음과 같은 재료로 단일벽을 구성할 때, 500Hz에서 투과손실치가 가장 큰 것은? (단, 모든 재료는 수직입사 질량법칙만을 고려한다.)

① 재료 A : 밀도 $7,800kg/m^3$, 두께 20mm
② 재료 B : 밀도 $2,000kg/m^3$, 두께 50mm
③ 재료 C : 밀도 $3,500kg/m^3$, 두께 30mm
④ 재료 D : 밀도 $3,800kg/m^3$, 두께 25mm

해설 단일벽의 투과손실(음파가 벽면에 수직입사 시)
$TL = 20 \log(m \times f) - 43$ 에서 $TL \propto \log(m \times f)$ 이므로 재료는 면밀도 m 이 크면 ①항이 투과손실치가 가장 크다.
① $7,800 \times 0.02 = 156kg/m^2$
② $2,000 \times 0.05 = 100kg/m^2$
③ $3,500 \times 0.03 = 105kg/m^2$
④ $3,800 \times 0.025 = 95kg/m^2$

55 콘크리트와 유리창 그리고 합판으로 구성된 건물의 벽이 있다. 이 벽의 총합 투과손실은? (단, 콘크리트의 면적 $30m^2$, TL=45dB, 유리창의 면적 $15m^2$, TL=15dB, 합판의 면적 $10m^2$, TL=12dB)

① 15dB   ② 17dB

③ 20dB   ④ 24dB

[해설] 총합 투과손실

$$\overline{TL} = 10 \log\left(\frac{\sum S_i}{\sum S_i \tau_i}\right)$$
$$= 10 \log\left(\frac{30+15+10}{30 \times 10^{-4.5} + 15 \times 10^{-1.5} + 10 \times 10^{-1.2}}\right)$$
$$= 16.9 = 17dB$$

56 $1.0m \times 2.5m$ 크기의 출입문의 투과손실을 25dB 이상으로 설계하려고 한다. 출입문 주위 틈새의 면적은 몇 m^2 이하로 해야 되는가? (단, 틈새 이외의 벽체 부분은 차음성능이 충분히 크다고 가정한다.)

① 5.94×10^{-3} ② 6.94×10^{-3}

③ 7.94×10^{-3} ④ 8.94×10^{-3}

[해설] 벽의 틈새에 의한 누음

벽 전체 면적의 $\frac{1}{n}$ 만큼 틈새가 있으면 $SPL_2 = SPL_1 - 10 \log n$ 에서 출입문의 투과손실을 25dB 이상으로 설계할 경우 $25 = 10 \log n$

$\therefore n = 10^{2.5} = 316$

출입문의 면적 $S_1 = 1.0 \times 2.5 = 2.5m^2$

틈새의 면적을 S_2 라 하면

$$\frac{1}{n} = \frac{1}{316} = \frac{S_2}{S_1 + S_2} = \frac{S_2}{2.5 + S_2}$$ 에서

$$316 \times S_2 = 2.5 + S_2$$

$$\therefore S_2 = \frac{2.5}{316} = 7.94 \times 10^{-3} m^2$$

57 음장 입사 질량법칙이 만족되는 영역에서 면밀도 $250kg/m^2$인 단일벽체에 1,000Hz의 음이 벽면에 난입사할 때, 이 벽체의 투과손실(dB)은?

① 37.1   ② 48.6

③ 53.2   ④ 65

[해설] 단일벽에서 음파가 벽면에 난입사할 때
$$TL = 18 \log(m \times f) - 44$$
$$= 18 \times \log(250 \times 1,000) - 44$$
$$= 53.2dB$$

58 균질의 단일벽 두께를 20% 올리면 일치효과의 한계주파수는 어떻게 변화하겠는가? (단, 기타 조건은 일정함)

① 약 20% 저하

② 약 17% 저하

③ 약 9.5% 상승

④ 약 20% 상승

[해설] 단일벽의 일치주파수

$$f = \frac{c^2}{2\pi h \sin^2 \theta} \sqrt{\frac{12\rho(1-\sigma^2)}{E}} \text{(Hz)}$$ 이므로

식에서 $f \propto \frac{1}{h}$ 이므로 균질인 단일벽의 두께를 20% 올리면 한계주파수는 $\left(1 - \frac{1}{1.2}\right) = 0.17 = 17\%$ 저하된다.

59 $3m \times 4m$ 크기의 차음벽을 두 잔향실 사이에 설치한 후, 음원실과 수음실에서 시간 및 공간 평균된 음압레벨을 측정하였더니 각각 90dB과 72dB이었다. 수음실의 흡음력을 20sabines이라고 하면 이 차음벽의 투과손실은? (단, 차음벽에서 충분히 떨어진 곳에서 측정)

① 15.8dB   ② 13.5dB

③ 11.4dB   ④ 10.6dB

[해설] 잔향실법으로 측정하는 벽의 투과손실

$$TL = \overline{SPL_1} - \overline{SPL_2} - 10 \log\left(\frac{\overline{\alpha} S}{s}\right)$$
$$= 90 - 72 - 10 \log\left(\frac{20}{12}\right)$$
$$= 15.8dB$$

60 어떤 창문의 규격이 $5m(L) \times 3m(H)$이고 창문 안쪽에서의 음압레벨 SPL이 75dB이다. 창문 면적의 $\frac{1}{5}$을 열었을 경우 창문 외측에서의 음압레벨은 몇 dB인가? (단, 창문 이외의 다른 틈새나 벽체에 의한 영향은 무시)

① 62dB   ② 65dB

③ 68dB   ④ 71dB

[해설] 벽의 틈새에 의한 누음

벽 전체 면적의 $\frac{1}{n}$ 만큼 틈새가 있으면

$$SPL_2 = SPL_1 - 10 \log n = 75 - 10 \log 5 = 68dB$$

61 틈새가 있는 0.9m×2.0m의 문이 있다. 이 문의 투과손실을 20dB 이상으로 하고자 한다면 문 주위 틈새의 평균 폭을 몇 mm 이하로 해야 되는가? (단, 틈새 이외는 차음성능이 충분히 크다고 가정한다.)

① 5.2mm　　　② 4.8mm
③ 4.2mm　　　④ 3.1mm

 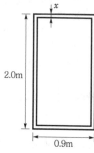

$$TL = SPL_1 - SPL_2 = 10 \log n \text{(dB)}$$

여기서, n : 전체 면적의 $\dfrac{1}{n}$ 틈새 면적

$20 = 10 \log n$, ∴ $n = 10^2 = 100$

문의 면적 $S_1 = 0.9 \times 2.0 = 1.8 \text{m}^2$
틈새의 면적 S_2라 하면

$$\frac{1}{n} = \frac{1}{100} = \frac{S_2}{S_1 + S_2} = \frac{S_2}{1.8 + S_2}$$

틈새 면적 $S_2 = \dfrac{1.8}{99} = 0.018 \text{m}^2 = 18,000 \text{mm}^2$

∴ $18,000 = 900 \times 2x + 2,000 \times 2x$
　　　$= (900 + 2,000) \times 2x$
　$x = 3.1 \text{mm}$

62 차음구조를 설치할 경우 주의사항으로 옳지 않은 것은?

① 커다란 차음성능을 실현시키자면 중량이 있는 구조체를 필요로 한다.
② 커다란 차음구조를 실현시키자면 이중 이상의 복합구조를 필요로 한다.
③ 차음성능이 커질수록 틈에서 소리가 새어 나오므로 차음성능의 증가가 현저하게 나타난다.
④ 차음구조를 설치하는 것은 통기성의 차단을 의미한다.

해설 차음성능이 커질수록 틈에서 소리가 새어 나오지 않으므로 차음성능의 증가가 현저하게 나타난다.

63 크기가 5m×4m이고 투과손실이 40dB인 벽에 서류를 주고 받기 위한 개구부를 설치하려고 한다. 이때 이 벽의 투과손실이 20dB 이하가 되지 않게 하기 위해서는 개구부의 크기를 얼마까지 크게 할 수 있는가? (단, 개구부의 투과손실은 없는 것으로 간주하고, 계산값은 소수점 이하 둘째자리에서 반올림한다.)

① 0.1m²　　　② 0.2m²
③ 0.3m²　　　④ 0.4m²

해설 $TL = SPL_1 - SPL_2 = 10 \log n \text{(dB)}$

여기서, n : 전체 면적의 $\dfrac{1}{n}$ 틈새 면적

$20 = 10 \log n$
∴ $n = 10^2 = 100$
문의 면적 $S_1 = 5 \times 4 = 20 \text{m}^2$
틈새의 면적 S_2라 하면

$$\frac{1}{n} = \frac{1}{100} = \frac{S_2}{S_1 + S_2} = \frac{S_2}{20 + S_2}$$

∴ 틈새 면적 $S_2 = \dfrac{20}{99} = 0.2 \text{m}^2$

64 중공이중벽 설계 시 옳지 않은 것은?

① 중공이중벽은 공명주파수 부근에서 투과손실이 현저하게 저하된다.
② 공기층은 10cm 이상으로 하는 것이 바람직하다.
③ 설계 시에는 차음 목적주파수가 공명주파수와 일치주파수의 범위를 벗어나도록 하여야 한다.
④ 중공이중벽은 일반적으로 동일 중량의 단일벽에 비해 5~10dB 정도 투과손실이 증가한다.

해설 설계 시에는 차음 목적주파수가 공명주파수와 일치주파수의 범위 안에 들게 하는 것이 필요하다.

65 투과손실은 중심수파수 대역에서는 질량법칙(mass law)에 따라 변화한다. 음파가 단일벽면에 수직입사 시 면밀도가 2배 증가하면 투과손실은 어떻게 변화하는가?

① 3dB 증가　　　② 6dB 증가
③ 9dB 증가　　　④ 12dB 증가

해설 음파가 단일벽면에 수직입사할 때의 투과손실
$TL = 20\log(m \times f) - 43\text{dB}$ 이므로 $TL \propto 20\log m$
∴ $20\log 2 = 6\text{dB}$, 6dB이 증가한다.

66 차음재료에 대한 설명 중 옳지 않은 것은?

① 음의 전파경로 도중에 사용되는 벽체 재료로서 음을 감쇠시키기 위해 사용되는 재료이다.
② 차음재료를 선정할 때는 투과손실이 큰 것을 택할 필요가 있다.
③ 차음성능이 큰 콘크리트, 벽돌, 유리섬유 등이 주로 차음재료로 사용되고 있다.
④ 차음재료의 단위면적당 중량이 크고 주파수가 높을수록 투과손실은 크게 된다.

해설 차음성능이 큰 콘크리트, 벽돌 등이 주로 차음재료로 사용되고 있다. 차음재료는 면밀도(kg/m^2)가 커야 한다. 또한 유리섬유는 흡음재료에 속한다.

67 발전기실의 벽면에 발전기 발생 음압이 입사하면 소밀파가 벽체에 발생한다. 입사파와 소밀파의 파장이 일치하면 일종의 공진상태가 되어 차음성능이 현저하게 저하되는데 이러한 현상을 무엇이라 하는가?

① 차음의 질량법칙 ② 난입사 질량법칙
③ 일치효과   ④ 음장 입사효과

해설 일치효과(coincidence effect)
벽체에 발생한 소밀파와 입사파, 이 두 파의 파장이 일치하면 벽체의 굴곡과 진폭은 입사파의 진폭과 같은 크기로 진동하여 일종의 공진상태가 되어 차음성능이 현저하게 저하되는 현상이다.

68 차음특성에서 단일벽의 일치효과로 인해 투과손실이 현저하게 감소하는 이유로 옳은 것은?

① 입사음의 주파수가 증가하기 때문이다.
② 음파가 벽면에 난입사를 하기 때문이다.
③ 음파가 벽면에 수직입사를 하기 때문이다.
④ 벽면의 공진현상 때문이다.

해설 일치효과(coincidence effect)
벽체에 발생한 소밀파와 입사파, 이 두 파의 파장이 일치하면 벽체의 굴곡과 진폭은 입사파의 진폭과 같은 크기로 진동하여 일종의 공진상태가 되어 차음성능이 현저하게 저하되는 현상이다.

69 다음은 단일벽의 차음특성 곡선이다. ㉮, ㉯, ㉰에 알맞은 영역은?

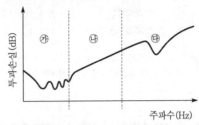

① ㉮ 강성제어 영역, ㉯ 질량제어 영역, ㉰ 감쇠제어 영역
② ㉮ 강성제어 영역, ㉯ 질량제어 영역, ㉰ 일치효과 영역
③ ㉮ 질량제어 영역, ㉯ 강성제어 영역, ㉰ 감쇠제어 영역
④ ㉮ 질량제어 영역, ㉯ 강성제어 영역, ㉰ 일치효과 영역

해설 ㉮ 강성제어 영역 : 사용하는 자재의 강성에 지배되는 공진영역으로 차음성능이 저하된다.
㉯ 질량제어 영역 : 질량법칙(mass law) 영역으로 투과손실이 옥타브당 6dB씩 증가된다.
㉰ 일치효과 영역 : 투과손실이 현저히 감소되는 구간이다.

70 중공이중벽의 차음성능에 대한 설명으로 옳은 것은?

① 중공이중벽 내에 글라스울 등으로 충진하면 공명주파수 부근의 투과손실이 어느 정도 개선된다.
② 중공이중벽은 일반적으로 동일 중량의 단일벽에 비해 50dB 정도 투과손실이 증가하며, 공기층 2cm 정도 하는 것이 바람직하다.
③ 중공이중벽은 공진주파수 영역에서 차음성능이 매우 좋다.
④ 중공이중벽 내 공기층 두께가 달라져도 차음성능은 변하지 않는다.

해설 ② 중공이중벽은 일반적으로 동일 중량의 단일벽에 비해 5～10dB 정도 투과손실이 증가하며, 공기층 10cm 이상하는 것이 바람직하다.
③ 중공이중벽은 공진주파수 영역에서 투과손실이 현저하게 저하된다.
④ 중공이중벽 내 공기층 두께가 달라지면 차음성능이 변하게 된다.

71 단일벽 차음특성(투과손실)을 주파수에 따라 나눈 영역에 속하지 않는 것은?

① 강성제어역   ② 공진효과역

③ 질량제어역   ④ 일치효과역

해설 단일벽 차음특성(투과손실)을 주파수에 따라 나눈 영역은 세 영역, 즉 강성제어 영역, 질량제어 영역, 일치효과 영역이 있다.

72 차음재료 선정 및 사용상 유의점으로 옳지 않은 것은?

① 차음에 가장 영향이 큰 것은 틈이므로 틈이나 파손된 곳이 없도록 하여야 한다.

② 서로 다른 재료로 구성된 벽의 차음효과를 높이기 위해서는 벽체 각 구성부의 면적과 당해 벽체의 $S_i \tau_i$의 값이 다른 자재로의 시공을 검토하는 것이 좋다.

③ 차음벽에서 면의 진동은 위험하므로 가진력이 큰 기계가 설치된 공장의 차음벽은 방진지지 및 방진합금의 이용이나 댐핑(damping) 처리 등을 검토한다.

④ 콘크리트 블록을 차음벽으로 사용하는 경우에는 표면을 모르타르로 바르는 것이 좋다.

해설 서로 다른 재료로 구성된 벽의 차음효과를 높이기 위해서는 벽체 각 구성부의 면적과 당해 벽체 투과율을 곱한 $S_i \tau_i$치를 되도록 같게 하는 것이 좋다.

73 차음의 대책 및 유의사항에 대한 설명으로 옳지 않은 것은?

① 차음에서 가장 취약한 곳은 간극이므로 틈이나 파손된 곳이 없도록 해야 한다.

② 진동이 큰 곳에서는 차음벽의 탄성지지가 필요하다.

③ 차음은 흡음과는 달리 음에너지의 반사율이 작을수록 좋다.

④ 큰 차음효과를 얻기 위해 단일벽보다 중공을 갖는 이중벽을 사용하는 것이 좋다.

해설 차음은 흡음과는 달리 음에너지의 반사율이 클수록 좋다.

74 음향투과등급(STC)에 관한 설명으로 옳지 않은 것은?

① STC값이 높으면 높을수록 소음차단성능이 좋지 않다는 것을 나타낸다.

② 측정대상 시료에 대해 잔향실에서 $\frac{1}{3}$ 옥타브 대역으로 측정한다.

③ 평가기준곡선상의 모든 주파수 대역별 투과손실과 기준곡선값과의 차의 산술평균이 2dB 이내여야 한다.

④ 평가 시에 단 하나의 투과손실값도 기준곡선 밑으로 8dB을 초과해서는 안 된다.

해설 **음향투과등급(Sound Transmission Class, STC)**
건축자재 등이 갖는 소리에 대한 차단능력을 단일수치 평가량(한 개의 값)으로 나타낸 것으로, 이 값은 측정한 음향투과손실값으로부터 정해진 방법에 따라 산출하며 STC값이 높을수록 차음성능이 좋다는 것을 의미한다.

75 음향투과등급(sound transmission class)에 관한 설명으로 옳지 않은 것은?

① 잔향실에서 $\frac{1}{3}$ 옥타브 대역으로 측정한 투과손실로부터 구한다.

② 기준곡선 밑의 각 주파수 대역별 투과손실과 기준곡선값의 차의 산술평균이 2dB 이내이어야 한다.

③ 단 하나의 투과손실값도 기준곡선 밑으로 8dB을 초과해서는 안 된다.

④ 500kHz의 기준곡선의 값이 해당 자재의 음향투과등급이 된다.

해설 500Hz의 기준곡선의 값이 해당 자재의 음향투과등급이 된다. 음향투과등급은 기준곡선과의 조정을 거친 후 500Hz를 지나는 STC곡선의 값을 판독하면 된다.

76 음파가 벽면에 수직입사할 때, 단일벽의 투과손실에 관한 설명으로 옳은 것은?

① 투과손실은 주파수 및 면밀도와 무관하다.

② 벽체의 면밀도가 3배 증가할 때마다 투과손실은 3dB씩 증가한다.

③ 주파수가 2배 증가할 때마다 투과손실은 3dB씩 증가한다.

④ 벽체의 면밀도가 2배 증가할 때마다 투과손실은 6dB씩 증가한다.

해설 ① 투과손실은 벽체의 주파수 및 면밀도 곱의 대수값에 비례한다(차음의 질량법칙).

$$TL = 20\log(m \times f) - 43dB$$

② 벽체의 면밀도가 3배 증가할 때마다 투과손실은 10dB씩 증가한다.

∴ $20\log 3 = 10dB$

③ 주파수가 2배 증가할 때마다 투과손실은 6dB씩 증가한다.

∴ $20\log 2 = 6dB$

④ 벽체의 면밀도가 2배 증가할 때마다 투과손실은 6dB씩 증가한다.

∴ $20\log 2 = 6dB$

---

77 차음재료 선정 및 사용상 유의할 사항으로 옳지 않은 것은?

① 여러 가지 재료로 구성된 벽의 차음효과를 높이기 위해서는 각 재료의 투과율이 서로 유사하지 않도록 주의한다.

② 큰 차음효과를 바라는 경우에는 다공질 흡음재료를 충진한 이중벽으로 하고 공명 투과주파수 및 일치주파수 등에 유의하여야 한다.

③ 차음벽 설치 시 저주파음을 감쇠시키기 위해서는 이중벽으로써 공기층을 충분히 유지시킨다.

④ 가진력이 큰 기계가 설치된 공장의 차음벽은 진동에 의한 차음효과 감소를 고려해야 한다.

해설 여러 가지 재료로 구성된 벽의 차음효과를 높이기 위해서는 벽체 각 구성부의 면적과 당해 벽체 투과율을 곱한 $S_i\tau_i$치를 되도록 같게 하는 것이 좋다.

---

78 차음성능이 다른 몇 개의 부분으로 이루어진 재료로 구성되어 있는 벽면의 총합 투과손실 TL은

$$TL = 10\log\frac{\sum S_i}{S_i\tau_i}$$ 으로 나타낸다. 여기서, S_i, τ_i는 벽면을 구성하는 부분의 면적과 투과율이다. 지금 어떤 벽면(면적 $100m^2$)에서 500Hz의 음이 문제시되고 있고 현장을 검사하여 다음 표와 같은 결과가 얻어졌다. 이 결과를 보고 소음대책을 먼저 실시해야 할 곳은 어디인가?

구성명칭 명칭	면적 (S_i)m²	투과손실 (TL$_i$)dB	투과율 (τ_i)	$\tau_i S_i$ (m²)
문	6	10	0.1	0.6
환기구	2	0	1.0	2.0
창	42	20	0.01	0.42
RC벽 (철근 콘크리트)	50	40	0.0001	0.005

① 문
② 환기구
③ 창
④ RC벽

해설 $TL = 10\log\dfrac{\sum S_i}{S_i\tau_i}$ 이지만 $\sum S_i = S = k$(일정)이므로 $\sum S_i\tau_i$를 적게 하면 투과손실 TL은 커진다. 그렇기 때문에 2.0m²와 가장 큰 비율을 차지하는 환기구에 대해 소음대책을 실시해야 한다.

---

79 일중벽(一重壁)의 차음성에 관한 다음 설명으로 옳지 않은 것은?

① 일중벽으로는 단위면적당 질량이 큰 것이 차음성이 크다.

② 일중벽의 차음성은 재질과는 관계가 없고 두께에 의하여 결정된다.

③ 일중벽에서는 일반적으로 낮은 주파수 대역보다 높은 주파수 대역에서의 차음성이 크다.

④ 일중벽에서는 코인시던스 효과(공명효과)라고 불리는 현상에 의하여 특정주파수 부근에서 차음성이 현저하게 저하되는 일이 있다.

해설 일중벽의 차음성은 질량칙과 공명(코인시던스)효과에 의하여 결정된다. 질량칙은 재료의 투과손실이 재료의 면밀도 즉 단위면적당 질량으로 결정되는 것이고, 면밀도는 재료밀도와 두께의 곱으로 표시된다. 따라서 일중벽의 차음성은 재료의 두께만으로는 비교할 수 없다.

80 이중벽(二重壁)의 차음성에 관한 설명으로 옳지 않은 것은?

① 이중벽인 경우에는 코인시던스 효과에 의한 차음 저하의 우려는 없다.

② 중간 공기층이 충분히 커지면 이중벽의 TL은 각각 패널의 질량칙에 의한 TL의 합에 가까워진다.

③ 이중벽에서는 양면의 패널질량과 중간 공기층의 탄성압력으로 구성되는 계(系)의 공명투과가 저음역에 나타난다.

④ 이중벽의 투과손실(TL)은 중간 공기층이 작을 경우에는 질량칙에 의하여 두 장의 패널질량의 합과 같은 질량을 지닌 일중벽의 TL에 가까운 값이 된다.

해설 일반적으로 이중벽을 구성하는 두 장의 패널 면밀도의 합은 같은 면밀도를 갖는 일중벽에 대한 질량칙에 의한 투과손실보다도 큰 투과손실이라고 생각되나, 이와 같은 경우에도 양면의 패널에 관한 코인시던스 효과가 각각 나타난 그 주파수 대역에서 투과손실의 저하가 일어난다.

81 샌드위치 패널의 차음성에 관한 설명으로 옳지 않은 것은?

① 샌드위치 패널은 질량칙에 의한 값보다 매우 큰 차음성능을 갖는다.

② 샌드위치 패널은 일반적으로 질량칙에 의한 차음성에 비하여 같거나 약간 저하된 값을 갖는다.

③ 샌드위치 패널은 일반적으로 표피재와 심지재의 기계적인 결합에 의하여 이중벽으로서 차음의 특징은 상당히 없어진다.

④ 샌드위치 패널은 이중벽의 공명투과나 코인시던스에 의한 차음 저하를 방지하기 위하여 표피재의 중간에 심지재를 충전시킨 것으로 보아도 좋다.

해설 샌드위치 패널은 일반적으로 기초재 구조나 심지재에 의한 기계적 결합이 강하므로 치음성능은 패널의 면밀도에 상당하는 일중벽의 값과 동등하거나 다소 낮아지며, 이중벽과 같은 큰 차음성능의 개선은 기대되지 않는다.

82 다음 그림은 음의 주파수 f와 중공(中空)이중벽에 의한 투과손실(TL)의 관계를 표시하고 있다. 중공이중벽에서는 저음역의 공명주파수 f_o에 있어서 현저하게 TL이 저하하며, 음의 주파수가 $\sqrt{2}\,f_o$일 때 질량칙에 의한 TL에 일치한다. 여기서 실제로 중요하다고 생각되는 100Hz 이상의 주파수역에 있어서 중공이중벽의 TL을 질량칙에 의한 TL보다 크게 하려면 f_o를 적어도 몇 Hz 이하로 하면 좋은가?

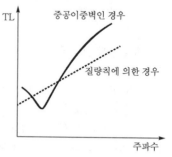

① 60Hz ② 65Hz
③ 71Hz ④ 75Hz

해설 100Hz 이상에서 중공이중벽의 투과손실을 질량칙의 투과손실 이상으로 하기 위해서는 $\sqrt{2}\,f_o \leq 100$으로 한다.

$$\therefore f_o \leq \frac{100}{\sqrt{2}} = 70.9 \text{Hz}$$

83 다음 그림에 나타낸 단면을 갖는 ㉮ ~ ㉣의 4종류의 벽체가 있다. 이 벽체에 관하여 ① ~ ④까지 짝지어진 것 중 차음성이 적은 순서대로 되어 있는 것은? (단, 그림에서 M은 벽면구성 패널의 면밀도(kg/m²), d는 중간 공기층(cm)으로 한다.)

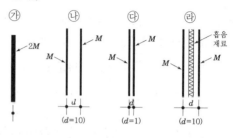

① ㉯ - ㉮ - ㉣ ② ㉰ - ㉣ - ㉯
③ ㉮ - ㉯ - ㉣ ④ ㉮ - ㉣ - ㉯

해설 면밀도 M인 일중벽의 투과손실을 TL_M으로 하면 ㉮는 면밀도 $2M$인 일중벽이므로 $TL = TL_M + 5\text{dB}$이 기대된다. ㉯, ㉰는 중공이중벽으로 ㉮보다 TM의 증가가 기대되나 중간 공기층의 두께 d에 의한 저음역에서 공명투과에 의한 손실이 생기므로 d가 작을수록 투과손실이 질량칙을 밑도는 주파수 범위가 증가하게 된다. 또 중간 공기층은 10cm 이상으로 할 필요가 있다. 따라서 ㉯를 이상적인 이중벽으로 보면 $TL = 2\,TL_M$이 기대된다. ㉰는 d가 작으므로 TL의 증가는 5~10dB로 생각된다. ㉱는 흡음재료를 충전한 이중벽 구조로서 저음역에서 공명투과에 의한 손실방지와 코인시던스 효과의 감소가 기대되고 충전재료의 중량분만큼 TL의 증가가 기대된다. 즉, $TL = 2\,TL_M + \Delta TL$이다.

4종류 벽체의 TL을 적은 순서대로 나열하면

㉮ $TL = TL_M + 5\text{dB}$
㉯ $TL = TL_M + (5 \sim 10)\text{dB}$
㉰ $TL = 2\,TL_M(\text{dB})$
㉱ $TL = 2TL_M + \Delta TL(\text{dB})$

즉, ㉮, ㉰, ㉯, ㉱ 순이다.

84 다음 벽 중에서 차음성이 가장 우수하다고 일반적으로 생각되는 것은?

① 플렉시블 시트 이중벽
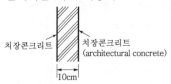
치장콘크리트 치장콘크리트 (architectural concrete)
10cm

② 철조 콘크리트벽
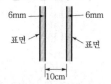
6mm 6mm
표면 표면
10cm

③ 석고보드 이중벽
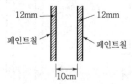
12mm 12mm
페인트칠 페인트칠
10cm

④ 경량콘크리트 블록벽

벽 자체 벽 자체
10cm

해설 일중벽에서는 중량이 클수록 차음성이 좋고 일중벽과 이중벽의 차음성을 비교하기 위해서는 일중벽의 재료와 중량이, 이중벽의 중량과 같으면 이중벽 쪽이 차음성이 양호하다는 것을 알 수 있다. 문제의 재료에서 보면 ②가 가장 무겁게 보여지므로 이것을 지적하는 것이 타당하다.

85 일중벽의 투과손실이 질량칙만으로 정해진다고 했을 때 어떤 패널의 투과손실이 125Hz에서 20dB이었다. 같은 재료로 두께를 2배로 했을 경우, 그 패널 1,000Hz의 투과손실은 얼마인가?

① 30dB
② 35dB
③ 40dB
④ 45dB

해설 일중벽에서 면밀도 및 주파수가 2배로 되면 투과손실은 대략 5dB 증가한다. 따라서 재료의 두께가 2배로 되어 5dB 증가하고, 주파수가 $1,000 = [(125\times2)\times2]\times2$이므로 5dB씩 15dB이 증가한다.

∴ 투과손실은 $20 + 5 + 15 = 40\text{dB}$이 된다.

별해 $TL = 18\log f \cdot M - 44$에서
$20 = 18\log f \cdot M - 44$
$x = 18\log(6f \times 2M) - 44$
∴ $x - 20 = 18\log(6f \times 2M) - 18\log(f \times M)$에서
$x = 20 + 18\log 12 \fallingdotseq 40\text{dB}$

86 이중벽의 차음에 관한 설명으로 옳은 것은?

① 이중벽만 만들면 중간 공기층에 관계없이 차음은 대폭 개선된다.
② 같은 재료를 써서 이중벽을 만들 때, 그 면밀도가 클수록 중간 공기층이 작아도 된다.
③ 같은 재료를 써서 이중벽을 만들 때, 그 면밀도가 적을수록 중간 공기층이 작아도 된다.
④ 아무리 무거운 벽체일지라도 중간 공기층을 크게 하지 않으면 이중벽의 효과는 얻어지지 않는다.

해설 중공이중벽에서는 중간 공기층의 두께에 의하여 저음역의 공명투과의 발생상황이 다르다. 같은 재료에 의한 이중벽에서 면밀도가 크고, 무거울수록 공기층의 두께가 작아도 공명투과를 발생하는 주파수는 낮아지고 이동할 수 있는 주파수 폭은 넓어진다.

87 중공이중벽에서 면밀도 M_1(kg/㎡), M_2(kg/㎡), 중간 공기층 d(cm)의 중공이중벽에 있어서 저음역 공명투과의 주파수가 70Hz, 중간 공기층의 두께가 10cm이고, 양쪽에 사용한 재료의 면밀도는 같을 경우 사용된 재료의 면밀도는?

① 5kg/m^2
② 10kg/m^2
③ 15kg/m^2
④ 20kg/m^2

해설 중공이중벽의 저음역 공명투과의 주파수는

$$f_o = 600 \sqrt{\frac{M_1 + M_2}{M_1 \times M_2} \times \frac{1}{d}}$$

이 식을 변형하면

$$\left(\frac{M_1 + M_2}{M_1 \times M_2}\right) \fallingdotseq \left(\frac{f_o}{600}\right)^2 \times d$$

이 식에 $f_o = 70$, $M_1 = M_2$, $d = 10$cm를 대입하면

$$\frac{2 M_1}{M_1^2} \fallingdotseq \left(\frac{70}{600}\right)^2 \times 10 = \frac{49,000}{360,000}$$

$$\therefore M_1 = \frac{720}{49} \fallingdotseq 14.9 \text{kg/m}^2$$

88 다음 그림은 판두께 3mm, 5mm, 8mm 판유리의 투과손실 측정결과를 나타낸 투과손실 특성도이다. 5mm 두께 유리의 코인시던스 한계주파수로서 옳은 것은? (단, 3mm 유리의 면밀도는 7.2kg/m^{2}이다.)

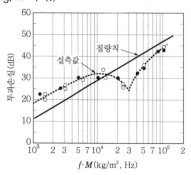

① 1,000Hz
② 1,500Hz
③ 2,000Hz
④ 2,500Hz

해설 판유리의 면밀도는 판두께에 비례하므로 두께 3mm 면밀도로부터 두께 5mm의 면밀도는 $7.2 \times \dfrac{5}{3} = 12$kg/m^{2}가 된다. 주어진 투과손실 특성도에서 코인시던스가 일어날 때의 주파수와 면밀도의 곱($f \times M$)은 3×10^4kg/m$^2 \cdot$Hz 이므로 한계주파수는 다음과 같다.

$$f_o = \frac{3 \times 10^4}{12} = 2.5 \times 10^3 \text{Hz 이다.}$$

89 코인시던스의 영향은 고려하지 않을 경우 주어진 조건하에서 균일한 재질의 일중벽 투과손실의 수치가 가장 큰 것은?

① 벽의 면밀도를 4배로 한다.
② 벽의 면적을 $\dfrac{1}{10}$로 한다.
③ 벽체 재료의 밀도만을 2배로 한다.
④ 음원의 파워레벨을 10dB 감소시킨다.

해설 투과손실을 질량칙으로 나타내면
$$\text{TL} = 18 \log f \cdot M - 44$$
여기서, f : 주파수, M : 면밀도이므로
① 벽의 면밀도를 4배로 하면 약 10dB 감소된다.
② 벽의 면적을 $\dfrac{1}{10}$로 하는 것은 TL과는 직접 관계가 없다.
③ 벽의 재료 밀도를 2배로 하면 면밀도도 2배가 된다. TL은 5.4dB 증가한다.
④ 음원의 파워레벨을 10dB 감소시키는 것은 투과손실과는 직접 관계가 없다.

90 공장소음방지를 위하여 면밀도 M(kg/m^2)인 2매의 판상재료를 사용하여 그림과 같이 ①~④까지 중간 공기층 d를 변화시킨 이중벽, 또는 흡음재료를 채운 이중벽을 만들었을 경우 일반적으로 차음성이 가장 큰 것은?

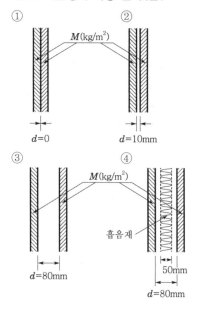

해설 중간 공기층 d가 0 또는 1cm 정도일 때는 투과손실은 거의 차이가 없고 또한 $M(kg/m^2)$인 면밀도에 위한 투과손실의 값에 +5를 한 것 뿐이다. $d = 8cm$ 정도가 되면 ①, ②보다 큰 투과손실이 얻어지고, d가 30~40cm 이상이 되면 $M(kg/m^2)$의 면밀도에 의한 투과손실의 합에 점점 가까운 값이 된다. ④번 같이 $d = 8cm$인 이중벽에서 중간 공기층 50mm인 흡음재를 넣었을 경우에는 이 공기층의 음압이 변화되어 흡음재가 없는 ③의 경우보다도 차음성능은 커진다.

91 차음에 사용되는 판상재료의 코인시던스(coincidence) 한계주파수 f_c는 일중벽인 경우 다음 식으로 계산된다.

$$f_c = \frac{c^2}{2\pi t} \cdot \sqrt{\frac{12\rho}{E}}$$

여기서, ρ : 판밀도, t : 두께, E : 영률, c : 공기 중의 음속이다. f_c를 높이려 할 경우 주어진 조건이 옳은 것은?

① 판의 두께를 크게 한다.

② 판의 휨강도(曲强度) $D = \dfrac{Et^3}{12}$를 크게 한다.

③ 영률이 같은 재료 중에서 밀도가 적은 것을 선택한다.

④ 영률 E나 면밀도 $M = \rho \times t$가 같을 경우, 판두께가 작은 것을 고른다.

해설 ① $f_c = \dfrac{k}{t}$

∴ 판의 두께 t를 작게 하면 f_c가 커진다.

② $D = \dfrac{Et^3}{12}$

∴ $E = \dfrac{12D}{t^3}$, 이것을 식에 대입하면

$$f_c = \frac{c^2}{2\pi t} \cdot \sqrt{\frac{\rho t^3}{D}} = \frac{c^2}{2\pi} \cdot \sqrt{\frac{\rho t}{D}}$$

즉, D를 작게 하면 f_c는 커진다.

③ $f_c = k\sqrt{\rho}$

∴ ρ가 큰 것을 찾으면 f_c는 커진다.

④ $M = \rho t$이므로 $\rho = \dfrac{M}{t}$, 이것을 식에 대입하면

$$f_c = \frac{c^2}{2\pi t} \cdot \sqrt{\frac{12M}{tE}} = \frac{k}{t\sqrt{t}}$$

∴ t가 작은 것이 f_c는 커지게 된다.

92 방음벽에 관한 설명으로 옳지 않은 것은?

① 점음원의 경우 방음벽의 길이가 높이의 5배 이상이면 길이의 영향은 고려하지 않아도 된다.

② 방음벽의 높이가 일정할 때 음원과 수음점의 중간 위치에 이를 세우는 경우가 가장 효과적이다.

③ 방음벽의 안쪽은 될 수 있는 한 흡음성으로 해서 반사음을 방지하는 것이 좋다.

④ 방음벽에 의한 현실적 최대회절감쇠치는 점음원의 경우 24dB, 선음원의 경우 22dB 정도로 본다.

해설 방음벽의 높이가 일정할 때 음원이나 수음점 가까이에 세울수록 가장 효과적이다.

93 수음점과 음원 사이의 울타리에 의한 감쇠효과를 나타낸 것으로 옳은 것은?

① 수음점과 음원의 중앙에 세울 때 가장 효과가 크다.

② 울타리의 위치와는 무관하다.

③ 음원이나 수음점 가까이 세울수록 효과가 크다.

④ 일반적으로 주파수가 낮을수록 효과가 크다.

해설 방음벽은 음원이나 수음점 가까이에 설치할수록 감쇠효과가 커진다.

94 방음벽 설계 시 유의할 점으로 옳지 않은 것은?

① 음원의 지향성이 수음측 방향으로 클 때에는 벽에 의한 감쇠치가 계산치보다 크게 된다.

② 벽의 투과손실은 회절감쇠치보다 적어도 3dB 이상 크게 하는 것이 좋다.

③ 벽의 길이는 점음원일 때 벽높이의 5배 이상으로 하는 것이 바람직하다.

④ 벽의 길이는 선음원일 때 음원과 수음점 간의 직선거리의 2배 이상으로 하는 것이 바람직하다.

해설 벽의 투과손실은 회절감쇠치보다 적어도 5dB 이상 크게 하는 것이 좋다.

95 방음벽의 설계에 관한 내용으로 옳지 않은 것은?

① 방음벽 설계는 무지향성 음원으로 가정한 것이므로 음원의 지향성과 크기에 대한 상세한 조사가 필요하다.

② 수음원측 방향으로 음원의 지향성이 클 때는 벽에 의한 감쇠치가 계산치보다 크게 된다.

③ 벽의 투과손실은 회절감쇠치보다 적어도 5dB 이상 크게 하는 것이 바람직하다.

④ 벽의 길이는 점음원일 때 벽높이의 2배 이상, 선음원일 때는 음원과 수음원 간의 거리를 5배 이상하는 것이 바람직하다.

해설 벽의 길이는 점음원일 때 벽높이의 5배 이상, 선음원일 때는 음원과 수음원 간의 거리를 2배 이상하는 것이 바람직하다.

96 방음벽 설계 시 유의할 점으로 옳지 않은 것은?

① 벽 대신에 소음원 주위에 나무를 심는 것은 소음방지에 큰 효과를 기대할 수 없다.

② 방음벽의 안쪽은 될 수 있는 한 흡음성으로 해서 반사음을 방지하는 것이 좋다.

③ 음원의 지향성이 수음점 방향으로 강할 때는 방음벽에 의한 감쇠치는 계산치보다 작게 된다.

④ 방음벽에 의한 실용적 삽입손실치의 한계는 점음원인 경우 24~25dB, 선음원인 경우 21~22dB 정도로 본다.

해설 음원의 지향성이 수음점 방향으로 강할 때는 방음벽에 의한 감쇠치는 계산치보다 크게 된다.

97 방음벽을 계획하고 설계를 하는 데 있어 음향적인 조건에 포함되지 않는 것은?

① 방음벽 높이 및 길이

② 방음벽 위치

③ 방음벽 재료

④ 방음벽의 안전성 및 유지, 보수, 미관

해설 방음벽의 안전성 및 유지, 보수, 미관은 음향적인 조건이 아니다.

98 방음벽 설계 시 유의할 사항으로 옳지 않은 것은?

① 음원의 지향성이 수음측 방향으로 클 때에는 벽에 의한 감쇠치가 계산치보다 크게 된다.

② 벽의 투과손실은 회절감쇠치보다 적어도 5dB 이상 크게 하는 것이 바람직하다.

③ 방음벽에 의한 실용적인 삽입손실치의 한계는 점음원일 때 15dB, 선음원일 때 25dB이다.

④ 벽의 길이는 점음원일 때 벽높이의 5배 이상, 선음원일 때 음원과 수음점 간의 직선거리의 2배 이상으로 하는 것이 바람직하다.

해설 방음벽에 의한 실용적인 삽입손실치의 한계는 점음원일 때 25dB, 선음원일 때 21dB이다.

99 방음벽에 의한 소음감쇠에 관한 설명 중 옳지 않은 것은?

① 방음벽은 음의 전파경로에 비해 그 폭이 매우 크므로 장애물에 의한 반사효과가 대부분을 차지한다.

② 방음 벽면에 구멍이 뚫려 있고 내부에 공동이 있어 음파가 공명에 의하여 감쇠되는 형태는 공명형 방음벽이다.

③ 음원과 수음점 사이에 방음벽 등을 설치하여 발생하는 삽입손실값은 방음벽 설치 전·후에 동일 위치, 동일 조건에 측정한 측정값의 차이로 설명된다.

④ 음원과 수음점 사이 장애물이 위치해 있어 수음점에 도달하는 경로는 회절경로, 장애물을 통과하는 투과경로, 장애물의 반사경로 등으로 나눈다.

해설 방음벽은 음의 전파경로에 비해 그 폭이 매우 작으므로 장애물에 의한 음의 회절감쇠치가 대부분을 차지한다.

95.④ 96.③ 97.④ 98.③ 99.①

100 방음벽 재료로는 음향특성 및 구조강도 이외에도 다음 사항을 고려하여야 한다. 해당하지 않는 것은?

① 방음벽에 사용되는 모든 재료는 인체에 유해한 물질을 함유하지 않아야 한다.
② 방음벽의 모든 도장은 주변환경과 어울리도록 구분이 명확한 광택을 사용하는 것이 좋다.
③ 방음판은 하단부에 배수공(drain hole) 등을 설치하여 배수가 잘 되어야 한다.
④ 방음벽은 20년 이상 내구성이 보장되는 재료를 사용하여야 한다.

해설 방음벽의 모든 도장은 무광택으로 반사율이 10% 이하이어야 한다.

101 방음벽에 관한 설명으로 옳지 않은 것은?

① 방음벽에 의한 소음감쇠량은 주로 방음벽의 높이에 의하여 결정된다.
② 방음벽은 벽면 또는 벽 상단의 음향특성에 따라 흡음형, 반사형, 간섭형, 공명형 등으로 구분된다.
③ 방음벽은 사용되는 재료에 따라 금속제형, 투명형, PVC형 등으로 구분된다.
④ 방음벽은 기본적으로 음의 굴절감쇠를 이용한 것이다.

해설 방음벽은 기본적으로 음의 회절감쇠를 이용한 것이다.

102 방음벽에 관한 설명으로 옳지 않은 것은?

① 방음벽의 재질은 방음벽에 의한 감소값과 동등 이상의 투과손실을 갖는 것이면 좋다.
② 방음벽의 정점이 음원과 수음점을 잇는 선상에 있는 경우에 방음벽에 의한 차폐효과는 없다.
③ 방음벽에 의한 차폐효과는 방음벽이 소음원 또는 수음점의 어느 쪽으로 가까이 설치될수록 효과가 있다.
④ 수음점에서는 지면으로부터의 반사가 있으므로 방음벽을 설계할 때에는 반사를 고려하지 않는 경우에 비하여 방음벽에 의한 차폐효과를 3dB 정도 차감하여 고려하는 것이 좋다.

해설 방음벽의 정점이 음원과 수음점을 잇는 선상에 있는 경우일지라도 방음벽에 의한 차폐효과는 약 5dB의 효과가 있다.

103 방음벽의 차폐효과를 얻기 위한 설계에 관한 설명으로 옳지 않은 것은?

① 방음벽에 틈새가 있으면 설계한대로의 효과를 얻을 수 없다.
② 기본적으로 사용하고 있는 계산도표는 점음원과 무한히 긴 장벽에 관한 것이다.
③ 방음벽이 없을 때의 직접음과 방음벽을 설치하였을 때 회절음의 경로차는 될 수 있는 한 적게 하는 것이 효과가 크다.
④ 방음벽을 설치하였을 때 차폐효과 R(dB)을 확실하게 얻기 위해서는 방음벽의 투과손실은 $TL \geq R+10dB$이 되어야 한다.

해설 방음벽이 없을 때의 직접음과 설치하였을 때의 회절음의 경로차($\delta = (A+B)-d$)의 값이 클수록 음의 감쇠량이 커져 방음벽의 효과가 크다.

104 그림과 같은 방음벽에서 A=20m, B=35m, d=50m일 때 500Hz에서의 프레넬수(Fresnel number)는? (단, c=340m/s, 방음벽 길이는 충분히 길다고 가정한다.)

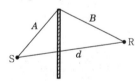

① 14.7
② 13.2
③ 12.4
④ 11.6

해설 프레넬수 $N = \dfrac{2\delta}{\lambda} = \dfrac{\delta \times f}{170}$
여기서, 전파경로의 차 $\delta = (A+B)-d$(m)
$\delta = (20+35)-50 = 5$m
$\therefore N = \dfrac{2\delta}{\lambda} = \dfrac{\delta \times f}{170} = \dfrac{5 \times 500}{170} = 14.7$

105 그림 A~D 단면의 방음벽 중 500Hz에 대한 감음효과가 가장 큰 것은? (단, 자유공간의 반무한 장벽이며, 소음원과 수음점의 표고는 1m씩이며, A, B, C, D 방음벽의 높이는 각각 5m, 4.5m, 5.5m, 4m이다.)

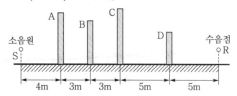

① A   ② B
③ C   ④ D

해설 방음벽의 설치에 따른 전파경로의 차 δ에 의한 프레넬수 (Fresnel number) N이 크면 감쇠치가 크다.

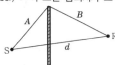

$$N = \frac{2\delta}{\lambda} = \frac{\delta \times f}{170}$$

여기서, 전파경로의 차 $\delta = (A+B) - d\,(\mathrm{m})$

• A 방음벽
$$\delta_1 = (A+B) - d$$
$$= \left(\sqrt{4^2+4^2} + \sqrt{16^2+4^2}\right) - 20$$
$$= 2.15\mathrm{m}$$
$$N_1 = \frac{2.15 \times 500}{170} = 6.32$$

• B 방음벽
$$\delta_2 = (A+B) - d$$
$$= \left(\sqrt{7^2+3.5^2} + \sqrt{13^2+3.5^2}\right) - 20$$
$$= 1.29\mathrm{m}$$
$$N_2 = \frac{1.29 \times 500}{170} = 3.79$$

• C 방음벽
$$\delta_3 = (A+B) - d$$
$$= \left(\sqrt{4.5^2+10^2} + \sqrt{4.5^2+10^2}\right) - 20$$
$$= 1.93\mathrm{m}$$
$$N_3 = \frac{1.93 \times 500}{170} = 5.68$$

• D 방음벽
$$\delta_4 = (A+B) - d$$
$$= \left(\sqrt{3^2+15^2} + \sqrt{3^2+5^2}\right) - 20$$
$$= 1.28\mathrm{m}$$
$$N_4 = \frac{1.28 \times 500}{170} = 3.32$$

∴ 프레넬수 N이 가장 큰 A 방음벽이 감음효과가 가장 크다.

106 음원에서 거리 d만큼 떨어진 수음점의 중간에 콘크리트로 된 긴 방음벽을 세워 소음을 방지하고 싶다. 음원에서 방음벽의 정점까지, 그리고 수음점에서 방음벽의 정점까지의 거리를 각각 A 및 B로 하면 다음 식에 의하여 아래 표와 같은 방음벽에 의한 감음량이 기대된다. $\delta = 50\mathrm{cm}$로 하면 $N = \dfrac{\delta}{\dfrac{\lambda}{2}}$, $\delta = A + B - d$이다. 여기서, λ : 음의 파장이다. 이와 같은 조건에서 소음의 주파수가 1,000Hz인 경우 감음량은?

N	0	0.1	0.5	1	2	5	10
감음량(dB)	5	8	11	13	16	20	23

① 11dB   ② 13dB
③ 15dB   ④ 17dB

해설 음속 c를 340m/s라면 파장 λ와 주파수 f 사이에는 $\lambda = \dfrac{c}{f} = \dfrac{340}{f}$의 관계가 있다. 감음량은 N에 의하여 정해지는데 $N = \dfrac{\delta}{\dfrac{\lambda}{2}} = \dfrac{2\delta}{\lambda} = \dfrac{2 \times f \times \delta}{340} = \dfrac{f \times \delta}{170}$이므로

로 경로차 $\delta = 0.5\mathrm{m}$인 경우 $N = \dfrac{f \times 0.5}{170} = \dfrac{f}{340}$이 된다.

주파수가 1,000Hz인 경우 $N \fallingdotseq 2.94$이므로 감소량은 주어진 표에서 16dB 이상이고 20dB 미만임을 알 수 있다. N은 5보다 2에 가까우므로 17dB로 생각된다.

107 반무한 방음벽의 직접음 회절감쇠치가 20dB(A), 반사음 회절감쇠치가 15dB(A)이고, 투과손실치가 18dB(A)일 때, 이 벽에 의한 삽입손실치는 약 몇 dB(A)인가? (단, 음원과 수음점이 지상으로부터 약간 높은 위치에 있다.)

① 9dB   ② 13dB
③ 15dB   ④ 19dB

해설 방음벽에 의한 회절감쇠치
$$\Delta L_d = -10 \log\left(10^{-\frac{L_d}{10}} + 10^{-\frac{L_d'}{10}}\right)$$
여기서, L_d : 직접음의 회절감쇠치
L_d' : 반사음의 회절감쇠치
∴ $\Delta L_d = -10 \log\left(10^{-2} + 10^{-1.5}\right) = 14\mathrm{dB}$
하지만 투과손실치 TL이 회절감쇠치 ΔL_d보다 10dB 이내로 클 때나 작을 경우는 삽입손실치를 구한다.
삽입손실치
$$\Delta L_I = -10 \log\left(10^{-1.4} + 10^{-1.8}\right) = 13\mathrm{dB}$$

108 반무한 방음벽의 직접음 회절감쇠치가 15dB(A), 반사음 회절감쇠치가 18dB(A)이고, 투과손실치가 20dB(A)일 때, 이 벽에 의한 삽입손실치는 몇 dB(A)인가?

① 6.8dB(A) ② 12.2dB(A)
③ 18.6dB(A) ④ 22.9dB(A)

해설 방음벽에 의한 회절감쇠치

$$\Delta L_d = -10\log\left(10^{-\frac{L_d}{10}} + 10^{-\frac{L_d'}{10}}\right)$$

여기서, L_d : 직접음의 회절감쇠치
L_d' : 반사음의 회절감쇠치

$\therefore \Delta L_d = -10\log(10^{-1.5} + 10^{-1.8}) = 13dB$

하지만 투과손실치 TL이 회절감쇠치 ΔL_d보다 10dB 이내로 클 때나 작을 경우는 삽입손실치를 구한다.
삽입손실치
$$\Delta L_I = -10\log(10^{-1.3} + 10^{-2}) = 12.2dB$$

109 높이에 비해서 무한히 긴 다음 그림의 방음울타리에서 500Hz의 음원에 대한 방음울타리의 효과(dB)는? (단, 방음울타리의 높이에 비하여 비교적 길이가 긴 경우 방음울타리 효과 $\Delta IL =$

$$-10\log\left[\frac{\left(\frac{340}{f}\right)}{\left(\frac{3\times340}{f} + 20\times\delta\right)}\right](dB)$$ 을 이용하여 계산한다.)

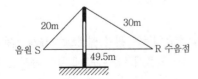

① 약 8 ② 약 13
③ 약 24 ④ 약 48

해설 전파경로의 차
$\delta = (A+B) - d = (20+30) - 49.5 = 0.5m$
방음울타리 효과

$$\Delta IL = -10\log\left[\frac{\left(\frac{340}{f}\right)}{\left(\frac{3\times340}{f} + 20\times\delta\right)}\right]$$

$$= -10\log\left[\frac{\left(\frac{340}{500}\right)}{\left(\frac{3\times340}{500} + 20\times0.5\right)}\right]$$

$$= 13dB$$

110 자유공간에서 중심주파수 125Hz로부터 10dB 이상의 소음을 차단할 수 있는 방음벽을 설계하고자 한다. 음원에서 수음점까지의 음의 회절경로와 직접경로 간의 경로차가 0.55m라면 중심주파수 125Hz에서의 Fresnel number는? (단, 음속은 340m/s이다.)

① 0.25 ② 0.4
③ 0.49 ④ 1.2

해설 프레넬수(Fresnel number)
$$N = \frac{2\delta}{\lambda} = \frac{\delta\times f}{170} = \frac{0.55\times125}{170} = 0.4$$

111 다음 그림과 같은 방음벽을 설계하였다. S는 음원이고, 수음점은 P이다. 수음측 지면이 완전반사일 경우의 경로차는?

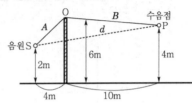

① 3.24m
② 4.57m
③ 5.43m
④ 7.87m

해설 전파경로의 차(완전반사하므로 반사거리를 고려한다)
$\delta = (A+B) - d$
$= \left(\sqrt{4^2+4^2} + \sqrt{(2+8)^2+10^2}\right) - \sqrt{(2+4)^2+14^2}$
$= (5.6+14.14) - 15.23 = 4.57m$

112 음압레벨이 110dB(음원으로부터 1m 이격지점)인 점음원으로부터 30m 이격된 지점에서 소음으로 인한 문제가 발생되어 방음벽을 설치하였다. 방음벽에 의한 회절감쇠치가 10dB이고, 방음벽의 투과손실이 16dB이라면 수음점에서의 음압레벨(dB)은?

① 68.4dB
② 71.4dB
③ 73.4dB
④ 75.4dB

해설 거리감쇠에 의한 감쇠치

$20 \log r = 20 \log 30 = 29.5 \text{dB}$

방음벽의 투과손실이 회절감쇠치보다 10dB 이내일 경우의 감쇠치

$$\Delta L = -10 \log \left(10^{-\frac{L_d}{10}} + 10^{-\frac{TL}{10}}\right)$$
$$= -10 \log (10^{-1} + 10^{-1.6}) = 9 \text{dB}$$

∴ 수음점에서의 음압레벨

$\text{SPL}_2 = 110 - 29.5 - 9 = 71.5 \text{dB}$

113 그림에서 S는 음원, R은 수음점이며 같은 높이에 있을 경우 방음벽을 그림과 같은 위치에 세웠다. 음의 파장을 λ라고 하면 이 방음벽의 감음효과 $N = \dfrac{[(SO+OR)-(a+b)]}{\lambda}$ 로 결정된다. 여기서 $a+b = 100\text{m}$로 하고 $a = 0.1$인 경우 즉, $b \fallingdotseq OR$로 간주될 때 방음벽의 감음효과가 가장 큰 조합은?

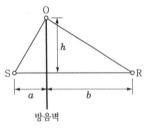

	주파수(Hz)	h(cm)
①	400	130
②	600	90
③	800	70
④	1,000	60

해설 음속(c), 파장(λ)과 주파수(f) 사이에는 $\lambda = \dfrac{c}{f}$의 관계가 있다.

- $RO = \sqrt{h^2+b^2}$은 $b \fallingdotseq 100\text{m}$, $0.6\text{m} \le h \le 2.5\text{m}$인 경우 $RO \fallingdotseq b$로 간주할 수 있다.
- $SO = \sqrt{h^2+a^2}$는 $a \fallingdotseq 0.1\text{m}$, $0.6\text{m} \le h \le 2.5\text{m}$인 경우 $SO \fallingdotseq h$로 간주할 수 있다.
- $a+b = 100$, $a = 0.1$이므로 $a+b \fallingdotseq b$로 간주할 수 있다.

여기시, 이 방음벽의 감음효과는 다음과 같다.

$$N = \frac{[(SO+OR)-(a+b)]}{\lambda} = \frac{[(h+b)-(b)] \times f}{c}$$
$$= \frac{h \times f}{c}$$

감음효과는 방음벽의 높이 h와 주파수 f의 곱으로 정하여지기 때문에 효과가 가장 큰 것은 ④항이다.

114 다음 그림의 A∼E의 5가지 단면을 지닌 방음벽(길이는 모두 충분하다) 중에서 어느 것이든지 한 가지를 사용할 경우 가장 감음효과가 크다고 생각되는 것은? (단, 점선으로 된 곡선은 음원 S와 수음점 R을 초점으로 하는 타원이다.)

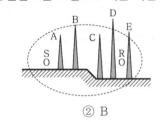

① A ② B
③ C ④ D

해설

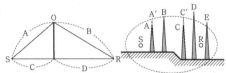

방음벽에 의한 음의 감쇠량은 방음벽의 정점 O를 지나 음원 S와 수음점 R을 연결시키는 선의 길이 (A + B)와 음원과 수음점을 직접 연결하는 직선의 길이 (C + D)의 차이가 파장을 척도로 하여 클수록 크다. 이 경우 B를 기준으로 하여(B방음벽의 정점이 타원상에 있다) A 및 C는 타원 내에 있어 B보다 감음효과는 낮다. 즉 그림과 같이 A 및 C에 방음벽을 세울 경우에는 A′ 및 C′까지의 높이로 B와 같은 효과가 있다. E에 관해서는 수음점 뒤에 방음벽이 있어 효과가 없다. D에 관해서는 타원 밖에 그 정점이 있어 B보다 감음효과가 크다고 할 수 있다.

115 흡음덕트에 관한 설명으로 옳지 않은 것은?

① 흡음재료를 내부에 칠한 덕트는 일반적으로 고음역의 감소가 크다.
② 스플리터형이나 셀형의 흡음덕트는 보통의 내부를 칠한 덕트에 비해 압력손실이 적다.
③ 내부를 칠한 덕트의 단면 크기가 파장에 비하여 큰 경우 어떤 주파수 이상의 감소량은 적어진다.
④ 고주파 부분이 음의 감소를 증가시키기 위하여 덕트 단면을 세분한 스플리터형 또는 셀형 흡음덕트가 사용된다.

해설 스플리터형이나 셀형 흡음덕트는 내부를 칠한 덕트의 단면을 세분한 것으로, 보통의 내부를 칠한 덕트보다 기류에 대한 저항을 증가시키므로 압력손실이 커진다.

116 다음 그림 ①~④ 중에서 방음벽 R의 효과가 가장 적은 것은? (단, 그림에서 S는 음원, 수음점 P, 각 음원에서 1m 떨어진 위치 Q의 음압레벨과 소음레벨은 각각 동일한 것으로 한다.)

①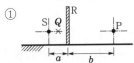

②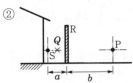

③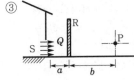

④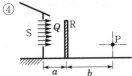

해설 방음벽의 효과는 방음벽의 높이가 높을수록 좋다.

117 흡음률을 측정하기 위한 방법으로 잔향실을 이용하는 경우가 있다. 잔향실의 특징으로 옳은 것은?

① 벽면의 흡음률이 1에 가깝게 한다.
② 벽으로부터 반사파를 될 수 있는 대로 작게 하여 확산음장을 얻도록 한다.
③ 잔향실에는 실내에 충분한 확산을 얻을 수 있도록 확산판을 사용한다.
④ 잔향실의 주요한 벽면은 평행이 되도록 하고 각 대각선의 길이의 비가 5 이상이 되도록 한다.

해설 산향실(reverberant chamber)은 무향실(anechoic chamber)과는 대조적으로 방 내부의 모든 벽면에서 가능한 소리를 흡수하지 않게 하여 실내에서 발생한 소리가 쉽게 소멸하지 않도록 한 방으로서 긴 잔향시간을 갖도록 만든 음향측정실이다. 즉, 실내의 전 공간에서 음압분포가 균일하고 공간 내 임의의 위치에서 음파의 진행방향이 모든 방향으로 균일하게 전파되어야 하는 조건을 만족시키는 음장을 갖는 실을 말한다.

118 어느 시료의 흡음성능을 측정하기 위하여 정재파 관내법을 사용하였다. 1,000Hz 순음인 sine 파의 정재파비(n)가 1.7이었다면 이 흡음재의 흡음률(α_t)은?

① 0.693
② 0.752
③ 0.865
④ 0.933

해설 **흡음자재의 흡음률 측정법 중 관내법(정재파법)**
무향실에 사용하는 흡음재에 적용하는 수직입사 흡음률 측정방법이다.

흡음률 $\alpha_t = \dfrac{4n}{(n+1)^2}$

$= \dfrac{4}{n + \dfrac{1}{n} + 2} = \dfrac{4}{1.7 + \dfrac{1}{1.7} + 2} = 0.933$

119 관내법에 의한 시료의 흡음률 측정에서 입사음의 진폭이 2×10^{-1}Pa, 반사음의 진폭이 1×10^{-1}Pa일 때 이 시료의 흡음률은?

① 0.50
② 0.67
③ 0.75
④ 0.90

해설 **정재파비**

$n = \dfrac{P_{\max}}{P_{\min}}$

$= \dfrac{\text{입사파의 음압진폭} + \text{반사파의 음압진폭}}{\text{입사파의 음압진폭} - \text{반사파의 음압진폭}}$

$= \dfrac{2 \times 10^{-1} + 1 \times 10^{-1}}{2 \times 10^{-1} - 1 \times 10^{-1}} = 3$

∴ 흡음률

$\alpha_t = \dfrac{4n}{(n+1)^2} = \dfrac{4}{n + \dfrac{1}{n} + 2} = \dfrac{4}{3 + \dfrac{1}{3} + 2} = 0.75$

120 A 시료의 흡음성능 측정을 위해 정재파 관내법을 사용하였다. 1,000Hz 순음인 sine파의 정재파비가 1.1이었다면 이 흡음재의 흡음률은?

① 0.816
② 0.894
③ 0.983
④ 0.998

해설 **흡음률**

$\alpha_t = \dfrac{4n}{(n+1)^2} = \dfrac{4}{n + \dfrac{1}{n} + 2} = \dfrac{4}{1.1 + \dfrac{1}{1.1} + 2}$

$= 0.998$

121 난입사 흡음률 측정법으로 옳은 것은?

① 관내법   ② 잔향실법
③ 정재파법   ④ 관외법

해설 흡음자재의 흡음률 측정법 중 난입사 흡음을 측정하는 방법은 잔향실법이다. 실제 현장에 적용하고 있으며 주로 글라스울 흡음재에 사용한다.

- 시료 부착 전의 잔향실 평균흡음률

$$\overline{\alpha_o} = \frac{0.161 \times V}{S \times T_o}$$

- 시료를 부착한 후 그 시료의 흡음률

$$\alpha_r = \frac{0.161 \times V}{s}\left(\frac{1}{T} - \frac{1}{T_o}\right) + \overline{\alpha_o}$$

여기서, T_o : 시료 부착 전 잔향시간(s)
T : 시료 부착 후 측정한 잔향시간(s)
S : 잔향실 표면적(m^2)
V : 잔향실 체적(m^3)
s : 벽면에 부착한 흡음재 시료 면적(m^2)

122 잔향시간은 흡음률과 건물의 용적, 건물 내의 표면적과 관계가 있다. 그 관계를 옳게 표현한 것은? (단, T : 잔향시간, V : 용적, S : 표면적, $\overline{\alpha}$: 평균흡음률이다.)

① $T \propto \dfrac{S}{V\overline{\alpha}}$ ② $T \propto \dfrac{1}{SV\overline{\alpha}}$

③ $T \propto \dfrac{S\overline{\alpha}}{V}$ ④ $T \propto \dfrac{V}{S\overline{\alpha}}$

해설 흡음력(sound absorption)

$A = S \times \overline{\alpha} = \dfrac{0.161 \times V}{T}$ 에서 $T = \dfrac{0.161 \times V}{S \times \overline{\alpha}}$ 이므로 잔향시간은 건물의 용적에 비례하고 평균흡음률에 반비례한다.

123 실내 평균흡음률을 구하는 방법으로 옳지 않은 것은?

① 단품별 흡음률이 주어졌을 때 전체 평균 흡음률 계산
② 잔향시간 측정을 통한 실내 평균흡음률 계산
③ 난입사 흡음률 계산을 통한 측정
④ 이미 알고 있는 표준음원을 이용하는 방법

해설 난입사 흡음률 계산을 통한 측정은 흡음자재의 흡음률을 측정하는 방법(잔향실법)이다.

124 실내의 평균흡음률을 구하는 방법으로 옳지 않은 것은?

① 잔향시간 측정에 의한 방법
② 표준음원(파워레벨을 알고 있는 음원)에 의한 방법
③ 질량법칙에 의한 방법
④ 재료별 면적과 흡음률 계산에 의한 방법

해설 질량법칙에 의한 방법은 벽의 투과손실을 구하는 방법이다.

125 흡음에 관한 설명으로 옳지 않은 것은?

① 다공질형 흡음재는 음에너지를 운동에너지로 바꾸어 열에너지로 전환한다.
② asbestos, rock wool 등은 중 · 고음역에서 흡음성이 좋다.
③ 다공질 재료를 벽에 밀착할 경우 주파수가 낮을수록 흡음률이 증가되지만, 벽과의 사이에 공기층을 두면 그 두께에 따라 초저주파역까지 흡음효과가 증대된다.
④ 판진동형 흡음은 대개 80 ~ 300Hz 부근에서 최대흡음률 0.2 ~ 0.5를 지니며, 그 판이 두껍거나 공기층이 클수록 흡음특성은 저음역으로 이동한다.

해설 다공질 재료를 벽에 밀착하는 것보다 입자속도가 최대로 되는 $\dfrac{1}{4}$ 파장의 홀수배 간격으로 배후공기층을 두고 설치하면 저음역 흡음률을 개선할 수 있다.

126 흡음기구에 대한 설명으로 옳지 않은 것은?

① 시공 시 벽체에 공기층을 두고 다공질 재료를 부착할 경우, 저음역의 흡음률도 개선된다.
② 공명 흡음역은 일반적으로 저음역이다.
③ 판진동 흡음기구인 경우 4,000 ~ 8,000Hz에서 최대흡음률을 나타낸다.
④ 다공질의 흡음재를 벽에 바로 부착시킬 때 흡음효과를 높이기 위해서는 그 두께가 최소한 입사음 파장의 1/10 이상이 되어야 한다.

해설 판진동 흡음기구인 경우 80 ~ 300Hz에서 최대흡음률을 나타낸다.

127 가로, 세로, 높이가 5m, 7m, 2m인 방의 벽, 바닥, 천장의 500Hz 밴드에서의 흡음률이 각각 0.25, 0.05, 0.15일 때 500Hz 음의 잔향시간은?

① 0.31초   ② 0.59초

③ 0.74초   ④ 0.98초

해설 주어진 실내의 전체 표면적

$S = 5 \times 7 \times 2 + 5 \times 2 \times 2 + 7 \times 2 \times 2 = 118 \text{m}^2$

평균흡음률

$$\bar{\alpha} = \frac{\sum S_i \alpha_i}{\sum S_i}$$

$$= \frac{5 \times 7 \times 0.05 + 5 \times 7 \times 0.15 + 7 \times 2 \times 2 \times 0.25 + 5 \times 2 \times 2 \times 0.25}{118}$$

$$= 0.161$$

잔향시간

$$T = \frac{0.161 \times V}{S \times \bar{\alpha}} = \frac{0.161 \times 5 \times 7 \times 2}{118 \times 0.161} = 0.59초$$

128 가로 30m, 세로 40m, 천장 높이가 3m의 바닥 중앙에 PWL 90dB인 기계를 설치하려고 한다. 기계(무지향성) 중심에서 8m 떨어진 곳의 음압레벨은? (단, 이 실내(공장 안)의 평균흡음률은 0.4이다.)

① 58.2dB   ② 66.6dB

③ 78.2dB   ④ 81.4dB

해설 공장 실내의 전체 표면적

$S = 30 \times 40 \times 2 + 30 \times 3 \times 2 + 40 \times 2 \times 2 = 2,820 \text{m}^2$

실내의 실정수(rpoom constant)

$$R = \frac{S \bar{\alpha}}{1 - \bar{\alpha}} = \frac{2,820 \times 0.4}{1 - 0.4} = 1,880 \text{m}^2$$

음압레벨

$$SPL = PWL + 10 \log \left(\frac{Q}{4 \pi r^2} + \frac{4}{R} \right)$$

$$= 90 + 10 \log \left(\frac{2}{4 \times 3.14 \times 8^2} + \frac{4}{1,880} \right)$$

$$= 66.6 \text{dB}$$

129 관이나 판 등으로부터 소음이 방사될 때 이에 대한 소음저감방법으로는 댐핑(damping)재를 부착한 후 흡음재를 부착하고 그 다음에 차음재를 설치하는 것이 훨씬 효과적이다. 이러한 방법을 무엇이라 하는가?

① 방음 차단   ② 방음 절연

③ 방음 rocking   ④ 방음 lagging

해설 방음 래깅(lagging)은 방음 겉씌우개라고도 하며 덕트나 판에서 소음이 방사될 때, 직접 흡음재를 부착하거나 차음재를 씌우는 것보다 진동부에 제진(damping)대책으로 고무나 PVC를 붙인 후 흡음재를 부착하고 그 다음에 차음재(구속층)를 설치하는 방식이다.

130 어떤 공장 내에 다음의 조건을 만족하는 A실과 B실이 있다. 잔향시간 측정방법에 의한 A실의 잔향시간을 3초라 할 때, B실의 잔향시간은? (단, A실과 B실의 내벽은 동일 재료로 되어 있다.)

> • A실 실용적 : 240m³, 실표면적 : 256m²
> • B실 실용적 : 1,920m³, 실표면적 : 1,024m²

① 약 2초   ② 약 3초

③ 약 4초   ④ 약 6초

해설 잔향시간 $T = \dfrac{0.161 \times V}{S \times \bar{\alpha}}$ 에서 A실인 경우

$$3 = \frac{0.161 \times 240}{256 \times \bar{\alpha}}$$

평균흡음률 $\bar{\alpha} = 0.05$

∴ B실인 경우 $T = \dfrac{0.161 \times 1,920}{1,024 \times 0.05} = 6초$

131 중심주파수 대역이 500Hz인 실내소음을 저감시키기 위해 실내 벽체에 두께 5cm의 다공질형 흡음재료를 적용하려고 한다. 흡음재 부착 시 가장 흡음효과가 양호한 이론적인 배후공기층의 두께는?

① 공기층 없음

② 7cm

③ 12cm

④ 21cm

해설 흡음재 부착 시 흡음효과가 가장 양호한 이론적인 배후공기층의 두께는 벽면으로부터 $\dfrac{\lambda}{4}$ 간격으로 배후공기층을 설치하면 된다.

$$\lambda = \frac{c}{f} = \frac{340}{500} = 0.68 \text{m}$$

$$\frac{0.68}{4} = 0.17 \text{m}$$

∴ 17cm 중 실내 벽체 두께가 5cm이므로 배후공기층의 두께는 12cm이다.

132 평균흡음률이 0.3이고, 내부 표면적이 500m²인 건물의 실정수는?

① 150.2m²　　② 183.4m²
③ 208.2m²　　④ 214.3m²

해설 실정수

$$R = \frac{S\,\bar{\alpha}}{1-\bar{\alpha}} = \frac{500 \times 0.3}{1-0.3} = 214.3\text{m}^2$$

133 부피 5,500m³, 내부 표면적 1,850m²인 공장의 평균흡음률이 0.28일 때 평균자유행로(WFP, m)는 얼마인가?

① 7.6　　② 9.2
③ 11.9　　④ 14.7

해설 평균자유행로(전파경로)

$$L_f = \frac{4\,V}{S} = \frac{4 \times 5,500}{1,850} = 11.9\text{m}$$

134 가로×세로×높이가 15m×20m×3m인 교실에서 잔향시간을 측정하였더니 2s였다. 이 교실의 실정수는?

① 60m²　　② 70m²
③ 80m²　　④ 90m²

해설 방의 전체 표면적
$$S = 15 \times 20 \times 2 + 15 \times 3 \times 2 + 20 \times 3 \times 2 = 810\text{m}^2$$
평균흡음률
$$\bar{\alpha} = \frac{0.161 \times V}{S \times T} = \frac{0.161 \times 15 \times 20 \times 3}{810 \times 2} = 0.09$$
∴ 교실의 실정수
$$R = \frac{\bar{\alpha}\,S}{1-\bar{\alpha}} = \frac{0.096 \times 810}{1-0.09} = 80\text{m}^2$$

135 어느 전자공장 내 소음대책으로 다공질 재료로 흡음매트 공법을 벽체와 천장부에 각각 적용하였다. 작업장 규격은 25L×12W×5H(m)이고, 대책 전 바닥, 벽체 및 천장부의 평균흡음률은 각각 0.02, 0.05와 0.1이었다면 잔향시간비(대책 전/대책 후)는? (단, 흡음매트의 평균흡음률은 0.45로 한다.)

① 약 2.9　　② 약 4.3
③ 약 5.4　　④ 약 6.2

해설 방의 전체 표면적
$$S = 25 \times 12 \times 2 + 25 \times 5 \times 2 + 12 \times 5 \times 2 = 970\text{m}^2$$

평균흡음률 $\bar{\alpha} = \dfrac{\sum S_i \alpha_i}{\sum S_i}$

$$= \frac{25 \times 12 \times 0.02 + 25 \times 12 \times 0.1 + 25 \times 5 \times 2 \times 0.05 + 12 \times 5 \times 2 \times 0.05}{970}$$
$$= 0.056$$
대책 전 잔향시간
$$T = \frac{0.161 \times V}{S \times \bar{\alpha}} = \frac{0.161 \times 25 \times 12 \times 5}{970 \times 0.056} = 4.45\text{초}$$
대책 후 평균흡음률
$$\bar{\alpha} = \frac{25 \times 12 \times 2 \times 0.45 + 25 \times 5 \times 2 \times 0.05 + 12 \times 5 \times 2 \times 0.05}{970} = 0.30$$
대책 후 잔향시간
$$T = \frac{0.161 \times V}{S \times \bar{\alpha}} = \frac{0.161 \times 25 \times 12 \times 5}{970 \times 0.30} = 0.83\text{초}$$
$$\therefore \text{잔향시간비}\left(\frac{\text{대책 전}}{\text{대책 후}}\right) = \frac{4.45}{0.83} = 5.40$$

136 공장 내에 A실과 B실이 있다. A실의 실용적 240m³, 표면적 256m², B실의 실용적 1,920m³, 표면적 1,024m²이고 A실과 B실의 내벽은 공히 동일 재료로 되어 있다. A실의 잔향시간이 1초였다면 B실의 잔향시간은 몇 초가 되겠는가?

① 2　　② 3
③ 4　　④ 5

해설 잔향시간 $T = \dfrac{0.161 \times V}{S \times \bar{\alpha}}$ 에서 A실인 경우

$1 = \dfrac{0.161 \times 240}{256 \times \bar{\alpha}}$, 평균흡음률 $\bar{\alpha} = 0.155$

$$\therefore \text{B실인 경우 } T = \frac{0.161 \times 1,920}{1,024 \times 0.155} = 2\text{초}$$

137 가로, 세로, 높이가 3m, 5m, 2m인 방의 바닥, 벽, 천장의 흡음률이 각각 0.1, 0.2, 0.6일 때 방의 평균흡음률은?

① 0.17　　② 0.27
③ 0.37　　④ 0.47

해설 방의 전체 표면적
$$S = 3 \times 5 \times 2 + 3 \times 2 \times 2 + 5 \times 2 \times 2 = 62\text{m}^2$$
평균흡음률
$$\bar{\alpha} = \frac{\sum S_i \alpha_i}{\sum S_i}$$
$$= \frac{3 \times 5 \times 0.1 + 3 \times 5 \times 0.6 + 3 \times 2 \times 2 \times 0.2 + 5 \times 2 \times 2 \times 0.2}{62}$$
$$= 0.27$$

138 다음 중 흡음률(α)에 대해 정의한 식으로 옳은 것은? (단, I_i : 입사음의 세기, I_r : 반사음의 세기, I_a : 흡수음의 세기, I_t : 투과음의 세기)

① $\dfrac{(I_t - I_r)}{I_i}$

② $\dfrac{I_t}{I_i}$

③ $1 - \dfrac{I_a}{I_i}$

④ $\dfrac{I_a + I_t}{I_i}$

[해설] 흡음률

$$\alpha = \frac{I_a + I_t}{I_i} = \frac{I_i - I_r}{I_t} = 1 - \alpha_r = \frac{4(\rho_2 c_2 \times \rho_1 c_1)}{(\rho_2 c_2 + \rho_1 c_1)^2}$$

139 800Hz의 음파를 흡음덕트에 의해서 감음하고자 한다. 원통덕트의 내면에 흡음물을 부착했을 때의 지름을 40cm, 흡음률은 0.4의 것을 이용한다고 하고 이 흡음덕트에서 30dB의 감음을 얻기 위해서는 최소한 몇 m의 길이가 필요한가?

① 9m

② 10m

③ 11m

④ 12m

[해설] 흡음덕트의 감쇠치

$\Delta L = K \dfrac{PL}{S}$ 에서 $K = 1.05 \times \alpha_r^{1.4}$

(또는 $K = \alpha_r - 0.1$, α_r : 잔향실법에 의한 흡음률)

$\therefore K = 0.4 - 0.1 = 0.3$

여기서, P : 덕트 내부의 주장(周長, 둘레길이)(m)

S : 덕트 내부 단면적(m²)

L : 덕트의 길이(m)

$\therefore 30 = 0.3 \times \dfrac{\pi \times 0.4 \times L}{\dfrac{\pi}{4} \times 0.4^2}$ 에서

덕트의 길이 $L = 10\text{m}$

140 댐핑(damping)재료(除振材料)의 사용에 관한 설명으로 옳지 않은 것은?

① 댐핑처리는 공진상태로 음이 발생하고 있을 때 효과가 있다.

② 댐핑재료는 진동하고 있는 송풍기 위에 바르거나 붙여서 사용한다.

③ 댐핑재료를 사용하면 공기음에 대한 차음효과의 증가가 아주 크다.

④ 댐핑재료는 음의 경우 흡음재료와 같이 진동에너지를 흡수하는 효과가 있다.

[해설] 댐핑재료를 사용할 때 공기음에 대한 차음효과

• 댐핑재료는 코인시던스(공명투과) 효과가 일어나는 주파수 부근에서 공진상태에서의 진동을 억제시키는 효과가 있고 차음성능의 저하를 막을 수 있다.

• 공진주파수 부근 이외에서는 댐핑재료에 의하여 벽 재료의 중량이 증가됨에 따라 질량법칙에서 본 투과손실의 증가가 기대된다. 따라서 공기음에 대한 효과에서 보면 댐핑재료의 사용에 의한 차음효과의 증대는 그다지 크지 않다.

141 그림과 같은 직관 흡음덕트의 감쇠량 R(dB)은 $f \fallingdotseq \dfrac{c}{D}$ 에서 다음 식으로 나타낼 수가 있다.

$$R = K \frac{P}{S} \text{(dB/m)}$$

여기서, c : 음속(m/s), D : 관의 직경(m), P : 주장(周長, 둘레길이)(m), S : 단면적(m²)이다. 또한 흡음률 α와 상수 K의 사이에 다음 표와 같은 관계가 있다. $f = 1,000\text{Hz}$, $D = 0.3\text{m}$, $\alpha = 0.5$인 경우 이 덕트에서 25dB의 감쇠량을 얻고 싶을 경우 흡음덕트 최소필요길이 L(m)은?

α	0.3	0.4	0.5
K	0.2	0.3	0.4

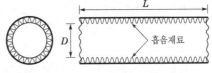

① 3m

② 4m

③ 5m

④ 6m

[해설] 그림에서 $P = \pi D$, $S = \dfrac{\pi}{4} D^2$, $\alpha = 0.5$에서 $K = 0.4$ 이다.

$$R = K \frac{\pi D}{\dfrac{\pi D^2}{4}} = K \times \frac{4}{D} = 0.4 \times \frac{4}{0.3} \fallingdotseq 5.33\text{dB}$$

$\therefore$ 최소필요길이 $L = \dfrac{25}{5.33} = 4.7 \fallingdotseq 5\text{m}$

142 원형 흡음덕트(duct)의 흡음계수(K)가 0.4라면 직경 80cm, 길이 3m인 덕트에서의 감쇠량은 몇 dB인가? (단, 덕트 내 흡음재료 두께는 무시한다.)

① 6

② 8

③ 10

④ 12

해설 흡음덕트의 감쇠치

$$\Delta L = K\frac{PL}{S} = K\frac{\pi DL}{\frac{\pi}{4}D^2}$$

$$= 0.4 \times \frac{3.14 \times 0.8 \times 3}{\frac{3.14}{4} \times 0.8^2} = 6\text{dB}$$

143 직관 흡음덕트에 의한 소음감쇠량은 관의 길이와 내벽의 주장(周長)에 비례하고 단면적에 반비례하며 또 흡음률에 관계된다. 어떤 흡음재료를 사용하여 보니 내경 20cm, 길이 1m인 원형 흡음 직관덕트의 소음감쇠량이 8dB이었다. 여기서 내경을 30cm, 길이를 2m인 덕트를 바꾸어 놓고 같은 흡음재료를 사용하면 약 몇 dB의 소음감쇠량이 얻어지겠는가?

① 2dB   ② 5dB
③ 8dB   ④ 11dB

해설 원형 흡음 직관덕트의 감쇠량은 다음 식으로 나타낸다.

$$R = K\frac{P}{S}L = K\frac{\pi D}{\frac{\pi D^2}{4}}L = K \times \frac{4}{D}L$$

$D = 0.2\text{m}$, $L = 1\text{m}$이고 8dB의 감쇠량을 얻었으므로 이 덕트의 K값은 $K = \frac{R \cdot D}{4 \cdot L} = \frac{8 \times 0.2}{4 \times 1} = 0.4$가 된다.

같은 흡음재료를 사용하므로 K가 0.4일 때 $D = 0.3\text{m}$, $L = 2\text{m}$인 경우의 감쇠량은 다음과 같다.

$$R = K \times \frac{4}{D}L = 0.4 \times \frac{4}{0.3} \times 2 = 11\text{dB}$$

다른 방법으로 풀이하면 이 감쇠량의 계산식을 기억하지 못해도 물음에서 $R \propto \alpha \cdot \frac{1}{D} \cdot L$의 관계가 있다는 것을 알 수 있으므로 $\alpha' = \frac{R \cdot D}{L} = \frac{8 \times 0.2}{1} = 1.6$이다.

$$\therefore R = \alpha' \cdot \frac{1}{D} \cdot L = 1.6 \times \frac{1}{0.3} \times 2 = 11\text{dB}$$

144 직관 흡음덕트의 감쇠량 R(dB)은 최소길이 L(m), 관경 D(m), 흡음률 α가 그림과 같다면 $R = K\frac{P}{S} \times L$(dB)로 된다. 여기서, P는 주장(周長)(m), S는 단면적(m²)을 나타내고, 상수 K는 아래의 표와 같을 경우 $\alpha = 0.3$, 필요길이 $L = 6\text{m}$일 때, 이 길이 L을 3m로 줄이는 데 필요한 α의 값은?

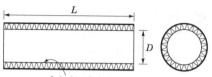

흡음재료(흡음률 α)

α	0.2	0.3	0.4	0.5	0.6	0.7	0.8
K	0.11	0.19	0.29	0.38	0.51	0.63	0.77

① 0.2   ② 0.3
③ 0.4   ④ 0.5

해설 원형 직관 흡음덕트의 감쇠량은 주어진 식으로부터

$$R = K\frac{P}{S} \times L = K\frac{\pi D}{\frac{\pi D^2}{4}} \times L = K \times \frac{4}{D} \times L \text{로 된다.}$$

원형 직관의 길이 $L = 3\text{m}$일 때 직경의 크기를 변화시키지 않고 동일한 감쇠량을 나타내는 내부에 칠할 흡음재료의 흡음률을 구하면 된다.

$$R = K_6 \times \frac{4}{D} \times L_6 = K_3 \times \frac{4}{D} \times L_3$$

따라서, $0.19 \times \frac{4}{D} \times 6 = K_3 \times \frac{4}{D} \times 3$

$$\therefore K_3 = 0.19 \times 2 = 0.38$$

표에서 $K = 0.38$인 경우의 흡음률 $\alpha = 0.5$이다.

145 직관 흡음덕트에 의한 소음감쇠량 R(dB)은 $R = K\frac{P}{S}L$(dB)이다. 여기서, L은 덕트의 길이(m), P는 덕트의 주장(周長)(m), S는 덕트의 단면적 S(m²), K는 덕트 안에 붙인 흡음재의 흡음률에 따른 상수이며 흡음률이 클수록 커진다. 어떤 흡음재료를 사용하여 안지름이 20cm인 원형 단면으로 된 직관의 흡음덕트의 길이가 10m일 때, 소음감쇠량은 50dB이었다. 같은 흡음재료를 사용하여 안지름 50cm, 길이가 5m인 원형 직관 흡음덕트의 소음감쇠량은?

① 5dB   ② 10dB
③ 15dB   ④ 20dB

해설 원형 흡음 직관덕트의 감쇠량 식으로부터 K값을 구한다.

$$R = K\frac{P}{S}L \text{에서 } 50 = K\frac{2\pi r}{\pi r^2}L = K\frac{2}{0.1} \times 10$$

$$\therefore K = 0.25$$

$$R = K\frac{P}{S}L = 0.25 \times \frac{2\pi \times 0.25}{\pi \times 0.25^2} \times 5 = 10\text{dB}$$

146 길이 L(m), 내부를 칠한 단면의 주장(周長) P(m), 단면적 S(m²)인 흡음덕트의 감음량 R (dB)은 $R = \dfrac{(KPL)}{S}$로 주어진다. 여기서, K는 내부를 칠한 재료의 흡음률을 α라고 할 때 $K \fallingdotseq (\alpha - 0.1)$이 된다. 지금 주파수가 500Hz 흡음률이 0.3이고 단면의 형태는 사각형, 내부를 칠한 긴 변이 1파장, 짧은 변이 $\dfrac{1}{2}$파장인 것을 각각 1개씩 만든다고 할 경우 500Hz인 흡음덕트의 감쇠량은?

① 1dB/m
② 1.25dB/m
③ 1.5dB/m
④ 1.75dB/m

해설 1파장을 λ로 하면 $P = \lambda \times 2 + \dfrac{1}{2}\lambda \times 2 = 3\lambda$

$S = \lambda \times \dfrac{1}{2}\lambda = \dfrac{1}{2}\lambda^2$

이 값을 R 공식에 대입하면

$R = KL \times \dfrac{3\lambda}{\dfrac{1}{2}\lambda^2} = \dfrac{6KL}{\lambda}$

여기서, $\lambda = \dfrac{v}{f}$(v : 속도, f : 주파수)를 대입하면

$R = \dfrac{6KLf}{v}$

따라서, 단위길이당 감소량 $\dfrac{R}{L} = \dfrac{6Kf}{v}$이다.

여기서, $K = 0.3 - 0.1 = 0.2$, $f = 500$, $v = 340$이므로,

$\dfrac{R}{L} = \dfrac{6 \times 0.2 \times 500}{340} \fallingdotseq 1.76$dB/m

147 확산음장으로 볼 수 있는 공장의 부피가 3,000m³, 내부 표면적 S가 1,700m², 그 평균흡음률 α가 0.3일 때 다음 중 옳지 않은 것은?

① 실내 음선의 평균 자유전파경로는 약 7.1m 이다.
② 실정수는 약 730m²이다.
③ Sabine의 잔향시간은 약 3.2초이다.
④ 실내에 파워레벨 90dB의 음원을 설치할 때 실내의 평균 음압레벨은 69dB이다.

해설 ① 평균 자유행로(전파경로)

$L_f = \dfrac{4V}{S} = \dfrac{4 \times 3,000}{1,700} = 7.1$m

② 실정수 $R = \dfrac{S\bar{\alpha}}{1 - \bar{\alpha}} = \dfrac{1,700 \times 0.3}{1 - 0.3} = 729$m²

③ 잔향시간

$T = \dfrac{0.161 \times V}{S\bar{\alpha}} = \dfrac{0.161 \times 3,000}{1,700 \times 0.3} = 1$s

④ 실내의 평균 음압레벨을 구하는 방법(반확산음장)

$\overline{\text{SPL}} = \text{PWL} + 10\log\left(\dfrac{Q}{4\pi r^2} + \dfrac{4}{R}\right)$에서

• 직접음

$\text{SPL}_d = \text{PWL} + 10\log\left(\dfrac{Q}{4\pi r^2}\right)$
$= \text{PWL} - 20\log r - 8$
$= 90 - 20\log 7.1 - 8$
$= 65$dB

• 반사음

$\text{SPL}_r = \text{PWL} + 10\log\left(\dfrac{4}{R}\right)$
$= \text{PWL} - 10\log R + 6$
$= 90 - 10\log 729 + 6$
$= 67$dB

∴ 직접음과 반사음의 합
$L = 10\log(10^{6.7} + 10^{6.5}) = 69$dB

148 다음 그림과 같은 직각밴드 흡음덕트의 음의 감소량에 관한 설명으로 옳지 않은 것은?

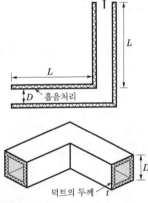

① 흡음곡관은 내부를 칠한 직관에 비하여 감소효과가 크다.
② 직각곡관의 감소량은 내부를 칠한 경우에 비하여 내부에 칠을 안한 쪽이 크다.
③ 흡음곡관에서는 곡률이 클수록 감소량이 크고, 단면이 작을수록 고음역의 감소가 크다.
④ 직각밴드 흡음덕트는 단면 한 변의 길이가 D인 정방형인 경우 흡음재의 두께는 $0.1D$ 이상, 길이 L은 적어도 $2D$ 이상 되는 것이 바람직하다.

해설 직각곡관에서는 음의 반사, 간섭에 의하여 감음되지만 흡음재료를 내부에 칠함으로써 높은 주파수까지 감음효과가 생긴다.

149 다음 중 무향실과 구별되는 잔향실의 특징으로 옳은 것은?

① 실내의 벽면 흡음률을 0에 가깝게 설계한다.

② 공중의 한 점에서 방출되는 음은 모든 방향으로 역제곱법칙에 따라 자유롭게 확산하는 음장을 만족하는 실이다.

③ 자유음장 조건을 만족하는 실이다.

④ 주로 소음원의 정확한 음향특성 및 음향파워레벨조사, 소음 발생 부위 탐사 등을 위해 활용된다.

해설
- 잔향실 : 밀폐된 실내의 모든 표면에서 입사음의 거의 100%가 반사되어 실내의 모든 위치에서 음의 에너지 밀도가 일정한 곳. 즉, 실내의 벽면 흡음률을 0에 가깝게 설계한 곳
- 무향실 : 실내의 모든 표면에서 입사음의 거의 100%가 흡수되어 자유음장과 같은 조건을 만족할 수 있도록 만들어진 곳

150 평균흡음률이 0.02인 방을 방음처리하여 평균흡음률을 0.27로 만들었다. 이때 흡음으로 인한 감음량은 몇 dB인가?

① 7   ② 11

③ 22   ④ 25

해설 흡음률 $\alpha < 0.3$일 때 흡음으로 인한 감음량

$$\Delta L = 10 \log \frac{\alpha_2}{\alpha_1} = 10 \log \frac{0.27}{0.02} = 11\text{dB}$$

151 가로, 세로, 높이가 각각 10m, 8m, 3m인 방의 벽, 천장, 바닥의 1kHz 밴드에서의 흡음률이 각각 0.1, 0.2, 0.3이다. 천장재를 1kHz 밴드에서의 흡음률이 0.7인 흡음재로 대체할 경우 감음량은?

① 1.2dB   ② 3.4dB

③ 6.6dB   ④ 10.9dB

해설 흡음에 의한 실내소음 저감
- 실내의 전체 표면적
$$S = 10 \times 8 \times 2 + 10 \times 3 \times 2 + 8 \times 3 \times 2 = 268\text{m}^2$$

- 흡음재 대책 전 평균흡음률
$$\overline{\alpha_1} = \frac{\sum S_i \alpha_i}{\sum S_i}$$
$$= \frac{10 \times 8 \times 0.3 + 10 \times 8 \times 0.2 + 10 \times 3 \times 2 \times 0.1 + 8 \times 3 \times 2 \times 0.1}{268}$$
$$= 0.19$$

- 흡음재 대책 후 평균흡음률
$$\overline{\alpha_2} = \frac{10 \times 8 \times 0.3 + 10 \times 8 \times 0.7 + 10 \times 3 \times 2 \times 0.1 + 8 \times 3 \times 2 \times 0.1}{268}$$
$$= 0.339$$

- 감음량
$$\Delta L = 10 \log \left(\frac{R_2}{R_1} \right) = 10 \log \left(\frac{\dfrac{S\overline{\alpha_2}}{1 - \overline{\alpha_2}}}{\dfrac{S\overline{\alpha_1}}{1 - \overline{\alpha_1}}} \right)$$
$$= 10 \log \left(\frac{\overline{\alpha_2} \times (1 - \overline{\alpha_1})}{\overline{\alpha_1} \times (1 - \overline{\alpha_2})} \right)$$
$$= 10 \log \left(\frac{0.339 \times (1 - 0.190)}{0.190 \times (1 - 0.339)} \right)$$
$$= 3.4\text{dB}$$

152 부피가 2,500m³이고, 내부 표면적이 1,250m²인 공장의 평균흡음률이 0.25일 때 음파의 평균 자유행로는?

① 7.1m   ② 8.0m

③ 8.9m   ④ 10.6m

해설 평균 자유행로(전파경로)
$$L_f = \frac{4V}{S} = \frac{4 \times 2,500}{1,250} = 8.0\text{m}$$

153 자유공간에서처럼 음원으로부터 거리가 멀어짐에 따라 음압이 일정하게 감쇠되는 역제곱법칙이 성립하도록 인공적으로 만든 실은?

① 무향실   ② 반무향실

③ 잔향실   ④ 반잔향실

해설 무향실

실내의 모든 표면에서 입사음의 거의 100%가 흡수되어 자유음장과 같은 조건을 만족할 수 있도록 만들어진 곳으로, 공중의 한 점에서 방출되는 음은 모든 방향으로 역제곱법칙에 따라 자유롭게 확산하는 음장을 만족하는 실이다.

154 높이 4m×세로 8m×가로 10m인 실내의 천장, 벽, 바닥의 흡음률이 각각 0.5, 0.1, 0.2일 때 실정수는?

① $91m^2$　　　　② $117m^2$

③ $126m^2$　　　　④ $137m^2$

해설 실내의 전체 표면적

$S = 8 \times 10 \times 2 + 8 \times 4 \times 2 + 10 \times 4 \times 2 = 304m^2$

평균흡음률

$\overline{\alpha_1} = \dfrac{\sum S_i \alpha_i}{\sum S_i}$

$= \dfrac{8 \times 10 \times 0.5 + 8 \times 10 \times 0.2 + 8 \times 4 \times 2 \times 0.1 + 10 \times 4 \times 2 \times 0.1}{304}$

$= 0.23$

실정수

$R = \dfrac{S\overline{\alpha}}{1 - \overline{\alpha}} = \dfrac{304 \times 0.23}{1 - 0.23} = 91m^2$

155 1,000Hz의 소음을 원통 흡음덕트로 감음하고자 한다. 덕트의 내면에 흡음률이 0.5인 흡음재를 부착했을 때 내경이 30cm이다. 이 덕트에서 20dB의 감음을 얻기 위해서는 몇 m의 길이가 필요한가? (단, $K = \alpha - 0.1$)

① 3.75m　　　　② 4.15m

③ 4.45m　　　　④ 4.75m

해설 원통 흡음덕트의 감쇠치

$\Delta L = K \dfrac{PL}{S} = K \dfrac{\pi DL}{\frac{\pi}{4}D^2}$ 에서

$K = 0.5 - 0.1 = 0.4$

$P = \pi D = 3.14 \times 0.3 = 0.942m$

$S = \dfrac{\pi}{4}D^2 = \dfrac{3.14}{4} \times 0.3^2 = 0.07m^2$

$20 = 0.4 \times \dfrac{0.942 \times L}{0.07}$

$\therefore L = 3.75m$

156 비닐시트를 벽체와 공기층을 두고 설치하여 흡음효과를 내고자 한다. 비닐시트의 단위면적당 질량이 $0.1kg/m^2$이고, 200Hz 대역에서 효과를 내고자 하면, 공기층의 두께는 얼마로 하여야 하는가?

① 11cm　　　　② 22.5cm

③ 45cm　　　　④ 90cm

해설 판(막) 진동 흡음

흡음주파수 $f = \dfrac{c}{2\pi} \sqrt{\dfrac{\rho}{md}} = \dfrac{60}{\sqrt{md}}$ 에서

$200 = \dfrac{60}{\sqrt{0.1 \times d}}$

$\therefore d = 0.9m = 90cm$

157 큰 공장 내부의 실내소음을 측정하였더니 90dB이었고, 이 소음을 흡음처리하여 83dB 정도로 하려고 한다. 현재의 평균 실내 흡음률이 0.1일 때, 평균흡음률을 얼마 정도로 하여야 하는가? (단, 음원으로부터 충분히 떨어진 지점을 기준으로 한다.)

① 0.2　　　　② 0.26

③ 0.50　　　　④ 0.95

해설 흡음에 의한 실내소음 저감

$\Delta L = SPL_1 - SPL_2 = 10 \log\left(\dfrac{\overline{\alpha_2}}{\overline{\alpha_1}}\right)$ 에서

$90 - 83 = 10 \log\left(\dfrac{\overline{\alpha_2}}{0.1}\right)$

$\therefore \overline{\alpha_2} = 0.5$

158 가로×세로×높이가 각각 20m×15m×5m인 방의 바닥 및 천장의 흡음률은 0.15이고, 벽의 흡음률은 0.30이다. 이 방의 바닥 중앙에 음향파워레벨이 90dB인 무지향성 점음원이 있을 때 실반경은?

① 1.56m　　　　② 1.96m

③ 2.19m　　　　④ 3.12m

해설 실반경(room radius, r_r)

실내에서 직접음과 잔향음의 크기가 같은 음원으로부터의 거리를 말한다.

실내의 전체 표면적

$S = 20 \times 15 \times 2 + 20 \times 5 \times 2 + 15 \times 5 \times 2 = 950m^2$

평균흡음률

$\overline{\alpha_1} = \dfrac{\sum S_i \alpha_i}{\sum S_i}$

$= \dfrac{20 \times 15 \times 2 \times 0.15 + 20 \times 5 \times 2 \times 0.3 + 15 \times 5 \times 2 \times 0.3}{950}$

$= 0.205$

실정수 $R = \dfrac{S\overline{\alpha}}{1 - \overline{\alpha}} = \dfrac{950 \times 0.205}{1 - 0.205} = 245m^2$

실반경은 $\dfrac{Q}{4\pi r^2} = \dfrac{4}{R}$ 이 되어야 하므로

$r_r = \sqrt{\dfrac{Q \times R}{16\pi}} = \sqrt{\dfrac{2 \times 245}{16 \times 3.14}} = 3.12m$

159 덕트의 내부에 흡음재를 부착하여 덕트 소음을 줄이고자 한다. 덕트의 내경이 0.2m인 경우, 다음 중 최대감음주파수의 범위로 옳은 것은?

① $215\text{Hz} < f < 430\text{Hz}$

② $430\text{Hz} < f < 860\text{Hz}$

③ $860\text{Hz} < f < 1,720\text{Hz}$

④ $1,720\text{Hz} < f < 3,440\text{Hz}$

해설 최대감음주파수는 $\dfrac{\lambda}{2} < D < \lambda$ 범위 내에 있으므로 최소주파수 $\lambda = 2D$ 내에 있어야 한다.

즉, $f = \dfrac{c}{\lambda} = \dfrac{c}{2D} = \dfrac{344}{2 \times 0.2} = 860\text{Hz}$

최대주파수 $f = \dfrac{c}{\lambda} = \dfrac{c}{D} = \dfrac{344}{0.2} = 1,720\text{Hz}$

$\therefore$ 최대감음주파수의 범위는 $860\text{Hz} < f < 1,720\text{Hz}$

160 실내 용적 485m³인 공장의 잔향시간이 0.5초라면 흡음력은?

① 156m^2 ② 254m^2

③ 372m^2 ④ 506m^2

해설 흡음력(sound absorption)

$A = S \times \bar{\alpha} = \dfrac{0.161 \times V}{T} = \dfrac{0.161 \times 485}{0.5} = 156\text{m}^2$

161 길이 4m, 폭 5m, 높이 3m인 방에서 측정한 잔향시간이 500Hz에서 0.3초일 때, 이 방의 평균흡음률은?

① 약 0.34 ② 약 0.44

③ 약 0.54 ④ 약 0.64

해설 방의 체적

$V = 4 \times 5 \times 3 = 60\text{m}^3$

전체 표면적

$S = 4 \times 5 \times 2 + 4 \times 3 \times 2 + 5 \times 3 \times 2 = 94\text{m}^2$

평균흡음률

$\bar{\alpha} = \dfrac{0.161 \times V}{S \times T} = \dfrac{0.161 \times 60}{94 \times 0.3} = 0.34$

162 바닥 20m×20m, 높이 4m인 방의 잔향시간이 2초일 때, 이 방의 실정수(m²)는?

① 115.5 ② 121.3

③ 131.2 ④ 145.5

해설 실내의 전체 표면적

$S = 20 \times 20 \times 2 + 20 \times 4 \times 2 \times 2 = 1,120\text{m}^2$

평균흡음률

$\bar{\alpha} = \dfrac{0.161\,V}{S\,T} = \dfrac{0.161 \times 20 \times 20 \times 4}{1,120 \times 2} = 0.115$

$\therefore$ 실정수 $R = \dfrac{S\bar{\alpha}}{1 - \bar{\alpha}} = \dfrac{1,120 \times 0.115}{1 - 0.115} = 145.5\text{m}^2$

163 $8\text{m}^L \times 7\text{m}^W \times 3\text{m}^H$인 실내의 바닥, 천장, 벽의 흡음률이 각각 0.1, 0.3, 0.2일 때, 실내의 흡음력과 잔향시간으로 옳은 것은?

① 30sabines, 1.2초

② 30sabines, 0.7초

③ 40sabines, 1.2초

④ 40sabines, 0.7초

해설 실내의 전체 표면적

$S = 8 \times 7 \times 2 + 8 \times 3 \times 2 + 7 \times 3 \times 2 = 202\text{m}^2$

평균흡음률

$\bar{\alpha}_1 = \dfrac{\sum S_i \alpha_i}{\sum S_i}$

$= \dfrac{8 \times 7 \times 0.1 + 8 \times 7 \times 0.3 + 8 \times 3 \times 2 \times 0.2 + 7 \times 3 \times 2 \times 0.2}{202}$

$= 0.2$

실내의 흡음력

$A = S\bar{\alpha} = 202 \times 0.2 = 40(\text{m}^2 \text{ 또는 sabines})$

잔향시간

$T = \dfrac{0.161\,V}{S\bar{\alpha}} = \dfrac{0.161 \times 8 \times 7 \times 3}{40} = 0.7\text{초}$

164 판진동에 의한 흡음주파수가 100Hz이다. 판과 벽체 사이 최적 공기층이 32mm일 때, 이 판의 면밀도는 약 몇 kg/m²인가? (단, 음속은 340m/s, 공기밀도는 1.23kg/m³이다.)

① 11.3 ② 21.5

③ 31.3 ④ 41.5

해설 판(막)진동의 흡음주파수

$f = \dfrac{60}{\sqrt{m \times d}}$ 에서 $100 = \dfrac{60}{\sqrt{m \times 0.032}}$

$\therefore\ m = 11.25\text{kg/m}^2$

165 6m×4m×5m의 방이 있다. 이 방의 평균흡음률이 0.2일 때 잔향시간(초)은?

① 0.65 ② 0.86

③ 0.98 ④ 1.21

해설 주어진 실내의 전체 표면적
$$S = 6 \times 4 \times 2 + 6 \times 5 \times 2 + 4 \times 5 \times 2 = 148\text{m}^2$$
평균흡음률 $\overline{\alpha} = 0.2$
∴ 잔향시간
$$T = \frac{0.161 \times V}{S \times \overline{\alpha}} = \frac{0.161 \times 6 \times 4 \times 5}{148 \times 0.2} = 0.65\text{초}$$

166 공명 흡입의 경우, 구멍 직경 8mm, 개공률은 0.1256, 두께 10mm인 다공판을 50mm의 공기 층을 두고 설치할 경우, 공명주파수는? (단, 음속은 340m/s이다.)

① 470Hz   ② 570Hz
③ 670Hz   ④ 770Hz

해설 공명 흡음 시 공명주파수
$$f_o = \frac{c}{2\pi} \sqrt{\frac{\beta}{(h + 1.6a) \times d}} \, (\text{Hz})$$
여기서, h : 판의 두께(cm)
       a : 구멍의 반경(cm)
       d : 배후공기층의 두께(cm)
       β : 개공률$\left(= \dfrac{\pi a^2}{B^2} \right)$
$$\therefore f_o = \frac{c}{2\pi} \sqrt{\frac{\beta}{(h + 1.6a) \times d}}$$
$$= \frac{34,000}{2 \times 3.14} \sqrt{\frac{0.1256}{(1 + 1.6 \times 0.4) \times 5}}$$
$$= 670\text{Hz}$$

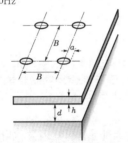

167 유공판(有孔板) 흡음구조체의 흡음특성에 관한 설명으로 옳지 않은 것은?

① 유공판 흡음구조체의 흡음특성은 배후의 공기층의 두께와는 관계가 없다.
② 유공판 흡음구조체는 개구율 3 ∼ 20% 범위에서 공명흡수를 시킬 수 있다.
③ 유공판 흡음구조체 배후의 공기층에 다공질의 흡음재료를 충전시키면 흡음성은 현저하게 증가한다.

④ 개구율 20% 이상이 되면 유공판에 의한 공명흡수의 효과는 감소하고 원래의 기초재료의 특성이 잘 나타나게 된다.

해설 유공판 흡음구조체는 공명주파수 f_o를 중심으로 하여 산(山)형태의 흡음특성을 나타내고 f_o는 다음 식으로 나타낸다.
$$f_o = \frac{c}{2\pi} \sqrt{\frac{p}{(t + 0.8d)L}}$$
여기서, p : 개구율
       t : 판의 두께
       d : 구멍의 직경
       L : 배후공기층의 두께
따라서, 배후공기층의 두께에 크게 관계된다.

168 유공판(有孔板) 구조체는 다음 식으로 나타내는 공명주파수 f_o 부근에서 음을 잘 흡수한다.

$$f_o = \frac{c}{2\pi} \sqrt{\frac{p}{(t + 0.8d)L}} \, (\text{Hz})$$

여기서, p : 개구율, c : 음속(m/s), t : 판의 두께(m), d : 구멍 직경(m), L : 배후공기층의 두께(m)이다. 유공판 구조체의 설계에 관한 설명으로 옳지 않은 것은?

① p를 0.01 ∼ 0.02 정도로 적게 하면 f_o가 적어져 효율이 좋은 저음역의 흡수를 기대할 수 있다.
② 사용재료의 판의 두께, 구멍 직경, 구멍 피치 등은 되도록 기성제품 중에서 선정하는 것이 좋다.
③ L이 증가하면 저음역의 흡수가 증가되지만 큰 공기층을 벽에 만든다는 것은 그다지 실용적이지 못하다.
④ 유공판에 밀착시켜서 공기층에 글라스울 등의 다공질 재료를 병용하면 f_o를 중심으로 하여 현저하게 흡음성을 증가시킬 수 있다.

해설 유공판 구조체의 흡음주파수 영역은 판의 두께, 구멍의 직경, 구멍의 피치와 배후공기층의 두께로 결정되고, 개구율 p가 0.03∼0.2의 범위 내에서는 감소됨에 따라 저음역의 흡수 개선을 기대할 수 있으나 p를 이 이하로 감소시키는 것은 구멍의 직경 d가 일정하다고 할 때 피치 D를 크게 하는 것이 되어 결과적으로는 기초재료를 덮어 씌우게 되어 바람직하지 않게 된다.

169 저음역에서 고음역까지 고도의 흡음성을 얻기 위해 다공질 재료를 사용하여 흡음층을 만들 경우 그 표면처리에 관한 설명으로 옳지 않은 것은?

① 철망으로 표면을 피복한다.
② 판형태의 재료로서 표면을 피복한다.
③ 통기성이 큰 직물로서 표면을 피복한다.
④ 개구율 20% 이상의 얇은 다공 금속판으로 표면을 피복한다.

해설 ①, ③, ④의 방법은 흡음특성에 영향이 없는 표면처리방법에 적합하다. 판형태의 재료로서 표면을 피복하면 소재의 다공질 재료의 흡음특성은 없어지고 판형태 재료의 흡음특성에 지배된다.

170 다공질 흡음재료의 흡음성은 흐름 저항에 의하여 추정할 수 있다. 그 간단한 방법으로서 입에 재료를 대고 공기를 불어넣는 방법이 잘 이용된다. 이 방법으로 두께 25mm인 다공질 재료를 조사할 경우, 다음 중 가장 흡음성이 좋다고 생각되는 재료는 어느 것인가?

① 전혀 저항이 없이 공기가 통하는 재료
② 약간의 저항은 있으나 공기가 통하는 재료
③ 저항이 커서 거의 공기가 통하지 않는 재료
④ 저항이 아주 커서 전혀 공기가 통하지 않는 재료

해설 다공질 흡음재료의 흡음률은 재료의 두께와 흐름 저항이 그 특성을 정하는 요인이 된다. 공기가 통하기 쉬운 재료는 흐름 저항이 적고, 공기가 통하기 어려운 재료는 흐름 저항이 큰 것인데 흐름 저항이 큰 것일수록 흡음률이 크다. 단, 흐름 저항이 어느 정도 이상이 되면 다공질 재료라기보다는 막(膜)형태 재료와 같은 성질을 나타나게 될 때가 있으므로 약간의 저항은 있으나 공기가 통하는 재료가 흡음성이 좋다.

171 다음 중 넓은 주파수 범위에 걸쳐서 가장 흡음성이 높다고 일반적으로 말할 수 있는 재료는? (단, 배후공기층은 10cm로 한다.)

① 목판(두께 15mm)
② 흡음테스(두께 12mm)
③ 합판(두께 4mm)
④ 글라스울(두께 25mm)

해설 여기에 있는 재료를 흡음기구로서 분류하면 다음과 같다.
• 판형태 재료 : 저음역용(②, ③)
• 다공질 재료 : 중 · 고음역용(①, ④)
다공질 재료는 재료의 두께를 증가하거나 배후공기층을 설치함으로써 고음역에서의 특성을 훼손함이 없이 중 · 저음역에서의 흡음률을 크게 할 수 있다. 문제에서 배후공기층은 어느 것이나 10cm로서 같으므로 재료의 두께가 큰 글라스울이 가장 넓은 주파수 범위에 걸쳐 흡음성이 높다고 할 수 있다.

172 흡음재료의 사용에 관한 설명으로 옳지 않은 것은?

① 공장의 내부는 일반적으로 흡음력이 부족되기 쉬우므로 가능한 한 흡음재료를 많이 사용하는 것이 바람직하다.
② 다공질 흡음재료는 기계적 강도가 적으므로 표면 보호의 필요성이 있고 그 때문에 얇은 금속판의 사용도 효과가 있다.
③ 다공질 흡음재료는 공기층을 만들어 사용하는 것이 저음역까지의 흡음을 얻을 수 있으나 공장 내에서는 직접 벽에 밀착시켜 사용하는 경우가 대부분이다.
④ 먼지가 많은 장소에서는 대단히 얇은 막(폴리에틸렌)을 치면 다공질 재료의 특성을 그다지 손상시키지 않을 뿐더러 먼지의 영향을 제거하여 흡음시킬 수가 있다. 그러나 박막의 내구성에 문제가 있다.

해설 다공질 흡음재료는 통기성을 이용하여 흡음시키는 것이므로 표면을 도장(塗裝)하여 눈채움을 하거나 금속판으로 덮어 씌워서는 안 된다.

173 고음역의 흡음성이 가장 적다고 볼 수 있는 흡음구조는?

① 합판(3mm) + 유리섬유(50mm) + 공기층(100mm) + 강벽
② 유리섬유(glass wool, 25mm) + 공기층(200mm) + 깅 벽(剛壁)
③ 유공판(3mm, 개구율 0.2) + 암면(50mm) + 공기층(100mm) + 강벽
④ 헤시안 클로스(hessian cloth) + 암면(25mm) + 공기층(100mm) + 강벽

해설 글라스울과 록울은 다공질 흡음재이며 주요한 흡음영역은 중·고음역이지만 소재의 시공방법에 의하여 그 특성은 변화된다. 재료의 두께를 증가시키거나 재료의 배후에 공기층을 설치함으로써 고음역에서의 특성을 훼손시키지 않고 중·고음역에서의 흡음을 크게 할 수 있다. 또한 다공질 재료는 적당한 표면처리를 하여 사용하는 것이 보통이지만 시공에 관해서는 흡음특성에 영향을 주지 않도록 처리방법을 검토하여야 한다. 합판으로 덮으면 흐름 저항을 잃고 오히려 판형태 재료로서 작용하여 고음역의 흡음성을 저하시킨다.

참고 헤시안 클로스(hessian cloth)는 고급 황마사(黃麻絲)를 평직으로 짠 마포로 포장, 자루용으로 쓰인다. 단순히 헤시안이라고도 일컬어진다. 황갈색의 두꺼운 천으로 튼튼하다. 황마사는 포장용 끈으로 사용된다.

174 다공질 흡음재료의 흡음특성에 영향을 주지 않는 표면처리방법으로 옳지 않은 것은?

① 폴리에틸렌 박막(두께 0.01mm 정도)
② 철망
③ 개구율 30% 이상의 구멍 뚫린 금속판
④ 헤시안 클로스(hessian cloth)

해설 소재의 흡음특성에 영향이 없는 주된 표면처리방법은 ①, ②, ③의 방법이 적당하다. 골판지 등을 뒤쪽에 바르면 소재의 다공질 재료의 흡음특성을 잃고 만다.

175 원형의 구멍이 종횡의 등간격으로 뚫린 다공판을 사용한 흡음구조체의 흡음률 피크를 나타내는 공명주파수 f_r은 판두께 t, 구멍의 직경 d, 구멍의 간격 D, 판의 배후공기층의 길이 L 및 개구율 $p = \dfrac{\pi}{4}\dfrac{d^2}{D^2}$에 의하여 변화된다. 공명주파수 f_r을 높이고자 할 경우의 조건으로 옳지 않은 것은? (단, 각각의 경우에 대해서 다른 조건의 변화는 없는 것으로 한다.)

① t를 작게 한다.   ② d를 크게 한다.
③ L을 작게 한다.   ④ p를 작게 한다.

해설 공명주파수 f_r은 다음 식으로 구한다.

$$f_r = \frac{c}{2\pi}\sqrt{\frac{p}{(t+0.8d)L}}$$

여기서, c : 공기 중의 음속(cm/s)
　　　　 d : 구멍의 직경(cm)
　　　　 t : 판의 두께(cm)
　　　　 L : 배후공기층의 깊이(cm)
　　　　 p : 개구율 $\left(p = \dfrac{\pi}{4}\dfrac{d^2}{D^2}\right)$

공명주파수를 높인다는 것은 f_r의 값을 크게 한다는 것이다.

① t를 작게 한다는 설명은 맞다 $\left(\because f_r = k\dfrac{1}{\sqrt{t}}\right)$.
② d를 크게 한다는 설명은 맞다 $\left(\because f_r = k\sqrt{d}\right)$.
③ L을 작게 한다는 설명은 맞다 $\left(\because f_r = \dfrac{k}{\sqrt{L}}\right)$.
④ p를 작게 한다는 설명은 틀리다 $\left(\because f_r = k\sqrt{p}\right.$ 이므로 p를 크게 해야 f_r이 커지게 된다$\left.\right)$.

176 공장 내부에 흡음재료를 부착하였을 때 소음감음량 D(dB)는 흡음재료를 사용하는 전후의 평균흡음률을 각각 α_1, α_2로 하고, 공장 내벽의 표면적을 S로 하면, $D = 10\log\dfrac{S\alpha_2}{S\alpha_1} = 10\log_{10}\dfrac{\alpha_2}{\alpha_1}$ (dB)로 된다. 단, 흡음처리에 의한 공장 내벽의 표면적 변화는 무시한다. $\alpha_1 = 0.1$, $\alpha_2 = 0.4$일 경우 소음감음량 D는 몇 dB인가?

① 2dB　　　　　② 4dB
③ 6dB　　　　　④ 8dB

해설 $\dfrac{\alpha_2}{\alpha_1} = \dfrac{0.4}{0.1} = 4$

$\therefore 10\log_{10}\dfrac{\alpha_2}{\alpha_1} = 10\log_{10}4 = 6$dB

177 용적 175m³, 표면적 150m²인 잔향실의 잔향시간은 4.5초이다. 만약 잔향 시 바닥에 12m²의 흡음재를 부착하여 측정한 잔향시간이 3.1초가 된다면 잔향실법에 의한 흡음재의 흡음률은?

① 0.14　　　　　② 0.20
③ 0.28　　　　　④ 0.38

해설 잔향실법(현장에서 활용되는 난입사 흡음을 측정)에 의한 흡음재의 흡음률
바닥의 일부에 s(m²)의 시료를 부착한 후 흡음률을 구하는 공식이다.

$$\alpha_r = \frac{0.161\,V}{s}\left(\frac{1}{T} - \frac{1}{T_o}\right) + \overline{\alpha_o}$$
$$= \frac{0.161\,V}{s}\left(\frac{1}{T} - \frac{1}{T_o}\right) + \frac{0.161\,V}{S\,T_o}$$
$$= \frac{0.161 \times 175}{12}\left(\frac{1}{3.1} - \frac{1}{4.5}\right) + \frac{0.161 \times 175}{150 \times 4.5}$$
$$= 0.28$$

178 흡음률을 측정하기 위한 방법으로 잔향실을 이용하는 경우가 있다. 이 잔향실에 대한 특성으로 옳은 것은?

① 벽면의 흡음률을 1에 가깝게 한다.
② 벽면으로부터 반사파를 될 수 있는 한 작게 하여 확산음장을 얻도록 한다.
③ 잔향실에는 실내에 충분한 확산을 얻을 수 있도록 확산판을 사용한다.
④ 잔향실의 주요한 벽면은 평행이 되도록 설계하여야 하고, 8면체 대각선 길이의 비는 6 ~ 8 사이로 한다.

해설 ① 벽면의 흡음률을 0에 가깝게 한다.
② 벽면으로부터 반사파를 될 수 있는 한 크게 하여 확산음장을 얻도록 한다.
④ 무향실의 주요한 벽면은 평행이 되도록 설계하여야 하고, 8면체 대각선 길이의 비는 6~8 사이로 한다.

179 흡음률이 0.4인 흡음재를 사용하여 내경 40cm의 원형 직관 흡음덕트를 만들었다. 이 덕트의 감쇠량이 15dB일 때 흡음덕트의 길이는 대략 얼마인가? (단, $K = \alpha - 0.1$을 적용한다.)

① 3m ② 4m
③ 5m ④ 6m

해설 원통 흡음덕트의 감쇠치

$\Delta L = K \dfrac{PL}{S} = K \dfrac{\pi D L}{\dfrac{\pi}{4} D^2}$ 에서

$K = 0.4 - 0.1 = 0.3$

$P = \pi D = 3.14 \times 0.4 = 1.256$m

$S = \dfrac{\pi}{4} D^2 = \dfrac{3.14}{4} \times 0.4^2 = 0.126$m^2

$15 = 0.3 \times \dfrac{1.256 \times L}{0.126}$

$\therefore L = 5$m

180 소음기(消音器)의 성능과 관련이 없는 단어는?

① 반사 ② 간섭
③ 흡음 ④ 방진(防振)

해설 소음기는 음의 흡수, 반사, 간섭작용을 이용하여 감음하는 것으로 방진을 목적으로 하는 것이 아니다.
소음기의 종류와 이것들의 관계를 나타내면 다음과 같다.
• 내부를 흡음재로 칠한 직관 : 흡음작용
• 곡관 : 반사와 간섭작용, 흡음재료가 내부에 칠하여져 있으면 흡음작용

• 팽창형 소음기 : 반사작용
• 공명형 소음기 : 흡수작용

181 소음기(消音器)의 성능을 나타내는 용어로 옳지 않은 것은?

① noise rating number
② insertion loss
③ attenuation
④ transmission loss

해설 **noise rating number(소음평가지수)**
이 값으로 소음에 대한 주민 반응과 실별 소음기준을 파악할 수 있다.
② insertion loss : 삽입손실치(IL)로 소음원에 소음기를 부착하기 전과 후 공간상의 어떤 특정 위치에서 측정한 음압레벨의 차와 그 측정위치로 정의된다.
③ attenuation : 감쇠치(ΔL)로 소음기 내 두 지점 사이의 음향파워의 감쇠치로 정의된다.
④ transmission loss : 투과손실치(TL)로 소음기를 투과한 음향출력에 대한 소음기에 입사된 음향출력의 비 즉, $10 \log \left(\dfrac{\text{입사된 음향출력}}{\text{투과된 음향출력}} \right)$으로 정의된다.

이외에 dynamic IL : 동적 삽입손실치, noise reduction : 감음량(NR)은 소음기가 있는 상태에서 소음기 입구 및 출구에서 측정된 음압레벨의 차로 정의된다.

182 일반적으로 소음기의 성능을 나타내는 용어 중 삽입손실치에 대한 정의로 옳은 것은?

① 소음기가 있는 그 상태에서 소음기의 입구 및 출구에서 측정된 음압레벨의 차
② 소음기 내의 두 지점 사이에서 측정한 음향파워의 손실치
③ 소음원에 소음기를 부착하기 전과 후의 공간상의 어떤 특정 위치에서 측정한 음압레벨의 차와 그 측정위치
④ 소음기를 투과한 음향출력에 대한 소음기에 입사된 음향출력의 비(입사된 음향출력/투과된 음향출력)

해설 ① 소음기가 있는 그 상태에서 소음기의 입구 및 출구에서 측정된 음압레벨의 차 → 감음량(NR)
② 소음기 내의 두 지점 사이에서 측정한 음향파워의 손실치 → 감쇠치(ΔL)
④ 소음기를 투과한 음향출력에 대한 소음기에 입사된 음향출력의 비(입사된 음향출력/투과된 음향출력) → 투과손실치(TL)

183 다음 소음기의 성능을 표시하는 용어에 대한 설명에서 ( ) 안에 들어갈 말로 옳은 것은?

> 정격유속(rated flow) 조건하에서 소음원에 소음기를 부착하기 전과 후의 공간상의 어떤 특정 위치에서 측정한 음압레벨의 차와 그 측정위치로 정의되는 것을 ( )(이)라고 한다.

① 동적 삽입손실치
② 투과손실치
③ 감쇠치
④ 감음량

해설 동적 삽입손실치(DIL, Dynamic Insertion Loss)
정격유속 조건하에서 소음원에 소음기를 부착하기 전과 후의 공간상의 어떤 특정 위치에서 측정한 음압레벨의 차와 그 측정위치로 정의된다.

184 소음기의 성능을 표시하는 용어 중 소음원에 소음기를 부착하기 전과 후의 공간상의 어떤 특정 위치에서 측정한 음압레벨의 차와 그 측정위치로 정의되는 것은?

① noise reduction
② attenuation
③ transmission loss
④ insertion loss

해설 삽입손실치(insertion loss)
소음원에 소음기를 부착하기 전과 후 공간상의 어떤 특정 위치에서 측정한 음압레벨의 차와 그 측정위치로 정의된다.
① noise reduction : 감음량
② attenuation : 감쇠치
③ transmission loss : 투과손실치

185 소음기의 형식에 관한 설명으로 옳지 않은 것은?

① 공명형 : 관로 도중에 구멍을 판 공동과 조합한 구조로 되어 있다.
② 흡음형 : 덕트 내에 유리솜 등 흡음물을 사용하여 소음하는 방식이다.
③ 팽창형 : 음파를 확대하고 음향에너지 밀도를 크게 하여 소음하는 방식이다.
④ 간섭형 : 음파의 간섭에 의해 소음하는 방식이다.

해설 팽창형
급격한 관경 확대로 유속을 낮추어 소음을 감소시키는 방식이다.

186 소음기에 관한 설명으로 옳지 않은 것은?

① 간섭형 소음기는 음의 통로구간을 둘로 나누어 각각의 경로차가 반파장$\left(\dfrac{\lambda}{2}\right)$에 가깝게 하는 구조이다.
② 팽창형 소음기는 단면 불연속부의 음에너지 반사에 의해 감음하는 구조로, 팽창부에 흡음재를 부착하면 고음역의 감음량도 증가한다.
③ 흡음덕트형 소음기는 저음역에서 감쇠효과가 좋다.
④ 공동공명기형 소음기의 공동 내에 흡음재를 충진하면 저주파음 소거의 탁월현상이 완화된다.

해설 흡음덕트형 소음기의 감음특성은 중·고음역에서 감쇠효과가 좋다.

참고 소음기(silencer, muffler)의 종류 및 특징
㉠ 흡음덕트형 소음기(스플리터(splitter)형 또는 셀(cell)형) : 관로 내에서 음향에너지를 흡수시켜 출구로 방출되는 음향파워레벨을 작게 하는 소음기로 덕트 내면에 유리솜, 암면과 같은 흡음재를 부착하여 흡음에 의해 감음하는 형식
㉡ 팽창형 소음기(확장형, 공동형, 반사형 소음기) : 단면 불연속부의 음에너지 반사에 의해 감음하는 구조로 급격한 관경 확대로 유속을 낮추어 소음을 감소시키는 방식
㉢ 간섭형 소음기 : 음의 통로 구간을 둘로 나누어 각각의 경로차가 반파장$\left(\dfrac{\lambda}{2}\right)$에 가깝게 하는 구조로 음파의 간섭에 의해 소음(消音)하는 방식
㉣ 공명형 소음기(공조형 소음기) : 관로 도중에 구멍을 판 공동과 조합한 구조로 작은 구멍과 그 배후공기층이 공명기를 형성하여 흡음함으로써 감음하는 방식이다. 이 소음기는 헬름홀츠 공명원리를 응용한 것으로 협대역 저주파 소음방지에 효과가 크다.
㉤ 취출구 소음기 : 압축공기나 보일러 고압증기의 대기 방출 등과 같은 경우에 사용되는 것으로 음원을 취출구 부근에 집중시켜 그 음의 전파를 방해하고 가급적 유속을 저하시켜 소음하는 방식
㉥ 흡음챔버 : 공조기, 송풍기의 토출 또는 흡입측, 배기관 계통 중에 설치되어 유체의 소음 감소 및 난류현상 조절을 도모하는 데 사용한다.

187 소음기에 대한 설명으로 옳지 않은 것은?

① 내부에서 에너지 흡수를 목적으로 하는 소음기를 흡음형 소음기라 하고, 관로 내에서 에너지 흡수가 없거나 무시할 수 있는 목적으로 사용되는 소음기는 리액티브형 소음기라 한다.

② 공명형 소음기는 헬름홀츠 공명기의 원리를 응용한 것으로 공명주파수에서 감음하는 방식이다.

③ 흡음형 소음기는 공동 내부에 흡음재를 부착하여 흡음재의 흡음효과에 의해 소음을 감쇠시킨다.

④ 간섭형 소음기는 음파의 통로를 두 개로 나누어 각각의 경로길이 차가 한 파장이 되도록 하여 감음하는 방식이다.

해설 간섭형 소음기는 음파의 통로를 두 개로 나누어 각각의 경로길이 차가 반파장$\left(\dfrac{\lambda}{2}\right)$이 되도록 하여 감음하는 방식이다.

188 각종 소음기에 관한 설명으로 옳지 않은 것은?

① 취출구 소음기는 압축공기나 보일러 고압증기의 대기방출 등과 같은 경우에 사용된다.

② 팽창형 소음기의 감음주파수는 팽창부의 면적(m)에 따라 결정되며, $m = \dfrac{\lambda}{4}$로 하는 것이 좋다.

③ 간섭형 소음기의 감음특성은 저·중음역의 탁월주파수 성분에 유효하다.

④ 공명형 소음기의 최대투과손실치는 공명주파수에서 일어난다.

해설 팽창형 소음기의 감음주파수는 팽창부의 길이(L)에 따라 결정되며, $L = \dfrac{\lambda}{4}$로 하는 것이 좋다.

189 소음기에 관한 설명으로 옳지 않은 것은?

① 흡음덕트형 소음기는 흡음재료로 유리솜이나 암면 등을 사용하며 저·중음역의 감쇠효과를 얻을 수 있다.

② 팽창형 소음기는 단면 불연속부의 음에너지 반사에 의해 감음하는 구조로 저·중음역에 유효하며 팽창부에 흡음재를 부착하면 고음역의 감음량도 증가한다.

③ 간섭형 소음기는 음의 통로구간을 둘로 나누어 각각의 경로차가 반파장$\left(\dfrac{\lambda}{2}\right)$에 가깝게 하는 구조이다.

④ 공동공명기형 소음기는 헬름홀츠 공명원리를 응용한 것으로 협대역 저주파 소음 방지에 효과가 크다.

해설 흡음덕트형 소음기는 흡음재료로 유리솜이나 암면 등을 사용하며 중·고음역의 감쇠효과를 얻을 수 있다.

190 소음기에 관한 설명으로 옳지 않은 것은?

① 소음기의 설계는 감음량을 고려할 뿐만 아니라 기계의 성능, 압력손실 등에 대해서도 신중히 검토해야 한다.

② 단순팽창형 소음기의 감쇠량이 최대로 되는 주파수는 주로 팽창부의 길이 L로 결정하고 주파수 f(Hz) 성분을 가장 유효하게 감쇠시킬 수 있는 길이는 $L = \dfrac{c}{4 \times f}$로 하면 좋다.

③ 간섭형 소음기는 음파의 간섭을 이용한 것으로 통로를 2개로 나누고 한쪽의 통로(L_1)를 다른 쪽의 통로(L_2)보다 파장의 $\dfrac{1}{4}$만큼 길게 하여 다시 통로를 하나로 합친 것이다.

④ 직관 흡음덕트의 감쇠량(R, dB), 덕트의 길이 L과 내장재의 흡음률 α에 따라 $R = 1.05 \times \alpha^{1.4} \times \dfrac{P}{S} \times L$로 구해진다(단, S는 덕트 내부 단면적(m^2), P는 덕트 내부 주장(周長)(m)이다).

해설 간섭형 소음기는 음파의 간섭을 이용한 것으로 통로를 2개로 나누고 한쪽의 통로(L_1)를 다른 쪽의 통로(L_2)보다 파장의 $\dfrac{1}{2}$만큼 길게 하여 다시 통로를 하나로 합친 것이다.

191 단순 팽창형 소음기에서 팽창부의 길이가 커지면 투과손실은 어떻게 되겠는가? (단, 단면 팽창비는 일정하다.)

① 최대투과손실은 변화가 없으나 통과대역의 수가 증가한다.

② 최대투과손실 및 통과대역의 수가 감소한다.

③ 통과대역의 수는 변화가 없으나 최대투과손실이 증가한다.

④ 최대투과손실 및 통과대역의 수가 증가한다.

해설 단순 팽창형 소음기의 특징

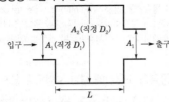

• 감음특성 : 저·중 음역에 유효

• 감음주파수 : 팽창부의 길이에 따라 결정된다.

$(L = \dfrac{\lambda}{4}$ 가 좋음$)$

• 최대투과손실치 : $\text{TL} = \left(\dfrac{D_2}{D_1}\right) \times 4\text{dB}$

여기서, $\dfrac{D_2}{D_1}$ = 직경비이다.

• 단면적비(m)가 클수록 투과손실치는 커지며, L이 클수록 협대역은 감음한다.

여기서, 단면적비 $m = \dfrac{A_2}{A_1}$ 이다.

• 용도 : 송풍기, 공기압축기, 디젤기관 등의 흡·배기부의 소음(消音)에 사용된다.

192 다음 그림과 같이 음파를 확대하여 음향에너지 밀도를 희박하게 하고 공동단을 줄여서 감음하는 것으로 단면적비에 따라 감쇠량을 결정하는 소음기 형식은?

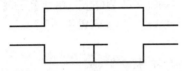

① 공명형   ② 팽창형

③ 흡음형   ④ 간섭형

해설 주어진 그림은 팽창형 소음기로 이 소음기는 음파를 확대하여 음향에너지 밀도를 희박하게 하고 공동단을 줄여서 감음하는 것으로 단면적비에 따라 감쇠량을 결정하는 소음기이다.

193 팽창형 소음기에 대한 설명으로 옳지 않은 것은?

① 음의 통로를 급격히 팽창시켜 소음을 감소시킨다.

② 감음주파수는 팽창부의 길이에 따라 결정된다.

③ 감음특성은 주로 고음역에 유효하다.

④ 송풍기, 압축기, 디젤기관 등의 흡·배기부의 소음에 사용된다.

해설 감음특성은 주로 저·중음역에 유효하다.

194 동력엔진의 배기소음 성분 중에서 250Hz가 가장 심각한 소음원임을 알았다. 단순 팽창형 소음기로 소음 설계하고자 할 때 소음기의 길이는 얼마가 적당하겠는가? (단, 음속은 343m/s로 가정, 최대투과손실치 기준)

① 34cm 정도   ② 46cm 정도

③ 52cm 정도   ④ 67cm 정도

해설 팽창부의 길이는 $L = \dfrac{\lambda}{4}$ 이 좋으므로 주어진 조건에서

파장 $\lambda = \dfrac{c}{f} = \dfrac{343}{250} = 1.372\text{m}$

$\therefore L = \dfrac{\lambda}{4} = \dfrac{137.2}{4} = 34.3\text{cm}$

195 단순 팽창형 소음기의 단면적비가 5이고 $\sin^2(K \times L) = 1.0$일 때 투과손실은?

① 약 8dB   ② 약 14dB

③ 약 17dB   ④ 약 23dB

해설 투과손실

$$\text{TL} = 10 \log\left[1 + \dfrac{1}{4}\left(m - \dfrac{1}{m}\right)^2 \sin^2(KL)\right]$$

$$= 10 \log\left[1 + \dfrac{1}{4}\left(5 - \dfrac{1}{5}\right)^2 \times 1.0\right]$$

$$= 8.2\text{dB}$$

196 단순 팽창형 소음기의 입구(=출구)에 대한 팽창부의 단면적비가 6일 때, 최대투과손실은 약 몇 dB인가?

① 10dB   ② 14dB

③ 22dB   ④ 25dB

해설 최대투과손실치

$$TL = \left(\frac{D_2}{D_1}\right) \times 4dB \text{에서}$$

직경비 $\dfrac{D_2}{D_1} \propto \sqrt{\dfrac{A_2}{A_1}}$ 이므로

$$TL = \sqrt{6} \times 4 = 9.8dB$$

197 팽창부의 길이가 32cm인 단순 장착형 소음기에서 최대투과손실이 발생하는 최저주파수는 약 얼마인가? (단, 소음기 내의 온도 60℃이고, 입구관과 확장관의 단면적비는 1이 아님)

① 96Hz
② 184Hz
③ 287Hz
④ 382Hz

해설 팽창부의 길이 $L = \dfrac{\lambda}{4}$에서 $0.3 = \dfrac{\lambda}{4}$

$\therefore \ \lambda = 1.28m$

최저주파수 $f = \dfrac{c}{\lambda} = \dfrac{331.5 + 0.61 \times 60}{1.28} = 287Hz$

198 소음기의 입구 및 팽창부의 직경이 각각 45cm, 105cm인 경우 팽창형 소음기에 의해 기대할 수 있는 최대투과손실은?

① 약 5dB
② 약 9dB
③ 약 16dB
④ 약 25dB

해설 최대투과손실치

$$TL = \left(\frac{D_2}{D_1}\right) \times 4 = \left(\frac{105}{45}\right) \times 4 = 9.3dB$$

199 공명형 소음기의 공명주파수에 관한 설명으로 옳지 않은 것은?

① 공명주파수는 내관의 두께가 증가하면 저하한다.
② 공명주파수는 내관 구멍의 면적이 증가하면 저하한다.
③ 공명주파수는 내관과 외관 사이의 부피가 증가하면 저하한다.
④ 공명주파수는 내관을 통하는 기체의 온도가 높아지면 증가한다.

해설 공명주파수는 내관 구멍의 면적이 증가하면 증가한다.

$$f_r = \frac{c}{2\pi} \sqrt{\frac{A}{l \times V}} \text{(Hz)에서 } f_r \propto \sqrt{A}$$

200 헬름홀츠형 공명기(Helmholtz type resonator)는 어떤 원리를 이용하여 소음을 억제시키는가?

① 입사한 음을 공동체적에 가둔다.
② 입사한 음을 공동체적 내에서 반사를 되풀이하게 함으로써 음을 소멸시킨다.
③ 공동의 공진주파수와 일치하는 음의 주파수를 목부에서 열에너지로 소산시킨다.
④ 공동의 공진주파수와 일치하는 입사음의 주파수를 공동 내로 되반사시킨다.

해설 헬름홀츠형 공명기(Helmholtz type resonator)
공동의 공진주파수와 일치하는 음의 주파수를 목부에서 열에너지로 소산시킴으로써 소음을 억제시킨다.

201 공명형 소음기에 관한 설명으로 옳지 않은 것은?

① 작은 관내 공동 구멍수가 많을수록 공명주파수는 커진다.
② 최대투과손실치는 공명주파수에서 일어난다.
③ Helmholtz 공명기는 협대역 고주파 소음방지에 탁월하며 공동 내에 흡음재를 충진 시 저주파까지 거의 평탄한 감음특성을 보인다.
④ 내관의 작은 구멍과 그 배후공기층이 공명기를 형성하여 흡음함으로써 감음한다.

해설 헬름홀츠(Helmholtz) 공명기는 협대역 저주파 소음방지에 탁월하며 공동 내에 흡음재를 충진 시 저주파까지 거의 평탄한 감음특성을 보인다.

202 종과 횡의 등간격으로 구멍이 뚫린 다공판의 공명주파수(f_r)는 판의 두께(t), 구멍의 직경(d), 구멍의 간격(D), 배후공기층 두께(L) 및 개공률(P)에 따라 변화한다. 이 f_r을 크게 하고자 할 때 다음 중 옳지 않은 것은?

① D를 작게 한다.
② L를 작게 한다.
③ P를 작게 한다.
④ t를 작게 한다.

> **해설** 종과 횡의 등간격으로 구멍이 뚫린 다공판의 공명주파수

$$f_r = \frac{c}{2\pi} \sqrt{\frac{P}{(t+0.8\,d)\times L}} \,(\text{Hz}) \text{에서}$$

개공률 $P = \dfrac{\pi\left(\dfrac{d}{2}\right)^2}{D^2}$

③ P를 크게 한다($\because f_r \propto \sqrt{P}$ 이므로 f_r 을 크게 하고 자 할 때는 P를 크게 한다).

203 그림과 같이 내경 6cm, 두께 2mm인 관 끝 무반 사관 도중에 직경 1cm의 작은 구멍이 10개 뚫린 관을 내경 15cm, 길이 30cm의 공동과 조합할 때의 공명주파수는? (단, 작은 구멍의 보정길이 =내관 두께 + 구멍 반지름×1.6으로 하며, 음속 은 344m/s로 한다.)

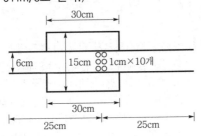

① 187Hz   ② 233Hz
③ 256Hz   ④ 278Hz

> **해설** 다공 공명형 소음기
>
> 공명주파수 $f_r = \dfrac{c}{2\pi} \sqrt{\dfrac{\dfrac{n\times S_p}{l_p}}{V}} \,(\text{Hz})$
>
> 여기서, S_p : 내관 구멍 한 개의 단면적(m^2)
> V : 공동의 체적(m^3)
> l_p : 구멍(목)의 길이(내관의 두께, m) + $1.6\,a$
>   (a는 구멍의 반경, m)
>
> 목부의 단면적 : $n\times S_p = 10\times \dfrac{\pi}{4}\times 1^2 = 7.854\text{cm}^2$
> $l_p = 0.2 + 1.6\times 0.5 = 1\text{cm}$
>
> 공동의 체적
> $V = 30\times \left\{ \dfrac{\pi}{4}\times 15^2 - \pi\left(\dfrac{6}{2}+0.2\right)^2 \right\} = 4\,334.142\text{cm}^3$
>
> $\therefore f_r = \dfrac{34,400}{2\pi} \sqrt{\dfrac{\left(\dfrac{7.854}{1}\right)}{4\,334.142}} = 233\text{Hz}$

204 흡음덕트형 소음기에 관한 설명으로 옳지 않은 것은?

① 각 흐름 통로의 길이는 그것의 가장 작은 횡단길이의 2배는 되어야 한다.
② 감음의 특성은 중・고음역에서 좋다.
③ 덕트의 최단횡단길이는 고주파 빔(beam) 을 방해하지 않는 크기여야 한다.
④ 통과유속은 20m/s 이하로 하는 것이 좋다.

> **해설** 덕트의 최단횡단길이는 고주파 빔(beam)을 방해하는 크기 여야 한다. 빔(beam)은 가장 작은 횡단길이의 7배보다 적 은 파장의 주파수에서 발생한다.

205 흡음덕트형 소음기에 대한 설명으로 옳지 않은 것은?

① 중・고주파수의 음에 유효하게 사용된다.
② 흡음덕트 내에서 기류가 같은 방향으로 이동할 경우 소음의 감쇠치의 정점은 고 주파수 측으로 이동하면서 그 크기는 낮 아진다.
③ 흡음덕트 최대감음주파수는 $\dfrac{\lambda}{2} < D < \lambda$ 범위에 있다(여기서, λ : 대상음의 파장, D : 덕트의 내경).
④ 음향에너지의 밀도를 희박화하고 공동단 을 줄여서 소음을 제어한다.

> **해설** 음향에너지의 밀도를 희박화하고 공동단을 줄여서 소음을 제어하는 것은 팽창형 소음기의 특징이다.

206 흡음덕트형 소음기(消音器)의 통과 유속은 얼마 로 하는 것이 바람직한가?

① 20m/s 이하
② 20 ~ 40m/s
③ 40 ~ 60m/s
④ 60m/s 이상

> **해설** 흡음덕트형 소음기(消音器)의 통과 유속은 20m/s 이하로 하는 것이 좋다.

207 Fan(송풍기) 소음을 옥타브 대역별로 측정하였더니 중심주파수 2,000Hz에서 가장 높은 음압레벨이 측정되었다. 흡음형 소음기를 이용하여 소음대책을 수립하고자 한다면 경제적으로 가장 최적의 흡음재 두께는? (단, 표준상태 기준)

① 2.3cm 정도 ② 3.3cm 정도
③ 4.3cm 정도 ④ 5.3cm 정도

해설 경제적으로 가장 최적의 흡음재 두께는 파장의 $\frac{1}{4}$ 이므로

$\lambda = \dfrac{340}{2,000} = 0.17\text{m}$에서 $\dfrac{17}{4} = 4.25\text{cm}$이다.

208 덕트 소음을 저감하기 위해 그림과 같은 단면의 흡음덕트형 소음기를 시공하였다. 소음기 길이가 3m일 때, 1,000Hz에서의 감음량(dB)은? (단, 1,000Hz에서 흡음재의 흡음률(α)은 0.8이고, $K = \alpha - 0.1$이다.)

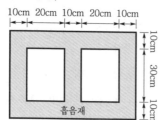

10cm 20cm 10cm 20cm 10cm
10cm 30cm 10cm
흡음재

① 12 ② 24
③ 35 ④ 40

해설 감음량 $\Delta L = K\dfrac{P}{S}L = 0.7 \times \dfrac{2}{0.12} \times 3 = 35\text{dB}$

여기서, $K = \alpha - 0.1 = 0.8 - 0.1 = 0.7$
$P(둘레길이) = (0.2 \times 2 + 0.3 \times 2) \times 2 = 2$
$S = 0.2 \times 0.3 \times 2 = 0.12$
$L = 3$

209 흡음덕트형 소음기의 최대감음주파수의 범위로 가장 적합한 것은? (단, 덕트 내경=0.5m, 음속=340m/s 기준)

① 340Hz < f < 680Hz
② 170Hz < f < 340Hz
③ 200Hz < f < 400Hz
④ 100Hz < f < 200Hz

해설 최대감음주파수 $f = \dfrac{c}{D} = \dfrac{340}{0.5} = 680\text{Hz}$

즉, 최대 680Hz와 최소 $680 \times \dfrac{1}{2} = 340\text{Hz}$ 사이에 있어야 한다.

210 취출구 소음기의 직경이 100mm, 취출유속이 280m/s에서 발생되는 주된 소음의 주파수는?

① 560Hz
② 780Hz
③ 960Hz
④ 1,020Hz

해설 취출구 소음기 발생소음의 주된 주파수 성분
$f = 0.2 \times \left(\dfrac{v}{D}\right) = 0.2 \times \dfrac{280}{0.1} = 560\text{Hz}$

211 소음을 저감시키기 위해 다음 그림과 같은 흡음챔버를 설계하고자 한다. 챔버 내의 전체 표면적이 20m²이고, 챔버 내부를 평균흡음률이 0.53인 흡음재로 흡음처리하였다. 흡음챔버의 규격 등이 다음과 같을 때 이 흡음챔버에 의한 소음감쇠치는 몇 dB로 예상되는가? (단, 챔버 출구의 단면적 : 0.5m², 출구와 입구 사이의 경사길이(d) : 5m, 출구와 입구 사이의 각도(θ) : 30℃)

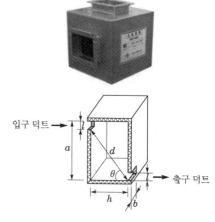

입구 덕트 l a d θ 출구 덕트 h b

① 약 10dB ② 약 13dB
③ 약 16dB ④ 약 19dB

해설 흡음챔버의 감음량 계산식

$$\Delta L = -10 \log \left[S_o \left(\frac{\cos\theta}{2\pi d^2} + \frac{1-\overline{\alpha}}{\overline{\alpha}\,S_w} \right) \right]$$

$$= 10 \log \left(\frac{A}{S_o} \right) = 10 \log \left(\frac{20}{0.5} \right) = 16 \text{dB}$$

여기서, $\overline{\alpha}$: 챔버 내부 흡음재의 평균흡음률
S_o : 챔버 출구의 단면적(m^2)
S_w : 챔버 내 표면적(m^2)
d : 입구와 출구 사이의 경사길이(m)
θ : 입구와 출구 사이의 각도
A : 소음챔버의 흡음면적(m^2)

212 실내 벽면에 대한 흡음대책 전·후의 흡음력이 각각 500m^2, 3,155m^2일 때 실내소음 저감량(dB)은? (단, 평균흡음률은 0.3 미만이라 가정)

① 약 8dB   ② 약 5dB
③ 약 3dB   ④ 약 1dB

해설 실내소음 저감량

$$\Delta L = 10 \log \left(\frac{A_2}{A_1} \right) = 10 \log \left(\frac{3,155}{500} \right) = 8 \text{dB}$$

213 음향파워레벨이 일정한 기계가 실내에서 운전되고 있다. 실내음향 특성 등의 변화에 따른 실내소음의 변화특성으로 옳은 것은?

① 실정수가 작을수록 실내소음은 작아진다.
② 평균흡음률이 클수록 실내소음은 커진다.
③ 기계로부터의 거리의 역제곱법칙으로 실내소음이 줄어든다.
④ 직접음과 잔향음이 같은 거리는 지향계수의 평방근에 비례한다.

해설 ① 실정수가 작을수록 실내소음은 커진다.
② 평균흡음률이 클수록 실내소음은 작아진다.
③ 기계로부터의 거리의 역제곱법칙으로 실내소음이 줄어든다. → 실내에서는 직접음과 잔향음이 있으므로 이 법칙은 적용되지 않는다.

214 평균흡음률 $\overline{\alpha} = 0.1$, 실내의 전표면적이 360m^2의 중앙에 음향출력(PWL)이 80dB인 음원이 있다. 이 음원의 실내 평균음압도(확산음)는? (단, 확산음장 기준)

① 60dB   ② 65dB
③ 70dB   ④ 75dB

해설 평균음압도

$$\overline{SPL} = PWL - 10 \log R + 6$$
$$= 80 - 10 \log 40 + 6 = 70 \text{dB}$$

$$\therefore \text{실정수 } R = \frac{S \times \overline{\alpha}}{1-\overline{\alpha}} = \frac{360 \times 0.1}{1-0.1} = 40 \text{m}^2$$

215 공장 실내의 소음을 저감시키기 위하여 대책 전의 실정수 $R_1 = 50$m^{2}을 대책 후 실정수 $R_2 = 200$m^{2}로 개선하였다면 이때 이 공장에서의 실내흡음에 의한 대책 전·후의 소음저감량은 몇 dB인가?

① 3dB   ② 6dB
③ 9dB   ④ 12dB

해설 실내흡음에 의한 대책 전·후의 소음저감량

$$\Delta L = 10 \log \left(\frac{R_2}{R_1} \right) = 10 \log \frac{200}{50} = 6 \text{dB}$$

216 실정수 200m^2 공장 실내의 세 면이 만나는 코너에 음향파워레벨 80dB의 소형 기계가 설치되어 있다. 이 기계로부터 4m 떨어진 한 점의 음압도(dB)는? (단, 반확산음장 기준)

① 62   ② 68
③ 73   ④ 79

해설
$$\overline{SPL} = PWL + 10 \log \left(\frac{Q}{4\pi r^2} + \frac{4}{R} \right)$$
$$= 80 + 10 \log \left(\frac{8}{4 \times 3.14 \times 4^2} + \frac{4}{200} \right) = 68 \text{dB}$$

여기서, 세 면이 만나는 모서리의 지향계수 $Q = 8$

217 비교적 큰 공장 내부에 PWL이 100dB인 무지향성 소형 음원이 있다. 이 음원은 공장 실내의 3면(벽 양면과 바닥)이 만나는 구석 바닥에 놓여져 가동되고 있다. 공장 내부의 실정수 R이 10m^{2}일 때, 음원으로부터 10m 지점에서의 음압레벨은?

① 87dB   ② 89dB
③ 92dB   ④ 96dB

해설
$$\overline{SPL} = PWL + 10 \log \left(\frac{Q}{4\pi r^2} + \frac{4}{R} \right)$$
$$= 100 + 10 \log \left(\frac{8}{4 \times 3.14 \times 10^2} + \frac{4}{10} \right)$$
$$= 96 \text{dB}$$

여기서, 3면(벽 양면과 바닥)이 만나는 구석 바닥의 지향계수 $Q = 8$이다.

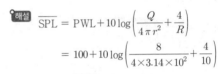

218 파장에 비해 작은 밀폐상자의 저주파 음압레벨 SPL_1을 구하는 공식은? (단, PWL_s=음원의 파워레벨(dB), f=밀폐상자보다 파장이 큰 저주파(Hz), V=음원과 상자 간의 공간체적(m^3))

① $\mathrm{SPL}_1 = \mathrm{PWL}_s - 20\log f$
　　　$- 20\log V + 81\mathrm{dB}$

② $\mathrm{SPL}_1 = \mathrm{PWL}_s + 20\log f$
　　　$- 20\log V + 81\mathrm{dB}$

③ $\mathrm{SPL}_1 = \mathrm{PWL}_s - 40\log f$
　　　$- 20\log V + 81\mathrm{dB}$

④ $\mathrm{SPL}_1 = \mathrm{PWL}_s + 40\log f$
　　　$- 20\log V + 81\mathrm{dB}$

해설 **음원의 밀폐상자(방음상자)**
파장에 비해 작은 밀폐상자에서 그림과 같이 밀폐상자로 씌우는 구조로, 이때 상자 내의 저주파 음압레벨은 다음과 같다.
$\mathrm{SPL}_1 = \mathrm{PWL}_s - 40\log f - 20\log V + 81\mathrm{dB}$
파장에 비해 큰 밀폐상자 : 밀폐상자보다 작은 고주파 음압레벨

참고

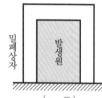

밀폐상자 / 발생원

$\mathrm{SPL}_1 = \mathrm{PWL}_s + 10\log\left(\dfrac{1-\overline{\alpha}}{S\overline{\alpha}}\right) + 6\mathrm{dB}$

여기서, S : 밀폐상자 내의 전면적(음원의 면적 포함, m^2)
　　　$\overline{\alpha}$: 밀폐상자 내의 평균흡음률

219 실정수가 $114\mathrm{m}^2$인 방에 파워레벨이 100dB인 음원이 있을 때, 실내(확산음장)의 평균음압레벨(dB)은? (단, 실내의 전체 내면의 반사율이 아주 큰 잔향실 기준)

① 70dB　　　② 75dB
③ 80dB　　　④ 85dB

해설 **평균음압레벨**
$\overline{\mathrm{SPL}} = \mathrm{PWL} - 10\log R + 6$
　　　$= 100 - 10\log 114 + 6$
　　　$= 85\mathrm{dB}$

220 표면적 $200\mathrm{m}^2$, 실내 평균흡음률이 0.04인 방으로 외부에서 소음이 $5\mathrm{m}^2$인 문을 통하여 들어오고 있다. 만일, 실내의 흡음률을 0.1로 개선할 경우, 대책 전·후의 실내음의 감음효과는 몇 dB이 되겠는가?

① 2dB　　　② 3dB
③ 4dB　　　④ 5dB

해설 흡음에 의한 실내소음 저감
$\Delta L = 10\log \dfrac{\overline{\alpha_2}}{\overline{\alpha_1}} = 10\log \dfrac{0.1}{0.04} = 4\mathrm{dB}$

221 실내에서 직접음과 잔향음의 크기가 같은 음원으로부터의 거리를 실반경(room radius, r_r)이라 하는데, 그 식으로 옳은 것은? (단, Q는 음원의 지향계수, R은 실정수이다.)

① $r_r = \sqrt{\dfrac{Q}{16 \times \pi \times R}}\,(\mathrm{m})$

② $r_r = \sqrt{\dfrac{Q \times R}{8 \times \pi}}\,(\mathrm{m})$

③ $r_r = \sqrt{\dfrac{Q \times R}{16 \times \pi}}\,(\mathrm{m})$

④ $r_r = \sqrt{\dfrac{Q}{8 \times \pi \times R}}\,(\mathrm{m})$

해설 반확산음장에서 실반경은 $\dfrac{Q}{4\pi r^2} = \dfrac{4}{R}$ 이 되어야 하므로
$r_r = \sqrt{\dfrac{Q \times R}{16 \times \pi}}\,(\mathrm{m})$

222 음원기기를 실내면적 $1\mathrm{m}^2$인 실내에서 흡음률이 같은 실내면적 $5\mathrm{m}^2$인 실내로 옮겼을 때 음압레벨의 감쇠량은 몇 dB인가?

① 4dB　　　② 5dB
③ 6dB　　　④ 7dB

해설 감쇠량 $\Delta L = 10\log\left(\dfrac{S_2\,\alpha_2}{S_1\,\alpha_1}\right)$ 에서 흡음률이 같으므로
$\Delta L = 10\log\left(\dfrac{S_2}{S_1}\right) = 10\log\dfrac{5}{1} = 7\mathrm{dB}$

223 흡음재를 부착하여 실내소음을 10dB 저감시켰을 경우 평균흡음률은? (단, 감쇠량 $\Delta L = 10\log\left(\dfrac{R_2}{R_1}\right)$을 사용하여 계산하고, 흡음 전 실정수는 50m², 실내의 전 표면적은 600m²이다.)

① 0.205 ② 0.250
③ 0.388 ④ 0.455

해설

감쇠량 $\Delta L = 10\log\left(\dfrac{R_2}{R_1}\right)$에서

$10 = 10\log\left(\dfrac{R_2}{50}\right)$, $R_2 = 500\text{m}^2$

실정수 $R = \dfrac{S\bar{\alpha}}{1-\bar{\alpha}}$에서, $500 = \dfrac{600\times\bar{\alpha}}{1-\bar{\alpha}}$

$\therefore \bar{\alpha} = 0.455$

224 벽체 외부로부터 확산음이 입사될 때 이 확산음의 음압레벨은 125dB이었다. 실내의 흡음력은 30m²이고, 벽의 투과손실은 30dB, 벽의 면적이 20m²이면 실내의 음압레벨은?

① 110dB ② 99dB
③ 86dB ④ 81dB

해설 차음도 $\mathrm{NR} = \mathrm{SPL}_1 - \mathrm{SPL}_2$

$= \mathrm{TL} + 10\log\left(\dfrac{A_2}{S}\right) - 6$

$= 30 + 10\log\dfrac{30}{20} - 6 = 26\text{dB}$

∴ 실내의 음압레벨
$\mathrm{SPL}_2 = \mathrm{SPL}_1 - \mathrm{NR} = 125 - 26 = 99\text{dB}$

225 벽체 외부로부터 확산음이 입사될 때 이 확산음의 음압레벨은 90dB이다. 실내의 흡음력은 30m²이고, 벽의 투과손실은 30dB, 그리고 벽의 면적이 20m²이면 실내의 음압레벨(dB)은?

① 약 64dB ② 약 75dB
③ 약 79dB ④ 약 81dB

해설 차음도 $\mathrm{NR} = \mathrm{SPL}_1 - \mathrm{SPL}_2 = \mathrm{TL} + 10\log\left(\dfrac{A_2}{S}\right) - 6$

$= 30 + 10\log\left(\dfrac{30}{20}\right) - 6 = 26\text{dB}$

∴ 실내의 음압레벨
$\mathrm{SPL}_2 = \mathrm{SPL}_1 - \mathrm{NR} = 90 - 26 = 64\text{dB}$

226 강당, 교회, 음악당과 같은 공개홀에서 전기적 음향에 의한 직접음과 반사음의 시간차가 몇 초가 되면 그 위치를 DEAD SPOTS 또는 HOT SPOTS라고 하는가?

① 1.5초 ② 1.0초
③ 0.1초 ④ 0.05초

해설 음의 사점(死點 : dead spot)
직접음과 반사음의 시간차가 0.05초가 되어 두 가지 소리로 들리게 되므로 명료도가 저하하는 위치를 말한다.

227 실정수 R인 실내의 바닥에 놓여진 소음원의 파워레벨(PWL)을 알고 있을 때, 음원에서 r(m) 떨어진 점의 음압레벨(SPL)은 다음 그림에 의하여 구할 수가 있다. 지금 PWL=90dB, R=200m², r=4m일 때의 SPL은 몇 dB이 되는가?

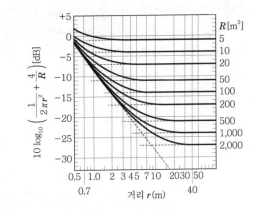

① 65dB ② 70dB
③ 75dB ④ 80dB

해설 주어진 그림에서 거리 r과 관계가 실정수마다 주어져 있기 때문에 대략 −15dB인 것을 알 수 있다. 따라서 거리 4m 떨어진 지점의 음압레벨 SPL=90−15=75dB이다. 계산에 의하여 구하는 방법을 표시하면 다음과 같다. 소음원이 바닥에 놓여 있기 때문에

$\mathrm{SPL} = \mathrm{PWL} + 10\log\left(\dfrac{1}{2\pi r^2} + \dfrac{4}{R}\right)$

$= 90 + 10\log\left(\dfrac{1}{2\times3.14\times16} + \dfrac{4}{200}\right)$

$= 75\text{dB}$

228 공장의 내부에 흡음재료를 부착하였을 경우, 음원에서 떨어진 장소의 소음감쇠량 D(dB)는 흡음재료의 사용 전과 후 그 실내의 흡음력을 각각 A_1, A_2라 하면 $D = 10\log\dfrac{A_2}{A_1}$(dB)로 나타낼 수 있다. $A_1 = 50\text{m}^2$일 때, $D = 6$dB로 하는데 필요한 흡음력은 몇 m²인가?

① 100m²
② 150m²
③ 200m²
④ 250m²

[해설]
$6 = 10\log\dfrac{A_2}{50} = 10\log A_2 - 10\log 50$에서

$10\log A_2 = 6 + 10\log 50 = 23$

$\therefore A_2 = 10^{2.3} \fallingdotseq 200\text{m}^2$

229 실내음의 성질에 관한 설명으로 옳지 않은 것은?

① 실내의 흡음력이 크면 직접음의 영향을 받는 범위는 좁아지고 확산음장의 범위는 넓어진다.
② 소음원이 벽에 접근해 있을 때는 벽과 음원 사이에 방음벽 등을 설치하여 직접음을 적게 하면 좋다.
③ 소음원을 경계선 쪽 벽에 아주 접근시켜 설치하는 것은 벽면에 대한 직접음의 영향이 강하므로 방음대책상 적당하지 않다.
④ 소음원의 근처에는 직접음의 영향이 강하나 음원에서 멀리 떨어지게 되면 확산음장에 가까워지기 때문에 음의 크기가 대략 일정한 레벨이 된다.

[해설] 음원에 가까운 곳에서는 직접음, 떨어진 곳에서는 확산음이 우위를 차지하므로 음원에서 멀어짐에 따라 음압레벨은 감소하지만, 어느 정도는 다소 멀어져도 음압레벨은 감소하지 않고 일정한 레벨이 된다. 흡음력이 적은 실내에서는 음원에서 그다지 떨어지지 않아도 일정한 레벨이 된다. 흡음력이 크면 직접음의 영향을 받는 범위가 넓어지고 확산음장이 좁아진다. 따라서 소음원을 경계선 쪽의 벽에 아주 접근하여 설치하는 것은 부적당하고 이와 같은 경우에는 직접음이 벽에 닿지 않게 차폐하는 것이 필요하다.

230 면적 S가 10m×5m인 벽으로 칸막이를 한 두 개의 방이 있다. 수음실의 안쪽 길이는 8m이고, 평균흡음률은 0.3이다. 벽의 음향투과손실(TL)이 20dB일 때 두 방 사이의 음압레벨차(D)에 가장 가까운 값은? (단, A를 수음실의 흡음력이라고 할 때 두 방 사이의 음압레벨의 차는 다음 식으로 구한다. $D = \text{TL} - 10\log\dfrac{S}{A}$(dB))

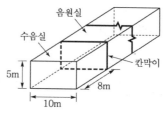

① 17dB
② 20dB
③ 23dB
④ 26dB

[해설] 먼저 수음실의 흡음력 A를 구한다.
$A = \bar{\alpha} \times S$
여기서, 방의 전체 표면적
$S = 5\times10\times2 + 8\times5\times2 + 10\times8\times2 = 340\text{m}^2$이므로
$A = 0.3 \times 340 = 102\text{m}^2$

$\therefore D = 20 - 10\log\dfrac{50}{102} = 23\text{dB}$

231 공장의 내부에 흡음재료를 부착하였을 경우, 음원에서 떨어진 장소의 소음감쇠량 D(dB)는 흡음재료의 사용 전과 후 그 실내의 실정수(室定數)를 각각 R_1, R_2라 하면 $D = 10\log\dfrac{R_2}{R_1}$(dB)로 나타낼 수 있다. $R_1 = 50\text{m}^2$일 때, $D = 6$dB로 하는 데 필요한 평균흡음률은? (단, 공장 내부의 표면적 $S = 600\text{m}^2$이다.)

① 0.20
② 0.25
③ 0.30
④ 0.35

[해설]
$6 = 10\log\dfrac{R_2}{50}$, $R_2 = 200\text{m}^2$

실정수 $R = \dfrac{S \cdot \bar{\alpha}}{1 - \bar{\alpha}}$의 식에서

$\bar{\alpha} = \dfrac{R}{R + S} = \dfrac{200}{200 + 600} = 0.25$

232 확산음장이 주된 실내에서 소음원의 파워레벨(PWL)과 평균음압레벨 $\overline{\text{SPL}}$, 흡음력 A의 사이에는 $\text{PWL} = \overline{\text{SPL}} + 10\log A - 6$의 관계가 성립된다. 잔향시간 $T = \dfrac{0.16V}{A}$일 때 파워레벨을 구하는 식으로 옳은 것은? (단, V는 실체적을 나타낸다.)

① $\text{PWL} = \overline{\text{SPL}} + 10\log V - 10\log T - 11$

② $\text{PWL} = \overline{\text{SPL}} + 10\log V - 10\log T - 14$

③ $\text{PWL} = \overline{\text{SPL}} + 10\log T - 10\log V - 11$

④ $\text{PWL} = \overline{\text{SPL}} + 10\log T - 10\log V - 14$

해설 실내에 파워레벨 PWL(dB)의 소음원이 있을 때 음원에서 r(m) 떨어진 지점의 음압레벨 SPL(dB)은 실정수를 R로 할 경우
직접음 : $L_d = \text{PWL} - 20\log r - 8$(반자유공간)
확산음 : $L_r = \text{PWL} - 10\log R + 6$의 합성으로 된다.
여기서, 소음원에서 충분히 떨어진 직접음의 영향이 없는 실부분에 있어서는 소음원에서 거리에 관계없는 확산음이 주성분이 되어 $L_r = \overline{\text{SPL}}$이 된다.

$\overline{\text{SPL}} = \text{PWL} - 10\log R + 6$

$\text{PWL} = \overline{\text{SPL}} + 10\log R - 6$

$R = \dfrac{S\overline{\alpha}}{1-\overline{\alpha}} = \dfrac{A}{1-\overline{\alpha}}$

여기서, S : 실내 전체 표면적(m²)
$\overline{\alpha}$: 평균흡음률
A : 흡음력
$\overline{\alpha} \ll 1$인 경우 $R \fallingdotseq A$가 되어,
위 식은 $\text{PWL} = \overline{\text{SPL}} + 10\log A - 6$이 된다.
또한 세빈(Sebine)의 식 $T = \dfrac{0.16V}{A}$에서

$A = \dfrac{0.16V}{T}$을 사용하여 위 식에 대입하면

$\text{PWL} = \overline{\text{SPL}} + 10\log\left(\dfrac{0.16V}{T}\right) - 6$

$\quad = \overline{\text{SPL}} + 10\log V + 10\log 0.16 - 10\log T - 6$

$\quad = \overline{\text{SPL}} + 10\log V - 10\log T - 14$

233 공장 내에 있는 현장사무실의 철근 콘크리트벽에 면적 S, 투과손실 TL인 창을 만들려고 한다. 이 경우 투과손실의 계산식은 사무실 내의 흡음력을 A로 하면, 투과손실 $\text{TL} = \text{SPL}_1 - \text{SPL}_2 + 10\log\left(\dfrac{S}{A}\right)$로 나타낼 수 있다. 여기서 SPL_1은 공장 내 확산음 레벨이고, SPL_2는 사무실 내 확산음 레벨이다. 창의 면적만을 2배로 할 경우 사무실 내 음압레벨은 몇 dB 상승하는가?

① -6dB　　② -3dB

③ 0dB　　④ 3dB

해설 사무실 내의 음압레벨은 다음과 같다.

$\text{SPL}_2 = \text{SPL}_1 - \text{TL} + 10\log\left(\dfrac{S}{A}\right)$

창의 면적 S를 2배로 했을 때 다른 조건은 변하지 않으므로

$\text{SPL}_{2s} = \text{SPL}_1 - \text{TL} + 10\log\left(\dfrac{2S}{A}\right)$

$\quad = \text{SPL}_1 - \text{TL} + 10\log\left(\dfrac{S}{A}\right) + 10\log 2$

즉, $10\log 2$만큼만 증가하므로 3dB 증가한다.

234 어떤 공장 건물 내에 파워레벨이 같은 기계가 20대가 있고, 공장 밖에서는 66dB(A)의 음이 들리고 있다. 공장 안의 잔향시간이 현재의 $\dfrac{1}{2}$이 되도록 흡음처리하고 기계대수를 10대로 줄이면 공장 밖의 음은 같은 위치에서 소음레벨은?

① 45dB(A)　　② 50dB(A)

③ 55dB(A)　　④ 60dB(A)

해설 잔향시간이 $\dfrac{1}{2}$이 되면 흡음력은 2배가 된다. 흡음처리를 한 실내의 소음레벨 저하량 D는 처리 전후의 흡음력의 비를 R이라고 하였을 때 $D = 10\log R$(dB)이 된다. 또한 파워레벨이 같은 기계의 수량이 반으로 줄었으므로 공장 안의 소음레벨은 $10\log 2$(dB)만큼 감소한다. 따라서 공장 밖의 동일한 지점에서 소음레벨은 다음과 같다.
$66 - 10\log 2 - 10\log 2 = 60$dB

● 출제경향을 반영한 **실전문제**

232.② 233.④ 234.④

535

235 폭 10m, 길이 20m, 높이 5m인 공장 내에서 잔향시간 T를 측정하였더니 1.6초였다. 파워레벨(PWL) 100dB인 음원이 이 실내에 있을 때, 확산음 레벨 $SPL = PWL - 10 \log R + 6$으로 계산될 때 몇 dB이 되는가?

① 85dB   ② 87dB

③ 91dB   ④ 94dB

[해설] 공장의 체적 $V = 10 \times 20 \times 5 = 1,000 \text{m}^3$
공장의 표면적
$S = 2\{(10 \times 20) + (5 \times 10) + (5 \times 20)\}$
$\quad = 700 \text{m}^2$
측정된 잔향시간 $T = 1.6$초이므로
평균음률 $\alpha = \dfrac{0.16V}{T \cdot S} = \dfrac{0.16 \times 1,000}{1.6 \times 700} ≒ 0.14$
실정수 $R = \dfrac{S\alpha}{1-\alpha} = \dfrac{700 \times 0.14}{1-0.14} = 114$에서
주어진 식에 대입하면
$SPL = 100 - 10 \log 114 + 6 ≒ 85 \text{dB(A)}$

236 평균흡음률 0.04인 방을 흡음처리하여 평균흡음률을 0.3으로 했다. 이때 흡음에 의한 감음량은 대략 몇 dB 정도 되는가?

① 5dB   ② 9dB

③ 15dB   ④ 20dB

[해설] 평균흡음률이 α_1에서 α_2로 되었을 때의 감음량
$D = 10 \log \dfrac{\alpha_2}{\alpha_1}$
여기서, $\alpha_1 = 0.04$, $\alpha_2 = 0.3$이므로
$\therefore D = 10 \log \dfrac{0.3}{0.04} ≒ 9 \text{dB}$

237 공장 내에서 1,000Hz의 잔향시간을 측정하였더니 소음대책 전에 약 4초였다. 내벽 면에 흡음재료를 바르고 난 뒤에 측정하였더니 2초로 되었다. Sabin의 식을 적용할 경우 대책 후 확산음 레벨 저하량을 6dB로 하기 위해서는 잔향시간을 대략 몇 초로 하면 되는가?

① 1.0초   ② 1.5초

③ 2.0초   ④ 2.5초

[해설] 저하량 D와 대책 전·후 흡음률의 비 $\dfrac{\alpha_2}{\alpha_1}$ 사이에는
$D = 10 \log \dfrac{\alpha_2}{\alpha_1} = 6$의 공식이 성립한다.

여기서, $\log \dfrac{\alpha_2}{\alpha_1} = 0.6$

따라서 $\dfrac{\alpha_2}{\alpha_1} = 10^{0.6} = 4$, 저하량을 6dB로 하기 위해서는 방의 흡음률을 처음의 4배로 할 필요가 있다. 이때의 잔향시간은 Sabin식에서 처음의 $\dfrac{1}{4}$ 배가 된다. 그러므로 소요시간은 4초 $\times \dfrac{1}{4} = 1$초이다.

238 면적이 S_1, S_2이고 투과율이 각각 τ_1, τ_2인 2개의 부분으로 된 벽의 총합 투과손실 $TL = 10 \log \dfrac{S_1 + S_2}{\tau_1 S_1 + \tau_2 S_2}$로 주어진다. 투과손실이 20dB인 창 10m²와 투과손실이 30dB인 벽부분 100m²인 벽의 총합 투과손실은 약 몇 dB인가?

① 25dB

② 27dB

③ 29dB

④ 31dB

[해설] 차음재료의 투과손실 TL과 투과율 τ 사이에는 $TL = 10 \log \dfrac{1}{\tau}$ 관계가 있다. 이 식에서 τ_1일 때 $TL_1 = 20$dB, τ_2일 때의 $TL_2 = 30$dB를 대입하여 τ_1, τ_2를 구하면
$TL_1 = 20$일 때, $20 = 10 \log \dfrac{1}{\tau_1}$, 따라서 $\dfrac{1}{\tau_1} = 10^2$
$\therefore \tau_1 = 10^{-2}$
$TL_2 = 30$일 때, $30 = 10 \log \dfrac{1}{\tau_2}$, 따라서 $\dfrac{1}{\tau_2} = 10^3$
$\therefore \tau_2 = 10^{-3}$
이 값들을 총합 투과손실 식에 대입하면
$TL = 10 \log \dfrac{10 + 100}{10^{-2} \times 10 + 10^{-3} \times 100} = 27.4 \text{dB}$

239 실내의 흡음처리에 관한 설명으로 옳지 않은 것은?

① 실내의 흡음력을 2배로 하면 잔향시간은 대략 $\frac{1}{2}$로 된다.

② 실내의 흡음력을 2배로 하면, 인접한 실내로부터 소음의 실내 평균 에너지 밀도는 대략 $\frac{1}{4}$로 된다.

③ 실내의 흡음력을 2배로 하면 같은 음원에 의한 실내의 평균음압레벨은 대략 3dB 저하한다.

④ 실내의 흡음력 또는 실정수를 2배로 하면 직접음이 명료하게 들리는 수음점의 점음원으로부터의 거리는 대략 $\sqrt{2}$ 배로 되며, 따라서 면적으로는 대략 2배가 된다.

해설 ① Sabine식 $A = S\alpha = \dfrac{0.16\,V}{T}$로부터 흡음력 A와 잔향시간 T는 반비례한다는 것을 알 수 있다. 따라서 흡음력을 2배로 하면 잔향시간은 대략 $\frac{1}{2}$로 된다.

② 인접한 실내로부터의 소음 실내 평균음압레벨 $\mathrm{SPL} = \mathrm{SPL}_o - \mathrm{TL} - 10\log \dfrac{A}{S}$ 이다. 여기서, SPL : 실내 평균음압레벨, SPL_o : 인접한 실내의 평균음압레벨, TL : 두 실간 칸막이벽의 투과손실, A : 수음실의 흡음력, S : 두 실간 칸막이벽의 면적이다. 따라서 흡음력을 2배로 하면 실내 음압레벨 SPL은 3dB만 저하한다. 즉 실내 평균 에너지 밀도는 대략 $\frac{1}{2}$이 된다.

③, ④ 실내 음압레벨을 구하는 방법 중에서 확산음 L_r에 대해서는 $L_r = \mathrm{PWL} - \log R + 6$의 관계식에 있다. 이 식에 따라서 흡음률을 2배로 하면 흡음력도 2배로 되고, 또 흡음률이 적을 경우에는 실정수도 2배로 되므로 확산음은 $-10\log 2 = -3\mathrm{dB}$. 즉 3dB 저하된다. 또 직접음 L_d와 확산음이 같게 되는 점은 $L_d = L_r$ 이므로
$\mathrm{PWL} - 20\log r - 8 = \mathrm{PWL} - 10\log R + 6$에서
$20\log r = 10\log R - 14 = 10\log \dfrac{R}{10^{1.4}}$
$\therefore\ r^2 = \dfrac{R}{10^{1.4}} = k \cdot R \ \left(k = \dfrac{1}{10^{1.4}}\right)$
$r = \sqrt{k \cdot R}$
즉, R(실정수)을 2배로 하면 r(거리)은 $\sqrt{2}$ 배로 되고, 면적은 πr^2이므로 2배로 된다.

240 어떤 소형 기계의 음압레벨을 옥외 광장에서 측정하여 다음 표와 같은 결과를 얻었다. 다음에 이 기계를 공장 내에 설치하여 기계에서 15m, 25m의 위치에서 소음을 측정해보니 똑같이 약 80dB의 측정값을 얻었다. 단, 공장 내에는 따로 소음원이 없을 경우 공장 내에서 이 기계로부터 10m 위치에서의 음압레벨은?

거리(m)	1	2	5	10	15	20	30	40
측정치 (dB)	90	84	76	70	66	64	60	58

① 70dB

② 75dB

③ 80dB

④ 85dB

해설 실내 음압레벨은 직접음 $L_d = \mathrm{PWL} - 20\log r - 8$과 확산음 $L_r = \mathrm{PWL} - 10\log R + 6$의 합성음 레벨이 된다. 직접음은 기계로부터 10m의 위치에서, 옥외 광장의 측정 결과에서 보면 70dB이라는 것을 알 수가 있다. 확산음은 공장 내에서 기계로부터 15m, 25m 위치에서 모두 약 80dB이므로 80dB이라는 것을 알 수 있다. 따라서 공장 내의 기계로부터 10m 위치의 음압레벨은 다음과 같다.
$L_d + L_r = 10\log(10^7 + 10^8) = 80\mathrm{dB}$

진동방지대책 · 예측평가 · 정밀분석 분야

01 진동절연의 개념을 옳게 나타낸 것은?

① 공진현상을 막는다.
② 진동의 전달을 막는다.
③ 가진력을 없앤다.
④ 감쇠장치로 진동을 흡수한다.

> **해설** 진동절연은 진동의 전달을 막는 것으로 그 크기를 정량적
> 으로 표시하는 것이 전달률(transmissibility)이라고 한다. 방
> 진특성의 평가인자로는 전달률과 허용진폭이 사용된다.

02 진동의 공진현상이 일어나면 진동의 어느 성질
이 증가하는가?

① 주파수   ② 위상
③ 파장   ④ 진폭

> **해설** **공진현상(resonance)**
> 물체가 가지고 있는 고유주파수(고유진동수)와 이 물체에 가
> 해진 하중의 주파수(진동수)가 같을 때 물체가 무한대로 진동
> 하는 현상으로 공진 시 진동의 진폭이 무한대로 증가한다.

03 진동계를 전기계로 대치할 때의 상호관계로 옳
은 것은?

① 질량(m)=전류(i)
② 변위(x)=임피던스(L)
③ 힘(F)=전압(E)
④ 스프링정수(k)=전기속도(R)

> **해설** ① 질량(m)=정전용량(C)
> ② 변위(x)=전기량(Q)
> ④ 스프링정수(k)=$\dfrac{1}{\text{인덕턴스}(L)}$

04 수직진동 보정곡선의 주파수 대역별 보정치의
물리량 a로 옳지 않은 것은?

① $0 \leq f \leq 1\text{Hz}$일 때 $a = 2 \times 10^{-5} \times f^2 \, (\text{m/s}^2)$

② $1 \leq f \leq 4\text{Hz}$일 때 $a = 2 \times 10^{-5} \times f^{-\frac{1}{2}} \, (\text{m/s}^2)$

③ $4 \leq f \leq 8\text{Hz}$일 때 $a = 10^{-5} \, (\text{m/s}^2)$

④ $8 \leq f \leq 90\text{Hz}$일 때 $a = 0.125 \times 10^{-5} \times f$ (m/s^2)

> **해설** **진동레벨(Vibration Level, VL)**
> 1~90Hz 범위의 주파수 대역별 진동가속도레벨(VAL)에
> 주파수 대역별 인체의 진동감각특성(수직감각 또는 수평
> 감각)을 보정한 후의 값들을 합산한 것이다.
> $$VL = VAL + W_n (\text{dB(V)})$$
> 여기서, W_n : 주파수 대역별 인체감각에 대한 보정치
> $$W_n = -20 \log \left(\frac{a}{10^{-5}} \right)$$
> **수직보정곡선의 주파수 대역별 보정치의 물리량(a)**
> - $1 \leq f \leq 4\text{Hz}$일 때 $a = 2 \times 10^{-5} \times f^{-\frac{1}{2}} (\text{m/s}^2)$
> - $4 \leq f \leq 8\text{Hz}$일 때 $a = 10^{-5} (\text{m/s}^2)$
> - $8 \leq f \leq 90\text{Hz}$일 때 $a = 0.125 \times 10^{-5} \times f (\text{m/s}^2)$

05 그림과 같은 보의 횡진동 문제에서 좌단의 경계
조건을 옳게 표시한 것은?

① $y = 0, \dfrac{dy}{dx} = 0$ ② $y = 0, \dfrac{d^2 y}{dx^2} = 0$

③ $y = 0, \dfrac{d^3 y}{dx^3} = 0$ ④ $y = 0, \dfrac{d^4 y}{dx^4} = 0$

> **해설** 보의 횡진동 운동방정식에서 그림과 같은 경계조건은
> $y = 0, \dfrac{d^2 y}{dx^2} = 0$이다.

06 그림과 같은 진동계의 주기를 구하면?

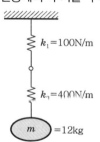

① 약 1.2초   ② 약 2.4초
③ 약 3.6초   ④ 약 4.8초

해설 스프링이 직렬연결되어 있으므로 총합 스프링정수

$$\frac{1}{k_t} = \frac{1}{k_1} + \frac{1}{k_2} = \frac{1}{100} + \frac{1}{400} = \frac{5}{400}$$

$$\therefore k_t = \frac{400}{5} = 80$$

고유주파수

$$f_n = \frac{1}{2\pi} \sqrt{\frac{k}{m}} = \frac{1}{2\pi} \sqrt{\frac{80}{12}} = 0.41 \text{Hz}$$

$$\therefore \text{주기 } T = \frac{1}{f_n} = \frac{1}{0.41} = 2.4 \text{초}$$

07 발파 시 지반의 진동속도(V, cm)를 구하는 관계식으로 옳은 것은? (단, K, n : 지질암반조건, 발파조건 등에 따르는 상수, W : 지발당 장약량, R : 발파원으로부터의 거리, b : $\frac{1}{2}$ 또는 $\frac{1}{3}$)

① $V = K \left(\dfrac{R}{W^b} \right)^n$ ② $V = K \left(\dfrac{W^b}{R} \right)^n$

③ $V = K \left(\dfrac{R^2}{W^b} \right)^n$ ④ $V = K \left(\dfrac{R}{2\,W^b} \right)^n$

해설 미국 광무국(USBM) 추정식

$$V = K \left(\frac{R}{W^b} \right)^n$$

여기서, K : 자유면 상태 암질 등에 따른 상수(발파진동상수)
　　　　R : 발파원으로부터의 이격거리(cm)
　　　　W : 지발당 최대장약량(kg)
　　　　n : 거리에 따른 감쇠지수
　　　　b : 장약량에 따른 지수

08 질량 m, 길이 L인 그림과 같은 막대진자의 고유진동수는? (단, 수직으로 매달린 가늘고 긴 막대가 평면에서 진동하며 진폭은 작다고 가정한다.)

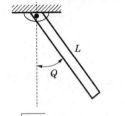

① $f_n = \dfrac{1}{2\pi} \sqrt{\dfrac{3g}{2L}}$ ② $f_n = \dfrac{1}{2\pi} \sqrt{\dfrac{2L}{3g}}$

③ $f_n = \dfrac{1}{2\pi} \sqrt{\dfrac{g}{2L}}$ ④ $f_n = \dfrac{1}{2\pi} \sqrt{\dfrac{2L}{g}}$

해설 막대진자의 주기

$$T = \frac{2\pi}{\omega} = 2\pi \sqrt{\frac{I_{end}}{mgd}} = 2\pi \sqrt{\frac{\left(\frac{1}{3} m L^2 \right)}{\left(m g \frac{L}{2} \right)}}$$

$$= 2\pi \sqrt{\frac{2L}{3g}}$$

$$\therefore f_n = \frac{1}{2\pi} \sqrt{\frac{3g}{2L}}$$

여기서, 축의 위치 : 막대의 한 끝 $I_{end} = \dfrac{1}{3} m L^2$

축과 중심과의 거리 $d = \dfrac{L}{2}$

만약, $L = 1$m일 경우 단진동하는 막대의 주기는 L에만 의존한다.

09 진동방지계획 수립 시 일반적으로 가장 먼저 이루어지는 절차는?

① 수진점 일대의 진동실태조사
② 발생원의 위치와 발생기계를 확인
③ 수진점의 진동규제기준 확인
④ 저감 목표레벨을 정함

해설 **진동방지계획 수립 시 이루어지는 절차**
- 진동이 문제가 되는 수진점의 위치를 확인
- 수진점 일대의 진동실태조사(지면진동 및 초저주파음의 레벨, 주파수 분석)
- 수진점의 진동특성 파악(지면진동인자 초저주파음에 의한 것인지를 판정)
- 수진점의 진동규제기준 확인
- 측정치와 규제기준치의 차로부터 저감 목표레벨을 정함
- 발생원의 위치와 발생기계를 확인
- 적절한 개선대책을 선정(가진력 제거 및 저감, 기계 기초로부터 진동 전달을 저감, 진동차단 조치(소음기 부착 등))
- 시공 및 재평가

10 인체에 대한 진동의 영향을 결정하는 물리적 인자의 조합에 대한 기술(記述) 중 옳은 것은?

① 주파수 – 진동가속도 – 진동방향 – 지속시간(노출시간)
② 주파수 – 진동가속도 – 진동원으로부터의 거리 – 진동방향
③ 주파수 – 진동가속도 – 1일간의 폭로횟수 – 변동성
④ 주파수 – 진동가속도 – 진동원으로부터의 거리 – 변동성

해설 인체에 대한 진동의 영향을 결정하는 물리적 인자는 진동수(주파수), 진동가속도, 진동방향, 진동의 지속시간 등이 있다.

11 소음의 원인이 되는 진동을 감소시키기 위한 노력으로 옳지 않은 것은?

① 댐핑을 증가시킨다.
② 고유진동주파수에 맞춘다.
③ 주기적인 힘을 감소시킨다.
④ 진동원으로부터 차단시킨다.

해설 고유진동주파수를 감소시킨다.

12 진동차단 구조물의 전달에너지 감소 현상으로 옳지 않은 것은?

① 진동파의 간섭   ② 진동파의 산란
③ 진동파의 발산   ④ 진동파의 반사

해설 진동차단 구조물의 전달에너지 감소 현상은 진동파의 간섭, 산란, 반사 등이 있다.

13 계수 여진진동에 관한 설명으로 옳지 않은 것은?

① 대표적인 예는 그네로서 그네가 1행정하는 동안 사람 몸의 자세는 2행정을 하게 된다.
② 회전하는 편평축의 진동, 왕복운동 기계의 크랭크축 계의 진동 등이 계수 여진진동이라 할 수 있다.
③ 가진력의 주파수가 계의 고유진동수와 같을 때 크게 진동하는 특징이 있다.
④ 진동의 근본적인 대책은 질량 및 스프링 특성의 시간적 변동을 없애는 것이다.

해설 가진력의 주파수가 계의 고유진동수(계수 여진진동수)의 2배로 될 때 크게 진동하는 특징이 있다.

14 자려진동의 예로 옳은 것은?

① 바이올린 현의 진동
② 회전하는 편평축의 진동
③ 왕복운동 기계의 크랭크축 계의 진동
④ 단조기나 프레스에서 발생되는 진동

해설 자려진동
진동을 야기시키는 외력이 없는 곳에 특수진동수의 진동이 발생하는 현상으로 바이올린 현의 진동이 여기에 속한다.

15 가진력 저감의 예로 옳지 않은 것은?

① 단조기를 단압 프레스로 교체한다.
② 터보용 고속회전 압축기에 연편을 부착하여 가진력을 감소시킨다.
③ 기계, 기초를 움직이는 가진력을 감소시키기 위해 탄성지지한다.
④ 크랭크기구를 가진 왕복운동 기계는 복수개의 실린더를 가진 것으로 교체한다.

해설 왕복운동 압축기를 터보용 고속회전 압축기로 교체한다(자동차 바퀴에 연편(납조각)을 부착하여 회전기계의 회전부 불평형을 없앤다).

16 가진원이 진동하지 않고 단순히 에너지원으로만 존재하는 경우에도 진동이 발생하는 것으로 바이올린 현의 진동이 이에 해당하는 것은?

① 자려진동   ② 계수 여진진동
③ 계수진동   ④ 과도진동

해설 바이올린 현의 진동은 가진원이 진동하지 않고 단순히 에너지원으로만 존재하는 경우에도 진동이 발생하는 자려진동이다.

17 회전기계에서 발생하는 진동을 강제진동과 자려진동으로 구분할 때, 자려진동에 해당하는 것은?

① 회전기계의 불평형에 의한 진동
② 구름베어링에 기인하는 진동
③ 서징
④ 기어의 치형오차에 기인하는 진동

해설 자려진동(self-indused vibration)
강제 외력에 관계없이 진동계통 자체의 고유진동수에 따라 현저한 진동이 발생하는 현상으로 자동차에서는 오일 휩, 시징, 스틱슬립 등이 자려진동의 예이다.
• 오일 휩(oil whip) : 베어링의 유막작용에 의해 발생되는 회전축의 자려진동
• 서징(surging) : 코일스프링 자체의 탄성진동 고유진동수가 외력의 진동수와 공진하는 상태
• 스틱슬립(stick slip) : 습동현상으로 두 물체의 접촉면에 작용하는 마찰 중 미끄럼 마찰로 발생하는 자려진동

18 진동의 등감각곡선에 관한 내용으로 옳지 않은 것은?

① 진동에 대한 인체감각은 진동수에 따라 다르다.

② 수직진동은 4 ~ 8Hz 범위에서 가장 민감하다.

③ 수평진동은 10 ~ 20Hz 범위에서 가장 민감하다.

④ 일반적으로 수직보정된 레벨(수직진동레벨)을 많이 사용하며 dB(V)로 단위를 표시한다.

해설 수평진동은 1 ~ 2Hz 범위에서 가장 민감하다.

19 큰 가진력을 발생하는 기계의 기초대를 설계할 경우 공진을 피하기 위해서는 기계의 기초대 진폭을 적극적으로 억제해야 한다. 보기 중 옳은 것은? (단, f : 강제진동수, f_n : 고유진동수)

① f가 f_n보다 작은 경우에 기초대의 밑면적을 증가시켜 지반과의 스프링 기능을 강화하거나 기초대의 중량을 증가시키는 것이 유효하다.

② f가 f_n보다 작은 경우에 기초대의 밑면적을 감소시켜 지반과의 스프링 기능을 강화하거나 기초대의 중량을 증가시키는 것이 유효하다.

③ f가 f_n보다 작은 경우에 기초대의 밑면적을 증가시켜 지반과의 스프링 기능을 강화하거나 기초대의 중량을 감소시키는 것이 유효하다.

④ f가 f_n보다 작은 경우에 기초대의 밑면적을 감소시켜 지반과의 스프링 기능을 강화하거나 기초대의 중량을 감소시키는 것이 유효하다.

해설 f가 f_n보다 큰 경우에는 기초대의 중량을 크게 하여 f_n을 작게 하는 것이 좋다.

20 철도진동을 줄이기 위한 노력과 상반된 사항은?

① 짧은 레일   ② 레일 표면 평활

③ 자갈 도상   ④ 레일 패드

해설 철도진동을 줄이기 위해서는 긴 레일(장대 레일)을 설치하여야 한다.

21 가진력에 관한 설명으로 옳지 않은 것은?

① 회전축을 중심으로 r만큼 떨어진 위치에 있는 불균형 질량 m이 회전수 n(rpm)으로 회전할 때의 가진력은 다음과 같다.
$$F = m r^2 \left(\frac{2\pi n}{60}\right)^2$$

② 정적 불균형이란 회전부분의 무게중심이 축의 중심으로부터 편심된 위치에 있는 경우를 의미한다.

③ 정적 균형이 이루어져 있어도 회전축에 직각되는 축 주변에 우력이 작용하여 동적 불균형이 발생하기도 한다.

④ 프레스, 단조기, 말뚝 박는 기계, 파쇄기 등은 주로 충격에 의해 진동이 발생한다.

해설 가진력 $F = m r \omega^2 = m r \left(\frac{2\pi n}{60}\right)^2$으로 표현된다.

회전축에 직각되는 축 주변에 우력 $M = m r \omega^2 L$이다.

22 진동작업자가 100dB에 20분, 95dB에 50분, 90dB에 2시간의 간헐적인 진동에 폭로되는 경우 작업자가 83dB에서의 전(全) 등가폭로시간은? (단, 83dB 1일 허용시간은 24h, 90dB, 95dB, 100dB의 허용시간은 각각 8h, 4h, 1h이다.)

① 8h   ② 13h

③ 19h   ④ 22h

해설 진동노출지수
$$EI = \frac{T_1}{TLV_1} + \frac{T_2}{TLV_2} + \cdots = \frac{20}{60} + \frac{50}{240} + \frac{2}{8} = 0.79$$
전(全) 등가폭로시간 $T = 0.79 \times 24 = 19h$

23 원판 중심에서 1.5m 떨어진 위치에 20kg의 불균형 물체가 놓여 있어 진동이 발생하여 방진하려 한다. 원판이 500rpm으로 회전한다면 대응방향(원판 중심으로부터) 50cm 지점에 붙여야 할 추의 무게는?

① 50kg   ② 60kg

③ 70kg   ④ 80kg

해설 원심력의 균형 $F = m r_1 \omega^2 = m_o r_2 \omega^2$ 에서

r_1 : 원판 중심에서 떨어진 거리

r_2 : 회전축에 대한 편심거리

m : 불균형 물체의 질량

m_o : 회전체의 편심질량

$\therefore 20 \times 1.5 \times \omega^2 = m_o \times 0.5 \times \omega^2$ 에서 $m_o = 60$kg

24 회전원판의 중심에서 15m 떨어진 지점에 35g의 불균형 질량이 있다. 반대편에 100g의 평형추를 붙인다면 어느 지점에 위치하는 것이 가장 적합한가?

① 2.5m

② 5.25m

③ 7.5m

④ 9.25m

해설 원심력의 균형 $F = m r_1 \omega^2 = m_o r_2 \omega^2$ 에서

r_1 : 원판 중심에서 떨어진 거리

r_2 : 회전축에 대한 편심거리

m : 불균형 물체의 질량

m_o : 회전체의 편심질량

$\therefore 35 \times 15 \times \omega^2 = 100 \times x \times \omega^2$ 에서 $x = 5.25$m

25 산업현장에서 4~8Hz 사이의 수직진동에 근로자가 8시간 노출될 때 피로 능률감퇴경계가 되는 진동의 크기는?

① 0.315m/s²

② 0.63m/s²

③ 1.0m/s²

④ 1.25m/s²

해설 수직진동의 8시간 노출기준은 보정가속도레벨로 환산하면 90dB에 상당한다.

$\text{VAL} = 20 \log \dfrac{A_{rms}}{10^{-5}}$ 에서 $90 = 20 \log \dfrac{A_{rms}}{10^{-5}}$

$\therefore A_{rms} = 0.315$m/s²

26 600rpm으로 회전하고 있는 차축의 정적 불평형력은 직경 2.0m인 원주상으로 질량 0.1kg이 회전하고 있는 경우와 같다고 할 때, 이때 발생하는 가진력의 최대치는 약 몇 N인가?

① 230

② 400

③ 660

④ 790

해설 **회전 및 왕복운동에 의한 불평형력**

회전운동에 의해서 발생하는 관성력

$F = m r \omega^2 = m r (2 \pi f)^2$

$= 0.1 \times 1.0 \times \left(2 \times 3.14 \times \dfrac{600}{60}\right)^2 = 394.4$N

27 질량 m인 기계가 속도 v로 운전될 때, 가진점에 스프링을 설치하여 진동을 모두 흡수시켰다. 최대충격력 F, 최대변위 δ일 때, 올바른 평형에너지 방정식은? (단, 스프링정수는 k, 가속도는 a이다.)

① $\dfrac{m v^2}{2} = \dfrac{F \delta}{2}$

② $\dfrac{m v}{2} = \dfrac{F \delta}{2}$

③ $m v^2 = F k$

④ $m a = F \delta k$

해설 충격 가진력 $\dfrac{1}{2} m v^2 = \dfrac{1}{2} \dfrac{W}{g} v^2 = \dfrac{1}{2} F \delta$

이 식에 $\delta = \dfrac{F}{k}$를 대입하여 충격력 F를 구하면

$F = v \sqrt{\dfrac{k W}{g}}$ 가 된다.

즉, 충격력 F는 스프링정수 k 및 중량 W의 평방근에, 속도 v에 비례한다.

예를 들어 스프링정수 k를 $\dfrac{1}{4}$로 하면 F는 $\dfrac{1}{2}$로 되기 때문에 완충재를 넣으면 가진력이 저감되는 것을 알 수 있다.

28 진동원에서 발생하는 가진력은 특성에 따라 기계 회전부의 질량 불평형, 기계의 왕복운동 및 충격에 의한 가진력 등으로 대별되는데, 다음 중 발생 가진력이 주로 충격에 의해 발생하는 것은?

① 단조기

② 전동기

③ 송풍기

④ 펌프

해설 • 단조기 : 질량의 낙하운동에 의한 충격 가진력

• 전동기, 송풍기, 펌프 : 회전질량 또는 왕복질량에 의한 질량 불균형에 의한 가진력

29 동적 흡진에 관한 설명으로 가장 옳은 것은?

① 진동의 지반 전파를 감소시키기 위해 차단벽 혹은 차단 구멍을 설치하여 흡진한다.

② 대상계가 공진할 때 부가질량을 스프링으로 지지하여 대상계의 진동을 억제한다.

③ 진동원과 대상계의 거리를 멀게 하여 전파되는 진동을 줄인다.

④ 진동계에 동일 체적을 가진 기초대를 추가하여 계의 고유진동수를 이동시켜 진동을 줄인다.

해설 기계의 방진설계 잘못으로 공진 또는 이와 유사한 상태가 될 때, 별도의 부가질량을 스프링으로 지지하면 큰 기계의 진동을 억제할 수 있다.

30 진동원에 따라 방진설계가 달라지는데 왕복동 압축기, 윤활유 펌프배관, 화학플랜트 배관 등에 유체가 흐르고 있을 때, 발생되는 진동으로 옳은 것은?

① 캐비테이션 관련 진동
② 기주진동과 서징 관련 진동
③ 맥동, 수격현상 관련 진동
④ 스로싱(액면요동) 관련 진동

해설 • 맥동현상(서징현상, surging) : 배관 중에 공기가 흐르고 있을 경우 발생되는 진동
• 수격작용(water hammer) : 비정상적인 펌프의 멈춤, 유체가 흐를 때 압력강하와 압력상승이 발생하여 압축력이 충격파로 전달되는 현상
• 기주진동(air column vibration) : 관 내의 공기기둥으로 인한 진동
• 스로싱(sloshing) : 용기의 움직임에 따라 용기 내부의 액체가 움직이는 현상
• 공동현상(cavitation) : 유체의 속도변화에 따른 압력변화로 인하여 유체 내에 공동이 생기는 현상

31 기초 구조물을 방진설계 시 내진, 면진, 제진 측면에서 볼 때 "내진설계"에 대한 설명으로 옳은 것은?

① 지진하중과 같은 수평하중을 견디도록 구조물의 강도를 증가시켜 진동을 저감하는 방법
② 지진하중에 대한 반대되는 방향으로 인위적인 진동을 가하여 진동을 상쇄시키는 방법
③ 스프링, 고무 등으로 구조물을 지지하여 진동을 저감하는 방법
④ 에너지 흡수기와 같은 진동저감장치를 이용하여 진동을 저감하는 방법

해설 **내진설계**
지진에 건물이 무너지는 것을 막기 위해 지진에 견딜 수 있도록 건축물의 강도를 증가시켜 진동을 저감하는 방법으로 설계하는 것이다.

32 감쇠요소에 관한 설명으로 옳은 것은?

① 보통 오일댐퍼의 부착 자세는 자유롭지만 부착 각도에는 제약이 있다.
② 오일댐퍼의 감쇠력은 넓은 진동수 범위에 걸쳐 안정되어 있다.
③ 마찰댐퍼의 구조는 복잡하나 오일댐퍼와 비교 시 감쇠력은 안전하고 신뢰성이 높다.
④ 감쇠요소란 운동체에 저항을 주어 운동체의 위치에너지를 동적인 저항에너지로 변환시키는 장치이다.

해설 ① 보통 오일댐퍼의 부착 자세는 자유롭지만 부착 각도에는 제약이 없다.
③ 마찰댐퍼의 구조는 간단하나 오일댐퍼와 비교 시 감쇠력은 안전하고 신뢰성이 낮다.
④ 감쇠요소란 운동체에 저항을 주어 운동체의 위치에너지를 열에너지나 소리에너지로 변환시키는 장치이다.

33 진동의 원인이 되는 가진력은 크게 진동 회전부의 질량 불평형에 의한 가진력, 기계의 왕복운동에 의한 가진력, 충격에 의한 가진력으로 분류된다. 다음 중 주로 질량 불평형에 의한 가진력으로 진동이 발생하는 것은?

① 파쇄기　　② 송풍기
③ 프레스　　④ 단조기

해설 • 전동기, 송풍기, 펌프 : 회전질량 또는 왕복질량에 의한 질량 불균형에 의한 가진력
• 단조기, 프레스, 파쇄기 : 질량의 낙하운동이나 왕복운동에 의한 충격 가진력

34 회전기계에서 발생하는 진동의 종류를 강제진동과 자려진동으로 구분할 때, 다음 중 주로 자려진동에 해당하는 것은?

① 기초여진
② 점성 유체력에 의한 휘돌림
③ 구름베어링에 기인하는 진동
④ 기어의 치형오차에 기인하는 진동

해설 • 회전기계 강제진동의 예 : 기초여진, 구름베어링에 기인하는 진동, 기어의 치형오차에 기인하는 진동
• 회전기계 자려진동의 예 : 점성 유체력에 의한 휘돌림

35 다음은 자동차의 진동에 관한 설명이다. ( ) 안에 공통으로 들어갈 용어로 옳은 것은?

차량을 저속 주행상태(엔진 회전수가 약 1,000 rpm)에서 주행하며 높은 단의 기어로 가속할 때 차량 전체가 심하게 진동하는 현상을 ( ) 진동이라고 한다. 이 ( ) 진동 저감을 위해 차축과 현가계 전체의 ( ) 고유진동수를 상용역(常用域)에서의 엔진토크 변동주파수보다 낮추어 공진을 피하게 하거나 동흡진기를 장착하여 공진의 피크를 현저히 저감시키는 방법을 사용한다.

① 서지(surge)
② 와인드업(wind up)
③ 브레이크 저더(brake judder)
④ 란체스터(lanchester)

해설 **와인드업(wind up)**
'감아올린다'는 뜻으로 좌우방향으로 뻗은 축(Y축)을 중심으로 하여 회전운동을 하는 진동이다. 그 원인은 엔진에서 발생하는 회전력과 차량의 주행요구 회전력의 차이가 크게 발생하여 심각한 토크변동이 유발하기 때문이다.

36 가진력을 저감시키는 방법으로 옳지 않은 것은?

① 단조기는 단압 프레스로 교체한다.
② 기계에서 발생하는 가진력의 경우 기계 설치 방향을 바꾼다.
③ 크랭크기구를 가진 왕복운동 기계는 복수 개의 실린더를 가진 것으로 교체한다.
④ 터보형 고속회전 압축기는 왕복운동 압축기로 교체한다.

해설 왕복운동 압축기는 터보형 고속회전 압축기로 교체한다.

37 크랭크축의 진동 중 가장 심하게 일어날 수 있는 진동은?

① 비틀림진동
② 굽힘진동
③ 압축방향의 수직진동
④ 인장방향의 수직진동

해설 크랭크축은 비틀림, 굽힘, 장력을 받는데 이 중 가장 심하게 일어날 수 있는 진동은 비틀림진동이다.

38 진동의 특성 또는 방진대책으로 옳지 않은 것은?

① 대표적인 자려진동으로 그네를 들 수 있으며, 이 진동을 예방하기 위해서는 감쇠력을 제거하는 것이 일반적이다.
② 자진 자려진동은 강제진동과 자려진동 양쪽이 동시에 나타나는 것을 말한다.
③ 회전하는 편평축의 진동, 왕복운동 기계의 크랭크축 계의 진동 등은 계수 여진진동에 해당한다.
④ 계수 여진진동의 근본적인 대책은 질량 및 스프링 특성의 시간적 변동을 없애는 것이다.

해설 대표적인 자려진동으로 그네를 들 수 있으며, 이 진동을 예방하기 위해서는 감쇠력을 높이는 것이 일반적이다.

39 기계의 가진력과 전달력에 대한 설명으로 옳지 않은 것은?

① 기계를 움직이는 전달력을 감소시키기 위해서는 기계에 탄성지지를 쓴다.
② 기계의 기초콘크리트를 크게 하는 것도 전달력을 저감시키는 방법 중 하나이다.
③ 기계에서 발생하는 가진력은 지향성이 없다.
④ 전달력을 최소화하기 위해서는 고유주파수가 가능한 한 작은 장비를 구입한다.

해설 기계에서 발생하는 가진력은 지향성이 있다.

40 방진대책 중 가진력 저감의 예로 옳지 않은 것은?

① 회전기계 회전부의 불형평은 정밀실험을 통해 평형을 유지한다.
② 크랭크기구를 가지는 왕복운동 기계는 최대한 적은 실린더를 유지한다.
③ 기초에 전달되는 가진력을 저감시키기 위해서는 탄성지지를 한다.
④ 지향성이 있는 가진력을 저감시키기 위해서 기계 설치 방향을 변경한다.

해설 크랭크기구를 가진 왕복운동 기계는 복수 개의 실린더를 가진 것으로 교체한다.

35.② 36.④ 37.① 38.① 39.③ 40.②

41 어떤 진동이 큰 기계가 있고, 그 기계에서 20m 정도 떨어진 지점의 정밀기계에 미치는 진동방해를 10dB 정도 낮추고자 한다. 다음 방지대책 중 가장 효과가 기대되지 않는 것으로 판단되는 것은?

① 진동원의 기계를 진동이 작은 것으로 교환한다.
② 진동원의 기계를 방진지지한다.
③ 정밀기계를 방진지지한다.
④ 양쪽 기계의 중앙선상에 깊이 1m 정도로 도랑을 만든다.

〔해설〕 방진구(도랑)의 효과는 깊이에 따른 감쇠량이 크지 않기 때문에 실제로 거의 효과를 나타내지 않으므로 도랑에 의한 방진대책은 완전하지 않다.

42 자동차 진동에 관한 설명으로 옳지 않은 것은?

① 차량이 불균일한 노면 위를 정상속도로 주행하는 상태에서 엔진이 부정 연소하여 후륜구동 차량에서 격렬한 횡진동을 수반하는 것을 말한다.
② 진동은 약 90~150Hz 정도의 주파수 범위에서 발생되며, 직렬 4기통 엔진을 탑재한 차량에서 심각하게 발생한다.
③ 대책의 일환으로 엔진의 가진력을 줄이기 위해서는 미쓰비시, 란체스터형과 같은 카운터샤프트를 적용하여 2차 모멘트를 저감시킨다.
④ 동흡진기를 적용하여 배기계와 구동계의 진동모드를 제어하는 것도 효과적이다.

〔해설〕 **자동차 진동의 종류**
• 정지진동 : 공회전 진동(아이들 진동)
• 주행진동 : 셰이크(shake), 시미(shimmy), 브레이크 저더(break judder)
① 차량이 평탄한 노면 위를 정상속도로 주행하는 상태에서 엔진이 부정 연소하여 후륜구동 차량에서 격렬한 횡진동을 수반하는 것을 말한다.

43 차량이 평탄한 노면 위를 주행할 때 조향 핸들이 그 축에 대한 회전모드로 진동을 수반하는 현상은?

① damping   ② lagging
③ shimmy   ④ surging

〔해설〕 **자동차 시미현상**
바퀴가 옆으로 흔들리는 현상으로 타이어의 동적 평형이 잡혀 있지 않을 경우 발생한다.

44 방진대책으로 발생원, 전파경로, 수진측 대책을 들 수 있는데, 발생원 대책으로 옳지 않은 것은?

① 불평형력의 발란싱
② 기초중량의 부가 및 경감
③ 동적 흡진
④ 방진구

〔해설〕 **방진대책**
㉠ 발생원 대책
  • 가진력 감쇠
  • 불평형력의 균형
  • 기초중량의 부가 및 경감
  • 탄성지지
  • 동적 흡진
㉡ 전파경로 대책
  • 진동원에서 위치를 멀리하여 거리감쇠를 크게 함
  • 수진점 부근에 방진구(防振溝)를 설치
㉢ 수진측 대책
  • 수진측의 탄성지지
  • 수진측의 강성(剛性) 변경

45 진동에 있어서 전파경로 대책에 대한 설명으로 옳지 않은 것은?

① 거리에 따른 감쇠로 진동파의 종류나 지반상태에 따라 다르다.
② 내부감쇠란 주파수가 높을수록, 전파속도가 클수록 크다.
③ 에너지 분산에 의한 감쇠는 표면파의 경우 3dB 감소한다(거리 2배 기준).
④ 지표면으로 전달되는 진동의 전파를 감소하기 위해서는 도랑이나 차단층을 설치한다.

〔해설〕 내부감쇠란 주파수가 높을수록, 전파속도가 작을수록 크다.

46 진동차단의 방법 중 전파경로상 대책에 해당하는 것은?

① 진동절연
② 방진시설
③ 기초의 질량 및 강성 증가
④ 지중벽 설치

해설 진동차단방법 중 전파경로 대책으로는 거리감쇠, 지중벽 설치, 방진구 설치가 있다.
①, ②, ③항은 발생원 대책이다.

47 방진대책은 발생원, 전파경로, 수진측 대책으로 분류된다. "수진점 근방에 방진구를 판다"는 일반적으로 위 대책 중 주로 어디에 해당하는가?

① 발생원 대책
② 전파경로 대책
③ 수진측 대책
④ 어디에도 해당 안 됨

해설 진동차단방법 중 전파경로 대책으로는 거리감쇠, 지중벽 설치, 방진구 설치가 있다.

48 방진대책으로 옳지 않은 것은?

① 진동원의 위치를 가깝게 하여 거리감쇠를 작게 한다.
② 가진력을 감쇠시킨다.
③ 수진측의 강성을 변경한다.
④ 탄성을 유지한다.

해설 진동원의 위치를 멀게 하여 거리감쇠를 크게 한다.

49 다음 질량-스프링계의 운동방정식을 옳게 나타낸 것은? (단, 질량 m은 3kg, 개별 스프링정수 $k=10$N/m, 감쇠는 무시한다.)

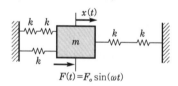

① $3\ddot{x}+5x=F_o\sin(\omega t)$

② $3\ddot{x}+20x=F_o\sin(\omega t)$

③ $3\ddot{x}+5x=0$

④ $3\ddot{x}+20x=0$

해설 ㉠ 실량-스프링계의 운동방정식
$m\ddot{x}+kx=F_o\sin\omega t$에서 $m=3$kg
㉡ 그림 전체에서의 스프링정수의 계산
• 그림 왼쪽 : 직렬 지지 시 $\dfrac{1}{k_1}=\dfrac{1}{k}+\dfrac{1}{k}=\dfrac{2}{k}$

$\therefore k_1=\dfrac{k}{2}$

전체적으로 병렬 지지를 하고 있으므로

$k_2=k+\dfrac{k}{2}=\dfrac{3k}{2}$

• 그림 오른쪽 : 직렬 지지 시 $\dfrac{1}{k_3}=\dfrac{1}{k}+\dfrac{1}{k}=\dfrac{2}{k}$

$\therefore k_3=\dfrac{k}{2}$

$\therefore$ 질량 m에 미치는 등가스프링정수

$k_e=k_2+k_3=\dfrac{3k}{2}+\dfrac{k}{2}=2k=2\times10=20$N/m

그러므로 이 계의 운동방정식은 $3\ddot{x}+20x=F_o\sin(\omega t)$ 이 된다.

50 감쇠가 없는 강제진동에서 전달률을 0.08로 하려고 한다. 진동수비 $\dfrac{\omega}{\omega_n}$의 값은?

① 1.67   ② 3.67
③ 5.67   ④ 7.67

해설 진동이 기초(바닥)로 전달되는 전달률
$$T=\left|\dfrac{\text{전달력}}{\text{외력}}\right|=\left|\dfrac{kx}{F_o\sin\omega t}\right|=\left|\dfrac{1}{1-\left(\dfrac{\omega}{\omega_n}\right)^2}\right|$$

$$=\dfrac{1}{\eta^2-1}$$

$$0.08=\dfrac{1}{\eta^2-1}$$

$$\therefore \eta=\sqrt{13.5}=3.67$$

여기서, 진동수비 $\eta=\dfrac{\omega}{\omega_n}$ 이다.

51 그림과 같은 진동계의 운동방정식으로 옳은 것은?

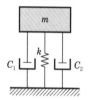

① $m\ddot{x}+\left(\dfrac{C_1C_2}{C_1+C_2}\right)\dot{x}+kx=0$

② $m\ddot{x}+2(C_1+C_2)\dot{x}+kx=0$

③ $m\ddot{x}+(C_1+C_2)\dot{x}+kx=0$

④ $m\ddot{x}+C_1\dot{x}+(kC_2)x=0$

해설 주어진 그림에서 감쇠계수 C_1과 C_2가 병렬 지지되어 있으므로 $C_e = C_1 + C_2$이다.

따라서, 진동계의 운동방정식은 다음과 같다.

$$m\ddot{x} + (C_1 + C_2)\dot{x} + kx = 0$$

52
기계의 가진주파수가 100Hz일 때 정적변위 0.2cm의 스프링을 쓰면 진동전달률은?

① $\dfrac{1}{60}$ ② $\dfrac{1}{70}$

③ $\dfrac{1}{80}$ ④ $\dfrac{1}{90}$

해설 고유진동수

$$f_n = 4.98\sqrt{\dfrac{1}{\delta_{st}}} = 4.98 \times \sqrt{\dfrac{1}{0.2}} = 11.14\text{Hz}$$

$$\therefore \text{ 진동수비 } \eta = \dfrac{\omega}{\omega_n} = \dfrac{f}{f_n} = \dfrac{100}{11.14} = 9\text{이므로}$$

$$\text{진동전달률 } T = \dfrac{1}{\eta^2 - 1} = \dfrac{1}{9^2 - 1} = \dfrac{1}{80}$$

53
감쇠 자유진동 운동방정식 $m\ddot{x} + C_e\dot{x} + kx = 0$에서 감쇠비를 옳게 표현한 것은?

① $\dfrac{C_e}{2\sqrt{k \times m}}$ ② $\dfrac{C_e}{\sqrt{k \times m}}$

③ $\dfrac{1}{2\pi}\sqrt{\dfrac{k}{m}}\, C_e$ ④ $\dfrac{1}{2}\sqrt{\dfrac{k}{m}}\, C_e$

해설 감쇠가 있는 경우의 자유진동에서 감쇠비

$$\xi = \dfrac{\text{감쇠계수}(C_e)}{\text{임계 감쇠계수}(C_c)} = \dfrac{C_e}{2\sqrt{k \times m}}\text{이다.}$$

54
운동방정식 $m\ddot{x} + C\dot{x} + kx = 0$으로 표시되는 감쇠 자유진동에서 임계감쇠(critical damping)가 되는 조건은?

① $C > 2\sqrt{m\,k}$ ② $C = 2\sqrt{m\,k}$

③ $C < 2\sqrt{m\,k}$ ④ $C = 0$

해설 감쇠가 있는 경우의 자유진동에서 임계감쇠가 되는 조건은 감쇠비 $\xi = \dfrac{\text{감쇠계수}(C_e)}{\text{임계 감쇠계수}(C_c)} = 1$인 경우이므로

$$\xi = \dfrac{C_e}{2\sqrt{k \times m}}\text{에서 } \xi = 1 = \dfrac{C_c}{2\sqrt{k \times m}}$$

$$\therefore C_c = 2\sqrt{k \times m}$$

55
진동계의 운동방정식이 $\ddot{x} + 6\dot{x} + 16x = 0$으로 주어질 때 감쇠비는?

① 0.16 ② 0.35

③ 0.75 ④ 0.96

해설 주어진 운동방정식에서 $m = 1$, $C_e = 6$, $k = 16$이므로

$$\text{감쇠비 } \xi = \dfrac{C_e}{2\sqrt{m \times k}} = \dfrac{6}{2 \times \sqrt{16 \times 1}} = 0.75$$

56
무게 W인 물체가 스프링정수 k인 스프링에 의해 지지되어 있을 때 운동방정식은 $\dfrac{W}{g}\ddot{x} + kx = 0$이다. 여기서 고유진동수(Hz)를 나타내는 식으로 옳은 것은?

① $2\pi\sqrt{\dfrac{W}{g \times k}}$

② $\dfrac{1}{2\pi}\sqrt{\dfrac{g \times k}{W}}$

③ $\dfrac{1}{2\pi}\sqrt{\dfrac{W}{g \times k}}$

④ $2\pi\sqrt{\dfrac{g \times k}{W}}$

해설 고유진동수

$$f_n = \dfrac{1}{2\pi}\sqrt{\dfrac{k}{m}} = \dfrac{1}{2\pi}\sqrt{\dfrac{k \times g}{W}}$$

$$\left(\because m = \dfrac{W}{g}\right)$$

57
방진의 원리는 질량과 스프링정수를 이용하여 어떻게 하는 것이 경제적으로 가장 좋은가?

① 고유진동수를 일정하게 유지
② 고유진동수를 증대
③ 고유진동수를 감소
④ 고유진동수를 1이 되도록

해설 방진대책은 될 수 있는 한 진동수비 $\dfrac{f}{f_n} > 3$(전달률 $T < 12.5\%$)이 되게 설계하는 것이 좋으므로 고유진동수를 감소시키는 것이 경제적이다.

58 그림과 같은 진동계에서 고유진동수는?

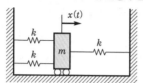

① $\dfrac{1}{2\pi}\sqrt{\dfrac{k}{m}}$

② $\dfrac{1}{2\pi}\sqrt{\dfrac{3k}{m}}$

③ $\dfrac{1}{2\pi}\sqrt{\dfrac{k}{3m}}$

④ $\dfrac{1}{2\pi}\sqrt{\dfrac{3k}{2m}}$

해설 주어진 그림 전체에서 스프링정수의 계산은 그림 왼쪽은 병렬 지지하고 있으므로 $k_1 = k+k = 2k$이다.

따라서, 등가스프링정수 $k_e = 2k+k = 3k$(질량 m을 양쪽으로 지지하고 있는 스프링은 병렬 지지임)

∴ 고유진동수 $f_n = \dfrac{1}{2\pi}\sqrt{\dfrac{3k}{m}}$

59 그림과 같은 진동계에서 고유진동수는?

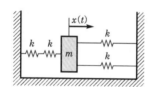

① $\dfrac{1}{2\pi}\sqrt{\dfrac{2k}{5m}}$

② $2\pi\sqrt{\dfrac{5k}{2m}}$

③ $2\pi\sqrt{\dfrac{2k}{5m}}$

④ $\dfrac{1}{2\pi}\sqrt{\dfrac{5k}{2m}}$

해설 주어진 그림 전체에서 스프링정수의 계산
- 그림 왼쪽은 직렬 지지를 하고 있으므로 등가스프링정수
$\dfrac{1}{k_1} = \dfrac{1}{k}+\dfrac{1}{k} = \dfrac{2}{k}$, $k_1 = \dfrac{k}{2}$
- 그림 오른쪽은 병렬 지지를 하고 있으므로
$k_2 = k+k = 2k$

따라서, 등가스프링정수 $k_e = k_1+k_2 = \dfrac{k}{2}+2k = \dfrac{5k}{2}$

∴ 고유진동수 $f_n = \dfrac{1}{2\pi}\sqrt{\dfrac{5k}{2m}}$

60 그림과 같이 질량이 작은 기계장치에 금속스프링으로 방진지지를 할 경우에 금속스프링의 질량을 무시할 수 없는 경우가 있다. 기계장치의 질량을 M, 금속스프링의 질량을 m, 금속스프링의 강성을 k라고 할 때, 금속스프링의 질량을 고려한 시스템의 고유진동수(f_n)는?

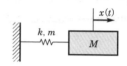

① $\dfrac{1}{2\pi}\sqrt{\dfrac{k}{M}}$

② $\dfrac{1}{2\pi}\sqrt{\dfrac{k}{M+\dfrac{1}{m}}}$

③ $\dfrac{1}{2\pi}\sqrt{\dfrac{k}{M+m}}$

④ $\dfrac{1}{2\pi}\sqrt{\dfrac{k}{M+\dfrac{1}{3}m}}$

해설 스프링 질량이 있는 스프링−질량계에서

계의 위치에너지 $U = \dfrac{1}{2}kx^2$

조화 운동방정식 $x(t) = x\cos\omega t$

최대운동에너지 $T_{max} = \dfrac{1}{2}\left(M+\dfrac{m}{3}\right)x^2\omega_n^2$

최대위치에너지 $U_{max} = \dfrac{1}{2}kx^2$에서

$U_{max} = T_{max}$일 때 고유 각진동수 $\omega_n = \sqrt{\dfrac{k}{M+\dfrac{m}{3}}}$

즉, 스프링 질량(m)의 영향은 주질량(M)에 $\dfrac{1}{3}$을 더하여 반영시킬 수 있다.

∴ $f_n = \dfrac{1}{2\pi}\sqrt{\dfrac{k}{M+\dfrac{1}{3}m}}$

61 다음 그림과 같은 계가 진동할 때 주기는?

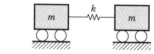

① $2\pi\sqrt{\dfrac{m}{k}}$

② $2\pi\sqrt{\dfrac{2m}{k}}$

③ $2\pi\sqrt{\dfrac{m}{2k}}$

④ $2\pi\sqrt{\dfrac{2m}{3k}}$

해설 고유진동수

$$f_n = \frac{1}{2\pi}\sqrt{\frac{k}{m}} \text{ 에서 } f_n = \frac{1}{2\pi}\sqrt{\frac{k}{\left(\frac{m}{2}\right)}}$$

$$\therefore \text{주기 } T = \frac{1}{f_n} = \frac{1}{\frac{1}{2\pi}\sqrt{\frac{2k}{m}}} = 2\pi\sqrt{\frac{m}{2k}}$$

62 그림과 같은 무시할 수 없는 스프링 질량이 있는 스프링-질량계에서 고유진동수는 얼마인가? (단, $k = 48,000$N/m, $m = 3$kg, $M = 119$kg)

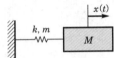

① 2.14Hz ② 3.18Hz
③ 5.20Hz ④ 9.28Hz

해설 스프링 질량이 있는 스프링-질량계에서 스프링 질량(m)의 영향은 주질량(M)에 $\frac{1}{3}$을 더하여 반영시킬 수 있다.

$$\therefore f_n = \frac{1}{2\pi}\sqrt{\frac{k}{M+\frac{1}{3}m}}$$

$$= \frac{1}{2\times 3.14}\times\sqrt{\frac{48,000}{119+\frac{1}{3}\times 3}}$$

$$= 3.18\text{Hz}$$

63 그림과 같은 진동계의 고유진동수는?

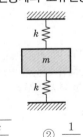

① $\frac{1}{2\pi}\sqrt{\frac{k}{2m}}$ ② $\frac{1}{2\pi}\sqrt{\frac{2m}{k}}$

③ $\frac{1}{2\pi}\sqrt{\frac{2k}{m}}$ ④ $\frac{1}{2\pi}\sqrt{\frac{m}{2k}}$

해설 주어진 그림에서 질량 m을 지지하는 스프링의 연결은 병렬 지지이므로 $k_t = k + k = 2k$이다.

$$\therefore \text{고유진동수 } f_n = \frac{1}{2\pi}\sqrt{\frac{2k}{m}}$$

64 스프링정수 $k_1 = 35$N/m, $k_2 = 45$N/m인 두 스프링을 그림과 같이 직렬로 연결하고 질량 $m = 4.5$kg을 매달았을 때, 연직방향의 고유진동수는 몇 Hz인가?

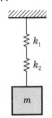

① $\frac{1.05}{\pi}$ ② $1.05\,\pi$

③ $\frac{1.16}{\pi}$ ④ $1.16\,\pi$

해설 그림에서 질량 m을 지지하는 스프링은 직렬 지지이므로 등가스프링정수 $\frac{1}{k_e} = \frac{1}{k_1} + \frac{1}{k_2} = \frac{1}{35} + \frac{1}{45}$에서

$$k_e = 19.7\text{N/m}$$

$$\therefore f_n = \frac{1}{2\pi}\sqrt{\frac{k}{m}} = \frac{1}{2\pi}\sqrt{\frac{19.7}{4.5}} = \frac{1.05}{\pi}$$

65 스프링정수 $k_1 = 40$N/m, $k_2 = 60$N/m인 두 스프링을 그림과 같이 직렬(直列)로 연결하고 질량 $m = 6$kg을 매달았을 때, 연직방향의 고유진동수(cps)는?

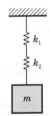

① $\frac{1}{\pi}$ ② $\frac{2}{\pi}$

③ $\frac{3}{\pi}$ ④ $\frac{4}{\pi}$

해설 그림에서 질량 m을 지지하는 스프링은 직렬 지지이므로 등가스프링정수 $\frac{1}{k_e} = \frac{1}{k_1} + \frac{1}{k_2} = \frac{1}{40} + \frac{1}{60}$

$$k_e = 24\text{N/m}$$

$$\therefore f_n = \frac{1}{2\pi}\sqrt{\frac{k}{m}} = \frac{1}{2\pi}\sqrt{\frac{24}{6}} = \frac{1}{\pi}\text{(cps)}$$

66 $\ddot{x} + 4\dot{x} + 5x = 0$으로 진동하는 진동계에서 대수감쇠율은?

① 7.46   ② 12.53
③ 15.47   ④ 18.71

> **해설** 운동방정식에서 $m=1$, $C_e = 4$, $k=5$이므로
>
> 감쇠비 $\xi = \dfrac{C_e}{2\sqrt{k \times m}} = \dfrac{4}{2 \times \sqrt{5 \times 1}} = 0.894$
>
> ∴ 대수감쇠율
>
> $\Delta = \dfrac{2\pi\xi}{\sqrt{1-\xi^2}} = \dfrac{2 \times 3.14 \times 0.894}{\sqrt{1 - 0.894^2}} = 12.53$

67 다음 그림에서 $m = 80$kg, $k = 5 \times 10^6$N/m, 질량 m에는 $F(t) = 10\sin 220t$(N)의 힘이 작용한다. 이때 질량 m의 동적 변위진폭(mm)은?

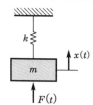

① 8.87×10^{-3}mm   ② 6.86×10^{-3}mm
③ 4.43mm   ④ 3.43mm

> **해설** 주어진 그림은 $C_e = 0$, $F(t) = F_o \sin\omega t$인 비감쇠 강제 진동($\xi = 0$)이므로 운동방정식은 $m\ddot{x} + kx = F_o \sin\omega t$ 이다.
>
> 여기서, $x = x_o \sin\omega t$라 하면 $\ddot{x} = -x_o \omega^2 \sin\omega t$
> 이 값들을 운동방정식에 대입하면
> $-m x_o \omega^2 \sin\omega t + k x_o \sin\omega t = F_o \sin\omega t$
>
> 따라서, 질량 m의 동적 변위진폭 $x_o = \dfrac{F_o}{k - m\omega^2}$ 이 된다.
>
> ∴ $x_o = \dfrac{F_o}{k - m\omega^2} = \dfrac{10}{(5 \times 10^6 - 80 \times 220^2)}$
> $\quad = 8.87 \times 10^{-6}$m $= 8.87 \times 10^{-3}$mm

> **참고** 동적 변위진폭 $x_o = \dfrac{F_o}{k - m\omega^2}$ 에서
>
> $\omega_n = \sqrt{\dfrac{k}{m}}$ 으로부터 $m = \dfrac{k}{\omega_n^2}$ 이므로
> 이 값을 대입하면,
>
> $x_o = \dfrac{F_o}{k - m\omega^2} = \dfrac{\left(\dfrac{F_o}{k}\right)}{1 - \left(\dfrac{\omega}{\omega_n}\right)^2} = \dfrac{\left(\dfrac{F_o}{k}\right)}{1 - \eta^2}$ 이 된다.
>
> 여기서, 진동수비 $\eta = \dfrac{\omega}{\omega_n} = \dfrac{f}{f_n}$ 이다.

68 임계 감쇠계수 C_c를 옳게 표시한 것은? (단, 감쇠비=1, 질량 m, 스프링상수 k, 고유 각진동수 ω이다.)

① $C_c = \sqrt{mk}\,\omega$
② $C_c = 2mk\omega$
③ $C_c = 2m\omega$
④ $C_c = \sqrt{2mk}$

> **해설** 감쇠비 $\xi = \dfrac{\text{감쇠계수}(C_e)}{\text{임계 감쇠계수}(C_c)} = 1$인 경우
>
> $\xi = \dfrac{C_e}{2\sqrt{k \times m}}$ 에서 $\xi = 1 = \dfrac{C_c}{2\sqrt{k \times m}}$
>
> ∴ $C_c = 2\sqrt{k \times m} = 2m\omega$

69 감쇠비 ξ가 일정한 값을 갖고 전달률(TR)을 1 이하로 감소시키려면 진동수비 $\dfrac{\omega}{\omega_n}$ 는 얼마의 크기를 나타내어야 하는가?

① $\dfrac{\omega}{\omega_n} = 0$ ② $0 < \dfrac{\omega}{\omega_n} < 1$
③ $1 < \dfrac{\omega}{\omega_n} < \sqrt{2}$ ④ $\sqrt{2} \leq \dfrac{\omega}{\omega_n}$

> **해설** 전달률 $T = \dfrac{1}{\left(\dfrac{\omega}{\omega_n}\right)^2 - 1}$ 에서 $1 = \dfrac{1}{\left(\dfrac{\omega}{\omega_n}\right)^2 - 1}$
>
> ∴ $\dfrac{\omega}{\omega_n} = \sqrt{2}$ 이므로 $\dfrac{\omega}{\omega_n} \geq \sqrt{2}$ 의 조건에서 전달률이 1 이하로 감소된다.

70 4ton 선반의 네 귀퉁이를 코일스프링으로 방진하였더니 정적 처짐이 2cm 발생하였다면 이 코일스프링의 스프링정수 k는?

① 400kg/cm
② 500kg/cm
③ 1,000kg/cm
④ 2,000kg/cm

> **해설** 코일스프링 1개가 지지하는 질량은 $4t = 4,000$kg이므로
> $\dfrac{4,000}{4} = 1,000$kg이다.
> 정적 처짐이 2cm가 발생하였을 경우 이 코일스프링의 스프링정수 $k = \dfrac{1,000\,\text{kg}}{2\,\text{cm}} = 500$kg/cm가 된다.

71 중량이 34N이고, 스프링정수가 20.6N/cm일 때 이 계의 고유진동수(Hz)는?

① 1.9Hz ② 2.9Hz
③ 3.9Hz ④ 4.9Hz

해설 고유진동수

$$f_n = \frac{1}{2\pi}\sqrt{\frac{k}{m}} = \frac{1}{2\pi}\sqrt{\frac{k \times g}{W}}$$
$$= \frac{1}{2 \times 3.14}\sqrt{\frac{20.6 \times 980}{34}}$$
$$= 3.88\text{Hz}$$

72 감쇠가 계에서 갖는 기능에 대한 설명으로 옳지 않은 것은?

① 기초로의 진동에너지 전달의 감소
② 충격 시 진동이나 자유진동을 감소시킴
③ 공진 시 진동진폭의 감소
④ 가진력의 지향성 감소

해설 감쇠가 계에서 갖는 기능
• 바닥으로 진동에너지 전달의 감소
• 공전 시에 진동진폭의 감소
• 충격 시 진동이나 자유진동을 감소시키는 것

73 부족감쇠(under damping)가 되도록 감쇠재료를 선택했을 때 그 진동계의 감쇠비(ξ)는 어떤 경우의 값을 갖는가?

① 0이다. ② 1이다.
③ 1보다 크다. ④ 1보다 작다.

해설 부족감쇠(under damping)가 되도록 감쇠재료를 선택했을 때 그 진동계의 감쇠비(ξ)는 $0 < \xi < 1$일 때이다.

74 스프링정수 k가 100kg/cm인 스프링으로 100kg의 무게를 지지하였다고 하면 고유진동수는 몇 Hz인가?

① 1 ② 3
③ 5 ④ 7

해설 고유진동수
$$f_n = \frac{1}{2\pi}\sqrt{\frac{k \times g}{W}} = \frac{1}{2\pi}\sqrt{\frac{100 \times 980}{100}} = 4.98\text{Hz}$$

75 그림에 보인 스프링 질량계의 경우에 등가스프링정수는?

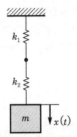

① $k_1 + k_2$ ② $k_1 \times k_2$
③ $\dfrac{(k_1 + k_2)}{k_1 \times k_2}$ ④ $\dfrac{k_1 \times k_2}{(k_1 + k_2)}$

해설 스프링 직렬 지지 시 등가스프링정수
$$\frac{1}{k_e} = \frac{1}{k_1} + \frac{1}{k_2}$$에서 $k_e = \frac{k_1 \times k_2}{k_1 + k_2}$

76 그림과 같이 스프링정수 k_1, k_2, k_3를 직렬로 연결했을 때 등가스프링정수 k_e는?

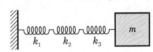

① $\dfrac{1}{k_e} = \dfrac{1}{k_1} + \dfrac{1}{k_2} + \dfrac{1}{k_3}$

② $k_e = k_1 + k_2 + k_3$

③ $k_e = \sqrt{k_1 + k_2 + k_3}$

④ $k_e = \dfrac{1}{k_1} + \dfrac{1}{k_2} + \dfrac{1}{k_3}$

해설 스프링 직렬 지지 시 등가스프링정수
$$\frac{1}{k_e} = \frac{1}{k_1} + \frac{1}{k_2} + \frac{1}{k_3}$$

77 감쇠비가 0.2인 감쇠 자유진동에서 감쇠 고유진동수는 비감쇠 고유진동수의 몇 배인가?

① 0.98 ② 1.25
③ 1.52 ④ 2.32

해설 감쇠비 $\xi = 0.2$인 부족감쇠에서 감쇠 고유진동수
$$f_n{}' = f_n \times \sqrt{1 - \xi^2} = f_n \times \sqrt{1 - 0.2^2} = 0.98 \times f_n$$

78 기계 중량이 50kg$_f$인 왕복동 압축기가 있다. 600rpm으로 회전하며 상하방향의 불균형력(F_o)이 6kg$_f$ 발생되고 있다. 기초는 콘크리트 재질로서 탄성지지 되어 있으며 진동전달력이 2kg$_f$이었다면, 계의 고유진동수(Hz)는? (단, 감쇠는 무시한다.)

① 3   ② 5
③ 7   ④ 9

해설 회전체의 강제진동수 $f = \dfrac{\text{rpm}}{60} = \dfrac{600}{60} = 10\text{Hz}$

진동전달률 $T = \left|\dfrac{\text{전달력}}{\text{외력}}\right| = \dfrac{2}{6} = 0.33$

$0.33 = \dfrac{1}{\eta^2 - 1}$ 에서 진동수비 $\eta = \dfrac{f}{f_n}$ 에서 $2 = \dfrac{10}{f_n}$

$\therefore f_n = 5\text{Hz}$

79 중량 1,500N인 기계를 탄성지지 시켜 30dB의 방진효과를 얻기 위한 진동전달률은?

① 0.3   ② 0.03
③ 0.1   ④ 0.01

해설 dB로 표기하는 방진효과의 대략치, 즉 차진레벨

$\Delta V = 20 \log \dfrac{1}{T}$ 로부터 $30 = 20 \log \dfrac{1}{T}$

$\therefore T = 10^{-1.5} = 0.03$

80 어떤 기관이 2,400rpm에서 심한 진동을 발생시킨다. 이 진동을 방지하기 위해서 감쇠가 없는 동흡진기(動吸振器)를 사용하고자 한다. 이 흡진기의 무게를 50N으로 할 때 사용해야 할 스프링의 강성은?

① 약 1,200N/cm
② 약 1,600N/cm
③ 약 2,400N/cm
④ 약 3,200N/cm

해설 회전체의 고유진동수

$f_n = \dfrac{\text{rpm}}{60} = \dfrac{2,400}{60} = 40\text{Hz}$

여기서, $f_n = \dfrac{1}{2\pi} \sqrt{\dfrac{k \times g}{W}}$ 로부터

$40 = \dfrac{1}{2\pi} \sqrt{\dfrac{k \times 980}{50}}$

$\therefore$ 스프링의 강성(스프링정수) $k = 3\,219.5\text{N/cm}$

81 감쇠 자유진동을 하는 진동계에서 감쇠 고유진동수가 15Hz, 고유진동수가 20Hz이면 감쇠비는?

① 0.33   ② 0.55
③ 0.66   ④ 0.77

해설 부족감쇠에서 감쇠 고유진동수

$f_n' = f_n \times \sqrt{1 - \xi^2}$ 에서 $15 = 20\sqrt{1 - \xi^2}$

$\therefore$ 감쇠비 $\xi = 0.66$

82 질량(m) 0.25kg인 물체가 스프링에 매달려 있다. 고유진동수와 정적 변위량이 옳게 짝지어진 것은? (단, 이 스프링의 스프링정수는 0.1533 N/mm이다.)

① 4Hz, 16mm   ② 8Hz, 16mm
③ 16Hz, 14mm   ④ 32Hz, 14mm

해설 고유진동수

$f_n = \dfrac{1}{2\pi} \sqrt{\dfrac{k \times g}{W}} = \dfrac{1}{2 \times 3.14} \sqrt{\dfrac{1.533 \times 980}{0.25 \times 9.8}} = 4\text{Hz}$

$f_n = 4.98 \sqrt{\dfrac{1}{\delta_{st}}}$ 에서 $4 = 4.98 \sqrt{\dfrac{1}{\delta_{st}}}$

$\therefore$ 정적 변위량 $\delta_{st} = 1.55\,\text{cm} = 15.5\,\text{mm}$

83 질량이 2ton인 기계가 속도 2m/s로 운전될 때 진동을 모두 흡수시키고자 가진점에 스프링을 설치하였다. 최대충격력이 80,000N이면 스프링의 최대변형량은 몇 cm인가?

① 5cm   ② 10cm
③ 15cm   ④ 20cm

해설 충격 가진력에서 중량 W의 물체가 속도 v로 충돌하는 기계가 있을 때, 충격력을 F, 최대변위(변형량)를 δ라 하면

$\dfrac{1}{2} m v^2 = \dfrac{1}{2} F \delta$ 에서

$\dfrac{1}{2} \times 2,000 \times 2^2 = \dfrac{1}{2} \times 80,000 \times \delta$

즉, 최대변형량 $\delta = 0.1\,\text{m} = 10\,\text{cm}$

84 스프링정수가 4.8N/cm인 4개의 동일한 스프링들이 어떤 기계를 받치고 있다. 만일 이들 스프링의 길이가 1cm 줄었다면, 이 기계의 무게는?

① 1.2N   ② 5.6N
③ 11.5N   ④ 19.2N

해설 스프링 1개당의 수축량을 δ_{st}라 하면

$k = \dfrac{W_{mp}}{\delta_{st}}$ 에서 $4.8 = \dfrac{W_{mp}}{1}$

여기서, $W_{mp} = \dfrac{W}{n}$, $4.8 = \dfrac{W}{4}$ 에서

$W = 19.2\text{N}$

85 어떤 기계가 스프링 위에 지지되어 있으며 회전운동에 따른 진동을 발생하고 있다. 3,000rpm에서 회전 불균형에 의한 강제 외력이 500N이었다면, 이 기계 가동에 따른 진동전달력(N)은? (단, 계의 고유진동수는 11.3Hz, 감쇠계수는 0.2)

① 26.9   ② 21.2
③ 19.2   ④ 16.2

해설 강제진동수 $f = \dfrac{\text{rpm}}{60} = \dfrac{3,000}{60} = 50\text{Hz}$

전달률 $T = \left| \dfrac{\text{전달력}}{\text{외력}} \right| = \left| \dfrac{1}{1 - \left(\dfrac{f}{f_n} \right)^2} \right|$ 이므로

전달력 $= $ 외력 $\times \left| \dfrac{1}{1 - \left(\dfrac{f}{f_n} \right)^2} \right|$

$= \left| 500 \times \dfrac{1}{1 - \left(\dfrac{50}{11.3} \right)^2} \right|$

$= 26.9\text{N}$

86 전달률(transmissibility)을 0.1로 하기 위해서는 $\dfrac{\omega}{\omega_n}$ 의 값을 얼마로 해야 하는가? (단, 비감쇠 강제진동 기준)

① 3.32   ② 4.64
③ 5.97   ④ 6.48

해설 진동전달률 $T = \dfrac{1}{\eta^2 - 1}$ 에서

$0.1 = \dfrac{1}{\eta^2 - 1}$

∴ 진동수비 $\eta = \sqrt{11} = 3.32$

87 감쇠 자유진동을 하는 진동계에서 진폭이 5사이클 뒤에 50%만큼 감쇠됨을 관찰하였다. 이 계의 감쇠비는 얼마인가?

① 0.011   ② 0.022
③ 0.110   ④ 0.220

해설 진폭(x)이 50% 감쇠하므로 초기진폭이 x_1일 때,

$x_2 = 0.5\,x_1$

대수감쇠율

$\Delta = \dfrac{1}{n} \times \ln\left(\dfrac{x_1}{x_2} \right) = \dfrac{1}{5} \times \ln\left(\dfrac{x_1}{0.5\,x_1} \right) = 0.139$

여기서, n : 사이클수

$\Delta = 2\pi\xi$ 에서 감쇠비 $\xi = \dfrac{0.139}{2 \times 3.14} = 0.022$

88 기계의 무게가 565N으로 0.1초로 상하진동을 한다. 진동전달률을 90% 차단하고자 할 때, 스프링정수는 약 얼마인가? (단, 스프링은 2개로 병렬 지지한다.)

① 98N/cm   ② 102N/cm
③ 112N/cm   ④ 125N/cm

해설 주기 $T = 0.1$초

강제진동수 $f = \dfrac{1}{T} = \dfrac{1}{0.1} = 10\text{Hz}$

%진동차단율(절연율) $\%I = (1 - T) \times 100 = 90\%$에서
진동전달률 $T = 0.1$

$T = \dfrac{1}{\eta^2 - 1}$ 에서 $0.1 = \dfrac{1}{\eta^2 - 1}$

∴ 진동수비 $\eta = \dfrac{f}{f_n} = \dfrac{10}{f_n} = 3.32$에서 $f_n = 3\text{Hz}$

$f_n = \dfrac{1}{2\pi} \sqrt{\dfrac{k \times g}{W}}$ 에서 스프링이 2개로 병렬 지지하므로

$3 = \dfrac{1}{2 \times 3.14} \sqrt{\dfrac{2k \times 980}{565}}$

∴ $k = 102\text{N/cm}$

89 점성 감쇠 강제진동의 진폭이 최대가 되기 위해서 진동수의 비는 어떤 식으로 표시되는가? (단, $\xi =$ 감쇠비율이다.)

① $\sqrt{1 - 2\xi^2}$ ② $\sqrt{1 + 2\xi^2}$
③ $\dfrac{1}{\sqrt{1 - 2\xi^2}}$ ④ $\dfrac{1}{\sqrt{1 + 2\xi^2}}$

해설 점성 감쇠 강제진동의 진폭이 최대가 되기 위해서는 $\eta^2 = 1 - 2\xi^2$ 이다.

여기서, 진동수비 $\eta = \sqrt{1 - 2\xi^2}$ 이다.

90 감쇠 고유진동을 하는 계에서 감쇠 고유진동수는 10Hz이고, 이 진동계의 비감쇠 고유진동수는 20Hz일 때 감쇠비는?

① $\dfrac{1}{2}$ ② $\dfrac{\sqrt{3}}{2}$

③ $\dfrac{1}{3}$ ④ $\dfrac{\sqrt{2}}{3}$

[해설] 부족감쇠에서 감쇠 고유진동수 $f_n' = f_n \times \sqrt{1-\xi^2}$ 에서

$10 = 20\sqrt{1-\xi^2}$

∴ 감쇠비 $\xi = \dfrac{\sqrt{3}}{2}$

91 다음 그림에서 질량 m은 평면 내에서 움직인다. 이 계의 자유도는?

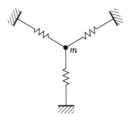

① 1자유도 ② 2자유도
③ 3자유도 ④ 0자유도

[해설] 주어진 그림과 같이 질량 m이 평면 내에서 움직일 때의 자유도는 2자유도이다.

92 대포를 발사할 때 포신은 스프링으로 반발할 수 있게 설계되어 있으며 진동 없이 최단시간 내에 원위치에 돌아가도록 감쇠기를 부착해 둔다. 이 조건을 만족하는 감쇠기의 감쇠계수는 어떻게 표시되는가? (단, m은 포신 질량, k는 스프링정수)

① $C = 2\sqrt{m \times k}$
② $C = \sqrt{2\,m \times k}$
③ $C = \sqrt{2}\,m\,k$
④ $C = 2\,m\,k$

[해설] 대포의 포신이 원위치로 돌아가면 감쇠비 $\xi = 1$이다.

$\xi = 1 = \dfrac{C_c}{2\sqrt{k \times m}}$

∴ $C = 2\sqrt{m \times k}$

93 대수감쇠율(logarithmic decrement)이란?

① 비감쇠 강제진동 진폭에 대한 감쇠 강제 진동 진폭의 비이다.
② 임계 감쇠계수에 대한 감쇠계수의 비이다.
③ 전체 에너지에 대한 사이클당 흡수되는 에너지의 비이다.
④ 자유진동의 진폭이 줄어드는 정도를 나타내는 것이다.

[해설] **대수감쇠율**
감쇠 자유진동(damped free vibration)의 진폭(amplitude)이 감쇠하는 정도를 나타내며 연속적인 두 진폭(amplitude)의 비에 자연대수를 취한 것으로 정의된다.

$$\delta = \ln\dfrac{x_2}{x_1} = \xi\omega_n\tau_d$$

여기서, τ_d : 감쇠 자유진동의 주기

94 그림과 같은 진동계의 고유진동수를 구하면?

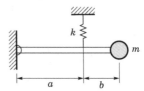

① $\dfrac{1}{2\pi}\sqrt{\dfrac{a}{a+b} \times \dfrac{k}{m}}$

② $\dfrac{1}{2\pi}\sqrt{\dfrac{b}{a} \times \dfrac{k}{m}}$

③ $\dfrac{1}{2\pi} \times \dfrac{b}{a}\sqrt{\dfrac{k}{m}}$

④ $\dfrac{1}{2\pi} \times \dfrac{a}{a+b}\sqrt{\dfrac{k}{m}}$

[해설] 보에 연결된 질량 m의 중간에 스프링이 지지하고 있으면 벽에서 스프링이 위치한 보까지의 거리(a)와 스프링에서 질량까지의 거리(b)를 더한 값에 대한 a의 비를 고유진동수 값에 곱하여야 한다.

95 탄성지지 되어 있는 기계에 의한 가진주파수가 50Hz일 때 진동전달률을 0.1로 하기 위해서는 스프링의 정적 변위(δ)는 얼마가 되어야 하는가? (단, 감쇠비는 무시한다.)

① 0.03cm ② 0.07cm
③ 0.09cm ④ 0.11cm

해설 진동전달률 $T = \dfrac{1}{\eta^2 - 1}$ 에서 $0.1 = \dfrac{1}{\eta^2 - 1}$

$\therefore \eta = 3.32$

진동수비 $\eta = \dfrac{f}{f_n}$ 에서 $3.32 = \dfrac{50}{f_n}$

$\therefore f_n = 15.06 \text{Hz}$

$f_n = 4.98 \sqrt{\dfrac{1}{\delta_{st}}}$ 에서 $15.06 = 4.98 \sqrt{\dfrac{1}{\delta_{st}}}$

$\therefore$ 스프링의 정적 변위 $\delta_{st} = 0.11 \text{cm}$

96 고유진동수에 대한 강제진동수의 비가 3일 때, 진동전달률 T는? (단, 감쇠는 없다.)

① $\dfrac{1}{3}$ ② $\dfrac{1}{4}$

③ $\dfrac{1}{8}$ ④ $\dfrac{1}{15}$

해설 진동전달률 $T = \dfrac{1}{\eta^2 - 1} = \dfrac{1}{3^2 - 1} = \dfrac{1}{8}$

97 질량 250kg의 기계가 600rpm으로 운전되며, 1회전 시마다 불평형력이 상하방향으로 작용한다. 스프링 4개를 병렬로 사용하여 진동전달손실 10dB를 얻고자 할 때 스프링 1개의 스프링정수(kN/cm)는?

① 62   ② 123

③ 247   ④ 493

해설 진동전달손실 10dB를 얻고자 할 때

$\Delta V = 20 \log \dfrac{1}{T}$ 에서 $10 = 20 \log \dfrac{1}{T}$

$\therefore$ 진동전달률 $T = 10^{-0.5} = 0.316$

$T = \dfrac{1}{\eta^2 - 1}$ 에서 $0.316 = \dfrac{1}{\eta^2 - 1}$

$\therefore$ 진동수비 $\eta = 2$, $\eta = \dfrac{f}{f_n}$ 에서 $2 = \dfrac{10}{f_n}$

(여기서, $f = \dfrac{\text{rpm}}{60} = \dfrac{600}{60} = 10 \text{Hz}$)

$\therefore f_n = 5 \text{Hz}$

$f_n = \dfrac{1}{2\pi} \sqrt{\dfrac{k}{m}}$ 에서 $5 = \dfrac{1}{2 \times 3.14} \sqrt{\dfrac{4k}{250}}$

$\therefore k = 61622.5 \text{N/cm} = 61.6 \text{kN/cm}$

98 질량 0.25kg인 물체가 스프링에 매달려 있다면 정적 변위량(mm)은? (단, 스프링정수는 0.155 N/mm이다.)

① 약 8mm

② 약 16mm

③ 약 32mm

④ 약 64mm

해설 정적 변위량

$\delta_{st} = \dfrac{W}{k} = \dfrac{0.25 \times 9.8}{0.155} = 15.8 \text{mm}$

99 감쇠가 없는 계에서 진폭이 이상할 정도로 크게 나타날 때의 원인은?

① 고유진동수가 강제진동수보다 현저하게 작다.

② 고유진동수가 강제진동수보다 현저하게 크다.

③ 고유진동수와 강제진동수가 일치되어 있다.

④ 고유진동수와 강제진동수 간에 아무런 관계가 없다.

해설 진폭이 이상할 정도로 크게 나타날 때의 원인은 공진상태로 진동수비 $\eta = \dfrac{f}{f_n} = 1$일 때이다.

100 감쇠요소에 관한 설명으로 옳은 것은?

① 감쇠요소란 운동체에 저항을 주어 운동체의 위치에너지를 동적인 저항에너지로 변환시키는 장치이다.

② 마찰댐퍼는 구조는 복잡하나 오일댐퍼와 비교 시 감쇠력은 안전하고 신뢰성이 높다.

③ 오일댐퍼의 감쇠력은 넓은 진동수 범위에 걸쳐 안정되어 있다.

④ 보통 오일댐퍼는 부착 자세는 자유롭지만 부착 각도에는 제약이 있다.

해설 ① 감쇠요소란 운동체에 저항을 주어 댐퍼에 유입되는 에너지를 열이나 소리로 변환시키는 장치이다.

② 마찰댐퍼는 구조는 간단하나 오일댐퍼와 비교 시 감쇠력은 안전하고 신뢰성이 낮다.

④ 보통 오일댐퍼는 부착 자세는 자유롭지만 부착 각도에는 제약이 없다.

101 기계를 스프링으로 지지할 때 가진주파수가 100Hz인 기계에 정적 변위 0.2cm인 스프링을 쓰면 진동전달률은 얼마로 되는가?

① 0.0126   ② 0.0178

③ 0.0250   ④ 0.050

해설 고유진동수

$$f_n = 4.98 \sqrt{\frac{1}{\delta_{st}}} = 4.98 \sqrt{\frac{1}{0.2}} = 11.14\text{Hz}$$

진동수비 $\eta = \dfrac{f}{f_n} = \dfrac{100}{11.14} = 8.98$

진동전달률 $T = \dfrac{1}{\eta^2 - 1} = \dfrac{1}{8.98^2 - 1} = 0.0126$

102 기계를 스프링으로 지지하였을 때 고유진동수를 f_o라고 하면 기계에서 바닥에 전달되는 진동력의 전달률 $T = \left| \dfrac{1}{1 - \left(\dfrac{f}{f_o}\right)^2} \right|$ 이 된다. 또한 f_o와 기계를 스프링으로 지지하였을 때 스프링의 휘어진 양 δ(cm)의 관계는 $f_o = \dfrac{5}{\sqrt{\delta}}$ (Hz)이다. 여기서 기계에 의한 가진(加振)주파수가 100Hz, 정적 처짐 $\delta = 0.2$cm인 스프링을 사용할 경우 전달률은?

① $\dfrac{1}{25}$ ② $\dfrac{1}{56}$

③ $\dfrac{1}{79}$ ④ $\dfrac{1}{105}$

해설 고유진동수 $f_o = \dfrac{5}{\sqrt{0.2}} = 11.18\text{Hz}$

$\therefore$ 전달률 $T = \left| \dfrac{1}{1 - \left(\dfrac{f}{f_o}\right)^2} \right| = \left| \dfrac{1}{1 - \left(\dfrac{100}{11.18}\right)^2} \right|$

$= \dfrac{1}{79}$

103 기계를 스프링으로 지지하였을 때 고체음의 감소를 도모하여 소음을 줄이고 싶다. 가진진동수 f를 50Hz로 한 경우 스프링의 정적 처짐 δ(cm)을 얼마로 선정하면 진동전달률 T를 0.2로 할 수 있는가? (단, 전달률 T, 고유진동수 f_o, 가진진동수 f, 스프링의 정적 처짐 δ의 관계식은 다음과 같다.)

• 전달률 $T = \left| \dfrac{1}{1 - \left(\dfrac{f}{f_o}\right)^2} \right|$

• 고유진동수 $f_o \fallingdotseq 5\sqrt{\dfrac{1}{\delta}}$

---

① 0.02cm   ② 0.04cm

③ 0.06cm   ④ 0.4cm

해설 $f > f_o$일 때, $\left| 1 - \left(\dfrac{f}{f_o}\right)^2 \right|$ 은 1보다 커진다.

따라서 절대값을 생각하는 경우 $\left(\dfrac{f}{f_o}\right)^2 - 1$로 하여 계산하면 주어진 앞의 식은 $f_o^2 = \dfrac{f^2 T}{(1+T)}$, 뒤의 식은

$f_o^2 = \dfrac{25}{\delta}$ 가 되므로 정적 처짐

$\delta = \dfrac{25(T+1)}{f^2 T} = \dfrac{25 \times (0.2 + 1)}{50 \times 50 \times 0.2} = 0.06\text{cm}$이다.

104 동일한 특성을 가진 2개의 스프링으로 병렬 지지하여 기계장치를 방진지지하고 있다. 이 2개의 스프링을 제거하고 동일 특성을 가진 8개의 새로운 스프링으로 병렬 방진지지하여 고유진동수를 이전의 $\dfrac{1}{2}$로 하고자 한다면 새로운 1개의 스프링정수는 이전의 스프링정수에 비해 어떻게 변화되어야 하는가?

① 이전의 16배   ② 이전의 $\dfrac{1}{16}$

③ 이전의 4배   ④ 이전의 $\dfrac{1}{4}$

해설 • 2개의 스프링으로 병렬 지지하여 기계장치를 방진지지한 고유진동수 $f_{n1} = \dfrac{1}{2\pi} \sqrt{\dfrac{2k_1}{m}}$

• 8개의 새로운 스프링으로 병렬 방진지지하여 고유진동수 $f_{n2} = \dfrac{1}{2\pi} \sqrt{\dfrac{8k_2}{m}} = \dfrac{1}{2} f_{n1}$

$\therefore \dfrac{f_{n2}}{f_{n1}} = \dfrac{\dfrac{1}{2\pi} \sqrt{\dfrac{8k_2}{m}}}{\dfrac{1}{2\pi} \sqrt{\dfrac{2k_1}{m}}} = \dfrac{1}{2}$

$\therefore \dfrac{4k_2}{k_1} = \dfrac{1}{4}$, $k_2 = \dfrac{1}{16}k_1$

새로운 1개의 스프링정수는 이전의 스프링정수에 비해 $\dfrac{1}{16}$로 변화된다.

105 어떤 기계가 스프링 위에 지지되어 있으며 회전운동에 따른 진동을 발생하고 있다. 3,600rpm에서 회전 불균형에 의한 강제외력이 587N이었다면, 이 기계 가동에 따른 진동전달력(N)은? (단, 계의 고유진동수는 11.3Hz)

① 약 26.9 ② 약 24.3
③ 약 21.6 ④ 약 16.5

[해설] 강제진동수 $f = \dfrac{\text{rpm}}{60} = \dfrac{3,600}{60} = 60\text{Hz}$

진동전달률 $T = \left| \dfrac{전달력}{외력} \right| = \dfrac{1}{\eta^2 - 1}$ 에서

전달력 = 외력 $\times \dfrac{1}{\eta^2 - 1} = 587 \times \dfrac{1}{\left(\dfrac{60}{11.3}\right)^2 - 1}$

$= 21.6\text{N}$

106 스프링에 0.4kg의 질량을 매달았을 때 스프링이 0.2m만큼 늘어났다. 이 평형점으로부터 0.2m 더 잡아 늘인 다음 놓아주었을 때 스프링정수는? (단, 스프링에 의한 감쇠는 무시한다.)

① 1.96N/m ② 9.8N/m
③ 19.6N/m ④ 39.2N/m

[해설] 스프링정수
$k = \dfrac{W}{\delta_{st}} = \dfrac{m \times g}{\delta_{st}} = \dfrac{0.4 \times 9.8}{0.2} = 19.6\text{N/m}$

107 스프링과 질량으로 구성된 진동계에서 스프링의 정적 처짐이 4.2cm인 경우 이 계의 주기(s)는?

① 0.41 ② 0.68
③ 1.47 ④ 2.43

[해설] 고유진동수
$f_n = 4.98 \sqrt{\dfrac{1}{\delta_{st}}} = 4.98 \times \sqrt{\dfrac{1}{4.2}} = 2.43\text{Hz}$

$\therefore$ 주기 $T = \dfrac{1}{f_n} = \dfrac{1}{2.43} = 0.41\text{s}$

108 스프링과 질량으로 구성된 진동계에서 스프링의 정적 처짐이 14.7cm였다면 이 계의 주기는?

① 0.45초 ② 0.55초
③ 0.77초 ④ 1.06초

[해설] 고유진동수
$f_n = 4.98 \sqrt{\dfrac{1}{\delta_{st}}} = 4.98 \times \sqrt{\dfrac{1}{14.7}} = 1.3\text{Hz}$

$\therefore$ 주기 $T = \dfrac{1}{f_n} = \dfrac{1}{1.3} = 0.77\text{s}$

109 감쇠비 0인 강제진동에서 진동 차진율이 최소인 경우는? (단, f : 강제진동수, f_n : 고유진동수)

① $\dfrac{f}{f_n} = 1$ ② $\dfrac{f}{f_n} < \sqrt{2}$
③ $\dfrac{f}{f_n} = \sqrt{2}$ ④ $\dfrac{f}{f_n} > \sqrt{2}$

[해설] 진동 차진율이 최소인 경우는 감쇠비 $\xi = 0$인 진동전달률이 최대인 경우이므로 공진상태인 $\dfrac{f}{f_n} = 1$이다.

110 중량 $W = 15.5\text{N}$, 감쇠계수 $C_e = 0.055\text{N} \cdot \text{s/cm}$, 스프링정수 $k = 0.468\text{N/cm}$인 진동계의 감쇠비는?

① 0.21 ② 0.24
③ 0.32 ④ 0.39

[해설] 감쇠비
$\xi = \dfrac{C_e}{2\sqrt{k \times m}} = \dfrac{0.055}{2 \times \sqrt{0.468 \times \left(\dfrac{15.5}{980}\right)}} = 0.32$

111 2,000rpm으로 회전하는 기계에서 계기로 전달되는 진동을 방지하기 위해 차단기를 설치하였다. 차단기가 50kg의 무게에 0.25cm의 처짐이 있다면, 계기판에 전달되는 진동전달률은? (단, 감쇠는 무시)

① 0.03 ② 0.06
③ 0.1 ④ 0.13

[해설] 강제진동수 $f = \dfrac{\text{rpm}}{60} = \dfrac{2,000}{60} = 33.3\text{Hz}$

고유진동수 $f_n = 4.98 \sqrt{\dfrac{1}{\delta_{st}}} = 4.98 \times \sqrt{\dfrac{1}{0.25}} = 9.96\text{Hz}$

$\therefore$ 진동수비 $\eta = \dfrac{f}{f_n} = \dfrac{33.3}{9.96} = 3.34$

진동전달률 $T = \dfrac{1}{\eta^2 - 1} = \dfrac{1}{3.34^2 - 1} = 0.1$

112 무게가 850N인 기계가 600rpm으로 운전되고 있으며, 동일한 스프링 4개를 이용하여 20dB를 차진하고자 한다. 이때 스프링 1개당 스프링정수는? (단, 스프링은 병렬연결, 감쇠는 무시)

① 55N/cm
② 77N/cm
③ 111N/cm
④ 125N/cm

해설 강제진동수 $f = \dfrac{\text{rpm}}{60} = \dfrac{600}{60} = 10\text{Hz}$

차진레벨(방진효과) $\Delta V = 20 \log \dfrac{1}{T}$에서 $20 = 20 \log \dfrac{1}{T}$

$\therefore T = 0.1$

진동전달률 $T = \dfrac{1}{\eta^2 - 1}$에서 $0.1 = \dfrac{1}{\eta^2 - 1}$

$\therefore \eta = 3.32$

$\eta = \dfrac{f}{f_n}$에서 $3.32 = \dfrac{10}{f_n}$, $f_n = 3\text{Hz}$

고유진동수 $f_n = \dfrac{1}{2\pi} \sqrt{\dfrac{k \times g}{W}}$에서

$3 = \dfrac{1}{2 \times 3.14} \sqrt{\dfrac{4\,k \times 980}{850}}$

$\therefore$ 스프링 1개당 스프링정수 $k = 77\text{N/cm}$

113 무게 1,710N, 회전속도 1,170rpm의 공기압축기가 있다. 방진고무의 지점을 6개로 하고, 진동수비가 2.9라 할 때 고무의 정적 수축량은? (단, 감쇠는 무시)

① 0.44cm
② 0.55cm
③ 0.63cm
④ 0.82cm

해설 강제진동수 $f = \dfrac{\text{rpm}}{60} = \dfrac{1,170}{60} = 19.5\text{Hz}$

지지점당 하중 $W_{mp} = \dfrac{W}{n} = \dfrac{1,710}{6} = 285\text{N}$

진동수비 $\eta = \dfrac{f}{f_n}$에서 $2.9 = \dfrac{19.5}{f_n}$

$\therefore f_n = 6.72\text{Hz}$

방진고무의 지지점이 6개소이므로

$f_n = 4.98 \sqrt{\dfrac{k}{W_{mp}}}$에서

$k = W_{mp} \times \left(\dfrac{f_n}{4.98}\right)^2 = 285 \times \left(\dfrac{6.72}{4.98}\right)^2 = 519\text{N/cm}$

$\therefore$ 정적 수축량 $\delta_{st} = \dfrac{W_{mp}}{k} = \dfrac{285}{519} = 0.55\text{cm}$

114 중량(W)의 물체가 속도(v)로 충돌하는 기계가 있을 때 이로 인해 진동이 발생한다. 스프링정수를 원래의 $\dfrac{1}{4}$로 하면 충격력은 어떻게 변화되는가?

① 처음과 동일
② 원래의 $\dfrac{1}{2}$
③ 원래의 $\dfrac{1}{4}$
④ 원래의 $\dfrac{1}{16}$

해설 충격력 $F = v \sqrt{\dfrac{k \times W}{g}}$이므로 스프링정수 k를 $\dfrac{1}{4}$로 하면 충격력 F는 $\dfrac{1}{2}$이 되므로 완충제를 넣으면 가진력이 저감된다.

115 비감쇠 강제진동에서 계에서 발생하는 진동이 기초로 전달이 되는 전달률을 구하는 수식으로 옳지 않은 것은? (단, $m\ddot{x} + kx = F_o \sin \omega t$, f_n =고유주파수, ω_n =고유각진동수)

① $T = \left| \dfrac{\text{전달력}}{\text{외력}} \right|$
② $T = \left| \dfrac{kx}{F_o \sin \omega t} \right|$
③ $T = \left| \dfrac{1}{1 - \left(\dfrac{\omega_n}{\omega}\right)^2} \right|$
④ $T = \left| \dfrac{1}{1 - \left(\dfrac{f}{f_n}\right)^2} \right|$

해설 ③ $T = \left| \dfrac{1}{1 - \left(\dfrac{\omega}{\omega_n}\right)^2} \right|$

116 스프링정수가 125kg/cm, 스프링의 질량이 5kg일 때 스프링 고유진동수에 해당하지 않는 것은?

① 2.5
② 3
③ 5
④ 10

해설 **고유진동수(natural frequence)**

- 진동하는 물체의 고유한 성질
- 외력이 없는 상태에서의 떨림(흔들림) 주파수
- 질량(m)과 강성(스프링정수, k)의 함수로 나타냄

각(원)고유진동수 $\omega_n = \sqrt{\dfrac{k}{m}}$ (rad/s)

고유진동수 $f = \dfrac{1}{2\pi} \sqrt{\dfrac{k}{m}}$

$\therefore \omega_n = \sqrt{\dfrac{125}{5}} = 5\text{rad/s}$

시간에 따라 고유진동수는 변화되므로 보기 항에서 주어진 2.5, 5, 10은 고유진동수에 해당한다.

117 그림과 같이 외팔보의 끝에 질량 m이 달려 있다. 외팔보의 질량을 m이라 할 때 계의 등가스프링정수 k_e로 옳은 것은?

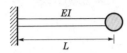

① $\dfrac{64\,EI}{L^3}$ ② $\dfrac{48\,EI}{L^3}$

③ $\dfrac{6\,EI}{L^3}$ ④ $\dfrac{3\,EI}{L^3}$

해설
- $\dfrac{3\,EI}{L^3}$: 외팔보의 k_e
- $\dfrac{48\,EI}{L^3}$: 단순지지보의 k_e
- $\dfrac{192\,EI}{L^3}$: 양단 고정보의 k_e

여기서, L : 보의 길이
E : 영률(강성계수)
I : 면적 관성모멘트
EI : 보의 휨강성(상수)

118 그림과 같은 진동계에서 질량 5kg, 스프링정수 5,000N/m이다. 초기 진폭 후에 다음 진폭이 초기 진폭의 $\dfrac{1}{2}$로 될 때 감쇠계수 C는?

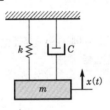

① 약 0.1N · s/m
② 약 0.7N · s/m
③ 약 34.7N · s/m
④ 약 316.2N · s/m

해설
대수감쇠율 $\delta = \ln\left(\dfrac{x_1}{x_2}\right) = \dfrac{2\pi\xi}{\sqrt{1-\xi^2}}$ 에서

$\ln\left(\dfrac{1}{\left(\dfrac{1}{2}\right)}\right) = 0.693 = \dfrac{2\pi\xi}{\sqrt{1-\xi^2}}$

$0.693\sqrt{1-\xi^2} = 6.28\,\xi, \ \xi = 0.11$

감쇠비 $\xi = \dfrac{C_e}{2\sqrt{k\times m}}$ 에서

$0.11 = \dfrac{C_e}{2\sqrt{5,000\times 5}}$

$\therefore C_e = 34.7\text{N} \cdot \text{s/m}$

119 회전속도 2,500rpm의 원심팬을 방진고무로 탄성지지 시켜 진동전달률을 0.185로 할 때 방진고무의 정적 수축량은?

① 0.09cm ② 0.18cm
③ 0.21cm ④ 0.34cm

해설
강제진동수 $f = \dfrac{\text{rpm}}{60} = \dfrac{2,500}{60} = 41.67\text{Hz}$

진동전달률 $T = \dfrac{1}{\eta^2 - 1}$ 에서 $0.185 = \dfrac{1}{\eta^2 - 1}$

$\therefore \eta = 2.53$

진동수비 $\eta = \dfrac{f}{f_n}$ 에서 $2.53 = \dfrac{41.67}{f_n}$

$\therefore f_n = 16.47\text{Hz}$

고유진동수 $f_n = 4.98\sqrt{\dfrac{1}{\delta_{st}}}$ 에서

$16.47 = 4.98\sqrt{\dfrac{1}{\delta_{st}}}$

$\therefore \delta_{st} = 0.09\text{cm}$

120 고유진동수 1Hz에서 감쇠비 0.5인 진동계가 있다. 측정할 물체가 50Hz 조화진동을 하고 있을 때 진동계의 진폭기록이 a이면 이 물체의 최대 진폭은?

① $0.5\,a$ ② a
③ $1.5\,a$ ④ $2\,a$

해설
진폭은 진폭의 중심에서 최대변위의 크기이므로 여기서는 진동계의 진폭 기록이 a이면 이 물체의 최대진폭도 a가 된다.

121 진동전달률(T)이 12.50% 이하가 되기 위한 진동수(η)의 비는? (단, 비감쇠 진동계)

① $\eta < 3$ ② $\eta = \sqrt{2}$
③ $\eta > \sqrt{2}$ ④ $\eta < \sqrt{2}$

해설
진동전달률 $T = \dfrac{1}{\eta^2 - 1}$ 에서 $0.125 = \dfrac{1}{\eta^2 - 1}$

$\therefore \eta = 3$
진동전달률(T)이 12.50% 이하가 되기 위한 진동수(η)의 비는 3 미만이 되어야 한다.

122 기기의 진동방지를 위한 방진 스프링의 정적 수축량이 25cm이었다면 고유진동수는?

① 약 1Hz   ② 약 5Hz
③ 약 10Hz   ④ 약 100Hz

해설 고유진동수

$$f_n = 4.98 \sqrt{\frac{1}{\delta_{st}}} = 4.98 \times \sqrt{\frac{1}{25}} = 1Hz$$

123 동일한 4개의 스프링으로 탄성지지한 기계로부터 스프링을 빼낸 후 16개의 스프링을 사용하여 지지점에 균등하게 탄성지지하여 고유진동수를 $\frac{1}{8}$로 낮추고자 할 때 1개의 스프링정수는 원래 스프링정수의 몇 배가 되어야 하는가?

① $\frac{1}{16}$ ② $\frac{1}{32}$
③ $\frac{1}{64}$ ④ $\frac{1}{256}$

해설 • 4개의 스프링으로 병렬 지지하여 기계장치를 방진지지한 고유진동수

$$f_{n1} = \frac{1}{2\pi} \sqrt{\frac{4 k_1}{m}}$$

• 16개의 새로운 스프링으로 병렬 방진지지하여 고유진동수

$$f_{n2} = \frac{1}{2\pi} \sqrt{\frac{16 k_2}{m}} = \frac{1}{8} f_{n1}$$

$$\therefore \frac{f_{n2}}{f_{n1}} = \frac{\frac{1}{2\pi} \sqrt{\frac{16 k_2}{m}}}{\frac{1}{2\pi} \sqrt{\frac{4 k_1}{m}}} = \frac{1}{8}$$

$$\therefore \frac{4 k_2}{k_1} = \frac{1}{64} , \ k_2 = \frac{1}{256} k_1$$

새로운 1개의 스프링정수는 이전의 스프링정수에 비해 $\frac{1}{256}$로 변화된다.

124 2개의 같은 스프링으로 탄성지지한 기계에서 스프링을 빼낸 후 4개의 지지점에 균등하게 탄성지지하여 고유진동수를 $\frac{1}{4}$로 낮추고자 할 때 1개의 스프링정수는 어떻게 되어야 하는가?

① 원래의 $\frac{1}{32}$ ② 원래의 $\frac{1}{16}$
③ 원래의 $\frac{1}{8}$ ④ 원래의 $\frac{1}{4}$

해설 2개의 스프링 : $f_{n1} = \frac{1}{2\pi} \sqrt{\frac{2 k_1}{m}}$

4개의 새로운 스프링 : $f_{n2} = \frac{1}{2\pi} \sqrt{\frac{4 k_2}{m}} = \frac{1}{4} f_{n1}$

$$\therefore \frac{f_{n2}}{f_{n1}} = \frac{\frac{1}{2\pi} \sqrt{\frac{4 k_2}{m}}}{\frac{1}{2\pi} \sqrt{\frac{2 k_1}{m}}} = \frac{1}{4}$$

$$\therefore \frac{2 k_2}{k_1} = \frac{1}{16} , \ k_2 = \frac{1}{32} k_1$$

125 질량 400kg인 물체가 4개의 지지점 위에서 평탄진동할 때 정적 수축 1cm의 스프링으로 이 계를 탄성지지하여 90%의 절연율을 얻고자 한다면 최저강제진동수(Hz)는? (단, 감쇠비는 0임)

① 10.5   ② 12.5
③ 16.5   ④ 19.5

해설 %절연율 $\% I = (1 - T) \times 100 = 90\%$에서 $T = 0.1$

$T = \frac{1}{\eta^2 - 1}$에서 $0.1 = \frac{1}{\eta^2 - 1}$

$\therefore \eta = 3.3$

$$f_n = 4.98 \sqrt{\frac{1}{\delta_{st}}} = 4.98 \times \sqrt{\frac{1}{1}} = 4.98Hz$$

$\eta = \frac{f}{f_n}$에서 $f = \eta \times f_n = 3.3 \times 4.98 = 16.34Hz$

126 고유진동수에 대한 강제진동수의 비가 2일 때, 진동전달률 T는?

① $\frac{1}{3}$ ② $\frac{1}{4}$
③ $\frac{1}{8}$ ④ $\frac{1}{15}$

해설 진동전달률

$$T = \frac{1}{\eta^2 - 1} = \frac{1}{\left(\frac{f}{f_n}\right)^2 - 1} = \frac{1}{2^2 - 1} = \frac{1}{3}$$

127 무게 10N인 물체가 스프링정수 15N/cm인 스프링에 매달려 있다고 한다. 이 계의 고유각진동수 ω_n(rad/s)는?

① 28.3   ② 32.3
③ 38.3   ④ 42.3

해설 고유진동수

$$f_n = \frac{1}{2\pi}\sqrt{\frac{k\times g}{W}} = \frac{1}{2\times 3.14}\times\sqrt{\frac{15\times 980}{10}}$$
$$= 6.11\text{Hz}$$

∴ 고유각진동수

$$\omega_n = 2\pi f_n = 2\times 3.14\times 6.11 = 38.3\text{rad/s}$$

128 중량 $W = 28.5$N, 점성 감쇠계수 $C_e = 0.055$ N·s/cm, 스프링정수 $k = 0.468$N/cm일 때, 이 계의 감쇠비는?

① 0.21   ② 0.24
③ 0.32   ④ 0.39

해설 감쇠비

$$\xi = \frac{C_e}{2\times\sqrt{k\times m}} = \frac{0.055}{2\times\sqrt{0.468\times\left(\frac{28.5}{980}\right)}} = 0.24$$

129 어떤 기계를 방진고무 위에 설치할 때 정적 처짐량이 2mm이었다. 이 기계에서 발생하는 가진력의 각진동수가 $\omega = 210$rad/s일 때, 진동전달률은? (단, 감쇠의 영향을 무시한다.)

① 0.05   ② 0.0785
③ 0.1   ④ 0.125

해설 고유진동수

$$f_n = 4.98\sqrt{\frac{1}{\delta_{st}}} = 4.98\times\sqrt{\frac{1}{0.2}} = 11.14\text{Hz}$$

$$\omega = 2\pi f \text{에서 } f = \frac{\omega}{2\pi} = \frac{210}{2\times 3.14} = 33.44\text{Hz}$$

$$\eta = \frac{f}{f_n} = \frac{33.44}{11.14} = 3$$

∴ 진동전달률 $T = \dfrac{1}{\eta^2 - 1} = \dfrac{1}{3^2 - 1} = 0.125$

130 다음은 감쇠(damping)가 계에서 갖는 기능을 설명한 것이다. ( ) 안에 들어갈 말로 옳은 것은?

- 바닥으로 진동에너지 진달의 (㉮)
- 공진 시에 진동진폭의 (㉯)
- 충격 시의 진동이나 자유진동을 (㉰)시키는 것이다.

① ㉮ 증가, ㉯ 증가, ㉰ 증가
② ㉮ 감소, ㉯ 감소, ㉰ 증가
③ ㉮ 증가, ㉯ 증가, ㉰ 감소
④ ㉮ 감소, ㉯ 감소, ㉰ 감소

해설 감쇠(damping)가 계에서 갖는 기능은 바닥으로 진동에너지 전달의 감소, 공진 시에 진동진폭의 감소, 충격 시 진동이나 자유진동을 감소시키는 것이다.

131 감쇠 고유진동을 하는 계에서 감쇠 고유진동수는 20Hz이고, 이 진동계의 비감쇠 고유진동수는 30Hz일 때 감쇠비는?

① $\dfrac{\sqrt{3}}{2}$ ② $\dfrac{\sqrt{5}}{2}$

③ $\dfrac{\sqrt{3}}{3}$ ④ $\dfrac{\sqrt{5}}{3}$

해설 감쇠 각진동수 $\omega_d = \omega_n\times\sqrt{1-\xi^2}$ 에서

$$2\pi\times 20 = 2\pi\times 30\times\sqrt{1-\xi^2}$$

∴ $\xi = \dfrac{\sqrt{5}}{3}$

132 무게가 850N인 기계가 600rpm으로 운전되고 있다. 동일한 스프링 4개를 이용하여 20dB를 방진하려고 할 때, 스프링 1개당 스프링정수(N/cm)는? (단, 스프링은 병렬 연결되어 있다.)

① 55   ② 77
③ 111   ④ 125

해설 강제진동수 $f = \dfrac{\text{rpm}}{60} = \dfrac{600}{60} = 10\text{Hz}$

방진효과의 대략치 $\Delta V = 20\log\dfrac{1}{T}$ 에서 $20 = 20\log\dfrac{1}{T}$

∴ $T = 0.1$

$T = \dfrac{1}{\eta^2 - 1}$ 에서 $0.1 = \dfrac{1}{\eta^2 - 1}$

∴ $\eta = 3.32$

$\eta = \dfrac{f}{f_n}$ 에서 $3.32 = \dfrac{10}{f_n}$

∴ 고유진동수 $f_n = 3.01\text{Hz}$

고유진동수 $f_n = \dfrac{1}{2\pi}\sqrt{\dfrac{k\times g}{W}}$ 에서

$$3.01 = \frac{1}{2\pi}\sqrt{\frac{4k\times 980}{850}}$$

∴ $k = 77\text{N/cm}$

133 감쇠에 대한 설명으로 옳지 않은 것은?

① 감쇠는 계의 운동이나 위치에너지의 일부를 다른 형태의 에너지(열 혹은 음향에너지)로 변환시켜 물체의 운동을 감소시킨다.

② 건마찰감쇠는 윤활이 되지 않은 두 면 사이에 상대운동이 있을 때 물체의 운동방향과 반대방향으로 일정한 크기로 발생하는 저항력과 관련된다.

③ 점성감쇠는 물체의 속도에 비례하는 크기의 저항력이 속도 반대방향으로 작용하는 경우이다.

④ 구조감쇠는 쿨롱감쇠라고도 하며, 구조물의 강성력으로 인해 에너지가 감소하는 경우를 말한다.

해설 구조감쇠는 재료감쇠라고도 하며, 구조물의 강성력으로 인해 에너지가 감소하는 경우를 말한다.

참고
• 구조감쇠 : 재료감쇠, 고체감쇠, 이력감쇠라고도 하며, 구조물의 강성력으로 인해 에너지가 감소하는 경우의 감쇠로써 어떤 물체가 변형될 때, 에너지는 그 재료 안으로 흡수되어 소실된다. 이 효과는 변형에 따라 슬립과 미끄러짐이 발생하는 내부의 평면 사이의 마찰로 인하여 발생한다.
• 건마찰감쇠(dry friction damping) : 쿨롱감쇠라고도 하며 윤활이 되지 않은 두 면 사이에 상대운동이 있을 때 물체의 운동방향과 반대방향으로 일정한 크기로 발생하는 저항력과 관련된다. 즉, 감쇠력은 크기는 일정하지만 방향은 진동하는 물체의 반대방향이다. 마른 표면에 미끄러질 때 동마찰(kinetic friction)에 의해 발생한다.

134 회전원판의 중심에서 15m 떨어진 지점에 35g의 불균형 질량이 있다. 반대편에 100g의 평형추를 붙인다면 어느 지점에 위치하는 것이 가장 적합한가?

① 2.5m ② 5.25m
③ 7.5m ④ 9.25m

해설 회전원판의 원심력
$F = m_1 \times r_1 \times \omega^2 = m_2 \times r_2 \times \omega^2$ 에서
$35 \times 15 \times \omega^2 = 100 \times r_2 \times \omega^2$
∴ $r_2 = 5.25$m

135 쇠로 된 금속관 사이 접속부에 고무를 넣어 진동을 절연하고자 한다. 파동에너지 반사율이 95%가 되면, 전달되는 진동의 감쇠량(dB)은?

① 10 ② 13
③ 16 ④ 20

해설 진동하는 표면의 제진재 사이에 절연제인 고무로 제진처리할 경우 이에 의한 감쇠량은 다음과 같다.
$\Delta L = 10\log(1 - T_r) = 10\log(1 - 0.95) = -13$dB
∴ 감쇠량은 13dB이 된다.

136 레일리파에 대한 설명으로 옳은 것은? (단, 진동원으로부터 떨어진 거리 : r)

① 지표면에서는 진폭이 r^2에 반비례하여 감소한다.

② 지표면에서는 진폭이 r에 반비례하여 감소한다.

③ 지표면에서는 진폭이 $\sqrt{r}$에 반비례하여 감소한다.

④ 지표면에서는 진폭이 $\dfrac{r}{2}$에 반비례하여 감소한다.

해설
• R파 : 진폭 $\propto \dfrac{1}{\sqrt{r}}$
• P파와 S파 : 진폭 $\propto \dfrac{1}{r}$
• 관측순서 : P파 → S파 → R파

137 지표면에서 측정한 합성파의 종류 중 공해진동 문제의 주를 이루고 있는 것으로 옳은 것은?

① 레일리파와 횡파
② 레일리파와 종파
③ 종파와 횡파
④ 종파와 실체파

해설 지표면에서 측정한 합성파는 주로 계측되는 것이 표면파인 레일리파[Rayleigh파(R파)]와 진동의 방향이 파동의 전파방향과 직각인 횡파(S파)이다.

138 지표면을 따라서 전해지는 파동에 관한 설명으로 옳지 않은 것은?

① Rayleigh파 : 거리감쇠는 거리가 2배로 되면 3dB 감소한다.

② 횡파 : 거리감쇠는 거리가 2배로 되면 6dB 감소한다.

③ 종파 : 거리감쇠는 거리가 2배로 되면 6dB 감소한다.

④ 표면파 : 표면에 전달되는 종파와 횡파를 총칭하는 파로 전파속도가 비교적 빠르다.

해설 표면파 : 자유 표면에 연결되어 전달되는 파로 레일리파(R파)와 러브파(L파)가 있다.

① Rayleigh파 : 거리감쇠는 거리가 2배로 되면 3dB 감소한다. → 역1승의 법칙

② 횡파 : 거리감쇠는 거리가 2배로 되면 6dB 감소한다. → 역제곱의 법칙

③ 종파 : 거리감쇠는 거리가 2배로 되면 6dB 감소한다. → 역제곱의 법칙

139 지표면 진동파의 종류에 따른 에너지 비율로 옳은 것은?

구분	진동파의 종류	에너지 비율(%)
㉮	종파(P파)	약 22
㉯	실체파	약 2
㉰	횡파(S파)	약 14
㉱	레일리파(R파)	약 67

① ㉮ ② ㉯
③ ㉰ ④ ㉱

해설 지표면 진동파의 종류에 따른 에너지 비율

진동파의 종류	에너지 비율(%)
종파(P파)	약 7
횡파(S파)	약 26
레일리파(R파)	약 67

140 지반전파의 감쇠정수가 0.016인 표면파($n=0.5$)가 지반을 전파하는 경우 진동원에서 5m 거리의 진동레벨에 대한 25m 거리에서의 진동레벨차는 약 몇 dB인가?

① 10 ② 18
③ 26 ④ 33

해설 진동의 거리감쇠에 따른 진동가속도레벨 및 진동레벨의 거리감쇠식

$$VL_r = VL_o - 8.7\lambda(r-r_o) - 20\log\left(\frac{r}{r_o}\right)^n 에서$$

진동레벨차

$$VL_o - VL_r = 8.7 \times 0.016 \times (25-5) + 20\log\left(\frac{25}{5}\right)^{0.5}$$

$$= 10dB$$

141 지반 진동파의 특징으로 옳지 않은 것은?

① 종파(P파)와 횡파(S파)는 체적파에 속한다.

② 표면파의 에너지 거리감쇠율은 거리의 제곱에 반비례한다.

③ 지반 진동파가 전파될 때 에너지의 양(비율)은 일반적으로 R파 > S파 > P파의 순이다.

④ S파와 P파의 도달시간 차이를 PS시라 하며, PS시를 이용하여 진원거리를 알 수 있다.

해설 표면파의 에너지 거리감쇠율은 거리의 평방근에 반비례한다.

즉, 에너지 감쇠율 $\propto \dfrac{1}{\sqrt{r}}$ 이다.

142 진동원에서 1m 떨어진 지점의 진동레벨을 110dB이라고 하면, 15m 떨어진 지점의 진동레벨(dB)은? (단, 이 진동파는 표면파($n=0.5$)이고, 지반전파의 감쇠정수는 0.05라 가정한다.)

① 78dB
② 82dB
③ 86dB
④ 92dB

해설 진동의 거리감쇠에 따른 진동가속도레벨 및 진동레벨의 거리감쇠식

$$VL_r = VL_o - 8.7\lambda(r-r_o) - 20\log\left(\frac{r}{r_o}\right)^n$$

$$= 110 - 8.7 \times 0.05 \times (15-1) - 20\log\left(\frac{15}{1}\right)^{0.5}$$

$$= 92dB$$

과년도 출제문제

✤ Part 1. 필기 연도별 기출문제
✤ Part 2. 실기 유형별 기출문제

PART 1

과년도 출제문제

소 · 음 · 진 · 동 기 사 / 산 업 기 사

필기 연도별 기출문제

Noise & Vibration

✛ 소음진동기사 필기 기출문제
✛ 소음진동산업기사 필기 기출문제

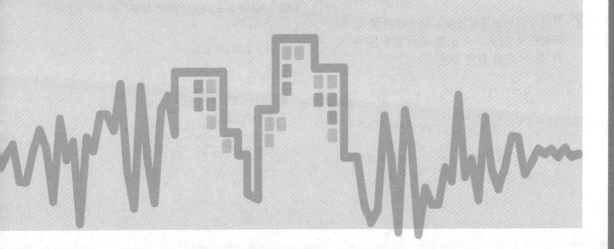

01 가로 7m, 세로 3.5m의 벽면 밖에서 음압레벨이 112dB이라면 15m 떨어진 곳은 몇 dB인가? (단, 면음원 기준)

① 76.4dB
② 85.8dB
③ 88.9dB
④ 92.8dB

해설

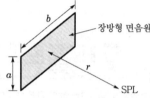

장방형 면음원

SPL

㉠ $r < \dfrac{a}{3}$ 일 경우 거리감쇠치

$$L_a = SPL_1 - SPL_2 = 0dB$$

㉡ $\dfrac{a}{3} < r < \dfrac{b}{3}$ 일 경우 거리감쇠치

$$L_a = SPL_1 - SPL_2 = 10\log\left(\frac{3 \times r}{a}\right)dB$$

㉢ $r > \dfrac{b}{3}$ 일 경우 거리감쇠치

$$L_a = SPL_1 - SPL_2 = 20\log\left(\frac{3 \times r}{b}\right) + 10\log\left(\frac{b}{a}\right)dB$$

음원에서 15m 떨어진 곳의 조건은 식 ㉢에 해당하므로

$$SPL_2 = 112 - 20\log\left(\frac{3 \times 15}{7}\right) - 10\log\left(\frac{7}{3.5}\right)$$
$$= 92.8dB$$

02 음이 전달되는 매질의 밀도 ρ, 미소체적 δ_u, 입자속도 u, 영률 E 라고 할 때 음의 운동에너지의 표현식으로 옳은 것은?

① $\dfrac{1}{2}\sqrt{\dfrac{u}{\rho} \times \delta_u}$
② $\dfrac{u}{2}\sqrt{\dfrac{E}{\rho} \times \delta_u}$
③ $\dfrac{1}{2} \times \dfrac{E}{\rho} \times u \times \delta_u$
④ $\dfrac{1}{2} \times \rho \times \delta_u \times u^2$

해설 질량이 m인 비회전체의 속도의 크기가 u일 때 물체의 운동에너지는 $\dfrac{1}{2} \times m \times u^2 = \dfrac{1}{2} \times \rho \times \delta_u \times u^2$ 이다.

03 기계의 진동으로 인해 발생하는 피해와 가장 거리가 먼 것은?

① 구조물의 진동에 의한 구조물 표면에서의 소음 방사
② 인체 피로감 가중
③ 차량 배기 토출음에 의한 피해
④ 기계의 수명 단축

해설 차량 배기 토출음에 의한 피해는 기류음(맥동음)에 의한 소음의 피해이다.

04 진동가속도의 실효치가 10^{-3}m/s²라면, 진동가속도레벨은 얼마인가?

① 80dB
② 60dB
③ 40dB
④ 20dB

해설
$$VAL = 20\log\frac{0.001}{10^{-5}}$$
$$= 40dB$$

05 기온이 22℃, 평균 음에너지 밀도가 4.4×10^{-7} J/m³일 때 음압실효치는?

① 0.1N/m²
② 0.15N/m²
③ 0.2N/m²
④ 0.25N/m²

해설 음에너지 밀도는 음장 내의 한 점에서 단위 부피당 음에너지(J/m³)이므로

평균 음에너지 밀도 $\delta = \dfrac{P^2}{\rho \times c^2}$ 에서

$$\rho = 1.3 \times \frac{273}{273 + 22} = 1.2\text{kg/m}^3$$
$$c = 331.5 + 0.61 \times 22 = 345\,\text{m/s}$$

∴ 음압실효치
$$P = \sqrt{\delta \times \rho \times c^2}$$
$$= \sqrt{4.4 \times 10^{-7} \times 1.2 \times 345^2}$$
$$= 0.25\text{N/m}^2$$

06 기류음으로 가장 거리가 먼 것은?

① 엔진의 배기음
② 압축기의 배기음
③ 베어링 마찰음
④ 관의 굴착부 발생음

해설 소음 발생의 유형
• 고체음 : 동적 발음기구(베어링 미찰음), 정적 발음기구 (기계 프레임의 진동)
• 기류음 : 맥동음(엔진, 압축기의 흡·배기음), 난류음(관의 골곡부 발생음, 빠른 유속, 밸브에서 나는 음)

07 인간의 귀 중 내이(內耳)의 구성요소만으로 나열된 것은?

① 원형창, 청신경, 난원창, 인두
② 난원창, 이관, 이소골, 외이도
③ 고막, 이소골, 난원창, 이관
④ 인두, 고막, 난원창, 청신경

해설
• 내이 : 이소골의 진동을 와우각(달팽이관)에 전달하는 진동판 역할을 하는 난원창(전정창), 원형창(고실창), 인두, 평형기, 청신경, 와우각(달팽이관 : 약 3회권으로 내부에 림프액이 들어 있어 음의 대소, 고저를 결정하고 대뇌에 전달하여 수음함)
• 중이 : 고막의 진동을 고체진동으로 변환(20배 증폭)하는 고실(이소골), 고막의 진동을 쉽게 하도록 외이와 중이의 기압을 조정하는 이관(유스타키오관)
• 외이 : 집음기 역할을 하는 귓바퀴(이개), 공명기로 음을 증폭하는 역할을 하는 외이도, 진동판으로 작동하는 고막

08 기상조건에서 공기흡음에 의해 일어나는 감쇠치를 나타낸 식으로 옳은 것은? (단, f : 옥타브 밴드별 중심주파수(Hz), r : 음원과 관측점 사이의 거리(m), ϕ : 상대습도(%)이다.)

① $7.4 \times \left(\dfrac{f^2 \times r}{\phi} \right) \times 10^{-8} \mathrm{dB}$

② $7.4 \times \left(\dfrac{\phi^2 \times r}{f^2} \right) \times 10^{-8} \mathrm{dB}$

③ $7.4 \times \left(\dfrac{f \times r^2}{\phi} \right) \times 10^{-8} \mathrm{dB}$

④ $7.4 \times \left(\dfrac{\phi^2 \times f}{r} \right) \times 10^{-8} \mathrm{dB}$

해설 공기흡음에 의해 일어나는 감쇠치는 옥타브밴드별 중심주파수의 제곱에 비례하고, 음원과 관측점 사이의 거리에 비례하고 상대습도에 반비례한다. 기상조건에서 공기흡음에 의해 일어나는 감쇠치를 나타내는 식은 다음과 같다.

$$\Delta L_a = 7.4 \times \left(\frac{f^2 \times r}{\phi} \right) \times 10^{-8} \mathrm{dB}$$

09 음에 관한 설명으로 옳지 않은 것은?

① 파면은 파동의 위상이 같은 점들을 연결한 면이다.
② 음선은 음의 진행방향으로 나타내는 선으로 파면과 평행하다.
③ 평면파는 음파의 파면들이 서로 평행한 파이다.
④ 자유음장에 있는 점음원은 구면파를 발생시킨다.

해설 음선(soundray)은 음의 진행방향을 나타내는 선으로 파면에 수직한다.

10 감쇠 자유진동계의 운동방정식이 $m\ddot{x} + C_e \dot{x} + kx = 0$으로 표현된다. 이 진동계의 대수감쇠율은? (단, $m = 3\mathrm{kg}$, $C_e = 5\mathrm{N \cdot s/m}$, $k = 30\mathrm{N/m}$이다.)

① 0.3
② 1.7
③ 5.0
④ 19.0

해설 운동방정식 $m\ddot{x} + C_e \dot{x} + kx = 0$에 주어진 값을 대입하면 $3\ddot{x} + 5\dot{x} + 30x = 0$이 된다.
이 식에서 $m = 3$, $C_e = 5$, $k = 30$이므로

감쇠비 $\xi = \dfrac{C_e}{2 \times \sqrt{k \times m}} = \dfrac{5}{2 \times \sqrt{3 \times 30}} = 0.26$

∴ 대수감쇠율

$$\Delta = \frac{2\pi\xi}{\sqrt{1-\xi^2}} = \frac{2 \times 3.14 \times 0.26}{\sqrt{1 - 0.26^2}} = 1.69$$

11 일반적으로 공해진동의 대상으로 문제가 되는 진동가속도레벨의 범위로 가장 알맞은 것은?

① $40 \sim 50\mathrm{dB}$
② $60 \sim 80\mathrm{dB}$
③ $100 \sim 120\mathrm{dB}$
④ $150 \sim 180\mathrm{dB}$

해설
• 공해진동의 레벨범위 : $60 \sim 80\mathrm{dB}$
• 진동수 범위 : $1 \sim 90\mathrm{Hz}$
• 사람이 느끼는 최소진동역치 : $(55\pm5)\mathrm{dB}$

12 다음 그림과 같은 진동계에서 각각의 고유진동수로 옳은 것은? (단, S는 스프링정수, M은 질량)

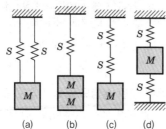

(a)   (b)   (c)   (d)

① (a) $\dfrac{1}{2\pi}\sqrt{\dfrac{2S}{M}}$, (b) $\dfrac{1}{2\pi}\sqrt{\dfrac{S}{2M}}$

     (c) $\dfrac{1}{2\pi}\sqrt{\dfrac{S}{2M}}$, (d) $\dfrac{1}{2\pi}\sqrt{\dfrac{2S}{M}}$

② (a) $\dfrac{1}{2\pi}\sqrt{\dfrac{2S}{M}}$, (b) $\dfrac{1}{2\pi}\sqrt{\dfrac{S}{2M}}$

     (c) $\dfrac{1}{2\pi}\sqrt{\dfrac{2S}{M}}$, (d) $\dfrac{1}{2\pi}\sqrt{\dfrac{2S}{M}}$

③ (a) $\dfrac{1}{2\pi}\sqrt{\dfrac{2S}{M}}$, (b) $\dfrac{1}{2\pi}\sqrt{\dfrac{2S}{M}}$

     (c) $\dfrac{1}{2\pi}\sqrt{\dfrac{S}{2M}}$, (d) $\dfrac{1}{2\pi}\sqrt{\dfrac{S}{2M}}$

④ (a) $\dfrac{1}{2\pi}\sqrt{\dfrac{2S}{M}}$, (b) $\dfrac{1}{2\pi}\sqrt{\dfrac{2S}{M}}$

     (c) $\dfrac{1}{2\pi}\sqrt{\dfrac{2S}{M}}$, (d) $\dfrac{1}{2\pi}\sqrt{\dfrac{2S}{M}}$

> **해설** 고유진동수 $f_o = \dfrac{1}{2\pi}\sqrt{\dfrac{k}{m}}$ 에서
> (a) 스프링이 병렬이므로 $k = S+S = 2S$, $m = M$
> (b) $k = S$, $m = M+M = 2M$
> (c) 스프링이 직렬이므로
> $$\dfrac{1}{k} = \dfrac{1}{S} + \dfrac{1}{S} = \dfrac{S+S}{S\times S} = \dfrac{2S}{S^2} = \dfrac{2}{S}$$
> $$\therefore k = \dfrac{S}{2},\ m = M$$
> (d) 스프링이 위, 아래로 병렬이므로
> $k = S+S = 2S$, $k = M$

13 50phon의 소리가 발생한다면 몇 sone의 크기로 들리는가?

① 2sone   ② 4sone

③ 6sone   ④ 8sone

> **해설** $S = 2^{\left(\frac{\text{phon}-40}{10}\right)} = 2^1 = 2\text{sone}$

14 다음 중 흡음감쇠가 가장 큰 경우는?

① 주파수(Hz) : 4,000, 기온(℃) : −10, 상대습도(%) : 50

② 주파수(Hz) : 2,000, 기온(℃) : 0, 상대습도(%) : 50

③ 주파수(Hz) : 1,000, 기온(℃) : −10, 상대습도(%) : 70

④ 주파수(Hz) : 500, 기온(℃) : 10, 상대습도(%) : 85

> **해설** 흡음감쇠는 주파수가 커질수록, 기온이 낮을수록, 습도가 낮을수록 감쇠효과가 커진다.

15 우리가 소리를 듣기까지의 귀의 구성요소별(외이-중이-내이) 전달매질로 옳은 것은?

① 기체 − 액체 − 액체

② 기체 − 고체 − 액체

③ 기체 − 고체 − 고체

④ 기체 − 액체 − 고체

> **해설** 음을 감각하기까지의 음의 전달매질은 기체(외이도) → 고체(이소골) → 액체(와우각) 순이다.

16 어느 실내 공간이 직육면체로 이루어져 있으며, 가로 10m, 세로 20m, 높이 5m일 때 평균자유행로는?

① 2.17m   ② 3.71m

③ 4.17m   ④ 5.71m

> **해설** 실내 용적(부피)을 $V(\text{m}^3)$라 하고, 실내 표면적을 $S(\text{m}^2)$라 할 때, 평균자유행로 $L_f = 4 \times \dfrac{V}{S}$ (m)이다.
> 여기서, $V = 10 \times 20 \times 5 = 1{,}000\text{m}^3$
> $\quad\quad\quad S = 10 \times 20 \times 2 + 10 \times 5 \times 2 + 20 \times 5 \times 2$
> $\quad\quad\quad\quad = 700\text{m}^2$
> $$\therefore L_f = 4 \times \dfrac{1{,}000}{700} = 5.71\text{m}$$
> 이 평균자유행로는 직접음 혹은 직접 반사음이 아닌 잔향음의 도달거리이며, 이 거리를 음속으로 나눈 만큼의 시간 편차가 생기게 된다.
> 임계거리 $r_c = \dfrac{L_f}{Q}$ (m)
> 여기서, Q : 지향계수

17 그림과 같은 응답곡선에서 감쇠비는 약 얼마인가?

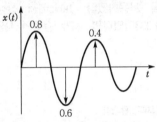

① 0.008
② 0.017
③ 0.087
④ 0.110

해설 감쇠가 있는 자유진동에서 시간 t_1, t_2시의 변위진폭 x_1, x_2의 비를 나타내고 이를 자연대수로 나타낸 대수감쇠율 Δ는 다음과 같다.

$\Delta = \ln\left(\dfrac{x_1}{x_2}\right) = \dfrac{2\pi\xi}{\sqrt{1-\xi^2}}$ 에서 $\ln\left(\dfrac{0.8}{0.4}\right) = \dfrac{2\pi\xi}{\sqrt{1-\xi^2}}$

$0.693 \times \sqrt{1-\xi^2} = 2\pi\xi = 6.28\times\xi$

$\sqrt{1-\xi^2} = 9.062\times\xi$, 양변을 제곱하여 감쇠비 ξ를 풀이하면 $\xi = 0.11$이 된다.

18 레이노씨 현상(Raynaud's phenomenon)으로 가장 거리가 먼 것은?

① White finger 증상이라고도 한다.
② 더위에 폭로되면 이러한 현상은 더욱 악화된다.
③ 착암기, 공기해머 등을 많이 사용하는 작업자의 손에서 유발될 수 있는 현상이다.
④ 말초혈관운동의 저하로 인한 혈액순환의 장애이다.

해설 레이노씨 현상(Raynaud's phenomenon)
수지진동 공구를 오랜 기간 사용한 후 추운 곳(한랭환경)에서 손가락이 노출될 경우 따끔거리거나 저리고 감각이 무뎌지는데, 이는 손가락 끝에 피의 순환이 일시적으로 중단되는 질병을 말한다. 이를 백지현상(white finger syndrom)이라고도 한다.

19 음향출력 50W의 점음원으로부터 구형파가 전파될 때 이 음원으로부터 8m 지점의 음의 세기 레벨은?

① 108dB
② 111dB
③ 120dB
④ 123dB

해설 음의 세기레벨과 음압레벨의 수치가 같고, 자유공간에서 점음원의 거리감쇠이므로
$SIL = SPL = PWL - 20\log r - 11$
$= 137 - 20\log 8 - 11 = 108\,dB$
여기서, $PWL = 10\log\dfrac{50}{10^{-12}} = 137\,dB$

20 다음에서 설명하는 청감보정의 특성은?

> 신호보정영역은 중음역대이다. Fletcher와 Munson의 등청감곡선의 70폰의 역특성을 채용하고 있고, 미국에서는 60폰 또는 70폰 곡선의 특성을 채용하고 있는데 실용적으로 잘 사용하고 있지 않다.

① B특성
② C특성
③ D특성
④ H특성

해설 신호보정영역은 중음역대이고, 실용적으로 잘 사용하고 있지 않는 청감보정 특성은 B특성이다.

제2과목 **소음 방지기술**

21 단일 벽체의 차음특성에 대한 설명으로 옳지 않은 것은?

① 단일 벽체의 차음특성은 주파수에 따라 세 영역으로 구분한다.
② 질량법칙이 성립되는 영역에서는 투과손실이 옥타브당 3dB씩 증가한다.
③ 일치효과영역에서는 투과손실이 현저히 감소한다.
④ 벽체의 공진영역에서는 차음성능이 저하된다.

해설 질량법칙이 만족되는 영역에서는 투과손실이 옥타브당 6dB씩 증가한다.

22 동일한 재료(면밀도가 1kg/m²) 두 개의 벽 사이에 10cm의 공간을 두었다. 공명투과가 나타나서 처음 성능이 단일벽에 비하여 떨어지게 되는 저음역의 공명주파수 대역(Hz)은 약 얼마인가? (단, 공기의 음속은 343m/s, 공기의 밀도는 1.2kg/m³임)

① 33
② 67
③ 134
④ 268

해설 두 벽의 면밀도가 같을 때 저음역의 공명주파수

$$f_{rl} = \frac{c}{2\pi}\sqrt{\frac{2\rho}{md}}$$
$$= \frac{343}{2 \times 3.14} \times \sqrt{\frac{2 \times 1.2}{1 \times 0.1}}$$
$$= 268\,\text{Hz}$$

23 방음벽에 의한 소음감쇠량의 대부분을 차지하는 것은?

① 방음벽의 높이에 의해 결정되는 회절감쇠
② 방음벽의 재질에 의해 결정되는 투과감쇠
③ 방음벽의 두께에 의해 결정되는 반사감쇠
④ 방음벽의 길이에 의해 결정되는 간섭감쇠

해설 방음벽은 음의 전파경로에 비해 그 폭이 매우 적으므로 장애물의 높이에 의해 결정되는 음의 회절감쇠치가 대부분을 차지한다.

24 팽창형 소음기에 관한 설명으로 가장 적합한 것은?

① 전파경로상에 두 음의 간섭에 의해 소음을 저감시키는 원리를 이용한다.
② 고주파 대역에서 감음효과가 뛰어나다.
③ 단면 불연속의 음에너지 반사에 의해 감음된다.
④ 감음주파수는 팽창부 단면적비에 의해 결정된다.

해설 팽창형 소음기(확장형, 공동형, 반사형 소음기)
단면 불연속부의 음에너지 반사에 의해 감음하는 구조로 급격한 관경 확대로 유속을 낮추어 소음을 감소시키는 방식이다.

25 A시료의 흡음성능 측정을 위해 정재파 관내법을 사용하였다. 1kHz에서 산정된 흡음률이 0.933이었다면 1kHz 순음인 사인파의 정재파비는?

① 1.1
② 1.7
③ 2.1
④ 2.6

해설 정재파 관내법

흡음률 $\alpha_t = \dfrac{4}{n + \dfrac{1}{n} + 2}$ 에서

$$0.933 = \frac{4}{n + \dfrac{1}{n} + 2}$$
$$n + \frac{1}{n} = 2.3$$
$$\therefore n = 1.7$$

26 소음제어를 위한 자재류의 특성에 대한 설명으로 가장 거리가 먼 것은?

① 흡음재 : 잔향음의 에너지 저감에 사용된다.
② 차음재 : 음에너지를 열에너지로 변환시킨다.
③ 제진재 : 진동으로 판넬이 떨려 발생하는 음에너지의 저감에 사용된다.
④ 차진재 : 구조적 진동과 진동전달력을 저감시킨다.

해설 차음재는 상대적으로 고밀도로서 음의 투과율을 저감, 즉 음에너지를 감쇠시킨다.
② 차음재에 비해 상대적으로 경량이며 음에너지를 열에너지 등으로 변환시키고, 잔향음 에너지를 저감시키는 것은 흡음재이다.

27 흡음덕트형 소음기에서 최대감음주파수의 범위로 가장 적합한 것은? (단, λ : 대상음 파장(m), D : 덕트 내경(m))

① $\dfrac{\lambda}{2} < D < \lambda$
② $\lambda < D < 2\lambda$
③ $2\lambda < D < 4\lambda$
④ $4\lambda < D < 8\lambda$

해설 흡음덕트형 소음기에서 최대감음주파수의 범위
$$\frac{\lambda}{2} < D < \lambda$$
여기서, λ : 대상음의 파장(m)
　　　　D : 덕트 내경(m)

28 소음대책 순서로 가장 먼저 실시하여야 할 것은?

① 수음점에서의 규제기준 확인

② 문제 주파수의 발생원 탐사

③ 소음이 문제되는 지점(수음점)의 위치 확인

④ 어느 주파수 대역을 얼마만큼 저감시킬 것인가를 파악

해설 소음대책의 순서
- 수음점의 위치 확인(귀로 판단)
- 수음점에서 실태조사(소음계, 주파수 분석기로 측정)
- 수음점에서의 규제기준 확인
- 측정결과와 규제기준으로부터 대책의 목표레벨 설정
- 주파수의 발생원 탐사(주파수 대역별 소음 필요량 산정)
- 적정 방지기술의 선정(차음재, 흡음재 사용 등)
- 시공 및 재평가(재측정 포함)

29 벽면 또는 벽 상단의 음향특성에 따라 일반적으로 분류한 방음벽의 종류에 해당하지 않는 것은?

① 확장형 ② 공명형

③ 간섭형 ④ 흡음형

해설 벽면 또는 벽 상단의 음향특성에 따른 방음벽의 분류

㉠ 반사형
- 저감원리 : 방음벽면에서 음파가 대부분 반사하는 방음벽
- 적용위치 : 반사음의 영향을 받지 않는 지역

㉡ 흡음형
- 저감원리 : 방음벽면에서 흡음의 원리를 이용하여 음파의 일부를 흡수하는 방음벽
- 적용위치 : 설치지역에 제한을 받지 않음

㉢ 간섭형
- 저감원리 : 방음벽면 또는 상단에서 입사음과 반사음이 간섭을 일으켜 감쇠되는 방음벽
- 적용위치 : 소음원이 수음원보다 높은 지역

㉣ 공명형
- 저감원리 : 방음벽면에 구멍이 뚫려 있고 내부에 공동이 있어 음파가 공명에 의한 흡음에 의하여 감쇠되는 방음벽
- 적용위치 : 설치지역에 제한을 받지 않음

30 반무한 방음벽의 회절감쇠치는 15dB, 투과손실치는 20dB일 때, 이 방음벽에 의한 삽입손실치는? (단, 음원과 수음점이 지상으로부터 약간 높은 위치에 있다.)

① 11.5dB ② 13.8dB

③ 15.0dB ④ 20.0dB

해설 투과손실치 TL이 회절감쇠치 ΔL_d보다 10dB 이내로 클 때나 작을 경우는 다음과 같이 삽입손실치를 구한다.

삽입손실치 $\Delta L_I = -10 \log\left(10^{-1.5} + 10^{-2.0}\right) = 13.8\text{dB}$

31 10m(L)×10m(W)×4m(H)인 방이 있다. 벽과 천장, 바닥이 모두 흡음률 0.02인 콘크리트로 되어 있고 실내 중앙 바닥에서 PWL 90dB인 소형 기계가 가동될 때, 이 기계로부터 3m 떨어진 실내 한 점에서의 음압레벨은? (단, 기계의 크기는 무시한다.)

① 87.5dB ② 93.5dB

③ 96.5dB ④ 101.5dB

해설 방의 전 표면적

$S = 10 \times 10 \times 2 + 10 \times 4 \times 2 \times 2 = 360\,\text{m}^2$

평균흡음률

$$\overline{\alpha_1} = \frac{\sum S_i \alpha_i}{\sum S_i}$$

$$= \frac{10 \times 10 \times 2 \times 0.02 + 10 \times 4 \times 4 \times 0.02}{360} = 0.02$$

실정수

$$R = \frac{S\overline{\alpha}}{1-\overline{\alpha}} = \frac{360 \times 0.02}{1-0.02} = 7.35\,\text{m}^2$$

$$\therefore \text{SPL} = \text{PWL} + 10 \log\left(\frac{Q}{4\pi r^2} + \frac{4}{R}\right)$$

$$= 90 + 10 \log\left(\frac{2}{4 \times 3.14 \times 3^2} + \frac{4}{7.35}\right) = 87.5\text{dB}$$

32 원형 흡음소음기를 사용해 500Hz의 소음을 10dB 저감시키고자 한다. 소음기의 내부 지름이 1m, 길이가 5m일 때, 흡음재의 흡음률은 얼마여야 하는가? (단, $K = \alpha_x - 0.1$)

① 0.25 ② 0.4

③ 0.6 ④ 0.95

해설 원통 흡음소음기(흡음덕트)의 감쇠치

$$\Delta L = K\frac{PL}{S} = K\frac{\pi D L}{\frac{\pi}{4}D^2} \text{에서}$$

$P = \pi D = 3.14 \times 1 = 3.14\,\text{m}$

$S = \frac{\pi}{4}D^2 = \frac{3.14}{4} \times 1^2 = 0.785\,\text{m}^2$

$10 = K \times \frac{3.14 \times 5}{0.785}$ 에서 $K = 0.5$

$\therefore$ 흡음률 $\alpha_x = K + 0.1 = 0.5 + 0.1 = 0.6$

33 기류음 저감대책으로 가장 거리가 먼 것은?

① 관의 곡률 완화
② 분출유속의 저감
③ 공명 방지
④ 밸브의 다단화

해설
- 기류음의 저감대책 : 밸브의 다단화, 덕트의 곡률 완화, 분출유속의 저감
- 고체음의 방지대책 : 방사면 축소 및 제진처리, 공명 방지, 가진력 억제

34 팽창형 소음기의 팽창부와 입구의 직경이 각각 0.4m, 1m일 때 이 소음기의 최대투과손실은 약 얼마인가?

① 35dB   ② 25dB
③ 10dB   ④ 1dB

해설 최대투과손실치

$$TL = \left(\frac{D_2}{D_1}\right) \times 4$$
$$= \left(\frac{1}{0.4}\right) \times 4$$
$$= 10 \, dB$$

35 다공질형 흡음재를 페인트로 도장하면 흡음특성이 어떻게 바뀌는가?

① 소음역의 흡음률이 상승한다.
② 고음역의 흡음률이 저하된다.
③ 흡음률에 변화가 없다.
④ 저음역 및 고음역의 흡음률이 상승한다.

해설 다공질 재료의 표면을 도장하면 고음역에서 흡음률이 저하한다.

36 다음은 소음방지대책에 관한 설명이다. ( )에 가장 적합한 것은?

> 관이나 판 등으로부터 소음이 방사될 때 진동부에 제진대책을 한 후 흡음재를 부착하고, 그 다음에 차음재(구속층)를 설치하여 마감하는 것이 효과적이다. 이와 같은 대책을 ( )이라 한다.

① 방진   ② 흡음
③ 차음   ④ 래깅

해설 방음 래깅(lagging)
'방음 겉싸우개'라고도 하며 덕트나 판에서 소음이 방사될 때, 직접 흡음재를 부착하거나 차음재를 씌우는 것보다 진동부에 제진(damping)대책으로 고무나 PVC를 붙인 후 흡음재를 부착하고 그 다음에 차음재(구속층)를 설치하는 방식이다.

37 음파가 벽면에 수직입사할 때 단일벽의 투과손실을 구하는 실용식은? (단, m은 벽체의 면밀도(kg/m²), f는 입사주파수(Hz)이다.)

① $18\log(m \times f) + 44dB$
② $18\log(m \times f) - 44dB$
③ $20\log(m \times f) + 43dB$
④ $20\log(m \times f) - 43dB$

해설 음파가 단일벽면에 수직입사할 때의 투과손실 실용식은 $TL = 20\log(m \times f) - 43dB$ 이다.

38 실내소음을 저감시키기 위해 글라스울(glass wool)을 내벽에 부착하고자 한다. 경제적이고 효율적인 감음효과를 얻기 위한 글라스울의 부착위치로 가장 적합한 것은? (단, 입사음의 파장은 λ라 한다.)

① 벽면에 바로 부착한다.
② 벽면에서 λ만큼 떨어진 위치에 부착한다.
③ 벽면에서 $\frac{\lambda}{2}$만큼 떨어진 위치에 부착한다.
④ 벽면에서 $\frac{\lambda}{4}$만큼 떨어진 위치에 부착한다.

해설 다공질 흡음재를 벽에 부착할 시 벽으로부터 파장의 $\frac{1}{4}$인 곳에 비교적 얇은 흡음재를 두고 공기층을 만든다.

39 정상청력을 가진 사람이 1,000Hz에서 가청할 수 있는 최소음압실효치가 2×10^{-5}N/m²일 때, 어떤 대상음압레벨이 126dB이었다면 이 대상음의 음압실효치(N/m²)는?

① 약 20N/m²   ② 약 40N/m²
③ 약 60N/m²   ④ 약 100N/m²

해설
음압레벨 $SPL = 20\log\frac{P}{2 \times 10^{-5}}$ 에서

$$126 = 20\log\frac{P}{2 \times 10^{-5}}$$
$$\therefore P = 10^{6.3} \times 2 \times 10^{-5} = 40 \, N/m^2$$

33.③ 34.③ 35.② 36.④ 37.④ 38.④ 39.②

40 부피가 2,500m³이고, 내부 표면적이 1,250m²인 공장의 평균흡음률이 0.25일 때 음파의 평균자유행로는?

① 7.1m   ② 8.0m

③ 8.9m   ④ 10.6m

> **해설** 실내 용적(부피)을 $V(m^3)$라 하고, 실내 표면적을 $S(m^2)$라 할 때, 평균자유행로는 다음과 같다.
>
> $$L_f = 4 \times \frac{V}{S} = 4 \times \frac{2,500}{1,250} = 8\,m$$

제3과목 **소음 · 진동 공정시험기준**

41 규제기준 중 생활진동 측정방법에서 측정조건으로 거리가 먼 것은?

① 진동픽업(pick-up)의 설치장소는 옥내 지표를 원칙으로 하고 복잡한 반사, 회절현상이 예상되는 지점은 피한다.

② 진동픽업의 설치장소는 완충물이 없고, 충분히 다져서 단단히 굳은 장소로 한다.

③ 진동픽업은 수직방향 진동레벨을 측정할 수 있도록 설치한다.

④ 진동픽업의 설치장소는 경사 또는 요철이 없는 장소로 하고, 수평면을 충분히 확보할 수 있는 장소로 한다.

> **해설** 진동픽업(pick-up)의 설치장소는 옥외 지표를 원칙으로 하고 복잡한 반사, 회절현상이 예상되는 지점은 피한다.

42 소음계의 성능기준 중 지시계기의 눈금오차는 몇 dB 이내로 규정하고 있는가?

① 0.5dB 이내   ② 1dB 이내

③ 3dB 이내   ④ 10dB 이내

> **해설** 지시계기의 눈금오차는 0.5dB 이내이어야 한다.

43 다음은 도로교통진동 관리의 측정시간 및 측정지점수 기준이다. ( ) 안에 알맞은 것은?

> 시간대별로 진동피해가 예상되는 시간대를 포함하여 (㉮)의 측정지점수를 선정하여 (㉯) 측정하여 산술평균한 값을 측정진동레벨로 한다.

① ㉮ 2개 이상
   ㉯ 4시간 이상 간격으로 2회 이상

② ㉮ 2개 이상
   ㉯ 2시간 이상 간격으로 2회 이상

③ ㉮ 1개 이상
   ㉯ 4시간 이상 간격으로 2회 이상

④ ㉮ 1개 이상
   ㉯ 2시간 이상 간격으로 2회 이상

> **해설** **측정시간 및 측정지점수**
> 시간대별로 진동피해가 예상되는 시간대를 포함하여 2개 이상의 측정지점수를 선정하여 4시간 이상 간격으로 2회 이상 측정하여 산술평균한 값을 측정진동레벨로 한다.

44 압전형 진동픽업의 특징에 관한 설명으로 옳지 않은 것은? (단, 동전형 진동픽업과 비교)

① 온도, 습도 등 환경조건의 영향을 받는다.

② 소형 경량이며, 중 · 고주파수 대역(10kHz 이하)의 가속도 측정에 적합하다.

③ 고유진동수가 낮고(보통 10~20Hz), 감도가 안정적이다.

④ 픽업의 출력임피던스가 크다.

> **해설** 압전형 진동픽업의 감도는 케이블의 용량에 의해 변화한다. 이에 반하여 동전형 진동픽업은 안정적이다.
> ㉠ 압전형(piezodlectric type) : 원리는 압전형 마이크로폰과 대동소이하다. 즉, 압전소자는 외부진동에 의한 추의 관성력에 의해 기계적 왜곡이 야기되고 이 왜곡에 비례하여 전하가 발생된다. 압전형 진동픽업의 특징은 다음과 같다.
> - 중 · 고주파역(10kHz 이하)의 가속도 측정에 적합
> - 소형 경량임(수십 gram)
> - 충격, 온도, 습도, 바람 등의 영향을 받음
> - 케이블의 용량에 의해 감도가 변화함
> - 출력임피던스가 큼
> ㉡ 동전형(moving coil type) : 소음계의 동전형 마이크로폰과 유사하다. 가동코일이 붙은 추가 스프링에 매달려 있는 구조로 진동에 의해 가동코일이 영구자석의 자계 내를 상하로 움직이면 코일에는 추의 상대속도에 비례하는 기전력이 유기된다.
> - 중 · 저주파역(1kHz 이하)의 진동측정에 적합
> - 대형으로 중량임(수백 gram)
> - 감도가 안정적임
> - 변압기 등 자장이 강한 장소에서는 사용 불가
> - 픽업의 출력임피던스 낮음

---

45 철도소음관리기준 측정방법에 관한 사항으로 거리가 먼 것은?

① 옥외측정을 원칙으로 하며, 그 지역의 철도소음을 대표할 수 있는 장소나 철도소음으로 인하여 문제를 일으킬 우려가 있는 장소로서 지면 위 0.3~0.5m 높이로 한다.

② 요일별로 소음반응이 적은 평일(월요일부터 금요일까지)에 당해 지역의 철도소음을 측정한다.

③ 측정소음도는 기상조건, 열차운행횟수 등을 고려하여 당해 지역의 1시간 평균 철도통행량 이상인 시간대를 포함하여 주간 시간대는 2시간 간격을 두고 1시간씩 2회 측정하여 산술평균한다.

④ 배경소음도는 철도운행이 없는 상태에서 측정소음도의 측정점과 동일한 장소에서 5분 이상 측정한다.

해설 옥외측정을 원칙으로 하며, 그 지역의 철도소음을 대표할 수 있는 장소나 철도소음으로 인하여 문제를 일으킬 우려가 있는 장소로서 지면 위 1.2~1.5m 높이로 한다.

46 어떤 단조기의 대상진동레벨이 62dB(V)이다. 이 기계를 공장 내에서 가동하면서 측정한 진동레벨이 65dB(V)일 때, 이 공장의 배경진동레벨은?

① 60dB(V) ② 61dB(V)
③ 62dB(V) ④ 63dB(V)

해설 배경진동레벨은 측정진동레벨과 대상진동레벨의 차를 구하면 된다.
∴ 배경진동레벨 $= 10 \log (10^{6.5} - 10^{6.2}) = 62 \, \mathrm{dB(V)}$

47 소음계의 부속장치인 표준음 발생기에 관한 설명으로 옳지 않은 것은?

① 소음계의 측정감도를 교정하는 기기이다.
② 발생음의 오차는 ±0.1dB 이내이어야 한다.
③ 발생음의 오차는 음압도가 표시되어야 한다.
④ 발생음의 오차는 주파수가 표시되어야 한다.

해설 표준음 발생기(pistonphone, calibrator)
소음계의 측정감도를 교정하는 기기로서 발생음의 주파수와 음압도가 표시되어 있어야 하며, 발생음의 오차는 ±1dB 이내이어야 한다.

48 소음측정기기 구성이 순서대로 옳게 배열된 것은?

① 마이크로폰 → 청감보정회로 → 지시계기 → 증폭기

② 마이크로폰 → 레벨레인지 변환기 → 증폭기 → 청감보정회로 → 지시계기

③ 레벨레인지 변환기 → 마이크로폰 → 지시계기 → 증폭기

④ 청감보정회로 → 증폭기 → 레벨레인지 변환기 → 지시계기

해설 소음계의 구성도

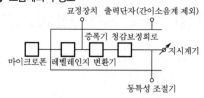

49 동일 건물 내 사업장 소음규제기준 측정방법 중 측정시간 및 측정지점수 기준으로 가장 적합한 것은?

① 피해가 예상되는 적절한 측정시각에 2지점 이상의 측정지점수를 선정·측정하여 등가한 소음도를 측정소음도로 한다.

② 당해 지역 소음을 대표할 수 있도록 측정지점수를 충분히 결정하고, 각 측정지점에서 2시간 이상 간격으로 4회 이상 측정하여 산술평균한 값을 측정소음도로 한다.

③ 피해가 예상되는 적절한 측정시각에 2지점 이상의 측정지점수를 선정하고 각각 2회 이상 측정하여 각 지점에서 산술평균한 소음도 중 가장 높은 소음도를 측정소음도로 한다.

④ 각 시간대 중 최대소음이 예상되는 시각에 1지점 이상의 측정지점수를 택하여야 한다.

해설 사업장 소음규제기준 측정시간 및 측정지점수
피해가 예상되는 적절한 측정시각에 2지점 이상의 측정지점수를 선정하고 각각 2회 이상 측정하여 각 지점에서 산술평균한 소음도 중 가장 높은 소음도를 측정소음도로 한다.

50 소음의 환경기준 측정방법 중 측정점 선정에 관한 설명이다. 다음 ( ) 안에 들어갈 말로 옳은 것은?

> 도로변 지역의 범위는 도로단으로부터 (㉮)m로 하고, 고속도로 또는 자동차전용도로의 경우에는 도로단으로부터 (㉯)m 이내의 지역을 말한다.

① ㉮ 차선수×15, ㉯ 100
② ㉮ 차선수×10, ㉯ 100
③ ㉮ 차선수×15, ㉯ 150
④ ㉮ 차선수×10, ㉯ 150

해설 소음의 환경기준 측정방법 중 측정점 선정 시 도로변 지역의 범위는 도로단으로부터 차선수×10m로 하고, 고속도로 또는 자동차전용도로의 경우에는 도로단으로부터 150m 이내의 지역을 말한다.

51 7일간의 항공기소음의 일별 WECPNL이 85, 86, 90, 88, 83, 73, 67인 경우 7일간의 **평균 WECPNL**은?

① 80   ② 84
③ 86   ④ 89

해설 1일 단위로 매 항공기 통과 시에 측정·기록한 기록지상의 최고치를 판독·기록하여, 다음 식으로 당일의 평균 최고소음도 $\overline{L}_{max}$ 를 구한다.

$$\overline{L}_{max} = 10\log\left[\left(\frac{1}{n}\right)\sum_{i=1}^{n}10^{0.1\times L_i}\right]$$
$$= 10\log\left[\left(\frac{1}{7}\right)\times(10^{8.5}+10^{8.6}+10^{9.0}+10^{8.8}+10^{8.3}+10^{7.3}+10^{6.7})\right]$$
$$= 86\text{WECPNL(dB)}$$

52 어느 공장의 측정소음도가 88dB(A)이고, 배경소음도가 83dB(A)이었다면 이 공장의 대상소음도는?

① 87.5dB(A)
② 86.3dB(A)
③ 85.1dB(A)
④ 84.3dB(A)

해설 대상소음도는 측정소음도와 배경소음도의 차를 구하면 된다.
∴ 대상소음도 $= 10\log(10^{8.8}-10^{8.3}) = 86.3$dB

53 규제기준 중 발파진동 측정방법에서 진동평가를 위한 보정에 관한 설명으로 옳지 않은 것은? (단, N은 시간대별 보정발파횟수)

① 대상진동레벨에 시간대별 보정발파횟수에 따른 보정량을 보정하여 평가진동레벨을 구한다.
② 시간대별 보정발파횟수(N)는 작업일지 및 발파계획서 또는 폭약사용신고서 등을 참조로 하여 산정한다.
③ 여건상 불가피하게 측정 당일의 발파횟수만큼 측정하지 못한 경우에는 측정 시의 장약량과 같은 양을 사용한 발파는 같은 진동레벨로 판단하여 보정발파횟수를 산정할 수 있다.
④ 보정량($+0.1\log N ; N > 5$)을 보정하여 평가진동레벨을 구한다.

해설 대상진동레벨에 시간대별 보정발파횟수(N)에 따른 보정량($+10\log N ; N > 1$)을 보정하여 평가진동레벨을 구한다. 이 경우, 지발발파는 보정발파횟수를 1회로 간주한다.

54 규제기준 중 발파진동의 측정진동레벨 분석방법으로 가장 거리가 먼 것은?

① 디지털 진동 자동분석계를 사용할 때에는 샘플주기를 0.1초 이하로 놓고 발파진동의 발생기간(수초 이내)동안 측정하여 자동 연산·기록한 최고치를 측정진동레벨로 한다.
② 진동레벨기록기를 사용하여 측정할 때에는 기록지상 지시치의 최고치를 측정진동레벨로 한다.
③ 최고진동 고정(hold)용 진동레벨계를 사용할 때에는 당해 지시치를 측정진동레벨로 한다.
④ L_{10} 진동레벨을 측정할 수 있는 진동레벨계를 사용할 때에는 10분간 측정하여 진동레벨계에 나타난 L_{10}값을 측정진동레벨로 한다.

해설 L_{10} 진동레벨을 측정할 수 있는 진동레벨계를 사용할 때는 5분간 측정하여 진동레벨계에 나타난 L_{10}값으로 한다.

55 항공기소음 관리기준 측정조건에서 가장 거리가 먼 것은?

① 상시측정용 옥외 마이크로폰의 경우 풍속이 5m/s를 초과할 때에는 측정하여서는 안 된다.
② 손으로 소음계를 잡고 측정할 경우 소음계는 측정자의 몸으로부터 0.5m 이상 떨어져야 한다.
③ 풍속이 2m/s 이상으로 측정치에 영향을 줄 우려가 있을 때에는 반드시 마이크로폰에 방풍망을 부착하여야 한다.
④ 측정자는 비행경로에 수직하게 위치하여야 한다.

해설 바람(풍속 2m/s 이상)으로 인하여 측정치에 영향을 줄 우려가 있을 때는 반드시 방풍망을 부착하여야 한다. 다만, 풍속이 5m/s를 초과할 때는 측정하여서는 안 된다(상시측정용 옥외 마이크로폰은 그러하지 아니하다).

56 진동레벨계의 성능기준으로 옳지 않은 것은?

① 측정가능 주파수 범위는 1~90Hz 이상이어야 한다.
② 측정가능 진동레벨의 범위는 45~120dB 이상이어야 한다.
③ 진동픽업의 횡감도는 규정주파수에서 수감축 감도에 대한 차이가 15dB 이상이어야 한다(연직특성).
④ 레벨레인지 변환기가 있는 기기에 있어서 레벨레인지 변환기의 전환오차가 1dB 이내이어야 한다.

해설 레벨레인지 변환기가 있는 기기에 있어서 레벨레인지 변환기의 전환오차가 0.5dB 이내이어야 한다.

57 측정진동레벨에 배경진동의 영향을 보정한 후 얻어진 진동레벨을 무엇이라 하는가?

① 대상진동레벨 ② 평가진동레벨
③ 배경진동레벨 ④ 정상진동레벨

해설 **대상진동레벨**
측정진동레벨에 배경진동의 영향을 보정한 후 얻어진 진동레벨을 말한다.

58 다음은 규제기준 중 발파소음 측정방법의 측정시간 및 측정지점수 기준이다. ( ) 안에 가장 적합한 것은?

> 작업일지 및 발파계획서 또는 폭약사용신고서를 참조하여 소음·진동관리법 시행규칙에서 구분하는 각 시간대 중에서 (㉮)이 예상되는 시간의 소음을 포함한 모든 발파소음을 (㉯)에서 측정한다.

① ㉮ 평균발파소음, ㉯ 1지점 이상
② ㉮ 평균발파소음, ㉯ 5지점 이상
③ ㉮ 최대발파소음, ㉯ 1지점 이상
④ ㉮ 최대발파소음, ㉯ 5지점 이상

해설 작업일지 및 발파계획서 또는 폭약사용신고서를 참조하여 소음·진동관리법 시행규칙에서 구분하는 각 시간대 중에서 최대발파소음이 예상되는 시간의 소음을 포함한 모든 발파소음을 1지점 이상에서 측정한다.

59 배출허용기준 중 진동을 디지털 진동 자동분석계로 측정하고자 한다. 측정지점에서의 측정진동레벨로 정하는 기준으로 옳은 것은? (단, 샘플주기를 1초 이내에서 결정하고 5분 이상 측정)

① 자동 연산·기록한 90% 범위의 상단치인 L_{90}값
② 자동 연산·기록한 90% 범위의 상단치인 L_{10}값
③ 자동 연산·기록한 80% 범위의 상단치인 L_{80}값
④ 자동 연산·기록한 80% 범위의 상단치인 L_{10}값

해설 **디지털 진동 자동분석계를 사용할 경우**
샘플주기를 1초 이내에서 결정하고 5분 이상 측정하여 자동 연산·기록한 80% 범위의 상단치인 L_{10}값을 그 지점의 측정진동레벨 또는 배경진동레벨로 한다.

60 항공기 소음관리기준 측정의 일반사항 중 소음계의 청감보정회로 및 동특성 측정조건으로 옳은 것은?

① 청감보정회로 : A특성, 동특성 : 빠름 모드
② 청감보정회로 : A특성, 동특성 : 느림 모드
③ 청감보정회로 : C특성, 동특성 : 빠름 모드
④ 청감보정회로 : C특성, 동특성 : 느림 모드

해설 항공기 소음관리기준 측정의 일반사항 중 소음계의 청감 보정회로 및 동특성 측정조건
- 소음계의 청감보정회로는 A특성에 고정하여 측정하여야 한다.
- 소음계의 동특성을 느림(slow) 모드를 하여 측정하여야 한다.

제4과목   **진동 방지기술**

61 다음 중 방진재료에 관한 설명으로 가장 거리가 먼 것은?

① 방진고무는 설계 및 부착이 비교적 간결하고, 금속과도 견고하게 접착할 수 있다.
② 방진고무는 내유성, 내환경성 등에 대해서는 일반적으로 금속스프링보다 떨어지지만, 특히 저온에서는 금속스프링에 비해 유리하다.
③ 방진고무 사용 시 내유성을 필요로 할 때는 천연고무보다 합성고무가 좀 더 유리하다.
④ 금속스프링의 경우 극단적으로 낮은 스프링정수로 했을 때 지지장치를 소형, 경량으로 하기가 어렵다.

해설 방진고무는 내유성, 내환경성 등에 대해서는 일반적으로 금속스프링보다 떨어질 뿐만 아니라 특히 저온에서 금속스프링에 비해 불리하다(방진고무의 사용온도는 50℃ 이하이다).

62 물체의 최대가속도가 630cm/s², 매분 360사이클의 진동수로 조화운동을 하고 있는 물체 진동의 변위진폭(cm)은?

① 0.88   ② 0.66
③ 0.44   ④ 0.22

해설 진동가속도의 최대치
$A_m = x_o \omega^2 = x_o (2\pi f)^2$에서
$630 = x_o \left(2 \times 3.14 \times \dfrac{360}{60}\right)^2$
∴ 변위진폭 $x_o = 0.44$ cm

63 기계의 탄성지지에서 비연성지지에 관한 설명으로 옳지 않은 것은?

① 지지스프링 축의 방향을 기계의 관성 주축에 평행하게 취한다.
② 각 좌표면 XY, YZ, ZX간 각각의 대칭위치를 취한다.
③ 비연성지지를 생각할 경우에는 기계는 3자유도계로 생각해야 한다.
④ 기계가 진동할 때, 그 진동의 원인으로 다른 진동을 유발시키는데, 이러한 현상을 진동의 연성(coupling)이라고 한다.

해설 비연성지지를 생각할 경우에 기계는 X방향, Y방향, Z방향, X축 회전, Y축 회전, Z축 회전 등 합계 6자유도계로 생각해야 한다.

64 $m\ddot{x} + kx = 0$으로 주어지는 비감쇠 자유진동에서 $\dfrac{k}{m} = 16$이면 주기 T(s)는 얼마인가?

① $\dfrac{\pi}{2}$ ② π
③ $\dfrac{3\pi}{2}$ ④ 2π

해설
- 고유진동수
$f_n = \dfrac{1}{2\pi}\sqrt{\dfrac{k}{m}} = \dfrac{1}{2\pi}\sqrt{16} = \dfrac{2}{\pi}$(Hz)
- 주기
$T = \dfrac{1}{f_n} = \dfrac{1}{\left(\dfrac{2}{\pi}\right)} = \dfrac{\pi}{2}$(s)

65 그림과 같은 진동계에서 방진대책의 설계범위로 가장 적합한 것은? (단, f는 강제진동수, f_n은 고유진동수이며, 이때 진동전달률은 12.5% 이하가 된다.)

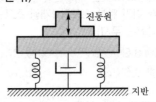

① $f < \dfrac{1}{3}f_n$ ② $1.4f_n < f < 3f_n$
③ $f_n < f < 1.4f_n$ ④ $3f_n < f$

해설

진동전달률 $T = \dfrac{1}{\eta^2 - 1}$ 에서

$0.125 = \dfrac{1}{\eta^2 - 1}$, $\therefore \eta = 3$

또한 $\eta = \dfrac{f}{f_n}$ 에서 $3 = \dfrac{f}{f_n}$

$\therefore 3f_n = f$ 이므로 진동전달률은 12.5% 이하가 되기 위한 설계범위는 $3f_n < f$ 이다.

---

66 중량 $W = 15.5\,\text{N}$, 점성 감쇠계수 $C_e = 0.055$ $\text{N} \cdot \text{s/cm}$, 스프링정수 $k = 0.468\,\text{N/cm}$일 때, 이 계의 감쇠비는?

① 0.21   ② 0.24
③ 0.32   ④ 0.39

해설

감쇠비 $\xi = \dfrac{C_e}{2 \times \sqrt{k \times m}}$

$= \dfrac{0.055}{2 \times \sqrt{0.468 \times \left(\dfrac{15.5}{980}\right)}} = 0.32$

---

67 스프링과 질량으로 구성된 진동계에서 스프링의 정적 처짐이 2cm라면 이 계의 주기(s)는?

① 0.14   ② 0.28
③ 0.36   ④ 0.52

해설

고유진동수 $f_n = 4.98\sqrt{\dfrac{1}{\delta_{st}}}$

$= 4.98 \times \sqrt{\dfrac{1}{2}} = 3.52\,\text{Hz}$

$\therefore$ 주기 $T = \dfrac{1}{f_n} = \dfrac{1}{3.52} = 0.28\text{s}$

---

68 무게가 70N인 냉장고 유닛이 600rpm으로 작동하고 있다. 이때 4개의 같은 스프링으로 병렬로 냉장고 유닛을 지지한다면 전달률이 10%가 되게 하기 위한 스프링 1개당 스프링정수는? (단, 감쇠는 무시)

① 3.2N/cm   ② 6.4N/cm
③ 9.6N/cm   ④ 12.8N/cm

해설

강제진동수 $f = \dfrac{\text{rpm}}{60} = \dfrac{600}{60} = 10\,\text{Hz}$

진동전달률 $T = \dfrac{1}{\eta^2 - 1}$ 에서 $0.1 = \dfrac{1}{\eta^2 - 1}$

$\therefore \eta = 3.32$

$\eta = \dfrac{f}{f_n}$ 에서 $3.32 = \dfrac{10}{f_n}$

$\therefore$ 고유진동수 $f_n = 3.01\,\text{Hz}$

$f_n = \dfrac{1}{2\pi}\sqrt{\dfrac{k \times g}{W}}$ 에서

$3.01 = \dfrac{1}{2\pi}\sqrt{\dfrac{4\,k \times 980}{70}}$

$\therefore k = 6.4\,\text{N/cm}$

---

69 부족감쇠(under damping)가 되도록 감쇠재료를 선택했을 때 그 진동계의 감쇠비(ξ)는 다음 중 어느 경우의 값을 갖는가?

① $\xi = 0$ ② $\xi = 1$
③ $\xi > 1$ ④ $0 < \xi < 1$

해설 부족감쇠는 진동계의 감쇠비가 $0 < \xi < 1$인 조건일 때이다.

---

70 전기모터가 기계장치를 구동시키고 계는 고무깔개 위에 설치되어 있으며, 고무깔개는 0.4cm의 정적 처짐을 나타내고 있다. 고무깔개의 감쇠비(ξ)는 0.22, 진동수비(η)는 3.3이라면 기초에 대한 힘의 전달률은?

① 0.11   ② 0.14
③ 0.18   ④ 0.24

해설

전달률 $T = \dfrac{\sqrt{1 + (2\xi\eta)^2}}{\sqrt{(1-\eta^2)^2 + (2\xi\eta)^2}}$

$= \dfrac{\sqrt{1 + (2 \times 0.22 \times 3.3)^2}}{\sqrt{(1-3.3^2)^2 + (2 \times 0.22 \times 3.3)^2}}$

$= 0.18$

---

71 송풍기가 1,200rpm으로 운전되고 있고, 중심 회전축에서 30cm 떨어진 곳에 40g의 질량이 더해져 진동을 유발하고 있다. 이때 이 송풍기의 정적 불평형 가진력은?

① 약 14N   ② 약 115N
③ 약 190N   ④ 약 270N

해설 회전 및 왕복운동에 의한 불평형력은 회전운동에 의해서 발생하는 관성력이므로

$F = m r \omega^2 = m r (2\pi f)^2$

$= 0.04 \times 0.3 \times \left(2 \times 3.14 \times \dfrac{1,200}{60}\right)^2$

$= 189.3\,\text{N}$

72 진동방지대책 중 발생원 대책으로 거리가 먼 것은 어느 것인가?

① 동적 흡진
② 가진력 감쇠
③ 탄성지지
④ 수진점 근방에 방진구를 판다.

[해설] 방진대책
㉠ 발생원 대책
  • 가진력 감쇠
  • 불평형력의 균형
  • 기초중량의 부가 및 경감
  • 탄성지지
  • 동적 흡진
㉡ 전파경로 대책
  • 진동원에서 위치를 멀리 하여 거리감쇠를 크게 함
  • 수진점 부근에 방진구(防振溝)를 설치
㉢ 수진측 대책
  • 수진측의 탄성지지
  • 수진측의 강성(剛性) 변경

73 감쇠가 없는 계에서 진폭이 이상할 정도로 크게 나타날 때의 원인은?

① 고유진동수와 강제진동수 간에 아무런 관계가 없다.
② 고유진동수가 강제진동수보다 현저하게 작다.
③ 고유진동수가 강제진동수보다 현저하게 크다.
④ 고유진동수와 강제진동수가 일치되어 있다.

[해설] 진폭이 이상할 정도로 크게 나타날 때의 원인은 공진상태로 진동수비 $\eta = \dfrac{f}{f_n} = 1$일 때이다.

74 계수 여진진동(운전속도의 2배 성분으로 가진하는 경우)에 관한 설명으로 옳지 않은 것은?

① 대표적인 예는 그네로서, 그네가 1행정하는 동안 사람 몸의 자세는 2행정을 하게 된다.
② 가진력의 기초주파수와 계의 고유진동수가 거의 같을 때 공진하는 현상이다.

③ 근본적인 대책은 질량 및 스프링 특성의 시간적 변동을 없애는 것이다.
④ 회전하는 편평축의 진동, 왕복운동 기계의 크랭크축 계의 진동도 계수 여진진동에 속한다.

[해설] 가진력의 주파수가 계의 고유진동수(계수 여진진동수)의 2배로 될 때 크게 진동(공진)하는 특징이 있다.

75 회전기계의 진동을 억제하기 위한 대책으로 가장 거리가 먼 것은?

① 위험속도의 회피운전
② 회전축의 정렬각 조정
③ 베어링 강성의 최적화
④ 불평형력을 증대시켜 회전진동을 감쇠

[해설] 회전기계의 진동을 억제하기 위해서는 불평형력을 감소시켜야 한다.

76 그림과 같은 무시할 수 없는 스프링 질량이 있는 스프링-질량계에서 고유진동수는 얼마인가? (단, $k = 48{,}000$N/m, $m = 3$kg, $M = 119$kg)

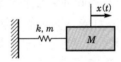

① 2.14Hz   ② 3.18Hz
③ 5.20Hz   ④ 9.28Hz

[해설] 스프링 질량이 있는 스프링-질량계에서 스프링 질량(m)의 영향은 주질량(M)에 $\dfrac{1}{3}$을 더하여 반영시킬 수 있다.

$$f_n = \frac{1}{2\pi} \sqrt{\frac{k}{M + \frac{1}{3}m}} = \frac{1}{2 \times 3.14} \times \sqrt{\frac{48{,}000}{119 + \frac{1}{3} \times 3}}$$

$$= 3.18 \text{ Hz}$$

77 중량 1,000N인 기계를 탄성지지 시켜 32dB의 방진효과를 얻기 위한 진동전달률은?

① 0.025   ② 0.05
③ 0.1   ④ 0.2

[해설] 차진레벨(방진효과)
$$\Delta V = 20 \log \frac{1}{T} \text{에서 } 32 = 20 \log \frac{1}{T}$$
$$\therefore \ T = 0.025$$

78 다음 선택기준을 가진 방진재로 가장 적합한 것은?

> - 고유진동수 : 5 ~ 10Hz
> - 감쇠성능 : 있음
> - 사용 온도범위 : -30 ~ 120℃
> - 고주파 차진성 : 양호함

① 코일형 금속스프링
② 방진고무
③ 고무스프링
④ 중판형 금속스프링

[해설] **방진고무의 장점**
- 형상의 선택이 비교적 자유롭고, 압축·전단 등의 사용 방법에 따라 1개로 2축방향, 회전방향의 스프링정수를 광범위하게 선택할 수 있다.
- 고무 자체의 내부마찰에 의해 저항을 얻을 수 있어 고주파 진동의 차진에 양호하다.
- 일반적인 적용 고유진동수는 4 ~ 200Hz 정도이다.
- 사용 온도범위는 보통 -30 ~ 50℃이다.

79 다음 기계류 중 레이노씨 현상(Raynaud's phenomenon)이 가장 쉽게 일어나는 것은?

① 단조기 등 열간에서 사용하는 기계
② 선반 등 중절삭 가공기계
③ 버스 등 고속운동기계
④ 착암기 등 압축공기를 이용한 기계

[해설] 착암기, 자동톱, 공기해머, 전동연마기 등의 진동공구 작업자의 대표적인 직업병인 레이노증후군(레이노씨 현상, 진동신경염)은 추위·심리적 스트레스 환경에 노출될 경우 손가락·발가락 말초혈관이 과도하게 수축되어 피가 잘 흐르지 않는 허혈증상이 일어나고 손가락·발가락 끝이 하얗게 변하는 증상이다.

80 기계에서 발생하는 불평형력은 회전 및 왕복운동에 의한 관성력과 모멘트에 의해 발생한다. 회전운동에 의해서 발생되는 원심력 F의 공식으로 옳은 것은? (단, 불평형 진량은 m, 불평형 질량의 운동반경은 r, 각진동수는 ω이다.)

① $F = m\,r^2\,\omega$
② $F = m\,r\,\omega$
③ $F = m^2\,r\,\omega$
④ $F = m\,r\,\omega^2$

[해설] **회전운동에 의해서 발생하는 원심력**
$$F = m\,\omega^2 = m\,r\,(2\,\pi\,f)^2$$

제5과목 **소음·진동 관계 법규**

81 소음·진동관리법령상 제작차 소음허용기준에서 자동차에서 측정해야 할 소음 종류로 거리가 먼 것은?

① 공력소음
② 가속주행소음
③ 배기소음
④ 경적소음

[해설] **시행령 제4조(제작차 소음허용기준)** 제작차 소음허용기준은 다음의 자동차의 소음 종류별로 소음배출 특성을 고려하여 정하되, 소음 종류별 허용기준치는 관계 중앙행정기관의 장의 의견을 들어 환경부령으로 정한다.
1. 가속주행소음
2. 배기소음
3. 경적소음

82 소음·진동관리법규상 시·도지사 등이 배출허용기준 초과와 관련하여 개선명령을 하였으나 천재지변 등 기타 부득이한 사정이 있어 개선기간 내에 조치를 끝내지 못한 자에 대해 신청에 의해 그 기간을 연장할 수 있는 범위기준은?

① 3개월의 범위
② 6개월의 범위
③ 9개월의 범위
④ 12개월의 범위

[해설] **시행규칙 제15조(개선기간)**
특별자치시장·특별자치도지사 또는 시장·군수·구청장은 천재지변이나 그 밖의 부득이하다고 인정되는 사유로 개선명령기간 내에 명령받은 조치를 끝내지 못한 자에 대하여는 신청에 의하여 6개월의 범위에서 그 기간을 연장할 수 있다.

83 소음·진동관리법령상 배출시설의 설치신고 또는 설치허가 대상에서 제외되는 지역에 해당하지 않는 것은? (단, 시·도지사가 환경부장관의 승인을 받아 지정·고시한 지역은 제외)

① 「산업입지 및 개발에 관한 법률」 규정에 따른 산업단지
② 「국토의 계획 및 이용에 관한 법률」 시행령에 따른 관리지역
③ 「자유무역지역의 지정 및 운영에 관한 법률」 규정에 따라 지정된 자유무역지역
④ 「국토의 계획 및 이용에 관한 법률」 시행령 규정에 따라 지정된 전용공업지역

78.② 79.④ 80.④ 81.① 82.② 83.②

해설 시행규칙 제20조(생활소음·진동의 규제)
"환경부령으로 정하는 지역"이란 다음의 지역을 말한다.
1. 「산업입지 및 개발에 관한 법률」에 따른 산업단지. 다만, 산업단지 중 「국토의 계획 및 이용에 관한 법률」에 따른 주거지역과 상업지역은 제외한다.
2. 「국토의 계획 및 이용에 관한 법률」 시행령에 따른 전용공업지역
3. 「자유무역지역의 지정 및 운영에 관한 법률」에 따라 지정된 자유무역지역
4. 생활소음·진동이 발생하는 공장·사업장 또는 공사장의 부지경계선으로부터 직선거리 300m 이내에 주택(사람이 살지 아니하는 폐가는 제외한다), 운동·휴양시설 등이 없는 지역

84
다음은 소음·진동관리법규상 공사장 방음시설 설치기준이다. ( ) 안에 알맞은 것은?

> 삽입손실 측정을 위한 측정지점(음원위치, 수음자 위치)은 음원으로부터 (㉮)m 이상 떨어진 노면 위 1.2m 지점으로 하고, 방음벽시설로부터 (㉯)m 이상 떨어져야 하며 동일한 음량과 음원을 사용하는 경우에는 기준 위치의 측정은 생략할 수 있다.

① ㉮ 3, ㉯ 1.5
② ㉮ 3, ㉯ 2
③ ㉮ 5, ㉯ 1.5
④ ㉮ 5, ㉯ 2

해설 시행규칙 [별표 10] 공사장 방음시설 설치기준
참고 삽입손실 측정을 위한 측정지점(음원위치, 수음자 위치)은 음원으로부터 5m 이상 떨어진 노면 위 1.2m 지점으로 하고, 방음벽시설로부터 2m 이상 떨어져야 하며, 동일한 음량과 음원을 사용하는 경우에는 기준 위치(reference position)의 측정은 생략할 수 있다.

85
다음은 소음·진동관리법상 운행차의 개선명령에 관한 사항이다. ( ) 안에 가장 적합한 것은?

> (㉮)은 운행차에 대하여 규정에 따른 수시점검 결과 경음기를 추가로 붙인 경우 등은 환경부령으로 정하는 바에 따라 자동차 소유주에게 개선을 명할 수 있다. 이에 따라 개선명령을 하려는 경우 (㉯)의 범위에서 개선에 필요한 기간에 그 자동차의 사용정지를 함께 명할 수 있다.

① ㉮ 특별시장·광역시장·특별자치시장·특별자치도지사 또는 시장·군수·구청장
   ㉯ 10일 이내
② ㉮ 특별시장·광역시장·특별자치시장·특별자치도지사 또는 시장·군수·구청장
   ㉯ 30일 이내
③ ㉮ 환경부장관, ㉯ 10일 이내
④ ㉮ 환경부장관, ㉯ 30일 이내

해설 법 제38조(운행차의 개선명령)
1. 특별시장·광역시장·특별자치시장·특별자치도지사 또는 시장·군수·구청장은 운행차에 대하여 점검결과 다음의 어느 하나에 해당하는 경우에는 환경부령으로 정하는 바에 따라 자동차 소유자에게 개선을 명할 수 있다.
   ㉠ 운행차의 소음이 운행차 소음허용기준을 초과한 경우
   ㉡ 소음기나 소음덮개를 떼어버린 경우
   ㉢ 경음기를 추가로 붙인 경우
2. 제1항에 따른 개선명령을 하려는 경우 10일 이내의 범위에서 개선에 필요한 기간에 그 자동차의 사용정지를 함께 명할 수 있다.

86
다음은 소음·진동관리법규상 환경기술인을 두어야 할 사업장 및 그 자격기준이다. ( ) 안에 가장 적합한 것은?

> 총동력 합계 ( )인 사업장의 환경기술인 자격기준은 소음·진동기사 2급(소음·진동산업기사) 이상의 기술자격소지자 1명 이상 또는 해당 사업장의 관리책임자로 사업자가 임명하는 자로 한다(단, 총동력 합계는 소음배출시설 중 기계·기구의 동력의 총합계를 말하며, 개수기준 시설 및 기계·기구와 기타 시설 및 기계·기구는 제외한다).

① 1,250kW 이상
② 2,250kW 이상
③ 3,500kW 이상
④ 3,750kW 이상

해설 시행규칙 [별표 7] 환경기술인을 두어야 할 사업장의 범위 및 그 자격기준
총동력 합계 3,750kW 이상인 사업장은 소음·진동기사 2급 이상의 기술자격소지자 1명 이상 또는 해당 사업장의 관리책임자로 사업자가 임명하는 자로 한다.

87 다음은 환경정책기본법상 환경기준 설정에 관한 사항이다. ( ) 안에 가장 적합한 것은?

> 특별시·광역시·특별자치시·도·특별자치도는 해당 지역의 환경적 특수성을 고려하여 필요하다고 인정할 때에는 해당 시·도의 조례로 별도의 ( )을 설정 또는 변경할 수 있고, 이를 설정하거나 변경한 경우에는 지체없이 환경부장관에게 통보하여야 한다.

① 규제기준   ② 지역환경기준
③ 총량기준   ④ 배출허용기준

해설 환경정책기본법 제12조(환경기준의 설정)
1. 국가는 생태계 또는 인간의 건강에 미치는 영향 등을 고려하여 환경기준을 설정하여야 하며, 환경 여건의 변화에 따라 그 적정성이 유지되도록 하여야 한다.
2. 환경기준은 대통령령으로 정한다.
3. 특별시·광역시·특별자치시·도·특별자치도는 해당 지역의 환경적 특수성을 고려하여 필요하다고 인정할 때에는 해당 시·도의 조례로 위 1에 따른 환경기준보다 확대·강화된 별도의 환경기준(지역환경기준)을 설정 또는 변경할 수 있다.
4. 특별시장·광역시장·특별자치시장·도지사·특별자치도지사는 위 3에 따라 지역환경기준을 설정하거나 변경한 경우에는 이를 지체없이 환경부장관에게 통보하여야 한다.

88 소음·진동관리법규상 특정공사의 사전신고 대상 기계·장비의 종류에 해당하지 않는 것은?

① 공기 토출량이 분당 $2.83m^3$ 이상의 이동식 공기압축기
② 휴대용 브레이커
③ 압쇄기
④ 압입식 항타항발기

해설 시행규칙 [별표 9] 특정공사의 사전신고 대상 기계·장비의 종류
1. 항타기·항발기 또는 항타항발기(압입식 항타항발기는 제외한다)
2. 천공기
3. 공기압축기(공기 토출량이 분당 $2.83m^3$ 이상의 이동식인 것으로 한정한다)
4. 브레이커(휴대용을 포함한다)
5. 굴착기   6. 발전기
7. 로더   8. 압쇄기
9. 다짐기계   10. 콘크리트 절단기
11. 콘크리트 펌프

89 소음·진동관리법규상 공장의 배출허용기준에서 관련 시간대에 대한 측정소음 발생시간의 백분율 보정치로 옳지 않은 것은? (단, 관련 시간대는 낮은 8시간, 저녁은 4시간, 밤은 2시간 기준이다.)

① 50% 이상 75% 미만 : +2dB
② 25% 이상 50% 미만 : +5dB
③ 12.5% 이상 25% 미만 : +10dB
④ 12.5% 미만 : +15dB

해설 시행규칙 [별표 5] 공장 소음·진동의 배출허용기준
관련 시간대(낮은 8시간, 저녁은 4시간, 밤은 2시간)에 대한 측정소음 발생시간의 백분율은 다음과 같다.
1. 12.5% 미만인 경우 : +15dB
2. 12.5% 이상 25% 미만인 경우 : +10dB
3. 25% 이상 50% 미만인 경우 : +5dB
4. 50% 이상 75% 미만인 경우 : +3dB

90 소음·진동관리법규상 생활소음·진동이 발생하는 공사로서 환경부령으로 정하는 특정공사를 시행하려는 자가 그 특정공사로 발생하는 소음·진동을 줄이기 위한 저감대책을 수립·시행하지 아니한 경우 과태료 부과기준은?

① 500만원 이하의 과태료를 과한다.
② 300만원 이하의 과태료를 과한다.
③ 200만원 이하의 과태료를 과한다.
④ 100만원 이하의 과태료를 과한다.

해설 법 제60조(과태료)
저감대책을 수립·시행하지 아니한 자는 200만원 이하의 과태료를 부과한다.

91 소음·진동관리법규상 시·도지사가 매년 환경부장관에게 제출하는 연차보고서에 포함되어야 할 내용으로 가장 거리가 먼 것은?

① 소음·진동 발생원 및 소음·진동 현황
② 소음·진동 행정처분실적 및 점검계획
③ 소음·진동 저감대책 추진실적 및 추진계획
④ 소요 재원의 확보계획

해설 시행규칙 제74조(연차보고서의 제출)
1. 연차보고서에 포함될 내용은 다음과 같다.
   ㉠ 소음·진동 발생원(發生源) 및 소음·진동 현황
   ㉡ 소음·진동 저감대책 추진실적 및 추진계획
   ㉢ 소요 재원의 확보계획
2. 보고기한은 다음 연도 1월 31일까지로 하고, 보고 서식은 환경부장관이 정한다.

87.② 88.④ 89.① 90.③ 91.②

92 소음 · 진동관리법규상 운행차 사용정지 표지에 관한 사항으로 옳은 것은?

① 자동차의 전면유리창 오른쪽 하단에 붙인다.
② 바탕색은 검은색으로, 문자는 노란색으로 한다.
③ 사용정지 자동차를 사용정지기간 중에 사용하는 경우 1년 이하의 징역 또는 1천만 원 이하의 벌금에 처한다.
④ 사용정지기간 중 주차장소도 기재되어야 한다.

해설 **시행규칙 [별표 17] 사용정지 표지**

```
                사 용 정 지

자동차등록번호 :
점검당시 누적주행거리 :      km
사용정지기간 :   년 월 일부터 년 월 일까지
사용정지기간 중 주차장소 :


위의 자동차는 「소음 · 진동관리법」 제38조 제2항에
따라 사용정지를 명함

                                        [인]
```

1. 바탕색은 노란색으로, 문자는 검은색으로 한다.
2. 이 표는 자동차의 전면유리창 오른쪽 상단에 붙인다.

93 소음 · 진동관리법규상 생활소음 · 진동과 관련하여 환경부령으로 정하는 특정공사의 사전신고를 한 자가 환경부령으로 정하는 중요한 사항을 변경하려면 시장 등에게 변경신고를 하여야 하는데, 이 "환경부령으로 정하는 중요한 사항"에 해당하지 않는 것은?

① 특정공사기간의 연장
② 특정공사 사전신고 대상 기계 · 장비의 10% 이상의 증가
③ 방음 · 방진시설의 설치명세 변경
④ 공사 규모의 10% 이상 확대

해설 **시행규칙 제21조(특정공사의 사전신고 등)**
"환경부령으로 정하는 중요한 사항"이란 다음과 같다.
1. 특정공사 사전신고 대상 기계 · 장비의 30% 이상의 증가
2. 특정공사기간의 연장
3. 방음 · 방진시설의 설치명세 변경
4. 소음 · 진동 저감대책의 변경
5. 공사 규모의 10% 이상 확대

94 소음 · 진동관리법규상 측정망 설치계획에 포함되어야 하는 고시사항으로 가장 거리가 먼 것은?

① 측정망의 설치시기
② 측정항목 및 기준
③ 측정망의 배치도
④ 측정장소를 설치할 토지나 건축물의 위치 및 면적

해설 **시행규칙 제7조(측정망 설치계획의 고시)**
환경부장관, 시 · 도지사가 고시하는 측정망 설치계획에는 다음의 사항이 포함되어야 한다.
1. 측정망의 설치시기
2. 측정망의 배치도
3. 측정소를 설치할 토지나 건축물의 위치 및 면적

95 환경정책기본법령상 관리지역 중 보전관리지역의 밤시간대의 소음환경기준은? (단, 일반지역)

① $40 L_{eq}$ dB(A)
② $45 L_{eq}$ dB(A)
③ $50 L_{eq}$ dB(A)
④ $55 L_{eq}$ dB(A)

해설 **환경정책기본법 시행령 [별표 1] 환경기준**
보전관리지역의 밤시간대 환경기준은 $40 L_{eq}$ dB(A)이다.

96 소음 · 진동관리법규상 배출시설 및 방지시설 등과 관련된 행정처분기준 중 환경기술인을 임명해야 함에도 불구하고 임명하지 아니한 경우 1차 행정처분기준은?

① 허가취소
② 조업정지 5일
③ 환경기술인 선임명령
④ 경고

해설 **시행규칙 [별표 21] 행정처분기준 중 개별기준**
배출시설 및 방지시설 등과 관련된 행정처분기준

위반행위	근거 법령	행정처분기준			
		1차	2차	3차	4차
법 제19조에 따른 환경기술인을 임명하지 아니한 경우	법 제17조	환경기술인 선임명령	경고	조업정지 5일	조업정지 10일

97 소음·진동관리법규상 배출시설의 설치허가를 받지 아니하고 배출시설을 설치한 자에 대한 법칙기준으로 옳은 것은?

① 1년 이하의 징역 또는 1천만원 이하의 벌금
② 2년 이하의 징역 또는 2천만원 이하의 벌금
③ 3년 이하의 징역 또는 3천만원 이하의 벌금
④ 5년 이하의 징역 또는 5천만원 이하의 벌금

해설 법 제57조(벌칙)
허가를 받지 아니하고 배출시설을 설치하거나 그 배출시설을 이용해 조업한 자는 1년 이하의 징역 또는 1천만원 이하의 벌금에 처한다.

98 소음·진동관리법규상 진동배출시설(동력을 사용하는 시설 및 기계·기구로 한정한다) 기준으로 옳지 않은 것은?

① 15kW 이상의 프레스(유압식은 제외한다)
② 15kW 이상의 단조기
③ 22.5kW 이상의 목재가공기계
④ 37.5kW 이상의 연탄제조용 윤전기

해설 시행규칙 [별표 1] 진동배출시설(동력을 사용하는 시설 및 기계·기구로 한정한다)
1. 15kW 이상의 프레스(유압식은 제외한다)
2. 22.5kW 이상의 분쇄기(파쇄기와 마쇄기를 포함한다)
3. 22.5kW 이상의 단조기
4. 22.5kW 이상의 도정시설(「국토의 계획 및 이용에 관한 법률」에 따른 주거지역·상업지역 및 녹지지역에 있는 시설로 한정한다)
5. 22.5kW 이상의 목재가공기계
6. 37.5kW 이상의 성형기(압출·사출을 포함한다)
7. 37.5kW 이상의 연탄제조용 윤전기
8. 4대 이상 시멘트 벽돌 및 블록의 제조기계

99 소음·진동관리법규상 배출시설 설치 시 허가를 받아야 하는 지역기준으로 옳은 것은?

① 「의료법」 규정에 의한 종합병원의 부지경계선으로부터 직선거리 100m 이내의 지역
② 「도서관법」 규정에 의한 공공도서관의 부지경계선으로부터 직선거리 150m 이내의 지역
③ 「고등교육법」 규정에 의한 학교의 부지경계선으로부터 직선거리 150m 이내의 지역
④ 「주택법」 규정에 의한 공동주택의 부지경계선으로부터 직선거리 50m 이내의 지역

해설 시행령 제2조(배출시설의 설치허가 등)
"학교 또는 종합병원의 주변 등 대통령령으로 정하는 지역"이란 다음의 어느 하나에 해당하는 지역을 말한다.
1. 「의료법」에 따른 종합병원의 부지경계선으로부터 직선거리 50m 이내의 지역
2. 「도서관법」에 따른 공공도서관의 부지경계선으로부터 직선거리 50m 이내의 지역
3. 「초·중등교육법」 및 「고등교육법」에 따른 학교의 부지경계선으로부터 직선거리 50m 이내의 지역
4. 「주택법」에 따른 공동주택의 부지경계선으로부터 직선거리 50m 이내의 지역
5. 「국토의 계획 및 이용에 관한 법률」에 따른 주거지역 또는 제2종 지구단위계획구역(주거형만을 말한다)
6. 「의료법」에 따른 요양병원 중 100개 이상의 병상을 갖춘 노인을 대상으로 하는 요양병원의 부지경계선으로부터 직선거리 50m 이내의 지역
7. 「영유아보육법」에 따른 어린이집 중 입소규모 100명 이상인 어린이집의 부지경계선으로부터 직선거리 50m 이내의 지역

100 소음·진동관리법규상 운행차 정기검사의 방법·기준으로 옳지 않은 것은?

① 경음기는 눈으로 확인하거나 3초 이상 작동시켜 경음기를 추가로 부착하였는지를 귀로 확인한다.
② 배기소음 측정은 자동차의 변속장치를 중립위치로 하고 정지가동상태에서 원동기의 최고출력 시의 75% 회전속도로 4초 동안 운전하여 최대소음도를 측정한다.
③ 경적소음은 자동차의 원동기를 가동시키지 아니한 정차상태에서 자동차의 경음기를 3초 동안 작동시켜 최대소음도를 측정한다.
④ 측정치의 산출 시 소음 측정은 자동기록장치를 사용하는 것을 원칙으로 하고 배기소음의 경우 2회 이상 실시하여 측정치의 차이가 2dB을 초과하는 경우에는 측정치를 무효로 하고 다시 측정한다.

해설 시행규칙 [별표 15] 운행차 정기검사의 방법·기준 및 대상 항목
검사기준 중 경적소음 측정 : 자동차의 원동기를 가동시키지 아니한 정차상태에서 자동차의 경음기를 5초 동안 작동시켜 최대소음도를 측정한다.

제1과목 **소음·진동 개론**

01 다음은 공해진동의 신체적 영향이다. ( ) 안에 가장 적합한 것은?

(㉮) 부근에서 심한 공진현상을 보이며 가해 진 진동보다 크게 느껴지고, 2차적으로 (㉯) 부근에서 공진현상이 나타나지만 진동수가 증 가함에 따라 감쇠가 급격하게 증가한다.

① ㉮ 1 ~ 2Hz, ㉯ 10 ~ 20Hz
② ㉮ 3 ~ 6Hz, ㉯ 10 ~ 20Hz
③ ㉮ 1 ~ 2Hz, ㉯ 20 ~ 30Hz
④ ㉮ 3 ~ 6Hz, ㉯ 20 ~ 30Hz

해설 진동의 신체적 영향은 3 ~ 6Hz 부근에서 심한 공진현상을 보이며 가해진 진동보다 크게 느껴지고, 2차적으로 20 ~ 30Hz 부근에서 공진현상이 나타나지만 진동수가 증가함에 따라 감쇠가 급격하게 증가한다. 이러한 공진현상은 앉아 있을 때가 서 있을 때보다 심하게 나타난다.

02 낮시간 동안의 매시간 등가소음도가 68dB(A), 밤시간 동안의 매시간 등가소음도가 55dB(A)라 할 때 주·야간 평균소음도(L_{dn})는? (단, 밤시간은 9시간)

① 60dB(A)
② 62dB(A)
③ 64dB(A)
④ 67dB(A)

해설 **주야 평균소음레벨**(day - night average sound level, L_{dn})
항공기소음 측정 시 하루의 매시간당 등가소음도를 측정한 후 야간(22:00 ~ 07:00)의 매시간 측정치에 10dB의 벌칙레벨을 합산한 후 파워평균(dB합 계산)한 레벨이다.

$$L_{dn} = 10 \log\left[\frac{1}{24}\left(15 \times 10^{\frac{L_d}{10}} + 9 \times 10^{\frac{L_n + 10}{10}}\right)\right]$$
$$= 10 \log\left[\frac{1}{24}\left(15 \times 10^{6.8} + 10^{6.5}\right)\right]$$
$$= 67\text{dB}(\text{A})$$

03 점음원인 경우, 거리가 2배 멀어질 때마다 소음 감쇠치에 대한 일반적인 설명으로 옳은 것은?

① 음압레벨이 3dB씩 감쇠된다.
② 음압레벨이 4dB씩 감쇠된다.
③ 음압레벨이 6dB씩 감쇠된다.
④ 음압레벨이 9dB씩 감쇠된다.

해설 점음원의 거리감쇠는 '배거리 6dB법칙'에 의해 6dB 작아진다.

04 진동수 16Hz, 진동의 속도진폭이 0.0002m/s인 정현진동의 가속도진폭(m/s²) 및 가속도레벨(dB)은? (단, 가속도 실효치 기준 10^{-5}m/s²)

① 0.01m/s², 57dB
② 0.02m/s², 63dB
③ 0.03m/s², 67dB
④ 0.04m/s², 63dB

해설 속도진폭 $V_m = x_o \omega = 0.0002\,\text{m/s}$
가속도진폭 $A_m = x_o \omega^2 = x_o \omega \times 2\pi f$
$$= 0.0002 \times 2 \times 3.14 \times 16$$
$$= 0.02\,\text{m/s}^2$$
가속도진폭 실효치 $= \dfrac{A_m}{\sqrt{2}} = \dfrac{0.02}{\sqrt{2}} = 0.01414\,\text{m/s}^2$
$\therefore \text{VAL} = 20 \log \dfrac{0.01414}{10^{-5}} = 63\text{dB}$

05 PWL 80dB인 기계 10대를 동시에 가동하면 몇 dB의 PWL을 갖는 기계 1대를 가동시키는 것과 같은가?

① 86dB
② 90dB
③ 93dB
④ 95dB

해설 음향파워레벨의 합
$$L = 10 \log\left(n \times 10^{\frac{L_1}{10}}\right)$$
$$= 10 \log\left(10 \times 10^8\right) = 90\text{dB}$$

06 소음 용어에 관한 설명 중 옳지 않은 것은?

① WECPNL – 항공기소음의 평가레벨

② SPL – 음압레벨

③ phon – 음의 크기레벨

④ sone – 음의 세기레벨

해설 • 손(sone) : 음의 크기(loudness)를 나타낸다. 1,000Hz 순음의 세기레벨 40dB을 1sone, 즉, 1,000Hz 순음 40 폰(phon)을 1sone으로 정의하며, 표시기호는 S, 단위는 sone이다.

$$S = 2^{\frac{(L_L - 40)}{10}} \text{ sone}$$

$$L_L = 33.3 \log S + 40 \text{ phon}$$

• 폰(phon) : 음의 크기레벨(loudness level, L_L)의 단위로 1,000Hz 순음의 세기레벨은 phon값과 같다.

07 바닥면적이 500m²이고 천장높이가 3.2m인 교실이 있다. 이 교실 바닥면적이 받는 공기압력의 크기는? (단, 공기밀도 1.25kg/m³)

① 31.24Pa ② 39.20Pa

③ 49.00Pa ④ 61.25Pa

해설 교실 바닥면적이 받는 공기압력(P)은 실내공간이므로 $P_o = 0$이다.

$$\therefore P = \rho \times g \times h$$
$$= 1.25 \text{ kg/m}^3 \times 9.8 \text{ m/s}^2 \times 3.2 \text{ m}$$
$$= 39.2 \text{ kg/m} \cdot \text{s}^2 = 39.2 \text{ N/m}^2$$
$$= 39.2 \text{ Pa}$$

$(1 \text{ N/m}^2 = 1 \text{ kg/m} \cdot \text{s}^2 = 1 \text{ Pa})$

08 사람의 청각기관 중 중이에 관한 설명으로 옳지 않은 것은?

① 음의 전달매질은 기체이다.

② 망치뼈, 모루뼈, 등자뼈라는 3개의 뼈를 담고 있는 고실과 유스타키오관으로 이루어진다.

③ 고실의 넓이는 약 $1 \sim 2\text{cm}^2$ 정도이다.

④ 이소골은 진동음압을 20배 정도 증폭하는 임피던스 변환기 역할을 한다.

해설 중이의 전달매질은 고체(이소골–뼈)이다.

09 음의 세기(강도)에 관한 설명으로 틀린 것은?

① 음의 세기는 입자속도에 비례한다.

② 음의 세기는 음압의 제곱에 비례한다.

③ 음의 세기는 음향임피던스에 반비례한다.

④ 음의 세기는 전파속도의 제곱에 반비례한다.

해설 • 음의 세기 : $I = \dfrac{P^2}{\rho \times c}$ (W/m²)

여기서, P : 음압
ρ : 매질의 밀도(kg/m³)
c : 음속(m/s)

• 입자속도 : 시간에 대한 입자 변위의 미분값 $v = \dfrac{P}{\rho \times c}$

10 고유음향임피던스가 각각 Z_1, Z_2인 두 매질의 경계면에 수직으로 입사하는 음파의 투과율은?

① $\dfrac{(Z_1 - Z_2)^2}{(Z_1 + Z_2)^2}$

② $\dfrac{(Z_1 + Z_2)^2}{(Z_1 - Z_2)^2}$

③ $\dfrac{4(Z_1 \times Z_2)}{(Z_1 + Z_2)^2}$

④ $\dfrac{(Z_1 + Z_2)^2}{4(Z_1 \times Z_2)}$

해설 **고유음향임피던스(specific acoustic impedance)**
주어진 매질에서 입자속도(v)에 대한 음압(P)의 비이다.
즉, $Z = \rho c = \dfrac{P}{v}$

표시기호는 Z, 단위는 rayls(kg/m² · s)이다.

• 반사율 $\alpha_r = \dfrac{\text{반사음 세기}}{\text{입사음 세기}} = \dfrac{I_r}{I_i} = \left(\dfrac{Z_2 - Z_1}{Z_2 + Z_1}\right)^2$

• 투과율 $\tau = \dfrac{\text{투과음의 세기}}{\text{입사음의 세기}} = \dfrac{I_t}{I_i} = \dfrac{4(Z_2 \times Z_1)}{(Z_2 + Z_1)^2}$

• 흡음률 $\alpha = \dfrac{\text{입사음 세기} - \text{반사음 세기}}{\text{입사음 세기}}$
$= \dfrac{I_i - I_r}{I_i} = 1 - \alpha_r = \dfrac{4(Z_2 \times Z_1)}{(Z_2 + Z_1)^2}$

흡음률은 투과율과 같다.

11 중심주파수가 2,500Hz일 때 $\dfrac{1}{3}$ 옥타브 밴드 분석기의 밴드폭은?

① 1,865Hz ② 1,768Hz

③ 775Hz ④ 580Hz

해설 $\frac{1}{3}$ 옥타브 밴드 분석기의 밴드폭

$bw = 0.232 \times f_c = 0.232 \times 2,500 = 580Hz$

12 음압실효치가 $8 \times 10^{-1} N/m^2$인 평면파의 음세기는 W/m^{2}인가? (단, 공기온도 15℃, 공기밀도 1.2kg/m^3)

① 1.6×10^{-3} ② 2.3×10^{-2}
③ 4.7×10^{-3} ④ 8.0×10^{-2}

해설 음압레벨

$SPL = 20 \log \dfrac{P}{2 \times 10^{-5}} = 20 \log \dfrac{8 \times 10^{-1}}{2 \times 10^{-5}}$

$\qquad = 92dB$

$SPL = SIL = 10 \log \dfrac{I}{10^{-12}}$ 에서

$92 = 10 \log \dfrac{I}{10^{-12}}$

$\therefore I = 10^{9.2} \times 10^{-12} = 1.6 \times 10^{-3} W/m^2$

13 명료도 산출식에 관한 설명 중 옳지 않은 것은?

> 명료도 $= 96 \times (K_e \cdot K_r \cdot K_n)$
> 여기서, K_e : 음의 세기에 의한 명료도의 저하율
> $\quad\quad K_r$: 잔향시간에 의한 명료도의 저하율
> $\quad\quad K_n$: 소음에 의한 명료도의 저하율

① 음의 세기에 의한 명료도는 음압레벨이 40dB에서 가장 잘 들리고 40dB 이상에서는 급격히 저하된다.
② 잔향시간이 길면 언어의 명료도가 저하된다.
③ 상수 96은 완전한 실내환경에서 96%가 최대명료도임을 뜻하는 값이다.
④ 소음에 의한 명료도는 음압레벨과 소음레벨의 차이가 0dB일 때 K_n값은 0.67이며, 이 K_n은 두 음의 차이가 커짐에 따라 증가한다.

해설 명료도(articulation)
음압레벨이 70 ~ 80dB에서 가장 잘 들리고, 40dB 이하에서는 급격히 저하된다.

14 항공기소음을 소음계의 D특성으로 측정한 값이 97dB(D)이다. 감각소음도(Perceived Noise Level)는 대략 몇 PN-dB인가?

① 104   ② 116
③ 132   ④ 154

해설 감각소음레벨(Perceived Noise Level, PNL)
$PNL ≒ dB(D) + 7 = 97 + 7 = 104(PN - dB)$

15 출력 15W의 작은 점음원이 단단하고 평탄한 지면 위에 있는 경우, 음원으로부터 10m 떨어진 지점에서의 음의 세기는?

① $0.012W/m^2$ ② $0.025W/m^2$
③ $0.0239W/m^2$ ④ $0.477W/m^2$

해설 먼저 음압레벨과 음의 세기레벨은 같은 값인 것과 평탄한 지면에 있을 때는 반자유공간임을 알아야 한다.

음향파워레벨 $PWL = 10 \log \dfrac{15}{10^{-12}} = 132\,dB$

$SPL = SIL = PWL - 20 \log r - 8$에서
$SIL = 132 - 20 \log 10 - 8 = 104\,dB$

$\therefore 104 = 10 \log \dfrac{I}{10^{-12}}$

$\quad I = 10^{10.4} \times 10^{-12} = 0.025\,W/m^2$

16 공해진동 크기의 표현으로 옳은 것은? (단, VAL : 진동가속도레벨, VL : 진동레벨, W_n : 주파수 대역별 인체감각에 대한 보정치)

① $VL = VAL \times W_n$ ② $VAL = VL \times W_n$
③ $VL = VAL + W_n$ ④ $W_n = VAL + VL$

해설 진동레벨(VL), 진동가속도레벨(VAL), 주파수 대역별 인체감각에 대한 보정치(W_n)의 관계식
$VL = VAL + W_n (dB(V))$

17 무지향성 점음원이 반자유공간에 있을 때 음압레벨(SPL) 산출식으로 옳은 것은? (단, PWL은 음향파워레벨, r은 거리)

① $SPL = PWL - 10 \log r - 5 (dB)$
② $SPL = PWL - 10 \log r - 8 (dB)$
③ $SPL = PWL - 20 \log r - 11 (dB)$
④ $SPL = PWL - 20 \log r - 8 (dB)$

해설 ① 무지향성 선음원이 반자유공간에 있을 경우의 음압레벨 산출식 : $SPL = PWL - 10 \log r - 5(dB)$
② 무지향성 선음원이 자유 공간에 있을 경우의 음압레벨 산출식 : $SPL = PWL - 10 \log r - 8(dB)$
③ 무지향성 점음원이 자유 공간에 있을 경우의 음압레벨 산출식 : $SPL = PWL - 20 \log r - 11(dB)$

18 다음은 인체의 청각기관에 관한 설명이다. ( ) 안에 알맞은 것은?

> 소리는 난원창이라고 하는 막에 의해 내이의 달팽이관 내의 (㉮)에 전달되며, 이 달팽이관 길이는 약 (㉯) 정도이고 내부에 기저막이 있다.

① ㉮ 기체, ㉯ 33mm
② ㉮ 기체, ㉯ 66mm
③ ㉮ 액체, ㉯ 33mm
④ ㉮ 액체, ㉯ 66mm

해설 소리는 난원창이라고 하는 막에 의해 내이의 달팽이관 내의 액체(림프액)에 전달되며, 이 달팽이관 길이는 약 33mm 정도이고, 내부에는 기저막이 있다.

19 53phon과 같은 크기를 갖는 음은 몇 sone인가?

① 0.65
② 0.94
③ 1.52
④ 2.46

해설 $S = 2^{\frac{(L_L - 40)}{10}} = 2^{1.3} = 2.46 \, sone$

20 진동감각에 관한 설명 중 옳지 않은 것은?

① 사람이 느끼는 최소진동역치는 $55 \pm 5dB$ 정도이다.
② 수직방향과 수평방향에 따라 진동의 느낌이 차이가 난다.
③ 진동수가 증가함에 따라 감쇠가 급격히 줄어들어 공진현상이 심화된다.
④ 공진현상은 앉아 있을 때가 서 있을 때보다 심하게 나타난다.

해설 진동수가 증가함에 따라 감쇠가 급격히 증가하여 공진현상이 심화된다.

제2과목　**소음 방지기술**

21 음압레벨 130dB의 음파가 면적 $6m^2$의 창을 통과할 때 음파의 에너지는 몇 W인가?

① 0.6W
② 6W
③ 60W
④ 600W

해설 $SPL = SIL = 10 \log \dfrac{I}{10^{-12}}$ 에서

$130 = 10 \log \dfrac{I}{10^{-12}}$

$\therefore I = 10^{13} \times 10^{-12} = 10 \, W/m^2$
$W = I \times S = 10 \times 6 = 60 \, W$

22 흡음에 관한 설명으로 옳지 않은 것은?

① glass wool, rock wool 등은 고음역에서 흡음성이 좋다.
② 판진동 흡음은 대개 $1,000 \sim 2,000Hz$ 부근에서 최대흡음률 $0.7 \sim 0.8$을 지니며, 판이 두껍거나 배후공기층이 클수록 고음역으로 이동한다.
③ 유공(有孔) 보드의 경우 배후에 공기층을 두어 시공하면 공기층이 상당히 두꺼운 경우를 제외하고 일반적으로는 어느 주파수 영역을 중심으로 한 산형(山形)의 흡음특성을 보인다.
④ 다공질형 흡음재는 음에너지를 운동에너지로 바꾸어 열에너지로 전환한다.

해설 판진동 흡음은 대개 $80 \sim 300Hz$ 부근에서 최대흡음률 $0.2 \sim 0.5$를 지니며, 판이 두껍거나 배후공기층이 클수록 저음역으로 이동한다.

23 길이가 40m, 폭 20m, 높이 4m인 주차장이 있다. 이 주차장 내에서의 잔향시간이 2.0초일 때 잔향시간 측정법에 의한 이 주차장의 평균흡음률은 약 얼마인가?

① 0.03
② 0.08
③ 0.12
④ 0.19

해설 주차장의 전체 표면적
$S = 40 \times 20 \times 2 + 40 \times 4 \times 2 + 20 \times 4 \times 2 = 2,080 \, m^2$
평균흡음률
$\bar{\alpha} = \dfrac{0.161 \times V}{S \times T} = \dfrac{0.161 \times 40 \times 20 \times 4}{2,080 \times 2} = 0.12$

24 작업장 내에 95dB의 소음을 발생시키는 기계가 2대, 90dB의 소음을 발생시키는 기계가 1대 있다. 만약, 작업장의 소음허용치가 96dB이라면 이 허용치를 만족시키기 위해 저감시켜야 할 최소소음은 약 몇 dB인가? (단, 배경소음은 무시한다.)

① 0dB
② 1.5dB
③ 2.6dB
④ 5.6dB

해설 dB의 합 $L = 10 \log\left(10^{9.5} + 10^{9.5} + 10^9\right) = 98.6$dB
∴ 허용치를 만족시키기 위해 저감시켜야 할 최소소음
$98.6 - 96 = 2.6$dB

25 공장 내 두 벽과 바닥이 만나는 모서리에 90dB의 소음을 유발하는 공기압축기가 있다. 이 공장의 내부 체적은 200m³, 실내 전 표면적은 220m², 실내 평균흡음률은 0.4일 때 공장 내에서 직접음과 잔향음이 같은 지점은 공기압축기로부터 얼마나 떨어져 있는가? (단, 공장 내 소음원은 공기압축기 1대로 가정한다.)

① 2.1m
② 4.8m
③ 9.0m
④ 11.5m

해설 실정수 $R = \dfrac{S\bar{\alpha}}{1-\bar{\alpha}} = \dfrac{220 \times 0.4}{1-0.4} = 146.67\,\text{m}^2$
직접음과 잔향음이 같은 지점은 실반경을 구하여야 하므로
$\dfrac{Q}{4\pi r^2} = \dfrac{4}{R}$ 에서
실반경 $r_r = \sqrt{\dfrac{Q \times R}{16 \times \pi}} = \sqrt{\dfrac{8 \times 146.67}{16 \times 3.14}} = 4.83\,\text{m}$
여기서, 지향계수 $Q = 8$
(∵ 두 벽과 바닥이 만나는 모서리)

26 기계장치를 취출구 소음을 줄이기 위한 대책으로 거리가 먼 것은?

① 취출구의 유속을 감소시킨다.
② 취출구 부위를 방음상자로 밀폐처리한다.
③ 취출관의 내면을 흡음처리한다.
④ 취출구에 소음기를 장착한다.

해설 취출구 부위에 방음상자로 밀폐하면 소리가 증폭될 수 있기 때문에 좋지 않고 대신에 소음기(消音器)를 설치해야 한다.

27 정상청력을 가진 사람이 1,000Hz에서 가청할 수 있는 최소음압실효치가 2×10⁻⁵N/m²일 때, 어떤 대상음압레벨이 96dB이었다면 이 대상음의 음압실효치(N/m²)는?

① 0.76N/m²
② 1.26N/m²
③ 8.4N/m²
④ 18.0N/m²

해설 음압레벨 $\text{SPL} = 20 \log \dfrac{P}{2 \times 10^{-5}}$ 에서
$96 = 20 \log \dfrac{P}{2 \times 10^{-5}}$
∴ $P = 10^{4.8} \times 2 \times 10^{-5} = 1.26\,\text{N/m}^2$

28 중심주파수 250Hz부터 10dB 이상의 소음을 차단할 수 있는 방음벽을 설계하려고 한다. 음원에서 수음점까지의 음의 회절경로와 직접경로 간의 경로차가 0.45m이면 중심주파수 250Hz에서의 Fresnel number는? (단, 음속은 340m/s)

① 0.43
② 0.66
③ 0.85
④ 0.97

해설 프레넬수(Fresnel number)
$N = \dfrac{2\delta}{\lambda} = \dfrac{\delta \times f}{170} = \dfrac{0.45 \times 250}{170} = 0.66$

29 벽체 외부로부터 확산음이 입사될 때 이 확산음의 음압레벨은 115dB이다. 실내의 흡음력은 35m²이고, 벽의 투과손실이 33dB, 벽의 면적이 22m²일 경우 실내의 음압레벨은?

① 66dB
② 69dB
③ 74dB
④ 86dB

해설 차음도
$\text{NR} = \text{SPL}_1 - \text{SPL}_2 = \text{TL} + 10 \log\left(\dfrac{A_2}{S}\right) - 6\text{dB}$ 에서
$\text{SPL}_2 = \text{SPL}_1 - \text{TL} - 10 \log\left(\dfrac{A_2}{S}\right) + 6$
$= 115 - 33 - 10 \log\left(\dfrac{35}{22}\right) + 6$
$= 86\text{dB}$

30 방음벽에 대한 설명으로 가장 거리가 먼 것은?

① 방음벽의 설치는 교통소음의 영향을 크게 받는 지역으로 인구밀도가 높고, 소음기준을 크게 초과하는 곳부터 우선하여 설치한다.

② 방음벽에 의해 얻을 수 있는 감음량은 대략 35dB 이상이다.

③ 방음벽은 도로변의 지반상태를 감안하여 안전한 위치에 설치하여야 한다.

④ 수음점에서 음원으로의 가시선을 차단하지 않으면 감음효과가 거의 없다.

해설 방음벽에 의해 얻을 수 있는 감음량은 점음원일 경우 25dB, 선음원일 경우 21dB이다.

31 음향투과등급(Sound Ttransmission Class : STC)은 $\frac{1}{3}$ 옥타브 대역으로 측정한 차음자재의 투과손실을 나타낸 것인데, 다음 중 음향투과등급을 평가하는 방법으로 옳지 않은 것은?

① 음향투과등급은 기준곡선을 상하로 조정하여 결정한다.

② 모든 주파수 대역별 투과손실과 기준곡선 값의 차의 산술평균이 2dB 이내가 되도록 한다.

③ 단 하나의 투과손실값도 기준곡선 밑으로 5dB을 초과해서는 안 된다.

④ 음향투과등급은 기준곡선과의 조정을 거친 후 500Hz를 지나는 STC 곡선의 값을 판독하면 된다.

해설 단 하나의 투과손실값도 기준곡선 밑으로 8dB을 초과해서는 안 된다.

32 크기가 5m×4m이고 투과손실이 40dB인 벽체에 서류를 주고 받기 위한 개구부를 설치하려고 한다. 이때 이 벽체의 총합 투과손실을 20dB 전도로 유지하기 위해서는 개구부의 크기를 약 얼마 정도를 해야 하는가?

① 약 0.05m²   ② 약 0.2m²
③ 약 0.5m²   ④ 약 0.55m²

해설 총합 투과손실 $\overline{TL} = 10\log\left(\dfrac{\sum S_i}{\sum S_i\,\tau_i}\right)$ 에서

$$20 = 10\log\left(\frac{5 \times 4}{S_1 \times 10^{-4} + S_2}\right)$$

$\therefore S_1 \times 10^{-4} + S_2 = 0.2\text{m}^2$

$\therefore$ 전체 벽체 면적(20m²)에 개구부 크기를 약 0.2m² 정도 하여도 총합 투과손실에는 영향이 없다.

33 균질의 단일벽에서 음파가 벽면에 난입사할 때의 실용식으로 알맞은 것은? (단, f : 입사되는 주파수(Hz), m : 벽의 면밀도(kg/m²))

① $TL = 10\log(m \times f) - 44\text{dB}$

② $TL = 10\log(m \times f) + 44\text{dB}$

③ $TL = 18\log(m \times f) - 44\text{dB}$

④ $TL = 18\log(m \times f) + 44\text{dB}$

해설 단일벽에서 음파가 벽면에 난입사할 때의 실용식은 $TL = 18\log(m \times f) - 44\text{dB}$ 이다.

34 소음원에 소음기를 부착하기 전과 후의 공간상 어떤 특정위치에서 측정한 음압레벨의 차와 그 측정위치로 정의되는 것으로 가장 적합한 것은?

① 동적 삽입손실치(DIL)

② 투과손실(TL)

③ 삽입손실치(IL)

④ 감음량(NR)

해설 삽입손실치(IL)는 소음원에 소음기를 부착하기 전과 후 공간상의 어떤 특정위치에서 측정한 음압레벨의 차와 그 측정위치로 정의된다.

35 다음 ( ) 안에 알맞은 것은?

> "dead spot 또는 hot spot"란 직접음과 반사음의 시간차가 ( )가 되어 두 가지 소리로 들리게 되므로 명료도가 저하하는 위치를 말한다.

① 0.05초   ② 1초
③ 5초   ④ 15초

해설 음의 사점(死點 : dead spot)
직접음과 반사음의 시간차가 0.05초가 되어 두 가지 소리로 들리게 되므로 명료도가 저하하는 위치를 말한다.

36 다음 설명에 해당하는 소음기로 가장 적합한 것은 어느 것인가?

> 강한 순음(pure tone) 성분을 가지는 소음을 감소시키는 데 적합하며, 목의 체적에 비해 상대적으로 큰 부피를 갖는 공동으로 이루어져 있으며 구조적인 측면에서의 간략성 및 편의성으로 인해 주어진 공간이 한정되어 있는 경우 및 엔진의 배기 매니폴드 등의 소음감쇠에 널리 사용되어 왔다.

① 단순 팽창형 소음기
② 헬름홀츠 공명기
③ 역류형 소음기
④ 측지 공명기

해설 다음 그림과 같이 단면적 S, 길이 L인 목을 갖는 체적 V인 헬름홀츠 공명기는 자동차나 오토바이크의 소음기(muffler)에 적용하거나 파이프의 소음을 줄이는 데도 사용된다.

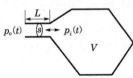

37 패널이 떨려 발생하는 소음을 방지하는데 가장 적합한 자재로서 공기 전파음에 의해 발생하는 공진진폭의 저감과 패널 가장자리나 구성요소 접속부의 진동에너지 전달의 저감에 사용되는 것은?

① 흡음재   ② 차음재
③ 제진재   ④ 차진재

해설 제진재(damping)
상대적으로 큰 내부 손실을 가진 신축성이 있는 점탄성 자재로 진동으로 패널이 떨려 발생하는 음에너지의 저감에 사용된다.
• 공기 전파음에 의해 발생하는 공진진폭의 저감
• 패널 가장자리나 구성요소 접속부 진동에너지 전달의 저감

38 방음대책을 음원대책과 전파경로 대책으로 분류할 때, 다음 중 음원대책에 해당하는 것은?

① 공장건물 내벽의 흡음처리
② 방음벽 설치
③ 거리감쇠
④ 방사율의 저감

해설
• 음원대책 : 방사율의 저감, 강제력의 저감, 파동의 차단 및 감쇠, 소음기 설치
• 전파경로 대책 : 거리감쇠, 지향성 변환, 방음벽 설치

39 단일벽의 차음특성은 주파수에 따라 3개의 영역으로 구분된다. 차음특성에 대한 설명으로 거리가 먼 것은?

① 저주파 대역에서는 자재의 강성에 의한 공진영역이 나타난다.
② 질량법칙이 만족되는 영역에서는 투과손실이 옥타브당 6dB씩 증가한다.
③ 질량법칙에 의한 차음특성은 벽체의 면밀도 혹은 벽체에 입사되는 주파수가 증가할수록 투과손실이 크다.
④ 일치효과 영역에서 입사각(θ) 90°일 때, 일치주파수가 최대로 되며, 이 주파수보다 높은 주파수에서는 일치효과가 발생하지 않는다.

해설 일치효과 영역에서 입사각(θ) 90°일 때, 일치주파수가 최저가 된다(한계주파수).

40 공조기에서 발생되는 소음을 감쇠시키기 위해 그림과 같은 단면의 소음기를 3.5m 길이로 설치할 경우, 500Hz에서의 감쇠량은 몇 dB인가? (단, 잔향실법에 의한 흡음률은 0.55이다.)

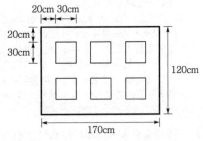

① 16dB   ② 19dB
③ 21dB   ④ 24dB

해설 소음기 흡음덕트의 감쇠치
$$\Delta L = K \frac{PL}{S} = 0.45 \times \frac{7.2 \times 3.5}{0.54} = 21\text{dB}$$
$\because K = \alpha - 0.1 = 0.55 - 0.1 = 0.45$
$P = (0.3 \times 4) \times 6 = 7.2\,\text{m}$
$S = 0.3 \times 0.3 \times 6 = 0.54\,\text{m}^2$
$L = 3.5\,\text{m}$

제3과목 소음·진동 공정시험기준

41 주간 시간대에 A지점에서 2시간 간격을 두고 1시간씩 2회 측정한 철도소음도가 64dB(A)과 75dB(A)이었다면 A지점에서의 철도소음도는 얼마인가?

① 65dB(A) ② 69.5dB(A)
③ 74dB(A) ④ 79.5dB(A)

해설 측정소음도는 기상조건, 열차운행횟수 및 속도 등을 고려하여 당해 지역의 1시간 평균 철도통행량 이상인 시간대를 포함하여 주간 시간대는 2시간 이상 간격을 두고 1시간씩 2회 측정하여 산술평균한다.

$$\therefore \frac{64+75}{2} = 69.5\,dB(A)$$

42 주파수 특성이 매우 좋고 감도가 높으며 전동기, 변압기 등의 주변에서 소음을 측정하고자 할 때 가장 적합한 마이크로폰은?

① 자기형 ② 다이나믹형
③ 크리스탈형 ④ 콘덴서형

해설 **마이크로폰의 종류**
• 콘덴서형 : 주파수 특성이 우수하고, 감도가 높아 전동기, 변압기 등의 주변에서 소음을 측정하고자 할 때 적합하다.
• 다이나믹형 : 전자기 유도방식을 이용한 방식으로 상대적으로 저렴하고 습기에 강하고, 내구성이 좋고 성능이 좋아 무대에 널리 쓰인다.
• 크리스탈형 : 압전기 효과를 이용한 방식으로 압전 마이크로폰이라고도 하며 작은 크기에서 높은 성능을 낼 수 있는 장점이 있으나, 습기에 약한 단점이 있다.
• 자기형 : 리본 마이크로폰이라고도 하며 낮은 음역에서 높은 음역까지 고른 감도를 가지며 음색이 좋으나, 정방향에서 오는 음파 밖에 받지 못하는 결점이 있다.

43 진동배출원 부지경계선의 측정진동레벨이 배경진동레벨보다 1dB(V) 클 때에 관한 설명으로 가장 적합한 것은?

① 배경진동이 대상진동보다 크므로 재측정하여 대상진동레벨을 구한다.
② 대상진동레벨은 측정진동레벨보다 1dB(V) 낮다.
③ 대상진동레벨은 측정진동레벨보다 1dB(V) 높다.
④ 대상진동레벨은 측정진동레벨보다 5dB(V) 높다.

해설 측정진동레벨이 배경진동레벨보다 3dB 미만으로 크면 배경진동이 대상진동보다 크므로 재측정하여 대상진동레벨을 구하여야 한다.

44 다음은 소음의 환경기준 측정방법 중 측정조건에 관한 설명이다. ( ) 안에 알맞은 것은?

풍속이 (㉮) 이상일 때에는 반드시 마이크로폰에 방풍망을 부착하여야 하며, 풍속이 (㉯)를 초과할 때에는 측정하여서는 안 된다.

① ㉮ 1m/s, ㉯ 3m/s
② ㉮ 2m/s, ㉯ 3m/s
③ ㉮ 1m/s, ㉯ 5m/s
④ ㉮ 2m/s, ㉯ 5m/s

해설 풍속이 2m/s 이상일 때에는 반드시 마이크로폰에 방풍망을 부착하여야 하며, 풍속이 5m/s를 초과할 때에는 측정하여서는 안 된다.

45 다음은 규제기준 중 동일 건물 내 사업장 소음 측정을 위한 측정시간 및 측정지점수 기준이다. ( ) 안에 가장 적합한 것은?

피해가 예상되는 적절한 측정시각에 (㉮)의 측정지점수를 선정하고 각각 (㉯) 측정하여 각 지점에서 산술평균한 소음도 중 가장 높은 소음도를 측정소음도로 한다. 단, 환경이 여의치 않은 경우에는 측정지점수를 줄일 수 있다.

① ㉮ 2지점 이상, ㉯ 2회 이상
② ㉮ 2지점 이상, ㉯ 4회 이상
③ ㉮ 4지점 이상, ㉯ 2회 이상
④ ㉮ 4지점 이상, ㉯ 4회 이상

해설 **측정시간 및 측정지점수**
피해가 예상되는 적절한 측정시각에 2지점 이상의 측정지점수를 선정하고 각각 2회 이상 측정하여 각 지점에서 산술평균한 소음도 중 가장 높은 소음도를 측정소음도로 한다. 단, 환경이 여의치 않은 경우에는 측정지점수를 줄일 수 있다.

46 발파소음 측정에 관한 설명으로 옳지 않은 것은?

① 측정점은 피해가 예상되는 자의 부지경계선 중 소음도가 높을 것으로 예상되는 지점에서 지면 위 0.5 ~ 1.0m 높이로 한다.
② 측정소음도는 발파소음이 지속되는 기간 동안에 측정하여야 한다.
③ 소음도 기록기를 사용할 때에는 기록지상의 지시치의 최고치를 측정소음도로 한다.
④ 최고소음 고정용 소음계를 사용할 때에는 당해 지시치를 측정소음도로 한다.

해설 측정점은 피해가 예상되는 자의 부지경계선 중 소음도가 높을 것으로 예상되는 지점에서 지면 위 1.2 ~ 1.5m 높이로 한다.

47 소음·진동 공정시험기준에서 정하는 용어의 정의로 옳지 않은 것은?

① 반사음은 한 매질 중의 음파가 다른 매질의 경계면에 입사한 후 진행방향을 변경하여 본래의 매질 중으로 되돌아오는 음을 말한다.
② 지발(遲發)발파는 시간차를 두지 않고 발파하는 것을 말한다. 단, 발파기를 1회 사용하는 것에 한한다.
③ 소음도는 소음계의 청감보정회로를 통하여 측정한 지시치를 말한다.
④ 배경소음도는 측정소음도의 측정위치에서 대상소음이 없을 때, 「소음·진동 공정시험기준」에서 정한 측정방법으로 측정한 소음도 및 등가소음도 등을 말한다.

해설 지발(遲發)발파는 수초 내에 시간차를 두고 발파하는 것을 말한다. 단, 발파기를 1회 사용하는 것에 한한다.

48 소음계의 청감보정회로로 A보정 레벨을 사용하는 이유로 가장 적합한 것은?

① 측정치의 정확성을 기하기 위하여
② 측정치의 통계처리가 용이하기 때문에
③ 전 주파수 대역에서 평탄한 특성을 가지기 때문에
④ 인체의 청감각과 잘 대응하기 때문에

해설 청감보정회로로 A보정 레벨을 사용하는 이유는 사람의 청감과 비슷한 보정치를 가지는 것이 A특성치이므로 대부분의 소음 측정은 A특성치 모드로 측정하도록 되어 있다.

49 발파진동 측정 시 디지털 진동 자동분석계를 사용하여 측정진동레벨을 분석할 때 샘플주기는 최대 얼마 이하로 해야 하는가?

① 0.1초 　② 0.5초
③ 1.0초 　④ 5초

해설 디지털 진동 자동분석계를 사용할 때는 샘플주기를 0.1초 이하로 놓고 발파진동의 발생기간(수초 이내)동안 측정하여 자동 연산·기록한 최고치를 측정진동레벨로 한다.

50 규제기준 중 발파소음 측정평가 시 대상소음도에 시간대별 보정발파횟수에 따른 정량을 보정하여 평가소음도를 구하는데, 지발발파의 경우는 보정발파횟수를 몇 회로 간주하는가?

① 1회 　② 3회
③ 5회 　④ 10회

해설 대상소음도에 시간대별 보정발파횟수(N)에 따른 보정량($+10\log N$; $N > 1$)을 보정하여 평가소음도를 구한다. 이 경우 지발발파는 보정발파횟수를 1회로 간주한다.

51 도로교통소음 관리기준 측정방법으로 옳지 않은 것은?

① 요일별로 소음변동이 적은 평일(월요일부터 금요일 사이)에 당해 지역이 도로교통소음을 측정하여야 한다.
② 당해 지역 도로교통소음을 대표할 수 있는 시각에 4개 이상의 측정지점수를 선정하여 각 측정지점에서 2시간 이상 간격을 4회 이상 측정하여 산술평균한 값을 측정소음도로 한다.
③ 디지털 소음 자동분석계를 사용할 경우 샘플주기를 1초 이내에서 결정하고 10분 이상 측정하여 자동 연산·기록한 등가소음도를 그 지점의 측정소음도로 한다.
④ 측정자료는 계산과정에서는 소수점 첫째 자리를 유효숫자로 하고, 측정소음도(최종값)는 소수점 첫째자리에서 반올림한다.

해설 주간 시간대(06:00 ~ 22:00) 및 야간 시간대(22:00 ~ 06:00)별로 소음피해가 예상되는 시간대를 포함하여 2개 이상의 측정지점수를 선정하여 4시간 이상 간격으로 2회 이상 측정하여 산술평균한 값을 측정소음도로 한다.

52 다음 중 진동레벨계의 구성요소가 아닌 것은?

① 진동픽업
② 레벨레인지 변환기
③ 특성조절기
④ 감각보정회로

해설 **진동계의 기본구조 순서**
진동픽업 ┬ 레벨레인지 변환기 → 증폭기 → 감각보정회로
　　　　(교정장치)
　　　　┬ 지시계기
　(출력단자)

53 다음은 L_{10} 진동레벨 계산방법이다. ( ) 안에 알맞은 것은?

> 진동레벨기록지의 누적도수를 이용하여 모눈종이 이상에 누적도곡선을 작성한 후(횡축에 진동레벨, 좌측 종축에 누적도수를, 우측 종축에 백분율을 표기) ( )에서 수선을 그어 횡축과 만나는 점의 진동레벨을 L_{10}값으로 한다.

① 10% 횡선이 누적도곡선과 만나는 교점
② 50% 횡선이 누적도곡선과 만나는 교점
③ 80% 횡선이 누적도곡선과 만나는 교점
④ 90% 횡선이 누적도곡선과 만나는 교점

해설 **L_{10} 진동레벨 계산방법**
진동레벨기록지의 누적도수를 이용하여 모눈종이이상에 누적도곡선을 작성한 후(횡축에 진동레벨, 좌측 종축에 누적도수를, 우측 종축에 백분율을 표기) 90% 횡선이 누적도곡선과 만나는 교점에서 수선을 그어 횡축과 만나는 점의 진동레벨을 L_{10}값으로 한다.

54 표준음 발생기에 관한 설명 중 ( ) 안에 알맞은 것은?

> 표준음 발생기(pistonphone, calibrator)는 소음계의 측정감도를 교정하는 기기로서 ( )가 표시되어 있어야 한다.

① 발생음의 주파수와 음압도
② 표준음의 종류와 음향파워레벨
③ 표준음의 종류와 음의 투과도
④ 음향파워레벨과 음의 투과도

해설 **표준음 발생기(pistonphone, calibrator)**
소음계의 측정감도를 교정하는 기기로서 발생음의 주파수와 음압도가 표시되어 있어야 하며, 발생음의 오차는 ±1dB 이내이어야 한다.

55 넓은 주파수 범위에 걸쳐 평탄특성을 가지며 고감도 및 장기간 운용 시 안정하나, 다습한 기후에서 측정 시 뒷판에 물이 응축되지 않도록 유의해야 할 마이크로폰은?

① 콘덴서형
② 다이나믹형
③ 크리스탈형
④ 자기형

해설 **콘덴서형 마이크로폰**
넓은 주파수 범위에 걸쳐 평탄특성을 가지기 때문에 주파수 특성이 우수하고, 노이즈가 적기 때문에 주로 정밀계측용이나 음향 측정에 사용되지만, 외부로부터의 충격이나 습도 등의 환경적인 영향을 받기 때문에 사용에 주의해야 한다.

56 7일간의 항공기소음의 일별 WECPNL이 85, 87, 69, 77, 82, 83, 80인 경우 7일간의 평균 WECPNL은?

① 81
② 83
③ 85
④ 86

해설 m일간 평균 WECPNL인 $\overline{\text{WECPNL}}$을 다음 식으로 구한다.

$$\overline{\text{WECPNL}} = 10\log\left[\left(\frac{1}{m}\right)\sum_{i=1}^{m} 10^{0.1 \times \text{WECPNL}_i}\right]$$
$$= 10\log\left[\left(\frac{1}{7}\right)\left(10^{8.5} + 10^{8.7} + 10^{6.9} + 10^{7.7}\right.\right.$$
$$\left.\left. + 10^{8.2} + 10^{8.3} + 10^{8.0}\right)\right]$$
$$= 83\text{WECPNL dB}$$

57 표준음 발생기의 발생음 오차기준으로 옳은 것은?

① ±0.1dB 이내
② ±0.5dB 이내
③ ±1dB 이내
④ ±5dB 이내

해설 **표준음 발생기(pistonphone, calibrator)**
소음계의 측정감도를 교정하는 기기로서 발생음의 주파수와 음압도가 표시되어 있어야 하며, 발생음의 오차는 ±1dB 이내이어야 한다.

58 항공기소음 관리기준 측정방법에서 항공기소음 측정점 선정 시 원추형 상부공간의 의미는?

① 측정위치를 지나는 지면 또는 바닥면의 법선에 반각 80°의 선분이 지나는 공간을 말한다.

② 측정위치를 지나는 지면 또는 바닥면의 법선에 반각 60°의 선분이 지나는 공간을 말한다.

③ 측정위치를 지나는 지면 또는 바닥면의 법선에 반각 45°의 선분이 지나는 공간을 말한다.

④ 측정위치를 지나는 지면 또는 바닥면의 법선에 반각 30°의 선분이 지나는 공간을 말한다.

〔해설〕 측정위치를 정점으로 한 원추형 상부공간 내에는 측정치에 영향을 줄 수 있는 장애물이 있어서는 안 된다. 원추형 상부공간이란 측정위치를 지나는 지면 또는 바닥면의 법선에 반각 80°의 선분이 지나는 공간을 말한다.

59 항공기 통과 시 1일 최고소음도 측정결과가 각각 99dB(A), 100dB(A), 101dB(A), 102dB(A), 103dB(A), 104dB(A), 105dB(A), 106dB(A), 107dB(A), 108dB(A)이었고, 0시~07시까지 1대, 07시~19시까지 6대, 10시~22시까지 2대, 22시~24시까지 1대가 통과할 때 1일 단위의 WECPNL은?

① 92 ② 95
③ 97 ④ 99

〔해설〕 1일 단위로 매 항공기 통과 시에 측정·기록한 기록지상의 최고치를 판독·기록하여, 다음 식으로 당일의 평균 최고소음도 L_{max} 를 구한다.

$$\overline{L}_{max} = 10\log\left[\left(\frac{1}{n}\right)\sum_{i=1}^{n}10^{0.1\times L_i}\right]$$
$$= 10\log\left[\left(\frac{1}{10}\right)10^{9.9}+10^{10}+10^{10.1}+10^{10.2}\,10^{10.3}\right.$$
$$\left.+10^{10.4}+10^{10.5}+10^{10.6}+10^{10.7}+10^{10.8}\right]$$
$$= 104.4\,dB(A)$$

1일 단위의 항공기 등가통과횟수
$$N = N_2+3N_3+10(N_1+N_4)$$
$$= 6+(3\times2)+10(1+1)=32\ 회$$
$$\therefore WECPNL(웨클) = \overline{L}_{max}+10\log N-27$$
$$= 104.4+10\log 32-27$$
$$= 92\ WECPNL\ dB$$

60 소음측정기기의 구조별 성능에 관한 설명으로 옳지 않은 것은?

① microphone : 지향성이 작은 압력형으로 하며 기기의 본체와 분리가 가능하여야 한다.

② amplifier : 전기에너지를 음향에너지로 변환시킨 양을 증폭시키는 것을 말한다.

③ weighting networks : A특성을 갖춘 것이어야 하며, 자동차소음 측정용은 C특성도 함께 갖추어야 한다.

④ monitor out : 소음신호를 기록기 등에 전송할 수 있는 교류단자를 갖춘 것이어야 한다.

〔해설〕 **증폭기(amplifier)**
마이크로폰에 의하여 음향에너지를 전기에너지로 변환시킨 양을 증폭시키는 장치를 말한다.

제4과목 **진동 방지기술**

61 무게가 150N인 기계를 방진고무 위에 올려 놓았더니 1.0cm가 수축되었다. 방진고무의 동적 배율이 1.2라면 방진고무의 동적 스프링정수는?

① 94N/cm ② 120N/cm
③ 180N/cm ④ 240N/cm

〔해설〕 방진고무에서의 동적 배율
$$\alpha = \frac{동적\ 스프링정수}{정적\ 스프링정수} = \frac{k_d}{k_s}\ 에서$$
$$k_d = \alpha\times k_s = 1.2\times150\,N/cm = 180\,N/cm$$

62 불균형 질량 1kg이 반지름 0.2m의 원주상을 매분 600회로 회전하는 경우 가진력의 최대치는?

① 약 395N ② 약 790N
③ 약 1,185N ④ 약 185N

〔해설〕 회전 및 왕복운동에 의한 불평형력은 회전운동에 의해서 발생하는 관성력이 되므로,
$$F = mr\omega^2 = mr(2\pi f)^2$$
$$= 1\times0.2\times\left(2\times3.14\times\frac{600}{60}\right)^2$$
$$= 788.77\,N$$

63 전기모터가 1,800rpm의 속도로 기계장치를 구동시킨다. 이 시스템은 고무깔개 위에 설치되어 있고 고무깔개는 0.5cm의 정적 처짐을 나타내며 고무깔개의 감쇠비는 0.2이다. 기초에 대한 힘의 전달률을 구하면?

① 약 0.08

② 약 0.11

③ 약 0.16

④ 약 0.21

[해설] 강제진동수 $f = \dfrac{\text{rpm}}{60} = \dfrac{1,800}{60} = 30\,\text{Hz}$

고유진동수 $f_n = 4.98\sqrt{\dfrac{1}{\delta_{st}}} = 4.98 \times \sqrt{\dfrac{1}{0.5}}$
$= 7.04\,\text{Hz}$

진동수비 $\eta = \dfrac{f}{f_n} = \dfrac{30}{7.04} = 4.26$

$\therefore$ 전달률 $T = \dfrac{\sqrt{1+(2\,\xi\,\eta)^2}}{\sqrt{(1-\eta^2)^2+(2\,\xi\,\eta)^2}}$
$= \dfrac{\sqrt{1+(2\times0.2\times4.26)^2}}{\sqrt{(1-4.26^2)^2+(2\times0.2\times4.26)^2}}$
$= 0.11$

64 운동변위가 다음과 같을 때 진동의 주기는?

$$x = 6\sin\left(4\pi t - \frac{\pi}{3}\right)\text{cm}$$

① 0.3초

② 0.5초

③ 1.0초

④ 1.2초

[해설] 운동변위 식에서 각진동수 $\omega = 4\pi$에서
$2\pi f = 4\pi$, $f = 2\,\text{Hz}$
$\therefore$ 주기 $T = \dfrac{1}{2} = 0.5$초

65 금속스프링의 특징에 관한 설명으로 옳지 않은 것은?

① 환경요소에 대한 저항성이 큰 편이다.

② 로킹(rocking)이 일어나지 않도록 주의해야 한다.

③ 최내변위가 허용되며 저주파 차진에 좋다.

④ 감쇠능력이 현저하여 공진 시 전달률을 최소화할 수 있다.

[해설] 금속스프링은 감쇠가 거의 없으며 공진 시 전달률이 매우 크다.

66 다음 방진대책 중 발생원 대책으로 적당하지 않은 것은?

① 가진력 감쇠

② 기초중량의 부가 및 경감

③ 동적 흡진

④ 방진구 설치

[해설] 방진대책

㉠ 발생원 대책
- 가진력 감쇠
- 불평형력의 균형
- 기초중량의 부가 및 경감
- 탄성지지
- 동적 흡진

㉡ 전파경로 대책
- 진동원에서 위치를 멀리 하여 거리감쇠를 크게 함
- 수진점 부근에 방진구(防振溝)를 설치

㉢ 수진측 대책
- 수진측의 탄성지지
- 수진측의 강성(剛性) 변경

67 고주파 차진성 및 방음효과가 뛰어나고 부하능력이 광범위하며 자동제어가 가능하나, 압축기 등 부대시설이 필요하고, 구조가 복잡하며 시설비가 많은 것은?

① 공기스프링

② 코일스프링

③ 펠트

④ 콜크

[해설] 공기스프링은 고주파 차진성 및 방음효과가 뛰어나고 부하능력이 광범위하며 자동제어가 가능하나, 압축기 등 부대시설이 필요하고, 구조가 복잡하며 시설비가 많다.

68 일정 장력 T로 잡아 늘린 현(弦)이 미소 횡진동을 하고 있을 때 단위길이당 질량을 ρ라 하면 전파속도 c는 얼마인가?

① $c = \sqrt{\dfrac{\rho}{T}}$

② $c = \sqrt{\dfrac{T}{\rho}}$

③ $c = \sqrt{\dfrac{T}{2\rho}}$

④ $c = \sqrt{\dfrac{2T}{\rho}}$

[해설] 현악기(바이올린, 첼로, 가야금 등)의 파동 전파속도
$c = \sqrt{\dfrac{T}{\rho}}$

69 그림과 같이 단진자가 진동할 때 단진자의 고유 진동수와의 관계로 옳은 것은? (단, 단진자의 길 이는 L, 질량은 m, θ의 각도로 회전한다.)

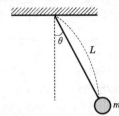

① 고유진동수는 m에 비례
② 고유진동수는 m에 반비례
③ 고유진동수는 L의 제곱근에 반비례
④ 고유진동수는 L에 반비례

해설 단진자의 고유진동수 $f_n = \dfrac{1}{2\pi}\sqrt{\dfrac{g}{L}}$ 이므로 고유진동수 는 L의 제곱근에 반비례한다.

70 무게가 850N인 기계가 600rpm으로 운전되고 있 다. 동일한 스프링 4개를 이용하여 20dB를 방진 하려고 할 때, 스프링 1개당 스프링정수(N/cm) 는? (단, 스프링은 병렬 연결)

① 55 ② 77
③ 111 ④ 125

해설 강제진동수 $f = \dfrac{\text{rpm}}{60} = \dfrac{600}{60} = 10\,\text{Hz}$

차진레벨(방진효과) $\Delta V = 20\log\dfrac{1}{T}$ 에서

$20 = 20\log\dfrac{1}{T}$

$\therefore T = 0.1$

진동전달률 $T = \dfrac{1}{\eta^2 - 1}$ 에서 $0.1 = \dfrac{1}{\eta^2 - 1}$

$\therefore \eta = 3.32$

$\eta = \dfrac{f}{f_n}$ 에서 $3.32 = \dfrac{10}{f_n}$, $f_n = 3\,\text{Hz}$

고유진동수 $f_n = \dfrac{1}{2\pi}\sqrt{\dfrac{k \times g}{W}}$ 에서

$3 = \dfrac{1}{2 \times 3.14}\sqrt{\dfrac{4\,k \times 980}{850}}$

$\therefore$ 스프링 1개당 스프링정수 $k = 77\,\text{N/cm}$

71 강제 각진동수와 고유 각진동수가 같을 때 진동제 어 요소와 응답진폭 크기의 연결로 옳은 것은?

① 감쇠, $x(\omega) = \dfrac{F_o}{k}$

② 스프링의 강성, $x(\omega) = \dfrac{F_o}{(m\,\omega^2)}$

③ 스프링의 강성, $x(\omega) = \dfrac{F_o}{k}$

④ 감쇠, $x(\omega) = \dfrac{F_o}{(C_e\,\omega_n)}$

해설 탄성지지의 설계요소(진동제어 요소)
• 스프링 강도(강성) : 진동수($\omega^2 \ll \omega_n^2$), 응답진폭의 크기$\left(x(\omega) = \dfrac{F_o}{k}\right)$
• 계의 질량 : 진동수($\omega^2 \gg \omega_n^2$), 응답진폭의 크기$\left(x(\omega) = \dfrac{F_o}{m\,\omega^2}\right)$
• 스프링 저항(감쇠) : 진동수($\omega^2 = \omega_n^2$), 응답진폭의 크기$\left(x(\omega) = \dfrac{F_o}{C_e\,\omega}\right)$

72 자유낙하하는 물체에 의하여 발생하는 충돌속 도는 낙하높이가 2배 높아지면 초기와 비교하여 어떻게 변하는가?

① $\sqrt{2}$ 배 ② 2배
③ 4배 ④ 9배

해설 자유낙하하는 물체의 하중을 2배 증가할 때는 충격량도 하중만큼 2배 증가하지만 낙하높이가 2배 증가할 때는 $\sqrt{2}$ 배만큼 증가한다.
$v = \sqrt{2gh}$
여기서, v : 자유낙하속도(m/s)
g : 중력가속도(9.8m/s²)
h : 낙하높이(m)

73 전달률이 1이 되는 경우는? (단, η : 진동수비)

① $\eta = 1$ ② $\eta = \sqrt{2}$
③ $\eta = \dfrac{1}{\sqrt{2}}$ ④ $\eta = 2$

해설 진동전달률 $T = \dfrac{1}{\eta^2 - 1}$ 에서, $1 = \dfrac{1}{\eta^2 - 1}$
$\therefore \eta = \sqrt{2}$

74 그림 (a)와 같은 진동계의 스프링을 압축하여 그림 (b)와 같이 만들었다. 압축된 후의 고유진동수는 처음에 비해 어떻게 변하는가? (단, 다른 조건은 변함없다고 가정한다.)

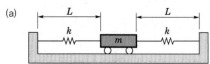

(a)

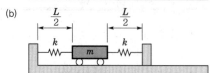

(b)

① 2배로 된다.　　② $\sqrt{2}$ 배로 된다.
③ $\dfrac{1}{\sqrt{2}}$ 배로 된다.　　④ 변하지 않는다.

해설 (a)의 고유진동수 $f_n = \dfrac{1}{2\pi}\sqrt{\dfrac{2k}{m}}$

(b)의 고유진동수 $f_n = \dfrac{1}{2\pi}\sqrt{\dfrac{2k}{m}}$

즉, 고유진동수는 지지스프링의 길이에 관계없이 변하지 않는다.

75 다음 그림은 감쇠비(ξ)가 어떤 범위일 때인가?

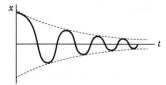

① $0 < \xi < 1$　　② $0 \le \xi \le 1$
③ $\xi = 1$　　④ $\xi > 1$

해설 주어진 그림은 부족감쇠(under damped)를 나타낸 것으로 감쇠비가 $0 < \xi < 1$인 조건일 때이다.

76 차량이 평탄한 노면 위를 주행할 때 조향핸들이 그 축에 대한 회전모드로 진동을 수반하는 현상은?

① damping　　② lagging
③ shimmy　　④ surging

해설 자동차 시미(shimmy) 현상
바퀴가 옆으로 흔들리는 현상으로 타이어의 동적 평형이 잡혀 있지 않을 경우 발생한다.

77 진동하는 표면을 고무로 제진처리하여 90%의 반사율을 얻었다. 이때 감쇠량은?

① 5dB　　② 10dB
③ 15dB　　④ 20dB

해설 진동하는 표면의 제진재 사이에 절연제인 고무로 제진처리할 경우 이에 의한 감쇠량은 다음과 같다.
$\Delta L = 10\log(1 - T_r) = 10\log(1 - 0.9) = -10\text{dB}$
∴ 감쇠량은 10dB이 된다.

78 연속체의 진동은 대상체 내의 힘과 모멘트의 평형을 이용하거나 계에 관련되는 변형 및 운동에너지를 활용하여 운동방정식을 유도하면 통상 2계 또는 4계 편미분방정식으로 되는 경우가 대부분인데, 다음 중 주로 4계 편미분방정식으로 유도되는 것은?

① 판의 진동　　② 봉의 종진동
③ 봉의 비틀림진동　　④ 현의 진동

해설 4계 편미분방정식으로 유도되는 것은 빔의 진동이나 판의 진동이다.

79 가진력 저감이 가능한 경우와 거리가 먼 것은?

① 기초를 움직이는 가진력을 감소시키기 위해서는 탄성을 유지한다.
② 왕복운동 압축기는 터보형 고속회전 압축기 등으로 진동이 작은 기계로 교체한다.
③ 필요시 기계의 설치방향을 바꾼다.
④ 크랭크기구를 가진 왕복운동 기계는 단수의 실린더를 가진 것으로 교체한다.

해설 크랭크기구를 가진 왕복운동 기계는 복수 개의 실린더를 가진 것으로 교체한다.

80 $x_1 = 4\sin 80\,t$, $x_2 = 5\cos 80\,t$인 2개 진동이 동시에 일어날 때, 이 합성진동의 최대진폭은 얼마인가? (단, 진폭의 단위는 cm, t는 시간변수이다.)

① 5.0cm　　② 5.8cm
③ 6.4cm　　④ 7.0cm

해설 합성파의 진폭크기 $x = \sqrt{x_1^2 + x_2^2 + \cdots}$ 으로 나타내므로
∴ $x = \sqrt{4^2 + 5^2} = 6.4\,\text{cm}$

제5과목 소음·진동 관계 법규

81 소음·진동관리법규상 특별자치시장 등이 폭약의 사용으로 인한 소음·진동 피해를 방지할 필요가 있다고 인정하여 지방경찰청장에게 폭약 사용을 규제 요청할 때, 포함되어야 할 사항으로 가장 거리가 먼 것은?

① 폭약 사용량   ② 폭약사용시간
③ 폭약의 원료   ④ 발파공법의 개선

[해설] 시행규칙 제24조(폭약 사용 규제 요청)
특별자치시장·특별자치도지사 또는 시장·군수·구청장은 법 제25조에 따라 필요한 조치를 지방경찰청장에게 요청하려면 규제기준에 맞는 방음·방진시설의 설치, 폭약 사용량, 사용시간, 사용 횟수의 제한 또는 발파공법(發破工法) 등의 개선 등에 관한 사항을 포함하여야 한다.

82 방음시설의 성능 및 설치기준에서 사용하는 용어의 정의 중 ( ) 안에 가장 적합한 것은?

( )(이)라 함은 방음판에 입사하는 주광의 광속에 대하여 투과광속의 입사광속에 대한 백분율을 말한다.

① 삽입손실   ② 회절감쇠치
③ 가시광선투과율   ④ 투과손실치

[해설] 방음시설의 성능 및 설치기준[환경부 고시 제2017-159호]
제3조(용어의 정의)
1. "방음시설"이라 함은 교통소음을 저감하기 위하여 충분한 소리의 흡음 또는 차단효과를 얻을 수 있도록 설치하는 시설을 말하며, 방음시설에는 방음벽·방음터널·방음둑 등으로 구분된다.
2. "방음판"이라 함은 방음시설의 기초부와 지주 사이의 방음효과를 얻기 위한 구조물을 말한다.
3. "흡음률"이라 함은 입사음의 강도에 대한 흡수음의 강도의 백분율을 말한다.
4. "투과손실"이라 함은 소음에너지가 방음판을 투과하기 전과 투과한 후의 음압레벨의 차이를 말한다.
5. "삽입손실"이라 함은 동일 조건에서 방음시설 설치 전후의 음압레벨 차이를 말한다.
6. "가시광선투과율"이라 함은 방음판에 입사하는 주광의 광속에 대하여 투과광속의 입사광속에 대한 백분율을 말한다.
7. "수음점"이라 함은 소음의 영향을 받는 위치로서 방음시설의 설계목표가 되는 지점을 말한다.
8. "회절감쇠치"라 함은 소음원에서 수음점까지의 전달경로상에 방음시설에 의한 회절로 인하여 음이 감쇠되는 것을 말한다.

83 환경정책기본법상 환경부장관은 소음·진동관리 종합계획을 몇 년마다 수립하여야 하는가?

① 1년   ② 3년
③ 5년   ④ 10년

[해설] 환경정책기본법 제16조의2(국가환경종합계획의 정비)
환경부장관은 환경적·사회적 여건 변화 등을 고려하여 5년마다 국가환경종합계획의 타당성을 재검토하고 필요한 경우 이를 정비하여야 한다.

84 소음·진동관리법상 환경기술인의 업무를 방해하거나 환경기술인의 요청을 정당한 사유없이 거부한 자에 대한 과태료 부과기준은?

① 100만원 이하의 과태료
② 300만원 이하의 과태료
③ 6개월 이하의 징역 또는 500만원 이하의 과태료
④ 1년 이하의 징역 또는 1천만원 이하의 과태료

[해설] 법 제60조(과태료)
환경기술인의 업무를 방해하거나 환경기술인의 요청을 정당한 사유없이 거부한 자에게는 300만원 이하의 과태료를 부과한다.

85 소음·진동관리법규상 이동소음원의 규제에 따른 이동소음원의 종류와 거리가 먼 것은? (단, 그 밖의 사항 등은 제외)

① 저공으로 비행하는 항공기
② 이동하며 영업을 하기 위하여 사용하는 확성기
③ 행락객이 사용하는 음향기계
④ 소음방지장치가 비정상이거나 음향장치를 부착하여 운행하는 이륜자동차

[해설] 시행규칙 제23조(이동소음의 규제)
이동소음원(移動騷音源)의 종류는 다음과 같다.
1. 이동하며 영업이나 홍보를 하기 위하여 사용하는 확성기
2. 행락객이 사용하는 음향기계 및 기구
3. 소음방지장치가 비정상이거나 음향장치를 부착하여 운행하는 이륜자동차
4. 그 밖에 환경부장관이 고요하고 편안한 생활환경을 조성하기 위하여 필요하다고 인정하여 지정·고시하는 기계 및 기구

81.③ 82.③ 83.③ 84.② 85.①

86 소음·진동관리법규상 현재 제작되는 자동차의 소음허용기준 설정항목(소음항목)으로만 모두 옳게 나열된 것은? (단, 2006년 1월 1일 이후에 제작되는 자동차)

① 배기소음

② 배기소음, 경적소음

③ 배기소음, 경적소음, 가속주행소음

④ 배기소음, 경적소음, 주행소음, 가속주행소음

해설 **시행령 제4조(제작차 소음허용기준)**
제작차 소음허용기준은 다음의 자동차의 소음 종류별로 소음배출 특성을 고려하여 정하되, 소음 종류별 허용기준치는 관계 중앙행정기관의 장의 의견을 들어 환경부령으로 정한다.
1. 가속주행소음
2. 배기소음
3. 경적소음

87 다음은 소음·진동관리법규상 제작차 소음허용기준과 관련된 사항이다. ( ) 안에 알맞은 것은? (단, 2006년 1월 1일 이후에 제작되는 자동차)

> 차량 총중량 2톤 이상의 환경부장관이 고시하는 오프로드(off-road)형 승용자동차 및 화물자동차 중 원동기 출력 195마력 미만인 자동차에 대하여는 규정에 의한 가속주행소음기준에 ( )를 가산하여 적용한다.

① 1dB(A) ② 2dB(A)
③ 3dB(A) ④ 4dB(A)

해설 **시행규칙 [별표 13] 자동차의 소음허용기준 – 제작자동차**
로서 2006년 1월 1일 이후에 제작되는 자동차 기준
차량 총중량 2톤 이상의 환경부장관이 고시하는 오프로드(off−road)형 승용자동차 및 화물자동차 중 원동기 출력 195마력 미만인 자동차에 대하여는 규정에 의한 가속주행소음기준에 1dB(A)를 가산하여 적용하며, 원동기출력 195마력 이상인 자동차에 대하여는 규정에 의한 가속주행소음기준에 2dB(A)를 가산하여 적용한다.

88 소음·진동관리법규상 소음방지시설(기준)에 해당하지 않는 것은?

① 소음기 ② 방음벽시설
③ 방음내피시설 ④ 흡음장치 및 시설

해설 **시행규칙 [별표 2] 소음방지시설**
1. 소음기
2. 방음덮개시설
3. 방음창 및 방음실시설
4. 방음외피시설
5. 방음벽시설
6. 방음터널시설
7. 방음림 및 방음언덕
8. 흡음장치 및 시설

89 환경정책기본법령상 일반지역 중 전용주거지역의 낮시간대 소음환경기준은?

① $40 L_{eq} dB(A)$

② $45 L_{eq} dB(A)$

③ $50 L_{eq} dB(A)$

④ $55 L_{eq} dB(A)$

해설 **환경정책기본법 시행령 [별표 1] 환경기준 중 소음**

지역구분	적용대상지역	기준[단위 : L_{eq} dB(A)]	
		낮 (06:00 ~ 22:00)	밤 (22:00 ~ 06:00)
일반지역	"가"지역	50	40
	"나"지역	55	45
	"다"지역	65	55
	"라"지역	70	65

지역구분별 적용 대상지역의 구분 "가"지역
1. 녹지지역
2. 보전관리지역
3. 농림지역 및 자연환경보전지역
4. 전용주거지역
5. 종합병원의 부지경계로부터 50m 이내의 지역
6. 학교의 부지경계로부터 50m 이내의 지역
7. 공공도서관의 부지경계로부터 50m 이내의 지역

90 소음·진동관리법령상 환경부장관이 소음·진동관리를 위해 "대통령령으로 정하는 사항"으로 관계기관의 협조를 구할 때 그 대상 사항으로 가장 거리가 먼 것은?

① 도로의 구조개선 및 정비

② 소음지도의 작성에 필요한 자료의 제출

③ 소음·진동의 상시측정망 설치인증 생략

④ 교통신호체제의 개선 등 교통소음을 줄이기 위하여 필요한 사항

해설 시행령 제11조(관계 기관의 협조)

"대통령령으로 정하는 사항"이란 다음의 사항을 말한다.
1. 도로의 구조개선 및 정비
2. 교통신호체제의 개선 등 교통소음을 줄이기 위하여 필요한 사항
3. 「전기용품 및 생활용품 안전관리법」 등 관련 법령에 따른 형식승인 및 품질인증과 관련된 소음·진동기준의 조정
4. 소음지도의 작성에 필요한 자료의 제출

91 환경정책기본법상 낮시간대 전용공업지역의 소음환경기준은? (단, 지역구분은 일반지역에 한한다.)

① $50 L_{eq}$ dB(A) ② $55 L_{eq}$ dB(A)
③ $65 L_{eq}$ dB(A) ④ $70 L_{eq}$ dB(A)

해설 일반지역의 적용 대상지역이 전용공업지역의 낮시간대 환경기준은 $70 L_{eq}$ dB(A)이다.

92 소음·진동관리법규상 주간 철도소음관리기준(한도)으로 옳은 것은? (단, 대상지역은 관광·휴양개발진흥지구, 단위는 L_{eq} dB(A)이다.)

① 60 ② 65
③ 70 ④ 75

해설 시행규칙 [별표 11] 교통소음·진동의 관리기준(철도)

대상지역	구분	한도	
		주간(06:00 ~22:00)	야간(22:00 ~06:00)
주거지역, 녹지지역, 보전관리지역, 관리지역 중 취락지구·주거개발진흥지구 및 관광·휴양개발진흥지구, 자연환경보전지역, 학교·병원·공공도서관 및 입소규모 100명 이상의 노인의료복지시설·영유아보육시설의 부지경계선으로부터 50m 이내 지역	소음 (L_{eq} dB(A))	70	60

93 소음·진동관리법규상 방진시설이 아닌 것은? (단, 그 밖의 사항 등은 제외)

① 탄성지지시설 ② 공진지지시설
③ 방진구시설 ④ 배관진동 절연장치

해설 시행규칙 [별표 2] 진동방지시설
1. 탄성지지시설 및 제진시설
2. 방진구시설
3. 배관진동 절연장치 및 시설

94 소음·진동관리법상 교통기관 등으로부터 발생하는 소음을 적정하게 관리하기 위한 소음지도의 작성에 관한 사항으로 거리가 먼 것은?

① 환경부장관 또는 시·도지사는 소음지도를 작성한 경우에는 인터넷 홈페이지 등을 통하여 이를 공개할 수 있다.
② 환경부장관은 소음지도를 작성하는 시·도지사에 대하여는 소음지도 작성·운영에 필요한 기술적 지원을 할 수 있다.
③ 환경부장관은 소음지도를 작성하는 시·도지사에 대하여는 소음지도 작성·운영에 필요한 재정적 지원을 할 수 있다.
④ 환경부장관은 소음을 적정하게 관리하기 위하여 대통령령으로 정하는 바에 따라 소음지도를 작성한다.

해설 법 제4조의 2(소음지도의 작성)

환경부장관 또는 시·도지사는 교통기관 등으로부터 발생하는 소음을 적정하게 관리하기 위하여 필요한 경우에는 환경부령으로 정하는 바에 따라 일정 지역의 소음의 분포 등을 표시한 소음지도(騷音地圖)를 작성할 수 있다.

95 소음·진동관리법규상 자동차의 사용정지 명령을 받은 차량의 소유자는 사용정지 표지를 자동차의 어느 부위에 부착해야 하는가?

① 전면 유리창 왼쪽 상단
② 전면 유리창 오른쪽 상단
③ 전면 유리창 왼쪽 하단
④ 전면 유리창 오른쪽 하단

해설 시행규칙 제47조(자동차의 사용정지 명령)

특별시장·광역시장·특별자치시장·특별자치도지사 또는 시장·군수·구청장은 자동차의 사용정지를 명할 때에는 그 자동차 소유자에게 자동차 사용정지명령서를 발급하고, 자동차의 전면 유리창 오른쪽 상난에 사용징지 표지를 붙여야 한다.

96 소음·진동관리법규상 특정공사의 사전신고대상 기계·장비의 종류로 옳지 않은 것은?

① 로더
② 압입식 항타항발기
③ 콘크리트 펌프
④ 콘크리트 절단기

해설 시행규칙 [별표 9] 특정공사의 사전신고대상 기계·장비의 종류

항타기·항발기 또는 항타항발기(압입식 항타항발기는 제외한다)

97 소음·진동관리법규상 환경부장관이 확인검사 대행자의 등록을 위해 확인검사에 필요한 검사수수료를 정하여 고시할 때, 환경부의 인터넷 홈페이지에 며칠간 그 내용을 게시하고 이해관계인의 의견을 들어야 하는가? (단, 긴급한 사유가 아닌 경우임)

① 7일   ② 14일
③ 20일   ④ 60일

해설 시행규칙 제55조(검사수수료)
1. 확인검사에 필요한 수수료는 검사장비의 사용비용·재료비 등을 고려하여 환경부장관이 정하여 고시한다.
2. 환경부장관은 수수료를 정하려는 경우에는 미리 환경부의 인터넷 홈페이지에 20일(긴급한 사유가 있는 경우에는 10일)간 그 내용을 게시하고 이해관계인의 의견을 들어야 한다.

98 소음·진동관리법규상 22.5kW 이상의 시설로서 진동배출시설기준에 해당하지 않는 것은? (단, 동력을 사용하는 시설 및 기계·기구로 한정)

① 분쇄기(파쇄기와 마쇄기를 포함한다)
② 목재가공기계
③ 연탄제조용 윤전기
④ 단조기

해설 시행규칙 [별표 1] 22.5kW 이상의 시설로서 진동배출시설
(동력을 사용하는 시설 및 기계·기구로 한정한다)
1. 22.5kW 이상의 분쇄기(파쇄기와 마쇄기를 포함한다)
2. 22.5kW 이상의 단조기
3. 22.5kW 이상의 도정시설(「국토의 계획 및 이용에 관한 법률」에 따른 주거지역·상업지역 및 녹지지역에 있는 시설로 한정)
4. 22.5kW 이상의 목재가공기계
③ 연탄제조용 윤전기는 37.5kW 이상의 시설이다.

99 소음·진동관리법규상 배출시설의 변경신고를 하여야 하는 규모기준으로 옳은 것은?

① 배출시설의 규모를 $\frac{50}{100}$ 이상(신고 또는 변경신고를 하거나 허가를 받은 규모를 증설하는 누계를 말한다) 증설하는 경우

② 배출시설의 규모를 $\frac{30}{100}$ 이상(신고 또는 변경신고를 하거나 허가를 받은 규모를 증설하는 누계를 말한다) 증설하는 경우

③ 배출시설의 규모를 $\frac{25}{100}$ 이상(신고 또는 변경신고를 하거나 허가를 받은 규모를 증설하는 누계를 말한다) 증설하는 경우

④ 배출시설의 규모를 $\frac{20}{100}$ 이상(신고 또는 변경신고를 하거나 허가를 받은 규모를 증설하는 누계를 말한다) 증설하는 경우

해설 시행규칙 [별표 6] 변경신고 대상
1. 배출시설의 규모를 $\frac{50}{100}$ 이상(신고 또는 변경신고를 하거나 허가를 받은 규모를 증설하는 누계를 말한다) 증설하는 경우
2. 사업장의 명칭이나 대표자를 변경하는 경우
3. 배출시설의 전부를 폐쇄하는 경우

100 소음·진동관리법규상 소음발생건설기계의 종류 중 공기압축기의 기준으로 옳은 것은?

① 공기 토출량이 분당 2.83m^3 이상의 이동식인 것으로 한정한다.
② 공기 토출량이 시간당 2.83m^3 이상의 이동식인 것으로 한정한다.
③ 공기 토출량이 분당 2.83m^3 이상의 고정식인 것으로 한정한다.
④ 공기 토출량이 시간당 2.83m^3 이상의 고정식인 것으로 한정한다.

해설 시행규칙 [별표 4] 소음발생건설기계의 종류
공기압축기(공기 토출량이 분당 2.83m^3 이상의 이동식인 것으로 한정한다)

제1과목 **소음 · 진동 개론**

01 진동발생원의 진동을 측정한 결과, 진동가속도 진폭이 2×10^{-2}m/s²이었다. 이를 진동가속도레벨(VAL)로 나타내면?

① 57dB　　　　② 60dB

③ 63dB　　　　④ 67dB

해설 진동가속도 진폭 2×10^{-2}m/s²을 측정대상 진동의 가속도 실효치로 나타낸다.

$$\frac{2 \times 10^{-2}}{\sqrt{2}} = 0.01414 \, \text{m/s}^2$$

$$\therefore \text{VAL} = 20 \log \frac{0.01414}{10^{-5}} = 63\text{dB}$$

02 일반적으로 송풍기 소음의 기본주파수(f, Hz)를 구하는 식으로 옳은 것은? (단, n : 회전날개수, R : 회전수(rpm))

① $f = n \times R \times 60$

② $f = \dfrac{n \times R}{60}$

③ $f = \dfrac{R}{n \times 60}$

④ $f = \dfrac{60}{n \times R}$

해설 **송풍기 소음의 기본주파수**(f, Hz)

$$f = \frac{n \times R}{60}$$

여기서, R은 회전날개의 분당 회전수로 rpm(revolution per minute)으로 나타낸다.

03 소음공해의 특징과 가장 거리가 먼 것은?

① 감각적 공해이다.

② 대책 후에 처리할 물질이 거의 발생되지 않는다.

③ 광범위하고, 단발적이다.

④ 축적성이 없다.

해설 소음공해는 국소적이고, 다발적이어서 주위에 민원이 많다.

04 소음의 영향에 관한 설명으로 가장 거리가 먼 것은?

① 노인성 난청은 소음성 난청보다 높은 8,000Hz 부근에서 청력손실이 일어나기 때문에 C_5 – dip도 인정된다.

② 일반적으로 소음성 난청은 장기간에 걸친 소음폭로로 기인되기 때문에 노인성 난청도 가미된다.

③ 소음성 난청은 대개 음을 수감하는 와우각 내의 감각세포 고장으로 발생한다.

④ 110dB(A) 이상의 큰 소음에 일시적으로 폭로되면 회복 가능한 일시성의 청력손실이 일어나는데, 이를 소음성의 일시적 난청(TTS)이라 한다.

해설 노인성 난청은 소음성 난청보다 높은 6,000Hz 부근에서 청력손실이 일어난다.
C_5 – dip는 4,000Hz에서 발생되는 소음성 난청의 현상이다.

05 귀의 각 기관과 그 기능으로 옳지 않은 것은?

① 고막 : 진동판　　② 외이도 : 공명기

③ 이관 : 기압조정　　④ 와우각 : 음압증폭

해설 와우각은 청세포가 들어 있어 소리의 자극을 받아들인다. 음압을 증폭하는 기관은 이소골이다.

06 평균 음압이 3,515N/m²이고, 특정 지향음압이 6,250N/m²일 때 지향지수는?

① 약 3.8dB　　　② 약 5.0dB

③ 약 6.3dB　　　④ 약 7.2dB

해설 **지향지수**(Directivity Index, DI)

DI $= \text{SPL}_\theta - \overline{\text{SPL}}$(dB)에서

$$\text{SPL}_\theta = 20 \log \frac{6,250}{2 \times 10^{-5}} = 170\text{dB}$$

$$\overline{\text{SPL}} = 20 \log \frac{3,515}{2 \times 10^{-5}} = 165\text{dB}$$

$$\therefore \text{DI} = 170 - 165 = 5\text{dB}$$

07 음장에 관한 설명 중 가장 거리가 먼 것은?

① 확산음장은 잔향음장에 속하며, 밀폐된 실내의 모든 표면에서 입사음이 거의 100% 반사된다면 실내의 모든 위치에서 음의 에너지 밀도는 일정하다.

② 근음장은 음원에서 근접한 거리에서 발생하며 음원의 크기, 주파수, 방사면의 위상에 크게 영향을 받는 음장이다.

③ 자유음장은 근음장 중 역제곱법칙이 만족되는 구역이다.

④ 근음장에서의 입자속도는 음의 전파방향과 개연성이 없고, 음의 세기는 음압의 제곱과 비례관계가 거의 없다.

해설 자유음장은 원음장 중 역제곱법칙이 만족되는 구역이다.

08 충분히 넓은 벽면에 음파가 입사하여 일부가 투과할 때 입사음의 세기를 I_A, 투과음의 세기를 I_B라고 하면 투과손실(TL : Transmission Loss)은?

① $TL = 10\log\left(\dfrac{I_A}{I_B}\right)$ ② $TL = 10\log\left(\dfrac{I_B}{I_A}\right)$

③ $TL = 20\log\left(\dfrac{I_A}{I_B}\right)$ ④ $TL = 20\log\left(\dfrac{I_B}{I_A}\right)$

해설 투과율 $\tau = \dfrac{\text{투과음의 세기}}{\text{입사음의 세기}} = \dfrac{I_B}{I_A}$

투과손실 $TL = 10\log\dfrac{1}{\tau}\,dB = 10\log\dfrac{I_A}{I_B}$

09 다음은 기상조건에서 공기흡음에 의해 일어나는 감쇠치에 관한 설명이다. ( ) 안에 알맞은 것은? (단, 바람은 무시하고, 기온은 20℃이다.)

> 감쇠치는 옥타브 밴드별 중심주파수(Hz)의 제곱에 (㉮)하고, 음원과 관측점 사이의 거리(m)에 (㉯)하며 상대습두(%)에 (㉰)한다.

① ㉮ 비례, ㉯ 비례, ㉰ 반비례

② ㉮ 반비례, ㉯ 비례, ㉰ 비례

③ ㉮ 비례, ㉯ 반비례, ㉰ 반비례

④ ㉮ 반비례, ㉯ 비례, ㉰ 반비례

해설 공기흡음에 의해 일어나는 감쇠치는 옥타브 밴드별 중심주파수의 제곱에 비례하고, 음원과 관측점 사이의 거리에 비례하고 상대습도에 반비례한다.

기상조건에서 공기흡음에 의해 일어나는 감쇠치를 나타내는 식은 다음과 같다.

$\Delta L_a = 7.4 \times \left(\dfrac{f^2 \times r}{\phi}\right) \times 10^{-8}\,dB$

10 소음의 영향·평가에 관한 용어 설명으로 적합한 것은?

① NC는 주로 실외소음 평가척도로 사용한다.

② L_N은 감각소음레벨을 의미한다.

③ NNI는 도로교통소음지수를 의미한다.

④ NEF는 항공기소음의 평가척도로 사용된다.

해설 ① NC : 실내소음 평가척도

② L_N : 소음통계레벨

③ NNI : 영국의 항공기 소음평가

④ NEF : 미국의 항공기소음의 평가척도

11 소음통계레벨에 관한 설명으로 옳지 않은 것은?

① 전체 측정값 중 환경소음레벨을 초과하는 소음도 총합의 산술평균값을 말한다.

② 소음레벨의 누적도수분포로부터 쉽게 구할 수 있다.

③ %값이 낮을수록 큰 레벨을 나타내어 $L_{10} > L_{50} > L_{90}$의 관계가 있다.

④ 일반적으로 L_{90}, L_{50}, L_{10}값은 각각 배경소음, 중앙값, 침입소음의 레벨값을 나타낸다.

해설 소음통계레벨

전체 측정기간 중 그 소음레벨을 초과하는 시간의 총합이 $N(\%)$가 되는 소음레벨이다.

12 소음원의 PWL이 각각 69dB, 75dB, 79dB, 84dB일 때 소음의 파워레벨 평균치는?

① 77dB

② 80dB

③ 84dB

④ 86dB

해설 소음의 파워레벨 평균치 $L - 10 \log n$ 이므로 먼저 소음원의 PWL 합(L)을 구한다.

$$L = 10 \log \left(10^{\frac{L_1}{10}} + 10^{\frac{L_2}{10}} + \cdots + 10^{\frac{L_n}{10}} \right)$$
$$= 10 \log \left(10^{6.9} + 10^{7.5} + 10^{7.9} + 10^{8.4} \right)$$
$$= 86 \, \text{dB}$$

∴ 파워레벨의 평균치
$$L - 10 \log n = 86 - 10 \log 4 = 80 \text{dB}$$

13 중심주파수가 500Hz일 때 $\frac{1}{1}$ 옥타브 밴드 분석기(정비형 필터)의 상한주파수는?

① 약 710Hz
② 약 760Hz
③ 약 810Hz
④ 약 860Hz

해설 상한주파수
$$f_2 = f_o \times \sqrt{2} = 500 \times \sqrt{2} = 707 \, \text{Hz}$$

14 백색잡음(white noise)에 관한 설명으로 옳지 않은 것은?

① 보통 저음역과 중음역대의 음이 상대적으로 고음역보다 음량이 높아 인간의 청각면에서는 핑크잡음이 백색잡음보다 모든 주파수대에 동일 음량으로 들린다.
② 인간이 들을 수 있는 모든 소리를 혼합하면 주파수, 진폭, 위상이 균일하게 끊임없이 변하는 완전 랜덤파형을 형성하며 이를 백색잡음이라 한다.
③ 단위주파수 대역(1Hz)에 포함되는 성분의 세기가 전 주파수에 걸쳐 일정한 잡음을 말한다.
④ 모든 주파수대에 동일한 음량을 가지고 있는 것임에도 불구하고, 저음역 쪽으로 갈수록 에너지 밀도가 높아 저음역 쪽의 음성분이 더 많은 것으로 들린다.

해설 백색잡음은 모든 주파수대에 동일한 음량을 가지고 있는 것임에도 불구하고, 고음역 쪽으로 갈수록 에너지 밀도가 높아 고음역 쪽의 음성분이 더 많은 것으로 들린다.

15 굳고 단단한 넓은 평야지대를 기차가 달리고 있다. 철로와 주변지대는 완전한 평면이며, 철로 중심으로부터 20m 떨어진 곳에서의 음압레벨이 70dB이었다면, 이 음원의 음향파워레벨은? (단, 음파가 전파되는데 방해가 되는 것은 없다고 가정한다.)

① 약 107dB
② 약 104dB
③ 약 91dB
④ 약 88dB

해설 주어진 문제를 파악하면 선음원, 반자유공간의 거리감쇠에 해당하므로
$$SPL = PWL - 10 \log r - 5 \text{에서}$$
$$PWL = 70 + 10 \log 20 + 5 = 88 \, \text{dB}$$

16 다음 매질 중 일반적으로 소리전파속도가 가장 느린 것은?

① 공기(20℃)
② 수소
③ 헬륨
④ 물

해설 매질 중 음속의 빠르기
공기(344m/s) < 헬륨(1,005m/s) < 수소(1,310m/s) < 물(1,440m/s)

17 자유공간에 있는 무지향성 점음원의 음향출력이 2배로 되고, 측정점과 음원의 거리도 2배로 되었다고 하면 음압레벨은 처음에 비해 얼마만큼 변화하는가?

① 2dB 감소
② 3dB 감소
③ 6dB 감소
④ 9dB 감소

해설 자유공간에 있는 무지향성 점음원의 음향출력이 2배로 되면 $10 \log 2 = 3 \text{dB}$ 증가, 측정점과 음원의 거리가 2배로 되면 $20 \log 6 = 6 \text{dB}$ 감소한다.
∴ $+3 - 6 = -3 \text{dB}$

18 음압의 실효치가 70N/m²인 평면파의 경우 음의 세기는 약 몇 W/m²이 되는가? (단, 표준대기에서 $\rho c = 406 \text{kg/m}^2 \cdot \text{s}$로 계산할 것)

① 16
② 12
③ 8
④ 4

해설 음의 세기
$$I = \frac{P^2}{\rho \times c} = \frac{70^2}{406} = 12 \, \text{W/m}^2$$

19 다음 중 청각기관에 관한 설명으로 옳지 않은 것은?

① 중이에서 음의 전달매질은 고체이다.

② 추골, 침골, 등골은 중이에 해당한다.

③ 외이도는 일종의 공명기로 소리를 증폭, 고막을 진동시킨다.

④ 내이의 고실은 소리의 진폭과 힘(진동음압)을 약 $10 \sim 20$배 정도 증가시켜 뇌신경으로 전달한다.

해설 중이의 고실은 소리의 진폭과 힘(진동음압)을 약 $10 \sim 20$배 정도 증가시켜 난원창으로 전달한다.

20 진동에 의한 생체 영향 요인으로 고려할 사항과 거리가 먼 것은?

① 진동의 진폭

② 진동의 주파수

③ 폭로시간

④ 공명

해설
- 공명(resonance) : 2개의 진동체(예 말굽쇠)의 고유진동수가 같을 때 한 쪽을 울리면 다른 쪽도 울리는 현상으로 진동이 배가된다. 공명은 진동에 의한 생체반응에 고려할 사항이 아니다.
- 진동에 의한 생체반응에서 고려할 사항 : 진동의 진폭, 진동의 주파수, 노출시간, 진동의 방향 등이 있다.

제2과목 소음 방지기술

21 A실의 규격이 $10\text{m}(L) \times 10\text{m}(W) \times 5\text{m}(H)$이다. 이 실의 잔향시간이 1.5초일 때, 실내 흡음력(m^2)은?

① 54m^2

② 64m^2

③ 74m^2

④ 84m^2

해설 실내 흡음력 $A = S\overline{\alpha}$
$$= \frac{0.161V}{T}$$
$$= \frac{0.161 \times 10 \times 10 \times 5}{1.5}$$
$$= 54\,\text{m}^2$$

22 A콘크리트 벽체의 면적이 $1,000\text{m}^2$이고, 이 벽체의 투과손실은 40dB이다. 이 벽체에 벽체 면적의 $\frac{1}{100}$을 환기구로 할 때 총합 투과손실은?

① 50dB

② 30dB

③ 20dB

④ 10dB

해설 총합 투과손실 $\overline{\text{TL}} = 10 \log \left(\dfrac{\sum S_i}{\sum S_i \tau_i} \right)$
$$= 10 \log \left(\frac{1,000}{990 \times 10^{-4} + 10 \times 1} \right)$$
$$= 20\text{dB}$$

23 날개수 12개인 송풍기가 1,200rpm으로 운전되고 있다. 이 송풍기의 출구에 단순 팽창형 소음기를 부착하여 송풍기에서 발생하는 기본음에 대하여 최대투과손실 20dB을 얻고자 한다. 이때 소음기의 팽창부 길이는? (단, 관로 중의 기체 온도는 22℃이다.)

① 0.32m

② 0.35m

③ 0.41m

④ 0.43m

해설 송풍기의 강제주파수
$$f = \frac{n \times \text{rpm}}{60} = \frac{12 \times 1,200}{60} = 240\,\text{Hz}$$
음속 $c = 331.5 + 0.61 \times 2 = 332.62\,\text{m/s}$
$$\lambda = \frac{c}{f} = \frac{332.62}{240} = 1.39\,\text{m}$$
$\therefore$ 소음기의 팽창부 길이 $L = \dfrac{\lambda}{4} = \dfrac{1.39}{4} = 0.35\,\text{m}$

24 다음과 같이 방음벽을 설치한다고 할 때 경로차(δ)는 약 얼마인가?

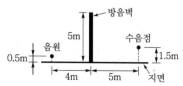

① 3.0m

② 3.5m

③ 4.0m

④ 4.6m

해설 전파경로의 차
$$\delta = (A+B) - d$$
$$= \left(\sqrt{4.5^2 + 4^2} + \sqrt{3.5^2 + 5^2} \right) - \sqrt{1^2 + 9^2}$$
$$= 3.0\,\text{m}$$

25 팬(fan) 날개수가 30개인 송풍기가 1,000rpm으로 운전하고 있을 때 이 송풍기의 기본음 주파수는?

① 125Hz　　　　② 250Hz
③ 500Hz　　　　④ 1,000Hz

 회전체의 주파수

$$f = \frac{n \times \text{rpm}}{60} = \frac{30 \times 1,000}{60} = 500\,\text{Hz}$$

26 그림과 같이 방음울타리의 정점(O)과 음원(S), 수음점(R)이 일직선상에 있다고 할 때, 프레넬수(Fresnel number) N은?

① 0
② 4
③ 6
④ 10

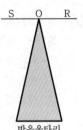

방음울타리

 방음울타리의 꼭지점(O)과 음원(S), 수음점(R)이 일직선상에 있다고 할 때 프레넬수는 0이다.

27 소음기의 성능을 표시하는 용어에 관한 정의로 옳지 않은 것은?

① 삽입손실치(IL) : 소음원에 소음기를 부착하기 전과 후의 공간상 어떤 특정위치에서 측정한 음압레벨의 차와 그 측정위치로 정의된다.
② 투과손실치(TL) : 소음기에 입사한 음향출력에 대한 소음기에 투과된 음향출력의 비를 자연대수로 취한 값으로 정의된다.
③ 감쇠치(ΔL) : 소음기 내의 두 지점 사이의 음향파워의 감쇠치로 정의된다.
④ 동적 삽입손실치(DIL) : 정격유속(rated flow) 조건하에서 측정하는 것을 제외하고는 삽입손실치와 똑같이 정의된다.

 투과손실치(TL)
소음기에 입사한 음향출력에 대한 소음기에 투과된 음향출력의 비를 상용대수를 취한 후 10을 곱한 값으로 정의된다.

28 섬유질 흡음재의 고유 유동저항 σ을 구하는 관계식으로 옳은 것은? (단, S는 시료 단면적, L은 시료의 두께, Q는 체적 속도, ΔP는 시료 전·후의 압력차이다.)

① $\sigma = \dfrac{\Delta P \times S}{Q \times L}$

② $\sigma = \dfrac{S \times L}{\Delta P \times Q}$

③ $\sigma = \dfrac{\Delta P \times L}{Q \times S}$

④ $\sigma = \dfrac{Q \times L}{\Delta P \times S}$

 섬유질 흡음재의 고유 유동저항
다공성 흡음재의 음향특성 파악과 음향임피던스 계산에 매우 중요한 파라미터이다.

고유 유동저항 $\sigma = \dfrac{\Delta P \times S}{Q \times L}$ (g/s · cm^3)

여기서, ΔP : 시료 전·후의 압력차(dyne/cm^2)
　　　　S : 시료 단면적(cm^2)
　　　　Q : 체적 속도(cm^3/s)
　　　　L : 시료의 두께(cm)

29 방음벽은 벽면 또는 벽 상단의 음향특성에 따라 종류별 분류가 가능하다. 다음 중 방음벽 분류에 해당하지 않는 것은?

① 반사형　　　　② 간섭형
③ 공명형　　　　④ 팽창형

 벽면 또는 벽 상단의 음향특성에 따른 방음벽의 분류
㉠ 반사형
 • 저감원리 : 방음벽면에서 음파가 대부분 반사하는 방음벽
 • 적용위치 : 반사음의 영향을 받지 않는 지역
㉡ 흡음형
 • 저감원리 : 방음벽면에서 흡음의 원리를 이용하여 음파의 일부를 흡수하는 방음벽
 • 적용위치 : 설치지역에 제한을 받지 않음
㉢ 간섭형
 • 저감원리 : 방음벽면 또는 상단에서 입사음과 반사음이 간섭을 일으켜 감쇠되는 방음벽
 • 적용위치 : 소음원이 수음원보다 높은 지역
㉣ 공명형
 • 저감원리 : 방음벽면에 구멍이 뚫려 있고 내부에 공동이 있어 음파가 공명에 의한 흡음에 의하여 감쇠되는 방음벽
 • 적용위치 : 설치지역에 제한을 받지 않음

30 음향투과등급(sound transmission class)에 관한 설명으로 옳지 않은 것은?

① 잔향실에서 $\frac{1}{3}$ 옥타브 대역으로 측정한 투과손실로부터 구한다.

② 500Hz의 기준곡선값이 해당 자재의 음향투과등급이 된다.

③ 단 하나의 투과손실값도 기준곡선 밑으로 8dB을 초과해서는 안 된다.

④ 기준곡선 밑의 각 주파수 대역별 투과손실과 기준곡선값과의 차의 산술평균이 10dB 이내이어야 한다.

해설 기준곡선 밑의 각 주파수 대역별 투과손실과 기준곡선값과의 차의 산술평균이 2dB 이내이어야 한다.

31 입사음이 75%는 흡음, 10%는 반사, 그리고 15%는 투과시키는 음향재료를 이용하여 방음벽을 만들었다고 할 때, 이 방음벽의 투과손실(dB)은?

① 약 15dB ② 약 10dB
③ 약 8dB   ④ 약 1dB

해설 투과손실 $\text{TL} = 10\log\frac{1}{\tau} = 10\log\frac{1}{0.15} = 8\text{dB}$

32 무한 선음원인 도로변에 설치한 유한길이 방음벽 500Hz에서의 투과손실치(TL)가 30dB, 회절감쇠치(L_{da})가 15dB이고 방음벽으로 차음된 관측값(ϕ)을 120°라 할 때, 방음벽 설치에 따른 차음효과(ΔL)는?

① 15dB   ② 9.5dB
③ 7.3dB   ④ 4.8dB

해설 선음원이 무한히 길면 θ는 $\pi\,(180°)$가 되고, 방음벽으로 차음된 관측각을 ϕ라고 할 때 방음벽에 의한 입사음 감쇠치는 다음과 같다.
방음벽 설치에 따른 차음효과
$$\Delta L = -10\log\left|\frac{(180-\phi)}{180}\right|$$
$$= -10\log\left(\frac{180-120}{180}\right)$$
$$= 4.8\text{dB}$$

33 실내에 설치되어 있는 유체기계에서 유체유동으로 소음을 발생시키고 있다. 이에 대한 소음 저감대책으로 적당하지 않은 것은?

① 유속을 느리게 한다.
② 압력의 시간적 변화를 완만하게 한다.
③ 유체유동 시 유량밸브를 가능한 한 빨리 개폐시킨다.
④ 유체유동 시 공동현상이 발생하지 않도록 한다.

해설 유체유동 시 유량밸브를 가능한 한 천천히 개폐시킨다.

34 관로 내에서 음향에너지를 흡수시켜 출구로 방출되는 음향파워레벨을 작게 하는 소음기는?

① 흡음덕트형 소음기
② 팽창형 소음기
③ 간섭형 소음기
④ 공명형 소음기

해설 **흡음덕트형 소음기**
관로 내에서 음향에너지를 흡수시켜 출구로 방출되는 음향파워레벨을 작게 하는 소음기로 덕트 내면에 유리솜, 암면과 같은 흡음재를 부착하여 흡음에 의해 감음하는 형식이다.

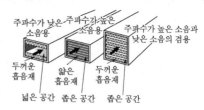

35 균질인 단일벽의 두께를 4배로 할 경우 일치효과의 한계주파수 변화로 옳은 것은? (단, 기타 조건은 일정)

① 원래의 $\frac{1}{4}$

② 원래의 $\frac{1}{2}$

③ 원래의 2배

④ 원래의 4배

해설 단일벽의 일치주파수

$$f = \frac{c^2}{2\,\pi\,h\,\sin^2\theta}\sqrt{\frac{12\,\rho\,(1-\sigma^2)}{E}}\ (\text{Hz})$$

이 식에서 θ가 90°에 가까워질 때(평행입사에 가까워질 때) f는 최저로 됨을 알 수 있으며, 입사각이 90°일 때의 주파수를 한계주파수(critical frequency)라고 한다. ($\sin 90° = 1$)

식에서 $f \propto \frac{1}{h}$ 이므로 균질인 단일벽의 두께를 4배로 하면 한계주파수는 원래의 $\frac{1}{4}$ 이 된다.

36 다음 중 흡음재료의 선택 및 사용상 유의점으로 옳은 것은?

① 흡음재료를 벽면에 부착 시 전체 내벽에 분산 부착하는 것보다 한 곳에 집중하는 것이 좋다.

② 흡음 tex 등은 못으로 시공하는 것보다 전면을 접착제로 부착하는 것이 좋다.

③ 다공질 재료의 경우 표면에 종이를 입혀 사용하도록 한다.

④ 다공질 재료의 표면을 도장하면 고음역에서 흡음률이 저하한다.

해설 ① 흡음재료를 벽면에 부착 시 한 곳에 집중하는 것보다 전체 내벽에 분산 부착하는 것이 흡음력을 증가시키고 반사음을 확산시킨다.

② 흡음 텍스(tex) 등은 전면을 접착제로 부착하는 것보다 못으로 시공하는 것이 좋다.

③ 다공질 재료의 경우 표면에 종이를 입히는 것은 피해야 한다.

37 다음 중 흡음덕트형 소음기에 관한 설명으로 옳은 것은?

① 최대감음주파수는 $\lambda < D < 2\lambda$ 범위에 있다(λ : 대상음의 파장(m), D : 덕트 내경(m)).

② 통과유속은 20m/s 이하로 하는 것이 좋다.

③ 송풍기 소음을 방지하기 위한 흡음 챔버 내의 흡음재 두께는 1인치로 하는 것이 이상적이다.

④ 감음특성은 저음역에서 좋다.

해설 ① 흡음덕트 최대감음주파수는 $\frac{\lambda}{2} < D < \lambda$ 범위에 있다.

(여기서, λ : 대상음의 파장(m), D : 덕트의 내경(m))

③ 송풍기 소음을 방지하기 위한 흡음 챔버(chamber) 내의 흡음재 두께는 2~4인치로 부착하는 것이 이상적이다.

④ 감음의 특성은 중·고음역에서 좋다.

38 외부로부터 면적이 20m²인 벽을 통하여 음압레벨이 100dB인 확산음이 실내로 입사되고 있다. 실내의 흡음력은 25m²이고 벽의 투과손실이 38dB일 때, 실내의 음압레벨은?

① 52dB

② 61dB

③ 67dB

④ 73dB

해설 차음도 $\text{NR} = \text{SPL}_1 - \text{SPL}_2$

$\qquad\qquad = \text{TL} + 10\log\left(\dfrac{A_2}{S}\right) - 6$

$\qquad\qquad = 38 + 10\log\left(\dfrac{25}{20}\right) - 6$

$\qquad\qquad = 33\text{dB}$

∴ 실내의 음압레벨
$\quad \text{SPL}_2 = \text{SPL}_1 - \text{NR} = 100 - 33 = 67\text{dB}$

39 연결관과 팽창실의 단면적이 각각 A_1, A_2인 팽창형 소음기의 투과손실 TL은? (단, $m = \dfrac{A_2}{A_1}$, $K = \dfrac{2\pi f}{c}$, L : 팽창부 길이, f : 대상주파수, π : 180°, c : 음속)

① $\text{TL} = 10\log\left[1 + 0.25\left(m - \dfrac{1}{m^2}\right)\sin^2(KL)\right]\text{dB}$

② $\text{TL} = 10\log\left[1 + 4\left(m - \dfrac{1}{m}\right)\sin^2(KL)\right]\text{dB}$

③ $\text{TL} = 10\log\left[1 + 0.25\left(m - \dfrac{1}{m}\right)^2\sin^2(KL)\right]\text{dB}$

④ $\text{TL} = 10\log\left[1 + 4\left(m - \dfrac{1}{m}\right)\sin(KL)\right]\text{dB}$

해설 팽창형 소음기의 투과손실식

$$\text{TL} = 10\log\left[1 + \frac{1}{4}\left(m - \frac{1}{m}\right)^2\sin^2(KL)\right]\text{dB}$$

40 흡음덕트형 소음기에서 기류의 영향에 관한 설명으로 가장 적합한 것은?

① 음파와 같은 방향으로 기류가 흐르면 소음감쇠치의 정점은 고주파측으로 이동하면서 그 크기는 낮아진다.

② 음파와 반대 방향으로 기류가 흐르면 소음감쇠치의 정점은 고주파측으로 이동하면서 그 크기는 높아진다.

③ 음파와 같은 방향으로 기류가 흐르면 소음감쇠치의 크기는 속도의 제곱에 비례하여 커진다.

④ 음파와 반대 방향으로 기류가 흐르면 소음감쇠치의 크기는 속도의 세제곱에 반비례하여 작아진다.

[해설] 음파와 반대 방향으로 기류가 흐르면 소음감쇠치의 정점은 저주파측으로 이동하면서 그 크기는 높아진다.

제3과목 **소음·진동 공정시험기준**

41 진동레벨계만으로 측정할 경우 진동레벨을 읽는 순간에 지시침이 지시판 범위 위를 벗어날 때 L_{10} 진동레벨 계산방법으로 옳은 것은?

① 범위 위를 벗어난 발생빈도를 기록하여 3회 이상이면 레벨별 도수 및 누적도수를 이용하여 산정된 L_{10}값에 1dB을 더해준다.

② 범위 위를 벗어난 발생빈도를 기록하여 6회 이상이면 레벨별 도수 및 누적도수를 이용하여 산정된 L_{10}값에 1dB을 더해준다.

③ 범위 위를 벗어난 발생빈도를 기록하여 3회 이상이면 레벨별 도수 및 누적도수를 이용하여 산정된 L_{10}값에 2dB을 더해준다.

④ 범위 위를 벗어난 발생빈도를 기록하여 6회 이상이면 레벨별 도수 및 누적도수를 이용하여 산정된 L_{10}값에 2dB을 더해준다.

[해설] L_{10} 진동레벨 계산방법
진동레벨계만으로 측정할 경우 진동레벨을 읽는 순간에 지시침이 지시판 범위 위를 벗어날 때(이때에 진동레벨계의 레벨범위는 전환하지 않음)에는 그 발생빈도를 기록하여 6회 이상이면 L_{10}값에 2dB을 더해준다.

42 진동레벨계만으로 측정 시 진동레벨을 읽는 순간에 지시침이 지시판 범위 위를 벗어날 때 그 발생빈도가 5회였다. L_{10}이 75dB(V)라면 보정 후 L_{10}은?

① 75dB(V)

② 77dB(V)

③ 78dB(V)

④ 80dB(V)

[해설] 진동레벨계만으로 측정할 경우 진동레벨을 읽는 순간에 지시침이 지시판 범위 위를 벗어날 때(이때에 진동레벨계의 레벨범위는 전환하지 않음)에는 그 발생빈도를 기록하여 6회 이상이면 구한 L_{10}값에 2dB을 더해준다. 발생빈도가 5회이므로 L_{10}값은 읽은 그대로 75dB(V)가 된다.

43 표준음 발생기의 발생음의 오차범위 기준으로 옳은 것은?

① ±10dB 이내

② ±5dB 이내

③ ±1dB 이내

④ ±0.1dB 이내

[해설] 표준음 발생기(pistonphone, calibrator)
소음계의 측정감도를 교정하는 기기로서 발생음의 주파수와 음압도가 표시되어 있어야 하며, 발생음의 오차는 ±1dB 이내이어야 한다.

44 진동레벨의 성능기준에 관한 설명으로 옳지 않은 것은?

① 측정가능 주파수 범위는 1~90Hz 이상이어야 한다.

② 측정가능 진동레벨 범위는 45~120dB 이상이어야 한다.

③ 진동픽업의 횡감도는 규정주파수에서 수감축 감도에 대한 차이가 10dB 이상이어야 한다(연직특성).

④ 레벨레인지 변환기가 있는 기기에 있어서 레벨레인지 변환기의 전환오차는 0.5dB 이내이어야 한다.

[해설] 진동픽업의 횡감도는 규정주파수에서 수감축 감도에 대한 차이가 15dB 이상이어야 한다(연직특성).

40.① 41.④ 42.① 43.③ 44.③

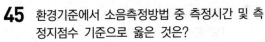

45 환경기준에서 소음측정방법 중 측정시간 및 측정지점수 기준으로 옳은 것은?

① 낮시간대(06:00 ~ 22:00)에는 당해 지역 소음을 대표할 수 있도록 측정지점수를 충분히 결정하고, 각 측정지점에서 4시간 이상 간격으로 2회 이상 측정하여 산술평균한 값을 측정소음도로 한다.

② 낮시간대(06:00 ~ 22:00)에는 당해 지역 소음을 대표할 수 있도록 측정지점수를 충분히 결정하고, 각 측정지점에서 2시간 이상 간격으로 2회 이상 측정하여 산술평균한 값을 측정소음도로 한다.

③ 밤시간대(22:00 ~ 06:00)에는 낮시간대에 측정한 측정지점에서 4시간 이상 간격으로 2회 이상 측정하여 산술평균한 값을 측정소음도로 한다.

④ 밤시간대(22:00 ~ 06:00)에는 낮시간대에 측정한 측정지점에서 2시간 이상 간격으로 2회 이상 측정하여 산술평균한 값을 측정소음도로 한다.

> 해설 낮시간대(06:00 ~ 22:00)에는 당해 지역 소음을 대표할 수 있도록 측정지점수를 충분히 결정하고, 각 측정지점에서 2시간 이상 간격으로 4회 이상 측정하여 산술평균한 값을 측정소음도로 한다. 밤시간대는 ④항이 옳다.

46 소음 · 진동 공정시험기준상 발파진동 측정자료 평가표 서식에 기재되어 있는 항목이 아닌 것은?

① 폭약의 종류
② 발파횟수
③ 폭약의 제조회사
④ 폭약의 1회 사용량(kg)

> 해설 **발파진동 측정자료 평가표 서식에 기재되어야 하는 사항**
> 측정대상의 진동원과 측정지점(폭약의 종류, 1회 사용량(kg), 발파횟수, 측정지점 약도) 등이 기재되어 있다.

47 항공기소음 측정자료 평가표 서식에 기재되어야 하는 사항으로 가장 거리가 먼 것은?

① 비행횟수   ② 비행속도
③ 측정자의 소속   ④ 풍속

> 해설 항공기소음 측정자료 평가표 서식에 기재되어야 하는 사항은 비행횟수, 일별 WECPNL, 측정자의 소속, 측정환경(반사음의 영향, 풍속, 진동, 전자장의 영향), 지역구분, 측정지점, 평균지속시간, 항공기소음 평가레벨(L_{den}) 등이다.

48 다음은 철도진동 측정자료 분석에 관한 설명이다. ( ) 안에 가장 적합한 것은?

> 열차통과 시마다 최고진동레벨이 배경진동레벨보다 최소 (㉮)dB 이상 큰 것에 한하여 연속 (㉯)개 열차(상·하행 포함) 이상을 대상으로 최고진동레벨을 측정·기록한다.

① ㉮ 10, ㉯ 5
② ㉮ 10, ㉯ 10
③ ㉮ 5, ㉯ 5
④ ㉮ 5, ㉯ 10

> 해설 열차통과 시마다 최고진동레벨이 배경진동레벨보다 최소 5dB 이상 큰 것에 한하여 연속 10개 열차(상·하행 포함) 이상을 대상으로 최고진동레벨을 측정·기록하고, 그 중 중앙값 이상을 산술평균한 값을 철도진동레벨로 한다.

49 열차통과 시 배경진동레벨이 65dB(V)이고, 최고진동레벨을 측정한 결과 72dB(V), 73dB(V), 71dB(V), 69dB(V), 74dB(V), 75dB(V), 67dB(V), 77dB(V), 80dB(V), 82dB(V), 76dB(V), 79dB(V), 78dB(V)이다. 철도진동레벨은?

① 74dB(V)
② 75dB(V)
③ 77dB(V)
④ 79dB(V)

> 해설 열차통과 시마다 최고진동레벨이 배경진동레벨보다 최소 5dB 이상 큰 것에 한하여 연속 10개 열차(상·하행 포함) 이상을 대상으로 최고진동레벨을 측정·기록하고, 그 중 중앙값 이상을 산술평균한 값을 철도진동레벨로 한다. 진동레벨의 계산과정에서는 소수점 첫째자리를 유효숫자로 하고, 측정진동레벨(최종값)은 소수점 첫째자리에서 반올림한다.
> 주어진 최고진동레벨에서 중앙값은 76dB(V)이다.
> $$\therefore \frac{76+77+78+79+80+82}{6} = 78.7dB(V)$$

50 동전형 픽업에 관한 설명으로 거리가 먼 것은? (단, 압전형 픽업과 비교 시)

① 픽업의 출력임피던스가 큼
② 중·저주파역(1kHz 이하)의 진동 측정(속도, 변위)에 적합함
③ 고유진동수가 낮음(일반적으로 10 ~ 20Hz)
④ 변압기 등에 의해 자장이 강하게 형성된 장소에서의 진동 측정은 부적합함

해설 동전형(moving coil type)
소음계의 동전형 마이크로폰과 유사하다. 가동코일에 붙은 추가 스프링에 매달려 있는 구조로 진동에 의해 가동코일이 영구자석의 자계 내를 상하로 움직이면 코일에는 추의 상대속도에 비례하는 기전력이 유기된다.
• 중·저주파역(1kHz 이하)의 진동 측정에 적합
• 대형으로 중량임(수백 gram)
• 감도가 안정적임
• 변압기 등 자장이 강한 장소에서는 사용 불가
• 픽업의 출력임피던스 낮음

51 다음은 "지발발파"의 용어에 대한 정의이다. ( ) 안에 알맞은 것은?

(㉮) 내에 시간차를 두고 발파하는 것을 말한다. 단, 발파기를 (㉯) 사용하는 것에 한한다.

① ㉮ 수초, ㉯ 1회
② ㉮ 수초, ㉯ 3회
③ ㉮ 수시간, ㉯ 1회
④ ㉮ 수시간, ㉯ 3회

해설 지발발파(delay blasting)
각 발파공을 일정한 시간 간격으로 발파하는 방법을 말하며 수초 내에 시간차를 두고 발파하는 것을 말한다. 단, 발파기를 1회 사용하는 것에 한한다. 지발발파는 보정발파횟수를 1회로 간주한다.

52 항공기 소음한도 측정결과 일일단위의 WECPNL이 86이다. 일일 평균 최고소음도가 93dB(A)일 때, 1일간 항공기의 등가통과 횟수는?

① 100회   ② 110회
③ 120회   ④ 130회

해설 $WECPNL (웨클) = \overline{L_{\max}} + 10 \log N - 27$ 에서
$86 = 93 + 10 \log N - 27$
$\therefore N = 100$회

53 다음은 항공기소음 관리기준 측정방법 중 측정자료 분석에 관한 설명이다. ( ) 안에 알맞은 것은?

헬리포트 주변 등과 같이 배경소음보다 (㉮) 이상 큰 항공기소음의 지속시간 평균치 $\overline{D}$가 30초 이상일 경우에는 보정량 (㉯)을 $\overline{WECPNL}$에 보정하여야 한다.

① ㉮ 5dB 이상, ㉯ $\left[+10 \log \left(\dfrac{\overline{D}}{20} \right) \right]$

② ㉮ 10dB 이상, ㉯ $\left[+10 \log \left(\dfrac{\overline{D}}{20} \right) \right]$

③ ㉮ 5dB 이상, ㉯ $\left[+20 \log \left(\dfrac{\overline{D}}{20} \right) \right]$

④ ㉮ 10dB 이상, ㉯ $\left[+20 \log \left(\dfrac{\overline{D}}{20} \right) \right]$

해설 측정자료의 분석
측정자료는 다음 방법으로 분석·정리하여 항공기소음 평가레벨인 WECPNL을 구하며, 소수점 첫째자리에서 반올림한다. 다만, 헬리포트 주변 등과 같이 배경소음보다 10dB 이상 큰 항공기소음의 지속시간 평균치 $\overline{D}$가 30초 이상일 경우에는 보정량 $\left[+10 \log \left(\dfrac{\overline{D}}{20} \right) \right]$을 $\overline{WECPNL}$에 보정하여야 한다.

54 항공기소음 관리기준 측정방법 중 측정점에 관한 설명으로 옳지 않은 것은?

① 그 지역의 항공기소음을 대표할 수 있는 장소나 항공기소음으로 인하여 문제를 일으킬 우려가 있는 장소를 택하여야 한다.
② 측정지점 반경 3.5m 이내는 가급적 평활하고, 시멘트 등으로 포장되어 있어야 하며, 수풀, 수림, 관목 등에 의한 흡음의 영향이 없는 장소로 한다.
③ 측정점은 지면 또는 바닥면에서 5 ~ 10m 높이로 한다.
④ 상시측정용의 경우에는 주변 환경, 통행, 타인의 촉수 등을 고려하여 지면 또는 바닥면에서 1.2 ~ 5.0m 높이로 할 수 있다.

해설 측정점은 지면 또는 바닥면에서 1.2 ~ 1.5m 높이로 한다.

55 발파진동 측정 시 디지털 진동 자동분석계를 사용할 경우 배경진동레벨을 정하는 기준으로 옳은 것은?

① 샘플주기를 0.1초 이하로 놓고 5분 이상 측정하여 자동 연산·기록한 80% 범위의 상단치인 L_{10}값을 그 지점의 배경진동레벨로 한다.

② 샘플주기를 0.1초 이하로 놓고 발파진동의 발생기간 동안 측정하여 자동 연산·기록한 최고치를 그 지점의 배경진동레벨로 한다.

③ 샘플주기를 1초 이내에서 결정하고 5분 이상 측정하여 자동 연산·기록한 80% 범위의 상단치인 L_{10}값을 그 지점의 배경진동레벨로 한다.

④ 샘플주기를 1초 이내에서 결정하고 발파진동의 발생기간 동안 측정하여 자동 연산·기록한 최고치를 그 지점의 배경진동레벨로 한다.

해설 디지털 진동 자동분석계를 사용할 경우 샘플주기를 1초 이내에서 결정하고 5분 이상 측정하여 자동 연산·기록한 80% 범위의 상단치인 L_{10}값을 그 지점의 배경진동레벨로 한다.

56 소음·진동 공정시험기준상 소음과 관련된 용어의 정의로 옳지 않은 것은?

① 지시치 : 계기나 기록지상에서 판독한 소음도로서 실효치(rms)를 말한다.

② 소음도 : 소음계의 청감보정회로를 통하여 측정한 지시치를 말한다.

③ 평가소음도 : 측정소음도에 배경소음을 보정한 후 얻어진 소음도를 말한다.

④ 등가소음도 : 임의의 측정시간 동안 발생한 변동소음의 총 에너지를 같은 시간 내의 정상소음의 에너지로 등가하여 얻어진 소음도를 말한다.

해설 **평가소음도**
대상소음도에 보정치를 보정한 후 얻어진 소음도를 말한다.

57 소음계 중 지시계기의 성능기준에 관한 설명으로 옳지 않은 것은?

① 지시계기는 지침형 또는 디지털형이어야 한다.

② 지침형에서는 유효지시 범위가 5dB 이상이어야 한다.

③ 디지털형에서는 숫자가 소수점 한자리까지 표시되어야 한다.

④ 지침형에서는 1dB 눈금 간격이 1mm 이상으로 표시되어야 한다.

해설 지침형에서는 유효지시 범위가 15dB 이상이어야 하고, 각각의 눈금은 1dB 이하를 판독할 수 있어야 하며, 1dB 눈금 간격이 1mm 이상으로 표시되어야 한다.

58 배출허용기준 진동측정방법 중 시간의 구분은 보정표의 시간별 항목의 기준에 따라야 하는데 가동시간으로 가장 적합한 것은?

① 측정 당일 전 30일간의 정상가동시간을 산술평균한다.

② 측정 3일 전 20일간의 정상가동시간을 산술평균한다.

③ 측정 5일 전 30일간의 정상가동시간을 산술평균한다.

④ 측정 7일 전 20일간의 정상가동시간을 산술평균한다.

해설 가동시간은 측정 당일 전 30일간의 정상가동시간을 산술평균하여 정하여야 한다.

59 환경기준 중 소음측정방법에서 "도로변 지역"에 관한 설명으로 옳은 것은?

① 도로단으로부터 차선수×10m로 한다.

② 도로단으로부터 차선수×15m로 한다.

③ 고속도로 또는 자동차전용도로의 경우에는 도로단으로부터 200m 이내의 지역을 말한다.

④ 고속도로 또는 자동차전용도로의 경우에는 도로단으로부터 250m 이내의 지역을 말한다.

해설 도로변 지역의 범위는 도로단으로부터 왕복 차선수×10m로 하고, 고속도로 또는 자동차전용도로의 경우에는 도로단으로부터 150m 이내의 지역을 말한다.

60 배출허용기준 중 소음측정조건에 있어서 손으로 소음계를 잡고 측정할 경우, 소음계는 측정자의 몸으로부터 얼마 이상 떨어져야 하는가?

① 0.2m 이상
② 0.3m 이상
③ 0.4m 이상
④ 0.5m 이상

해설 손으로 소음계를 잡고 측정할 경우 소음계는 측정자의 몸으로부터 0.5m 이상 떨어져야 한다.

제4과목 **진동 방지기술**

61 다음 중 공기스프링에 관한 설명으로 옳지 않은 것은?

① 하중의 변화에 따라 고유진동수를 일정하게 유지할 수 있다.
② 자동제어가 가능하다.
③ 공기누출의 위험성이 없다.
④ 사용진폭이 적은 것이 많으므로 별도의 댐퍼가 필요한 경우가 많다.

해설 공기스프링은 공기누출의 위험성이 존재한다.

62 감쇠비를 ξ라 할 때 대수감쇠율을 나타낸 식은?

① $\dfrac{\xi}{\sqrt{1-\xi^2}}$ ② $\dfrac{\xi}{\sqrt{1-2\xi}}$

③ $\dfrac{2\pi\xi}{\sqrt{1-\xi^2}}$ ④ $\dfrac{2\pi\xi}{\sqrt{1+\xi^2}}$

해설 부족감쇠 자유진동계에서 대수감쇠율

$\Delta = \ln\left(\dfrac{x_1}{x_2}\right) = \dfrac{2\pi\xi}{\sqrt{1-\xi^2}}$

63 무게가 1,950N, 회전속도 1,179rpm의 공기압축기가 있다. 방진고무의 지지점을 6개로 하고, 진동수비가 2.9라 할 때 고무의 정적 수축량은? (단, 감쇠는 무시)

① 0.35cm   ② 0.40cm
③ 0.54cm   ④ 0.75cm

해설 강제진동수 $f = \dfrac{\text{rpm}}{60} = \dfrac{1,179}{60} = 19.65\,\text{Hz}$

지지점당 하중 $W_{mp} = \dfrac{W}{n} = \dfrac{1,950}{6} = 325\,\text{N}$

진동수비 $\eta = \dfrac{f}{f_n}$ 에서 $2.9 = \dfrac{19.65}{f_n}$

$\therefore f_n = 6.78\,\text{Hz}$

방진고무의 지지점이 6개이므로

$f_n = 4.98\sqrt{\dfrac{k}{W_{mp}}}$ 에서

$6.78 = 4.98 \times \sqrt{\dfrac{k}{325}}$

스프링정수 $k = 602.4\,\text{N/cm}$

정적 수축량 $\delta_{st} = \dfrac{W_{mp}}{k} = \dfrac{325}{602.4} = 0.54\,\text{cm}$

64 다음 (　) 안에 들어갈 말로 옳은 것은?

> 방진고무의 정확한 사용을 위해서는 일반적으로 (㉮)을 알아야 하는데 그 값은 $\dfrac{(\text{㉯})}{(\text{㉰})}$ 로 나타낼 수 있다.

① ㉮ 정적 배율, ㉯ 동적 스프링정수, ㉰ 정적 스프링정수
② ㉮ 동적 배율, ㉯ 정적 스프링정수, ㉰ 동적 스프링정수
③ ㉮ 동적 배율, ㉯ 동적 스프링정수, ㉰ 정적 스프링정수
④ ㉮ 정적 배율, ㉯ 정적 스프링정수, ㉰ 동적 스프링정수

해설 방진고무의 정확한 사용을 위해서는 일반적으로 동적 배율(α)을 알아야 하는데, 그 값은 $\dfrac{\text{동적 스프링정수}}{\text{정적 스프링정수}}$ 로 나타낼 수 있다.

65 감쇠가 있는 자유진동에서 임계감쇠계수 C_c ($\xi = 1$)를 표현한 식으로 옳은 것은? (단, C_c : 감쇠계수, m : 질량, k : 스프링정수, ω_n : 고유각진동수, ξ : 감쇠비)

① $C_c = 2\,C_e\,\xi$ ② $C_c = \sqrt{mk}$
③ $C_c = m\,\omega_n$ ④ $C_c = 2\,m\,\omega_n$

해설

감쇠비 $\xi = \dfrac{\text{감쇠계수}(C_e)}{\text{임계감쇠계수}(C_c)} = 1$인 경우

$\xi = \dfrac{C_e}{2\sqrt{k \times m}}$ 에서 $\xi = 1 = \dfrac{C_c}{2\sqrt{k \times m}}$

$\therefore\ C_c = 2\sqrt{k \times m} = 2m\,\omega_n$

$\left(\because\ \omega_n = \sqrt{\dfrac{k}{m}}\right)$

66 발파 시 지반의 진동속도 V(cm/s)를 구하는 관계식으로 옳은 것은? (단, k, n : 지질암반 조건, 발파조건 등에 따르는 상수, W : 지발당 장약량 (kg), R : 발파원으로부터의 거리(m), $b = \dfrac{1}{2}$ 또는 $\dfrac{1}{3}$ 이다.)

① $V = k\left(\dfrac{R^2}{W^b}\right)^n$ ② $V = k\left(\dfrac{R^2}{2\,W^b}\right)^n$

③ $V = k\left(\dfrac{R}{W^b}\right)^n$ ④ $V = k\left(\dfrac{W^b}{R}\right)^n$

해설 **미광무국(USBM) 추천식**

$V = k\left(\dfrac{R^2}{W^b}\right)^n$

여기서, V : 발파진동속도(cm/s)

k : 자유면의 상태, 암질 등에 따른 상수(발파진동상수)

R : 발파원으로부터의 이격거리(cm)

W : 지발당 최대장약량(kg)

n : 거리에 따른 감쇠지수

b : 장약량에 따른 지수$\left(\dfrac{1}{2}\ \text{또는}\ \dfrac{1}{3}\right)$

67 진동방지대책을 발생원, 전파경로, 수진측 대책으로 분류할 때, 다음 중 발생원 대책으로 거리가 먼 것은?

① 기계의 가진력에 의한 전달을 감소하기 위해 방진스프링을 사용한다.

② 저진동 기계로 교체한다.

③ 장비에 운전하중을 고려하여 부가중량을 가한 관성 베이스를 적용한다.

④ 수진점 근처에 방진구를 파고 모래충진을 통해 지반을 개량한다.

해설 **방진대책**

㉠ 발생원 대책
- 가진력 감쇠
- 불평형력의 균형
- 기초중량의 부가 및 경감
- 탄성지지
- 동적 흡진

㉡ 전파경로 대책
- 진동원에서 위치를 멀리 하여 거리감쇠를 크게 함
- 수진점 부근에 방진구(防振溝)를 설치

㉢ 수진측 대책
- 수진측의 탄성지지
- 수진측의 강성(剛性) 변경

68 그림과 같이 질량 m인 물체가 양단 고정보 중앙에 달려 있을 때, 이 계의 등가스프링정수(k_e)는?

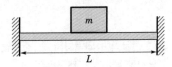

① $\dfrac{3\,EI}{L^3}$ ② $\dfrac{48\,EI}{L^3}$

③ $\dfrac{96\,EI}{L^3}$ ④ $\dfrac{192\,EI}{L^3}$

해설 ① $\dfrac{3\,EI}{L^3}$: 외팔보의 k_e

② $\dfrac{48\,EI}{L^3}$: 단순지지보의 k_e

④ $\dfrac{192\,EI}{L^3}$: 양단 고정보의 k_e

여기서, L : 보의 길이, E : 영률(강성계수)
I : 면적 관성모멘트, EI : 보의 휨강성(상수)

69 방진재료로 금속스프링을 사용하는 경우 로킹모션(rocking motion)이 발생하기 쉽다. 이를 억제하기 위한 방법으로 틀린 것은?

① 기계 중량의 1~2배 정도의 가대를 부착한다.

② 하중을 평형분포시킨다.

③ 스프링의 정적 수축량이 일정한 것을 사용한다.

④ 길이가 긴 스프링을 사용하여 계의 무게중심을 높인다.

해설 길이가 짧은 스프링을 사용하여 계의 무게중심을 낮게 한다.

70 그림과 같은 진동계 전체의 등가스프링정수 (k_{eq})는?

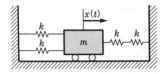

① $2k$

② $3k$

③ $\dfrac{2}{3}k$

④ $\dfrac{5}{2}k$

해설 그림 왼쪽의 스프링 지지 : 병렬 지지($k+k = 2k$)

그림 오른쪽의 스프링 지지 : 직렬 지지

$$\left(\frac{1}{k_e} = \frac{1}{k} + \frac{1}{k} = \frac{2}{k}, \ k_e = \frac{k}{2}\right)$$

$\therefore \ k_{eq} = 2k + \dfrac{k}{2} = \dfrac{5}{2}k$

71 항상 전달력이 외력보다 큰 경우는? (단, f_n : 고유진동수, f : 강제진동수)

① $\dfrac{f}{f_n} < \sqrt{2}$

② $\dfrac{f}{f_n} > \sqrt{2}$

③ $\dfrac{f}{f_n} = \sqrt{2}$

④ $\dfrac{f}{f_n} = 1$

해설 진동전달률 T값의 변화

• $\dfrac{f}{f_n} = 1$인 경우 : 진동전달률은 최대(공진상태)임

• $\dfrac{f}{f_n} < \sqrt{2}$인 경우 : 항상 진동전달력은 외력(강제력) 보다 큼

• $\dfrac{f}{f_n} = \sqrt{2}$일 때 : 진동전달력＝외력

• $\dfrac{f}{f_n} > \sqrt{2}$인 경우 : 전달력은 항상 외력보다 작기 때 문에 차진이 유효한 영역임

72 원통형 코일스프링의 스프링정수에 관한 설명으로 옳은 것은?

① 스프링정수는 전단 탄성률에 반비례한다.

② 스프링정수는 유효권수에 비례한다.

③ 스프링정수는 소선 직경의 4제곱에 비례한다.

④ 스프링정수는 평균 코일 직경의 3제곱에 비례한다.

해설

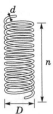

원통형 코일스프링에 걸리는 기계의 하중 $W(\text{N})$, 평균 코일 직경 $D(\text{mm})$, 소선(素線)의 직경 $d(\text{mm})$, 유효권 수 n이라 할 때,

수축량 $\delta_{st} = \dfrac{8WD^3n}{Gd^4}$ (mm)

스프링정수 $k = \dfrac{W}{\delta_{st}} = \dfrac{Gd^4}{8\pi D^3}$ (N/mm)

여기서, G : 스프링 재료의 전단 탄성률(N/mm²)

$\therefore$ 스프링정수는 소선 직경의 4제곱에 비례한다.

73 기계에너지를 열에너지로 변환시키는 감쇠기구의 종류와 거리가 먼 것은?

① 점성감쇠(viscous damping)

② 상대감쇠(relative damping)

③ 마찰감쇠(coulomb damping)

④ 일산감쇠(radiation damping)

해설 기계에너지를 열에너지로 변환시키는 감쇠기구

• 점성감쇠(viscous damping) : 유체에서 발생하는 에너 지 감쇠현상

• 마찰감쇠(coulomb damping) : 운동에너지를 열로 소모

• 일산감쇠(radiation damping) : 복사감쇠라고도 하며 전기저항이 생겨 에너지가 감쇠

• 구조감쇠(structual damping) : 히스테리감쇠(hysteretic damping)라고도 하며 외부 감쇠작용이 없어도 움직이 는 구조물 내부에서 에너지 손실이 발생되어 감쇠됨

74 충격에 의해서 가진력이 발생하고 있다. 충격력을 처음의 50%로 감소시키려면 계의 스프링정수는 어떻게 변화되어야 하는가? (단, k는 처음의 스프링정수)

① $2k$

② $\dfrac{1}{2}k$

③ $\dfrac{1}{3}k$

④ $\dfrac{1}{4}k$

해설 가진력 $F = v\sqrt{\dfrac{k \times W}{g}}$ 에서 가진력을 50%, 즉 $\dfrac{1}{2}$로 줄 이면 스프링정수 k는 $\dfrac{1}{4}$로 하여야 한다.

75 지반진동 차단 구조물에 관한 설명으로 옳지 않은 것은?

① 지반의 흙, 암반과는 응력파 저항특성이 다른 재료를 이용한 매질층을 형성하여 지반진동파 에너지를 저감시키는 구조물이다.

② 개방식 방진구보다는 충전식 방진구가 에너지 차단특성이 좋다.

③ 강널말뚝을 이용하는 공법은 저주파수 진동 차단에는 효과가 좋다.

④ 방진구의 가장 중요한 설계인자는 방진구의 깊이로서 표면파의 파장을 고려하여 결정하여야 한다.

> **해설** 충전식 방진구보다는 개방식 방진구가 에너지 차단특성이 좋다.

76 진동수 40Hz, 최대가속도 100m/s²인 조화진동의 진폭은?

① 0.159cm ② 0.316cm
③ 0.436cm ④ 0.537cm

> **해설** 최대가속도 진폭 $A_m = x_o \omega^2$에서
> $$x_o = \frac{A_m}{\omega^2} = \frac{100}{(2\pi f)^2} = \frac{100}{(2\times3.14\times40)^2}$$
> $$= 1.59\times10^{-3}\text{m} = 0.159\text{ cm}$$

77 금속스프링의 특징으로 옳지 않은 것은?

① 고주파 진동 시 단락되지 않으나 잦은 보수가 필요하다.

② 일반적으로 부착이 용이하며, 정적 및 동적으로 유연한 스프링을 용이하게 설계할 수 있다.

③ 저주파 차진에 좋다.

④ 최대변위가 허용된다.

> **해설** 금속스프링은 고주파 진동 시 단락되어 잦은 보수가 필요하다.

78 스프링정수 $k_1 = 20$N/m, $k_2 = 30$N/m인 두 스프링을 그림과 같이 직렬로 연결하고 질량 $m = 3$kg을 매달았을 때, 수직방향 진동의 고유진동수(Hz)는?

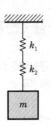

① $\frac{1}{\pi}$ ② $\frac{2}{\pi}$
③ $\frac{4}{\pi}$ ④ $\frac{8}{\pi}$

> **해설** 그림에서 질량 m을 지지하는 스프링은 직렬 지지이므로
> 등가스프링정수 $\frac{1}{k_e} = \frac{1}{k_1} + \frac{1}{k_2} = \frac{1}{20} + \frac{1}{30}$
> $$\therefore k_e = 12\text{N/m}$$
> 수직방향 진동의 고유진동수(Hz)
> $$f_n = \frac{1}{2\pi}\sqrt{\frac{k}{m}} = \frac{1}{2\pi}\sqrt{\frac{12}{3}} = \frac{1}{\pi}(\text{Hz})$$

79 시간(t)에 따른 변위량(진폭)의 변화 그래프 중 부족감쇠 자유진동과 가장 가까운 것은?

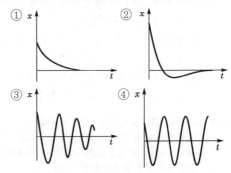

> **해설** ① 과감쇠 자유진동(감쇠비 $\xi > 1$)
> ② 임계감쇠 자유진동(감쇠비 $\xi = 1$)
> ③ 부족감쇠 자유진동(감쇠비 $0 < \xi < 1$)
> ④ 감쇠가 없는 비감쇠 상태(감쇠비 $\xi = 0$)

80 쇠로 된 금속관 사이의 접속부에 고무를 넣어 진동을 절연하고자 한다. 파동에너지 반사율이 95%가 되면 전달되는 진동의 감쇠량(dB)은?

① 10 ② 13
③ 16 ④ 20

> **해설** 진동하는 표면에 제진재 사이의 반사율 T_r이 클수록 제진효과가 크며, 이에 의한 감쇠량은 다음과 같다.
> $$\Delta L = 10\log(1-T_r) = 10\log(1-0.95) = -13\text{dB}$$

제5과목　소음·진동 관계 법규

81 소음·진동관리법령상 운행차 소음허용기준을 정할 때 자동차의 소음 종류별로 소음배출 특성을 고려하여 정한다. 운행차 소음 종류로만 옳게 나열한 것은?

① 배기소음, 브레이크소음
② 배기소음, 가속주행소음
③ 경적소음, 브레이크소음
④ 배기소음, 경적소음

해설 시행규칙 [별표 13] 자동차의 소음허용기준 중 운행자동차 소음항목은 배기소음[dB(A)]과 경적소음[dB(C)]으로 구분된다.

82 소음·진동관리법령상 인증을 면제할 수 있는 자동차에 해당하지 않는 것은?

① 주한 외국군대의 구성원이 공무용으로 사용하기 위하여 반입하는 자동차
② 여행자 등이 다시 반출할 것을 조건으로 일시 반입하는 자동차
③ 연구기관 등이 자동차의 개발이나 전시 등을 목적으로 사용하는 자동차
④ 외국에서 국내의 공공기관이나 비영리단체에 무상으로 기증하여 반입하는 자동차

해설 시행령 제5조(인증의 면제·생략 자동차)
인증을 면제할 수 있는 자동차는 다음과 같다.
1. 군용·소방용 및 경호 업무용 등 국가의 특수한 공무용으로 사용하기 위한 자동차
2. 주한 외국공관, 외교관, 그 밖에 이에 준하는 대우를 받는 자가 공무용으로 사용하기 위하여 반입하는 자동차로서 외교부장관의 확인을 받은 자동차
3. 주한 외국군대의 구성원이 공무용으로 사용하기 위하여 반입하는 자동차
4. 수출용 자동차나 박람회, 그 밖에 이에 준하는 행사에 참가하는 자가 전시를 목적으로 사용하는 자동차
5. 여행자 등이 다시 반출할 것을 조건으로 일시 반입하는 자동차
6. 자동차 제작자·연구기관 등이 자동차의 개발이나 전시 등을 목적으로 사용하는 자동차
7. 외국인 또는 외국에서 1년 이상 거주한 내국인이 주거를 이전하기 위하여 이주물품으로 반입하는 1대의 자동차

83 다음은 소음·진동관리법규상 자동차의 종류에 관한 사항이다. (　) 안에 가장 적합한 것은? (단, 2015년 12월 8일 이후 제작되는 자동차)

> 이륜자동차는 운반차를 붙인 이륜자동차와 이륜자동차에서 파생된 삼륜 이상의 최고속도 (㉮)를 초과하는 이륜자동차를 포함하며 전기를 주동력으로 사용하는 자동차는 차량 총중량에 따르되, 차량 총중량이 (㉯)에 해당되는 경우에는 경자동차로 분류한다.

① ㉮ 40km/h, ㉯ 2.0톤 미만
② ㉮ 40km/h, ㉯ 1.5톤 미만
③ ㉮ 50km/h, ㉯ 2.0톤 미만
④ ㉮ 50km/h, ㉯ 1.5톤 미만

해설 시행규칙 [별표 3]
이륜자동차는 운반차를 붙인 이륜자동차와 이륜자동차에서 파생된 삼륜 이상의 최고속도 50km/h를 초과하는 이륜자동차를 포함하며 전기를 주동력으로 사용하는 자동차는 차량 총중량에 따르되, 차량 총중량이 1.5톤 미만에 해당되는 경우에는 경자동차로 분류한다.

84 소음·진동관리법규상 소음지도 작성기간의 시작일은 소음지도 작성계획의 고시 후 얼마가 경과한 날로 하는가?

① 7일　　　　② 15일
③ 1개월　　　④ 3개월

해설 시행규칙 제7조의2(소음지도의 작성 등)
1. 소음지도의 작성기간의 시작일은 소음지도 작성계획의 고시 후 3개월이 경과한 날로 한다.
2. 시·도지사는 소음지도의 작성을 마친 때에는 공개하기 전에 이를 환경부장관에게 제출하여야 한다.

85 소음·진동관리법규상 시·도지사 등은 배출시설에 대한 배출허용기준에 적합한지 여부를 확인하기 위하여 필요한 경우 가동상태를 점검할 수 있으며 이를 검사기관으로 하여금 소음·진동 검사를 하도록 지시할 수 있는 바, 이를 검사할 수 있는 기관으로 거리가 먼 것은?

① 국립환경과학원
② 광역시·도의 보건환경연구원
③ 지방환경청
④ 환경보전협회

해설 시행규칙 제14조(배출시설의 설치확인 등)
특별자치시장·특별자치도지사 또는 시장·군수·구청장은 환경부령으로 정하는 기간이 지난 후 배출허용기준에 맞는지를 확인하기 위하여 필요한 경우 배출시설과 방지시설의 가동상태를 점검할 수 있으며, 소음·진동 검사를 하거나 다음의 어느 하나에 해당하는 검사기관으로 하여금 소음·진동 검사를 하도록 지시하거나 검사를 의뢰할 수 있다.
1. 국립환경과학원
2. 특별시, 광역시·도, 특별자치도의 보건환경연구원
3. 유역환경청 또는 지방환경청
4. 한국환경공단

86 소음·진동관리법규상 측정망 설치계획에 관한 사항으로 거리가 먼 것은?
① 측정망 설치계획에는 측정소를 설치할 건축물의 위치가 명시되어 있어야 한다.
② 측정망 설치계획의 고시는 최초로 측정소를 설치하게 되는 날의 1개월 이전에 하여야 한다.
③ 측정망 설치계획에는 측정망의 배치도가 명시되어 있어야 한다.
④ 시·도지사가 측정망 설치계획을 결정·고시하려는 경우에는 그 설치위치 등에 관하여 환경부장관의 의견을 들어야 한다.

해설 시행규칙 제7조(측정망 설치계획의 고시)
측정망 설치계획의 고시는 최초로 측정소를 설치하게 되는 날의 3개월 이전에 하여야 한다.

87 소음·진동관리법규상 운행자동차 종류에 따른 ㉮ 배기소음과 ㉯ 경적소음의 허용기준으로 옳은 것은? (단, 2006년 1월 1일 이후에 제작되는 자동차 기준)
① 경자동차 : ㉮ 100dB(A) 이하
㉯ 100dB(C) 이하
② 소형 승용자동차 : ㉮ 100dB(A) 이하
㉯ 110dB(C) 이하
③ 중형 화물자동차 : ㉮ 105dB(A) 이하
㉯ 110dB(C) 이하
④ 이륜자동차 : ㉮ 105dB(A) 이하
㉯ 112dB(C) 이하

해설 시행규칙 [별표 13] 자동차의 소음허용기준(운행자동차로서 2006년 1월 1일 이후에 제작되는 자동차 기준)

자동차 종류 \ 소음항목		배기소음 [dB(A)]	경적소음 [dB(C)]
경자동차		100 이하	110 이하
승용 자동차	소형	100 이하	110 이하
	중형	100 이하	110 이하
	중대형	100 이하	112 이하
	대형	105 이하	112 이하
화물 자동차	소형	100 이하	110 이하
	중형	100 이하	110 이하
	대형	105 이하	112 이하
이륜자동차		105 이하	110 이하

88 소음·진동관리법규상 소음배출시설기준에 해당하지 않는 것은? (단, 동력기준시설 및 기계기구)
① 22.5kW 이상의 변속기
② 15kW 이상의 공작기계
③ 22.5kW 이상의 제분기
④ 37.5kW 이상의 압연기

해설 ② 37.5kW 이상의 공작기계

89 소음·진동관리법규상 소음도 표지에 관한 사항으로 거리가 먼 것은?
① 색상 : 회색판에 검은색 문자를 쓴다.
② 크기 : 75mm×75mm를 원칙으로 한다.
③ 재질 : 쉽게 훼손되지 아니하는 금속성이나 이와 유사한 강도의 재질을 쓴다.
④ 제작사명, 모델명도 소음도 표지에 기재되어야 한다.

해설 시행규칙 [별표 19] 소음도 표지

1. 크기 : 80mm×80mm
(기계의 크기와 부착위치에 따라 조정한다)
2. 색상 : 회색판에 검은색 문자를 쓴다.
3. 재질 : 쉽게 훼손되지 아니하는 금속성이나 이와 유사한 강도의 재질이어야 한다.
4. 부착방법 : 기계별로 눈에 잘 띄고 작업으로 인한 훼손이 되지 아니하는 위치에 떨어지지 아니 하도록 부착하여야 한다.

90 소음·진동관리법령상 소음·진동배출시설의 설치신고 또는 설치허가 대상에서 제외되는 지역이 아닌 것은? (단, 별도로 시·도지사가 환경부장관의 승인을 받아 지정·고시한 지역 등은 제외)

① 「산업입지 및 개발에 관한 법률」에 따른 산업단지

② 「국토의 계획 및 이용에 관한 법률」 시행령에 따라 지정된 전용공업지역

③ 「자유무역지역의 지정 및 운영에 관한 법률」에 따라 지정된 자유무역지역

④ 「도시 및 주거환경개선 법률」에 따라 지정된 광역도시개발지역

해설 **시행령 제2조(배출시설의 설치허가 등)**
배출시설의 설치신고 또는 설치허가 대상에서 제외되는 지역은 다음과 같다.
1. 「산업입지 및 개발에 관한 법률」에 따른 산업단지
2. 「국토의 계획 및 이용에 관한 법률」 시행령에 따라 지정된 전용공업지역 및 일반공업지역
3. 「자유무역지역의 지정 및 운영에 관한 법률」에 따라 지정된 자유무역지역
4. 제1호부터 제3호까지의 규정에 따라 지정된 지역과 유사한 지역으로 시·도지사가 환경부장관의 승인을 받아 지정·고시한 지역

91 소음·진동관리법규상 시장·군수·구청장 등이 폭약의 사용으로 인한 소음·진동 피해를 방지할 필요가 있다고 인정하여 지방경찰청장에게 폭약 사용 규제 요청을 할 때 포함하여야 할 사항으로 가장 거리가 먼 것은?

① 폭약의 종류

② 사용시간

③ 사용횟수의 제한

④ 발파공법 등의 개선

해설 **시행규칙 제24조(폭약 사용 규제 요청)**
특별자치시장·특별자치도지사 또는 시장·군수·구청장은 필요한 조치를 지방경찰청장에게 요청하려면 규제기준에 맞는 방음·방진시설의 설치, 폭약 사용량, 사용시간, 사용횟수의 제한 또는 발파공법(發破工法) 등의 개선 등에 관한 사항을 포함하여야 한다.

92 다음은 소음·진동관리법규상 운행차 정기검사의 소음도 측정방법 중 배기소음 측정기준이다. ( ) 안에 알맞은 것은?

> 자동차의 변속장치를 중립 위치로 하고 정지가동상태에서 원동기의 최고출력 시의 (㉮) 회전속도로 (㉯) 동안 운전하여 최대소음도를 측정한다.

① ㉮ 75%, ㉯ 4초

② ㉮ 90%, ㉯ 4초

③ ㉮ 75%, ㉯ 30초

④ ㉮ 90%, ㉯ 30초

해설 **시행규칙 [별표 15] 운행차 정기검사의 방법·기준 및 대상 항목(소음도 측정 중 배기소음 측정 검사방법)**
자동차의 변속장치를 중립 위치로 하고 정지가동상태에서 원동기의 최고출력 시의 75% 회전속도로 4초 동안 운전하여 최대소음도를 측정한다. 다만, 원동기 회전속도계를 사용하지 아니하고 배기소음을 측정할 때에는 정지가동상태에서 원동기 최고회전속도로 배기소음을 측정한다.

93 소음·진동관리법상 사용되는 용어의 뜻으로 옳지 않은 것은?

① 교통기관 : 기차·자동차·전차·도로 및 철도 등을 말한다. 다만, 항공기와 선박은 제외

② 진동 : 기계·기구·시설, 그 밖의 물체의 사용으로 인하여 발생하는 강한 흔들림

③ 방진시설 : 소음·진동배출시설이 아닌 물체로부터 발생하는 진동을 없애거나 줄이는 시설로서 환경부령으로 정하는 것

④ 소음발생건설기계 : 건설공사에 사용하는 기계 중 소음이 발생하는 기계로서 국토교통부령으로 정하는 것

해설 **법 제2조(정의)**
"소음발생건설기계"란 건설공사에 사용하는 기계 중 소음이 발생하는 기계로서 환경부령으로 정하는 것을 말한다.

94 소음·진동관리법규상 소음·진동배출허용기준 초과와 관련하여 시·도지사 등이 개선명령기간 내에 명령받은 조치를 완료하지 못한 자는 그 신청에 의해 얼마의 범위 내에서 그 기간을 연장할 수 있는가?

① 6개월의 범위
② 1년의 범위
③ 1년 6개월의 범위
④ 2년의 범위

해설 시행규칙 제15조(개선기간)
특별자치시장·특별자치도지사 또는 시장·군수·구청장은 천재지변이나 그 밖에 부득이하다고 인정되는 사유로 개선명령기간 내에 명령받은 조치를 끝내지 못한 자에 대하여는 신청에 의하여 6개월의 범위에서 그 기간을 연장할 수 있다.

95 소음·진동관리법상 시·도지사 등이 생활소음·진동의 규제기준을 초과한 자에게 작업시간의 조정 등을 명령하였으나, 이를 위반한 자에 대한 벌칙기준으로 옳은 것은?

① 6개월 이하의 징역 또는 500만원 이하의 벌금에 처한다.
② 1년 이하의 징역 또는 1천만원 이하의 벌금에 처한다.
③ 2년 이하의 징역 또는 2천만원 이하의 벌금에 처한다.
④ 3년 이하의 징역 또는 3천만원 이하의 벌금에 처한다.

해설 법 제58조(벌칙)
작업시간 조정 등의 명령을 위반한 자는 6개월 이하의 징역 또는 500만원 이하의 벌금에 처한다.

96 소음·진동관리법규상 야간 철도진동의 관리기준(한도)으로 옳은 것은? (단, 공업지역)

① 60dB(V)
② 65dB(V)
③ 70dB(V)
④ 75dB(V)

해설 시행규칙 [별표 11] 교통소음·진동의 관리기준(철도)

대상지역	구분	한도	
		주간(06:00 ~ 22:00)	야간(22:00 ~ 06:00)
가. 주거지역, 녹지지역, 보전관리지역, 관리지역 중 취락지구·주거개발진흥지구 및 관광·휴양개발진흥지구, 자연환경보전지역, 학교·병원·공공도서관 및 입소규모 100명 이상의 노인의료복지시설·영유아보육시설의 부지경계선으로부터 50m 이내 지역	소음 [L_{eq} dB(A)]	70	60
	진동 [dB(V)]	65	60
나. 상업지역, 공업지역, 농림지역, 관리지역 중 산업·유통개발진흥지구 및 관리지역 중 가목에 포함되지 않는 그 밖의 지역, 미고시 지역	소음 [L_{eq} dB(A)]	75	65
	진동 [dB(V)]	70	65

97 소음·진동관리법규상 300만원 이하의 과태료 부과대상에 해당되는 위반사항으로 거리가 먼 것은?

① 환경기술인을 임명하지 아니한 자
② 환경기술인의 업무를 방해하거나 환경기술인의 요청을 정당한 사유 없이 거부한 자
③ 기준에 적합하지 아니한 휴대용 음향기기를 제조·수입하여 판매한 자
④ 환경기술인 등의 교육을 받게 하지 아니한 자

해설 법 제60조(과태료)
다음의 어느 하나에 해당하는 자에게는 300만원 이하의 과태료를 부과한다.
1. 환경기술인을 임명하지 아니한 자
2. 환경기술인의 업무를 방해하거나 환경기술인의 요청을 정당한 사유 없이 거부한 자
3. 기준에 적합하지 아니한 가전제품에 저소음 표지를 붙인 자
4. 기준에 적합하지 아니한 휴대용 음향기기를 제조·수입하여 판매한 자

98 소음 · 진동관리법규상 환경기술인을 두어야 할 사업장 및 그 자격기준으로 옳지 않은 것은? (단, 기사 2급은 산업기사로 본다.)

① 환경기술인 자격기준 중 소음 · 진동기사 2급은 기계분야 기사 · 전기분야 기사 각 2급 이상의 자격소지자로서 환경분야에서 1년 이상 종사한 자로 대체할 수 있다.

② 방지시설 면제 사업장은 대상 사업장의 소재지역 및 동력 규모에도 불구하고 해당 사업장의 환경관리인 자격기준에 해당하는 환경관리인을 둘 수 있다.

③ 총동력 합계는 소음배출시설 중 기계 · 기구 동력의 총합계를 말하며, 대수기준시설 및 기계 · 기구와 기타 시설 및 기계 · 기구는 제외한다.

④ 환경기술인으로 임명된 자는 당해 사업장에 상시 근무하여야 한다.

해설 ① 환경기술인 자격기준 중 소음 · 진동기사 2급은 기계분야 기사 · 전기분야 기사 각 2급 이상의 자격소지자로서 환경분야에서 2년 이상 종사한 자로 대체할 수 있다.
시행규칙 [별표 7] 환경기술인을 두어야 할 사업장의 범위 및 그 자격기준

대상 사업장 구분	환경기술인 자격기준
총동력 합계 3,750kW 미만인 사업장	사업자가 해당 사업장의 배출시설 및 방지시설 업무에 종사하는 피고용인 중에서 임명하는 자
총동력 합계 3,750kW 이상인 사업장	소음 · 진동기사 2급 이상의 기술 자격소지자 1명 이상 또는 해당 사업장의 관리책임자로 사업자가 임명하는 자

99 소음 · 진동관리법상 환경부장관은 법에 의한 인증을 받아 제작한 자동차의 소음이 제작차 소음허용기준에 적합한지의 여부를 확인하기 위하여 대통령령으로 정하는 바에 따라 검사를 실시하여야 하는데, 이때 검사에 드는 비용은 누가 부담하는가?

① 국가   ② 지방자치단체
③ 자동차 제작자   ④ 검사기관

해설 법 제33조(제작차의 소음검사 등)
1. 환경부장관은 인증을 받아 제작한 자동차의 소음이 제작차 소음허용기준에 적합한지를 확인하기 위하여 대통령령으로 정하는 바에 따라 검사를 실시하여야 한다.
2. 제1항에 따른 검사에 드는 비용은 자동차 제작자의 부담으로 한다.

100 소음 · 진동관리법규상 도시지역 중 상업지역의 낮(06:00 ~ 22:00) 시간대 공장진동 배출허용기준은?

① 60dB(V) 이하   ② 65dB(V) 이하
③ 70dB(V) 이하   ④ 75dB(V) 이하

해설 시행규칙 [별표 5] 공장진동 배출허용기준

대상지역	시간대별[단위 : dB(V)]	
	낮(06:00 ~ 22:00)	밤(22:00 ~ 06:00)
도시지역 중 상업지역 · 준공업지역, 관리지역 중 산업개발진흥지구	70 이하	65 이하

제1과목 　**소음 · 진동 개론**

01 추를 코일스프링으로 매단 1자유도 진동계에서 추의 질량을 2배로 하고, 스프링의 강도를 4배로 할 경우 작은 진폭에서 자유진동주기는 어떻게 되겠는가?

① 원래의 $\dfrac{1}{\sqrt{2}}$

② 동일

③ 원래의 $\sqrt{2}$

④ 원래의 2배

[해설] 1자유도 진동계의 자유진동주기 $T = \dfrac{1}{f_o} = 2\pi\sqrt{\dfrac{m}{k}}$ 에서 질량(m)을 2배, 스프링의 강도(k)를 4배로 할 경우 $T \propto \sqrt{\dfrac{2}{4}} = \sqrt{\dfrac{1}{2}}$ 가 되어 원래의 $\dfrac{1}{\sqrt{2}}$ 로 된다.

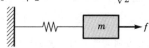

02 진동이 인체에 미치는 영향에 관한 설명으로 가장 거리가 먼 것은?

① 수직 및 수평 진동이 동시에 가해지면 2배의 자각현상이 나타난다.

② 6Hz 정도에서 허리, 가슴 및 등 쪽에 매우 심한 통증을 느낀다.

③ 4～14Hz 범위에서는 복통을 느낀다.

④ 20～30Hz 범위에서는 호흡이 힘들고, 순환기에 대한 영향으로는 맥박수가 감소한다.

[해설] 호흡이 힘들고, 순환기에 대한 영향으로는 맥박수가 증가하는 진동수는 1～3Hz이다.

03 10℃ 공기 중에서 파장이 0.32m인 음의 주파수는 얼마인가?

① 1,025Hz　　　② 1,055Hz

③ 1,067Hz　　　④ 1,083Hz

[해설] 주파수 $f = \dfrac{c}{\lambda} = \dfrac{331.5 + 0.61 \times 10}{0.32} = 1,055\,\text{Hz}$

04 다음 중 상호 연결이 맞지 않는 것은?

① 영구적 난청 : 4,000Hz 정도부터 시작

② 음의 크기레벨의 기준 : 1,000Hz 순음

③ 노인성 난청 : 2,000Hz 정도부터 시작

④ 가청주파수 범위 : 20 ～ 20,000Hz

[해설] 노인성 난청은 6,000Hz 정도부터 시작한다.

05 선음원으로부터 5m 떨어진 거리에서 96dB이 측정되었다면 39m 떨어진 거리에서의 음압레벨은 약 몇 dB인가?

① 82　　　② 87

③ 91　　　④ 95

[해설] 선음원의 거리감쇠

$-10\log\dfrac{r_2}{r_1} = -10\log\dfrac{39}{5} = -9\text{dB}$

$\therefore 96 - 9 = 87\text{dB}$

06 50phon의 소리는 40phon의 소리에 비해 어떻게 들리는가?

① 동일하게　　　② 1.25배 크게

③ 2배 크게　　　④ 5배 크게

[해설] • 40phon의 소리의 크기

$S = 2^{\frac{(L_L - 40)}{10}} = 2^0 = 1\,\text{sone}$

• 50phon의 소리의 크기

$S = 2^{\frac{(L_L - 40)}{10}} = 2^1 = 2\,\text{sone}$

$\therefore \dfrac{2}{1} = 2$배

07 그림과 같이 질량 1kg, 100N/m의 강성을 갖는 스프링 4개가 연결된 진동계가 있다. 이 진동계의 고유진동수(Hz)는?

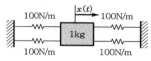

① 0.80 　　　② 1.59
③ 3.18 　　　④ 3.67

해설
- 주어진 그림 왼쪽에서의 합성 스프링정수
  $$k_A = k_1 + k_2 = 100 + 100 = 200\,\text{N/m}$$
- 주어진 그림 오른쪽에서의 합성 스프링정수
  $$k_B = k_3 + k_4 = 100 + 100 = 200\,\text{N/m}$$
  전체 스프링정수 $= 200 + 200 = 400\,\text{N/m}$
$$\therefore f_o = \frac{1}{2\pi}\sqrt{\frac{k}{m}} = \frac{1}{2\times3.14}\times\sqrt{\frac{400}{1}} = 3.18\,\text{Hz}$$

08 근음장(near field)에 관한 설명으로 옳지 않은 것은?

① 일반적으로 이 영역은 관심 대상음의 파장수 내에 위치한다.
② 입자속도가 음의 전파방향과 개연성이 있고, 잔향실이 대표적이다.
③ 음의 세기는 음압의 2승과 비례관계가 거의 없다.
④ 음원의 크기, 주파수와 방사면의 위상 등에 크게 영향을 받는다.

해설 근음장은 입자속도가 음의 전파방향과 개연성이 없고, 위치에 따라 음압변동이 심하다.

09 다음 중 상온에서의 음속이 일반적으로 가장 빠른 것은? (단, 다른 조건은 동일)

① 물
② 공기
③ 유리
④ 금

해설 음속이 빠른 순서
유리(4,900 ~ 5,800m/s) > 금(3,240m/s) > 물(1,440m/s) > 공기(344m/s)

10 각진동수가 ω이고 변위진폭의 최대치가 A인 정현진동에 있어 가속도 진폭은?

① $\dfrac{A}{\omega}$ 　　　② ωA
③ ωA^2 　　　④ $\omega^2 A$

해설 가속도 진폭
A_m = 변위진폭의 최대치 × (각진동수)^2 = $A\omega^2$

11 음의 굴절에 관한 설명으로 옳지 않은 것은?

① 한 매질에서 타 매질로 음파가 전파될 때 매질 중의 음속은 서로 다르며, 음속 차가 클수록 굴절도 증가한다.
② 대기온도에 따른 굴절은 온도가 높은 쪽으로 굴절한다.
③ 스넬(Snell)의 법칙은 굴절과 관련되는 법칙이다.
④ 음원보다 상공의 풍속이 큰 경우 풍상측에서는 상공을 향하여 굴절하고, 풍하측에서는 지면을 향하여 굴절하므로 풍하측에 비해 풍상측의 감쇠가 큰 편이다.

해설 대기온도에 따른 굴절은 온도가 낮은 쪽으로 굴절한다.

12 봉의 횡진동에 있어서 기본음의 주파수 관계식으로 옳은 것은? (단, L : 길이, E : 영률, ρ : 재료의 밀도, k_1 : 상수, d : 각 봉의 1변 또는 원봉의 직경, σ : 푸아송비)

① $\dfrac{k_1 d}{L^2}\sqrt{\dfrac{E}{\rho}}$ 　　② $\dfrac{k_1 d}{l}\sqrt{E\sigma\rho}$
③ $\dfrac{k_1 l^2}{d}\sqrt{\dfrac{E\sigma}{\rho}}$ 　　④ $\dfrac{k_1 d^2}{l}\sqrt{\dfrac{E\sigma}{\rho}}$

해설 봉의 횡진동 시 기본음(공명음)의 주파수
$$f_o = \frac{k_1 d}{L^2}\sqrt{\frac{E}{\rho}}$$
여기서, L : 봉의 길이(m)
　　　　E : Young률(N/m^2)
　　　　ρ : 재료의 밀도(kg/m^3)
　　　　k_1 : 상수
　　　　d : 각 봉의 1변 또는 원봉의 직경(m)

참고 푸아송비(Poisson's ratio, σ)는 압축파(종파)와 횡파의 전파속도를 구할 때 사용한다.

13 고유음향임피던스를 나타낸 식으로 옳은 것은?

① $\dfrac{음압}{입자속도}$ ② $\dfrac{입자속도}{음압}$

③ $\dfrac{음압}{입자변위}$ ④ $\dfrac{입자변위}{음압}$

해설 **고유음향임피던스**

주어진 매질에서 입자속도에 대한 음압의 비$\left(\dfrac{P}{v}\right)$로 매질 고유의 음향적 특성을 나타내는 값이다.

14 흡음률, 잔향시간 측정에 관한 설명으로 가장 거리가 먼 것은?

① 잔향시간은 재료의 흡음률을 산정하는데 이용된다.

② 잔향시간은 실내에서 음원을 끈 순간부터 음압레벨이 60dB 감소하는데 소요되는 시간을 말한다.

③ 잔향시간은 일반적으로 기록지의 레벨 감쇠곡선의 폭이 25dB 이상일 때 이를 산출한다.

④ 난입사 흡음률 측정법에 의한 정재파법은 일반적으로 잔향시간 측정범위가 2~5초 정도이다.

해설
• 난입사 흡음률 측정법에 의한 잔향실법은 일반적으로 잔향시간 측정범위가 2~5초 정도이다.
• 정재파법(관내법)은 수직입사 흡음을 측정하는 방법이다.

15 고체 및 액체 중에서의 음의 전달속도(C)와 영률(E) 및 매질밀도(ρ)와의 관계식으로 옳은 것은? (단, 단위는 모두 적절하다고 가정)

① $C = \sqrt{\dfrac{\rho}{E}}$ ② $C = \sqrt{\dfrac{\rho^2}{E}}$

③ $C = \sqrt{\dfrac{E}{\rho}}$ ④ $C = \sqrt{\dfrac{E}{\rho^2}}$

해설 **고체 및 액체 중에서의 음속**

$C = \sqrt{\dfrac{E}{\rho}}\,(\mathrm{m/s})$

여기서, E : Young률($\mathrm{N/m^2}$)
ρ : 매질의 밀도($\mathrm{kg/m^3}$)

16 스프링과 질량으로 구성된 진동계에서 스프링의 정적 처짐이 2.5cm인 경우, 이 계의 주기는?

① 0.16s ② 0.32s

③ 3.15s ④ 6.25s

해설

주기 $T = \dfrac{2\pi}{\omega} = \dfrac{2\pi}{\sqrt{\dfrac{g}{L}}} = 2\pi\sqrt{\dfrac{L}{g}}$

$= 2 \times 3.14 \times \sqrt{\dfrac{0.025}{9.8}}$

$= 0.32\mathrm{s}$

17 특정방향에 대한 음의 지향도를 나타내는 지향계수(Q, directivity factor)를 나타낸 식으로 옳은 것은? (단, SPL_θ : 동거리에서 어떤 특정방향의 SPL, $\overline{\mathrm{SPL}}$: 음원에서 반경 $r(\mathrm{m})$ 떨어진 구형면상의 여러 지점에서 측정한 SPL의 평균치)

① $Q = \mathrm{SPL}_\theta - \overline{\mathrm{SPL}}$

② $Q = \dfrac{\mathrm{SPL}_\theta}{\overline{\mathrm{SPL}}}$

③ $Q = 33.3\log \mathrm{SPL}_\theta + 40$

④ $Q = \log^{-1}\left(\dfrac{\mathrm{SPL}_\theta - \overline{\mathrm{SPL}}}{10}\right)$

해설 **지향지수(directivity index, DI)**

$\mathrm{DI} = \mathrm{SPL}_\theta - \overline{\mathrm{SPL}}\,(\mathrm{dB}) = 10\log Q$ 에서

지향계수 $Q = \log^{-1}\left(\dfrac{\mathrm{SPL}_\theta - \overline{\mathrm{SPL}}}{10}\right)$

18 두꺼운 콘크리트로 구성된 옥외 주차장의 바닥 위에 무지향성 점음원이 있으며, 이 점음원으로부터 20m 떨어진 지점의 음압레벨은 100dB이었다. 공기 흡음에 의해 일어나는 감쇠치를 5dB/10m라고 할 때, 이 음원의 음향파워는?

① 약 141dB ② 약 144dB

③ 약 126W ④ 약 251W

해설 옥외 주차장의 바닥은 반자유공간이므로

$\mathrm{SPL} = \mathrm{PWL} - 20\log r - 8$ 에서

$100 + 10 = \mathrm{PWL} - 20\log 20 - 8$

$\mathrm{PWL} = 10\log \dfrac{W}{10^{-12}} = 144\mathrm{dB}$

$\therefore W = 10^{14.4} \times 10^{-12} = 251\mathrm{W}$

19 파에 관한 설명으로 옳지 않은 것은?

① 종파(소밀파)는 매질이 없어도 전파되며, 물결(수면)파, 지진파(S파)에 해당한다.

② 구면파는 음원에서 모든 방향으로 동일한 에너지를 방출할 때 발생하는 파로서 공중에 있는 점음원이 해당한다.

③ 둘 또는 그 이상의 음파의 구조적 간섭에 의해 시간적으로 일정하게 음압의 최고와 최저가 반복되는 패턴의 파를 정재파라고 한다.

④ 파면은 파동의 위상이 같은 점들을 연결한 면을 말한다.

> 해설 매질이 없어도 전파되며, 물결(수면)파, 지진파(S파)에 해당하는 파는 횡파(橫波)이다.

20 자유공간(공중)에 무지향성 점음원이 있다. 이 점음원으로부터 4m 떨어진 지점의 음압레벨이 80dB이라면 이 음원의 음향파워레벨은?

① 80dB ② 93dB
③ 103dB ④ 113dB

> 해설 자유공간 내에 무지향성 점음원의 음압레벨
> $SPL = PWL - 20\log r - 11$ 에서
> $PWL = 80 + 20\log 4 + 11 = 103dB$

제2과목 **소음 방지기술**

21 흡음덕트에 관한 설명으로 가장 거리가 먼 것은?

① 흡음덕트의 소음 감소는 덕트의 단면적, 흡음재의 흡음성능 및 두께, 설치면적 등에 의해 주로 영향을 받는다.

② 광대역 주파수 성분을 갖는 소음을 줄일 수 있다.

③ 고주파 영역보다는 저주파 영역에서 감음성능이 탁월하게 좋다.

④ 공기조화시스템에 사용되는 덕트에서 fan이나 그 밖의 소음에 의해 발생하는 소음을 줄이기 위해 사용된다.

> 해설 저주파 영역보다는 고주파 영역에서 감음성능이 탁월하게 좋다.

22 음압레벨이 110dB(음원으로부터 1m 이격지점)인 점음원으로부터 30m 이격된 지점에서 소음으로 인한 문제가 발생되어 방음벽을 설치하였다. 방음벽에 의한 회절감쇠치가 10dB이고, 방음벽의 투과손실이 16dB이라면 수음점에서의 음압레벨(dB)은?

① 68.4dB ② 71.4dB
③ 73.4dB ④ 75.4dB

> 해설 • 거리감쇠에 의한 감쇠치
> $20\log r = 20\log 30 = 29.5dB$
> • 방음벽의 투과손실이 회절감쇠치보다 10dB 이내일 경우의 감쇠치
> $$\Delta L = -10\log\left(10^{-\frac{L_d}{10}} + 10^{-\frac{TL}{10}}\right)$$
> $$= -10\log\left(10^{-1} + 10^{-1.6}\right) = 9dB$$
> ∴ 수음점에서의 음압레벨(dB)
> $SPL_2 = 110 - 29.5 - 9 = 71.5dB$

23 방음대책을 음원대책과 전파경로 대책으로 분류할 때, 다음 중 전파경로 대책으로 가장 거리가 먼 것은?

① 소음기 설치 ② 거리감쇠
③ 지향성 변환 ④ 방음벽 설치

> 해설 소음기 설치는 음원대책이다.

24 소음기 성능표시 중 "소음원에 소음기를 부착하기 전과 후의 공간상의 어떤 특정위치에서 측정한 음압레벨의 차와 그 측정위치"로 정의되는 것은?

① 삽입손실치(IL) ② 감음량(NR)
③ 투과손실치(TL) ④ 감음계수(NRC)

> 해설 ① 삽입손실치(IL, Insertion Loss) : 소음원에 소음기를 부착하기 전과 후의 공간상 어떤 특정위치에서 측정한 음압레벨의 차와 그 측정위치로 정의된다.
> ② 감음량(NR, Noise Reduction) : 소음기의 입구 및 출구에서 측정된 음압레벨의 차로 정의된다.
> ③ 투과손실치(TL, Transmission Loss) : 소음기에 입사한 음향출력에 대한 소음기에 투과된 음향출력의 비를 상용대수를 취한 후 10을 곱한 값으로 정의된다.
> ④ 감음계수(NRC, Noise Reducrion Coefficient) : $\frac{1}{3}$ 옥타브 대역으로 측정한 중심주파수 250Hz, 500Hz, 1,000Hz, 2,000Hz에서의 흡음률의 산술평균치이다.

25 자재의 수직입사 흡음률 측정방법으로서 관의 한쪽 끝에 시료를 충진하고 다른 한쪽 끝에 부착된 스피커를 사용하는 것은?

① 실내 평균흡음률 계산방법
② 관내법(정재파법)
③ 표준 음원에 의한 측정방법
④ 등가소음레벨 측정방법

해설 **흡음자재의 흡음률 측정법 중 관내법(정재파법)**
무향실에 사용하는 흡음재에 적용하는 수직입사 흡음률 측정방법이다.

26 자동차 소음원에 따른 대책으로 가장 거리가 먼 것은?

① 엔진 소음 – 엔진의 구조 개선에 의한 소음 저감
② 배기계 소음 – 배기계 관의 강성 감소로 소음 억제
③ 흡기계 소음 – 흡기관의 길이, 단면적을 최적화시켜 흡기음압을 저감
④ 냉각팬 소음 – 냉각성능을 저하시키지 않는 범위 내에서 팬 회전수를 낮춤

해설 배기계 소음 – 배기계 관에 소음기를 부착하여 소음 억제

27 송풍기, 덕트 또는 파이프의 외부 표면에서 소음이 방사될 때 진동부에 제진대책을 한 후 흡음재를 부착하고 그 다음에 차음재로 마감하는 작업을 무엇이라고 하는가?

① LAGGING 작업
② LINING 작업
③ DAMPING 작업
④ INSULATION 작업

해설 **방음 래깅(lagging)**
방음 겉씌우개라고도 하며 덕트나 판에서 소음이 방사될 때, 직접 흡음재를 부착하거나 차음재를 씌우는 것보다 진동부에 제진(damping)대책으로 고무나 PVC를 붙인 후 흡음재를 부착하고 그 다음에 차음재(구속층)를 설치하는 방식이다.

28 방음벽 재료로 음량특성 및 구조강도 이외에 고려하여야 하는 사항으로 가장 거리가 먼 것은?

① 방음벽에 사용되는 모든 재료는 인체에 유해한 물질을 함유하지 않아야 한다.
② 방음벽의 모든 도장은 광택을 사용하는 것이 좋다.
③ 방음판은 하단부에 배수공(drain hole) 등을 설치하여 배수가 잘 되어야 한다.
④ 방음벽은 20년 이상 내구성이 보장되는 재료를 사용하여야 한다.

해설 방음벽의 모든 도장은 무광택으로 반사율이 10% 이하여야 한다.

29 밀도가 950kg/m³인 단일벽체(두께 : 25cm)에 600Hz의 순음이 통과할 때의 TL(dB)은? (단, 음파는 벽면에 난입사한다.)

① 48.8 ② 52.6
③ 60.0 ④ 66.8

해설 단일벽에서 음파가 벽면에 난입사할 때의 실용식
$$TL = 18\log(m \times f) - 44$$
$$= 18 \times \log(237.5 \times 600) - 44$$
$$= 48.8\text{dB}$$
여기서, $m = 950 \times 0.25 = 237.5\text{kg/m}^2$

30 다음 중 소음대책을 세울 때 가장 먼저 하여야 하는 것은?

① 대책의 목표레벨을 설정한다.
② 문제 주파수의 발생원을 탐사(주파수 대역별 소음 필요량 산정)한다.
③ 수음점의 규제기준을 확인한다.
④ 소음이 문제되는 지점의 위치를 귀로 판단하여 확인한다.

해설 **소음대책 순서**
소음이 문제되는 지점의 위치를 귀로 판단하여 확인한다.
→ 수음점의 규제기준을 확인한다. → 대책의 목표레벨을 설정한다. → 문제 주파수의 발생원을 탐사(주파수 대역별 소음 필요량 산정)한다.

31 덕트 소음대책과 관련한 설명 중 가장 거리가 먼 것은?

① 송풍기 정압이 증가할수록 소음은 감소하므로 공기분배시스템은 저항을 최소로 하는 방향으로 설계해야 한다.

② 덕트계에서 소음을 효과적으로 흡수하기 위해 흡음재를 송풍기 흡입구나 플래넘에 설치한다.

③ 덕트 내의 소음 감소를 위한 흡음, 차음 등의 방법은 500Hz 이상의 고주파 영역에서 감쇠효과가 좋다.

④ 덕트 내의 소음 감소를 위해 특별한 장치를 설치하지 않아도 덕트 내의 장애물이나 엘보, 덕트 출구에서의 음파 반사 등에 의해 실내로 나오는 소음을 상당부분 줄일 수 있다.

해설 송풍기 정압이 증가할수록 소음은 증가하므로 공기분배시스템은 저항을 최소로 하는 방향으로 설계해야 한다.

32 실내의 흡음대책에 의해 기대할 수 있는 경제적인 감음량의 한계범위로 가장 적당한 것은?

① 5～10dB 정도
② 50～80dB 정도
③ 100～150dB 정도
④ 200～300dB 정도

해설 실내 흡음대책에 의해 기대할 수 있는 경제적인 감음량의 한계는 5～10dB 정도이다.

33 방음벽 설계 시 유의할 점으로 거리가 먼 것은?

① 음원의 지향성이 수음측 방향으로 클 때에는 벽에 의한 감쇠치가 계산치보다 작게 된다.

② 벽의 투과손실은 회절감쇠치보다 적어도 5dB 이상 크게 하는 것이 좋다.

③ 벽의 길이는 선음원일 때에는 음원과 수음점 간의 직선거리의 2배 이상으로 하는 것이 바람직하다.

④ 방음벽 설계는 무지향성 음원으로 가정한 것이므로 음원의 지향성과 크기에 대한 상세한 조사가 필요하다.

해설 음원의 지향성이 수음측 방향으로 클 때에는 벽에 의한 감쇠치가 계산치보다 크게 된다.

34 투과손실은 중심주파수 대역에서는 질량법칙(mass law)에 따라 변화한다. 음파가 단일 벽면에 수직입사 시 면밀도가 4배 증가하면 투과손실은 어떻게 변화하는가?

① 3dB 증가
② 6dB 증가
③ 9dB 증가
④ 12dB 증가

해설 투과손실 $TL = 20 \log 4 = 12dB$
∴ 12dB이 증가한다.

35 팽창형 소음기의 입구 및 팽창부의 직경이 각각 55cm, 125cm일 때, 기대할 수 있는 최대투과손실(dB)은? (단, $f < f_c$이며, f_c(한계주파수)$= 1.22 \times \dfrac{c}{D_2}$ (Hz)이다.)

① 약 3
② 약 9
③ 약 15
④ 약 20

해설 최대투과손실치
$$TL = \left(\frac{D_2}{D_1}\right) \times 4 = \left(\frac{125}{55}\right) \times 4 = 9.1dB$$

36 차음재료 선정 및 사용상 유의할 점으로 거리가 먼 것은?

① 틈이나 파손이 없도록 하여야 한다.

② 서로 다른 재료로 구성된 벽의 차음효과를 효율적으로 하기 위해서는 $S_i \tau_i$치를 같게 하는 것이 좋다.

③ 콘크리트 블록을 차음벽으로 사용하는 경우에는 표면에 모르타르를 발라서는 안 된다.

④ 큰 차음효과를 원하는 경우에는 내부에 다공질 재료를 삽입한 이중벽 구조로 한다.

해설 콘크리트 블록을 차음벽으로 사용하는 경우에는 표면에 모르타르를 바른다. 한 쪽 면만 바를 경우 5dB, 양쪽을 다 바를 경우 10dB 정도 투과손실이 증가한다.

37 균질의 단일벽 두께를 2배로 할 경우 일치효과의 한계주파수는 어떻게 변화되겠는가? (단, 기타 조건은 일정하다.)

① 처음의 $\frac{1}{4}$ ② 처음의 $\frac{1}{2}$

③ 처음의 2배   ④ 처음의 4배

해설 단일벽의 일치주파수

$$f = \frac{c^2}{2\pi h \sin^2\theta}\sqrt{\frac{12\rho(1-\sigma^2)}{E}}\ (\text{Hz})$$

식에서 $f \propto \frac{1}{h}$ 이므로 균질인 단일벽의 두께를 2배로 하면 한계주파수는 처음의 $\frac{1}{2}$ 이 된다.

38 다음 소음대책 중 기류음 저감대책으로 가장 적합한 것은?

① 가진력 억제
② 방사면 축소 및 제진처리
③ 밸브의 다단화
④ 방진

해설 기류음의 저감대책
밸브의 다단화, 덕트의 곡률 완화, 분출유속의 저감 등이 있다.

39 연결된 두 방(음원실과 수음실)의 경계벽의 면적은 5m²이고, 수음실의 실정수는 20m²이다. 음원실과 수음실의 음압 차이를 30dB이라고 할 때, 경계벽 근처의 투과손실은? (단, 수음식 측정위치는 경계벽 근처로 한다.)

① 약 21dB   ② 약 27dB
③ 약 33dB   ④ 약 38dB

해설 음원실과 수음실의 음압 차이
즉, 차음도 $NR = TL - 10\log\left(\frac{1}{4} + \frac{S_w}{R_2}\right)(\text{dB})$ 에서

$$TL = NR + 10\log\left(\frac{1}{4} + \frac{5}{20}\right) = 27\text{dB}$$

40 양질의 음향특성을 확보하기 위한 권장 잔향시간 중 통상적으로 가장 긴 시간이 요구되는 실은?

① 교회음악 연주실   ② 회의실
③ 설교실   ④ TV 스튜디오

해설 잔향시간은 실내에서 음원을 끈 순간부터 음압레벨이 60dB까지 감쇠되는 데 소요되는 시간(s)으로 주어진 문제에서 음향특성을 확보하기 위해서는 교회음악 연주실이 가장 긴 잔향시간이 요구된다.

제3과목 **소음·진동 공정시험기준**

41 다음은 도로교통진동 측정자료 분석에 관한 사항이다. ( ) 안에 들어갈 알맞은 것은?

> 디지털 진동 자동분석계를 사용할 경우 샘플주기를 (㉮)에서 결정하고 (㉯) 측정하여 자동 연산·기록한 80% 범위의 상단치인 L_{10}값을 그 지점의 측정진동레벨로 한다.

① ㉮ 0.1초 이내, ㉯ 1분 이상
② ㉮ 0.1초 이내, ㉯ 5분 이상
③ ㉮ 1초 이내, ㉯ 1분 이상
④ ㉮ 1초 이내, ㉯ 5분 이상

해설 디지털 진동 자동분석계를 사용하여 도로교통진동 한도 측정 시 측정진동레벨로 정하는 기준은 샘플주기를 1초 이내에서 결정하고 5분 이상 측정하여 자동 연산·기록한 80% 범위의 상단치인 L_{10}값을 그 지점의 측정진동레벨로 한다.

42 환경기준에서 소음측정방법 중 측정점 선정방법으로 가장 거리가 먼 것은?

① 도로변 지역은 소음으로 인하여 문제를 일으킬 우려가 있는 장소로 한다.
② 일반지역은 당해 지역의 소음을 대표할 수 있는 장소로 한다.
③ 일반지역의 경우 가급적 측정점 반경 5m 이내에 장애물(담, 건물 등)이 없는 지점의 지면 위 1.5~2.0m로 한다.
④ 도로변 지역의 경우 장애물이 있을 때에는 장애물로부터 도로방향으로 1.0m 떨어진 지점의 지면 위 1.2~1.5m 위치로 한다.

해설 일반지역의 경우에는 가능한 한 측정점 반경 3.5m 이내에 장애물(담, 건물, 기타 반사성 구조물 등)이 없는 지점의 지면 위 1.2~1.5m로 한다.

43 대상소음도를 구하기 위해 배경소음의 영향이 있을 경우, 보정치 산정식으로 옳은 것은? (단, d=측정소음도−배경소음도)

① $-20\log(1-0.1^{-0.1d})$
② $-10\log(1-0.1^{-0.1d})$
③ $-20\log(1-10^{-0.1d})$
④ $-10\log(1-10^{-0.1d})$

해설 보정치 산정식은 $-10\log(1-10^{-0.1d})$로 한다.

44 소음계의 성능기준으로 옳은 것은?

① 지시계기의 눈금오차는 0.5dB 이내이어야 한다.
② 레벨레인지 변환기가 있는 기기에 있어서 레벨레인지 변환기의 전환오차가 1dB 이내이어야 한다.
③ 측정가능 주파수 범위는 31.5~8Hz 이상이어야 한다.
④ 측정가능 소음도 범위는 0~100dB 이상이어야 한다.

해설 소음계의 성능기준
- 측정가능 주파수 범위는 31.5~8kHz 이상이어야 한다.
- 측정가능 소음도 범위는 35~130dB 이상이어야 한다. 다만, 자동차소음 측정에 사용되는 것은 45~130dB 이상으로 한다.
- 특성별(A특성 및 C특성) 표준 입사각의 응답과 그 편차는 KS C IEC 61672−1의 [표 2]를 만족하여야 한다.
- 레벨레인지 변환기가 있는 기기에 있어서 레벨레인지 변환기의 전환오차가 0.5dB 이내이어야 한다.
- 지시계기의 눈금오차는 0.5dB 이내이어야 한다.

45 공장진동 측정자료 평가표 서식에 기재되어야 하는 사항으로 거리가 먼 것은?

① 충격진동의 발생시간(h)
② 측정대상업소의 소재지
③ 진동레벨계명
④ 지면조건

해설 공장진동 측정자료 평가표 서식에 기재되어야 하는 사항
측정대상업소, 측정기기, 측정환경, 진동원(기계명), 측정자료 분석결과(측정진동레벨, 배경진동레벨, 대상진동레벨), 보정치 산정

46 항공기 소음시간 보정치인 1일간 항공기의 등가 통화횟수(N)를 옳게 나타낸 것은? (단, 소음도 기록기를 사용한 경우이며, 비행횟수는 시간대별로 구분하여, 0시에서 07시까지의 비행횟수를 N_1, 07시에서 19시까지의 비행횟수를 N_2, 19시에서 22시까지의 비행횟수를 N_3, 22시에서 24시까지의 비행횟수를 N_4라 함)

① $N=N_2+3N_3+10(N_1+N_4)$
② $N=N_1+3N_2+10(N_3+N_4)$
③ $N=N_4+3N_3+10(N_1+N_2)$
④ $N=N_3+5N_4+10(N_1+N_2)$

해설 등가통화횟수
$N=N_2+3N_3+10(N_1+N_4)$

47 다음은 규제기준 중 발파진동 측정시간 및 측정 지점수 기준이다. ( ) 안에 들어갈 가장 알맞은 것은?

> 작업일지 및 발파계획서 또는 폭약사용신고서를 참조하여 소음·진동관리법규상에서 구분하는 각 시간대 중에서 (㉮) 진동이 예상되는 시각의 진동을 포함한 모든 발파진동을 (㉯)에서 측정한다.

① ㉮ 평균발파, ㉯ 3지점 이상
② ㉮ 평균발파, ㉯ 1지점 이상
③ ㉮ 최대발파, ㉯ 3지점 이상
④ ㉮ 최대발파, ㉯ 1지점 이상

해설 작업일지 및 발파계획서 또는 폭약사용신고서를 참조하여 소음·진동관리법규상에서 구분하는 각 시간대 중에서 최대발파진동이 예상되는 시각의 진동을 포함한 모든 발파진동을 1지점 이상에서 측정한다.

48 도로교통소음을 측정하고자 할 때, 소음계의 동특성은 원칙적으로 어떤 모드로 측정하여야 하는가?

① 느림(slow)   ② 빠름(fast)
③ 충격(impulse)   ④ 직선(linear)

해설 소음계의 청감보정회로는 A특성에 고정하여 측정하여야 하며, 소음계의 동특성은 원칙적으로 빠름(fast) 모드로 측정하여야 한다.

49 배출허용기준의 소음측정방법 중 배경소음 보정방법에 관한 설명으로 옳지 않은 것은?

① 측정소음도가 배경소음도보다 10dB 이상 크면 배경소음의 영향이 극히 작기 때문에 배경소음의 보정 없이 측정소음도를 대상소음도라 한다.

② 측정소음도에 배경소음을 보정하여 대상소음도로 한다.

③ 측정소음도가 배경소음보다 3dB 미만으로 크면 배경소음이 대상소음보다 크므로 재측정하여 대상소음도를 구하여야 한다.

④ 배경소음도 측정 시 해당 공장의 공정상 일부 배출시설의 가동중지가 어렵거나 해당 배출시설에서 발생한 소음이 배경소음에 영향을 미친다고 판단될 경우라도 배경소음도 측정없이 측정소음도를 대상소음도라 할 수 없다.

해설 배경소음도 측정 시 해당 공장의 공정상 일부 배출시설의 가동중지가 어렵다고 인정되고, 해당 배출시설에서 발생한 소음이 배경소음에 영향을 미친다고 판단될 경우에는 배경소음도 측정없이 측정소음도를 대상소음도로 할 수 있다.

50 환경기준 중 소음측정 시 청감보정회로 및 동특성 측정조건으로 옳은 것은?

① 소음계의 청감보정회로는 A특성에 고정, 동특성은 원칙적으로 느림(slow) 모드로 하여 측정하여야 한다.

② 소음계의 청감보정회로는 C특성에 고정, 동특성은 원칙적으로 느림(slow) 모드로 하여 측정하여야 한다.

③ 소음계의 청감보정회로는 A특성에 고정, 동특성은 원칙적으로 빠름(fast) 모드로 하여 측정하여야 한다.

④ 소음계의 청감보정회로는 C특성에 고정, 동특성은 원칙적으로 빠름(fast) 모드로 하여 측정하여야 한다.

해설 환경기준 중 소음측정 시 소음계의 청감보정회로는 A특성에 고정하여 측정하여야 하며, 소음계의 동특성은 원칙적으로 빠름(fast) 모드로 하여 측정하여야 한다.

51 소음계의 구조별 성능기준에 관한 설명으로 옳지 않은 것은?

① 마이크로폰 : 지향성이 작은 입력형으로 한다.

② 레벨레인지 변환기 : 음향에너지를 전기에너지로 변환 증폭시킨다.

③ 동특성 조절기 : 지시계기의 반응속도를 빠름 및 느림의 특성으로 조절할 수 있는 조절기를 가져야 한다.

④ 출력단자 : 소음신호를 기록기 등에 전송할 수 있는 교류단자를 갖춘 것이어야 한다.

해설
• 레벨레인지 변환기(level range converter) : 측정하고자 하는 소음도가 지시계기의 범위 내에 있도록 하기 위한 감쇠기이다.
• 증폭기(amplifier) : 마이크로폰에 의하여 음향에너지를 전기에너지로 변환시킨 양을 증폭시키는 장치를 말한다.

52 다음은 소음계의 구성도를 나타낸 것이다. 각 부분의 명칭으로 옳은 것은?

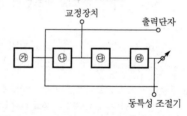

① ㉮ Fast-slow switch
② ㉯ Weighting networks
③ ㉰ Amplifier
④ ㉱ Microphone

해설 그림에서 ㉮ 마이크로폰(microphone), ㉯ 레벨레인지 변환기(level range converter), ㉰ 증폭기(amplifier), ㉱ 청감보정회로(weighting networks)

참고 동특성 조절기(fast-slow switch), 출력단자(monitor out), 지시계기(meter)

53 도로교통소음 관리기준 측정방법에 관한 설명으로 옳지 않은 것은?

① 소음도의 계산과정에서는 소수점 첫째자리를 유효숫자로 하고, 측정소음도(최종값)는 소수점 첫째자리에서 반올림한다.

② 소음계의 청감보정회로는 A특성에 고정하여 측정하여야 한다.

③ 디지털 소음 자동분석계를 사용할 경우에는 샘플주기를 1초 이내에서 결정하고 10분 이상 측정하여 자동 연산·기록한 등가소음도를 그 지점의 측정소음도로 한다.

④ 소음도 기록기 또는 소음계만을 사용하여 측정할 경우에는 계기조정을 위하여 먼저 선정된 측정위치에서 대략적인 소음의 변화 양상을 파악한 후 소음계 지시치의 변화를 눈으로 확인하여 5초 간격 30회 판독·기록한다.

해설 소음도 기록기 또는 소음계만을 사용하여 측정할 경우에는 계기조정을 위하여 먼저 선정된 측정위치에서 대략적인 소음의 변화 양상을 파악한 후 소음계 지시치의 변화를 눈으로 확인하여 5초 간격 60회 판독·기록한다.

54 환경기준 중 소음측정 시 풍속이 몇 m/s 이상이면 반드시 마이크로폰에 방풍망을 부착하여야 하는가?

① 1m/s 이상   ② 2m/s 이상
③ 5m/s 이상   ④ 10m/s 이상

해설 풍속이 2m/s 이상일 때에는 반드시 마이크로폰에 방풍망을 부착하여야 하며, 풍속이 5m/s를 초과할 때에는 측정하여서는 안 된다.

55 도로교통진동 측정자료 평가표 서식에 기재하여야 할 사항으로 가장 거리가 먼 것은?

① 관리자   ② 보정치 합계
③ 측정지점 약도   ④ 측정자

해설 도로교통진동 측정자료 평가표 서식에 기재하여야 할 사항
측정년월일, 측정대상업소, 측정기기, 측정환경, 측정대상과 측정지점(도로구조(차선수, 도로유형, 구배), 측정지점약도, 측정자, 관리자, 교통특성(시간당 교통량(대/h), 대형차 통행량(대/h), 평균차속(km/h)) 등

56 다음은 소음·진동 공정시험기준상 용어의 정의이다. ( ) 안에 들어갈 알맞은 것은?

> ( )이란 시간적으로 변동하지 아니하거나 또는 변동폭이 작은 진동을 말한다.

① 변동진동
② 정상진동
③ 극소진동
④ 배경진동

해설 ① 변동진동 : 시간에 따른 진동레벨의 변화폭이 크게 변하는 진동을 말한다.
③ 극소진동이란 것은 없다.
④ 배경진동 : 한 장소에 있어서의 특정의 진동을 대상으로 생각할 경우 대상진동이 없을 때 그 장소의 진동을 대상진동에 대한 배경진동이라 한다.

57 A위치에서 기계의 소음을 측정한 결과 기계 가동 후의 측정소음도가 89dB(A), 기계 가동 전의 소음도가 85dB(A)로 계측되었다. 이때 배경소음 영향을 보정한 대상소음도는?

① 84.4dB(A)
② 85.4dB(A)
③ 86.8dB(A)
④ 88.7dB(A)

해설 대상소음도는 소음도의 차이를 구하면 된다.
대상소음도 $= 10\log(10^{8.9} - 10^{8.5}) = 86.8\text{dB(A)}$

58 당해 지역의 소음을 대표할 수 있는 주간 시간대는 2시간 간격을 두고 1시간씩 2회 측정하여 산술평균하며, 야간 시간대는 1회 1시간 동안 측정하는 소음은?

① 도로교통소음
② 철도소음
③ 발파소음
④ 항공기소음

해설 **철도소음의 측정소음도**
기상조건, 열차운행횟수 및 속도 등을 고려하여 당해 지역의 1시간 평균 철도통행량 이상인 시간대를 포함하여 주간 시간대는 2시간 이상 간격을 두고 1시간씩 2회 측정하여 산술평균하며, 야간 시간대는 1회 1시간 동안 측정한다.

59 철도진동 관리기준 측정방법에 관한 사항으로 옳은 것은?

① 진동픽업의 설치장소는 완충물이 없고, 충분히 다져서 단단히 굳은 장소로 한다.

② 요일별로 진동 변동이 큰 평일(월요일부터 일요일 사이)에 당해 지역의 철도진동을 측정하여야 한다.

③ 기상조건, 열차의 운행횟수 및 속도 등을 고려하여 당해 지역의 30분 평균 철도통행량 이상인 시간대에 측정한다.

④ 진동픽업의 설치장소는 옥내지표를 원칙으로 하고, 회절현상이 예상되는 지점을 선정한다.

해설 ② 요일별로 진동 변동이 적은 평일(월요일부터 금요일 사이)에 당해 지역의 철도진동을 측정하여야 한다.
③ 기상조건, 열차의 운행횟수 및 속도 등을 고려하여 당해 지역의 1시간 평균 철도통행량 이상인 시간대에 측정한다.
④ 진동픽업의 설치장소는 옥외지표를 원칙으로 하고 복잡한 반사, 회절현상이 예상되는 지점은 피한다.

60 7일간 측정한 WECPNL값이 각각 76, 78, 77, 78, 80, 79, 77dB일 경우 7일간 평균 WECPNL(dB)은?

① 77
② 78
③ 79
④ 80

해설 m일간 평균 WECPNL인 $\overline{\text{WECPNL}}$을 다음 식으로 구한다.

$$\overline{\text{WECPNL}} = 10\log\left[\left(\frac{1}{m}\right)\sum_{i=1}^{m}10^{0.1\times\text{WECPNL}_i}\right]$$
$$= 10\log\left[\left(\frac{1}{7}\right)(10^{7.6}+10^{7.8}+10^{7.7}\right.$$
$$\left.+10^{7.8}+10^{8.0}+10^{7.9}+10^{7.7})\right]$$
$$= 78\text{WECPNL(dB)}$$

61 탄성블록 위에 설치된 기계가 2,400rpm으로 회전하고 있다. 이 기계의 무게는 907N이며, 그 무게는 평탄진동한다. 이 기계를 4개의 스프링으로 지지할 때 스프링 1개당의 스프링정수는 약 얼마인가? (단, 진동 차진율은 90%로 하며, 감쇠는 무시한다.)

① 1,150N/cm
② 1,330N/cm
③ 1,610N/cm
④ 1,740N/cm

해설 강제진동수 $f = \dfrac{\text{rpm}}{60} = \dfrac{2,400}{60} = 40\text{Hz}$

%절연율 $\%I = (1-T)\times100 = 90\%$에서
진동전달률 $T = 0.1$

$T = \dfrac{1}{\eta^2-1}$에서 $0.1 = \dfrac{1}{\eta^2-1}$

$\therefore \eta = 3.32$, $\eta = \dfrac{f}{f_n}$에서 $3.32 = \dfrac{40}{f_n}$

$\therefore$ 고유진동수 $f_n = 12.12\text{Hz}$

기계를 4개의 스프링으로 지지하였으므로

$f_n = 4.98\sqrt{\dfrac{k}{W_{mp}}}$ 로부터 스프링 1개당 스프링정수

$k = W_{mp}\times\left(\dfrac{f_n}{4.98}\right)^2 = \dfrac{907}{4}\times\left(\dfrac{12.12}{4.98}\right)^2$
$= 1,343\text{N/cm}$

62 다음은 자동차의 방진과 관련된 용어의 설명이다. ( ) 안에 들어갈 알맞은 것은?

> 차량의 중속 및 고속주행 상태에서 차체가 약 15~25Hz 범위의 주파수로 진동하는 현상을 ( )(이)라고 하며, 일반적으로 차체진동 또는 플로어(floor) 진동이라고 부르기도 한다.

① 와인드업
② 셰이크
③ 시미
④ 프런트엔드

해설 ① 와인드업(wind up) : '감아올린다'는 뜻으로 좌우방향으로 뻗은 축(Y축)을 중심으로 회전운동을 하는 진동이다.
② 셰이크(shake) : 차체 바닥의 상하방향 진동으로 진동원은 엔진 가진력과 타이어 불균형이며, 일반석으로 차체 진동 또는 플로어(floor) 진동이라고 부르기도 한다.
③ 시미(shymmi) : 바퀴가 옆으로 흔들리는 현상으로 타이어의 동적 평형이 잡혀 있지 않을 경우 발생한다.
④ 프런트엔드(front end) : 차체 앞부분에서 발생하는 진동이다.

63 어떤 질점의 운동변위(x)가 다음 표와 같이 표시될 때, 가속도의 최대치(m/s^2)는?

$$x = 7 \sin \left(12\pi t - \frac{\pi}{3} \right) \text{cm}$$

① 4.93
② 9.95
③ 49.3
④ 99.5

해설 가속도의 최대치 $A_m = x_o \omega^2 = 7 \times (12 \times 3.14)^2$
$$= 9{,}938 \text{cm/s}^2$$
$$= 99.38 \text{m/s}^2$$

64 강제진동수(f)가 계의 소유진동수(f_n)보다 월등히 클 경우 진동제어요소로 가장 적합한 것은?

① 계의 질량제어
② 스프링의 저항제어
③ 스프링의 강도제어
④ 스프링의 댐퍼(damper)제어

해설 탄성지지의 설계요소(진동제어요소)
계의 질량제어 : 진동수($f^2 \gg f_n^2$),
$$\text{응답진폭의 크기}\left(x(\omega) = \frac{F_o}{m\omega^2} \right)$$

65 그림과 같은 U자관 내의 유체운동은 자유진동으로 해석할 수 있다. 다음 중 유체운동의 주기는? (단, L은 유체기둥의 길이이다.)

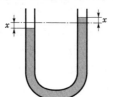

① $2\pi \sqrt{\dfrac{L}{g}}$
② $2\pi \sqrt{\dfrac{L}{2g}}$
③ $2\pi \sqrt{\dfrac{g}{L}}$
④ $2\pi \sqrt{\dfrac{g}{2L}}$

해설 • 고유진동수
$$\omega_n = \sqrt{\frac{k}{m}} = \sqrt{\frac{2g}{L}}$$
• 주기
$$T = \frac{2\pi}{\omega} = 2\pi \sqrt{\frac{L}{2g}}$$

66 주어진 조화 진동운동이 8cm의 변위진폭, 2초 주기를 가지고 있다면 최대진동속도(cm/s)는?

① 약 14.8
② 약 21.6
③ 약 25.1
④ 약 29.3

해설 최대진동속도 $V_m = x_o \omega = x_o 2\pi f = x_o 2\pi \dfrac{1}{T}$
$$= 8 \times 2 \times 3.14 \times \frac{1}{2} = 25.1 \text{cm/s}$$

67 지반진동 차단 구조물인 방진구에 있어서 다음 중 가장 중요한 설계인자는?

① 트랜치의 깊이
② 트랜치의 폭
③ 트랜치의 형상
④ 트랜치의 위치

해설 • 방진구의 가장 중요한 설계인자 : 도랑(trench)의 깊이이다. 진폭을 반으로 줄이기 위해서는 도랑의 깊이를 파장의 $\dfrac{1}{4}$ 이상으로 해야 한다.

• 도랑의 깊이를 h, 표면파의 파장을 λ라 할 때, $\dfrac{h}{\lambda} = 0.3$이면 6dB이 감쇠되고, $\dfrac{h}{\lambda} = 0.6$이면 12dB이 감쇠된다.

68 스프링과 질량으로 구성된 진동계에서 스프링의 정적 처짐이 4.2cm인 경우, 이 계의 주기(s)는?

① 0.41
② 0.68
③ 1.47
④ 2.43

해설 고유진동수 $f_n = 4.98 \sqrt{\dfrac{1}{\delta_{st}}}$
$$= 4.98 \times \sqrt{\frac{1}{4.2}} = 2.43 \text{Hz}$$
$$\therefore \text{주기 } T = \frac{1}{f_n} = \frac{1}{2.43} = 0.41 \text{s}$$

69 어떤 조화운동이 5cm의 진폭을 가지고 3s의 주기를 갖는다면, 이 조화운동의 최대가속도는?

① 15.2cm/s²
② 21.9cm/s²
③ 24.7cm/s²
④ 30.1cm/s²

해설 최대진동가속도 $A_m = x_o \omega^2 = x_o (2\pi f)^2$
$$= x_o \left(2\pi \frac{1}{T} \right)^2 = 5 \times \left(2 \times 3.14 \times \frac{1}{3} \right)^2$$
$$= 21.91 \text{cm/s}^2$$

63.④ 64.① 65.② 66.③ 67.① 68.① 69.②

70 주파수 5Hz의 표면파($n=0.5$)가 전파속도 100m/s로 지반의 내부 감쇠정수 0.05의 지반을 전파할 때, 진동원으로부터 20m 떨어진 지점의 진동레벨은? (단, 진동원에서 5m 떨어진 지점에서의 진동레벨은 80dB이다.)

① 약 66dB
② 약 69dB
③ 약 72dB
④ 약 75dB

해설 진동의 거리감쇠에 따른 진동가속도레벨 및 진동레벨의 거리감쇠식에서 다음과 같이 구한다.

$$VL_r = VL_o - 8.7\lambda(r-r_o) - 20\log\left(\frac{r}{r_o}\right)^n$$

$$= 84 - 8.7 \times 0.05 \times (20-5) - 20\log\left(\frac{20}{5}\right)^{0.5}$$

$$= 72\text{dB}$$

71 동적 배율에 관한 설명으로 옳지 않은 것은?

① 동적 배율은 천연고무류가 합성고무류에 비하여 작은 편이다.
② 동적 배율은 방진고무의 영률 20N/cm² 에서 1.1 정도이다.
③ 동적 배율은 방진고무의 영률이 커짐에 따라 작아진다.
④ 동적 배율은 방진고무에서 통상 1.0 이상의 값을 나타낸다.

해설 동적 배율은 방진고무의 영률이 커짐에 따라 커진다.

72 가진력 저감을 위한 방진대책으로 가장 거리가 먼 것은?

① 단조기는 단압 프레스로 교체한다.
② 기계에서 발생하는 가진력은 지향성이 있으므로 기계의 설치방향을 바꾼다.
③ 크랭크기구를 가진 왕복운동 기계는 1개의 실린더를 가진 것으로 교체한다.
④ 왕복운동압축기는 터보형 고속회전압축기로 교체한다.

해설 크랭크기구를 가진 왕복운동 기계는 복수 개의 실린더를 가진 것으로 교체한다.

73 방진 시 고려사항으로 옳지 않은 것은?

① 강제진동수가 고유진동수에 비해 아주 작을 때에는 스프링정수를 크게 한다.
② 강제진동수가 고유진동수와 거의 같을 때에는 감쇠가 작은 방진재를 사용하거나 dash pot 등은 제거한다.
③ 강제진동수가 고유진동수에 비해 아주 클 때에는 기계의 질량을 크게 한다.
④ 가진력의 주파수가 고유진동수의 0.8~1.4배 정도일 때에는 공진이 커지므로 이 영역은 가능한 피한다.

해설 강제진동수가 고유진동수와 거의 같을 때, 감쇠가 큰 방진재를 사용하거나 대시 포트(dash pot) 등을 삽입해야 한다.

74 어떤 기계를 4개의 같은 스프링으로 지지했을 때 기계의 무게로 일정하게 3.88mm 압축되었다. 이 기계의 고유진동수(Hz)는?

① 18Hz
② 12Hz
③ 8Hz
④ 4Hz

해설 고유진동수 $f_n = 4.98\sqrt{\dfrac{1}{\delta_{st}}}$

$$= 4.98 \times \sqrt{\frac{1}{0.388}} = 8\text{Hz}$$

75 기계의 중량이 50N인 왕복동 압축기가 있다. 분당 회전수가 6,000이고, 상하방향 불평형력이 6N이며, 기초는 콘크리트 재질로 탄성지지 되어 있고, 진동전달력이 2N이었다면 이 진동계의 고유진동수(Hz)는?

① 30
② 40
③ 50
④ 60

해설 강제진동수 $f = \dfrac{\text{rpm}}{60} = \dfrac{6,000}{60} = 100\text{Hz}$

진동전달률 $T = \dfrac{2}{6} \times 100 = 33\%$이므로

$T = \dfrac{1}{\eta^2 - 1}$에서 $0.33 = \dfrac{1}{\eta^2 - 1}$

$\therefore \eta = 2$

$\eta = \dfrac{f}{f_n}$에서 $2 = \dfrac{100}{f_n}$

$\therefore$ 고유진동수 $f_n = 50\text{Hz}$

76 그림과 같은 1자유도계 진동계가 있다. 이 계가 수직방향 $x(t)$로 진동하는 경우 이 진동계의 운동방정식으로 옳은 것은? (단, k : 스프링정수, C : 감쇠계수, $f(t)$: 외부 가진력)

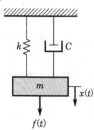

① $m\ddot{x} + C\dot{x} + kx = f(t)$

② $m\ddot{x} + C\dot{x} + mx = f(t)$

③ $m\ddot{x} + k\dot{x} + mx = f(t)$

④ $k\ddot{x} + C\dot{x} + mx + f(t) = 0$

해설 주어진 그림은 한 방향(수직)으로만 진동하는 계로 1자유도 진동계(single degree of feedom mechanical system)라 한다.

이 계의 운동방정식을 Newton의 제2법칙으로 표현하면 $m\ddot{x} + C\dot{x} + kx = f(t)$ 이다.

여기서, $m\ddot{x}$: 관성력

$C\dot{x}$: 점성 저항력(감쇠력)

kx : 스프링의 복원력

$f(t)$: 외력의 가진함수 $F_o \sin \omega t$

77 금속 자체에 진동 흡수력을 갖는 제진합금의 분류 중 Mg, Mg-0.6% Zr 합금 등으로 이루어진 형태는?

① 복합형 　　　② 전위형

③ 쌍정형 　　　④ 강자성형

해설 ① 복합형 제진합금 : 흑연주철, Al-Zn 합금이며, 40∼78%의 Zn을 포함한다.

② 전위형 제진합금 : 순수 Mg이거나, Mg(0.6%)-Zr 합금 등으로 이루어진 형태이다.

③ 쌍정형 제진합금 : Mn-Cu계, Cu-Al-Ni계, Ti-Ni계 등을 말한다.

④ 강자성형 제진합금 : 12%의 크롬과 철 합금을 말한다.

78 정현진동의 가속도 진폭이 3×10^{-3}m/s²일 때 진동가속도레벨(VAL)은? (단, 기준 10^{-5}m/s²)

① 약 34dB 　　　② 약 40dB

③ 약 47dB 　　　④ 약 67dB

해설

진동가속도레벨 $VAL = 20 \log \left(\dfrac{\dfrac{3 \times 10^{-3}}{\sqrt{2}}}{10^{-5}} \right) = 47\text{dB}$

79 공해진동의 특성을 대역분석하기 위해 옥타브 대역별 중심주파수가 필요하다. 다음 중 $\dfrac{1}{1}$ 옥타브 대역 중심주파수가 아닌 것은?

① 2.0Hz 　　　② 3.15Hz

③ 8.0Hz 　　　④ 63Hz

해설
- $\dfrac{1}{1}$ 옥타브 대역 중심주파수(Hz) : 2, 4, 8, 16, 31.5, 63, 125, 250, 500, 1,000 …
- $\dfrac{1}{3}$ 옥타브 대역 중심주파수(Hz) : 2, 2.5, 3.15, 4.0, 5.0, 6.3, 8.0, 10.0, 12.5, 16.0, 20, 25, 31.5, 40, 50, 63 …

80 다음의 사용 특성을 만족하는 탄성지지 재료로 가장 적합한 것은?

- 정적 변위의 제한 : 최대두께의 6%
- 정적 변위의 하중(kg/cm²) : 2.5∼4
- 유효고유진동수(Hz) : 40 이상

① 금속코일스프링 　　　② 방진고무

③ 코르크 　　　④ 펠트

해설 탄성지지 재료의 선정기준

구분	펠트류	코르크	방진고무	금속스프링	공기스프링
유효 주파수 범위(Hz)	25∼50	40 이상	5∼20	2∼10	5 이하
정적 변위의 제한	−	최대두께 6%까지	최대두께 10%까지	설계자유	설계자유
허용하중 (kg/cm²)	0.2∼1.5	2.5∼4	2∼6	설계자유	설계자유
감쇠비	0.05∼0.06	0.5∼0.06	0.05	0.005	−
간결성	양호	양호	우수	양호	보통
내열성	양호	양호	우수	양호	보통
내유성	양호	양호	보통	우수	양호
내구성	보통	양호	양호	우수	양호
설치성	우수	우수	보통	보통	주의요망
경제성	저렴	저렴	보통	보통	고사

해설 ② 22.5kW 이상의 압연기 → 37.5kW 이상의 압연기

제5과목 소음·진동 관계 법규

81 소음·진동관리법상 소음덮개를 떼어버린 자동차 소유자에게 개선명령을 하려는 경우 얼마 이내의 범위에서 개선에 필요한 기간에 그 자동차의 사용정지를 함께 명할 수 있는가?

① 10일 이내
② 14일 이내
③ 15일 이내
④ 30일 이내

해설 법 제38조(운행차의 개선명령)
1. 특별시장·광역시장·특별자치시장·특별자치도지사 또는 시장·군수·구청장은 운행차에 대하여 점검 결과 다음의 어느 하나에 해당하는 경우에는 환경부령으로 정하는 바에 따라 자동차 소유자에게 개선을 명할 수 있다.
   ㉠ 운행차의 소음이 운행차 소음허용기준을 초과한 경우
   ㉡ 소음기나 소음덮개를 떼어버린 경우
   ㉢ 경음기를 추가로 붙인 경우
2. 1에 따른 개선명령을 하려는 경우 10일 이내의 범위에서 개선에 필요한 기간에 그 자동차의 사용정지를 함께 명할 수 있다.

82 소음·진동관리법규상 소음도 검사기관의 장이 수수료 산정기준에 따른 소음도 검사수수료를 정하고자 할 때, 미리 소음도 검사기관의 인터넷 홈페이지에 얼마 동안 그 내용을 게시하고 이해관계인의 의견을 들어야 하는가?

① 5일(긴급한 사유가 있는 경우에는 3일)간
② 7일(긴급한 사유가 있는 경우에는 5일)간
③ 14일(긴급한 사유가 있는 경우에는 7일)간
④ 20일(긴급한 사유가 있는 경우에는 10일)간

해설 시행규칙 제60조(소음도 검사수수료)
소음도 검사기관의 장은 검사수수료를 정하려는 경우에는 미리 소음도 검사기관의 인터넷 홈페이지에 20일(긴급한 사유가 있는 경우에는 10일)간 그 내용을 게시하고 이해관계인의 의견을 들어야 한다.

83 소음·진동관리법규상 소음배출시설에 해당하지 않는 것은? (단, 동력기준시설 및 기계·기구)

① 22.5kW 이상의 제분기
② 22.5kW 이상의 압연기
③ 22.5kW 이상의 변속기
④ 22.5kW 이상의 초지기

84 다음은 소음·진동관리법규상 공사장 방음시설 설치기준이다. ( ) 안에 들어갈 알맞은 것은?

> 삽입손실 측정을 위한 측정지점(음원위치, 수음자 위치)은 음원으로부터 5m 이상 떨어진 노면 위 (㉮) 지점으로 하고, 방음벽 시설로부터 (㉯) 떨어져야 하며, 동일한 음량과 음원을 사용하는 경우에는 기준위치(reference position)의 측정은 생략할 수 있다.

① ㉮ 1.2m, ㉯ 2m 이상
② ㉮ 1.2m, ㉯ 1.5m 이상
③ ㉮ 3.5m, ㉯ 2m 이상
④ ㉮ 3.5m, ㉯ 1.5m 이상

해설 시행규칙 [별표 10] 공사장 방음시설 설치기준
삽입손실 측정을 위한 측정지점(음원위치, 수음자 위치)은 음원으로부터 5m 이상 떨어진 노면 위 1.2m 지점으로 하고, 방음벽 시설로부터 2m 이상 떨어져야 하며, 동일한 음량과 음원을 사용하는 경우에는 기준위치(reference position)의 측정은 생략할 수 있다.

85 소음·진동관리법규상 시·도지사가 매년 환경부장관에게 제출하여야 하는 주요 소음·진동관리시책의 추진상황에 관한 연차보고서에 포함될 내용으로 가장 거리가 먼 것은?

① 소음·진동 발생원 및 소음·진동 현황
② 소음·진동 저감대책 추진계획
③ 소음·진동 저감 결과보고서 및 익년 배출시설 증설계획
④ 소요 재원의 확보계획

해설 시행규칙 제74조(연차보고서의 제출)
1. 연차보고서에 포함될 내용은 다음과 같다.
   ㉠ 소음·진동 발생원(發生源) 및 소음·진동 현황
   ㉡ 소음·진동 저감대책 추진실적 및 추진계획
   ㉢ 소요 재원의 확보계획
2. 보고기한은 다음 연도 1월 31일까지로 하고, 보고 서식은 환경부장관이 정한다.

86 다음은 소음·진동관리법규상 배출시설 변경신고를 하는 경우에 관한 사항이다. ( ) 안에 들어갈 가장 알맞은 것은?

> 변경신고를 하려는 자는 해당 시설의 변경 전 사업장의 명칭을 변경하거나 대표자를 변경하는 경우에는 이를 변경한 날부터 ( )에 법에서 규정하는 서류를 첨부하여 시장·군수·구청장에게 제출하여야 한다.

① 7일 이내 　　② 15일 이내
③ 30일 이내 　　④ 60일 이내

[해설] **시행규칙 제10조(배출시설의 변경신고 등)**
변경신고를 하려는 자는 해당 시설의 변경 전(사업장의 명칭을 변경하거나 대표자를 변경하는 경우에는 이를 변경한 날부터 60일 이내)에 배출시설 변경신고서에 변경내용을 증명하는 서류와 배출시설 설치신고증명서 또는 배출시설 설치허가증을 첨부하여 특별자치시장·특별자치도지사 또는 시장·군수·구청장에게 제출하여야 한다.

87 소음·진동관리법상 교통기관에 속하지 않는 것은?

① 기차 　　② 전차
③ 자동차 　　④ 항공기

[해설] **법 제2조(정의)**
"교통기관"이란 기차·자동차·전차·도로 및 철도 등을 말한다. 다만, 항공기와 선박은 제외한다.

88 소음·진동관리법규상 주거지역, 공사장 야간 조건에서의 생활소음 규제기준은? (단, 기타사항 등은 고려하지 않는다.)

① 50dB(A) 이하
② 60dB(A) 이하
③ 70dB(A) 이하
④ 80dB(A) 이하

[해설] **시행규칙 [별표 8] 생활소음 규제기준**

[단위 : dB(A)]

대상지역	시간대별 소음원	아침, 저녁 (05:00~07:00, 18:00~22:00)	주간 (07:00 ~18:00)	야간 (22:00 ~05:00)
주거지역	공사장	60 이하	65 이하	50 이하

89 다음은 소음·진동관리법규상 폭약사용규제 요청에 관한 사항이다. ( ) 안에 들어갈 가장 적합한 것은?

> 시장·군수·구청장 등은 법에 따라 필요한 조치를 ( )에게 요청하려면 규제기준에 맞는 방음·방진시설의 설치, 폭약 사용량, 사용기간, 사용횟수의 제한 또는 발파공법 등의 개선 등에 관한 사항을 포함하여야 한다.

① 지방경찰청장 　　② 국토교통부장관
③ 환경부장관 　　④ 파출소장

[해설] **시행규칙 제24조(폭약사용규제 요청)**
특별자치시장·특별자치도지사 또는 시장·군수·구청장은 필요한 조치를 지방경찰청장에게 요청하려면 규제기준에 맞는 방음·방진시설의 설치, 폭약 사용량, 사용기간, 사용횟수의 제한 또는 발파공법(發破工法) 등의 개선 등에 관한 사항을 포함하여야 한다.

90 소음·진동관리법규상 확인검사대행자와 관련한 행정처분기준 중 고의 또는 중대한 과실로 확인검사 대행업무를 부실하게 한 경우 2차 행정처분기준으로 옳은 것은?

① 경고 　　② 업무정지 1월
③ 업무정지 3월 　　④ 등록취소

[해설] **시행규칙 [별표 21] 행정처분기준**
2. 개별기준, 바. 확인검사대행자와 관련한 행정처분기준

위반행위	근거 법령	행정처분기준			
		1차	2차	3차	4차
고의 또는 중대한 과실로 확인검사 대행업무를 부실하게 한 경우	법 제43조 제5호	업무정지 6일	등록 취소	-	-

91 소음·진동관리법상 소음도 표지를 붙이지 아니하거나 거짓의 소음도 표지를 붙인 자에 대한 벌칙기준은?

① 3년 이하의 징역 또는 3천만원 이하의 벌금
② 1년 이하의 징역 또는 1천만원 이하의 벌금
③ 6개월 이하의 징역 또는 500만원 이하의 벌금
④ 500만원 이하의 벌금

해설 법 제57조(벌칙)

다음의 어느 하나에 해당하는 자는 1년 이하의 징역 또는 1천만원 이하의 벌금에 처한다.
1. 허가를 받지 아니하고 배출시설을 설치하거나 그 배출시설을 이용해 조업한 자
2. 거짓이나 그 밖의 부정한 방법으로 허가를 받은 자
3. 조업정지명령 등을 위반한 자
4. 사용금지, 공사중지 또는 폐쇄명령을 위반한 자
5. 변경인증을 받지 아니하고 자동차를 제작한 자
6. 소음도 표지를 붙이지 아니하거나 거짓의 소음도 표지를 붙인 자

92 소음 · 진동관리법규상 자동차 사용정지 표지의 색상기준으로 옳은 것은?

① 바탕색은 흰색으로, 문자는 검은색으로 한다.
② 바탕색은 노란색으로, 문자는 파란색으로 한다.
③ 바탕색은 흰색으로, 문자는 파란색으로 한다.
④ 바탕색은 노란색으로, 문자는 검은색으로 한다.

해설 시행규칙 [별표 17] 사용정지 표지
1. 바탕색은 노란색으로, 문자는 검은색으로 한다.
2. 이 표는 자동차의 전면유리창 오른쪽 상단에 붙인다.

93 소음 · 진동관리법규상 생활진동 규제기준에 대한 설명으로 옳지 않은 것은?

① 주간 시간대에 주거지역의 생활진동 규제기준은 65dB(V) 이하이다.
② 발파진동의 경우 주간에만 규제기준치에 +10dB을 보정한다.
③ 공사장의 진동 규제기준은 주간의 경우 특정공사 사전신고 대상 기계 · 장비를 사용하는 작업시간이 1일 2시간 이하일 때는 +10dB(V)을 규제기준치에 보정한다.
④ 심야 시간대에 주거지역의 생활진동 규제기준은 55dB(V) 이하이다.

해설 ④ 심야 시간대에 주거지역의 생활진동 규제기준은 60dB(V) 이하이다.

94 소음 · 진동관리법규상 대형 승용자동차의 소음 허용기준으로 옳은 것은? (단, 운행자동차로서 2006년 1월 1일 이후 제작되는 자동차)

① 배기소음 : 110dB(A) 이하
  경적소음 : 110dB(C) 이하
② 배기소음 : 110dB(A) 이하
  경적소음 : 112dB(C) 이하
③ 배기소음 : 105dB(A) 이하
  경적소음 : 110dB(C) 이하
④ 배기소음 : 105dB(A) 이하
  경적소음 : 112dB(C) 이하

해설 시행규칙 [별표 13] 자동차의 소음허용기준(운행자동차로서 2006년 1월 1일 이후에 제작되는 자동차 기준)

자동차 종류	소음항목	배기소음[dB(A)]	경적소음[dB(C)]
경자동차		100 이하	110 이하
승용자동차	소형	100 이하	110 이하
	중형	100 이하	110 이하
	중대형	100 이하	112 이하
	대형	105 이하	112 이하
화물자동차	소형	100 이하	110 이하
	중형	100 이하	110 이하
	대형	105 이하	112 이하
이륜자동차		105 이하	110 이하

95 환경정책기본법상 국가환경종합계획에 포함되어야 할 사항으로 가장 거리가 먼 것은? (단, 그 밖의 부대사항은 제외)

① 인구 · 산업 · 경제 · 토지 및 해양의 이용 등 환경변화 여건에 관한 사항
② 환경오염 배출업소 지도 · 단속 계획
③ 사업의 시행에 소요되는 비용의 산정 및 재원조달방법
④ 환경오염원 · 환경오염도 및 오염물질 배출량의 예측과 환경오염 및 환경훼손으로 인한 환경질의 변화 전망

해설 환경정책기본법 제15조(국가환경종합계획의 내용)

1. 인구·산업·경제·토지 및 해양의 이용 등 환경변화 여건에 관한 사항
2. 환경오염원·환경오염도 및 오염물질 배출량의 예측과 환경오염 및 환경훼손으로 인한 환경의 질(質)의 변화 전망
3. 환경의 현황 및 전망
4. 환경정의 실현을 위한 목표 설정과 이의 달성을 위한 대책
5. 환경보전 목표의 설정과 이의 달성을 위한 사항(13가지)에 관한 단계별 대책 및 사업계획
6. 사업의 시행에 드는 비용의 산정 및 재원조달방법
7. 직전 종합계획에 대한 평가

96 소음·진동관리법령상 소음발생건설기계 소음도 검사기관의 지정기준 중 검사장의 면적기준으로 옳은 것은?

① 100m² 이상(가로 및 세로의 길이가 각각 10m 이상)
② 225m² 이상(가로 및 세로의 길이가 각각 15m 이상)
③ 400m² 이상(가로 및 세로의 길이가 각각 20m 이상)
④ 900m² 이상(가로 및 세로의 길이가 각각 30m 이상)

해설 시행령 [별표 1] 소음발생건설기계 소음도 검사기준
면적이 900m² 이상(가로 및 세로의 길이가 각각 30m 이상)인 검사장을 갖출 것

97 소음·진동관리법령상 인증을 생략할 수 있는 자동차에 해당하는 것은?

① 주한 외국군대의 구성원이 공무용으로 사용하기 위하여 반입하는 자동차
② 여행자 등이 다시 반출할 것을 조건으로 일시 반입하는 자동차
③ 외국에서 1년 이상 거주한 내국인이 주거를 이전하기 위하여 이주물품으로 반입하는 1대의 자동차
④ 항공기 지상조업용(地上租業用)으로 반입하는 자동차

해설 시행령 제5조(인증의 면제·생략 자동차)
인증을 면제할 수 있는 자동차는 다음과 같다.

1. 군용·소방용 및 경호 업무용 등 국가의 특수한 공무용으로 사용하기 위한 자동차
2. 주한 외국공관, 외교관, 그 밖에 이에 준하는 대우를 받는 자가 공무용으로 사용하기 위하여 반입하는 자동차로서 외교부장관의 확인을 받은 자동차
3. 주한 외국군대의 구성원이 공무용으로 사용하기 위하여 반입하는 자동차
4. 수출용 자동차나 박람회, 그 밖에 이에 준하는 행사에 참가하는 자가 전시를 목적으로 사용하는 자동차
5. 여행자 등이 다시 반출할 것을 조건으로 일시 반입하는 자동차
6. 자동차제작자·연구기관 등이 자동차의 개발이나 전시 등을 목적으로 사용하는 자동차
7. 외국인 또는 외국에서 1년 이상 거주한 내국인이 주거를 이전하기 위하여 이주물품으로 반입하는 1대의 자동차

98 소음·진동관리법령상 과태료 부과기준에 관한 설명으로 옳지 않은 것은?

① 운행차 소음허용기준을 초과한 자동차 소유자로서 배기소음허용기준은 2dB(A) 미만 초과한 자에 대한 각 위반차수별 과태료 부과금액은 1차 위반은 20만원, 2차 위반은 20만원, 3차 이상 위반은 20만원이다.
② 부과권자는 위반행위의 동기와 그 결과 등을 고려하여 과태료 금액의 $\frac{1}{2}$의 범위에서 감경할 수 있다.
③ 관계공무원의 출입·검사를 거부·방해 또는 기피한 자에 대한 각 위반차수별 과태료 부과금액은 1차 위반은 60만원, 2차 위반은 80만원, 3차 위반은 100만원이다.
④ 일반기준에 있어서 위반행위의 횟수에 따른 부과기준은 해당 위반행위가 있은 날 이전 최근 3년간 같은 위반행위로 부과처분을 받을 경우에 적용한다.

해설 시행령 [별표 2] 과태료 부과기준
위반행위의 횟수에 따른 과태료의 가중된 부과기준은 최근 1년간 같은 위반행위로 과태료 부과처분을 받은 경우에 적용한다.

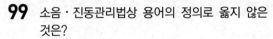

99 소음·진동관리법상 용어의 정의로 옳지 않은 것은?

① "방진시설"이란 소음·진동배출시설이 아닌 물체로부터 발생하는 진동을 없애거나 줄이는 시설로서 환경부령으로 정하는 것을 말한다.

② "소음발생건설기계"란 건설공사에 사용하는 기계 중 소음이 발생하는 기계로서 환경부령으로 정하는 것을 말한다.

③ "공장"이란 「산업집적활성화 및 공장설립에 관한 법률」 규정의 공장과 「국토의 계획 및 이용에 관한 법률」 규정에 따라 결정된 공항시설 안의 항공기 정비공장을 말한다.

④ "자동차"란 「자동차관리법」 규정에 따른 자동차와 「건설기계관리법」 규정에 따른 건설기계 중 환경부령으로 정하는 것을 말한다.

해설 법 제2조(정의)
"공장"이란 「산업집적활성화 및 공장설립에 관한 법률」 규정의 공장("공장"이란 건축물 또는 공작물, 물품제조공정을 형성하는 기계·장치 등 제조시설과 그 부대시설을 갖추고 대통령령으로 정하는 제조업을 하기 위한 사업장으로서 대통령령으로 정하는 것을 말한다)을 말한다. 다만, 공항시설 안의 항공기 정비공장은 제외한다.

100 소음·진동관리법상 "생활소음·진동의 규제와 관련한 행정처분기준"에서 행정처분은 특별한 사유가 없는 한 위반행위를 확인한 날부터 얼마 이내에 명하여야 하는가?

① 5일 이내
② 10일 이내
③ 15일 이내
④ 30일 이내

해설 시행규칙 [별표 21] 행정처분기준(일반기준)
행정처분은 특별한 사유가 없는 한 위반행위를 확인한 날부터 5일 이내에 명하여야 한다.

제1과목 소음 · 진동 개론

01 기계의 진동을 계측하였더니 진동수가 10Hz, 속도진폭이 0.001m/s로 계측되었다. 이 진동의 진동가속도레벨은 약 몇 dB인가? (단, 기준진동의 가속도 실효치는 10^{-5}m/s²이다.)

① 37　　　　　② 40
③ 73　　　　　④ 76

해설 속도진폭 $V_m = x_o\,\omega = 0.001$m/s에서

가속도진폭 $A_m = x_o\,\omega^2 = x_o\,\omega \times 2\pi f$
$= 0.001 \times 2 \times 3.14 \times 10$
$= 0.0628$m/s²

가속도진폭 실효치 $= \dfrac{A_m}{\sqrt{2}} = \dfrac{0.0628}{\sqrt{2}} = 0.0444$m/s²

$\therefore$ VAL $= 20\log\dfrac{0.0444}{10^{-5}} = 73$dB

02 다음 중 재질별 음속이 가장 빠른 것은? (단, 온도는 20℃이다.)

① 공기　　　　② 담수
③ 나무　　　　④ 강철

해설 음속이 빠른 순서
강철(6,100m/s) > 유리(4,900~5,800m/s) > 나무(3,500 ~5,000m/s) > 공기(344m/s)

03 배 위에서 사공이 물속에 있는 해녀에게 큰 소리로 외쳤을 때 음파의 입사각은 60°, 굴절각이 45°였다면 이때의 굴절률은?

① $\sqrt{\dfrac{3}{2}}$　　　　② $\dfrac{1}{\sqrt{2}}$
③ $\dfrac{3}{2}$　　　　④ $\dfrac{1}{2}$

해설 입사각을 θ_1, 굴절각을 θ_2라 하면

굴절률 $n = \dfrac{\sin\theta_1}{\sin\theta_2} = \dfrac{\sin 60°}{\sin 45°} = 1.225 = \sqrt{\dfrac{3}{2}}$

04 진동의 영향에 대한 설명으로 가장 적합한 것은?

① 뱃속 음식물이 심하게 오르락내리락 하는 느낌은 1~3Hz에서 주로 느낀다.
② 1~3Hz에서 주로 호흡이 힘들고, O_2 소비가 증가한다.
③ 허리·가슴 및 등 쪽에 아주 심한 통증을 느끼는 범위는 주로 13Hz이다.
④ 대·소변을 보고 싶게 하는 범위는 주로 1~3Hz이다.

해설 ① 뱃속 음식물이 심하게 오르락내리락 하는 느낌은 12~16Hz에서 주로 느낀다.
③ 허리·가슴 및 등 쪽에 아주 심한 통증을 느끼는 범위는 주로 6Hz이다.
④ 대·소변을 보고 싶게 하는 범위는 주로 9~20Hz이다.

05 주파수 및 청력에 대한 설명으로 가장 거리가 먼 것은?

① 일반적으로 주파수가 클수록 공기 흡음에 의해 일어나는 소음의 감쇠치는 증가한다.
② 청력손실은 피검자의 최대가청치와의 비를 dB로 나타낸 것이다.
③ 사람의 목소리는 대략 100~10,000Hz, 회화의 이해를 위해서는 500~2,500Hz의 주파수 범위를 갖춘다.
④ 노인성 난청이 시작되는 주파수는 대략 6,000Hz이다.

해설 ② 청력손실은 청력이 정상인 사람의 최소가청치와 피검자의 최소가청치와의 비를 dB로 나타낸 것이다.

06 M.K.S. 단위계를 사용하는 감쇠 자유진동계의 운동방정식이 $3\ddot{x} + 5\dot{x} + 30\,x = 0$으로 표현될 때 이 진동계의 대수감쇠율은?

① 0.3　　　　　② 1.7
③ 5.0　　　　　④ 19.0

해설 식 $3\ddot{x} + 5\dot{x} + 30x = 0$에서 $m = 3$, $C_e = 5$, $k = 30$

감쇠비 $\xi = \dfrac{C_e}{2 \times \sqrt{k \times m}} = \dfrac{5}{2 \times \sqrt{3 \times 30}} = 0.26$

∴ 대수감쇠율

$$\Delta = \dfrac{2\pi\xi}{\sqrt{1-\xi^2}} = \dfrac{2 \times 3.14 \times 0.26}{\sqrt{1 - 0.26^2}} = 1.69$$

---

07 음의 법칙에 관한 설명 중 옳지 않은 것은?

① 옴 – 헬름홀츠(Ohm–Helmholtz) 법칙 : 인간의 귀는 순음이 아닌 소리를 들어도 각 주파수 성분으로 분해하여 들을 수 있는 능력이 있다.

② 베버–페히너(Weber–Fechner) 법칙 : 감각량은 자극의 대수에 비례한다.

③ 양이효과(binaural effect) : 인간의 귀는 양쪽에 있기 때문에 한쪽 귀로 듣는 경우와 양쪽 귀로 듣는 경우 서로 다른 효과를 나타낸다.

④ 도플러(Doppler) 효과 : 하나의 파면상의 모든 점이 파원이 되어 각각 2차적인 구면파를 산출하여 그 파면 등을 둘러싸는 면이 새로운 파면을 만드는 현상을 말한다.

해설
- 도플러 효과는 발음원이나 수음자가 이동할 때 그 진행방향 쪽에서는 원래의 발음원의 음보다 고음(고주파음)으로, 진행 반대쪽에서는 저음(저주파음)으로 되는 현상이다.
- Huygens(호이겐스 ; 하위헌스)의 원리 : 하나의 파면상의 모든 점이 파원이 되어 각각 2차적인 구면파를 산출하여 그 파면 등을 둘러싸는 면이 새로운 파면을 만드는 현상을 말한다.

---

08 항공기소음에 관한 설명으로 거리가 먼 것은?

① 구조물과 지반을 통하여 전달되는 저주파 영역의 소음으로 우리나라에서는 NNL을 채택하고 있다.

② 간헐적이며 충격적이다.

③ 발생음량이 많고 발생원이 상공이기 때문에 피해면적이 넓다.

④ 제트기는 이착륙 시 발생하는 추진계의 소음으로 금속성의 고주파음을 포함한다.

해설 구조물과 지반을 통하여 전달되는 고주파 영역의 소음으로 우리나라에서는 L_{den}(엘디이엔)을 채택하고 있다.

---

09 스프링정수 100N/m, 질량이 10kg인 점성 감쇠계를 자유진동시킬 경우, 임계 감쇠계수는 약 몇 N·s/m인가?

① 18
② 33
③ 63
④ 98

해설
감쇠비 $\xi = \dfrac{C_e}{C_c}$ 또는 $\xi = \dfrac{C_e}{2 \times \sqrt{k \times m}}$

여기서, C_e : 감쇠계수

C_c : 임계 감쇠계수

임계감쇠에서는 $\xi = 1$이므로 감쇠비가 1이면 $C_e = C_c$가 된다.

∴ $C_c = 2 \times \sqrt{k \times m}$
$= 2 \times \sqrt{100 \times 10}$
$= 63.2 \text{N} \cdot \text{s/m}$

---

10 진동에 관련된 표현과 그 단위(unit)를 연결한 것으로 옳지 않은 것은?

① 고유각진동수 : rad/s
② 진동가속도 : dB(A)
③ 감쇠계수 : N/(cm/s)
④ 스프링정수 : N/cm

해설 진동가속도는 단위시간당 속도 변위량으로, 표시기호는 A, 단위는 m/s^2이다.

---

11 그림과 같이 진동하는 파의 감쇠특성에 해당하는 것은? (단, ξ는 감쇠비이다.)

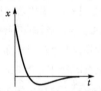

① $\xi = 0$
② $\xi = 0.3$
③ $\xi = 0.5$
④ $\xi = 1$

해설
- 주어진 그림은 감쇠비(damping ratio, 제동비), $\xi = 1$인 임계감쇠(critically damped)를 나타내는 그림이다.
- 임계감쇠의 특징은 과도감쇠 및 부족(미흡)감쇠의 경계를 나타내며, 가장 짧은 과도응답 특성을 갖는다.

12 소음의 영향으로 거리가 먼 것은?

① 타액 분비량을 감소시키며, 위액 산도를 증가시킨다.
② 말초혈관을 수축시키며, 맥박을 증가시킨다.
③ 호흡 깊이를 감소시키며, 호흡횟수를 증가시킨다.
④ 백혈구수를 증가시키며, 혈중 아드레날린을 증가시킨다.

해설 타액 분비량을 증가시키며, 위액 산도를 저하시킨다.

13 중심주파수가 3,150Hz일 때 $\frac{1}{3}$ 옥타브 밴드 분석기의 밴드폭(Hz)은 약 얼마인가?

① 1,860　② 1,769
③ 730　④ 580

해설 1/3 옥타브 밴드 분석기의 밴드폭(Hz)
$bw = 0.232 \times f_c = 0.232 \times 3,150 = 731\text{Hz}$

14 인체의 청각기관에 관한 설명으로 잘못된 것은?

① 음을 감각하기까지의 음의 전달매질은 고체 → 기체 → 액체의 순이다.
② 고실과 이관은 중이에 해당하며, 망치뼈는 고막과 연결되어 있다.
③ 외이도는 일단 개구관으로 동작되며 음을 증폭시키는 공명기 역할을 한다.
④ 이소골은 고막의 진동을 고체진동으로 변화시켜 외이와 내이를 임피던스 매칭하는 역할을 한다.

해설 음을 감각하기까지의 음의 전달매질은 기체(외이도) → 고체(이소골) → 액체(와우각) 순이다.

15 공장의 한 쪽 벽면이 가로 8m, 세로 3m일 때 벽 바깥면에서의 음압레벨이 87dB이다. 이 벽면에서 25m 떨어진 지점에서의 음압레벨은 약 몇 dB인가?

① 53　② 58
③ 63　④ 68

해설 면음원의 공식을 이용한다.
$$\text{SPL}_2 = \text{SPL}_1 - 20\log\left(\frac{3 \times r}{b}\right) - 10\log\left(\frac{b}{a}\right)$$
$$= 87 - 20\log\left(\frac{3 \times 25}{8}\right) - 10\log\left(\frac{8}{3}\right) = 63\text{dB}$$

16 소음의 "시끄러움(noisiness)"에 관한 설명으로 옳지 않은 것은?

① 배경소음과 주소음의 음압도의 차가 클수록 시끄럽다.
② 소음도가 높을수록 시끄럽다.
③ 충격성이 강할수록 시끄럽다.
④ 저주파 성분이 많을수록 시끄럽다.

해설 시끄러움에서 고주파 성분이 많을수록 시끄럽다.

17 소리를 듣는 데 있어 이관(유스타키오관)의 역할에 대한 설명으로 가장 적합한 것은?

① 고막의 진동을 쉽게 하도록 기압을 조정한다.
② 음을 약화시켜 듣기 쉽게 한다.
③ 내이에 공기를 보낸다.
④ 소리를 증폭시킨다.

해설 이관(유스타키오관)의 역할은 고막의 진동을 쉽게 하도록 외이와 중이의 기압을 조정하는 것이다.

18 대기조건에 따른 일반적인 소리의 감쇠효과에 관한 설명으로 옳지 않은 것은?

① 고주파일수록 감쇠가 커진다.
② 습도가 높을수록 감쇠가 커진다.
③ 기온이 낮을수록 감쇠가 커진다.
④ 음원보다 상공의 풍속이 클 때, 풍상측에서 굴절에 따른 감쇠가 크다.

해설 습도가 높을수록 소리의 감쇠가 적어진다.

19 A공장 내 소음원에 대해 소음도를 측정한 결과 각각 92dB, 95dB, 100dB이었다. 이 소음원을 동시에 가동시킬 때 합성 소음도는 약 몇 dB인가?

① 92　② 96
③ 102　④ 106

해설 소음원을 동시에 가동시키면 소음의 합이 되므로
$$L = 10\log\left(10^{\frac{L_1}{10}} + 10^{\frac{L_2}{10}} + \cdots + 10^{\frac{L_n}{10}}\right)$$
$$= 10\log\left(10^{9.2} + 10^{9.5} + 10^{10}\right) = 102\text{dB}$$

20 실내 소음을 평가하기 위해 $\frac{1}{1}$ 옥타브 밴드로 분석한 음압레벨이 다음 표와 같다. 우선회화방해레벨(PSIL)은 몇 dB인가?

중심주파수(Hz)	음압레벨(dB)
250	60
500	65
1,000	62
2,000	68
3,000	63

① 60   ② 62
③ 65   ④ 68

해설 우선회화방해레벨(PSIL)은 소음을 $\frac{1}{1}$ 옥타브 밴드로 분석한 중심주파수 500Hz, 1,000Hz, 2,000Hz의 음압레벨의 산출 평균치이다.

$$\therefore \text{PSIL} = \frac{65+62+68}{3} = 65\text{dB}$$

제2과목 소음 방지기술

21 엘리베이터와 거실이 근접하여 있는 경우 소음대책으로 적당하지 않은 것은?

① 기계는 건축물보에 지지하지 말고, 거실벽에 직접 지지하고, 승강로벽 및 승강로와 인접한 거실벽의 두께는 120mm 이상으로 한다.
② 승강로를 2중벽으로 하여 그 사이에 흡음재로 시공한다.
③ 기계실과 최상층 거실 사이에 창고, 설비실 등으로 설계한다.
④ 승강로벽 부근에 화장실 등의 부대설비를 설치하고 거주공간은 승강로벽으로부터 떨어지게 배치한다.

해설 기계는 건축물보에 지지하지 말고, 거실벽에 직접 연결되지 않도록 하고, 승강로벽 및 승강로와 인접한 거실벽의 두께는 260mm 이상으로 한다.

22 공동주택의 급배수 설비소음 저감대책으로 가장 거리가 먼 것은?

① 급수압이 높을 경우에 공기실이나 수격방지기를 수전 가까운 부위에 설치한다.
② 욕조의 하부와 바닥과의 사이에 완충재를 설치한다.
③ 거실, 침실의 벽에 배관을 고정하는 것을 피한다.
④ 배수방식을 천장 배관방식으로 한다.

해설 배수방식을 해당 층 벽면 배관방식으로 한다.

23 STC 값을 평가하는 절차에 관한 설명 중 ( ) 안에 알맞은 것은?

> • $\frac{1}{3}$ 옥타브 대역 중심주파수에 해당하는 음향투과손실 중에서 하나의 값이라도 STC 기준선과 비교하여 최대 차이가 (㉮)dB을 초과해서는 안 된다.
> • 모든 중심주파수에서의 음향투과손실과 STC 기준선 사이의 dB 차이의 합이 32dB을 초과해서는 안 된다.
> • 위의 두 단계를 만족하는 조건에서 중심주파수 (㉯)Hz와 STC 기준선과 만나는 교차점에서 수평선을 그어 이에 해당하는 음향투과손실 값이 피시험체의 STC 값이 된다.

① ㉮ 3, ㉯ 500
② ㉮ 3, ㉯ 1,000
③ ㉮ 8, ㉯ 500
④ ㉮ 8, ㉯ 1,000

해설 **음향투과등급의 평가조건**
• 잔향실에서 $\frac{1}{3}$ 옥타브 대역으로 측정한 투과손실로부터 구한다.
• 음향투과손실 중에서 하나의 값이라도 STC 기준선과 비교하여 최대 차이가 8dB을 초과해서는 안 된다.
• 모든 주파수 대역별 투과손실과 기준곡선값의 차의 산술평균이 2dB 이내가 되도록 한다.
• 음향투과등급은 기준곡선과의 조정을 거친 후 500Hz를 지나는 STC 곡선의 값을 판독하면 된다.

24 발파소음의 감소대책으로 옳지 않은 것은?

① 완전 전색이 이루어지도록 하여야 한다.

② 기폭방법에서는 역기폭보다는 정기폭을 사용한다.

③ 도폭선 사용을 피한다.

④ 주택가에서는 소할 발파에 부치기 발파를 하지 않아야 한다.

해설 ② 기폭방법에서는 정기폭보다 역기폭을 사용한다.
- 정기폭(top hole imitiation) : 천공 내에 장약을 기폭시키는 primer의 위치를 구멍 입구 부근에 위치시킴(입구 쪽에 설치)
- 역기폭 : 천공 내에 장약을 기폭시키는 primer의 위치를 구멍 안쪽 부근에 위치시킴(안전상 구멍 안쪽에 설치)

25 가로×세로×높이가 각각 6m×7m×5m인 실내의 잔향시간이 1.7초였다. 이 실내에 음향파워레벨이 98dB인 음원이 있을 경우 이 실내의 음압레벨은 약 몇 dB인가?

① 85.6
② 90.6
③ 100.4
④ 105.4

해설 실내의 전체 표면적
$$S = 6 \times 7 \times 2 + 6 \times 5 \times 2 + 7 \times 5 \times 2 = 214\text{m}^2$$
평균흡음률
$$\overline{\alpha} = \frac{0.161\,V}{S\,T} = \frac{0.161 \times 6 \times 7 \times 5}{214 \times 1.7} = 0.093$$
실정수 $R = \dfrac{S\overline{\alpha}}{1-\overline{\alpha}} = \dfrac{214 \times 0.093}{1-0.093} = 22\text{m}^2$

∴ 실내의 음압레벨 $\text{SPL} = \text{PWL} + 10\log\dfrac{4}{R}$
$$= 98 + 10\log\frac{4}{22} = 90.6\text{dB}$$

26 두께 0.25m, 밀도 $0.18 \times 10^{-2}\text{kg/cm}^3$의 콘크리트 단일벽에 63Hz의 순음이 수직입사할 때, 이 벽의 투과손실은 약 몇 dB인가? (단, 질량법칙이 만족된다고 본다.)

① 26
② 36
③ 46
④ 56

해설 단일벽의 투과손실(음파가 벽면에 수직입사 시)
$$\text{TL} = 20\log(m \times f) - 43$$
$$= 20\log(450 \times 63) - 43 = 46\text{dB}$$
여기서, 면밀도 $m = 0.18 \times 10^{-2} \times 10^6 \times 0.25$
$$= 450\text{kg/m}^2$$

27 자유공간에서 중심주파수 125Hz로부터 10dB 이상의 소음을 차단할 수 있는 방음벽을 설계하고자 한다. 음원에서 수음점까지의 음의 회절경로와 직접경로 간의 경로차가 0.67m라면 중심주파수 125Hz에서의 Fresnel number는? (단, 음속은 340m/s이다.)

① 0.25
② 0.39
③ 0.49
④ 0.69

해설 프레넬수(Fresnel number)
$$N = \frac{2\delta}{\lambda} = \frac{\delta \times f}{170} = \frac{0.67 \times 125}{170} = 0.49$$

28 덕트 소음대책 시 고려사항으로 거리가 먼 것은?

① 공기분배시스템은 저항을 최대로 하는 방향으로 설계해야 한다.

② 송풍기 선정 시 최소소음레벨을 갖는 송풍기를 선정해야 한다.

③ 익(날개)의 개수가 적은 송풍기일수록 순음에 가깝고 이 순음이 스펙트럼 전반에 지배적이다.

④ 송풍기 입구와 출구에서 덕트를 연결할 때에는 공기 유동이 균일하고 회전이 없도록 해야 한다.

해설 공기분배시스템은 저항을 최소로 하는 방향으로 설계해야 한다.

29 팽창형 소음기의 입구 및 팽창부의 직경이 각각 55cm, 125cm일 때, 기대할 수 있는 최대투과손실은 약 몇 dB인가?

① 2.6
② 5.6
③ 9.1
④ 15.6

해설 최대투과손실치
$$\text{TL} = \left(\frac{D_2}{D_1}\right) \times 4 = \left(\frac{125}{55}\right) \times 4 = 9.1\text{dB}$$

30 벽면 또는 벽 상단의 음향특성에 따라 분류한 방음벽의 유형으로 옳지 않은 것은?

① 밀착형
② 반사형
③ 공명형
④ 흡음형

해설 **벽면 또는 벽 상단의 음향특성에 따른 방음벽의 분류**
ⓐ 반사형
  • 저감원리 : 방음벽면에서 음파가 대부분 반사하는 방음벽
  • 적용위치 : 반사음의 영향을 받지 않는 지역
ⓑ 흡음형
  • 저감원리 : 방음벽면에서 흡음의 원리를 이용하여 음파의 일부를 흡수하는 방음벽
  • 적용위치 : 설치지역에 제한을 받지 않음
ⓒ 간섭형
  • 저감원리 : 방음벽면 또는 상단에서 입사음과 반사음이 간섭을 일으켜 감쇠되는 방음벽
  • 적용위치 : 소음원이 수음원보다 높은 지역
ⓓ 공명형
  • 저감원리 : 방음벽면에 구멍이 뚫려 있고 내부에 공동이 있어 음파가 공명에 의한 흡음에 의하여 감쇠되는 방음벽
  • 적용위치 : 설치지역에 제한을 받지 않음

31 소음대책을 전달경로 대책과 수음자 대책으로 구분할 때, 다음 중 수음자 대책에 주로 해당하는 것은?

① 차음벽 등을 설치하여 소음의 전달경로를 바꾸어 준다.
② 흡음재를 부착하여 음향에너지의 감쇠를 증가시킨다.
③ 공기조화장치의 덕트에 흡 · 차음재를 부착한다.
④ 작업공간에 방음부스 등을 설치한다.

해설 수음자 대책으로 마스킹, 귀마개 · 귀덮개 착용, 작업공간에 방음부스 설치 등이 있다.

32 판진동에 의한 흡음주파수가 100Hz이다. 판과 벽체 사이 최적 공기층이 32mm일 때, 이 판의 면밀도는 약 몇 kg/m²인가? (단, 음속은 340m/s, 공기밀도는 1.23kg/m³이다.)

① 11.3　　　　② 21.5
③ 31.3　　　　④ 41.5

해설 흡음주파수 $f = \dfrac{c}{2\pi}\sqrt{\dfrac{e}{m \times d}}$ 에서

$100 = \dfrac{340}{2 \times 3.14}\sqrt{\dfrac{1.23}{m \times 0.032}}$

∴ 면밀도 $m = 11.3\,\text{kg/m}^2$

33 그림과 같은 방음벽에서 직접음의 회절감쇠기가 12dB(A), 반사음의 회절감쇠치가 15dB(A), 투과손실치가 16dB(A)이다. 이 방음벽의 삽입손실치는 약 몇 dB(A)인가?

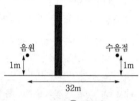

① 9.2　　　　② 11.2
③ 14.2　　　　④ 16.2

해설 **방음벽에 의한 회절감쇠치**

$\Delta L_d = -10\log\left(10^{-\frac{L_d}{10}} + 10^{-\frac{L_d'}{10}}\right)$

여기서, L_d : 직접음의 회절감쇠치
L_d' : 반사음의 회절감쇠치

∴ $\Delta L_d = -10\log\left(10^{-1.2} + 10^{-1.5}\right) = 10.2\,\text{dB}$

하지만 투과손실치 TL이 회절감쇠치 ΔL_d보다 10dB 이내로 클 때나 작을 경우는 삽입손실치를 구한다.

삽입손실치 $\Delta L_I = -10\log\left(10^{-1.02} + 10^{-1.6}\right)$
$= 9.2\,\text{dB}$

34 파이프 반경이 0.5m인 파이프 벽에서 전파되는 종파의 전파속도가 5,326m/s인 경우 파이프의 링주파수는 약 몇 Hz인가?

① 1,451.6　　　② 1,591.5
③ 1,695.3　　　④ 1,845.9

해설 링주파수 $f_r = \dfrac{c_f'}{\pi d} = \dfrac{5,326}{3.14 \times 1} = 1,696\,\text{Hz}$

35 어느 시료의 흡음성능을 측정하기 위해 정재파 관내법을 사용하였다. 1,000Hz 순음인 사인파의 정재파비가 1.6이었다면 이 흡음재의 흡음률은?

① 0.913　　　　② 0.931
③ 0.947　　　　④ 0.968

해설 흡음률 $\alpha_t = \dfrac{4n}{(n+1)^2}$

$= \dfrac{4}{n + \dfrac{1}{n} + 2}$

$= \dfrac{4}{1.6 + \dfrac{1}{1.6} + 2} = 0.947$

36 유공판 구조체의 흡음특성에 대한 설명으로 가장 거리가 먼 것은?

① 유공판 구조체는 개구율에 따라 흡음특성이 달라진다.

② 유공판 구조체의 판의 두께, 구멍의 피치, 직경 등에 따라 흡음특성은 달라진다.

③ 유공석고보드, 유공하드보드 등이 해당되며, 흡음영역은 일반적으로 중음역이다.

④ 배후에 공기층을 두고 시공하면 그 공기층이 두꺼울수록 특정주파수 영역을 중심으로 뾰족한 산형피크를 나타내고, 얇을수록 이중피크를 보인다.

해설 배후에 공기층을 두고 시공하면 공기층이 상당히 두꺼운 경우를 제외하고 일반적으로는 어느 주파수 영역을 중심으로 한 산형(山形)의 흡음특성을 보인다.

참고 유공판 구조체
• 구조 : 건축용 천공형 보드류＋공기층을 둔 흡음재
• 유공판 구조체의 흡음특성은 판의 두께, 구멍지름과 피치, 배후공기층의 두께, 바탕재료에 의한다.
• 3mm 이상의 보드류는 합판, 석고보드, 규산칼슘판, 하드보드 등이 있지만, 그 재질은 흡음특성에 본질적인 영향이 없다고 판단된다.
• 유공 금속판의 흡음특성은 판 두께가 얇고 작은 구멍 가공, 개구율이 큰 것을 사용해야 바탕재료의 흡음특성에 영향을 미치지 않는다.
• 판상재료로는 합판, 석고보드, 시멘트판, 중밀도 나무섬유 합판인 MDF(Medium Density Fiberboard) 등을 배후에 공기층을 두고 패널로 그 주변만을 고정하면 음의 주파수가 계의 공명주파수와 일치할 때 판은 공명진동하여 내부 마찰이나 지지부에서의 손실 등에 의해 흡음되며, 보통 저음 흡음재로 사용된다.
• 성형 천장흡음판 : 암면, 유리섬유 등의 무기질 섬유질 재료를 성형 가공한 것으로, 판진동은 거의 기대할 수 없고 주된 흡음영역은 중·고음역이 된다.
• 목모/목편 시멘트판은 공장, 빌딩 기계실, 체육관 등에 널리 사용되고 있다. 흡음재로 사용되기 위해서는 비중이 0.6 이하가 적합하고, 두께는 12∼15mm가 있다. 목모와 목편 사이에 간격을 두기 때문에 다공질 재료의 흡음특성을 보인다. 표면은 통기성이 손상되지 않게 도장을 하여야 한다.

37 소음기의 성능을 나타내는 용어 중 소음기가 있는 그 상태에서 소음기의 입구 및 출구에서 측정된 음압레벨의 차로 정의되는 것은?

① 동적 삽입 손실치 ② 투과손실치
③ 감쇠치　　　　　 ④ 감음량

해설 감음량(NR, Noise Reduction)은 소음기의 입구 및 출구에서 측정된 음압레벨의 차로 정의된다.

38 공동공명기형 소음기의 공동 내에 흡음재를 충진할 경우에 감음특성으로 가장 적합한 것은?

① 저주파음 소거의 탁월현상이 증가되며 고주파까지 효과적인 감음특성을 보인다.

② 저주파음 소거의 탁월현상은 완화되지만 고주파까지 거의 평탄한 감음특성을 보인다.

③ 고주파음 소거의 탁월현상은 완화되지만 저주파까지 효과적인 감음특성을 보인다.

④ 고주파음 소거의 탁월현상이 증가되며 저주파에서는 일정한 감음특성을 보인다.

해설 공동공명기형 소음기(cavity resonator silencer)
일명 헬름홀츠형 공명기(Helmholtz type resonator)로 협대역 저주파 소음방지에 탁월하며 공동(空洞) 내에 흡음재를 충진하면 저주파음 소거의 탁월현상은 완화되지만 고주파까지 거의 평탄한 감음특성을 보인다.

공명주파수 $f_r = \dfrac{c}{2\pi}\sqrt{\dfrac{A}{l\times V}}$ (Hz)

여기서, c : 소음기 내의 음속(m/s)
A : 목(구멍)의 단면적(m²)
L : 목의 길이(m)
V : 공동의 부피(m³)
l : $L+0.8\sqrt{A}$ (m)

39 단일벽의 일치효과에 관한 설명으로 옳지 않은 것은?

① 벽체의 굴곡운동에 의해 발생한다.

② 벽체의 두께가 상승하면 일치효과 주파수는 상승한다.

③ 벽체의 밀도가 상승하면 일치효과 주파수는 상승한다.

④ 일치효과 주파수는 벽체에 대한 입사음의 각도에 따라 변동한다.

해설 단일벽의 일치주파수 $f = \dfrac{c^2}{2\pi h \sin^2\theta}\sqrt{\dfrac{12\rho(1-\sigma^2)}{E}}$
(Hz)식에서 벽체의 두께 h는 일치효과 주파수와 반비례한다.
즉, $f\propto\dfrac{1}{h}$ 이므로 두께가 상승하면 일치효과 주파수는 감소한다.

40 방음벽 설계 시 고려사항으로 거리가 먼 것은?

① 방음벽에 의한 현실적 최대회절감쇠치는 점음원의 경우 24dB, 선음원의 경우 22dB 정도로 본다.

② 점음원의 경우 방음벽의 길이가 높이의 5배 이상이면 길이의 영향은 고려하지 않아도 된다.

③ 음원측 벽면은 될 수 있는 한 흡음처리하여 반사음을 방지하는 것이 좋다.

④ 방음벽의 모든 도장은 전광택으로 반사율이 30% 이하여야 한다.

해설 방음벽의 모든 도장은 무광택으로 반사율이 10% 이하여야 하고, 방음벽의 높이가 일정할 때 음원과 수음점의 중간 위치에 세우는 경우가 가장 효과적이다.

[제3과목] **소음·진동 공정시험기준**

41 항공기소음 한도 측정방법에 관한 설명으로 옳지 않은 것은?

① KS C IEC 61672-1에 정한 클래스 2의 소음계 또는 동등 이상의 성능을 가진 것이어야 한다.

② 소음계의 청감보정회로는 A특성에 고정하여 측정하여야 한다.

③ 소음계와 소음도 기록기를 연결하여 측정·기록하는 것을 원칙으로 하되, 소음도 기록기가 없는 경우에는 소음계만으로 측정할 수 있다.

④ 소음계의 동특성을 빠름(fast) 모드를 하여 측정하여야 한다.

해설 소음계의 동특성을 느림(slow) 모드를 하여 측정하여야 하며, 소음계의 청감보정회로는 A특성에 고정하여 측정하여야 한다.

42 발파소음 측정자료 평가표 서식에 기록되어야 하는 사항으로 거리가 먼 것은?

① 폭약의 종류 ② 1회 사용량
③ 발파횟수 ④ 천공장의 깊이

해설 측정대상의 소음원에 기록되어야 하는 사항
폭약의 종류, 1회 사용량(kg), 발파횟수

43 환경기준 중 소음측정방법에서 디지털 소음 자동분석계를 사용할 경우 샘플주기는 몇 초 이내에서 결정하고, 몇 분 이상 측정하여야 하는가?

① 1초 이내, 5분 이상
② 5초 이내, 5분 이상
③ 5초 이내, 10분 이상
④ 10초 이내, 10분 이상

해설 측정자료 분석(디지털 소음 자동분석계를 사용할 경우)
샘플주기를 1초 이내에서 결정하고 5분 이상 측정하여 자동 연산·기록한 등가소음도를 그 지점의 측정소음도 또는 배경소음도로 한다.

44 압전형 진동픽업의 특징에 관한 설명으로 옳지 않은 것은? (단, 동전형 픽업과 비교한다.)

① 온도, 습도 등 환경조건의 영향을 받는다.

② 소형 경량이며, 중·고주파 대역(10kHz 이하)의 가속도 측정에 적합하다.

③ 고유진동수가 낮고(보통 10~20Hz), 감도가 안정적이다.

④ 픽업의 출력임피던스가 크다.

해설 고유진동수가 낮고(보통 10~20Hz), 감도가 안정적인 특징을 보이는 것은 동전형 픽업이다.

45 진동배출허용기준 측정 시 측정기기의 사용 및 조작에 관한 설명으로 거리가 먼 것은?

① 진동레벨기록기가 없는 경우에는 진동레벨계만으로 측정할 수 있다.

② 진동레벨계의 출력단자와 진동레벨기록기의 입력단자를 연결한 후 전원과 기기의 동작을 점검하고 매회 교정을 실시하여야 한다.

③ 진동레벨계의 레벨레인지 변환기는 측정지점의 진동레벨을 예비조사한 후 적절하게 고정시켜야 한다.

④ 출력단자의 연결선은 회절음을 방지하기 위하여 지표면에 수직으로 설치하여야 한다.

해설 출력단자의 연결선은 잡음 등을 방지하기 위하여 지표면에 일직선으로 설치한다.

46 다음은 규제기준 중 발파소음 측정평가에 관한 사항이다. ( ) 안에 알맞은 것은?

> 대상소음도에 시간대별 보정발파횟수(N)에 따른 보정량 (㉮)을 보정하여 평가소음도를 구한다. 이 경우, 지발발파는 보정발파횟수를 (㉯)로 간주한다.

① ㉮ $+10 \log N : N > 1$, ㉯ 1회
② ㉮ $+10 \log N : N > 1$, ㉯ 2회
③ ㉮ $+20 \log N : N > 1$, ㉯ 1회
④ ㉮ $+20 \log N : N > 1$, ㉯ 2회

해설 대상소음도에 시간대별 보정발파횟수(N)에 따른 보정량 ($+10 \log N$; $N > 1$)을 보정하여 평가소음도를 구한다. 이 경우, 지발발파는 보정발파횟수를 1회로 간주한다. 여기서, 시간대별 보정발파횟수(N)는 작업일지 및 발파계획서 또는 폭약사용신고서 등을 참조하여 발파소음 측정 당일의 발파소음 중 소음도가 60dB(A) 이상인 횟수(N)를 말한다. 단, 여건상 불가피하게 측정 당일의 발파횟수만큼 측정하지 못한 경우에는 측정 시의 장약량과 같은 양을 사용한 발파는 같은 소음도로 판단하여 보정발파횟수를 산정할 수 있다.

47 측정소음도 및 배경소음도의 측정을 필요로 하는 기준은?

① 배출허용기준 및 동일 건물 내 사업장소음 규제기준
② 환경기준 및 배출허용기준
③ 환경기준 및 생활소음 규제기준
④ 환경기준 및 항공기소음 한도기준

해설 배출허용기준의 소음측정방법은 측정소음도에 배경소음을 보정하여 대상소음도로 하는 측정방법이다.

48 환경기준 중 소음을 측정할 때 소음도를 손으로 잡고 측정할 경우 소음계는 측정자의 몸으로부터 얼마 이상 떨어져야 하는가?

① 0.1m 이상
② 0.3m 이상
③ 0.5m 이상
④ 1.0m 이상

해설 손으로 소음계를 잡고 측정할 경우 소음계는 측정자의 몸으로부터 0.5m 이상 떨어져야 한다.

49 배출허용기준 중 소음측정 시 측정시간 및 측정지점수 기준으로 옳은 것은?

① 피해가 예상되는 적절한 측정시각에 1지점을 선정·측정한 값을 측정소음도로 한다.
② 피해가 예상되는 적절한 측정시각에 2지점 이상의 측정지점수를 선정·측정하여 그 중 가장 높은 소음도를 측정소음도로 한다.
③ 피해가 예상되는 적절한 측정시각에 3지점 이상의 측정지점수를 선정·측정하여 산술평균한 소음도를 측정소음도로 한다.
④ 피해가 예상되는 적절한 측정시각에 4지점 이상의 측정지점수를 선정·측정하여 산술평균한 소음도를 측정소음도로 한다.

해설 **배출허용기준 중 소음측정 시 측정시간 및 측정지점수**
피해가 예상되는 적절한 측정시각에 2지점 이상의 측정지점수를 선정·측정하여 그 중 가장 높은 소음도를 측정소음도로 한다.

50 다음은 도로교통진동 관리기준의 측정시간 및 측정지점수 기준이다. ( ) 안에 알맞은 것은?

> 시간대별로 진동 피해가 예상되는 시간대를 포함하여 (㉮)의 측정지점수를 선정하여 (㉯) 측정하여 산술평균한 값을 측정진동레벨로 한다.

① ㉮ 2개 이상,
　 ㉯ 4시간 이상 간격으로 2회 이상
② ㉮ 2개 이상,
　 ㉯ 2시간 이상 간격으로 2회 이상
③ ㉮ 1개 이상,
　 ㉯ 4시간 이상 간격으로 2회 이상
④ ㉮ 1개 이상,
　 ㉯ 2시간 이상 간격으로 2회 이상

해설 **도로교통진동 관리기준의 측정시간 및 측정지점수**
시간대별로 진동 피해가 예상되는 시간대를 포함하여 2개 이상의 측정지점수를 선정하여 4시간 이상 간격으로 2회 이상 측정하여 산술평균한 값을 측정진동레벨로 한다.

46.① 47.① 48.③ 49.② 50.①

51 진동레벨측정을 위한 성능기준 중 진동픽업의 횡감도의 성능기준은?

① 규정주파수에서 수감축 감도에 대한 차이가 1dB 이상이어야 한다(연직특성).
② 규정주파수에서 수감축 감도에 대한 차이가 5dB 이상이어야 한다(연직특성).
③ 규정주파수에서 수감축 감도에 대한 차이가 10dB 이상이어야 한다(연직특성).
④ 규정주파수에서 수감축 감도에 대한 차이가 15dB 이상이어야 한다(연직특성).

해설 진동픽업의 횡감도는 규정주파수에서 수감축 감도에 대한 차이가 15dB 이상이어야 한다(연직특성).

52 철도진동 한도 측정자료 분석에 대한 설명 중 ( ) 안에 가장 적합한 것은?

> 열차의 운행횟수가 밤·낮 시간대별로 1일 (㉮)인 경우에는 측정열차수를 줄여 그 중 (㉯) 이상을 산술평균한 값을 철도진동레벨로 할 수 있다.

① ㉮ 5회 미만, ㉯ 중앙값
② ㉮ 5회 미만, ㉯ 조화평균값
③ ㉮ 10회 미만, ㉯ 중앙값
④ ㉮ 10회 미만, ㉯ 조화평균값

해설 열차의 운행횟수가 밤·낮 시간대별로 1일 10회 미만인 경우에는 측정열차수를 줄여 그 중 중앙값 이상을 산술평균한 값을 철도진동레벨로 할 수 있다.

53 소음한도 중 항공기소음의 측정자료 분석 시 배경소음보다 10dB 이상 큰 항공기소음의 지속시간 평균치($\overline{D}$)가 63초일 경우 $\overline{WECPNL}$에 보정해야 할 보정량(dB)은?

① 4 ② 5
③ 6 ④ 7

해설
$$보정량 = \left[+10\log\left(\frac{\overline{D}}{20}\right)\right]$$
$$= 10\log\left(\frac{63}{20}\right)$$
$$= 5dB$$

54 소음계의 구조별 성능기준에 관한 설명으로 옳지 않은 것은?

① Fast-slow switch : 지시계기의 반응속도를 빠름 및 느림의 특성으로 조절할 수 있는 조절기를 가져야 한다.
② Amplifier : 동특성 조절기에 의하여 전기에너지를 음향에너지로 변환시킨 양을 증폭시키는 것을 말한다.
③ Weighting networks : 인체의 청감각을 주파수 보정특성에 따라 나타내는 것으로 A특성을 갖춘 것이어야 한다. 다만, 자동차 소음측정용은 C특성도 함께 갖추어야 한다.
④ Microphone : 지향성이 작은 압력형으로 하며, 기기의 본체와 분리가 가능하여야 한다.

해설 증폭기(amplifier)
마이크로폰에 의하여 음향에너지를 전기에너지로 변환시킨 양을 증폭시키는 장치를 말한다.

55 다음 소음계의 기본 구성도 중 각 부분(1, 2, 3, 5)의 명칭으로 가장 적합한 것은? (단, 1, 2, 3, 5 순이며, 4. 교정장치, 6. 동특성 조절기, 7. 출력단자, 8. 지시계기이다.)

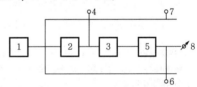

① 마이크로폰, 증폭기, 레벨레인지 변환기, 청감보정회로
② 마이크로폰, 청감보정회로, 증폭기, 레벨레인지 변환기
③ 마이크로폰, 레벨레인지 변환기, 증폭기, 청감보정회로
④ 마이크로폰, 청감보정회로, 레벨레인지 변환기, 증폭기

해설 소음계의 구성도
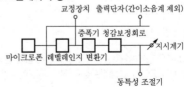

56 소음측정에 사용되는 소음측정기기의 성능기준으로 옳지 않은 것은?

① 측정가능 주파수 범위는 8 ~ 31.5Hz 이상이어야 한다.

② 측정가능 소음도 범위는 35 ~ 130Hz 이상이어야 한다.

③ 자동차 소음측정을 위한 측정가능 소음도 범위는 45 ~ 130Hz 이상으로 한다.

④ 레벨레인지 변환기가 있는 기기에 있어서 레벨레인지 변환기의 전환오차가 0.5dB 이내이어야 한다.

해설 측정가능 주파수 범위는 31.5Hz ~ 8kHz 이상이어야 한다.

57 규제기준 중 생활진동 측정방법에서 진동레벨 기록기를 사용하여 측정할 경우 기록지상의 지시치의 변동폭이 5dB 이내일 때 배경진동레벨을 정하는 기준은?

① 구간 내 최대치부터 진동레벨의 크기 순으로 5개를 산술평균한 진동레벨

② 구간 내 최대치부터 진동레벨의 크기 순으로 10개를 산술평균한 진동레벨

③ L_{10} 진동레벨 계산방법에 의한 L_{10}값

④ L_5 진동레벨 계산방법에 의한 L_5값

해설 기록지상의 지시치의 변동폭이 5dB 이내일 때에는 구간 내 최대치부터 진동레벨의 크기순으로 10개를 산술평균한 진동레벨이다.

58 다음은 소음·진동 공정시험기준에서 정한 용어의 정의이다. ( ) 안에 알맞은 것은?

( )은 단조기의 사용, 폭약의 발파 시 등과 같이 극히 짧은 시간 동안에 발생하는 높은 세기의 진동을 말한다.

① 발파진동

② 폭파진동

③ 충격진동

④ 폭발진동

해설 충격진동은 단조기의 사용, 폭약의 발파 시 등과 같이 극히 짧은 시간 동안에 발생하는 높은 세기의 진동을 말한다.

59 다음은 배경소음 보정에 관한 내용이다. ( ) 안에 가장 적합한 것은?

측정소음도가 배경소음보다 ( ) 차이로 크면 배경소음의 영향이 있기 때문에 측정소음도에서 보정치를 보정한 후 대상소음도를 구한다.

① 0.1 ~ 9.9dB

② 1.0 ~ 9.9dB

③ 2.0 ~ 9.9dB

④ 3.0 ~ 9.9dB

해설 측정소음도가 배경소음보다 3.0 ~ 9.9dB 차이로 크면 배경소음의 영향이 있기 때문에 측정소음도에 의한 보정치를 보정한 후 대상소음도를 구한다.

60 소음·진동 공정시험기준상 진동가속도레벨의 정의 식으로 알맞은 것은? (단, a : 측정진동의 가속도 실효치(m/s²), a_o : 기준진동의 가속도 실효치(m/s²)로 10^{-5}m/s²한다.)

① $10 \log \left(\dfrac{a}{a_o} \right)$

② $20 \log \left(\dfrac{a}{a_o} \right)$

③ $30 \log \left(\dfrac{a}{a_o} \right)$

④ $40 \log \left(\dfrac{a}{a_o} \right)$

해설 **진동가속도레벨**

진동레벨의 감각보정회로(수직)를 통하여 측정한 진동가속도레벨의 지시치를 말하며, 단위는 dB(V)로 표시한다.

진동가속도레벨$= 20 \log \left(\dfrac{a}{a_o} \right)$

여기서, a : 측정하고자 하는 진동의 가속도 실효치(m/s²)

a_o : 기준진동의 가속도 실효치(10^{-5}m/s²)

제4과목 **진동 방지기술**

61 자동차 진동 후 플로어 진동이라고도 불리며, 차량의 중속 및 고속주행 상태에서 차체가 약 15 ~ 25Hz 주파수 범위로 진동하는 현상은?

① 시미(shimmy)

② 저크(jerk)

③ 셰이크(shake)

④ 와인드업(wind up)

해설 차량의 중속 및 고속주행 상태에서 차체가 약 15 ~ 25Hz 범위의 주파수로 진동하는 현상을 셰이크(shake)라고 하며, 일반적으로 차체진동 또는 플로어(floor) 진동이라고 부르기도 한다.

62 스프링정수 $k_1 = 35\text{N/m}$, $k_2 = 45\text{N/m}$인 두 스프링을 그림과 같이 직렬로 연결하고 질량 $m = 4.5\text{kg}$을 매달았을 때, 연직방향의 고유진동수는 몇 Hz인가?

① $\dfrac{1}{\pi}$

② $1.05\,\pi$

③ $\dfrac{1.16}{\pi}$

④ $1.16\,\pi$

해설 그림에서 질량 m을 지지하는 스프링은 직렬 지지이므로

등가스프링정수 $\dfrac{1}{k_e} = \dfrac{1}{k_1} + \dfrac{1}{k_2} = \dfrac{1}{20} + \dfrac{1}{30}$

$k_e = 12\text{N/m}$

$\therefore f_n = \dfrac{1}{2\pi}\sqrt{\dfrac{k}{m}} = \dfrac{1}{2\pi}\sqrt{\dfrac{12}{3}} = \dfrac{1}{\pi}$ (Hz)

63 방진을 위한 가진력 저감에 관한 설명으로 옳지 않은 것은?

① 회전기계 회전부의 불평형은 정밀실험을 통해 교정한다.

② 기계, 기초를 움직이는 가진력을 감소시키기 위해 탄성지지한다.

③ 복수 개의 실린더를 가진 크랭크를 왕복운동 단일 실린더 기계로 교체한다.

④ 단조기를 단압 프레스로 교체하여 가진력을 감소시킨다.

해설 크랭크기구를 가진 왕복운동 기계는 복수 개를 가진 것으로 교체한다.

64 다음 중 물리적 거동에 따른 감쇠의 분류에 해당하지 않는 것은?

① 점성감쇠   ② 구조감쇠
③ 부족감쇠   ④ 건마찰감쇠

해설 물리적 거동에 따른 감쇠의 분류

• 점성감쇠 : 물체의 속도에 비례하는 크기의 저항력이 속도 반대방향으로 작용하는 경우의 감쇠로, 진동 해석에서 가장 일반적으로 사용되는 감쇠 메커니즘이다. 저항력 또는 감쇠력 F는 진동하는 물체의 속도 또는 상대속도 v에 비례한다.

$F = \dfrac{\mu A v}{d}$

• 구조감쇠 : 재료감쇠, 고체감쇠, 이력감쇠라고도 하며, 구조물의 강성력으로 인해 에너지가 감소하는 경우의 감쇠로써 어떤 물체가 변형될 때, 에너지는 그 재료 안으로 흡수되어 소실된다. 이 효과는 변형에 따라 슬립과 미끄러짐이 발생하는 내부의 평면 사이의 마찰로 인하여 발생한다.

• 건마찰감쇠(dry friction damping) : 쿨롱감쇠라고도 하며 윤활이 되지 않은 두 면 사이에 상대운동이 있을 때 물체의 운동방향과 반대방향으로 일정한 크기로 발생하는 저항력과 관련된다. 즉 감쇠력은 크기는 일정하지만 방향은 진동하는 물체의 반대방향이다. 마른 표면에 미끄러질 때 동마찰(kinetic friction)에 의해 발생한다.

• 일산감쇠 : 복사감쇠라고도 하며, 전기저항이 생겨 에너지가 감쇠된다.

65 방진고무의 특성에 관한 설명으로 옳지 않은 것은?

① 내부 감쇠저항이 적어 추가적인 감쇠장치가 필요하다.

② 내유성을 필요로 할 때에는 천연고무는 바람직하지 못하고, 합성고무를 선정해야 한다.

③ 역학적 성질은 천연고무가 아주 우수하나 용도에 따라 합성고무도 사용된다.

④ 진동수비가 1 이상인 방진영역에서도 진동전달률은 거의 증대하지 않는다.

해설 내부 감쇠저항이 크므로 추가적인 감쇠장치가 필요 없다.

66 정현진동에 있어서 진동의 정량적 크기를 표시하는 방법 중 가장 수치가 큰 것은?

① 평균치(average)

② 전(全)진폭(peak to peak)

③ 실효치(root mean square)

④ 진폭(peak)

해설 ① 평균치(average) : $\overline{x_o}$

② 전진폭(peak to peak) : $2\,x_o$

③ 실효치(root mean square) : $\dfrac{x_o}{\sqrt{2}}$

④ 진폭(peak) : x_o

67 비감쇠 진동계에서 전달률 T를 10%로 하려면 진동수비$\left(\dfrac{\omega}{\omega_n}\right)$는 얼마로 하여야 하는가?

① 1.5 ② 2.7
③ 3.3 ④ 4.2

해설 진동전달률 $T=\dfrac{1}{\eta^2-1}$ 에서 $0.1=\dfrac{1}{\eta^2-1}$

$\therefore \eta=\dfrac{\omega}{\omega_n}=3.3$

68 감쇠 자유진동을 하는 진동계에서 진폭이 3사이클 뒤에 50% 감소되었다면, 이 계의 대수감쇠율은?

① 0.231 ② 0.347
③ 0.366 ④ 0.549

해설 대수감쇠율은 감쇠 자유진동(damped free vibration)의 진폭(amplitude)이 감쇠하는 정도를 나타내며, 연속적인 두 진폭의 비에 자연대수를 취한 것으로 정의된다.

대수감쇠율 $\delta=\dfrac{1}{3}\ln\dfrac{x_1}{\left(\dfrac{x_1}{2}\right)}=0.231$

69 그림과 같은 비틀림 진동계에서 축의 직경을 4배로 할 때 계의 고유진동수 f_n은 어떻게 변화되겠는가? (단, 축의 질량효과는 무시한다.)

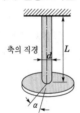

① 원래의 $\dfrac{1}{16}$ ② 원래의 $\dfrac{1}{4}$
③ 원래의 4배 ④ 원래의 16배

해설 비틀림 진동계에서 고유진동수

$f_n=\dfrac{\omega}{2\pi}=\dfrac{1}{T}=\dfrac{1}{2\pi}\sqrt{\dfrac{G\pi d^4}{32JL}}$ (Hz)

여기서, G : 횡탄성계수
　　　　J : 원판의 관성모멘트
　　　　d : 축의 직경
　　　　L : 축의 길이

$\therefore f_n \propto \sqrt{d^4}=d^2=4^2=16$

70 무게 120N인 기계를 스프링정수 30N/cm인 방진고무로 지지하고자 한다. 방진고무 4개로 4점 지지할 경우 방진고무의 정적 수축량은 몇 cm인가? (단, 감쇠비는 무시한다.)

① 7.5 ② 4
③ 2 ④ 1

해설 고유진동수 $f_n=\dfrac{1}{2\pi}\sqrt{\dfrac{k}{m}}=\dfrac{1}{2\pi}\sqrt{\dfrac{k\times g}{W}}$

$=\dfrac{1}{2\times 3.14}\sqrt{\dfrac{4\times 30\times 980}{120}}$

$=4.98\text{Hz}$

$f_n=4.98\times\sqrt{\dfrac{1}{\delta_{st}}}$ 에서,

$4.98=4.98\times\sqrt{\dfrac{1}{\delta_{st}}}$

$\therefore \delta_{st}=1$

71 다음 조건으로 기초 위 가대에 기계에 의한 조화파형 상하진동이 작용할 때 정적 변위는 약 몇 cm인가?

- 기계 중량 : 3t
- 가대 중량 : 9.6t
- 회전수 : 900rpm
- 가진력 진폭 : 500kg
- 방진고무의 동적 스프링정수 : 2t/cm
- 방진고무 수량 : 6개
- 감쇠비 : 0.05

① 3.56×10^{-2}
② 4.17×10^{-2}
③ 5.56×10^{-3}
④ 6.89×10^{-3}

해설 강제진동수 $f=\dfrac{\text{rpm}}{60}=\dfrac{900}{60}=15\text{Hz}$

총중량 $=3+9.6=12.6\text{t}$

방진고무의 동적 스프링정수 $k=2\times6=12\text{t/cm}$

고유진동수 $f_n=\dfrac{1}{2\pi}\sqrt{\dfrac{kg}{W}}$

$=\dfrac{1}{2\times3.14}\sqrt{\dfrac{12\times980}{12.6}}=4.9\text{Hz}$

정적 변위 $\delta=\dfrac{F_o}{k}=\dfrac{0.5}{12}=4.17\times10^{-2}\text{cm}$

72 서징에 관한 설명으로 옳은 것은?

① 탄성지지계에서 서징 발생 시 급격한 감쇠가 일어난다.

② 코일스프링의 고유진동수가 가진진동수와 일치된 경우 일어난다.

③ 서징은 방진고무에서 주로 나타난다.

④ 서징이 일어나면 탄성지지계의 진동전달률이 현저히 저하된다.

해설 서징(surging)

코일스프링 자신의 탄성진동 고유진동수가 외력의 진동수와 일치하는 공진상태이다.

① 탄성지지계에서 서징 발생 시 감쇠가 일어나지 않는다.

③ 서징은 코일스프링에서 주로 나타난다.

④ 서징이 일어나면 탄성지지계의 진동전달률은 최대가 된다.

73 운동방정식이 $m\ddot{x} + C_e\dot{x} + kx = 0$으로 표시되는 감쇠 자유진동에서 감쇠비를 나타내는 식으로 옳지 않은 것은? (단, C_e : 감쇠계수, ω_n : 고유각진동수이다.)

① $\left(\dfrac{C_e\,\omega_n}{2\,k}\right)$　　② $\left(\dfrac{C_e}{2\,k\,\omega_n}\right)$

③ $\left(\dfrac{C_e}{2\,m\,\omega_n}\right)$　　④ $\left(\dfrac{C_e}{2\,\sqrt{mk}}\right)$

해설 감쇠가 있는 경우의 자유진동에서 감쇠비

$$\xi = \frac{\text{감쇠계수}(C_e)}{\text{임계 감쇠계수}(C_c)} = \frac{C_e}{2\,\sqrt{k \times m}}$$

감쇠비가 1이면, $2\sqrt{k \times m} = 2\,m\,\omega_n$ 이고

$\omega_n = \sqrt{\dfrac{k}{m}}$ 에서, 보기항 ①, ③, ④는 옳은 식이 된다.

74 진동원에서 발생하는 가진력은 특성에 따라 기계 회전부의 질량 불평형, 기계의 왕복운동 및 충격에 의한 가진력 등으로 대별되는데, 다음 중 발생가진력이 주로 충격에 의해 발생하는 것은?

① 단조기　　② 전동기

③ 송풍기　　④ 펌프

해설 • 전동기, 송풍기, 펌프 : 회전질량 또는 왕복질량에 의한 질량 불균형에 의한 가진력

• 단조기 : 질량의 낙하운동에 의한 충격 가진력

75 진동에 의한 기계에너지를 열에너지로 변환시키는 기능은?

① 자유진동

② 모멘트

③ 스프링

④ 감쇠

해설 감쇠는 진동에 의한 기계에너지를 열에너지로 변환시키는 기능이다.

76 기초 구조물을 방진설계 시 내진, 면진, 제진 측면에서 볼 때 "내진설계"에 대한 설명으로 옳은 것은?

① 지진하중과 같은 수평하중을 견디도록 구조물의 강도를 증가시켜 진동을 저감하는 방법

② 지진하중에 대한 반대되는 방향으로 인위적인 진동을 가하여 진동을 상쇄시키는 방법

③ 스프링, 고무 등으로 구조물을 지지하여 진동을 저감하는 방법

④ 에너지 흡수기와 같은 진동저감장치를 이용하여 진동을 저감하는 방법

해설 내진설계

지진에 건물이 무너지는 것을 막기 위해 지진에 견딜 수 있도록 건축물을 설계하는 것으로, 다음과 같은 종류가 있다.

• 내진구조 : 강한 규모의 지진파에도 건축물의 구조와 시설물들이 붕괴되지 않도록 철근콘크리트의 내진벽과 같은 부재를 설치하여 튼튼하게 건축하는 것, 그러나 큰 규모의 지진이 발생하면 건축물에 큰 손상이 가해진다.

• 제진구조 : 지진에너지를 감소시키는 장치를 이용하여 건축물의 피해를 줄이는 방법이다.

• 면진구조 : 건물과 지면 사이에 고무블록 또는 고무베어링 등의 면진장치를 설치하여 지진에너지를 완화하는 방법으로 건축물의 피해를 최소화시키는 방법이다.

‖ 내진구조 ‖　　‖ 제진구조 ‖　　‖ 면진구조 ‖

72.② 73.② 74.① 75.④ 76.①

77 그림과 같이 질량 m인 물체가 외팔보의 자유단에 달려 있을 때 계의 진동의 고유진동수를 구하는 식으로 옳은 것은? (단, 보의 무게는 무시하고, 보의 길이는 L, 강성계수는 E, 면적 관성모멘트는 I라 한다.)

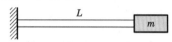

① $f_n = \dfrac{1}{2\pi} \sqrt{\dfrac{EI}{mL^3}}$

② $f_n = \dfrac{1}{2\pi} \sqrt{\dfrac{2EI}{mL^3}}$

③ $f_n = \dfrac{1}{2\pi} \sqrt{\dfrac{EI}{mL^3}}$

④ $f_n = \dfrac{1}{2\pi} \sqrt{\dfrac{3EI}{mL^3}}$

해설 외팔보의 $k_e = \dfrac{3EI}{L^3}$

고유진동수 $f_n = \dfrac{1}{2\pi} \sqrt{\dfrac{k}{m}} = \dfrac{1}{2\pi} \sqrt{\dfrac{3EI}{mL^3}}$ (Hz)

여기서, L : 보의 길이
E : 영률(강성계수)
I : 면적 관성모멘트
EI : 보의 휨강성(상수)

78 그림의 진동계가 강제진동을 하고 있으며 그 진폭이 x일 때 기초에 전달되는 최대 힘의 크기는? (단, $F(t) = F_o \sin\omega t$이다.)

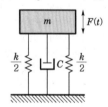

① $kx + C\omega x$
② $\sqrt{kx + C\omega x}$
③ $kx^2 + C\omega x^2$
④ $\sqrt{(kx)^2 + (C\omega x)^2}$

해설 기초(바닥)에 전달되는 힘
$F_{TR} = C\dot{x_p} + kx_p$
$\quad = C\omega x \cos(\omega t - \phi) + kx \sin(\omega t - \phi)$
$\therefore$ F_{TR}의 최대치
$(F_{TR})_{max} = \sqrt{(kx)^2 + (C\omega x)^2}$
$\quad\quad\quad = x\sqrt{k^2 + (C\omega)^2}$

79 공기스프링에 관한 설명으로 옳은 것은?
① 부하능력이 거의 없다.
② 압축기 등 부대시설이 필요하다.
③ 공기 누출의 위험이 없다.
④ 사용진폭이 커서 별도의 댐퍼를 필요로 하지 않는다.

해설 공기스프링의 장단점
• 공기스프링 설계 시는 스프링 높이, 내하력, 스프링정수를 각기 독립적으로 선정할 수 있다.
• 높이 조정밸브를 병용하면 하중의 변화에 따른 스프링 높이를 조절하여 기계의 높이를 일정하게 유지할 수 있다.
• 부하능력이 광범위하며 자동제어가 가능하나 압축기 등 부대시설이 필요하다.
• 구조가 복잡하고 시설비가 많다.
• 공기 누출의 위험이 있다.
• 사용진폭이 적은 것이 많으므로 별도의 댐퍼를 필요로 하는 경우가 많다.

80 기계기초나 건물기초의 고유진동수를 작게 하기 위해서 토양의 지지압력은?
① 토양의 지지압력을 크게 하면 된다.
② 토양의 지지압력을 적게 하면 된다.
③ 토양의 지지압력과 관계없다.
④ 토양의 지지압력을 일정하게 한다.

해설 기계기초나 건물기초의 고유진동수를 작게 하기 위해서는 토양의 지지압력을 크게 해야 한다.

제5과목 소음 · 진동 관계 법규

81 환경정책기본법령상 환경부장관은 확정된 국가환경종합계획의 종합적 · 체계적 추진을 위하여 몇 년마다 환경종합계획을 수립하여야 하는가?
① 3년
② 5년
③ 7년
④ 10년

해설 환경정책기본법 제16조의2(국가환경종합계획의 정비)
환경부장관은 환경적 · 사회적 여건 변화 등을 고려하여 5년마다 국가환경종합계획의 타당성을 재검토하고 필요한 경우 이를 정비하여야 한다.

82 소음·진동관리법령상 이 법의 목적을 가장 적합하게 표현한 것은?

① 소음·진동에 관한 국민의 권리·의무와 국가의 책무를 명확히 정하여 지속 가능하게 개발·관리·보전함을 목적으로 한다.

② 공장·건설공사장·도로·철도 등으로부터 발생하는 소음·진동으로 인한 피해를 방지하고 소음·진동을 적정하게 관리하여 모든 국민이 조용하고 평온한 환경에서 생활할 수 있게 함을 목적으로 한다.

③ 소음·진동으로 인한 국민건강이나 환경에 관한 위해(危害)를 예방하고 국가가 보건환경활동을 활발하게 수행할 수 있게 하는 것을 목적으로 한다.

④ 사업활동 등으로 인하여 발생하는 소음·진동의 피해를 방지하고, 공공사업자 및 개인사업자가 지속발전 가능한 개발사업을 활발하게 영위하는 것을 목적으로 한다.

해설 **법 제1조(목적)**
이 법은 공장·건설공사장·도로·철도 등으로부터 발생하는 소음·진동으로 인한 피해를 방지하고 소음·진동을 적정하게 관리하여 모든 국민이 조용하고 평온한 환경에서 생활할 수 있게 함을 목적으로 한다.

83 소음·진동관리법령상 소음발생건설기계 중 굴착기의 출력기준으로 옳은 것은?

① 정격출력 500kW 초과
② 정격출력 19kW 이상 500kW 미만
③ 정격출력 19kW 미만
④ 휴대용을 포함하며, 중량 5톤 이하

해설 **시행규칙 [별표 4] 소음발생건설기계의 종류, 굴착기**
정격출력 19kW 이상 500kW 미만의 것으로 한정한다.

84 소음·진동관리법령상 특정공사 사전신고를 한 자가 변경신고를 하기 위한 사항 중 "환경부령으로 정하는 중요한 사항"에 해당하지 않는 것은?

① 특정공사 사전신고 대상 기계·장비의 10% 이상의 증가
② 특정공사 기간의 연장
③ 공사 규모의 10% 이상 확대
④ 소음·진동 저감대책의 변경

해설 **시행규칙 제21조(특정공사의 사전신고 등)**
"환경부령으로 정하는 중요한 사항"이란 다음과 같다.
1. 특정공사 사전신고 대상 기계·장비의 30% 이상의 증가
2. 특정공사 기간의 연장
3. 방음·방진시설의 설치명세 변경
4. 소음·진동 저감대책의 변경
5. 공사 규모의 10% 이상 확대

85 소음·진동관리법령상 자동차의 종류에 관한 기준으로 옳지 않은 것은? (단, 2006년 1월 1일부터 제작되는 자동차 기준이다.)

① 이륜자동차에는 뒤 차붙이 이륜자동차 및 이륜차에서 파생된 3륜 이상의 최고속도 40km/h를 초과하는 이륜자동차를 포함한다.
② 화물자동차에 해당되는 건설기계의 종류는 환경부장관이 정하여 고시한다.
③ 빈 차 중량이 0.5톤 이상인 이륜자동차는 경자동차로 분류한다.
④ 승용자동차에는 지프(jeep)·왜건(wagon) 및 승합차를 포함한다.

해설 **시행규칙 [별표 3] 자동차의 종류**
이륜자동차에는 운반차를 붙인 이륜자동차 및 이륜차에서 파생된 3륜 이상의 최고속도 50km/h를 초과하는 이륜자동차를 포함한다.

86 소음·진동관리법령상 거짓이나 부정한 방법으로 배출시설 설치신고를 하고 배출시설을 설치한 자에 대한 벌칙기준은?

① 3년 이하의 징역 또는 1천500만원 이하의 벌금
② 1년 이하의 징역 또는 1천만원 이하의 벌금
③ 6개월 이하의 징역 또는 500만원 이하의 벌금
④ 300만원 이하의 과태료

해설 **법 제58조(벌칙)**
다음의 어느 하나에 해당하는 자는 6개월 이하의 징역 또는 500만원 이하의 벌금에 처한다.
1. 신고를 하지 아니하거나 거짓이나 부정한 방법으로 신고를 하고 배출시설을 설치하거나 그 배출시설을 이용해 조업한 자
2. 작업시간 조정 등의 명령을 위반한 자
3. 점검에 따르지 아니하거나 지장을 주는 행위를 한 자
4. 개선명령 또는 사용정지 명령을 위반한 자

87 소음·진동관리법령상 특정공사의 사전신고 대상 기계·장비에 해당하지 않는 것은?

① 휴대용 브레이커
② 발전기
③ 공기압축기(공기 토출량이 분당 $2.83m^3$ 이상의 이동식인 것으로 한정한다)
④ 압입식 항타항발기

해설 시행규칙 [별표 9] 특정공사의 사전신고 대상 기계·장비의 종류
항타기·항발기 또는 항타항발기(압입식 항타항발기는 제외)

88 소음·진동관리법령상 규정에 의한 환경기술인을 임명하지 아니한 경우의 행정처분기준의 순서로 옳은 것은? (단, 1차 - 2차 - 3차 - 4차 위반 순이다.)

① 경고 - 조업정지 5일 - 조업정지 10일 - 조업정지 30일
② 경고 - 조업정지 10일 - 조업정지 30일 - 허가취소
③ 환경기술인 선임명령 - 경고 - 조업정지 5일 - 조업정지 10일
④ 환경기술인 선임명령 - 조업정지 5일 - 조업정지 10일 - 경고

해설 시행규칙 [별표 21] 행정처분기준 중 개별기준
배출시설 및 방지시설 등과 관련된 행정처분기준

위반행위	근거법령	행정처분기준			
		1차	2차	3차	4차
법 제19조에 따른 환경기술인을 임명하지 아니한 경우	법 제17조	환경기술인 선임명령	경고	조업정지 5일	조업정지 10일

89 소음·진동관리법령상 진동방지시설로 가장 거리가 먼 것은?

① 탄성지지시설 및 제진시설
② 배관진동 절연장치 및 시설
③ 방진디널시설
④ 방진구시설

해설 시행규칙 [별표 2] 진동방지시설
1. 탄성지지시설 및 제진시설
2. 방진구시설
3. 배관진동 절연장치 및 시설

90 다음은 소음·진동관리법령상 과태료 부과기준 중 일반기준에 관한 설명이다. ( ) 안에 가장 적합한 것은?

> 위반행위의 횟수에 따른 과태료의 가중된 부과기준은 최근 (㉮) 같은 위반행위로 과태료 부과처분을 받은 경우에 적용한다. 이 경우 기간의 계산은 위반행위에 대하여 과태료 부과처분을 한 날과 그 처분 후 다시 같은 위반행위를 하여 적발된 날을 기준으로 한다. 부과권자는 위반행위가 사소한 부주의나 오류로 인한 것으로 인정되는 경우 과태료 금액의 (㉯)의 범위에서 그 금액을 줄일 수 있다.

① ㉮ 1년간, ㉯ $\frac{1}{10}$
② ㉮ 1년간, ㉯ $\frac{1}{2}$
③ ㉮ 2년간, ㉯ $\frac{1}{10}$
④ ㉮ 2년간, ㉯ $\frac{1}{2}$

해설 시행령 [별표 2] 과태료의 부과기준 중 일반기준
1. 위반행위의 횟수에 따른 과태료의 가중된 부과기준은 최근 1년간 같은 위반행위로 과태료 부과처분을 받은 경우에 적용한다. 이 경우 기간의 계산은 위반행위에 대하여 과태료 부과처분을 한 날과 그 처분 후 다시 같은 위반행위를 하여 적발된 날을 기준으로 한다.
2. 1에 따라 가중된 부과처분을 하는 경우 가중처분의 적용 차수는 그 위반행위 전 부과처분 차수(1에 따른 기간 내에 과태료 부과처분이 둘 이상 있었던 경우에는 높은 차수를 말한다)의 다음 차수로 한다.
3. 부과권자는 다음의 어느 하나에 해당하는 경우에는 규정에 따른 과태료 금액의 $\frac{1}{2}$의 범위에서 그 금액을 줄일 수 있다. 다만, 과태료를 체납하고 있는 위반행위자의 경우에는 그렇지 않다.
   ㉠ 위반행위가 사소한 부주의나 오류로 인한 것으로 인정되는 경우
   ㉡ 위반행위자가 법 위반상태를 시정하거나 해소하기 위하여 노력한 사실이 인정되는 경우
   ㉢ 그 밖에 위반행위의 정도, 위반행위의 동기와 그 결과 등을 고려하여 줄일 필요가 있다고 인정되는 경우

91 다음은 소음·진동관리법령상 생활소음의 규제 기준이다. ( ) 안에 알맞은 것은?

> 공사장 소음규제기준은 주간의 경우 특정공사 사전신고 대상 기계·장비를 사용하는 작업시간이 1일 초과 6시간 이하일 때는 ( )을 규제 기준치에 보정한다.

① +1dB   ② +3dB
③ +5dB   ④ +10dB

해설 시행규칙 [별표 8] 생활소음 규제기준
공사장 소음규제기준은 주간의 경우 특정공사 사전신고 대상 기계·장비를 사용하는 작업시간이 1일 3시간 이하일 때는 +10dB을, 3시간 초과 6시간 이하일 때는 +5dB을 규제기준치에 보정한다.

92 환경정책기본법령상 소음의 환경기준으로 옳은 것은?

① 낮시간대 일반지역의 녹지지역 : $50L_{eq}$ dB(A)
② 낮시간대 도로변 지역의 녹지지역 : $50L_{eq}$ dB(A)
③ 밤시간대 일반지역의 녹지지역 : $50L_{eq}$ dB(A)
④ 밤시간대 도로변 지역의 녹지지역 : $50L_{eq}$ dB(A)

해설 환경정책기본법 시행령 [별표 1] 환경기준 중 소음
1. 낮시간대 도로변 지역의 녹지지역 : $65L_{eq}$ dB(A)
2. 밤시간대 일반지역의 녹지지역 : $40L_{eq}$ dB(A)
3. 밤시간대 도로변 지역의 녹지지역 : $55L_{eq}$ dB(A)

93 소음·진동관리법령상 측정망 설치계획을 고시할 때 포함되지 않아도 되는 사항은?

① 측정망의 설치시기
② 측정망의 배치도
③ 측정망의 수
④ 측정소를 설치할 건축물의 위치 및 면적

해설 시행규칙 제7조(측정망 설치계획의 고시)
환경부장관, 시·도지사가 고시하는 측정망 설치계획에는 다음의 사항이 포함되어야 한다.
1. 측정망의 설치시기
2. 측정망의 배치도
3. 측정소를 설치할 토지나 건축물의 위치 및 면적

94 소음·진동관리법령상 환경부장관은 인증시험 대행기관이 다른 사람에게 자신의 명의로 인증시험을 하게 하는 행위를 한 경우에는 그 지정을 취소하거나 기간을 정하여 업무의 전부나 일부의 정지를 명할 수 있는데, 이때 명할 수 있는 업무정지 기간은?

① 6개월 이내의 기간
② 1년 이내의 기간
③ 1년 6개월 이내의 기간
④ 2년 이내의 기간

해설 법 제31조의3(인증시험대행기관의 지정취소)
환경부장관은 인증시험대행기관이 다음의 어느 하나에 해당하는 경우에는 그 지정을 취소하거나 6개월 이내의 기간을 정하여 업무의 전부 또는 일부의 정지를 명할 수 있다.
1. 다른 사람에게 자신의 명의로 인증시험을 하게 하는 행위
2. 거짓이나 그 밖의 부정한 방법으로 인증시험을 하는 행위
3. 그 밖에 인증시험과 관련하여 환경부령으로 정하는 준수사항을 위반하는 행위

95 소음·진동관리법령상 방지시설을 설치하여야 하는 사업장이 방지시설을 설치하지 아니하고 배출시설을 가동한 경우의 2차 행정처분기준은?

① 조업정지   ② 사용금지명령
③ 폐쇄명령   ④ 허가취소

해설 시행규칙 [별표 21] 행정처분기준 중 개별기준
배출시설 및 방지시설 등과 관련된 행정처분기준

위반행위	근거 법령	행정처분기준			
		1차	2차	3차	4차
법 제9조에 따른 방지시설을 설치하지 아니하고 배출시설을 가동한 경우	법 제17조	조업 정지	허가 취소	–	–

96 환경정책기본법령상 용어의 정의 중 "일정한 지역에서 환경오염 또는 환경훼손에 대하여 환경이 스스로 수용, 정화 및 복원하여 환경의 질을 유지할 수 있는 한계"를 뜻하는 것은?

① 환경순화   ② 환경기준
③ 환경용량   ④ 환경영향한계

해설 환경정책기본법 제3조(정의)
1. "환경용량"이란 일정한 지역에서 환경오염 또는 환경훼손에 대하여 환경이 스스로 수용, 정화 및 복원하여 환경의 질을 유지할 수 있는 한계를 말한다.
2. "환경기준"이란 국민의 건강을 보호하고 쾌적한 환경을 조성하기 위하여 국가가 달성하고 유지하는 것이 바람직한 환경상의 조건 또는 질적인 수준을 말한다.

97 소음 · 진동관리법령상 거짓의 소음도 표지를 붙인 자에 대한 벌칙기준은?

① 6개월 이하의 징역 또는 500만원 이하의 벌금

② 1년 이하의 징역 또는 1천만원 이하의 벌금

③ 3년 이하의 징역 또는 1천500만원 이하의 벌금

④ 100만원 이하의 과태료

해설 법 제57조(벌칙)

소음도 표지를 붙이지 아니 하거나 거짓의 소음도 표지를 붙인 자는 1년 이하의 징역 또는 1천만원 이하의 벌금에 처한다.

98 소음 · 진동관리법령상 운행차 정기검사의 방법 · 기준 및 대상 항목에서 소음도 측정 중 배기소음 측정 검사방법으로 옳은 것은?

① 자동차의 변속장치를 중립위치로 하고 정지가동상태의 원동기의 최고출력 시의 100% 회전속도로 10초 동안 운전하여 최대소음도를 측정한다.

② 자동차의 변속장치를 운행위치로 하고 정지가동상태에서 원동기의 최고출력 시의 85% 회전속도로 10초 동안 운전하여 최대소음도를 측정한다.

③ 자동차의 변속장치를 운행위치로 하고 정지가동상태에서 원동기의 최고출력 시의 80% 회전속도로 5초 동안 운전하여 최대소음도를 측정한다.

④ 자동차의 변속장치를 중립위치로 하고 정지가동상태에서 원동기의 최고출력 시의 75% 회전속도로 4초 동안 운전하여 최대소음도를 측정한다.

해설 시행규칙 [별표 15] 운행차 정기검사의 방법 · 기준 및 대상 항목(소음도 측정 중 배기소음 측정 검사방법)

자동차의 변속장치를 중립위치로 하고 정지가동상태에서 원동기의 최고출력 시외 75% 회전속도로 4초 동안 운전하여 최대소음도를 측정한다. 다만, 원동기 회전속도계를 사용하지 아니하고 배기소음을 측정할 때에는 정지가동상태에서 원동기 최고회전속도로 배기소음을 측정한다.

99 소음 · 진동관리법령상 운행자동차의 경적소음 허용기준으로 옳은 것은? (단, 2006년 1월 1일 이후에 제작되는 자동차이며, 중대형 승용자동차 기준이다.)

① 100dB(C) 이하   ② 105dB(C) 이하

③ 110dB(C) 이하   ④ 112dB(C) 이하

해설 시행규칙 [별표 13] 자동차의 소음허용기준(2006년 1월 1일 이후에 제작되는 자동차 기준)

자동차 종류	소음항목	가속주행소음[dB(A)]		배기소음 [dB(A)]	경적소음 [dB(C)]
		가	나		
승용 자동차	중대형	77 이하	78 이하	100 이하	112 이하

100 소음 · 진동관리법령상 인증을 면제할 수 있는 자동차에 해당하는 것은?

① 박람회용 전시 자동차

② 국가대표 선수용으로 사용하기 위하여 반입하는 자동차로서 문화체육관광부장관의 확인을 받은 자동차

③ 외국에서 국내의 비영리단체에 무상으로 기증하여 반입하는 자동차

④ 항공기 지상조업용으로 반입하는 자동차

해설 시행령 제5조(인증의 면제 · 생략 자동차)

인증을 면제할 수 있는 자동차는 다음과 같다.

1. 군용 · 소방용 및 경호 업무용 등 국가의 특수한 공무용으로 사용하기 위한 자동차
2. 주한 외국공관, 외교관, 그 밖에 이에 준하는 대우를 받는 자가 공무용으로 사용하기 위하여 반입하는 자동차로서 외교부장관의 확인을 받은 자동차
3. 주한 외국군대의 구성원이 공무용으로 사용하기 위하여 반입하는 자동차
4. 수출용 자동차나 박람회, 그 밖에 이에 준하는 행사에 참가하는 자가 전시를 목적으로 사용하는 자동차
5. 여행자 등이 다시 반출할 것을 조건으로 일시 반입하는 자동차
6. 자동차제작자 · 연구기관 등이 자동차의 개발이나 전시 등을 목적으로 사용하는 자동차
7. 외국인 또는 외국에서 1년 이상 거주한 내국인이 주거를 이전하기 위하여 이주물품으로 반입하는 1대의 자동차

제1과목　　소음·진동 개론

01 다음 중 진동의 영향에 관한 설명으로 옳은 어느 것인가?

① 4 ~ 14Hz에서 복통을 느끼고, 9 ~ 20Hz에서는 대소변을 보고 싶게 한다.
② 수직 및 수평진동이 동시에 가해지면 10배 정도의 자각현상이 나타난다.
③ 6Hz에서 머리는 가장 큰 진동을 느낀다.
④ 20 ~ 30Hz 부근에서 심한 공진현상을 보여 가해진 진동보다 크게 느끼고, 진동수 증가에 따라 감쇠는 급격히 감소한다.

[해설] ② 수직 및 수평진동이 동시에 가해지면 2배 정도의 자각현상이 나타난다.
③ 13Hz에서 머리는 가장 큰 진동을 느낀다.
④ 3 ~ 6Hz 부근에서 심한 공진현상을 보여 가해진 진동보다 크게 느끼고, 진동수 증가에 따라 감쇠는 급격히 증가한다.

02 다음 중 구조감쇠에 관한 설명으로 가장 적합한 것은?

① 구조물이 조화 외력에 의해 변형할 때 외력에 의한 일이 열 또는 음향에너지로 소산하는 현상
② 윤활이 되지 않는 두 면 사이의 상대운동에 의해 에너지가 소산하는 현상
③ 구조물이 운동할 때 유체의 점성에 의해 에너지가 소산하는 현상
④ 구조물의 임피던스 부정합에 의해 빛에너지가 소산하여 가진되는 현상

[해설] 움직이는 구조물 내부에는 에너지 손실(외력에 의한 일이 열 또는 음향에너지로 손실)이 발생할 수 있는데, 이것을 히스테리감쇠(hysteretic damping) 또는 구조감쇠(structural damping)라고 한다.

03 다음 중 소음의 영향에 관한 설명으로 거리가 먼 것은?

① 소음의 신체적 영향으로는 혈당도 상승, 백혈구수 증가, 혈중 아드레날린 증가 등이 있다.
② 4분법 청력손실이 옥타브 밴드 중심주파수 500 ~ 2,000Hz 범위에서 15dB 이상이 되면 난청이라 한다.
③ 소음성 난청은 내이의 세포 변성이 주요한 원인이다.
④ 영구적 청력손실(PTS)을 소음성 난청이라고도 한다.

[해설] 4분법 청력손실이 옥타브 밴드 중심주파수 500 ~ 2,000Hz 범위에서 25dB 이상이면 난청으로 분류한다.

04 수직보정곡선의 주파수 범위[f(Hz)]가 $4 \leq f \leq 8$일 때, 주파수 대역별 보정치의 물리량(m/s²)으로 옳은 것은?

① $2 \times 10^{-5} \times f^{-\frac{1}{2}}$　② 10^{-5}
③ 1.25×10^{-5}　④ $0.125 \times 10^{-5} \times f$

[해설] 수직보정곡선의 주파수 대역별(Hz) 보정 물리량(α)은 다음과 같다. 여기서, f(Hz)는 해당 주파수이다.

• $1 \leq f \leq 4$일 때 $\alpha = 2 \times 10^{-5} \times f^{-\frac{1}{2}}$
• $4 \leq f \leq 8$일 때 $\alpha = 10^{-5}$
• $8 \leq f \leq 90$일 때 $\alpha = 0.125 \times 10^{-5} \times f$

05 중심주파수가 500Hz일 때, $\frac{1}{3}$ 옥타브 밴드 분석기의 밴드폭(bw)은?

① 116Hz　② 232Hz
③ 354Hz　④ 708Hz

[해설] 1/3 옥타브 밴드 분석기의 밴드폭
$bw = 0.232 \times f_c = 0.232 \times 500 = 116$Hz

06 확산음장의 특징으로 옳은 것은?

① 근음장(near field)에 속한다.

② 무향실은 확산음장이 얻어지는 공간이다.

③ 위치에 따라 음압변동이 매우 심하고 음원의 크기나 주파수, 방사면의 위상에 크게 영향을 받는다.

④ 밀폐된 실내의 모든 표면에서 입사음이 거의 100% 반사된다면 실내 모든 위치에서 음에너지 밀도가 일정하다.

해설 확산음장(diffuse field)은 잔향음장에 속하고, 밀폐된 실내의 모든 표면에서 입사음이 거의 100% 반사된다면 실내 모든 위치에서 음에너지 밀도가 일정한 것을 말하며 잔향실이 그 대표적인 예이다.

07 15℃에서 444Hz의 공명기본음 주파수를 가지는 양단 개구관의 35℃에서의 공명기본음 주파수는 약 얼마인가?

① 402Hz

② 414Hz

③ 427Hz

④ 460Hz

해설 15℃에서 양단 개구관의 파장

$$\lambda = \frac{c}{f} = \frac{331.5 + 0.61 \times 15}{444} = 0.77m$$

35℃에서 주파수

$$f = \frac{c}{\lambda} = \frac{331.5 + 0.61 \times 35}{0.77} = 458Hz$$

08 지반을 전파하는 파에 관한 설명으로 가장 거리가 먼 것은?

① S파는 거리가 2배로 되면 6dB 정도 감소한다.

② P파는 거리가 2배로 되면 6dB 정도 감소한다.

③ R파는 거리가 2배로 되면 3dB 정도 감소한다.

④ 표면파의 전파속도는 횡파의 40 ~ 45% 정도이다.

해설 표면파의 전파속도는 횡파의 4 ~ 8% 정도이지만 짧은 거리에서는 거의 동시에 도착한다.

09 측정소음의 표준편차가 3.5dB(A)이고, 소음공해레벨(L_{NP}, dB(NP))이 77일 때 등가소음도(L_{eq}, dB(A))는?

① 63

② 68

③ 73

④ 78

해설 소음공해레벨은 변동소음의 에너지와 소란스러움을 동시에 평가하는 방법을 나타낸다.

$L_{NP} = L_{eq} + 2.56\,\sigma(\text{dB(NP)})$에서

$77 = L_{eq} + 2.56 \times 3.5$

$\therefore L_{eq} = 68\text{dB(A)}$

10 발음원이 이동할 때 그 진행방향 쪽에서는 원래 발음원의 음보다 고음으로, 진행 반대쪽에서는 저음으로 되는 현상을 일컫는 효과(법칙)는?

① 맥놀이 효과

② 도플러 효과

③ 휴젠스 효과

④ 히싱 효과

해설 ① 맥놀이(beat) 효과 : 주파수가 약간 다른 두 개의 음원으로부터 나오는 음은 보강간섭과 소멸간섭이 교대로 이루어져 어느 순간에 큰 소리가 들리면 다음 순간에는 조용한 소리로 들리는 현상이다. 이때 맥놀이수는 두 음원의 주파수 차이이다.

③ Huygens(호이겐스 ; 하위헌스 ; 휴젠스) 효과 : 파동이 전파될 때 파면의 각 점은 파원이 되어 아주 작은 구면파를 형성하고, 이 수많은 구면파들에 공통으로 접하는 선이나 면이 새로운 파면이 되는 원리이다.

④ 히싱(hissing) 효과 : 음성통화 중에 쉿쉿하는 소리가 나는 현상이다.

11 2개의 작은 음원이 있다. 각각의 음향출력(W)의 비율이 1 : 25일 때, 이 2개 음원의 음향파워레벨의 차이는?

① 11dB

② 14dB

③ 18dB

④ 21dB

해설 음향파워레벨 $PWL = 10\log\dfrac{W}{10^{-12}}$ 에서

1일 때 $PWL = 10\log\dfrac{1}{10^{-12}} = 120\text{dB}$

25일 때 $PWL = 10\log\dfrac{25}{10^{-12}} = 134\text{dB}$

$\therefore 134 - 120 = 14\text{dB}$

12 진동수 10Hz, 진동속도의 진폭이 5×10^{-3}m/s인 정현진동의 진동가속도레벨(VAL)은? (단, 기준은 10^{-5}m/s²이다.)

① 81dB   ② 84dB
③ 87dB   ④ 90dB

[해설] 속도진폭 $V_m = x_o \omega = 5 \times 10^{-3}$m/s에서
가속도진폭 $A_m = x_o \omega^2 = x_o \omega \times 2\pi f$
$$= 5 \times 10^{-3} \times 2 \times 3.14 \times 10$$
$$= 0.314 \text{m/s}^2$$

가속도진폭 실효치 $= \dfrac{A_m}{\sqrt{2}} = \dfrac{0.314}{\sqrt{2}} = 0.222 \text{m/s}^2$

$\therefore$ VAL $= 20 \log \dfrac{0.222}{10^{-5}} = 87$dB

13 음장의 종류 중 음원의 직접음과 벽에 의한 반사음이 중첩되는 구역을 무엇이라고 하는가?

① 근접음장   ② 확산음장
③ 근음장   ④ 잔향음장

[해설] 음원의 직접음과 벽에 의한 반사음이 중첩되는 구역을 잔향음장(reverberant field)이라고 한다.

14 청력에 관한 내용으로 옳지 않은 것은?

① 음의 대소는 음파의 진폭(음압) 크기에 따른다.
② 음의 고저는 음파의 주파수에 따라 구분된다.
③ 4분법에 의한 청력손실이 옥타브 밴드 중심주파수가 500~2,000Hz 범위에서 10dB 이상이면 난청이라 한다.
④ 청력손실이란 청력이 정상인 사람의 최소가청치와 피검사의 최소가청치와의 비를 dB로 나타낸 것이다.

[해설] 4분법 청력손실이 옥타브 밴드 중심주파수 500~2,000Hz 범위에서 25dB 이상이면 난청으로 분류한다.

15 1자유도 진동계의 고유진동수 f_n을 나타낸 식으로 옳지 않은 것은? (단, ω_n : 고유각진동수, m : 질량, k : 스프링정수, W : 중량, g : 중력가속도이다.)

① $4.98 \sqrt{\dfrac{k}{W}}$ ② $\dfrac{1}{2\pi} \sqrt{k \dfrac{g}{W}}$

③ $\dfrac{1}{2\pi} \sqrt{\dfrac{m}{k}}$ ④ $\dfrac{\omega_n}{2\pi}$

[해설] • 고유진동수(natural frequency)
$$f_n = \dfrac{1}{2\pi} \times \sqrt{\dfrac{k}{m}} = \dfrac{1}{2\pi} \times \sqrt{\dfrac{k \times g}{W}}$$
$$\fallingdotseq 4.98 \sqrt{\dfrac{k}{W}} \text{(Hz)}$$

• 고유각진동수(natural angular frequency)
$$\omega_n = 2\pi f_n \text{에서, } f_n = \dfrac{\omega_n}{2\pi}$$

16 EPNL은 어떤 종류의 소음을 평가하기 위한 지표인가?

① 자동차소음   ② 공장소음
③ 철도소음   ④ 항공기소음

[해설] EPNL(effective PNL)
국제민간항공기구(ICAO)에서 제안한 항공기 소음평가치이다.

17 외부에서 가해지는 강제진동수 f와 계의 고유진동수 f_n의 비(ratio) 관계에서 전달력과 외력이 같은 경우는?

① $\dfrac{f}{f_n} = 1$ ② $\dfrac{f}{f_n} < \sqrt{2}$

③ $\dfrac{f}{f_n} = \sqrt{2}$ ④ $\dfrac{f}{f_n} > \sqrt{2}$

[해설] 강제진동수 f와 고유진동수 f_n의 비 $\left(\dfrac{f}{f_n}\right)$에 따른 차진 (isolation) 효과
외부에서 가해지는 강제진동수와 계의 고유진동수의 비 및 감쇠비에 따라 진동전달률은 변한다. 진동전달력과 외력이 같은 경우는 $\dfrac{f}{f_n} = \sqrt{2}$일 때이다.

18 지향계수가 2.5이면 지향지수는?

① 3.0dB   ② 4.0dB
③ 4.8dB   ④ 5.5dB

[해설] 지향지수 DI $= 10 \log Q = 10 \log 2.5 = 4$dB

19 인체의 청각기관에 관한 설명 중 거리가 먼 것은?

① 이소골은 초저주파 소음의 전달과 진동에 따르는 인체의 평형을 담당한다.

② 외이는 귓바퀴, 귓구멍, 귀청 혹은 고막으로 구성된다.

③ 중이는 3개의 청소골, 빈 공간 및 유스타키오관으로 구성된다.

④ 청소골은 망치뼈에 있어서의 높은 임피던스를 등자뼈에서는 낮은 임피던스로 바꿈으로써 외이의 높은 압력을 내이의 유효한 속도 성분으로 바꾸는 역할을 한다.

해설 중이에 있는 이소골은 고막의 진동을 고체진동으로 변환 (20배 증폭)하는 역할을 하고, 평형기라고 하는 세반고리관이 몸의 위치나 운동을 감지하는 인체의 평형을 담당한다.

20 A공장 내 소음원에 대하여 소음도를 측정한 결과 각각 $L_1 = 88dB$, $L_2 = 96dB$, $L_3 = 100dB$이었다. 이 소음원을 동시에 가동시킬 때의 합성 소음도는?

① 95dB

② 96dB

③ 102dB

④ 108dB

해설 소음원을 동시에 가동시키면 소음의 합이 되므로

$$L = 10 \log \left(10^{\frac{L_1}{10}} + 10^{\frac{L_2}{10}} + \cdots + 10^{\frac{L_n}{10}} \right)$$
$$= 10 \log \left(10^{8.8} + 10^{9.6} + 10^{10} \right)$$
$$= 102dB$$

제2과목 **소음 방지기술**

21 가로, 세로, 높이가 각각 6m×5m×3m인 방의 흡음률이 바닥 0.1, 천장 0.2, 벽 0.15이다. 이 방의 천장 및 벽을 흡음처리하여 그 흡음률을 각각 0.73, 0.62로 개선할 때의 실내소음 저감량은 약 몇 dB인가?

① 2.5

② 5

③ 8

④ 15

해설 바닥 및 천장 면적=$6 \times 5 \times 2 = 60m^2$
벽의 면적=$6 \times 3 \times 2 + 5 \times 3 \times 2 = 66m^2$

흡음처리 전의 평균흡음률

$$\overline{\alpha} = \frac{\sum S_i \cdot \alpha_i}{\sum S_i} = \frac{30 \times 0.1 + 30 \times 0.2 + 66 \times 0.15}{60 + 66}$$
$$= 0.15$$

실정수 $R_1 = \frac{S \times \overline{\alpha}}{1 - \overline{\alpha}} = \frac{126 \times 0.15}{1 - 0.15} = 22.24m^2$

흡음처리 후의 평균흡음률

$$\overline{\alpha} = \frac{\sum S_i \cdot \alpha_i}{\sum S_i}$$
$$= \frac{30 \times 0.1 + 30 \times 0.73 + 66 \times 0.62}{60 + 66} = 0.52$$

실정수 $R_2 = \frac{S \times \overline{\alpha}}{1 - \overline{\alpha}} = \frac{126 \times 0.52}{1 - 0.52} = 136.5m^2$

$\therefore$ 감음량 $\Delta L = 10 \log \frac{R_2}{R_1}$
$$= 10 \log \frac{136.5}{22.24} = 7.9dB$$

22 동일 백색잡음을 주파수 분석할 경우 $\frac{1}{1}$ 옥타브 밴드 중심주파수 1,000Hz의 음압레벨은 $\frac{1}{3}$ 옥타브 밴드 중심주파수 250Hz의 음압레벨보다 몇 dB 높겠는가?

① 4.8

② 6.2

③ 8.4

④ 10.9

해설 1/1 옥타브 밴드의 밴드폭

$$bw = f_o \times \left(1 - 2^{\frac{1}{2}} \right) = 0.707 \times f_o$$
$$= 0.707 \times 1,000$$
$$= 707Hz$$

1/3 옥타브 밴드의 밴드폭

$$bw = f_o \times \left(2^{\frac{1}{6}} - 2^{-\frac{1}{6}} \right) = 0.232 \times f_o = 0.232 \times 250$$
$$= 58Hz$$

여기서, 백색잡음은 전 주파수 대역에 걸쳐서 음압도가 일정한 잡음을 말하며, 따라서 밴드폭(bw)이 넓을수록 음압도가 크다.
음압레벨은 음의 세기레벨과 같은 값이므로

$$SIL = 10 \log \left(bw \times \frac{I}{I_o} \right) 에서$$
$$\Delta L = SIL_1 - SIL_2$$
$$= 10 \log \left(707 \times \frac{I}{I_o} \right) - 10 \log \left(58 \times \frac{I}{I_o} \right)$$
$$= 10 \log \left(\frac{707}{58} \right) = 10.9dB$$

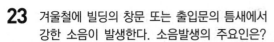

23 겨울철에 빌딩의 창문 또는 출입문의 틈새에서 강한 소음이 발생한다. 소음발생의 주요인은?

① 실내외의 밀도차에 의한 연돌효과 때문에
② 실내외의 온도차로 인하여 음속차가 발생하기 때문에
③ 겨울철이 되면 주관적인 소음도가 높아지기 때문에
④ 실외의 온도강하로 인하여 음속이 빨라지기 때문에

해설 연돌효과(굴뚝효과)는 건물 내·외부 공기의 밀도차로 인한 압력차에 의해 발생한 공기의 흐름으로 소음이 발생한다.

24 다음 중 고체음에 대한 방지대책이 아닌 것은?

① 방사면의 축소　② 가진력 억제
③ 밸브류 다단화　④ 공명 방지

해설 밸브의 다단화는 기류음의 저감대책이다. 이외에도 기류음의 저감대책은 덕트의 곡률 완화, 분출유속의 저감 등이 있다.

25 감음계수에 관한 설명으로 옳은 것은?

① NRN이라고도 하며 $\frac{1}{3}$ 옥타브 대역으로 측정한 중심주파수 250Hz, 500Hz, 1,000Hz, 2,000Hz에서의 흡음률의 기하평균치이다.
② NRN이라고도 하며 $\frac{1}{1}$ 옥타브 대역으로 측정한 중심주파수 250Hz, 500Hz, 1,000Hz, 2,000Hz에서의 흡음률의 산술평균치이다.
③ NRC이라고도 하며 $\frac{1}{3}$ 옥타브 대역으로 측정한 중심주파수 250Hz, 500Hz, 1,000Hz, 2,000Hz에서의 흡음률의 산술평균치이다.
④ NRC이라고도 하며 $\frac{1}{1}$ 옥타브 대역으로 측정한 중심주파수 250Hz, 500Hz, 1,000Hz, 2,000Hz에서의 흡음률의 기하평균치이다.

해설 감음계수(Noise Reducrion Coefficient, NRC)
$\frac{1}{3}$ 옥타브 대역으로 측정한 중심주파수 250Hz, 500Hz, 1,000Hz, 2,000Hz에서의 흡음률의 산술평균치이다.
$NRC = \frac{1}{4}(\alpha_{250} + \alpha_{500} + \alpha_{1,000} + \alpha_{2,000})$

26 다음 중 방음벽에 의한 소음감쇠량의 대부분을 차지하는 것은?

① 방음벽의 높이에 의해 결정되는 회절감쇠
② 방음벽의 재질에 의해 결정되는 투과감쇠
③ 방음벽의 두께에 의해 결정되는 반사감쇠
④ 방음벽의 길이에 의해 결정되는 간섭감쇠

해설 방음벽은 음의 전파경로에 비해 그 폭이 매우 적으므로 장애물에 의한 음의 회절감쇠치가 대부분을 차지한다.

27 차음과 차음재료의 선정 및 사용상 유의점에 대한 설명으로 가장 거리가 먼 것은?

① 차음은 음의 에너지를 반사시켜 차음벽 밖으로 음파가 새어 나가지 않게 하는 것이다.
② 차음에서 영향이 큰 것은 틈이므로 틈이나 찢어진 곳을 보수하고 이음매는 칠해서 메우도록 한다.
③ 큰 차음효과(40dB 이상)를 원하는 경우에는 내부에 보통 다공질 재료를 기운 이중벽을 시공한다.
④ 차음재를 흡음재(다공질 재료)와 붙여서 사용할 경우 차음재는 음원과 가까운 안쪽에, 흡음재는 바깥쪽에 붙인다.

해설 차음재를 흡음재(다공질 재료)와 붙여서 사용할 경우 흡음재는 음원과 가까운 안쪽에, 차음재는 바깥쪽에 붙인다.

28 평균흡음률 0.04인 실내의 평균음압레벨을 85dB에서 80dB로 낮추기 위해서는 평균흡음률을 약 얼마로 해야 하는가?

① 0.05　② 0.13
③ 0.25　④ 0.31

해설 흡음에 의한 실내소음 저감
$\Delta L = SPL_1 - SPL_2$
$= 10\log\left(\frac{\overline{\alpha_2}}{\overline{\alpha_1}}\right)$에서
$85 - 80 = 10\log\left(\frac{\overline{\alpha_2}}{0.04}\right)$
$\therefore \overline{\alpha_2} = 0.13$

29 입구 및 팽창부의 직경이 각각 50cm, 120cm인 팽창형 소음기에 의해 기대할 수 있는 대략적인 최대투과손실치는 약 몇 dB인가? (단, 대상주파수는 한계주파수보다 작다($f < f_c$ 범위이다.))

① 10   ② 20
③ 30   ④ 40

[해설] 최대투과손실치 $TL = \left(\dfrac{D_2}{D_1}\right) \times 4$

$\qquad = \left(\dfrac{120}{50}\right) \times 4 = 9.6\text{dB}$

30 가로, 세로, 높이가 3m, 5m, 2m인 방의 평균흡음률이 0.2일 때 실정수는 약 몇 m²인가?

① 5.5   ② 10.5
③ 15.5   ④ 20.5

[해설] 방의 전체 표면적
$S = 3\times5\times2 + 3\times2\times2 + 5\times2\times2 = 62\text{m}^2$

$\therefore$ 실정수 $R = \dfrac{S\bar{\alpha}}{1-\bar{\alpha}} = \dfrac{62\times0.2}{1-0.2} = 15.5\text{m}^2$

31 단일벽의 일치효과에 관한 설명 중 옳지 않은 것은?

① 벽체에 사용한 재료의 밀도가 클수록 일치주파수는 저음역으로 이동한다.
② 입사파의 파장과 벽체를 전파하는 파장이 같을 때 일어난다.
③ 벽체가 굴곡운동을 하기 때문에 일어난다.
④ 일종의 공진상태가 되어 차음성능이 현저히 저하한다.

[해설] 사용재료의 밀도가 클수록 일치효과는 고음역으로 이동한다.
단일벽의 일치주파수
$f = \dfrac{c^2}{2\pi h \sin^2\theta} \sqrt{\dfrac{12\rho(1-\sigma^2)}{E}}$ (Hz)
여기서, c : 음속
$\qquad h$: 벽의 두께
$\qquad E$: 영률
$\qquad \sigma$: 푸아송비
$\qquad \rho$: 벽의 밀도
$\therefore f \propto \sqrt{\rho}$ 이므로 밀도가 클수록 일치효과는 고음역으로 이동한다.

32 방음 겉씌우개(lagging)에 관한 설명으로 옳지 않은 것은?

① 관이나 판 등에 차음재를 부착한 후 흡음재를 씌운다.
② 파이프에서의 방사음에 대한 대책으로 효과적이다.
③ 진동 발생부에 제진대책을 한 후 흡음재를 부착하면 더욱 효과적이다.
④ 파이프의 굴곡부 혹은 밸브 부위에 시공한다.

[해설] 방음 래깅(lagging)은 방음 겉씌우개라고도 하며 덕트나 판에서 소음이 방사될 때, 직접 흡음재를 부착하거나 차음재를 씌우는 것보다 진동부에 제진(damping)대책으로 고무나 PVC를 붙인 후 흡음재를 부착하고 그 다음에 차음재(구속층)를 설치하는 방식이다.

33 흡음재료의 선택 및 사용상 유의점으로 거리가 먼 것은?

① 막진동이나 판진동형의 것은 도장해도 별 차이가 없다.
② 다공질 재료의 표면에 종이를 입히는 것은 피해야 한다.
③ 다공질 재료의 표면은 얇은 직물로 피복하는 것이 바람직하다.
④ 다공질 재료의 표면을 도장하면 고음역에서의 흡음률이 상승한다.

[해설] 다공질 재료의 표면을 도장하면 고음역에서 흡음률이 저하한다.

34 공장의 벽체가 다음 표와 같이 구성되어 있다. 벽체의 총합 투과손실은 약 몇 dB인가?

구분	창문	출입문	콘크리트벽
면적(m²)	20	20	60
전달손실(dB)	20	10	40

① 14.7   ② 16.5
③ 18.4   ④ 21.8

[해설] 총합 투과손실 $\overline{TL} = 10\log\left(\dfrac{\sum S_i}{\sum S_i \tau_i}\right)$

$= 10\log\left(\dfrac{20+20+60}{20\times10^{-2.0}+20\times10^{-1.0}+60\times10^{-4.0}}\right)$

$= 16.6\text{dB}$

35 동일한 재료(면밀도 200kg/m²)로 구성된 공기층의 두께가 16cm인 중공이중벽이 있다. 500Hz에서 단일벽체의 투과손실이 46dB일 때, 중공이 중벽의 저음역에서의 공명주파수는 약 몇 Hz에서 발생되겠는가? (단, 음의 전파속도는 343m/s, 공기의 밀도는 1.2kg/m³이다.)

① 9
② 15
③ 19
④ 26

해설 두 벽의 면밀도가 같을 때 저음역의 공명주파수

$$f_{rl} = \frac{c}{2\pi}\sqrt{\frac{2\rho}{md}} = \frac{343}{2\times 3.14}\times\sqrt{\frac{2\times 1.2}{200\times 0.16}} = 15\text{Hz}$$

36 공장소음을 방지하기 위해서 공장건설 시 고려해야 할 사항으로 가장 거리가 먼 것은?

① 주소음원이 될 것으로 예상되는 것은 가급적 부지경계선에서 멀리 배치한다.
② 개구부나 환기부는 기류의 흐름을 위해 주택가 측에 설치하는 것이 바람직하다.
③ 공장의 건물은 공장의 부지경계선과 맞닿아 건축하는 것이 바람직하지 않다.
④ 거리감쇠도 소음방지를 위해서 이용하는 편이 좋다.

해설 개구부나 환기부는 소음저감을 위해 주택가와 반대측에 설치하는 것이 바람직하다.

37 표면적이 20m²이고, PWL 110dB인 소음원을 파장에 비해 큰 방음상자로 밀폐하였다. 방음상자의 표면적은 120m²이고, 방음상자 내의 평균흡음률이 0.6일 때 방음상자 내의 고주파 음압레벨은 약 몇 dB인가?

① 81
② 86
③ 90
④ 93

해설 파장에 비해 큰 방음상자로 밀폐한 경우 밀폐상자보다 작은 고주파 음압레벨

$$SPL_1 = PWL_s + 10\log\left(\frac{1-\overline{\alpha}}{S\overline{\alpha}}\right) + 6\text{dB}$$
$$= 110 + 10\log\left(\frac{1-0.6}{(20+120)\times 0.6}\right) + 6 = 93\text{dB}$$

여기서, S : 밀폐상자 내의 전면적(음원의 면적 포함, m²)
$\overline{\alpha}$: 밀폐상자 내의 평균흡음률

38 파워레벨이 77dB인 기계가 4대, 75dB인 기계 1대가 동시에 가동할 때 파워레벨의 합은?

① 85.7
② 83.7
③ 81.7
④ 79.7

해설 파워레벨의 합
$$L = 10\log\left(4\times 10^{7.7} + 10^{7.5}\right) = 83.7\text{dB}$$

39 단일벽의 차음특성 커브에서 질량제어 영역의 기울기 특성으로 옳은 것은?

① 투과손실이 2dB/octave 증가
② 투과손실이 3dB/octave 증가
③ 투과손실이 4dB/octave 증가
④ 투과손실이 6dB/octave 증가

해설 단일벽의 차음특성은 그림과 같이 주파수에 따라 Ⅰ영역부터 Ⅲ영역까지 세 영역으로 구분된다.

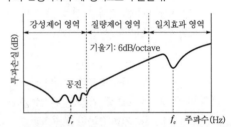

그림에서 투과손실이 옥타브당 6dB씩 증가하는 영역은 질량제어 영역이다.

40 팽창형 소음기의 특성이 아닌 것은?

① 급격한 관경 확대로 유속을 낮추어서 소음을 감소시키는 소음기이다.
② 감음특성은 중·고음역대에서 유효하고, 고음역대의 감음량을 증가시키기 위해서 내부에 격막을 설치한다.
③ 감음주파수는 팽창부의 길이에 따라 결정이 된다.
④ 단면 불연속부의 음에너지 반사에 의해 소음하는 구조이다.

해설 팽창형 소음기는 단면 불연속부의 음에너지 반사에 의해 감음하는 구조로 저·중음역에 유효하며 팽창부에 흡음재를 부착하면 고음역의 감음량도 증가한다.

41 규제기준 중 발파진동 측정 시 디지털 진동 자동분석계를 사용할 때의 샘플주기는 얼마로 놓는가? (단, 측정진동레벨 분석이다.)

① 10초 이하   ② 5초 이하
③ 1초 이하   ④ 0.1초 이하

해설 디지털 진동 자동분석계를 사용할 때에는 샘플주기를 0.1초 이하로 놓고 발파진동의 발생기간(수초 이내) 동안 측정하여 자동 연산·기록한 최고치를 측정진동레벨로 한다.

42 다음은 소음의 배출허용기준 측정 시 측정지점수 선정기준에 관한 설명이다. ( ) 안에 알맞은 것은?

> 피해가 예상되는 적절한 측정시각에 (㉮)지점 이상의 측정지점수를 선정·측정하여 (㉯)을/를 측정소음도로 한다.

① ㉮ 1, ㉯ 그 값
② ㉮ 2, ㉯ 산술평균한 소음도
③ ㉮ 2, ㉯ 그 중 가장 높은 소음도
④ ㉮ 5, ㉯ 기하평균한 소음도

해설 배출허용기준 측정 시 측정시간 및 측정지점수
피해가 예상되는 적절한 측정시각에 2지점 이상의 측정지점수를 선정·측정하여 그 중 가장 높은 소음도를 측정소음도로 한다.

43 규정에도 불구하고 규제기준 중 생활소음 측정 시 피해가 우려되는 곳의 부지경계선보다 3층 거실에서 소음도가 더 클 경우 측정점은 거실 창문 밖의 몇 m 떨어진 지점으로 해야 하는 것이 가장 적합한가?

① 0.5~1.0m   ② 3.0~3.5m
③ 4~5m   ④ 5~10m

해설 피해가 우려되는 곳이 2층 이상의 건물인 경우 등으로서 피해가 우려되는 자의 부지경계선에 비하여 소음도가 더 큰 장소가 있는 경우에는 소음도가 높은 곳에서 소음원 방향으로 창문·출입문 또는 건물벽 밖의 0.5~1.0m 떨어진 지점으로 한다. 다만, 건축구조나 안전상의 이유로 외부 측정이 불가능한 경우에 한하여 창문 등의 경계면 지점으로 하고 +1.5dB를 보정한다.

44 다음은 철도진동 관리기준 측정방법 중 분석절차에 관한 기준이다. ( ) 안에 알맞은 것은?

> 열차통과 시마다 최고진동레벨이 배경진동레벨보다 최소 ( ) 이상 큰 것에 한하여 연속 10개 열차(상·하행 포함) 이상을 대상으로 최고진동레벨을 측정·기록하고 그 중 중앙값 이상을 산술평균한 값을 철도진동레벨로 한다.

① 1dB   ② 5dB
③ 10dB   ④ 15dB

해설 열차통과 시마다 최고진동레벨이 배경진동레벨보다 최소 5dB 이상 큰 것에 한하여 연속 10개 열차(상·하행 포함) 이상을 대상으로 최고진동레벨을 측정·기록하고, 그 중 중앙값 이상을 산술평균한 값을 철도진동레벨로 한다.

45 소음계의 구성부분 중 진동레벨계의 진동픽업에 해당되는 것은?

① Microphone
② Amplifier
③ Calibration network calibrator
④ Weighting networks

해설 소음계의 마이크로폰(microphone)은 구성상 맨 앞부분에 위치하며 지향성이 작은 압력형으로 하며, 기기의 본체와 분리가 가능하여야 하는데 이는 진동레벨계의 지면에 설치할 수 있는 구조로서 진동신호를 전기신호로 바꾸어 주는 장치를 말하는 진동픽업(pick-up)에 해당된다.

46 환경기준 중 소음측정방법에 따라 소음을 측정할 때 밤시간대(22:00~06:00)에는 낮시간대에 측정한 측정지점에서 몇 시간 간격으로 몇 회 이상 측정하여 산술평균한 값을 측정소음도로 하는가?

① 4시간 이상 간격, 4회 이상
② 4시간 이상 간격, 2회 이상
③ 2시간 이상 간격, 4회 이상
④ 2시간 이상 간격, 2회 이상

해설 밤시간대(22:00~06:00)에는 낮시간대에 측정한 측정지점에서 2시간 이상 간격으로 2회 이상 측정하여 산술평균한 값을 측정소음도로 한다.

47 동일 건물 내 사업장소음을 측정하였다. 1지점에서의 측정치가 각각 70dB(A), 75dB(A), 2지점에서의 측정치가 각각 75dB(A), 79dB(A)로 측정되었을 때, 이 사업장의 측정소음도는?

① 72dB(A) ② 75dB(A)
③ 77dB(A) ④ 79dB(A)

해설 사업장의 측정소음도는 소음도가 높은 지점에서의 등가소음도를 나타내므로,
$$L_{eq} = 10 \log \left(\frac{1}{2} \times (10^{7.5} + 10^{7.9}) \right)$$
$$= 77dB$$

48 다음은 레벨레인지 변환기에 대한 설명이다. ( ) 안에 알맞은 것은?

측정하고자 하는 소음도가 지시계기의 범위 내에 있도록 하기 위한 감쇠기로서 유효눈금 범위가 30dB 이하가 되는 구조의 것은 변환기에 의한 레벨의 간격이 ( ) 간격으로 표시되어야 한다.

① 1dB ② 5dB
③ 10dB ④ 15dB

해설 **레벨레인지 변환기(level range converter)**
측정하고자 하는 소음도가 지시계기의 범위 내에 있도록 하기 위한 감쇠기로서 유효눈금 범위가 30dB 이하가 되는 구조의 것은 변환기에 의한 레벨의 간격이 10dB 간격으로 표시되어야 한다.

49 소음·진동 공정시험기준에서 정한 각 소음측정을 위한 소음 측정지점수 선정기준으로 옳지 않은 것은?

① 배출허용기준 – 1지점 이상
② 생활소음 – 2지점 이상
③ 발파소음 – 1지점 이상
④ 도로교통소음 – 2지점 이상

해설 **배출허용기준 측정시간 및 측정지점수**
피해가 예상되는 적절한 측정시각에 2지점 이상의 측정지점수를 선정·측정하여 그 중 가장 높은 소음도를 측정소음도로 한다.

50 규제기준 중 발파진동 측정방법에 관한 설명으로 옳지 않은 것은?

① 진동레벨기록기를 사용하여 측정할 때에는 기록지상의 지시치의 최고치를 측정진동레벨로 한다.
② 진동레벨계만으로 측정할 경우에는 최고진동레벨이 고정(hold)되어서는 안 된다.
③ 작업일지 및 발파계획서 또는 폭약사용신고서를 참조하여 소음·진동관리법규에서 구분하는 각 시간대 중에서 최대발파진동이 예상되는 시각의 진동을 포함한 모든 발파진동을 1지점 이상에서 측정한다.
④ 진동레벨계의 출력단자와 진동레벨기록기의 입력단자를 연결한 후 전원과 기기의 동작을 점검하고 매회 교정을 실시하여야 한다.

해설 진동레벨계만으로 측정할 경우에는 최고진동레벨이 고정(hold)되는 것에 한한다.

51 다음 중 소음과 관련한 용어의 정의로 옳지 않은 것은?

① 소음도 : 소음계의 청감보정회로를 통하여 측정한 지시치를 말한다.
② 배경소음도 : 측정소음도의 측정위치에서 대상소음이 없을 때 이 시험기준에서 정한 측정방법으로 측정한 소음도 및 등가소음도 등을 말한다.
③ 반사음 : 한 매질 중의 음파가 다른 매질의 경계면에 입사한 후 진행방향을 변경하여 본래의 매질 중으로 되돌아오는 음을 말한다.
④ 지발발파 : 발파기를 3회 사용하여, 수초 내에 시간차를 두고 발파하는 것을 말한다.

해설 **지발발파(delay blasting)**
각 발파공을 일정한 시간 간격으로 발파하는 방법을 말하며 수초 내에 시간차를 두고 발파하는 것을 말한다. 단, 발파기를 1회 사용하는 것에 한한다. 지발발파는 보정발파횟수를 1회로 간주한다.

52
다음은 L_{10} 진동레벨 계산기준에 관한 설명이다. (   ) 안에 가장 적합한 것은?

> 진동레벨계만으로 측정할 경우 진동레벨을 읽는 순간에 지시침이 지시판 범위 위를 벗어날 때(이때 진동레벨계의 레벨범위는 전환하지 않음)에는 그 발생빈도를 기록하여 6회 이상이면 누적도수 곡선상에서 L_{10}값에 2dB을 더해준다.

① 3회   ② 6회

③ 9회   ④ 12회

해설 L_{10} **진동레벨 계산방법**
진동레벨계만으로 측정할 경우 진동레벨을 읽는 순간에 지시침이 지시판 범위 위를 벗어날 때(이때 진동레벨계의 레벨범위는 전환하지 않음)에는 그 발생빈도를 기록하여 6회 이상이면 L_{10}값에 2dB을 더해준다.

53
환경기준 중 소음측정방법에 관한 사항으로 옳지 않은 것은?

① 도로변 지역의 범위는 도로단으로부터 차선수×15m로 한다.

② 사용 소음계는 KS C IEC 61672-1에 정한 클래스 2의 소음계 또는 동등 이상의 성능을 가진 것이어야 한다.

③ 옥외측정을 원칙으로 한다.

④ 일반지역의 경우에는 가능한 한 측정점 반경 3.5m 이내에 장애물(담, 건물, 기타 반사성 구조물 등)이 없는 지점의 지면 위 1.2∼1.5m를 측정점으로 한다.

해설 도로변 지역의 범위는 도로단으로부터 왕복 차선수×10m로 하고, 고속도로 또는 자동차전용도로의 경우에는 도로단으로부터 150m 이내의 지역을 말한다.

54
1일 동안의 평균 최고소음도가 101dB(A)이고, 1일간 항공기의 등가통과횟수가 505회일 때 1일 단위의 WECPNL(dB)은?

① 약 94   ② 약 98

③ 약 101   ④ 약 105

해설 1일 단위의 WECPNL(웨클)
$$= \overline{L_{max}} + 10\log N - 27$$
$$= 101 + 10\log 505 - 27$$
$$= 101 \text{WECPNL(dB)}$$
여기서, N : 1일간 항공기의 등가통과횟수

55
다음 진동레벨계의 구성 중 4번에 해당하는 장치는?

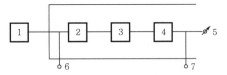

① 증폭기   ② 교정장치

③ 레벨레인지 변환기 ④ 감각보정회로

해설 진동계의 기본구조

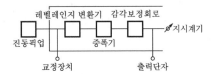

56
방직공장의 측정소음도가 72dB(A)이고, 배경소음이 68dB(A)라면 대상소음도는 약 몇 dB(A)가 되겠는가?

① 76dB(A)   ② 72dB(A)

③ 70dB(A)   ④ 68dB(A)

해설 소음도의 차를 구한다.
대상소음도$= 10\log(10^{7.2} - 10^{6.8}) = 70\text{dB(A)}$

57
소음계의 성능기준에 대한 설명으로 옳은 것은?

① 측정가능 주파수 범위는 1∼16Hz 이상이어야 한다.

② 측정가능 소음도 범위는 35∼130dB 이상이어야 한다.

③ 레벨레인지 변환기가 있는 기기에 있어서 레벨레인지 변환기의 전환오차가 1dB 이내이어야 한다.

④ 지시계기의 눈금오차는 1dB 이내이어야 한다.

해설 소음계의 성능
• 측정가능 주파수 범위는 31.5Hz ~ 8kHz 이상이어야 한다.
• 측정가능 소음도 범위는 35 ~ 130dB 이상이어야 한다. 다만, 자동차 소음측정에 사용되는 것은 45 ~ 130dB 이상으로 한다.
• 특성별(A특성 및 C특성) 표준 입사각의 응답과 그 편차는 KS C IEC 61672-1의 [표 2]를 만족하여야 한다.
• 레벨레인지 변환기가 있는 기기에 있어서 레벨레인지 변환기의 전환오차가 0.5dB 이내이어야 한다.
• 지시계기의 눈금오차는 0.5dB 이내이어야 한다.

58 진동레벨기록기를 사용하여 측정할 경우 기록지상의 지시치의 변동폭이 5dB 이내일 때 측정자료 분석기준이 다른 것은?

① 도로교통진동 관리기준
② 철도진동 관리기준
③ 생활진동 규제기준
④ 진동의 배출허용기준

해설 진동레벨기록기를 사용하여 측정할 경우 기록지상의 지시치의 변동폭이 5dB 이내일 때 측정자료 분석기준은 다음과 같다.
• 진동의 배출허용기준, 생활진동 규제기준, 도로교통진동 관리기준
기록지상의 지시치의 변동폭이 5dB 이내일 때에는 구간 내 최대치부터 진동레벨의 크기순으로 10개를 산술평균한 진동레벨이다.
• 철도진동 관리기준
열차통과 시마다 최고진동레벨이 배경진동레벨보다 최소 5dB 이상 큰 것에 한하여 연속 10개 열차(상·하행 포함) 이상을 대상으로 최고진동레벨을 측정·기록하고, 그 중 중앙값 이상을 산술평균한 값을 철도진동레벨로 한다.

59 공장의 부지경계선에서 측정한 진동레벨이 각 지점에서 각각 62dB(V), 65dB(V), 68dB(V), 71dB(V), 64dB(V), 67dB(V)이다. 이 공장의 측정진동레벨은?

① 66dB(V)
② 68dB(V)
③ 69dB(V)
④ 71dB(V)

해설 피해가 예상되는 적절한 측정시각에 2지점 이상의 측정지점수를 선정·측정하여 그 중 높은 진동레벨을 측정진동레벨로 한다.

60 진동레벨계의 사용기준 중 진동픽업의 횡감도는 규정주파수에서 수감축 감도에 대하여 최소 몇 dB 이상의 차이가 있어야 하는가? (단, 연직특성이다.)

① 5dB
② 10dB
③ 15dB
④ 20dB

해설 진동픽업의 횡감도는 규정주파수에서 수감축 감도에 대한 차이가 15dB 이상이어야 한다(연직특성).

제4과목 **진동 방지기술**

61 다음 방진재료에 대한 설명으로 가장 거리가 먼 것은?

① 방진고무의 역학적 성질은 천연고무가 가장 우수하지만 내유성을 필요로 할 때에는 천연고무가 바람직하지 않다.
② 금속스프링 사용 시 서징이 발생하기 쉬우므로 주의해야 한다.
③ 금속스프링은 저주파 차진에 좋다.
④ 금속스프링의 동적 배율은 방진고무보다 높다.

해설 • 금속 코일스프링의 동적 배율은 방진고무(합성고무)에 비하여 적다.
• 금속 코일스프링의 동적 배율 $\alpha = 1$, 방진고무(합성고무)의 동적 배율 $\alpha = 1.4 \sim 2.8$이다.

62 회전속도가 1,200rpm인 원심팬이 있다. 방진스프링으로 탄성지지를 시켰더니 1cm의 정적 처짐이 발생하였다. 이때 진동전달률은 약 몇 %인가? (단, 스프링의 감쇠는 무시한다.)

① 4.2
② 6.6
③ 10.4
④ 15.3

해설 강제진동수 $f = \dfrac{rpm}{60} = \dfrac{1,200}{60} = 20Hz$

고유진동수 $f_n = 4.98\sqrt{\dfrac{1}{\delta_{st}}} = 4.98\sqrt{\dfrac{1}{1}} = 4.98Hz$

진동수비 $\eta = \dfrac{f}{f_n} = \dfrac{20}{4.98} = 4.02$

진동전달률 $T = \dfrac{1}{\eta^2 - 1} = \dfrac{1}{4.02^2 - 1} = 0.066 = 6.6\%$

63 진동방지대책을 세우고자 한다. 다음 중 일반적으로 가장 먼저 해야 할 것은?

① 적정 방지대책 선정
② 수진점의 진동규제기준 확인
③ 발생원의 위치와 발생기계 확인
④ 진동이 문제가 되는 수진점의 위치 확인

해설 진동방지대책을 세우는 절차
• 진동이 문제되는 수진점의 위치를 확인한다.
• 수진점 일대의 진동 실태조사를 행한다.
• 수진점의 진동이 지면진동에 의한 것인지 초저주파음에 의한 것인지를 판정한다.
• 수진점의 진동규제기준을 확인한다.
• 측정치와 규제기준치의 자료로부터 저감 목표레벨을 정한다.
• 발생원의 위치와 발생기계를 확인한다.
• 적절한 개선대책을 선정한다.
• 시공 및 반성을 한다.

64 다음 중 내부 감쇠계수가 가장 큰 지반의 종류는?

① 점토   ② 모래
③ 자갈   ④ 암석

해설 지반의 내부 감쇠계수(h)는 바위와 암석(0.01), 모래(0.1), 점토(0.5)이다.

65 무게 W인 물체가 스프링정수 k인 스프링에 의해서 지지되어 있을 때 운동방정식은 $\dfrac{W}{g}\ddot{x} + kx = 0$과 같다. 여기서, 고유진동수(Hz)를 나타내는 식으로 옳은 것은?

① $\dfrac{1}{2\pi}\sqrt{\dfrac{gk}{W}}$

② $\dfrac{1}{2\pi}\sqrt{\dfrac{W}{gk}}$

③ $2\pi\sqrt{\dfrac{W}{gk}}$

④ $2\pi\sqrt{\dfrac{gk}{W}}$

해설 고유진동수
$$f_n = \dfrac{1}{2\pi}\sqrt{\dfrac{k}{m}} = \dfrac{1}{2\pi}\sqrt{\dfrac{k\times g}{W}}$$
여기서, $m = \dfrac{W}{g}$

66 정현진동의 가속도 최대진폭이 3×10^{-2}m/s²일 때, 진동가속도레벨(VAL)은 약 몇 dB인가? (단, 기준은 10^{-5}m/s²이다.)

① 57   ② 61
③ 67   ④ 72

해설 진동가속도레벨
$$\mathrm{VAL} = 20\log\dfrac{\left(\dfrac{0.03}{\sqrt{2}}\right)}{10^{-5}} = 67\mathrm{dB}$$

67 어떤 질점의 운동변위가 다음과 같을 때 최대속도를 구하면 약 몇 cm/s인가?

$$x = 5\sin\left(2\pi t - \dfrac{\pi}{3}\right)\mathrm{cm}$$

① 15.7   ② 31.4
③ 47.1   ④ 197.4

해설 최대속도
$$v = A_o\,\omega = 5\times2\times3.14 = 31.4\mathrm{cm/s}$$

68 진동발생이 크지 않은 공장기계의 대표적인 지반 진동 차단 구조물은 개방식 방진구이다. 이러한 방진구의 설계 시 가장 중요한 인자는?

① 트렌치 폭   ② 트렌치 깊이
③ 트렌치 형상   ④ 트렌치 위치

해설 방진구의 가장 중요한 설계 인자는 도랑(trench)의 깊이이다. 진폭을 반으로 줄이기 위해서는 도랑의 깊이를 파장의 $\dfrac{1}{4}$ 이상으로 해야 한다.

69 쇠로 된 금속관 사이의 접속부에 고무를 넣어 진동 절연하고자 한다. 파동에너지 반사율이 95%가 되면, 전달되는 진동의 감쇠량은 대략 몇 dB이 되는가?

① 10   ② 13
③ 16   ④ 20

해설 진동하는 표면에 제진재 사이의 반사율 T_r이 클수록 제진 효과가 크며, 이에 의한 감쇠량은 다음과 같다.
$$\Delta L = 10\log\left(1 - T_r\right)$$
$$= 10\log\left(1 - 0.95\right) = -13\mathrm{dB}$$

63.④ 64.① 65.① 66.③ 67.② 68.② 69.②

70 현장에서 계의 고유진동수를 간단히 알 수 있는 방법은 질량 m인 물체를 탄성지지체에 올려 놓고 처짐량 δ_{st}를 측정하는 것이다. 고유진동수(f_n)를 구하는 식으로 옳은 것은?

① $f_n = \dfrac{1}{2\pi}\sqrt{\dfrac{g}{\delta_{st}}}$

② $f_n = \dfrac{m}{2\pi}\sqrt{\dfrac{g}{\delta_{st}}}$

③ $f_n = \dfrac{1}{2\pi}\sqrt{\dfrac{1}{m}\times\dfrac{g}{\delta_{st}}}$

④ $f_n = \dfrac{1}{2\pi}\sqrt{\dfrac{mg}{\delta_{st}}}$

해설 고유진동수(f_n)와 정적 수축량(static deflection, δ_{st})의 관계식

$$f_n = \frac{1}{2\pi}\sqrt{\frac{k}{m}} = \frac{1}{2\pi}\sqrt{\frac{k\times g}{W}}$$

$$= \frac{1}{2\pi}\sqrt{\frac{g}{\left(\dfrac{W}{k}\right)}} = \frac{1}{2\pi}\sqrt{\frac{g}{\delta_{st}}}$$

$$= 4.98\sqrt{\frac{1}{\delta_{st}}}$$

여기서, $\delta_{st} = \dfrac{W}{k}$, $g = 980\,\text{cm/s}^2$

71 금속스프링을 이용하여 방진지지할 때, 로킹(rocking)이 일어나지 않도록 하기 위한 조치로 가장 거리가 먼 것은?

① 계의 중심을 낮게 한다.
② 기계 무게의 1~2배의 질량을 부가한다.
③ 스프링의 정적 수축량을 일정하게 한다.
④ 로킹이 일어나는 방향으로 하중을 분포시킨다.

해설 rocking motion은 금속스프링 자체가 좌우로 흔들리는 현상이므로 부하(하중)가 평형분포되도록 한다.

72 금속관의 플랜지부에 고무를 부착하여 제진하려고 한다. 금속관의 특성임피던스는 40×10^6 kg/m² · s, 고무의 특성임피던스 4×10^6 kg/m² · s라고 할 때, 진동감쇠량은 약 몇 dB인가?

① 21
② 25
③ 27
④ 30

해설 • 절연재 부착 시 파동에너지의 반사율

$$T_r = \left(\frac{Z_2 - Z_1}{Z_2 + Z_1}\right)^2 = \left(\frac{4\times10^6 - 40\times10^6}{4\times10^6 + 40\times10^6}\right)^2 = 0.9969$$

• 진동하는 표면의 제진재 사이의 반사율 T_r이 클수록 제진효과가 크며, 이에 의한 감쇠량은 다음과 같다.

$$\Delta L = 10\log(1 - T_r) = 10\log(1 - 0.9969)$$

$$= -25\,\text{dB}$$

∴ 진동감쇠량은 25dB이다.

73 가진력을 기계 회전부의 질량 불균형에 의한 가진력, 기계의 왕복운동에 의한 가진력, 충격에 의한 가진력으로 분류할 때, 다음 중 주로 충격 가진력에 의해 진동이 발생하는 것은?

① 펌프
② 송풍기
③ 유도전동기
④ 단조기

해설 • 유도전동기, 송풍기, 펌프 : 회전질량 또는 왕복질량에 의한 질량 불균형에 의한 가진력
• 단조기 : 질량의 낙하운동에 의한 충격 가진력

74 외부에서 가해지는 강제진동수를 f라 하고 계의 고유진동수를 f_n이라 할 때, 가진되는 외력보다 전달력이 항상 작게 되는 영역은?

① $\dfrac{f}{f_n} = 1$

② $\dfrac{f}{f_n} < \sqrt{2}$

③ $\dfrac{f}{f_n} = \sqrt{2}$

④ $\dfrac{f}{f_n} > \sqrt{2}$

해설 $\dfrac{f}{f_n} > \sqrt{2}$인 경우 전달력은 항상 외력보다 작게 되는 영역이다.

75 감쇠 자유진동을 하는 진동계에서 진폭이 3사이클 후 50% 감소되었을 때, 이 계의 대수감쇠율은?

① 0.13
② 0.17
③ 0.23
④ 0.32

해설 대수감쇠율은 감쇠 자유진동(damped free vibration)의 진폭(amplitude)이 감쇠하는 정도를 나타내며, 연속적인 두 진폭의 비에 자연대수를 취한 것으로 정의된다.

대수감쇠율 $\delta = \dfrac{1}{3}\ln\dfrac{x_1}{\left(\dfrac{x_1}{2}\right)} = 0.231$

76 공기스프링에 관한 설명으로 가장 적합한 것은?

① 지지하중의 크기가 변하는 경우에도 조정
밸브에 의해서 기계 높이를 일정레벨로
유지할 수 있다.

② 하중 변화에 따라 고유진동수를 일정하게
유지할 수 있고, 별도의 부대시설은 필요
없다.

③ 사용진폭이 큰 것이 많고, 부하능력은 좁
은 편이다.

④ 공기누출의 위험이 없으며, 별도의 댐퍼
시설이 필요 없어 효과적이다.

해설 **공기스프링의 단점**
- 하중 변화에 따라 고유진동수를 일정하게 유지할 수 있
고, 압축기 등의 부대시설이 필요하다.
- 사용진폭이 적은 것이 많이 사용되고, 스프링정수를 광
범위하게 설정할 수 있다.
- 공기누출의 위험이 있다.
- 사용진폭이 적은 것이 많으므로 별도의 댐퍼를 필요로
하는 경우가 많다.

77 지반진동 차단 구조물에 관한 설명으로 가장 거
리가 먼 것은?

① 수동차단은 진동원에서 비교적 멀리 떨어
져 문제가 되는 특정 수진 구조물 가까이
설치되는 경우를 말한다.

② 개방식 방진구는 굴착벽의 함몰로 시공
깊이에 제약이 따른다.

③ 공기층을 이용하는 개방식 방진구가 충진
식 방진벽에 비해 파에너지 차단(반사)특
성이 크게 떨어진다.

④ 가장 대표적인 지반진동 차단 구조물은
개방식 방진구이다.

해설 공기층을 이용하는 개방식 방진구가 충진식 방진벽에 비
해 파에너지 차단(반사)특성이 좋다.

78 감쇠비 ξ가 주어졌을 때 대수감쇠율을 옳게 표
시한 것은?

① $2\pi\xi\sqrt{1-\xi^2}$ ② $\sqrt{\dfrac{2\pi\xi}{1-\xi^2}}$

③ $\dfrac{2\pi\xi}{\sqrt{1-\xi^2}}$ ④ $\dfrac{\xi}{2\pi\sqrt{1-\xi^2}}$

해설 부족감쇠 자유진동계에서 대수감쇠율은 다음 식으로 정의
된다.

$$\Delta = \ln\left(\frac{x_1}{x_2}\right) = \frac{2\pi\xi}{\sqrt{1-\xi^2}}$$

79 스프링 탄성계수 $k = 1$kN/m, 질량 $m = 8$kg인
계의 비감쇠 자유진동 시 주기는 약 몇 s인가?

① 0.56 ② 1.12

③ 2.24 ④ 4.48

해설 고유진동수 $f_n = \dfrac{1}{2\pi}\sqrt{\dfrac{k}{m}}$

$$= \frac{1}{2\times 3.14}\sqrt{\frac{1,000}{8}}$$

$$= 1.78\text{Hz}$$

$\therefore$ 진동주기 $T = \dfrac{1}{f_n} = \dfrac{1}{1.78} = 0.56$s

80 다음 ( ) 안에 들어갈 진동의 종류로 가장 적합
한 것은?

( )은(는) 매우 안정된 조건, 즉 평탄하고 일정
한 구배, 특정구간의 일정한 속도에서 장시간
주행할 경우에만 발생하며 초기에는 미약한 정
도의 자려진동이 발산하는 양상을 보이며 증가
하다가 어떤 정도가 되면 평형상태를 유지한다.
위의 안정된 주행조건이 깨지면 이 진동은 즉시
소멸된다.

① 저크(jerk)

② 디스크 셰이킹(disk shaking)

③ 프런트엔드 진동(front end vibration)

④ 아이들 진동(idle vibration)

해설 **프런트엔드 진동(front end vibration)**
프런트 셰이크(front shake)라고도 하며 중·고속 이상에
서 작은 요철이 있는 포장도로를 주행할 때 바디와 스티어
링 휠이 상하로 드르르며 떠는 현상으로 매우 안정된 조
건, 즉 평탄하고 일정한 구배, 특정구간의 일정한 속도에
서 장시간 주행할 경우에만 발생하며 초기에는 미약한 정
도의 자려진동이 발산하는 양상을 보이며 증가하다가 어
떤 정도가 되면 평형상태를 유지한다. 위의 안정된 주행조
건이 깨지면 이 진동은 즉시 소멸된다.

제5과목 소음·진동 관계 법규

81 소음·진동관리법령상 공사장 소음규제기준 중 주간의 경우 특정공사 사전신고 대상 기계·장비를 사용하는 작업시간이 1일 3시간 이하일 때 공사장 소음규제기준의 보정값은?

① +10dB
② +6dB
③ +5dB
④ +3dB

해설 시행규칙 [별표 8] 생활소음 규제기준
공사장 소음규제기준은 주간의 경우 특정공사 사전신고 대상 기계·장비를 사용하는 작업시간이 1일 3시간 이하일 때는 +10dB을, 3시간 초과 6시간 이하일 때는 +5dB을 규제기준치에 보정한다.

82 소음·진동관리법령상 인증을 생략할 수 있는 자동차에 해당되지 않는 것은?

① 제설용·방송용 등 특수한 용도로 사용되는 자동차로서 환경부장관이 정하여 고시하는 자동차
② 외국에서 국내의 공공기관에 무상으로 기증하여 반입하는 자동차
③ 여행자 등이 다시 반출할 것을 조건으로 일시 반입하는 자동차
④ 항공기 지상조업용으로 반입하는 자동차

해설 시행령 제5조(인증의 면제·생략 자동차)
인증을 생략할 수 있는 자동차는 다음과 같다.
1. 국가대표 선수용이나 훈련용으로 사용하기 위하여 반입하는 자동차로서 문화체육관광부장관의 확인을 받은 자동차
2. 외국에서 국내의 공공기관이나 비영리단체에 무상으로 기증하여 반입하는 자동차
3. 외교관, 주한 외국군인 또는 그 가족이 사용하기 위하여 반입하는 자동차
4. 인증을 받지 아니한 자가 인증을 받은 자동차와 동일한 차종의 원동기 및 차대(車臺)를 구입하여 제작하는 자동차
5. 항공기 지상조업용(地上操業用)으로 반입하는 자동차
6. 국제협약 등에 따라 인증을 생략할 수 있는 자동차
7. 다음의 요건에 해당되는 자동차로서 환경부장관이 정하여 고시하는 자동차
   ㉠ 제철소·조선소 등 한정된 장소에서 운행되는 자동차
   ㉡ 제설용·방송용 등 특수한 용도로 사용되는 자동차
   ㉢ 「관세법」에 따라 공매(公賣)되는 자동차

83 다음은 소음·진동관리법령상 과징금의 부과기준이다. ( ) 안에 알맞은 것은?

> 환경부장관은 인증시험대행기관에 업무정지처분을 하는 경우로서 그 처분이 공익에 현저한 지장을 줄 우려가 있다고 인정하는 경우에는 그 업무정지처분을 갈음하여 5천만원 이하의 과징금을 부과·징수할 수 있는데, 이에 따라 부과하는 과징금의 금액은 행정처분의 기준에 따른 업무정지일수에 1일당 부과금액 ( )한다.

① 10만원을 곱하여 산정
② 20만원을 곱하여 산정
③ 10만원을 더하여 산정
④ 20만원을 더하여 산정

해설 • 법 제31조의4(과징금 처분)
환경부장관은 인증시험대행기관에 업무정지처분을 하는 경우로서 그 업무정지처분이 해당 업무의 이용자 등에게 심한 불편을 주거나 그 밖에 공익에 현저한 지장을 줄 우려가 있다고 인정하는 경우에는 그 업무정지 처분을 갈음하여 5천만원 이하의 과징금을 부과·징수할 수 있다.
• 시행령 제5조의2(과징금의 부과기준)
과징금의 금액은 법 제49조의 행정처분의 기준에 따른 업무정지일수에 1일당 부과금액 20만원을 곱하여 산정한다. 이 경우 업무정지 1개월은 30일을 기준으로 한다.

84 소음·진동관리법령상 소음방지시설에 해당하지 않는 것은?

① 방음벽시설
② 방음덮개시설
③ 소음기
④ 탄성지지시설

해설 시행규칙 [별표 2] 소음방지시설
1. 소음기
2. 방음덮개시설
3. 방음창 및 방음실시설
4. 방음외피시설
5. 방음벽시설
6. 방음터널시설
7. 방음림 및 방음언덕
8. 흡음장치 및 시설

85 환경정책기본법령상 국가 및 지방자치단체가 환경기준이 적절히 유지되도록 환경에 관한 법령의 제정과 행정계획의 수립 또는 사업을 집행할 경우에 고려하여야 할 사항이 아닌 것은?

① 재원조달방법의 홍보
② 새로운 과학기술의 사용으로 인한 환경훼손의 예방
③ 환경오염지역의 원상회복
④ 환경 악화의 예방 및 그 요인의 제거

해설 **환경정책기본법 제13조(환경기준의 유지)**
국가 및 지방자치단체는 환경에 관계되는 법령을 제정 또는 개정하거나 행정계획의 수립 또는 사업의 집행을 할 때에는 환경기준이 적절히 유지되도록 다음 사항을 고려하여야 한다.
1. 환경 악화의 예방 및 그 요인의 제거
2. 환경오염지역의 원상회복
3. 새로운 과학기술의 사용으로 인한 환경오염 및 환경훼손의 예방
4. 환경오염방지를 위한 재원(財源)의 적정 배분

86 소음 · 진동관리법령상 공사장 방음시설 설치기준으로 옳지 않은 것은?

① 삽입손실 측정 시 동일한 음량과 음원을 사용하는 경우에는 기준위치(reference position)의 측정은 생략할 수 있다.
② 삽입손실 측정을 위한 측정지점(음원위치, 수음자 위치)은 음원으로부터 5m 이상 떨어진 노면 위 1.2m 지점으로 한다.
③ 방음벽시설 전후의 소음도 차이(삽입손실)는 최소 5dB 이상 되어야 한다.
④ 방음벽시설의 높이는 3m 이상 되어야 한다.

해설 **시행규칙 [별표 10] 공사장 방음시설 설치기준**
1. 방음벽시설 전후의 소음도 차이(삽입손실)는 최소 7dB 이상 되어야 하며, 높이는 3m 이상 되어야 한다.
2. 공사장 인접지역에 고층건물 등이 위치하고 있어, 방음벽시설로 인한 음의 반사피해가 우려되는 경우에는 흡음형 방음벽시설을 설치하여야 한다.
3. 방음벽시설에는 방음판의 파손, 도장부의 손상 등이 없어야 한다.
4. 방음벽시설의 기초부와 방음판 · 기둥 사이에 틈새가 없도록 하여 음의 누출을 방지하여야 한다.

참고 삽입손실 측정을 위한 측정지점(음원위치, 수음자 위치)은 음원으로부터 5m 이상 떨어진 노면 위 1.2m 지점으로 하고, 방음벽시설로부터 2m 이상 떨어져야 하며, 동일한 음량과 음원을 사용하는 경우에는 기준위치(reference position)의 측정은 생략할 수 있다.

87 소음 · 진동관리법령상에서 사용하는 용어의 뜻으로 옳지 않은 것은?

① "소음 · 진동방지시설"이란 소음 · 진동배출시설로부터 배출되는 소음 · 진동을 없애거나 줄이는 시설로서 환경부령으로 정하는 것을 말한다.
② "방진시설"이란 소음 · 진동배출시설이 아닌 물체로부터 발생하는 진동을 없애거나 줄이는 시설로서 환경부령으로 정하는 것을 말한다.
③ "교통기관"이란 기차 · 자동차 · 전차 · 도로 및 철도 등을 말한다. 다만, 항공기와 선박은 제외한다.
④ "휴대용 음향기기"란 휴대가 쉬운 소형 음향재생기기(음악재생기능이 있는 이동전화는 제외)로서 산업통상자원부령으로 정하는 것을 말한다.

해설 **법 제2조(정의)**
"휴대용 음향기기"란 휴대가 쉬운 소형 음향재생기기(음악재생기능이 있는 이동전화를 포함한다)로서 환경부령으로 정하는 것을 말한다.

88 소음 · 진동관리법령상 소음발생건설기계 소음도 검사기관의 지정기준 중 시설 및 장비기준으로 옳지 않은 것은?

① 검사장 : 면적 $400m^2$ 이상($20m \times 20m$ 이상)
② 장비 : 다기능 표준음발생기(31.5Hz 이상 16kHz 이하) 1대 이상
③ 장비 : 삼각대 등 마이크로폰을 높이 1.5m 이상의 공중에 고정할 수 있는 장비 4대 이상, 높이 10m 이상의 공중에 고정할 수 있는 장비 2대 이상
④ 장비 : 녹음 및 기록장치(6채널 이상) 1대 이상

> **해설** **시행령 [별표 1] 소음도 검사기관의 지정기준**
> 소음발생건설기계 소음도 검사기관의 지정기준 중 시설 및 장비기준
> 1. 면적이 900m² 이상(가로 및 세로의 길이가 각각 30m 이상)인 검사장을 갖출 것
> 2. 다음의 장비를 갖출 것. 다만, ②과 ⑩의 장비는 그 기능을 모두 갖춘 기기 1대 이상으로 대체할 수 있다.
>   ㉠ 다기능 표준음발생기(31.5Hz 이상 16kHz 이하) 1대 이상
>   ㉡ 다음의 표준음발생기 각 1대 이상. 다만, 다음의 기능을 모두 갖춘 기기 1대 이상으로 대체할 수 있다.
>   • 200Hz 이상 500Hz 이하
>   • 1,000Hz
>   ㉢ 마이크로폰 6대 이상
>   ㉣ 녹음 및 기록장치(6채널 이상) 1대 이상
>   ㉤ 주파수 분석장비 : 50Hz 이상 8,000Hz 이하의 모든 음을 $\frac{1}{3}$ 옥타브 대역으로 분석할 수 있는 기기 1대 이상
>   ㉥ 삼각대 등 마이크로폰을 높이 1.5m 이상의 공중에 고정할 수 있는 장비 4대 이상, 높이 10m 이상의 공중에 고정할 수 있는 장비 2대 이상
>   ㉦ 평가기준음원(reference sound source) 발생장치 1대 이상

89 다음은 소음진동관리법상 항공기소음의 한도기준에 관한 설명이다. ( ) 안에 적절한 내용으로 짝지어진 것은?

> 항공기소음의 한도는 공항 인근 지역은 가중등가소음도[L_{den} dB(A)] (㉮)로 하고, 그 밖의 지역은 가중등가소음도[L_{den} dB(A)] (㉯)로 한다.

① ㉮ 85, ㉯ 70
② ㉮ 83, ㉯ 65
③ ㉮ 80, ㉯ 63
④ ㉮ 75, ㉯ 61

> **해설** **시행령 제9조(항공기소음의 한도 등)**
> 항공기 소음의 한도는 공항 인근 지역은 가중등가소음도 [L_{den} dB(A)] 75로 하고, 그 밖의 지역은 가중등가소음도 [L_{den} dB(A)] 61로 한다.

90 소음·진동관리법령상 진동배출시설에 해당하는 것은? (단, 동력을 사용하는 시설 및 기계·기구로 한정한다.)

① 20kW의 프레스(유압식 제외)
② 20kW의 성형기
③ 20kW의 연탄제조용 윤전기
④ 2대의 시멘트 벽돌 및 블록의 제조기계

> **해설** **시행규칙 [별표 1] 진동배출시설**(동력을 사용하는 시설 및 기계·기구로 한정한다)
> 1. 15kW 이상의 프레스(유압식은 제외한다)
> 2. 22.5kW 이상의 분쇄기(파쇄기와 마쇄기를 포함한다)
> 3. 22.5kW 이상의 단조기
> 4. 22.5kW 이상의 도정시설(「국토의 계획 및 이용에 관한 법률」에 따른 주거지역·상업지역 및 녹지지역에 있는 시설로 한정한다)
> 5. 22.5kW 이상의 목재가공기계
> 6. 37.5kW 이상의 성형기(압출·사출을 포함한다)
> 7. 37.5kW 이상의 연탄제조용 윤전기
> 8. 4대 이상 시멘트 벽돌 및 블록의 제조기계

91 소음·진동관리법령상 행정처분기준에 관한 사항으로 옳지 않은 것은?

① 위반행위가 둘 이상일 때에는 각 위반행위에 따라 각각 처분한다.
② 위반횟수의 산정은 위반행위를 한 날을 기준으로 한다.
③ 처분권자는 위반행위의 동기·내용·횟수 및 위반의 정도 등을 고려하여 그 처분(허가취소, 등록취소, 지정취소 또는 폐쇄명령인 경우는 제외한다)을 감경할 수 있는데, 이 경우 그 처분이 조업정지, 업무정지 또는 영업정지인 경우에는 그 처분기준의 $\frac{1}{2}$의 범위에서 감경할 수 있다.
④ 법에 따른 방지시설을 설치하지 아니하고 배출시설을 가동한 경우 1차 행정처분기준은 사업장 "폐쇄"이다.

> **해설** **시행규칙 [별표 21] 행정처분기준**
> 개별기준 위반행위 : 법에 따른 방지시설을 설치하지 아니하고 배출시설을 가동한 경우 1차 행정처분기준은 사업장 "조업정지", 2차 행정처분기준은 "허가취소"이다.

92 소음·진동관리법령상 자동차 사용정지 표지에 관한 설명으로 옳은 것은?

① 표지규격은 210mm×297mm로 한다(인쇄용지(특급) 180g/m²).
② 바탕색은 흰색으로, 문자는 검은색으로 한다.
③ 이 표지는 자동차의 전면 유리창 왼쪽 하단에 붙인다.
④ 사용정지기간 중에 자동차를 사용하는 경우에는 「소음·진동관리법」에 따라 6개월 이하의 징역 또는 500만원 이하의 벌금에 처한다.

해설 시행규칙 [별표 17] 사용정지 표지
1. 바탕색은 노란색으로, 문자는 검은색으로 한다.
2. 이 표는 자동차의 전면 유리창 오른쪽 상단에 붙인다.
3. 이 표는 사용정지기간 내에는 부착위치를 변경하거나 훼손하여서는 아니된다.
4. 이 표의 제거는 사용정지기간이 지난 후에 담당공무원이 제거하거나 담당공무원의 확인을 받아 제거하여야 한다.
5. 이 자동차를 사용정지기간 중에 사용하는 경우에는 「소음·진동관리법」에 따라 6개월 이하의 징역 또는 500만원 이하의 벌금에 처하게 된다.

93 소음·진동관리법령상 녹지지역의 주간 시간대의 철도소음의 관리(한도)기준은?

① $60 L_{eq}$ dB(A)　② $65 L_{eq}$ dB(A)
③ $70 L_{eq}$ dB(A)　④ $75 L_{eq}$ dB(A)

해설 시행규칙 [별표 11] 교통소음·진동의 관리기준(철도)

대상지역	구분	한도	
		주간(06:00~22:00)	야간(22:00~06:00)
주거지역, 녹지지역, 보전관리지역, 관리지역 중 취락지구·주거개발진흥지구 및 관광·휴양개발진흥지구, 자연환경보전지역, 학교·병원·공공도서관 및 입소규모 100명 이상의 노인의료복지시설·영유아보육시설의 부지경계선으로부터 50m 이내 지역	소음 $[L_{eq}$ dB(A)]	70	60

94 소음·진동관리법령상 소음발생건설기계의 종류에 해당하지 않는 것은?

① 굴착기(정격출력 19kW 이상 500kW 미만의 것으로 한정한다)
② 발전기(정격출력 500kW 이상의 실내용으로 한정한다)
③ 공기압축기(공기 토출량이 분당 2.83m³ 이상의 이동식인 것으로 한정한다)
④ 항타 및 항발기

해설 시행규칙 [별표 4] 소음발생건설기계의 종류
1. 굴착기(정격출력 19kW 이상 500kW 미만의 것으로 한정한다)
2. 다짐기계
3. 로더(정격출력 19kW 이상 500kW 미만의 것으로 한정한다)
4. 발전기(정격출력 400kW 미만의 실외용으로 한정한다)
5. 브레이커(휴대용을 포함하며, 중량 5톤 이하로 한정한다)
6. 공기압축기(공기 토출량이 분당 2.83m³ 이상의 이동식인 것으로 한정한다)
7. 콘크리트 절단기
8. 천공기
9. 항타 및 항발기

95 다음은 소음·진동관리법령상 상시 측정자료의 제출에 관한 사항이다. (　) 안에 가장 적합한 것은?

> 시·도지사는 해당 관할구역의 소음진동 실태를 파악하기 위하여 측정망을 설치하고 상시(常時) 측정한 소음·진동에 관한 자료를 (　)까지 환경부장관에게 제출하여야 한다.

① 매월 말일
② 매분기 다음 달 말일
③ 매반기 다음 달 말일
④ 매년 말일

해설 시행규칙 제6조(상시 측정자료의 제출)
특별시장·광역시장·특별자치시장·도지사 또는 특별자치도지사는 상시(常時) 측정한 소음·진동에 관한 자료를 매분기 다음 달 말일까지 환경부장관에게 제출하여야 한다.

96 다음은 소음·진동관리법령상 자동차제작자의 권리·의무승계신고에 관한 사항이다. ( ) 안에 알맞은 것은?

> 법에 따라 권리·의무의 승계신고를 하려는 자는 신고 사유가 발생한 날부터 ( ) 권리·의무승계신고서에 인증서 원본과 그 승계 사실을 증명하는 서류를 첨부하여 환경부장관 등에게 제출하여야 한다.

① 7일 이내에
② 10일 이내에
③ 15일 이내에
④ 30일 이내에

> **해설** 시행규칙 제35조(자동차제작자의 권리·의무승계신고)
> 권리·의무의 승계신고를 하려는 자는 신고 사유가 발생한 날부터 30일 이내에 권리·의무승계신고서에 인증서 원본과 그 승계 사실을 증명하는 서류를 첨부하여 환경부장관(외국에서 반입하는 자동차의 경우에는 국립환경과학원장을 말한다)에게 제출하여야 한다.

97 소음·진동관리법령상 운행차 정기검사대행자의 기술능력기준에 해당하지 않는 자격은?

① 건설안전산업기사
② 건설기계정비산업기사
③ 자동차정비산업기사
④ 대기환경산업기사

> **해설** 시행규칙 [별표 16] 운행차 정기검사대행자 및 확인검사대행자의 시설·장비 및 기술능력
> 다음의 어느 하나에 해당하는 국가기술자격자 1명 이상
> 1. 자동차정비산업기사 이상
> 2. 건설기계정비산업기사 이상
> 3. 대기환경산업기사 이상
> 4. 소음·진동산업기사 이상

98 소음·진동관리법령상 환경기술인을 임명하지 아니한 자에 대한 과태료 부과기준으로 옳은 것은?

① 200만원 이하의 과태료
② 300만원 이하의 과태료
③ 6개월 이하의 징역 또는 500만원 이하의 과태료
④ 1년 이하의 징역 또는 500만원 이하의 과태료

> **해설** 법 제60조(과태료)
> 다음의 어느 하나에 해당하는 자에게는 300만원 이하의 과태료를 부과한다.
> 1. 환경기술인을 임명하지 아니한 자
> 2. 환경기술인의 업무를 방해하거나 환경기술인의 요청을 정당한 사유 없이 거부한 자
> 3. 기준에 적합하지 아니한 가전제품에 저소음 표지를 붙인 자
> 4. 기준에 적합하지 아니한 휴대용 음향기기를 제조·수입하여 판매한 자

99 소음·진동관리법령상 제작차의 소음배출 특성을 참작하기 위한 소음 종류와 가장 거리가 먼 것은?

① 경적소음
② 가속주행소음
③ 주행소음
④ 배기소음

> **해설** 시행령 제4조(제작차 소음허용기준)
> 제작차 소음허용기준은 다음의 자동차의 소음 종류별로 소음배출 특성을 고려하여 정하되, 소음 종류별 허용기준치는 관계 중앙행정기관의 장의 의견을 들어 환경부령으로 정한다.
> 1. 가속주행소음
> 2. 배기소음
> 3. 경적소음

100 소음·진동관리법령상 시·도지사 등은 운행차의 소음이 운행차 소음허용기준을 초과한 경우 그 자동차 소유자에 대하여 개선을 명할 수 있는데, 이때 개선에 필요한 기간은 개선명령일부터 며칠로 하는가?

① 5일
② 7일
③ 15일
④ 30일

> **해설** 시행규칙 제48조(운행차의 개선명령기간)
> 운행차의 소음이 운행차 소음허용기준을 초과한 경우에 따른 개선에 필요한 기간은 개선명령일부터 7일로 한다.

소음진동기사

소음 · 진동 개론

01 다음 그림과 같은 진동계에서 각각의 고유진동수 계산식으로 옳은 것은? (단, S는 스프링정수, M은 질량이다.)

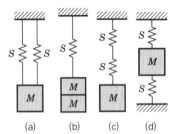

(a) (b) (c) (d)

① (a) $\dfrac{1}{2\pi}\sqrt{\dfrac{2S}{M}}$, (b) $\dfrac{1}{2\pi}\sqrt{\dfrac{S}{2M}}$
(c) $\dfrac{1}{2\pi}\sqrt{\dfrac{S}{2M}}$, (d) $\dfrac{1}{2\pi}\sqrt{\dfrac{2S}{M}}$

② (a) $\dfrac{1}{2\pi}\sqrt{\dfrac{2S}{M}}$, (b) $\dfrac{1}{2\pi}\sqrt{\dfrac{S}{2M}}$
(c) $\dfrac{1}{2\pi}\sqrt{\dfrac{2S}{M}}$, (d) $\dfrac{1}{2\pi}\sqrt{\dfrac{2S}{M}}$

③ (a) $\dfrac{1}{2\pi}\sqrt{\dfrac{2S}{M}}$, (b) $\dfrac{1}{2\pi}\sqrt{\dfrac{2S}{M}}$
(c) $\dfrac{1}{2\pi}\sqrt{\dfrac{S}{2M}}$, (d) $\dfrac{1}{2\pi}\sqrt{\dfrac{S}{2M}}$

④ (a) $\dfrac{1}{2\pi}\sqrt{\dfrac{2S}{M}}$, (b) $\dfrac{1}{2\pi}\sqrt{\dfrac{2S}{M}}$
(c) $\dfrac{1}{2\pi}\sqrt{\dfrac{2S}{M}}$, (d) $\dfrac{1}{2\pi}\sqrt{\dfrac{2S}{M}}$

해설 고유진동수 $f_o = \dfrac{1}{2\pi}\sqrt{\dfrac{k}{m}}$ 에서

(a) 스프링이 병렬이므로 $k = S+S = 2S$, $m = M$
(b) $k = S$, $m = M+M = 2M$
(c) 스프링이 직렬이므로
$$\dfrac{1}{k} = \dfrac{1}{S} + \dfrac{1}{S} = \dfrac{S+S}{S \times S} = \dfrac{2S}{S^2} = \dfrac{2}{S}$$
$$\therefore k = \dfrac{S}{2}, \ m = M$$
(d) 스프링이 위, 아래로 병렬이므로
$k = S+S = 2S$, $m = M$

02 1자유도 진동계 운동방정식 $f(t) = m\ddot{x} + C_e\dot{x} + kx$에서 $m\ddot{x}$는 무엇을 나타내는가? (단, m : 질량, C_e : 감쇠계수, k : 스프링정수, $f(x)$: 외력의 가진함수)

① 스프링의 복원력 ② 정적 수축량
③ 점성 저항력   ④ 관성력

해설 그림과 같은 자유도 진동모델에서 이 계의 운동방정식을 뉴턴(Newton)의 제2법칙으로 표시하면,
$$f(t) = m\ddot{x} + C_e\dot{x} + kx$$
여기서, $m\ddot{x}$: 관성력(m : 질량(kg))
$C_e\dot{x}$: 점성 저항력(C_e : 감쇠계수(N/cm·s))
kx : 스프링의 복원력(k : 스프링정수(N/cm))
$f(t)$: 외력의 가진함수
$(f(t) = F = F_o \sin\omega t)$

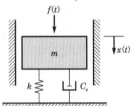

03 인체감각에 대한 주파수별 보정값으로 틀린 것은? (단, 수평진동일 경우는 수평진동이 1~2Hz 기준)

구분	진동구분	주파수 범위(Hz)	주파수별 보정값(dB)
㉮	수직진동	$1 \leq f \leq 4$	$10\log(0.25f)$
㉯	수직진동	$4 \leq f \leq 8$	0
㉰	수직진동	$8 < f \leq 90$	$10\log\left(\dfrac{8}{f}\right)$
㉱	수평진동	$2 < f \leq 90$	$20\log\left(\dfrac{2}{f}\right)$

① ㉮   ② ㉯
③ ㉰   ④ ㉱

해설 수직진동에서 주파수 범위가 $8 < f \leq 90$인 경우 주파수별 보정값은 $20\log\left(\dfrac{8}{f}\right)$이다.

04 기계의 소음을 측정하였더니 그림과 같이 비감쇠 정현음파의 소음이 계측되었다. 기계 소음의 음압레벨(dB)은 약 얼마인가?

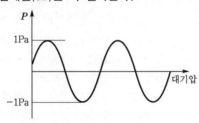

① 91 ② 94
③ 96 ④ 100

> **해설** 음압레벨 $SPL = 20\log\left(\dfrac{P}{P_o}\right)$
>
> $= 20\log\left(\dfrac{\frac{1}{\sqrt{2}}}{2\times10^{-5}}\right)$
>
> $= 91dB$

05 소음에 대한 일반적인 인간의 (감수성) 반응으로 가장 거리가 먼 것은?

① 70대보다 20대가 민감한 편이다.
② 남성보다 여성이 민감한 편이다.
③ 환자 또는 임산부보다는 건강한 사람이 받는 영향이 큰 편이다.
④ 노동상태보다는 휴식이나 잠잘 때 그 영향이 큰 편이다.

> **해설** 환자 또는 임산부가 건강한 사람보다 받는 영향이 큰 편이다.

06 다음 순음 중 우리 귀로 가장 예민하게 느낄 수 있는 청감으로 가장 적절한 것은?

① 100Hz, 60dB 순음
② 500Hz, 60dB 순음
③ 1,000Hz, 60dB 순음
④ 4,000Hz, 60dB 순음

> **해설** 건강한 사람의 청감은 4,000Hz 주위의 음에서 가장 예민하게 느껴진다.

07 진동발생원의 진동을 측정한 결과, 가속도 진폭이 $4\times10^{-2}m/s^2$이었다. 이것을 진동가속도레벨(VAL)로 나타내면 약 몇 dB인가?

① 69 ② 72
③ 76 ④ 79

> **해설** 진동가속도 진폭 $4\times10^{-2}m/s^2$을 측정대상 진동의 가속도 실효치로 나타낸다.
>
> $\dfrac{4\times10^{-2}}{\sqrt{2}} = 0.028m/s^2$
>
> $\therefore VAL = 20\log\dfrac{0.028}{10^{-5}} = 69dB$

08 정현진동하는 경우 진동속도의 진폭에 관한 설명으로 옳은 것은?

① 진동속도의 진폭은 진동주파수에 반비례한다.
② 진동속도의 진폭은 진동주파수에 비례한다.
③ 진동속도의 진폭은 진동주파수의 제곱에 비례한다.
④ 진동속도의 진폭은 진동주파수의 제곱에 반비례한다.

> **해설** 정현진동에서 진동속도식
> $v_m = x_o \times \omega = x_o \times 2\pi f$
> 여기서, ω : 각진동수(rad/s)

09 투과손실 40dB인 콘크리트벽 50m²와 투과손실 20dB인 유리창 10m²로 구성된 벽의 총합 투과손실(dB)은?

① 35 ② 31
③ 28 ④ 23

> **해설** 투과손실 $TL = 10\log\dfrac{1}{\tau}$ 에서
>
> $40 = 10\log\dfrac{1}{\tau_1}$, $\therefore \tau_1 = 10^{-4.0}$
>
> $20 = 10\log\dfrac{1}{\tau_2}$, $\therefore \tau_2 = 10^{-2.0}$
>
> $\therefore$ 총합 투과손실 $\overline{TL} = 10\log\left(\dfrac{\sum S_i}{\sum S_i \tau_i}\right)$
>
> $= 10\log\left(\dfrac{50+10}{50\times10^{-4.0}+10\times10^{-2.0}}\right)$
>
> $= 28dB$

10 소음의 영향으로 틀린 것은?

① 소음이 순환계에 미치는 영향으로 맥박이 감소하고, 말초혈관이 확장되는 것이 있다.

② 노인성 난청은 6,000Hz 정도에서부터 시작된다.

③ 소음에 폭로된 후 2일~3주 후에도 정상청력으로 회복되지 않으면 소음성 난청이라 부른다.

④ 어느 정도 큰 소음을 들은 직후에 일시적으로 청력이 저하되었다가 수초~수일 후에 정상청력으로 돌아오는 현상을 TTS라고 한다.

해설 소음이 순환계에 미치는 영향으로 맥박이 증가되고, 말초혈관이 수축된다.

11 귀의 역할에 대한 설명으로 틀린 것은?

① 외이도는 일종의 공명기로서 소리를 증폭시켜 기저막을 진동시킨다.

② 음의 대소는 기저막의 섬모가 받는 자극의 크기에 따른다.

③ 음의 고저는 기저막이 자극받는 섬모의 위치에 따라 결정된다.

④ 중이(中耳)의 음의 전달매질은 고체이다.

해설 외이도는 한쪽이 고막으로 막힌 일단 개구관으로 동작되며 일종의 공명기로 음을 증폭하는 역할을 한다.
이소골에서 난원창으로 전달된 진동이 기저막을 진동시킨다.

12 다음 중 지반을 전파하는 파에 관한 설명으로 틀린 것은?

① 계측에 의한 지표진동은 주로 P파이다.

② P파와 S파는 역제곱법칙으로 거리감쇠한다.

③ P파는 소밀파 또는 압력파라고도 한다.

④ P파는 S파보다 전파속도가 빠르다.

해설
• 인체가 주로 느끼는 지표진동은 S파(횡파, 전단파)와 R파(레일리파, rayleigh wave)로 계측에 의한 지표진동은 주로 S파이다.
• 전파속도는 P파(종파, 압축파, 6km/s) > S파(3km/s) > R파(3km/s 미만)의 순이다.

13 음의 크기에 관한 설명으로 틀린 것은?

① 음의 크기레벨은 phon으로 측정된다.

② 음의 크기레벨(L_L)과 음의 크기(S)의 관계는 "$L_L = 33.3 \log S + 40$"으로 정의된다.

③ 1sone은 4,000Hz 순음의 음세기레벨 40dB의 음의 크기로 정의된다.

④ 음의 크기레벨은 감각적인 음의 크기를 나타내는 양으로, 같은 음압레벨이라도 주파수가 다르면 같은 크기로 감각되지 않는다.

해설
• sone(손) : 음의 크기(loudness)를 나타낸다. 1,000Hz 순음의 세기레벨 40dB을 1sone, 즉, 1,000Hz 순음 40phon(폰)을 1sone으로 정의하며, 표시기호는 S, 단위는 sone이다.

$$S = 2^{\frac{(L_L - 40)}{10}} \text{ (sone)}$$

$$\therefore L_L = 33.3 \log S + 40 \text{phon}$$

• phon(폰) : 음의 크기레벨(loudness level, L_L)의 단위로 1,000Hz 순음의 세기레벨은 phon값과 같다.

14 소음통계레벨에 관한 설명으로 옳은 것은?

① 총 측정시간의 $N(\%)$를 초과하는 소음레벨을 의미한다.

② 변동이 심한 소음평가방법으로 측정시간 동안의 변동에너지를 시간적으로 평균하여 대수변환시킨 것이다.

③ 하루의 매 시간당 등가소음도 측정 후 야간에 매 시간 측정치에 벌칙레벨을 합산하여 파워평균한 값이다.

④ 소음을 $\frac{1}{1}$ 옥타브 밴드로 분석한 음압레벨을 NR 차트에 플로팅(plotting)하여 그 중 가장 높은 NR 곡선에 접하는 것을 판독한 값이다.

해설 소음통계레벨
전체 측정기간 중 그 소음레벨을 초과하는 시간의 총합이 $N(\%)$가 되는 소음레벨이다.

15 53phon과 같은 크기를 갖는 음은 몇 sone인가?

① 0.65　　　　② 0.94

③ 1.52　　　　④ 2.46

해설
$$S = 2^{\frac{(L_L - 40)}{10}} = 2^{1.3} = 2.46 \text{ sone}$$

16 그림과 같이 진동하는 파의 감쇠특성으로 옳은 것은? (단, ξ는 감쇠비이다.)

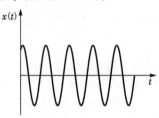

① $\xi = 0$　　　　② $0 < \xi < 1$

③ $\xi = 1$　　　　④ $\xi > 1$

해설 주어진 그림은 감쇠비(damping ratio, 제동비) $\xi = 0$인 비감쇠 자유진동을 나타내는 그림으로 시간에 따라 변위진폭이 감쇠하지 않는다. 즉, 이 계의 운동방정식을 뉴턴(Newton)의 제2법칙으로 표시하면, 관성력($m\ddot{x}$) + 스프링 복원력(kx) = 0이다.

17 자유음장에서 점음원으로부터 관측점까지의 거리를 2배로 하면 음압레벨은 어떻게 변화되는가?

① $\dfrac{1}{2}$로 감소한다.

② 2배 증가한다.

③ 3dB 감소한다.

④ 6dB 감소한다.

해설 자유음장에서 점음원에서의 거리감쇠
$$20\log\frac{2 \times r_1}{r_1} = 6\text{dB}$$

18 다음 설명에서 (　) 안에 가장 적합한 내용은?

$\dfrac{1}{3}$ 옥타브 대역(octave band)은 상하 대역의 끝 주파수비$\left(\dfrac{\text{상단 주파수}}{\text{하단 주파수}}\right)$가 (　)일 때를 말한다.

① 약 1.15　　　　② 약 1.26

③ 약 1.45　　　　④ 약 1.63

해설
$$\frac{\text{상단 주파수}}{\text{하단 주파수}} = \frac{f_2}{f_1} = 2^{\frac{1}{3}} = 1.26$$

19 소리를 감지하기까지의 귀(耳)의 구성요소별 전달경로(순서)로 옳은 것은?

① 이개 – 고막 – 기저막 – 이소골

② 이개 – 기저막 – 고막 – 이소골

③ 이개 – 고막 – 이소골 – 기저막

④ 이개 – 기저막 – 이소골 – 고막

해설 음의 전달경로
이개(귓바퀴) → 외이도(전달매질은 공기(기체)) → 고막 → 이소골(전달매질은 뼈(고체)) → 와우각 내 기저막(전달매질은 림프액(액체))

20 실내온도가 20℃, 가로×세로×높이가 5.7×7.8×5.2m³인 잔향실이 있다. 이 잔향실 내부에 아무것도 없는 상태에서 측정한 잔향시간이 9.5s이었다. 이 방에 3.1×3.7m²의 흡음재를 바닥에 설치한 후 잔향시간을 측정하니 2.7s이었다. 이 흡음재의 흡음률은?

① 0.55　　　　② 0.69

③ 0.78　　　　④ 0.88

해설 잔향실법(현장에서 활용되는 난입사 흡음을 측정)에 의한 흡음재의 흡음률
바닥의 일부에 $s(\text{m}^2)$의 시료를 부착한 후 흡음률을 구하는 공식
$$\alpha_r = \frac{0.161\,V}{s}\left(\frac{1}{T} - \frac{1}{T_o}\right) + \overline{\alpha_o}$$
$$= \frac{0.161\,V}{s}\left(\frac{1}{T} - \frac{1}{T_o}\right) + \frac{0.161\,V}{S\,T_o} \text{ 에서}$$

잔향실의 총면적
$$S = 5.7 \times 7.8 \times 2 + 5.7 \times 5.2 \times 2 + 7.8 \times 5.2 \times 2$$
$$= 229.32\text{m}^2$$
잔향실 체적
$$V = 5.7 \times 7.8 \times 5.2 = 231.192\text{m}^3$$
$$\therefore\ \alpha_r = \frac{0.161\,V}{s}\left(\frac{1}{T} - \frac{1}{T_o}\right) + \frac{0.161\,V}{S\,T_o}$$
$$= \frac{0.161 \times 231.192}{11.47}\left(\frac{1}{2.7} - \frac{1}{9.5}\right) + \frac{0.161 \times 231.192}{229.32 \times 9.5}$$
$$= 0.88$$

제2과목 **소음 방지기술**

21 주파수 대역별 목표 소음레벨을 구하는 공식으로 옳은 것은? (단, n은 주파수 대역수이다.)

① 주파수 대역별 음압레벨 − $10 \log n \, \text{dB(A)}$
② 목표레벨(규제치) − $10 \log n \, \text{dB(A)}$
③ 대상음압레벨 − $10 \log n \, \text{dB(A)}$
④ 음향파워레벨 − $10 \log n \, \text{dB(A)}$

해설 목표레벨로부터 대역별 소음레벨을 다음 식으로 구한다.
대역별 목표 소음레벨=(목표레벨(규제치) − $10 \log n$) dB(A)

22 팬의 날개수가 5개이고 3,600rpm으로 회전하고 있다면 이 팬이 작동할 때 기본음의 주파수 성분은 몇 Hz인가?

① 5   ② 60
③ 300   ④ 3,600

해설 송풍기의 강제주파수
$$f = \frac{n \times \text{rpm}}{60} = \frac{5 \times 3,600}{60} = 300 \text{Hz}$$

23 원형 흡음덕트의 흡음계수(K)가 0.29일 때, 직경 85cm, 길이 3.15m인 덕트에서의 감쇠량은 약 몇 dB인가? (단, 덕트 내 흡음재료의 두께는 무시한다.)

① 4.3   ② 4.8
③ 5.3   ④ 5.8

해설 흡음덕트의 감쇠치 $\Delta L = K \dfrac{PL}{S}$
$$= K \frac{\pi D L}{\frac{\pi}{4} D^2}$$
$$= 0.29 \times \frac{3.14 \times 0.85 \times 3.15}{\frac{3.14}{4} \times 0.85^2}$$
$$= 4.3 \text{dB}$$

24 바닥 20m×20m, 높이 4m인 방의 잔향시간이 2초일 때, 이 방의 실정수는 약 몇 m²인가?

① 115.5   ② 121.3
③ 131.2   ④ 145.5

해설 실정수 $R = \dfrac{S\overline{\alpha}}{1 - \overline{\alpha}}$ 에서

방의 표면적 $S = 20 \times 20 \times 2 + 20 \times 4 \times 2 + 20 \times 4 \times 2$
$\qquad = 1,120 \text{m}^2$

잔향시간 $T = \dfrac{0.161 \times V}{S\overline{\alpha}}$ 에서

$$2 = \frac{0.161 \times 20 \times 20 \times 4}{1,120 \times \overline{\alpha}}$$

$\therefore \overline{\alpha} = 0.115$

실정수 $R = \dfrac{S\overline{\alpha}}{1 - \overline{\alpha}} = \dfrac{1,120 \times 0.115}{1 - 0.115} = 145.5 \text{m}^2$

25 밀도가 150kg/m³이고, 두께가 5mm인 합판을 벽체로부터 50mm의 공기층을 두고 설치할 경우 판 진동에 의한 흡음주파수는 약 몇 Hz인가? (단, 공기밀도는 1.2kg/m³, 기온은 20℃이다.)

① 309   ② 336
③ 374   ④ 394

해설 판의 단위면적당 질량
$m = 150 \, \text{kg/m}^3 \times 5 \, \text{mm} \times 10^{-3} \, \text{m/mm}$
$\qquad = 0.75 \, \text{kg/m}^2$
벽체로부터 떨어진 공기층 두께
$d = 50 \, \text{mm} \times 10^{-3} \, \text{m/mm} = 0.05 \, \text{m}$
기온 20℃일 때 음속
$c = 331.5 + 0.61 \times 20 = 344 \text{m/s}$
$\therefore$ 판(막) 진동에 의한 흡음주파수
$$f = \frac{c}{2\pi} \sqrt{\frac{\rho}{m \times d}} = \frac{344}{2 \times 3.14} \sqrt{\frac{1.2}{0.75 \times 0.05}}$$
$$= 309.9 \text{Hz}$$

26 실내의 평균흡음률을 구하는 방법으로 틀린 것은?

① 반확산음장법을 이용하여 구하는 방법
② 실내의 잔향시간을 측정하여 구하는 방법
③ 재료별 면적과 흡음률을 계산하여 구하는 방법
④ 음향파워레벨을 알고 있는 표준음원을 이용하여 구하는 방법

해설 반확산음장법은 실내의 평균음압레벨을 구하는 방법이다.
$$\overline{\text{SPL}} = \text{PWL} + 10 \log \left(\frac{Q}{4\pi r^2} + \frac{4}{R} \right)$$

27 실정수가 126m²인 방에 음향파워레벨이 123dB인 음원이 있을 때 실내(확산음장)의 평균음압레벨은 몇 dB인가? (단, 음원은 전체 내면의 반사율이 아주 큰 잔향실 기준이다.)

① 92 ② 97
③ 100 ④ 108

해설 실내의 전체 내면의 반사율이 아주 큰 잔향실 기준의 평균 음압레벨

$$SPL = PWL - 10\log R + 6$$
$$= 123 - 10\log 126 + 6$$
$$= 108\text{dB}$$

28 방음대책의 방법에서 전파경로 대책에 대한 설명으로 틀린 것은?

① 거리감쇠
② 저주파음에 대해서는 지향성을 변환시킴
③ 공장 벽체의 차음성 강화
④ 공장 건물의 내벽에 흡음처리

해설 전파경로의 대책
• 공장 건물 내벽의 흡음처리(실내 음압레벨의 저감)
• 공장 벽체의 차음성 강화(투과손실 증가)
• 방음벽 설치(공장 부지경계선상 부근의 차음 및 흡음)
• 거리감쇠
• 지향성 변환(고주파음에 유효한 방법으로 10dB 정도의 소음레벨을 저감시킴)

29 방음벽 설치 시 유의점으로 가장 거리가 먼 것은?

① 음원의 지향성이 수음측 방향으로 클 때에는 벽에 의한 감쇠치가 계산치보다 작게 된다.
② 음원측 벽면은 가급적 흡음처리하여 반사음을 방지한다.
③ 점음원의 경우 벽의 길이가 높이의 5배 이상일 때에는 길이의 영향은 고려할 필요가 없다.
④ 면음원인 경우에는 그 음원의 최상단에 점음원이 있는 것으로 간주하여 근사적인 회절감쇠치를 구한다.

해설 음원의 지향성이 수음측 방향으로 클 때에는 벽에 의한 감쇠치가 계산치보다 크게 된다.

30 발파소음 감소대책이 아닌 것은?

① 완전전색이 이루어져야 한다.
② 지발당 장약량을 감소시킨다.
③ 기폭방법에서 역기폭보다 정기폭을 사용한다.
④ 도폭선 사용을 피한다.

해설 ③ 기폭방법에서 정기폭보다 역기폭을 사용한다.

참고 • 정기폭(top hole imitiation) : 천공 내에 장약을 기폭시키는 프라이머(primer)의 위치를 공구 부근에 위치시킴(입구 쪽에 설치)
• 역기폭 : 천공 내에 장약을 기폭시키는 프라이머(primer)의 위치를 공저 부근에 위치시킴(안전상 구멍 안쪽에 설치)

31 구멍직경 8mm, 구멍 간의 상하좌우 간격 20mm, 두께 10mm인 다공판을 45mm의 공기층을 두고 설치할 경우 공명주파수는 약 몇 Hz인가? (단, 음속은 340m/s이다.)

① 650 ② 673
③ 685 ④ 706

해설 공명흡음 시 공명주파수

$$f_o = \frac{c}{2\pi}\sqrt{\frac{\beta}{(h+1.6\,a)\times d}}\ (\text{Hz})$$
$$= \frac{340{,}000}{2\times3.14}\sqrt{\frac{0.1256}{(10+1.6\times4)\times45}}$$
$$= 706\text{Hz}$$

이때, $\beta = \dfrac{\pi a^2}{B^2} = \dfrac{3.14\times\left(\dfrac{8}{2}\right)^2}{20^2} = 0.1256$

여기서, h : 판의 두께(cm)
a : 구멍의 반경(cm)
d : 배후공기층의 두께(cm)
β : 개공률

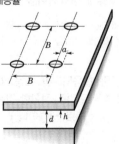

32 다음 중 기류음에 대한 방지대책으로 적절하지 않은 것은?

① 밸브의 다단화
② 분출유속의 저감
③ 표면 제진처리
④ 관의 곡률 완화

해설
- 기류음의 저감대책 : 밸브의 다단화, 덕트의 곡률 완화, 분출유속의 저감 등이 있다.
- 고체음의 방지대책 : 방사면 축소 및 제진처리, 공명 방지, 가진력 억제 등이 있다.

33 음이 수직입사할 때 이 벽체의 반사율은 0.45이었다. 이때의 투과손실(TL)은 약 몇 dB인가? (단, 경계면에서 음이 흡수되지 않는다고 가정한다.)

① 1.5　　　　② 2.0
③ 2.6　　　　④ 3.5

해설 투과율 $\tau = 1 - \alpha_r = 1 - 0.45 = 0.55$

$$\therefore \text{TL} = 10 \log \frac{1}{0.55} = 2.6 \text{dB}$$

34 다음 중 옥외에 있는 소음원에 대한 소음방지대책으로 가장 적절하지 않은 것은?

① 소음원과 수음지점 사이의 거리를 멀리 한다.
② 음원에 방향성이 있는 경우에는 그 방향을 바꾼다.
③ 수음지점 바로 주위에 몇 그루의 나무를 심어서 차폐한다.
④ 음원에 방음커버를 설치한다.

해설 방음벽 대신에 소음원 주위에 나무를 심는 것은 소음방지에 큰 효과를 기대할 수 없다.

35 다음 중 흡음덕트형 소음기에서 최대감음주파수의 범위로 가장 적합한 것은? (단, λ : 대상음 파장, D : 덕트 내경이다.)

① $\frac{\lambda}{4} < D < 2\lambda$　　② $\frac{\lambda}{2} < D < \lambda$
③ $2\lambda < D < 4\lambda$　　④ $4\lambda < D < 8\lambda$

해설 최대감음주파수는 $\frac{\lambda}{2} < D < \lambda$ 범위에 있다.

여기서, λ : 대상음의 파장(m)
D : 덕트 내경(m)

36 그림과 같은 방음벽에서 직접음의 회절감쇠치가 12dB(A), 반사음의 회절감쇠치가 15dB(A), 투과손실치가 16dB(A)이다. 직접음과 반사음을 모두 고려한 이 방음벽의 회절감쇠치는 약 몇 dB(A)인가?

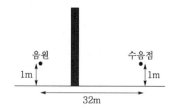

① 9.2　　　　② 10.2
③ 11.2　　　　④ 12.5

해설 방음벽에 의한 회절감쇠치

$$\Delta L_d = -10 \log \left(10^{-\frac{L_d}{10}} + 10^{-\frac{L_d'}{10}} \right)$$

여기서, L_d : 직접음의 회절감쇠치
L_d' : 반사음의 회절감쇠치

$\therefore \Delta L_d = -10 \log \left(10^{-1.2} + 10^{-1.5} \right) = 10.2 \text{dB}$

하지만 투과손실치 TL이 회절감쇠치 ΔL_d보다 10dB 이내로 클 때나 작을 경우는 삽입손실치를 구한다.

삽입손실치 $\Delta L_I = -10 \log \left(10^{-1.02} + 10^{-1.6} \right)$
$= 9.2 \text{dB}$

37 정격유속(rated flow) 조건하에서 측정하는 것을 제외하고는 소음원에 소음기를 부착하기 전과 후의 공간상의 어떤 특정위치에서 측정한 음압레벨의 차와 그 측정위치로 정의되는 소음기의 성능표시는?

① 동적 삽입손실치
② 투과손실치
③ 삽입손실치
④ 감음량

해설 **동적 삽입손실치(DIL, Dynamic Insertion Loss)**
정격유속 조건하에서 소음원에 소음기를 부착하기 전과 후의 공간상의 어떤 특정위치에서 측정한 음압레벨의 차와 그 측정위치로 정의된다.

38 방음상자의 설계 시 검토해야 할 사항과 거리가 먼 것은?

① 저감시키고자 하는 주파수의 파장을 고려하여 밀폐상자의 크기를 설계한다.

② 필요시 차음대책과 병행해서 방진 및 제진대책을 세워야 한다.

③ 밀폐상자 내의 온도 상승을 억제하기 위해 환기설비를 한다.

④ 환기용 팬 주위는 환기효율에 영향을 주므로 소음기 등을 설치하면 안 된다.

해설 환기용 팬(Fan) 주위에 소음기 등을 설치해야 한다.

39 목(neck)과 공동(cavity)으로 구성된 헬름홀츠(Helmholtz) 공명기를 진동계의 스프링 – 질량 – 댐퍼시스템과 등가시켰을 때, 질량과 관련 있는 인자로 옳게 나타낸 것은? (단, 목의 음향저항은 무시하며, 목 단면적 : S, 목의 길이 : L, 목의 유효길이 : L_e, 공동의 단면적 : A, 공동의 높이 : H, 공기의 밀도 : ρ이다.)

① ρ, L, S　　　② ρ, A, H

③ ρ, $(L+H)$, S　　④ ρ, $(L+L_e)$, S

해설 목(neck)과 공동(cavity)으로 구성된 헬름홀츠(Helmholtz) 공명기를 진동계의 스프링 – 질량 – 댐퍼시스템(1자유도 진동계)과 등가시켰을 때, 질량과 관련 있는 인자는 공기의 밀도, 목의 유효길이, 목의 단면적이다.

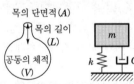

여기서, m : 목의 유효질량
　　　k : 공동(체적, V)의 압축성으로 인한 스프링정수
　　　C_e : 목에서 운동하는 공기입자의 벽면과 상대운동에 의한 손실 및 목 바깥쪽으로 방사되는 손실에 의한 감쇠계수

40 면적 S_1, S_2에서 투과율이 각각 τ_1, τ_2의 2부분으로 되어 있는 벽의 총합 투과손실(TL)을 다음과 같이 나타낼 때, 투과손실 20dB의 창 10m²와 투과손실 30dB의 벽부분 100m²인 벽의 총합 투과손실은 약 몇 dB인가?

$$TL = 10\log \frac{S_1 + S_2}{\tau_1 S_1 + \tau_2 S_2}$$

① 25　　　　② 27
③ 29　　　　④ 31

해설 투과손실 $TL = 10\log\frac{1}{\tau}$에서

$20 = 10\log\frac{1}{\tau_1}$, ∴ $\tau_1 = 10^{-2.0}$

$30 = 10\log\frac{1}{\tau_2}$, ∴ $\tau_2 = 10^{-3.0}$

$TL = 10\log\frac{S_1+S_2}{\tau_1 S_1 + \tau_2 S_2}$

　　$= 10\log\frac{10+100}{10^{-2}\times10+10^{-3}\times100}$

　　$= 27\text{dB}$

제3과목 **소음 · 진동 공정시험기준**

41 도로교통소음한도 측정방법에서 디지털 소음 자동분석계를 사용할 경우 측정자료 분석방법으로 옳은 것은?

① 샘플주기를 0.1초 이내에서 결정하고 1분 이상 측정하여 자동 연산·기록한 등가소음도를 그 지점의 측정소음도로 한다.

② 샘플주기를 0.1초 이내에서 결정하고 5분 이상 측정하여 자동 연산·기록한 등가소음도를 그 지점의 측정소음도로 한다.

③ 샘플주기를 1초 이내에서 결정하고 1분 이상 측정하여 자동 연산·기록한 등가소음도를 그 지점의 측정소음도로 한다.

④ 샘플주기를 1초 이내에서 결정하고 10분 이상 측정하여 자동 연산·기록한 등가소음도를 그 지점의 측정소음도로 한다.

해설 도로교통소음한도 측정방법에서 디지털 소음 자동분석계를 사용할 경우 측정자료 분석방법은 샘플주기를 1초 이내에서 결정하고 10분 이상 측정하여 자동 연산·기록한 등가소음도를 그 지점의 측정소음도로 한다.

42 진동 측정기기 중 지시계기의 눈금오차는 얼마 이내이어야 하는가?

① 0.5dB 이내
② 1dB 이내
③ 5dB 이내
④ 10dB 이내

해설 진동 측정기기 중 지시계기의 눈금오차는 0.5dB 이내이어야 한다.

43 소음·진동공정시험기준상 공장소음 측정자료 평가표 서식의 측정기기란에 기재되어야 할 항목으로 거리가 먼 것은?

① 소음계 교정일자
② 소음도 기록기명
③ 부속장치
④ 소음계명

해설 공장소음 측정자료 평가표 서식의 측정기기란에 기재되어야 할 항목은 소음계명, 기록기명, 부속장치이다.

44 철도소음관리기준 측정 시 측정자료의 분석에 관한 설명이다. ( ) 안에 들어갈 내용으로 옳은 것은?

샘플주기를 (㉮) 내외로 결정하고 (㉯) 동안 연속 측정하여 자동 연산·기록한 등가소음도를 그 지점의 측정소음도로 한다.

① ㉮ 1초, ㉯ 10초
② ㉮ 0.1초, ㉯ 1시간
③ ㉮ 1초, ㉯ 1시간
④ ㉮ 0.1초, ㉯ 10분

해설 샘플주기를 1초 내외로 결정하고 1시간 동안 연속 측정하여 자동 연산·기록한 등가소음도를 그 지점의 측정소음도로 한다. 단, 1일 열차통행량이 30대 미만인 경우 측정소음도에 보정표에 의한 보정치를 보정한 후 그 값을 측정소음도로 한다.

45 다음 중 진동레벨계의 구조별 성능기준으로 가장 거리가 먼 것은?

① Calibration network calibrator는 진동 측정기의 감도를 점검 및 교정하는 장치로서 자체에 내장되어 있거나 분리되어 있어야 한다.
② Pick-up은 지면에 설치할 수 있는 구조로서 진동신호를 전기신호로 바꾸어 주는 장치를 말하며, 레벨의 간격이 10dB 간격으로 표시되어야 한다.
③ Weighting networks는 인체의 수진감각을 주파수 보정특성에 따라 나타내는 것으로 V특성(수직특성)을 갖춘 것이어야 한다.
④ Amplifier는 진동픽업에 의해 변환된 전기신호를 증폭시키는 장치를 말한다.

해설 진동픽업(pick-up)은 지면에 설치할 수 있는 구조로서 진동신호를 전기신호로 바꾸어 주는 장치를 말하며, 환경진동을 측정할 수 있어야 한다. 레벨의 간격이 10dB 간격으로 표시되어야 하는 것은 레벨레인지 변환기이다.

46 규제기준 중 발파소음 측정방법에 대한 설명으로 틀린 것은?

① 소음도 기록기를 사용할 때에는 기록지상의 지시치의 최고치를 측정소음도로 한다.
② 최고소음 고정(hold)용 소음계를 사용할 때에는 당해 지시치를 측정소음도로 한다.
③ 디지털 소음 자동분석계를 사용할 때에는 샘플주기를 1초 이하로 놓고 발파소음의 발생시간 동안 측정하여 자동 연산·기록한 최고치를 측정소음도로 한다.
④ 소음계의 레벨레인지 변환기는 측정소음도의 크기에 부응할 수 있도록 고정시켜야 한다.

해설 디지털 소음 자동분석계를 사용할 때에는 샘플주기를 0.1초 이하로 놓고 발파소음의 발생시간(수초 이내) 동안 측정하여 자동 연산·기록한 최고치(L_{max})를 측정소음도로 한다.

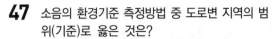

47 소음의 환경기준 측정방법 중 도로변 지역의 범위(기준)로 옳은 것은?

① 2차선인 경우 도로단으로부터 30m 이내의 지역

② 4차선인 경우 도로단으로부터 100m 이내의 지역

③ 자동차전용도로의 경우 도로단으로부터 100m 이내의 지역

④ 고속도로의 경우 도로단으로부터 150m 이내의 지역

해설 도로변 지역의 범위는 도로단으로부터 왕복 차선수 × 10m로 하고, 고속도로 또는 자동차전용도로의 경우에는 도로단으로부터 150m 이내의 지역을 말한다.

48 등가소음도에 대한 설명으로 옳은 것은?

① 환경오염 공정시험기준의 측정방법으로 측정한 소음도를 말한다.

② 측정소음도에 배경소음을 보정한 후 얻어진 소음도를 말한다.

③ 임의의 측정시간 동안 발생한 변동소음의 총 에너지를 같은 시간 내의 정상소음의 에너지로 등가하여 얻어진 소음도를 말한다.

④ 대상소음도에 충격음, 관련 시간대에 대한 측정소음 발생시간의 백분율, 시간별, 지역별 등의 보정치를 보정한 후 얻어진 소음도를 말한다.

해설 • 대상소음도 : 측정소음도에 배경소음을 보정한 후 얻어진 소음도를 말한다.
• 평가소음도 : 대상소음도에 충격음, 관련 시간대에 대한 측정소음 발생시간의 백분율, 시간별, 지역별 등의 보정치를 보정한 후 얻어진 소음도를 말한다.
• 배경소음도 : 측정소음도의 측정위치에서 대상소음이 없을 때 이 시험기준에서 정한 측정방법으로 측정한 소음도 및 등가소음도 등을 말한다.

49 환경기준 중 소음측정방법에 있어 낮시간대에는 각 측정지점에서 2시간 이상 간격으로 몇 회 이상 측정하여 산술평균한 값을 측정소음도로 하는가?

① 2회 이상   ② 3회 이상

③ 4회 이상   ④ 5회 이상

해설 낮시간대(06:00 ~ 22:00)에는 당해 지역 소음을 대표할 수 있도록 측정지점수를 충분히 결정하고, 각 측정지점에서 2시간 이상 간격으로 4회 이상 측정하여 산술평균한 값을 측정소음도로 한다.

50 소음계의 레벨레인지 변환기에 관한 설명으로 가장 거리가 먼 것은?

① 측정하고자 하는 소음도가 지시계기의 범위 내에 있도록 하기 위한 감쇠기이다.

② 지향성이 작은 압력형으로 하며, 기기의 본체와 분리가 가능하여야 한다.

③ 레벨변환 없이 측정이 가능한 경우 레벨레인지 변환기가 없어도 된다.

④ 유효눈금 범위가 30dB 이하가 되는 구조의 것은 변환기에 의한 레벨의 간격이 10dB 간격으로 표시되어야 한다.

해설 레벨레인지 변환기(level range converter)
측정하고자 하는 소음도가 지시계기의 범위 내에 있도록 하기 위한 감쇠기로서, 유효눈금 범위가 30dB 이하가 되는 구조의 것은 변환기에 의한 레벨의 간격이 10dB 간격으로 표시되어야 한다. 다만, 레벨변환 없이 측정이 가능한 경우 레벨레인지 변환기가 없어도 무방하다.

51 청감보정회로 및 주파수 분석기에 관한 설명으로 옳지 않은 것은?

① 청감보정회로에서 어떤 특정소음을 A 및 C 특성으로 측정한 결과, 측정치가 거의 같다면 그 소음에는 저주파음이 거의 포함되어 있지 않다고 볼 수 있다.

② 청감보정회로에서 A특성 측정치는 D특성 측정치보다 항상 높은 값을 나타낸다.

③ 주파수 분석기에서 대역필터가 직렬로 된 것은 일정소음 외에는 분석하기 어려운 단점이 있다.

④ 주파수 분석기에서 대역필터가 병렬로 된 것을 사용할 경우에는 모든 대역의 음압레벨을 동시에, 즉 실시간 분석할 수 있다.

해설 청감보정회로에서 A특성 측정치는 D특성 측정치보다 항상 낮은 값을 나타낸다.

52 소음계 중 교정장치에 관한 설명이다. ( )에 알맞은 것은?

> 소음측정기의 감도를 점검 및 교정하는 장치로서 자체에 내장되어 있거나 분리되어 있어야 하며, ( )이 되는 환경에서도 교정이 가능하여야 한다.

① 50dB(A) 이상
② 60dB(A) 이상
③ 70dB(A) 이상
④ 80dB(A) 이상

해설 **교정장치(calibration network calibrator)**
소음측정기의 감도를 점검 및 교정하는 장치로서 자체에 내장되어 있거나 분리되어 있어야 하며, 80dB(A) 이상이 되는 환경에서도 교정이 가능하여야 한다.

53 발파진동 평가를 위한 보정 시 시간대별 보정발파횟수(N)는 작업일지 등을 참조하여 발파진동 측정 당일의 발파진동 중 진동레벨이 얼마 이상인 횟수(N)를 말하는가?

① 50dB(V) 이상
② 55dB(V) 이상
③ 60dB(V) 이상
④ 130dB(V) 이상

해설 시간대별 보정발파횟수(N)는 작업일지 및 발파계획서 또는 폭약사용신고서 등을 참조하여 발파진동 측정 당일의 발파진동 중 진동레벨이 60dB(V) 이상인 횟수(N)를 말한다.

54 배출허용기준 중 진동측정을 위한 측정조건으로 틀린 것은?

① 진동픽업은 수직면을 충분히 확보할 수 있고, 외부환경 영향에 민감한 장소에 설치한다.
② 진동픽업은 수직방향 진동레벨을 측정할 수 있도록 설치한다.
③ 진동픽업의 설치장소는 옥외지표를 원칙으로 한다.
④ 진동픽업의 설치장소는 완충물이 없는 장소로 한다.

해설 진동픽업은 수평한 면을 충분히 확보할 수 있는 장소에 설치한다.

55 환경기준 중 소음측정방법으로 옳지 않은 것은?

① 소음도 기록기가 없는 경우에는 소음계만으로 측정할 수 있으나, 통상 소음계와 소음도 기록기를 연결하여 측정·기록하는 것을 원칙으로 한다.
② 소음계의 레벨레인지 변환기는 측정지점의 소음도를 예비조사한 후 적절하게 고정시켜야 한다.
③ 옥외측정을 원칙으로 하며, 측정점 선정 시에는 당해 지역 소음평가에 현저한 영향을 미칠 것으로 예상되는 공장 및 사업장, 철도 등의 부지 내는 피해야 한다.
④ 일반지역의 경우에는 가능한 한 측정점 반경 10m 이내에 장애물(담, 건물, 기타 반사성 구조물 등)이 없는 지점의 지면 위 3~5m로 한다.

해설 일반지역의 경우에는 가능한 한 측정점 반경 3.5m 이내에 장애물(담, 건물, 기타 반사성 구조물 등)이 없는 지점의 지면 위 1.2~1.5m로 한다.

56 배출허용기준 중 소음측정방법으로 옳지 않은 것은?

① 공장의 부지경계선에 비하여 피해가 예상되는 자의 부지경계선에서의 소음도가 더 큰 경우에는 피해가 예상되는 자의 부지경계선을 측정점으로 한다.
② 측정지점에 높이가 1.5m를 초과하는 장애물이 있는 경우에는 장애물로부터 소음원 방향으로 1.0~3.5m 떨어진 지점으로 한다.
③ 측정소음도의 측정은 대상배출시설의 소음발생기기를 가능한 한 최대출력으로 가동시킨 정상상태에서 측정하여야 한다.
④ 피해가 예상되는 적절한 측정시각에 측정지점수 1지점을 선정·측정하여 측정소음도로 한다.

해설 피해가 예상되는 적절한 측정시각에 2지점 이상의 측정지점수를 선정·측정하여 그 중 가장 높은 소음도를 측정소음도로 한다.

57 마이크로폰을 소음계와 분리시켜 소음을 측정할 때 마이크로폰의 지지장치로 사용하거나 소음계를 고정할 때 사용하는 장치는?

① Tripod
② Meter
③ Fast-slow switch
④ Calibration network calibrator

해설 **삼각대(Tripod)**
마이크로폰의 지지장치로 사용하거나 소음계를 고정할 때 사용하는 장치이다.

58 다음 진동레벨계 기본구조에서 "6"은 무엇인가?

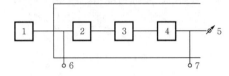

① 진동픽업   ② 교정장치
③ 지시계기   ④ 증폭기

해설 **진동계의 기본구조**

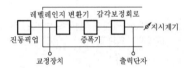

59 철도소음의 소음관리기준에서 측정방법에 관한 설명으로 가장 거리가 먼 것은?

① 소음계의 동특성은 빠름(fast)으로 하여 측정한다.
② 기상조건, 열차운행횟수 및 속도 등을 고려하여 당해 지역의 1시간 평균 철도통행량 이상인 시간대를 포함하여 야간 시간대는 1회 1시간 동안 측정한다.
③ 철도소음 관리기준을 적용하기 위하여 측정하고자 할 경우는 철도보호지구 지역 내에서 측정·평가한다.
④ 측정자료 분석 시 1일 열차통행량이 30대 미만인 경우에는 측정소음도를 보정한 후 그 값을 측정소음도로 한다.

해설 철도소음 관리기준을 적용하기 위하여 측정하고자 할 경우에는 철도보호지구 외의 지역에서 측정·평가한다.

60 규제기준 중 생활진동 측정방법으로 옳지 않은 것은?

① 피해가 예상되는 적절한 측정시간에 2지점 이상의 측정지점수를 선정·측정하여 산술평균한 진동레벨을 측정진동레벨로 한다.
② 측정점은 피해가 예상되는 자의 부지경계선 중 진동레벨이 높을 것으로 예상되는 지점을 택하여야 하며 배경진동의 측정점은 동일한 장소에서 측정함을 원칙으로 한다.
③ 측정진동레벨은 대상진동발생원의 일상적인 사용상태에서 정상적으로 가동시켜 측정하여야 한다.
④ 배경진동레벨은 대상진동원의 가동을 중지한 상태에서 측정하여야 하나, 가동중지가 어렵다고 인정되는 경우에는 배경진동의 측정없이 측정진동레벨을 대상진동레벨로 할 수 있다.

해설 피해가 예상되는 적절한 측정시각에 2지점 이상의 측정지점수를 선정·측정하여 그 중 높은 진동레벨을 측정진동레벨로 한다.

제4과목 **진동 방지기술**

61 방진대책은 발생원, 전파경로, 수진측 대책으로 분류된다. 모터 구동 세탁기에는 일반적으로 수평조절용 장치가 하부에 설치되어 있다. 이는 무슨 대책에 해당하는가?

① 발생원
② 전파경로
③ 수진측
④ 해당 안 됨

해설 **방진대책 중 발생원 대책**
• 가진력 감쇠
• 불평형력의 균형
• 기초중량의 부가 및 경감
• 탄성지지
• 동적 흡진
① 모터 구동 세탁기 하부에 설치된 수평조절용 장치는 불평형력의 균형을 위한 발생원 대책이다.

62 공기스프링의 특징에 대한 설명으로 옳은 것은?

① 부대시설이 필요 없으며 공기누출의 위험이 없다.

② 공기스프링은 지지하중의 크기가 변화할 경우에도 높이 조정밸브로 기계 높이를 일정하게 유지할 수 있다.

③ 사용진폭이 적은 것이 많아 별도의 댐퍼가 필요치 않다.

④ 하중의 변화에 따른 고유진동수의 변화가 커 부하능력 범위가 적다.

해설 공기스프링의 장단점

ㄱ 장점
- 하중의 변화에 따라 고유진동수를 일정하게 유지할 수 있다.
- 부하능력이 광범위하다.
- 자동제어가 가능하다.
- 지지하중의 크기가 변화할 경우에도 높이 조정밸브로 기계 높이를 일정하게 유지할 수 있다.
- 설계 시에 스프링의 높이, 내하력, 스프링정수를 각각 독립적으로 광범위하게 설정할 수 있다.

ㄴ 단점
- 구조가 복잡하고 시설비가 많다.
- 공기압축기 등 부대시설이 필요하다.
- 공기누출의 위험이 있다.
- 사용진폭이 적은 것이 많으므로 별도의 댐퍼를 필요로 하는 경우가 많다.

63 다음 그림과 같은 계에서 $x_1 = 3\cos 4t$일 때 x의 정상상태 진폭이 2였다. 스프링정수 k값은?

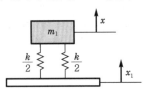

① $6.4\,m_1$　　② $10.12\,m_1$

③ $10.67\,m_1$　　④ $24.00\,m_1$

해설 진동변위식 $x_1 = 3\cos 4t$일 때 x의 정상상태 진폭이 2일 경우 그림에서의 전체 진폭 $x_o = \dfrac{2+3}{2} = 2.5$이다.

진동변위식에서 $\omega = 4$이므로 $\omega = \sqrt{\dfrac{k_1}{m}}$ 에서

$k_1 = m_1 \times \omega^2 = m_1 \times 4^2 = 16\,m_1$

$\therefore k = \dfrac{16\,m_1}{2.5} = 6.4\,m_1$

64 공해진동의 범위에서 인체의 진동에 대한 감각도를 나타낸 등감각곡선에서 수직진동을 가장 잘 느끼는 주파수의 범위는?

① $1 \sim 4\text{Hz}$　　② $4 \sim 8\text{Hz}$

③ $8 \sim 12\text{Hz}$　　④ $8 \sim 90\text{Hz}$

해설 등청감곡선에서 볼 때 수직진동은 4~8Hz, 수평진동은 1~2Hz에서 가장 민감하다.

65 매분 600회전으로 돌고 있는 차축의 정적 불균형력은 그림에서 반경 0.1m의 원주상을 1kg의 질량이 회전하고 있는 것에 상당한다고 할 때 등가가진력의 최대치는 약 몇 N인가?

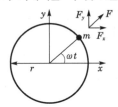

① 100　　② 200

③ 400　　④ 600

해설 회전 및 왕복운동에 의한 불평형력은 회전운동에 의해서 발생하는 관성력이 되므로,

$F = mr\omega^2 = mr(2\pi f)^2$

$= 1 \times 0.1 \times \left(2 \times 3.14 \times \dfrac{600}{60}\right)^2$

$= 394.4\text{N}$

66 다음은 자동차 방진에 관한 용어 설명이다. ( ) 안에 가장 적합한 것은?

차량의 중속 및 고속주행 상태에서 차체가 약 15~25Hz 범위의 주파수로 진동하는 현상을 ( )(이)라고 하며, 일반적으로 차체 진동 또는 플로어(floor) 진동이라고 부르기도 한다.

① 와인드업(wind up)

② 프런트엔드 진동(front end vibration)

③ 브레이크 저더(brake judder)

④ 셰이크(shake)

해설 셰이크(shake)
차체 바닥의 상하방향 진동으로 진동원은 엔진가진력과 타이어 불균형이다.

67 방진대책을 발생원, 전파경로, 수진측 대책으로 분류할 때, 발생원 대책과 거리가 먼 것은?

① 가진력을 감쇠시킨다.
② 기초중량을 부가 또는 경감시킨다.
③ 동적 흡진한다.
④ 수진점 근방에 방진구를 설치한다.

해설 수진점 부근에 방진구(防振溝)를 설치하는 대책은 전파경로 대책이다.

68 기계에서 발생하는 불평형력은 회전 및 왕복운동에 의한 관성력 및 모멘트에 의해 발생한다. 다음 중 회전운동에 의해서 발생하는 관성력을 원심력(F)으로 옳게 나타낸 식은? (단, m : 질량, v : 회전속도, r : 회전반경, ω : 각진동수)

① $F = m \omega r^2$ ② $F = m \omega r$
③ $F = m^2 \omega r$ ④ $F = m \omega^2 r$

해설 회전운동에 의해서 발생하는 관성력은 원심력(F)으로 $F = m r \omega^2$ 으로 나타낸다.

69 진동의 원인이 되는 가진력 중 주로 질량 불평형에 의한 가진력으로 진동이 발생하는 것은?

① 파쇄기   ② 송풍기
③ 프레스   ④ 단조기

해설
• 전동기, 송풍기, 펌프 : 회전질량 또는 왕복질량에 의한 질량 불균형에 의한 가진력
• 단조기 : 질량의 낙하운동에 의한 충격 가진력

70 특성 임피던스가 $32 \times 10^6 \mathrm{kg/m^2 \cdot s}$인 금속관 플랜지의 접속부에 특성 임피던스가 $3 \times 10^4 \mathrm{kg/m^2 \cdot s}$인 고무를 넣어 진동 절연할 때 진동감쇠량은 약 몇 dB인가?

① 21   ② 24
③ 27   ④ 30

해설 절연재 부착 시 파동에너지의 반사율
$$T_r = \left(\frac{Z_2 - Z_1}{Z_2 + Z_1}\right)^2 = \left(\frac{3 \times 10^4 - 32 \times 10^6}{3 \times 10^4 + 32 \times 10^6}\right)^2 = 0.9963$$
진동하는 표면의 제진재 사이의 반사율 T_r 이 클수록 제진효과가 크며, 이에 의한 감쇠량은 다음과 같다.
$$\Delta L = 10 \log (1 - T_r) = 10 \log (1 - 0.9963) = -24 \mathrm{dB}$$
∴ 진동감쇠량은 24dB이다.

71 진동절연의 문제에서 전달률을 사용하는데 여기서 말하는 전달률을 바르게 표시한 것은? (단, ω : 가진력의 각진동수, ω_n : 계의 고유각진동수이다.)

① $\left| \dfrac{1}{1 - \left(\dfrac{\omega}{\omega_n}\right)^2} \right|$

② $\left| \dfrac{1}{1 + \left(\dfrac{\omega}{\omega_n}\right)^2} \right|$

③ $\left| \dfrac{2}{1 - \left(\dfrac{\omega}{\omega_n}\right)^3} \right|$

④ $\left| \dfrac{2}{1 + \left(\dfrac{\omega}{\omega_n}\right)^3} \right|$

해설 진동전달률
$$T = \left| \frac{전달력}{외력} \right| = \left| \frac{kx}{F_o \sin \omega t} \right|$$
$$= \left| \frac{1}{1 - \left(\dfrac{f}{f_n}\right)^2} \right| = \left| \frac{1}{1 - \left(\dfrac{\omega}{\omega_n}\right)^2} \right|$$

72 기계를 스프링으로 지지하여 고체음을 저하시켜 소음을 줄이고자 한다. 강제진동수가 40Hz인 경우 스프링의 정적 수축량은 약 몇 cm인가? (단, 감쇠비는 0이고, 진동전달률은 0.30이다.)

① 0.046   ② 0.067
③ 0.107   ④ 0.137

해설 진동전달률 $T = \dfrac{1}{\eta^2 - 1}$ 에서

$0.3 = \dfrac{1}{\eta^2 - 1}$, ∴ $\eta = 2.08$

진동수비 $\eta = \dfrac{f}{f_n}$ 에서

$2.08 = \dfrac{40}{f_n}$, ∴ $f_n = 19.23 \mathrm{Hz}$

고유진동수 $f_n = 4.98 \sqrt{\dfrac{1}{\delta_{st}}}$ 에서

$19.23 = 4.98 \sqrt{\dfrac{1}{\delta_{st}}}$

∴ $\delta_{st} = 0.067 \mathrm{cm}$

67.④ 68.④ 69.② 70.② 71.① 72.②

73 외부에서 가해지는 강제진동수를 f, 계의 고유진동수를 f_n이라 할 때 전달력이 외력보다 항상 큰 경우는?

① $\dfrac{f}{f_n} > \sqrt{2}$　　② $\dfrac{f}{f_n} = \sqrt{2}$

③ $\dfrac{f}{f_n} < \sqrt{2}$　　④ $\dfrac{f}{f_n} = 1$

 진동전달률 T값의 변화

$\dfrac{f}{f_n} < \sqrt{2}$ 인 경우 진동전달력은 항상 외력(강제력)보다 크다.

74 전기모터가 기계장치를 구동시키고 계는 고무깔개 위에 설치되어 있으며, 고무깔개는 0.4cm의 정적 처짐을 나타내고 있다. 고무깔개의 감쇠비(ξ)는 0.22, 진동수비(η)는 3.3이라면 기초에 대한 힘의 전달률은?

① 0.11　　② 0.14
③ 0.18　　④ 0.24

 전달률　$T = \dfrac{\sqrt{1+(2\,\xi\,\eta)^2}}{\sqrt{(1-\eta^2)^2+(2\,\xi\,\eta)^2}}$

$\quad = \dfrac{\sqrt{1+(2\times0.22\times3.3)^2}}{\sqrt{(1-3.3^2)^2+(2\times0.22\times3.3)^2}}$

$\quad = 0.18$

75 서징(surging)에 관한 설명으로 옳은 것은?

① 코일스프링을 사용한 탄성지지계에서는 스프링의 서징과 공진 시의 감쇠 증대가 문제된다.
② 서징이라는 것은 코일스프링 자신의 탄성진동의 고유진동수가 외력의 진동수와 공진하는 상태이다.
③ 서징은 방진고무에서 주로 많이 대두된다.
④ 코일스프링이 서징을 일으키면 탄성지지계의 진동전달률이 현저히 저하한다.

 서징(surging)
코일스프링 자신의 탄성진동의 고유진동수가 외력의 진동수와 일치하는 공진상태를 말한다.

76 $m\,\ddot{x}+k\,x = F\sin\omega t$의 운동방정식을 만족시키는 진동이 일어나고 있을 때 고유각진동수는?

① $k\,m$

② $\dfrac{k}{m}$

③ $\sqrt{\dfrac{k}{m}}$

④ $\sqrt{\dfrac{m}{F}}$

 고유각진동수 $\omega_n = \sqrt{\dfrac{k}{m}} = \sqrt{\dfrac{k\times g}{W}} = 2\,\pi\,f_n$

77 4개의 같은 스프링으로 탄성지지한 기계에서 스프링을 빼낸 후 8개의 지점에 균등하게 탄성지지하여 고유진동수를 $\dfrac{1}{2}$로 낮추고자 할 때 1개의 스프링정수는 어떻게 변화되어야 하는가?

① 원래의 $\dfrac{1}{8}$

② 원래의 $\dfrac{1}{16}$

③ 원래의 $\dfrac{1}{32}$

④ 원래의 $\dfrac{1}{64}$

 • 4개의 스프링으로 병렬 지지하여 기계장치를 방진지지한 고유진동수

$\qquad f_{n1} = \dfrac{1}{2\,\pi}\sqrt{\dfrac{4\,k_1}{m}}$

• 8개의 새로운 스프링으로 병렬 방진지지한 고유진동수

$\qquad f_{n2} = \dfrac{1}{2\,\pi}\sqrt{\dfrac{8\,k_2}{m}} = \dfrac{1}{2}\,f_{n1}$

$\qquad \therefore \dfrac{f_{n2}}{f_{n1}} = \dfrac{\dfrac{1}{2\,\pi}\sqrt{\dfrac{8\,k_2}{m}}}{\dfrac{1}{2\,\pi}\sqrt{\dfrac{4\,k_1}{m}}} = \dfrac{1}{2}$

$\qquad \therefore \dfrac{8\,k_2}{4k_1} = \dfrac{1}{4},\ k_2 = \dfrac{1}{8}\,k_1$

새로운 1개의 스프링정수는 이전의 스프링정수에 비해 $\dfrac{1}{8}$로 변화된다.

78 방진에 사용하는 금속스프링의 장점이 아닌 것은?

① 온도, 부식과 같은 환경요소에 대한 저항성이 크다.

② 저주파 차진에 좋다.

③ 최대변위가 허용된다.

④ 감쇠율이 높고, 공진 전달률이 낮다.

해설 **금속스프링**

㉠ 장점

• 온도, 부식, 용해 등의 환경요소에 대한 저항성이 크다.

• 뒤틀리거나 오므라들지 않는다.

• 최대변위가 허용된다.

• 저주파 차진에 좋다.

㉡ 단점

• 감쇠가 거의 없으며, 공진 시에 전달률이 매우 크다.

• 고주파 진동 시에 단락된다.

• 로킹이 일어나지 않도록 주의해야 한다.

79 무게 500N인 기계를 4개의 스프링으로 탄성지지한 결과 스프링의 정적 수축량이 2.5cm였다. 이 스프링의 스프링정수는 몇 N/mm인가?

① 5 ② 10

③ 50 ④ 200

해설 $f_n = 4.98 \times \sqrt{\dfrac{1}{\delta_{st}}}$ 에서

$f_n = 4.98 \times \sqrt{\dfrac{1}{2.5}} = 3.15 \text{Hz}$

고유진동수 $f_n = \dfrac{1}{2\pi}\sqrt{\dfrac{k}{m}} = \dfrac{1}{2\pi}\sqrt{\dfrac{k \times g}{W}}$ 에서

$3.15 = \dfrac{1}{2 \times 3.14} \times \sqrt{\dfrac{4 \times k \times 980}{500}}$

$\therefore k = 50\text{N/cm} = 5\text{N/mm}$

80 임계감쇠(critical damping)란 감쇠비(ξ)가 어떤 값을 가질 때인가?

① $\xi = 1$

② $\xi > 1$

③ $\xi < 1$

④ $\xi = 0$

해설 **임계감쇠(critical damping)**

감쇠비 $\xi = 1$일 때를 말한다. 이때 감쇠계수(C_e)는 임계 감쇠계수(C_c)가 같아진다.

---

81 소음·진동관리법령상 규제기준을 초과하여 생활소음·진동을 발생시킨 사업자에게 작업시간의 조정 등을 명령하였으나, 이를 위반한 경우 벌칙기준으로 옳은 것은?

① 3년 이하의 징역 또는 1천 500만원 이하의 벌금에 처한다.

② 1년 이하의 징역 또는 1천만원 이하의 벌금에 처한다.

③ 6개월 이하의 징역 또는 500만원 이하의 벌금에 처한다.

④ 300만원 이하의 과태료를 부과한다.

해설 **법 제58조(벌칙)**

다음의 어느 하나에 해당하는 자는 6개월 이하의 징역 또는 500만원 이하의 벌금에 처한다.

1. 신고를 하지 아니하거나 거짓이나 부정한 방법으로 신고를 하고 배출시설을 설치하거나 그 배출시설을 이용해 조업한 자

2. 작업시간 조정 등의 명령을 위반한 자

3. 점검에 따르지 아니하거나 지장을 주는 행위를 한 자

4. 개선명령 또는 사용정지 명령을 위반한 자

82 소음·진동관리법령상 공사장 방음시설 설치기준으로 틀린 것은?

① 방음벽시설 전후의 소음도 차이(삽입손실)는 최소 7dB 이상 되어야 하며, 높이는 3m 이상 되어야 한다.

② 공사장 인접지역에 고층건물 등이 위치하고 있어, 방음벽시설로 인한 음의 반사피해가 우려되는 경우에는 흡음형 방음벽시설을 설치하여야 한다.

③ 삽입손실 측정을 위한 측정지점(음원위치, 수음자 위치)은 음원으로부터 3m 이상 떨어진 노면 위 1.0m 지점으로 하고, 방음벽시설로부터 2m 이상 떨어져야 한다.

④ 방음벽시설의 기초부와 방음판·기둥 사이에 틈새가 없도록 하여 음의 누출을 방지하여야 한다.

해설 시행규칙 [별표 10] 공사장 방음시설 설치기준

1. 방음벽시설 전후의 소음도 차이(삽입손실)는 최소 7dB 이상 되어야 하며, 높이는 3m 이상 되어야 한다.
2. 공사장 인접지역에 고층건물 등이 위치하고 있어, 방음벽시설로 인한 음의 반사 피해가 우려되는 경우에는 흡음형 방음벽시설을 설치하여야 한다.
3. 방음벽시설에는 방음판의 파손, 도장부의 손상 등이 없어야 한다.
4. 방음벽시설의 기초부와 방음판·기둥 사이에 틈새가 없도록 하여 음의 누출을 방지하여야 한다.
③ 삽입손실 측정을 위한 측정지점(음원위치, 수음자 위치)은 음원으로부터 5m 이상 떨어진 노면 위 1.2m 지점으로 하고, 방음벽시설로부터 2m 이상 떨어져야 하며, 동일한 음량과 음원을 사용하는 경우에는 기준위치(reference position)의 측정은 생략할 수 있다.

83 소음·진동관리법령상 교통소음 관리기준 중 농림지역의 도로교통소음 한도기준(L_{eq}dB(A))은? (단, 주간(06:00~22:00) 기준이다.)

① 58　　　　　　② 60
③ 63　　　　　　④ 73

해설 시행규칙 [별표 11] 교통소음·진동의 관리기준(도로)

대상지역	구분	한도	
		주간(06:00 ~22:00)	야간(22:00 ~06:00)
가. 주거지역, 녹지지역, 보전관리지역, 관리지역 중 취락지구·주거개발진흥지구 및 관광·휴양개발진흥지구, 자연환경보전지역, 학교·병원·공공도서관 및 입소규모 100명 이상의 노인의료복지시설·영유아보육시설의 부지경계선으로부터 50m 이내 지역	소음 [L_{eq} dB(A)]	68	58
	진동 [dB(V)]	65	60
나. 상업지역, 공업지역, 농림지역, 관리지역 중 산업·유통개발진흥지구 및 관리지역 중 가목에 포함되지 않는 그 밖의 지역, 미고시 지역	소음 [L_{eq} dB(A)]	73	63
	진동 [dB(V)]	70	65

84 소음·진동관리법령상 전기를 주동력으로 사용하는 자동차의 종류는 무엇에 의해 구분하는가?

① 마력수　　　　② 차량 총중량
③ 소모전기량(V)　④ 엔진배기량

해설 시행규칙 [별표 3] 자동차의 종류
전기를 주동력으로 사용하는 자동차에 대한 종류의 구분은 차량 총중량에 따르되, 차량 총중량이 1.5톤 미만에 해당되는 경우에는 경자동차로 분류한다.

85 환경정책기본법령상 도로변 지역 밤시간대의 소음환경기준[L_{eq}dB(A)]으로 옳은 것은? (단, 적용 대상지역은 주거지역 중 전용주거지역이며, 시간은 법령기준에 의한 밤시간대로 한다.)

① 40　　　　　　② 45
③ 50　　　　　　④ 55

해설 환경정책기본법 시행령 [별표 1] 환경기준 중 소음

지역구분	적용 대상지역	기준[단위 : L_{eq} dB(A)]	
		낮(06:00 ~22:00)	밤(22:00 ~06:00)
도로변 지역	"가" 및 "나"지역	65	55
	"다"지역	70	60
	"라"지역	75	70

지역구분별 적용 대상지역의 구분에서 "가"지역은 다음과 같다.
1. 녹지지역
2. 보전관리지역
3. 농림지역 및 자연환경보전지역
4. 전용주거지역
5. 종합병원의 부지경계로부터 50m 이내의 지역
6. 학교의 부지경계로부터 50m 이내의 지역
7. 공공도서관의 부지경계로부터 50m 이내의 지역

86 소음·진동관리법령상 자동차 종류 범위 기준에 관한 설명으로 옳지 않은 것은? (단, 2015년 12월 8일 이후 제작되는 자동차 기준이다.)

① 이륜자동차는 자전거로부터 진화한 구조로서 사람 또는 소량의 화물을 운송하기 위한 것이며, 엔진배기량이 50cc 이상이고, 차량 총중량이 1천kg을 초과하지 않는다.
② 이륜자동차는 운반차를 붙인 이륜자동차와 이륜자동차에서 파생된 삼륜 이상의 최고속도 50km/h를 초과하는 이륜자동차를 포함한다.
③ 경자동차의 엔진배기량은 1,000cc 미만이다.
④ 승용차에는 지프(jeep), 왜건(wagon), 밴(van) 및 승합차를 포함한다.

해설 시행규칙 [별표 3] 자동차의 종류
승용차에는 지프(jeep), 왜건(wagon) 및 승합차를 포함한다.

83.④　84.②　85.④　86.④

87 소음·진동관리법령상 운행차 정기검사의 방법·기준 및 대상항목 중 소음도 측정기준에 관한 사항으로 옳지 않은 것은?

① 소음측정은 자동기록장치를 사용하는 것을 원칙으로 하고 배기소음의 경우 4회 이상 실시하여 측정치의 차이가 5dB을 초과하는 경우에는 측정치를 무효로 하고 다시 측정한다.

② 측정항목별로 소음측정기 지시치(자동기록장치를 사용한 경우에는 자동기록장치의 기록치)의 최대치를 측정치로 하며, 배경소음은 지시치의 평균치로 한다.

③ 배경소음 측정은 각 측정항목별로 측정 직전 또는 직후에 연속하여 10초 동안 실시하며, 순간적인 충격음 등은 배경소음으로 취급하지 않는다.

④ 자동차소음과 배경소음의 측정치의 차이가 3dB 이상 10dB 미만인 경우에는 자동차로 인한 소음의 측정치로부터 보정치를 뺀 값을 최종 측정치로 하고, 그 차이가 3dB 미만일 때에는 측정치를 무효로 한다.

해설 시행규칙 [별표 15] 운행차 정기검사의 방법·기준 및 대상 항목
검사대상 항목(소음도 측정) : 소음측정은 자동기록장치를 사용하는 것을 원칙으로 하고 배기소음의 경우 2회 이상 실시하여 측정치의 차이가 2dB을 초과하는 경우에는 측정치를 무효로 하고 다시 측정한다.

88 소음·진동관리법령상 환경기술인은 환경부장관이 교육을 실시할 능력이 있다고 인정하여 지정하는 기관 등에서 받아야 하는 교육의 기간 기준은 3년마다 한 차례 이상 며칠 이내인가? (단, 정보통신매체를 이용한 원격교육은 제외한다.)

① 3일　　② 5일
③ 7일　　④ 14일

해설 시행규칙 제64조(환경기술인의 교육)
1. 환경기술인은 3년마다 한 차례 이상 다음의 어느 하나에 해당하는 교육기관에서 실시하는 교육을 받아야 한다.
　㉠ 환경부장관이 교육을 실시할 능력이 있다고 인정하여 지정하는 기관
　㉡ 「환경정책기본법」에 따른 환경보전협회
2. 교육기간은 5일 이내로 한다.

89 소음·진동관리법령상 시장·군수·구청장이 배출시설 및 방지시설의 가동상태를 점검하기 위하여 소음·진동검사를 의뢰할 수 있는 기관이 아닌 것은?

① 환경보전협회
② 한국환경공단
③ 국립환경과학원
④ 특별시·광역시·도의 보건환경연구원

해설 시행규칙 제14조(배출시설의 설치확인 등)
특별자치시장·특별자치도지사 또는 시장·군수·구청장은 배출허용기준에 맞는지를 확인하기 위하여 필요한 경우 배출시설과 방지시설의 가동상태를 점검할 수 있으며, 소음·진동검사를 하거나 다음의 어느 하나에 해당하는 검사기관으로 하여금 소음·진동검사를 하도록 지시하거나 검사를 의뢰할 수 있다.
1. 국립환경과학원
2. 특별시·광역시·도·특별자치도의 보건환경연구원
3. 유역환경청 또는 지방환경청
4. 「한국환경공단법」에 따른 한국환경공단

90 다음은 소음·진동관리법령상 항공기소음의 관리에 관한 사항이다. ( ) 안에 알맞은 것을 고르면?

> ( )은/는 항공기소음이 대통령령으로 정하는 항공기소음의 한도를 초과하여 공항 주변의 생활환경이 매우 손상된다고 인정하면 관계 기관의 장에게 방음시설의 설치나 그 밖에 항공기소음의 방지에 필요한 조치를 요청할 수 있다.

① 지방환경청장
② 특별시장
③ 환경부장관
④ 시·도지사

해설 법 제39조(항공기소음의 관리)
환경부장관은 항공기소음이 대통령령으로 정하는 항공기소음의 한도를 초과하여 공항 주변의 생활환경이 매우 손상된다고 인정하면 관계 기관의 장에게 방음시설의 설치나 그 밖에 항공기소음의 방지에 필요한 조치를 요청할 수 있다.

91 소음·진동관리법령상 운행자동차 중 경자동차의 배기소음 허용기준은? (단, 2006년 1월 1일 이후에 제작되는 자동차이다.)

① 100dB(A) 이하   ② 105dB(A) 이하
③ 110dB(A) 이하   ④ 112dB(A) 이하

해설 시행규칙 [별표 13] 자동차의 소음허용기준(운행자동차로서 2006년 1월 1일 이후에 제작되는 자동차 기준)

자동차 종류 \ 소음항목	배기소음 [dB(A)]	경적소음 [dB(C)]
경자동차	100 이하	110 이하

92 다음은 소음·진동관리법령상 환경기술인을 두어야 할 사업장 및 그 자격기준이다. ( ) 안에 알맞은 것은?

> 총동력 합계 ( )kW인 사업장은 소음·진동기사 2급 이상의 기술자격 소지자 1명 이상 또는 해당 사업장의 관리책임자로 사업자가 임명하는 자로 한다(단, 총동력 합계는 소음배출시설 중 기계·기구의 동력의 총합계를 말하며, 대수기준시설 및 기계·기구와 기타 시설 및 기계·기구는 제외한다).

① 1,250   ② 2,250
③ 3,500   ④ 3,750

해설 시행규칙 [별표 7] 환경기술인을 두어야 할 사업장의 범위 및 그 자격기준
총동력 합계 3,750kW 이상인 사업장은 소음·진동기사 2급 이상의 기술자격 소지자 1명 이상 또는 해당 사업장의 관리책임자로 사업자가 임명하는 자로 한다.

93 소음·진동관리법령상 소음배출시설 기준으로 옳지 않은 것은? (단, 동력기준시설과 대수기준시설을 제외한 그 밖의 시설 및 기계·기구 기준이다.)

① 낙하해머의 무게가 0.3톤 이상의 단조기
② 120kW 이상의 발전기(수력발전기는 제외)
③ 3.75kW 이상의 연삭기 2대 이상
④ 석재 절단기(동력을 사용하는 것은 7.5kW 이상으로 한정)

해설 시행규칙 [별표 1] 소음·진동배출시설
낙하해머의 무게가 0.5톤 이상의 단조기

94 소음·진동관리법령상 배출시설과 방지시설을 정상적으로 운영·관리하기 위한 환경기술인을 임명하지 아니한 자에 대한 벌칙(또는 과태료) 기준으로 옳은 것은?

① 200만원 이하의 과태료
② 300만원 이하의 과태료
③ 6개월 이하의 징역 또는 500만원 이하의 벌금
④ 1년 이하의 징역 또는 1천만원 이하의 벌금

해설 법 제60조(과태료)
환경기술인을 임명하지 아니한 자는 300만원 이하의 과태료를 부과한다.

95 소음·진동관리법령상 시·도지사가 매년 환경부장관에게 제출하는 소음·진동 관리시책의 추진상황에 관한 연차보고서에 포함되어야 하는 내용으로 가장 거리가 먼 것은?

① 소음·진동 발생원 및 소음·진동 현황
② 소음·진동 저감대책 추진실적 및 추진계획
③ 소음·진동 발생원에 대한 행정처분 및 지원실적
④ 소요 재원의 확보계획

해설 시행규칙 제74조(연차보고서의 제출)
1. 연차보고서에 포함될 내용은 다음과 같다.
   ㉠ 소음·진동 발생원(發生源) 및 소음·진동 현황
   ㉡ 소음·진동 저감대책 추진실적 및 추진계획
   ㉢ 소요 재원의 확보계획
2. 보고기한은 다음 연도 1월 31일까지로 하고, 보고 서식은 환경부장관이 정한다.

96 소음·진동관리법령상 생활소음·진동이 발생하는 공사로서 "환경부령으로 정하는 특정공사"는 특정공사의 사전신고 대상 기계·장비의 사용기간 기준이 얼마인 공사인가? (단, 예외사항은 제외한다.)

① 3일 이상   ② 5일 이상
③ 7일 이상   ④ 10일 이상

해설 시행규칙 제21조(특정공사의 사전신고 등)
"환경부령으로 정하는 특정공사"란 기계·장비를 5일 이상 사용하는 공사를 말한다.

97 소음 · 진동관리법령상 시장 · 군수 등이 환경부령으로 정하는 바에 따라 자동차 소유자에게 운행차 개선명령을 하려는 경우, 그 기간 기준에 관한 사항이다. ( ) 안에 알맞은 것은?

> ( )일 이내의 범위에서 개선에 필요한 기간에 그 자동차의 사용정지를 함께 명할 수 있다.

① 10 ② 15
③ 30 ④ 60

해설 법 제38조(운행차의 개선명령)
1. 특별시장 · 광역시장 · 특별자치시장 · 특별자치도지사 또는 시장 · 군수 · 구청장은 운행차에 대하여 점검결과 다음의 어느 하나에 해당하는 경우에는 환경부령으로 정하는 바에 따라 자동차 소유자에게 개선을 명할 수 있다.
　㉠ 운행차의 소음이 운행차 소음허용기준을 초과한 경우
　㉡ 소음기나 소음덮개를 떼어버린 경우
　㉢ 경음기를 추가로 붙인 경우
2. 1에 따른 개선명령을 하려는 경우 10일 이내의 범위에서 개선에 필요한 기간에 그 자동차의 사용정지를 함께 명할 수 있다.

98 소음 · 진동관리법령상 생활소음 · 진동이 발생하는 공사로서 환경부령으로 정하는 특정공사를 시행하고자 하는 사업자가 해당 공사 시행 전까지 시장 · 군수 · 구청장 등에게 제출하는 특정공사 사전신고서에 첨부되어야 하는 서류로 틀린 것은?

① 방음 · 방진시설의 설치명세 및 도면
② 특정공사의 개요(공사 목적과 공사일정표 포함)
③ 공사장 위치도(공사장의 주변 주택 등 피해 대상 표시)
④ 피해 예상지역 주민동의서

해설 시행규칙 제21조(특정공사의 사전신고 등)
특정공사를 시행하려는 자(도급에 의하여 공사를 시행하는 경우에는 발주자로부터 최초로 공사를 도급받은 자를 말한다)는 해당 공사 시행 전(건설공사는 착공 전)까지 특정공사 사전신고서에 다음의 서류를 첨부하여 특별자치시장 · 특별자치도지사 또는 시장 · 군수 · 구청장에게 제출하여야 한다.
1. 특정공사의 개요(공사 목적과 공사일정표 포함)
2. 공사장 위치도(공사장의 주변 주택 등 피해 대상 표시)
3. 방음 · 방진시설의 설치명세 및 도면
4. 그 밖의 소음 · 진동 저감대책

99 소음 · 진동관리법령상 공장소음 배출허용기준에 관한 설명으로 틀린 것은?

① 저녁시간대는 18:00 ~ 24:00이다.
② 충격음 성분이 있는 경우 허용기준치에 −10dB을 보정한다.
③ 도시지역 중 전용주거지역의 낮 배출허용기준은 50dB(A) 이하이다.
④ 관련 시간대(낮은 8시간, 저녁은 4시간, 밤은 2시간)에 대한 측정소음 발생시간의 백분율이 25% 이상 50% 미만인 경우 +5dB을 허용기준치에 보정한다.

해설 시행규칙 [별표 5] 공장 소음 · 진동의 배출허용기준
충격음 성분이 있는 경우 허용기준치에 −5dB을 보정한다.

100 소음 · 진동관리법령상 위반사항에 대한 행정처분기준으로 틀린 것은? (단, 예외사항은 제외한다.)

① 방지시설을 설치하지 아니하고 배출시설을 가동한 경우의 1차 행정처분기준은 "조업정지"이다.
② 배출시설 설치신고를 하지 아니하고 배출시설을 설치한 경우의 1차 행정처분기준은 "사용중지 명령"이다(단, 해당 지역이 배출시설의 설치가 가능한 지역이다).
③ 배출시설 설치신고를 한 자가 환경부령으로 정하는 중요 사항에 대한 배출시설 변경신고를 이행하지 아니한 경우 1차 행정처분기준은 "조업정지 5일"이다.
④ 환경기술인을 임명하지 아니한 경우의 2차 행정처분기준은 "경고"이다.

해설 시행규칙 [별표 21] 행정처분기준 중 개별기준
배출시설 및 방지시설 등과 관련된 행정처분기준

위반행위	근거 법령	행정처분기준			
		1차	2차	3차	4차
배출시설 변경신고를 이행하지 아니한 경우	법 제17조	경고	경고	조업정지 5일	조업정지 10일

제1과목 **소음·진동 개론**

01 A공장에서 근무하는 근로자의 청력을 검사하였다. 검사주파수별 청력손실이 표와 같을 때, 4분법 청력손실이 28dB이었다. 500Hz에서의 청력손실은 몇 dB인가?

검사주파수(Hz)	청력손실(dB)
63	2
125	5
250	8
500	( )
1k	30
2k	38
4k	56

① 10
② 12
③ 14
④ 19

해설 4분법에 의한 평균 청력손실은 $\dfrac{(a+2b+c)}{4}$ dB로 나타낸다.

여기서, a : 옥타브 밴드 500Hz에서의 청력손실(dB)
$\quad\quad b$: 옥타브 밴드 1,000Hz에서의 청력손실(dB)
$\quad\quad c$: 옥타브 밴드 2,000Hz에서의 청력손실(dB)

$\dfrac{a+2\times30+38}{4}=28$

$\therefore a = 14\text{dB}$

02 진동감각에 관한 설명으로 틀린 것은?

① 15Hz 부근에서 심한 공진현상을 보이고, 2차적으로 40 ~ 50Hz 부근에서 공진현상이 나타나지만 진동수가 증가함에 따라 감쇠가 급격히 감소한다.
② 수직 및 수평진동이 동시에 가해지면 2배의 자각현상이 나타난다.
③ 진동가속도레벨이 55dB 이하인 경우, 인체는 거의 진동을 느끼지 못한다.
④ 진동에 의한 신체적 공진현상은 서 있을 때가 앉아 있을 때보다 약하게 느낀다.

해설 인체의 진동감각은 3 ~ 6Hz 부근에서 심한 공진현상을 보이고, 2차적으로 20 ~ 30Hz 부근에서 공진현상을 나타내지만 진동수가 증가함에 따라 감쇠가 급격히 증가한다.

03 청력에 관한 설명으로 가장 거리가 먼 것은?

① 음의 대소(큰 소리, 작은 소리)는 음파의 진폭(음압)의 크기에 따른다.
② 사람 간 회화의 명료도는 200 ~ 6,000Hz의 주파수 범위를 갖는다.
③ 20Hz 이하는 초저주파음, 20kHz를 초과하는 것은 초음파라고 한다.
④ 4분법 청력손실이 옥타브 밴드 중심주파수 500 ~ 2,000Hz 범위에서 15dB 이상이면 난청으로 분류한다.

해설 4분법 청력손실이 옥타브 밴드 중심주파수 500 ~ 2,000Hz 범위에서 25dB 이상이면 난청으로 분류한다.

04 다음 중 음과 관련한 법칙 및 용어의 설명으로 틀린 것은?

① 백색잡음은 모든 주파수의 음압레벨이 일정한 음을 말한다.
② 호이겐스 원리는 하나의 파면상의 모든 점이 파원이 되어 각각 2차적인 구면파를 사출하여 그 파면들을 둘러싸는 면이 새로운 파면을 만드는 현상이다.
③ 스넬의 법칙은 음의 회절과 관련한 법칙으로 장애물이 클수록 회절량이 크다.
④ 베버-페히너 법칙은 감각량은 자극의 대수에 비례한다는 법칙이다.

해설
• 스넬의 원리 : 음의 굴절에서 음파가 한 매질에서 다른 매질로 통과할 때 구부러지는 현상을 입사각과 음속비로 나타낸 식이다.
• 굴절률(refractive index) : 두 매질의 경계면을 진행하는 파동이 굴절되는 정도이다.

$$n_{1,2} = \frac{c_1}{c_2} \text{ (음속비)} = \frac{\sin\theta_1 \text{ (입사각)}}{\sin\theta_2 \text{ (굴절각)}}$$

01.③ 02.① 03.④ 04.③

05 정재파(standing wave)에 관한 설명으로 가장 적합한 것은?

① 음원에서 모든 방향으로 동일한 에너지를 방출할 때 발생하는 파
② 둘 또는 그 이상의 음파의 구조적 간섭에 의해 시간적으로 일정하게 음압의 최고와 최저가 반복되는 패턴의 파
③ 음파의 진행방향으로 에너지를 전송하는 파
④ 음원으로부터 거리가 멀어질수록 더욱 넓은 면적으로 퍼져나가는 파

해설 정재파(standing wave)
정지한 채 진동만 하는 파로 둘 또는 그 이상의 음파의 구조적 간섭에 의해 시간적으로 일정하게 음압의 최고와 최저가 반복되는 패턴의 파(튜브, 악기, 파이프오르간에서 나는 음)이다.

06 대기조건에 따른 공기흡음 감쇠효과에 관한 설명으로 옳은 것은?

① 습도가 낮을수록 감쇠치는 증가한다.
② 주파수가 낮을수록 감쇠치는 증가한다.
③ 일반적으로 기온이 낮을수록 감쇠치는 작아진다.
④ 공기의 흡음감쇠는 음원과 관측점의 거리에 거의 영향을 받지 않는다.

해설 공기흡음에 의해 일어나는 음의 감쇠치는 주파수가 클수록, 기온이 낮을수록, 습도가 낮을수록 감쇠치는 증가한다.

07 지반을 전파하는 파에 관한 설명으로 틀린 것은?

① 지표진동 시 주로 계측되는 파는 R파이다.
② R파는 역제곱법칙으로 대략 감쇠된다.
③ 표면파의 전파속도는 일반적으로 횡파의 92~96% 정도이다.
④ 파동에너지 비율은 R파가 S파 및 P파에 비해 높다.

해설 P파와 S파에서는 소음과 같이 역제곱법칙으로 거리감쇠 $\propto \dfrac{1}{r^2}$ 이지만, R파인 경우는 거리감쇠 $\propto \dfrac{1}{\sqrt{r}}$ 로 복잡한 특성을 가지고 있다.

08 점음원이 있는데 음원으로부터 32m의 거리에서 음압레벨이 100dB이었다. 1m 떨어진 위치에서의 음압레벨은 약 몇 dB인가?

① 100
② 110
③ 120
④ 130

해설 점음원에서 거리감쇠에 따른 음압레벨의 감쇠치
$$-20\log\left(\frac{r_2}{r_1}\right) = -20\log\left(\frac{1}{32}\right) = 30\text{dB}$$
점음원 쪽으로 다가오므로, $100 + 30 = 130\text{dB}$

09 인간의 청각기관에 관한 설명으로 틀린 것은?

① 중이에 있는 3개의 청소골은 외이와 내이의 임피던스 매칭을 담당하고 있다.
② 달팽이관에서 실제 음파에 대한 센서 부분을 담당하는 곳은 기저막에 위치한 섬모세포이다.
③ 약 66mm 정도의 길이를 갖는 달팽이관에는 약 1,000개에 달하는 작은 섬모세포가 분포한다.
④ 달팽이관은 약 3.5회전만큼 돌려져 있는 나선형 구조로 되어 있다.

해설 약 3.2cm 정도의 길이를 갖는 달팽이관에는 약 23,000개에 달하는 작은 섬모세포(hair cell, 코르티기관)가 분포한다.

10 잔향시간이란 실내에서 음원을 끈 순간부터 음압레벨이 얼마 감쇠되는 데 소요되는 시간을 의미하는가?

① 40dB
② 60dB
③ 80dB
④ 100dB

해설 잔향시간(reverberation time, T)
실내에서 음원을 끈 순간부터 음압레벨이 60dB로 감쇠할 때까지 소요되는 시간을 말한다.

11 길이가 약 55cm인 양단이 뚫린 관이 공명하는 기본음의 주파수는 약 몇 Hz인가? (단, 15℃ 기준이다.)

① 309
② 416
③ 619
④ 832

해설 양단이 뚫린 관(양쪽 끝이 다 뚫린 관)이 공명하는 기본음의 주파수

$$f = \frac{c}{2 \times L} = \frac{331.5 + 0.61 \times 15}{2 \times 0.55} ≒ 309\text{Hz}$$

12 등감각곡선(equal perceived acceleration contour)에 관한 설명으로 옳지 않은 것은?

① 일반적으로 수직보정된 레벨을 많이 사용하며, 그 단위는 dB(V)이다.

② 수직진동은 4~8Hz 범위에서 가장 민감하다.

③ 등감각곡선에 기초하여 정해진 보정회로를 통한 레벨을 진동레벨이라 한다.

④ 수직보정곡선의 주파수 대역이 $(4 \le f \le 8)$Hz 일 때 보정치의 물리량은 $2 \times 10^{-5} \times f^{-\frac{1}{2}}$ (m/s²)이다.

해설 **수직보정곡선의 주파수 대역별 보정치에 대한 물리량**

• $4 \le f \le 8$일 때 $\alpha = 10^{-5}$

• $1 \le f \le 4$일 때 $\alpha = 2 \times 10^{-5} \times f^{-\frac{1}{2}}$

13 가로 7m, 세로 3.5m의 벽면 밖에서 음압레벨이 112dB이라면 15m 떨어진 곳은 몇 dB인가? (단, 면음원 기준이다.)

① 76.4   ② 85.8

③ 88.9   ④ 92.8

해설 음원에서 15m 떨어진 곳의 조건은 $r > \frac{b}{3}$ 일 경우이므로

$$SPL_2 = SPL_1 - 20\log\left(\frac{3 \times r}{b}\right) - 10\log\left(\frac{b}{a}\right)$$

$$= 112 - 20\log\left(\frac{3 \times 15}{7}\right) - 10\log\left(\frac{7}{3.5}\right)$$

$$= 92.8\text{dB}$$

14 다음 소음 용어의 표시로 옳은 것은?

① PNL : 철도소음 평가지수

② L_{den} : 항공기소음 평가량

③ NRN : 소음통계레벨

④ L_{eq} : 주야 평균소음레벨

해설 ① PNL : 감각소음레벨(Perceived Noise Level)로 항공기소음 평가의 기본값으로 많이 사용된다(단위 : PN-dB).

③ NRN : NR수(Noise Rating number)로 소음평가방법의 일종으로 NC곡선 방법을 발전시킨 것으로 주파수 분석을 행하여 소음의 지속시간, 1일 발생횟수 등을 고려하여 평가한다.

④ L_{eq} : 등가소음레벨(Equivalent noise level)로 등가소음도라고도 하며 이는 임의의 측정시간 동안 발생한 변동소음의 총 에너지를 같은 시간 내의 정상소음의 에너지로 등가하여 얻어진 소음도를 말한다.

15 소음원(점음원)의 음향파워레벨(PWL)을 측정하는 방법에 대한 이론식으로 틀린 것은? (단, PWL : 음향파워레벨(dB), R : 유효 실정수, SPL : 평균음압레벨(dB), Q : 지향계수, r : 음원에서 측정점까지의 거리(m)이다.)

① 확산음장법

$$PWL = SPL + 20\log r - 6\text{dB}$$

② 자유음장법(자유공간)

$$PWL = SPL + 20\log r + 11\text{dB}$$

③ 자유음장법(반자유공간)

$$PWL = SPL + 20\log r + 8\text{dB}$$

④ 반확산음장법

$$PWL = SPL - 10\log\left(\frac{Q}{4\pi r^2} + \frac{4}{R}\right)\text{dB}$$

해설 **확산음장법**

$$PWL = \overline{SPL} - 10\log\left(\frac{4}{R}\right) = \overline{SPL} + 10\log R - 6\text{dB}$$

여기서, 실정수 $R = \dfrac{\bar{\alpha} \times S}{1 - \bar{\alpha}}$

    $\bar{\alpha}$: 실내의 평균흡음률

    S : 실내의 전(全) 표면적(m²)

16 종파에 관한 설명으로 틀린 것은?

① 파동의 진행방향과 매질의 진동방향이 일치한다.

② 매질이 없어도 전파된다.

③ 음파와 지진파의 P파가 해당한다.

④ 물체의 체적 변화에 의해 전달된다.

해설 **종파(P파)**
진동의 방향이 파동의 전파방향과 일치하는 파(소밀파, 압력파)이며, 매질이 있어야 전파되며 전파속도가 제일 빠르다.

12.④ 13.④ 14.② 15.① 16.②

17 진동계에서 감쇠계수에 대한 설명으로 가장 적합한 것은?

① 질량의 진동속도에 대한 스프링 저항력의 비이다.
② 점성저항력에 대한 변위력의 비이다.
③ 질량의 열에너지에 대한 진동속도의 비이다.
④ 스프링정수에 대한 무게의 비이다.

해설 감쇠계수는 진동계에서 질량의 진동속도에 대한 스프링의 저항력의 비로 진동에 의한 생체반응에서 고려할 사항이 아니다.

18 28℃ 공기 중에서 음압진폭이 32N/m²일 때 입자속도는 약 몇 m/s인가?

① 0.025 ② 0.035
③ 0.055 ④ 0.085

해설 입자속도는 시간대에 대한 입자 변위의 미분값으로

$v = \dfrac{P}{\rho \times c}$

$= \dfrac{\left(\dfrac{32}{\sqrt{2}}\right)}{\left(1.3 \times \dfrac{273}{273+28}\right) \times (331.5 + 0.61 \times 28)}$

$= 0.055 \text{m/s}$

19 다음은 청각기관의 구조에 관한 설명이다. ( )에 알맞은 것은?

> 청각의 핵심부라고 할 수 있는 (   )은 텍토리알막과 외부섬모세포 및 나선형 섬모, 내부섬모세포, 반경방향 섬모, 나선형 인대로 이루어져 있다.

① 청소골
② 난원창
③ 세반고리관
④ 코르티기관

해설 와우각은 전체 길이가 약 3.5cm 정도이고 두 바퀴 반 감긴 튜브 모양을 하고 있다. 와우각 관은 기저막, 라이스너막 및 와우각벽으로 둘러싸여 있는 기저막과 텍토리알막 및 섬모세포들로 구성된 코르티기관(organ of Corti)을 포함하고 있다.

20 다음 주파수 대역 중 인체가 가장 민감하게 느끼는 진동(수직 및 수평)주파수 범위는?

① 1Hz ~ 10Hz ② 1Hz ~ 2kHz
③ 2Hz ~ 4kHz ④ 20kHz 이상

해설 인체가 민감하게 느끼는 진동주파수 범위
· 수직진동수 : 4 ~ 8Hz
· 수평진동수 : 1 ~ 2Hz

제2과목 **소음 방지기술**

21 실정수 400m²인 옥내 중앙의 바닥 위에 설치되어 있는 소형 기계의 파워레벨이 80dB이다. 이 기계로부터 6m 떨어진 실내 한 점에서의 음압레벨(dB)은 얼마인가?

① 50.1 ② 58.7
③ 61.6 ④ 65.8

해설 반확산음장법에서

$\text{SPL} = \text{PWL} + 10 \log \left(\dfrac{Q}{4\pi r^2} + \dfrac{4}{R} \right)$

$= 80 + 10 \log \left(\dfrac{2}{4\pi \times 6^2} + \dfrac{4}{400} \right) = 61.6 \text{dB}$

22 다음은 흡음재의 $\frac{1}{3}$ 옥타브 대역에서 각 중심주파수에서의 흡음률 데이터이다. 이 흡음재의 감음계수(NRC)는 얼마인가?

구분	$\frac{1}{3}$ 옥타브 대역의 중심주파수(Hz)							
	63	125	250	500	1,000	2,000	4,000	8,000
흡음률	0.2	0.3	0.4	0.6	0.8	0.9	1.0	0.9

① 0.525 ② 0.638
③ 0.675 ④ 0.825

해설 감음계수(Noise Reduction Coefficient, NRC)란 1/3 옥타브 대역으로 측정한 중심주파수 250Hz, 500Hz, 1,000Hz, 2,000Hz에서의 흡음률의 산술평균치이다.

$\text{NRC} = \dfrac{1}{4}(\alpha_{250} + \alpha_{500} + \alpha_{1,000} + \alpha_{2,000})$

$= \dfrac{1}{4}(0.4 + 0.6 + 0.8 + 0.9) = 0.675$

23 흡음덕트형 소음기에서 최대감음주파수의 범위로 가장 적합한 것은? (단, λ : 대상음의 파장(m), D : 덕트의 내경(m)이다.)

① $\dfrac{\lambda}{2} < D < \lambda$

② $\lambda < D < 2\lambda$

③ $2\lambda < D < 4\lambda$

④ $4\lambda < D < 8\lambda$

[해설] **흡음덕트형 소음기에서 최대감음주파수**

$\dfrac{\lambda}{2} < D < \lambda$

여기서, λ : 대상음의 파장(m)

　　　　D : 덕트의 내경(m)

24 2kHz의 음향파워가 100dB인 소음원에 방음상자를 설치하였다. 방음상자를 투과한 후에 2kHz의 음향파워가 70dB이었을 때 방음상자의 투과손실(TL)은 약 몇 dB인가? (단, 방음상자 음향투과부의 면적은 100m², 방음상자 내부 전표면적은 150m², 방음상자 내 평균흡음률은 0.5이다.)

① 25.4　　　　② 28.2

③ 30.8　　　　④ 35.7

[해설] 파장에 비해 큰 방음상자에서 방음상자 내 산란파가 형성될 경우

$\Delta\text{PWL} = \text{TL} - 10\log\left(\dfrac{S_p}{S} \times \dfrac{1-\bar{\alpha}}{\bar{\alpha}}\right)(\text{dB})$ 에서

$100 - 70 = \text{TL} - 10\log\left(\dfrac{100}{150} \times \dfrac{1-0.5}{0.5}\right)$

$\therefore\ \text{TL} = 28.2\text{dB}$

25 어느 전자공장 내 소음대책으로 다공질 재료로 흡음매트 공법을 벽체와 천장부에 각각 적용하였다. 작업장 규격은 $25L \times 12W \times 5H(\text{m})$이고, 대책 전 바닥, 벽체, 천장부의 평균흡음률은 각각 0.02, 0.05, 0.1이라면 잔향시간비$\left(\dfrac{\text{대책 전}}{\text{대책 후}}\right)$는 얼마인가? (단, 흡음매트의 평균흡음률은 0.45이다.)

① 2.9　　　　② 4.3

③ 5.7　　　　④ 6.2

[해설] 방의 전체 표면적

$S = 25 \times 12 \times 2 + 25 \times 5 \times 2 + 12 \times 5 \times 2 = 970\text{m}^2$

평균흡음률

$\bar{\alpha} = \dfrac{\sum S_i \alpha_i}{\sum S_i}$

$= \dfrac{25 \times 12 \times 0.02 + 25 \times 12 \times 0.1 + 25 \times 5 \times 2 \times 0.05 + 12 \times 5 \times 2 \times 0.05}{970}$

$= 0.056$

대책 전 잔향시간

$T = \dfrac{0.161 \times V}{S \times \bar{\alpha}} = \dfrac{0.161 \times 25 \times 12 \times 5}{970 \times 0.056} = 4.45$초

대책 후 평균흡음률

$\bar{\alpha} = \dfrac{25 \times 12 \times 0.45 + 25 \times 12 \times 0.02 + 25 \times 5 \times 2 \times 0.45 + 12 \times 5 \times 2 \times 0.45}{970}$

$= 0.32$

대책 후 잔향시간

$T = \dfrac{0.161 \times V}{S \times \bar{\alpha}} = \dfrac{0.161 \times 25 \times 12 \times 5}{970 \times 0.32} = 0.78$초

$\therefore$ 잔향시간비$\left(\dfrac{\text{대책 전}}{\text{대책 후}}\right) = \dfrac{4.45}{0.78} = 5.7$

26 반무한 방음벽의 직접음 회절감쇠치가 20dB(A), 반사음 회절감쇠치가 15dB(A), 투과손실치가 18dB(A)일 때, 이 벽에 의한 삽입손실치는 약 몇 dB(A)인가? (단, 음원과 수음점이 지상으로부터 약간 높은 위치에 있다.)

① 11.1dB　　　　② 12.4dB

③ 14.3dB　　　　④ 17.8dB

[해설] 방음벽에 의한 회절감쇠치

$\Delta L_d = -10\log\left(10^{-\frac{L_d}{10}} + 10^{-\frac{L_d'}{10}}\right)$

$= -10\log\left(10^{-\frac{20}{10}} + 10^{-\frac{15}{10}}\right)$

$= 13.8\text{dB}$

$\therefore$ 삽입손실치

$\Delta L_I = -10\log\left(10^{-\frac{\Delta L_d}{10}} + 10^{-\frac{\text{TL}}{10}}\right)$

$= -10\log\left(10^{-\frac{13.8}{10}} + 10^{-\frac{18}{10}}\right)$

$= 12.4\text{dB}$

27 기계장치의 취출구 소음을 줄이기 위한 대책으로 가장 적절하지 않은 것은?

① 취출구의 유속을 감소시킨다.

② 취출구 부위를 방음상자로 밀폐처리한다.

③ 취출관의 내면을 흡음처리한다.

④ 취출구에 소음기를 장착한다.

해설 취출구 소음을 줄이기 위한 대책
- 취출구에서 발생된 소음방지대책은 음원을 취출구 부근에 집중시켜 그 음의 전파를 방해하고 가급적 유속을 저하시켜야 한다.
- 취출구에 다공판(diffuser)이나 철망을 부착하여 소음원을 취출구 부근으로 모으거나 흐름을 두 개로 나누어 출동시킨다. 이렇게 하면 저주파 성분의 음을 감소시킬 수 있다.
- 취출구에 소음기를 장착한다. 그러나 취출구 부위를 방음상자로 밀폐하면 더욱 큰 소음이 발생한다.

28 공기 중의 어떤 음원에서 발생한 소리가 콘크리트벽($\rho = 900 kg/m^3$, $E = 2.0 \times 10^9 N/m^2$)에 수직 입사할 때, 이 벽체의 반사율은 약 얼마인가? (단, 공기밀도 1.2kg/m³, 음속 340m/s이다.)

① 0.4 ② 0.6
③ 0.8 ④ 1.0

해설 콘크리트에서의 음속

$$c = \sqrt{\frac{E}{\rho}} = \sqrt{\frac{2.0 \times 10^9}{900}} = 1,491 m/s$$

공기 중 음속 $c = 340 m/s$

$$\therefore 반사율\ \alpha_r = \frac{I_r}{I_i} = \left(\frac{\rho_2 c_2 - \rho_1 c_1}{\rho_2 c_2 + \rho_1 c_1}\right)^2$$
$$= \left(\frac{900 \times 1,491 - 1.2 \times 340}{900 \times 1,491 + 1.2 \times 340}\right)^2$$
$$= 0.999 \fallingdotseq 1$$

29 다공질형 흡음재 부착에 관한 설명이다. ( ) 안에 가장 알맞은 것은?

시공 시에는 벽면에 바로 부착하는 것보다 ( )의 홀수배 간격으로 배후공기층을 두고 설치하면 음파의 운동에너지를 가장 효율적이며, 경제적으로 열에너지로 전환시킬 수 있으며, 저음역의 흡음률도 개선된다.

① 입자속도가 최대로 되는 1/2 파장
② 입자속도가 최대로 되는 1/3 파장
③ 입자속도가 최대로 되는 1/4 파장
④ 입자속도가 최대로 되는 1/6 파장

해설 다공질 재료를 벽에 밀착하는 것보다 입자속도가 최대로 되는 $\frac{1}{4}$ 파장의 홀수배 간격으로 배후공기층을 두고 설치하면 저음역 흡음률을 개선할 수 있다.

30 어느 공장의 소음원에 대한 소음방지대책의 방지계획을 다음의 순서와 같이 세우고자 한다. ㉮~㉺ 안의 내용으로 알맞은 것은?

대상 음원의 조사 – (㉮) – (㉯) – 환경감쇠량의 측정 – (㉰) – 해석 검토 – (㉱) – (㉲) – 시공

① ㉮ 소음레벨 측정, ㉯ 주파수 분석, ㉰ 감쇠량의 설정, ㉱ 방음설계, ㉲ 경제성 검토
② ㉮ 소음레벨 측정, ㉯ 주파수 분석, ㉰ 감쇠량의 설정, ㉱ 경제성 검토, ㉲ 방음설계
③ ㉮ 감쇠량의 설정, ㉯ 소음레벨 측정, ㉰ 주파수 분석, ㉱ 경제성 검토, ㉲ 방음설계
④ ㉮ 소음레벨 측정, ㉯ 감쇠량 설정, ㉰ 주파수 분석, ㉱ 방음설계, ㉲ 경제성 검토

해설 소음방지대책의 방지계획 순서
대상 환경 및 음원의 조사 – 소음레벨 측정 - 주파수 분석 – 환경감쇠량의 측정 – 규제치를 통한 감쇠량의 설정 - 해석 검토 – 방음설계 - 경제성 검토 – 시공

31 공장의 신설 및 증설 시 소음방지계획에 필히 참고를 하여야 할 사항으로 가장 거리가 먼 것은?

① 지역구분에 따른 부지경계선에서의 소음레벨이 규제기준 이하가 되도록 설계한다.
② 특정 공장인 경우는 방지계획 및 설계도를 첨부한다.
③ 공장 건축물, 구조물에 의한 방음설계, 기계 자체 및 조합에 의한 방음설계의 계획을 세운다.
④ 공장 내에서 기계의 배치를 변경하든지 또는 소음레벨이 큰 기계를 부지경계선에서 먼 곳으로 이전 설치한다.

해설 공장에 사용될 기계류 중 주소음원이 될 것으로 예상되는 것은 가급적 부지경계선에서 멀리, 즉 공장 부지의 중앙에 설치하여 거리감쇠를 이용한다. 단순히 공장 내 기계의 배치만으로는 소음을 줄일 수 없다.

32 대형 작업장의 공조 덕트가 민가를 향해 있어 취출구 소음이 문제되고 있다. 이에 대한 대책으로 틀린 것은?

① 취출구 끝단에 소음기를 장착한다.
② 취출구 끝단에 철망 등을 설치하여 음의 진행을 세분·혼합하도록 한다.
③ 취출구의 면적을 작게 한다.
④ 취출구 소음의 지향성을 바꾼다.

[해설] 취출구의 분출유속을 저감시켜 소음을 줄이기 위해 취출구의 면적을 크게 한다.

33 차음재료 선정 및 사용상 유의사항으로 틀린 것은?

① 여러 가지 재료로 구성된 벽의 차음효과를 높이기 위해서는 각 재료의 투과율이 서로 유사하지 않도록 주의한다.
② 큰 차음효과를 바라는 경우에는 다공질 흡음재를 충진한 이중벽으로 하고 공명투과 주파수 및 일치주파수 등에 유의하여야 한다.
③ 차음벽 설치 시 저주파음을 감쇠시키기 위해서는 이중벽으로서 공기층을 충분히 유지시킨다.
④ 가진력이 큰 기계가 설치된 공장의 차음벽은 진동에 의한 차음효과 감소를 고려해야 한다.

[해설] 서로 다른 차음재로 구성된 벽의 차음효과를 효율적으로 하기 위해서는 $S_i \tau_i$값을 되도록 같이 하는 것이 좋다.

34 벽체의 한쪽 면은 실내, 다른 한쪽 면은 실외에 접한 경우 벽체의 투과손실(TL)과 벽체를 중심으로 한 현장에서 실내·외 간 음압레벨 차(NR, 차음도)와의 실용관계식으로 가장 적합한 것은?

① TL = NR − 3dB ② TL = NR − 6dB
③ TL = NR − 9dB ④ TL = NR − 12dB

[해설] 벽체(벽, 창, 출입문 등이 복합적으로 구성)의 차음도는 공시면 양측 각각의 면으로부터 1m 정도 떨어진 거리에서 실내와 실외의 평균음압레벨을 측정하여 그 차로부터 구한다.
∴ TL = NR − 6dB

35 가로, 세로, 높이가 모두 4m인 무향실 내에 소음원이 설치되어 있고 관심 주파수 영역에서 무향실의 흡음률은 1.00이다. 소음원이 무향실 모서리가 맞닿는 구석에 위치한다면 이때 지향계수는 얼마인가?

① 1   ② 2
③ 4   ④ 8

[해설] 무향실은 실내의 모든 표면에서 입사음의 거의 100%가 흡수되어 자유음장과 같은 조건을 만족할 수 있도록 만들어진 곳이므로 특정 방향에 대한 음의 지향도를 나타내는 지향계수는 1이다.

36 다음 중 실내 평균흡음률을 구하는 방법에 해당하는 것은?

① 잔향시간 측정에 의한 방법
② 관내법
③ TL 산출법
④ 정재파법

[해설] **실내 평균흡음률을 구하는 방법**
• 계산에 의한 방법
• 잔향시간 측정에 의한 방법
• 이미 알고 있는 표준음원에 의한 방법

37 실내에서 직접음과 잔향음의 크기가 같은 음원으로부터의 거리를 나타내는 실반경(room radius, r)을 구하는 식으로 옳은 것은? (단, Q는 음원의 지향계수, R은 실정수이다.)

① $r = \sqrt{\dfrac{Q}{16\pi R}}$ (m)

② $r = \sqrt{\dfrac{QR}{8\pi}}$ (m)

③ $r = \sqrt{\dfrac{QR}{16\pi}}$ (m)

④ $r = \sqrt{\dfrac{Q}{8\pi R}}$ (m)

[해설] 실반경(room radius, r)은 실내에서 직접음과 잔향음의 크기가 같은 음원으로부터의 거리를 말한다.
즉, 실반경은 $\dfrac{Q}{4\pi r^2} = \dfrac{4}{R}$가 되어야 하므로
$r = \sqrt{\dfrac{Q \times R}{16\pi}}$ (m)이다.

38 기체가 흐르는 배관이나 덕트의 선상에 부착하여 협대역 저주파 소음을 방지하는 데 탁월한 소음기 형식으로 적절한 것은?

① 간섭형 소음기
② 흡음덕트형 소음기
③ 챔버 팽창형 소음기
④ 공동 공명기형 소음기

해설 **공명형 소음기(공조형 소음기)**
관로 도중에 구멍을 판 공동과 조합한 구조로 작은 구멍과 그 배후공기층이 공명기를 형성하여 흡음함으로써 감음하는 방식이다. 이 소음기는 헬름홀츠 공명원리를 응용한 것으로 공동 내에 흡음재를 충진하면 협대역 저주파 소음방지에 효과가 크다.

39 주변이 고정된 얇은 금속원판의 두께와 직경을 각각 2배로 하였을 경우 공명 기본음 주파수는 어떻게 되는가?

① $\frac{1}{4}$ 배 감소   ② 2배 증가

③ $\frac{1}{2}$ 배 감소   ④ 변화 없다.

해설 주변이 고정된 원판의 공명주파수는 다음의 식으로 구한다.

$$f_o = k_2 \frac{t}{a^2} \sqrt{\frac{E}{\rho(1-\sigma^2)}} \ (\text{Hz})$$

여기서, k_2 : 정수
   t : 판의 두께
   a : 원판의 반경
   σ : 푸아송비(Poisson ratio)

즉, 두께와 직경을 2배로 하면 $f_o \propto \dfrac{2t}{(2a)^2} = \dfrac{t}{2a}$ 에서 공명 기본음 주파수는 $\dfrac{1}{2}$ 배가 감소된다.

40 소음원에 소음기를 부착하기 전과 후의 공간상 어떤 특정위치에서 측정한 음압레벨의 차와 그 측정위치를 의미하는 것을 무엇이라고 하는가?

① 동적 삽입손실치(DIL)
② 투과손실(TL)
③ 삽입손실치(IL)
④ 감음량(NR)

해설 삽입손실치(IL, Insertion Loss)란 소음발생원에 소음기를 부착하기 전·후 공간상의 어떤 특정위치에서 측정한 음압레벨의 차와 그 측정위치를 의미한다.

제3과목 **소음·진동 공정시험기준**

41 소음기준 중 배경소음 측정이 필요하지 않은 것은?

① 소음환경기준
② 소음배출허용기준
③ 생활소음규제기준
④ 발파소음규제기준

해설 소음환경기준은 옥외측정을 원칙으로 하며, "일반지역"은 당해 지역의 소음을 대표할 수 있는 장소로 하고, "도로변지역"에서는 소음으로 인하여 문제를 일으킬 우려가 있는 장소를 택하여야 한다. 따라서 배경소음 측정이 필요하지 않는 기준이다.

42 측정하고자 하는 진동레벨이 지시계기의 범위 내에 있도록 조정할 수 있는 장치로 10dB 간격으로 표시되어 있는 것은?

① 픽업
② 레벨레인지 변환기
③ 증폭기
④ 교정장치

해설 **레벨레인지 변환기**
측정하고자 하는 소음도가 지시계기의 범위 내에 있도록 하기 위한 감쇠기로서 유효눈금 범위가 30dB 이하가 되는 구조의 것은 변환기에 의한 레벨의 간격이 10dB 간격으로 표시되어야 한다. 다만, 레벨 변환없이 측정이 가능한 경우 레벨레인지 변환기가 없어도 무방하다.

43 배출허용기준을 적용하기 위해 소음을 측정할 때 측정점에 담, 건물 등 장애물이 있을 때는 장애물로부터 소음원 방향으로 1~3.5m 떨어진 지점에서 소음을 측정하게 되어 있다. 이 경우는 장애물의 높이가 최소 몇 m를 초과할 때인가?

① 1.2   ② 1.5
③ 2.0   ④ 2.5

해설 측정지점에 높이가 1.5m를 초과하는 장애물이 있는 경우에는 장애물로부터 소음원 방향으로 1.0~3.5m 떨어진 지점으로 한다. 다만, 장애물로부터 소음원 방향으로 1.0~3.5m 떨어지기 어려운 경우에는 장애물 상단 직상부로부터 0.3m 이상 떨어진 지점으로 할 수 있다. 또한, 그 장애물이 방음벽이거나 충분한 차음이 예상되는 경우에는 장애물 밖의 1.0~3.5m 떨어진 지점 중 암영대(暗影帶)의 영향이 적은 지점으로 한다.

44 규제기준 중 생활진동 측정방법에서 측정시간 및 측정지점수 기준으로 옳은 것은?

① 당해 측정지점에서의 진동을 대표할 수 있는 시기를 선정하여 원칙적으로 연속 7일간 측정한다.

② 「소음진동관리법」 시행규칙에서 구분하는 각 시간대 중에서 최대진동이 예상되는 시각에 1지점 이상에서 측정한다.

③ 시간대별로 진동피해가 예상되는 시간대를 포함하여 2개 이상의 측정지점수를 선정하여 4시간 이상 간격으로 2회 이상 측정하여 산술평균한 값을 측정진동레벨로 한다.

④ 피해가 예상되는 적절한 측정시각에 2지점 이상의 측정지점수를 선정·측정하여 그 중 높은 진동레벨을 측정진동레벨로 한다.

해설 측정시간 및 측정지점수 기준

피해가 예상되는 적절한 측정시각에 2지점 이상의 측정지점수를 선정·측정하여 그 중 높은 진동레벨을 측정진동레벨로 한다.

45 표준음 발생기의 발생음의 오차범위 기준으로 옳은 것은?

① ±10dB 이내   ② ±5dB 이내
③ ±1dB 이내   ④ ±0.1dB 이내

해설 표준음 발생기(pistonphone, calibrator)

소음계의 측정감도를 교정하는 기기로서 발생음의 주파수와 음압도가 표시되어 있어야 하며, 발생음의 오차는 ±1dB 이내이어야 한다.

46 소음·진동 공정시험기준 중 철도소음 측정에 관한 설명으로 틀린 것은?

① 요일별로 소음변동이 적은 평일(월요일부터 금요일까지)에 측정한다.

② 주간 시간대는 2시간 이상 간격을 두고 1시간씩 2회 측정한다.

③ 철도소음관리기준을 적용하기 위하여 측정하고자 할 경우에는 철도보호지구 외의 지역에서 측정·평가한다.

④ 샘플주기를 0.1초 내외로 결정하고 1시간 동안 연속 측정하여 자동 연산·기록한 등가소음도를 그 지점의 측정소음도로 한다.

해설 측정자료분석

샘플주기를 1초 내외로 결정하고 1시간 동안 연속 측정하여 자동 연산·기록한 등가소음도를 그 지점의 측정소음도로 한다. 단, 1일 열차 통행량이 30대 미만인 경우 측정소음도에 보정표에 의한 보정치를 보정한 후 그 값을 측정소음도로 한다.

47 다음 규제기준 중 발파진동 측정방법으로 틀린 것은?

① 진동레벨계만으로 측정할 경우에는 최고진동레벨을 고정(hold)하지 않는다.

② 디지털 진동 자동분석계로 측정진동레벨 측정 시 샘플주기를 0.1초 이하로 놓는다.

③ 디지털 진동 자동분석계로 배경진동레벨 측정 시 샘플주기를 1초 이내에서 결정하고 5분 이상 측정한다.

④ 최대발파진동이 예상되는 시각의 진동을 포함한 모든 발파진동을 1지점 이상에서 측정한다.

해설 분석기기 및 기구의 일반사항

소음계와 소음도기록기를 연결하여 측정·기록하는 것을 원칙으로 한다. 다만, 소음계만으로 측정할 경우에는 최고소음도가 고정(hold)되는 것에 한한다.

48 다음 중 도로교통소음관리기준 측정방법으로 틀린 것은?

① 요일별로 소음변동이 적은 평일(월요일부터 금요일 사이)에 당해 지역을 측정하여야 한다.

② 당해 지역 도로교통소음을 대표할 수 있는 시각에 4개 이상의 측정지점수를 선정하여 각 측정지점에서 2시간 이상 간격으로 4회 이상 측정하여 산술평균한 값을 측정소음도로 한다.

③ 디지털 소음 자동분석계를 사용할 경우 샘플주기를 1초 이내에서 결정하고 10분 이상 측정하여 자동 연산·기록한 등가소음도를 그 지점의 측정소음도로 한다.

④ 소음도의 계산과정에서는 소수점 첫째자리를 유효숫자로 하고, 측정소음도(최종값)는 소수점 첫째자리에서 반올림한다.

44.④ 45.③ 46.④ 47.① 48.②

해설 **측정시간 및 측정지점수**
주간 시간대(06:00 ~ 22:00) 및 야간 시간대(22:00 ~ 06:00)별로 소음피해가 예상되는 시간대를 포함하여 2개 이상의 측정지점수를 선정하여 4시간 이상 간격으로 2회 이상 측정하여 산술평균한 값을 측정소음도로 한다.

49 소음·진동 공정시험기준상 소음과 관련된 용어의 정의로 틀린 것은?

① 지시치 : 계기나 기록지상에서 판독한 소음도로서 실효치(rms값)를 말한다.

② 소음도 : 소음계의 청감보정회로를 통하여 측정한 지시치를 말한다.

③ 평가소음도 : 측정소음도에 배경소음을 보정한 후 얻어진 소음도를 말한다.

④ 등가소음도 : 임의의 측정시간 동안 발생한 변동소음의 총 에너지를 같은 시간 내의 정상소음의 에너지로 등가하여 얻어진 소음도를 말한다.

해설 **평가소음도**
대상소음도에 보정치를 보정한 후 얻어진 소음도를 말한다.

50 기상조건 등을 고려하여 당해 지역의 소음을 대표할 수 있는 주간 시간대는 2시간 간격을 두고 1시간씩 2회 측정하여 산술평균하며, 야간 시간대는 1회 1시간 동안 측정하는 소음은?

① 환경소음　　　　② 철도소음
③ 발파소음　　　　④ 생활소음

해설 철도소음의 측정소음도는 기상조건, 열차운행 횟수 및 속도 등을 고려하여 당해 지역의 1시간 평균 철도통행량 이상인 시간대를 포함하여 주간 시간대는 2시간 이상 간격을 두고 1시간씩 2회 측정하여 산술평균하며, 야간 시간대는 1회 1시간 동안 측정한다.

51 항공기 통과 시 1일 최고소음도 측정결과가 각각 99dB(A), 100dB(A), 101dB(A), 102dB(A), 103dB(A), 104dB(A), 105dB(A), 106dB(A), 107dB(A), 108dB(A)이었고, 0시 ~ 07시까지 1대, 07시 ~ 19시까지 6대, 19시 ~ 22시까지 2대, 22시 ~ 24시까지 1대가 통과할 때 1일 단위의 WECPNL은?

① 93　　　　② 95
③ 97　　　　④ 99

해설 1일 단위의 WECPNL을 구하는 식은 다음과 같다.

$$WECPNL = \overline{L_{\max}} + 10 \log N - 27 dB$$

여기서, N : 1일간 항공기 등가통과횟수

$$N = N_2 + 3N_3 + 10(N_1 + N_4)$$

비행횟수는 시간대별로 구분하여 조사하여야 하며, 0시에서 07시까지의 비행횟수를 N_1, 07시에서 19시까지의 비행횟수를 N_2, 19시에서 22시까지의 비행횟수를 N_3, 22시에서 24시까지의 비행횟수를 N_4라 한다.

당일의 평균 최고소음도 $\overline{L_{\max}}$

$$= 10 \log \left[\left(\frac{1}{n} \right) \sum_{i=1}^{n} 10^{0.1 \times L_i} \right]$$

$$= 10 \log \left[\left(\frac{1}{10} \right) \times (10^{9.9} + 10^{10} + 10^{10.1} + 10^{10.2} \right.$$
$$\left. + 10^{10.3} + 10^{10.4} + 10^{10.5} + 10^{10.6} + 10^{10.7} + 10^{10.8}) \right]$$

$$= 104 dB(A)$$

$$\therefore WECPNL = \overline{L_{\max}} + 10 \log N - 27 dB$$
$$= 104 + 10 \log 32 - 27$$
$$= 93 dB$$

52 소음·진동 공정시험기준상 공장소음 측정자료 평가표에 기재해야 하는 항목으로 가장 거리가 먼 것은?

① 측정대상업소 소재지
② 평균 소음도
③ 측정대상업소의 소음원(기계명)
④ 측정 소음계명

해설 이외에도 공장소음 측정자료 평가표에 기재해야 하는 항목으로 측정소음도, 배경소음도, 대상소음도 dB(A), 보정치 산정(관련 시간대에 대한 측정진동레벨 발생시간의 백분율(%), 충격음 성분) 등이 포함되어야 한다.

53 철도진동 측정자료 평가표에 반드시 기재되어야 하는 사항으로 가장 거리가 먼 것은?

① 철도 레일길이
② 평균 승차인원(명/대)
③ 열차 통행량(대/h)
④ 평균 열차속도(km/h)

해설 철도진동 측정자료 평가표에는 측정대상의 진동원과 측정지점란에 철도구조(철도선 구분, 레일길이), 교통특성(열차 통행량(대/h), 평균 열차속도(km/h)), 측정지점 약도(지역 구분)가 있다.

49.③　50.②　51.①　52.②　53.②

54 소음측정기의 청감보정회로를 C특성에 놓고 측정한 결과치가 A특성에 놓고 측정한 결과치보다 클 경우 소음의 주된 음역은?

① 저주파역
② 중주파역
③ 고주파역
④ 광대역

해설 청감보정회로(weighting networks)

인체의 청감각을 주파수 보정 특성에 따라 나타내는 것으로 A특성을 갖춘 것이어야 한다. 다만, 자동차 소음측정용은 C특성도 함께 갖추어야 한다. 여기서 소음측정기의 청감보정회로를 C특성에 놓고 측정한 결과치가 A특성에 놓고 측정한 결과보다 클 경우에는 저주파 음역이 주된 것이다.

55 소음·진동 공정시험기준상 소음계의 구조별 성능기준으로 가장 거리가 먼 것은?

① 마이크로폰은 기기의 본체와 분리가 가능하여야 한다.
② 증폭기는 마이크로폰에 의하여 음향에너지를 전기에너지로 변환시킨 양을 증폭시키는 장치를 말한다.
③ 동특성 조절기는 지시계기의 반응속도를 빠름 및 느림의 특성으로 조절할 수 있는 조절기를 가져야 한다.
④ 출력단자는 소음신호를 기록기 등에 전송할 수 있는 직류단자를 갖춘 것이어야 한다.

해설 출력단자(monitor out)

소음신호를 기록기 등에 전송할 수 있는 교류단자를 갖춘 것이어야 한다.

56 다음은 항공기소음 한도 측정자료 분석에 관한 설명이다. ( ) 안에 알맞은 것은?

> 측정자료는 헬리포트 주변 등과 같이 배경소음보다 10dB 이상 큰 항공기소음의 지속시간 평균치 $\overline{D}$가 (㉮)초 이상일 경우에는 보정량 (㉯)을 $\overline{WECPNL}$에 보정하여야 한다.

① ㉮ 10, ㉯ $\left[+10\log\left(\dfrac{\overline{D}}{20}\right)\right]$

② ㉮ 10, ㉯ $\left[+20\log\left(\dfrac{\overline{D}}{20}\right)\right]$

③ ㉮ 30, ㉯ $\left[+10\log\left(\dfrac{\overline{D}}{20}\right)\right]$

④ ㉮ 30, ㉯ $\left[+20\log\left(\dfrac{\overline{D}}{10}\right)\right]$

해설 측정자료 분석

측정자료는 다음의 방법으로 분석·정리하여 항공기소음 평가레벨인 $\overline{WECPNL}$을 구하며, 소수점 첫째자리에서 반올림한다. 다만, 헬리포트 주변 등과 같이 배경소음보다 10dB 이상 큰 항공기소음의 지속시간 평균치 $\overline{D}$가 30초 이상일 경우에는 보정량 $\left[+10\log\left(\dfrac{\overline{D}}{20}\right)\right]$을 $\overline{WECPNL}$에 보정하여야 한다.

57 어떤 단조공장의 부지경계선에서 측정한 측정진동레벨이 배경진동레벨보다 12dB 크게 나타났다. 이때 대상진동레벨로 정하는 기준으로 옳은 것은?

① 대상진동레벨은 배경진동레벨과 같다.
② 측정진동레벨이 대상진동레벨이 된다.
③ 대상진동레벨은 측정진동레벨에 10dB를 보정한 값이다.
④ 재측정하여 그 차가 9dB 이하가 되도록 보정한다.

해설 배경소음 보정

측정소음도가 배경소음보다 10dB 이상 크면 배경소음의 영향이 극히 작기 때문에 배경소음의 보정없이 측정소음도를 대상소음도로 한다.

58 생활소음 측정자료 평가표에 반드시 기재해야 할 사항으로 가장 거리가 먼 것은?

① 측정대상의 소음원과 측정지점
② 측정기기의 부속장치
③ 측정자의 소속과 직명, 성명
④ 측정에 투입된 총인원수 및 기술사항

해설 생활소음 측정자료 평가표에 '측정에 투입된 총인원수 및 기술사항'은 기재 하지 않는다.

59 A기계를 가동시킨 후 측정진동레벨이 79dB(V)이었고, 이 기계를 정지시키고 배경진동레벨을 측정하였더니 74dB(V)이었다. 이 경우 대상진동레벨(dB(V))은?

① 75
② 77
③ 78
④ 79

해설 측정진동레벨이 배경진동레벨보다 3.0 ~ 9.9dB 차이로 크면 배경진동의 영향이 있기 때문에 측정진동레벨에 보정치를 보정한 후 대상진동레벨을 구한다.

보정치 $= -10 \log \left(1 - 10^{-0.1 \times d}\right)$

여기서, $d =$ 측정진동레벨 − 배경진동레벨

∴ 보정치 $= -10 \log \left(1 - 10^{-0.1 \times 5}\right) = 1.65$

대상진동레벨 $= 79 - 1.65$
$\qquad\qquad = 77$dB(V)

60 배출허용기준 진동측정방법 중 시간의 구분은 보정표의 시간별 항목의 기준에 따라야 하는데 가동시간으로 가장 적합한 것은?

① 측정 당일 전 30일간의 정상가동시간을 산술평균한다.
② 측정 3일 전 20일간의 정상가동시간을 산술평균한다.
③ 측정 5일 전 30일간의 정상가동시간을 산술평균한다.
④ 측정 7일 전 20일간의 정상가동시간을 산술평균한다.

해설 **보정원칙**
관련 시간대에 대한 측정진동레벨 발생시간의 백분율은 별표에 따른 낮, 밤의 각각의 정상가동시간(휴식, 기계수리 등의 시간을 제외한 실질적인 기계작동시간)을 구하고 시간 구분에 따른 해당 관련 시간대에 대한 백분율을 계산하여, 당해 시간 구분에 따라 적용하여야 한다. 이때 시간의 구분은 보정표의 시간별 항목의 기준에 따라야 하며, 가동시간은 측정 당일 전 30일간의 정상가동시간을 산술평균하여 정하여야 한다. 다만, 신규 배출업소의 경우에는 30일간의 예상가동시간으로 갈음한다.

제4과목 **진동 방지기술**

61 진동방지대책을 발생원 대책, 전파경로 대책, 수진대상 대책으로 구분할 때, 다음 중 일반적으로 전파경로 대책에 해당하는 것은?

① 완충지역 설치
② 진동 전달감소장치 사용
③ 기초의 질량 및 강성 증가
④ 건물구조 개조

해설 **전파경로 방진대책**
• 진동원에서 위치를 멀리 하여 거리감쇠를 크게 함
• 완충지역 설치
• 수진점 부근에 방진구(防振溝)를 설치

62 방진재료로 금속스프링을 사용하는 경우 로킹모션(rocking motion)이 발생하기 쉽다. 이를 억제하기 위한 방법으로 틀린 것은?

① 기계 중량의 1 ~ 2배 정도의 가대를 부착한다.
② 하중이 평형분포되도록 한다.
③ 스프링의 정적 수축량이 일정한 것을 사용한다.
④ 길이가 긴 스프링을 사용하여 계의 무게중심을 높인다.

해설 **로킹모션(rocking motion) 억제방법**
스프링의 정적 수축량이 일정한 것을 사용하고 기계 중량의 1 ~ 2배 정도의 가대를 부착한다. 계의 중심을 맞게 하고, 부하(하중)가 평형분포가 되도록 한다.

63 진동에 공진현상이 일어나면 어느 진동특성이 증가하는가?

① 주파수
② 위상
③ 파장
④ 진폭

해설 **공진현상(resonance)**
물체가 가지고 있는 고유주파수(고유진동수)와 이 물체에 가해진 하중의 주파수(진동수)가 같을 때 물체가 무한대로 진동하는 현상으로 공진 시 진동의 진폭이 무한대로 증가한다.

64 진동원이 지표상에서 전파할 때 진동파의 특성별로 에너지비의 크기가 다르다. 다음 중 지표상에서 진동 전파에너지의 순서가 크기순으로 올바르게 나열된 것은?

① S파 > P파 > R파
② S파 > R파 > P파
③ R파 > S파 > P파
④ R파 > P파 > S파

> **해설** 지표면 진동파의 종류에 따른 에너지 비율
>
> | 진동파의 종류 | 에너지 비율(%) |
> |---|---|
> | 종파(P파) | 약 7 |
> | 횡파(S파) | 약 26 |
> | 레일리파(R파) | 약 67 |

65 가속도레벨에 대한 설명으로 틀린 것은?

① 가속도형 진동픽업은 진동가속도에 비례한 출력을 얻는 픽업이다.
② 가속도레벨은 진동가속도의 실효값을 대수표시한 양이다.
③ 가속도레벨의 단위는 dB이다.
④ 가속도레벨의 기준 진동가속도(0dB)는 10^{-3}m/s^2이다.

> **해설** 가속도레벨의 기준 진동가속도(0dB)는 10^{-5}m/s^2이다.

66 2개의 조화운동 $X_1 = 9\cos\omega t$, $X_2 = 12\sin\omega t$를 합성하면 최대진폭(cm)은 얼마인가? (단, 진폭의 단위는 cm로 한다.)

① 3
② 9
③ 12
④ 15

> **해설** 합성파의 진폭크기 $x = \sqrt{x_1^2 + x_2^2 + \cdots}$ 으로 나타내므로
> $\therefore x = \sqrt{9^2 + 12^2} = 15\text{cm}$

67 하중의 변화에 따라 고유진동수를 일정하게 할 수 있고, 부하능력이 광범위하고 자동제어가 가능한 방진시설은?

① 공기스프링
② 방진고무
③ 금속스프링
④ 진동절연

> **해설** 공기스프링은 구조가 복잡하여도 성능은 아주 좋은 편으로 부하능력이 광범위하며, 고주파 진동에 대한 절연성이 좋다.

68 20℃의 공기 중 밀도 2,300kg/m³, 푸아송비 0.17, 영률 2.7×10^{10}N/m², 두께 10cm인 콘크리트벽의 최저 일치주파수(Hz)는 얼마인가?

① 461.6
② 375.7
③ 283.1
④ 186.5

> **해설** 일치주파수 $f_c = \dfrac{c^2}{2\pi h \sin^2\theta} \sqrt{\dfrac{12 \times \rho \times (1 - \sigma^2)}{E}}$ (Hz)
> 에서 θ가 90°에 가까워질 때 일치주파수가 최저가 된다.
> 즉, $\sin 90° = 1$의 주파수(한계주파수)이므로
> $f_c = \dfrac{344^2}{2 \times 3.14 \times 0.1} \sqrt{\dfrac{12 \times 2,300 \times (1 - 0.17^2)}{2.7 \times 10^{10}}}$
> $= 187\text{Hz}$

69 방진재료 중 공기스프링은 고유진동수가 몇 Hz 이하를 요구할 때 주로 사용하는가?

① 5Hz
② 100Hz
③ 150Hz
④ 200Hz

> **해설** 공기스프링은 무게가 대단히 큰 물체의 방진에 사용하며, 공진 진동수를 가장 낮은 값(5Hz 이하)으로 만들어 줄 수 있다.

70 특성임피던스가 26×10^5kg/m² · s인 금속관의 플랜지 접속부에 특성임피던스가 2.8×10^3kg/m² · s의 고무를 넣어 제진(진동절연)할 때의 진동 감쇠량(dB)은 얼마인가?

① 19.4
② 21.1
③ 23.7
④ 27.8

> **해설** 절연재 부착 시 파동에너지의 반사율
> $T_r = \left(\dfrac{Z_2 - Z_1}{Z_2 + Z_1}\right)^2 = \left(\dfrac{2.8 \times 10^3 - 26 \times 10^5}{2.8 \times 10^3 + 26 \times 10^5}\right)^2$
> $= 0.9957$
> 진동하는 표면의 제진재 사이의 반사율 T_r 이 클수록 제진 효과가 크며, 이에 의한 감쇠량은 다음과 같다.
> $\Delta L = 10\log(1 - T_r) = 10\log(1 - 0.9957)$
> $= -23.7\text{dB}$
> $\therefore$ 진동 감쇠량은 23.7dB이다.

71 그림 (a)와 같은 진동계의 스프링을 압축하여 그림 (b)와 같이 만들었다. 압축된 후의 고유진동수는 처음에 비해 어떻게 변하는가? (단, 다른 조건은 변함 없다고 가정한다.)

(a)
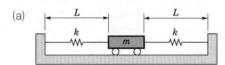

(b)
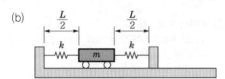

① 2배로 된다.

② $\sqrt{2}$ 배로 된다.

③ $\dfrac{1}{\sqrt{2}}$ 로 된다.

④ 변하지 않는다.

해설 (a)의 고유진동수 $f_n = \dfrac{1}{2\pi}\sqrt{\dfrac{2k}{m}}$

(b)의 고유진동수 $f_n = \dfrac{1}{2\pi}\sqrt{\dfrac{2k}{m}}$

즉, 고유진동수는 지지스프링의 길이에 관계없이 변하지 않는다.

72 그림과 같이 질량 m인 물체가 외팔보의 자유단에 달려 있을 때 계의 진동의 고유진동수(f_n)를 구하는 식으로 옳은 것은? (단, 보의 무게는 무시, 보의 길이는 L, 강성계수 E, 면적 관성모멘트 I이다.)

$$\begin{array}{c} L \\ \hline \quad\quad m \end{array}$$

① $f_n = \dfrac{1}{2\pi}\sqrt{\dfrac{3EI}{mL^3}}$

② $f_n = \dfrac{1}{2\pi}\sqrt{\dfrac{6EI}{mL^3}}$

③ $f_n = \dfrac{1}{2\pi}\sqrt{\dfrac{9EI}{mL^3}}$

④ $f_n = \dfrac{1}{2\pi}\sqrt{\dfrac{12EI}{mL^3}}$

해설 외팔보의 $k_e = \dfrac{3EI}{L^3}$

고유진동수 $f_n = \dfrac{1}{2\pi}\sqrt{\dfrac{k}{m}} = \dfrac{1}{2\pi}\sqrt{\dfrac{3EI}{mL^3}}$ (Hz)

여기서, L : 보의 길이

$\quad\quad E$: 영률(강성계수)

$\quad\quad I$: 면적 관성모멘트

$\quad\quad EI$: 보의 휨강성(상수)

73 전기모터가 1,800rpm의 속도로 기계장치를 구동시킨다. 이 시스템은 고무깔개 위에 설치되어 있고 고무깔개는 0.5cm의 정적 처짐을 나타내며, 고무깔개의 감쇠비는 0.2이다. 기초에 대한 힘의 전달률은 얼마인가?

① 0.08   ② 0.11

③ 0.16   ④ 0.21

해설 강제진동수 $f = \dfrac{\text{rpm}}{60} = \dfrac{1,800}{60} = 30\text{Hz}$

고유진동수 $f_n = 4.98\sqrt{\dfrac{1}{\delta_{st}}} = 4.98 \times \sqrt{\dfrac{1}{0.5}}$

$\quad\quad\quad\quad = 7.04\text{Hz}$

진동수비 $\eta = \dfrac{f}{f_n} = \dfrac{30}{7.04} = 4.26$

∴ 전달률 $T = \dfrac{\sqrt{1+(2\xi\eta)^2}}{\sqrt{(1-\eta^2)^2+(2\xi\eta)^2}}$

$= \dfrac{\sqrt{1+(2\times0.2\times4.26)^2}}{\sqrt{(1-4.26^2)^2+(2\times0.2\times4.26)^2}}$

$= 0.11$

74 방진고무의 특징에 대한 설명으로 틀린 것은?

① 고무 자체의 내부마찰에 의해 저항이 발생하기 때문에 고주파 진동의 차진에는 사용할 수 없다.

② 형상의 선택이 비교적 자유롭다.

③ 공기 중의 O_3에 의해 산화된다.

④ 내부마찰에 의한 발열 때문에 열화되고, 내유성 및 내열성이 약하다.

해설 **방진고무 적용의 장점**

• 형상의 선택이 자유롭고 압축, 전단, 나선 등의 사용방법에 따라 1개로 2축 방향 및 회전방향의 스프링정수를 광범위하게 선택할 수 있다.

• 고무 자체의 내부마찰에 의해 저항을 얻을 수 있어 고주파 진동의 차진에 양호하다.

75 그림과 같은 보의 횡진동에서 좌단의 경계조건을 옳게 표시한 것은?

① $y = 0,\ \dfrac{dy}{dx} = 0$

② $y = 0,\ \dfrac{d^2y}{dx^2} = 0$

③ $y = 0,\ \dfrac{d^3y}{dx^3} = 0$

④ $y = 0,\ \dfrac{d^4y}{dx^4} = 0$

해설 보의 횡진동 운동방정식에서 그림과 같은 경계조건은 $y = 0,\ \dfrac{d^2y}{dx^2} = 0$이다.

76 비감쇠 강제진동에서 진동 전달률이 0.1이 되기 위해 진동수비 $\left(\dfrac{\omega}{\omega_n}\right)$는 얼마이어야 하는가?

① 20.8 ② 2.45
③ 3.32 ④ 4.58

해설 진동 전달률 $T = \dfrac{1}{\eta^2 - 1}$ 에서

$0.1 = \dfrac{1}{\eta^2 - 1}$

$\therefore \eta = \dfrac{\omega}{\omega_n} = 3.3$

77 가진력을 저감시키는 방법으로 틀린 것은?

① 단조기는 단압 프레스로 교체한다.
② 기계에서 발생하는 가진력의 경우 기계설치 방향을 바꾼다.
③ 크랭크 기구를 가진 왕복운동 기계는 복수 개의 실린더를 가진 것으로 교체한다.
④ 터보형 고속회전 압축기는 왕복운동 압축기로 교체한다.

해설 가진력 저감을 위해서는 왕복운동 압축기는 터보형 고속회전 압축기로 교체한다.

78 진동 감쇠에 관한 설명이다. ( ) 안에 들어갈 내용으로 옳은 것은?

> 건설공사를 할 때 진동레벨은 거리가 멀어지면 감쇠한다. 거리가 멀어지면 역제곱법칙에 따르며, 따라서 거리가 2배로 되면 ( )dB 감쇠한다.

① 2 ② 4
③ 6 ④ 8

해설 진동의 거리감쇠
횡파와 종파의 거리감쇠는 거리가 2배로 되면 6dB 감소한다.
→ 역제곱의 법칙

79 충격에 의해서 가진력이 발생하고 있다. 충격력을 처음의 50%로 감소시키려면 계의 스프링정수는 어떻게 변화되어야 하는가? (단, k는 처음의 스프링정수)

① $2k$ ② $\dfrac{1}{2}k$

③ $\dfrac{1}{3}k$ ④ $\dfrac{1}{4}k$

해설 가진력 $F = v\sqrt{\dfrac{k \times W}{g}}$ 에서 가진력을 50%, 즉 $\dfrac{1}{2}$ 로 줄이면 스프링정수 k는 $\dfrac{1}{4}$ 로 하여야 한다.

80 송풍기가 1,200rpm으로 운전하고 있다. 중심회전축에서 30cm 떨어진 곳에 40g의 질량이 더해서 진동을 유발하고 있다. 이때 이 송풍기의 정적 불평형 가진력(N)은?

① 97.3 ② 115.3
③ 189.3 ④ 270.1

해설 회전 및 왕복운동에 의한 불평형력은 회전운동에 의해서 발생하는 관성력이 되므로,

$F = m\,r\,\omega^2$

$= m\,r\,(2\pi f)^2$

$= 0.04 \times 0.3 \times \left(2 \times 3.14 \times \dfrac{1,200}{60}\right)^2$

$= 189.3\text{N}$

제5과목 소음 · 진동 관계 법규

81 소음 · 진동관리법령상 교통 소음 · 진동의 규제와 관련한 행정처분기준 중 운행차 수시점검의 결과 소음기나 소음덮개를 떼어버리거나 경음기를 추가로 부착한 경우의 1차 행정처분기준으로 옳은 것은?

① 인증취소
② 폐쇄명령
③ 개선명령
④ 허가취소

> **해설** 시행규칙 [별표 21] 교통 소음 · 진동의 규제와 관련한 행정처분기준

구분	위반행위	행정처분기준			
		1차	2차	3차	4차
운행차 수시 점검의 결과	가. 운행차의 소음이 운행차 소음허용기준을 초과한 경우	개선 명령	–	–	–
	나. 소음기나 소음덮개를 떼어버리거나 경음기를 추가로 부착한 경우	개선 명령	–	–	–

82 환경정책기본법령상 「의료법」에 따른 종합병원의 부지경계로부터 50m 이내의 지역에서 낮시간대(06:00～22:00) 소음환경기준(L_{eq}dB(A))으로 옳은 것은? (단, 지역은 일반지역이다.)

① 70　　② 65
③ 55　　④ 50

> **해설** 환경정책기본법 시행령 [별표 1] 환경기준 중 소음(일반지역)

지역 구분	적용 대상지역	기준(단위 : L_{eq}dB(A))	
		낮(06:00 ～22:00)	밤(22:00 ～06:00)
일반 지역	"가"지역	50	40
	"나"지역	55	45
	"다"지역	65	55
	"라"지역	70	65

「의료법」에 따른 종합병원의 부지경계로부터 50m 이내의 지역은 "가"지역이다.

83 소음 · 진동관리법령상 야간 시간대(22:00～06:00)에 주거지역과 상업지역의 도로교통소음 한도기준(L_{eq}dB(A))은 각각 얼마인가?

① 주거지역 : 65, 상업지역 : 73
② 주거지역 : 60, 상업지역 : 65
③ 주거지역 : 58, 상업지역 : 63
④ 주거지역 : 55, 상업지역 : 60

> **해설** 시행규칙 [별표 11] 도로교통소음 · 진동의 관리기준 〈도로〉

대상지역	구분	한도	
		주간(06:00 ～22:00)	야간(22:00 ～06:00)
가. 주거지역, 녹지지역, 보전관리지역, 관리지역 중 취락지구·주거개발진흥지구 및 관광·휴양개발진흥지구, 자연환경보전지역, 학교·병원·공공도서관 및 입소규모 100명 이상의 노인의료복지시설·영유아보육시설의 부지경계선으로부터 50m 이내 지역	소음 [L_{eq} dB(A)]	68	58
	진동 [dB(V)]	65	60
나. 상업지역, 공업지역, 농림지역, 관리지역 중 산업·유통개발진흥지구 및 관리지역 중 가목에 포함되지 않는 그 밖의 지역, 미고시 지역	소음 [L_{eq} dB(A)]	73	63
	진동 [dB(V)]	70	65

84 주택건설기준 등에 관한 규정상 소음방지대책의 수립과 소음 등으로부터의 보호에 관련된 기준으로 틀린 것은?

① 사업주체는 공동주택을 건설하는 지점의 소음도가 65dB 미만이 되도록 한다.
② 실외소음도와 실내소음도의 소음측정기준은 국토교통부장관이 결정하여 고시한다.
③ 공동주택 등은 「대기환경보전법」에 따른 특정대기유해물질을 배출하는 공장으로부터 수평거리 50m 이상 떨어진 곳에 배치해야 한다.
④ 공동주택 등을 배치하려는 지점에서 동 법령으로 정하는 바에 따라 측정한 공장(소음배출시설이 설치됨)의 소음도가 50dB 이하로서 공동주택 등에 영향을 미치지 않으면, 공동주택 등은 해당 공장으로부터 수평거리 50m 이내에 배치할 수 있다.

해설 주택건설기준 등에 관한 규정(국토교통부) 제9조(소음방지대책의 수립)

1. 사업주체는 공동주택을 건설하는 지점의 소음도(실외소음도)가 65dB 미만이 되도록 하되, 65dB 이상인 경우에는 방음벽·방음림(소음막이숲) 등의 방음시설을 설치하여 해당 공동주택의 건설지점의 소음도가 65dB 미만이 되도록 소음방지대책을 수립해야 한다.
   ㉠ 세대 안에 설치된 모든 창호(窓戸)를 닫은 상태에서 거실에서 측정한 소음도(실내소음도)가 45dB 이하일 것
   ㉡ 공동주택의 세대 안에 「건축법」 시행령에 따라 정하는 기준에 적합한 환기설비를 갖출 것
2. 1에 따른 실외소음도와 실내소음도의 소음측정기준은 국토교통부장관이 환경부장관과 협의하여 고시한다.

85 환경정책기본법령상 용어의 정의로 거리가 먼 것은?

① "환경개선"이란 환경오염 및 환경훼손으로부터 환경을 보호하고 오염되거나 훼손된 환경을 개선함과 동시에 쾌적한 환경의 상태를 유지·조성하기 위한 행위를 말한다.

② "자연환경"이란 지하·지표(해양을 포함한다) 및 지상의 모든 생물과 이들을 둘러싸고 있는 비생물적인 것을 포함한 자연의 상태(생태계 및 자연경관을 포함한다)를 말한다.

③ "환경훼손"이란 야생 동·식물의 남획 및 그 서식지의 파괴, 생태계 질서의 교란, 자연경관의 훼손, 표토의 유실 등으로 자연환경의 본래적 기능에 중대한 손상을 주는 상태를 말한다.

④ "생활환경"이란 대기, 물, 토양, 폐기물, 소음·진동, 악취, 일조, 인공조명, 화학물질 등 사람의 일상생활과 관계되는 환경을 말한다.

해설 환경정책기본법 제3조(정의)
"환경보전"이란 환경오염 및 환경훼손으로부터 환경을 보호하고 오염되거나 훼손된 환경을 개선함과 동시에 쾌적한 환경상태를 유지·조성하기 위한 행위를 말한다.

86 방음시설의 성능 및 설치기준상 방음시설의 설치에 대한 설명으로 틀린 것은?

① 방음시설의 높이는 방음시설에 의한 삽입손실에 따라 결정되며, 계획 시의 삽입손실은 방음시설 설치대상지역의 소음목표기준과 수음점의 소음실측치(또는 예측치)와의 차이 이상으로 한다.

② 방음시설의 길이는 방음시설 측단으로 입사하는 음의 영향을 고려하여 설계목표를 충분히 달성할 수 있는 길이로 결정하여야 한다.

③ 방음시설 발주자는 방음시설의 설치 가능한 장소 중 소음저감을 극대화할 수 있는 지점에 설치하여야 한다.

④ 방음시설 발주자는 방음효과의 증대를 위하여 방음벽 설치위치를 도로측면으로 한정한다.

해설 방음시설의 성능 및 설치기준(환경부 고시) 제15조(방음시설의 설치지점 선정)

1. 방음시설 발주자는 방음시설의 설치 가능한 장소 중 소음저감을 극대화할 수 있는 지점에 설치하여야 한다.
2. 방음시설 발주자는 방음효과의 증대를 위하여 도로측면 외에 도로중앙분리대에도 방음벽을 설치할 수 있다.

87 소음·진동관리법령상 철도진동의 관리기준(한도, dB(V))은? (단, 야간(22:00 ~ 06:00), 국토의 계획 및 이용에 관한 법률상 주거지역 기준)

① 50   ② 55
③ 60   ④ 65

해설 시행규칙 [별표 11] 도로교통소음·진동의 관리기준 〈철도〉

대상지역	구분	한도	
		주간(06:00 ~ 22:00)	야간(22:00 ~ 06:00)
주거지역, 녹지지역, 보전관리지역, 관리지역 중 취락지구·주거개발진흥지구 및 관광·휴양개발진흥지구, 자연환경보전지역, 학교·병원·공공도서관 및 입소규모 100명 이상의 노인의료복지시설·영유아보육시설의 부지경계선으로부터 50m 이내 지역	소음 $[L_{eq}]$ dB(A)	70	60
	진동 [dB(V)]	65	60

88 소음·진동관리법령상 소음을 방지하기 위한 방음시설의 성능·설치기준 및 성능평가 등 사후관리에 필요한 사항을 정하여 고시할 수 있는 사람은?

① 환경부장관
② 시·도지사
③ 시장·군수·구청장
④ 국토교통부장관

해설 법 제40조(방음시설의 성능과 설치기준 등)
1. 소음을 방지하기 위하여 방음벽·방음림(防音林)·방음둑 등의 방음시설을 설치하는 자는 충분한 소리의 차단효과를 얻을 수 있도록 설계·시공하여야 한다.
2. 제1항에 따른 방음시설의 성능·설치기준 및 성능평가 등 사후관리에 필요한 사항은 환경부장관이 정하여 고시할 수 있다.

89 소음·진동관리법령상 소음발생장소로서 "환경부령으로 정하는 장소"가 아닌 것은?

① 「체육시설의 설치·이용에 관한 법률」에 따른 체육도장업
② 「학원의 설립·운영 및 과외교습에 관한 법률」에 따른 외국어 교습을 위한 학원
③ 「식품위생법」 시행령에 따른 단란주점영업
④ 「음악산업진흥에 관한 법률」에 따른 노래연습장업

해설 시행규칙 제2조(소음의 발생장소)
환경부령으로 정하는 장소
1. 「주택법」에 따른 공동주택
2. 다음의 사업장
   ㉠ 「음악산업진흥에 관한 법률」에 따른 노래연습장업
   ㉡ 「체육시설의 설치·이용에 관한 법률」에 따른 신고 체육시설업 중 체육도장업, 체력단련장업, 무도학원업 및 무도장업
   ㉢ 「학원의 설립·운영 및 과외교습에 관한 법률」에 따른 학원 및 교습소 중 음악교습을 위한 학원 및 교습소
   ㉣ 「식품위생법」 시행령에 따른 단란주점영업 및 유흥주점영업
   ㉤ 「다중이용업소 안전관리에 관한 특별법」 시행규칙에 따른 콜라텍업

90 다음은 소음·진동관리법령상 배출시설의 변경신고 등에 관한 사항이다. ( ) 안에 알맞은 것은?

사업장의 명칭을 변경하거나 대표자를 변경하는 경우, 배출시설의 변경신고를 하려는 자는 이를 변경한 날로부터 ( )일 이내에 배출시설 변경신고서에 변경내용을 증명하는 서류와 배출시설 설치신고증명서 또는 배출시설 설치허가증을 첨부하여 특별자치시장, 특별자치도지사 또는 시장·군수·구청장에게 제출하여야 한다.

① 30
② 60
③ 90
④ 120

해설 시행규칙 제10조(배출시설의 변경신고 등)
제1항에 따른 변경신고를 하려는 자는 해당 시설의 변경 전(사업장의 명칭을 변경하거나 대표자를 변경하는 경우에는 이를 변경한 날부터 60일 이내)에 배출시설 변경신고서에 변경내용을 증명하는 서류와 배출시설 설치신고증명서 또는 배출시설 설치허가증을 첨부하여 특별자치시장·특별자치도지사 또는 시장·군수·구청장에게 제출하여야 한다.

91 소음·진동관리법령상 인증시험대행기관과 관련한 행정처분기준 중 거짓이나 그 밖의 부정한 방법으로 지정을 받은 경우 1차 행정처분기준으로 옳은 것은?

① 지정취소
② 업무정지 6월
③ 업무정지 3월
④ 업무정지 1월

해설 시행규칙 [별표 21] 행정처분기준 중 인증시험대행기관에 대한 행정처분

위반행위	행정처분기준			
	1차	2차	3차	4차
거짓이나 그 밖의 부정한 방법으로 지정을 받은 경우	지정취소	–	–	–

92 소음·진동관리법령상 공장소음 배출허용기준에서 다음 지역과 시간대 중 배출허용기준치가 가장 엄격한 조건은? (단, 예외조항 무시하고 일반적인 기준치로 본다.)

① 도시지역 중 녹지지역(취락지구)의 낮시간대
② 도시지역 중 일반주거지역의 저녁시간대
③ 농림지역의 밤시간대
④ 도시지역 중 전용주거지역의 저녁시간대

[해설] 시행규칙 [별표 5] 공장 소음·진동의 배출허용기준

대상지역	시간대별(단위 : dB(A))		
	낮(06:00 ~18:00)	저녁(18:00 ~24:00)	밤(24:00 ~06:00)
가. 도시지역 중 전용주거지역 및 녹지지역(취락지구·주거개발진흥지구 및 관광·휴양개발진흥지구만 해당한다), 관리지역 중 취락지구·주거개발진흥지구 및 관광·휴양개발진흥지구, 자연환경보전지역 중 수산자원보호구역 외의 지역	50 이하	45 이하	40 이하
나. 도시지역 중 일반주거지역 및 준주거지역, 도시지역 중 녹지지역(취락지구·주거개발진흥지구 및 관광·휴양개발진흥지구는 제외한다)	55 이하	50 이하	45 이하
다. 농림지역, 자연환경보전지역 중 수산자원보호구역, 관리지역 중 가목과 라목을 제외한 그 밖의 지역	60 이하	55 이하	50 이하
라. 도시지역 중 상업지역·준공업지역, 관리지역 중 산업개발진흥지구	65 이하	60 이하	55 이하
마. 도시지역 중 일반공업지역 및 전용공업지역	70 이하	65 이하	60 이하

① 도시지역 중 녹지지역(취락지구)의 낮시간대 : 50dB(A) 이하
② 도시지역 중 일반주거지역의 저녁시간대 : 50dB(A) 이하
③ 농림지역의 밤시간대 : 50dB(A) 이하
④ 도시지역 중 전용주거지역의 저녁시간대 : 45dB(A) 이하

93 소음·진동관리법령상 소음·진동 배출시설을 설치한 공장에서 나오는 소음·진동의 배출허용기준을 초과한 경우 행정처분기준으로 옳은 것은?

① 1차 – 개선명령
② 2차 – 경고
③ 3차 – 조업정지
④ 4차 – 폐쇄

[해설] 시행규칙 [별표 21] 행정처분기준 중 배출시설 및 방지시설 등과 관련된 행정처분기준

위반행위	행정처분기준			
	1차	2차	3차	4차
배출허용기준을 초과한 경우	개선명령	개선명령	개선명령	조업정지

94 소음·진동관리법령상 시장·군수·구청장의 허가를 받아 배출시설을 설치하여야 하는 지역의 범위로 옳은 것은?

① 「의료법」에 따른 종합병원의 부지경계선으로부터 직선거리 200m 이내의 지역
② 「도서관법」에 따른 공공도서관의 부지경계선으로부터 직선거리 50m 이내의 지역
③ 「초·중등교육법」 및 「고등교육법」에 따른 학교의 부지경계선으로부터 직선거리 100m 이내의 지역
④ 「주택법」에 따른 공동주택의 부지경계선으로부터 직선거리 150m 이내의 지역

[해설] 시행령 제2조(배출시설의 설치허가 등)
"학교 또는 종합병원의 주변 등 대통령령으로 정하는 지역"이란 다음의 어느 하나에 해당하는 지역을 말한다.
1. 「의료법」에 따른 종합병원의 부지경계선으로부터 직선거리 50m 이내의 지역
2. 「도서관법」에 따른 공공도서관의 부지경계선으로부터 직선거리 50m 이내의 지역
3. 「초·중등교육법」 및 「고등교육법」에 따른 학교의 부지경계선으로부터 직선거리 50m 이내의 지역
4. 「주택법」에 따른 공동주택의 부지경계선으로부터 직선거리 50m 이내의 지역
5. 「국토의 계획 및 이용에 관한 법률」에 따른 주거지역 또는 제2종 지구단위 계획구역
6. 「의료법」에 따른 요양병원 중 100개 이상의 병상을 갖춘 노인을 대상으로 하는 요양병원의 부지경계선으로부터 직선거리 50m 이내의 지역
7. 「영유아보육법」에 따른 어린이집 중 입소규모 100명 이상인 어린이집의 부지경계선으로부터 직선거리 50m 이내의 지역

95 소음·진동관리법령상 운행차 수시점검에 따르지 아니하거나 지장을 주는 행위를 한 자에 대한 벌칙기준으로 옳은 것은?

① 3년 이하의 징역 또는 1,500만원 이하의 벌금
② 1년 이하의 징역 또는 1,000만원 이하의 벌금
③ 6개월 이하의 징역 또는 500만원 이하의 벌금
④ 300만원 이하의 벌금

93.① 94.② 95.③

[해설] 법 제58조(벌칙)
다음의 어느 하나에 해당하는 자는 6개월 이하의 징역 또는 500만원 이하의 벌금에 처한다.
1. 신고를 하지 아니하거나 거짓이나 부정한 방법으로 신고를 하고 배출시설을 설치하거나 그 배출시설을 이용해 조업한 자
2. 작업시간 조정 등의 명령을 위반한 자
3. 운행차 수시점검에 따르지 아니하거나 지장을 주는 행위를 한 자
4. 개선명령 또는 사용정지명령을 위반한 자

96 다음 중 소음·진동관리법령상 소음방지시설이 아닌 것은?

① 방음외피시설
② 방음지지시설
③ 방음림 및 방음언덕
④ 흡음장치 및 시설

[해설] 시행규칙 [별표 2] 소음·진동방지시설 등
〈소음방지시설〉
1. 소음기
2. 방음덮개시설
3. 방음창 및 방음실시설
4. 방음외피시설
5. 방음벽시설
6. 방음터널시설
7. 방음림 및 방음언덕
8. 흡음장치 및 시설

97 소음·진동관리법령상 대수기준시설 및 기계·기구 중 소음배출시설에 해당하는 기준이 아닌 것은?

① 자동제병기
② 30대 이상의 직기(편기는 제외)
③ 4대 이상의 시멘트 벽돌 및 블록의 제조기계
④ 제관기계

[해설] 시행규칙 [별표 1] 소음·진동배출시설
소음배출시설 중 대수기준시설 및 기계·기구
1. 100대 이상의 공업용 재봉기
2. 4대 이상의 시멘트 벽돌 및 블록의 제조기계
3. 자동제병기
4. 제관기계
5. 2대 이상의 자동포장기
6. 40대 이상의 직기(편기는 제외한다)
7. 방적기계(합연사 공정만 있는 사업장의 경우에는 5대 이상으로 한다)

98 소음·진동관리법령상 자동차의 종류 중 이륜자동차의 규모기준으로 옳은 것은? (단, 2015년 12월 8일 이후 제작되는 자동차 기준이다.)

① 엔진배기량이 50cc 이상이고, 차량 총중량이 500kg을 초과하지 않는 것
② 엔진배기량이 50cc 이상이고, 차량 총중량이 1,000kg을 초과하지 않는 것
③ 엔진배기량이 80cc 이상이고, 차량 총중량이 500kg을 초과하지 않는 것
④ 엔진배기량이 80cc 이상이고, 차량 총중량이 1,000kg을 초과하지 않는 것

[해설] 시행규칙 [별표 3] 자동차의 종류

종류	정의	규모
이륜자동차	자전거로부터 진화한 구조로서 사람 또는 소량의 화물을 운송하기 위한 것	엔진배기량이 50cc 이상이고, 차량 총중량이 1,000kg을 초과하지 않는 것

[참고] 이륜자동차는 운반차를 붙인 이륜자동차와 이륜자동차에서 파생된 삼륜 이상의 최고속도 50km/h를 초과하는 이륜자동차를 포함한다.

99 소음·진동관리법령상 환경부장관은 이 법의 목적을 달성하기 위하여 관계 기관의 장에게 요청할 수 없는 조치는?

① 도시재개발사업의 변경
② 주택단지 조성의 변경
③ 산업단지 조성의 제한
④ 도로·철도·공항 주변의 공동주택 건축허가의 제한

[해설] 법 제48조(관계 기관의 협조)
환경부장관은 이 법의 목적을 달성하기 위하여 필요하다고 인정하면 다음에 해당하는 조치를 관계 기관의 장에게 요청할 수 있다.
1. 도시재개발사업의 변경
2. 주택단지 조성의 변경
3. 도로·철도·공항 주변의 공동주택 건축허가의 제한
4. 그 밖에 대통령령으로 정하는 사항

100 소음 · 진동관리법령상 소음도 검사기관의 지정
기준에 있는 기술인력 중 기술직에 해당되지 않
는 자는? (단, 해당 분야는 소음 · 진동 관련분
야이다.)

① 해당 분야가 아닌 분야의 전문학사학위를
취득하고, 소음 · 진동 관련 분야의 실무
에 종사한 경력이 3년 이상인 사람

② 해당 분야의 기술사 자격을 취득한 사람

③ 해당 분야 학사학위를 취득하고, 해당 분
야의 실무에 종사한 경력이 1년 이상인
사람

④ 해당 분야의 기사 자격을 취득하고, 해당
분야의 실무에 종사한 경력이 1년 이상인
사람

해설 **시행령 [별표 1] 소음도 검사기관의 지정기준**

1. 소음 · 진동 관련 분야 학위 취득자
   ㉠ 박사학위를 취득한 사람
   ㉡ 석사학위 또는 학사학위를 취득하고, 해당 분야의 실
   무에 종사한 경력이 1년 이상인 사람
   ㉢ 전문학사학위를 취득하고, 해당 분야의 실무에 종사
   한 경력이 3년 이상인 사람

2. 소음 · 진동 관련 분야 자격 취득자
   ㉠ 기술사 자격을 취득한 사람
   ㉡ 기사 자격을 취득하고, 해당 분야의 실무에 종사한
   경력이 1년 이상인 사람
   ㉢ 산업기사 자격을 취득하고, 해당 분야의 실무에 종사
   한 경력이 3년 이상인 사람

3. 소음 · 진동 관련 분야가 아닌 분야의 학위 취득자로서
   다음의 어느 하나에 해당하는 사람
   ㉠ 학사학위를 취득하고, 소음 · 진동 관련 분야의 실무
   에 종사한 경력이 3년 이상인 사람
   ㉡ 전문학사학위를 취득하고, 소음 · 진동 관련 분야의
   실무에 종사한 경력이 5년 이상인 사람

01 A공장 장방형 벽체의 가로×세로가 8m×4m이다. 벽면 밖에서의 SPL이 83dB이었다면 15m 떨어진 지점에서의 SPL은 몇 dB인가?

① 56dB

② 59dB

③ 62dB

④ 65dB

해설 다음과 같이 장방형(직사각형) 벽면에서

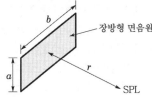

장방형 면음원

SPL

- 벽면에서 떨어진 거리가 매우 짧을 경우 $\left(r < \frac{a}{3}\right)$의 거리감쇠치는 없다.

$$SPL_a = SPL_1 - SPL_2 = 0$$

- $\frac{a}{3} < r < \frac{b}{3}$일 경우

$$SPL_a = SPL_1 - SPL_2 = 10 \log\left(\frac{3 \times r}{a}\right) dB$$

- $r > \frac{b}{3}$일 경우

$$SPL_a = SPL_1 - SPL_2$$
$$= 20 \log\left(\frac{3 \times r}{h}\right) + 10 \log\left(\frac{b}{a}\right) dB$$

음원에서 15m 떨어진 곳의 조건은 위의 세 번째 식에 해당하므로

$$SPL_2 = 83 - 20 \log\left(\frac{3 \times 15}{8}\right) - 10 \log\left(\frac{8}{4}\right)$$
$$= 65 dB$$

02 80dB(A)의 소음도에 7시간, 70dB(A)의 소음도에 3시간 노출된 지점의 등가소음도는 약 몇 dB(A)인가?

① 75

② 79

③ 81

④ 82

해설 등가소음도

$$L_{eq} = 10 \log\left[\frac{1}{10}\left(7 \times 10^{\frac{L_1}{10}} + 3 \times 10^{\frac{L_2}{10}}\right)\right]$$
$$= 10 \log\left[\frac{1}{10}\left(7 \times 10^8 + 3 \times 10^7\right)\right] = 78.6 dB(A)$$

03 진동의 등감각곡선에 대한 설명으로 틀린 것은?

① 진동계에서 등감각곡선에 기초한 보정회로를 통한 레벨을 진동레벨이라 한다.

② 일반적으로 수직 보정된 레벨을 많이 사용한다.

③ 수평진동은 9~12Hz 범위에서 가장 예민하다.

④ 수직진동은 4~8Hz 범위에서 가장 예민하다.

해설 등청감각곡선에서 볼 때 수직진동은 4~8Hz, 수평진동은 1~2Hz에서 가장 민감하다.

04 백색잡음에 관한 설명으로 틀린 것은?

① 보통 저음역과 중음역대의 음이 상대적으로 고음역보다 음량이 높아 인간의 청각면에서는 적색잡음이 백색잡음보다 모든 주파수대에 동일 음량으로 들린다.

② 인간이 들을 수 있는 모든 소리를 혼합하면 주파수, 진폭, 위상이 균일하게 끊임없이 변하는 완전 랜덤파형을 형성하며 이를 백색잡음이라 한다.

③ 단위 주파수 대역(1Hz)에 포함되는 성분의 세기가 전 주파수에 걸쳐 일정한 잡음을 말한다.

④ 모든 주파수대에 동일한 음량을 가지고 있는 것임에도 불구하고, 저음역 쪽으로 갈수록 에너지 밀도가 높아 저음역 쪽의 음성분이 더 많은 것으로 들린다.

해설 백색잡음은 모든 주파수대에 동일한 음량을 가지고 있는 것임에도 불구하고, 고음역 쪽으로 갈수록 에너지 밀도가 높아 고음역 쪽의 음성분이 더 많은 것으로 들린다.

05 음의 크기(loudness)를 결정하는 방법으로 틀린 것은?

① 18 ～ 25세의 연령군을 대상으로 한다.

② 1,000Hz를 중심으로 시험한다.

③ 청감이 가장 민감한 주파수는 약 4,000Hz이다.

④ 50phon은 100Hz에서 50dB이다.

해설 50phon은 1,000Hz에서 50dB이다.

06 주파수 15Hz, 진동속도 파형의 전진폭 0.0004m/s인 정현진동의 진동가속도레벨(dB)은 얼마인가?

① 68.2   ② 62.5

③ 59.3   ④ 57.7

해설 파형의 전진폭(全振幅)이 0.0004m/s인 정현진동의 진동속도는 $\dfrac{0.0004}{2} = 0.0002$m/s이다.

이때의 최대가속도진폭

$A_m = V_m \times \omega = V_m \times 2\pi f$
$= 0.0002 \times 2 \times 3.14 \times 15$
$= 0.01884$m/s^2

$\therefore \mathrm{VAL} = 20 \log \left(\dfrac{\frac{0.01884}{\sqrt{2}}}{10^{-5}} \right) = 62.5$dB

07 음압진폭이 2×10^{-2}N/m^{2}일 때 음 세기의 실효치(W/m^2)는 얼마인가? (단, 공기밀도 1.25kg/m^3, 음속 337m/s이다.)

① 4.75×10^{-5}

② 4.75×10^{-6}

③ 4.75×10^{-7}

④ 4.75×10^{-8}

해설 음의 세기 $I = \dfrac{P^2}{\rho c}$ (W/m^2)

여기서, P : 음압 실효치(N/m^2)

      ρc : 고유음향임피던스(주어진 매질에서 입자속도에 대한 음압의 비)

음압진폭이 2×10^{-2}N/m^{2}인 순음성분 소음의 음압실효치는

$\dfrac{2 \times 10^{-2}}{\sqrt{2}} = 0.01414$N/m^2 이다.

$\therefore$ 음의 세기의 실효치

$I = \dfrac{P^2}{\rho \times c} = \dfrac{0.01414^2}{1.25 \times 337} = 4.75 \times 10^{-7}$W/m^2

08 사람의 청각기관 중 중이에 관한 설명으로 틀린 것은?

① 음의 전달매질은 기체이다.

② 망치뼈, 모루뼈, 등자뼈라는 3개의 뼈를 담고 있는 고실과 유스타키오관으로 이루어진다.

③ 고실의 넓이는 1 ～ 2cm^2 정도이다.

④ 이소골은 진동 음압을 20배 정도 증폭하는 임피던스 변환기의 역할을 한다.

해설 중이의 음의 전달매질은 고실(망치뼈, 다듬이뼈, 등자뼈로 구성된 이소골(음압 증폭))에서 이루어지므로 고체이다.

09 음장에 관한 설명으로 틀린 것은?

① 확산음장은 잔향음장에 속하며, 밀폐된 실내의 모든 표면에서 입사음이 거의 100% 반사된다면 실내의 모든 위치에서 음의 에너지 밀도는 일정하다.

② 근음장은 음원에서 근접한 거리에서 발생하며, 음원의 크기, 주파수, 방사면의 위상에 크게 영향을 받는 음장이다.

③ 자유음장은 근음장 중 역제곱법칙이 만족되는 구역이다.

④ 근음장에서의 입자속도는 음의 전파방향과 개연성이 없다.

해설 자유음장은 원음장 중 역제곱법칙이 만족되는 구역이다.

10 음의 마스킹 효과에 대한 설명으로 틀린 것은?

① 크고, 작은 두 소리를 동시에 들을 때 큰 소리만 듣고, 작은 소리는 듣지 못하는 현상이다.

② 두 음의 주파수가 비슷할 때는 마스킹 효과가 대단히 커진다.

③ 작업장 안에서의 배경음악은 마스킹 효과를 이용한 것이다.

④ 고음이 저음을 잘 마스킹한다.

해설 **마스킹 효과의 특성**

• 음의 간섭에 의해 일어난다.

• 저음이 고음을 잘 마스킹한다.

• 두 음의 주파수가 비슷할 때는 마스킹 효과가 대단히 커진다.

• 두 음의 주파수가 거의 같을 때는 맥동이 생겨 마스킹 효과가 감소한다.

11 소음의 특징으로 가장 거리가 먼 것은?

① 감각적이다.
② 대책 후에 처리할 물질이 거의 발생되지 않는다.
③ 모든 소음은 광범위하고, 단발적이다.
④ 축적성이 없다.

해설 소음공해는 국소적이고 다발적이어서 주위에 민원이 많다.

12 음파의 진행방향에 장애물이 있을 경우 장애물 뒤쪽으로 음이 전파되는 현상을 무엇이라 하는가?

① 반사 ② 회절
③ 굴절 ④ 방음

해설 음파의 회절(장애물 뒤쪽으로 음이 전파되는 현상)이 잘 되는 조건
• 음파의 파장이 길수록
• 장애물의 크기가 작을수록
• 물체의 틈 구멍이 있는 경우 그 틈 구멍이 작을수록

13 점음원과 선음원(무한장)이 있다. 각 음원으로부터 10m 떨어진 거리에서의 음압레벨이 100dB이라고 할 때, 1m 떨어진 위치에서의 각각의 음압레벨은 얼마인가? (단, 점음원 – 선음원 순서이다.)

① 120dB – 110dB ② 120dB – 120dB
③ 130dB – 110dB ④ 130dB – 120dB

해설
• 점음원의 거리감쇠는 $-20\log\left(\dfrac{r_2}{r_1}\right)$

$\therefore -20\log\left(\dfrac{r_2}{r_1}\right) = -20\log\left(\dfrac{1}{10}\right) = 20\text{dB}$

점음원 쪽으로 다가오므로 $100+20=120\text{dB}$

• 선음원의 거리감쇠는 $-10\log\left(\dfrac{r_2}{r_1}\right)$

$\therefore -10\log\left(\dfrac{r_2}{r_1}\right) = -10\log\left(\dfrac{1}{10}\right) = 10\text{dB}$

선음원 쪽으로 다가오므로 $100+10=110\text{dB}$

14 어떤 소리의 세기가 단위면적당 $10^{-2}\,\text{W/m}^2$일 때 소리의 세기레벨은 몇 dB인가?

① 80dB ② 100dB
③ 110dB ④ 120dB

해설 소리의 세기레벨

$\text{SIL} = 10\log\left(\dfrac{I}{10^{-12}}\right) = 10\log\left(\dfrac{10^{-2}}{10^{-12}}\right) = 100\text{dB}$

15 평균 음압이 3,515N/m²이고, 특정 지향음압이 6,250N/m²일 때 지향지수(dB)는 얼마인가?

① 3.8 ② 5.0
③ 6.3 ④ 7.2

해설 지향지수(Directivity Index) $\text{DI} = \text{SPL}_\theta - \overline{\text{SPL}}$ (dB)
여기서, SPL_θ : 동 거리에서 어떤 특정 방향의 음압레벨 (SPL)
$\overline{\text{SPL}}$: 음원에서 r (m)만큼 떨어진 구형상의 여러 지점에서 측정한 음압레벨의 평균치

$\text{SPL}_\theta = 20\log\dfrac{6{,}250}{2\times10^{-5}} = 170\text{dB}$

$\overline{\text{SPL}} = 20\log\dfrac{3{,}515}{2\times10^{-5}} = 165\text{dB}$

$\therefore \text{DI} = 170 - 165 = 5\text{dB}$

16 A공장의 측정소음도가 70dB(A)이고, 배경소음도가 59dB(A)이었다면 공장의 대상소음도는 얼마인가?

① 70dB(A) ② 69dB(A)
③ 68dB(A) ④ 67dB(A)

해설 측정소음도가 배경소음도보다 10dB 이상 크면 배경소음의 영향이 극히 작기 때문에 배경소음의 보정없이 측정소음도를 대상소음도로 한다.

별해 측정소음도와 배경소음도의 차를 구해도 된다.

$L = 10\log\left(10^{\frac{L_1}{10}} - 10^{\frac{L_2}{10}}\right)$
$= 10\log\left(10^7 - 10^{5.9}\right)$
$= 70\text{dB(A)}$

17 소음성 난청에 관한 설명으로 틀린 것은?

① 난청은 4,000Hz 부근에서 일어나는 경우가 많다.
② 소음이 높은 공장에서 일하는 근로자들에게 나타나는 직업병이다.
③ 1일 8시간 폭로의 경우 난청 방지를 위한 허용치는 130dB(A)이다.
④ 영구적 난청이라고도 하며, 소음에 폭로된 후 2일~3주 후에도 정상청력으로 회복되지 않는다.

해설 소음성 난청 방지를 위한 허용한계는 건강한 성인을 기준으로 하루 8시간 작업하는 경우 90dB(A)이다.

11.③ 12.② 13.① 14.② 15.② 16.① 17.③

PART 1 필기 연도별 기출문제

18 마스킹 효과에 대한 설명으로 옳은 것은?

① 협대역폭의 소리가 같은 중심주파수를 갖는 같은 세기의 순음보다 더 작은 마스킹 효과를 갖는다.

② 마스킹 소음의 레벨이 커질수록 마스킹되는 주파수의 범위가 줄어든다.

③ 마스킹 효과는 마스킹 소음의 중심주파수보다 고주파수 대역에서 보다 작은 값을 갖게 되는 이중 대칭성을 갖고 있다.

④ 마스킹 소음의 대역폭은 어느 한계(한계 대역폭) 이상에서는 그 중심주파수에 있는 순음에 대해 영향을 미치지 못한다.

해설 ① 협대역폭의 소리가 같은 중심주파수를 갖는 같은 세기의 순음보다 더 큰 마스킹 효과를 갖는다.

② 마스킹 소음의 레벨이 커질수록 마스킹되는 주파수의 범위가 늘어난다.

③ 마스킹 효과는 마스킹 소음의 중심주파수보다 고주파수 대역에서 보다 큰 값을 갖게 되는 이중 대칭성을 갖고 있다.

참고 마스킹 효과

강한 큰 소리(방해음) 때문에 듣고자 하는 소리의 주파수가 더 낮아져 잘 들리지 않게 되는 현상으로, 다음의 특성이 있다.

• 저음이 고음을 잘 마스킹한다.

• 두 음의 주파수가 비슷할 때는 마스킹 효과가 대단히 커진다.

• 두 음의 주파수가 거의 같을 때는 맥동이 생겨 마스킹 효과가 감소한다.

• 마스킹 소음의 레벨이 높을수록 마스킹되는 주파수의 범위가 늘어난다.

19 직경 d, 길이 l인 축의 중앙에 관성모멘트 J인 계가 비틀림진동을 할 때의 비틀림진동의 주기를 구하는 계산식으로 옳은 것은? (단, 축의 전단 탄성계수를 G로 한다.)

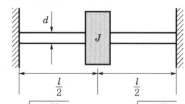

① $2\pi\sqrt{\dfrac{2\,Jl}{\pi\,d^4\,G}}$ ② $2\pi\sqrt{\dfrac{4\,Jl}{\pi\,d^4\,G}}$

③ $2\pi\sqrt{\dfrac{8\,Jl}{\pi\,d^4\,G}}$ ④ $2\pi\sqrt{\dfrac{16\,Jl}{\pi\,d^4\,G}}$

해설 비틀림 진동계에서 고유진동수

$f_n = \dfrac{\omega}{2\pi} = \dfrac{1}{T} = \dfrac{1}{2\pi}\sqrt{\dfrac{G\pi d^4}{32\,JL}}$ (Hz)에서

주기 $T = 2\pi\sqrt{\dfrac{32\,JL}{G\pi d^4}}$ (s)

여기서, G : 축의 전단 탄성계수
  J : 원판의 관성모멘트
  d : 축의 직경
  L : 축의 길이

그림에서 축의 길이 $L = \left(\dfrac{\frac{l}{2}\times\frac{l}{2}}{\frac{l}{2}+\frac{l}{2}}\right) = \dfrac{l}{4}$ 이므로

$T = 2\pi\sqrt{\dfrac{32\,J\frac{l}{4}}{G\,d^4}} = 2\pi\sqrt{\dfrac{8\,Jl}{G\,d^4}}$ (s)이다.

20 다음 그림에서 (a), (b) 진동계의 고유진동수를 구하는 계산식으로 옳은 것은? (단, S는 스프링 정수, M은 질량이다.)

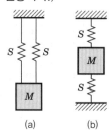

(a)   (b)

① (a) $\dfrac{1}{2\pi}\sqrt{\dfrac{2S}{M}}$, (b) $\dfrac{1}{2\pi}\sqrt{\dfrac{2S}{M}}$

② (a) $\dfrac{1}{2\pi}\sqrt{\dfrac{2S}{M}}$, (b) $\dfrac{1}{2\pi}\sqrt{\dfrac{S}{2M}}$

③ (a) $\dfrac{1}{2\pi}\sqrt{\dfrac{S}{2M}}$, (b) $\dfrac{1}{2\pi}\sqrt{\dfrac{2S}{M}}$

④ (a) $\dfrac{1}{2\pi}\sqrt{\dfrac{S}{2M}}$, (b) $\dfrac{1}{2\pi}\sqrt{\dfrac{S}{2M}}$

해설 고유진동수 $f_o = \dfrac{1}{2\pi}\sqrt{\dfrac{k}{m}}$ 에서

(a) 스프링이 병렬이므로 스프링정수
  $k = S+S = 2S$, $m = M$

(b) 스프링이 위, 아래로 병렬이므로
  $k = S+S = 2S$, $m = M$이므로

두 진동계 모두 $f_o = \dfrac{1}{2\pi}\sqrt{\dfrac{2S}{M}}$

제2과목 소음 측정 및 분석

21 생활소음의 규제기준 측정방법으로 옳은 것은?

① 측정점은 피해가 예상되는 자의 부지경계선 중 소음도가 높을 것으로 예상되는 지점의 지면 위 0.5~1.0m 높이로 한다.

② 소음계의 마이크로폰은 측정위치에 받침장치(삼각대 등)를 설치하지 않고 측정하는 것을 원칙으로 한다.

③ 측정지점에 높이가 1.5m를 초과하는 장애물이 있는 경우에는 장애물로부터 소음원 방향으로 1.0~3.5m 떨어진 지점을 측정점으로 한다.

④ 손으로 소음계를 잡고 측정할 경우 소음계는 측정자의 몸으로부터 0.1m 이상 떨어져야 한다.

해설 생활소음의 규제기준 측정방법
• 측정점은 피해가 예상되는 자의 부지경계선 중 소음도가 높을 것으로 예상되는 지점의 지면 위 1.2~1.5m 높이로 한다.
• 소음계의 마이크로폰은 측정위치에 받침장치(삼각대 등)를 설치하여 측정하는 것을 원칙으로 한다.
• 손으로 소음계를 잡고 측정할 경우 소음계는 측정자의 몸으로부터 0.5m 이상 떨어져야 한다.

22 흡음재료에 관한 설명으로 틀린 것은?

① 다공판의 충진재료서 다공질 흡음재료를 사용하면 다공판의 상태, 배후공기층 등에 따른 공명흡음을 얻을 수 있다.

② 다공질 흡음재료는 음파가 재료 중을 통과할 때 재료의 다공성에 따른 저항 때문에 음에너지가 감석하며 일반적으로 중·고음역의 흡음률이 높다.

③ 다공질 흡음재료에 음향적 투명재료를 표면재로 사용하면 흡음재료의 특성에 영향을 주지 않고 표면을 보호할 수 있다.

④ 판상재료의 충진재로서 다공질 흡음재료를 사용하면 저음역보다 중·고음역의 흡음특성이 좋아진다.

해설 판상재료의 충진재로서 다공질 흡음재료를 사용하면 판의 재질, 두께, 취부방법 등에 따라 저음역의 흡음성을 기대할 수 있다.

23 배출허용기준을 적용하기 위해 소음을 측정할 때 측정점에 담, 건물 등 장애물이 있는 경우에는 장애물로부터 소음원 방향으로 1~3.5m 떨어진 지점에서 소음을 측정하게 되어 있다. 이때 기준에서 적용되는 장애물의 높이는 최소 몇 m를 초과할 때인가?

① 1.2 ② 1.5
③ 2.0 ④ 2.5

해설 측정지점에 높이가 1.5m를 초과하는 장애물이 있는 경우에는 장애물로부터 소음원 방향으로 1.0~3.5m 떨어진 지점으로 한다.

24 항공기소음 한도 측정에 관한 설명으로 옳은 것은?

① 소음계의 동특성을 느림(slow) 모드로 하여 측정하여야 한다.

② 소음계와 소음도 기록기를 별도 분리하여 측정·기록하는 것을 원칙으로 한다.

③ 소음도 기록기가 없는 경우에는 소음계만으로는 측정할 수 없다.

④ 소음계 및 소음도 기록기의 전원과 기기의 동작을 점검하고, 분기마다 1회 교정을 실시하여야 한다.

해설 항공기소음 한도 측정에서 소음계의 동특성은 느림(slow) 모드를 하여 측정하여야 하며, 소음계의 청감보정회로는 A특성에 고정하여 측정하여야 한다.
② 소음계와 소음도 기록기를 연결하여 측정·기록하는 것을 원칙으로 한다.
③ 소음계와 소음도 기록기를 연결하여 측정·기록하는 것을 원칙으로 하되, 소음도 기록기가 없는 경우에는 소음계만으로 측정할 수 있다.
④ 소음계 및 소음도 기록기의 전원과 기기의 동작을 점검하고, 매회 교정을 실시하여야 한다.

25 규제기준 중 발파소음 측정평가 시 대상소음도에 시간대별 보정발파횟수에 따른 보정량을 보정하여 평가소음도를 구하는데, 지발발파의 경우는 보정발파횟수를 몇 회로 간주하는가?

① 1회 ② 3회
③ 5회 ④ 10회

해설 대상소음도에 시간대별 보정발파횟수(N)에 따른 보정량($+10\log N \; ; \; N > 1$)을 보정하여 평가소음도를 구한다. 이 경우, 지발발파는 보정발파횟수를 1회로 간주한다.

21.③ 22.④ 23.② 24.① 25.①

26 A지역에서 연속해서 110분간 소음을 측정한 결과, 평가 보정을 한 소음레벨이 50dB(A) 25분, 60dB(A) 30분, 70dB(A) 25분, 80dB(A) 30분으로 계측되었다. 이때의 등가소음레벨은 얼마인가?

① 73.2dB(A)

② 74.7dB(A)

③ 75.6dB(A)

④ 77.3dB(A)

해설 등가소음레벨(equivalent noise level, L_{eq})은 등가소음도라고도 하며, 이는 임의의 측정시간 동안 발생한 변동소음의 총 에너지를 같은 시간 내의 정상소음의 에너지로 등가하여 얻어진 소음도를 말한다.

$L_{eq} = 10\log\sum_{i=1}^{N}\left(\frac{1}{100}\times 10^{0.1\,L_i}\times f_i\right)$ 이므로

$$\therefore\ L_{eq} = 10\log\big(10^5\times 0.23 + 10^6\times 0.27$$
$$+\, 10^7\times 0.23 + 10^8\times 0.27\big)$$
$$= 74.7\text{dB(A)}$$

27 다음 중 항공기소음 측정자료 평가표 서식에 기재되어야 하는 사항으로 가장 거리가 먼 것은?

① 비행횟수

② 비행속도

③ 측정자의 소속

④ 풍속

해설 항공기소음 측정자료 평가표 서식에 기재되어야 하는 사항은 비행횟수, 일별 WECPNL, 측정자의 소속, 측정환경(반사음의 영향, 풍속, 진동, 전자장의 영향), 지역구분, 측정지점, 평균지속시간, 항공기소음 평가레벨(WECPNL) 등이다.

28 다음 중 넓은 주파수 범위에 걸쳐 평탄특성을 가지며 고감도 및 장기간 운용 시 안정하나, 다습한 기후에서 측정 시 뒷판에 물이 응축되지 않도록 유의해야 할 마이크로폰은?

① 콘덴서형

② 다이나믹형

③ 크리스탈형

④ 자기형

해설 콘덴서형 마이크로폰은 넓은 주파수 범위에 걸쳐 평탄특성을 가지기 때문에 주파수 특성이 우수하고 노이즈가 적기 때문에 주로 정밀계측용이나 음향측정에 사용되지만 외부로부터의 충격이나 습도 등의 환경적인 영향을 받기 때문에 사용에 주의해야 한다.

29 환경기준 중 소음측정방법에 있어 낮시간대에는 각 측정지점에서 2시간 이상 간격으로 몇 회 이상 측정하여 산술평균한 값을 측정소음도로 하는가?

① 2회 이상

② 3회 이상

③ 4회 이상

④ 5회 이상

해설 낮시간대(06:00~22:00)에는 당해 지역 소음을 대표할 수 있도록 측정지점수를 충분히 결정하고, 각 측정지점에서 2시간 이상 간격으로 4회 이상 측정하여 산술평균한 값을 측정소음도로 한다.

30 어떤 기계의 측정소음도가 85dB(A)이고, 대상 소음도가 82dB(A)일 때 배경소음도는 얼마인가?

① 82dB(A)

② 83dB(A)

③ 84dB(A)

④ 85dB(A)

해설 소음도의 차이를 구한다.
배경소음도 $= 10\log\big(10^{8.5} - 10^{8.2}\big) = 82\text{dB(A)}$

31 환경소음의 측정조건에 관한 설명으로 옳은 것은?

① 요일별로 공휴일을 택하여 측정한다.

② 당해 지역 소음평가에 현저한 영향을 미칠 것으로 예상되는 부지 내에서 실시한다.

③ 소음변동이 큰 평일(월요일부터 금요일 사이)에 당해 지역에서 측정한다.

④ 소음변동이 적은 평일(월요일부터 금요일 사이)에 당해 지역에서 측정한다.

해설 **환경소음 측정사항**
요일별로 소음변동이 적은 평일(월요일부터 금요일 사이)에 당해 지역의 환경소음을 측정하여야 한다.

26.② 27.② 28.① 29.③ 30.① 31.④

32 다음은 소음계의 성능기준이다. ( ) 안에 내용으로 알맞은 것은?

> 측정가능 주파수 범위는 (㉮) 이상이어야 하고, 지시계기의 눈금오차는 (㉯) 이내이어야 한다.

① ㉮ 31.5Hz ~ 8kHz, ㉯ 0.5dB
② ㉮ 31.5Hz ~ 8kHz, ㉯ 1dB
③ ㉮ 8Hz ~ 31.5kHz, ㉯ 0.5dB
④ ㉮ 8Hz ~ 31.5kHz, ㉯ 1dB

해설 소음계의 성능
• 측정가능 주파수 범위는 31.5Hz ~ 8kHz 이상이어야 한다.
• 지시계기의 눈금오차는 0.5dB 이내이어야 한다.

33 환경기준에 의한 소음측정 시 디지털 소음 자동분석계를 사용하여 측정할 때 일정한 샘플주기 결정 후, 몇 분 이상 측정하여 산정한 등가소음도를 그 지점의 측정소음도로 하는가?

① 1분　② 5분
③ 10분　④ 30분

해설 환경기준 분석절차(디지털 소음 자동분석계를 사용할 경우)
샘플주기를 1초 이내에서 결정하고 5분 이상 측정하여 자동 연산·기록한 등가소음도를 그 지점의 측정소음도로 한다.

34 철도소음의 측정시각 및 측정횟수 기준에 대한 내용이다. ( ) 안에 내용으로 알맞은 것은?

> 기상조건, 열차운행 횟수 및 속도 등을 고려하여 당해 지역의 1시간 평균 철도통행량 이상인 시간대를 포함하여 주간 시간대는 ( ) 측정하여 산술평균한다.

① 2시간 이상 간격을 두고 1시간씩 2회
② 3시간 이상 간격을 두고 1시간씩 3회
③ 4시간 이상 간격을 두고 2시간씩 2회
④ 2시간 이상 간격을 두고 2시간씩 1회

해설 철도소음의 측정소음도는 기상조건, 열차운행 횟수 및 속도 등을 고려하여 당해 지역의 1시간 평균 철도통행량 이상인 시간대를 포함하여 주간 시간대는 2시간 이상 간격을 두고 1시간씩 2회 측정하여 산술평균하며, 야간 시간대는 1회 1시간 동안 측정한다.

35 다음은 철도소음관리기준 측정방법에 관한 내용이다. ( ) 안에 들어갈 내용으로 알맞은 것은?

> 철도소음관리기준 측정 시 샘플주기를 (㉮) 내외로 결정하고 (㉯) 동안 연속 측정하여 자동 연산·기록한 등가소음도를 그 지점의 측정소음도로 한다.

① ㉮ 0.1초, ㉯ 1시간
② ㉮ 0.1초, ㉯ 12시간
③ ㉮ 1초, ㉯ 1시간
④ ㉮ 1초, ㉯ 12시간

해설 철도소음관리기준 측정 시 샘플주기를 1초 내외로 결정하고 1시간 동안 연속 측정하여 자동 연산·기록한 등가소음도를 그 지점의 측정소음도로 한다. 단, 1일 열차통행량이 30대 미만인 경우 측정소음도에 보정표에 의한 보정치를 보정한 후 그 값을 측정소음도로 한다.

36 소음계의 부속장치인 표준음 발생기에 관한 설명으로 틀린 것은?

① 소음계의 측정감도를 교정하는 기기이다.
② 발생음의 오차는 ±0.1dB 이내이어야 한다.
③ 발생음의 음압도가 표시되어 있어야 한다.
④ 발생음의 주파수가 표시되어 있어야 한다.

해설 표준음 발생기(pistonphone, calibrator)
소음계의 측정감도를 교정하는 기기로서 발생음의 주파수와 음압도가 표시되어 있어야 하며, 발생음의 오차는 ±1dB 이내이어야 한다.

37 항공기소음 한도 측정을 위한 소음계의 청감보정회로 및 동특성으로 옳은 것은?

① 청감보정회로 : A특성, 동특성 : 느림(slow) 모드
② 청감보정회로 : A특성, 동특성 : 빠름(fast) 모드
③ 청감보정회로 : C특성, 동특성 : 느림(slow) 모드
④ 청감보정회로 : C특성, 동특성 : 빠름(fast) 모드

해설 항공기 소음관리기준 측정의 일반사항 중 소음계의 청감 보정회로 및 동특성 측정조건
- 소음계의 청감보정회로는 A특성에 고정하여 측정하여야 한다.
- 소음계의 동특성을 느림(slow) 모드를 하여 측정하여야 한다.

38 소음배출허용기준 측정을 위한 측정시간 및 측정지점수 선정기준으로 옳은 것은?

① 밤시간대(22:00 ~ 06:00)에는 낮시간대에 측정한 측정지점에서 2시간 간격으로 2회 이상 측정하여 산술평균한 값을 측정소음도로 한다.

② 적절한 측정시각에 5지점 이상의 측정지점수를 선정·측정하여 산술평균한 소음도를 측정소음도로 한다.

③ 피해가 예상되는 적절한 측정시각에 2지점 이상의 측정지점수를 선정·측정하여 그 중 가장 높은 소음도를 측정소음도로 한다.

④ 낮시간대는 2시간 간격을 두고 1시간씩 2회 측정하여 산술평균하며, 밤시간대는 1회 1시간 동안 측정한다.

해설 ① 밤시간대(22:00 ~ 06:00)에는 낮시간대에 측정한 측정지점에서 2시간 간격으로 2회 이상 측정하여 산술평균한 값을 측정소음도로 한다. → 환경기준 측정시간 및 측정지점수
③ 피해가 예상되는 적절한 측정시각에 2지점 이상의 측정지점수를 선정·측정하여 그 중 가장 높은 소음도를 측정소음도로 한다. → 배출허용기준 중 소음측정방법, 규제기준 중 생활소음 측정방법
④ (기상조건, 열차운행 횟수 및 속도 등을 고려하여 당해 지역의 1시간 평균 철도통행량 이상인 시간대를 포함하여) 주간 시간대는 2시간 이상 간격을 두고 1시간씩 2회 측정하여 산술평균하며, 야간 시간대는 1회 1시간 동안 측정한다. → 철도소음관리기준 측정방법

39 노래연습장 소음으로 동일 건물 내 소음측정을 하였다. 측정지역 및 시간, 규제기준으로 옳은 것은?

① 주거지역 - 주간(08:00 ~ 18:00) - 50dB(A) 이하

② 녹지지역 - 주간(07:00 ~ 18:00) - 50dB(A) 이하

③ 주거지역 - 야간(22:00 ~ 06:00) - 40dB(A) 이하

④ 녹지지역 - 야간(22:00 ~ 05:00) - 55dB(A) 이하

해설 소음·진동관리법 시행규칙(제20조 제3항 관련) [별표 8]
생활소음 규제기준   [단위 : dB(A)]

대상지역	소음원		시간대별 아침, 저녁 (05:00~07:00, 18:00~22:00)	주간 (07:00 ~18:00)	야간 (22:00 ~05:00)
주거지역, 녹지지역, 관리지역 중 취락지구·주거개발진흥지구 및 관광휴양개발진흥지구, 자연환경보전지역, 그 밖의 지역에 있는 학교·종합병원·공공도서관	확성기	옥외설치	60 이하	65 이하	60 이하
		옥내에서 옥외로 소음이 나오는 경우	50 이하	55 이하	45 이하
	공장		50 이하	55 이하	45 이하
	사업장	동일 건물	45 이하	50 이하	40 이하
		기타	50 이하	55 이하	45 이하
	공사장		60 이하	65 이하	50 이하

40 다음 중 소음계의 구조별 성능에 관한 설명으로 틀린 것은?

① 지시계기 : 지침형 지시계기는 유효지시 범위가 30dB 이상이어야 하고, 1dB 눈금 간격은 2mm 이상으로 표시되어야 한다.

② 청감보정회로 : A특성을 갖추어야 하며 자동차소음 측정용은 C특성도 함께 갖추어야 한다.

③ 레벨레인지 변환기 : 측정하고자 하는 소음도가 지시계기의 범위 내에 있도록 하기 위한 감쇠기이다.

④ 마이크로폰 : 지향성이 작은 압력형으로 하며, 기기의 본체와 분리가 가능하여야 한다.

해설 지시계기(meter)
지시계기는 지침형 또는 디지털형이어야 한다. 지침형에서는 유효지시 범위가 15dB 이상이어야 하고, 각각의 눈금은 1dB 이하를 판독할 수 있어야 하며, 1dB 눈금 간격이 1mm 이상으로 표시되어야 한다. 다만, 디지털형에서는 숫자가 소수점 한 자리까지 표시되어야 한다.

제3과목 **진동 측정 및 분석**

41 진동레벨계의 표준진동 발생기에 관한 설명으로 틀린 것은?

① 진동레벨계의 측정감도를 교정하는 기기이다.
② 발생진동의 주파수가 표시되어야 한다.
③ 발생진동의 진동레벨이 표시되어야 한다.
④ 발생진동의 오차는 ±1dB 이내이어야 한다.

해설 **표준진동 발생기(calibrator)**
진동레벨계의 측정감도를 교정하는 기기로서 발생진동의 주파수와 진동가속도레벨이 표시되어 있어야 한다.

42 진동측정기기 중 지시계기의 눈금오차는 얼마 이내이어야 하는가?

① 0.5dB 이내
② 1dB 이내
③ 5dB 이내
④ 15dB 이내

해설 진동측정기기 중 지시계기의 눈금오차는 0.5dB 이내이어야 한다.

43 진동방지계획 수립 시 다음 보기 중 일반적으로 가장 먼저 이루어지는 것은?

① 측정치와 규제 기준치의 차로부터 저감 목표레벨 설정
② 수진점 일대의 진동 실태조사
③ 수진점의 진동 규제기준 확인
④ 발생원의 위치와 발생 기계를 확인

해설 **진동방지계획 수립 시 이루어지는 절차**
• 진동이 문제가 되는 수진점의 위치를 확인
• 수진점 일대의 진동 실태조사(지면진동 및 초저주파음의 레벨, 주파수 분석)
• 수진점의 진동특성 파악(지면진동인자 초저주파음에 의한 것인지를 판정)
• 수진점의 진동 규제기준 확인
• 측정치와 규제 기준치의 차로부터 저감 목표레벨을 정함
• 발생원의 위치와 발생 기계를 확인
• 적절한 개선대책을 선정(가진력 제거 및 저감, 기계 기초로부터 진동전달을 저감, 진동차단 조치(소음기 부착 등))
• 시공 및 재평가

44 발파진동 측정자료 분석 시 평가진동레벨(최종값)은 소수점 몇 째 자리에서 반올림하는가?

① 첫째자리
② 둘째자리
③ 셋째자리
④ 넷째자리

해설 **발파진동의 측정자료 분석**
측정자료 분석 시 진동레벨의 계산과정에서는 소수점 첫째자리를 유효숫자로 하고, 평가진동레벨(최종값)은 소수점 첫째자리에서 반올림한다.

45 배출허용기준 중 진동측정방법으로 진동픽업의 설치조건으로 틀린 것은?

① 수직방향 진동레벨을 측정할 수 있도록 설치한다.
② 경사 및 요철이 없는 장소로 하고, 수평면을 충분히 확보할 수 있는 장소로 한다.
③ 복잡한 반사, 회절현상이 예상되는 지점은 피한다.
④ 완충물이 풍부하고, 충분히 다져서 단단히 굳은 장소로 한다.

해설 **진동픽업의 설치조건**
• 진동픽업(pick-up)의 설치장소는 옥외지표를 원칙으로 하고 복잡한 반사, 회절현상이 예상되는 지점은 피한다.
• 진동픽업의 설치장소는 완충물이 없고, 충분히 다져서 단단히 굳은 장소로 한다.
• 진동픽업의 설치장소는 경사 또는 요철이 없는 장소로 하고, 수평면을 충분히 확보할 수 있는 장소로 한다.
• 진동픽업은 수직방향 진동레벨을 측정할 수 있도록 설치한다.
• 진동픽업 및 진동레벨계를 온도, 자기, 전기 등의 외부영향을 받지 않는 장소에 설치한다.

46 일정 장력 T로 잡아 늘린 현(弦)이 미소 횡진동을 하고 있을 때, 단위길이당 질량을 ρ라 하면 전파속도 c는 얼마인가?

① $c = \sqrt{\dfrac{\rho}{T}}$
② $c = \sqrt{\dfrac{T}{\rho}}$
③ $c = \sqrt{\dfrac{T}{2\rho}}$
④ $c = \sqrt{\dfrac{2T}{\rho}}$

해설 **현악기(바이올린, 첼로, 가야금 등)의 파동 전파속도**
$$c = \sqrt{\dfrac{T}{\rho}}$$

47 규제기준 중 생활진동 측정방법으로 틀린 것은?

① 피해가 예상되는 적절한 측정시간에 2지점 이상의 측정지점수를 선정·측정하여 그 중 높은 진동레벨을 측정진동레벨로 한다.

② 진동픽업의 연결선은 잡음 등을 방지하기 위하여 지표면에 일직선으로 설치한다.

③ 진동레벨계의 감각보정회로는 별도 규정이 없는 한 V특성(수직)에 고정하여 측정하여야 한다.

④ 진동레벨계의 출력단자와 진동레벨기록기의 입력단자를 연결한 후 전원과 기기의 동작을 점검하고 분기마다 1회 교정을 실시하여야 한다.

해설 진동레벨계의 출력단자와 진동레벨기록기의 입력단자를 연결한 후 전원과 기기의 동작을 점검하고 매회 교정을 실시하여야 한다.

48 철도진동관리기준 측정방법에 관한 설명으로 틀린 것은?

① 옥외측정을 원칙으로 한다.

② 기상조건, 열차의 운행횟수 및 속도 등을 고려하여 당해 지역의 3시간 평균 철도통행량 이상인 시간대를 측정한다.

③ 그 지역의 철도진동을 대표할 수 있는 지점이나 철도진동으로 인하여 문제를 일으킬 우려가 있는 지점을 택하여야 한다.

④ 요일별로 진동 변동이 적은 평일(월요일부터 금요일 사이)에 당해 지역의 철도진동을 측정하여야 한다.

해설 철도진동의 측정시간은 기상조건, 열차의 운행횟수 및 속도 등을 고려하여 당해 지역의 1시간 평균 철도통행량 이상인 시간대에 측정한다.

49 진동레벨계의 지시계기(meter) 성능기준 중 지침형에서의 유효지시 범위는 얼마 이상이어야 하는가?

① 5dB 이상   ② 10dB 이상
③ 15dB 이상   ④ 20dB 이상

해설 진동레벨계의 지시계기는 지침형 또는 디지털형이어야 한다. 지침형에서 유효지시 범위가 15dB 이상이어야 하고, 각각의 눈금은 1dB 이하를 판독할 수 있어야 하며, 1dB 눈금 간격이 1mm 이상으로 표시되어야 한다. 다만, 디지털형에서는 숫자가 소수점 한 자리까지 표시되어야 한다.

50 진동레벨계의 성능기준으로 옳은 것은?

① 진동픽업의 횡감도는 규정주파수에서 수감축 감도에 대한 차이가 15dB 이상이어야 한다(연직특성).

② 레벨레인지 변환기가 있는 기기에 있어서 레벨레인지 변환기의 전환오차가 1dB 이내이어야 한다.

③ 지시계기의 눈금오차는 1dB 이내이어야 한다.

④ 측정가능 주파수 범위는 20 ~ 20,000Hz 이상이어야 한다.

해설 **진동레벨계의 성능기준**
- 측정가능 주파수 범위는 1 ~ 90Hz 이상이어야 한다.
- 측정가능 진동레벨의 범위는 45 ~ 120dB 이상이어야 한다.
- 감각특성의 상대응답과 허용오차는 환경측정기기의 형식승인·정도검사 등에 관한 고시 중 진동레벨계의 구조·성능 세부기준 표의 연직진동 특성에 만족하여야 한다.
- 진동픽업의 횡감도는 규정주파수에서 수감축 감도에 대한 차이가 15dB 이상이어야 한다(연직특성).
- 레벨레인지 변환기가 있는 기기에 있어서 레벨레인지 변환기의 전환오차가 0.5dB 이내이어야 한다.
- 지시계기의 눈금오차는 0.5dB 이내이어야 한다.

51 제진재에 대한 설명으로 옳은 것은?

① 상대적으로 경량이고 잔향음의 에너지 저감용으로 사용된다.

② 상대적으로 신축성이 있는 점탄성 재질로 진동에너지의 전환 기능이다.

③ 상대적으로 고밀도이고 기공이 없는 재질이다.

④ 반작용이나 전환요소를 직렬이나 병렬조합으로 만들고 공기에 의해 전파되는 음의 저감에 이용한다.

해설 **제진재(damping)**
상대적으로 큰 내부 손실을 가진 신축성이 있는 점탄성 자재로 진동으로 패널이 떨려 발생하는 음에너지의 저감에 사용된다.
- 공기 전파음에 의해 발생하는 공진진폭의 저감
- 패널 가장자리나 구성요소 접속부의 진동에너지 전달의 저감

52 ( ) 안에 가장 적합한 진동은?

> ( )의 대표적인 예는 그네로서 그네가 1행 정하는 동안 사람 몸의 자세는 2행정을 하게 된다. 이 외에 회전하는 편평축의 진동, 왕복운동 기계의 크랭크축계의 진동 등을 들 수 있다.

① 과도진동   ② 자려진동
③ 강제자려진동   ④ 계수여진진동

〔해설〕 **진동의 종류**
- 자유진동(free vibration) : 비강제 진동계로 외력이 제거된 후의 진동을 말한다.
- 강제진동(forsed vibration) : 진동계에 주기적인 외력이 작용할 때 나타나는 진동으로 보통은 저항인 감쇠력 등이 작용하는 경우도 포함한다.
- 과도진동(transient vibration) : 정상상태 진동 이전의 초기조건을 의미하며 말 그대로 진동이 발생하도록 갑자기 주는 이벤트, 즉 그 때의 진동을 의미한다.
- 자려진동(self-induced(excited) vibration 또는 chatter) : 진동을 야기시키는 외력이 없는 곳에 특수진동수의 진동이 발생하는 현상으로 바이올린 현의 진동이 여기에 속한다.
- 계수여진진동 : 계수여진진동의 주파수는 계의 고유진동수로서 가진력의 주파수가 그 계의 고유진동수의 2배로 될 때에 크게 진동하는 특징을 가지고 있다. 이 진동의 근본적인 대책은 질량 및 스프링 특성의 시간적 변동을 없애는 것이며, 적어도 고유진동수를 강제진동수의 2배가 되게 하여 발생하는 공진을 피하고 감쇠력을 부과하는 것이 효과적이다.

53 외부로부터 힘을 받았을 때 진동을 일으키는 최소한의 인자는?

① 질량과 댐퍼   ② 질량과 스프링
③ 스프링과 댐퍼   ④ 질량, 댐퍼와 스프링

〔해설〕 진동의 필수적인 구성요소는 힘, 질량과 스프링으로 표현될 수 있으며, 진동의 발생원인은 진동의 요소 중에서 힘(가진력)은 초기의 과도진동을 유발하며 또한 지속적인 힘의 발생으로 정상상태의 진동을 유발하게 된다.

54 측정진동레벨에 배경진동의 영향을 보정한 후 얻어진 진동레벨을 무엇이라 하는가?

① 대상진동레벨   ② 평가진동레벨
③ 배경진동레벨   ④ 정상진동레벨

〔해설〕 **대상진동레벨**
측정진동레벨에 배경진동의 영향을 보정한 후 얻어진 진동레벨을 말한다.

55 ( ) 안에 들어갈 내용으로 알맞은 것은?

> 방진고무의 정확한 사용을 위해서는 일반적으로 (㉮)을 알아야 하는데, 그 값은 $\frac{(㉯)}{(㉰)}$로 나타낼 수 있다.

① ㉮ 정적 배율, ㉯ 동적 스프링정수,
    ㉰ 정적 스프링정수
② ㉮ 동적 배율, ㉯ 정적 스프링정수,
    ㉰ 동적 스프링정수
③ ㉮ 동적 배율, ㉯ 동적 스프링정수,
    ㉰ 정적 스프링정수
④ ㉮ 정적 배율, ㉯ 정적 스프링정수,
    ㉰ 동적 스프링정수

〔해설〕 방진고무의 정확한 사용을 위해서는 일반적으로 동적 배율(α)을 알아야 하는데, 그 값은 $\frac{동적 스프링정수}{정적 스프링정수}$로 나타낼 수 있다.

56 L_{10} 진동레벨 계산을 위한 누적도곡선 표기에 관한 내용이다. ( ) 안에 들어갈 내용으로 알맞은 것은?

> 누적도수를 이용하여 모눈종이상에 누적도곡선을 작성한 후 ( )을(를) 90% 횡선이 누적도곡선과 만나는 교점에서 수선을 그어 횡축과 만나는 점의 진동레벨을 L_{10}값으로 한다.

① 횡축에 누적도수, 좌측 종축에 진동레벨을, 우측 종축에 백분율
② 횡축에 백분율, 좌측 종축에 누적도수를, 우측 종축에 진동레벨
③ 횡축에 진동레벨, 좌측 종축에 누적도수를, 우측 종축에 백분율
④ 횡축에 백분율, 좌측 종축에 진동레벨을, 우측 종축에 누적도수

〔해설〕 L_{10} **진동레벨 계산방법**
진동레벨기록지의 누적도수를 이용하여 모눈종이상에 누적도곡선을 작성한 후 (횡축에 진동레벨, 좌측 종축에 누적도수를, 우측 종축에 백분율을 표기) 90% 횡선이 누적도곡선과 만나는 교점에서 수선을 그어 횡축과 만나는 점의 진동레벨을 L_{10}값으로 한다.

57 원통형 코일스프링의 스프링정수에 관한 설명으로 옳은 것은?

① 스프링정수는 전단 탄성률에 반비례한다.
② 스프링정수는 유효권수에 비례한다.
③ 스프링정수는 소선 직경의 4제곱에 비례한다.
④ 스프링정수는 평균 코일직경의 3제곱에 비례한다.

해설

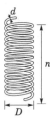

원통형 코일스프링에 걸리는 기계의 하중 $W(\text{N})$, 평균 코일직경 $D(\text{mm})$, 소선(素線)의 직경 $d(\text{mm})$, 유효권수 n이라 할 때,

• 수축량 $\delta_{st} = \dfrac{8\,WD^3\,n}{Gd^4}\,(\text{mm})$

• 스프링정수 $k = \dfrac{W}{\delta_{st}} = \dfrac{Gd^4}{8\,\pi\,D^3}\,(\text{N/mm})$

여기서, G : 스프링 재료의 전단 탄성률(N/mm²)
∴ 스프링정수는 소선 직경의 4제곱에 비례한다.

58 도로교통진동의 진동한도 측정방법에 관한 설명이다. (　) 안에 알맞은 것은?

> 진동레벨기록기를 사용하여 측정할 경우, 5분 이상 측정·기록하여 기록지상의 지시치가 불규칙하고 대폭적으로 변할 때에는 (　　) 계산방법에 의한 값을 측정진동레벨로 한다.

① L_{50} 진동레벨
② L_{dn} 진동레벨
③ L_{10} 진동레벨
④ 산술평균 진동레벨

해설 도로교통진동의 진동한도 측정방법에서 기록지상의 지시치가 불규칙하고 대폭적으로 변하는 경우에는 L_{10} 진동레벨 계산방법에 의한 L_{10}값을 측정진동레벨로 한다.

59 진동배출원의 부지경계선에서 측정한 측정진동 레벨이 보정없이 대상진동레벨로 하는 경우의 기준으로 가장 적합한 것은?

① 측정진동레벨이 배경진동레벨보다 10dB 이상 크다.
② 측정진동레벨이 배경진동레벨보다 9dB 이상 크다.
③ 측정진동레벨이 배경진동레벨보다 6dB 이상 크다.
④ 측정진동레벨이 배경진동레벨보다 3dB 이상 크다.

해설 배출허용기준 중 진동측정방법에서 배경진동의 보정에서 측정진동레벨이 배경진동레벨보다 10dB 이상 크면 배경진동의 영향이 극히 작기 때문에 배경진동의 보정 없이 측정진동레벨을 대상진동레벨로 한다.

60 생활진동 측정자료 평가표에서 기재할 사항으로 가장 거리가 먼 것은?

① 사업주
② 진동레벨계명
③ 누적도수
④ 지면조건

해설 생활진동 측정자료 평가표에는 측정년월일, 측정대상업소, 사업주, 측정자, 측정기기(진동레벨계명, 기록기명 등), 측정환경(지면조건, 전자장 등의 영향, 반사 및 굴절진동의 영향 등), 측정대상의 진동원과 측정 등이 기재된다.

제4과목　소음·진동 평가 및 대책

61 6m×4m×5m의 방이 있다. 이 방의 평균흡음률이 0.2일 때 잔향시간(초)은 얼마인가?

① 0.65
② 0.86
③ 0.98
④ 1.21

해설 주어진 실내의 전체 표면적
$S = 6\times4\times2 + 6\times5\times2 + 4\times5\times2 = 148\text{m}^2$
평균흡음률 $\bar{\alpha} = 0.2$
∴ 잔향시간
$T = \dfrac{0.161 \times V}{S \times \bar{\alpha}} = \dfrac{0.161 \times 6 \times 4 \times 5}{148 \times 0.2} = 0.65\text{초}$

62 판넬이 떨려 발생하는 소음을 방지하는 데 가장 적합한 자재로서 공기전파음에 의해 발생하는 공진진폭의 저감과 판넬 가장자리나 구성요소 접속부의 진동에너지 전달의 저감에 사용되는 것은?

① 흡음재 ② 차음재
③ 제진재 ④ 차진재

해설 **방음·방진 자재의 종류**
- 흡음재 : 상대적으로 경량이며 잔향음 에너지를 저감시킨다.
- 차음재 : 상대적으로 고밀도로서 음의 투과율을 저감시킨다.
- 제진재 : 상대적으로 큰 내부 손실을 가진 신축성이 있는 자재로, 진동으로 판넬이 떨려 발생하는 음에너지를 저감시킨다.
- 차진재 : 탄성패드나 금속스프링으로서 구조적 진동을 증가시켜 진동에너지를 저감시킨다.

63 소음·진동관리법령상 이동소음원의 규제에 따른 이동소음원의 종류로 가장 거리가 먼 것은? (단, 그 밖의 사항 등은 제외한다.)

① 저공으로 비행하는 항공기
② 이동하며 영업이나 홍보를 하기 위하여 사용하는 확성기
③ 행락객이 사용하는 음향기계 및 기구
④ 소음방지장치가 비정상이거나 음향장치를 부착하여 운행하는 이륜자동차

해설 **시행규칙 제23조(이동소음의 규제)**
이동소음원(移動騷音源)의 종류는 다음과 같다.
1. 이동하며 영업이나 홍보를 하기 위하여 사용하는 확성기
2. 행락객이 사용하는 음향기계 및 기구
3. 소음방지장치가 비정상이거나 음향장치를 부착하여 운행하는 이륜자동차
4. 그 밖에 환경부장관이 고요하고 편안한 생활환경을 조성하기 위하여 필요하다고 인정하여 지정·고시하는 기계 및 기구

64 환경정책기본법령상 공업지역 중 전용공업지역 및 일반공업지역의 도로변 지역에서의 소음환경기준은? (단, 낮시간(06:00~22:00) 기준이다.)

① $60L_{eq}$ dB(A) ② $65L_{eq}$ dB(A)
③ $70L_{eq}$ dB(A) ④ $75L_{eq}$ dB(A)

해설 **환경정책기본법 시행령 [별표 1] 환경기준 중 소음**

지역구분	적용 대상지역	기준[단위 : L_{eq} dB(A)]	
		낮(06:00~22:00)	밤(22:00~06:00)
도로변 지역	녹지, 보전관리, 농림, 주거, 자연환경보전, 준주거지역 등	65	55
	상업지역, 계획관리지역, 준공업지역	70	60
	전용공업지역 및 일반공업지역	75	70

65 소음·진동관리법령상 주거지역의 주간(06:00~22:00) 도로소음의 한도는 얼마인가?

① $58L_{eq}$ dB(A) ② $60L_{eq}$ dB(A)
③ $68L_{eq}$ dB(A) ④ $73L_{eq}$ dB(A)

해설 **시행규칙 [별표 11] 교통 소음·진동의 관리기준**

대상지역	구분	한도	
		주간(06:00~22:00)	야간(22:00~06:00)
주거지역, 녹지지역, 보전관리지역, 관리지역 중 취락지구·주거개발진흥지구 및 관광·휴양개발진흥지구, 자연환경보전지역, 학교·병원·공공도서관 및 입소규모 100명 이상의 노인의료복지시설·영유아보육시설의 부지경계선으로부터 50m 이내 지역	소음 $[L_{eq}$ dB(A)]	68	58

66 그림에서 질량 m은 평면 내에서 움직인다. 이 계의 자유도는?

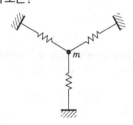

① 1 자유도
② 2 자유도
③ 3 자유도
④ 0 자유도

해설 주어진 그림과 같이 질량 m이 평면 내에서 움직일 때의 자유도는 2자유도이다.

67 임계감쇠는 감쇠비(ξ)가 어떤 값을 가질 때인가?

① $\xi = 1$

② $\xi > 1$

③ $\xi < 1$

④ $\xi = 0$

해설 감쇠비의 크기에 따른 3가지 유형
- 부족감쇠($0 < \xi < 1$) : 감쇠비에 따른 변위의 응답변화가 점점 적어진다.
- 임계감쇠($\xi = 1$) : 감쇠비가 1로 감쇠비에 따른 변위의 응답변화가 일시적으로 크게 나타난다.
- 과감쇠($\xi > 1$) : 감쇠비가 1보다 큰 비주기 진동상태로 된다.

68 어떤 소음원에서 방음장치를 하여 방사소음을 30dB 줄일 수 있었다. 방음장치를 설치하기 전후의 소리의 세기 비율은 얼마인가?

① $\dfrac{1}{10}$

② $\dfrac{1}{100}$

③ $\dfrac{1}{1,000}$

④ $\dfrac{1}{10,000}$

해설 소리의 음의 세기레벨 차
$\Delta \text{SIL} = 10 \log \Delta I$ 에서
$-30 = 10 \log \Delta I$
$\therefore \Delta I = 10^{-3} = \dfrac{1}{1,000}$

69 방진재료로 금속스프링을 사용하는 경우 로킹모션(rocking motion)이 발생하기 쉽다. 이를 억제하기 위한 방법으로 틀린 것은?

① 기계 중량의 $1 \sim 2$배 정도의 가대를 부착한다.

② 하중을 평형분포시킨다.

③ 스프링의 정적 수축량이 일정한 것을 사용한다.

④ 길이가 긴 스프링을 사용하여 계의 무게 중심을 높인다.

해설 금속스프링 사용 시 로킹모션(rocking motion)이 일어나지 않도록 해야 할 보완사항
- 로킹모션 억제를 위해 스프링의 정적 수축량이 일정한 것을 사용한다.
- 기계 무게의 $1 \sim 2$배의 가대를 부착하여 계의 중심을 낮게 한다.
- 부하(하중)가 평형분포가 되도록 한다.

70 소음·진동관리법령상 시·도지사가 매년 환경부장관에게 제출하여야 하는 연차보고서에 포함되어야 하는 내용에 해당하지 않는 것은?

① 소음·진동 발생원 및 소음·진동 현황

② 소음·진동 행정처분실적 및 점검계획

③ 소음·진동 저감대책 추진실적 및 추진계획

④ 소요 재원의 확보계획

해설 시행규칙 제74조(연차보고서의 제출)
1. 연차보고서에 포함될 내용은 다음과 같다.
   ㉠ 소음·진동 발생원(發生源) 및 소음·진동 현황
   ㉡ 소음·진동 저감대책 추진실적 및 추진계획
   ㉢ 소요 재원의 확보계획
2. 보고기한은 다음 연도 1월 31일까지로 하고, 보고 서식은 환경부장관이 정한다.

71 기계장치를 취출구 소음을 줄이기 위한 대책으로 가장 적절하지 않은 것은?

① 취출구의 유속을 감소시킨다.

② 취출구 부위를 방음상자로 밀폐처리한다.

③ 취출관의 내면을 흡음처리한다.

④ 취출구에 소음기를 장착한다.

해설 취출구 부위에 방음상자로 밀폐하면 소리가 증폭될 수 있기 때문에 좋지 않고 대신에 소음기(消音器)를 설치해야 한다.

72 정격유속(rated flow) 조건하에서 소음원에 소음기를 부착하기 전과 후의 공간상의 어떤 특정위치에서 측정한 음압레벨의 차를 의미하는 것은?

① 감쇠치   ② 감음량

③ 투과손실치   ④ 동적 삽입손실치

해설 동적 삽입손실치(DIL, Dynamic Insertion Loss)
정격유속 조건하에서 소음원에 소음기를 부착하기 전과 후의 공간상의 어떤 특정위치에서 측정한 음압레벨의 차와 그 측정위치로 정의된다.

73 소음·진동관리법령에 따라 소음·진동이 배출허용기준을 초과하여 배출되더라도 생활환경에 피해를 줄 우려가 없어 해당 공장의 부지경계선으로부터 직선거리 200m 이내에 특정시설이 없다면 소음·진동방지시설의 설치를 면제 받을 수 있다. 이때, 특정시설에 해당되지 않는 것은?

① 공장 및 사업장
② 주택(폐가 제외), 학교, 종교시설
③ 관광지 및 관광단지
④ 소음·진동피해분쟁 발생지역

해설 시행규칙 제11조(방지시설의 설치면제)
소음·진동이 배출허용기준을 초과하여 배출되더라도 생활환경에 피해를 줄 우려가 없다고 환경부령으로 정하는 경우 해당 공장의 부지경계선으로부터 직선거리 200m 이내에 다음의 시설 등이 없는 경우를 말한다.
1. 주택(사람이 살지 아니하는 폐가는 제외한다)·상가·학교·병원·종교시설
2. 공장 또는 사업장
3. 관광지 및 관광단지
4. 그 밖에 특별자치시장·특별자치도지사 또는 시장·군수·구청장이 정하여 고시하는 시설 또는 지역

74 소음·진동관리법상 이 법에서 사용하는 용어의 정의로 틀린 것은?

① "소음(騷音)"이란 기계·기구·시설, 그 밖의 물체의 사용 또는 공동주택 등 환경부령으로 정하는 장소에서 사람의 활동으로 인하여 발생하는 강한 소리를 말한다.
② "진동(振動)"이란 기계·기구·시설, 그 밖의 물체의 사용으로 인하여 발생하는 강한 흔들림을 말한다.
③ "소음발생건설기계"란 건설공사에 사용하는 기계 중 소음이 발생하는 기계로서 국토교통부령으로 정하는 것을 말한다.
④ "교통기관"이란 기차·자동차·전차·도로 및 철도 등을 말한다. 다만, 항공기와 선박은 제외한다.

해설 법 제2조(정의)
"소음발생건설기계"란 건설공사에 사용하는 기계 중 소음이 발생하는 기계로서 환경부령으로 정하는 것을 말한다.

75 소음·진동관리법령상 6개월 이하의 징역 또는 500만원 이하의 벌금기준에 해당하는 사항은?

① 제작차에 대한 변경 인증을 받지 아니하고 자동차를 제작한 자
② 소음도 표지를 붙이지 아니한 자
③ 작업시간 조정 등의 명령을 위반한 자
④ 조업정지명령 등을 위반한 자

해설 법 제58조(벌칙)
다음의 어느 하나에 해당하는 자는 6개월 이하의 징역 또는 500만원 이하의 벌금에 처한다.
1. 신고를 하지 아니하거나 거짓이나 부정한 방법으로 신고를 하고 배출시설을 설치하거나 그 배출시설을 이용해 조업한 자
2. 작업시간 조정 등의 명령을 위반한 자
3. 점검에 따르지 아니하거나 지장을 주는 행위를 한 자
4. 개선명령 또는 사용정지 명령을 위반한 자

76 음원에서 거리가 2배로 멀어짐에 따라 6dB의 음압레벨이 감소하는 음원의 종류와 음파의 전파형태가 올바르게 짝지어진 것은?

① 점음원 – 평면파
② 점음원 – 구면파
③ 면음원 – 구면파
④ 선음원 – 원통파

해설 구면파(spherical wave)는 음원에서 모든 방향으로 동일한 에너지를 방출할 때 발생하는 파(공중에 있는 점음원)이고, 이 작은 음원(점음원)에서 거리가 2배가 되면 약 6dB 감음된다(역제곱법칙 적용).

77 소음·진동관리법령에 따라 자동차제작자는 제작차의 소음허용기준 적합 인증을 받아야 한다. 이 중 인증을 생략할 수 있는 자동차가 아닌 것은 어느 것인가?

① 외교관, 주한 외국군인 또는 그 가족이 사용하기 위하여 반입하는 자동차
② 항공기 지상조업용(地上操業用)으로 반입하는 자동차
③ 제철소·조선소 등 한정된 장소에서 운행되는 자동차로서 환경부장관이 정하여 고시하는 자동차
④ 여행자 등이 다시 반출할 것을 조건으로 일시 반입하는 자동차

해설 시행령 제5조(인증의 면제·생략 자동차)
인증을 생략할 수 있는 자동차는 다음과 같다.
1. 국가대표 선수용이나 훈련용으로 사용하기 위하여 반입하는 자동차로서 문화체육관광부장관의 확인을 받은 자동차
2. 외국에서 국내의 공공기관이나 비영리단체에 무상으로 기증하여 반입하는 자동차
3. 외교관, 주한 외국군인 또는 그 가족이 사용하기 위하여 반입하는 자동차
4. 인증을 받지 아니한 자가 인증을 받은 자동차와 동일한 차종의 원동기 및 차대(車臺)를 구입하여 제작하는 자동차
5. 항공기 지상조업용(地上操業用)으로 반입하는 자동차
6. 국제협약 등에 따라 인증을 생략할 수 있는 자동차
7. 다음의 요건에 해당되는 자동차로서 환경부장관이 정하여 고시하는 자동차
   ㉠ 제철소·조선소 등 한정된 장소에서 운행되는 자동차
   ㉡ 제설용·방송용 등 특수한 용도로 사용되는 자동차
   ㉢ 「관세법」에 따라 공매(公賣)되는 자동차

78 팽창형 소음기에 관한 설명으로 옳은 것은?

① 전파경로상에 두 음의 간섭에 의해 소음을 저감시키는 원리를 이용한다.
② 고주파 대역에서 감음효과가 뛰어나다.
③ 단면 불연속의 음에너지 반사에 의해 감음된다.
④ 감음주파수는 팽창부 단면적비에 의해 결정된다.

해설 팽창형 소음기(확장형, 공동형, 반사형 소음기)
단면 불연속부의 음에너지 반사에 의해 감음하는 구조로, 급격한 관경 확대로 유속을 낮추어 소음을 감소시키는 방식으로 감음특성은 저·중음역에 유효하며 감음주파수는 팽창부의 길이에 따라 결정된다.

79 발파 시 지반의 진동속도 V(cm/s)를 구하는 관계식으로 옳은 것은? (단, k, n : 지질암반 조건, 발파조건 등에 따르는 상수, W : 지발당 장약량(kg), R : 발파원으로부터의 거리(m), $b = \dfrac{1}{2}$ 또는 $\dfrac{1}{3}$ 이다.)

① $V = k\left(\dfrac{R^2}{W^b}\right)^n$ ② $V = k\left(\dfrac{R^2}{2\,W^b}\right)^n$

③ $V = k\left(\dfrac{R}{W^b}\right)^n$ ④ $V = k\left(\dfrac{W^b}{R}\right)^n$

해설 미 광무국(USBM) 추천식
$$V = k\left(\dfrac{R}{W^b}\right)^n$$
여기서, V : 발파진동속도(cm/s)
　　　　k : 자유면의 상태, 암질 등에 따른 상수(발파진동상수)
　　　　R : 발파원으로부터의 이격거리(cm)
　　　　W : 지발당 최대장약량(kg)
　　　　n : 거리에 따른 감쇠지수
　　　　b : 장약량에 따른 지수$\left(\dfrac{1}{2}$ 또는 $\dfrac{1}{3}\right)$

80 그림과 같이 질량이 작은 기계장치에 금속스프링으로 방진지지를 할 경우에 금속스프링의 질량을 무시할 수 없는 경우가 있다. 기계장치의 질량을 M, 금속스프링의 질량을 m, 금속스프링의 강성을 k라고 할 때, 금속스프링의 질량을 고려한 시스템의 고유진동수(f_n)를 구하는 계산식으로 옳은 것은?

① $\dfrac{1}{2\pi}\sqrt{\dfrac{k}{M}}$ ② $\dfrac{1}{2\pi}\sqrt{\dfrac{k}{M+\dfrac{1}{m}}}$

③ $\dfrac{1}{2\pi}\sqrt{\dfrac{k}{M+m}}$ ④ $\dfrac{1}{2\pi}\sqrt{\dfrac{k}{M+\dfrac{1}{3}m}}$

해설 스프링 질량이 있는 스프링 – 질량계에서
계의 위치에너지 $U = \dfrac{1}{2}kx^2$
조화 운동방정식 $x(t) = x\cos\omega t$
최대운동에너지 $T_{max} = \dfrac{1}{2}\left(M+\dfrac{m}{3}\right)x^2\omega_n^2$
최대위치에너지 $U_{max} = \dfrac{1}{2}kx^2$ 에서
$U_{max} = T_{max}$ 일 때
고유각진동수 $\omega_n = \sqrt{\dfrac{k}{M+\dfrac{m}{3}}}$

즉, 스프링 질량(m)의 영향은 주질량(M)에 $\dfrac{1}{3}$ 을 더하여 반영시킬 수 있다.

$\therefore\ f_n = \dfrac{1}{2\pi}\sqrt{\dfrac{k}{M+\dfrac{1}{3}m}}$

제1과목 소음 · 진동 개론

01 항공기소음 평가와 가장 관계가 적은 것은?

① WECPNL ② NRN
③ NEF ④ NNI

해설 ① WECPNL(웨클, Weighted Equivalent Continuous Perceived Noise Level) : 항공기 소음도의 평가에 사용하며 이를 '가중 등가지속 지각 소음레벨'이라 부르며 PNL에 음질이나 소음의 지속시간의 보정을 가하고 다시 하루 중 비행횟수를 고려하여 평가한 단위이다.
② NRN(Noise Rating Number) : 소음평가지수로 NR 값에 음의 스펙트라, 피크펙터, 반복성, 습관성, 계절, 시간대, 지역별 등에 따른 보정치를 보정한 후의 값이다. (NR수(Noise Rating number)는 소음평가방법의 일종으로 NC곡선 방법을 발전시킨 것으로 주파수 분석을 행하여 소음의 지속시간, 1일 발생횟수 등을 고려하여 평가한다.)
③ NEF(Noise Exposure Forecast) : 미국의 항공기소음 평가방법이다($\text{NEF} = \overline{\text{EPNL}} + 10 \log n - 83$).
④ NNI(Noise and Number Index) : 영국에서 사용하는 항공기소음의 평가방법이다.
$\text{NNI} = \overline{\text{PNL}} + 15 \log n - 80$
여기서, n : 1일 중 총 항공기 이 · 착륙 횟수

02 수평진동의 경우, 사람에게 가장 민감한 주파수 범위는? (단, 등감각곡선 기준)

① $1 \sim 2\text{Hz}$ ② $4 \sim 8\text{Hz}$
③ $10 \sim 15\text{Hz}$ ④ $15 \sim 20\text{Hz}$

해설 소음에 대한 우리 귀의 청감이 주파수에 따라 다르듯이 인체의 진동수에 대한 감각도 진동수에 따라 다르다. 진동수에 따른 등감각곡선에서 보듯이 수직진동은 $4 \sim 8\text{Hz}$ 범위에서, 수평진동은 $1 \sim 2\text{Hz}$ 범위에서 가장 민감하다.

03 음향파워가 0.5W일 때 PWL은?

① 81dB ② 101dB
③ 117dB ④ 234dB

해설 음향파워레벨
$\text{PWL} = 10 \log \dfrac{W}{10^{-12}} = 10 \log \dfrac{0.5}{10^{-12}} = 117\text{dB}$

04 소음공해에 따른 인간 감수성의 일반적인 설명으로 가장 거리가 먼 것은?

① 건강한 사람보다 임산부나 환자가 더 많은 영향을 받는 편이다.
② 남성보다 여성이 소음에 대해 더 민감한 편이다.
③ 노동하고 있는 상태보다 휴식을 취하거나 취침을 하고 있을 때 감수성이 높은 편이다.
④ 젊은이보다 노인이 소음에 대해 더 민감한 편이다.

해설 소음에 대한 감수성은 노인보다 젊은이가 더 민감하다.

05 노인성 난청에 있어서 청력손실이 일어나기 시작하는 주파수 영역으로 가장 적합한 것은?

① 500Hz ② 1,000Hz
③ 4,000Hz ④ 6,000Hz

해설 노인성 난청은 고주파음(6,000Hz)에서부터 시작된다.

06 음의 세기레벨이 80dB에서 83dB로 증가하면 음의 세기는 몇 % 증가하는가?

① 약 100% ② 약 130%
③ 약 200% ④ 약 300%

해설 음의 세기 증가율(%)
$\dfrac{10^{\frac{L_2}{10}} - 10^{\frac{L_1}{10}}}{10^{\frac{L_1}{10}}} \times 100 = \dfrac{10^{8.3} - 10^8}{10^8} \times 100 = 99.5\%$

07 투과손실이 25dB인 벽체의 투과율은?

① 3.162×10^{-2} ② 3.162×10^{-3}
③ 3.162×10^{-5} ④ 3.162×10^{-7}

해설 투과손실 $\text{TL} = 10 \log \dfrac{1}{\tau}$ (dB)에서
$25 = 10 \log \dfrac{1}{\tau}, \quad \therefore \dfrac{1}{\tau} = 10^{2.5}$
$\tau = 10^{-2.5} = 3.162 \times 10^{-3}$

08 "진동의 역치"를 가장 잘 표현한 것은?

① 인간이 견딜 수 있는 최소진동레벨값
② 인간이 견딜 수 있는 최대진동레벨값
③ 진동을 겨우 느낄 수 있는 진동레벨값
④ 진동을 최대로 느낄 수 있는 진동레벨값

해설 진동을 느끼는 최소진동레벨을 진동의 역치(threshold level)라고 한다. 진동레벨이 50dB일 때는 약간 감지한다는 사람이 30% 정도이고, 55dB일 때는 잘 감지한다는 사람이 30% 정도이다. 따라서 진동의 감각 역치는 (55±5)dB이라 할 수 있다.

09 기온이 20℃인 거실에 걸린 기계추가 100Hz로 단진동할 때, 시계추에 의해 발생되는 음파의 파장은?

① 1.25m ② 2.34m
③ 3.43m ④ 4.52m

해설 파장 $\lambda = \dfrac{c}{f} = \dfrac{331.5 + 0.61 \times 20}{100} = 3.44\text{m}$

10 40phon의 소리는 20phon의 소리의 몇 배로 크게 들리는가?

① 1배 ② 2배
③ 3배 ④ 4배

해설
• 20phon의 소리의 크기
$$S = 2^{\frac{(L_L - 40)}{10}} = 2^{-2} = 0.25\text{sone}$$
• 40phon의 소리의 크기
$$S = 2^{\frac{(L_L - 40)}{10}} = 2^0 = 1\text{sone}$$
$$\therefore \frac{1}{0.25} = 4\text{배}$$

11 진동수가 약간 다른 두 음을 동시에 듣게 되면 합성된 음의 크기가 오르내린다. 이 현상을 무엇이라고 하는가?

① Doppler ② resonance
③ diffraction ④ beat

해설 ① 도플러(Doppler) 효과 : 발음원이 이동할 때 그 진행방향 쪽에서는 원래 발음원의 음보다 고음으로, 진행 반대쪽에서는 저음으로 되는 현상
② resonance(공명) : 2개 진동체의 고유진동수가 같을 경우 한 쪽을 울리면 다른 쪽도 울리는 현상(말굽쇠)
③ diffraction(회절) : 장애물 뒤쪽으로 음이 전파되는 현상

12 음원에서 모든 방향으로 동일한 에너지를 방출할 때 발생하는 파를 무엇이라고 하는가?

① 평면파 ② 발산파
③ 초음파 ④ 구면파

해설 ① 평면파 : 음파의 파면들이 서로 평행한 파, 예를 들면 긴 실린더의 피스톤 운동에 의해 발생하는 파
② 발산파 : 음원으로부터 거리가 멀어질수록 더욱 넓은 면적으로 퍼져가는 파
③ 초음파 : 제트엔진, 고속드릴, 세척장비 등에서 발생되는 20kHz를 넘는 음파

13 기상조건이 공기흡음에 의해 일어나는 감쇠치에 미치는 일반적인 영향을 가장 알맞게 설명한 것은? (단, 바람은 고려하지 않음)

① 주파수는 작을수록, 기온이 높을수록, 습도가 높을수록 감쇠치가 커진다.
② 주파수는 커질수록, 기온이 낮을수록, 습도가 낮을수록 감쇠치가 커진다.
③ 주파수는 작을수록, 기온이 낮을수록, 습도가 높을수록 감쇠치가 커진다.
④ 주파수는 커질수록, 기온이 높을수록, 습도가 낮을수록 감쇠치가 커진다.

해설 대기조건에 따른 음의 감쇠에서 바람을 고려하지 않을 경우 공기흡음에 의해 일어나는 음의 감쇠치는 주파수가 클수록, 기온이 낮을수록, 습도가 낮을수록 감쇠치는 증가한다.
감쇠치 $A_a = 7.4 \times \left(\dfrac{f^2 \times r}{\phi}\right) \times 10^{-8}\text{dB}$
여기서, f : 중심주파수(Hz)
ϕ : 상대습도(%)
r : 음원과 관측점 사이의 거리

14 송풍기의 날개가 5개 달려 있고, 600rpm으로 가동한다고 할 때, 이 송풍기로부터 나오는 소음의 기본 주파수(Hz)는?

① 10Hz ② 50Hz
③ 250Hz ④ 500Hz

해설 송풍기 소음의 기본 주파수
$$f = \frac{n \times \text{rpm}}{60} = \frac{5 \times 600}{60} = 50\text{Hz}$$
여기서, n : 날개수

15 기온이 20℃, 음압실효치가 0.35N/m²일 때 평균 음에너지 밀도는?

① $8.6 \times 10^{-6} \text{J/m}^3$
② $8.6 \times 10^{-7} \text{J/m}^3$
③ $8.6 \times 10^{-8} \text{J/m}^3$
④ $8.6 \times 10^{-9} \text{J/m}^3$

해설 음에너지 밀도는 음장 내의 한 점에서 단위 부피당 음에너지(J/m^3)이므로,

평균 음에너지 밀도 $\delta = \dfrac{P^2}{\rho \times c^2}$ 에서

$\rho = 1.3 \times \dfrac{273}{273+20} = 1.2 \text{kg/m}^3$

$c = 331.5 + 0.61 \times 20 = 344 \text{m/s}$

$\therefore \delta = \dfrac{P^2}{\rho \times c^2} = \dfrac{0.35^2}{1.2 \times 344^2} = 8.6 \times 10^{-7} \text{J/m}^3$

16 다음 중 귀의 기능에 관한 설명으로 옳지 않은 것은?

① 내이의 난원창은 이소골의 진동을 와우각 중의 림프액에 전달하는 진동판의 역할을 한다.
② 음의 고저는 와우각 내에서 자극받는 섬모의 위치에 따라 결정된다.
③ 외이의 외이도는 일종의 공명기로 음을 증폭한다.
④ 중이의 음의 전달매질은 기체이다.

해설 중이의 음의 전달매질은 고체(뼈)이다.

17 다음 중 음파의 회절현상에 관한 설명으로 옳지 않은 것은?

① 음의 회절은 파장과 장애물의 크기에 따라 다르다.
② 물체의 틈구멍이 작을수록 소리는 잘 회절된다.
③ 파장이 짧을수록 잘 회절된다.
④ 소리의 주파수는 파장에 반비례하므로 낮은 주파수는 고주파음에 비하여 회절하기가 쉽다.

해설 파장이 크고, 장애물이 작을수록 회절이 잘 일어난다.

18 소음이 작업능률에 미치는 일반적인 영향으로 가장 거리가 먼 것은?

① 소음은 작업의 정밀도의 저하보다는 총 작업량을 저하시키기 쉽다.
② 1,000 ~ 2,000Hz 이상의 고주파역 소음은 저주파역 소음보다 작업방해를 크게 야기시킨다.
③ 복잡한 작업은 단순작업보다 소음에 의해 나쁜 영향을 받기 쉽다.
④ 특정음이 없는 일정 소음이 90dB(A)를 초과하지 않을 때 작업을 방해하지 않는 것으로 보인다.

해설 소음은 총 작업량의 저하보다는 정밀도를 저하시키기 쉽다.

19 지반을 전파하는 파에 관한 설명으로 옳지 않은 것은?

① 계측되는 진동은 주로 표면파인 R파로 알려져 있다.
② P파는 역제곱법칙으로 대략 감쇠된다.
③ R파는 역제곱법칙으로 대략 감쇠된다.
④ S파는 역제곱법칙으로 대략 감쇠된다.

해설
• R파의 거리감쇠 $\propto \dfrac{1}{\sqrt{r}}$
• P파와 S파의 거리감쇠 $\propto \dfrac{1}{r^2}$

20 초저주파음(Infra sound)에 관한 설명으로 옳지 않은 것은?

① 자연음원으로 해변에서 밀려드는 파도, 천둥, 회오리바람 등이 그 예이다.
② 인공음원으로는 온·냉방 시스템, 제트비행기, 점화될 때 우주선에서 발생하는 소리 등이 그 예이다.
③ 20,000Hz보다 낮은 주파수의 음을 말한다.
④ 초저주파음을 집중시키면 매우 큰 에너지가 방출되므로 그 통로에 놓인 건물이나 사람도 파괴할 수 있다.

해설 초저주파음(Infra sound)은 20Hz보다 낮은 주파수의 음을 말한다.

제2과목　　소음·진동 공정시험기준

21 배출허용기준 중 진동의 일반적인 측정조건으로 거리가 먼 것은?

① 진동픽업의 설치장소는 옥외지표를 원칙으로 한다.
② 진동픽업의 설치장소는 완충물이 충분하게 확보된 장소로 한다.
③ 진동픽업의 설치장소는 경사 또는 요철이 없는 장소로 한다.
④ 진동픽업의 설치장소는 수평면을 충분히 확보할 수 있는 장소로 한다.

[해설] 진동픽업은 완충물이 없는 장소에 설치한다.

22 다음은 교정장치에 관한 성능기준이다. ( ) 안에 가장 적합한 것은?

> 소음측정기의 감도를 점검 및 교정하는 장치로서 자체에 내장되어 있거나 분리되어 있어야 하며, ( )이 되는 환경에서도 교정이 가능하여야 한다.

① 20dB(A) 이상
② 50dB(A) 이상
③ 60dB(A) 이상
④ 80dB(A) 이상

[해설] **소음계의 교정장치(calibration network calibrator)**
소음측정기의 감도를 점검 및 교정하는 장치로서 자체에 내장되어 있거나 분리되어 있어야 하며, 80dB(A) 이상이 되는 환경에서도 교정이 가능하여야 한다.

23 소음의 배출허용기준 측정 시 측정지점에 2m 높이의 담이 있어 방해를 받을 경우, 측정점으로 가장 적합한 곳은? (단, 기타 조건은 제외)

① 장애물로부터 소음원 방향으로 0.5m 떨어진 지점
② 장애물로부터 소음원 방향으로 2m 떨어진 지점
③ 장애물로부터 소음원 방향으로 5m 떨어진 지점
④ 장애물로부터 소음원 방향으로 10m 떨어진 지점

[해설] 측정지점에 높이가 1.5m를 초과하는 장애물이 있는 경우에는 장애물로부터 소음원 방향으로 1.0 ~ 3.5m 떨어진 지점으로 한다.

24 철도진동관리기준 측정방법에 관한 설명으로 옳지 않은 것은?

① 요일별로 진동 변동이 적은 평일(월요일부터 금요일 사이)에 당해 지역의 철도진동을 측정하여야 한다.
② 기상조건, 열차의 운행횟수 및 속도 등을 고려하여 당해 지역의 1시간 평균 철도통행량 이상인 시간대에 측정한다.
③ 열차 통과 시마다 최고진동레벨이 배경진동레벨보다 최소 10dB 이상 큰 것에 한하여 연속 10개 열차(상·하행 포함) 이상을 대상으로 최고진동레벨을 측정·기록한다.
④ 열차의 운행횟수가 밤·낮시간대별로 1일 10회 미만인 경우에는 측정열차수를 줄여 그 중 중앙값 이상을 산술평균한 값을 철도진동레벨로 할 수 있다.

[해설] 열차 통과 시마다 최고진동레벨이 배경진동레벨보다 최소 5dB 이상 큰 것에 한하여 연속 10개 열차(상·하행 포함) 이상을 대상으로 최고진동레벨을 측정·기록하고, 그 중 중앙값 이상을 산술평균한 값을 철도진동레벨로 한다.

25 다음은 진동레벨계의 기본 구성 중 무엇의 성능기준에 관한 설명인가?

> 지면에 설치할 수 있는 구조로서 진동신호를 전기신호로 바꾸어 주는 장치를 말하며, 환경진동을 측정할 수 있어야 한다.

① 레벨레인지 변환기(attenuator)
② 진동픽업(pick-up)
③ 감각보정회로(weighting networks)
④ 교정장치(calibration network calibrator)

[해설] **진동픽업(pick-up)**
지면에 설치할 수 있는 구조로서 진동신호를 전기신호로 바꾸어 주는 장치를 말하며, 환경진동을 측정할 수 있어야 한다.

21.② 22.④ 23.② 24.③ 25.②

26 공장을 가능한 최대출력으로 가동시킨 상태에서 측정한 소음도가 73dB(A)이고, 가동을 끄고 측정한 소음도가 65dB(A)일 때 대상소음도는 약 얼마인가?

① 73dB(A)　　② 72dB(A)
③ 70dB(A)　　④ 68dB(A)

해설 소음도의 차이를 구한다.
대상소음도 $= 10\log\left(10^{7.3} - 10^{6.5}\right) = 72\text{dB(A)}$

27 규제기준 중 발파소음 측정방법으로 가장 거리가 먼 것은?

① 소음계와 소음도 기록기를 연결하여 측정·기록하는 것을 원칙으로 하되, 소음계만으로 측정한 경우에는 최고소음도가 고정(hold)되는 것에 한한다.
② 소음계의 동특성을 원칙적으로 빠름(fast) 모드를 측정하여야 한다.
③ 측정시간 및 측정지점수는 작업일지 등을 참조하여 「소음·진동관리법규」에서 구분하는 각 시간대 중에서 평균 발파소음이 예상되는 시각의 발파소음을 3지점 이상에서 측정한 값을 기준으로 한다.
④ 측정소음도는 발파소음이 지속되는 기간 동안에 측정하여야 한다.

해설 측정시간 및 측정지점수는 작업일지 및 발파계획서 또는 폭약사용신고서를 참조하여 「소음·진동관리법」에서 구분하는 각 시간대 중에서 최대발파소음이 예상되는 시각의 소음을 포함한 모든 발파소음을 1지점 이상에서 측정한다.

28 소음·진동 공정시험기준상 "정상소음"의 정의로 옳은 것은?

① 시간에 따라 소음도 변화폭이 큰 소음
② 계기나 기록지상에서 판독한 소음도 실효치(rms값)
③ 배경소음 외에 측정하고자 하는 특징의 소음
④ 시간적으로 변동하지 아니하거나 또는 변동폭이 작은 소음

해설 정상소음
시간적으로 변동하지 아니하거나 또는 변동폭이 작은 소음을 말한다.

29 다음은 소음계 구조별 기능을 설명한 것이다. 옳지 않은 것은?

① 마이크로폰은 음향에너지를 전기에너지로 변환한다.
② 출력단자는 기록기 등에 소음신호를 보내는 단자이다.
③ 레벨레인지 변환기는 15dB 간격으로 표시되어야 한다.
④ 디지털형 지시계기는 소수점 한 자리까지 표시되어야 한다.

해설 레벨레인지 변환기
측정하고자 하는 진동이 지시계기의 범위 내에 있도록 하기 위한 감쇠기로서 유효눈금 범위가 30dB 이하 되는 구조의 것은 변환기에 의한 레벨의 간격이 10dB 간격으로 표시되어야 한다. 다만, 레벨 변환 없이 측정이 가능한 경우 레벨레인지 변환기가 없어도 무방하다.

30 배출허용기준 중 소음측정방법으로 옳지 않은 것은?

① 소음계의 동특성은 원칙적으로 빠름(fast) 모드로 하여 측정하여야 한다.
② 풍속이 2m/s 이상일 때에는 반드시 마이크로폰에 방풍망을 부착하여야 하며, 풍속이 5m/s를 초과할 때에는 측정하여서는 안 된다.
③ 피해가 예상되는 적절한 측정시각에 2지점 이상의 측정지점수를 선정·측정하여 그 중 가장 높은 소음도를 측정소음도로 한다.
④ 공장의 부지경계선(아파트형 공장의 경우에는 공장 건물의 부지경계선) 중 피해가 우려되는 장소로서 소음도가 높을 것으로 예상되는 지점의 지면 위 5~10m 높이로 한다.

해설 공장의 부지경계선(아파트형 공장의 경우에는 공장 건물의 부지경계선) 중 피해가 우려되는 장소로서 소음도가 높을 것으로 예상되는 지점의 지면 위 1.2~1.5m 높이로 한다.

31 소음계의 성능기준 중 레벨레인지 변환기의 전환오차는 얼마 이내이어야 하는가?

① 0.1dB
② 0.5dB
③ 1.0dB
④ 5dB

> **해설** 레벨레인지 변환기가 있는 기기에 있어서 레벨레인지 변환기의 전환오차가 0.5dB 이내이어야 한다.

32 누적도수곡선에서 L_{10} 진동레벨은 몇 %의 횡선이 누적도곡선과 만나는 교점에서 수선을 그어 횡축과 만나는 점의 진동레벨을 말하는가?

① 50%
② 80%
③ 90%
④ 100%

> **해설** L_{10} 진동레벨 계산방법
> 진동레벨기록지의 누적도수를 이용하여 모눈종이상에 누적곡선을 작성한 후(횡축에 진동레벨, 좌측 종축에 누적도수를, 우측 종축에 백분율을 표기) 90% 횡선이 누적도곡선과 만나는 교점에서 수선을 그어 횡축과 만나는 점의 진동레벨을 L_{10} 값으로 한다.

33 발파진동 평가 시 시간대별 보정발파횟수(N)에 따른 보정량으로 옳은 것은? (단, $N > 1$)

① $+100 \log N$
② $+20 \log (N)^2$
③ $+10 \log (N)^2$
④ $+10 \log N$

> **해설** 대상소음도에 시간대별 보정발파횟수(N)에 따른 보정량($+10 \log N$; $N > 1$)을 보정하여 평가소음도를 구한다. 이 경우, 지발발파는 보정발파횟수를 1회로 간주한다. 여기서, 시간대별 보정발파횟수(N)는 작업일지 및 발파계획서 또는 폭약사용신고서 등을 참조하여 발파소음 측정 당일의 발파소음 중 소음도가 60dB(A) 이상인 횟수(N)를 말한다. 단, 여건상 불가피하게 측정 당일의 발파횟수만큼 측정하지 못한 경우에는 측정 시의 장약량과 같은 양을 사용한 발파는 같은 소음도로 판단하여 보정발파횟수를 산정할 수 있다.

34 7일간 항공기소음의 일별 WECPNL이 80, 82, 85, 78, 68, 74, 88인 경우 7일간의 평균 WECPNL은?

① 79
② 80
③ 83
④ 75

> **해설** m일간 평균 WECPNL인 $\overline{WECPNL}$을 다음 식으로 구한다.
> $$\overline{WECPNL} = 10 \log \left[\left(\frac{1}{m} \right) \sum_{i=1}^{m} 10^{0.1 \times WECPNL_i} \right]$$
> $$= 10 \log \left[\left(\frac{1}{7} \right) (10^8 + 10^{8.2} + 10^{8.5} + 10^{7.8} \right.$$
> $$\left. + 10^{6.8} + 10^{7.4} + 10^{8.8}) \right]$$
> $$= 83(WECPNL \ dB)$$

35 규제기준 중 생활진동 측정 시 디지털 진동 자동분석계를 사용할 경우 측정진동레벨로 정하는 기준으로 옳은 것은?

① 샘플주기를 1초 이내에서 결정하고 5분 이상 측정하여 자동 연산·기록한 80% 범위의 상단치인 L_{10}값
② 샘플주기를 0.1초 이내에서 결정하고 5분 이상 측정하여 자동 연산·기록한 80% 범위의 상단치인 L_{10}값
③ 샘플주기를 1초 이내에서 결정하고 5분 이상 측정하여 자동 연산·기록한 90% 범위의 상단치인 L_{10}값
④ 샘플주기를 0.1초 이내에서 결정하고 5분 이상 측정하여 자동 연산·기록한 90% 범위의 상단치인 L_{10}값

> **해설**
> - 디지털 진동 자동분석계를 사용할 경우 : 샘플주기를 1초 이내에서 결정하고 5분 이상 측정하여 자동 연산·기록한 80% 범위의 L_{10}값이다.
> - 상단치인 L_{10}값을 그 지점의 측정진동레벨 또는 배경진동레벨로 한다.

36 도로변 지역의 범위에 해당하지 않는 것은?

① 2차선은 도로단으로부터 20m 이내 지역
② 4차선은 도로단으로부터 40m 이내 지역
③ 자동차전용도로는 도로단으로부터 150m 이내 지역
④ 고속도로는 도로단으로부터 200m 이내 지역

> **해설** 도로변 지역의 범위는 도로단으로부터 왕복 차선수×10m로 하고, 고속도로 또는 자동차전용도로의 경우에는 도로단으로부터 150m 이내의 지역을 말한다.

31.② 32.③ 33.④ 34.③ 35.① 36.④

37 생활소음 규제기준 측정 시 측정시간 및 측정지점수에 따른 측정소음도 선정기준으로 옳은 것은?

① 피해가 예상되는 적절한 측정시각에 2지점 이상의 측정지점수를 선정·측정하여 그 중 가장 높은 소음도를 측정소음도로 한다.

② 피해가 예상되는 적절한 측정시각에 4지점 이상의 측정지점수를 선정, 각각 4회 이상 측정하여 각 지점에서 산술평균한 소음도 중 가장 높은 소음도를 측정소음도로 한다.

③ 낮시간대에는 당해 지역 소음을 대표할 수 있도록 측정지점수를 충분히 결정하고, 각 측정지점에서 2시간 이상 간격으로 4회 이상 측정하여 산술평균한 값을 측정소음도로 한다.

④ 각 시간대별로 최대소음이 예상되는 시각에 1지점 이상의 측정지점수를 선정하여 측정소음도로 한다.

해설 **생활소음 규제기준 측정 시 측정시간 및 측정지점수**
피해가 예상되는 적절한 측정시각에 2지점 이상의 측정지점수를 선정·측정하여 그 중 가장 높은 소음도를 측정소음도로 한다.

38 발파소음 측정자료 평가서 서식 중 "측정환경"란에 기재되어야 하는 항목으로 가장 거리가 먼 것은?

① 반사음의 영향
② 풍속
③ 풍향
④ 진동·전자장의 영향

해설 "측정환경"란에 기재해야 할 사항은 반사음의 영향, 풍속, 진동·전자장의 영향이다.

39 1일 동안 평균 최고소음도가 92dB(A), 1일간 항공기의 등가통과횟수가 480회인 경우 1일 단위 WECPNL은?

① 92dB
② 90dB
③ 88dB
④ 86dB

해설 $WECPNL\,(웨클) = \overline{L_{max}} + 10\log N - 27$
$= 92 + 10\log 480 - 27$
$= 92\,(WECPNL\ dB)$

40 소음·진동 공정시험기준에서 다음의 내용으로 정의되는 용어는?

> 수초 이내에 시간차를 두고 발파하는 것을 말한다. 단, 발파기는 1회 사용하는 것에 한한다.

① 지발발파
② 자연발파
③ 간격발파
④ 시차발파

해설 **지발발파(delay blasting)**
각 발파공을 일정한 시간 간격으로 발파하는 방법으로 수초 내에 시간차를 두고 발파하는 것을 말한다. 단, 발파기를 1회 사용하는 것에 한한다. 지발발파는 보정발파횟수를 1회로 간주한다.

제3과목 소음·진동 방지기술

41 자유공간 내에서 소음의 거리감쇠에 대한 다음 설명 중 옳지 않은 것은? (단, 선음원은 무한길이 선음원으로 본다.)

① 점음원인 경우 거리가 2배로 되면 약 6dB 감쇠한다.
② 점음원인 경우 거리가 10배로 되면 약 20dB 감쇠한다.
③ 선음원인 경우 거리가 10배로 되면 약 10dB 감쇠한다.
④ 선음원인 경우 거리가 5배로 되면 약 5dB 감쇠한다.

해설 ① 점음원인 경우 거리가 2배일 때 : $20\log 2 = 6$dB
② 점음원인 경우 거리가 10배일 때 : $20\log 10 = 20$dB
③ 선음원인 경우 거리가 10배일 때 : $10\log 10 = 10$dB
④ 선음원인 경우 거리가 5배일 때 : $10\log 5 = 7$dB

42 고유진동수에 대한 강제진동수의 비가 2.5일 경우 진동전달률은? (단, 비감쇠)

① 0.14
② 0.19
③ 0.24
④ 0.29

해설 전달률 $T = \dfrac{1}{\eta^2 - 1} = \dfrac{1}{0.25^2 - 1} = 0.19$

여기서, 고유진동수에 대한 강제진동수의 비$\left(\dfrac{f}{f_n}\right)$는 진동수비 η 이다.

43 소음문제 해결을 위한 소음대책의 일반적인 순서의 흐름으로 가장 적합한 것은?

① 귀로 판단 - 계기에 의한 측정 - 규제기준 확인 - 적정 방지기술 선정 - 시공 및 재평가

② 귀로 판단 - 계기에 의한 측정 - 적정 방지기술 선정 - 규제기준 확인 - 시공 및 재평가

③ 계기에 의한 측정 - 적정 방지기술 선정 - 대책의 목표치 설정 - 귀로 판단 - 시공 및 재평가

④ 계기에 의한 측정 - 대책의 목표치 설정 - 적정 방지기술 선정 - 귀로 판단 - 시공 및 재평가

해설 **소음대책의 순서**
- 소음이 문제되는 지점(수음점)의 위치를 귀로 판단
- 수음점에서 실태조사를 위해 소음계, 주파수 분석기로 측정
- 측정결과와 규제기준의 차이로부터 대책의 목표레벨을 설정(어느 주파수 대역을 얼마만큼 저감시킬 것인가를 결정)
- 문제가 되는 주파수에 대한 소음원의 탐사(주파수 대역별 소음 필요량을 산정함)
- 적정한 방지기술의 선정(차음재 또는 흡음재 등을 선정함)
- 시공 및 재평가(재측정과 반성)

44 중량이 25N, 스프링정수가 20N/cm, 감쇠계수가 0.1N · s/cm인 자유진동계의 감쇠비는?

① 0.05　　　　② 0.06
③ 0.07　　　　④ 0.9

해설 감쇠비 $\xi = \dfrac{C_e}{2 \times \sqrt{k \times m}}$

$= \dfrac{0.1}{2 \times \sqrt{20 \times \dfrac{25}{980}}}$

$= 0.07$

45 바닥면적이 5m×5m이고, 높이가 3m인 방이 있다. 바닥 및 천장의 흡음률이 0.3일 때 벽체에 흡음재를 부착하여 실내의 평균흡음률을 0.55 이상으로 하고자 한다면 벽체 흡음제의 흡음률은 얼마 정도가 되어야 하는가?

① 0.52　　　　② 0.59
③ 0.67　　　　④ 0.76

해설 바닥과 천장 면적 : $5 \times 5 = 25 \text{m}^2$
벽의 면적 : $(5 \times 3 + 5 \times 3) \times 2 = 60 \text{m}^2$

평균흡음률 $\bar{\alpha} = \dfrac{\sum S_i \alpha_i}{\sum S_i}$ 에서

$0.55 = \dfrac{25 \times 0.3 \times 2 + 60 \times \alpha}{25 + 25 + 60}$

$\therefore \alpha = 0.76$

46 고무절연기 위에 설치된 기계가 900rpm에서 20%의 전단율을 가진다면 평형상태에서 절연기의 정적 처짐은 얼마인가?

① 0.45cm　　　　② 0.56cm
③ 0.66cm　　　　④ 0.74cm

해설 강제진동수 $f = \dfrac{\text{rpm}}{60} = \dfrac{900}{60} = 15\text{Hz}$

전달률 $T = \dfrac{1}{\eta^2 - 1}$ 에서

$0.2 = \dfrac{1}{\eta^2 - 1}, \therefore \eta = 2.45$

진동수비 $\eta = \dfrac{f}{f_n}$ 에서 $f_n = \dfrac{f}{\eta} = \dfrac{15}{2.45} = 6.12\text{Hz}$

$f_n = 4.98 \times \sqrt{\dfrac{1}{\delta_{st}}}$ 에서

정적 처짐(정적 수축량) $\delta_{st} = \left(\dfrac{4.98}{6.12}\right)^2 = 0.66\text{cm}$

47 점성 감쇠진동에서 처음 진폭을 X_o라 하고, m 사이클 후의 진폭을 X_m이라고 할 때 대수감쇠율은?

① $m \times \ln \dfrac{X_o}{X_m}$　　　　② $m \times \ln \dfrac{X_m}{X_o}$

③ $\dfrac{1}{m} \times \ln \dfrac{X_o}{X_m}$　　　　④ $\dfrac{1}{m} \times \ln \dfrac{X_m}{X_o}$

43.① 44.③ 45.④ 46.③ 47.③

해설 감쇠진동 응답에서 2개가 이웃하고 있는 진폭의 진폭비는 일정하므로 $\dfrac{X_o}{X_m} = e^{\delta} = \text{const}$ (일정)

즉, 대수감쇠율 $\delta = \ln\dfrac{X_o}{X_1} = \ln\dfrac{X_1}{X_2} = \cdots = \ln\dfrac{X_{m-1}}{X_m}$

$\therefore \delta = \dfrac{1}{m}\ln\dfrac{X_o}{X_m}$

48 그림과 같은 스프링 – 질량계의 경우, 등가스프링정수(k_{eq})는?

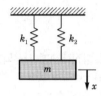

① $k_1 + k_2$
② $k_1 \times k_2$
③ $\dfrac{k_1 + k_2}{k_1 \times k_2}$
④ $\dfrac{k_1 \times k_2}{k_1 + k_2}$

해설 그림에서 스프링은 병렬 연결이므로 $k_{eq} = k_1 + k_2$이다.

49 감쇠가 계에서 갖는 기능으로 거리가 먼 것은?

① 공진 시에 진동 진폭을 감소시킨다.
② 충격 시의 진동을 감소시킨다.
③ 기초로의 진동에너지 전달을 감소시킨다.
④ 복원력을 상승시켜 진동을 감소시킨다.

해설 복원력을 감소시켜 자유진동을 감소시킨다.

50 방음벽 설계 시 유의사항으로 거리가 먼 것은?

① 음원의 지향성이 수음측 방향으로 클 때에는 벽에 의한 감쇠치가 계산치보다 작게 된다.
② 벽의 투과손실은 회절감쇠치보다 적어도 5dB 이상 크게 하는 것이 바람직하다.
③ 벽의 길이는 선음원일 때 음원과 수음점 간의 직선거리의 2배 이상으로 하는 것이 바람직하다.
④ 방음벽에 의한 삽입손실치는 실제로는 5 ~ 15dB 정도이다.

해설 음원의 지향성이 수음측 방향으로 클 때에는 벽에 의한 감쇠치가 계산치보다 크게 된다.

51 다음 중 고체음의 소음저감대책으로 거리가 먼 것은?

① 가진력 억제
② 방사면 축소 및 제진처리
③ 공명방지
④ 밸브의 다단화

해설 밸브의 다단화는 기류음의 소음저감대책이다.

52 바닥면적이 4m×5m인 방의 잔향실법에서 의한 평균흡음률이 0.30이고, 잔향시간이 0.48s이었다면 이 방의 높이는?

① 약 3.4m
② 약 5.2m
③ 약 7.4m
④ 약 9.2m

해설 잔향시간 $T = \dfrac{0.161 \times V}{\overline{\alpha} \times S}$ 에서 $\overline{\alpha} \times S = \dfrac{0.161 \times V}{T}$

$0.3 \times S = \dfrac{0.161 \times 4 \times 5 \times h}{0.48}$

여기서, $S = 40 + (4h \times 2 + 5h \times 2) = 40 + 18h$이므로
$0.3 \times (40 + 18h) = 6.71 \times h$
$\therefore h = 9.2m$

53 금속스프링에 대한 설명으로 거리가 먼 것은?

① 내고온, 저온 및 기타 내노화성 등에 취약한 편이므로 넓은 환경조건에서는 안정된 스프링 특성의 유지가 어렵다.
② 일반적으로 부착이 용이하고, 내구성이 좋으며 보수가 거의 불필요하다.
③ 자동차의 현가스프링에 이용되는 중판스프링과 같이 스프링장치에 구조부분의 일부 역할을 겸하여 할 수 있다.
④ 금속 내부의 마찰은 대단히 작아 중판스프링이나 조합접시스프링과 같이 구조상 마찰을 가진 경우를 제외하고는 감쇠기를 병용할 필요가 있다.

해설 금속스프링은 온도, 부식, 용해 등의 환경요소에 대한 저항성이 큰 장점이 있다.

54 소음기에 관한 설명으로 거리가 먼 것은?

① 간섭형 소음기는 고음역의 탁월주파수 성분에 유효하다.

② 간섭형 소음기의 최대투과손실치는 $f(\text{Hz})$의 홀수배 주파수에서 일어나 이론적으로 무한대가 되나, 실용적으로는 20dB 내외이다.

③ 취출구 소음기에서 소음기의 출구 구경은 유속을 저하시키기 위해 반드시 입구보다 크게 하여야 한다.

④ 팽창형 소음기에서 감음주파수는 팽창부의 길이에 따라 결정된다.

해설 간섭형 소음기는 저·중음역의 탁월주파수 성분에 유효하다.

55 방진고무로 지지한 진동계의 고유진동수가 8.3Hz일 때 이 방진고무의 정적 수축량은?

① 0.26cm ② 0.36cm
③ 0.66cm ④ 0.88cm

해설 고유진동수 $f_n = 4.98 \sqrt{\dfrac{1}{\delta_{st}}}$ 에서, $8.3 = 4.98 \sqrt{\dfrac{1}{\delta_{st}}}$

$\therefore \delta_{st} = 0.36\text{cm}$

56 차음재료의 선정과 사용 시 유의점을 설명한 내용으로 옳지 않은 것은?

① 차음에서 가장 영향이 큰 것은 틈이기 때문에 틈이나 찢어진 곳은 보수하고 이음매는 메꾸어야 한다.

② 콘크리트 블록을 차음벽으로 이용하는 경우는 표면을 모르타르 등으로 마감하는 것이 좋다.

③ 벽면의 진동 등은 차음벽에 영향을 미치지 않으므로 방진, 제진 등의 처리가 불필요하다.

④ 큰 차음효과를 기대할 경우에는 차음벽의 내부에 다공질 재료 등을 끼운 이중벽을 고려한다.

해설 벽면의 진동 등은 차음벽에 영향을 미치므로 방진, 제진 등의 처리가 반드시 필요하다.

57 질량 m인 추를 스프링정수 k인 스프링에 매달았을 때의 고유진동수를 f_o라 하면 스프링정수 k인 스프링 2개를 병렬로 하여 질량 $4m$의 추를 매달았을 때의 고유진동수의 변화는?

① $\dfrac{1}{\sqrt{2}} f_o$ ② f_o
③ $\sqrt{2} f_o$ ④ $2 f_o$

해설 고유진동수 $f_o = \dfrac{1}{2\pi} \sqrt{\dfrac{k}{m}}$ 에서 스프링정수 k인 스프링 2개를 병렬로 하면 $k_t = k + k = 2k$이므로

$f_{n2} = \dfrac{1}{2\pi} \sqrt{\dfrac{2k}{4m}} = \dfrac{1}{\sqrt{2}} f_o$

58 다음 중 방진대책에 사용되는 방진재료와 유효 고유진동수(Hz)의 연결로 거리가 가장 먼 것은?

① 금속 코일스프링 – 4Hz 이하
② 방진고무 – 4Hz 이상
③ 코르크 – 40Hz 이상
④ 펠트 – 4Hz 이하

해설 펠트 – 25 ~ 50Hz

59 단일 벽면에 일정 주파수의 순음이 난입사한다. 이 벽의 면밀도가 원래의 2배가 되고, 입사주파수는 원래의 $\dfrac{1}{2}$로 변화될 때 투과손실의 변화량은?

① 변화 없음 ② 3dB 증가
③ 3dB 감소 ④ 5dB 증가

해설 일중벽(단일벽)에서 음파가 벽면에 난입사할 때(실용식) 음장입사 질량법칙

$\text{TL} = 18 \log(m \times f) - 44 = 18 \times \log \left(2m \times \dfrac{1}{2} f \right) - 44$

$\therefore$ 투과손실은 변화가 없다.

여기서, m : 벽체의 면밀도(kg/m^2)

　　　 f : 입사되는 주파수(Hz)

60 점성감쇠가 있는 1자유도계에 임계감쇠란 감쇠비가 어떤 값을 갖는가?

① 0 ② 1
③ $\sqrt{2}$ ④ $\dfrac{1}{\sqrt{2}}$

해설 감쇠비란 임계감쇠계수(C_c)에 대한 감쇠계수(C_e)의 비로 나타낸다.

$\xi = \dfrac{C_e}{C_c} = 1$

제4과목 **소음·진동 관계 법규** ●

61 환경정책기본법령상 다음 조건의 소음환경기준 (L_{eq}dB(A))으로 옳은 것은?

> • 도로변 지역
> • 준공업지역
> • 밤시간대(22:00~06:00)

① 60 　　　　② 65
③ 70 　　　　④ 75

해설 환경정책기본법 시행령 [별표 1] 환경기준 중 소음
도로변 지역의 적용 대상지역이다. 지역(준공업지역)의 밤시간대 환경기준은 60 L_{eq} dB(A)이다.

62 소음·진동관리법규상 생활소음의 규제기준 중 아침시간대의 기준으로 옳은 것은?

① 05:00 ~ 07:00 　　② 05:00 ~ 08:00
③ 06:00 ~ 09:00 　　④ 06:00 ~ 08:00

해설 시행규칙 [별표 8] 생활소음 규제기준
• 아침 : 05:00 ~ 07:00
• 저녁 : 18:00 ~ 22:00
• 주간 : 07:00 ~ 18:00
• 야간 : 22:00 ~ 05:00

63 소음·진동관리법령상 인증을 면제할 수 있는 자동차에 해당하지 않는 것은?

① 여행자 등이 다시 반출할 것을 조건으로 일시 반입하는 자동차
② 항공기 지상조업용(地上操業用)으로 반입하는 자동차
③ 자동차제작자·연구기관 등이 자동차의 개발이나 전시 등을 목적으로 사용하는 자동차
④ 군용·소방용 및 경호 업무용 등 국가의 특수한 공무용으로 사용하기 위한 자동차

해설 시행령 제5조(인증의 면제·생략 자동차)
인증을 면제할 수 있는 자동차는 다음과 같다.
1. 군용·소방용 및 경호 업무용 등 국가의 특수한 공무용으로 사용하기 위한 자동차
2. 여행자 등이 다시 반출할 것을 조건으로 일시 반입하는 자동차
3. 자동차제작자·연구기관 등이 자동차의 개발이나 전시 등을 목적으로 사용하는 자동차

64 소음·진동관리법규상 생활소음 규제기준 중 공사장의 소음규제기준 보정기준으로 옳은 것은? (단, 작업시간은 특정공사의 사전신고 대상 기계·장비를 사용하는 시간이다.)

① 야간 작업시간이 1일 3시간 이하일 때 +5dB을 규제기준치에 보정한다.
② 주간 작업시간이 1일 3시간 이하일 때 +5dB을 규제기준치에 보정한다.
③ 주·야간 작업시간에 관계없이 1일 3시간 이하일 때 +10dB을, 3시간 초과 시 +5dB을 규제기준치에 보정한다.
④ 주간 작업시간이 1일 3시간 초과 6시간 이하일 때 +5dB을 규제기준치에 보정한다.

해설 시행규칙 [별표 8] 생활소음·진동의 규제기준
주간 작업시간이 1일 3시간 이하일 때 +10dB을, 3시간 초과 6시간 이하일 때는 +5dB을 규제기준치에 보정한다.

65 소음·진동관리법상 환경기술인을 임명하지 아니한 자에 대한 과태료 부과기준은?

① 600만원 이하의 과태료
② 300만원 이하의 과태료
③ 200만원 이하의 과태료
④ 100만원 이하의 과태료

해설 법 제60조(과태료)
다음의 어느 하나에 해당하는 자에게는 300만원 이하의 과태료를 부과한다.
1. 환경기술인을 임명하지 아니한 자
2. 환경기술인의 업무를 방해하거나 환경기술인의 요청을 정당한 사유 없이 거부한 자
3. 기준에 적합하지 아니한 가전제품에 저소음 표지를 붙인 자
4. 기준에 적합하지 아니한 휴대용 음향기기를 제조·수입하여 판매한 자

66 소음·진동관리법규상 학교·병원·공공도서관 및 업소규모 100명 이상의 노인의료복지시설·영유아보육시설의 부지경계선으로부터 50m 이내 지역의 도로교통소음의 관리기준(L_{eq}dB(A))의 한도로 옳은 것은? (단, 야간 시간대)

① 58 　　　　② 60
③ 63 　　　　④ 65

[해설] 시행규칙 [별표 11] 교통소음 · 진동의 관리기준

대상지역	구분	한도	
		주간(06:00 ~22:00)	야간(22:00 ~06:00)
주거지역, 녹지지역, 보전관리지역, 관리지역 중 취락지구 · 주거개발진흥지구 및 관광 · 휴양개발진흥지구, 자연환경보전지역, 학교 · 병원 · 공공도서관 및 입소규모 100명 이상의 노인의료복지시설 · 영유아보육시설의 부지경계선으로부터 50m 이내 지역	소음 $[L_{eq}$ dB(A)]	68	58

67 환경정책기본법령상 도시지역 중 상업지역의 낮(06:00 ~ 22:00)과 밤(22:00 ~ 06:00)의 소음환경기준(L_{eq} dB(A))으로 옳은 것은? (단, 일반지역 기준)

① 낮 : 50, 밤 : 40 ② 낮 : 55, 밤 : 45
③ 낮 : 65, 밤 : 55 ④ 낮 : 70, 밤 : 65

[해설] 환경정책기본법 시행령 [별표 1] 환경기준 중 소음
일반지역의 적용 대상지역이다. 상업지역 낮과 밤시간대 환경기준은 65L_{eq} dB(A), 55L_{eq} dB(A)이다.

68 소음 · 진동관리법규상 소음발생건설기계의 소음도 표지의 규격(크기)기준은?

① 100mm×100mm ② 80mm×80mm
③ 70mm×70mm ④ 40mm×40mm

[해설] 시행규칙 [별표 19] 소음도 표지
1. 크기 : 80mm × 80mm
2. 색상 : 회색 판에 검은색 문자

69 소음 · 진동관리법상 이 법에서 사용하는 용어의 뜻으로 옳지 않은 것은?

① "소음(騷音)"이란 기계 · 기구 · 시설, 그 밖의 물체의 사용 또는 공동주택 등 환경부령으로 정하는 장소에서 사람의 활동으로 인하여 발생하는 강한 소리를 말한다.
② "진동(振動)"이란 기계 · 기구 · 시설, 그 밖의 물체의 사용으로 인하여 발생하는 강한 흔들림을 말한다.
③ "소음발생건설기계"란 건설공사에 사용하는 기계 중 소음이 발생하는 기계로서 국토교통부령으로 정하는 것을 말한다.

④ "교통기관"이란 기차 · 자동차 · 전차 · 도로 및 철도 등을 말한다. 다만, 항공기와 선박은 제외한다.

[해설] 법 제2조(정의)
"소음발생건설기계"란 건설공사에 사용하는 기계 중 소음이 발생하는 기계로서 환경부령으로 정하는 것을 말한다.

70 다음은 소음 · 진동관리법규상 환경관리인의 교육기관에 관한 사항이다. ( ) 안에 가장 적합한 것은?

> 환경기술인은 다음 어느 하나에 해당하는 교육기관에서 실시하는 교육을 받아야 한다.
> • 환경부장관이 교육을 실시할 능력이 있다고 인정하여 지정하는 기관
> • 「환경정책기본법」 규정에 따른 ( )

① 국립환경과학원
② 환경보전협회
③ 한국환경공단
④ 환경공무원연수원

[해설] 시행규칙 제64조(환경기술인의 교육)
환경기술인은 3년마다 한 차례 이상 다음의 어느 하나에 해당하는 교육기관에서 실시하는 교육을 받아야 한다.
1. 환경부장관이 교육을 실시할 능력이 있다고 인정하여 지정하는 기관
2. 「환경정책기본법」에 따른 환경보전협회

71 소음 · 진동관리법규상 소음도 검사기관과 관련한 행정처분기준 중 "고의 또는 중대한 과실로 소음도 검사를 부실하게 한 경우" 1차 – 2차 – 3차 행정처분기준으로 옳은 것은?

① 영업정지 1개월 – 영업정지 3개월 – 지정취소
② 업무정지 5일 – 경고 – 등록취소
③ 경고 – 경고 – 지정취소
④ 개선명령 – 경고 – 지정취소

[해설] 시행규칙 [별표 21] 소음도 검사기관과 관련한 행정처분기준

위반행위	근거 법령	행정처분기준		
		1차	2차	3차
고의 또는 중대한 과실로 소음도 검사를 부실하게 한 경우	법 제45조 제5항 제4호	영업정지 1개월	영업정지 3개월	지정취소

72 다음은 소음·진동 관리법규상 환경기술인을 두어야 할 사업장 및 그 자격기준에 관한 사항이다. ( ) 안에 알맞은 것은?

> 총동력 합계 (㉮)인 사업장은 소음·진동기사 2급 이상의 기술자격소지자 1명 이상 또는 해당 사업장의 관리책임자로 사업자가 임명하는 자로 한다. 여기서, 소음·진동기사 2급은 기계분야 기사·전기분야 기사 각 2급 이상의 자격소지자로서 환경분야에서 (㉯) 종사한 자로 대체할 수 있다.

① ㉮ 3,750kW 이상, ㉯ 1년 이상
② ㉮ 3,750kW 이상, ㉯ 2년 이상
③ ㉮ 3,750kW 미만, ㉯ 1년 이상
④ ㉮ 3,750kW 미만, ㉯ 2년 이상

해설 시행규칙 [별표 7] 환경기술인을 두어야 할 사업장의 범위 및 그 자격기준

대상 사업장 구분	환경기술인 자격기준
총동력 합계 3,750kW 미만인 사업장	사업자가 해당 사업장의 배출시설 및 방지시설 업무에 종사하는 피고용인 중에서 임명하는 자
총동력 합계 3,750kW 이상인 사업장	소음·진동기사 2급 이상의 기술자격소지자 1명 이상 또는 해당 사업장의 관리책임자로 사업자가 임명하는 자

73 소음·진동관리법규상 소음배출시설에 해당하지 않는 것은? (단, 대수기준시설 및 기계·기구)

① 4대 이상의 시멘트 벽돌 및 블록의 제조기계
② 100대 이상의 공업용 재봉기
③ 2대 이상의 자동포장기
④ 20대 이상의 직편(편기 포함)

해설 시행규칙 [별표 1] 소음·진동배출시설 대수기준시설 및 기계·기구
자동제병기, 제관기계, 100대 이상의 공업용 재봉기, 4대 이상의 시멘트 벽돌 및 블록의 제조기계, 2대 이상의 자동포장기, 40대 이상의 직기(편기는 제외한다), 방적기계

74 다음은 소음·진동관리법령상 항공기소음의 한도에 관한 사항이다. ( ) 안에 알맞은 것은?

> 항공기소음의 한도는 공항 인근 지역은 가중등가소음도[L_{den} dB(A)] (㉮)로 하고, 그 밖의 지역은 가중등가소음도[L_{den} dB(A)] (㉯)로 한다.

① ㉮ 85, ㉯ 70 ② ㉮ 80, ㉯ 65
③ ㉮ 75, ㉯ 63 ④ ㉮ 75, ㉯ 61

해설 소음·진동관리법 시행령 제9조(항공기소음의 한도 등)
항공기소음의 한도는 공항 인근 지역은 가중등가소음도 [L_{den} dB(A)] 75로 하고, 그 밖의 지역은 가중등가소음도 [L_{den} dB(A)] 61로 한다.

75 소음·진동관리법규상 소음도 표지의 색상기준으로 옳은 것은?

① 노란색 판에 검은색 문자
② 초록색 판에 검은색 문자
③ 흰색 판에 검은색 문자
④ 회색 판에 검은색 문자

해설 소음·진동관리법 시행규칙 [별표 19] 소음도 표지
1. 크기 : 80mm × 80mm
2. 색상 : 회색 판에 검은색 문자

76 소음·진동관리법규상 특정공사의 사전신고 대상 기계·장비의 종류에 해당되지 않는 것은?

① 항타항발기(압입식 항타항발기는 제외한다)
② 덤프트럭
③ 공기압축기(공기 토출량이 분당 2.83m³ 이상의 이동식인 것으로 한정한다)
④ 발전기

해설 시행규칙 [별표 9] 특정공사의 사전신고 대상 기계·장비의 종류
1. 항타기·항발기 또는 항타항발기(압입식 항타항발기는 제외한다)
2. 천공기
3. 공기압축기(공기 토출량이 분당 2.83m³ 이상의 이동식인 것으로 한정한다)
4. 브레이커(휴대용을 포함한다)
5. 굴착기
6. 발전기
7. 로더
8. 압쇄기
9. 다짐기계
10. 콘크리트 절단기
11. 콘크리트 펌프

77 소음·진동관리법규상 소형 승용차의 소음허용 기준으로 옳은 것은? (단, 2006년 1월 1일 이후에 제작되는 자동차 기준이며, 가속주행소음의 "나"의 규정은 직접분사식(DI) 디젤원동기를 장착한 자동차에 대하여 적용하고, "가"의 규정은 그 밖의 자동차에 대하여 적용한다.)

구분	가속주행소음[dB(A)]		배기소음 [dB(A)]	경적소음 [dB(C)]
	"가"	"나"		
㉮	74 이하	75 이하	100 이하	110 이하
㉯	76 이하	77 이하	100 이하	110 이하
㉰	77 이하	78 이하	100 이하	112 이하
㉱	78 이하	80 이하	100 이하	112 이하

① ㉮   ② ㉯
③ ㉰   ④ ㉱

해설 시행규칙 [별표 13] 자동차의 소음허용기준
(2006년 1월 1일 이후에 제작되는 자동차 기준)

자동차 종류		소음항목 가속주행소음[dB(A)]		배기소음 [dB(A)]	경적소음 [dB(C)]
		가	나		
승용자동차	소형	74 이하	75 이하	100 이하	110 이하
	중형	76 이하	77 이하		
	중대형	77 이하	78 이하	100 이하	112 이하
	대형 원동기출력 195마력 이하	78 이하	78 이하	103 이하	
	원동기출력 195마력 초과	80 이하	80 이하	105 이하	

78 소음·진동관리법규상 배출시설 및 방지시설 등과 관련된 행정처분기준 중 조업 중인 공장에서 배출되는 소음·진동의 정도가 배출허용기준을 초과하여 개선명령을 받은 자가 이를 이행하지 아니한 경우의 1차 행정처분기준으로 옳은 것은?

① 허가취소   ② 조업정지
③ 경고   ④ 폐쇄명령

해설 시행규칙 [별표 21] 행정처분기준 중 개별기준
배출시설 및 방지시설 등과 관련된 행정처분기준

위반행위	근거 법령	행정처분기준			
		1차	2차	3차	4차
배출허용기준을 초과하여 개선명령을 받은 자가 이를 이행하지 아니한 경우	법 제17조	조업 정지	폐쇄, 허가취소	–	–

79 소음·진동관리법규상 교육기관의 장이 다음 해의 교육계획을 환경부장관에게 제출하여 승인을 받아야 하는 기간기준(㉮)과 환경기술인의 교육기관기준(㉯)으로 옳은 것은? (단, 규정에 의한 교육기관에 한하고, 정보통신매체를 이용하여 원격교육을 실시하는 경우는 제외한다.)

① ㉮ 매년 11월 30일, ㉯ 5일 이내
② ㉮ 매년 11월 30일, ㉯ 7일 이내
③ ㉮ 매년 12월 31일, ㉯ 5일 이내
④ ㉮ 매년 12월 31일, ㉯ 7일 이내

해설 시행규칙 제64조(환경기술인의 교육)
교육기간은 5일 이내로 한다.
시행규칙 제65조(교육계획)
교육기관의 장은 매년 11월 30일까지 다음 해의 교육계획을 환경부장관에게 제출하여 승인을 받아야 한다.

80 소음·진동관리법규상 생활진동의 규제기준치는 생활진동의 영향이 미치는 대상지역기준으로 하여 적용하는데 발파진동의 경우 보정기준으로 옳은 것은?

① 주간에만 규제기준치에 +5dB을 보정한다.
② 주간에만 규제기준치에 +10dB을 보정한다.
③ 주간에는 규제기준치에 +5dB을, 야간에는 +10dB을 보정한다.
④ 주간에는 규제기준치에 +10dB을, 야간에는 +5dB을 보정한다.

해설 시행규칙 [별표 8] 생활진동 규제기준
발파진동의 경우 주간에만 규제기준치(광산의 경우 사업장 규제기준)에 +10dB을 보정한다.

제1과목 **소음 · 진동 개론**

01 음의 굴절에 관한 설명으로 가장 거리가 먼 것은?

① 대기의 온도차에 의한 굴절은 온도가 낮은 쪽으로 굴절한다.

② 음파가 한 매질에서 타 매질로 통과할 때 구부러지는 현상이다.

③ 굴절 전과 후의 음속차가 크면 굴절도 커진다.

④ 음의 파장이 크고, 장애물이 작을수록 굴절이 잘 된다.

해설 음의 파장이 크고, 장애물이 작을수록 회절이 잘 된다.

02 잔향시간은 흡음률과 건물의 용적, 건물 내의 표면적과 관계가 있다. 그 관계를 옳게 표현한 것은? (단, T : 잔향시간, V : 용적, S : 표면적, $\overline{\alpha}$: 평균흡음률이다.)

① $T \propto \dfrac{S}{V\overline{\alpha}}$ ② $T \propto \dfrac{1}{S V\overline{\alpha}}$

③ $T \propto \dfrac{S\overline{\alpha}}{V}$ ④ $T \propto \dfrac{V}{S\overline{\alpha}}$

해설 흡음력(sound absorption)

$A = S \times \overline{\alpha} = \dfrac{0.161 \times V}{T}$ 에서 $T = \dfrac{0.161 \times V}{S \times \overline{\alpha}}$

∴ 잔향시간은 건물의 용적에 비례하고, 평균흡음률에 반비례한다.

03 120sone 음은 몇 폰(phon)인가?

① 85.6
② 109.2
③ 115.7
④ 130.5

해설 $L_L = 33.3 \log S + 40 = 33.3 \log 120 + 40$
$= 109.2 \text{phon}$

04 음량이론 중 인간은 두 귀를 가지고 있기 때문에 다수의 음원이 공간적으로 배치되어 있을 경우, 각각의 음원을 공간적으로 따로따로 분리하여 듣고 특정인의 말을 알아듣는 것이 용이하다는 것과 관련된 것은?

① 맥놀이 효과
② 스넬 효과
③ 칵테일파티 효과
④ 하스 효과

해설 양이 효과(binaural effect)
인간의 귀가 두 개이므로 음원의 발생위치를 그 시간과 위상차에 의해 구분할 수 있는 능력으로 두 귀 효과라고도 하는데, 양쪽 귀로 듣는 양이 효과의 가장 큰 장점 중에 하나가 칵테일파티 효과이다.

05 청각기관의 역할에 관한 설명으로 틀린 것은?

① 외이도는 한쪽이 고막으로 막힌 일단 개구관으로 동작되며, 일종의 공명기로 음을 증폭시킨다.

② 음의 고저는 자극을 받는 내이의 섬모위치에 따라 결정된다.

③ 이소골은 진동 음압을 20배 정도 증폭하는 임피던스 변환기 역할을 한다.

④ 와우각은 고막의 진동을 쉽게 하도록 중이와 내이의 기압을 조정한다.

해설 고막의 진동을 쉽게 하도록 중이와 내이의 기압을 조정하는 역할은 이관(유스타키오관)이다.

06 선음원으로부터 3m 거리에서 음압레벨이 96dB로 특정되었다면 41m에서의 음압레벨은 약 얼마인가?

① 92dB ② 88dB
③ 85dB ④ 81dB

해설 선음원의 거리감쇠

$-10 \log \dfrac{r_2}{r_1} = -10 \log \dfrac{41}{3} = -11 \text{dB}$

∴ $96 - 11 = 85 \text{dB}$

07 음의 구분과 청력에 관한 설명으로 옳지 않은 것은?

① 음의 대소는 음파의 진폭(음압)의 크기에 따른다.

② 20kHz 이하는 초저주파음이라 한다.

③ 회화의 이해를 위해서는 $500 \sim 2,500$Hz 의 주파수 범위를 가진다.

④ 청력손실이란 청력이 정상인 사람의 최소 가청치와 피검자의 최소가청치와의 비를 dB로 나타낸 것이다.

해설 20Hz 이하를 초저주파음이라 한다.

08 인체의 진동감각에 관한 설명으로 옳지 않은 것은?

① $3 \sim 6$Hz 부근에서 심한 공진현상을 보여 가해진 진동보다 크게 느낀다.

② 공진현상은 앉아 있을 때가 서 있을 때보다 심하게 나타난다.

③ 수직진동에서는 $1 \sim 2$Hz, 수평진동에서는 $4 \sim 8$Hz의 범위에서 가장 민감하다.

④ $9 \sim 20$Hz에서는 대소변을 보고 싶게 하고, 무릎에 탄력감이나 땀이 난다거나 열이 나는 느낌을 받는다.

해설 수직진동에서는 $4 \sim 8$Hz, 수평진동에서는 $1 \sim 2$Hz의 범위에서 가장 민감하다.

09 구면으로 방사하는 출력, 2.4W의 작은 음원이 있다. 이 음원에서 20m 떨어진 곳에서의 음압레벨은 약 얼마인가? (단, 자유공간이다.)

① 56dB   ② 66dB

③ 77dB   ④ 87dB

해설 작은 음원의 파워레벨

$$\text{PWL} = 10 \log \frac{W}{10^{-12}}$$

$$= 10 \log \frac{2.4}{10^{-12}} = 124\text{dB}$$

$$\therefore \text{SPL} = \text{PWL} - 20 \log r - 11$$

$$= 124 - 20 \log 20 - 11$$

$$= 87\text{dB}$$

10 일단 개구관과 양단 개구관의 공명음 주파수(f) 산출식으로 옳은 것은? (단, L : 길이, c : 공기 중의 음속이다.)

① 일단 개구관 : $f = \dfrac{c}{4L}$

    양단 개구관 : $f = \dfrac{c}{2L}$

② 일단 개구관 : $f = \dfrac{c}{2L}$

    양단 개구관 : $f = \dfrac{c}{4L}$

③ 일단 개구관 : $f = \dfrac{c}{L}$

    양단 개구관 : $f = \dfrac{c}{4L}$

④ 일단 개구관 : $f = \dfrac{c}{4L}$

    양단 개구관 : $f = \dfrac{c}{L}$

해설
• 양단 개구관(양쪽이 다 뚫린 관)의 기본 공명음 주파수

$$f = \frac{c}{2 \times L}$$

• 일단 개구관(한쪽이 막힌 관)의 기본 공명음 주파수

$$f = \frac{c}{4 \times L}$$

11 기상조건에서 공기흡음에 의해 일어나는 감쇠치를 나타낸 식으로 옳은 것은? (단, f : 옥타브 밴드별 중심주파수(Hz), r : 음원과 관측점 사이의 거리(m), ϕ : 상대습도(%)이다.)

① $7.4 \times \left(\dfrac{f^2 \times r}{\phi} \right) \times 10^{-8}\text{dB}$

② $7.4 \times \left(\dfrac{\phi^2 \times r}{f^2} \right) \times 10^{-8}\text{dB}$

③ $7.4 \times \left(\dfrac{f \times r^2}{\phi} \right) \times 10^{-8}\text{dB}$

④ $7.4 \times \left(\dfrac{\phi^2 \times f}{r} \right) \times 10^{-8}\text{dB}$

해설 공기흡음에 의해 일어나는 감쇠치는 옥타브 밴드별 중심 주파수의 제곱에 비례하고, 음원과 관측점 사이의 거리에 비례하고 상대습도에 반비례한다.

12 항공기소음에 관한 설명으로 옳지 않은 것은?

① 피해지역이 광범위하며, 다른 소음원에 비해 음향출력이 매우 크다.

② 공장소음의 음원차폐, 자동차·철도소음의 흡음판·차음벽 등과 같이 소음대책에 곤란한 편이다.

③ 공항 주변이나 비행코스의 가까이에서는 간헐소음이 된다.

④ 소음은 무지향성이며, 저주파음을 많이 포함한다.

해설 소음은 무지향성이며, 고주파음을 많이 포함한다.

13 가로 7m, 세로 4m인 장방형의 면음원으로부터 수직으로 20m 떨어진 지점의 음압레벨은? (단, 면음원 바로 바깥면에서의 음압레벨은 89dB이다.)

① 76dB   ② 68dB
③ 63dB   ④ 59dB

해설 면음원의 거리감쇠

$$SPL_2 = SPL_1 - 20\log\left(\frac{3 \times r}{b}\right) - 10\log\left(\frac{b}{a}\right)$$
$$= 89 - 20\log\left(\frac{3 \times 20}{7}\right) - 10\log\left(\frac{7}{4}\right)$$
$$= 68dB$$

14 원음장(far field)에 관한 설명으로 옳지 않은 것은?

① 입자속도는 음의 전파방향과 개연성이 없고, 방사면의 위상에 크게 영향을 받는 음장이다.

② 확산음장은 잔향음장에 속하며, 잔향실이 대표적이다.

③ 자유음장은 원음장 중 역제곱법칙이 만족되는 구역이다.

④ 잔향음장은 음원의 직접음과 벽에 의한 반사음이 중첩되는 구역이다.

해설 • 원음장은 자유음장과 잔향음장으로 나누어지며 입자속도는 음의 전파방향과 개연성이 있다.
• 근음장에서 입자속도는 음의 전파방향과 개연성이 없고, 이 음장은 방사면의 위상에 크게 영향을 받는다.

15 자유공간 내의 점음원의 거리감쇠에 관한 설명으로 옳은 것은?

① 거리가 2배가 되면 3dB 작아진다.
② 거리가 2배가 되면 6dB 작아진다.
③ 거리가 2배가 되면 9dB 작아진다.
④ 거리가 2배가 되면 12dB 작아진다.

해설 점음원의 거리감쇠는 '배거리 6dB 법칙'에 의해 6dB 작아진다.

16 감각소음이 55noy일 때 감각소음레벨은?

① 62dB   ② 73dB
③ 98dB   ④ 115dB

해설 감각소음레벨
$$PNL = 33.3\log(N_t) + 40 = 33.3\log 55 + 40$$
$$= 98 (PN-dB)$$
여기서, N_t는 각 대역별 noy값이다. 소음도를 나타내는 단위의 하나로 1noy는 중심주파수 1kHz인 910Hz에서 1,090Hz의 밴드에서 40dB의 최대음압레벨을 갖는 감각소음도이다.

17 평균음압이 3,500N/㎡, 특정 지향음압이 7,000N/㎡일 때 지향지수는?

① 2dB   ② 4dB
③ 6dB   ④ 8dB

해설 지향지수(Directivity Index, DI)
$$DI = SPL_\theta - \overline{SPL} \text{ (dB)에서}$$
$$SPL_\theta = 20\log\frac{7,000}{2 \times 10^{-5}} = 171dB$$
$$\overline{SPL} = 20\log\frac{3,500}{2 \times 10^{-5}} = 165dB$$
$$\therefore DI = 171 - 165 = 6dB$$

18 진동수가 125Hz, 전파속도가 25m/s인 파동의 파장은?

① 0.2m   ② 0.52m
③ 2m   ④ 5m

해설 파장
$$\lambda = \frac{c}{f} = \frac{25}{125} = 0.2m$$

19 $\frac{1}{3}$ 옥타브 밴드에서 중심주파수 1,000Hz가 가지는 상한주파수와 하한주파수를 올바르게 나타낸 것은?

① 1,122Hz, 891Hz

② 1,262Hz, 748Hz

③ 1,320Hz, 693Hz

④ 1,414Hz, 707Hz

[해설] · 상한주파수 : $f_2 = f_o \times \sqrt[6]{2} = 1,000 \times \sqrt[6]{2}$
$$= 1,122Hz$$

· 하한주파수 : $f_1 = \dfrac{f_o}{\sqrt[6]{2}} = \dfrac{1,000}{\sqrt[6]{2}} = 891Hz$

20 지향지수(DI)가 +9dB일 때 지향계수(Q)는?

① 약 1 ② 약 2

③ 약 4 ④ 약 8

[해설] 지향지수 $DI = 10\log Q$ 에서 $9 = 10\log Q$
$\therefore$ 지향계수 $Q = 10^{0.9} = 7.94$

제2과목 소음 · 진동 공정시험기준

21 측정소음도가 78dB(A), 배경소음도가 72dB(A)인 공장의 대상소음도는 약 얼마인가?

① 73dB(A) ② 75dB(A)

③ 77dB(A) ④ 79dB(A)

[해설] 소음도의 차이를 구한다.
대상소음도 $= 10\log(10^{7.8} - 10^{7.2}) = 77dB(A)$

22 소음계의 동특성을 느림(slow) 모드를 사용하여 측정하여야 하는 소음은?

① 항공기소음

② 철도소음

③ 도로교통소음

④ 생활소음

[해설] · 항공기소음은 소음계의 동특성을 느림(slow) 모드를 하여 측정하여야 한다.

· 철도소음, 도로교통소음, 생활소음은 빠름(fast) 모드를 하여 측정한다.

23 소음계의 지시계기에 관한 내용으로 옳지 않은 것은?

① 유효지시 범위 - 15dB 이상

② 눈금판독 범위 - 10dB 이상

③ 숫자 표시(디지털형) - 소수점 한 자리까지 표시

④ 1dB 눈금 간격 - 1mm 이상으로 표시

[해설] 지시계기는 지침형 또는 디지털형이어야 한다. 지침형에서는 유효지시 범위가 15dB 이상이어야 하고, 각각의 눈금은 1dB 이하를 판독할 수 있어야 하며, 1dB 눈금 간격이 1mm 이상으로 표시되어야 한다. 다만, 디지털형에서는 숫자가 소수점 한 자리까지 표시되어야 한다.

24 규제기준 중 생활진동 측정 시 측정지점수는 피해가 예상되는 적절한 측정시각에 최소 몇 지점 이상의 측정지점수를 선정 · 측정하여 그 중 높은 진동레벨을 측정진동레벨로 하는가?

① 10지점 이상 ② 6지점 이상

③ 3지점 이상 ④ 2지점 이상

[해설] 피해가 예상되는 적절한 측정시각에 2지점 이상의 측정지점수를 선정 · 측정하여 그 중 높은 진동레벨을 측정진동레벨로 한다.

25 진동을 측정하는 데 사용되는 진동레벨계는 최소 다음과 같은 구성이 필요하다. 다음 중 4에 해당하는 것은?

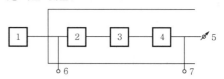

① 진동픽업

② 레벨레인지 변환기

③ 감각보정회로

④ 출력단자

[해설] **진동계의 기본구조**

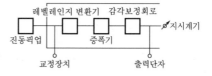

19.① 20.④ 21.③ 22.① 23.② 24.④ 25.③

26 압전형 진동픽업의 특징으로 옳지 않은 것은? (단, 동전형 진동픽업과 비교한다.)

① 소형 경량(수십 gram)이다.
② 픽업의 출력임피던스가 낮다.
③ 중·고주파 대역(10kHz 이하)의 가속도 측정에 적합하다.
④ 충격, 온도, 습도, 바람 등의 영향을 받는다.

해설 ② 압전형 진동픽업의 출력임피던스는 동전형 진동픽업과 비교하여 높다.
㉠ 압전형(piezodlectric type) : 원리는 압전형 마이크로폰과 대동소이하다. 즉, 압전소자는 외부진동에 의한 추의 관성력에 의해 기계적 왜곡이 야기되고 이 왜곡에 비례하여 전하가 발생된다.
 • 중·고주파역(10kHz 이하)의 가속도 측정에 적합
 • 소형 경량임(수십 gram)
 • 충격, 온도, 습도, 바람 등의 영향을 받음
 • 케이블의 용량에 의해 감도가 변화함
 • 출력임피던스가 큼
㉡ 동전형(moving coil type) : 소음계의 동전형 마이크로폰과 유사하다. 가동코일이 붙은 추가 스프링에 매달려 있는 구조로 진동에 의해 가동코일이 영구자석의 자계 내를 상하로 움직이면 코일에는 추의 상대속도에 비례하는 기전력이 유기된다.
 • 중·저주파역(1kHz 이하)의 진동측정에 적합
 • 대형으로 중량임(수백 gram)
 • 감도가 안정적임
 • 변압기 등 자장이 강한 장소에서는 사용불가
 • 픽업의 출력임피던스 낮음

27 다음 환경기준 중 소음측정방법으로 옳지 않은 것은?

① 소음계와 소음도 기록기를 연결하여 측정·기록하는 것을 원칙으로 한다.
② 소음계의 레벨레인지 변환기는 측정지점의 소음도를 예비조사한 후 적절하게 고정시켜야 한다.
③ 소음계의 청감보정회로는 A특성에 고정하여 측정하여야 한다.
④ 소음계의 동특성은 원칙적으로 느림(slow)모드로 하여 측정하여야 한다.

해설 소음계의 동특성은 원칙적으로 빠름(fast) 모드로 하여 측정하여야 한다.

28 1일 단위의 WECPNL을 구하는 식으로 옳은 것은? (단, $\overline{L_{max}}$는 당일의 평균 최고소음도, N은 1일간 항공기의 등가통과횟수)

① $\overline{L_{max}} - 10\log N - 27$
② $\overline{L_{max}} - 10\log N + 27$
③ $\overline{L_{max}} + 10\log N - 27$
④ $\overline{L_{max}} + 10\log N + 27$

해설 1일 단위의 WECPNL(웨클) $= \overline{L_{max}} + 10\log N - 27$
여기서, N : 1일간 항공기의 등가통과횟수
$N = N_2 + 3N_3 + 10(N_1 + N_4)$

29 진동계기의 성능기준과 관련된 설명으로 옳지 않은 것은?

① 측정가능 진동레벨의 범위는 45~120dB 이상이어야 한다.
② 지시계기의 눈금오차는 0.5dB 이내이어야 한다.
③ 진동픽업은 공중에 설치할 수 있는 구조로서 전기신호를 진동신호로 바꾸어 주는 장치를 말하며, 환경진동을 측정할 수 없다.
④ 측정가능 주파수 범위는 1~90Hz 이상이어야 한다.

해설 진동픽업은 지면에 설치할 수 있는 구조로서 진동신호를 전기신호로 바꾸어 주는 장치를 말하며, 환경진동을 측정할 수 있어야 한다.

30 항공기소음 관리기준 측정 시 헬리포트 주변 등과 같이 배경소음보다 10dB 이상 큰 항공기소음 지속시간의 평균치($\overline{D}$)가 최소 얼마 이상인 경우 규정에 따른 보정량 $\overline{WECPNL}$에 보정하는가?

① 10초 이상　② 20초 이상
③ 30초 이상　④ 5분 이상

해설 헬리포트 주변 등과 같이 배경소음보다 10dB 이상 큰 항공기소음의 지속시간 평균치 $\overline{D}$가 30초 이상일 경우에는 보정량 $\left[+10\log\left(\dfrac{\overline{D}}{20}\right)\right]$을 $\overline{WECPNL}$에 보정하여야 한다.

31 다음은 규제기준 중 발파진동의 배경진동레벨 측정방법이다. ( ) 안에 가장 적합한 것은?

> 디지털 진동 자동분석계를 사용할 경우 샘플주기를 (㉮)에서 결정하고 (㉯) 이상 측정하여 자동 연산·기록한 80% 범위의 상단치인 L_{10}값을 그 지점의 배경진동레벨로 한다.

① ㉮ 1초 이내, ㉯ 5분 이상
② ㉮ 1초 이내, ㉯ 1분 이상
③ ㉮ 0.1초 이내, ㉯ 5분 이상
④ ㉮ 0.1초 이내, ㉯ 1분 이상

해설 디지털 진동 자동분석계를 사용할 경우 샘플주기를 1초 이내에서 결정하고 5분 이상 측정하여 자동 연산·기록한 80% 범위의 상단치인 L_{10}값을 그 지점의 배경진동레벨로 한다.

32 다음은 소음계 사용기준이다. ( ) 안에 알맞은 것은?

> 간이소음계는 예비조사 등 소음도의 대략치를 파악하는 데 사용되며, 소음을 규제·인증하기 위한 목적으로 사용되는 측정기기로서는 ( )에 정한 클래스 2의 소음계 또는 이와 동등 이상의 성능을 가진 것으로서 dB 단위로 지시하는 것을 사용하여야 한다.

① KS C IEC 61672-1
② KS F IEC 61672-1
③ KS Q IEC 61672-1
④ KS E IEC 61672-1

해설 소음계 사용기준
간이소음계는 예비조사 등 소음도의 대략치를 파악하는 데 사용되며, 소음을 규제·인증하기 위한 목적으로 사용되는 측정기기로서는 KS C IEC 61672-1에 정한 클래스 2의 소음계 또는 이와 동등 이상의 성능을 가진 것으로서 dB 단위로 지시하는 것을 사용하여야 한다.

33 측정진동레벨이 75dB(V)이고, 배경진동레벨이 65dB(V)일 경우 대상진동레벨은?

① 75dB(V)　　② 72dB(V)
③ 70dB(V)　　④ 67dB(V)

해설 측정진동레벨이 배경진동레벨보다 10dB 이상 크면 배경진동의 영향이 극히 작기 때문에 배경진동의 보정 없이 측정진동레벨을 대상진동레벨로 한다.

34 다음은 환경기준 중 소음의 측정시간 및 측정지점수 기준이다. ( ) 안에 가장 적합한 것은?

> 낮시간대(06:00~22:00)에는 당해 지역 소음을 대표할 수 있도록 측정지점수를 충분히 결정하고, 각 측정지점에서 2시간 이상 간격으로 ( ) 이상 측정하여 산술평균한 값을 측정소음도로 한다.

① 2회
② 4회
③ 6회
④ 8회

해설 환경기준 중 소음의 측정시간 및 측정지점수 기준
낮시간대(06:00~22:00)에는 당해 지역 소음을 대표할 수 있도록 측정지점수를 충분히 결정하고, 각 측정지점에서 2시간 이상 간격으로 4회 이상 측정하여 산술평균한 값을 측정소음도로 한다.

35 다음은 철도진동 측정자료의 분석에 관한 설명이다. ( ) 안에 알맞은 것은?

> 열차 통과 시마다 최고진동레벨이 배경진동레벨보다 최소 (㉮) 큰 것에 한하여 연속 (㉯) 열차(상·하행 포함) 이상을 대상으로 최고진동레벨을 측정·기록하고, 그 중 중앙값 이상을 산술평균한 값을 철도진동레벨로 한다.

① ㉮ 5dB 이상, ㉯ 5개
② ㉮ 5dB 이상, ㉯ 10개
③ ㉮ 10dB 이상, ㉯ 5개
④ ㉮ 10dB 이상, ㉯ 10개

해설 철도진동 측정자료의 분석
열차 통과 시마다 최고진동레벨이 배경진동레벨보다 최소 5dB 이상 큰 것에 한하여 연속 10개 열차(상·하행 포함) 이상을 대상으로 최고진동레벨을 측정·기록하고, 그 중 중앙값 이상을 산술평균한 값을 철도진동레벨로 한다.

36 환경기준 중 소음측정을 위한 측정점 선정조건으로 옳지 않은 것은?

① 도로변 지역에서는 소음으로 인하여 문제를 일으킬 우려가 있는 장소를 택하여야 한다.

② 측정점 선정 시에는 당해 지역 소음평가에 현저한 영향을 미칠 것으로 예상되는 공장 및 사업장, 건설사업장, 비행장, 철도 등의 부지를 대상으로 하여야 한다.

③ 일반지역의 경우에는 가능한 한 측정점 반경 3.5m 이내에 장애물(담, 건물, 기타 반사성 구조물 등)이 없는 지점의 지면 위 1.2～1.5m로 한다.

④ 도로변 지역의 경우 장애물이나 주거, 학교, 병원, 상업 등에 활용되는 건물이 있을 때에는 이들 건축물로부터 도로방향으로 1.0m 떨어진 지점의 지면 위 1.2～1.5m 위치로 한다.

해설 측정점 선정 시에는 당해 지역 소음평가에 현저한 영향을 미칠 것으로 예상되는 공장 및 사업장, 건설사업장, 비행장, 철도 등의 부지 내는 피해야 한다.

37 표준음 발생기의 발생음의 오차범위 기준으로 적합한 것은?

① ±1dB 이내　② ±2dB 이내
③ ±3dB 이내　④ ±5dB 이내

해설 표준음 발생기(pistonphone, calibrator)
소음계의 측정감도를 교정하는 기기로서 발생음의 주파수와 음압도가 표시되어 있어야 하며, 발생음의 오차는 ±1dB 이내이어야 한다.

38 배출허용기준 중 공장소음을 측정하고자 한다. 측정지점에 높이가 1.5m를 초과하는 장애물이 있는 경우에는 장애물로부터 소음원 방향으로 얼마 떨어진 곳에서 측정하여야 하는가?

① 1.0～3.5m　② 3～5m
③ 5～10m　④ 10～15m

해설 측정지점에 높이가 1.5m를 초과하는 장애물이 있는 경우에는 장애물로부터 소음원 방향으로 1.0～3.5m 떨어진 지점으로 한다.

39 배출허용기준 중 소음측정방법에 관한 사항으로 옳지 않은 것은?

① 풍속이 5m/s를 초과할 때에는 측정하여서는 안 된다.

② 측정소음도의 측정은 대상배출시설의 소음발생기기를 가능한 한 최대출력으로 가동시킨 정상상태에서 측정하여야 한다.

③ 피해가 예상되는 적절한 측정시간에 2지점 이상의 측정지점수를 선정·측정하여 그 중 가장 높은 소음도를 측정소음도로 한다.

④ 손으로 소음계를 잡고 측정할 경우 소음계는 측정자의 몸으로부터 0.3m 이상 떨어져야 한다.

해설 손으로 소음계를 잡고 측정할 경우 소음계는 측정자의 몸으로부터 0.5m 이상 떨어져야 한다.

40 진동픽업의 횡감도는 규정주파수에서 수감축 감도에 대한 차이가 얼마 이상이어야 하는가? (단, 연직특성이다.)

① 1dB 이상　② 5dB 이상
③ 10dB 이상　④ 15dB 이상

해설 진동계 성능
진동픽업의 횡감도는 규정주파수에서 수감축 감도에 대한 차이가 15dB 이상이어야 한다(연직특성).

제3과목　**소음·진동 방지기술**

41 판진동에 의한 소음을 방지하기 위하여 진동판에 제진대책을 행한 후 흡음재료를 놓고, 다시 그 위에 차음재(구속층)를 놓는 방음대책을 무엇이라고 하는가?

① 댐핑(damping)
② 패킹(packing)
③ 인클로징(enclosing)
④ 래깅(lagging)

해설 래깅(lagging)
'방음 겉씌우개'라고 하며 흡음재를 부착한 후 진동부에 고무나 PVC 등의 제진(damping)대책을 하고 그 다음에 차음재(구속층)를 설치하면 방음대책에 효과적이다. 음원의 원판에 제진재, 흡음재, 차음재를 부착한 대책이다.

42 저음역에서 중공이중벽에 관한 설명으로 옳지 않은 것은?

① 중공이중벽은 공명주파수 부근에서 투과 손실이 현저히 커지므로 유리솜 등을 공기 내 충전시키면 약 $20 \sim 50$dB 정도 투과손실이 감소된다.

② 설계 시에는 차음 목적주파수를 공명주파수와 일치주파수의 범위 안에 들게 하는 것이 필요하다.

③ 중공이중벽은 일반적으로 동일 중량의 단일벽에 비해 $5 \sim 10$dB 정도 투과손실이 증가한다.

④ 중공이중벽에서 공기층은 10cm 이상으로 하는 것이 바람직하다.

해설 중공이중벽은 공명주파수 부근에서 투과손실이 현저히 저하되므로 유리솜 등을 공기 내 충전시키면 약 $3 \sim 10$dB 정도 투과손실이 개선된다.

43 날개수가 10개이고 3,000rpm으로 회전하는 송풍기가 있다. 이 송풍기에서 발생하는 날개 통과주파수는 몇 Hz인가?

① 250   ② 380

③ 450   ④ 500

해설 송풍기에서 발생하는 날개 통과주파수

$$f = \frac{n \times \text{rpm}}{60}$$

여기서, n : 날개수

$$\therefore f = \frac{10 \times 3{,}000}{60} = 500\text{Hz}$$

44 진동 발생이 그리 크지 않은 공장기계의 대표적인 지반진동 차단구조물은 개방식 방진구이다. 이러한 방진구의 가장 중요한 설계인자는?

① 트렌치의 폭

② 트렌치의 깊이

③ 트렌치의 형상

④ 트렌치의 위치

해설 방진구의 가장 중요한 설계인자는 트렌치(도랑)의 깊이로 도랑의 깊이는 진동파장의 $\frac{1}{4}$ 이상으로 해야 한다.

45 음압레벨이 88dB(음원으로부터 1m 이격지점)인 점음원으로부터 30m 이격된 지점에서 소음으로 인한 문제가 발생되어 방음벽을 설치하였다. 방음벽에 의한 회절감쇠치가 10dB이고, 방음벽의 투과손실이 16dB이라면 수음점에서의 음압레벨은 약 몇 dB인가?

① 49   ② 55

③ 61   ④ 67

해설 방음벽의 투과손실 : 투과손실이 회절감쇠치보다 10dB 이내일 경우 삽입손실치는 다음 식으로 구한다.

$$\Delta L = -10 \log \left(10^{-\frac{\Delta L_d}{10}} + 10^{-\frac{TL}{10}} \right)$$
$$= -10 \log \left(10^{-1} + 10^{-1.6} \right)$$
$$= 9\text{dB}$$

음압레벨이 88dB(음원으로부터 1m 이격지점)인 점음원으로부터 30m 이격된 지점의 음압레벨은 거리감쇠가 있으므로

$$20 \log \left(\frac{r_2}{r_1} \right) = 20 \log \left(\frac{30}{1} \right) = 30\text{dB}$$

∴ 거리감쇠와 삽입손실치를 고려하면
    $88 - 39 = 49\text{dB}$

46 실의 길이가 0.5m인 단진자의 주기는 몇 초인가? (단, 중력가속도는 9.8m/s^2이다.)

① 0.70   ② 1.16

③ 1.42   ④ 2.32

해설 단진자의 주기

$$T = \frac{2\pi}{\omega} = \frac{2\pi}{\sqrt{\frac{g}{L}}} = 2\pi \sqrt{\frac{L}{g}}$$
$$= 2 \times 3.14 \times \sqrt{\frac{0.5}{9.8}}$$
$$= 1.42\text{초}$$

47 헬름홀츠 공명기의 목의 유효길이를 l, 단면적을 A, 체적을 V라고 할 때 공명주파수의 올바른 표현식은? (단, c : 소음기 내 음속(m/s))

① $\dfrac{c}{2\pi} \sqrt{\dfrac{l \times V}{A}}$ ② $\dfrac{c}{2\pi} \sqrt{\dfrac{A}{l \times V}}$

③ $\dfrac{c}{2\pi} \sqrt{\dfrac{A \times l}{V}}$ ④ $\dfrac{c}{2\pi} \sqrt{\dfrac{V}{l \times A}}$

해설 공명형 소음기(헬름홀츠 공명기)의 공명주파수

$$f_r = \frac{c}{2\pi}\sqrt{\frac{A}{l\times V}}\ (\text{Hz})$$

여기서, c : 소음기 내의 음속(m/s)
A : 목(구멍)의 단면적(m^2)
V : 공동(空洞)의 부피(m^3)
l : $L+0.8\sqrt{A}$ (m)
L : 목의 길이(m)

48 스프링에 의해 지지된 비감쇠 강제진동계에서 강제진동수 및 고유진동수가 30Hz 및 3Hz라면 스프링에 의한 절연율은 약 몇 %인가?

① 75.85 ② 90.00
③ 98.99 ④ 100

해설 %절연율 $\%I = 1-T = 1-\dfrac{1}{\eta^2-1}$

$$= 1-\frac{1}{\left(\dfrac{f}{f_n}\right)^2-1}$$

$$= 1-\frac{1}{\left(\dfrac{30}{3}\right)^2-1} = 0.9898 = 98.98\%$$

49 실정수 400m^2인 실내 중앙의 바닥 위에 설치되어 있는 기계의 파워레벨이 100dB이다. 반확산 음장법을 이용하여 기계로부터 10m 실내 한 점의 음압레벨은 약 몇 dB인가?

① 76 ② 81
③ 86 ④ 91

해설 실내의 평균음압레벨을 구하는 방법인 반확산 음장법에서 음원이 바닥에 설치되어 있으므로 지향계수 $Q=2$이다.

$$\overline{\text{SPL}} = \text{PWL}+10\log\left(\frac{Q}{4\pi r^2}+\frac{4}{R}\right)$$

$$= 100+10\log\left(\frac{2}{4\times3.14\times10^2}+\frac{4}{400}\right)$$

$$= 81\text{dB}$$

50 수직입사 흡음률 측정방법으로 A시료의 흡음성능을 측정하였다. 1kHz 순음의 정재파비(n)가 1.5라면 이 흡음재의 흡음률은?

① 0.96 ② 0.86
③ 0.76 ④ 0.66

해설 흡음률 $\alpha_t = \dfrac{4\times n}{(n+1)^2} = \dfrac{4}{n+\dfrac{1}{n}+2}$

$$= \frac{4}{1.5+\dfrac{1}{1.5}+2} = 0.96$$

51 임계감쇠계수 C_c의 표현식으로 옳은 것은? (단, 감쇠비=1, 질량 m, 스프링정수 k)

① $\sqrt{m\times k}$
② $2\times\sqrt{\dfrac{m}{k}}$
③ $2\times\sqrt{m\times k}$
④ $2\times m\times k$

해설 감쇠비 $\xi=1$이면 $C_e = C_c$가 되므로

$$\xi = 1 = \frac{C_c}{2\times\sqrt{k\times m}}$$

$$\therefore\ C_c = 2\times\sqrt{k\times m} = 2\times m\times\omega_n$$

52 5m×5m×5m인 잔향시간은 5.5초이다. 만약 이 실의 바닥에 5m^2의 흡음재를 부착하여 잔향시간이 3.2초로 되었다면, 이 흡음재의 흡음률은?

① 0.25 ② 0.35
③ 0.45 ④ 0.55

해설 잔향실법에 의한 자재의 흡음률 측정방법(난입사 흡음률 측정법으로 글라스울 흡음재의 흡음률 측정에 사용함)

• 시료 부착 전 잔향실의 평균흡음률

$$\overline{\alpha_o} = \frac{0.161\times V}{S\times T_o}$$

여기서, T_o : 시료 부착 전의 잔향시간(s)
S : 잔향실 표면적(m^2)

• 벽면이나 바닥의 일부에 흡음재(면적 : $S(m^2)$)를 부착한 후 측정한 잔향시간을 $T(s)$라 할 때 그 시료의 흡음률

$$\alpha_r = \frac{0.161\times V}{S}\left(\frac{1}{T}-\frac{1}{T_o}\right)+\overline{\alpha_o}$$

여기서, 시료 부착 전 잔향실의 면적
$$S = 5\times5\times2+5\times5\times4 = 150m^2$$

$$\overline{\alpha_o} = \frac{0.161\times5^3}{150\times5.5} = 0.0244$$

$$\therefore\ \alpha_r = \frac{0.161\times5^3}{5}\times\left(\frac{1}{3.2}-\frac{1}{5.5}\right)+0.0244$$

$$= 0.55$$

53 무게가 120N인 기계를 방진고무 위에 올려 놓았더니 0.8cm가 수축되었다. 방진고무의 동적 배율이 1.2라면 방진고무의 동적 스프링정수는 몇 N/cm인가?

① 150   ② 180
③ 210   ④ 240

해설 동적 스프링정수와 동적 배율, 수축량의 관계는 다음과 같다.

$$\frac{\delta_{st}}{\alpha} = \frac{W}{k_d}$$

$$\therefore k_d = \frac{W \times \alpha}{\delta_{st}} = \frac{120 \times 1.2}{0.8} = 180\text{N/cm}$$

54 불균형 질량 2kg이 반지름 0.3m의 원주상을 300rpm으로 회전하는 경우 가진력의 최댓값은 약 몇 N인가?

① 352
② 414
③ 437
④ 592

해설 강제진동수 $f = \dfrac{\text{rpm}}{60} = \dfrac{300}{60} = 5\text{Hz}$

∴ 회전운동에 의한 관성력(원심력)

$$F = m\,r\,\omega^2 = 2 \times 0.3 \times (2\pi f)^2$$
$$= 2 \times 0.3 \times (2 \times 3.14 \times 5)^2 = 592\text{N}$$

55 방음벽에 관한 설명으로 옳지 않은 것은?

① 방음벽에 의한 차음효과는 벽이 소음원이나 수음점에 가까울수록 효과적이다.
② 음원의 지향성이 수음측 방향으로 클 때에는 벽에 의한 감쇠치가 계산치보다 작게 된다.
③ 벽의 길이는 점음원일 때 벽 높이의 5배 이상으로 하는 것이 바람직하다.
④ 방음벽의 투과손실은 회절감쇠치보다 적어도 5dB 이상 큰 것이 좋다.

해설 음원의 지향성이 수음측 방향으로 클 때에는 벽에 의한 감쇠치가 계산치보다 크게 된다.

56 다음 중 공기스프링에 관한 설명으로 가장 거리가 먼 것은?

① 하중이 크기가 달라지더라도 높이 조정밸브를 사용하여 높이를 일정하게 유지할 수 있다.
② 압축기 등 부대시설이 필요하다.
③ 공기스프링 용적의 내압을 항상 1기압으로 유지하여 사용한다.
④ 스프링 역할을 하는 주공기실과 보조공기실로 되어 있다.

해설 공기스프링 용적의 내압은 2∼10N/cm²(0.2∼1기압)을 유지하여 사용한다.

57 각 소음기에 관한 설명으로 옳지 않은 것은?

① 흡음덕트형 소음기는 급격한 관경 확대로 유속을 낮추어 감음하는 방식으로 저·중음역에서 감음특성이 좋다.
② 팽창형 소음기의 감음특성은 저·중음역에 유효하고, 팽창부에 흡음재를 부착하면 고음역의 감음량도 증가한다.
③ 간섭형 소음기는 음의 통로구간을 둘로 나누어 그 경로차가 반파장에 가깝게 하는 구조이다.
④ 공명형 소음기는 내관의 작은 구멍과 그 배후공기층이 공명기를 형성하여 감음하는 방식으로 감음특성은 저·중음역의 탁월주파수 성분에 유효하다.

해설 흡음덕트형 소음기의 감음특성은 중·고음역대에서 좋고, 팽창형 소음기는 급격한 관경 확대로 유속을 낮추어 감음하는 방식으로 저·중음역에서 감음특성이 좋다.

58 다음 흡음재료 중 주요 흡음영역이 저음역대인 것은?

① 석고보드   ② 펠트
③ 암면   ④ 유리섬유

해설
- 흡음영역이 저음역대인 흡음재료 : 석고보드, 비닐시트, 석고스레트
- 흡음영역이 중·고음역대인 흡음재료 : 암면, 유리섬유, 세라믹, 석면

59 교실의 단일벽 면밀도가 200kg/m²이었다. 여기에 100Hz 순음이 입사할 때의 단일벽의 투과손실은 약 몇 dB인가? (단, 음파는 벽면에 난입사한다.)

① 24　　　　② 27

③ 33　　　　④ 43

해설 일중벽(단일벽)에서 음파가 벽면에 난입사할 때(실용식)의 음장입사 질량법칙은 다음과 같다.

$$TL = 18\log(m \times f) - 44$$
$$= 18 \times \log(200 \times 100) - 44$$
$$= 33dB$$

60 방진고무의 정적 스프링정수 K_s를 나타낸 식으로 옳은 것은? (단, W: 하중, ΔE: 처짐량이다.)

① $K_s = \sqrt{\dfrac{W}{\Delta E}}$　　② $K_s = \sqrt{\dfrac{\Delta E}{W}}$

③ $K_s = W \times \Delta E$　　④ $K_s = \dfrac{W}{\Delta E}$

해설
- 물체에 동적인 변형이나 하중을 부여한 상태에서 측정된 정적 스프링정수는 스프링이 하중 $W(\mathrm{kg_f})$을 받아 정적 수축량 $\Delta E(\mathrm{mm})$의 변형을 발생할 때, 그 비의 값이다.

$$K_s = \dfrac{W}{\Delta E}$$

- 고무스프링의 동적 배율

$$\alpha = \dfrac{K_d}{K_s}$$

여기서, K_d: 동적 스프링정수

제4과목　소음ㆍ진동 관계 법규

61 소음ㆍ진동관리법령상 소음발생건설기계의 소음도 표지에 관한 기준으로 거리가 먼 것은?

① 크기 : 100mm×100mm

② 색상 : 회색 판에 검은색 문자를 씁니다.

③ 재질 : 쉽게 훼손되지 아니하는 금속성이나 이와 유사한 강도의 재질이어야 합니다.

④ 부착방법 : 기계별로 눈에 잘 띄고 작업으로 인한 훼손이 되지 아니하는 위치에 떨어지지 아니하도록 부착하여야 합니다.

해설 시행규칙 [별표 19] 소음도 표지

1. 크기 : 80mm×80mm(기계의 크기와 부착위치에 따라 조정한다)
2. 색상 : 회색 판에 검은색 문자를 쓴다.
3. 재질 : 쉽게 훼손되지 아니하는 금속성이나 이와 유사한 강도의 재질이어야 한다.
4. 부착방법 : 기계별로 눈에 잘 띄고 작업으로 인한 훼손이 되지 아니하는 위치에 떨어지지 아니하도록 부착하여야 한다.

62 소음ㆍ진동관리법령상 생활소음 규제기준 중 주거지역의 공사장 소음규제기준은 공휴일에만 규제기준치에 보정한다. 다음 중 그 보정치로 옳은 것은?

① −5dB　　　　② −3dB

③ −2dB　　　　④ −1dB

해설 시행규칙 [별표 8] 생활소음 규제기준

공사장의 규제기준 중 다음 지역은 공휴일에만 −5dB을 규제기준치에 보정한다.
1. 주거지역
2. 「의료법」에 따른 종합병원, 「초ㆍ중등교육법」 및 「고등교육법」에 따른 학교, 「도서관법」에 따른 공공도서관의 부지경계선으로부터 직선거리 50m 이내의 지역

63 소음ㆍ진동관리법령상 교통 소음ㆍ진동의 관리(규제)기준을 적용받는 지역 중 학교, 병원, 공공도서관의 경우는 부지경계선으로부터 몇 m 이내 지역을 기준으로 하는가?

① 10m 이내

② 20m 이내

③ 50m 이내

④ 100m 이내

해설 시행규칙 [별표 11] 교통 소음ㆍ진동의 관리기준

도로의 대상지역 : 주거지역, 녹지지역, 보전관리지역, 관리지역 중 취락지구ㆍ주거개발진흥지구 및 관광ㆍ휴양개발진흥지구, 자연환경보전지역, 학교ㆍ병원ㆍ공공도서관 및 입소규모 100명 이상의 노인의료복지시설ㆍ영유아보육시설의 부지경계선으로부터 50m 이내 지역

64 소음·진동관리법령상 벌칙기준 중 6개월 이하의 징역 또는 500만원 이하의 벌금에 처하는 경우가 아닌 것은?

① 생활소음·진동의 규제기준 초과에 따른 작업시간 조정 등의 명령을 위반한 자
② 운행차 소음허용기준에 적합한 지의 여부를 점검하는 운행차 수시점검에 지장을 주는 행위를 한 자
③ 배출시설 설치신고 대상자가 신고를 하지 아니하고 배출시설을 설치한 자
④ 이동소음 규제지역에서 이동소음원의 사용금지 또는 제한조치를 위반한 자

해설 **법 제58조(벌칙)**
다음의 어느 하나에 해당하는 자는 6개월 이하의 징역 또는 500만원 이하의 벌금에 처한다.
1. 신고를 하지 아니하거나 거짓이나 부정한 방법으로 신고를 하고 배출시설을 설치하거나 그 배출시설을 이용해 조업한 자
2. 작업시간 조정 등의 명령을 위반한 자
3. 점검에 따르지 아니하거나 지장을 주는 행위를 한 자
4. 개선명령 또는 사용정지 명령을 위반한 자

65 소음·진동관리법령상 배출허용기준에 맞는지를 확인하기 위하여 소음·진동배출시설과 방지시설에 대하여 검사할 수 있도록 지정된 기관이라 볼 수 없는 것은?

① 국립환경과학원
② 유역환경청
③ 환경보전협회
④ 특별시, 광역시·도, 특별자치도의 보건환경연구원

해설 **시행규칙 제14조(배출시설의 설치확인 등)**
특별자치시장, 특별자치도지사 또는 시장·군수·구청장은 배출허용기준에 맞는지를 확인하기 위하여 필요한 경우 배출시설과 방지시설의 가동상태를 점검할 수 있으며, 소음·진동검사를 하거나 다음의 어느 하나에 해당하는 검사기관으로 하여금 소음·진동검사를 하도록 지시하거나 검사를 의뢰할 수 있다.
1. 국립환경과학원
2. 특별시, 광역시·도, 특별자치도의 보건환경연구원
3. 유역환경청 또는 지방환경청
4. 「한국환경공단법」에 따른 한국환경공단

66 소음·진동관리법령상 도시지역 중 일반주거지역의 저녁(18:00~24:00) 시간대의 공장소음 배출허용기준으로 옳은 것은?

① 45dB(A) 이하   ② 50dB(A) 이하
③ 55dB(A) 이하   ④ 60dB(A) 이하

해설 **시행규칙 [별표 5] 공장소음 배출허용기준**

대상지역	시간대별[단위 : dB(A)]		
	낮(06:00 ~18:00)	저녁(18:00 ~24:00)	밤(24:00 ~06:00)
가. 도시지역 중 전용주거지역 및 녹지지역, 관리지역 중 취락지구·주거개발진흥지구 및 관광·휴양개발진흥지구, 자연환경보전지역 중 수산자원보호구역 외의 지역	50 이하	45 이하	40 이하
나. 도시지역 중 일반주거지역 및 준주거지역, 도시지역 중 녹지지역	55 이하	50 이하	45 이하
다. 농림지역, 자연환경보전지역 중 수산자원보호구역, 관리지역 중 가목과 라목을 제외한 그 밖의 지역	60 이하	55 이하	50 이하
라. 도시지역 중 상업지역·준공업지역, 관리지역 중 산업개발진흥지구	65 이하	60 이하	55 이하
마. 도시지역 중 일반공업지역 및 전용공업지역	70 이하	65 이하	60 이하

67 다음은 소음·진동관리법령상 폭약의 사용으로 인한 소음·진동의 방지에 관한 사항이다. ( )에 가장 적합한 것은?

> 특별자치도지사 등은 폭약의 사용으로 인한 소음·진동 피해를 방지할 필요가 있다고 인정하면 (㉯)에게 (㉮)에 따라 폭약을 사용하는 자에게 그 사용의 규제에 필요한 조치를 하여 줄 것을 요청할 수 있다. 이 경우 (㉯)은 특별한 사유가 없으면 그 요청에 따라야 한다.

① ㉮ 총포·도검·화약류 등 단속법
　 ㉯ 폭약협회장
② ㉮ 총포·도검·화약류 등 단속법
　 ㉯ 지방경찰청장
③ ㉮ 폭약류관리법, ㉯ 폭약협회장
④ ㉮ 폭약류관리법, ㉯ 지방경찰청장

법 제25조(폭약의 사용으로 인한 소음·진동의 방지)
특별자치시장·특별자치도지사 또는 시장·군수·구청장은 폭약의 사용으로 인한 소음·진동 피해를 방지할 필요가 있다고 인정하면 시·도 경찰청장에게 「총포·도검·화약류 등 단속법」에 따라 폭약을 사용하는 자에게 그 사용의 규제에 필요한 조치를 하여 줄 것을 요청할 수 있다. 이 경우 시·도 경찰청장은 특별한 사유가 없으면 그 요청에 따라야 한다.

68 소음·진동관리법령상 200만원 이하의 과태료 부과기준에 해당하는 위법행위가 아닌 것은?

① 배출시설의 변경신고를 하지 아니하거나 거짓이나 그 밖의 부정한 방법으로 변경신고를 한 자
② 환경기술인의 업무를 방해하거나 환경기술인의 요청을 정당한 사유없이 거부한 자
③ 공장에서 배출되는 소음·진동을 배출허용기준 이하로 처리하지 아니한 자
④ 생활소음·진동 규제기준을 초과하여 소음·진동을 발생한 자

법 제60조(과태료)
다음의 어느 하나에 해당하는 자에게는 200만원 이하의 과태료를 부과한다.
1. 변경신고를 하지 아니하거나 거짓이나 그 밖의 부정한 방법으로 변경신고를 한 자
2. 공장에서 배출되는 소음·진동을 배출허용기준 이하로 처리하지 아니한 자
3. 저감대책을 수립·시행하지 아니한 자
4. 이동소음원의 사용금지 또는 제한조치를 위반한 자
5. 운행차 소음허용기준을 위반한 자동차의 소유자
6. 운행차 개선명령을 보고하지 아니한 자
7. 환경기술인 등의 교육을 받게 하지 아니한 자
8. 보고를 하지 아니하거나 허위로 보고한 자 또는 자료를 제출하지 아니하거나 허위로 제출한 자
9. 관계 공무원의 출입·검사를 거부·방해 또는 기피한 자

69 소음·진동관리법령상 자연환경보전지역 중 수산자원보호구역 내에 있는 공장의 밤시간대 공장진동 배출허용기준은?

① 40dB(V) 이하
② 50dB(V) 이하
③ 60dB(V) 이하
④ 70dB(V) 이하

시행규칙 [별표 5] 공장진동 배출허용기준

대상지역	시간대별 [단위 : dB(V)]	
	낮(06:00~22:00)	밤(22:00~06:00)
가. 도시지역 중 전용주거지역·녹지지역, 관리지역 중 취락지구·주거개발진흥지구 및 관광·휴양개발진흥지구, 자연환경보전지역 중 수산자원보호구역 외의 지역	60 이하	55 이하
나. 도시지역 중 일반주거지역·준주거지역, 농림지역, 자연환경보전지역 중 수산자원보호구역, 관리지역 중 가목과 다목을 제외한 그 밖의 지역	65 이하	60 이하
다. 도시지역 중 상업지역·준공업지역, 관리지역 중 산업개발진흥지구	70 이하	65 이하
라. 도시지역 중 일반공업지역 및 전용공업지역	75 이하	70 이하

70 소음·진동관리법령상 측정망 설치계획의 고시에 관한 설명으로 거리가 먼 것은?

① 측정망 설치계획에는 측정망의 설치시기나 측정망의 배치도가 포함되어야 한다.
② 시·도지사가 측정망 설치계획을 결정·고시하려는 경우에는 그 설치위치 등에 관하여 환경부장관의 의견을 들어야 한다.
③ 측정망 설치계획의 고시는 최초로 측정소를 설치하게 되는 날의 30일 이전에 하여야 한다.
④ 측정망 설치계획에는 측정소를 설치할 토지나 건축물의 면적이 포함되어야 한다.

시행규칙 제7조(측정망 설치계획의 고시)
측정망 설치계획의 고시는 최초로 측정소를 설치하게 되는 날의 3개월 이전에 하여야 한다.

71 소음·진동관리법령상에서 정의하는 교통기관에 해당되지 않는 것은?

① 기차 　　② 전차
③ 도로 및 철도 　　④ 항공기

법 제2조(정의)
"교통기관"이란 기차·자동차·전차·도로 및 철도 등을 말한다. 다만, 항공기와 선박은 제외한다.

72 소음·진동관리법령상 제작차에 대한 인증을 면제할 수 있는 자동차에 해당하지 않는 것은?

① 수출용 자동차나 박람회, 그 밖에 이에 준하는 행사에 참가하는 자가 전시를 목적으로 사용하는 자동차

② 자동차제작자, 연구기관 등이 자동차의 개발이나 전시 등을 목적으로 사용하는 자동차

③ 여행자 등이 다시 반출할 것을 조건으로 일시 반입하는 자동차

④ 외국에서 국내의 공공기관이나 비영리단체에 무상으로 기증하여 반입하는 자동차

해설 **시행령 제5조(인증의 면제·생략 자동차)**
인증을 면제할 수 있는 자동차는 다음과 같다.
1. 군용·소방용 및 경호 업무용 등 국가의 특수한 공무용으로 사용하기 위한 자동차
2. 주한 외국공관, 외교관, 그 밖에 이에 준하는 대우를 받는 자가 공무용으로 사용하기 위하여 반입하는 자동차로서 외교부장관의 확인을 받은 자동차
3. 주한 외국군대의 구성원이 공무용으로 사용하기 위하여 반입하는 자동차
4. 수출용 자동차나 박람회, 그 밖에 이에 준하는 행사에 참가하는 자가 전시를 목적으로 사용하는 자동차
5. 여행자 등이 다시 반출할 것을 조건으로 일시 반입하는 자동차
6. 자동차제작자·연구기관 등이 자동차의 개발이나 전시 등을 목적으로 사용하는 자동차
7. 외국인 또는 외국에서 1년 이상 거주한 내국인이 주거를 이전하기 위하여 이주물품으로 반입하는 1대의 자동차

73 소음·진동관리법령상 환경기술인이 환경보전협회 등에서 실시하는 교육을 받아야 하는 교육기관 기준은? (단, 정보통신매체를 이용하여 원격교육을 실시하는 경우는 제외한다.)

① 3일 이내   ② 5일 이내
③ 7일 이내   ④ 10일 이내

해설 **시행규칙 제64조(환경기술인의 교육)**
1. 환경기술인은 3년마다 한 차례 이상 다음의 어느 하나에 해당하는 교육기관에서 실시하는 교육을 받아야 한다.
   ㉠ 환경부장관이 교육을 실시할 능력이 있다고 인정하여 지정하는 기관
   ㉡ 「환경정책기본법」에 따른 환경보전협회
2. 교육기간은 5일 이내로 한다.

74 소음·진동관리법령상 용어 중 "소음·진동배출시설이 아닌 물체로부터 발생하는 진동을 없애거나 줄이는 시설로서 환경부령으로 정하는 것을 말한다."로 정의되는 것은?

① 진동시설
② 방진시설
③ 방지시설
④ 흡진시설

해설 **법 제2조(정의)**
"방진시설"이란 소음·진동배출시설이 아닌 물체로부터 발생하는 진동을 없애거나 줄이는 시설로서 환경부령으로 정하는 것을 말한다.

75 소음·진동관리법령상 운행자동차의 배기소음(㉮) 및 경적소음(㉯) 허용기준은? (단, 2006년 1월 1일 이후에 제작되는 이륜자동차 기준이다.)

① ㉮ 100dB(A) 이하, ㉯ 110dB(C) 이하
② ㉮ 100dB(A) 이하, ㉯ 112dB(C) 이하
③ ㉮ 105dB(A) 이하, ㉯ 110dB(C) 이하
④ ㉮ 105dB(A) 이하, ㉯ 112dB(C) 이하

해설 **시행규칙 [별표 13] 자동차의 소음허용기준**(운행자동차로서 2006년 1월 1일 이후에 제작되는 자동차 기준)

소음항목 자동차 종류	배기소음 [dB(A)]	경적소음 [dB(C)]
이륜자동차	105 이하	110 이하

76 소음·진동관리법령상 소음방지시설과 가장 거리가 먼 것은?

① 소음기
② 방음터널시설
③ 방음림 및 방음언덕
④ 방음내피시설

해설 **시행규칙 [별표 2] 소음방지시설**
1. 소음기
2. 방음덮개시설
3. 방음창 및 방음실시설
4. 방음외피시설
5. 방음벽시설
6. 방음터널시설
7. 방음림 및 방음언덕
8. 흡음장치 및 시설

77 소음·진동관리법령상 제작자동차 소음허용기준에서 고려하는 소음 종류에 해당하지 않는 것은?

① 가속주행소음
② 정속소음
③ 배기소음
④ 경적소음

해설 **시행령 제4조(제작차 소음허용기준)**
제작차 소음허용기준은 다음의 자동차의 소음 종류별로 소음배출 특성을 고려하여 정하되, 소음 종류별 허용기준치는 관계 중앙행정기관의 장의 의견을 들어 환경부령으로 정한다.
1. 가속주행소음
2. 배기소음
3. 경적소음

78 소음·진동관리법령상 교통소음·진동관리(규제)지역의 범위에 해당하지 않는 지역은? (단, 그 밖의 사항 등은 고려하지 않는다.)

① 「노인복지법」에 따른 노인의료복지시설 중 입소규모 50명인 노인의료복지시설
② 「국토의 계획 및 이용에 관한 법률」에 따른 준공업지역
③ 「초·중등교육법」에 따른 학교 주변지역
④ 「국토의 계획 및 이용에 관한 법률」에 따른 녹지지역

해설 **시행규칙 [별표 12] 소음·진동규제지역의 범위**
1. 「국토의 계획 및 이용에 관한 법률」에 따른 주거지역·상업지역 및 녹지지역
2. 「국토의 계획 및 이용에 관한 법률」에 따른 준공업지역
3. 「국토의 계획 및 이용에 관한 법률」에 따른 취락지구 및 관광·휴양개발진흥지구(관리지역으로 한정한다)
4. 「의료법」 제3조에 따른 종합병원 주변지역, 「도서관법」에 따른 공공도서관의 주변지역, 「초·중등교육법」 또는 「고등교육법」에 따른 학교의 주변지역, 「노인복지법」에 따른 노인의료복지시설 중 입소규모 100명 이상인 노인의료복지시설 및 「영유아보육법」에 따른 보육시설 중 입소규모 100명 이상인 보육시설의 주변지역

79 소음·진동관리법령상 시·도지사 등이 환경부장관에게 상시 측정한 소음·진동에 관한 자료를 제출해야 할 시기의 기준으로 옳은 것은?

① 매분기 다음 달 말일까지
② 매분기 다음 달 15일까지
③ 매월 말일까지
④ 매월 15일까지

해설 **시행규칙 제6조(상시 측정자료의 제출)**
특별시장·광역시장·특별자치시장·도지사 또는 특별자치도지사는 상시(常時) 측정한 소음·진동에 관한 자료를 매분기 다음 달 말일까지 환경부장관에게 제출하여야 한다.

80 소음·진동관리법령상 행정처분에 관한 사항으로 옳지 않은 것은?

① 처분권자는 위반행위의 동기·내용·횟수 및 위반의 정도 등에 해당 사유를 고려하여 그 처분(허가취소, 등록취소, 지정취소 또는 폐쇄명령인 경우는 제외한다)을 감경할 수 있다.
② 행정처분이 조업정지, 업무정지 또는 영업정지인 경우에는 그 처분기준이 $\frac{2}{1}$의 범위에서 감경할 수 있다.
③ 행정처분기준을 적용함에 있어서 소음규제기준에 대한 위반행위나 진동규제기준에 대한 위반행위와 진동규제기준에 대한 위반행위는 합산하지 아니하고, 각각 산정하여 적용한다.
④ 방지시설을 설치하지 아니하고 배출시설을 가동한 경우 1차 행정처분기준은 허가취소, 2차 처분기준은 폐쇄이다.

해설 **시행규칙 [별표 21] 행정처분기준 중 일반기준**
방지시설을 설치하지 아니하고 배출시설을 가동한 경우 1차 행정처분기준은 조업정지, 2차 처분기준은 허가취소이다.

PART **2**

과년도 출제문제

소·음·진·동 기사/산업기사 실기

실기 유형별 기출문제

Noise & Vibration

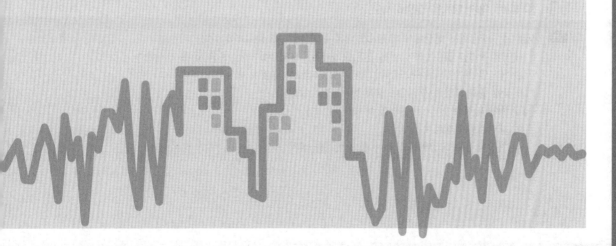

소음 분야

- 소음의 발생위치, 피해현황, 발생원 및 전파경로 등을 사전 예측하고, 소음분석장비를 정밀분석할 수 있다.
- 소음 측정목적에 따라 측정된 자료에 대하여 보정자료를 분석하고, 법적 기준과 선정된 기준에 적합한 지 여부를 평가할 수 있다.

Section 01 서술형 문제

01 음파에서 파동의 전진 여부에 따라 구분하는 정재파(standing wave)에 대하여 설명하시오.

해설 정재파(standing wave)란 정지한 채 진동만 하는 파로 둘 또는 그 이상의 음파의 구조적 간섭에 의해 시간적으로 일정하게 음압의 최고와 최저가 반복되는 패턴의 파로 튜브, 악기, 파이프오르간에서 나는 음 등이 있다.

02 정재파 유무에 대한 청각과 소음계의 확인방법을 적으시오.

해설 ① 청각에 의한 확인방법 : 귀로 들어 음의 강약을 확인하면, 원래 입사음보다 큰 소리로 들렸다가 작은 소리로 들리는 것으로 확인한다.
② 소음계에 의한 확인 : 벽으로부터 음원 쪽으로 일정 거리씩 이동하면서 매 위치에서 음압레벨을 측정하여 음의 강약을 확인하여 정재파를 확인한다.

03 정재파에 대한 대책을 설명하시오.

해설 정재파는 음의 반사 현상에서 비롯되기 때문에 반사를 최소화시켜야 한다.
1. 내벽에 적절한 흡음특성이 있는 흡음재(카페트, 목재 인테리어, 커튼 등)를 부착한다.
2. 반사가 일어나는 벽면 구조를 적절한 각도를 갖도록 불평형 벽체로 만든다.
3. 천장에 원추 모양의 흡음재나 금속 반사판을 설치한다.
   ① 벽체의 형상 변화 → 불평형 벽체
   ② 내벽에 흡음재료 부착
   ③ 천장에 원추 모양의 흡음재나 금속 반사판 설치

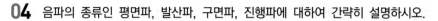

04 음파의 종류인 평면파, 발산파, 구면파, 진행파에 대하여 간략히 설명하시오.

해설
① 평면파(plane wave) : 음파의 파면들이 서로 평행한 파, 즉 파면이 평행이 되는 파동으로 긴 실린더의 피스톤 운동에 의해 발생하는 파가 여기에 해당된다.
② 발산파(diverging wave) : 음원으로부터 거리가 멀어질수록 더욱 넓은 면적으로 퍼져 가는 파로 즉, 음의 세기가 음원으로부터의 거리에 따라 감소하는 파이다.
③ 구면파(spherical wave) : 음원에서 모든 방향으로 동일한 에너지를 방출하는 파, 예를 들어 공중에 있는 점음원이 여기에 해당된다.
④ 진행파(progressive wave) : 반사 없이 음파의 진행 방향으로 에너지를 전송하는 파를 말한다.

05 음의 전파과정 중 발생하는 현상 5가지를 적으시오.

해설
① 굴절
② 회절
③ 간섭
④ 반사
⑤ 흡수(투과)

06 음파의 회절 및 굴절에 대한 정의를 적으시오.

해설
① 회절 : 음장에 장애물(틈, 구멍)이 있는 경우 장애물의 뒤쪽으로 음이 전파되는 현상을 말한다. 일반적으로 파장이 길수록, 또 물체가 작을수록(구멍이 있을 경우는 구멍이 작을수록) 잘 회절되어 물체 뒤쪽에 음의 음영(陰影)이 생기지 않게 된다. 음의 주파수는 파장에 반비례하므로 낮은 주파수의 음파(저음)는 고음에 비하여 회절하기 쉽다.
② 굴절 : 음파가 한 매질에서 다른 매질로 진행 시 음의 진행 방향(음선)이 구부러지는 현상을 말한다. 입사각 θ_1과 굴절각 θ_2 및 음속 c_1, c_2 사이에는 음의 굴절로 인해 음파가 한 매질에서 다른 매질로 통과할 때 구부러지는 현상을 입사각과 음속비로 나타낸 것이 Snell의 법칙이다.

07 음파의 굴절에 대한 내용이다. (   ) 안에 들어갈 말을 '커진다', '작아진다'로 나타내시오.
1) 굴절 전후의 음속 차이가 크면 굴절이 (   ).
2) 상공이 저온이면 지표면 방향의 음은 (   ).
3) 상공의 풍속이 커지면 지표면의 풍상 쪽 음이 (   ).

해설
1) 굴절 전후의 음속 차이가 크면 → 굴절이 커진다.
2) 상공이 저온이면 → 지표면 방향의 음은 작아진다.
3) 상공의 풍속이 커지면 → 지표면의 풍상 쪽 음이 작아진다.

08 음파의 회절 특징을 장애물의 크기와 파장에 대하여 설명하시오.

> 해설 ① 장애물이 작을수록 회절이 잘 된다.
> ② 파장이 길수록, 즉 저주파가 고주파에 비해 회절이 잘 된다.

09 굴절에 영향을 미치는 온도차(낮과 밤)와 풍속차(풍상측과 풍하측)에 대한 거리감쇠 특성을 설명하시오.

> 해설 1. 온도차에 의한 굴절
> ① 낮에는 상공의 온도가 낮으므로 상공 쪽으로 굴절하여 거리감쇠가 커진다.
> ② 밤에는 지면의 온도가 낮아서 지면 쪽으로 굴절하여 거리감쇠가 작아진다.
> 2. 풍속차에 의한 굴절
> ① 음원보다 상공의 풍속이 클 때, 풍상측에서는 상공으로 굴절하여 거리감쇠가 커진다.
> ② 음원보다 상공의 풍속이 클 때, 풍하측에서는 지표면으로 굴절하여 거리감쇠가 작아진다.

10 음의 법칙 중 "호이겐스의 원리(Huygen's principle)"의 정의를 적으시오.

> 해설 파동이 전파될 때 하나의 파면상의 모든 점이 파원이 되어 각각 2차적인 구면파를 형성하고, 그 파면들을 둘러싸는 면이 새로운 파면을 만드는 현상으로 음파가 장애물 뒤로 전달되는 회절현상의 예를 말한다.

11 음의 법칙에서 맥놀이(beat)의 정의를 적으시오.

> 해설 주파수가 거의 같은 2개의 음원이 만날 때, 보강간섭과 소멸간섭이 교대로 이루어져 큰 소리와 작은 소리가 주기적으로 반복되는 현상이다.

12 음의 마스킹 효과에 대한 정의 및 특징 3가지를 적으시오.

> 해설 1. 정의
> 어떤 소리가 또 다른 소리를 들을 수 있는 능력을 감소시키는 현상으로 소리의 음폐 효과라고도 한다.
> 2. 특징
> ① 두 음의 주파수가 비슷할 때 마스킹 효과는 커진다.
> ② 두 음의 주파수가 같을 때는 맥동현상에 의해 마스킹 효과가 감소한다.
> ③ 주파수가 낮은 음이 높은 음을 잘 마스킹하지만, 주파수가 높은 음은 낮은 음을 마스킹하기 어렵다.

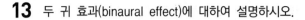

13 두 귀 효과(binaural effect)에 대하여 설명하시오.

해설 인간의 귀가 두 개이므로 음원의 발생 위치를 그 시간과 위상차에 의해 구분할 수 있는 능력으로 '양이 효과'라고도 하는데, 양쪽 귀로 듣는 양이 효과의 가장 큰 장점 중에 하나가 칵테일파티 효과이다. 이 효과는 소리가 발생하는 위치를 파악하고, 어음(말소리) 명료도를 향상시킨다.

14 기온 20℃에서 다음 주어진 매질의 음속(음의 전파속도)을 빠른 것부터 순서대로 나열하시오.

> 강철(Fe), 수소(H_2), 납(Pb), 공기, 유리

해설 강철(6,100m/s) > 유리(4,900~5,800m/s) > 납(2,160m/s) > 수소(1,310m/s) > 공기(344m/s)

15 음에 대한 청감보정회로(weighting network)란 무엇인가?

해설 주파수 1,000Hz를 0으로 하는 등청감곡선을 역으로 한 보정회로, 즉 어떤 음의 감각적인 크기를 측정하기 위해 소음계에 내장하는 회로로 주파수 보정회로라고도 한다. 즉, 이는 소음계의 지시치를 사람의 귀에 대한 감각기능에 가깝게 만들기 위해 소음계 내에 설치한 것이다.

16 음의 등청감곡선(equal loudness contours)이란?

해설 음의 물리적인 강약은 음압에 따라 다르지만 사람이 귀로 듣는 음의 감각적 강약은 음압뿐만 아니라 주파수에 따라 변하므로 같은 크기로 느끼는 순음을 주파수별로 구해 작성한 곡선을 말한다. 즉, 가청 주파수 20~20,000Hz(20kHz) 범위에서 1kHz를 기준으로 각 주파수별 동일한 크기의 음을 이은 곡선이다.

17 소음계의 청감보정회로 중 A특성과 C특성에 대해서 설명하시오.

해설 ① A특성 : 40phon의 등청감곡선을 역으로 보정한 회로로, 사람의 주관적 반응과 가장 잘 맞아 일상 생활의 소음두(연속음) 측정에 가장 많이 사용한다.
② C특성 : 100phon의 등청감곡선을 역으로 보정한 회로로, 주파수 변화에 따라 크게 변하지 않으며 전주파수 영역에 걸쳐 평탄한 주파수 특성을 갖기 때문에 충격음 또는 경적소음 측정에 사용한다.

18 소음계의 청감보정회로에서 A특성 청감보정량이 전기적으로 소거하는 양에 대하여 설명하시오.

해설 A특성 청감보정회로는 저주파 음에너지를 많이 소거시키는데 이 청감보정량은 청감이 둔하여 느끼지 못하는 음압레벨만큼을 전기적으로 소거하며, 이 양은 40phon 곡선이 지나는 음압레벨과 음압레벨 40dB 횡선 사이의 차로 정의된다.

19 자유음장의 정의와 역2승법칙, 확산음장의 정의 및 조건에 대하여 설명하시오.

해설 1. 자유음장은 직접 음장이라고도 하며, 원음장 중에서 역2승법칙이 적용되는 구역이다.
2. 역2승법칙은 음의 반사면이 없고, 자유공간으로 전파되므로 거리가 2배로 됨에 따라 소음이 6dB 감소된다는 법칙이다.
3. 확산음장은 잔향음장에 속하며 잔향실(입사음의 거의 100%가 반사되는 구역)이 대표적이다. 벽과 같은 반사면이 있어서 반사되는 음이 직접 전달되는 음보다 더 강한 구역이며, 확산음장 내에서는 음의 에너지밀도가 각 위치에서 일정하다.
4. 확산음장의 조건
   ① 음의 에너지 분포가 실내 전체 장소에서 균일할 것
   ② 실내의 한 점에 입사하는 에너지가 모든 방향에서 같을 것

20 소음이 큰 공장 등에서 발생하는 직업병인 '영구적 청력손실'과 나이를 먹으면 누구나 귀가 안 들리게 되는 청력 저하가 심해지는 '노인성 청력손실'이 시작되는 주파수를 나타내시오.

해설 ① 영구적 청력손실 : 4,000Hz 부근
② 노인성 청력손실 : 6,000Hz 부근

21 다음에 제시한 내용의 주파수 범위와 기준(Hz)을 적으시오.
1) 가청주파수 범위
2) 악기용 주파수의 기준
3) 음의 크기레벨의 기준
4) 소음성 난청이 시작되는 주파수

해설 1) 가청주파수 범위 : 20~20,000Hz
2) 악기용 주파수의 기준 : 440Hz
3) 음의 크기레벨의 기준 : 1,000Hz
4) 소음성 난청이 시작되는 주파수 : 4,000Hz

22 음의 단위인 폰(phon)과 손(sone)에 대한 정의를 적고, 두 단위 간의 관계식을 나타내시오.

해설 ① phon : 감각적인 음의 크기를 나타내는 양, 즉 임의의 음에 대한 음의 크기레벨(loudness level)을 나타내는 단위로 1,000Hz의 순음 크기로 느끼며 같은 음압레벨일지라도 주파수가 다르면 같은 크기로 감각되지 않는다.
② sone : 음의 크기(loudness), 즉 소음의 감각량을 나타내는 단위로서 1,000Hz의 순음이 40dB의 음(40phon)일 때 1sone이라 한다.
③ 관계식 : $S = 2^{\left(\frac{L_L - 40}{10}\right)}$(sones), $L_L = 33.3 \log S + 40$(phons)

23 소음도에 대한 정의와 공식을 쓰고, 공식에 사용된 단위에 대해 설명하시오.

해설 ① 소음도(SL, Sound noise Level)는 소음계의 청감보정회로를 통하여 측정한 값으로 소음레벨이라 고도 하며, 이는 인간의 귀로 느끼는 감각량을 계측기로 측정한 값이다.

② 공식 : 소음도(SL) $= SPL + L_R$(dB(A))

여기서, SPL : 소음계로 측정한 측정음압도(dB)

L_R(청감보정치) : 청감보정회로에 의한 주파수 대역별 보정치

24 음의 등청감곡선에서 A청감보정특성(중심주파수 : 1kHz)과 C청감보정특성과의 상대응답도 (dB) 차이가 다음과 같을 경우, 해당 소음이 차지하는 주파수 성분을 적으시오.
1) dB(A) ≪ dB(C)일 경우
2) dB(A) ≈ dB(C)일 경우

해설 1) dB(A) ≪ dB(C)일 경우 : 해당 소음은 저주파 성분이 많다.
2) dB(A) ≈ dB(C)일 경우 : 해당 소음은 고주파 성분이 대부분이다.

25 백색잡음(white noise)의 특징을 4가지 쓰시오.

해설 ① 단위 주파수 대역(1Hz)에 포함되는 성분의 세기가 전 주파수에 걸쳐 일정한 잡음을 말한다.
② 일정한 청각 패턴 없이 전체적이고 일정한 스펙트럼을 갖기 때문에 옥타브당 일정한 에너지를 갖지 않는다.
③ 모든 주파수대에 동일한 음량을 가지고 있는 것임에도 불구하고, 고음역 쪽으로 갈수록 에너지밀도가 높다.
④ 인간이 들을 수 있는 모든 소리를 혼합하면 주파수, 진폭, 위상이 균일하게 끊임없이 변하는 완전 랜덤 파형을 형성한다.

26 핑크잡음(pink noise)이란 무엇인가?

해설 옥타브밴드 중심주파수별 음압레벨이 일정한 음으로 단위 주파수 대역(1Hz)에 포함되는 성분의 강도가 주파수에 반비례하는 성질을 갖는 잡음으로, 인간의 청각면에서는 핑크잡음이 백색잡음보다 모든 주파수대에 동일 음량으로, 즉 고르게 들린다.

27 기류음과 고체음에 대해 설명하시오.

해설
1. 고체음(structure born noise 또는 solid born noise) : 물체의 진동에 의한 기계적 원인으로 발생하는 음
   ① 일차 고체음 : 기계의 진동이 지반진동을 수반하여 발생하는 소리
   ② 이차 고체음 : 기계 본체의 진동에 의한 소리
2. 기류음(airborn noise) : 직접적인 공기의 압력변화에 의한 유체역학적인 원인에 의해서 발생하는 음
   ① 난류음 : 관 내부의 유체 흐름, 밸브의 유속변화음
   ② 맥동음 : 공기압축기, 진공펌프, 엔진의 흡·배기음 등

28 기류음 및 고체음을 방지하는 대책을 각각 4가지씩 적으시오.

해설
1. 기류음 방지대책
   ① 분출 유속의 저감
   ② 관의 곡률 완화
   ③ 밸브의 다단화
   ④ 소음기나 흡음챔버 부착
2. 고체음 방지대책
   ① 가진력 억제
   ② 공명 방지
   ③ 방사면 축소 및 제진처리
   ④ 방진(차진)처리

29 개구부의 기류음에서 관에 흐르는 고속가스가 대기 중으로 분출될 때, 다음과 같이 개구부의 직경(d)과 분출구에서의 거리(r)에 따른 주파수 성분을 나타내어라.
   1) 가까운 곳 : $r < 4d$인 경우
   2) 먼 곳 : $5d < r < 10d$인 경우

해설
1) $r < 4d$인 경우 : 혼합역으로 고주파 성분이 대부분이다.
2) $5d < r < 10d$인 경우 : 난류역으로 저주파 성분이 대부분이다.

30 관의 개구부에서 분출되는 저주파음 분출음과 고주파음 분출음의 대책에 대해서 적으시오.

해설
① 저주파음 대책 : 분출구에 확산기(diffuser)를 부착하여 가스의 흐름을 분산 또는 충돌시킨다.
② 고주파음 대책 : 흡음덕트 및 팽창형 소음기를 부착한다.

31 공명(resonance)현상의 정의를 적으시오.

해설 2개의 진동체의 고유주파수가 같을 때 한 쪽을 울리면 다른 쪽도 울리는 현상이다.

32 음의 법칙 중 옴-헬름홀츠(Ohm-Helmholtz)의 법칙을 간단히 설명하시오.

해설 복잡한 복합음도 단순음의 합성이며 이를 Fourier 급수로 분해한 각각의 단순음 진폭으로 느껴지는 것과 같다. 즉, 인간의 귀는 순음이 아닌 여러 가지 복잡한 소리(파형)를 들어도 각각의 순음 성분으로 분해하여 들을 수 있는 능력이 있어 각 주파수 성분의 진폭이 서로 다른 음질로 듣게 된다는 법칙이다.

33 기상조건에 따른 공기 흡음에 대해 설명하시오.

해설 음파가 대기 중으로 전파되어질 때 공기 분자의 점성에 따라 음의 진동에너지가 열에너지로 변하여 음이 감쇠한다. 이것을 공기의 흡음감쇠라고 하는데 공기 흡음에 의해 일어나는 음의 감쇠는 주파수가 클수록, 기온이 낮을수록, 습도가 낮을수록 감쇠치는 증가한다.

34 기상조건에 따른 공기 흡음의 감쇠치에 대한 다음 식에서 f, r, ϕ를 설명하시오.

$$A_a = 7.4 \times \left(\frac{f^2 \times r}{\phi} \right) \times 10^{-8} \text{(dB)}$$

해설 ① f : 옥타브밴드별 중심주파수(Hz)
② r : 음원과 관측점 사이의 거리(m)
③ ϕ : 상대습도(%)

35 사람의 청각기관에서 내이, 중이, 외이의 음 전달매체를 적으시오.

해설 ① 내이 : 액체, ② 중이 : 고체, ③ 외이 : 기체

36 귀의 구조 중 내이에 해당하는 명칭을 4가지 쓰시오.

해설 ① 난원창(또는 전정창)
② 고실창
③ 유스타키오관(이관, 기압의 변화를 맞추어주는 역할)
④ 평형기(세반고리관, 몸의 위치나 운동을 감지함)
⑤ 청신경
⑥ 달팽이관(와우관, Corti 기관, 달팽이 형태의 기관으로 음의 감각기)

37 저주파음과 초음파의 발생원을 3가지씩 적으시오.

해설
1. 저주파음의 발생원
   ① 자연음원 : 해변에서 밀려드는 파도, 천둥, 회오리바람 등
   ② 인공음원 : 온·냉방 시스템, 대형 회전기계, 댐의 방류, 제트비행기, 점화될 때 우주선에서 발생하는 소리 등
2. 초음파의 발생원 : 제트엔진, 고속드릴, 세척장비

38 소음공해의 일반적인 특징에 대하여 5가지를 적으시오.

해설
① 축적성이 없다.
② 감각공해이다.
③ 국소적, 다발적이다.
④ 듣는 사람에 따라 주관적이다.
⑤ 다른 공해에 비해서 불평 발생건수(민원)가 많다.

39 다음은 소음이 인체에 미치는 영향에 대한 내용이다. (   ) 안을 완성하시오.

> 소음이 인체에 미치는 영향은 혈압이 (   )지고, 맥박이 (   )하며, 말초혈관이 (   )된다. 또한, 호흡횟수는 (   )하고, 호흡깊이는 (   )한다.

해설
소음이 인체에 미치는 영향은 혈압이 높아지고, 맥박이 증가하며, 말초혈관이 수축된다. 또한, 호흡횟수는 증가하고, 호흡깊이는 감소한다.

40 소음평가지수(NRN)의 정의 및 보정인자 5가지를 적으시오.

해설
1. 정의
   소음평가지수(Noise Rating Number)란 소음을 청력장해, 회화장해, 소란스러움의 3가지 관점에서 평가하는 지표이다. 이를 위해 소음을 1/1 옥타브밴드로 분석한 음압레벨을 NR chart에 plotting 하여 그 중 가장 높은 NR곡선에 접하는 값(NR값)에 보정인자에 따른 보정치를 보정한 후의 값을 말한다.
2. 보정인자
   ① 음의 스펙트라
   ② 피크 팩터
   ③ 반복성
   ④ 습관성
   ⑤ 계절, 시간대, 지역별 보정치

41 우선회화방해레벨(PSIL)의 정의를 적으시오.

> 해설 우선회화방해레벨(Prefered Speech Interference Level)은 소음을 1/1 옥타브밴드로 분석한 중심주파수 500Hz, 1,000Hz, 2,000Hz의 음압레벨의 산술평균치이다.

42 다음에 나타낸 단위는 음에 대한 무엇을 측정하는 단위인가?
1) N/m^2
2) W/m^2
3) phon
4) sone
5) L_{den}

> 해설 1) 음압
> 2) 음의 세기
> 3) 음의 크기레벨 또는 라우드니스(loudness) 레벨
> 4) 음의 크기
> 5) 항공기 소음

43 소음의 평가척도인 SIL(Speech Interference Level)과 TNI(Traffic Noise Index)에 대하여 간단히 설명하시오.

> 해설 ① SIL : 회화방해레벨로 소음을 옥타브 분석하여 600~1,200Hz, 1,200~2,400Hz, 2,400~4,800Hz의 3개 밴드의 음압레벨(dB) 수를 산술평균한 값이다.
> ② TNI : 자동차의 소음평가에 사용되는 방법으로 24시간 중 1시간마다 소음레벨(dB(A))의 누적도수 80% 범위의 변동폭으로부터 평가값을 구한다.

44 소음성 난청의 초기단계를 나타내는 C₅-dip 현상에 대하여 설명하시오.

> 해설 일시장해에서 회복 불가능한 상태로 넘어가는 상태로 주파수 4,000Hz에서 두드러지게 나타난다. 이는 청력도(audiogram)상으로 C₅ 음계(4,096Hz)에서 청력손실이 커서 움푹 들어가기 때문에 이처럼 부르게 된 것이다.

45 청력보존 프로그램의 중요한 요소를 5가지 적으시오.

> 해설 ① 소음 측정
> ② 공학적 대책
> ③ 관리적 대책
> ④ 청력보호구 사용
> ⑤ 청력검사

46 다음은 소음평가 용어의 약칭이다. 각 명칭을 한글로 나타내시오.

1) NRN
2) SIL
3) NNI
4) PNL

해설   1) NRN : 소음평가지수
     2) SIL : 회화방해레벨
     3) NNI : 항공소음평가지수
     4) PNL : 감각소음레벨

47 소음의 음향파워레벨 측정법을 4가지 적으시오.

해설   ① 자유음장법 : 소음원이 옥외에 있으며, 반사물이 없을 때 사용하는 방법
     ② 확산음장법 : 소음원이 잔향실과 같은 반사율이 큰 실내에 있을 때 사용하는 방법
     ③ 반확산음장법 : 소음원이 공장 내부 혹은 실내 등에 있을 때 사용하는 방법
     ④ 치환법 : 유효 실정수를 구하기 힘든 산업장 내에서 기준 음원에 의해 대상 기계의 파워레벨을 구할 때 사용하는 방법

48 항공기 소음보정치의 1일 등가통과횟수 식을 쓰고, 식에 나타낸 $N_1 \sim N_4$를 시간대별로 설명하시오.

해설   ① 1일간 항공기의 등가통과횟수 $N = N_2 + 3N_3 + 10(N_1 + N_4)$
     ② N_1 : 0~7시까지의 항공기 통과횟수
     ③ N_2 : 7~19시까지의 항공기 통과횟수
     ④ N_3 : 19~22시까지의 항공기 통과횟수
     ⑤ N_4 : 22~24시까지의 항공기 통과횟수

49 근음장과 원음장을 구별하는 방법을 간략히 적으시오.

해설   음원에서 거리가 2배 멀어질 때마다 음압레벨이 6dB씩 감소하는 것을 역2승법칙이라 하는데, 이 역2승법칙이 시작되는 위치부터 원음장이라 하고, 음원에서 원음장의 시작 위치까지를 근음장이라 한다.

50 실내 잔향을 해석할 경우 사용되는 T_{60}의 정의를 쓰시오.

해설   대역 잡음(band-passfiltered noise)을 실내에 방사하고, 음원이 정지된 후에 정상 상태의 음압이 100만분의 1까지 떨어지는 시간 또는 음압레벨이 -60dB 감쇠되는 시간을 T_{60}이라고 말한다. 즉, T_{60}은 잔향 감쇠곡선에서 -60dB 떨어진 시간을 정의한다.

51 무향실을 간단히 설명하고, 무향실의 용도를 3가지 적으시오.

해설 1. 정의 : 무향실(anechoic chamber)이란 자유공간에서처럼 음원으로부터 거리가 멀어짐에 따라 일정하게 감쇠되는 역2승법칙이 성립하도록 인공적으로 만든 실, 즉 음의 반사가 0(입사음의 100%가 흡수)에 가깝게 설계한 실을 말한다.
2. 무향실의 용도
① 음원의 방사지향성 측정
② 음원의 음향파워레벨 측정
③ 각종 재료의 차음성능 측정

52 잔향실을 간단히 설명하고, 잔향실의 용도를 3가지 적으시오.

해설 1. 정의 : 잔향실이란 실내 표면의 흡음률을 0에 가깝게 하여 표면에 입사한 음을 완전히 반사시켜 확산음장이 형성되도록 만들어진 실을 말한다.
2. 잔향실의 용도
① 흡음률 측정
② 음향출력 측정
③ 투과손실 측정

53 PWL이 음향파워레벨, SPL이 반경 r 내에서의 평균음압레벨, R은 실정수, Q는 지향계수라고 할 경우, 다음에 제시된 방법으로 소음원의 음향파워레벨을 측정하는 방법에 대한 이론식을 나타내시오.
1) 확산음장법
2) 반확산음장법
3) 자유공간에서의 자유음장법
4) 반자유공간에서의 자유음장법

해설 1) 확산음장법 : $PWL = SPL + 10\log R - 6$
2) 반확산음장법 : $PWL = SPL - 10\log\left(\dfrac{Q}{4\pi r^2} + \dfrac{4}{R}\right)$
3) 자유음장법(자유공간) : $PWL = SPL + 20\log r + 11$
4) 자유음장법(반자유공간) : $PWL = SPL + 20\log r + 8$

54 무지향성 점음원에서 자유공간과 반자유공간의 음압레벨(SPL) 차(dB)는?

해설 점음원 자유공간 : $SPL = PWL - 20\log r - 11(\mathrm{dB})$
점음원 반자유공간 : $SPL = PWL - 20\log r - 8(\mathrm{dB})$
∴ 반자유공간의 음압레벨이 자유공간의 음압레벨보다 3dB 크다.

55 다음은 예방에 최선을 두고 조기에 적극적으로 실시함을 원칙으로 하는 소음방지대책을 무작위로 나열한 것이다. 알맞은 대책을 순서대로 나열하시오.

> ㉠ 대책의 목표레벨 설정
> ㉡ 시공 및 재평가
> ㉢ 수음점에서의 규제기준 확인
> ㉣ 귀로 판단하여 소음이 문제가 되는 지점인 수음점의 위치 확인
> ㉤ 차음재 또는 흡음재를 활용한 적정한 소음방지기술의 선정
> ㉥ 문제 주파수의 발생원 탐사
> ㉦ 소음계, 주파수 분석기 등의 계기 측정을 통한 수음점에서의 실태조사

해설 ㉣ → ㉦ → ㉢ → ㉠ → ㉥ → ㉤ → ㉡

56 흡음재, 차음재, 제진재, 차진재의 기능 및 용도를 간단히 적으시오.

해설 1. 흡음재
　　　① 기능 : 음에너지를 열에너지로 변환시킴
　　　② 용도 : 잔향음의 에너지 저감(실내 음향효과 개선)
　　2. 차음재
　　　① 기능 : 음에너지를 감쇠함(음을 차단하여 외부로 나가지 않도록 함)
　　　② 용도 : 음의 투과율을 저감(투과손실 증가)하여 음을 차단함
　　3. 제진재
　　　① 기능 : 진동에너지의 변환(진동을 억제하여 음의 발생을 줄임)
　　　② 용도 : 진동 패널의 음에너지 저감 및 공기 전파음의 공진 진폭을 감소시킴
　　4. 차진재
　　　① 기능 : 구조적 진동과 진동 전달력을 저감시킴
　　　② 용도 : 진동의 전달률을 저감시킴

57 실내 평균 흡음률을 구하는 3가지 방법을 적으시오.

해설 ① 재료별 면적과 흡음률 계산에 의한 방법
　　② 잔향시간(reverberation time) 측정에 의한 방법
　　③ 표준음원(파워레벨을 알고 있는 음원)에 의한 방법

58 흡음재의 흡음률 측정법 2가지를 적으시오.

해설 ① 정재파비법(관내법) : 수직입사 흡음률을 측정하는 방법
　　② 잔향실법 : 난입사 흡음률을 측정하는 방법

59 잔향시간의 정의를 적으시오.

해설 실내에서 음원을 끈 순간부터 음압레벨이 60dB(에너지밀도가 10^{-6} 감소)로 감쇠할 때까지 소요되는 시간을 말하며, 일반적으로 기록지의 레벨감쇠곡선의 폭이 25dB(최소 15dB) 이상일 때 이를 계산한다. 잔향시간 T를 구하는 식은 Sabine의 식으로 실내 체적에 비례하고 총흡음력에 반비례한다.

$$T = \frac{0.161\,V}{A} = \frac{0.161\,V}{\overline{\alpha}\,S} \text{ (s)}$$

여기서, V : 실내의 체적(m^3)

A : 실내의 총흡음력(m^2)($= \overline{\alpha} \times S$, $\overline{\alpha}$: 평균흡음률, S : 실내의 전표면적(m^2))

60 다음 흡음재의 주재료와 감음 특성을 설명하시오.
1) 다공질형 흡음재
2) 판(막)진동형 흡음재
3) 공명흡음판(유공판 구조체)

해설 1) 다공질형 흡음재
① 주재료 : 유리섬유, 암면, 스래그울을 바른 재료, 경질우레탄(연속기포)
② 흡음 특성 : 중·고음역에서 흡음성이 좋다.
2) 판(막)진동형 흡음재
① 주재료 : 합판, 하드보드, 슬레이트 등의 판상재료, 금속판
② 흡음 특성 : 판이 두껍거나 배후 공기층이 클수록 저음역으로 이동한다.
3) 공명흡음판(유공판 구조체)
① 주재료 : 판상재료에 구멍이나 슬릿을 뚫은 것
② 흡음 특성 : 공명 흡음역도 일반적으로 저음역이며 배후 공기층에 다공질 흡음재를 충진하면 흡음역이 고주파 쪽으로 이동한다.

61 석면을 제외한 다공질형 흡음재의 종류를 4가지 적으시오.

해설 ① 암면
② 유리섬유
③ 발포재료
④ 세라믹 흡음재

62 다공질형 흡음재의 경제적인 시공에 대해 설명하시오.

해설 다공질 재료의 시공 시에는 벽면에 바로 부착하는 것보다 입자속도가 최대로 되는 1/4 파장의 홀수배, 즉 벽면으로부터 $\lambda/4$, $3\lambda/4$ 간격으로 배후 공기층을 두고 설치하면 음파의 운동에너지를 가장 효율적으로 열에너지로 전환시킬 수 있으며 저음역의 흡음률도 개선된다.

63 다음은 다공질 재료에 대한 설명이다. (   ) 안을 완성하시오.

> 다공질 재료의 표면을 다공판으로 피복할 때는 개공률이 (①)%로 하고, 공명흡음의 경우에는
> (②)% 범위로 하는 것이 필요하다.

해설   ① 20
　　　② 3~20

64 실정수(room constant)에 대하여 설명하시오.

해설   실내와 같이 반사면에 둘러싸인 공간에서 실내의 흡음 특성을 나타내는 양으로 흡음력과 반사율의 비
　　　를 말한다.

실정수 $R = \dfrac{S\overline{\alpha}}{1-\overline{\alpha}}(\mathrm{m}^2)$

여기서, $\overline{\alpha}$: 평균흡음률, S : 실내 표면적(m^2)

65 감음계수(NRC)의 정의와 관련 공식을 적으시오.

해설   ① 정의 : NRC(Noise Reduction Coefficient)는 감음계수 또는 소음저감계수로 1/3 옥타브 대역으로
　　　　측정한 중심주파수 250Hz, 500Hz, 1,000Hz, 2,000Hz에서의 흡음률의 산술평균치이다.

　　　② 관계식 : $\mathrm{NRC} = \dfrac{1}{4}(a_{250} + a_{500} + a_{1,000} + a_{2,000})$

66 실내 흡음대책에 기대할 수 있는 경제적인 감음량의 일반적인 한계는 몇 dB인가?

해설   실내의 흡음대책에 의해 기대할 수 있는 경제적인 감음량의 한계는 5~10dB 정도이다.

67 음향투과등급(STC, Sound Transmission Class)의 정의와 평가방법(한계기준) 2가지에 대하여
설명하시오.

해설   1. 정의 : 잔향실에서 1/3 옥타브 대역으로 측정한 panel 또는 partition과 같은 차음재의 투과 차단성
　　　　능을 정량적으로 평가하기 위해 투과손실을 단일 숫자로 나타낸 것으로 차음자재의 차음 특성을
　　　　나타낸다. 즉 STC 값이 높으면 높을수록, 소음차단성능이 더 좋다는 것을 의미한다.
　　　2. 평가방법(한계기준의 원칙)
　　　　① 각 주파수별로 측정된 TL값의 최대오차는 STC 기준곡선(Standard STC Contour) 밑으로 8dB
　　　　　을 초과해서는 안 된다.
　　　　② STC 기준곡선 밑의 자료오차 합이 32dB를 초과해서는 안 된다. 즉, 각 주파수 대역별 투과손실
　　　　　과 기준곡선값 차의 산술평균이 2dB 이내이어야 한다.

68 단일벽의 일치 효과(coincidence effect)에 대하여 설명하시오.

해설 벽체에 음파가 난입사를 하면 음압의 강약에 의해 소밀파가 벽체에 발생하게 되는데, 이로 인해 벽체에 굴곡 진동이 발생한다. 만약 입사음의 파장과 굴곡파의 파장이 일치하면 벽체의 굴곡파 진폭은 입사파의 진폭과 동일하게 진동하는 일종의 공진상태가 되어 차음성능이 현저히 저하되는 현상이다.

69 방음벽 설치에 있어서 프레넬(Fresnel)수는 무엇을 의미하는가?

해설 방음벽 설치 시에 전파경로차에 의한 회절감쇠치의 계산에 사용되는 수로 전파경로차 δ에 의한 프레넬수(N, Fresnel number)는 음속 c를 340m/s라 할 때 $N=\dfrac{2\delta}{\lambda}=\dfrac{\delta \times f}{170}$로 나타낸다. 여기서, $\delta=(A+B)-d\,(\text{m})$, f는 대상 회절주파수(Hz)이다. 프레넬수 $N>1$인 범위에서 N이 2배로 될 때, 소음원에서 수음점까지의 전달경로상에 방음시설에 의한 회절로 인하여 음이 감쇠되는 회절감쇠치는 대략 3dB씩 증가하며, 점음원에서 N이 0일 때는 5dB이 감쇠됨을 나타내고 있다.

70 방음 래깅(lagging)을 설명하시오.

해설 방음 래깅은 방음 겉씌우개라고도 하며 덕트나 판에서 소음이 방사될 때, 직접 흡음재를 부착하거나 차음재를 씌우는 것보다 진동부에 제진(damping)대책으로 고무나 PVC를 붙인 후 흡음재를 부착하고 그 다음에 차음재(구속층)를 설치하는 방식을 말한다. 주로 곡물을 운송하는 배관 표면에서 2차 고체음이 방사될 경우, 이에 방지대책으로 점탄성 제진재를 부착하고 흡음재와 차음재를 부착한다.

71 소음기 성능을 표시하는 방법(용어) 5가지를 쓰고 간단히 설명하시오.

해설 ① 삽입손실치(IL, Insertion Loss) : 소음발생원에 소음기를 부착하기 전·후 공간상의 어떤 특정 위치에서 측정한 음압레벨의 차와 그 측정위치
② 동적 삽입손실치(DIL, Dynamic IL) : 정격유속 조건하에서 소음발생원에 소음기를 부착하기 전·후 공간상의 어떤 특정 위치에서 측정한 음압레벨의 차와 그 측정위치
③ 감쇠치(ΔL, attenuation) : 소음기 내의 두 지점 사이의 음향파워의 감쇠치
④ 감음량(NR, Noise Reduction) : 소음기가 있는 상태에서 소음기 입구 및 출구에서 측정된 음압레벨의 차
⑤ 투과손실치(TL, Transmission Loss) : 소음기를 투과한 음향출력에 대한 소음기에 입사된 음향출력의 비$\left(\dfrac{\text{입사된 음향출력}}{\text{투과된 음향출력}}\right)$를 상용대수로 취한 후 10을 곱한 값으로 다음 공식으로 나타낸다.
$$TL=10\log\left(\frac{\text{입사된 음향출력}}{\text{투과된 음향출력}}\right)$$

72 다음은 방음벽 설계와 시공 시 유의사항에 대하여 설명한 것이다. (   ) 안에 들어가는 내용을 적으시오.

1) 방음벽 설계는 (   ) 음원으로 가정한 것이므로 실질적인 방음벽 설계 시에는 음원의 지향성과 크기에 대한 상세한 조사가 필요하다.
2) 음원의 지향성이 수음측 방향으로 클 때에는 방음벽에 의한 감쇠치가 계산치보다 (   ) 된다.
3) 방음벽의 투과손실은 회절감쇠치보다 적어도 (   )dB 이상 크게 하는 것이 바람직하다.
4) 방음벽의 길이는 점음원일 때, 방음벽 높이의 (   )배 이상, 선음원일 때는 음원과 수음점 사이의 직선거리 2배 이상으로 하는 것이 바람직하다.
5) 방음벽에 의한 실용적인 삽입손실치의 한계는 점음원일 때 (   )dB, 선음원일 때 21dB 정도이다.

> 해설 1) 무지향성
> 2) 크게
> 3) 5
> 4) 5
> 5) 25

73 공조기 소음과 같은 실내소음을 평가하기 위해 소음을 옥타브밴드로 분석한 결과에 의하여 실내소음을 평가하는 NC곡선을 설명하고, 그 NC곡선에서 NC값을 구하는 방법을 설명하시오.

> 해설 ① NC 곡선은 소음을 옥타브밴드 필터로 분석한 레벨에 의해 회화를 나누는 데 대해서 어느 정도 유해한가를 주체로 결정된 소음기준치이다.
> ② NC 값을 구하는 방법은 우선 소음을 옥타브밴드 필터로 분석하여 NC 곡선이 있는 그래프에 표기 후 그것들을 서로 연결하여 그 밴드 중 가장 높은 값의 측정치를 그 소음의 NC 값으로 한다.

74 차음재 선정 및 시공 시의 주의사항에 대하여 설명하시오.

> 해설 ① 차음에 가장 영향이 큰 것은 틈새이므로 틈새나 차음재의 파손이 없어야 한다.
> ② 서로 다른 차음재로 구성된 벽의 차음 효과를 효율적으로 하기 위해서는 벽체 각 구성부의 면적과 각 해당 벽체의 투과율을 곱한 $S_i \tau_i$ 값을 되도록 같이 하는 것이 좋다.
> ③ 기계면에 진동이 있는 기전력이 큰 기계가 있는 공장의 차음벽은 탄성지지, 방진합금을 이용하거나 제진처리를 하여야 한다.
> ④ 큰 차음효과를 원하는 경우에는 내부에 다공질 재료를 삽입한 이중벽 구조로 하는 것이 좋은데 이때 일치주파수와 공명주파수에 유의하여 설계하여야 한다.
> ⑤ 콘크리트블록을 차음벽으로 사용하는 경우 표면을 모르타르로 바르는 것이 좋다, 한쪽 면만 바르면 5dB, 양쪽 면을 바르면 10dB 정도의 투과손실이 증가된다.

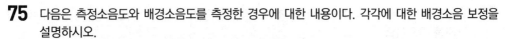

75 다음은 측정소음도와 배경소음도를 측정한 경우에 대한 내용이다. 각각에 대한 배경소음 보정을 설명하시오.

1) 측정소음도가 배경소음보다 10dB(A) 이상 클 경우
2) 측정소음도가 배경소음도보다 3~9dB(A) 차이로 클 경우
3) 측정소음도에 대한 배경소음도의 보정에 대한 보정치를 구하는 식

[해설] 1) 측정소음도가 배경소음보다 10dB(A) 이상 크면 배경소음의 영향이 극히 작기 때문에 배경소음의 보정 없이 측정소음도를 대상소음도로 한다.
2) 측정소음도가 배경소음도보다 3~9dB(A) 차이로 크면 배경소음의 영향이 있기 때문에 측정소음도에 보정표에 의한 보정치를 보정한 후 대상소음도를 구한다.
3) 보정치 $= -10\log\left(1 - 10^{-0.1d}\right)$
여기서, d : 측정소음도 – 배경소음도

76 댐핑(damping)재료(除振材料)의 사용은 고체음의 대책인가, 기류음의 대책인가를 판단하고 사용 시 효과에 대하여 설명하시오.

[해설] 1. 댐핑재료의 사용은 고체음의 대책이다.
2. 사용 시 효과
① 댐핑처리는 공진상태로 음이 발생하고 있을 때 효과가 있다.
② 댐핑재료는 진동하고 있는 송풍기 위에 바르거나 붙여서 사용한다.
③ 댐핑재료는 음의 경우 흡음재료와 같이 진동에너지를 흡수하는 효과가 있다.

77 소음기(消音器)에서 요구되는 일반적인 특성을 4가지 적으시오.

[해설] ① 저음역에 대한 감쇠능력이 있어야 한다.
② 흡음재는 불연성과 내구성이 있어야 한다.
③ 공기흐름에 대한 공기저항이 적어야 한다.
④ 소음기 내부에서 기류음의 발생이 없어야 한다.

78 주·야간 평균소음레벨인 L_{dn}을 나타내는 식이다. 식 중 ①, ②, ③에 들어가는 숫자를 모두 합치면 얼마가 되는가?

$$L_{dn} = 10\log\left[\frac{1}{24}\left((\ ① \ ) \times 10^{\frac{L_d}{10}} + (\ ② \ ) \times 10^{\frac{L_n + (\ ③ \ )}{10}}\right)\right] \text{dB(A)}$$

[해설] ① 15 + ② 9 + ③ 10 = 34

79 다음은 소음·진동관리법 시행령 제9조에 나타낸 항공기 소음한도 기준이다. ( ) 안에 들어갈 숫자를 적으시오.

> 항공기 소음의 한도는 공항 인근 지역은 가중등가소음도(L_{den} dB(A)) (①)로 하고, 그 밖의 지역은 가중등가소음도(L_{den} dB(A)) (②)로 한다.

해설 ① 75, ② 61

80 기류음 감소대책을 4가지 적으시오.

해설 ① 소음의 방사면을 확대시킨다.
② 분출 유속을 저감시킨다.
③ 덕트의 곡류 부분을 완화시킨다.
④ 밸브 다단화를 수행한다.

81 단순 팽창형 소음기에서 단면적 비와 팽창부의 길이 변화에 대하여 설명하시오.

해설 단면적의 비 m이 클수록 투과손실치는 커지며, 팽창부의 길이 L이 클수록 협대역은 감음한다.

82 음원을 밀폐하는 방음상자에서 내부의 음압레벨의 증가를 방지하기 위해 유의할 점을 5가지 적으시오.

해설 ① 방진, ② 차음, ③ 흡음, ④ 환기, ⑤ 개구부의 소음

83 강당, 교회, 음악당과 같은 공개홀에서 음향에 대한 dead spots(또는 hot spots)은 무엇을 의미하는가?

해설 음의 사점(死點, dead spot)은 직접음과 반사음의 시간차가 0.05초가 되어 두 가지 소리로 들리게 되므로 명료도가 저하하는 위치로 주로 반사면과 멀리 떨어져 있고, 흡음재를 통과한 음을 받아들이는 지역을 말한다.

84 음향이론의 하나인 도플러 효과에 대한 정의를 적으시오.

해설 도플러 효과(Doppler effect)는 발음원이나 수음자가 이동할 때 그 진행방향 쪽에서는 원래의 발음원의 음보다 고음(고주파음)으로, 진행 반대쪽에서는 저음(저주파음)으로 되는 현상이다.

85 다음 표는 환경정책기본법 시행령 [별표 1]에 적시된 '소음환경기준'이다. 표의 빈 칸을 채우시오.

지역 구분	적용 대상지역	기준(단위 : L_{eq} dB(A))	
		낮(06 : 00 ~ 22 : 00)	밤(22 : 00 ~ 06 : 00)
일반지역	일반주거지역	(①)	(②)
	일반공업지역	(③)	(④)
도로변지역	준공업지역	(⑤)	(⑥)
	녹지지역	65	55

해설 ① 55, ② 45, ③ 70, ④ 65, ⑤ 70, ⑥ 60

86 환경정책기본법령상 관리지역 중 생산관리지역의 낮과 밤 시간대를 구분하고 소음환경기준(L_{eq} dB(A))을 나타내시오.

해설 ① 낮 시간대 − 06 : 00 ~ 22 : 00, 밤 시간대 − 22 : 00 ~ 06 : 00
② 낮 시간대 − 55L_{eq} dB(A), 밤 시간대 − 45L_{eq} dB(A)

87 음의 발생원이 무지향성 점음원이라고 가정할 경우, 다음 표를 채우시오.

구 분	지향계수(Q)	지향지수(DI)
자유공간	(①)	(②)
세 면이 만나는 공간	(③)	(④)
반자유공간	(⑤)	(⑥)

해설 ① 1, ② $DI = 10\log 1 = 0$
③ 8, ④ $DI = 10\log 8 = 9$
⑤ 2, ⑥ $DI = 10\log 2 = 3$

88 환경부 고시 "방음시설의 성능 및 설치기준"에 따른 다음에 나타낸 용어의 정의를 적으시오.
1) 방음시설
2) 삽입손실
3) 회절감쇠치

해설 1) 방음시설 : 교통 소음을 저감하기 위하여 충분한 소리의 흡음 또는 차단 효과를 얻을 수 있도록 설치하는 시설을 말하며, 방음시설에는 방음벽·방음터널·방음둑 등으로 구분된다.
2) 삽입손실 : 동일 조건에서 방음시설 설치 전·후의 음압레벨 차이를 말한다.
3) 회절감쇠치 : 소음원에서 수음점까지의 전달경로상에 방음시설에 의한 회절로 인하여 음이 감쇠되는 것을 말한다.

89 공장 내의 잔향 음장에서 음압레벨(SPL)을 감소시키기 위한 소음대책을 다음에 제시한 내용에 대하여 그 값의 변화를 증가, 감소, 무관으로 나타내고 대책의 예를 적으시오.

1) 음향출력(W)
2) 지향계수(Q)
3) 실정수(R)
4) 음원과의 거리(r)

해설 잔향 음장은 음원의 직접음과 벽에 의한 반사음이 중복되는 구역을 말한다.
1) 음향출력(W) : 감소, 대책의 예 : 발생원 제거, 강제력 저감(발생원 대책)
2) 지향계수(Q) : 감소, 대책의 예 : 발생원의 방향 변경(지향성 대책)
3) 실정수(R) : 감소, 대책의 예 : 차음, 흡음(실내 환경대책)
4) 음원과의 거리(r) : 증가, 대책의 예 : 소음원과 떨어짐(거리감쇠)

---

90 흡음재료 선택 및 시공 시의 유의점에 관한 내용을 적으시오.

해설 1. 흡음재료 선정 시 주의사항
　　① 흡음재료의 중량은 비교적 가벼워야 한다.
　　② 흡음재료는 저음역의 음을 잘 흡음하여야 하며 공기저항이 커야 한다.
2. 시공 시 주의사항
　　① 재료를 부착할 시 벽에 완전히 접착시키지 말고 못 등으로 고정하듯이 붙여 시공하여야 한다.
　　② 실(室)의 모서리나 가장자리 부분에 흡음재를 부착시키면 효과가 좋아진다.
　　③ 다공질 흡음재료는 산란되기 쉬우므로 표면을 얇은 직물로 피복하는 것이 바람직하다.
　　④ 다공질 흡음재료의 표면을 도장하면 고음역에서 흡음률이 저하된다.
　　⑤ 막진동이나 판진동형 흡음재료는 도장을 해도 차이가 거의 없다.
　　⑥ 다공질 재료의 표면 다공판으로 피복하는 경우에는 개공률을 20% 이상으로 하는 것이 바람직하고, 공명 흡음의 경우에는 3~20% 범위로 하는 것이 필요하다.
　　⑦ 다공질 재료의 표면을 종이로 입히는 것은 피해야 한다.
　　⑧ 벽면에 부착할 때 한 곳에 집중하는 것보다 전체 내벽에 분산하여 부착하는 것이 흡음력을 증가시키고 반사음을 확산시킨다.
　　⑨ 판상재료의 충진재료서 다공질 흡음재료를 사용하면 판의 재질, 두께, 취부방법 등에 따라 저음역의 흡음성을 기대할 수 있다.
　　⑩ 다공판의 충진재로서 다공질 흡음재료를 사용하면 다공판의 상태, 배후공기층 등에 따른 공명 흡음을 얻을 수 있다.
　　⑪ 다공질 흡음재료는 음파가 재료 중을 통과할 때 재료의 다공성에 따른 저항 때문에 음에너지가 감쇠하며 일반적으로 중·고음역의 흡음률이 높다.
　　⑫ 다공질 흡음재료에 음향적 투명재료를 표면재로 사용하면 흡음재료의 특성에 영향을 주지 않고 표면을 보호할 수 있다.
　　⑬ 다공질 재료의 시공 시에는 벽면에 바로 부착하는 것보다 입자속도가 최대로 되는 1/4 파장의 홀수배, 즉 벽면으로부터 $\lambda/4$, $3\lambda/4$ 간격으로 배후공기층을 두고 설치하면 음파의 운동에너지를 가장 효율적으로 열에너지로 전환시킬 수 있으며 저음역의 흡음률도 개선된다.

91 단일벽의 투과손실에 영향을 주는 주파수 영역을 3가지(저주파 영역, 중간 주파수 영역, 고주파 영역)로 나타낼 경우, 각 영역의 명칭을 적고 투과손실의 변화 상태를 설명하시오.

해설
① 저주파 영역 : 공진현상이 많이 나타나는데, 영역으로 강성제어영역(I 영역)이라 하고 차음성능이 많이 저하된다.
② 중간 주파수 영역 : 질량법칙이 적용되는 영역(II 영역)으로 투과손실이 옥타브당 6dB씩 증가된다.
③ 고주파 영역 : 일치효과 영역(III 영역)으로 한계주파수 부근에서 투과손실이 현저하게 감소한다.

92 소음공정시험기준에서 제시한 다음 용어의 정의를 나타내시오.
1) 배경소음
2) 등가소음도
3) 평가소음도

해설
1) 배경소음 : 한 장소에 있어서의 특정의 음을 대상으로 생각할 경우 대상소음이 없을 때 그 장소의 소음을 대상소음에 대한 배경소음이라 한다.
2) 등가소음도 : 임의의 측정시간 동안 발생한 변동소음의 총에너지를 같은 시간 내의 정상소음의 에너지로 등가하여 얻어진 소음도를 말한다.
3) 평가소음도 : 대상소음도에 보정치를 보정한 후 얻어진 소음도를 말한다.

93 측정소음도에 배경소음을 보정한 후 얻어진 소음도인 대상소음도에 보정치를 보정한 후 얻어진 평가소음도를 나타낼 경우 가하는 환경 보정치의 종류 4가지를 적으시오.

해설
① 충격음 보정치
② 관련 시간대에 대한 측정소음 발생시간의 백분율 보정치
③ 시간별 보정치
④ 지역별 보정치

94 소음을 측정하는 데 사용되는 소음계는 간이소음계, 보통소음계, 정밀소음계의 최소한 구성이 필요한 소음계의 기본 구성도를 그리고 각 명칭을 쓰시오.

해설
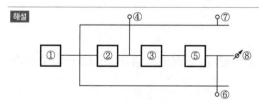

① 마이크로폰, ② 레벨레인지 변환기, ③ 증폭기, ④ 교정장치,
⑤ 청감보정회로, ⑥ 동특성 조절기, ⑦ 출력단자(간이소음계 제외), ⑧ 지시계기

95 소음공정시험기준 중 소음의 환경기준 측정방법에서 디지털 소음자동분석계를 사용할 경우 측정자료를 분석하는 방법을 나타내었다. (   ) 안에 들어갈 내용을 쓰시오.

> 샘플주기를 (①) 이내에서 결정하고 (②) 이상 측정하여 자동 연산·기록한 등가소음도를 그 지점의 측정소음도로 한다. 다만, 연속·상시 측정의 경우 (③) 이상 측정하여 자동 연산·기록한 등가소음도를 그 지점의 측정소음도로 한다.

해설 ① 1초, ② 5분, ③ 1시간

96 소음계의 성능에 대한 내용이다. (   ) 안을 채우시오.
1) 측정 가능 주파수 범위는 (   ) 이상이어야 한다.
2) 측정 가능 소음도 범위는 (   ) 이상이어야 한다.
3) 레벨레인지 변환기가 있는 기기에 있어서 레벨레인지 변환기의 전환오차가 (   ) 이내이어야 한다.
4) 지시계기의 눈금오차는 (   ) 이내이어야 한다.

해설 1) 31.5Hz ~ 8kHz(또는 8,000Hz)
2) 35~130dB
3) 0.5dB
4) 0.5dB

97 소음진동관리법 시행규칙에 나타낸 소음방지시설 6가지를 적으시오.

해설 ① 소음기
② 방음덮개시설
③ 방음창 및 방음실시설
④ 방음외피시설
⑤ 방음벽시설
⑥ 방음터널시설
⑦ 방음림 및 방음언덕
⑧ 흡음장치 및 시설

98 환경기준 중 소음, 배출허용기준 중 소음 및 규제기준 중 생활소음을 평가하는 소음도를 적으시오.

해설 ① 환경기준 중 소음 : 측정소음도
② 배출허용기준 중 소음 : 평가소음도
③ 규제기준 중 생활소음 : 대상소음도

99 소음배출허용기준 판정을 위한 소음측정 시 측정소음도와 배경소음은 대상 공장이 어떤 상태에서 측정하여야 하는가?

> **해설** ① 측정소음도의 측정 : 대상 배출시설의 소음발생기기를 가능한 한 최대출력으로 가동시킨 정상상태에서 측정하여야 한다.
> ② 배경소음도 : 대상 배출시설의 가동을 중지한 상태에서 측정하여야 한다.

100 음원을 무지향성 점음원이라고 가정할 경우 다음 각각의 조건에서 음압레벨은 어떻게 변화되는가?
   1) 음원으로부터 거리가 4배로 변화될 때
   2) 음압이 3배로 변화될 때
   3) 음의 세기가 2배로 변화될 때

> **해설** 1) 무지향성 점음원의 거리감쇠는 $SPL_1 - SPL_2 = 20\log\dfrac{r_2}{r_1}$ 의 식에 의해 $20\log 4 = 12\mathrm{dB}$ 적어진다.
>
> 2) 음압이 증가할 경우 $20\log(x\,\text{배})$만큼 증가한다. 즉, 음압레벨은 $20\log 3 = 10\mathrm{dB}$만큼 증가한다.
>
> 3) 무지향성 점음원의 음의 세기레벨 $SPL = SIL = 10\log 2 = 3\mathrm{dB}$, 즉 음의 세기를 2배로 하면 $3\mathrm{dB}$이 증가한다.

101 어떤 실내에서 입사음의 세기(I_i)와 반사음의 세기(I_r)가 같은 상태의 실내를 무엇이라고 하는가?

> **해설** $I_i = I_r$인 경우는 밀폐된 실내의 모든 표면에서 입사음의 거의 100%가 반사되어 실내의 모든 위치에서 음의 에너지밀도가 일정한 곳, 즉 실내의 벽면 흡음률을 0에 가깝게 설계한 곳으로 잔향실이라고 한다.

102 Snell의 법칙에 대하여 설명하고 공식을 적으시오.

> **해설** Snell의 법칙이란 음파가 한 매질에서 다른 매질로 통과할 때 구부러지는 현상을 나타내는 법칙(굴절 전과 후의 음속차가 크면 굴절도 커짐)으로, 입사각을 θ_1, 굴절각을 θ_2라 하면 그 때의 음속비 $\dfrac{c_1}{c_2} = \dfrac{\sin\theta_1}{\sin\theta_2}$ 이다.

01 기온이 20℃, 음압실효치 0.26N/m²일 때, 음향에너지밀도(J/m³)는?

해설

음의 세기 $I = P \times v = \dfrac{P^2}{\rho \times c}$ 에서 v는 입자속도(particle velocity)로 음파를 전달하는 매질의 진동 속도로서 평면파로 가정할 경우, $v = \dfrac{P}{\rho \times c}$ 이다.

$c = 331.5 + 0.61 \times 20 = 343.7\,\text{m/s},\ \rho = 1.3 \times \dfrac{273}{273 + 20} = 1.2\,\text{kg/m}^2$

음향에너지밀도(δ)는 음장 내의 한 점에서의 단위 부피당 음에너지(J/m³)이므로

$\delta = \dfrac{I}{c} = \dfrac{P^2}{\rho \times c^2} = \dfrac{0.26^2}{1.2 \times 343.7^2} = 4.77 \times 10^{-7}\,\text{J/m}^3$

02 20℃에서 500Hz인 공명기 음을 갖는 양쪽 끝이 열려 있는 관이 있다. 이 관은 40℃의 온도에서 몇 Hz의 공명기 음을 갖는가?

해설

양쪽 끝이 열려 있는 관의 공명기 음 파장은 관 길이의 2배, 주파수는 음속에 비례하고 음속은 기온(K)의 제곱근에 비례한다.

$\therefore f = 500 \times \sqrt{\dfrac{273 + 40}{273 + 20}} = 517\,\text{Hz}$

03 소리의 세기가 10^{-2}W/m²이고, 공기의 임피던스가 400rayls(양)이다. 이때의 음압레벨(dB)은?

해설

소리의 세기 $I = \dfrac{P^2}{\rho \times c}$ 에서 $10^{-2} = \dfrac{P^2}{400}$

$P = \sqrt{10^{-2} \times 400} = 2\,\text{N/m}^2$

$\therefore SPL = 20\log \dfrac{P}{2 \times 10^{-5}} = 20\log \dfrac{2}{2 \times 10^{-5}} = 100\,\text{dB}$

04 어느 지점의 PWL을 15분 간격으로 2시간을 측정한 결과 95dB이 5회, 100dB이 3회였다면 이 지점의 평균 PWL(dB)은?

해설

음향파워레벨(PWL)의 평균

$L_{eq} = 10\log\left[\dfrac{1}{n}\left(\sum n_i \times 10^{\frac{L_i}{10}}\right)\right] = 10\log\left[\dfrac{1}{8}\left(5 \times 10^{9.5} + 3 \times 10^{10}\right)\right] = 98\,\text{dB}$

05 70phon의 소리는 50phon의 소리에 비해 몇 배 크게 들리는가?

> **해설**
> ① 50phon의 소리의 크기 : $S = 2^{\frac{(L_L - 40)}{10}} = 2^1 = 2\,\text{sones}$
>
> ② 70phon의 소리의 크기 : $S = 2^{\frac{(L_L - 40)}{10}} = 2^3 = 8\,\text{sones}$
>
> $\therefore \dfrac{8}{2} = 4\,\text{배}$

06 자유공간에서 지향성 음원의 지향계수가 2.0이고 이 음원의 음향파워레벨이 110dB일 때, 이 음원으로부터 20m 떨어진 지향점에서의 에너지밀도(J/m³)는? (단, $c = 340\text{m/s}$로 한다.)

> **해설**
> 자유공간에서 거리 r만큼 떨어진 직접 음장의 음에너지밀도 $\delta_d = \dfrac{QW}{4\pi r^2 c}$ 이다.
>
> $PWL = 10\log \dfrac{W}{10^{-12}}$ 에서 $110 = 10\log \dfrac{W}{10^{-12}}$
>
> $W = 10^{11} \times 10^{-12} = 0.1\,\text{W}$
>
> $\therefore \delta_d = \dfrac{2 \times 0.1}{4 \times 3.14 \times 20^2 \times 340} = 1.17 \times 10^{-7}\,\text{J/m}^3$

07 음향파워레벨이 95dB인 작은 음원이 지상에 있고, 그 곳으로부터 20m 떨어진 지점에서는 다른 기계의 소음으로 음압레벨이 68dB이 측정되었다. 이 지점에서 음압레벨의 합(dB)은?

> **해설**
> 점음원, 반자유공간이므로 $SPL = PWL - 20\log r - 8 = 95 - 20\log 20 - 8 = 61\,\text{dB}$
>
> $\therefore$ 음압레벨의 합은 $L = 10\log \left(10^{\frac{61}{10}} + 10^{\frac{68}{10}} \right) = 69\,\text{dB}$

08 사람의 외이도(外耳道, 귓구멍)의 길이는 보통 3cm 정도이다. 20℃의 공기 중에서 공명주파수 (Hz)는?

> **해설**
> 사람의 귓구멍은 한쪽이 고막으로 막힌 일단 개구관으로 동작되기 때문에, 일단 개구관 공명주파수 공식을 적용한다.
>
> 공명주파수 $f = \dfrac{c}{4 \times L} = \dfrac{331.5 + 0.61 \times 20}{4 \times 0.03} = 2{,}864\,\text{Hz}$

09 두 면이 접하는 구석에 있는 점음원의 지향지수(dB)는 얼마인가?

> **해설**
> 두 면이 접해 있는 구석에 있는 점음원(1/4 자유공간)의 지향계수 $Q = 4$
>
> $\therefore$ 지향지수 $DI = 10\log 4 = 6\,\text{dB}$

10 입사 측의 음향임피던스를 Z_1, 투과 측의 음향임피던스를 Z_2라고 한다. 경계면에 수직 입사하는 음파의 반사율 r_o이고 , Z_1이 Z_2의 $\frac{1}{3}$이라고 하면, 반사에너지 I_r과 투과에너지 I_t의 비는 얼마인가? (단, 경계면에서 음파의 흡수는 없다.)

> **해설**
>
> 경계면에 수직 입사하는 음파의 반사율 $r_o = \left(\dfrac{\rho_1 c_1 - \rho_2 c_2}{\rho_1 c_1 + \rho_2 c_2} \right)^2 = \left(\dfrac{Z_1 - Z_2}{Z_1 + Z_2} \right)^2$
>
> 투과율 $t_o = 1 - r_o = 1 - \left(\dfrac{Z_1 - Z_2}{Z_1 + Z_2} \right)^2 = \left[\dfrac{Z_1^2 + 2Z_1 Z_2 + Z_2^2 - (Z_1^2 - 2Z_1 Z_2 + Z_2^2)}{(Z_1 + Z_2)^2} \right] = \dfrac{4Z_1 Z_2}{(Z_1 + Z_2)^2}$
>
> $\therefore \dfrac{I_r}{I_t} = \dfrac{\frac{I_r}{I_o}}{\frac{I_t}{I_o}} = \dfrac{r_o}{t_o} = \dfrac{(Z_1 - Z_2)^2}{4Z_1 Z_2}$
>
> 이 식에 $Z_1 = \dfrac{Z_2}{3}$를 대입하면,
>
> $\dfrac{I_r}{I_t} = \dfrac{1}{3} = 0.33$

11 자유공간 중에 선음원이 있으며 음원에서 2m 떨어진 지점에서 음압레벨을 측정하였더니 85dB이었다. 음원에서 30m 떨어진 지점의 음압레벨(dB)은?

> **해설**
>
> 선음원의 거리감쇠 $SPL_{r_1} = SPL_{r_2} + 10\log \dfrac{r_2}{r_1}$에서
>
> $85 = SPL_{30} + 10\log \dfrac{30}{2}$
>
> $\therefore SPL_{30} = 85 - 12 = 73\text{dB}$

12 2개의 작은 음원이 있다. 각각의 음향출력(W) 비율이 1 : 30일 때, 이 2개 음원의 음향파워레벨 차는 몇 dB인가?

> **해설**
>
> 음향파워레벨 $PWL = 10\log \dfrac{W}{10^{-12}}$에서 1일 때 $PWL = 10\log \dfrac{1}{10^{-12}} = 120\text{dB}$
>
> 음향출력(W) 비율이 30일 때 $PWL = 10\log \dfrac{30}{10^{-12}} = 135\text{dB}$
>
> $\therefore 135 - 120 = 15\text{dB}$

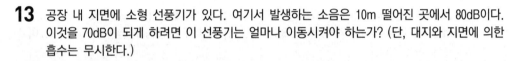

13 공장 내 지면에 소형 선풍기가 있다. 여기서 발생하는 소음은 10m 떨어진 곳에서 80dB이다. 이것을 70dB이 되게 하려면 이 선풍기는 얼마나 이동시켜야 하는가? (단, 대지와 지면에 의한 흡수는 무시한다.)

> **해설** 반자유공간(지면)에서 점음원의 거리감쇠이므로 $SPL_1 - SPL_2 = 20\log\dfrac{r_2}{r_1}$ 에서
>
> $$80 - 70 = 20\log\frac{r_2}{10}$$
>
> $$r_2 = 31.6\text{m}$$
>
> ∴ 음원에서 10m 떨어진 선풍기를 $31.6 - 10 = 21.6\text{m}$ 더 멀리 이동시켜야 된다.

14 중공(中空) 이중벽의 면밀도가 각각 20kg/m², 10kg/m²이고, 공기층 두께가 0.1m일 때 저음역에서의 공명 투과주파수는 약 몇 Hz 정도에서 발생하는가?

> **해설** 저음역에서 중공 이중벽의 공명주파수(두 벽의 면밀도가 다를 경우, $m_1 \neq m_2$)
>
> $$f_{rl} = 60\sqrt{\frac{m_1 + m_2}{m_1 \times m_2} \times \frac{1}{d}} = 60 \times \sqrt{\frac{10 + 20}{10 \times 20} \times \frac{1}{0.1}} = 73.5\,\text{Hz}$$

15 다음 그림과 같이 작업장의 음압레벨(SPL_1)이 110dB이고, 벽의 투과손실이 20dB, 벽 면적 30m², 사무실의 흡음력이 30m²일 때, 사무실의 음압레벨(SPL_2)을 구하시오. (단, 평균흡음률, $\overline{\alpha} < 0.3$이다.)

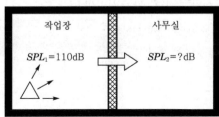

> **해설** $$SPL_2 = SPL_1 - NR = SPL_1 - TL - 10\log\left(\frac{1}{4} + \frac{S_w}{R_2}\right)$$
>
> 여기서, TL : 투과손실(dB)
>
> S_w : 경계벽의 면적(m²)
>
> R_2 : 사무실의 실정수(m²) 또한 평균흡음률이 $\overline{\alpha} < 0.3$일 경우 실정수는 흡음력과 거의 같다.
>
> $R \fallingdotseq A$
>
> ∴ $SPL_2 = 110 - 20 - 10\log\left(\dfrac{1}{4} + \dfrac{30}{30}\right) = 89\text{dB}$

16 덕트 소음을 저감하기 위해 그림과 같은 단면의 흡음덕트형 소음기를 시공하였다. 소음기 길이가 3m일 때, 1,000Hz에서의 감음량(dB)은? (단, 1,000Hz에서 흡음재의 흡음률(α)은 0.7이고, $K=1.05\times\alpha^{1.4}$이다.)

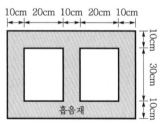

해설 소음 감음치 $\Delta L = K\dfrac{P}{S}L$(dB)에서

$K=1.05\times\alpha^{1.4}=1.05\times0.7^{1.4}=0.64$

덕트의 P(주장(周長), 둘레길이)$=(0.2\times2+0.3\times2)\times2=2$m

덕트의 단면적 $S=0.2\times0.3\times2=0.12$m^2

소음기의 길이 $L=3$이므로,

$\therefore$ 소음 감음치 $\Delta L = K\dfrac{P}{S}L=0.64\times\dfrac{2}{0.12}\times3=32$dB

17 어떤 실내의 체적이 1,000m^2, 표면적이 2,600m^2, 흡음력이 260m^{2}이다. 크누센(Knudsen)의 식에 의한 잔향시간 계산식 $T=0.161\times\dfrac{V}{-S\ln(1-\overline{\alpha})+4mV}$(s)라고 할 때, 세이빈(Savine)의 잔향시간 계산식과의 차이는? (단, $m=0.01$이다.)

해설 ① 세이빈(Savine) 계산식으로 구한 잔향시간

흡음력 $A=S\times\overline{\alpha}$에서 $\overline{\alpha}=\dfrac{A}{S}=\dfrac{260}{2,600}=0.1$

$T=0.161\times\dfrac{V}{S\times\overline{\alpha}}$

$=0.161\times\dfrac{1,000}{2,600\times0.1}=0.62$초

② 크누센(Knudsen) 계산식으로 구한 잔향시간

$T=0.161\times\dfrac{V}{-S\ln(1-\overline{\alpha})+4mV}$

$=0.161\times\dfrac{1,000}{-2,600\times\ln(1-0.1)+(4\times0.01\times1,000)}=0.51$초

$\therefore$ 세이빈으로 구한 잔향시간이 크누센으로 구한 잔향시간보다 0.11초 길다.

18 작업장 실내의 공기 온도가 65℃에서 작동하는 흡음덕트형 소음기가 2,000Hz에서 최대감음이 일어나게 하는 덕트의 내경 범위는?

해설 최대감음주파수는 $\dfrac{\lambda}{2} < D < \lambda$ 범위에 있다.

여기서, λ : 대상음의 파장(m), D : 덕트의 내경(m), 온도 65℃일 때,

음속 $c = 331.5 + 0.61 \times 65 = 371.15\,\text{m/s}$

$\therefore \lambda = \dfrac{c}{f} = \dfrac{371.15}{2,000} = 0.19\,\text{m}$

최대감음이 일어나게 하는 덕트의 내경 범위는 0.1~0.2m이다.

19 그림과 같이 반사율이 1인 지면 위에 TL이 20dB인 반무한 방음벽이 설치되어 있다. 이 벽에 의한 삽입손실치는 몇 dB인가? (단, $c = 340\text{m/s}$, 500Hz에서의 프레넬수(N, Fresnel number)에 따른 회절감쇠치 $L_d = 9\log N + 8$로 하고 반사음의 회절은 수음 측만 고려한다.)

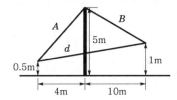

해설 전파경로의 차(완전 반사하므로 반사거리를 고려한다.)

$\delta = (A+B) - d = \left(\sqrt{4^2 + 4.5^2} + \sqrt{(4+2)^2 + 10^2}\right) - \sqrt{(0.5+1)^2 + 14^2} = 3.6\,\text{m}$

프레넬수 $N = \dfrac{2\,\delta}{\lambda} = \dfrac{\delta \times f}{170} = \dfrac{3.6 \times 500}{170} = 10.59$

회절감쇠치 $L_d = 9\log N + 8 = 9 \times \log 10.59 + 8 = 17.22\,\text{dB}$

투과손실치 TL이 회절감쇠치 ΔL_d보다 10dB 이내일 경우

삽입손실치 $\Delta L_I = -10\log\left(10^{-\Delta L_d/10} + 10^{-TL/10}\right) = -10\log\left(10^{-1.722} + 10^{-2}\right) = 15.4\,\text{dB}$

20 단단한 지면 위에 무지향성 음원이 있다. 이 음원으로부터 10m 떨어진 지점의 SPL이 100dB이었다면 이 음원의 음향파워는 몇 W인가?

해설 음향파워레벨과 음압레벨의 관계식에서 단단한 지면 위(반자유공간)에서 10m 떨어진 지점의 음압레벨은 $SPL = PWL - 20\log r - 8$이다.

$\therefore 100 = PWL - 20\log 10 - 8$에서, 음향파워레벨 $PWL = 128\,\text{dB}$

음향파워레벨 $PWL = 10\log \dfrac{W}{10^{-12}}$ 에서 $128 = 10\log \dfrac{W}{10^{-12}}$

$\therefore W = 10^{12.8} \times 10^{-12} = 6.3\,\text{W}$

21 가로×세로×높이가 각각 20m×15m×5m인 작업장의 바닥 및 천장의 흡음률은 0.2이고, 벽의 흡음률은 0.5이다. 이 방의 바닥 중앙에 음향파워레벨이 100dB인 무지향성 점음원이 있을 때 실반경(m)을 구하시오.

> **해설** 실내의 전체 표면적 $S = 20 \times 15 \times 2 + 20 \times 5 \times 2 + 15 \times 5 \times 2 = 950\,\mathrm{m}^2$
>
> 평균흡음률 $\overline{\alpha_1} = \dfrac{\sum S_i \alpha_i}{\sum S_i} = \dfrac{20 \times 15 \times 2 \times 0.2 + 20 \times 5 \times 2 \times 0.5 + 15 \times 5 \times 2 \times 0.5}{950} = 0.31$
>
> 실정수 $R = \dfrac{S\overline{\alpha}}{1 - \overline{\alpha}} = \dfrac{950 \times 0.31}{1 - 0.31} = 426.81\,\mathrm{m}^2$
>
> 실반경은 $\dfrac{Q}{4\pi r^2} = \dfrac{4}{R}$ 이 되어야 하므로, $r_r = \sqrt{\dfrac{Q \times R}{16\pi}} = \sqrt{\dfrac{2 \times 426.81}{16 \times 3.14}} = 4.12\,\mathrm{m}$

22 실정수가 200m²인 실내 중앙 바닥 위에 설치되어 있는 소형 기계의 음향파워레벨(PWL)이 100dB이라고 한다. 이 기계로부터 10m 떨어진 지점의 음압레벨(SPL, dB)은?

> **해설** 음압레벨 $SPL = PWL + 10\log\left(\dfrac{Q}{4\pi r^2} + \dfrac{4}{R}\right)\,\mathrm{dB}$에서 지향계수는 바닥 위이므로 $Q = 2$
>
> $\therefore\ SPL = PWL + 10\log\left(\dfrac{Q}{4\pi r^2} + \dfrac{4}{R}\right) = 100 + 10\log\left(\dfrac{2}{4 \times 3.14 \times 10^2} + \dfrac{4}{200}\right) = 83.3\,\mathrm{dB}$

23 그림과 같이 다공 공명형 소음기에 내경 3cm, 두께 0.2cm인 관 끝 무반사관 도중에 직경 1cm의 작은 구멍이 10개 뚫린 관을 내경 20cm, 길이 25cm의 공동과 조합할 때의 공명주파수는? (단, 작은 구멍의 보정길이=내관 두께 + 구멍의 반지름×1.6으로 하며, 음속은 344m/s로 한다.)

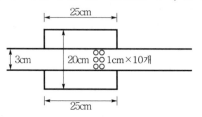

> **해설** 다공 공명형 소음기의 공명주파수 $f_r = \dfrac{c}{2\pi}\sqrt{\dfrac{A}{l \times V}}$ (Hz)
>
> 여기서, $c = 344 \times 100 = 34,400\,\mathrm{cm/s}$
>
> A(작은 구멍들의 면적) $= \dfrac{\pi}{4}D^2 = \dfrac{3.14 \times 1^2}{4} \times 10 = 7.85\,\mathrm{cm}^2$
>
> l(작은 구멍의 보정길이) $= m + 1.6 \times a = 0.2 + 1.6 \times 0.5 = 1\,\mathrm{cm}$
>
> V(공동의 체적) $= \dfrac{\pi \times L}{4} \times (D_2 - D_1)^2 = \dfrac{3.14 \times 25}{4} \times \left[20^2 - (3 + 2 \times 0.2)^2\right] = 7,623\,\mathrm{cm}^3$
>
> $\therefore\ f_r = \dfrac{c}{2\pi}\sqrt{\dfrac{A}{l \times V}} = \dfrac{34,400}{2 \times 3.14} \times \sqrt{\dfrac{7.85}{1 \times 7,623}} = 175.8\,\mathrm{Hz}$

24 실정수 1,200m²인 공장 실내의 바닥에 음압레벨 90dB인 소형 기계가 설치되어 있다. 이 기계로부터 4m 떨어진 한 점의 음압도가 80dB일 경우 음향파워레벨(dB)은? (단, 반확산 음장 기준이다.)

> 해설
>
> $\overline{SPL} = PWL + 10\log\left(\dfrac{Q}{4\pi r^2} + \dfrac{4}{R}\right)$(dB)에서
>
> $80 = PWL + 10\log\left(\dfrac{2}{4 \times 3.14 \times 4^2} + \dfrac{4}{1,200}\right)$
>
> $\therefore PWL = 80 + 19 = 99\,dB$

25 공조시스템에서 송풍기의 날개 15개가 3,600rpm으로 회전할 때, 다음 물음에 답하시오. (단, 공기 중 음속은 340m/s이다.)
   1) 날개 통과 주파수(Hz)는?
   2) 이 송풍기를 다공질형 흡음재가 부착된 벽에 시공할 경우 벽면으로부터 떨어뜨려야 하는 공기층의 간격(cm)은?

> 해설
>
> 1) 날개 통과 주파수 : $f = \dfrac{n \times \text{rpm}}{60} = \dfrac{15 \times 3,600}{60} = 900\,Hz$
>
> 2) 다공질형 흡음재 시공 시 벽면에 바로 부착하는 것보다 입자속도가 최대로 되는 1/4 파장의 흡수배(벽면으로부터 $\lambda/4$ 간격)로 배후 공기층을 두고 설치하면 저음역의 흡음률도 개선되므로 공기층의 간격은 다음과 같다.
>
> $d = \dfrac{\lambda}{4} = \dfrac{c}{4f} = \dfrac{340}{4 \times 900} = 0.094\,m = 9.44\,cm$

26 벽체 외부로부터 확산음이 입사될 때 이 확산음의 음압레벨은 90dB이다. 실내의 흡음력은 50m²이고, 벽의 투과손실은 25dB, 그리고 벽의 면적이 30m²이면 실내의 음압레벨(dB)은?

> 해설
>
> 차음도 $NR = SPL_1 - SPL_2 = TL + 10\log\left(\dfrac{A_2}{S}\right) - 6 = 25 + 10\log\left(\dfrac{50}{30}\right) - 6 = 21\,dB$
>
> $\therefore$ 실내의 음압레벨 $SPL_2 = SPL_1 - NR = 90 - 21 = 69\,dB$

27 투과손실이 40dB인 벽의 면적의 40%를 투과손실이 25dB인 유리창으로 변경한 경우 이 복합벽의 투과손실(dB)은?

> 해설
>
> 복합벽의 평균 투과율 $\bar{\tau} = \dfrac{60 \times 10^{-4} + 40 \times 10^{-2.5}}{100} = 1.32 \times 10^{-3}$
>
> $\therefore TL = 10\log\dfrac{1}{1.32 \times 10^{-3}} = 29\,dB$

28 음압레벨 90dB, 100dB, 75dB, 80dB, 86dB에 대한 평균 음압레벨(dB)은?

> 해설 dB의 평균을 구하는 식 $\overline{L} = L - 10\log n$에서
>
> $$L = 10\log\left(10^{\frac{L_1}{10}} + 10^{\frac{L_2}{10}} + \cdots + 10^{\frac{L_n}{10}}\right) = 10\log\left(10^9 + 10^{10} + 10^{7.5} + 10^8 + 10^{8.6}\right) = 100.6\,\text{dB}$$
>
> $$\therefore \overline{L} = L - 10\log n = 100.6 - 10\log 5 = 93.6\,\text{dB}$$

29 실내 고정 바닥 위에 점음원의 실정수가 800m²이고, 음향파워레벨이 110dB일 때 다음 물음에 답하시오.
1) 실반경(m)은?
2) 5m 떨어진 지점에서의 SPL(dB)은?

> 해설 1) 실반경(room radius) : 음원으로부터 어떤 거리 r(m)만큼 떨어진 위치에서 직접음장 및 잔향음장에 의한 음압레벨이 같을 때의 거리
>
> $$\frac{Q}{4\pi r^2} = \frac{4}{R} \text{로부터 } r = \sqrt{\frac{Q \times R}{16\pi}} = \sqrt{\frac{2 \times 800}{16 \times 3.14}} = 5.64\,\text{m}$$
>
> 2) 반자유공간에서 점음원의 거리감쇠이므로
>
> $$SPL = PWL - 20\log r - 8 = 110 - 20\log 5 - 8 = 88\,\text{dB}$$

30 어떤 방에 SPL이 100dB인 음원이 있다. 이 방에 출입문을 설치하여 틈새 면적비를 0.1로 관리하고자 한다면 출입문 외부의 SPL(dB)은 얼마가 되는가?

> 해설 벽의 틈새에 의한 누음(漏音) 시 벽 전체 면적의 $\frac{1}{n}$만큼 틈새가 있을 경우
>
> $$SPL_2 = SPL_1 - 10\log n = 100 - 10\log 10 = 90\,\text{dB}$$
>
> 여기서, SPL_1 : 벽 안쪽의 음압레벨(dB)
> SPL_2 : 벽 외측의 음압레벨(dB)

31 가로 15m, 세로 4m인 벽체의 부근에서 음압도가 95dB이었다. 벽체에서 10m 떨어진 지점의 음압도(dB)는?

> 해설 벽체에서 떨어진 거리 10m가 $r > \dfrac{\text{가로길이}}{3}$일 경우
>
> 거리감쇠치 $L_a = SPL_1 - SPL_2 = 20\log\left(\dfrac{3 \times r}{b}\right) + 10\log\left(\dfrac{b}{a}\right)$에서
>
> $$SPL_2 = 95 - 20\log\left(\frac{3 \times 10}{15}\right) - 10\log\left(\frac{15}{4}\right) = 83\,\text{dB}$$

32 Fan(송풍기) 소음을 옥타브 대역별로 측정하였더니 중심주파수 3,000Hz에서 가장 높은 음압레벨이 측정되었다. 흡음형 소음기를 이용하여 소음대책을 수립하고자 한다면 경제적으로 가장 최적의 흡음재 두께(cm)는? (단, 표준상태 기준이다.)

해설 흡음형 소음기의 경제적으로 가장 최적의 흡음재 두께는 파장의 $\frac{1}{4}$, 즉 $\frac{\lambda}{4}$ 이므로

$$\lambda = \frac{c}{f} = \frac{340}{3,000} = 0.113\text{m} = 11.3\text{cm}$$

$$\therefore \text{흡음재 두께 } d = \frac{11.3}{4} = 2.83\text{cm}$$

33 비닐시트를 벽체와 공기층을 두고 설치하여 흡음효과를 내고자 한다. 비닐시트의 단위면적당 질량이 0.3kg/m²이고, 500Hz 대역에서 효과를 내고자 하면, 공기층의 두께(cm)는 얼마로 하여야 하는가?

해설 판(막)진동 흡음에서 흡음주파수 $f = \frac{c}{2\pi} \sqrt{\frac{\rho}{m\,d}} = \frac{60}{\sqrt{m\,d}}$

$$500 = \frac{60}{\sqrt{0.3 \times d}}$$

$$\therefore d = 0.048\text{m} = 4.8\text{cm}$$

34 전체 벽의 95%가 투과손실이 40dB인 콘크리트벽으로 되어 있고, 나머지는 환기구가 있을 경우 벽의 평균 투과손실(dB)을 구하시오.

해설 투과손실 $TL = 10\log\frac{1}{\tau}$ 에서 $40 = 10\log\frac{1}{\tau_1}$

콘크리트벽의 투과율 $\tau_1 = 10^{-4}$

환기구의 투과율은 투과손실이 0이므로 $\tau_2 = 1$

평균 투과율 $\bar{\tau} = \frac{\sum S_i \tau_i}{\sum S_i} = \frac{S_1\tau_1 + S_2\tau_2 + \cdots}{S_1 + S_2 + \cdots} = \frac{95 \times 10^{-4} + 5 \times 1}{100} = 0.05$

$$\therefore TL = 10\log\frac{1}{0.05} = 13\text{dB}$$

35 평균흡음률이 0.05인 방을 흡음처리하여 평균흡음률을 0.25로 했다. 이때 흡음에 의한 감음량은 대략 몇 dB 정도 되는가?

해설 평균흡음률이 α_1에서 α_2로 되었을 때의 감음량 $D = 10\log\frac{\alpha_2}{\alpha_1}$

여기서, $\alpha_1 = 0.05$, $\alpha_2 = 0.25$이므로 $D = 10\log\frac{0.25}{0.05} = 7\text{dB}$

36 단순 팽창형 소음기의 단면적비가 6이고 $\sin^2(K \times L) = 2.0$일 때 투과손실(dB)은?

해설
$$TL = 10\log\left[1 + \frac{1}{4}\left(m - \frac{1}{m}\right)^2 \sin^2(KL)\right] = 10\log\left[1 + \frac{1}{4}\left(6 - \frac{1}{6}\right)^2 \times 2.0\right] = 12.6\,\text{dB}$$

37 소음기의 입구 및 팽창부의 직경이 각각 50cm, 110cm인 경우 팽창형 소음기에 의해 기대할 수 있는 최대투과손실(dB)은?

해설
최대투과손실치 $TL = \left(\dfrac{D_2}{D_1}\right) \times 4 = \left(\dfrac{110}{50}\right) \times 4 = 8.8\,\text{dB}$

38 소음을 저감시키기 위해 실내 공조 덕트에 다음 그림과 같은 소음챔버를 설계하고자 한다. 챔버 내의 전체 표면적이 16m²이고, 챔버 내부를 평균흡음률이 0.62인 흡음재로 흡음처리하였다. 소음챔버의 규격 등이 다음과 같을 때, 이 소음챔버에 의한 소음감쇠치는 몇 dB로 예상되는가? (단, 챔버 출구의 단면적 : 0.5m², 출구와 입구 사이의 경사길이(d) : 5m, 출구와 입구 사이의 각도(θ) : 45°이다.)

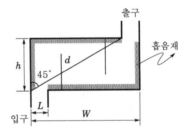

해설 소음챔버의 감음량 계산식

$$\Delta L = -10\log\left[S_o\left(\frac{\cos\theta}{2\pi d^2} + \frac{1 - \sin(\overline{\alpha})}{\overline{\alpha} S_w}\right)\right] = -10\log\left[S_o\left(\frac{\cos\theta}{2\pi d^2} + \frac{1 - \overline{\alpha}}{\overline{\alpha} S_w}\right)\right] = 10\log\left(\frac{A}{S_o}\right)$$

여기서, $\overline{\alpha}$: 챔버 내부 흡음재의 평균흡음률
$\quad\quad S_o$: 챔버 출구의 단면적(m²)
$\quad\quad S_w$: 챔버 내 표면적(m²)
$\quad\quad d$: 입구와 출구 사이의 경사길이(m)
$\quad\quad \theta$: 입구와 출구 사이의 각도
$\quad\quad A$: 소음챔버의 흡음면적(m²)
$(1 - \sin(\overline{\alpha}) \approx 1 - \overline{\alpha},\ d = (W - L)^2 + h^2)$

$\therefore \Delta L = 10\log\left(\dfrac{A}{S_o}\right) = 10\log\left(\dfrac{16}{0.5}\right) = 15\,\text{dB}$

39 공장의 내부에 흡음재료를 부착하였을 경우, 음원에서 떨어진 장소의 소음 감쇠량 D(dB)는 흡음재료의 사용 전과 후 그 실내의 흡음력을 각각 A_1, A_2라 하면 $D = 10\log\dfrac{A_2}{A_1}$(dB)로 나타낼 수 있다. $A_1 = 60\text{m}^2$일 때, $D = 8$dB로 하는 데 필요한 흡음력은 몇 m²인가?

> **해설** $8 = 10\log\dfrac{A_2}{60} = 10\log A_2 - 10\log 60$에서 $10\log A_2 = 8 + 10\log 60 = 25.8$
>
> $\therefore A_2 = 10^{2.58} = 380\text{m}^2$

40 그림과 같이 면적 S가 10m×5m인 벽으로 칸막이를 한 두 개의 방이 있다. 수음실의 안쪽 길이는 8m이고, 평균흡음률은 0.2이다. 벽의 음향 투과손실(TL)이 25dB일 때 두 방 사이의 음압레벨차(D)를 구하시오. (단, $D = TL - 10\log\dfrac{s}{A}$으로 계산한다.)

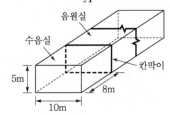

> **해설** 먼저 수음실의 흡음력 A를 구한다. $A = \overline{\alpha} \times S$
>
> 여기서, 방의 전체 표면적 $S = 5 \times 10 \times 2 + 8 \times 5 \times 2 + 10 \times 8 \times 2 = 340\text{m}^2$
>
> $A = 0.2 \times 340 = 68\text{m}^2$
>
> $\therefore D = TL - 10\log\dfrac{s}{A} = 25 - 10\log\dfrac{50}{68} = 26\text{dB}$

41 벽체 외부로부터 확산음이 입사될 때 이 확산음의 음압레벨은 85dB이다. 실내의 흡음력은 60m²이고, 벽의 투과손실은 20dB, 그리고 벽의 면적이 30m²이면 실내의 음압레벨(dB)은?

> **해설** 차음도 $NR = SPL_1 - SPL_2 = TL + 10\log\left(\dfrac{A_2}{S}\right) - 6 = 20 + 10\log\left(\dfrac{60}{30}\right) - 6 = 17\text{dB}$

42 비교적 큰 공장 내부에 PWL이 95dB인 무지향성 소형 음원이 있다. 이 음원은 공장 실내의 3면(벽 양면과 바닥)이 만나는 구석 바닥에 놓여져 가동되고 있다. 공장 내부의 실정수 R이 30m²일 때, 음원으로부터 10m 지점에서의 음압레벨(dB)은?

> **해설** 3면(벽 양면과 바닥)이 만나는 구석 바닥의 지향계수 $Q = 8$이므로
>
> $\overline{SPL} = PWL + 10\log\left(\dfrac{Q}{4\pi r^2} + \dfrac{4}{R}\right) = 95 + 10\log\left(\dfrac{8}{4 \times 3.14 \times 10^2} + \dfrac{4}{30}\right) = 86\text{dB}$

43 폭 12m, 길이 20m, 높이 5m인 공장 내에서 잔향시간 T를 측정하였더니 2초였다. 바닥에 놓인 음향출력이 0.2W인 기계에서 5m 떨어진 지점의 음압레벨(SPL, dB)은? (단, 반확산 음장 기준을 적용한다.)

> **해설** 공장의 체적 $V = 12 \times 20 \times 5 = 1,200\,\mathrm{m}^3$
>
> 공장의 표면적 $S = 2 \times \{(12 \times 20) + (5 \times 12) + (5 \times 20)\} = 800\,\mathrm{m}^2$
>
> 측정된 잔향시간 $T = 2$초이므로,
>
> 평균흡음률 $\bar{\alpha} = \dfrac{0.16\,V}{T \times S} = \dfrac{0.16 \times (12 \times 20 \times 5)}{2 \times 800} = 0.12$
>
> 실정수 $R = \dfrac{S\bar{\alpha}}{1 - \bar{\alpha}} = \dfrac{800 \times 0.12}{1 - 0.12} = 109$
>
> $\therefore\ SPL = PWL + 10\log\left(\dfrac{Q}{4\pi r^2} + \dfrac{4}{R}\right)$
>
> $\qquad = 10\log\left(\dfrac{0.8}{10^{-12}}\right) + 10\log\left(\dfrac{2}{4 \times 3.14 \times 5^2} + \dfrac{4}{109}\right) = 105\,\mathrm{dB}$

44 폭 10m, 길이 20m, 높이 5m인 공장 내에서 잔향시간 T를 측정하였더니 1.8초였다. 파워레벨 (PWL) 105dB인 음원이 이 실내에 있을 때, 확산음 레벨은 몇 dB이 되는가? (단, 확산음은 $PWL - 10\log R + 6$으로 계산된다.)

> **해설** 공장의 체적 $V = 10 \times 20 \times 5 = 1,000\,\mathrm{m}^3$
>
> 공장의 내부 표면적 $S = 10 \times 20 \times 2 + 5 \times 10 \times 2 + 5 \times 20 \times 2 = 700\,\mathrm{m}^2$
>
> 측정된 잔향시간 $T = 1.8$초이므로,
>
> 평균흡음률 $\alpha = \dfrac{0.16 \times V}{T \times S} = \dfrac{0.16 \times 1,000}{1.8 \times 700} = 0.128$
>
> 실정수 $R = \dfrac{S \times \alpha}{1 - \alpha} = \dfrac{700 \times 0.128}{1 - 0.128} = 102.75$ 에서 주어진 식에 대입하면
>
> $SPL = 105 - 10\log 102.75 + 6 = 91\,\mathrm{dB(A)}$

45 1/1 옥타브밴드 저음역 차단주파수가 355Hz일 때, 고음역 차단주파수(Hz)와 중심주파수(Hz)를 구하시오.

> **해설** 1/1 옥타브필터의 저음역 차단주파수(f_1)의 2배 정도가 고음역 차단주파수(f_2)의 주파수 대역이다.
>
> $f_2 = 2f_1 = 2 \times 355 = 710\,\mathrm{Hz}$
>
> 중심주파수 $f_c = \sqrt{2}\,f_1 = \sqrt{2} \times 355 = 502\,\mathrm{Hz}$
>
> 또는 $f_c = \sqrt{f_1 \times f_2} = \sqrt{355 \times 710} = 502\,\mathrm{Hz}$

46 점음원이 자유진행파를 발생한다고 가정할 때 음원으로부터 10m 떨어진 지점의 음압레벨이 90dB이다. 이 음원의 음향파워레벨(PWL, dB)은?

> 해설 점음원이 자유진행파를 발생하면 자유공간에서의 거리감쇠이므로 $SPL = PWL - 20\log r - 11$에서
> $PWL = 90 + 20\log 10 + 11 = 121\,\text{dB}$

47 중심주파수가 1,000Hz인 1/1 옥타브밴드 분석기와 1/3 옥타브밴드 분석기의 저역 차단주파수 (하한주파수, Hz)는 각각 얼마인가?

> 해설 ① 1/1 옥타브밴드 분석기의 하한주파수 $f_1 = \dfrac{f_o}{\sqrt{2}} = \dfrac{1,000}{\sqrt{2}} = 707\,\text{Hz}$
>
> ② 1/3 옥타브밴드 분석기의 하한주파수 $f_1 = \dfrac{f_o}{\sqrt[6]{2}} = \dfrac{1,000}{\sqrt[6]{2}} = 891\,\text{Hz}$

48 1/3 옥타브밴드 분석기의 중심주파수가 500Hz인 경우 주파수 밴드폭(Hz)과 %밴드폭을 구하시오.

> 해설 ① 밴드폭 $bw = f_c \times \left(2^{\frac{1}{6}} - 2^{-\frac{1}{6}}\right) = 0.232 \times f_c = 0.232 \times 500 = 116\,\text{Hz}$
>
> ② %밴드폭 $\%bw = \dfrac{bw}{f_c} \times 100 = \dfrac{116}{500} \times 100 = 23.2\%$

49 그림과 같은 다공판에 의한 공명 흡음의 경우 공명주파수(Hz)는? (단, 음속은 340m/s, 개공률 $= \dfrac{\pi a^2}{B^2}$ 이다.)

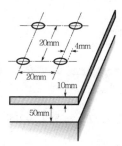

> 해설 공명 흡음 시 공명주파수 $f_o = \dfrac{c}{2\pi}\sqrt{\dfrac{\beta}{(h+1.6a)\times d}}$ (Hz)에서 h는 판의 두께(cm), a는 구멍의 반경 (cm), d는 배후 공기층의 두께(cm), β는 개공률이다.
>
> $\beta = \dfrac{\pi a^2}{B^2} = \dfrac{3.14 \times 4^2}{20^2} = 0.1256$
>
> $\therefore f_o = \dfrac{c}{2\pi}\sqrt{\dfrac{\beta}{(h+1.6a)\times d}} = \dfrac{34,000}{2\times 3.14}\sqrt{\dfrac{0.1256}{(1+1.6\times 0.4)\times 5}} = 670\,\text{Hz}$

50 1/3 옥타브밴드 분석기의 하한주파수가 355Hz일 때, 상한주파수(Hz)와 중심주파수(Hz)를 구하시오.

> 해설
>
> $f_2 = 2^{\frac{1}{3}} \times f_1 = 447.3\text{Hz}$ 또는 $f_2 = f_c \times \sqrt[6]{2}$
>
> $f_1 = \dfrac{f_c}{\sqrt[6]{2}}$ 에서
>
> $f_c = \sqrt[6]{2}\,f_1 = \sqrt[6]{2} \times 355 = 398.5\text{Hz}$ 또는 $f_c = \sqrt{f_1 \times f_2} = \sqrt{355 \times 447.3} = 398.5\text{Hz}$

51 사무실을 1,000Hz에서 40dB의 투과손실을 갖는 30m² 칸막이벽으로 분리하고자 한다. 또 칸막이벽에 동일 주파수 15dB의 투과손실을 갖는 면적 15m²의 유리창을 설치하고자 한다. 1,000Hz에서 총합투과손실(dB)은?

> 해설
>
> 벽의 투과손실 $TL = 10\log \dfrac{1}{\tau}$ 에서 $40 = 10\log \dfrac{1}{\tau_1}$, $\tau_1 = 10^{-4}$
>
> 유리의 투과손실 $15 = 10\log \dfrac{1}{\tau_2}$, $\tau_2 = 10^{-1.5} = 0.032$
>
> 평균투과율 $\bar{\tau} = \dfrac{\sum S_i \tau_i}{\sum S_i} = \dfrac{S_1 \tau_1 + S_2 \tau_2 + \cdots}{S_1 + S_2 + \cdots} = \dfrac{15 \times 10^{-4} + 15 \times 0.032}{30} = 0.017$
>
> $\therefore\ TL = 10\log \dfrac{1}{0.017} = 18\text{dB}$

52 짧은 변 30m, 긴 변 60m인 면음원의 중심에서 수직하게 1m 떨어진 지점에서 실측한 음압레벨이 92dB이었다. 이때 같은 방향으로 15m 떨어진 지점에서의 음압레벨(dB)은?

> 해설
>
>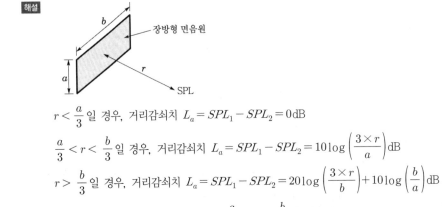
>
> $r < \dfrac{a}{3}$ 일 경우, 거리감쇠치 $L_a = SPL_1 - SPL_2 = 0\text{dB}$
>
> $\dfrac{a}{3} < r < \dfrac{b}{3}$ 일 경우, 거리감쇠치 $L_a = SPL_1 - SPL_2 = 10\log\left(\dfrac{3 \times r}{a}\right)\text{dB}$
>
> $r > \dfrac{b}{3}$ 일 경우, 거리감쇠치 $L_a = SPL_1 - SPL_2 = 20\log\left(\dfrac{3 \times r}{b}\right) + 10\log\left(\dfrac{b}{a}\right)\text{dB}$
>
> 면음원에서 15m 떨어진 곳의 조건은 $\dfrac{a}{3} < r < \dfrac{b}{3}$ 인 경우이므로
>
> $SPL_2 = SPL_1 - 10\log\left(\dfrac{3 \times r}{a}\right) = 92 - 10\log\left(\dfrac{3 \times 15}{30}\right) = 90\text{dB}$

53 자동차도로에서 거리 d 만큼 떨어진 수음점의 중간에 콘크리트로 된 긴 방음벽을 세워 소음을 방지하고 있다. 음원에서 방음벽의 정점까지, 그리고 수음점에서 방음벽의 정점까지의 거리를 각각 A 및 B로 할 경우 다음 그림과 같은 방음벽에 의한 감음량이 적용되어 수음점에서 음압레벨이 70dB로 측정되었다. 자동차도로 소음은 몇 dB인가? (단, 음속은 340m/s, 경로차 δ 는 50cm, 소음의 주파수가 1,000Hz이다.)

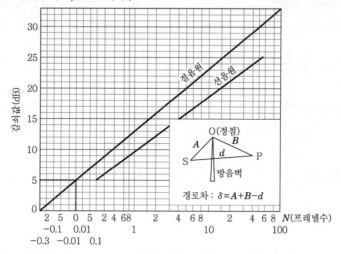

해설

음속 c 를 340m/s라면 파장 λ 와 주파수 f 사이에는 $\lambda = \dfrac{c}{f} = \dfrac{340}{f}$ 의 관계가 있다.

그림에서 감음량은 프레넬수 N 에 의하여 정해지는데 $N = \dfrac{\delta}{\dfrac{\lambda}{2}} = \dfrac{2\delta}{\lambda} = \dfrac{2 \times f \times \delta}{340} = \dfrac{f \times \delta}{170}$ 이므로

경로차 $\delta = 0.5$m인 경우 $N = \dfrac{f \times 0.5}{170} = \dfrac{f}{340} = \dfrac{1,000}{340} = 2.94$ 가 된다.

프레넬수를 통해 주어진 그림에서 감소량은 18dB임을 알 수 있다.

∴ 자동차도로의 소음은 $70 + 18 = 88$dB이다.

54 반무한 방음벽의 직접음 회절감쇠치가 9dB(A), 반사음 회절감쇠치가 13dB(A)이고, 투과손실치가 15dB(A)일 때, 이 벽에 의한 삽입손실치는 약 몇 dB(A)인가? (단, 음원과 수음점이 지상으로부터 약간 높은 위치에 있다.)

해설

방음벽에 의한 회절감쇠치 $\Delta L_d = -10\log\left(10^{-\frac{L_d}{10}} + 10^{-\frac{L_d{'}}{10}}\right)$

여기서, L_d : 직접음의 회절감쇠치, $L_d{'}$: 반사음의 회절감쇠치

$\Delta L_d = -10\log\left(10^{-0.9} + 10^{-1.3}\right) = 7.5$dB

하지만 투과손실치 TL 이 회절감쇠치 ΔL_d 보다 10dB 이내로 클 때나 작을 경우는 삽입손실치를 구한다.

∴ 삽입손실치 $\Delta L_I = -10\log\left(10^{-\frac{\Delta L_d}{10}} + 10^{\frac{TL}{10}}\right) = -10\log\left(10^{-0.75} + 10^{-1.5}\right) = 6.8$dB

55 인쇄공장 바닥 한가운데에 인쇄기 한 대가 설치되어 있다. 인쇄기로부터 10m와 20m 떨어진 지점에서 1,000Hz의 음압수준을 측정한 결과 각각 88dB과 86dB이었다. 이 작업장의 총흡음량(Sabines)은?

해설 거리에 의한 소음 감쇠를 이용하는 방법(LDD, loss due to distance method)을 이용한다.

인쇄기가 바닥에 놓여 있으므로 지향계수 $Q=2$

$$\Delta SPL = (SPL_1 - SPL_2) = \left\{PWL + 10\log\left(\frac{Q}{4\pi r^2} + \frac{4}{A}\right)\right\} - \left\{PWL + 10\log\left(\frac{Q}{4\pi(2r)^2} + \frac{4}{A}\right)\right\}$$

$$= 10\log\left(\frac{Q}{4\pi r^2} + \frac{4}{A}\right) - 10\log\left(\frac{Q}{16\pi r^2} + \frac{4}{A}\right)$$

$$A = \frac{64\pi \times r^2 \times \left(1 - 10^{\frac{SPL_1 - SPL_2}{10}}\right)}{Q \times \left(10^{\frac{SPL_1 - SPL_2}{10}} - 4\right)}$$

$$\therefore \text{총흡음량 } A = \frac{64 \times 3.14 \times (20-10)^2 \times \left(1 - 10^{\frac{88-86}{10}}\right)}{2 \times \left(10^{\frac{88-86}{10}} - 4\right)} = 2434.67\,\text{Sabins}$$

56 날개수 8개인 송풍기가 2,400rpm이다. 송풍기 출구에 팽창형 소음기를 부착하였다. 다음 물음에 답하시오. (단, 단면 팽창비는 20, 관로 유체온도는 77℃이다.)

1) 기본주파수(Hz)를 구하시오.
2) 최저 팽창부 길이(cm)를 구하시오.
3) 최대투과손실치(TL_{max}, dB)를 구하시오.

해설 1) 송풍기 소음의 기본주파수 $f = \dfrac{n \times R}{60} = \dfrac{8 \times 2,400}{60} = 320\,\text{Hz}$

2) 최저 팽창부의 길이 $L = \dfrac{\lambda}{4}$ 가 좋으므로 주어진 조건에서

파장 $\lambda = \dfrac{c}{f} = \dfrac{331.5 + 0.61 \times 77}{320} = 1.183\,\text{m}$

$\therefore L = \dfrac{\lambda}{4} = \dfrac{118.3}{4} = 29.58\,\text{cm}$

3) 최대투과손실치 $TL_{max} = \left(\dfrac{D_2}{D_1}\right) \times 4\text{dB}$에서 직경비 $\dfrac{D_2}{D_1} \propto \sqrt{\dfrac{A_2}{A_1}}$ 이므로

$TL_{max} = \sqrt{20} \times 4 = 18\text{dB}$

57 산업용 연소기에 길이 5m 정도의 배기관이 부착되어 있다. 이 배기관을 통하여 온도 80℃의 배출가스가 배출된다고 할 때 배기관에서의 공명주파수는? (단, 배기관은 '양단 개구관' 진동체이다.)

해설 양단 개구관(양쪽 끝이 열려 있는 덕트)의 공명주파수 $f = \dfrac{c}{2L} = \dfrac{331.5 + 0.61 \times 80}{2 \times 5} = 38\,\text{Hz}$

58 세 면이 접하는 모서리에 음원이 있을 때 음압레벨(dB)은 얼마나 증가(감소)되는가?

> **해설** 세 면이 접하는 모서리의 지향계수 $Q=8$이므로 지향지수 $DI=10\log Q=10\log 8=9\mathrm{dB}$이다.
> 따라서, 음원의 음압레벨은 9dB 증가한다.

59 무지향성 점음원이 굳고 평탄한 지면에 있다. 이 음원의 표면으로부터 100m 떨어진 위치에서 SPL은 65dB이었다. 이 음원의 음향파워레벨(PWL, dB)은?

> **해설** 반자유공간에서 점음원의 거리감쇠이므로 $SPL=PWL-20\log r-8$에서
> $65=PWL-20\log 100-8$
> $\therefore$ 음향파워레벨 $PWL=113\mathrm{dB}$

60 거리가 5m 떨어진 지점에서 평균음압레벨이 100dB, 특정음압레벨이 104dB일 때 지향계수(Q)를 구하시오.

> **해설** 지향지수(directivity index) $DI=SPL_\theta-\overline{SPL}\,\mathrm{dB}$
> 여기서, SPL_θ : 동 거리에서 어떤 특정 방향의 음압레벨(SPL)
> $\overline{SPL}$: 음원에서 $r(\mathrm{m})$만큼 떨어진 구형상의 여러 지점에서 측정한 음압레벨의 평균치
> $DI=SPL_\theta-\overline{SPL}=104-100=4\mathrm{dB}$, $DI=10\log Q$에서 $4=10\log Q$
> $\therefore$ $Q=10^{0.4}=2.5$

61 3m×10m 크기의 차음벽을 두 잔향실 사이에 설치한 후, 음원실과 수음실에서 시간 및 공간 평균된 음압레벨을 측정하였더니 각각 90dB과 65dB이었다. 수음실의 흡음력을 40Sabines이라고 하면 이 차음벽의 투과손실은? (단, 차음벽에서 충분히 떨어진 곳에서 측정하였다.)

> **해설** 잔향실법으로 측정하는 벽의 투과손실
> $$TL=\overline{SPL_1}-\overline{SPL_2}-10\log\left(\frac{\overline{\alpha}\,S}{s}\right)=90-65-10\log\left(\frac{40}{30}\right)=24\mathrm{dB}$$

62 어느 시료의 흡음 성능을 측정하기 위하여 정재파 관내법을 사용하였다. 1,000Hz 순음인 sine파의 정재파비(n)가 1.5이었다면 이 흡음재의 흡음률(α_t)은?

> **해설** 흡음자재의 흡음률 측정법 중 관내법(정재파법) : 무향실에 사용하는 흡음재에 적용하는 수직입사 흡음률 측정방법에서
> 흡음률 $\alpha_t=\dfrac{4\,n}{(n+1)^2}=\dfrac{4}{n+\dfrac{1}{n}+2}=\dfrac{4}{1.5+\dfrac{1}{1.5}+2}=0.96$

63 체적 5,000m³, 내부 표적 1,600m²인 공장의 평균흡음률이 0.25일 때 평균자유행로(WFP, m)는?

> **해설** 평균자유행로(전파경로) $L_f=\dfrac{4V}{S}=\dfrac{4\times 5,000}{1,600}=12.5\,\mathrm{m}$

64 큰 공장 내부의 실내소음을 측정하였더니 86dB이었고, 이 소음을 흡음처리하여 80dB 정도로 하려고 한다. 현재의 평균 실내 흡음률이 0.05일 때, 평균흡음률을 얼마 정도로 하여야 하는가? (단, 음원으로부터 충분히 떨어진 지점을 기준으로 한다.)

해설 흡음에 의한 실내소음 저감량 $\Delta L = SPL_1 - SPL_2 = 10 \log \left(\dfrac{\overline{\alpha_2}}{\overline{\alpha_1}} \right)$에서

$$86 - 80 = 10 \log \left(\dfrac{\overline{\alpha_2}}{0.05} \right)$$

$$\therefore \ \overline{\alpha_2} = 0.2$$

65 단일벽의 투과손실이 질량칙만으로 정해진다고 했을 때 어떤 패널의 투과손실이 250Hz에서 15dB이었다. 같은 재료로 두께를 2배로 했을 경우, 그 패널 1,000Hz의 투과손실(dB)은?

해설 단일벽의 투과손실 $TL = 18 \log (f \times M) - 44$에서
$15 = 18 \log (f \times M) - 44$
주파수가 125Hz에서 1,000Hz로, 두께가 2배로 했을 경우
$x = 18 \log (4f \times 2M) - 44$
$\therefore \ x - 15 = 18 \log (4f \times 2M) - 18 \log (f \times M)$에서 $\ x = 15 + 18 \log 8 = 31 \text{dB}$

66 음압레벨이 100dB(음원으로부터 1m 이격 지점)인 점음원으로부터 50m 이격된 지점에서 소음으로 인한 문제가 발생되어 방음벽을 설치하였다. 방음벽에 의한 회절감쇠치가 15dB이고, 방음벽의 투과손실이 20dB이라면 수음점에서의 음압레벨(dB)은?

해설 거리감쇠에 의한 감쇠치 $20 \log r = 20 \log 50 = 34 \text{dB}$
방음벽의 투과손실이 회절감쇠치보다 10dB 이내일 경우의 감쇠치
$$\Delta L = -10 \log \left(10^{-\frac{L_d}{10}} + 10^{-\frac{TL}{10}} \right) = -10 \log \left(10^{-1.5} + 10^{-2.0} \right) = 14 \text{dB}$$
$\therefore$ 수음점에서의 음압레벨 $SPL_2 = 100 - 34 - 14 = 52 \text{dB}$

67 음압레벨이 60dB인 벽면을 흡음처리하여 잔향시간을 1/2로 하였을 때 음압레벨(dB)은? (단, 평균흡음률 $\overline{\alpha} < 0.3$이다.)

해설 Sabine 식 $A = S\alpha = \dfrac{0.16 V}{T}$로부터 흡음력 A와 잔향시간 T는 반비례한다는 것을 알 수 있다.

따라서 잔향시간이 $\dfrac{1}{2}$이 되면 흡음력은 2배가 된다. 흡음처리를 한 실내의 소음레벨 저하량 D는 처리 전·후의 흡음력의 비를 R이라고 하였을 때 $D = 10 \log R = 10 \log 2 = 3 \text{dB}$이 된다.
$\therefore \ 60 - 3 = 57 \text{dB}$

68 크기가 5m×4m이고, 투과손실이 40dB인 벽에 서류를 주고 받기 위한 개구부를 설치하려고 한다. 이때 이 벽의 투과손실이 25dB 이하가 되지 않게 하기 위해서는 개구부의 크기를 얼마까지 크게 할 수 있는가? (단, 개구부의 투과손실은 없는 것으로 간주하고, 계산값은 소수점 이하 둘째 자리에서 반올림한다.)

해설 $TL = SPL_1 - SPL_2 = 10 \log n \, (\text{dB})$

여기서, n : 전체 면적, $\dfrac{1}{n}$: 틈새 면적

$25 = 10 \log n$

$\therefore n = 10^{2.5} = 316.23$

문의 면적 $S_1 = 5 \times 4 = 20 \text{m}^2$, 틈새의 면적 S_2라 하면

$\dfrac{1}{n} = \dfrac{S_2}{S_1 + S_2}$ 에서 $\dfrac{1}{316.23} = \dfrac{S_2}{20 + S_2}$

$\therefore$ 틈새 면적 $S_2 = \dfrac{20}{316.23} = 0.063 \text{m}^2$

69 어떤 공장의 한 벽면 전체 면적이 200m²가 있다. 이 벽에 있는 유리창의 투과손실은 15dB, 면적이 10m²이고, 블록 벽면의 투과손실은 50dB, 면적은 170m²일 경우, 벽에 환기용 구멍을 만들려고 하는데 총합 투과손실이 25dB 이하로 할 때 환기용 구멍의 최대면적(m²)은 어느 정도까지 허용되는가?

해설 투과손실 $TL = 10 \log \dfrac{1}{\tau}$ 에서 유리창의 투과율 $\tau_1 = \dfrac{1}{10^{-1.5}} = 0.032$

블록 벽의 투과율 $\tau_2 = \dfrac{1}{10^5} = 1 \times 10^{-5}$, 환기용 구멍의 투과율 $\tau_3 = 1.0$

총합 투과손실이 25dB일 때, 평균투과율 $\bar{\tau} = \dfrac{1}{10^{2.5}} = 3.2 \times 10^{-3}$

평균투과율 $\bar{\tau} = \dfrac{\sum S_i \tau_i}{\sum S_i} = \dfrac{S_1 \tau_1 + S_2 \tau_2 + \cdots}{S_1 + S_2 + \cdots}$

$= \dfrac{10 \times 0.032 + 170 \times 10^{-5} + S_3 \times 1}{200} = 3.2 \times 10^{-3}$

$\therefore S_3 = 0.32 \text{m}^2$이므로, 환기용 구멍의 면적은 최대 0.32m^2까지 허용된다.

70 평균흡음률 0.2인 방을 흡음처리하여 평균흡음률을 0.5로 했다. 이때 흡음에 의한 감음량은 대략 몇 dB 정도 되는가?

해설 평균흡음률이 α_1에서 α_2로 변화되었을 때의 감음량 $D = 10 \log \dfrac{\alpha_2}{\alpha_1} = 10 \log \dfrac{0.5}{0.2} = 4 \text{dB}$

71 투과손실이 39dB일 때 투과율은?

> **해설** 투과손실 $TL = 10\log\dfrac{1}{\tau}$ 에서 $39 = 10\log\dfrac{1}{\tau}$
>
> $\therefore \ \tau = \dfrac{1}{10^{3.9}} = 1.259 \times 10^{-4}$

72 I실의 실정수 $60m^2$와 II실의 실정수 $80m^2$인 두 방을 가로 3m×세로 4m, 투과손실 30dB인 벽이 중간에 설치되어 있다. 실정수 I인 방에 소음원(98dB)이 있을 때, 경계벽 근처의 음압레벨 (SPL)과 벽과 떨어진 곳의 음압레벨(SPL)은 얼마인가?

> **해설** 경계벽을 사이에 두고 인접한 두 개의 방 중 I실에서 II실로 음이 전파할 경우
>
> 경계벽에 의한 차음도 $NR = TL - 10\log\left(\dfrac{1}{4} + \dfrac{S_w}{R_2}\right)$ (dB)
>
> 여기서, TL : 경계벽의 투과손실(dB), S_w : 경계벽의 면적(m^2), R_2 : II실의 실정수(m^2)
>
> ① I실 내 평균음압레벨에서 경계벽의 차음도(NR)를 빼면 II실 내 경계벽 근처의 음압레벨이 얻어진다.
>
> $$\overline{SPL_2} = \overline{SPL_1} - TL + 10\log\left(\dfrac{1}{4} + \dfrac{S_w}{R_2}\right) = 98 - 30 + 10\log\left(\dfrac{1}{4} + \dfrac{12}{80}\right) = 64\,\text{dB}$$
>
> ② 경계벽에서 멀리 떨어진 곳의 음압레벨($\overline{SPL_3}$)
>
> $$\overline{SPL_3} = \overline{SPL_1} - TL + 10\log\left(\dfrac{S_w}{R_2}\right) = 98 - 30 + 10\log\left(\dfrac{12}{80}\right) = 60\,\text{dB}$$

73 중심주파수 500Hz, 1,000Hz, 2,000Hz에서의 청력손실을 각각 20dB, 30dB, 20dB이라 하면 평균 청력손실(dB)은? (단, 4분법에 의한 청력손실을 기준으로 한다.)

> **해설** 4분법에 의한 평균청력손실은 $\dfrac{(a+2b+c)}{4}$ (dB)로 나타낸다.
>
> 여기서, a : 옥타브밴드 500Hz에서의 청력손실(dB)
> $\quad\quad\quad b$: 옥타브밴드 1,000Hz에서의 청력손실(dB)
> $\quad\quad\quad c$: 옥타브밴드 2,000Hz에서의 청력손실(dB)
>
> $\therefore$ 4분법에 의한 평균청력손실 $= \dfrac{(a+2b+c)}{4} = \dfrac{(20+2\times30+20)}{4} = 25\,\text{dB}$

74 면적 $4m^2$인 창을 음압레벨 110dB인 음파가 통과한다고 할 때, 이 창을 통과하는 음파의 에너지는 몇 W인가?

> **해설** 음압레벨은 음의 세기레벨의 값은 거의 같으므로 $SPL = SIL = 10\log\dfrac{I}{10^{-12}} = 110$ 에서
>
> $I = 10^{11} \times 10^{-12} = 0.1\,\text{W/m}^2$, $\ W = I \times S = 0.1\,\text{W/m}^2 \times 4m^2 = 0.4\,\text{W}$

75 음속이 340m/s, 덕트 내경이 60cm인 흡음덕트형 소음기의 최대감음주파수(Hz)의 범위를 나타내시오.

해설

최대감음주파수 $f = \dfrac{c}{D} = \dfrac{340}{0.6} = 567\,\text{Hz}$

즉, 최대 567Hz와 최소 $680 \times \dfrac{1}{2} = 283\,\text{Hz}$ 사이에 있어야 한다.

∴ 흡음덕트형 소음기의 최대감음주파수의 범위는 283~567Hz이다.

76 날개 수 12개인 송풍기가 1,200rpm으로 운전되고 있다. 이 송풍기의 출구에 단순 팽창형 소음기를 부착하여 송풍기에서 발생하는 기본음에 대하여 최대투과손실 10dB을 얻고자 한다. 이때 소음기의 입구 직경이 55cm일 때, 팽창부의 직경(cm)과 길이(m)를 구하시오. (단, 관로 중의 기체 온도는 25℃이고, 송풍기의 강제주파수는 한계주파수보다 적다.)

해설

① 최대투과손실치 $TL_{\max} = \dfrac{D_2}{D_1} \times 4\,\text{dB}$

여기서, D_1 : 소음기 입구의 직경(cm), D_2 : 팽창부의 직경(cm)

$10 = \dfrac{D_2}{55} \times 4$

∴ $D_2 = 137.5\,\text{cm}$

② 송풍기의 강제주파수 $f = \dfrac{n \times \text{rpm}}{60} = \dfrac{12 \times 1,200}{60} = 240\,\text{Hz}$

음속 $c = 331.5 + 0.61 \times 25 = 346.8\,\text{m/s}$, $\lambda = \dfrac{c}{f} = \dfrac{346.8}{240} = 1.45\,\text{m}$

∴ 소음기의 팽창부 길이 $L = \dfrac{\lambda}{4} = \dfrac{1.45}{4} = 0.363\,\text{m} = 36.3\,\text{cm}$

77 20℃ 공기 중에서 음압진폭이 20N/m²일 경우 음의 세기(W/m²), 입자속도(m/s), 음의 세기레벨(SIL, dB)은?

해설

음속 $c = 331.5 + 0.61 \times 20 = 344\,\text{m/s}$, 공기밀도 $\rho = 1.3 \times \dfrac{273}{273 + 20} = 1.2\,\text{kg/m}^3$

① 음의 세기 $I = \dfrac{P^2}{\rho \times c} = \dfrac{20^2}{1.2 \times 344} = 0.97\,\text{W/m}^2$

② 입자속도 $v = \dfrac{P}{\rho \times c} = \dfrac{20}{1.2 \times 344} = 0.05\,\text{m/s}$

③ 세기레벨 $SIL = 10\log \dfrac{I}{10^{-12}} = 10\log \dfrac{0.97}{10^{-12}} = 120\,\text{dB}$

78 어떤 공업지역에 위치한 A공장의 부지경계선에서 측정한 소음도는 다음과 같다. 이 공장이 09:00 ~20:00시까지 가동하고, 점심시간 1시간을 휴식하였을 때 평가소음도를 구하고 기준치 초과 시 대책을 나타내시오. (단, 배경소음은 64dB(A)이고, 충격음이 있으며 정상 가동시간은 낮시간 대 7시간, 저녁시간대 2시간이다. 충격음에 대한 보정치는 +5dB, 시간별 보정치는 낮시간대에는 0dB, 저녁시간대에서 +3dB, 지역별 보정치는 −20dB, 배출허용기준치는 50dB(A)이다.)

[표] A공장 부지경계선에서 측정한 소음도

소음도 구간	L_i(dB(A))	f_i(%)
60 ~ 65dB(A)	62.5	60
65 ~ 70dB(A)	67.5	25
70 ~ 75dB(A)	72.5	15

해설 ① 등가소음도를 구한다.

소음도 구간	L_i (dB(A))	$\dfrac{1}{100} \times 10^{0.1\,L}$	f_i (%)
60 ~ 65dB(A)	62.5	0.178×10^5	60
65 ~ 70dB(A)	67.5	0.562×10^5	25
70 ~ 75dB(A)	72.5	0.178×10^5	15

$$L_{eq} = 10\log \sum \left[\left(\frac{1}{100} \times 10^{0.1 \times L_i} \times f_i \right) \right] dB(A)$$
$$= 10\log \left(0.178 \times 10^5 \times 60 + 0.562 \times 10^5 \times 25 + 0.178 \times 10^6 \times 15 \right) \fallingdotseq 67 dB(A)$$

② 대상소음도를 구한다.

대상소음도는 측정소음도와 배경소음의 차 67−64=3dB(A)에 대한 보정치를 구하여 계산한다.

$d = 67 - 64 = 3\,dB$

보정치 $= -10\log \left(1 - 10^{-0.1 \times d} \right)$
$= -10\log \left(1 - 10^{-0.1 \times 3} \right) = 3\,dB$

이 값을 측정소음도 67dB(A)에 합하면 $67 + (-3) = 64 dB(A)$가 된다.

③ 충격음 보정치(+5dB)를 확인한다.

④ 관련 시간대에 대한 측정소음 발생시간을 보정(저녁시간 가동 보정치+3)한다.

⑤ 지역별 보정치(−20dB)를 확인한다.

보정치를 전부 보정한 당해 측정지점에서의 평가소음도 L_{eq}는

낮시간대 L_{eq} =64(대상소음)+5(충격음)+0(시간별)+(−20)(지역별)=49dB(A)

저녁시간대 L_{eq} =64(대상소음)+5(충격음)+3(시간별)+(−20)(지역별)=52dB(A)

⑥ 기준치 초과 시 대책

저녁시간대 평가소음도가 52dB(A)로 허용기준(50dB(A))을 초과하고 있으므로 배출허용기준 이내로 소음방지시설을 보완하거나 저녁시간대의 가동시간을 단축하여야 할 것으로 평가된다.

79 어떤 기계가 대기 중인 30분 동안 0.02Pa의 음압(sound pressure)을 발생시키고, 동작 중인 30분 동안 0.1Pa을 발생시켰다. 기계가 대기 상태부터 정상 동작하는 1시간 동안의 등가소음도 (dB)를 구하시오.

해설 대기 중일 때의 음압레벨 $SPL_1 = 20\log\left(\dfrac{0.02}{2\times10^{-5}}\right) = 60\,\text{dB}$

동작 중일 때의 음압레벨 $SPL_2 = 20\log\left(\dfrac{0.1}{2\times10^{-5}}\right) = 74\,\text{dB}$

등가소음도 $L_{eq} = 10\log\left(\dfrac{1}{100}\sum f_i \times 10^{\frac{SPL_i}{10}}\right)$

$= 10\log\left[\dfrac{1}{100}\left(\dfrac{0.5\text{h}}{1\text{h}}\times100\times10^6 + \dfrac{0.5\text{h}}{1\text{h}}\times100\times10^{7.4}\right)\right] = 71\,\text{dB}$

[다른 풀이]

$L_{eq} = 10\log\left[\dfrac{1}{T}\int_0^T\left(\dfrac{P}{P_o}\right)^2 dt\right]$ 로부터

$L_{eq} = 10\log\left[\dfrac{1}{0.5\text{h}+0.5\text{h}}\times\left\{\left(\dfrac{0.02}{2\times10^{-5}}\right)^2\times0.5\text{h} + \left(\dfrac{0.1}{2\times10^{-5}}\right)^2\times0.5\text{h}\right\}\right] = 71\,\text{dB}$

80 음장 입사 질량법칙이 만족되는 영역에서 단일벽의 면밀도가 90kg/m²이고, 이 벽면에 수직입사하는 입사음과 난입사하는 음의 주파수가 1kHz일 경우와 4kHz일 경우의 투과손실(dB)을 구하고 그 차이를 설명하시오.

해설 1. 입사음의 주파수가 1kHz일 경우
① 수직입사할 경우, $TL = 20\log(m\times f) - 43 = 20\log(90\times1,000) - 43 = 56\,\text{dB}$
② 난입사할 경우, $TL = 18\log(m\times f) - 44 = 18\log(90\times1,000) - 44 = 45\,\text{dB}$
수직입사할 경우가 난입사할 경우보다 투과손실이 $56-45 = 11\,\text{dB}$ 더 크다.
2. 입사음의 주파수가 4kHz일 경우
① 수직입사할 경우, $TL = 20\log(m\times f) - 43 = 20\log(90\times4,000) - 43 = 68\,\text{dB}$
② 난입사할 경우, $TL = 18\log(m\times f) - 44 = 18\log(90\times4,000) - 44 = 56\,\text{dB}$
수직입사할 경우가 난입사할 경우보다 투과손실이 $68-56 = 12\,\text{dB}$ 더 크다.
∴ 같은 입사음일 경우 주파수가 클수록 수직입사와 난입사의 투과손실 차이는 커진다.

81 공사장에서 음향출력레벨이 다음과 같은 중장비를 주어진 수량으로 한 곳에서 동시에 사용 시 50m 떨어진 민가에서의 음압도(dB)는? (단, 음파는 반자유공간을 전파한다.)

| 불도저 130dB 1대, 포크레인 125dB 3대, 브레이커 120dB 1대 |

해설 평균 음향출력레벨 $\overline{PWL} = 10\log(10^{13} + 3\times10^{12.5} + 10^{12}) = 133\,\text{dB}$
$SPL = PWL - 20\log r - 8 = 133 - 20\log 50 - 8 = 91\,\text{dB}$

82 넓은 공장에서 A, B, C 기계 세 가지를 운전하고 있다. 각각의 음향파워레벨은 100dB, 95dB, 90dB이고 각각의 대수는 10대, 20대, 15대이다. 이때의 공장의 SPL은 65dB이었다. 소음원 대책을 세워 음향파워레벨 A를 10dB 저감하고 B와 C를 각각 5dB씩 저감하여 운전하였을 때 공장의 음압레벨(dB)은?

> **해설** 저감 전의 음향파워레벨 평균
>
> $$\overline{PWL} = 10\log\left(10 \times 10^{10} + 20 \times 10^{9.5} + 15 \times 10^{9}\right) = 113\text{dB}$$
>
> $SPL_1 = PWL - 20\log r - 8$ 에서 $65 = 113 - 20\log r - 8$
>
> 기계에서 떨어진 거리 $r = 100\text{m}$ 에서의 음압레벨이 65dB이었다.
>
> 소음원 대책을 세운 후 음향파워레벨 평균
>
> $$\overline{PWL} = 10\log\left(10 \times 10^{9} + 20 \times 10^{9} + 15 \times 10^{8.5}\right) = 105\text{dB}$$
>
> $SPL_2 = PWL - 20\log r - 8 = 105 - 20\log 100 - 8 = 57\text{dB}$

83 임피던스 408rayls(얄)인 공기 중 음이 임피던스 1.5×10^6rayls(얄)인 물을 투과할 때, 투과손실(dB)은?

> **해설** 투과율 $\tau = 1 - \alpha_r = \dfrac{4 \times \rho_1 c_1 \times \rho_2 c_2}{(\rho_1 c_1 + \rho_2 c_2)^2} = \dfrac{4 \times 408 \times 1.5 \times 10^6}{(408 + 1.5 \times 10^6)} = 1.0874 \times 10^{-3}$
>
> $\therefore\ TL = 10\log\dfrac{1}{\tau} = 10\log\dfrac{1}{1.0874 \times 10^{-3}} = 30\text{dB}$

84 가로 20m, 세로 30m, 높이 5m인 작업장 내의 세 모서리가 만나는 곳에 주파수가 1kHz인 음향파워 1W의 무지향성 점음원이 있다. 이 작업장의 잔향시간은 3초일 경우 음원에서 10m 떨어진 곳에서의 평균음압레벨(dB)은?

> **해설** 작업장의 평균음압레벨을 구하는 식 $\overline{SPL} = PWL + 10\log\left(\dfrac{Q}{4\pi r^2} + \dfrac{4}{R}\right)$ 에서
>
> ① 직접음의 음압레벨
>
> $$SPL_d = PWL + 10\log\left(\dfrac{Q}{4\pi r^2}\right) = 10\log\left(\dfrac{1}{10^{-12}}\right) + 10\log\left(\dfrac{8}{4 \times 3.14 \times 10^2}\right) = 98\text{dB}$$
>
> ② 반사음의 음압레벨
>
> 작업장의 표면적 $S = 20 \times 30 \times 2 + 20 \times 5 \times 2 + 30 \times 5 \times 2 = 1,700\text{m}^2$
>
> 평균흡음률 $\overline{\alpha} = \dfrac{0.161 \times V}{S \times T} = \dfrac{0.161 \times 20 \times 30 \times 5}{1,700 \times 3} = 0.095$
>
> 작업장 실정수 $R = \dfrac{\overline{\alpha} \times S}{1 - \overline{\alpha}} = \dfrac{0.095 \times 1,700}{1 - 0.095} = 178.45\text{m}^2$
>
> $$SPL_r = PWL + 10\log\left(\dfrac{4}{R}\right) = 10\log\left(\dfrac{1}{10^{-12}}\right) + 10\log\left(\dfrac{4}{178.45}\right) = 104\text{dB}$$
>
> $\therefore$ 직접음과 반사음의 합 $L = 10\log\left(10^{9.8} + 10^{10.4}\right) = 105\text{dB}$

85 어떤 공장의 크기가 40m×30m×5m이고, 주파수 500Hz, 1,000Hz에 대한 흡음재의 흡음 특성이 다음과 같을 때 음향파워레벨이 80dB인 500Hz의 기계를 4대, 75dB인 1,000Hz의 기계를 2대 설치하여 동시에 가동할 때, 기계에서 10m 떨어진 실내의 음압도(dB)는?

구 분	500Hz	1,000Hz
벽체의 흡음률	0.05	0.02
천장의 흡음률	0.2	0.3
바닥의 흡음률	0.05	0.15

해설 공장 실내의 전체 표면적 $S = 40 \times 30 \times 2 + 30 \times 5 \times 2 + 40 \times 5 \times 2 = 3,100 \mathrm{m}^2$

① 500Hz에서 흡음재의 평균흡음률

$$\overline{\alpha_1} = \frac{\sum S_i \alpha_i}{\sum S_i}$$

$$= \frac{40 \times 30 \times 0.2 + 40 \times 30 \times 0.05 + 30 \times 5 \times 2 \times 0.05 + 40 \times 5 \times 2 \times 0.05}{3,100} = 0.108$$

실정수 $R_1 = \frac{S\overline{\alpha}}{1 - \overline{\alpha}} = \frac{3,100 \times 0.108}{1 - 0.108} = 375.3 \mathrm{m}^2$

평균 음향파워레벨 $\overline{PWL_1} = 10\log(4 \times 10^8) = 86 \mathrm{dB}$

음압레벨 $SPL_1 = \overline{PWL_1} + 10\log\left(\frac{Q}{4\pi r^2} + \frac{4}{R}\right)$

$$= 86 + 10\log\left(\frac{2}{4 \times 3.14 \times 10^2} + \frac{4}{375.3}\right) = 67 \mathrm{dB}$$

② 1,000Hz에서 흡음재의 평균흡음률

$$\overline{\alpha_2} = \frac{\sum S_i \alpha_i}{\sum S_i}$$

$$= \frac{40 \times 30 \times 0.2 + 40 \times 30 \times 0.15 + 30 \times 5 \times 2 \times 0.02 + 40 \times 5 \times 2 \times 0.02}{3,100} = 0.141$$

실정수 $R_2 = \frac{S\overline{\alpha}}{1 - \overline{\alpha}} = \frac{3,100 \times 0.141}{1 - 0.141} = 508.8 \mathrm{m}^2$

평균 음향파워레벨 $\overline{PWL_2} = 10\log(2 \times 10^{7.5}) = 78 \mathrm{dB}$

음압레벨 $SPL_2 = PWL_2 + 10\log\left(\frac{Q}{4\pi r^2} + \frac{4}{R}\right)$

$$= 78 + 10\log\left(\frac{2}{4 \times 3.14 \times 10^2} + \frac{4}{508.8}\right) = 58 \mathrm{dB}$$

$\therefore SPL = SPL_1 + SPL_2 = 10\log(10^{6.7} + 10^{5.8}) = 68 \mathrm{dB}$

86 투과손실이 40dB인 벽 30m²에 투과손실이 15dB인 15m² 넓이의 유리창을 만들 경우 총합 투과 손실(dB)은?

해설 차음재료의 투과손실 TL과 투과율 τ 사이에는 $TL = 10\log \dfrac{1}{\tau}$ 관계가 있다.

이 식에서 τ_1일 때 $TL_1 = 40\text{dB}$, τ_2일 때의 $TL_2 = 15\text{dB}$을 대입하여 τ_1, τ_2를 구하면

$TL_1 = 40$일 때 $40 = 10\log \dfrac{1}{\tau_1}$, 따라서 $\dfrac{1}{\tau_1} = 10^4$, $\tau_1 = 10^{-4}$

$TL_2 = 15$일 때 $15 = 10\log \dfrac{1}{\tau_2}$, 따라서 $\dfrac{1}{\tau_2} = 10^{1.5}$, $\tau_2 = 10^{-1.5} = 0.03$

$\therefore$ 총합 투과손실 $TL = 10\log \dfrac{S_1 + S_2}{\tau_1 S_1 + \tau_2 S_2} = 10\log \dfrac{15 + 15}{10^{-4} \times 15 + 0.03 \times 15} = 18\text{dB}$

87 공장 중앙에 음이 큰 기계가 있다. 공장 내벽 흡음률이 0.3인데 방음처리를 하여 0.5로 개조하려 한다. 표면적 변화가 없을 때 벽 내측 주변의 소음 감음량(dB)은?

해설 소음 감음량 공식 $D = 10\log \dfrac{S\alpha_2}{S\alpha_1} = 10\log_{10} \dfrac{\alpha_2}{\alpha_1}$ (dB)에서,

$\dfrac{\alpha_2}{\alpha_1} = \dfrac{0.5}{0.3} = 1.67$

$\therefore 10\log_{10} \dfrac{\alpha_2}{\alpha_1} = 10\log_{10} 1.67 = 2\text{dB}$

88 음향파워레벨이 100dB, 95dB, 90dB인 A, B, C 기계가 10대, 20대, 15대씩 공장 안에 있다. 이 기계가 전부 가동될 때 공장 밖의 어느 점에서 음압레벨이 70dB이었다. 소음대책을 세워 음향파워레벨을 A기계를 10dB, B기계를 5dB, C기계를 5dB씩 감소시킬 때, 공장 밖 음압레벨이 70dB인 지점에서의 음압레벨은 몇 dB 감소하였는가?

해설 공장 안 기계의 음향파워레벨의 합
$PWL_1 = 10\log(10 \times 10^{10} + 20 \times 10^{9.5} + 15 \times 10^9) = 113\text{dB}$
이 기계가 전부 가동될 때 공장 밖의 어느 점의 거리
$SPL = PWL_1 - 20\log r - 8$에서 $70 = 113 - 20\log r - 8$, $r = 56.2\text{m}$
소음대책을 세운 음향파워레벨의 합
$PWL_2 = 10\log(10 \times 10^9 + 20 \times 10^9 + 15 \times 10^{8.5}) = 105\text{dB}$
공장 밖 56.2m 떨어진 지점에서의 음압레벨 $SPL = 105 - 20\log 56.2 - 8 = 62\text{dB}$
$\therefore 70 - 62 = 8\text{dB}$, 음압레벨은 8dB이 감소되었다.

89 흡음 전 실정수는 50m², 실내의 전 표면적은 600m²인 실내에 흡음재를 부착하여 실내 소음을 6dB 저감시켰을 경우 평균흡음률은?

> **해설** 소음 감쇠량 $\Delta L = 10 \log \left(\dfrac{R_2}{R_1} \right)$ 에서, $6 = 10 \log \left(\dfrac{R_2}{50} \right)$, $R_2 = 10^{0.6} \times 50 = 199\,\text{m}^2$
>
> 실정수 $R = \dfrac{S\overline{\alpha}}{1-\overline{\alpha}}$ 에서 $199 = \dfrac{600 \times \overline{\alpha}}{1-\overline{\alpha}}$
>
> $\therefore \overline{\alpha} = 0.249$

90 15m×20m×3m인 실내의 천장 흡음률은 0.05, 벽 흡음률 0.25, 바닥 흡음률 0.15인 경우, 500Hz 음의 잔향시간(s)을 구하고, 소음대책을 세워 벽 80%를 흡음처리하여 흡음률을 0.68로 줄였을 경우 잔향시간은 어떻게 변하였는가?

> **해설** 주어진 실내의 전체 표면적 $S = 15 \times 20 \times 2 + 20 \times 3 \times 2 + 15 \times 3 \times 2 = 810\,\text{m}^2$
>
> 평균흡음률 $\overline{\alpha_1} = \dfrac{\sum S_i \alpha_i}{\sum S_i}$
>
> $\qquad = \dfrac{15 \times 20 \times 0.05 + 15 \times 20 \times 0.15 + 15 \times 3 \times 2 \times 0.25 + 20 \times 3 \times 2 \times 0.25}{810}$
>
> $\qquad = 0.139$
>
> $\therefore$ 잔향시간 $T = \dfrac{0.161 \times V}{S \times \overline{\alpha}} = \dfrac{0.161 \times 15 \times 20 \times 3}{810 \times 0.139} = 1.29$초
>
> 소음대책을 세워 벽 80%를 흡음처리하여 흡음률을 0.68로 줄였을 경우
>
> 평균흡음률 $\overline{\alpha_2} = \dfrac{\sum S_i \alpha_i}{\sum S_i}$
>
> $\qquad = \dfrac{15 \times 20 \times 0.05 + 15 \times 20 \times 0.15 + (15 \times 3 \times 2 + 20 \times 3 \times 2) \times 0.8 \times 0.68}{810}$
>
> $\qquad = 0.215$
>
> $\therefore$ 잔향시간 $T = \dfrac{0.161 \times V}{S \times \overline{\alpha}} = \dfrac{0.161 \times 15 \times 20 \times 3}{810 \times 0.215} = 0.83$초
>
> 잔향시간은 벽의 흡음률을 높였을 경우 1.29−0.83=0.46초 줄어들었다.

91 밀도 150kg/m³, 두께 5mm의 합판을 벽체로부터 50mm의 공기층을 두고 설치하였다. 판진동에 의한 흡음주파수(Hz)는? (단, 기온은 20℃이다.)

> **해설** 판(막)진동의 흡음주파수 $f = \dfrac{c}{2\pi} \sqrt{\dfrac{\rho}{md}} = \dfrac{60}{\sqrt{md}}\,\text{Hz}$
>
> 여기서, ρ : 공기 밀도, c : 공기 중 음속(m/s), d : 벽체와 떨어진 공기층 두께(m)
>
> $\rho = 1.3 \times \dfrac{273}{273+20} = 1.2\,\text{kg/m}^3$, $c = 331.5 + 0.61 \times 20 = 344\,\text{m/s}$
>
> 면밀도 $m = 150 \times 5 \times 10^{-3} = 0.75\,\text{kg/m}^2$
>
> $\therefore f = \dfrac{c}{2\pi} \sqrt{\dfrac{\rho}{md}} = \dfrac{344}{2 \times 3.14} \times \sqrt{\dfrac{1.2}{0.75 \times 0.05}} = 310\,\text{Hz}$

92 동력 엔진의 배기소음 성분 중에서 500Hz가 가장 심각한 소음원임을 알았다. 단순 팽창형 소음기로 소음 설계하고자 할 때 소음기의 길이(cm)는 얼마가 적당하겠는가? (단, 음속은 344m/s, 최대 투과손실치를 기준으로 한다.)

> **해설** 팽창부의 길이는 $L = \dfrac{\lambda}{4}$ 가 좋으므로 주어진 조건에서 파장 $\lambda = \dfrac{c}{f} = \dfrac{344}{500} = 0.688\,\text{m}$
>
> $\therefore$ 팽창형 소음기의 길이 $L = \dfrac{\lambda}{4} = \dfrac{68.8}{4} = 17.2\,\text{cm}$

93 어떤 흡음재의 옥타브밴드별 흡음률이 다음과 같을 경우 감음계수(NRC, Noise Reduction Coefficient)는?

중심주파수	125Hz	250Hz	500Hz	중심주파수	1,000Hz	2,000Hz	4,000Hz
흡음률	0.62	0.65	0.78	흡음률	0.80	0.65	0.50

> **해설** 감음계수 $NRC = \dfrac{1}{4}\left(\alpha_{250} + \alpha_{500} + \alpha_{1,000} + \alpha_{2,000}\right) = \dfrac{0.65 + 0.78 + 0.80 + 0.65}{4} = 0.72$

94 항공기 소음 측정 시 하루의 매 시간당 등가소음도를 측정한 결과 주간의 평균소음레벨이 85dB(A), 야간의 평균소음레벨이 80dB(A)이었다. 주·야간 평균소음레벨인 L_{dn}(dB(A))은?

> **해설** 주·야 평균소음레벨(day-night average sound level, L_{dn})은 항공기 소음 측정 시 하루의 매 시간당 등가소음도를 측정한 후 야간(22 : 00 ~ 07 : 00)의 매 시간 측정치에 10dB의 벌칙레벨을 합산한 후 파워평균(dB합 계산)한 레벨이다.
>
> $$L_{dn} = 10\log\left[\frac{1}{24}\left(15 \times 10^{\frac{L_d}{10}} + 9 \times 10^{\frac{L_n + 10}{10}}\right)\right]$$
>
> $$= 10\log\left[\frac{1}{24}\left(15 \times 10^{8.5} + 9 \times 10^{9}\right)\right] = 88\,\text{dB(A)}$$

95 공장 내 지면에 대형 선풍기가 있다. 여기서 발생하는 소음은 10m 떨어진 곳에서 95dB이다. 이것을 75dB이 되게 하려면 이 선풍기는 몇 m를 이동시켜야 하는가? (단, 대지와 지면에 의한 흡수는 무시한다.)

> **해설** 반자유공간(지면)에서 점음원의 거리감쇠이므로 $SPL_1 - SPL_2 = 20\log\dfrac{r_2}{r_1}$ 에서
>
> $95 - 75 = 20\log\dfrac{r_2}{10}$, $r_2 = 100\,\text{m}$
>
> 즉, 음원으로부터 100m 떨어진 지점에서의 음압레벨이 75dB이다.
>
> $\therefore$ 음원에서 10m 떨어진 선풍기를 $100 - 10 = 90\,\text{m}$ 더 이동시켜야 된다.

96 두께 2cm, 밀도 2.7g/cm³인 알루미늄 단일 차단벽에 주파수 500Hz인 음파가 수직입사할 때 투과손실(dB)은?

해설 단일벽의 투과손실(음파가 벽면에 수직입사 시) $TL = 20\log(m \times f) - 43$dB에서

면밀도 $m = 2,700\text{kg/m}^3 \times 0.02\text{m} = 54\text{kg/m}^2$

$\therefore \ TL = 20\log(m \times f) - 43 = 20\log(54 \times 500) - 43 = 46$dB

97 음원실과 수음실의 두 개의 방 중간에 44m²의 벽을 설치하였다. 음원실에서 발생한 음압레벨이 100dB이고, 경계벽의 투과손실은 30dB, 수음실의 실정수가 30m²일 때, 수음실에서 측정된 음압레벨(dB)은?

해설 경계벽을 사이에 두고 인접한 두 개의 방 중 Ⅰ실(음원실)에서 Ⅱ실(수음실)로 음이 전파할 경우 경계벽에 의한 차음도 $NR = TL - 10\log\left(\dfrac{1}{4} + \dfrac{S_w}{R_2}\right)$(dB)이다.

여기서, TL : 경계벽의 투과손실(dB), S_w : 경계벽의 면적(m²), R_2 : Ⅱ실(수음실)의 실정수(m²)

$\therefore \ NR = TL - 10\log\left(\dfrac{1}{4} + \dfrac{S_w}{R_2}\right) = 30 - 10\log\left(\dfrac{1}{4} + \dfrac{44}{30}\right) = 28$dB이므로

수음실에서 측정된 음압레벨은 $100 - 28 = 72$dB이다.

98 평균음압이 3,150N/m²이고, 특정 지향음압이 4,370N/m²일 때 지향지수(dB)와 지향계수를 구하시오.

해설 지향지수(directivity index) $DI = SPL_\theta - \overline{SPL}$(dB)

여기서, SPL_θ : 어떤 특정 방향의 음압레벨(dB)

$\overline{SPL}$: 여러 지점에서 측정한 음압레벨의 평균값(dB)

$SPL_\theta = 20\log\dfrac{4,370}{2 \times 10^{-5}} = 167$dB, $\overline{SPL} = 20\log\dfrac{3,150}{2 \times 10^{-5}} = 164$dB

① 지향지수 $DI = 167 - 164 = 3$dB

② $DI = 10\log Q$에서 $3 = 10\log Q$

$\therefore$ 지향계수 $Q = 10^{0.3} = 2$

99 500Hz 음과 510Hz 음이 동시에 발생하여 맥놀이 현상을 일으킬 경우 맥놀이수(Hz)는?

해설 맥놀이는 두 개의 소리가 중첩되어 소리가 주기적으로 강해졌다가 약해지는 현상의 반복이다.

맥놀이수 $f = \dfrac{1}{T} = |f_1 - f_2| = |500 - 510| = 10$

100 용적 450m³, 표면적 450m²인 잔향실의 잔향시간은 2.5초이다. 만약 이 잔향 시 바닥에 100m²의 흡음재를 부착하여 측정한 잔향시간이 0.8초가 된다면 난입사 흡음을 측정하는 잔향실법에 의한 흡음재의 흡음률은?

> **해설** 잔향실법에 의한 흡음재의 흡음률 : 바닥의 일부에 $s(\text{m}^2)$의 흡음재를 보강하는 시료를 부착한 후 흡음률을 구하는 공식은 다음과 같다.
>
> $$\alpha_r = \frac{0.161\,V}{s}\left(\frac{1}{T}-\frac{1}{T_o}\right)+\overline{\alpha_o} = \frac{0.161\,V}{s}\left(\frac{1}{T}-\frac{1}{T_o}\right)+\frac{0.161\,V}{S\,T_o}$$
>
> $$= \frac{0.161\times 450}{100}\left(\frac{1}{0.8}-\frac{1}{2.5}\right)+\frac{0.161\times 450}{450\times 2.5} = 0.68$$

101 공장 실내의 소음을 저감시키기 위하여 대책 전의 실정수 $R_1 = 200\text{m}^2$을 대책 후 실정수 $R_2 = 400\text{m}^2$로 개선하였다면 이때 이 공장에서의 실내 흡음에 의한 대책 전·후의 소음저감량은 몇 dB인가? (단, 평균흡음률은 0.47이다.)

> **해설** 실내 흡음에 의한 대책 전·후의 소음저감량 $\Delta L = 10\log\left(\dfrac{R_2}{R_1}\right) = 10\log\dfrac{400}{200} = 3\,\text{dB}$

102 5m×4m×3m(H)인 방의 흡음률이 바닥 0.2, 천장 0.1, 벽 0.6이다. 소음 감소를 위해 천장만을 0.5인 자재로 흡음처리했다. 실내 소음은 어느 정도 저감(dB)되는가?

> **해설** 방의 표면적 $S = 5\times 4\times 2+5\times 3\times 2+4\times 3\times 2 = 94\,\text{m}^2$
>
> 대책 전 평균흡음률 $\overline{\alpha_1} = \dfrac{5\times 4\times 0.2+5\times 4\times 0.1+(5\times 3\times 2+4\times 3\times 2)\times 0.6}{94} = 0.409$
>
> 대책 후 평균흡음률 $\overline{\alpha_2} = \dfrac{5\times 4\times 0.2+5\times 4\times 0.5+(5\times 3\times 2+4\times 3\times 2)\times 0.6}{94} = 0.494$
>
> ∴ 소음 저감량
>
> $$\Delta L = 10\log\frac{R_1}{R_2} = 10\log\left\{\frac{\left(\dfrac{S\overline{\alpha_2}}{1-\overline{\alpha_2}}\right)}{\left(\dfrac{S\overline{\alpha_1}}{1-\overline{\alpha_1}}\right)}\right\} = 10\log\left\{\frac{\overline{\alpha_2}(1-\overline{\alpha_1})}{\overline{\alpha_1}(1-\overline{\alpha_2})}\right\}$$
>
> $$= 10\log\left\{\frac{0.494\times(1-0.409)}{0.409\times(1-0.494)}\right\} = 1.5\,\text{dB}$$

103 방음벽에 입사하는 음의 주파수가 500Hz, 음의 전파경로차가 5m, 음속이 340m/s일 때, 직접음 회절감쇠치(dB)는? (단, $L_d = 4+\log N$이다.)

> **해설** 프레넬수 $N = \dfrac{2\delta}{\lambda} = \dfrac{2\delta\times f}{c} = \dfrac{2\times\delta\times f}{340} = \dfrac{5\times 500}{170} = 14.71$
>
> ∴ 직접음 회절감쇠치 $L_d = 4+\log N = 4+\log 14.71 = 5\,\text{dB}$

104 교통량이 많은 도로변에서의 소음도를 조사하고자 한다. 도로변으로부터 10m 떨어진 곳으로부터 이 소음도가 85dB(A)이었다면 도로변으로부터 100m 떨어진 곳의 소음도(dB(A))는 얼마로 예상되겠는가? (단, 대기와 지면에 의한 흡음은 무시하며 선음원으로 간주한다.)

해설 교통량이 많은 도로변은 선음원(반자유공간)에 해당하므로 선음원의 거리감쇠식

$SPL = PWL - 10\log r - 5\text{dB}$에서

거리감쇠는 $-10\log\left(\dfrac{r_2}{r_1}\right) = -10\log\left(\dfrac{100}{10}\right) = -10\text{dB}$

∴ $85 - 10 = 75\text{dB}$

105 흡음덕트형 소음기에서 흡음재를 부착한 후 내경이 30cm이다. 흡음률이 0.5이고 감쇠치가 25dB일 때 흡음덕트의 길이(m)를 구하시오. (단, $K = \alpha - 0.1$이다.)

해설 소음 감음치 $\Delta L = K\dfrac{P}{S}L$(dB)에서 흡음계수 $K = \alpha - 0.1 = 0.5 - 0.1 = 0.4$

덕트의 P(주장(周長), 둘레길이) $= \pi D = 3.14 \times 0.3 = 0.942\text{m}$

덕트의 단면적 $S = \dfrac{\pi D^2}{4} = \dfrac{3.14 \times 0.3^2}{4} = 0.07\text{m}^2$

$\Delta L = K\dfrac{P}{S}L$에서, $L = \dfrac{\Delta L \times S}{K \times P} = \dfrac{25 \times 0.07}{0.4 \times 0.942} = 4.64\text{m}$

106 원형 흡음덕트(duct)의 흡음률이 0.69라면 직경 30cm, 길이 3m인 덕트에서의 감쇠량은 몇 dB인가? (단, 덕트 내 흡음재료 두께는 무시한다.)

해설 소음 감음치 $\Delta L = K\dfrac{P}{S}L$(dB)에서 흡음계수 $K = \alpha - 0.1 = 0.69 - 0.1 = 0.59$

덕트의 P(주장(周長), 둘레길이) $= \pi D = 3.14 \times 0.3 = 0.942\text{m}$

덕트의 단면적 $S = \dfrac{\pi D^2}{4} = \dfrac{3.14 \times 0.3^2}{4} = 0.07\text{m}^2$

흡음덕트의 감쇠치 $\Delta L = K\dfrac{PL}{S} = 0.59 \times \dfrac{0.942 \times 3}{0.07} = 24\text{dB}$

107 어떤 흡음재료를 사용하여 안지름이 20cm인 원형 단면으로 된 직관의 흡음덕트의 길이가 10m일 때, 소음 감쇠량은 50dB이었다. 같은 흡음재료를 사용하여 안지름 50cm, 길이가 5m인 원형 직관 흡음덕트의 소음 감쇠량(dB)은?

해설 길이 10m인 원형 흡음 직관덕트의 감쇠량 식으로부터 흡음계수(K)값을 구한다.

감쇠량 $R = K\dfrac{P}{S}L$에서 $50 = K\dfrac{2\pi r}{\pi r^2}L = K \times \left(\dfrac{\pi d}{\frac{\pi d^2}{4}}\right) \times L = K \times \left(\dfrac{4}{0.2}\right) \times 10 = 200K$, $K = 0.25$

∴ $R = K\dfrac{P}{S}L = 0.25 \times \left(\dfrac{4}{0.5}\right) \times 5 = 10\text{dB}$

108 길이 L(m), 내부를 흡음재로 라이닝한 단면의 주장(周長) P(m), 단면적 S(m^2)인 사각형 흡음덕트의 감음량 R(dB)은 $(KPL)/S$로 주어진다. 여기서 K값은 내부를 라이닝한 흡음재료의 흡음률을 α라고 할 때 $K \fallingdotseq (\alpha - 0.1)$이 된다. 지금 주파수가 1,000Hz, 흡음률이 0.3이고, 내부를 라이닝한 긴 변이 1파장, 짧은 변이 1/2파장인 사각형 덕트를 만든다고 할 경우 이 흡음덕트의 단위길이당 감쇠량(dB/m)은? (단, 음속은 340m/s이다.)

> 해설 1파장을 λ로 할 경우 사각형 덕트의 주장 $P = \lambda \times 2 + \dfrac{1}{2}\lambda \times 2 = 3\lambda$
>
> 단면적 $S = \lambda \times \dfrac{1}{2}\lambda = \dfrac{1}{2}\lambda^2$이다.
>
> 이 값을 감음량 R 공식에 대입하면, $R = KL \times \dfrac{3\lambda}{\dfrac{1}{2}\lambda^2} = \dfrac{6KL}{\lambda}$
>
> 여기서, $\lambda = \dfrac{c}{f}$ (c : 속도, f : 주파수)를 대입하면 $R = \dfrac{6KLf}{c}$
>
> 따라서 단위길이당 감쇠량 $\dfrac{R}{L} = \dfrac{6Kf}{c}$
>
> 여기서, $K = 0.3 - 0.1 = 0.2$, $f = 1,000$, $c = 340$이므로,
>
> $\dfrac{R}{L} = \dfrac{6 \times 0.2 \times 1,000}{340} \fallingdotseq 3.5 \text{dB/m}$

109 다음 측정결과는 도로변에서 도로교통소음을 측정한 것이다. 이 결과를 이용하여 교통소음지수(TNI, Traffic Noise Index)를 구하고, 주민의 50% 이상이 불만을 토로할 수 있는 TNI 지수값을 적으시오.

> $L_{10} = 90 \text{dB}, \quad L_{50} = 75 \text{dB}, \quad L_{90} = 65 \text{dB}$

> 해설 TNI(Traffic Noise Index, 교통소음지수)는 도로교통 소음평가에 사용한다.
> $TNI = 4(L_{10} - L_{90}) + L_{90} - 30 = 4 \times (90 - 65) + 65 - 30 = 135$
> 주민의 50% 이상이 불만을 토로할 수 있는 TNI 지수값은 74 이상이다.

110 왕복 차선수가 10차선인 도로에서 도로변 지역의 범위는 도로단(끝)으로부터 몇 m 이내의 지역을 의미하는가? (단, 고속도로, 자동차전용도로는 제외한다.)

> 해설 도로변 지역의 범위는 도로단(끝)으로부터 왕복 차선수×10m로 하고, 고속도로 또는 자동차전용도로의 경우에는 도로단으로부터 150m 이내의 지역을 말한다.
> ∴ 10차선×10m = 100m

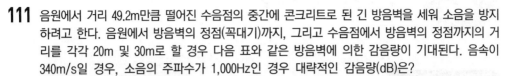

111 음원에서 거리 49.2m만큼 떨어진 수음점의 중간에 콘크리트로 된 긴 방음벽을 세워 소음을 방지하려고 한다. 음원에서 방음벽의 정점(꼭대기)까지, 그리고 수음점에서 방음벽의 정점까지의 거리를 각각 20m 및 30m로 할 경우 다음 표와 같은 방음벽에 의한 감음량이 기대된다. 음속이 340m/s일 경우, 소음의 주파수가 1,000Hz인 경우 대략적인 감음량(dB)은?

N	0	0.1	0.5	1	2	5	10
감음량(dB)	5	8	11	13	16	20	23

> **해설** 전파경로의 차 $\delta = (A+B) - d = (20+30) - 49.2 = 0.8\text{m}$
>
> 프레넬수 $N = \dfrac{2\delta}{\lambda} = \dfrac{\delta \times f}{170} = \dfrac{0.8 \times 1,000}{170} = 4.7$
>
> 대략적인 감음량은 표에 의해 프레넬수 5의 감음량인 20dB이다.

112 발파소음 평가에서 시간대별 보정발파횟수가 5회일 경우 보정량은 몇 dB이며, 지발발파일 경우 보정발파횟수는 몇 회로 간주하는가?

> **해설** ① 대상소음도에 시간대별 보정발파횟수(N)에 따른 보정량
> $+10\log N = 10\log 5 = 7\text{dB}$
> ② 지발발파는 보정발파횟수를 1회로 간주한다.

113 1시간 동안 측정한 철도소음의 최고소음도와 배경 소음도의 차가 15dB일 경우, 열차의 1시간 등가소음도 중 8번째 열차의 최고소음도가 110dB(A)이고, 1시간 동안 열차의 왕복통행량이 25대일 때, 열차의 최고 평균소음도(dB(A))는? (단, 전철, 고속철도, 경부·호남선 등 복선구간, 경부선 복복선 구간(서울~구로), 중앙, 태백, 영동선 등 단선구간 어디에도 해당하지 않는다.)

> **해설** 열차의 최고소음도 평균 $\overline{L_{\max}} = 10\log\left[\left(\dfrac{1}{N}\right)\sum_{i=1}^{N} 10^{0.1 \times L_{\max i}}\right]$ dB(A)
>
> 여기서, N : 1시간 동안의 열차 통과량(왕복대수)
> $L_{\max i}$: i번째 열차의 최고소음도(dB(A))
>
> $\therefore \overline{L_{\max}} = 10\log\left[\left(\dfrac{1}{25}\right)\sum_{i=1}^{N} 10^{0.1 \times 110}\right] = 96$ dB(A)

2 진동 분야

• 진동 측정목적에 따라 측정된 자료에 대하여 보정자료를 분석하고, 적합성 여부를 검토할 수 있다.
• 방음·방진 대책을 수립·예측, 해석·평가하고 설계하며, 투입인원, 측정일정, 소요예산 및 평가계획 등을 수립하고 배경 및 대상 진동과 발생원을 측정할 수 있다.

Section 01 서술형 문제

01 공해진동 진동수(Hz)의 범위 및 진동의 역치(dB)는?

해설 ① 공해진동 진동수의 범위 : 1~90Hz
② 진동의 역치 : (55±5)dB

02 각진동수에 의한 인체의 반응에서 1차 및 2차 공진현상을 유발하는 진동수(Hz)는?

해설 ① 1차 공진현상 : 3~6Hz
② 2차 공진현상 : 20~30Hz

03 진동원에서 발생한 진동이 지반을 전파하는 파동의 종류를 나타내고 간단히 설명하시오.

해설 ① 종파(P파) : 진동의 방향이 파동의 전파방향과 일치하는 파(소밀파, 압력파)이며 전파속도가 제일 빠르다.
② 횡파(S파) : 진동의 방향이 파동의 방향과 직각인 파이다.
③ 실체파 : 종파와 횡파를 총칭하는 파이다.
④ 표면파 : 자유표면을 따라 전달되는 파로 레일리파(Rayleigh파(R파))와 Love파(L파)가 있다. 표면파의 전파속도는 횡파의 92~96% 정도이며, 지반의 종류에 따라 진동의 전파속도는 다르게 나타난다.

04 종파(P파), 횡파(S파), 레일리(Rayleigh)파에 대한 다음 물음에 답하시오.
1) 지반을 전파하는 속도가 빠른 순서
2) 전파 에너지가 큰 순서

해설 1) 지반의 전파속도는 모래땅이 점토나 진흙보다 약간 빠르며, 파형에 따라서는 P파(종파, 압축파, 6km/s) > S파(3km/s) > R파(3km/s 미만)의 순이다.
2) 각 파의 에너지는 레일리파(67%) > 횡파(26%) > 종파(7%)의 비율로 계측에 의한 지표진동에서 주로 계측되는 것은 표면파인 R파이다.

05 진동량(overall)과 실효치(RMS)의 차이를 나타내시오.

해설 ① overall(overall amplitude)은 진동량을 표현할 때 사용하며 ISO의 평가기준에 사용되는 평가량이다. 즉, ISO에 A등급 진동기준이 2.3mm/s rms라면 이 '2.3'은 적어도 10~1,000Hz를 포함하는 주파수의 진폭의 전체량 합산을 의미하는 '진동량'인 것이다.
② RMS(Root Mean Square, 실효치)는 신호의 진폭을 표현하는 부가 개념으로 peak와 대응된다. 정현파(sine wave)의 경우에는 peak의 0.707배를 곱한 값$\left(\dfrac{\text{peak}}{\sqrt{2}}\right)$으로 사용할 수 있고, 샘플링한 블록신호의 peak값의 제곱평균제곱근으로 에너지를 나타내는 면적의 개념이 있다.

06 다음은 진동방지대책을 나타낸 것이다. 진행순서를 나타내시오.

> ㉠ 수진점 일대의 실태조사를 실시한다.
> ㉡ 진동 저감 목표 레벨을 설정한다.
> ㉢ 진동 발생원의 위치와 발생 기계를 확인한다.
> ㉣ 진동이 문제가 되는 수진점의 위치를 확인한다.
> ㉤ 적정 진동방지대책을 선정한다.
> ㉥ 수진점의 진동규제기준을 확인한다.
> ㉦ 시공 및 재평가를 행한다.

해설 ㉣ → ㉠ → ㉥ → ㉡ → ㉢ → ㉤ → ㉦

07 진동계에서 감쇠계수(damping coefficient)의 정의를 쓰고 수식으로 표현하시오.

해설 감쇠(damping)란 진동에 의한 기계에너지를 열에너지로 변환시키는 기능을 말하고, 감쇠계수(C_e)는 질량(m)의 진동속도(v)에 대한 스프링의 저항력(F_r)의 비를 말한다.

감쇠계수 $C_e = \dfrac{F_r}{v}$ (N/cm · s)

08 감쇠(damping)가 진동계에서 갖는 기능 3가지를 쓰시오.

해설 ① 기초로의 진동에너지 전달의 감소
② 공진 시에 진동진폭의 감소
③ 충격 시 진동이나 자유진동을 감소

09 진동계에서 대수감쇠율의 정의를 쓰고 수식으로 표현하시오.

해설 대수감쇠율이란 자유진동의 진폭이 줄어드는 정도를 나타낸다.

대수감쇠율 $\Delta = \dfrac{2\pi\xi}{\sqrt{1-\xi^2}}$ (여기서, ξ : 감쇠비(감쇠율))

10 감쇠의 유형을 감쇠비의 크기에 따라 구분하고, 감쇠하는 모습을 주어진 그림에 선을 그어 3가지씩 나타내시오.

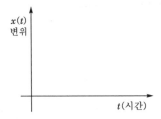

해설 ① 부족감쇠(under damping) : 진동계의 감쇠비(ξ)는 1과 0 사이에 있다($0 < \xi < 1$).
② 임계감쇠(critically damped) : 감쇠비가 1로 감쇠비에 따른 변위의 응답변화가 일시적으로 크게 나타난다($\xi = 1$).
③ 과감쇠(overdamped) : 시간이 증가함에 따라 진동이 감쇠하는 특징을 갖으며 감쇠비는 1보다 커진다($\xi > 1$).

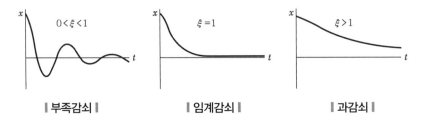

‖부족감쇠‖　　　　　‖임계감쇠‖　　　　　‖과감쇠‖

11 1자유도계에서 고유진동수에 대한 강제진동수의 비$\left(\dfrac{f}{f_n}\right)$가 다음과 같을 때, 감쇠비에 따른 외력과 전달력의 크기를 비교하고 방진대책상 감쇠비는 어떻게 해야 좋은가를 기술하시오.

해설 ① $\dfrac{f}{f_n} = 1$: 공진상태(진동전달률(T) 값이 최대), 전달력은 최대로 되며 외력보다 훨씬 커진다.

② $\dfrac{f}{f_n} < \sqrt{2}$: 전달력 > 외력, 진동전달력은 외력(강제력)보다 항상 크며, 감쇠비가 클수록 전달력은 적어져 감쇠비가 클수록 좋다.

③ $\dfrac{f}{f_n} = \sqrt{2}$: 전달력＝외력

④ $\dfrac{f}{f_n} > \sqrt{2}$: 전달력 < 외력, 진동전달력은 외력보다 항상 적으며, 감쇠비가 적을수록 전달력은 적어져 감쇠비가 적을수록 좋다. 이 영역은 차진이 유효한 영역이다.

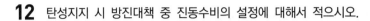

12 탄성지지 시 방진대책 중 진동수비의 설정에 대해서 적으시오.

> [해설] 방진대책은 가능한 한 고유진동수에 대한 강제진동수의 비(진동수비)는 $\left(\dfrac{f}{f_n} > 3\right)$이 되게 설계하는
>
> 것이 좋다. 이 경우 진동전달률 T는 0.125, 즉 12.5% 이하가 된다. 부득이 $\dfrac{f}{f_n} < \sqrt{2}\,(=1.414)$로
>
> 될 때에는 $\left(\dfrac{f}{f_n} < 0.4\right)$이 되게 설계하는 것이 바람직하다.

13 방진설계 시에 고려해야 하는 제반인자 6가지를 적으시오.

> [해설] ① 강제진동수(f) ② 고유진동수(f_n)
> ③ 진폭(x) ④ 스프링정수(k)
> ⑤ 방진재료의 정적수축량(δ_{st}) ⑥ 감쇠비(ξ)

14 진동대책 중 동적흡진을 간단히 설명하시오.

> [해설] 동적흡진은 진동계에서 공진발생 시 본 진동계 이외에 별도로 부가질량, 부가스프링으로 이루어진 별
> 도의 진동계를 구성하여 본 진동계의 진폭을 저감시키는 것이다.

15 방진설계 시 강제각진동수(w)와 고유각진동수(w_n)의 크기에 따른 진동제어 요소를 3가지 들고,
대책을 세우는 기술을 적으시오.

> [해설] ① 진동수가 $w^2 \ll w_n^2$일 경우, 응답진폭의 크기는 $X_w = \dfrac{F_0}{k}$이고 이때의 진동제어 요소는 스프링
>
> 강도(스프링정수)이므로 스프링정수(k)를 크게 하여 진동을 제어하는 대책을 세운다.
>
> ② 진동수가 $w^2 \gg w_n^2$일 경우, 응답진폭의 크기는 $X_w = \dfrac{F_0}{mw^2}$이므로 이때의 진동제어 요소는 진
>
> 동계의 질량(m)을 증가시켜 진동을 제어하는 대책을 세운다.
>
> ③ 진동수가 $w^2 = w_n^2$일 경우, 응답진폭의 크기는 $X_w = \dfrac{F_0}{C_e w}$이므로 이때의 진동제어 요소는 스프
>
> 링의 저항(감쇠계수, C_e)을 증가시켜 진동을 제어하는 대책을 세운다.

16 전파경로 차단을 위한 방진재료 금속스프링, 방진고무, 공기스프링의 진동계에 적용되는 고유진
동수(Hz)를 쓰시오.

> [해설] ① 금속스프링 : 4Hz 이하
> ② 방진고무 : 4Hz 이상
> ③ 공기스프링 : 1Hz 이하

17 방진고무의 영률에 따른 동적배율(α값)을 적으시오.

<u>해설</u> 영률 20N/cm²에서 1.1, 영률 35N/cm²에서 1.3, 영률 50N/cm²에서 1.6이다.

18 방진고무의 장점 5가지를 적으시오.

<u>해설</u> ① 형상의 선택이 비교적 자유로워 소형이나 중형 기계에 많이 쓰인다.
② 압축, 전단, 나선 등의 사용방법에 따라 1개로 3축 방향 및 회전 방향의 스프링정수를 광범위하게 선택 가능하다.
③ 고무 자체의 내부 마찰에 의한 저항을 얻을 수 있어 고주파 진동의 차진에 양호하다.
④ 내부 감쇠저항이 크기 때문에 댐퍼가 필요하지 않다.
⑤ 진동수비가 1 이상인 방진영역에서도 진동전달률이 크게 증대되지 않는다.

19 방진고무의 단점 4가지와 사용 시 주의사항 5가지를 적으시오.

<u>해설</u> 1. 단점
　① 내부 마찰에 의한 발열로 열화 가능성이 크다.
　② 내유, 내열, 내노화, 내열 팽창성 등에 약하다.
　③ 저온에서는 고무가 경화되므로 방진 성능이 저하된다.
　④ 공기 중의 오존(O₃)에 의해 산화된다.
2. 사용 시 주의사항
　① 정하중에 따른 수축량은 10~15% 이내로 한다.
　② 변화는 가능한 한 균일하게 하고 압력의 집중을 피한다.
　③ 일반적인 사용 온도는 50℃ 이하로 한다.
　④ 신장응력의 작용을 피한다.
　⑤ 고유진동수가 강제진동수의 $\frac{1}{3}$ 이하인 것을 택하고, 적어도 70% 이하로 한다.

20 금속스프링의 코일스프링에서 일어나는 서징(surging) 현상에 대해 간단히 기술하시오.

<u>해설</u> 코일스프링 자신의 탄성진동의 고유진동수가 외력의 진동수와 공진하는 상태로 이 진동수에서는 방진 효과가 현저히 저하된다.

21 금속스프링의 단점 3가지를 적으시오.

<u>해설</u> ① 감쇠가 거의 없고 공진 시에 전달률이 매우 크다.
② 로킹(rocking)이 일어나지 않도록 주의해야 한다.
③ 고주파 진동 시 단락된다. 즉, 고주파 영역에서 서징(surging) 현상이 발생한다.

22 금속스프링의 장점 5가지를 적으시오.

<u>해설</u> ① 저주파 차진에 좋다.
② 최대변위가 허용된다.
③ 환경요소(온도, 부식, 용해 등)에 대한 저항성이 크다.
④ 가격이 안정적이고 하중의 대소에도 불구하고 사용 가능하다.
⑤ 제품의 균일성과 하중 특성의 직진성이 좋고 뒤틀리거나 오므라들지 않는다.

23 금속스프링의 단점 보완대책 4가지를 적으시오.

<u>해설</u> ① 기계 무게의 1~2배의 가대를 부착시킨다.
② 계의 중심을 낮게 하고 부하가 평형분포되도록 한다.
③ 스프링의 감쇠비가 적을 때는 스프링과 병렬로 댐퍼를 넣는다.
④ 로킹모션을 억제하기 위해서는 정적수축량이 일정한 것을 사용한다.

24 공기스프링의 장점 5가지를 적으시오.

<u>해설</u> ① 자동제어가 가능하다.
② 하중의 변화에 따라 고유진동수를 일정하게 유지할 수 있다.
③ 스프링의 높이, 스프링정수, 하중, 내하력 등을 각각 독립적으로 광범위하게 선정 가능하다.
④ 지지하중이 크게 변하는 경우에는 높이조정 밸브에 의해 그 높이를 조절할 수 있어 기계 높이를 일정 레벨로 유지시킬 수 있다.
⑤ 방진고무, 금속스프링에 비해 고유진동수가 낮기 때문에 저주파 진동의 방진이 유리하고, 고주파 진동의 절연 특성이 가장 우수하고 방음효과도 크다.

25 공기스프링의 단점 5가지를 적으시오.

<u>해설</u> ① 공기누출의 위험이 있다.
② 압축공기가 필요하여 부대시설이 필요하다.
③ 구조가 복잡하고 시설비가 고가이며 대형이다.
④ 사용진폭이 적은 것이 많으므로 별도의 댐퍼가 필요한 경우가 많다.
⑤ 내열성, 내노화성, 내유성 등이 금속에 비해 나쁘고, 상하 방향의 가이드가 필요한 경우가 많다.

26 제진합금의 종류 중 대표적인 쌍전형이며 두드려도 소리가 나지 않는 금속의 명칭 및 그 금속의 성분 5가지를 함유량 순서대로 적으시오.

<u>해설</u> ① 금속의 명칭 : Sonoston
② Sonoston에 함유되어 있는 물질 중 함량 순위 : Mn > Cu > Al > Fe > Ni

27 금속 자체에 진동흡수력을 갖는 제진합금의 종류 4가지를 적으시오.

해설
① 전위형 제진합금 : 강도를 개량한 합금으로 Mg, Mg – Zr(0.6%)의 합금이다.
② 쌍전형 제진합금 : Mn – Cu계, Cu – Al – Ni계, Ti – Ni계 등을 말한다.
③ 복합형 제진합금 : 흑연주철, Al – Zn 합금이며, 40~78%의 Zn을 포함한다.
④ 강자성형 제진합금 : 12%의 크롬과 철 합금을 말한다.

28 레일리파(Rayleigh wave)의 정의를 적으시오.

해설
지표면을 원통상으로 전파하는 표면파이며 에너지비는 약 67%로 가장 크고, 전파속도는 가장 느리다.
또한 지표면에서는 그 진폭이 $\sqrt{r}$ (r : 거리)에 반비례하여 거리가 2배로 되면 3dB 감소하며 공해진동
의 문제가 되는 주 파동이다.

29 계수여진진동을 간략히 설명하시오.

해설
가진력의 주파수가 그 계의 고유진동수의 2배로 될 때 진동이 크게 발생하며, 대표적인 예로는 그네가
있다. 대책으로는 질량 및 스프링의 시간적 변동을 없애는 것, 강제진동수가 고유진동수의 2배로 되는
것을 피하는 것이다.

30 가진원 자체가 에너지원이 되어 발생하는 자려진동의 예와 대책 3가지를 적으시오.

해설
① 자려진동의 예 : 바이올린 현의 진동
② 대책 : 자려력 제거, 감쇠력 부여, 마찰부분의 윤활

31 대상진동레벨과 평가진동레벨의 정의를 쓰시오. (단, 진동공정시험기준에서 정의한 용어로
한다.)

해설
① 대상진동레벨 : 측정진동레벨에 배경진동의 영향을 보정한 후 얻어진 진동레벨을 말한다.
② 평가진동레벨 : 대상진동레벨에 보정치를 보정한 후 얻어진 진동레벨을 말한다.

32 진동의 전파경로 대책 중 방진구 대책의 단점을 적으시오.

해설
진동원과 진동이 문제가 되는 지점 사이에 도랑을 파서 진동의 전파를 방지하는 방법으로 일반적으로
유효하지 않은 방법이지만 진동전파 방지를 위해서는 도랑의 깊이를 파장의 1/4 이상으로 깊게 파야
만 한다. 그러나 깊게 팔 경우 경제성이 취약한 것이 단점이다. 또한 도랑의 깊이에 따른 감쇠량은 크
지 않아서 실제로 거의 효과는 나타나지 않으므로 도랑에 의한 대책은 완전한 것이 될 수 없다.

33 다음은 진동공정시험기준에 따른 진동레벨에 관한 설명이다. ( ) 안에 알맞은 내용을 쓰시오.

> 진동레벨의 (①)(수직)를 통하여 측정한 진동가속도레벨의 지시치를 말하며, 단위는 dB(V)로
> 표시한다. 진동가속도레벨의 정의는 (②)의 수식에 따르고, 여기서, a는 측정하고자 하는 진동
> 의 가속도 실효치(단위, m/s²)이며, a_o는 기준진동의 가속도 실효치로 (③)m/s²으로 한다.

해설 ① 감각보정회로, ② $20\log\dfrac{a}{a_o}$, ③ 10^{-5}

34 방진대책으로 발생원, 전파경로, 수진측 대책을 들 수 있는데 각각의 대책에 대한 내용을 2가지
이상 적으시오.

해설
1. 발생원 대책
   ① 가진력 감쇠
   ② 불평형력의 균형
   ③ 기초중량의 부가 및 경감
   ④ 탄성지지
   ⑤ 동적 흡진(대상계가 공진할 때 부가질량을 스프링으로 지지하여 대상계의 진동을 억제함)
2. 전파경로 대책
   ① 진동원에서 위치를 멀리하여 거리감쇠를 크게 함
   ② 수진점 부근에 방진구(防振溝)를 설치
3. 수진측 대책
   ① 수진측의 탄성지지
   ② 수진측의 강성(剛性) 변경

35 정현진동의 진동변위를 $x = A\sin\omega t$라고 할 때, 진동가속도를 나타내시오.

해설
진동속도 $v = \dfrac{dx}{dt} = A\omega\cos\omega t$

진동가속도 $\alpha = \dfrac{dv}{dt} = -A\omega^2\sin\omega t = -A(2\pi f)^2\sin(2\pi f t)$

여기서, A : 변위진폭의 피크치, ω : 각진동수(단위시간에 나아가는 각노($\omega = 2\pi f$)이다.)

36 진동공정시험 방법 중 진동레벨계의 기본구성도를 그리고 각각 명칭을 쓰시오.

해설
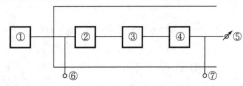

① 진동픽업, ② 레벨레인지 변환기, ③ 증폭기, ④ 감각보정회로,
⑤ 지시계기, ⑥ 교정장치, ⑦ 출력단자

37 다음은 진동레벨계의 성능에 관한 내용이다. (   ) 안에 알맞은 내용을 쓰시오.
  1) 측정 가능 주파수 범위는 (   )Hz 이상이어야 한다.
  2) 측정 가능 진동레벨의 범위는 (   )dB 이상이어야 한다.
  3) 진동픽업의 횡감도는 규정주파수에서 수감축 감도에 대한 차이가 (   )dB 이상이어야 한다.
  4) 레벨레인지 변환기가 있는 기기에 있어서 레벨레인지 변환기의 전환오차가 (   )dB 이내이어야 한다.
  5) 지시계기의 눈금오차는 (   )dB 이내이어야 한다.

해설 1) 1~90, 2) 45~120, 3) 15, 4) 0.5, 5) 0.5

38 진동의 크기를 나타내는 양을 5가지 적으시오.

해설 진동변위, 진동속도, 진동가속도, 가속도레벨, 진동레벨

39 주파수 대역 중 인체가 가장 민감하게 느끼는 수직진동 주파수(Hz) 범위와 수평진동 주파수(Hz) 범위를 적으시오.

해설 ① 수직진동 주파수 범위 : 4~8Hz
② 수평진동 주파수 범위 : 1~2Hz

40 진동이 생체에 영향을 미치는 물리적 인자 5가지를 적으시오.

해설 ① 진동의 노출시간
② 진동의 방향
③ 진동의 파형
④ 진동의 강도
⑤ 진동수

41 다음에 나타낸 수직보정곡선의 주파수 대역에 따른 보정치의 물리량(m/s²)을 적으시오.
  1) 주파수 대역 $1 \leq f \leq 4$Hz일 때
  2) 주파수 대역 $4 \leq f \leq 8$Hz일 때
  3) 주파수 대역 $8 \leq f \leq 90$Hz일 때

해설 1) 주파수 대역 $1 \leq f \leq 4$Hz일 때, 보정치의 물리량 : $2 \times 10^{-5} \times f^{-\frac{1}{2}}$ m/s²
2) 주파수 대역 $4 \leq f \leq 8$Hz일 때, 보정치의 물리량 : 10^{-5} m/s²
3) 주파수 대역 $8 \leq f \leq 90$Hz일 때, 보정치의 물리량 : $0.125 \times 10^{-5} \times f$ m/s²

Section 02 계산형 문제

01 진동수가 50Hz이고, 최대가속도가 120m/s²인 조화진동의 진폭(cm)은?

해설 최대가속도진폭 $A_m = x_o \, \omega^2 = x_o \, (2\pi f)^2$ 에서

$120 = x_o \times (2 \times 3.14 \times 50)^2$ 이므로

$\therefore \ x_o = 1.217 \times 10^{-3} \text{m} = 0.122 \text{cm}$

02 주기가 0.5초이고, 가속도진폭이 0.5m/s²인 진동의 속도진폭은 몇 kine인가?

해설 최대가속도진폭 $A_m = x_o \, \omega^2 = x_o \, \omega \omega = V_m \, \omega = V_m \, (2\pi f)$ 에서,

$f = \dfrac{1}{T} = \dfrac{1}{0.5} = 2 \text{Hz}$

$\therefore \ V_m = \dfrac{A_m}{2\pi f} = \dfrac{0.5 \times 100}{2 \times 3.14 \times 2} = 3.98 \text{cm/s} \fallingdotseq 3.98 \text{kine} \ (\because 1\text{kine} = 1\text{cm/s})$

03 주기가 1.5초인 단진자의 실의 길이(cm)는?

해설 단진자의 주기 $T = \dfrac{2\pi}{\omega} = 2\pi \sqrt{\dfrac{L}{g}}$

여기서, L : 단진자 실의 길이(cm)

$\quad\quad\quad g$: 중력가속도 980cm/s²

$\therefore \ 1.5 = 2\pi \sqrt{\dfrac{L}{980}}$ 에서, $L = 56 \text{cm}$

04 진동수 200Hz, 파형의 전진폭이 0.003m/s인 정현진동의 최대가속도진폭(m/s²)과 진동가속도레벨(dB)은?

해설 파형의 전진폭(全振幅)이 0.003m/s인 정현진동의 진동속도는 $\dfrac{0.003}{2} = 1.5 \times 10^{-3} \text{m/s}$ 이다.

이때의 최대가속도진폭 $A_m = V_m \times \omega = V_m \times 2\pi f = 1.5 \times 10^{-3} \times 2 \times 3.14 \times 200 = 1.884 \text{m/s}^2$

$\therefore$ 진동가속도레벨 $VAL = 20 \log \left(\dfrac{\dfrac{1.884}{\sqrt{2}}}{10^{-5}} \right) = 102.5 \text{dB}$

05 10Hz의 진동수를 갖는 조화진동의 변위진폭이 0.5cm로 계측되었을 때, 수직진동레벨(dB)은?

해설 진동가속도 $A_m = x_o \omega^2 = x_o \times (2\pi f)^2 = 0.005 \times (2 \times 3.14 \times 10)^2 = 19.72 \text{m/s}^2$

$\therefore A_{rms} = \dfrac{A_m}{\sqrt{2}} = \dfrac{19.72}{\sqrt{2}} = 13.94 \text{m/s}^2$

진동레벨(VL ; Vibration Level) : 1 ~ 90Hz 범위의 주파수 대역별 진동가속도레벨(VAL)에 주파수 대역별 인체의 진동감각특성(수직 또는 수평 감각)을 보정한 후의 값들을 dB로 합산한 것으로,
$VL = VAL + W_n$ (dB(V))

이때, 주파수 대역별 인체감각에 대한 보정치 $W_n = -20\log \dfrac{\alpha}{10^{-5}}$ (dB)

수직보정곡선의 주파수 대역별(Hz) 보정 물리량(α)은 10Hz이므로
$\alpha = 0.125 \times 10^{-5} \times f = 0.125 \times 10^{-5} \times 10 = 1.25 \times 10^{-5} \text{m/s}^2$

$\therefore W_n = -20\log \dfrac{1.25 \times 10^{-5}}{10^{-5}} = -1.94 \text{dB}$

$VAL = 20\log \dfrac{13.94}{10^{-5}} = 123 \text{dB}$

$\therefore VL = 123 - 1.94 = 121 \text{dB(V)}$

06 그림 (a)와 같이 질량 m인 물체가 스프링정수 k_1인 스프링과 스프링정수 k_2인 스프링에 의해 직렬로 매달려 있다. 이 물체를 그림 (b)와 같이 스프링을 병렬로 하여 바꾸어 매달 경우 고유진동수의 비를 나타내시오.

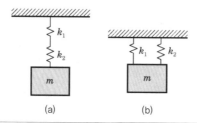

(a)   (b)

해설 주어진 그림 (a)의 합성 스프링정수 k_A는 $\dfrac{1}{k_A} = \dfrac{1}{k_1} + \dfrac{1}{k_2} = \dfrac{k_1 + k_2}{k_1 \times k_2}$

$\therefore k_A = \dfrac{k_1 \times k_2}{k_1 + k_2}$

이 계의 고유진동수 $f_A = \dfrac{1}{2\pi} \sqrt{\dfrac{k_1 \times k_2}{m(k_1 + k_2)}}$ 이다.

주어진 그림 (b)의 합성 스프링정수 $k_B = k_1 + k_2$이고, 이 계의 고유진동수 $f_B = \dfrac{1}{2\pi} \sqrt{\dfrac{k_1 + k_2}{m}}$ 이다.

$\therefore$ 두 진동계의 고유진동수의 비 $\dfrac{f_B}{f_A} = \dfrac{\sqrt{k_1 + k_2}}{\sqrt{\dfrac{k_1 \times k_2}{k_1 + k_2}}} = \dfrac{k_1 + k_2}{\sqrt{k_1 \times k_2}}$

07 진동 발생원의 수직 방향에 대한 주파수 분석결과, 진동가속도 실효치가 〈보기〉와 같다면 합성 파의 진동가속도레벨(VAL, dB)은?

> 2Hz : 2mm/s², 4Hz : 5mm/s², 8Hz : 5mm/s², 18Hz : 7mm/s²

해설 합성파의 진동실효치 $A_{rms} = \sqrt{2^2+5^2+5^2+7^2} = 10.15\,\text{mm/s}^2 = 10.15 \times 10^{-3}\,\text{m/s}^2$

$$\therefore VAL = 20\log\left(\frac{10.15 \times 10^{-3}}{10^{-5}}\right) = 60\,\text{dB}$$

08 그림과 같이 스프링에 0.5kg의 질량을 매달았을 때 스프링이 0.2m만큼 늘어났다. 이 평형점으로 부터 0.2m 더 잡아 늘인 다음 놓아 주었을 때 다음 항목을 구하시오. (단, 스프링에 의한 감쇠는 무시한다.)

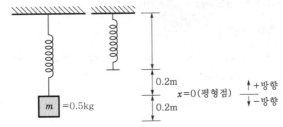

1) 변위진폭(m)
2) 스프링정수(N/m)
3) 속도진폭(m/s)
4) 가속도진폭(m/s²)
5) 고유진동수(Hz)
6) 진동주기(s)
7) 자유진동의 시간함수($x(t)$)
8) $t = 0.15$일 때의 진동속도(m/s)

해설 1) 변위진폭 : $x_o = 0.2\,\text{m}$

2) 스프링정수 : $k = \dfrac{W}{\delta_{st}} = \dfrac{m \times g}{\delta_{st}} = \dfrac{0.5 \times 9.8}{0.2} = 24.5\,\text{N/m}$

3) 속도진폭 : $V_m = x_o \omega_n = x_o \sqrt{\dfrac{k}{m}} = 0.2 \times \sqrt{\dfrac{24.5}{0.5}} = 1.4\,\text{m/s}$

4) 가속도진폭 : $A_m = V_m \omega_n = V_m \sqrt{\dfrac{k}{m}} = 1.4 \times \sqrt{\dfrac{24.5}{0.5}} = 9.8\,\text{m/s}^2$

5) 고유진동수 : $f_n = \dfrac{1}{2\pi}\sqrt{\dfrac{k}{m}} = \dfrac{1}{2 \times 3.14}\sqrt{\dfrac{24.5}{0.5}} = 1.1\,\text{Hz}$

6) 진동주기 : $T = \dfrac{1}{f_n} = \dfrac{1}{1.1} = 0.9\,\text{s}$

7) 자유진동의 시간함수 : $x(t) = -x_o \cos \omega_n t$

8) $t = 0.15$일 때의 진동속도 : $v(t) = \dfrac{dx}{dt} = x_o \omega_n \sin \omega_n t = V_m \sin(2\pi f_n t)$
$$= 1.4 \times \sin(2 \times 3.14 \times 1.1 \times 0.15) = 0.025\,\text{m/s}$$

09 스프링정수가 1kN/m, 질량 $m=20$kg인 진동계의 비감쇠 자유진동 시 주기(s)는?

> 해설 비감쇠 자유진동 시 주기
>
> $$T=\frac{1}{f_n}=\frac{1}{\left(\dfrac{1}{2\pi}\right)\sqrt{\dfrac{k}{m}}}=2\pi\sqrt{\frac{m}{k}}=2\times3.14\times\sqrt{\frac{20}{1,000}}=0.9\text{초}$$

10 전단 탄성계수(강성률) G가 8×10^9kg/m²인 강선으로 이루어져 있고, 권선수가 10인 코일스프링이 있다. 평균 코일 직경이 20cm, 강선의 직경이 2cm인 코일스프링의 등가스프링정수는 얼마인가? (단, 코일스프링의 강성은 다음과 같다. 코일스프링의 스프링정수는 $k=\dfrac{d^4G}{8nD^3}$ 이다.)

> 해설 전단 탄성계수 $G=8\times10^9$kg/m²$=8\times10^4$kg/cm²
>
> 코일스프링의 스프링정수 $k=\dfrac{d^4G}{8\,n\,D^3}$
>
> 여기서, G : 강성률(kg/cm²), d : 선 직경(cm), n : 감긴 유효수, D : 코일 평균직경(cm)
>
> $$\therefore\ k=\frac{d^4G}{8nD^3}=\frac{2^4\times8\times10^4}{8\times10\times20^3}=20\text{kg/cm}$$

11 방진고무 위에 설치된 기계가 1,600rpm에서 18%의 전달률을 가질 경우 다음 물음에 답하시오.
1) 방진고무의 고유진동수(Hz)는?
2) 평형상태에서 방진고무의 정적처짐량(cm)은?

> 해설 강제진동수 $f=\dfrac{rpm}{60}=\dfrac{1,600}{60}=26.7\,\text{Hz}$
>
> 진동 전달률 $T=\dfrac{1}{\eta^2-1}$ 에서, $0.18=\dfrac{1}{\eta^2-1}$, $\therefore\ \eta=2.56$
>
> 1) 방진고무의 고유진동수 $\eta=\dfrac{f}{f_n}$ 에서 $f_n=\dfrac{26.7}{2.56}=10.43\,\text{Hz}$
>
> 2) 고유진동수 $f_n=4.98\sqrt{\dfrac{1}{\delta_{st}}}$ 에서 $\delta_{st}=\left(\dfrac{4.98}{f_n}\right)^2=\left(\dfrac{4.98}{10.43}\right)^2=0.23\,\text{cm}$

12 특성 임피던스가 41×10^6kg/m²·s인 금속관 플랜지 접속부에 특성 임피던스 3.5×10^4kg/m²·s인 방진고무를 넣어 진동 절연할 경우 진동 감쇠량(dB)은?

> 해설 절연재 부착 시 파동에너지의 반사율 $T_r=\left(\dfrac{Z_2-Z_1}{Z_2+Z_1}\right)^2=\left(\dfrac{3.5\times10^4-41\times10^6}{3.5\times10^4+41\times10^6}\right)^2=0.9966$
>
> 진동하는 표면의 제진재 사이의 반사율 T_r이 클수록 제진효과가 크며, 이에 의한 감쇠량은
>
> $\Delta L=10\log(1-T_r)=10\log(1-0.9966)=-25\text{dB}$
>
> $\therefore$ 진동 감쇠량은 25dB이다.

13 다음 그림에서 $k_1 = 50\text{kg/cm}$, $k_2 = 75\text{kg/cm}$, $k_3 = 60\text{kg/cm}$, $k_4 = 100\text{kg/cm}$, $W = 70\text{kg}_f$일 경우 등가스프링정수 k_{eq}(kg/cm)와 고유진동수 f_n(Hz)를 구하시오.

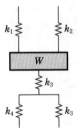

해설 주어진 문제를 수정하여 그리면 다음 그림과 같이 된다.

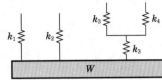

여기서 k_1과 k_2를 정리하면 수정된 그림 왼쪽의 스프링정수 합은 직렬이므로

$k_L = k_1 + k_2 = 50 + 75 = 125\text{kg/cm}$

오른쪽의 직·병렬된 스프링정수를 정리하면, 위쪽은 병렬연결이므로 $k_{R,\,UP} = k_3 + k_4$

아래쪽은 직렬연결이므로 $\dfrac{1}{k_{R,\,DOWN}} = \dfrac{1}{k_3} + \dfrac{1}{k_4}$ 이므로

$k_{R,\,DOWN} = \dfrac{k_{R,\,UP} \times k_3}{k_{R,\,UP} + k_3} = \dfrac{(k_3 + k_4) \times k_3}{(k_3 + k_4) + k_3} = \dfrac{(60 + 100) \times 60}{(60 + 100) + 60} = 43.64\text{kg/cm}$

∴ 등가스프링정수 $k_{eq} = 125 + 43.64 = 168.64\text{kg/cm}$

고유진동수 $f_n = \dfrac{1}{2\pi} \times \sqrt{\dfrac{k \times g}{W}} = \dfrac{1}{2 \times 3.14} \times \sqrt{\dfrac{168.64 \times 980}{70}} = 7.74\text{Hz}$

14 무게 1,500N, 회전속도 1,500rpm의 공기압축기가 있다. 방진고무의 지지점을 6개로 하고, 진동 수비(η)가 3이라고 할 때 스프링정수(k, N/cm)와 고무의 정적수축량(δ_{st}, cm)은? (단, 감쇠는 무시한다.)

해설 강제진동수 $f = \dfrac{rpm}{60} = \dfrac{1,500}{60} = 25\text{Hz}$, 지지점당 하중 $W_{mp} = \dfrac{W}{n} = \dfrac{1,500}{6} = 250\text{N}$

진동수비 $\eta = \dfrac{f}{f_n}$ 에서 $3 = \dfrac{25}{f_n}$ ∴ $f_n = 8.33\text{Hz}$, 방진고무의 지지점이 6개소이므로

$f_n = 4.98\sqrt{\dfrac{k}{W_{mp}}}$ 에서 $k = W_{mp} \times \left(\dfrac{f_n}{4.98}\right)^2 = 250 \times \left(\dfrac{8.33}{4.98}\right)^2 = 699.5\text{N/cm}$

∴ 정적수축량 $\delta_{st} = \dfrac{W_{mp}}{k} = \dfrac{250}{699.5} = 0.36\text{cm}$

15 $x_1 = 4 \sin 4.4\,t$와 $x_2 = 4 \sin 4.1\,t$인 두 개의 조화운동이 합성될 경우 울림 진동수(beat frequency, Hz)는?

> **해설**
>
> 맥놀이 주기 $T_b = \dfrac{2\pi}{\omega_n - \omega} = \dfrac{2 \times 3.14}{4.4 - 4.1} = 20.93$초
>
> $\therefore$ 울림 진동수 $f = \dfrac{1}{T_b} = \dfrac{1}{20.93} = 0.0478\,\text{Hz}$

16 회전속도 2,400rpm, 절연율 60%인 공기압축기가 있다. 이 공기압축기를 절연율 90%가 되도록 재설계한다면 시스템 총질량은 약 몇 배가 커져야 하는가?

> **해설**
>
> 강제진동수 $f = \dfrac{rpm}{60} = \dfrac{2,400}{60} = 40\,\text{Hz}$
>
> 60% 절연율 $\%I = (1 - T) \times 100 = 60\%$에서 $T = 0.4$, $T = \dfrac{1}{\eta^2 - 1}$에서 $0.4 = \dfrac{1}{\eta^2 - 1}$
>
> $\therefore \eta = 1.87$, $\eta = \dfrac{f}{f_n}$에서 $f_{n_1} = \dfrac{f}{\eta} = \dfrac{40}{1.87} = 21.4\,\text{Hz}$
>
> 90% 절연율 $\%I = (1 - T) \times 100 = 90\%$에서 $T = 0.1$, $T = \dfrac{1}{\eta^2 - 1}$에서 $0.1 = \dfrac{1}{\eta^2 - 1}$
>
> $\therefore \eta = 3.32$, $\eta = \dfrac{f}{f_n}$에서 $f_{n_2} = \dfrac{f}{\eta} = \dfrac{40}{3.32} = 12\,\text{Hz}$
>
> 고유진동수 $f_n = \dfrac{1}{2\pi}\sqrt{\dfrac{k}{m}}$에서 $\dfrac{f_{n_2}}{f_{n_1}} \propto \sqrt{\dfrac{1}{m}}$이므로 $m \propto \dfrac{1}{\left(\dfrac{12}{21.4}\right)^2} = 3.18$
>
> $\therefore$ 시스템 총질량은 약 3.18배가 커져야 한다.

17 중량 100kg인 기계가 스프링정수 20kg/cm인 스프링 4개로 지지되고 있다. 스프링을 병렬 연결할 때와 직렬 연결할 때 각각의 스프링정수와 고유진동수(Hz)를 구하시오.

> **해설**
>
> ① 스프링이 병렬로 연결되어 있을 경우
>
> 스프링정수 $k_e = k_1 + k_2 + k_3 + k_4 = 4 \times 20 = 80\,\text{kg/cm}$
>
> 고유진동수 $f_n = \dfrac{1}{2\pi}\sqrt{\dfrac{k \times g}{W}} = \dfrac{1}{2\pi}\sqrt{\dfrac{80 \times 980}{100}} = 4.46\,\text{Hz}$
>
> ② 스프링이 직렬로 연결되어 있을 경우
>
> 스프링정수 $\dfrac{1}{k_e} = \dfrac{1}{k_1} + \dfrac{1}{k_2} + \dfrac{1}{k_3} + \dfrac{1}{k_4} = 0.2\,\text{kg/cm}$, $\therefore k_e = 5\,\text{kg/cm}$
>
> 고유진동수 $f_n = \dfrac{1}{2\pi}\sqrt{\dfrac{k \times g}{W}} = \dfrac{1}{2\pi}\sqrt{\dfrac{5 \times 980}{100}} = 1.11\,\text{Hz}$

18 회전 중심축 편심거리 12cm에 위치한 1.5kg의 회전 질량체가 있다. 가속도계를 부착하여 주파수를 측정하니 30Hz의 진동이 측정되었다. 이 회전체의 편심 질량으로 야기된 원심력이 34N일 경우 회전체의 회전수(rpm)는?

해설 가진력 $F = m\,r\,\omega^2 = m\,r\left(\dfrac{2\,\pi\,n}{60}\right)^2$ 에서, $34 = 1.5 \times 0.12 \times \left(\dfrac{2 \times 3.14 \times rpm}{60}\right)^2$

∴ 회전수 $= 131.3\,\mathrm{rpm}$

19 $W = 980\mathrm{N}$, $k = 5,000\mathrm{N/cm}$이다. 회전수 3,000rpm에서 회전 불균형 진동이 발생하였을 경우 강제 외력이 500N일 때 진동전달률과 전달력을 구하시오.

해설 강제진동수 $f = \dfrac{rpm}{60} = \dfrac{3,000}{60} = 50\mathrm{Hz}$

고유진동수 $f_n = \dfrac{1}{2\,\pi}\sqrt{\dfrac{k \times g}{W}} = \dfrac{1}{2\,\pi}\sqrt{\dfrac{5,000 \times 980}{980}} = 11.26\mathrm{Hz}$

① 진동전달률 $T = \left|\dfrac{\text{전달력}}{\text{외력}}\right| = \left|\dfrac{1}{1 - \left(\dfrac{f}{f_n}\right)^2}\right| = \left|\dfrac{1}{1 - \left(\dfrac{50}{11.26}\right)^2}\right| = 0.053$

② 전달력 $= $ 외력 $\times \left|\dfrac{1}{1 - \left(\dfrac{f}{f_n}\right)^2}\right| = 500 \times \dfrac{1}{\left(\dfrac{50}{11.3}\right)^2 - 1} = 26.9\mathrm{N}$

20 어떤 지점의 지표면 수직진동을 주파수 분석한 결과 그 진동은 4Hz, 8Hz, 16Hz의 정현진동 성분을 지니고 있고, 각 성분의 진동속도 진폭이 0.04m/s, 0.06m/s, 0.08m/s이었다. 이 진동의 가속도 실효치(m/s^2)와 VAL(dB)은?

해설 가속도진폭 $a = v \times \omega = v \times 2\,\pi\,f$ 이므로
속도진폭이 0.04m/s, 0.06m/s, 0.08m/s이면 가속도진폭은 1m/s^2, 3m/s^2, 8m/s^2
각 성분의 진동가속도 진폭이 주어졌을 경우, 각각의 실효값 제곱합의 제곱근으로 진동가속도 실효값 a로 구한다.

즉, $a = \sqrt{\left(\dfrac{1}{\sqrt{2}}\right)^2 + \left(\dfrac{3}{\sqrt{2}}\right)^2 + \left(\dfrac{8}{\sqrt{2}}\right)^2} = 6.08\mathrm{m/s}^2$

진동가속도레벨(VAL) $= 20\log_{10}\dfrac{a}{a_o} = 20\log_{10}\dfrac{a}{10^{-5}} = 20\log\dfrac{6.08}{10^{-5}} = 115.7\mathrm{dB}$

21 진동 발생원의 진동을 측정한 결과, 진동가속도진폭이 5×10^{-2}m/s^{2}일 경우 진동가속도레벨 (VAL, dB)을 구하시오.

해설 진동가속도진폭 $A_m = 0.05\mathrm{m/s}^2$에서 가속도진폭 실효치 $\dfrac{A_m}{\sqrt{2}} = \dfrac{0.05}{\sqrt{2}} = 0.035\mathrm{m/s}^2$

∴ $VAL = 20\log\dfrac{0.035}{10^{-5}} = 71\mathrm{dB}$

22 다음 그림에서 질량(m)은 3kg, 개별 스프링정수(k)는 10N/m이다. 이 진동계에서 고유진동수 (f_n, Hz)를 구하시오.

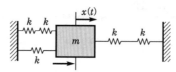

해설

그림 왼쪽에서, 직렬 지지 시 $\dfrac{1}{k_1} = \dfrac{1}{k} + \dfrac{1}{k} = \dfrac{2}{k}$, $\therefore k_1 = \dfrac{k}{2} = \dfrac{10}{2} = 5\,\text{N/m}$

전체적으로 병렬 지지를 하고 있으므로 $k_2 = k + \dfrac{k}{2} = 10 + 5 = 15\,\text{N/m}$

그림 오른쪽에서, 직렬 지지 시 $\dfrac{1}{k_3} = \dfrac{1}{k} + \dfrac{1}{k} = \dfrac{2}{k}$, $\therefore k_3 = \dfrac{k}{2} = \dfrac{10}{2} = 5\,\text{N/m}$

$\therefore$ 질량 m에 미치는 등가스프링정수 $k_e = k_2 + k_3 = 15 + 5 = 20\,\text{N/m}$

고유진동수 $f_n = \dfrac{1}{2\pi} \sqrt{\dfrac{k \times g}{W}} = \dfrac{1}{2\pi} \sqrt{\dfrac{20 \times 9.8}{3}} = 1.3\,\text{Hz}$

23 고체음을 감소하기 위하여 진동전달률(TR)을 1 이하로 감소시키려면 진동수비$\left(\dfrac{\omega}{\omega_n}\right)$는 얼마로 하여야 하는가? (단, 감쇠비 ξ는 일정한 값을 갖는다.)

해설

전달률 $TR = \dfrac{1}{\left(\dfrac{\omega}{\omega_n}\right)^2 - 1}$ 에서, $1 = \dfrac{1}{\left(\dfrac{\omega}{\omega_n}\right)^2 - 1}$

$\therefore \dfrac{\omega}{\omega_n} = \sqrt{2}$ 이므로 전달률을 1 이하로 감소시키려면 $\dfrac{\omega}{\omega_n} \geq \sqrt{2}$ 의 조건이다.

24 기계를 스프링으로 지지하였을 때 고체음의 감소를 도모하여 소음을 줄이는 대책을 세우려 할 때, 가진진동수(f)가 100Hz인 경우 스프링의 정적처짐(δ_{st}, cm)을 얼마로 선정하면 진동전달률 (T)를 0.15로 할 수 있는가?

해설

진동전달률 $T = \left| \dfrac{1}{1 - \left(\dfrac{f}{f_n}\right)^2} \right|$, 고유진동수 $f_n \fallingdotseq 5\sqrt{\dfrac{1}{\delta_{st}}}$ (Hz)이므로, $f > f_n$ 일 때 $\left| 1 - \left(\dfrac{f}{f_n}\right)^2 \right|$ 은

1보다 커진다. 절댓값을 생각하는 경우 $\left(\dfrac{f}{f_n}\right)^2 - 1$로 하여 계산하면 된다. 따라서 주어진 진동전달률

식은 $f_n^2 = \dfrac{f^2 T}{(1 + T)}$, 고유진동수 식은 $f_n^2 = \dfrac{25}{\delta_{st}}$ 가 되므로,

정적처짐 $\delta_{st} = \dfrac{25(T+1)}{f^2 T} = \dfrac{25 \times (0.15 + 1)}{100 \times 100 \times 0.15} = 0.02\,\text{cm}$

25 동일한 4개의 스프링이 병렬로 탄성지지한 기계로부터 질량이 2배가 되면 고유주파수는 어떻게 변하는가?

해설

4개의 스프링으로 병렬 지지하여 기계장치를 방진지지한 고유진동수 $f_{n_1} = \dfrac{1}{2\pi}\sqrt{\dfrac{4k_1}{m}}$

같은 조건에서 질량이 2배가 된 기계장치를 방진지지한 고유진동수 $f_{n_2} = \dfrac{1}{2\pi}\sqrt{\dfrac{4k_1}{2m}}$

$\therefore \dfrac{f_{n_2}}{f_{n_1}} = \dfrac{\dfrac{1}{2\pi}\sqrt{\dfrac{4k_1}{2m}}}{\dfrac{1}{2\pi}\sqrt{\dfrac{4k_1}{m}}} = \dfrac{1}{2}$ 이므로, 고유주파수는 0.5배 감소한다.

26 질량 400kg인 물체가 4개의 지지점 위에서 평탄 진동할 때 정적수축 0.5cm의 스프링으로 이 계를 탄성지지하여 99%의 절연율을 얻고자 한다면 최저강제진동수는? (단, 감쇠비는 0이다.)

해설

차진의 정도를 나타내는 %진동차진율(절연율) $\%I = (1-T) \times 100 = 99\%$에서, $T = 0.01$

진동전달률 $T = \dfrac{1}{\eta^2 - 1}$에서, $0.01 = \dfrac{1}{\eta^2 - 1}$, $\therefore \eta = 10$

$f_n = 4.98\sqrt{\dfrac{1}{\delta_{st}}} = 4.98 \times \sqrt{\dfrac{1}{0.5}} = 7.04\,\text{Hz}$

$\eta = \dfrac{f}{f_n}$에서, $f = \eta \times f_n = 10 \times 7.04 = 70.4\,\text{Hz}$

27 그림과 같은 진동계에서 질량이 10kg, 스프링정수가 2,000N/m이다. 초기 진폭 후에 다음 진폭이 초기 진폭의 1/4로 될 때 감쇠계수 $C_e(\text{N}\cdot\text{s/m})$는?

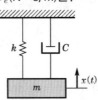

해설

대수감쇠율 $\delta = \ln\left(\dfrac{x_1}{x_2}\right) = \dfrac{2\pi\xi}{\sqrt{1-\xi^2}}$에서, $\ln\left(\dfrac{1}{\left(\dfrac{1}{4}\right)}\right) = 1.386 = \dfrac{2\pi\xi}{\sqrt{1-\xi^2}}$

$1.386\sqrt{1-\xi^2} = 6.28\xi$에서 $\xi = 0.184$

감쇠비 $\xi = \dfrac{C_e}{2\sqrt{k \times m}}$에서, $0.184 = \dfrac{C_e}{2 \times \sqrt{2,000 \times 10}}$

$\therefore C_e = 52\,\text{N}\cdot\text{s/m}$

28 표면파가 지반을 전파할 때, 진동원으로부터 2m 떨어진 지점에서의 진동레벨은 120dB이었다. 20m 떨어진 지점에서의 진동레벨(dB)은? (단, 지반 전파의 감쇠정수는 0.005이다.)

해설
진동의 거리감쇠에 따른 진동가속도레벨 및 진동레벨의 거리감쇠식에서 표면파인 경우 $n = \dfrac{1}{2}$ 을 사용한다. 반무한의 자유표면을 전파하는 실체파인 경우 2, 무한체를 전파하는 경우 1이다.

$$VL_r = VL_o - 8.7\lambda(r - r_o) - 20\log\left(\frac{r}{r_o}\right)^n$$

$$= 120 - 8.7 \times 0.005 \times (20 - 2) - 20\log\left(\frac{20}{2}\right)^{0.5}$$

$$= 109\,\mathrm{dB}$$

29 추를 코일스프링으로 매달은 1자유진동계에서 추의 질량을 3배로 늘이고, 스프링의 강도를 4배로 하였을 경우, 소진폭에서의 자유진동 주기는 몇 배가 되는가?

해설
질량 m인 추를 스프링정수 k인 스프링에 매단 1자유도계의 주기 $T = 2\pi\sqrt{\dfrac{m}{k}}$ (s)

여기서, m을 3배, k를 4배로 하면, $T = 2\pi\sqrt{\dfrac{3m}{4k}} = 2\pi\sqrt{\dfrac{m}{2k}}$

즉, 주기는 $\sqrt{\dfrac{3}{4}} = 0.87$배가 된다.

30 판진동에 의한 흡음주파수가 100Hz이다. 판과 벽체 사이 최적 공기층이 35mm일 때, 이 판의 면밀도는 약 몇 kg/m²인가? (단, 음속은 340m/s, 공기밀도는 1.293kg/m³이다.)

해설
판(막)진동의 흡음주파수 $f = \dfrac{60}{\sqrt{m \times d}}$ 에서, $100 = \dfrac{60}{\sqrt{m \times 0.035}}$

$\therefore m = 10.28\,\mathrm{kg/m^2}$

31 중공 이중벽에서 면밀도 M_1(kg/m²), M_2(kg/m²), 중간 공기층 d(cm)의 중공 이중벽에 있어서 저음역 공명투과의 주파수가 100Hz, 중간 공기층의 두께가 10cm이고, 양쪽에 사용한 재료의 면밀도가 같을 경우 사용된 재료의 면밀도(kg/m²)는?

해설
중공 이중벽의 저음역 공명투과의 주파수 $f_n = 600\sqrt{\dfrac{M_1 + M_2}{M_1 \times M_2} \times \dfrac{1}{d}}$

이 식을 변형하면, $\left(\dfrac{M_1 + M_2}{M_1 \times M_2}\right) \fallingdotseq \left(\dfrac{f_n}{600}\right)^2 \times d$

재료의 면밀도가 같으므로, $\dfrac{2M_1}{M_1{}^2} \fallingdotseq \left(\dfrac{100}{600}\right)^2 \times 10 = 0.278$

$\therefore M_1 = 7.19\,\mathrm{kg/m^2}$

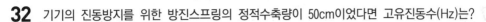

32 기기의 진동방지를 위한 방진스프링의 정적수축량이 50cm이었다면 고유진동수(Hz)는?

> **해설** 고유진동수 $f_n = 4.98\sqrt{\dfrac{1}{\delta_{st}}} = 4.98 \times \sqrt{\dfrac{1}{50}} = 0.7\,\text{Hz}$

33 기계의 강제주파수가 140Hz일 때 정적변위 0.3cm의 스프링을 사용하면 진동전달률은?

> **해설** 고유진동수 $f_n = 4.98\sqrt{\dfrac{1}{\delta_{st}}} = 4.98 \times \sqrt{\dfrac{1}{0.3}} = 9.09\,\text{Hz}$
>
> 진동수비 $\eta = \dfrac{\omega}{\omega_n} = \dfrac{f}{f_n} = \dfrac{140}{9.09} = 15.4$ 이므로
>
> 진동전달률(transmission ratio) $T = \dfrac{1}{\eta^2 - 1} = \dfrac{1}{15.4^2 - 1} = 4.23 \times 10^{-3}$

34 무게가 200N인 기계를 방진고무 위에 올려 놓았더니 2.0cm가 수축되었다. 방진고무의 동적 배율이 1.5라면 방진고무의 동적 스프링정수(N/cm)는?

> **해설** 정적 스프링정수 $k_s = \dfrac{W}{\delta_{st}} = \dfrac{200}{2.0} = 100\,\text{N/cm}$
>
> 동적 스프링정수 $k_d = \alpha \times k_s = 1.5 \times 100 = 150\,\text{N/cm}$

35 근접한 2대의 소형 기계가 작동하고 있을 때, 진동원에서 10m 떨어진 지점에서의 가속도레벨은 80dB이다. 각각의 진동은 동일한 가속도레벨이고, 서로 비간섭형이고 거리감쇠는 배거리 6dB이라 할 때, 진동원에서 30m 떨어진 지점의 가속도레벨은 약 몇 dB인가?

> **해설** 거리감쇠가 배거리에서 6dB이므로, 30m 떨어진 지점에서의 가속도레벨은
>
> $VAL = 80 - 20\log\dfrac{30}{10} = 70.5\,\text{dB(V)}$

36 감쇠 고유진동을 하는 계에서 감쇠 고유진동수는 40Hz이고, 이 진동계의 비감쇠 고유진동수는 50Hz일 때 감쇠비(ξ)는?

> **해설** 감쇠 각진동수 $\omega_d = \omega_n \times \sqrt{1 - \xi^2}$, $\omega_n = 2\pi f$
>
> $2\pi \times 40 = 2\pi \times 50 \times \sqrt{1 - \xi^2}$
>
> $\therefore \ \xi = 0.6$

37 어떤 작업장의 바닥면 진동레벨을 1분마다 2시간 측정한 결과, 각 진동레벨의 자료수는 다음 표와 같았을 경우 등가진동레벨(dB)은?

진동레벨(dB)	65	70	75
자료수	34	34	52

해설   간격시간으로 측정한 진동레벨 L_1, L_2, $\cdots$, L_n(dB) 각각의 도수(자료수)를 n_1, n_2, $\cdots$, n_n이라고

할 때, 등가진동레벨 $L_{v_{eq}} = 10\log\left[\dfrac{1}{N}\left(10^{\frac{L_1}{10}}\times n_1 + 10^{\frac{L_2}{10}}\times n_2 + \cdots + 10^{\frac{L_n}{10}}\times n_n\right)\right]$(dB)

여기서, N은 총 자료수이다.

$\therefore L_{v_{eq}} = 10\log\left[\dfrac{1}{120}\left(10^{6.5}\times 34 + 10^7\times 34 + 10^{7.5}\times 52\right)\right] = 72.4\text{dB}$

38 질량 100kg인 기계가 매초 20회전으로 운전되고 있고, 1회전마다 1kN의 가진력이 수직방향으로 발생하고 있다. 기계를 지지대에 고정시킨 후, 지지대를 4개의 스프링으로 탄성지지함으로써 이 계의 고유진동수를 8Hz로 하고, 기계의 변위진폭을 0.5mm 이하로 유지하고 싶을 경우, 지지대의 부가질량은 적어도 약 몇 kg 이상으로 하여야 하는가? (단, 스프링정수는 변하지 않는다.)

해설

동적 변위진폭 $x_o = \dfrac{\left(\dfrac{F_o}{k}\right)}{1-\left(\dfrac{\omega}{\omega_o}\right)^2} = \dfrac{\left(\dfrac{F_o}{k}\right)}{1-\eta^2}$ 에서

$m = 100$, $\eta = \dfrac{f}{f_o} = \dfrac{20}{8} = 2.5$, $F = 1,000N$, $\delta = 0.5\text{mm} = 0.5\times 10^{-3}\text{m}$

$0.5\times 10^{-3} = \dfrac{\left(\dfrac{1,000}{k}\right)}{\left|1-2.5^2\right|}$

$\therefore k = 3.81\times 10^5 \text{N/m}$

전체의 질량을 m, 부가질량을 m'이라고 하면 $k = (2\pi f_0)^2\times m$ 에서

$m = \dfrac{3.81\times 10^5}{(2\times\pi\times 8)^2} = 151\text{kg}$

$\therefore m' = m - 100 = 151 - 100 = 51\text{kg}$